Mathématiques

Tout-en-un pour la Licence

Niveau 1

Sous la direction de
Jean-Pierre RAMIS
André WARUSFEL

Xavier BUFF • Josselin GARNIER
Emmanuel HALBERSTADT • Thomas LACHAND-ROBERT
François MOULIN • Jacques SAULOY

Mathématiques

Tout-en-un pour la Licence

Niveau 1

2e édition

DUNOD

Jean-Pierre Ramis, ancien élève de l'École normale supérieure de la rue d'Ulm, membre de l'Institut (Académie des Sciences), membre de l'Institut Universitaire de France, professeur à l'Institut de Mathématiques de Toulouse (Université Paul Sabatier).

André Warusfel, ancien élève de l'École normale supérieure de la rue d'Ulm, a été professeur de mathématiques spéciales au lycée Louis-le-Grand à Paris et inspecteur général de mathématiques.

Xavier Buff, ancien élève de l'École normale supérieure de la rue d'Ulm, maître de conférences à l'Institut de Mathématiques de Toulouse.

Josselin Garnier, ancien élève de l'École normale supérieure de la rue d'Ulm, professeur à l'université Denis Diderot (Paris).

Emmanuel Halberstadt, maître de conférences à l'UPMC (Paris), ancien chargé de cours d'agrégation aux Écoles normales supérieures d'Ulm et de Cachan.

Thomas Lachand-Robert, ancien élève de l'École polytechnique, professeur à l'université de Savoie à Chambéry.

François Moulin, ancien élève de l'École normale supérieure de la rue d'Ulm, professeur de chaires supérieures (spéciales MP*)

Jacques Sauloy, ancien élève de l'École normale supérieure de Saint-Cloud, maître de conférences à l'Institut de Mathématiques de Toulouse.

Illustration de couverture :
An amazing fibonacci pattern in a nautilus shell © Ana Tramont

ISBN 978-2-10-059893-9

Préface

Les mathématiques constituent l'ossature de la science moderne et sont une source intarissable de concepts nouveaux d'une efficacité incroyable pour la compréhension de la réalité matérielle qui nous entoure. Ainsi l'apprentissage des mathématiques est devenu indispensable pour la compréhension du monde par la science. Les nouveaux concepts eux-mêmes sont le résultat d'un long processus de distillation dans l'alambic de la pensée. Essayer de justifier les mathématiques par leurs applications pratiques n'a guère de sens, tant ce processus de création est sous-tendu par la soif de connaître et non l'intérêt immédiat.

Les mathématiques restent l'un des domaines dans lequel la France excelle et ceci malgré la mutilation des programmes dans le secondaire et l'influence néfaste d'un pédagogisme dont l'effet principal est de compliquer les choses simples.

Vues de loin les mathématiques apparaissent comme la réunion de sujets distincts comme la géométrie, qui a pour objet la compréhension du concept d'espace, l'algèbre, art de manipuler les symboles, l'analyse, science de l'infini et du continu, la théorie des nombres etc. Cette division ne rend pas justice à l'un des traits essentiels des mathématiques qui est leur unité profonde de sorte qu'il est impossible d'en isoler une partie sans la priver de son essence. En ce sens les mathématiques ressemblent à un être biologique qui ne peut survivre que comme un tout et serait condamné à périr si on le découpait en morceaux en oubliant son unité fondamentale.

L'une des caractéristiques de l'apprentissage des mathématiques, c'est la possibilité donnée à tout étudiant de devenir son propre maître et en ce sens il n'y a pas d'autorité en mathématiques. Seules la preuve et la rigueur y font la loi. L'étudiant peut atteindre par le travail une maîtrise suffisante pour pouvoir s'il le faut tenir tête au maître. La rigueur, c'est être sûr de soi, et à l'âge où l'on construit sa personnalité, se confronter au monde mathématique est le moyen le plus sûr de construire sur un terrain solide. Il faut, si l'on veut avancer, respecter un équilibre entre les connaissances qui sont indispensables et le « savoir-faire » qui l'est autant. On apprend les maths en faisant des exercices, en apprenant à calculer sans l'aide de l'ordinateur, en se posant des questions et en ne lâchant pas prise facilement devant la difficulté. Seule la confrontation réelle à la difficulté a une valeur formatrice, en rupture avec ce pédagogisme qui complique les choses simples et mélange l'abstraction mathématique avec le jeu qui n'a vraiment rien à voir. Non, les mathématiques ne sont pas un jeu et l'on n'apprend pas les mathématiques en s'amusant.

L'ouvrage qui suit est un cours soigné et complet idéal pour apprendre toutes les Mathématiques qui sont indispensables au niveau de la Licence. Il regorge d'exercices (700) qui incitent le lecteur à réfléchir et ne sont pas de simples applications de recettes, et respecte parfaitement l'équilibre nécessaire entre connaissances et savoir-faire, permettant à l'étudiant de construire des images mentales allant bien au-delà de simples connaissances mémorisées. Il s'agit d'un ouvrage de référence pour la Licence, non seulement pour les étudiants en mathématiques mais aussi pour tous ceux qui s'orientent vers d'autres disciplines scientifiques. Il insiste sur la rigueur et la précision et va au fond des notions fondamentales les plus importantes sans mollir devant la difficulté et en respectant constamment l'unité des mathématiques qui interdit tout cloisonnement artificiel. Il répond à une demande de tant de nos collègues d'un ouvrage qui les aide à « redresser la barre », mais sera aussi un atout merveilleux pour l'étudiant travaillant seul par la cohérence et la richesse de son contenu. Il est l'œuvre d'une équipe qui rassemble des mathématiciens de tout premier plan ayant une véritable passion pour l'enseignement. Il était grand temps !

Alain Connes,
Médaille Fields 1982,
Professeur au Collège de France.

Table des matières

II Algèbre

III Géométrie

IV Analyse

V Probabilités, statistiques

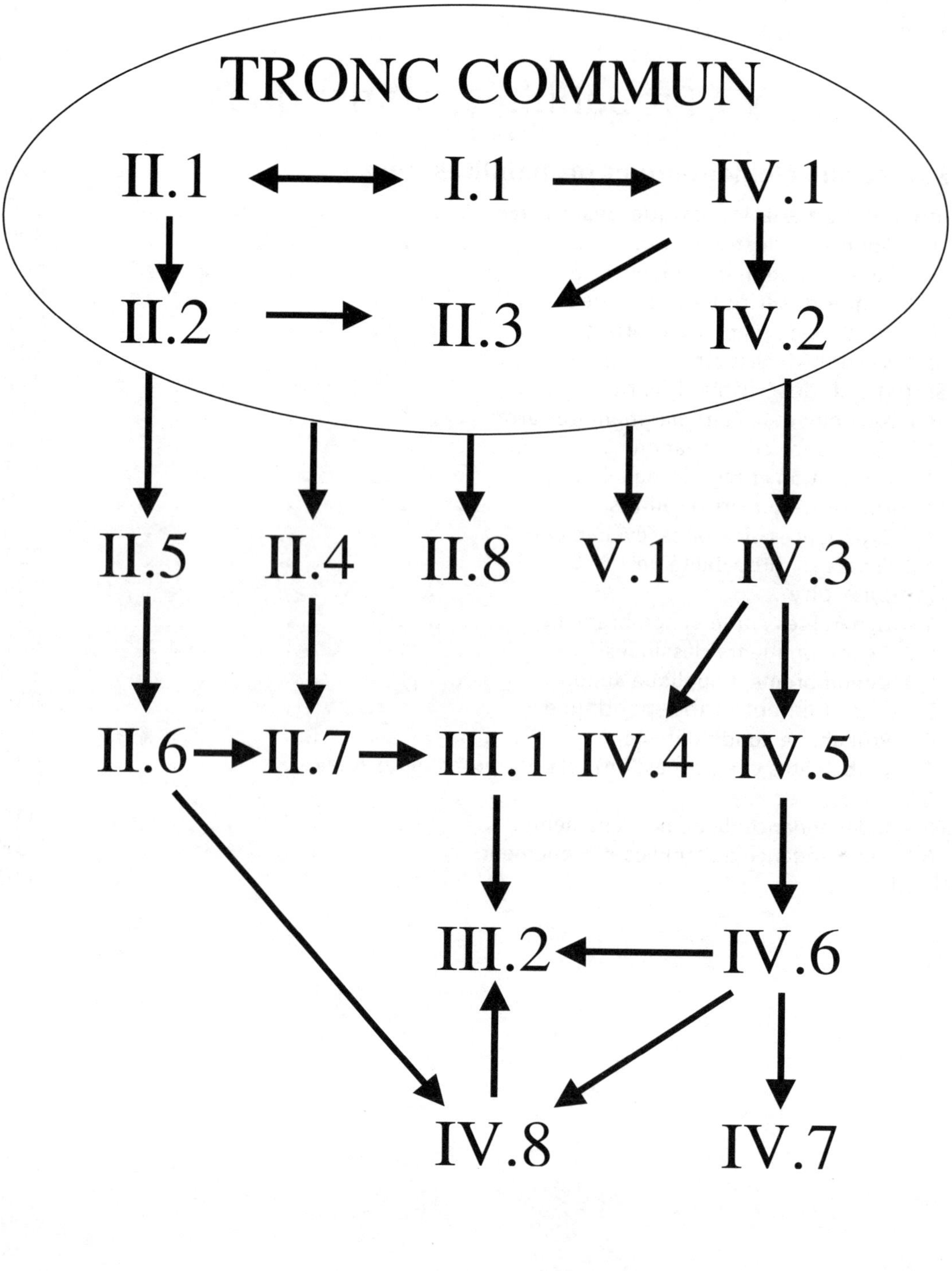
TRONC COMMUN
II.1
I.1
IV.1
II.2
II.3
IV.2
II.5
II.4
II.8
V.1
IV.3
II.6
II.7
III.1
IV.4
IV.5
III.2
IV.6
IV.8
IV.7

Avant-propos

Ce livre est le premier d'une série d'ouvrages de mathématiques pour la Licence. Il couvre la totalité des programmes de mathématiques des filières scientifiques de première année. Il contient un cours complet, illustré d'exemples et d'applications, des exercices corrigés, des énoncés d'exercices supplémentaires et un index très complet.

Il est prioritairement conçu comme aide à l'enseignement oral dispensé par nos collègues dans les cours et travaux dirigés, en particulier par une construction modulaire, avec des schémas clairs de relations entre les différents thèmes. Les différents sujets apparaissent groupés dans un seul volume, avec leurs relations, mais l'ordre de lecture n'est pas imposé, et chaque étudiant peut se concentrer sur tel ou tel aspect en fonction de son programme et de son travail personnel.

Ce livre peut aussi être utilisé par un enseignant comme ouvrage de base pour son cours, dans l'esprit d'une pédagogie encore peu utilisée en France, mais qui a largement fait ses preuves ailleurs. Nous avons enfin aussi pensé à l'étudiant travaillant seul, sans appui d'un corps professoral.

Dans les mathématiques d'aujourd'hui, un certain nombre de théories puissantes sont au premier plan. Leur maniement, au moins à un certain niveau, devra évidemment être acquis par l'étudiant à la fin de ses années de Licence. Mais celui-ci devra aussi avoir appris à calculer, sans s'appuyer exagérément sur les ordinateurs et les logiciels, à « se débrouiller » devant un problème abstrait ou issu des applications. Nous avons donc, à cette fin, mis en place une approche adaptée. Nous insistons, dès la première année, sur les exigences de rigueur (définitions précises, démonstrations rigoureuses), mais les choses sont mises en place de façon progressive et pragmatique, et nous proposons des exemples riches, dont l'étude met souvent en œuvre des approches multiples. Nous aidons progressivement le lecteur à acquérir le maniement d'un outillage abstrait puissant, sans jamais nous complaire dans l'abstraction pour elle-même et un formalisme sec et gratuit : le cœur des mathématiques n'est sans doute pas un corpus de théories, si profondes et efficaces soient-elles, mais un certain nombre de problèmes dans toute leur complexité, souvent issus d'une réflexion sur le monde qui nous entoure.

Historiquement les mathématiques se sont développées pendant des siècles en relation avec les autres sciences. Après une phase de « repliement sur elles-mêmes », leurs interactions se développent à nouveau vigoureusement (avec la physique, l'informatique, la mécanique, la chimie, la biologie...). Nous souhaitons, au niveau de l'enseignement des premières

années d'université, accompagner ce mouvement et, en pratique, la mise en place ici ou là de filières scientifiques pluridisciplinaires avec une composante mathématique pure ou appliquée. Nous avons ainsi, par exemple, introduit de solides initiations aux probabilités et statistiques et à l'algorithmique dès ce volume de première année.
Une correction détaillée des 430 énoncés supplémentaires est accessible sur le site `http://www.dunod.com` de l'éditeur : cliquer successivement sur « sciences et techniques », mathématiques », « licence » puis l'icône de ce livre. Les corrigés sont au format pdf d'Adobe et repérables par une recherche classique de mot clef ; toute partie sélectionnée peut être lue, enregistrée ou imprimée séparément.

Edmond Ramis à enseigné de longues années en classes préparatoires et écrit une série de livres pour ces classes. Ces livres ont fortement contribue à la formation de plusieurs générations d'étudiants, finissant par acquérir un nom commun : « le Ramis ». Plusieurs de ces étudiants sont main tenant enseignants-chercheurs ou chercheurs dans les universités. Nous avons souhaite marquer une certaine continuité avec cette œuvre en publiant nos ouvrages dans le cadre de la « Série Ramis ».

Jean-Pierre Ramis, André Warusfel

Notations et vocabulaire

Partie I

Vers 1870 Cantor, avec Dedekind puis Peano et quelques autres, créa la théorie des ensembles. Elle fut d'abord mal accueillie et, plus tard, conduisit à une crise aussi violente que féconde. Aujourd'hui cette théorie (au moins à son niveau élémentaire), avec son langage et ses principales notations, est l'outil de base du mathématicien.
Après Cantor apparurent un certain nombre de problèmes : discussions entre Lebesgue, Borel et Baire sur l'axiome du choix, graves paradoxes de la théorie des ensembles découverts par Russell (*l'ensemble de tous les ensembles*). Toujours au début du XXe siècle, Hilbert entreprit de donner des bases solides, totalement indiscutables (dans la ligne historique d'Aristote, Leibniz, Boole, Frege, Peano...). Il avait l'ambition de formaliser complètement *tout* le raisonnement mathématique. Mais malgré le génie de Hilbert, ce programme finit par un échec retentissant avec, en 1931, une stupéfiante découverte de Gödel (le théorème d'incomplétude, relié à des paradoxes classiques : *un crétois dit que tous les crétois sont menteurs*).
Toutefois, si la réponse de Hilbert était fausse, sa *question* était bonne ! En effet, elle conduisit, entre autres, à l'invention des ordinateurs et à un extraordinaire développement de la programmation et du calcul... initiés par des travaux de von Neumann et Turing (eux-mêmes fortement influencés par le résultat de Gödel). L'histoire n'est pas finie et tout cela se prolonge dans d'importantes recherches récentes en informatique théorique (comme par exemple les travaux de G.J. Chaïtin, en relation avec le concept physique de l'entropie).

Ce premier module n'est évidemment pas à lire en premier ! Mais il faut y revenir sans cesse, au moins au départ, pour préciser tel ou tel point, lever telle obscurité apparente, bref l'utiliser comme un dictionnaire de scrabble ou un manuel de grammaire. Certains passages (sur les cardinaux, ou les connecteurs logiques) peuvent paraître complexes à première vue. Cela correspond à de vraies difficultés et ne doit surtout pas décourager le lecteur. Il est conseillé de s'y replonger plusieurs fois, en fonction des besoins, et un jour son contenu sera devenu tout à fait abordable. Bonne lecture discursive !

Fondements I.1

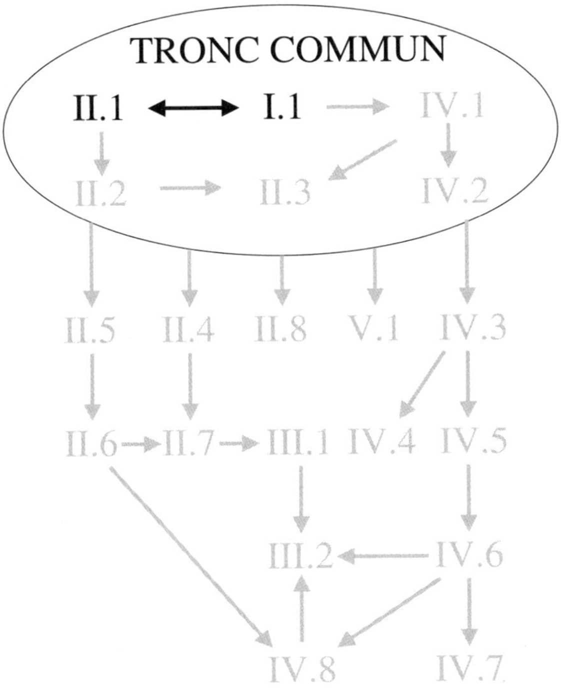

Du paradis que Cantor a créé pour nous,
nul ne nous chassera (Hilbert).

La théorie des ensembles a été créée par Georg Cantor à la fin du XIXe siècle pour résoudre des problèmes d'analyse réelle. Elle a suscité des résistances psychologiques (certains mathématiciens y voyaient de la métaphysique) et posé d'importantes difficultés logiques (la « crise des fondements », au début du XIXe siècle). Cependant, elle a rapidement investi les autres parties des mathématiques ; en particulier, l'algèbre moderne, créée en Allemagne entre les deux guerres mondiales, est entièrement formulée dans le langage des ensembles.

Dans leur version moderne, toutes les mathématiques sont fondées sur la théorie des ensembles et *tout objet mathématique est un ensemble*. Ainsi, dans la théorie de Von Neumann, on définit l'entier naturel n comme un ensemble particulier à n éléments ; par exemple, $0 := \varnothing$ (voir page 40).

Nous adopterons un point de vue plus naïf. Nos ensembles et nos applications contiennent (ou mettent en jeu) des éléments, qui sont des objets mathématiques plus ou moins élémentaires et dont on ne précise pas nécessairement la nature. Toutes ces « entités » sont cependant soumises à des *axiomes* que nous rendrons explicites, autant du moins que ce point de vue non formel le permet. Il ne s'agit pas à proprement parler de *fondations* des mathématiques, mais plutôt de la mise en place de l'outillage de base qui interviendra dans *toutes les structures* et *toutes les théories* qui seront exposées dans cet ouvrage. Ainsi, l'exposition n'est pas strictement linéaire : des exemples seront tirés des modules ultérieurs, certaines définitions (lois de composition, nombres entiers, relations d'ordre) apparaîtront à plusieurs reprises si des points de vue différents le justifient. Notons que la section 6 (cardinaux) peut être omise en première lecture

Enfin, nous ne formaliserons pas la logique. Nous admettrons une connaissance intuitive de la notion de vrai et de faux, de l'égalité et même des entiers naturels. Des règles de raisonnement seront décrites *à la fin* de ce module, alors que nous aurons déjà suffisamment de matière pour les illustrer.

1 Ensembles

Le lecteur qui ne désire pas s'initier à l'axiomatique des ensembles peut aborder la lecture de ce module à la page 8 ; s'il est familier avec les définitions de base, il peut même commencer par le théorème 1 de la page 15.

1.1 Appartenance, éléments

Les ensembles sont formés d'éléments. Ce que sont ces derniers n'est pas précisé. On introduit donc une relation particulière entre un élément x et un ensemble E, la *relation d'appartenance*. Cette relation s'écrit $x \in E$, ce qui se lit « x appartient à E », « x est élément de E », « E contient x ». Notons cependant que cette dernière formulation est ambiguë, à cause de l'inclusion (définition 2 de la page 8). La négation de la relation d'appartenance s'écrit : $x \notin E$, ce qui signifie que $x \in E$ est faux, ou encore que $\neg(x \in E)$ est vrai (en logique, le symbole $\neg$ signifie « non »). On lit : « x n'appartient pas à E », etc.

Les ensembles les plus célèbres sont $\mathbb{N}$ (dont les éléments sont appelés *entiers naturels*), $\mathbb{Z}$ (dont les éléments sont appelés *entiers relatifs*), $\mathbb{Q}$ (dont les éléments sont appelés *nombres rationnels*), $\mathbb{R}$ (dont les éléments sont appelés *nombres réels*) et $\mathbb{C}$ (dont les éléments sont appelés *nombres complexes*).

Axiome 1. L'axiome fondamental est l'*axiome d'extensionalité* pour les ensembles, qui dit qu'un ensemble est totalement caractérisé par ses éléments :

$$(\forall x\ ,\ x \in E \Leftrightarrow x \in F) \implies E = F. \tag{1}$$

Lire : « deux ensembles qui ont les mêmes éléments sont égaux ».

Dans la phrase entre guillemets, l'usage de l'article défini « les » (mêmes éléments) dit qu'il s'agit de *tous* les éléments : c'est pourquoi la formule (1) comporte un quantificateur $\forall x$, qu'il faut lire « quel que soit x », ou encore « pour tout x ».

Remarquons que l'implication réciproque va de soi, pour des raisons de logique pure. L'usage mathématique veut en effet que, si l'on a une égalité $E = F$, alors toute propriété vérifiée par E est vérifiée par F (« substitutivité de l'égalité »). C'est même ainsi que Leibniz définissait l'égalité ! Pour en revenir à nos ensembles, si l'on a $E = F$ et $x \in E$, on en déduit que $x \in F$. Pratiquement, on pourra prouver l'égalité de deux ensembles *par équivalence*.

Exercice 1.
Déterminer l'intersection des droites $D : y = 2x + 1$ et $D' : y = 3x - 2$.
Solution. C'est l'ensemble des points (x, y) qui appartiennent à D et à D', c'est-à-dire qui satisfont le système d'équations $(y = 2x + 1\ ,\ y = 3x - 2)$. Les méthodes de résolution du secondaire (par équivalence, justement) permettent de déduire que (x, y) est solution de ce système si, et seulement si, $x = 3,\ y = 7$. Comme nous allons le voir, il y a un ensemble dont le seul élément est le point $P = (3, 7)$, c'est le singleton $\{P\}$. On a donc : $M \in D \cap D' \Leftrightarrow M \in \{P\}$, d'où $D \cap D' = \{P\}$.

La plupart des *axiomes* qui vont apparaître dans ce module mettront en jeu une certaine propriété $P(x)$ d'un élément indéterminé x (P s'appelle un *prédicat*) ; un axiome dira alors que les éléments x tels que $P(x)$ est vrai forment un ensemble, autrement dit, qu'il existe un ensemble E tel que $\forall x\ ,\ x \in E \Leftrightarrow P(x)$. Cela se lit : « quel que soit x, $x \in E$ si, et seulement si, $P(x)$ ». L'axiome d'extensionalité permettra alors de déduire que E est *unique*. En effet, si F est un (autre) ensemble tel que $\forall x\ ,\ x \in F \Leftrightarrow P(x)$, les règles usuelles concernant l'équivalence logique entraînent : $\forall x\ ,\ x \in E \Leftrightarrow x \in F$, donc $E = F$. Après quelques exemples simples, ce procédé sera systématisé en 1.2.

1.1.1 Construction d'ensembles finis

Nous allons commencer par les ensembles « finis » dans un sens intuitif, terme qui sera précisé à la section 6.

Axiome et définition 2. Il existe un ensemble qui n'admet aucun élément.

$$\exists E\ :\ \forall x\ ,\ x \notin E. \tag{2}$$

On le note $\varnothing$ et on l'appelle *ensemble vide*.

L'existence d'*un* (sous-entendu : « au moins ») ensemble qui n'a aucun élément (« un », article indéfini, exprime l'existence, quantificateur $\exists$) est le contenu de cet axiome. Mais, d'après l'axiome d'extensionalité, l'ensemble qui n'a aucun élément est unique. C'est pourquoi, dans la deuxième partie de la phrase, on dit *le* (note), qui sous-entend l'unicité. La formule (2) peut donc être renforcée ainsi :

$$\exists ! E\ :\ \forall x\ ,\ x \notin E.$$

Le symbole $\exists !$ signifie « il existe un unique ».

Axiome et définition 3. Soit a un objet mathématique. L'*axiome du singleton* dit qu'il existe un ensemble dont le seul élément est a. On le note $\{a\}$, lire « singleton a ».

Notant $E = \{a\}$, on a donc : $\forall x\ ,\ x \in E \Leftrightarrow x = a$. D'après l'axiome d'extensionalité, un tel ensemble est unique. Tout objet mathématique est donc élément d'un ensemble, et nous appellerons donc *élément* un tel objet. Naturellement, $\{a\} = \{b\}$ équivaut logiquement à $a = b$.

Axiome et définition 4. Soient a, b deux éléments (non nécessairement distincts). L'*axiome de la paire* dit qu'il existe un ensemble dont les seuls éléments sont a et b. On le note $\{a, b\}$. Si $a \neq b$, on l'appelle « paire formée de a et b ».

D'après l'axiome d'extensionalité, l'ensemble $\{a, b\}$ est unique. L'axiome de la paire implique d'ailleurs celui du singleton : lorsque $a = b$, on trouve $\{a, a\} = \{a\}$. On démontre de même que $\{a, b\} = \{b, a\}$ par de la logique pure ! Pour tout x :

$$x \in \{a, b\} \iff (x = a \text{ ou } x = b) \iff (x = b \text{ ou } x = a) \iff x \in \{b, a\},$$

et l'on applique l'axiome d'extensionalité. On prendra donc garde à ne pas confondre la paire $\{a, b\}$ et le couple (a, b) (ces derniers apparaîtront à la page 10) : on n'a $(a, b) = (b, a)$ que si $a = b$.

Exercice 2.
Montrer que les ensembles $\varnothing$, $\{\varnothing\}$, $\{\{\varnothing\}\}$ et $\{\varnothing, \{\varnothing\}\}$ sont deux à deux distincts.
Solution. Seul le premier n'a aucun élément, il est donc différent de chacun des trois autres ; par ailleurs, puisque $\varnothing \neq \{\varnothing\}$ (on vient de le voir), les singletons correspondants sont différents. Le dernier ensemble est une paire parce que $\varnothing \neq \{\varnothing\}$, il n'est donc égal à aucun des trois premiers.

1.1.2 Définition en extension

Chaque fois que l'on se donne des objets $a_1, \ldots, a_n$, on dispose d'une version plus générale des axiomes précédents.

Axiome et définition 5. Il existe un ensemble dont les seuls éléments sont $a_1, \ldots, a_n$ (d'après l'axiome d'extensionalité, il est unique). Cet ensemble est noté $\{a_1, \ldots, a_n\}$. On dit que l'on a défini cet ensemble « en extension », c'est-à-dire en énumérant ses éléments.

Exercice 3.
Donner une condition nécessaire et suffisante pour que l'on ait $\{a_1, \ldots, a_n\} = \{a\}$, ou $\{a_1, \ldots, a_n\} = \varnothing$.
Solution. La première égalité a lieu si, et seulement si, les objets $a_1, \ldots, a_n$ sont tous égaux à a. La seconde est en principe impossible. Il existe cependant une convention (en fait, un abus de langage) selon laquelle, lorsque $n = 0$ (aucun objet !), la notation $\{a_1, \ldots, a_n\}$ désigne l'ensemble vide.

Pour $n = 1, 2$, on retrouve les axiomes précédents. Au delà, on trouve les ensembles $\{a, b, c\}$, $\{a, b, c, d\}$, etc. La notation générale $a_1, \ldots, a_n$ est légèrement abusive car elle sous-entend que l'on sait interpréter les $\ldots$ intermédiaires. Dans la pratique, on s'autorise des « définitions en extension incomplètes » comme $\{0, 2, \ldots, 2n\}$ parce que l'on devine aisément la *loi de formation* des éléments énumérés : ici, les entiers de la forme $2k$, où l'entier k varie de 0 à n. Par abus courant, la même notation s'emploie pour énumérer des ensembles infinis, comme $\mathbb{N} = \{0, 1, 2, \ldots\}$ ou l'ensemble $2\mathbb{N} = \{0, 2, 4, \ldots\}$ des entiers naturels pairs. Cela peut être dangereux (ambiguïté sur la loi de formation) et cela cache en réalité des axiomes plus puissants. En fait, pour anticiper, on a une suite $(u_n)_{n \in \mathbb{N}}$ et l'ensemble $\{u_0, u_1, \ldots\}$ est l'ensemble image de cette suite, c'est-à-dire l'ensemble $\{u_n \mid n \in \mathbb{N}\}$.

Exercice 4.
Reconnaître l'ensemble $\{0, 1, -1, 2, -2, \ldots\}$.
Solution. Il s'agit bien sûr de l'ensemble $\mathbb{Z}$. On peut le décrire à l'aide de la suite $(u_n)_{n \in \mathbb{N}}$ définie par les formules $u_{2p} = -p$ et $u_{2p+1} = p + 1$.

1.2 Définition en compréhension

Dans des situations très répandues, on a un prédicat $P(x)$ (*i.e.* une propriété dépendant de l'élément indéterminé x) et l'on se demande s'il existe un ensemble E tel que $\forall x\ ,\ x \in E \Leftrightarrow P(x)$. Si c'est le cas, E est unique (axiome d'extensionalité).

Définition 1. Si un tel ensemble existe, on le note $\{x \mid P(x)\}$, ce qui se lit « l'ensemble des x tels que $P(x)$ ». On dit alors que la propriété P est *collectivisante*.

Exemples. Comme on l'a vu, les propriétés $x \neq x$, $x = a$, $(x = a$ ou $x = b)$ (a et b étant fixés) sont collectivisantes. Pour un ensemble E donné, la propriété $x \in E$ est évidemment collectivisante, et l'on a l'égalité $E = \{x \mid x \in E\}$.

Toutes ces précautions sont nécessaires parce que l'on ne peut pas déclarer tous les prédicats collectivisants :

Exercice 5.
L'un des plus vieux paradoxes de la théorie des ensembles concerne « l'ensemble des éléments qui ne sont pas éléments d'eux-mêmes », c'est-à-dire l'ensemble $E := \{x \mid x \notin x\}$. Ainsi, $\forall x\ ,\ x \in E \Leftrightarrow x \notin x$. Appliquer cette assertion à $x := E$.
Solution. On tombe sur la célèbre contradiction :

$$E \in E \Longleftrightarrow E \notin E.$$

L'existence d'un tel ensemble E entraînerait une contradiction. Selon les principes de la logique mathématique, cette existence est donc fausse, l'ensemble E n'existe pas et la propriété $\{x \mid x \notin x\}$ n'est donc pas collectivisante.

Il nous faudra donc expressément déclarer par des axiomes que certains prédicats sont collectivisants et que certains ensembles existent bel et bien, comme on l'a fait pour les définitions en extension. Cependant, dans l'immense majorité des cas, cela sera facilité par l'axiome suivant, appelé *axiome de séparation* :

Axiome et définition 6. Soient E un ensemble et $P(x)$ une propriété des éléments de E. Alors la propriété « $P(x)$ et $x \in E$ » est collectivisante et l'on note l'ensemble associé $\{x \in E \mid P(x)\}$, ce qui se lit « l'ensemble des x éléments de E tels que $P(x)$ ».

Il n'existe donc pas d'ensemble de tous les ensembles : en effet, si un tel ensemble existait, selon l'axiome de séparation, toute propriété serait collectivisante.

Exercice 6.
Les ensembles $\{x \in \mathbb{R} \mid x^2 + 1 = 0\}$ et $\{x \in \mathbb{N} \mid x + 1 = 0\}$ existent-ils ?
Solution. Oui, d'après l'axiome de séparation ! Mais ils sont évidemment vides (donc égaux). Ce sont leurs éléments qui n'existent pas...

1.2.1 Inclusion, parties

Définition 2. On dit que l'ensemble F est *inclus* dans l'ensemble E, ce que l'on note $F \subset E$, si tous les éléments de F sont éléments de E :

$$F \subset E \iff \big(\forall x\,,\ x \in F \Rightarrow x \in E\big). \tag{3}$$

On dit aussi que F est une *partie* ou un *sous-ensemble* de E.

On dit également que E contient F (mais c'est ambigu à cause de la relation $x \in E$ qui se dit aussi « E contient x »). L'ensemble vide est un sous-ensemble de tout ensemble. Tout ensemble est sous-ensemble de lui même. L'ensemble $\{x \in E \mid P(x)\}$ (c'est-à-dire l'ensemble des éléments de E qui ont la propriété P) est un sous-ensemble de E.

Exercice 7.
À quelle condition a-t-on $\{a\} \subset E$? $\{a,b\} \subset E$? $\{a\} \subset \{b\}$?
Solution. L'inclusion $\{a\} \subset E$ (resp. $\{a,b\} \subset E$) est équivalente à l'appartenance $a \in E$ (resp. aux appartenances $a \in E$ et $b \in E$).
L'inclusion $\{a\} \subset \{b\}$ est équivalente à l'égalité $a = b$.

En anticipant un peu sur les définitions ultérieures, on voit que la relation d'inclusion est réflexive : $E \subset E$, transitive : $(E \subset F \text{ et } F \subset G) \Rightarrow E \subset G$ et antisymétrique : $(E \subset F \text{ et } F \subset E) \Rightarrow E = F$; les deux premières propriétés sont immédiates, la troisième est une simple traduction de l'axiome d'extensionalité. L'inclusion est donc une relation d'ordre (définition 16 de la page 30).

Axiome et définition 7. Soit E un ensemble. La relation $x \subset E$ est collectivisante et définit *l'ensemble des parties de* E, noté $\mathcal{P}(E)$. On a donc : $\mathcal{P}(E) := \{x \mid x \subset E\}$.

Exemples. Le seul sous-ensemble de $\varnothing$ est $\varnothing$, d'où l'égalité $\mathcal{P}(\varnothing) = \{\varnothing\}$. On vérifie de même que $\mathcal{P}(\{a\}) = \{\varnothing, \{a\}\}$ et que $\mathcal{P}(\{a,b\}) = \{\varnothing, \{a\}, \{b\}, \{a,b\}\}$. Enfin, $\mathcal{P}\big(\mathcal{P}(\varnothing)\big) = \{\varnothing, \{\varnothing\}\}$.

1.3 Constructeurs

1.3.1 Constructeurs élémentaires

Pour construire la réunion de deux ensembles quelconques, un nouvel axiome est requis.

Axiome et définition 8. Soient E et F deux ensembles. Il existe alors un ensemble G tel que :

$$\forall x\,,\ x \in G \iff (x \in E \text{ ou } x \in F).$$

Cet ensemble (unique d'après l'axiome d'extensionalité) est appelé *réunion* ou *union* de E et de F et noté $E \cup F$. Ainsi, $E \cup F := \{x \mid x \in E \text{ ou } x \in F\}$.

Rappelons que le « ou » des mathématiciens n'est pas exclusif : l'affirmation $x \in E$ *ou* $x \in F$, n'exclut nullement que l'on ait $x \in E$ *et* $x \in F$. Ainsi, $E \cup F$ contient en particulier les éléments communs à E et à F.

Définition 3. Soient E et F deux ensembles. L'ensemble des éléments de E qui sont dans F existe (axiome de séparation) et est unique (axiome d'extensionalité). On l'appelle *intersection* de E et de F et on le note $E \cap F$:

$$\forall x\ ,\ x \in E \cap F \Longleftrightarrow (x \in E \text{ et } x \in F).$$

Ainsi, $E \cap F := \{x \mid x \in E \text{ et } x \in F\}$.
On dit que E et F sont *disjoints* si leur intersection est vide.

On a bien sûr $E \cap F = F \cap E$.

Définition 4. Soient E et F deux ensembles. L'ensemble des éléments de E qui ne sont pas dans F existe (axiome de séparation) et est unique (axiome d'extensionalité). On l'appelle *différence* de E et de F et on le note $E \setminus F$:

$$\forall x\ ,\ x \in E \setminus F \Longleftrightarrow (x \in E \text{ et } x \notin F).$$

Ainsi, $E \setminus F := \{x \mid x \in E \text{ et } x \notin F\}$.

Lorsque $F \subset E$, l'ensemble $E \setminus F$ est appelé *complémentaire de* F *dans* E et noté $\complement_E F$. Remarquons d'ailleurs que l'on ne peut parler de complémentaire de l'ensemble F « dans l'absolu », mais seulement relativement à un ensemble englobant E.

Les opérations de réunion et d'intersection vérifient de nombreuses règles de nature algébrique, qui sont toutes très faciles à vérifier une fois écrites (voir page 10).

À titre d'exemple, démontrons les deux dernières règles, en commençant par les implications directes (ce qui signifie, de gauche à droite). Supposons donc l'inclusion $E \subset F$. En ce qui concerne la première égalité à démontrer, on a *a priori* l'inclusion $(E \cap F) \subset E$. Par ailleurs, on a à la fois $E \subset E$ (toujours vrai) et $E \subset F$ (c'est l'hypothèse), donc $E \subset (E \cap F)$ (par définition de l'intersection). De la double inclusion $(E \cap F) \subset E$ et $E \subset (E \cap F)$, on déduit enfin la première égalité désirée : $(E \cap F) = E$. L'autre égalité se démontre également par double inclusion : l'inclusion $F \subset (E \cup F)$ est toujours vraie, l'inclusion réciproque $(E \cup F) \subset F$ vient (par définition de la réunion) de ce que $E \subset F$ (c'est l'hypothèse) et $F \subset F$ (toujours vrai).

Démontrons maintenant les implications réciproques (ce qui signifie, de droite à gauche). Supposons d'abord $(E \cap F) = E$. Alors tout élément de E est élément de $E \cap F$ (ces ensembles ont mêmes éléments puisqu'ils sont égaux) donc de F : autrement dit, $E \subset F$, comme espéré.
Supposons maintenant que $(E \cup F) = F$. Alors tout élément de E est élément de $E \cup F$ (évidemment) donc de F (qui est égal au précédent), et l'on a encore $E \subset F$.

Dans ces égalités, E, F et G désignent trois ensembles quelconques.

$$E \cup (F \cup G) = (E \cup F) \cup G \text{ (associativité de la réunion)} \tag{4}$$

$$E \cup F = F \cup E \text{ (commutativité de la réunion)} \tag{5}$$

$$\varnothing \cup E = E \cup \varnothing = E \text{ (l'ensemble vide est neutre pour la réunion)} \tag{6}$$

$$E \cup E = E \text{ (tout ensemble est idempotent pour la réunion)} \tag{7}$$

$$E \cap (F \cap G) = (E \cap F) \cap G \text{ (associativité de l'intersection)} \tag{8}$$

$$E \cap F = F \cap E \text{ (commutativité de l'intersection)} \tag{9}$$

$$\varnothing \cap E = E \cap \varnothing = \varnothing \text{ (l'ensemble vide est absorbant pour l'intersection)} \tag{10}$$

$$E \cap E = E \text{ (tout ensemble est idempotent pour l'intersection)} \tag{11}$$

$$E \cap (F \cup G) = (E \cap F) \cup (E \cap G) \text{ (distributivité de l'intersection par rapport à la réunion)} \tag{12}$$

$$E \cup (F \cap G) = (E \cup F) \cap (E \cup G) \text{ (distributivité de la réunion par rapport à l'intersection),} \tag{13}$$

$$E \subset F \iff E \cap F = E, \tag{14}$$

$$E \subset F \iff E \cup F = F. \tag{15}$$

Exercice 8.
À quelle condition a-t-on $E \cup F = E \cap F$?
Solution. Puisque $(E \cap F) \subset E \subset (E \cup F)$ et $(E \cap F) \subset F \subset (E \cup F)$, l'égalité ci-dessus entraîne $E = F$; la réciproque est immédiate.

L'union, l'intersection et la différence de deux parties d'un ensemble E sont encore des parties de E. Anticipant un peu sur la section 4, on peut donc les considérer comme des lois de composition interne sur $\mathcal{P}(E)$. Outre les règles algébriques énoncées plus haut, l'ensemble $\mathcal{P}(E)$ muni des lois $\cup$ et $\cap$ vérifie les propriétés de la page suivante.
Les deux dernières formules sont connues sous le nom de *lois de Morgan*. Les deux premières lois sont immédiates d'après les règles précédentes. La troisième loi découle de l'équivalence : $\forall x \in E$, $x \notin F \Leftrightarrow x \in \complement_E F$. La démonstration des lois de Morgan repose sur des règles logiques : soient P et Q deux assertions ; alors la négation de « P et Q » est « non P ou non Q », et la négation de « P ou Q » est « non P et non Q ». On applique ici ces règles à l'assertion $P := (x \in F)$ et à l'assertion $Q := (x \in G)$.

1.3.2 Produits cartésiens

On suppose que l'on sait former à partir de deux objets a et b un *couple* (a, b) de manière à satisfaire la règle suivante :

$$\forall a \,,\, \forall b \,,\, \forall c \,,\, \forall d \,,\, (a,b) = (c,d) \iff a = c \text{ et } b = d. \tag{21}$$

F et G désignent des parties de l'ensemble E.

$$E \cap F = F \cap E = F \text{ (l'ensemble } E \text{ est neutre pour l'intersection)} \quad (16)$$

$$E \cup F = F \cup E = E \text{ (l'ensemble } E \text{ est absorbant pour la réunion)} \quad (17)$$

$$\complement_E(\complement_E F) = F \text{ (involutivité du passage au complémentaire)} \quad (18)$$

$$\complement_E(F \cup G) = (\complement_E F) \cap (\complement_E G) \text{ (le passage au complémentaire est un morphisme } \cup \to \cap) \quad (19)$$

$$\complement_E(F \cap G) = (\complement_E F) \cup (\complement_E G) \text{ (le passage au complémentaire est un morphisme } \cap \to \cup) \quad (20)$$

L'exercice I.1.1 de la page 54 suggère une *construction* d'un tel objet, due au mathématicien polonais Kuratowski. Les éléments a et b sont respectivement appelés *première* et *seconde composante* (ou encore *coordonnée*) du couple (a, b). Si $x = (a, b)$, on écrit parfois $a = p_1(x)$ et $b = p_2(x)$.

Axiome et définition 9. Soient E et F deux ensembles. Il existe un ensemble G dont les éléments sont les couples (a, b) formés d'un élément $a \in E$ et d'un élément $b \in F$:

$$G := \{x \mid \exists a \in E \text{ et } \exists b \in F \ : \ x = (a, b)\}.$$

D'après l'axiome d'extensionalité, un tel ensemble est unique. On le note $E \times F$ et on l'appelle *produit cartésien* des ensembles E et F. De manière équivalente :

$$E \times F := \{(a, b) \mid a \in E \text{ et } b \in F\}.$$

Plus généralement, à partir de n éléments $a_1, \ldots, a_n$, on peut former le n*-uplet* (ou encore n*-uple*) $x = (a_1, \ldots, a_n)$, dont les n composantes (ou coordonnées) sont $a_1 = p_1(x)$,..., $a_n = p_n(x)$. Pour $n = 3, 4, 5, \ldots$, on parle de *triplets, quadruplets, quintuplets,* etc. On a la règle :

$$\forall a_1 \ , \ \ldots \ , \ \forall a_n \ , \ \forall b_1 \ , \ \ldots \ , \ \forall b_n \ ,$$
$$(a_1, \ldots, a_n) = (b_1, \ldots, b_n) \iff a_1 = b_1 \text{ et } \ldots \text{ et } a_n = b_n. \quad (22)$$

L'axiome ci-dessus se généralise ainsi : les n-uplets $(a_1, \ldots, a_n)$ formés d'éléments $a_1 \in E_1, \ldots, a_n \in E_n$ forment un ensemble, le *produit cartésien* $E_1 \times \cdots \times E_n$. Si l'un des E_i est vide, on ne peut former aucun n-uplet car il n'y a aucune possibilité pour sa $i^{\text{ème}}$ composante. Si tous les E_i sont non vides, en choisissant un élément a_i dans chacun des E_i, on forme un n-uplet $(a_1, \ldots, a_n)$ qui est élément de $E_1 \times \cdots \times E_n$. On en conclut que le produit cartésien $E_1 \times \cdots \times E_n$ est vide si, et seulement si, l'un des ensembles E_i est vide.

L'application stricte des règles entraîne que $\big(x,(y,z)\big) \neq \big((x,y),z\big)$ (ces deux couples n'ont pas pas la même première projection). Cependant, on les identifie fréquemment à (x,y,z). De même, on identifiera les ensembles produits $E \times (F \times G)$ et $(E \times F) \times G$ à $E \times F \times G$. Cette convention se généralise naturellement à des produits plus compliqués. On pose souvent $E^n = E \times \cdots \times E$ (n facteurs). Avec les identifications précédentes, cela revient à poser $E^1 = E$, puis, par récurrence, $E^{n+1} = E \times E^n$ (ou $E^n \times E$, au choix). La *diagonale* de E^n est l'ensemble $\{x \in E^n \mid p_1(x) = \cdots = p_n(x)\}$. On peut également le décrire comme $\{(x,\ldots,x) \mid x \in E\}$, où le uplet $(x,\ldots,x)$ a n composantes.

2 Applications

Nous abordons ici l'étude des applications, qui ne sont autres que les fonctions, mais avec un nom savant et une théorie plus précise. Cependant, comme pour les ensembles, nous ne partirons pas d'une définition formelle.

2.1 Applications et graphes

Une *application* d'un ensemble E dans un ensemble F est (naïvement) un « procédé » (non précisé) qui associe à chaque élément $x \in E$ un élément $f(x) \in F$. Une telle application est notée $f:\ \begin{array}{ccc} E & \longrightarrow & F \\ x & \longmapsto & f(x). \end{array}$

L'élément $f(x) \in F$ est appelé *image* de l'élément $x \in E$ par l'application f. L'ensemble E est appelé *ensemble de départ* (ou encore *source*) de l'application f ; l'ensemble F est appelé *ensemble d'arrivée* (ou encore *but*) de f. Il y a un *axiome d'extensionalité* pour les applications :

Axiome 10. Deux applications f et g de E dans F sont égales si, et seulement si, elles attribuent la même image à tout élément de E :

$$f = g \iff \forall x \in E\ ,\ f(x) = g(x). \tag{23}$$

En principe, lorsque l'on connaît l'application f, sa source et son but sont donc déterminés. Dans la pratique, on a tendance à identifier deux applications f et g de même source E dès qu'elles vérifient la relation $\forall x \in E \ :\ f(x) = g(x)$: par exemple, l'application $f : x \mapsto x^2$ de $\mathbb{R}$ dans $\mathbb{R}$ et l'application $g : x \mapsto x^2$ de $\mathbb{R}$ dans $\mathbb{R}_+$. Cela peut poser problème, par exemple lorsque l'on discute de la surjectivité (*cf.* la définition 7 de la page 15) : l'application g est surjective, alors que l'application f ne l'est pas. On fait appel au bon sens du lecteur pour vérifier que ce qu'il écrit a bien un sens.

Exemples.

1. Pour tout ensemble E, l'application $x \mapsto x$ de E dans lui-même est appelée *application identité* de E et notée Id_E.
2. Les ensembles E et F étant quelconques (ce dernier non vide), on peut définir, pour tout $a \in F$, l'application $x \mapsto a$ de E dans F : c'est une *application constante*.
3. Si $E \subset F$, l'application $x \mapsto x$ de E dans F est appelée *application canonique* ou *injection canonique* de E dans F.

4. Si f est une application de E dans F et si $E' \subset E$, on peut définir l'application $x \mapsto f(x)$ de E' dans F. Elle est appelée *restriction* de f à E' et notée $f_{|E'}$.

5. Si $F' \subset F$ est tel que $\forall x \in E\ ,\ f(x) \in F'$, l'application $x \mapsto f(x)$ de E dans F' est appelée *corestriction* de f à F'.

6. Si $E = \varnothing$, on convient qu'il y a une et une seule application de E dans F, appelée *application vide*. Par l'abus mentionné plus haut, c'est la même quel que soit F.

7. Si $F = \varnothing$ et $E \neq \varnothing$, il n'y a aucune application de E dans F.

8. Soient $E_1, \ldots, E_n$ des ensembles. Pour chaque $i = 1, \ldots, n$, l'application $p_i : (x_1, \ldots, x_n) \mapsto x_i$ (sa $i^{\,ème}$ composante) de $E_1 \times \cdots \times E_n$ dans E_i est appelée $i^{\,ème}$ *projection* ou $i^{\,ème}$ *application coordonnée*.

9. Soient E, F_1, F_2 des ensembles et $f_1 : E \to F_1$ et $f_2 : E \to F_2$ des applications. On en déduit une application $x \mapsto \big(f_1(x), f_2(x)\big)$ de E dans $F_1 \times F_2$. Cette application est notée $< f_1, f_2 >$.
Plus généralement, on peut définir $< f_1, \ldots, f_n > : E \to F_1 \times \cdots \times F_n$.

10. Soient E_1, E_2, F_1, F_2 des ensembles et $f_1 : E_1 \to F_1$ et $f_2 : E_2 \to F_2$ des applications. On en déduit une application $(x_1, x_2) \mapsto \big(f_1(x_1), f_2(x_2)\big)$ de $E_1 \times E_2$ dans $F_1 \times F_2$. Cette application est notée $f_1 \times f_2$. Plus généralement, on peut définir $f_1 \times \cdots \times f_n : E_1 \times \cdots \times E_n \to F_1 \times \cdots \times F_n$.

Définition 5. On appelle *graphe* de l'application $f : E \to F$ l'ensemble $\Gamma_f := \{(x, y) \in E \times F \mid y = f(x)\}$.

On peut également le décrire comme $\{\big(x, f(x)\big) \mid x \in E\}$. En vertu de l'axiome d'extensionalité, deux applications de même source et de même but sont égales si, et seulement si, elles ont le même graphe. Certains ouvrages définissent d'ailleurs une application comme un triplet (E, Γ, F), où $\Gamma \subset (E \times F)$ vérifie la propriété suivante :

$$\forall x \in E\ ,\ \exists ! y \in F\ :\ (x, y) \in \Gamma,$$

autrement dit, tout $x \in E$ a une unique image $y \in F$.

Exemples.

1. Le graphe de Id_E est la diagonale de E^2.

2. Le graphe de l'application constante $x \mapsto a$ est $E \times \{a\}$.

3. Le graphe de la restriction $f' = f_{|E'}$ est $\Gamma_{f'} = \Gamma_f \cap (E' \times F)$.

4. Le graphe de l'application vide est l'ensemble vide.

2.2 Images et antécédents

Définition 6. Soit $f : E \to F$ une application. On appelle *antécédent* d'un élément $y \in F$ par l'application f tout élément $x \in E$ tel que $f(x) = y$. L'ensemble des éléments de F qui admettent un antécédent par f est une partie de F appelée *ensemble image* ou *image* de f et notée $\operatorname{Im} f$:

$$\operatorname{Im} f := \{y \in F \mid \exists x \in E \ : \ y = f(x)\}.$$

On écrit également $\operatorname{Im} f := \{f(x) \mid x \in E\}$. Il ne faut en principe pas confondre ensemble image et ensemble d'arrivée, tout particulièrement lorsque la question de la surjectivité est en jeu. Pour tout sous-ensemble A de E, l'image $\operatorname{Im} f_{|A}$ (pour cette notation, voir l'exemple 4 de la page précédente) de la restriction de f à A est l'ensemble des éléments de F qui ont un antécédent dans A. Ce sous-ensemble de F est appelé *image de A par f* et noté $f(A)$:

$$f(A) := \{y \in F \mid \exists x \in A \ : \ y = f(x)\}.$$

On écrit également $f(A) = \{f(x) \mid x \in A\}$. Ces deux définitions sont liées : on vérifie sans peine que $\operatorname{Im} f = f(E)$ et que $f(A) = \operatorname{Im} f_{|A}$.

Exemples.

1. L'application Id_E a pour ensemble image E. Une application constante $x \mapsto a$ a pour ensemble image $\{a\}$. L'image de l'application vide est vide. L'image de l'application $x \mapsto x^2$ de $\mathbb{R}$ dans $\mathbb{R}$ est $\mathbb{R}_+$.
2. Selon le module IV.2, l'image par une application continue $f : \mathbb{R} \to \mathbb{R}$ d'un intervalle $I \subset \mathbb{R}$ est un intervalle (théorème des valeurs intermédiaires) ; si I est un segment, c'est-à-dire un intervalle fermé borné, $f(I)$ est lui-même un segment (théorème des bornes).

Un cas particulier intéressant est celui où $E = F$; si $f : E \to E$, on dit que $A \subset E$ est *stable par f* si $f(A) \subset A$. Dans ce cas, par restriction et corestriction on obtient une *application induite sur A*. Par exemple, $\{x\}$ est stable si, et seulement si, $f(x) = x$: on dit alors que x est un *point fixe de f*.

Voici quelques règles de calcul concernant l'image d'une partie de E par une application $f : E \to F$. Ici, A et B désignent des parties de E :

$$f(\varnothing) = \varnothing, \tag{24}$$

$$f(A \cup B) = f(A) \cup f(B), \tag{25}$$

$$f(A \cap B) \subset f(A) \cap f(B), \tag{26}$$

$$f(B) \setminus f(A) \subset f(B \setminus A), \tag{27}$$

$$A \subset B \Longrightarrow f(A) \subset f(B). \tag{28}$$

À titre d'exemple, discutons la troisième règle. Si $x \in A \cap B$, alors $x \in A$ et $x \in B$, donc $f(x) \in f(A)$ et $f(x) \in f(B)$, donc $f(x) \in f(A) \cap f(B)$. Tentons le raisonnement réciproque. Soit $y \in f(A) \cap f(B)$. Alors $y = f(a)$ pour un $a \in A$ et $y = f(b)$ pour un $b \in B$. Si f est injective (la définition de l'injectivité est donnée un peu plus loin), on a nécessairement $a = b \in A \cap B$ et $y \in f(A \cap B)$, ce qui nous apporte une règle supplémentaire :

$$f \text{ injective} \Longrightarrow f(A \cap B) = f(A) \cap f(B). \tag{29}$$

Si l'on ne suppose pas f injective, cette égalité peut être fausse : prendre $E = F = \mathbb{R}$, $f : x \mapsto x^2$, $A = \mathbb{R}_-^*$ et $B = \mathbb{R}_+^*$. Alors $A \cap B = \varnothing$, donc $f(A \cap B) = \varnothing$, mais $f(A) = f(B) = \mathbb{R}_+^*$, donc $f(A) \cap f(B) = \mathbb{R}_+^*$.

Définition 7. L'application $f : E \to F$ est dite *surjective* si tout élément de F admet (au moins) un antécédent, autrement dit, si $\operatorname{Im} f = F$:

$$f \text{ surjective} \Longleftrightarrow \big(\forall y \in F\ ,\ \exists x \in E\ :\ y = f(x)\big).$$

On parle alors d'application de E *sur* F, ou encore de *surjection*.

Exemples. L'application Id_E est surjective. Une application constante n'est surjective que si son ensemble d'arrivée est un singleton. Soit $f : E \to F$ une application quelconque et soit $F' := \operatorname{Im} f$. Alors la corestriction $f : E \to F'$ est surjective. Par exemple, l'application $x \mapsto x^2$ de $\mathbb{R}$ dans $\mathbb{R}$ n'est pas surjective, alors que sa corestriction à $\mathbb{R}^+$ est surjective.

Théorème 1 (de Cantor). Il n'existe aucune application surjective d'un ensemble E sur $\mathcal{P}(E)$.

Démonstration. Soit $f : E \to \mathcal{P}(E)$ une application quelconque. Considérons l'ensemble $F := \{x \in E \mid x \notin f(x)\}$. Puisque, pour $x \in E$, $f(x) \subset E$, la condition $x \notin f(x)$ a un sens. L'axiome de séparation garantit l'existence de $F \subset E$. Nous allons montrer que l'élément F de $\mathcal{P}(E)$ n'est l'image par f d'aucun élément a de E, ce qui impliquera que f n'est pas surjective. Si l'on avait $f(a) = F$ pour un certain $a \in E$, de l'équivalence $\forall x \in E\ ,\ x \in F \Leftrightarrow x \notin f(x)$ (qui est la définition de F) on déduirait, en remplaçant x par a, l'équivalence : $a \in F \Leftrightarrow a \notin f(a)$, c'est-à-dire $a \in F \Leftrightarrow a \notin F$, ce qui est absurde. On ne peut donc avoir $f(a) = F$. ■

Définition 8. On dit que l'application $f : E \to F$ est *injective* (ou que c'est une *injection*) si tout élément de F admet *au plus* un antécédent :

$$f \text{ injective} \Longleftrightarrow \big(\forall x, x' \in E\ ,\ f(x) = f(x') \Longrightarrow x = x'\big).$$

On dit que $f : E \to F$ est *bijective* (ou que c'est une *bijection*) si elle est à la fois surjective et injective, autrement dit si tout élément de F admet *exactement* un antécédent :

$$f \text{ bijective} \Longleftrightarrow \big(\forall y \in F\ ,\ \exists\,! x \in E\ :\ y = f(x)\big).$$

Rappelons que la notation $\exists\,! x$ signifie « il existe un unique x tel que ... »

Exemples.

1. L'application Id_E est toujours bijective.
2. Soit $f : E \to F$ une application injective et soit $F' = \mathrm{Im}\, f$. Alors la corestriction $f : E \to F'$ est bijective.
3. Soit I une partie de $\mathbb{R}$. Si $f : I \to \mathbb{R}$ est strictement croissante (ou strictement décroissante), elle est injective.

Exercice 9.

Soient $E = \{a\}$ et $F = \{b, c\}$. Existe-t-il des surjections (resp. des injections, des bijections) de E dans F ?

Solution. Si $b \neq c$, il y a deux applications de E dans F (respectivement définies par $a \mapsto b$ et $a \mapsto c$), et elles sont toutes les deux injectives et non surjectives. Si $b = c$, il n'y a qu'une application (définie par $a \mapsto b$) et elle est bijective.

Définition 9. Supposons l'application $f : E \to F$ bijective. En associant à tout élément $y \in F$ son unique antécédent par f, on définit une application de F dans E. Cette application est appelée *application réciproque de l'application* f (ou simplement *réciproque de* f) et notée f^{-1}. Elle est caractérisée par la relation :

$$\forall x \in E\ ,\ \forall y \in F\ ,\ y = f(x) \Longleftrightarrow x = f^{-1}(y).$$

Il en résulte évidemment que f^{-1} est à son tour bijective et que sa réciproque est $(f^{-1})^{-1} = f$. Pratiquement, on calcule $f^{-1}(y)$ en résolvant l'équation $f(x) = y$ d'inconnue x ; en principe, cette équation doit avoir une unique solution $x = f^{-1}(y)$.

Exercice 10.

La fonction $x \mapsto \sinh x := \dfrac{e^x - e^{-x}}{2}$ de $\mathbb{R}$ dans $\mathbb{R}$ (« sinus hyperbolique ») est strictement croissante (sa dérivée est strictement positive sur $\mathbb{R}$). Elle est donc injective. Comme ses limites en $\pm\infty$ sont $\pm\infty$, l'intervalle $\mathrm{Im}\, f$ est $\mathbb{R}$. Elle est donc bijective.

Pour calculer $x = f^{-1}(y)$, on résout l'équation $\dfrac{e^x - e^{-x}}{2} = y$ en prenant pour inconnue auxiliaire $X = e^x$. Celle-ci doit avoir pour valeur l'unique racine strictement positive de l'équation $X^2 - 2yX - 1 = 0$, donc $X = y + \sqrt{y^2 + 1}$; l'application réciproque est donc $y \mapsto \ln\left(y + \sqrt{y^2+1}\right)$.

Définition 10. Soient $f : E \to F$ et $g : F \to G$ deux applications.
L'application $x \mapsto g\big(f(x)\big)$ de E dans G est appelée *composée* de f et g et notée $g \circ f$.

Si de plus $h : G \to H$, alors $h \circ (g \circ f) = (h \circ g) \circ f$: c'est l'application $x \mapsto h\Big(g\big(f(x)\big)\Big)$ de E dans H. On prendra garde que, dans la composition $g \circ f$, c'est f qui « agit » en premier, bien que cela se lise « g rond f ». Il peut être utile de visualiser l'action à l'aide d'un diagramme :

$$\begin{array}{ccccc} E & \xrightarrow{f} & F & \xrightarrow{g} & G \\ x & \stackrel{f}{\longmapsto} & f(x) & \stackrel{g}{\longmapsto} & g\big(f(x)\big). \end{array}$$

Exemples.

1. Pour toute application $f : E \to F$, on a $\mathrm{Id}_F \circ f = f \circ \mathrm{Id}_E = f$.
2. Si f est bijective, on a $f^{-1} \circ f = \mathrm{Id}_E$ et $f \circ f^{-1} = \mathrm{Id}_F$.
3. Si f ou g est constante, alors $g \circ f$ est constante.
4. On ne peut composer $f \circ f$ que si $E = F$.
5. On ne peut composer $f \circ g$ et $g \circ f$ que si la source de l'un est le but de l'autre et réciproquement. On ne peut se poser la question de l'égalité $f \circ g = g \circ f$ que si, en outre, ces deux ensembles sont égaux.
6. Soit $f : \mathbb{R} \to \mathbb{R}$ et soit $g : x \mapsto x + 2\pi$. Alors $f \circ g = g \circ f$ si, et seulement si, l'application $x \mapsto f(x) - x$ est 2π-périodique.

Comme le montre le dernier exemple, on n'a pas, en général $f \circ g = g \circ f$, même si les deux applications ont pour source et but un même ensemble E.

La composée de deux applications injectives (resp. surjectives, resp. bijectives) est une application injective (resp. surjective, resp. bijective). Dans le cas où f et g sont bijectives, on a :

$$\big(g \circ f\big)^{-1} = f^{-1} \circ g^{-1}. \tag{30}$$

Pour le montrer, on résout $(g \circ f)(x) = z$. Cela équivaut à $g\big(f(x)\big) = z$, donc à $f(x) = g^{-1}(z)$, donc à $x = f^{-1}\big(g^{-1}(z)\big)$.

En fait, il y a de nombreuses règles de ce genre. Soient $f : E \to F$ et $g : F \to G$ deux applications.

1. Si f est bijective, alors $g \circ f$ est injective (resp. surjective, resp. bijective) si, et seulement si, g l'est.
2. Si g est bijective, alors $g \circ f$ est injective (resp. surjective, resp. bijective) si, et seulement si, f l'est.
3. Si $g \circ f$ est injective, alors f est injective.
4. Si $g \circ f$ est surjective, alors g est surjective.

Nous démontrerons seulement les deux dernières, et nous recommandons chaudement au lecteur de prouver les autres à titre d'exercice. Supposons $g \circ f$ injective. Alors on a les implications :

$$f(x) = f(x') \Rightarrow g\big(f(x)\big) = g\big(f(x')\big) \Rightarrow (g \circ f)(x) = (g \circ f)(x') \Rightarrow x = x',$$

d'où l'injectivité de f. Supposons maintenant $g \circ f$ surjective, et soit $z \in G$. Soit $x \in E$ un antécédent de z par $g \circ f$. Alors $f(x) \in F$ est un antécédent de z par g, qui est donc bien surjective.

Définition 11. On définit l'*image réciproque* $f^{-1}(B)$ de $B \subset F$ par l'application $f : E \to F$ comme l'ensemble des antécédents par f des éléments de B :

$$\forall B \subset F \;,\; f^{-1}(B) \;:=\; \{x \in E \mid f(x) \in B\}. \tag{31}$$

Il arrive parfois que l'on note $f^{-1}(y)$ l'ensemble $f^{-1}(\{y\})$ des antécédents d'un élément $y \in F$ par f. Avec cette notation, on voit que f surjective (resp. injective, resp. bijective) si, et seulement si, chaque $f^{-1}(y)$ est non vide (resp. vide ou un singleton, resp. un singleton).

Il y a un risque de confusion avec la notation de l'application réciproque (et certains ouvrages utilisent d'ailleurs des notations distinctes). Si f est bijective, l'image réciproque $f^{-1}(B)$ de $B \subset F$ par $f : E \to F$ est égale à l'image $f^{-1}(B)$ de $B \subset F$ par $f^{-1} : F \to E$, et il n'y a pas de problème. Mais l'emploi de l'écriture f^{-1} ne signifie pas nécessairement que f est bijective. D'autre part, si f est bijective et si $x \in E$ est l'unique antécédent de y, il ne faut pas confondre l'image réciproque $f^{-1}(\{y\}) = \{x\}$, parfois notée $f^{-1}(y)$, et l'image de y par l'application réciproque $f^{-1}(y) = x$.

Voici quelques règles de calcul concernant l'image réciproque d'une partie de F par une application $f : E \to F$:

$$f^{-1}(\varnothing) = \varnothing, \tag{32}$$

$$f^{-1}(F) = E, \tag{33}$$

$$f^{-1}(A \cup B) = f^{-1}(A) \cup f^{-1}(B), \tag{34}$$

$$f^{-1}(A \cap B) = f^{-1}(A) \cap f^{-1}(B), \tag{35}$$

$$f^{-1}(B) \setminus f^{-1}(A) = f^{-1}(B \setminus A), \tag{36}$$

$$A \subset B \Longrightarrow f^{-1}(A) \subset f^{-1}(B). \tag{37}$$

Démontrons par exemple la cinquième règle. On procède par équivalences : $x \in f^{-1}(B) \setminus f^{-1}(A)$ équivaut à $x \in f^{-1}(B)$ et $x \notin f^{-1}(A)$, c'est-à-dire à $f(x) \in B$ et $f(x) \notin A$, donc à $f(x) \in B \setminus A$, d'où la conclusion.

2.2.1 Diagrammes

Lorsqu'il y a plusieurs ensembles et plusieurs applications entre ces ensembles, il peut être commode d'utiliser des *diagrammes* comme celui-ci :

$$\begin{array}{ccc} E & \xrightarrow{\;f\;} & F \\ \big\downarrow{\scriptstyle u} & & \big\downarrow{\scriptstyle v} \\ E' & \xrightarrow{\;f'\;} & F' \end{array}$$

Il arrive fréquemment que l'on veuille exprimer la propriété suivante : si l'on part d'un élément x de l'un de ces ensembles et que l'on calcule ses images successives jusqu'à arriver dans un autre ensemble du diagramme, *le résultat obtenu ne dépend pas du chemin choisi*. On dit alors que *le diagramme est commutatif*. Dans le diagramme ci-dessus, on partirait de $x \in E$, et l'on irait jusqu'à F'. Si le chemin choisi est horizontal puis vertical, le résultat est $v\big(f(x)\big) \in F'$; si le chemin choisi est vertical puis horizontal, le résultat est $f'\big(u(x)\big) \in F'$. Dire que ce diagramme est commutatif signifie donc que $\forall x \in E\ ,\ f'\big(u(x)\big) = v\big(f(x)\big)$, c'est-à-dire que $f' \circ u = v \circ f$.

Exemple. Anticipons un peu sur la section 4. Supposons que l'on ait une loi de composition interne notée $*$ sur l'ensemble E et une loi de composition interne notée $\star$ sur l'ensemble F. Soit $f : E \to F$ une application. Dire que f est un morphisme pour les lois $*$ et $\star$ équivaut à dire que le diagramme suivant est commutatif :

$$\begin{array}{ccc} E \times E & \xrightarrow{m_E} & E \\ \big\downarrow{\scriptstyle f \times f} & & \big\downarrow{\scriptstyle f} \\ F \times F & \xrightarrow{m_F} & F \end{array}$$

On a respectivement noté m_E et m_F les applications $(x, y) \mapsto x * y$ de $E \times E$ dans E et $(z, t) \mapsto z \star t$ de $F \times F$ dans F.

2.3 L'ensemble $\mathcal{F}(E, F)$ des applications de E dans F

Axiome 11. Les applications de l'ensemble E dans l'ensemble F forment un ensemble, noté $\mathcal{F}(E, F)$.

Exemples.

1. L'ensemble $\mathcal{F}(\varnothing, F)$ est le singleton dont l'unique élément est l'application vide.
2. L'ensemble $\mathcal{F}(\{a\}, F)$ est en bijection naturelle avec F par l'application $f \mapsto f(a)$ de $\mathcal{F}(\{a\}, F)$ dans F. En effet, connaître une application f de $\{a\}$ dans F revient à connaître l'image $f(a) \in F$.
3. Si $a \neq b$, l'ensemble $\mathcal{F}(\{a, b\}, F)$ est en bijection naturelle avec F^2 par l'application $f \mapsto \big(f(a), f(b)\big)$ de $\mathcal{F}(\{a, b\}, F)$ dans F^2 (connaître une application f de $\{a, b\}$ dans F revient à connaître $f(a), f(b) \in F$).
4. L'ensemble $\mathcal{F}(E, \varnothing)$ est vide si $E \neq \varnothing$ (et un singleton si $E = \varnothing$).
5. L'ensemble $\mathcal{F}(E, \{a\})$ est le singleton dont l'unique élément est l'application constante de valeur a.
6. L'ensemble $\mathcal{F}(E, \{0, 1\})$ est en bijection naturelle avec $\mathcal{P}(E)$; en effet, connaître une application f de E dans $\{0, 1\}$ revient à connaître le sous-ensemble $A \subset E$ des antécédents de 1, car alors $B = \complement_E A$ est le sous-ensemble des antécédents de 0. Nous retrouverons ce raisonnement en 3.4, lors de l'étude des fonctions caractéristiques.
7. La composition des applications induit une application $(f, g) \mapsto g \circ f$ de $\mathcal{F}(E, F) \times \mathcal{F}(F, G)$ dans $\mathcal{F}(E, G)$.

8. L'application $(f, g) \mapsto < f, g >$ de $\mathcal{F}(E, F) \times \mathcal{F}(E, G)$ dans $\mathcal{F}(E, F \times G)$ est une bijection. Soit $A \subset E$. L'application $f \mapsto f_{|A}$ va de $\mathcal{F}(E, F)$ dans $\mathcal{F}(A, F)$. Si de plus $B \subset E$, on obtient ainsi une application $f \mapsto (f_{|A}, f_{|B})$ de $\mathcal{F}(E, F)$ dans $\mathcal{F}(A, F) \times \mathcal{F}(B, F)$. Si $A \cup B = E$, cette application est injective ; si $A \cap B = \varnothing$, elle est surjective. La preuve de ces affirmations est laissée au lecteur.

3 Suites et familles

3.1 Suites d'éléments d'un ensemble

Une notion fondamentale introduite et étudiée dans le secondaire est celle de *suite de nombres réels* : $u_0, u_1, \ldots \in \mathbb{R}$. Chacun des termes de la suite est affecté d'un indice : l'indice du terme général u_n est n. Avant d'en donner une définition formelle, quelques remarques s'imposent :

- Pour distinguer une suite de ses termes, on notera en général $(u_n)_{n \in \mathbb{N}}$ ou $(u_n)_{n \geqslant 0}$ ou encore, pour alléger la notation, tout simplement (u_n). On pourra donc dire au choix « la suite (u_n) » ou « la suite de terme général u_n ».
- Une suite ne commence pas nécessairement au terme d'indice 0. On peut considérer la suite $u_1, u_2, \ldots$, que l'on notera donc au choix $(u_n)_{n \in \mathbb{N}^*}$ ou $(u_n)_{n \geqslant 1}$. On peut considérer plus généralement une suite $(u_n)_{n \geqslant n_0}$ commençant à l'indice $n_0 \in \mathbb{N}$.
- Les termes de la suite ne sont pas nécessairement des réels : on peut s'intéresser à des suites de complexes, de points du plan, de fonctions ...

Dans tous les cas, le processus consiste à associer à chaque entier $n \in \mathbb{N}$ (voire, dans les cas particuliers, $n \in \mathbb{N}^*$, etc) un élément u_n d'un ensemble : $\mathbb{R}$ ou $\mathbb{C}$ ou le plan, etc. On reconnaît une application ! Seule la notation diffère : on écrit u_n au lieu de $u(n)$.

Définition 12. On appelle *suite d'éléments de l'ensemble* E une application u de $\mathbb{N}$ ou de $\mathbb{N}^*$ dans E. L'image $u(n)$ est notée u_n et appelée *terme* de la suite et n est son *indice* ; on dit encore que le terme u_n est *indexé* par n. L'ensemble $\mathcal{F}(\mathbb{N}, E)$ des suites indexées par $\mathbb{N}$ est alors noté $E^{\mathbb{N}}$. De même, l'ensemble $\mathcal{F}(\mathbb{N}^*, E)$ des suites indexées par $\mathbb{N}^*$ est noté $E^{\mathbb{N}^*}$, etc.

Comme observé plus haut, on admet en fait d'autres ensembles de départ, de la forme $\{n_0, n_0 + 1, \ldots\} = \mathbb{N} \setminus \{0, \ldots, n_0 - 1\}$. Il arrive au contraire que l'on ne considère que des termes indexés par les indices $0, \ldots, n$, resp. $1, \ldots, n$: on parle alors d'une *suite finie*, notée $(u_0, \ldots, u_n)$, resp. $(u_1, \ldots, u_n)$.

Soit $J \subset \mathbb{N}$ un sous-ensemble infini de $\mathbb{N}$. La restriction à J de l'application $n \mapsto u_n$ peut être considérée comme une *suite extraite*, également appelée *sous-suite*. Par exemple, si $(u_n)_{n \in \mathbb{N}} \in \mathbb{R}^{\mathbb{N}}$ est une suite de réels, en se restreignant à l'ensemble J des indices pairs $2\mathbb{N} \subset \mathbb{N}$, on obtient une suite extraite $(u_n)_{n \in 2\mathbb{N}}$, que l'on notera plutôt $(u_{2n})_{n \in \mathbb{N}}$.

Pratiquement, pour définir une sous-suite de la suite $(u_n)_{n \in \mathbb{N}}$, on définit une suite strictement croissante d'indices : $n_0 < n_1 < \cdots$, et l'on considère la suite $(u_{n_k})_{k \in \mathbb{N}}$. Un exemple détaillé est traité dans l'exercice I.1.0 à la fin de ce module.

3.2 Familles d'éléments d'un ensemble

Nous allons dans cette section étendre la notion de suite au cas où les indices parcourent un ensemble encore plus général.

Définition 13. Une *famille d'éléments de l'ensemble E indexée par l'ensemble I* est une application de I dans E. On note sous la forme $\underline{x} := (x_i)_{i \in I}$ une telle famille, l'image de l'*indice* $i \in I$ étant l'élément $x_i \in E$. L'ensemble $\mathcal{F}(I, E)$ de ces familles est alors noté E^I.

Ce changement de notation est une opération psychologique : on met en avant les *valeurs* $x_i \in E$, le rôle des *indices* $i \in I$ étant de les repérer.

Exemples.

1. En prenant $I := \mathbb{N}$ ou $I := \mathbb{N}^*$, on retrouve la notion de suite :
$$(x_n)_{n \geqslant 0} := (x_0, x_1, x_2, \ldots) \quad \text{ou} \quad (x_n)_{n \geqslant 1} := (x_1, x_2, \ldots).$$
2. En prenant $I := \{0, 1, 2, \ldots, n\}$ ou $I := \{1, 2, \ldots, n\}$ on retrouve la notion de suite finie $(x_0, x_1, x_2, \ldots, x_n)$ ou $(x_1, x_2, \ldots, x_n)$.
3. Soit $J \subset I$ un sous-ensemble d'indices. Par restriction à J de l'application $i \mapsto x_i$, on obtient une famille $(x_i)_{i \in J}$ indexée par J : on dit que c'est une *famille extraite*. Si $I = \mathbb{N}$ et $J \subset \mathbb{N}$, on reconnaît la notion de suite extraite ou sous-suite.
4. Soit $\varphi : K \to I$ une application entre les ensembles d'indices K et I. Par composition de φ avec l'application $i \mapsto x_i$, on définit une famille $(x_{\varphi(k)})_{k \in K} \in E^K$. Dans le cas où φ est injective, c'est une bijection de K sur un sous-ensemble J de I, et cette construction est équivalente à la précédente. Par exemple, prenant $K = I = \mathbb{N}$ et $\varphi(n) = 2n$, on voit que φ est une bijection de $\mathbb{N}$ sur $2\mathbb{N} \subset \mathbb{N}$. Si $(u_n)_{n \in \mathbb{N}} \in \mathbb{R}^{\mathbb{N}}$ est une suite de réels, on retrouve la suite extraite $(u_n)_{n \in 2\mathbb{N}}$, que l'on notera plutôt $(u_{2n})_{n \in \mathbb{N}}$.
5. Si l'ensemble I des indices est un produit cartésien : $I := J \times K$, il est d'usage d'employer la « biindexation » $(x_{j,k})_{j \in J, k \in K} \in E^{J \times K}$. C'est le cas de la famille des coefficients d'une matrice (module II.4).
6. Si I est l'ensemble vide (ce qui peut arriver), on parle de *famille vide*.

Malgré son apparente lourdeur, la notion de famille d'éléments indexée par un ensemble d'indices est d'une extrême commodité. Ainsi, lorsque l'on veut opérer sur tous les éléments d'un ensemble quelconque E, il est fréquent que l'on préfère les considérer comme les termes x_i d'une famille. Il suffit pour cela de prendre $I = E$ et de poser $x_i = i$, autrement dit de prendre la famille qui correspond à l'application Id_E. On dit que c'est *la famille canoniquement associée à l'ensemble E*. L'usage est de la noter $(x_i)_{i \in I}$, comme n'importe quelle famille, mais en gardant à l'esprit que chaque élément de E y apparaît une fois et une seule. Par exemple, en algèbre linéaire, on considérera parfois les bases comme des ensembles de vecteurs, parfois comme des familles de vecteurs : dans ce dernier cas, on aura l'usage de notations comme $\sum\limits_{i \in I} \lambda_i x_i$, etc.

3.3 Familles d'ensembles

Nous appellerons *famille d'ensembles indexée par l'ensemble* I la donnée, pour chaque indice $i \in I$, d'un ensemble E_i. Ce n'est pas réellement une définition car nous n'attribuons aucune signification précise à la manière dont sont « donnés » les ensembles E_i. Une telle famille est notée $(E_i)_{i\in I}$.

Axiome et définition 12. Soit $(E_i)_{i\in I}$ une famille d'ensembles. Il existe un ensemble G tel que :

$$\forall x \,,\, x \in G \iff \big(\exists i \in I \,:\, x \in E_i\big).$$

Cet ensemble est unique (axiome d'extensionalité). On l'appelle *réunion* de la famille $(E_i)_{i\in I}$, et on le note $\bigcup\limits_{i\in I} E_i$.

On a donc :

$$\bigcup_{i\in I} E_i \;:=\; \{x \mid \exists i \in I \,:\, x \in E_i\}. \tag{38}$$

Par exemple, la réunion d'une famille vide d'ensembles est vide (ainsi d'ailleurs que la réunion d'une famille d'ensembles vides).

Nous avions postulé que les éléments x_i appartenaient tous à un même ensemble E donné au départ. En réalité, il est possible de définir des familles $(x_i)_{i\in I}$, chaque x_i étant pris dans un ensemble E_i *qui dépend de* i. En vertu de l'axiome ci-dessus, cette définition n'est pas vraiment plus générale : on peut en effet considérer $(x_i)_{i\in I}$ comme une famille d'éléments de l'ensemble $E := \bigcup\limits_{i\in I} E_i$. Pour la même raison, toute famille d'ensembles peut être considérée comme une famille de parties d'un certain ensemble E, *i.e.* comme une famille d'éléments de $\mathcal{P}(E)$.

Si $(E_i)_{i\in I}$ est une famille d'ensembles et que I n'est pas vide, on déduit de l'axiome de séparation (appliqué à l'intérieur de l'un quelconque des E_i) qu'il existe un ensemble G tel que :

$$\forall x \,,\, x \in G \iff \big(\forall i \in I \,,\, x \in E_i\big).$$

Cet ensemble est unique (axiome d'extensionalité). On l'appelle *intersection* de la famille $(E_i)_{i\in I}$, et on le note $\bigcap\limits_{i\in I} E_i$:

$$\bigcap_{i\in I} E_i \;:=\; \{x \mid \forall i \in I \,,\, x \in E_i\}. \tag{39}$$

En revanche, on ne sait pas définir l'intersection d'une famille vide d'ensembles. La formule ci-dessus déterminerait dans ce cas un ensemble qui contient tous les x, sans aucune condition.

Soit $(E_i)_{i\in I}$ une famille d'ensembles de réunion $E = \bigcup_{i\in I} E_i$. Le sous-ensemble de E^I formé des familles $(x_i)_{i\in I}$ telles que chaque x_i appartient à l'ensemble E_i est appelé *produit cartésien* ou simplement *produit* de la famille $(E_i)_{i\in I}$, et noté $\prod_{i\in I} E_i$.

$$\prod_{i\in I} E_i \quad := \quad \{(x_i)_{i\in I} \mid \forall i \in I \, , \; x_i \in E_i\}. \tag{40}$$

Pour chaque indice $j \in I$, on dispose alors d'une application $j^{\text{ème}}$ *projection* de $\prod_{i\in I} E_i$ sur E_j, qui, à l'élément $(x_i)_{i\in I}$, associe sa $j^{\text{ème}}$ *composante* ou $j^{\text{ème}}$ *coordonnée* x_j. Le lecteur vérifiera sans peine que, lorsque I est fini, on retrouve les notions déjà rencontrées. Par exemple, si $I = \{1, \ldots, n\}$:

$$\bigcup_{i\in I} E_i = E_1 \cup \ldots \cup E_n, \qquad \bigcap_{i\in I} E_i = E_1 \cap \ldots \cap E_n, \qquad \prod_{i\in I} E_i = E_1 \times \ldots \times E_n.$$

Il est bien évident que, si l'un des E_i est vide, alors le produit $\prod_{i\in I} E_i$ l'est également. Pour démontrer la réciproque dans le cas d'un produit fini, on avait supposé les E_i non vides et « choisi » un élément dans chacun d'eux pour former une famille $(x_i)_{i\in I}$ particulière qui soit un élément du produit. Au début du vingtième siècle, la possibilité de « choisir » une infinité de tels éléments simultanément et de manière arbitraire a été mise en doute par de nombreux mathématiciens. La résolution moderne de ce conflit, qui frise la métaphysique, a été d'introduire un axiome *ad hoc*. Malgré son allure fumeuse, cet axiome comporte pas mal de conséquences intéressantes, comme nous le rappellerons à la section 6.2.

Axiome 13 (Axiome du choix). Si les E_i sont non vides, alors $\prod_{i\in I} E_i$ l'est également.

3.4 Familles de parties d'un ensemble

Beaucoup des règles de calcul que nous avons énoncées dans le cas de deux ensembles (ou d'un nombre fini d'ensembles) s'étendent ici. Il ne serait pas raisonnable d'énoncer toutes ces généralisations. En voici quelques exemples. Pour formuler l'associativité de la réunion et de l'intersection généralisées, on considère une famille $(E_i)_{i\in I}$ d'ensembles et l'on suppose que l'ensemble I de ses indices est lui-même une réunion d'ensembles : $I = \bigcup_{j\in J} I_j$. On a alors :

$$\bigcup_{i\in I} E_i = \bigcup_{j\in J} \left(\bigcup_{i\in I_j} E_i \right), \tag{41}$$

$$\bigcap_{i\in I} E_i = \bigcap_{j\in J} \left(\bigcap_{i\in I_j} E_i \right). \tag{42}$$

Supposons maintenant que les E_i sont des parties d'un ensemble E :

$$\complement_E\left(\bigcup_{i\in I} E_i\right) = \bigcap_{i\in I} \complement_E E_i, \tag{43}$$

$$\complement_E\left(\bigcap_{i\in I} E_i\right) = \bigcup_{i\in I} \complement_E E_i. \tag{44}$$

Supposons en outre que les F_j $(j \in J)$ sont des sous-ensembles d'un ensemble F et que f est une application de E dans F :

$$f\left(\bigcup_{i\in I} E_i\right) = \bigcup_{i\in I} f(E_i), \tag{45}$$

$$f\left(\bigcap_{i\in I} E_i\right) \subset \bigcap_{i\in I} f(E_i), \tag{46}$$

$$f^{-1}\left(\bigcup_{j\in J} F_j\right) = \bigcup_{j\in J} f^{-1}(F_j), \tag{47}$$

$$f^{-1}\left(\bigcap_{j\in J} F_j\right) = \bigcap_{j\in J} f^{-1}(F_j). \tag{48}$$

On prendra garde que la deuxième de ces règles comporte une inclusion et non une égalité. Mentionnons enfin que la bijection $(f, g) \mapsto < f, g >$ de $\mathcal{F}(E, F) \times \mathcal{F}(E, G)$ sur $\mathcal{F}(E, F \times G)$ rencontrée antérieurement se généralise en une bijection de $\prod_{j\in J} \mathcal{F}(E, F_j)$ sur $\mathcal{F}(E, \prod_{j\in J} F_j)$. Le lecteur courageux démontrera (sans peine) toutes ces règles et en inventera bien d'autres.

3.4.1 Partitions et recouvrements

On définit un *recouvrement* d'un ensemble E comme une famille $(E_i)_{i\in I}$ de parties de E telle que $\bigcup_{i\in I} E_i = E$. Cette notion interviendra surtout en topologie. On définit une *partition* d'un ensemble E comme un recouvrement de E par des ensembles non vides et deux à deux disjoints. On a donc :

$$\bigcup_{i\in I} E_i = E, \tag{49}$$

$$\forall i \in I\ ,\ E_i \neq \varnothing, \tag{50}$$

$$\forall i \neq j \in I\ ,\ E_i \cap E_j = \varnothing. \tag{51}$$

3.4.2 Parties et applications caractéristiques

On fixe un ensemble E. On se propose ici de « coder » les parties de E à l'aide d'applications. À toute partie $A \subset E$, on associe sa *fonction caractéristique* χ_A (en tant que partie de E) de la manière suivante. C'est une application $\chi_A : E \to \{0,1\}$ définie par les relations :

$$\forall x \in E \,,\; \chi_A(x) := \begin{cases} 1 \text{ si } x \in A, \\ 0 \text{ si } x \notin A. \end{cases} \tag{52}$$

Théorème 2. L'application $A \mapsto \chi_A$ de $\mathcal{P}(E)$ dans $\mathcal{F}\big(E, \{0,1\}\big)$ est bijective.

Démonstration. Soit $f : E \to \{0,1\}$ un élément de $\mathcal{F}\big(E, \{0,1\}\big)$. Soit $A := f^{-1}(1) \subset E$. Il est alors clair que $\chi_A = f$, et, plus précisément, que A est l'unique antécédent de f par l'application en question ; cette dernière est donc bijective. ■

Ainsi, si $E = \{1, \ldots, n\}$, se donner une partie de E revient à se donner n entiers $x_1, \ldots, x_n \in \{0,1\}$, autrement dit, en langage informatique, un « vecteur de bits ». C'est la base de la représentation des ensembles dans le langage de programmation Pascal. Ce théorème permet de donner une interprétation intéressante du théorème 1 de la page 15. Puisque l'on a une bijection de $\mathcal{F}\big(E, \{0,1\}\big)$ sur $\mathcal{P}(E)$, le théorème de Cantor équivaut à la non existence d'une surjection de E sur $\mathcal{F}\big(E, \{0,1\}\big)$. On peut démontrer cette non existence à l'aide du *procédé diagonal de Cantor*. Soit φ une application quelconque de E dans $\mathcal{F}\big(E, \{0,1\}\big)$. Ainsi, pour tout $a \in E$, $\varphi(a)$ est une application de E dans $\{0,1\}$. On peut alors définir une application f de E dans $\{0,1\}$ comme suit :

$$\forall a \in E \,,\; f(a) := \begin{cases} 1 \text{ si } \varphi(a)(a) = 0 \\ 0 \text{ si } \varphi(a)(a) = 1 \end{cases}$$

Par construction, $f(a) \neq \varphi(a)(a)$. *A fortiori*, $f \neq \varphi(a)$. Cela étant vrai quel que soit $a \in E$, f n'est pas dans l'image de φ qui n'est donc pas surjective. Le lecteur est encouragé à réfléchir à cette démonstration, afin d'y reconnaître une simple traduction de la démonstration du théorème 1 de la page 15 en termes de fonctions caractéristiques. Nous verrons à la section suivante que l'usage des fonctions caractéristiques permet de ramener le calcul ensembliste au calcul dans $\{0,1\}$.

4 Lois de composition

Les notions qui apparaissent ici seront étudiées en plus grand détail au module II.2, où apparaîtront également de nombreux exemples.

4.1 Vocabulaire général

On appelle *loi de composition interne* sur un ensemble E une application de $E \times E$ dans E. L'usage est de les noter en « forme infixe ». Cela signifie que l'on introduit un symbole distinct de ceux qui servent à dénoter les éléments de E, par exemple $+$, $\times$, $*$, $\star$ ou $\top$ et que l'on écrit l'image de $(a,b) \in E \times E$ dans E sous la forme $a + b$, $a \times b$, $a * b$, $a \star b$ ou $a \top b$ selon le cas. Dans certains cas, qui s'apparentent à la multiplication des nombres, on peut même omettre tout symbole d'opération et écrire $a.b$ ou même ab au lieu de $a \times b$.

Lorsque la loi est notée $+$, on parle de notation *additive* et les composés d'éléments sont appelés *sommes*. Dans les autres cas, on parle de notation *multiplicative* et les composés sont plutôt appelés *produits*.

Les exemples les plus célèbres de lois de composition interne sont l'addition et la multiplication sur les ensembles de nombres $\mathbb{N}$, $\mathbb{Z}$, $\mathbb{Q}$, $\mathbb{R}$ et $\mathbb{C}$; mais l'on peut également citer la réunion et l'intersection sur $\mathcal{P}(E)$.

Soit E un ensemble muni d'une loi de composition interne notée $\star$. On dit qu'une partie A de E est *stable pour la loi* $\star$ si l'image de $A \times A$ est incluse dans A :

$$\forall (a,b) \in A \times A \ , \ a \star b \in A.$$

Dans ce cas, l'application induite de $A \times A$ dans A est une loi de composition interne sur A, appelée *loi induite* sur A ; en général, on la note de la même manière que la loi sur E, donc ici $\star$. Par exemple, chacune des inclusions $\mathbb{N} \subset \mathbb{Z} \subset \mathbb{Q} \subset \mathbb{R} \subset \mathbb{C}$ définit une partie stable pour l'addition et pour la multiplication. De même, si $E' \subset E$, l'ensemble $\mathcal{P}(E')$ est une partie de $\mathcal{P}(E)$ qui est stable pour la réunion et l'intersection.

Avec les mêmes notations, soient A et B deux parties de E. On définit alors l'ensemble $A \star B \subset E$ comme l'image de $A \times B \subset E \times E$ par la loi $\star$:

$$A \star B := \{a \star b \mid a \in A \ , \ b \in B\}.$$

Cela permet d'*étendre* la loi $\star$ à $\mathcal{P}(E)$.

Soient E et F deux ensembles respectivement munis des lois de composition $*$ et $\star$. On peut munir le produit $E \times F$ d'une loi de composition $\top$ en posant : $(a_1, b_1) \top (a_2, b_2) = (a_1 * a_2, b_1 \star b_2)$. La loi $\top$ est alors appelée *loi produit des lois* $*$ *et* $\star$. Cette construction se généralise au produit cartésien d'une famille $(E_i)_{i \in I}$ d'ensembles. Supposons chacun des E_i muni d'une loi de composition, et que toutes ces lois sont notées $\star$ (cela se produit fréquemment et ne cause en général pas de confusion). Le produit de deux éléments $(x_i)_{i \in I}, (y_i)_{i \in I} \in \prod\limits_{i \in I} E_i$ est alors l'élément $(x_i \star y_i)_{i \in I} \in \prod\limits_{i \in I} E_i$, dans lequel chaque composante $x_i \star y_i$ a bien sûr été calculée avec la loi $\star$ de E_i.

Par exemple, si E est muni de la loi $\star$ (maintenant unique !), le produit E^I est muni de la loi produit que nous noterons encore $\star$ et qui est définie par la formule : $(x_i)_{i \in I} \star (y_i)_{i \in I} = (x_i \star y_i)_{i \in I}$. Rappelons que nous avons, à la section 3, identifié les ensembles E^I et $\mathcal{F}(I, E)$. À partir de la loi $\star$ sur E nous avons donc également défini une loi sur $\mathcal{F}(I, E)$. Celle-ci est ainsi définie : soient f et g deux applications de I dans E ; alors $f \star g$ est l'application $i \mapsto f(i) \star g(i)$ de I dans E.

4.1.1 Propriétés spéciales des lois de composition

On dit que la loi $\star$ sur l'ensemble E est *associative* si l'on a :

$$\forall a, b, c \in E \ , \ a \star (b \star c) = (a \star b) \star c. \tag{53}$$

On peut alors écrire plus simplement $a \star b \star c$. Cette convention se généralise au produit de n éléments quelconques. Par exemple, le produit de n éléments tous égaux à a est souvent noté a^n (qui se lit « a puissance n », et l'on dit alors que n est l'*exposant*). Toutes les lois que nous avons mentionnées (addition et multiplication de nombres, réunion et intersection de parties) sont associatives. Les puissances d'un élément et, plus généralement, les produits de familles d'éléments obéissent à de nombreuses lois algébriques qui seront étudiées au module II.2.

Exemple. Lorsque la loi n'est pas supposée associative, notons c_n le nombre de produits *a priori* distincts que l'on peut former en utilisant $n+1$ fois le seul élément a. Pour $n=0$, il n'y a que a, donc $c_0 = 1$. Pour $n = 1$, il n'y a que $a \star a$, donc $c_1 = 1$. Pour $n = 2$, il y a $a\star(a\star a)$ et $(a\star a)\star a$ donc $c_2 = 2$. Les c_n sont les *nombres de Catalan* (exercice I.1.12 de la page 56).

On dit que la loi $\star$ est *commutative* si l'on a :

$$\forall a, b \in E \ , \ a \star b = b \star a. \tag{54}$$

Toutes les lois que nous avons mentionnées (addition et multiplication de nombres, réunion et intersection de parties) sont commutatives.

On dit que $e \in E$ est *neutre à gauche* ou *un élément neutre à gauche* pour la loi $\star$ si l'on a $e \star a = a$ quel que soit $a \in E$. On définit de même *neutre à droite* par $a \star e = a$. On appelle *neutre* ou *élément neutre* tout élément neutre à gauche et à droite. Toutes les lois que nous avons mentionnées (addition et multiplication de nombres, réunion et intersection de parties) admettent un élément neutre ; nous laissons au lecteur le soin de préciser dans chaque cas lequel.

Exemple. S'il y a un élément neutre à gauche e et un élément neutre à droite e', ils sont égaux : on a $e\star e' = e'$ et $e\star e' = e$, donc $e = e'$. En particulier, *s'il y a un élément neutre, il est unique.*

Supposons que la loi $\star$ sur E admette un élément neutre. On dit alors que $a \in E$ est *inversible à gauche* s'il admet un *inverse à gauche*, c'est-à-dire un élément a' tel que $a' \star a = e$. On dit que a est *inversible à droite* s'il s'il admet un *inverse à droite* (ou symétrique), c'est-à-dire un élément a'' tel que $a \star a'' = e$. On dit que a est inversible s'il admet un *inverse*, c'est-à-dire un élément qui est son inverse à gauche et à droite.

Exemple. Supposons la loi associative. Si a admet un inverse a' à gauche et un inverse a'' à droite, ils sont égaux : les deux manières de calculer $a' \star a \star a''$ donnent $a' = a''$. Il en découle que *si la loi est associative, l'inverse d'un élément, s'il existe, est unique.*

Une notion moins fondamentale est celle d'élément *simplifiable à gauche* : c'est un élément a tel que $a \star x = a \star y \Rightarrow x = y$. De même, a est *simplifiable à droite* si $x \star a = y \star a \Rightarrow x = y$. On dit que a est *simplifiable* (ou régulier) s'il est simplifiable à gauche et à droite.

Exemple. Si la loi est associative et munie d'un élément neutre, tout élément inversible à gauche (resp. à droite) est simplifiable à gauche (resp. à droite). En effet, avec les notations antérieures, si $a\star x = a\star y$, en composant à gauche par a', on trouve (grâce à l'associativité) $(a' \star a) \star x = (a' \star a) \star y$, c'est-à-dire (puisque $a' \star a = e$) $x = y$. Le calcul du côté droit est similaire.

Remarquons cependant que tous les éléments de $\mathbb{N}$ (resp. les éléments non nuls de $\mathbb{Z}$) sont simplifiables pour l'addition (resp. pour la multiplication), mais qu'aucun n'est inversible, à l'exception de 0 (resp. de ± 1). Pour l'addition dans $\mathbb{Z}, \mathbb{Q}, \mathbb{R}, \mathbb{C}$ (resp. pour la multiplication dans $\mathbb{Q}, \mathbb{R}, \mathbb{C}$), tous les éléments sont inversibles (resp. tous les éléments non nuls).

Voici encore deux notions d'usage moins fréquent. On dit que a est *idempotent* si $a \star a = a$. Par exemple, tout neutre est idempotent (et, dans $\mathbb{N}, \mathbb{Z}, \mathbb{Q}, \mathbb{R}, \mathbb{C}$ munis de l'addition, ce sont les seuls, alors que pour la multiplication il y a en plus 0). On dit que a est *absorbant à gauche* (resp. *absorbant à droite*) si l'on a $a \star b = a$ quel que soit b (resp. $b \star a = a$). Par exemple, 0 est absorbant pour la multiplication dans $\mathbb{N}, \mathbb{Z}, \mathbb{Q}, \mathbb{R}, \mathbb{C}$.

4.1.2 Morphismes

Nous allons considérer simultanément deux ensembles munis de lois de composition interne, afin d'exprimer les liens possibles entre les « structures » ainsi définies. Nous noterons $(E, \star)$ et $(F, \top)$ ces deux structures.

Définition 14. Un *morphisme* de $(E, \star)$ dans $(F, \top)$ est une application f de E dans F telle que :

$$\forall a, b \in E \ : \ f(a \star b) = f(a) \top f(b).$$

Un morphisme bijectif est appelé *isomorphisme*. S'il existe un isomorphisme de $(E, \star)$ dans $(F, \top)$, on dit que $(E, \star)$ et $(F, \top)$ sont *isomorphes*. Un morphisme de $(E, \star)$ dans lui-même (avec la même loi !) est appelé *endomorphisme*. Un isomorphisme de $(E, \star)$ dans lui-même (avec la même loi !) est appelé *automorphisme*.

Les vérifications (faciles) des faits suivants sont laissées en exercice au lecteur. Le composé de deux morphismes est un morphisme. L'identité, le composé de deux isomorphismes, l'application réciproque d'un isomorphisme sont des isomorphismes. La relation « être isomorphe » est donc une relation d'équivalence (au sens de la section 5).

Exemple. L'application $A \mapsto \complement_E A$ de $\mathcal{P}(E)$ dans lui-même est un isomorphisme de $\big(\mathcal{P}(E), \cap\big)$ dans $\big(\mathcal{P}(E), \cup\big)$ et également un isomorphisme de $\big(\mathcal{P}(E), \cup\big)$ dans $\big(\mathcal{P}(E), \cap\big)$ (lois de Morgan). Ce n'est cependant pas un automorphisme car la loi n'est pas la même au départ et à l'arrivée.

Si $(E, \star)$ et $(F, \top)$ sont isomorphes, alors l'une de ces deux lois est associative (resp. commutative) si, et seulement si, l'autre l'est. De même, les isomorphismes transforment neutres (à gauche ou à droite) en neutres (à gauche ou à droite), inverses (à gauche ou à droite) en inverses (à gauche ou à droite), simplifiables (à gauche ou à droite) en simplifiables (à gauche ou à droite), absorbants en absorbants, idempotents en idempotents.

4.2 Application au calcul ensembliste

Nous avons rencontré en 3.4 la bijection $A \mapsto \chi_A$ de $\mathcal{P}(E)$ dans $\mathcal{F}(E, \{0,1\})$. Nous allons voir que, quitte à munir $\mathcal{F}(E, \{0,1\})$ de quelques lois de composition très naturelles, cette bijection est, en bien des sens, un isomorphisme. On commence pour cela par munir $\{0,1\}$ de diverses opérations, notées $\cup$, $\cap$ et $\oplus$. Par les constructions générales qui précèdent, ces opérations s'étendent automatiquement à $\mathcal{F}(E, \{0,1\})$. Pour définir des lois sur $\{0,1\}$, nous écrirons leurs tables :

$\cup$	0	1
0	0	1
1	1	1

$\cap$	0	1
0	0	0
1	0	1

$\oplus$	0	1
0	0	1
1	1	0

(55)

On vérifie alors que la bijection mentionnée plus haut est un isomorphisme de $\big(\mathcal{P}(E), \cup\big)$ sur $(\mathcal{F}(E, \{0,1\}), \cup)$, de $\big(\mathcal{P}(E), \cap\big)$ sur $(\mathcal{F}(E, \{0,1\}), \cap)$, de $\big(\mathcal{P}(E), \oplus\big)$ sur $(\mathcal{F}(E, \{0,1\}), \oplus)$. La loi $\oplus$ sur $\mathcal{P}(E)$ est la *différence symétrique* définie par : $A \oplus B := (A \setminus B) \cup (B \setminus A)$. On vérifiera au module II.2 que $\big(\mathcal{P}(E), \oplus\big)$ est un groupe (et même un anneau, avec la loi $\cap$) et au module II.3 que c'est un espace vectoriel sur le corps à deux éléments. Mentionnons une autre application du calcul dans $\{0,1\}$: la démonstration de la formule du crible au module II.2.

5 Relations

Nous avons manipulé, depuis le début de ce module, des propriétés $P(x)$ mettant en jeu un seul objet inconnu x sur lequel portait la discussion (des « prédicats ») ; par exemple $x \in E$, $(x = a \text{ ou } x = b)$, etc. On peut tout aussi bien considérer des propriétés $R(x, y)$ mettant en jeu *deux* objets inconnus x et y, par exemple $x < y$, $x \in y$, $x \subset y$, $x \equiv y \pmod 9$, etc. voire des propriétés $R(x_1, \ldots, x_n)$ mettant en jeu *plusieurs* objets inconnus $x_1, \ldots, x_n$, par exemple « les entiers $x_1, \ldots, x_n$ sont premiers entre eux dans leur ensemble » ou encore « les fonctions $f_1, \ldots, f_n$ n'ont pas de zéro commun ».

Nous nous intéresserons principalement aux propriétés de la forme $R(x, y)$, que nous appellerons *relations binaires*. Des exemples de telles relations sont $x = y$, $x \in y$ et $x \subset y$. Cependant, de même que l'axiome de séparation concerne un prédicat $P(x)$ défini sur un ensemble, nous distinguerons les relations $R(x, y)$ qui n'ont de sens que lorsque x est élément d'un certain ensemble E et y est élément d'un certain ensemble F. Une relation entre éléments de E et éléments de F est appelée *correspondance entre* E *et* F. Comme exemple, nous avons la relation $y = f(x)$ lorsque f est une application de E dans F, mais aussi la relation $x = g(y)$ lorsque g est une application de F dans E et même la relation $\varphi(x, y) = 0$ lorsque φ est une application de $E \times F$ dans $\mathbb{R}$ (par exemple).

Définition 15. Le *graphe* de la correspondance $R(x, y)$ entre E et F est l'ensemble :

$$\Gamma_R := \{(x, y) \in E \times F \mid R(x, y)\}. \tag{56}$$

Par exemple, le graphe de la correspondance $y = f(x)$ est le graphe Γ_f de l'application f. Réciproquement, pour toute partie $G \subset E \times F$, on peut définir une correspondance entre E et F dont le graphe est G : il suffit de prendre pour $R(x, y)$ la relation $(x, y) \in G$.

5.1 Relations binaires sur un ensemble

Les relations binaires les plus utiles en mathématiques portent sur des éléments x, y d'un même ensemble E. On parle alors de *relation binaire sur* E. Si F est une partie de E, la *relation induite par* R *sur* E est simplement la relation $R(x, y)$ entre éléments de F.

On peut d'ailleurs partir d'une relation binaire quelconque entre objets de même nature, par exemple $x \subset y$, et considérer la relation induite sur un ensemble, par exemple ici $\mathcal{P}(E)$. Pour une relation binaire $R(x,y)$ sur un ensemble E, l'usage veut que l'on emploie très souvent une notation « infixe » $x\mathcal{R}y$ au lieu de $R(x,y)$, ce que nous ferons désormais. À titre d'exemple, nous connaissons les relations $x \leqslant y$ et $x < y$ sur $\mathbb{N}, \mathbb{Z}, \mathbb{Q}, \mathbb{R}$, la relation $x|y$ (« x divise y ») sur $\mathbb{N}, \mathbb{Z}$ ou même sur l'anneau $K[X]$ des polynômes sur le corps K (module II.6), la relation $x \subset y$ sur $\mathcal{P}(E)$, etc.

Définition 16. On dit que la relation $\mathcal{R}$ est *réflexive* si :

$$\forall x \in E \ , \ x\mathcal{R}x. \tag{57}$$

On dit que la relation $\mathcal{R}$ est *transitive* si :

$$\forall x, y, z \in E \ , \ (x\mathcal{R}y \text{ et } y\mathcal{R}z) \Rightarrow x\mathcal{R}z. \tag{58}$$

On dit que la relation $\mathcal{R}$ est *symétrique* si :

$$\forall x, y \in E \ , \ x\mathcal{R}y \Rightarrow y\mathcal{R}x. \tag{59}$$

On dit que la relation $\mathcal{R}$ est *antisymétrique* si :

$$\forall x, y \in E \ , \ (x\mathcal{R}y \text{ et } y\mathcal{R}x) \Rightarrow x = y. \tag{60}$$

Une *relation d'équivalence* est une relation réflexive, transitive et symétrique. Une *relation d'ordre* est une relation réflexive, transitive et antisymétrique.

Ces notions ont été définies pour des relations binaires sur un ensemble, mais elles s'étendent sans problème à des relations $R(x,y)$ quelconques. Il est par exemple évident que la relation $x = y$ est une relation d'équivalence et que la relation $x \subset y$ est une relation d'ordre, sans qu'il soit nécessaire de préciser un ensemble E de référence.

Exemples.

1. Les relations d'égalité (sur n'importe quel ensemble) et de congruence modulo a (sur $\mathbb{Z}$) sont des relations d'équivalence.

2. Les relations $\leqslant$ sur $\mathbb{R}$, $\subset$ sur $\mathcal{P}(E)$, et $|$ (divisibilité) sur $\mathbb{N}$ sont des relations d'ordre.

3. La seule relation à la fois d'ordre et d'équivalence est l'égalité.

On vérifie immédiatement que la relation induite sur un ensemble E par une relation réflexive (resp. transitive, resp. symétrique, resp. antisymétrique, resp. d'équivalence, resp. d'ordre) est elle-même réflexive (resp. transitive, resp. symétrique, resp. antisymétrique, resp. d'équivalence, resp. d'ordre). Nous étudierons les relations d'équivalence et les relations d'ordre dans la suite de cette section.

5.1.1 Relations engendrées, clôtures

Puisqu'une relation binaire sur un ensemble E est essentiellement déterminée par son graphe, qui est une partie quelconque de $E \times E$, on peut appliquer à ces relations la plupart des notions définies sur $\mathcal{P}(E \times E)$. Soient $\mathcal{R}$ et $\mathcal{R}'$ deux relations binaires sur un même ensemble E. Il peut arriver que l'une entraîne l'autre : $\forall x \in E \ , \ x\mathcal{R}y \Rightarrow x\mathcal{R}'y$. On dit alors que $\mathcal{R}'$ est *plus faible* que $\mathcal{R}$, car elle contient moins d'information ; on dit également que $\mathcal{R}$ est *plus forte* que $\mathcal{R}'$. Par exemple la congruence modulo 2 dans $\mathbb{Z}$ est plus faible que la congruence modulo 4. Dire que $\mathcal{R}'$ est plus faible que $\mathcal{R}$ est équivalent à dire que $\Gamma_{\mathcal{R}} \subset \Gamma_{\mathcal{R}'}$. On pourra donc également dire que $\mathcal{R}'$ *contient* $\mathcal{R}$, ou que $\mathcal{R}$ *est contenue dans* $\mathcal{R}'$. La plus faible de toutes les relations binaires est celle dont le graphe est le plus grand, donc celle telle que $\Gamma_{\mathcal{R}} = E \times E$, autrement dit, $x\mathcal{R}y$ est vérifié quels que soient x et y ; ainsi, affirmer que $x\mathcal{R}y$ n'apporte aucune information sur x et y. La plus forte est celle dont le graphe est vide, autrement dit, $x\mathcal{R}y$ n'est jamais vérifié.

Si l'on se donne une famille $(\mathcal{R}_i)_{i\in I}$ sur un ensemble E, on peut définir une relation en prenant pour son graphe $\bigcap\limits_{i\in I} \Gamma_{\mathcal{R}_i}$. Cette relation, appelée *intersection des* $\mathcal{R}_i$ et notée $\bigcap\limits_{i\in I} \mathcal{R}_i$ est la plus faible des relations plus fortes que toutes les $\mathcal{R}_i$. Elle est définie en termes logiques par l'équivalence :

$$x\mathcal{R}y \iff \forall i \in I \ , \ x\mathcal{R}_i y. \tag{61}$$

Par exemple, dans $\mathbb{Z}$, l'intersection de toutes les relations $x \equiv y \pmod{n}$ (pour $n \in \mathbb{N}^*$) est l'égalité : en effet, le seul entier $x - y$ divisible par tous les entiers naturels non nuls n est 0. Une intersection de relations réflexives (resp. transitives, resp. symétriques, resp. antisymétriques, resp. d'équivalence, resp. d'ordre) est elle-même réflexive (resp. transitive, resp. symétrique, resp. antisymétrique, resp. d'équivalence, resp. d'ordre). Par ailleurs, comme on l'a vu, toute relation est contenue dans une relation qui est à la fois réflexive, transitive et symétrique (c'est la relation dont le graphe est $E \times E$). On peut de même définir une relation de graphe $\bigcup\limits_{i\in I} \Gamma_{\mathcal{R}_i}$.

Cette relation, appelée *réunion des* $\mathcal{R}_i$ et notée $\bigcup\limits_{i\in I} \mathcal{R}_i$ est moins utile.

Définition 17. L'intersection de toutes les relations transitives (resp. réflexives transitives) qui contiennent une relation $\mathcal{R}$ donnée est appelée *clôture transitive de* $\mathcal{R}$ (resp. *clôture réflexive transitive de* $\mathcal{R}$). L'intersection de toutes les relations d'équivalence qui contiennent une relation $\mathcal{R}$ donnée est appelée *relation d'équivalence engendrée par la relation* $\mathcal{R}$.

Exercice 11.
Soit $E = \{a, b, c, d\}$. Soit $\mathcal{R}$ la relation dont le graphe est $G = \{(a, b), (b, c)\}$. Déterminer sa clôture transitive et sa clôture réflexive transitive.
Solution. Elles ont pour graphes respectifs :

$$\{(a, b), (b, c), (a, c)\} \quad \text{et} \quad \{(a, b), (b, c), (a, c), (a, a), (b, b), (c, c), (d, d)\}.$$

La relation d'équivalence engendrée par $\mathcal{R}$ a pour graphe :

$$\{(a, b), (b, a), (b, c), (c, b), (a, c), (c, a), (a, a), (b, b), (c, c), (d, d)\}..$$

On ne peut parler de relation d'ordre engendrée par une relation $\mathcal{R}$, car $\mathcal{R}$ n'est peut-être contenue dans aucune relation d'ordre. Considérons par exemple, sur l'ensemble à trois éléments $E = \{a, b, c\}$, la relation de graphe $\{(a, b), (b, c), (c, a)\}$. Toute relation d'ordre $\mathcal{R}$ qui la contient vérifierait $a\mathcal{R}b$ et $b\mathcal{R}c$, donc $a\mathcal{R}c$ (transitivité) ; et $c\mathcal{R}a$, donc $a = c$ (antisymétrie), ce qui est impossible.

La notion de clôture transitive est importante en mathématiques discrètes et en informatique théorique à cause de son interprétation en termes de « graphe », ici entendu dans le sens de « représentation par sommets et arêtes ». Reprenons l'exemple de $E = \{a, b, c, d\}$ et de la relation $\mathcal{R}$ dont le graphe est $G = \{(a, b), (b, c)\}$. Nous interprétons a, b, c, d comme des points, les sommets du graphe ; et $(a, b), (b, c)$ comme des arêtes reliant a à b et b à c (mais pas dans le sens contraire : il s'agit d'arêtes *orientées*). Le dessin de gauche montre le graphe correspondant. Si l'on suit le chemin formé des arêtes (a, b) et (b, c) on constate que l'on peut aller de a à c, on dit que c est accessible à partir de a. Le dessin de droite est le graphe qui correspond à la clôture transitive de $\mathcal{R}$.

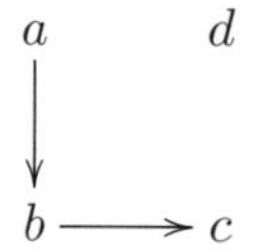

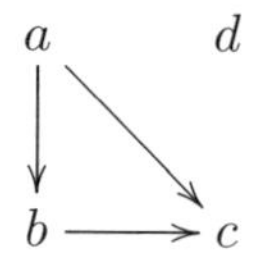

5.2 Relations d'équivalence

Rappelons qu'une relation d'équivalence sur un ensemble E est une relation binaire réflexive, symétrique et transitive.

Exemples.

1. Sur tout ensemble E, l'égalité est une relation d'équivalence, et c'est la plus forte (elle est contenue dans toutes les autres). La relation d'équivalence la plus faible est celle dont le graphe est $E \times E$, c'est-à-dire celle qui est satisfaite par tous les couples $(x, y) \in E \times E$.

2. La relation $x \equiv y \pmod a$ est une relation d'équivalence dans $\mathbb{Z}$. La relation $x \equiv y \pmod{2\pi}$ est une relation d'équivalence dans $\mathbb{R}$.

3. Plus généralement, soit G un groupe commutatif (module II.2) et soit H un sous-groupe de G. La relation de congruence modulo H est une relation d'équivalence. Cela s'applique en particulier au cas où G est un anneau et H un idéal (module II.2) et au cas où G est un espace vectoriel et H un sous–espace vectoriel (module II.3).

4. Dans l'ensemble $\mathcal{F}(I, \mathbb{R})$ des fonctions numériques sur un intervalle ouvert I de $\mathbb{R}$, tel que $0 \in I$, on définit la relation $f\mathcal{R}g$ (pour $n \in \mathbb{N}^*$ fixé) par la formule : $f = g + o(x^n)$ (module IV.8), c'est une relation d'équivalence. De même, si l'on écrit $f \sim g$ pour $f = g + o(g)$, on obtient une autre relation d'équivalence.

5. Dans l'ensemble $\mathbb{N}\times\mathbb{N}$, on pose $(a, b) \sim (c, d)$ si, et seulement si, $a+d = b+c$. C'est une relation d'équivalence, qui servira, au module II.1, à *construire* l'ensemble $\mathbb{Z}$. De même, la relation d'équivalence définie par $(a, b) \sim (c, d)$ si, et seulement si, $ad = bc$ dans l'ensemble $\mathbb{Z} \times (\mathbb{Z} \setminus \{0\})$, servira, au module II.2, à *construire* l'ensemble $\mathbb{Q}$.

6. En géométrie euclidienne plane, on dit improprement que deux triangles ABC et $A'B'C'$ sont « égaux » si l'on peut déplacer l'un pour le faire coïncider avec l'autre. On obtient ainsi une relation d'équivalence sur l'ensemble des triangles.

Définition 18. Soit $\mathcal{R}$ une relation d'équivalence sur l'ensemble E. On appelle *classe d'équivalence de* $x \in E$ et l'on note $\mathrm{Cl}(x)$ l'ensemble des éléments de E équivalents à x :

$$\mathrm{Cl}(x) := \{y \in E \mid x\mathcal{R}y\}. \tag{62}$$

La relation $\mathcal{R}$ étant réflexive, $x \in \mathrm{Cl}(x)$.

Proposition 3. (i) Deux éléments de E sont équivalents si, et seulement s'ils ont la même classe :

$$\forall x, y \in E \ , \ x\mathcal{R}y \iff \mathrm{Cl}(x) = \mathrm{Cl}(y). \tag{63}$$

(ii) Les classes d'équivalence forment une partition de E. Autrement dit : elles sont non vides, leur réunion est E et elles sont deux à deux disjointes.

Démonstration. Supposons $x\mathcal{R}y$. Soit $z \in \mathrm{Cl}(x)$. Alors $x\mathcal{R}z$ (par définition de $\mathrm{Cl}(x)$), donc $y\mathcal{R}z$ (par symétrie et transitivité de $\mathcal{R}$). On a ainsi démontré que $\mathrm{Cl}(x) \subset \mathrm{Cl}(y)$. L'inclusion réciproque se démontre de la même manière, et l'on a bien $\mathrm{Cl}(x) = \mathrm{Cl}(y)$. Supposons réciproquement que $\mathrm{Cl}(x) = \mathrm{Cl}(y)$. Comme on l'a remarqué, $y \in \mathrm{Cl}(y)$, donc $y \in \mathrm{Cl}(x)$ (par hypothèse), donc $x\mathcal{R}y$ par définition de $\mathrm{Cl}(x)$. Cela achève la preuve de l'équivalence (i).
Pour tout x de E, on a $x \in \mathrm{Cl}(x)$ (qui est donc non vide). La réunion des classes d'équivalence contient donc tous les éléments de E, c'est donc bien E. Soient $\mathrm{Cl}(x)$ et $\mathrm{Cl}(y)$ deux classes d'équivalence. Si elles ne sont pas disjointes, il existe $z \in \mathrm{Cl}(x) \cap \mathrm{Cl}(y)$, donc tel que $x\mathcal{R}z$ et $y\mathcal{R}z$ $\big($par définition de $\mathrm{Cl}(x)$ et $\mathrm{Cl}(y)\big)$. Par symétrie et transitivité de $\mathcal{R}$, on a $x\mathcal{R}y$, donc $\mathrm{Cl}(x) = \mathrm{Cl}(y)$, ce qui achève la preuve de (ii). ■

Réciproquement, soit $(E_i)_{i \in I}$ une partition de E. En posant que $x\mathcal{R}y$ lorsque x et y appartiennent au même sous-ensemble E_i, on définit une relation d'équivalence pour laquelle les classes d'équivalence sont les E_i.

Exemple. Si $f : E \to F$ est une application, la relation définie par : $x\mathcal{R}y$ si, et seulement si, $f(x) = f(y)$ est une relation d'équivalence. La classe de $x \in E$ est $\mathrm{Cl}(x) = f^{-1}\big(f(x)\big)$. Réciproquement, toute relation d'équivalence $\mathcal{R}$ peut s'obtenir de cette manière : on définit $f : E \to \mathcal{P}(E)$ en posant $f(x) = \mathrm{Cl}(x)$, et l'on a bien $x\mathcal{R}y$ si, et seulement si, $f(x) = f(y)$.

Définition 19. Soit $\mathcal{R}$ une relation d'équivalence sur l'ensemble E. On appelle *ensemble de représentants* pour la relation $\mathcal{R}$ une partie A de E dont l'intersection avec chaque classe d'équivalente contient un unique élément. De manière équivalente, chaque élément de E est équivalent à un unique élément de A :

$$\forall x \in E \ , \ \exists! y \in A \ : \ x\mathcal{R}y. \tag{64}$$

Un ensemble de représentants s'obtient donc en choisissant dans chaque classe un élément particulier, que l'on considérera comme le *représentant* de la classe. Les exemples suivants montrent que cette notion d'aspect barbare est naturelle et utile.

Exemples.

1. L'ensemble $\{0,1,2,3,4,5,6,7,8\}$ est un ensemble de représentants pour la relation de congruence modulo 9 dans $\mathbb{Z}$ (module II.1).

2. Les intervalles $[0,2\pi[$ et $]-\pi,\pi]$ sont des ensembles de représentants pour la relation de congruence modulo 2π dans $\mathbb{R}$.

3. Sur l'ensemble $\mathbb{Z}\times(\mathbb{Z}\setminus\{0\})$, la relation d'équivalence $(a,b)\sim(c,d)$ si, et seulement si, $ad=bc$ (qui sert à construire $\mathbb{Q}$, module II.2) admet pour ensemble de représentants l'ensemble formé de $(0,1)$ et des couples $(p,q)\in(\mathbb{Z}\setminus\{0\})\times\mathbb{N}^*$ tels que p et q sont premiers entre eux (« forme irréductible d'une fraction »).

5.3 Relations d'ordre

Rappelons qu'une relation d'ordre sur un ensemble E est une relation réflexive, transitive et antisymétrique. On dit aussi que l'on a un *ordre* sur E. La plupart des relations d'ordre sont notées $\leqslant$ ou $\preceq$ (exceptions notables : l'inclusion et la divisibilité). On dit alors que $(E,\leqslant)$ (ou, par abus, E lui-même) est un *ensemble ordonné*. Lorsque $x\leqslant y$, on dit que y *majore* x, ou que x *minore* y. Les éléments x et y sont alors *comparables*. L'ordre est dit *total* si deux éléments $x,y\in E$ quelconques sont comparables.

Il est parfois commode de raisonner sur l'*ordre strict* associé à $\leqslant$, que nous noterons alors $<$. On le définit en posant $x<y$ si, et seulement si, $(x\leqslant y \text{ et } x\neq y)$. On dit que y *majore strictement* x, ou que x *minore strictement* y. Cette relation est transitive et antiréflexive (c'est-à-dire que l'on n'a jamais $x<x$). Réciproquement, si la relation $<$ est transitive et antiréflexive, on définit une relation d'ordre en posant $x\leqslant y$ si, et seulement si, $(x<y$ ou $x=y)$ (c'est un exercice amusant, laissé au lecteur).

Exemples.

1. La relation $\leqslant$ sur l'ensemble $\mathbb{R}$ est une relation d'ordre total. La relation induite sur $\mathbb{N}$, $\mathbb{Z}$ et $\mathbb{Q}$ l'est donc également. L'ordre strict associé est la relation d'inégalité stricte $<$.

2. La relation $\leqslant$ sur l'ensemble $\mathcal{F}(\mathbb{R},\mathbb{R})$ des fonctions numériques sur $\mathbb{R}$ est une relation d'ordre. Ce n'est pas un ordre total : par exemple les fonctions $x\mapsto x$ et $x\mapsto 0$ ne sont pas comparables.

   Ici, $f<g$ signifie : $\forall x\in\mathbb{R}\ ,\ f(x)\leqslant g(x)$ et $\exists x\in\mathbb{R}\ :\ f(x)<g(x)$. Il ne faut donc pas commettre l'erreur d'en déduire que $\forall x\in\mathbb{R}\ ,\ f(x)<g(x)$.

3. La relation $\subset$ sur l'ensemble $\mathcal{P}(\mathbb{N})$ est une relation d'ordre. Ce n'est pas un ordre total car $\{0\}$ et $\{1\}$, par exemple, ne sont pas comparables (aucun des deux n'est inclus dans l'autre).

4. La relation $\mid$ (divisibilité) sur l'ensemble $\mathbb{N}$ est une relation d'ordre. Ce n'est pas un ordre total car 2 et 3, par exemple, ne sont pas comparables (aucun des deux ne divise l'autre).

5. La relation $\mid$ (divisibilité) sur l'ensemble $\mathbb{Z}$ n'est pas une relation d'ordre car elle n'est pas antisymétrique : les éléments a et $-a$ se divisent mutuellement.

6. Soient $(E_1, \leqslant), \ldots, (E_n, \leqslant)$ des ensembles ordonnés.

   L'*ordre produit* sur $E := E_1 \times \cdots \times E_n$ est défini par : $(x_1, \ldots, x_n) \preceq (y_1, \ldots, y_n)$ si, et seulement si, $x_1 \leqslant y_1, \ldots, x_n \leqslant y_n$. Ce n'est en général pas un ordre total. Par exemple, sur $\mathbb{R} \times \mathbb{R}$, $(0, 1)$ et $(1, 0)$ ne sont pas comparables pour l'ordre produit. L'*ordre lexicographique* sur E est défini par : $(x_1, \ldots, x_n) \preceq (y_1, \ldots, y_n)$ si, et seulement si, $(x_1, \ldots, x_n) = (y_1, \ldots, y_n)$ ou bien, i étant le plus petit indice tel que $x_i \neq y_i$, on a $x_i < y_i$. On démontre (*cf.* l'exercice I.1.22 de la page 57) que, si les E_i sont totalement ordonnés, c'est un ordre total. Par exemple, sur $\mathbb{R} \times \mathbb{R}$ muni de l'ordre lexicographique, $(0, 1) \preceq (1, 0)$. Si $A = \{a, b, c\}$ est muni de l'ordre alphabétique (tel que $a \leqslant b \leqslant c$), l'ordre lexicographique sur $A \times A$ est donné par les relations :

$$(a, a) \leqslant (a, b) \leqslant (a, c) \leqslant (b, a) \leqslant (b, b) \leqslant (b, c) \leqslant (c, a) \leqslant (c, b) \leqslant (c, c).$$

Soit $(E, \leqslant)$ un ensemble ordonné. On dit qu'un élément de E est *maximal* s'il n'est strictement majoré par aucun élément de E, et qu'il est *minimal* s'il n'est strictement minoré par aucun élément de E ; autrement dit :

$$x \text{ maximal} \iff \big(\forall y \in E \,,\; x \leqslant y \Rightarrow x = y\big), \tag{65}$$

$$x \text{ minimal} \iff \big(\forall y \in E \,,\; y \leqslant x \Rightarrow x = y\big). \tag{66}$$

On dit qu'un élément de E est *maximum*, ou que c'est le *plus grand élément*, s'il majore tous les éléments de E, et qu'il est *minimum*, ou que c'est le *plus petit élément*, s'il minore tous les éléments de E ; autrement dit :

$$x \text{ maximum} \iff \big(\forall y \in E \,,\; y \leqslant x\big), \tag{67}$$

$$x \text{ minimum} \iff \big(\forall y \in E \,,\; x \leqslant y\big). \tag{68}$$

S'il y a un maximum, il est unique et c'est l'unique élément maximal ; on le note alors $\max E$. De même, s'il y a un minimum, il est unique et c'est l'unique élément minimal ; on le note alors $\min E$. De plus, dans un ensemble totalement ordonné, maximal entraîne maximum (et minimal entraîne minimum). Cependant, dans un ensemble non totalement ordonné, ce n'est pas le cas. Par exemple, dans l'ensemble des parties non vides de $\{0, 1\}$, ordonné par l'inclusion, les parties $\{0\}$ et $\{1\}$ sont toutes deux minimales et il n'y a pas de minimum.

Soit maintenant $A \subset E$ une partie de E. On dit qu'un élément $M \in E$ est un *majorant* de A (ou qu'il *majore* A) s'il majore tous les éléments de A : $\forall a \in A \,,\; a \leqslant M$. On dit de même qu'un élément $m \in E$ est un *minorant* de A (ou qu'il *minore* A) s'il *minore* tous les éléments de A : $\forall a \in A \,,\; m \leqslant a$. On dit encore que la partie A est *majorée* ou *minorée*. Une partie majorée et minorée est dite bornée. Ces définitions s'étendent directement à des familles d'éléments de E : par exemple, une suite $(u_n)_{n \in \mathbb{N}}$ de réels est majorée s'il existe un réel M qui majore tous les u_n.

Définition 20. Soient E un ensemble ordonné et $A \subset E$. Si l'ensemble des majorants de A admet un plus petit élément, cet élément est appelé *borne supérieure de* A et noté $\sup A$. Si l'ensemble des minorants de A admet un plus grand élément, cet élément est appelé *borne inférieure de* A et noté $\inf A$.

Exemples.

1. Tout ensemble ordonné fini non vide admet au moins un élément maximal et un élément minimal.
2. Les ensembles $\mathbb{Z}$, $\mathbb{Q}$ et $\mathbb{R}$ n'admettent ni élément maximal ni élément minimal. L'ensemble $\mathbb{N}$ n'admet pas de maximal, mais il admet un minimum : 0.
3. Dans l'ensemble totalement ordonné $\mathbb{Q}$, le sous-ensemble des x tels que $x^2 < 2$ n'admet ni maximum ni borne supérieure. Dans l'ensemble totalement ordonné $\mathbb{R}$, le sous-ensemble des x tels que $x^2 < 2$ n'admet pas de maximum, mais il admet $\sqrt{2}$ pour borne supérieure.
4. L'ensemble ordonné $(\mathcal{P}(E), \subset)$ admet $\varnothing$ pour minimum et E pour maximum. Si $X, Y \in \mathcal{P}(E)$, les majorants de $\{X, Y\}$ sont les sous-ensembles qui contiennent à la fois X et Y et $\{X, Y\}$ admet pour borne supérieure $X \cup Y$. De même, les minorants de $\{X, Y\}$ sont les sous-ensembles qui sont contenus à la fois dans X et Y et $\{X, Y\}$ admet pour borne inférieure $X \cap Y$.
5. L'ensemble ordonné $(\mathbb{N}, |)$ admet 0 pour maximum et 1 pour minimum. Si $a, b \in \mathbb{N}$, les majorants de $\{a, b\}$ sont les multiples communs à a et b, et $\{a, b\}$ admet pour borne supérieure le ppcm de a et b. De même, les minorants de $\{a, b\}$ sont les diviseurs communs à a et b, et $\{a, b\}$ admet pour borne inférieure le pgcd de a et b (module II.1).

Soient E et F deux ensembles ordonnés. L'application $f : E \to F$ est dite *croissante* si $x \leqslant y$ entraîne $f(x) \leqslant f(y)$ et *décroissante* si $x \leqslant y$ entraîne $f(y) \leqslant f(x)$. Une application est dite *monotone* si elle est soit croissante soit décroissante. On dit que f est *strictement croissante* si $x < y$ entraîne $f(x) < f(y)$; on définit de même une application *strictement décroissante* ou *strictement monotone*. Par exemple, toute application monotone injective est strictement monotone.

Si l'ensemble de départ est $E = \mathbb{N}$, l'application f est une suite et l'on parle de *suite croissante, décroissante, monotone, strictement croissante, strictement décroissante, strictement monotone*. Dans ce cas, la propriété de monotonie se vérifie plus simplement en comparant des termes consécutifs de la suite. Par exemple, une suite $(u_n)_{n \in \mathbb{N}}$ est strictement croissante si, et seulement si, pour tout entier n, $u_n < u_{n+1}$.

On vérifie sans peine que la composée de deux applications croissantes est croissante ; que la composée (dans n'importe quel ordre) d'une application croissante et d'une application décroissante est décroissante ; enfin, que la composée de deux applications décroissantes est croissante.

Cependant, il n'est pas toujours vrai que la réciproque d'une application croissante bijective est croissante. Par exemple, l'application identité de $(\mathbb{N}^*, |)$ dans $(\mathbb{N}^*, \leqslant)$ est croissante, parce que, pour des entiers naturels non nuls, $a|b \Rightarrow a \leqslant b$. Mais l'application réciproque, qui est l'application identité de $(\mathbb{N}^*, \leqslant)$ dans $(\mathbb{N}^*, |)$ n'est pas croissante, parce que la réciproque de l'implication ci-dessus est, bien sûr, fausse. Cette situation tient à ce que l'un des deux ordres est plus faible que l'autre.

On appellera *isomorphisme* entre deux ensembles ordonnés une application bijective qui est croissante et dont la réciproque est croissante. Dans ce cas, $x \leqslant y$ est logiquement équivalent à $f(x) \leqslant f(y)$. C'est cette relation qui exprime au mieux la similarité de deux relations d'ordre.

5.3.1 Propriétés algébriques

Supposons E muni d'une relation d'ordre $\leqslant$ et d'une loi de composition interne $\star$. On peut se poser la question de la compatibilité entre les deux structures. Nous n'en donnerons pas une définition totalement générale, à cause de l'exemple des lois d'addition et de multiplication de $\mathbb{R}$. En effet, si l'on a l'égalité $a \leqslant b$ dans $\mathbb{R}$, on a, quel que soit c : $a+c \leqslant b+c$, mais pas nécessairement $ac \leqslant bc$. La compatibilité ne s'exprime pas de la même manière dans les deux cas. Anticipant les définitions du module II.2, nous distinguerons le cas d'un groupe commutatif, celui d'un anneau et celui d'un corps. Supposons d'abord que E est un groupe commutatif noté additivement. Nous dirons que *la relation d'ordre $\leqslant$ et la loi $+$ sont compatibles*, ou encore que $(E, +, \leqslant)$ est un *groupe commutatif ordonné*, si :

$$\forall a, b, c \in E \ , \ a \leqslant b \Longrightarrow a + c \leqslant b + c. \tag{69}$$

Avec les raisonnements habituels dans $(\mathbb{R}, +)$, on en déduit, entre autres, les règles de calcul suivantes, dans lesquelles $a, b, c, \ldots \in E$ sont quelconques :

$$a \leqslant b \Longleftrightarrow a + c \leqslant b + c, \tag{70}$$

$$a \leqslant b \Longleftrightarrow c + a \leqslant c + b, \tag{71}$$

$$a \leqslant b \Longleftrightarrow 0 \leqslant b - a, \tag{72}$$

$$a \leqslant b \Longleftrightarrow a - b \leqslant 0, \tag{73}$$

$$a \leqslant b \Longleftrightarrow -b \leqslant -a, \tag{74}$$

$$a \leqslant b \text{ et } c \leqslant d \Longrightarrow a + c \leqslant b + d. \tag{75}$$

Si l'on note E_+ l'ensemble des éléments positifs ou nuls de E :

$$E_+ := \{x \in E \mid 0 \leqslant x\}, \tag{76}$$

on voit que E_+ vérifie les propriétés suivantes :

$$E_+ + E_+ \subset E_+, \tag{77}$$

$$E_+ \cap (-E_+) = \{0\}. \tag{78}$$

Réciproquement, si, dans le groupe commutatif $(E, +)$, il y a un sous-ensemble E_+ vérifiant ces propriétés, en posant $x \leqslant y$ si, et seulement si, $y - x \in E_+$, on fait de E un groupe commutatif ordonné. Une condition nécessaire et suffisante pour que l'ordre soit total est la suivante :

$$E_+ \cup (-E_+) = E. \tag{79}$$

Considérons maintenant le cas d'un anneau $(E, +, .)$. Supposons que l'on a déjà fait de $(E, +)$ un groupe ordonné par la relation $\leqslant$. Nous dirons que *la relation d'ordre $\leqslant$ et la structure d'anneau* *sont compatibles*, ou encore que $(E, +, ., \leqslant)$ est un *anneau ordonné*, si :

$$\forall a, b \in E \ , \ 0 \leqslant a \text{ et } 0 \leqslant b \Longrightarrow 0 \leqslant a.b. \tag{80}$$

Si la relation d'ordre a été définie à l'aide de E_+, cela équivaut à la condition :

$$E_+.E_+ \quad \subset \quad E_+. \tag{81}$$

On a alors les règles usuelles de calcul :

$$(a \leqslant b \text{ et } 0 \leqslant c) \quad \Longrightarrow \quad (a.c \leqslant b.c \text{ et } c.a \leqslant c.b), \tag{82}$$

$$(a \leqslant b \text{ et } c \leqslant 0) \quad \Longrightarrow \quad (b.c \leqslant a.c \text{ et } c.b \leqslant c.a). \tag{83}$$

Ainsi, $\mathbb{Z}$ est un anneau totalement ordonné. Nous réserverons enfin le nom de *corps ordonné* au cas d'un corps qui est un anneau totalement ordonné. Ainsi, $\mathbb{Q}$ et $\mathbb{R}$ sont des corps ordonnés, mais on verra au module II.5 qu'il est impossible de faire de $\mathbb{C}$ un corps ordonné.

6 Cardinaux

6.1 Induction

6.1.1 Induction noetherienne

On dit qu'une suite *stationne en* $n_0 \in \mathbb{N}$, ou encore qu'elle est *stationnaire* si elle est constante à partir du rang n_0, c'est-à-dire si : $\forall n \geqslant n_0 \ , \ u_n = u_{n_0}$.

Proposition et définition 4. Soit E un ensemble ordonné. Les propriétés suivantes sont équivalentes : (i) Toute suite croissante de E est stationnaire. (ii) Il n'existe pas dans E de suite strictement croissante. (iii) Toute partie non vide de E admet un élément maximal. On dit alors que l'ensemble ordonné E est *noetherien*.

Démonstration. Supposons vraie la propriété (i). S'il existait dans E une suite strictement croissante, elle serait croissante et non stationnaire, contredisant (i). Cela montre que (i) implique (ii). Supposons vraie la propriété (ii). Nous allons démontrer (iii) par l'absurde. Soit $A \subset E$ une partie non vide n'admettant pas d'élément maximal. Nous allons construire à partir de ces hypothèses une suite strictement croissante dans A, donc dans E. Puisque A est non vide, on peut choisir $u_0 \in A$. Puisque A n'admet pas d'élément maximal, u_0 est strictement majoré dans A, et l'on peut choisir $u_1 \in A$ tel que $u_0 < u_1$. En itérant ce procédé, on construit une suite strictement croissante, contredisant (ii). Cela montre que (ii) implique (iii). Supposons vraie la propriété (iii). Soit $(u_n)_{n \in \mathbb{N}}$ une suite croissante dans E. L'image $\{u_n \mid n \in \mathbb{N}\}$ de cette suite est une partie non vide de E, qui admet donc, par hypothèse, un élément maximal u_{n_0}. Comme la suite est croissante, elle stationne en n_0. ■

Il existe un « principe d'induction noetherien » qui généralise le raisonnement par récurrence dans $\mathbb{N}$, mais il repose plutôt sur l'existence d'éléments minimaux. Nous appellerons donc *artinien* un ensemble ordonné dans lequel toute partie non vide admet un élément minimal ; de manière équivalente, toute suite décroissante est stationnaire ; ou encore, il n'existe pas de suite strictement décroissante. Par exemple, tout ensemble ordonné fini est à la fois artinien et noetherien.

Théorème 5 (Principe d'induction noetherienne). Soit E un ensemble artinien. Soit $P(x)$ une propriété définie sur E et vérifiant la condition d'*hérédité* :

$$\forall x \in E \ , \ (\forall y < x \ , \ P(y)) \Longrightarrow P(x).$$

Alors P est vraie sur E tout entier : $\forall x \in E \ , \ P(x)$.

Démonstration. Soit A l'ensemble des $x \in E$ qui ne vérifient pas $P(x)$. Supposons A non vide. Il admet alors un élément minimal x. Ainsi, pour tout $y < x$, $y \notin A$, autrement dit, $P(y)$. D'après la condition d'hérédité, on a donc $P(x)$, ce qui n'est pas possible puisque $x \in A$. L'ensemble A est donc vide, ce qui est la conclusion voulue. ■

Exemple. L'ensemble des polynômes unitaires sur un corps K, ordonné par la relation de divisibilité, est artinien. En effet, si $P|Q$, alors $\deg P \leqslant \deg Q$ et l'on sait qu'il n'existe pas de suite strictement décroissante d'entiers naturels. Démontrons par induction noetherienne que tout polynôme unitaire est produit de polynômes irréductibles ; on sous-entend ici que le produit vide vaut 1. Il suffit de démontrer l'hérédité de la propriété. Soit donc P un polynôme unitaire tel que tout diviseur strict de P est produit d'irréductibles. Si P est irréductible, on n'a rien à démontrer. Sinon, $P = QR$ où Q et R sont unitaires et divisent strictement P. Par hypothèse d'induction noetherienne, ils sont produits d'irréductibles, donc $P = QR$ l'est aussi. La propriété est donc héréditaire, donc vraie pour tout polynôme unitaire.

6.1.2 Ensembles bien ordonnés

Les ensembles noetheriens ou artiniens généraux (non totalement ordonnés) interviendront surtout en algèbre commutative (voir les manuels de L2 et L3).

Définition 21. On dit que l'ensemble E est *bien ordonné* si toute partie non vide de E admet un plus petit élément. On dit aussi que son ordre est un *bon ordre*.

L'exemple le plus célèbre d'ensemble bien ordonné est $(\mathbb{N}, \leqslant)$; il sera étudié en détail au module II.1. Comme un plus petit élément est minimal, tout ensemble bien ordonné est artinien. En prenant une paire $\{a, b\}$, on voit que l'ordre est de plus total (si a est le plus petit, $a \leqslant b$, si b est le plus petit, $b \leqslant a$). Réciproquement, tout ordre total artinien est un bon ordre : en effet, toute partie non vide admet un élément minimal, qui est nécessairement minimum (puisque l'ordre est total). Un théorème dû à Zermelo dit que *tout ensemble peut être muni d'un bon ordre*. C'est immédiat pour un ensemble fini : il suffit de le munir de n'importe quel ordre total, ce qui ne présente aucune difficulté ! Pour un ensemble dénombrable (voir plus loin), c'est encore possible : on utilise n'importe quelle bijection $f : E \to \mathbb{N}$ et l'on pose $x \leqslant y$ si, et seulement si, $f(x) \leqslant f(y)$. Cependant, il faut prendre garde que les ensembles totalement ordonnés dénombrables $\mathbb{Z}$ et $\mathbb{Q}$ ne sont pas bien ordonnés. On trouvera à l'exercice I.1.23 de la page 57 un exemple d'ensemble dénombrable artinien mais pas bien ordonné. Pour apprécier à sa juste valeur le théorème de Zermelo, le lecteur est invité à chercher un bon ordre sur $\mathbb{R}$ ou sur $\mathcal{P}(\mathbb{N})$.

6.1.3 Le lemme de Zorn

Pour motiver la définition suivante, considérons un ensemble M muni d'une loi $\star$, et soit $(X_i)_{i \in I}$ une famille de parties stables de M. La réunion X des X_i n'a aucune raison d'être stable. En effet, si $x, y \in X$ alors il existe des indices i et j tels que $x \in X_i$ et $y \in X_j$, mais, à moins d'avoir $i = j$, on ne peut rien en déduire. Cependant, si l'on suppose que deux quelconques des parties X_i sont comparables pour l'inclusion, on aura soit $X_i \subset X_j$ soit $X_j \subset X_i$; dans le premier cas, $x, y \in X_j \Rightarrow x \star y \in X_j \Rightarrow x \star y \in X$, et similairement dans le second cas.

Définition 22. (i) On appelle *chaîne* d'un ensemble ordonné E une famille non vide d'éléments de E qui sont deux à deux comparables.
(ii) On dit que E est *inductif* si toute chaîne de E est majorée.

Ainsi, la réunion d'une chaîne de parties stables de E est stable. L'ensemble des parties stables, ordonné par inclusion, est donc inductif.

Théorème 6 (Lemme de Zorn). Tout ensemble inductif admet un élément maximal. Plus précisément, dans un ensemble inductif, tout élément est majoré par un élément maximal.

Nous ne démontrerons pas ce théorème. Il est essentiellement équivalent au théorème de Zermelo, et à l'axiome du choix. Nous appliquerons le lemme de Zorn dès la section suivante, puis au module II.3. Pour illustrer le théorème sur l'exemple des parties stables de M, il faut raffiner celui-ci : en effet, il est trivial que M lui-même est stable, et le lemme de Zorn ne nous apporte rien. Mais on peut également fixer un élément arbitraire $a \in M$, et considérer l'ensemble des parties stables qui ne contiennent pas a. On vérifie que cet ensemble est inductif (si les X_i ne contiennent pas a, leur réunion non plus). On en conclut qu'il existe une partie stable maximale ne contenant pas a, ce qui n'est nullement évident !

6.2 Équipotence

Nous dirons que les ensembles E et F sont *équipotents* s'il existe une bijection de E sur F. Tout ensemble est équipotent à lui-même (en prenant pour bijection l'identité) ; si E est équipotent à F et F à G, alors E est équipotent à G (en prenant la composée des deux bijections) ; enfin, si E est équipotent à F, alors F est équipotent à E (en prenant la réciproque de la bijection). L'équipotence est donc une relation d'équivalence. Pour des ensembles finis, l'équipotence est la relation « avoir le même nombre d'éléments ». Ce qu'il y a de commun entre tous les ensembles équipotents à un ensemble fini donné est donc un nombre entier (voir le module II.1). Pour des ensembles quelconques, la notion générale est celle de cardinal, mais sa définition requiert un axiome.

Axiome et définition 14. On peut associer à chaque ensemble E un objet appelé *cardinal de* E et noté $\text{card}\, E$, qui satisfait à la règle suivante : deux ensembles E et F ont même cardinal si, et seulement s'ils sont équipotents.

On note $0 := \text{card}\, \varnothing$. Les ensembles équipotents à un singleton donné (resp. à une paire donnée) sont les singletons (resp. les paires), et l'on note $1 := \text{card}\,\{a\}$ quel que soit a et $2 := \text{card}\,\{a, b\}$ quels que soient a et b distincts, etc. Dans certaines présentations de la théorie des ensembles, on appelle « puissance » ce que nous appelons « cardinal » et l'on appelle « cardinal de E » un ensemble choisi dans la classe de E. Voici les exemples les plus simples. Le seul ensemble équipotent à $\varnothing$ est $\varnothing$, donc $0 := \varnothing$. Ensuite $1 := \{\varnothing\}$, $2 := \{\varnothing, \{\varnothing\}\}$, puis, en général, $n + 1 := n \cup \{n\}$: c'est la construction de Von Neumann des entiers (exercice I.1.3 de la page 54).

Définition 23. On dit que $\text{card}\, E \leqslant \text{card}\, F$ (lire : « inférieur ou égal ») s'il existe une application injective de E dans F.

Pour vérifier que cette définition a bien un sens (c'est-à-dire qu'elle ne dépend que de $\text{card}\, E$ et $\text{card}\, F$ et non de E et F), il faut toutefois vérifier que si E, E' sont équipotents et si F, F' le sont également, l'existence d'une injection $E \to F$ équivaut à celle d'une injection $E' \to F'$. On procède comme suit : soient $f : E \to E'$ et $g : F \to F'$ des bijections. Si $u : E \to F$ est une injection, alors $u' := g \circ u \circ f^{-1} : E' \to F'$ est une injection ; réciproquement, si $u' : E' \to F'$ est une injection, alors $u := g^{-1} \circ u' \circ f : E \to F$ est une injection. Pour la plupart des constructions sur les cardinaux, de telles précautions seront nécessaires, mais nous en laisserons en général les détails au lecteur.

Proposition 7. Si $E \neq \varnothing$, la relation $\operatorname{card} E \leqslant \operatorname{card} F$ équivaut à l'existence d'une application surjective de F sur E.

Démonstration. Cela découle de la proposition suivante. ∎

Proposition et définition 8. Soient E et F deux ensembles non vides.
(i) Soit $f : E \to F$ une application injective. Il existe alors une application $r : F \to E$ telle que $r \circ f = \mathrm{Id}_E$. L'application r est surjective. On dit que c'est une *rétraction* de f.
(ii) Soit $g : F \to E$ une application surjective. Il existe alors une application $s : E \to F$ telle que $g \circ s = \mathrm{Id}_F$. L'application s est injective. On dit que c'est une *section* de g.

Démonstration. (i) Pour tout élément $y \in \operatorname{Im} f$, on définit $r(y)$ comme l'unique antécédent de y par f (cet antécédent existe parce que $y \in \operatorname{Im} f$, il est unique parce que f est supposée injective). Pour tout $y \in F \setminus \operatorname{Im} f$, on définit $r(y)$ comme un élément arbitraire de E (c'est possible parce que E est non vide). On vérifie sans peine que l'on a bien $r\big(f(x)\big) = x$ pour tout $x \in E$. Cela implique en particulier que tout $x \in E$ admet au moins un antécédent par r, à savoir $f(x)$. L'application r est donc bien surjective.
(ii) Pour tout $x \in E$, on définit $s(x)$ comme l'un quelconque des antécédents de x par g (c'est possible puisque celle-ci est surjective). On vérifie sans peine que l'on a bien $g\big(s(x)\big) = x$ pour tout $x \in E$. Si l'on a $s(x) = s(x')$, alors $x = g\big(s(x)\big) = g\big(s(x')\big) = x'$, et l'application s est bien injective. ∎

Théorème 9 (Cantor, Schröder, Bernstein). S'il existe une injection de E dans F et une injection de F dans E, alors E et F sont équipotents.

Démonstration. Notons $f : E \to F$ et $g : F \to E$ ces injections. L'application $h := g \circ f$ réalise une bijection de E sur $h(E)$ et l'ensemble $E' := g(F)$ (qui est donc en bijection avec F) est tel que $h(E) \subset E' \subset E$. Il suffit de trouver une bijection de E sur E'.
Les images itérées $h^n(E)$ (définies par $h^0(E) := E$ et $h^{n+1}(E) := h\big(h^n(E)\big)$) forment une suite décroissante de parties de E. Soit R leur intersection. On vérifie que h induit une bijection de R sur lui-même. Nous poserons $A_0 := E \setminus h(E)$, puis, par récurrence, $A_{n+1} := h(A_n) = h^n(E) \setminus h^{n+1}(E)$. Ainsi, h induit une bijection de A_n sur A_{n+1} et les A_n sont deux à deux disjoints. On peut écrire :

$$E = (A_0 \cup \cdots \cup A_n \cup \cdots) \cup R,$$

la réunion étant disjointe. L'effet de h est donc d'envoyer A_n bijectivement sur A_{n+1} et R bijectivement sur lui-même.
Écrivons maintenant $A_0 = E \setminus h(E)$ comme union disjointe de $B_0 := E \setminus E'$ et de $C_0 := E' \setminus h(E)$. On introduit de même les images itérées $B_{n+1} := h(B_n)$ et $C_{n+1} := h(C_n)$, de sorte que chaque A_n est union disjointe de B_n et de C_n. On a maintenant deux écritures en réunion disjointe :

$$\begin{aligned} E &= (B_0 \cup C_0 \cup B_1 \cup C_1 \cup \cdots \cup B_n \cup C_n \cup \cdots) \cup R, \\ E' &= (C_0 \cup B_1 \cup C_1 \cup \cdots \cup B_n \cup C_n \cup \cdots) \cup R. \end{aligned}$$

Il est maintenant facile de construire la bijection de E sur E' : sur les C_i et sur R, c'est l'identité ; sur chaque B_n, c'est la bijection $h : B_n \to B_{n+1}$. ∎

Corollaire 10. La relation $\leqslant$ entre cardinaux est une relation d'ordre.

Démonstration. Puisque l'identité est injective et que la composée de deux applications injectives est injective, cette relation est bien réflexive et transitive. L'antisymétrie est conséquence du théorème qui précède. ■

Théorème 11. C'est un ordre total.

Démonstration. Soient E et F deux ensembles quelconques. Il s'agit de démontrer qu'il existe une injection de l'un dans l'autre. Nous allons démontrer qu'il existe une bijection de l'un sur une partie de l'autre, ce qui revient au même. Nous introduisons pour cela l'ensemble $\mathcal{E}$ dont les éléments sont les triplets (A, f, B) formés d'une partie A de E, d'une partie B de F et d'une bijection f de A sur B. Cet ensemble est non vide, car il contient $(\varnothing, f, \varnothing)$ (où f est l'unique bijection de $\varnothing$ sur lui-même). Nous poserons $(A, f, B) \preceq (A', f', B')$ si, et seulement si, $A \subset A'$, $B \subset B'$ et $f'_{|A} = f$. On vérifie aisément que c'est une relation d'ordre sur $\mathcal{E}$. On va montrer que celui-ci est inductif. Soit $\mathcal{C} = (A_i, f_i, B_i)_{i \in I}$ une chaîne de $\mathcal{E}$. Notons $A = \bigcup_{i \in I} A_i$ et $B = \bigcup_{i \in I} B_i$. Soit $x \in A$; quel que soit $i \in I$ tel que $x \in A_i$, $f_i(x) \in B$ a la même valeur. En effet, si $x \in A_j$, on a par exemple $(A_i, f_i, B_i) \preceq (A_j, f_j, B_j)$ (car $\mathcal{C}$ est une chaîne), donc f_i est la restriction de f_j, donc $f_j(x) = f_i(x)$. On peut donc poser $f(x) = f_i(x)$ pour n'importe quel $i \in I$ tel que $x \in A_i$. On voit facilement que $f : A \to B$ est une bijection, et que (A, f, B) est un élément de $\mathcal{E}$ qui majore $\mathcal{C}$: l'ensemble $\mathcal{E}$ est bien inductif. D'après le lemme de Zorn, il admet un élément maximal (A, f, B). Montrons que $A = E$ ou $B = F$. Si ce n'était pas le cas, il y aurait des éléments $a \in E \setminus A$ et $b \in F \setminus B$. En posant $A' = A \cup \{a\}$, $B' = B \cup \{b\}$ et en définissant $f' : A' \to B'$ par $f'_{|A} = f$ et $f'(a) = b$, on construirait un élément (A', f', B') de $\mathcal{E}$ qui majore strictement (A, f, B), contredisant ainsi la maximalité de ce dernier. On a donc bien $A = E$ ou $B = F$. Dans le premier cas, $\operatorname{card} E \leqslant \operatorname{card} F$; dans le second cas, $\operatorname{card} F \leqslant \operatorname{card} E$. ■

Exemple. L'application $x \mapsto \{x\}$ est injective de E dans $\mathcal{P}(E)$. D'après le théorème 1 de la page 15 de Cantor, il n'existe pas de surjection de E dans $\mathcal{P}(E)$, donc pas d'injection de $\mathcal{P}(E)$ dans E (proposition 8 de la page précédente). On a donc $\operatorname{card} E < \operatorname{card} \mathcal{P}(E)$.

Bien que les cardinaux ne forment pas un ensemble, on va définir des opérations sur eux, en s'autorisant à employer le vocabulaire de 4. Soient E et F deux ensembles. Pour définir la somme des cardinaux E et F, on choisit arbitrairement un ensemble E' équipotent à E et un ensemble F' équipotent à F, de telle manière que E' et F' soient disjoints ; par exemple $E' := E \times \{0\}$ et $F' := F \times \{1\}$ sont disjoints et l'on a des bijections $E \to E'$, $x \mapsto (x, 0)$ et $F \to F'$, $y \mapsto (y, 1)$. Ce procédé (dû au mathématicien Von Neumann) est analogue au « renommage » en informatique. On pose alors $\operatorname{card} E + \operatorname{card} F = \operatorname{card}(E' \cup F')$; il est en effet immédiat qu'avec un autre choix E'', F'', on aurait une bijection de $E' \cup F'$ sur $E'' \cup F''$, d'où l'égalité $\operatorname{card}(E' \cup F') = \operatorname{card}(E'' \cup F'')$. On démontre alors facilement que l'addition des cardinaux est une loi associative, commutative, d'élément neutre 0. En revanche, aucun cardinal n'est simplifiable (exercice I.1.31 de la page 57).

Pour définir le produit de deux cardinaux, on vérifie comme ci-dessus que $\operatorname{card}(E \times F)$ ne dépend que de $\operatorname{card} E$ et de $\operatorname{card} F$. On le note $\operatorname{card} E \times \operatorname{card} F$. C'est encore une loi associative, commutative, d'élément neutre 1. Elle est de plus distributive par rapport à l'addition. On en déduit notamment que, si k est un entier naturel non nul (un cardinal fini), et $\aleph$ (cette lettre hébraïque, d'usage traditionnel dans la théorie depuis Cantor, se lit « aleph ») un cardinal quelconque, le produit $k\aleph$ est égal à la somme de k termes $\aleph + \cdots + \aleph$.

On remarque encore que $\operatorname{card}\big(\mathcal{F}(E,F)\big)$ ne dépend que de $\operatorname{card} E$ et de $\operatorname{card} F$. On le note $(\operatorname{card} F)^{\operatorname{card} E}$, ce qui se lit « $\operatorname{card} F$ à la puissance $\operatorname{card} E$ ». Cette notation paraîtra plus naturelle après lecture du module II.1, où il est démontré que si E et F sont finis et ont respectivement n et p éléments, alors $\mathcal{F}(E,F)$ est fini et a p^n éléments. De nombreuses règles sur les puissances de nombres restent valables (exercice I.1.26 de la page 57). Par exemple, si k est un entier naturel non nul (un cardinal fini), et $\aleph$ un cardinal quelconque, la puissance $\aleph^k$ est égale au produit de k facteurs $\aleph \cdots \aleph$.

Théorème 12. (i) Pour tout ensemble E, on a $\operatorname{card} \mathcal{P}(E) = 2^{\operatorname{card} E}$.
(ii) Pour tout cardinal $\aleph$, on a $\aleph < 2^{\aleph}$.

Démonstration. On a démontré (théorème 2 de la page 25) que les ensembles $\mathcal{P}(E)$ et $\mathcal{F}(E,\{0,1\})$ étaient équipotents, d'où la première assertion. La seconde découle de l'exemple de la page ci-contre. ∎

Toutes ces opérations sont des fonctions croissantes de chacun de leurs arguments. Par exemple, si $\aleph_1 \leqslant \aleph_2$, alors $\aleph_1\aleph_3 \leqslant \aleph_2\aleph_3$ (ici, $\aleph_1$, $\aleph_2$ et $\aleph_3$ désignent des cardinaux quelconques). Cette règle se prouve en remarquant que si $f : E_1 \to E_2$ est injective, alors l'application $f \times \operatorname{Id}_{E_3} : E_1 \times E_3 \to E_2 \times E_3$ l'est aussi.

6.3 Cardinaux finis et infinis

Définition 24. Un ensemble E est dit *fini* s'il n'existe pas de bijection de E sur une partie de E autre que lui-même ; il est dit *infini* dans le cas contraire.

On démontre par récurrence que chacun des ensembles de la suite définie par $E_0 = \varnothing$, $E_{k+1} = E_k \cup \{E_k\}$ est fini (exercice I.1.28 de la page 57), puis que tout ensemble fini est équipotent à l'un de ces ensembles et à un seul. À ce stade, on ne peut cependant pas démontrer l'existence d'ensembles infinis : c'est le rôle de l'*axiome de l'infini*. Nous l'énonçons sous une forme un peu spéciale.

Axiome et définition 15. Les « entiers de Von Neumann » E_k forment un ensemble, que l'on note $\mathbb{N}$.

Ayant postulé son existence, on peut en effet démontrer que cet ensemble est infini. Réciproquement, on peut démontrer que, s'il existe un ensemble infini E, les E_k forment un ensemble $\mathbb{N}$ et il existe une application injective de $\mathbb{N}$ dans E (exercice I.1.28 de la page 57).

Les ensembles finis et leurs cardinaux (qui sont les entiers naturels, c'est-à-dire les éléments de $\mathbb{N}$) seront abordés par une voie différente et plus intuitive au module II.1. Nous ne retiendrons que les faits suivants :

1. L'ensemble $\mathbb{N}$ des entiers naturels est infini. Son cardinal est noté $\aleph_0$ (lire Aleph zéro).
2. Tout ensemble fini se plonge injectivement dans $\mathbb{N}$. On a donc, pour tout entier naturel n, considéré comme un cardinal : $n < \aleph_0$.

3. Pour tout ensemble infini E, il existe une injection de $\mathbb{N}$ dans E. Donc, pour tout cardinal infini $\aleph$, on a $\aleph_0 \leqslant \aleph$.

Ainsi, $\aleph_0$ est le plus petit des cardinaux infinis. Nous dirons qu'un ensemble E est *dénombrable* s'il existe une *énumération* de E, c'est-à-dire une bijection de $\mathbb{N}$ sur E. Cela équivaut à dire que E est équipotent à $\mathbb{N}$, *i.e.* que $\operatorname{card} E = \aleph_0$. Nous allons prouver quelques formules concernant $\aleph_0$ en nous basant en partie sur des bijections explicites (et nous laisserons alors au lecteur le soin d'expliciter les bijections réciproques), en partie sur l'arithmétique des cardinaux.

Tout d'abord, on a donné dans l'exercice 4 de la page 6 une énumération de $\mathbb{Z}$. On en déduit que $\operatorname{card} \mathbb{Z} = \aleph_0$. Mais $\mathbb{Z}$ est l'union disjointe de $\mathbb{N}$ et de $-\mathbb{N}^*$, et ce dernier ensemble est énuméré par $n \mapsto -n-1$. On a donc, par définition de la somme des cardinaux, la formule : $\aleph_0 + \aleph_0 = \aleph_0$.

On peut énumérer $\mathbb{N} \times \mathbb{N}$ en parcourant successivement les ensembles suivants : $\{(0,0)\}$, puis $\{(1,0),(0,1)\}$, puis $\{(2,0),(1,0),(2,2)\}$, etc. Le lecteur pourra démontrer (c'est *très* amusant) que l'image de n s'obtient comme suit : on encadre n par $\dfrac{k(k+1)}{2} \leqslant n < \dfrac{(k+1)(k+2)}{2}$, ce qui revient à écrire $n = \dfrac{k(k+1)}{2} + \ell$, avec $0 \leqslant \ell \leqslant k$. Cette écriture est unique. On associe alors à n le couple $(k-\ell, \ell) \in \mathbb{N} \times \mathbb{N}$. De cette énumération, on déduit que $\operatorname{card}\big(\mathbb{N} \times \mathbb{N}\big) = \aleph_0$. On a donc, par définition du produit des cardinaux, la formule : $\aleph_0\aleph_0 = \aleph_0$.

Comme application, calculons $\operatorname{card} \mathbb{Q}$. Comme $\mathbb{N} \subset \mathbb{Q}$, on a $\aleph_0 \leqslant \operatorname{card} \mathbb{Q}$. Par ailleurs, on définit une application injective en associant à tout $x \in \mathbb{Q}$ l'unique couple $(p,q) \in \mathbb{Z} \times \mathbb{N}^*$ tel que $\dfrac{p}{q} = x$ et p, q sont premiers entre eux. On a donc $\operatorname{card} \mathbb{Q} \leqslant \aleph_0\aleph_0 = \aleph_0$. Comme $\leqslant$ est une relation d'ordre, on a $\operatorname{card} \mathbb{Q} = \aleph_0$.

On peut enfin démontrer que l'ensemble $\mathcal{P}_f(\mathbb{N})$ des parties finies de $\mathbb{N}$ est dénombrable (exercice I.1.18 de la page 56).

Pour établir le prochain théorème, nous allons énoncer quelques règles :

1. Soient $\aleph_1$ et $\aleph_2$ des cardinaux. Alors : $\aleph_1 \leqslant \aleph_2 \iff \exists\, \aleph_3 \ : \ \aleph_2 = \aleph_1 + \aleph_3$. Dire que $\aleph_1 \leqslant \aleph_2$ équivaut en effet à dire qu'il existe des ensembles E_1, E_2 de cardinaux $\aleph_1, \aleph_2$ et tels que $E_1 \subset E_2$, c'est-à-dire tels que E_2 est l'union disjointe de E_1 et d'un ensemble E_3.
2. Soit $\aleph$ un cardinal. Alors : $\aleph_0 \leqslant \aleph \iff \aleph = \aleph_0 + \aleph$. En effet, si $\aleph_0 \leqslant \aleph$, on peut écrire $\aleph = \aleph_0 + \aleph_1$, d'où $\aleph + \aleph_0 = \aleph_0 + \aleph_0 + \aleph_1 = \aleph_0 + \aleph_1$. La réciproque est immédiate.
3. Soit A un ensemble dénombrable qui est inclus dans un ensemble B non dénombrable. Alors $B \setminus A$ est équipotent à B. En effet, l'ensemble $B \setminus A$ est infini, sinon B serait dénombrable. Soit $\aleph$ son cardinal. Alors $\aleph = \aleph_0 + \aleph$ (règle ci-dessus), mais $\aleph_0 + \aleph$ est le cardinal de B.

Théorème et définition 13. Le cardinal de $\mathbb{R}$ est $2^{\aleph_0}$. On dit qu'un ensemble équipotent à $\mathbb{R}$ *a la puissance du continu.*

Démonstration. La numération en base 2 des nombres réels assure que tout $x \in \,]0,1[$ admet une unique écriture sous la forme $\sum\limits_{n \geqslant 0} \varepsilon_n 2^{-n}$, où la suite $(\varepsilon_n)_{n \in \mathbb{N}}$ est un élément de $\{0,1\}^{\mathbb{N}}$ tel que : les ε_n ne sont pas tous nuls ; ils ne sont pas égaux à 1 à partir d'un certain rang. On obtient ainsi une bijection de $]0,1[$ sur $\{0,1\}^{\mathbb{N}} \setminus A$, où A est une partie dénombrable de $\{0,1\}^{\mathbb{N}}$. D'après la dernière règle, $\operatorname{card}\,]0,1[\, = 2^{\aleph_0}$. On conclut à l'aide de n'importe quelle bijection de $\mathbb{R}$ sur $]0,1[$, par exemple l'application $x \mapsto \dfrac{1}{2}\left(1 + \dfrac{x}{\sqrt{1+x^2}}\right)$. ■

L'un des plus célèbres problèmes de la théorie des ensembles fut longtemps de savoir s'il existait un cardinal entre la puissance du dénombrable et celle du continu, autrement dit, tel que $\aleph_0 < \aleph < 2^{\aleph_0}$. L'*hypothèse du continu*, formulée par Cantor, affirmait que c'était impossible. Des théorèmes dûs aux logiciens Kurt Gödel en 1939 et Paul Cohen en 1963 entraînent que *ni l'hypothèse du continu ni sa négation ne sont démontrables dans le cadre de la théorie usuelle des ensembles.*

7 Rudiments de logique

En mathématiques, on s'intéresse à des *objets* : éléments (par exemple nombres), ensembles, applications... On formule sur ces objets des *assertions*, qui obéissent (indépendamment de leurs contenus concrets) à des règles logiques. Si, partant des *axiomes* ou des *définitions* on peut, en respectant ces règles logiques, *démontrer* une assertion, elle acquiert le statut de *théorème*. La démonstration de théorèmes est l'un des principaux buts des mathématiques. Le mot « théorème » a de nombreux synonymes : proposition, lemme, corollaire... selon l'importance et l'usage. Disons, en première approximation, qu'une proposition est un peu moins importante qu'un théorème ; qu'un lemme est avant tout un outil ou une étape commode dans la démonstration d'une proposition ou d'un théorème ; enfin, qu'un corollaire est une conséquence plus ou moins immédiate d'une proposition ou d'un théorème.

7.1 Logique propositionnelle

Les règles logiques qui structurent une démonstration disent comment l'on détermine si des affirmations sont vraies ou fausses en sachant que d'autres affirmations sont vraies ou fausses. L'usage est d'appeler *propositions* les affirmations sur lesquelles on raisonne. Dans toute cette section, le mot « proposition » sera exclusivement employé dans ce sens.

Il y a d'abord des propositions élémentaires, au contenu concret : $\mathrm{i}^2 = -1$, $\pi \in \mathbb{Q}$, $5 < 7$, 5 est pair ... Elles sont souvent des *relations*, ici : égalité $=$, appartenance $\in$, comparaison $\leqslant$, divisibilité $|$ ... Du point de vue de la logique élémentaire, on n'attache aucune importance au sens de ces propositions (du moment qu'elles sont correctement construites) : on demande seulement qu'elles aient une *valeur de vérité*, *i.e.* qu'elles soient *vraies* ou *fausses*. Ainsi, les quatre propositions prises en exemple plus haut sont respectivement : vraie, fausse, vraie, fausse.

On peut bâtir de nouvelles propositions à l'aide de *connecteurs logiques*. Les principaux sont *non* (symbole $\neg$), *ou* (symbole $\vee$), *et* (symbole $\wedge$), *implique* (symbole $\Rightarrow$) et *équivaut* (symbole $\Leftrightarrow$). Bien qu'ils évoquent des processus intellectuels familiers, on n'y attache pas vraiment de signification : on veut simplement qu'ils expriment des opérations sur les valeurs de vérité. Par exemple, on demande que $\neg P$ (lire « non P ») ait pour valeur « vrai » si P a pour valeur « faux », et pour valeur « faux » si P a pour valeur « vrai ». Chacun de ces quatre connecteurs *binaires* (c'est-à-dire à deux arguments P et Q) admet une description du même genre :

1. On veut que $P \vee Q$ (lire « P ou Q ») ait pour valeur « vrai » si, et seulement si, P ou Q a pour valeur « vrai », et pour valeur « faux » dans le cas contraire. Le $\vee$, encore appelé « ou logique », est appelé *disjonction* et l'on doit remarquer que *la disjonction mathématique n'est pas exclusive* : dire que « P ou Q » est vrai n'exclut pas que « P et Q » soit vrai.

2. On veut que $P \wedge Q$ (lire « P et Q ») ait pour valeur « vrai » si, et seulement si, P et Q ont tous deux pour valeur « vrai », et que, dans tout autre cas, $P \wedge Q$ ait pour valeur « faux ». Le $\wedge$, encore appelé « et logique », est appelé *conjonction.*
3. On veut que $P \Rightarrow Q$ (lire « P implique Q ») ait pour valeur « vrai » si, ou bien P a pour valeur « vrai » et Q aussi, ou bien P a pour valeur « faux » et Q est quelconque.
4. On veut que $P \Leftrightarrow Q$ (lire « P équivaut à Q ») ait pour valeur « vrai » si P et Q ont même valeur de vérité, et pour valeur « faux » si P et Q n'ont pas même valeur de vérité.

Tout cela se représente par des *tables de vérité* :

P	$\neg P$
V	F
F	V

P	Q	$P \vee Q$	$P \wedge Q$	$P \Rightarrow Q$	$P \Leftrightarrow Q$
V	V	V	V	V	V
V	F	V	F	F	F
F	V	V	F	V	F
F	F	F	F	V	V

Naturellement, ces connecteurs ne sont pas indépendants. Par exemple, il est évident que $P \Leftrightarrow Q$ a toujours même valeur que $(P \Rightarrow Q) \wedge (Q \Rightarrow P)$. On peut le vérifier intuitivement en dressant des tables de vérité :

P	Q	$P \Rightarrow Q$	$Q \Rightarrow P$	$(P \Rightarrow Q) \wedge (Q \Rightarrow P)$
V	V	V	V	V
V	F	F	V	F
F	V	V	F	F
F	F	V	V	V

L'expression $(P \Rightarrow Q) \wedge (Q \Rightarrow P)$ a donc même table de vérité que $P \Leftrightarrow Q$. On les considère comme *logiquement équivalentes*. On pourrait d'ailleurs *définir* la seconde à partir de la première. Nous exprimerons cette équivalence comme une égalité :

$$(P \Leftrightarrow Q) = (P \Rightarrow Q) \wedge (Q \Rightarrow P). \tag{84}$$

De même, on vérifie facilement l'égalité suivante :

$$(P \Rightarrow Q) = \big((\neg P) \vee Q\big). \tag{85}$$

À cause de ces égalités, dans certaines présentations de la logique propositionnelle, on part des seuls connecteurs $\neg$, $\vee$ et $\wedge$ et l'on en dérive les autres. Voici maintenant les règles de calcul fondamentales concernant ces connecteurs. Le lecteur est invité à les vérifier à l'aide de tables de vérité. Il est également invité à réfléchir sur l'analogie de ces règles avec celles qui portaient sur les opérations ensemblistes en 1.3.

$$P \vee (Q \vee R) = (P \vee Q) \vee R \tag{86}$$

$$P \vee Q = Q \vee P \tag{87}$$

$$\mathrm{V} \vee P = P \vee \mathrm{V} = \mathrm{V} \tag{88}$$

$$\mathrm{F} \vee P = P \vee \mathrm{F} = P \tag{89}$$

$$P \vee P = P \tag{90}$$

$$P \wedge (Q \wedge R) = (P \wedge Q) \wedge R \tag{91}$$

$$P \wedge Q = Q \wedge P \tag{92}$$

$$\mathrm{V} \wedge P = P \wedge \mathrm{V} = P \tag{93}$$

$$\mathrm{F} \wedge P = P \wedge \mathrm{F} = \mathrm{F} \tag{94}$$

$$P \wedge P = P \tag{95}$$

$$P \wedge (Q \vee R) = (P \wedge Q) \vee (P \wedge R) \tag{96}$$

$$P \vee (Q \wedge R) = (P \vee Q) \wedge (P \vee R) \tag{97}$$

$$\neg(\neg P) = P \tag{98}$$

$$\neg(P \vee Q) = (\neg P) \wedge (\neg Q) \tag{99}$$

$$\neg(P \wedge Q) = (\neg P) \vee (\neg Q) \tag{100}$$

Remarquons qu'en appliquant les trois dernières lois, on obtient l'égalité :

$$P \wedge Q = \neg\big((\neg P) \vee (\neg Q)\big).$$

Par conséquent, on pourrait définir tous les connecteurs logiques à partir des deux seuls connecteurs $\neg$ et $\vee$. En réalité, on peut faire mieux (ou pire ?), voir l'exercice I.1.33 de la page 58.

Sans en avoir formellement introduit la définition, nous manipulons depuis un moment des *formules propositionnelles* obtenues en combinant des arguments P, Q, R ... à l'aide de connecteurs imbriqués.

Définition 25. On appelle *tautologie* une formule propositionnelle qui prend la valeur « vrai » quelles que soient les valeurs données à ses arguments. On appelle *contradiction* une formule qui prend la valeur « faux » quelles que soient les valeurs données à ses arguments.

On vérifie immédiatement que les formules suivantes sont des tautologies : $P \vee (\neg P)$, $P \Rightarrow P$, $(P \wedge Q) \Rightarrow P$, $P \Rightarrow (P \vee Q)$. On y reconnaît des règles fondamentales de la logique (par exemple, la première est le *principe du tiers exclu*). De même, la formule $P \wedge (\neg P)$ est une contradiction. Sa négation (qui est donc une tautologie) est le *principe de non contradiction*. En fait, ce ne sont que des cas particuliers de principes plus généraux : si l'on remplace dans ces formules les arguments P et Q par des formules quelconques (mettant en jeu autant d'arguments que l'on voudra), on obtient encore des tautologies.

7.2 Prédicats et quantificateurs

Un *prédicat* est une proposition $P(x)$ qui dépend d'une variable x. Définissons par exemple $A(x)$ par « x est pair », $B(x)$ par $x > x-1$ et $C(x)$ par $x \neq x$. Le premier a un sens si x est entier, le second si x est réel, le troisième pour un x arbitraire. Nous nous cantonnerons, autant que possible, à des prédicats définis sur un ensemble (par exemple $\mathbb{Z}$ et $\mathbb{R}$ en ce qui concerne A et B). La valeur de vérité de $P(x)$ dépend maintenant du choix de x. Autrement dit, si l'on remplace la variable x par une valeur déterminée, on obtient une proposition qui pourra être vraie ou fausse. Ainsi, la proposition $A(2)$ est vraie alors que $A(1)$ est fausse, le prédicat $B(x)$ est vrai (c'est-à-dire, prend la valeur vrai) pour tout réel x et $C(x)$ n'est vrai pour aucun x.

On peut également considérer des prédicats à plusieurs variables $P(x,y)$, etc. Définissons par exemple $R(x,y)$ par $x|y$, $S(x,y)$ par $x \in \{x,y\}$ et $T(x,y)$ par $(x<y) \wedge (y<x)$. Le premier est défini, par exemple, pour $x, y \in \mathbb{N}$ (et vrai ou faux selon leurs valeurs), le second pour x, y quelconques (et toujours vrai) et le troisième pour x, y réels (et jamais vrai). Il n'est d'ailleurs pas nécessaire que les arguments $x, y, \ldots$ prennent leurs valeurs dans le même domaine, comme le montre la relation « x majore A », où $x \in \mathbb{R}$ et $A \in \mathcal{P}(\mathbb{R})$.

On peut opérer logiquement sur les prédicats, avec les mêmes connecteurs que précédemment. Par exemple, si $P(x)$ et $Q(x)$ sont des prédicats, $P(x) \vee Q(x)$ est un prédicat que l'on pourra noter $P \vee Q$. Cela peut d'ailleurs être source d'ambiguïté. Ainsi, lorsque l'on écrit $x > 1 \Rightarrow x^2 > 1$, on devrait en principe y voir un prédicat $P(x)$ qui dépend de l'argument $x \in \mathbb{R}$. Mais un abus courant veut que l'on entende par là $\forall x \in \mathbb{R}\ ,\ x > 1 \Rightarrow x^2 > 1$, qui est une proposition dans laquelle il n'y a plus de variable. Nous allons étudier de telles constructions en évitant soigneusement ce genre d'abus.

7.2.1 Quantificateurs

Le prédicat $x = x$ est vrai quel que soit x. On exprime cela en disant que la proposition $\forall x, x = x$ est vraie. Le point crucial, dans cette affirmation, est que c'est bien une proposition. Elle ne dépend pas de x. On dit que la lettre x n'y figure plus, ou encore qu'elle est *muette*. On peut la remplacer par y une lettre y quelconque : on considère que la proposition $\forall x, x = x$ et la proposition $\forall y, y = y$ sont identiques.

Lorsque $P(x)$ est un prédicat défini sur un ensemble E, on définit de même $\forall x \in E\ ,\ P(x)$, ce qui se lit « quel que soit $x \in E$, $P(x)$ » (ou encore, « pour tout x ... »). Autant que possible, nous n'utiliserons que des quantificateurs portant sur un ensemble E. Il y a d'ailleurs d'autres écritures possibles : $\forall x > 0$ signifie implicitement $\forall x \in \mathbb{R}_+^*$, etc. Lorsque $E = \{a_1, \ldots, a_n\}$, la proposition $\forall x \in E\ ,\ P(x)$ est équivalente à la suivante : $P(a_1) \wedge \cdots \wedge P(a_n)$, et l'on voit bien pourquoi x n'y figure pas. Le quantificateur $\forall$ est donc une sorte de généralisation du connecteur $\wedge$.

Plus généralement, si $P(x, y, z, \ldots)$ est un prédicat qui dépend de plusieurs arguments $x, y, z, \ldots$ variant dans un ensemble E, les formules quantifiées $\forall x \in E\ ,\ P(x, y, z, \ldots)$ et $\exists x \in E\ :\ P(x, y, z, \ldots)$ définissent des prédicats qui ne dépendent plus que des arguments $y, z, \ldots$. La lettre x n'y figure plus, elle est devenue muette. Mais les lettres $y, z, \ldots$ y figurent encore, elles sont « parlantes ». Si par exemple, dans le prédicat sur $\mathbb{R}^2$ défini par $P(x, y) := (y = x^2)$, on quantifie la variable x par $\exists$, on obtient le prédicat sur $\mathbb{R}$ défini par $Q(y) := (\exists x \in \mathbb{R}\ :\ y = x^2)$, dans lequel la lettre x est muette et la lettre y ne l'est pas.

Reprenons le prédicat $A(x)$ défini par « x est pair ». La proposition $\forall x \in \mathbb{Z}\ ,\ A(x)$ est fausse, puisque $A(1)$ l'est. Mais $A(2)$ est vraie, et l'on en conclut que la proposition $\exists x \in \mathbb{Z}\ :\ A(x)$ (qui se lit « il existe $x \in \mathbb{Z}$ tel que $A(x)$ ») est vraie. On précise parfois la formulation en disant « il existe *au moins un* $x \in \mathbb{Z}$ tel que $A(x)$ ». En effet, on affirme ici l'existence d'un tel x, sans rien dire de l'unicité. Lorsque l'on veut affirmer l'unicité, on écrit $\exists\,!$, lire « il existe un unique … ». Par exemple, la proposition $\exists\,!x \in \{1, 2, 3\}\ :\ x$ est pair est vraie. Nous n'étudierons pas en détail cette variante.

Si $P(x)$ est un prédicat, on peut former la proposition $\exists x\ :\ P(x)$. Si le prédicat $P(x)$ est défini sur l'ensemble E, on formera de même $\exists x \in E\ :\ P(x)$ (et nous préférerons cet usage). Lorsque $E = \{a_1, \ldots, a_n\}$, la proposition $\exists x \in E\ :\ P(x)$ est équivalente à la suivante : $P(a_1) \vee \cdots \vee P(a_n)$, et l'on voit bien pourquoi x n'y figure pas. Le quantificateur $\exists$ est donc une sorte de généralisation du connecteur $\vee$.

Le *quantificateur existentiel* $\exists$ obéit aux mêmes règles que le *quantificateur universel* $\forall$. Il transforme un prédicat $P(x)$ sur l'ensemble E en une proposition $\exists x \in E\ :\ P(x)$ dans laquelle la lettre x est muette. De même, un prédicat $P(x, y, z, \ldots)$ serait transformé en un prédicat $\exists x \in E\ :\ P(x, y, z, \ldots)$ portant sur les seules variables $y, z, \ldots$.

7.2.2 Quantificateurs et connecteurs logiques

Voyons l'effet des quantificateurs sur les prédicats construits à l'aide de connecteurs logiques. La première paire de règles concerne la négation :

$$\big(\forall x \in E\ ,\ \neg P(x)\big) \Longleftrightarrow \neg\big(\exists x \in E\ :\ P(x)\big), \tag{101}$$

$$\big(\exists x \in E\ :\ \neg P(x)\big) \Longleftrightarrow \neg\big(\forall x \in E\ ,\ P(x)\big). \tag{102}$$

Nier qu'il existe un élément ayant une propriété, c'est affirmer que tout élément a la propriété contraire. Nier que tout élément ait une propriété, c'est affirmer l'existence d'un élément ayant la propriété contraire. Cette règle a une conséquence curieuse au premier abord, mais que l'on finit par trouver raisonnable. Si E est l'ensemble vide, alors $\forall x \in E\ ,\ P(x)$ est vrai, indépendamment du prédicat P. En effet, le nier reviendrait à affirmer que $\exists x \in E\ :\ \neg P(x)$, ce qui n'est pas possible puisqu'il n'existe aucun $x \in E$.

Voici les règles concernant la conjonction :

$$\big(\forall x \in E\ ,\ (P(x) \wedge Q(x))\big) \Longleftrightarrow \big((\forall x \in E\ ,\ P(x)) \wedge (\forall x \in E\ ,\ Q(x))\big), \tag{103}$$

$$\big(\exists x \in E\ :\ (P(x) \wedge Q(x))\big) \Longrightarrow \big((\exists x \in E\ :\ P(x)) \wedge (\exists x \in E\ :\ Q(x))\big). \tag{104}$$

Remarquons simplement que la réciproque de cette dernière règle n'est pas vraie : prendre $E = \mathbb{Z}$, et les prédicats « x est pair » et « x est impair ».

Voici les règles concernant la disjonction :

$$\big((\forall x \in E\,,\ P(x)) \vee (\forall x \in E\ ,\ Q(x))\big) \Longrightarrow \big(\forall x \in E\,,\ (P(x) \vee Q(x))\big) \tag{105}$$

$$\big(\exists x \in E\ :\ (P(x) \vee Q(x))\big) \Longleftrightarrow \big((\exists x \in E\ :\ P(x)) \vee (\exists x \in E\ :\ Q(x))\big). \tag{106}$$

Cette fois, c'est la réciproque de la première règle qui est fausse : prendre le même exemple que précédemment !

On peut combiner les quantificateurs portant sur plusieurs variables successivement. Pour décrire les règles logiques correspondantes, nous prendrons le cas d'un prédicat à deux variables $P(x,y)$ défini pour $x \in E$ et $y \in F$. S'il y a plus de variables, des règles analogues s'appliquent, que le bon sens permet de deviner dans tous les cas. Voici les règles fondamentales.

$$\big(\forall x \in E\ ,\ \forall y \in F\ ,\ P(x,y)\big) \Longleftrightarrow \big(\forall y \in F\ ,\ \forall x \in E\ ,\ P(x,y)\big), \tag{107}$$

$$\big(\exists x \in E\ :\ \exists y \in F\ :\ P(x,y)\big) \Longleftrightarrow \big(\exists y \in F\ :\ \exists x \in E\ :\ P(x,y)\big), \tag{108}$$

$$\big(\exists x \in E\ :\ \forall y \in F\ ,\ P(x,y)\big) \Longrightarrow \big(\forall y \in F\ ,\ \exists x \in E\ :\ P(x,y)\big). \tag{109}$$

Les deux premières règles sont évidentes et les formules indiquées peuvent d'ailleurs respectivement se condenser en $\forall (x,y) \in E \times F\ ,\ P(x,y)$ et en $\exists (x,y) \in E \times F\ :\ P(x,y)$. La troisième règle mérite peut-être un moment de réflexion. Nous allons surtout évoquer l'implication réciproque, qui est source de nombreuses erreurs, parce qu'elle est fausse. Prenons le cas du prédicat $P(x,y)$ défini par $x \leqslant y$, avec $x \in E$ et $y \in F$, où E et F sont deux sous-ensembles d'un même ensemble ordonné G. Le membre gauche de l'implication se lit ainsi : « il existe un élément de E qui minore tous les éléments de F ». Le membre droit de l'implication se lit ainsi : « tout élément de F est minoré par un élément de E ». Il est clair que l'existence d'un $a \in E$ qui minore tous les éléments de F entraîne que tous les éléments de F sont minorés par (au moins) un élément de E, à savoir l'élément a mentionné. Mais la réciproque est fausse : par exemple, si $E = F = \mathbb{R}$, tout élément de $\mathbb{R}$ est bien minoré par un élément de $\mathbb{R}$ (lui-même), mais aucun élément de $\mathbb{R}$ ne minore tous les éléments de $\mathbb{R}$.

7.2.3 Variables libres et variables muettes

Nous avons vu que, dans une formule telle que $\forall x \in E\ ,\ P(x,y,z,\ldots)$ ou $\exists x \in E\ :\ P(x,y,z,\ldots)$, la variable x est muette. Selon une autre terminologie, en usage chez les logiciens, on dit plutôt que que la variable x est *liée* par le quantificateur $\forall x$ ou $\exists x$, alors que les variables $y, z, \ldots$ sont *libres* : elles sont par exemple libres de « prendre des valeurs ». Comme on l'a dit, dans la proposition $\forall x \in E\ ,\ P(x)$, la variable x peut être remplacée par une autre variable sans que le sens change, mais on ne peut pas lui affecter une valeur. Dans le cas où plusieurs variables sont présentes, les règles de remplacement d'une variable muette sont un peu plus compliquées.

Considérons par exemple le prédicat $P(x,y)$ défini pour $x, y \in \mathbb{R}$ par la formule $y \leqslant x^2$: les variables x et y sont libres. Dans la formule $\forall x \in \mathbb{R}\ ,\ P(x,y)$, c'est-à-dire $\forall x \in \mathbb{R}\ ,\ y \leqslant x^2$, la variable y est libre, la variable x est liée. C'est donc un prédicat $Q(y)$. Il est équivalent à $y \leqslant 0$ (c'est immédiat). Puisque la lettre x est muette, on peut, par exemple, la remplacer par la lettre u, ce qui donne : $\forall u \in \mathbb{R}\ ,\ y \leqslant u^2$. Il est clair que c'est exactement le même prédicat $Q(y)$. Cependant, si l'on remplaçait la lettre x par la lettre y, on obtiendrait la formule $\forall y \in \mathbb{R}\ ,\ y \leqslant y^2$, dans laquelle il n'y a aucune lettre libre : c'est donc une proposition (d'ailleurs fausse). Autre exemple : partons du prédicat $P(x,y)$ défini pour $x, y \in \mathbb{R}$ par la formule $y < x$. Le prédicat $\exists x\ :\ P(x,y)$ ne dépend que de y (et il prend la valeur « vrai » pour tout choix de y). Si l'on remplace x par u, le prédicat ne change pas. Mais si l'on remplace x par y, on obtient une proposition, d'ailleurs fausse. Ainsi, *lorsque l'on veut remplacer une lettre muette par une autre, il convient de choisir une lettre qui ne figure nulle part dans la formule.*

Outre les quantificateurs $\forall$ et $\exists$, il existe un certain nombre de symboles mathématiques qui ont la propriété de lier des variables. On les appelle *symboles mutificateurs*. Voici la liste des plus courants, avec, le cas échéant, une illustration des règles de remplacement.

1. Définition d'un ensemble en compréhension : l'ensemble $\{x \in \mathbb{R} \mid x > y\}$ (qui n'est défini que si y est connu par ailleurs) est le même que l'ensemble $\{u \in \mathbb{R} \mid u > y\}$, mais pas le même que l'ensemble $\{y \in \mathbb{R} \mid y > y\}$.
2. Définition d'une application $x \mapsto f(x)$: la fonction $x \mapsto x^2 + y$ (qui n'est définie que si y est connu par ailleurs) est la même que la fonction $u \mapsto u^2 + y$ mais pas la même que la fonction $y \mapsto y^2 + y$.
3. Le cas d'une famille indexée s'apparente aux deux précédents : on a par exemple, en général $(x_i)_{i \in I} = (x_j)_{j \in I}$; mais pas si la lettre j figure dans la définition de x_i : la suite géométrique $(p^n)_{n \in \mathbb{N}}$ est la même que la suite géométrique $(p^m)_{m \in \mathbb{N}}$, mais pas la même que la suite $(p^p)_{p \in \mathbb{N}}$.
4. Opérations portant sur des familles, par exemple intersection $\bigcap\limits_{i \in I} E_i$, réunion $\bigcup\limits_{i \in I} E_i$, ou produit cartésien $\prod\limits_{i \in I} E_i$ d'une famille d'ensembles ; ou bien somme $\sum\limits_{i \in I} x_i$ ou produit $\prod\limits_{i \in I} x_i$ d'une famille de réels. La prudence s'impose particulièrement dans le cas d'expressions imbriquées, comme $\sum\limits_{n \geqslant 1} \sum\limits_{p \geqslant 1} n^{-p}$. L'apprentissage des règles de manipulation d'indices se fera par la pratique, en algèbre (sommes finies) et en analyse (sommes infinies).
5. Passages à la limite : $\lim\limits_{x \to a} f(x) = \ell$, ou équivalents : $f(x) \underset{x \to a}{\sim} g(x)$.
6. Intégrales : $\displaystyle\int_a^x f(t)\ \mathrm{d}t = \int_a^x f(u)\ \mathrm{d}u$, le statut de l'expression $\displaystyle\int_a^x f(x)\ \mathrm{d}x$ étant ambigu !

7.3 Théorèmes et démonstrations

Ce qui délimite l'activité mathématique, ce n'est pas qu'elle aborde des objets mathématiques (nombres, figures ...), c'est le fait qu'elle repose sur des démonstrations de théorèmes. Le mathématicien part d'axiomes et de définitions. S'il est avancé dans l'étude, il dispose également de théorèmes déjà démontrés. Il obtient de nouveaux théorèmes par des démonstrations. Celles-ci sont des enchaînements de déductions qui obéissent à des règles logiques. Cette activité peut être formalisée au point de rendre possible la vérification mécanique des démonstrations (mais pas leur invention) - mais c'est très difficile au delà des théories les plus superficielles. Cas spécial : le calcul, qui est une forme de démonstration, est plus facilement mécanisable. C'est bien connu pour le calcul numérique, mais cela vaut également pour le calcul symbolique, comme on le verra au module II.8. Nous ne tenterons pas de formaliser l'activité mathématique, et les mathématiciens ne le font pas en général. En fait, il se produit des erreurs même chez les plus aguerris. Pour les éviter autant que possible, il faut du bon sens, de la méthode, de la rigueur, et le jugement des pairs (c'est-à-dire la relecture). Voici quelques exemples de méthodes.

1. Démonstration par l'absurde. Pour démontrer l'énoncé P, on fait l'hypothèse qu'il est faux et l'on en déduit une contradiction.

Exercice 12.
Démontrer par l'absurde l'énoncé : $\sqrt{2}$ est irrationnel.

Solution. Si $\sqrt{2}$ était rationnel, on pourrait l'écrire $\dfrac{p}{q}$ avec $p, q \in \mathbb{Z}$ premiers entre eux. On aurait donc $p^2 = 2q^2$, donc p pair : $p = 2n$, donc $q^2 = 2n^2$, donc q pair : $q = 2m$, mézalor p et q ne seraient pas premiers entre eux, ce qui contredirait l'hypothèse. Ainsi, on ne peut écrire $n = \dfrac{p}{q}$ et $\sqrt{2}$ est bien irrationnel.

---

2. Méthode de l'hypothèse auxiliaire. Cette méthode s'applique lorsque l'on veut démontrer une implication $P \Rightarrow Q$. On suppose temporairement P vraie (c'est « l'hypothèse auxiliaire »), et l'on procède à des déductions jusqu'à prouver que Q est vraie. Pour l'illustrer, nous la combinerons avec les deux méthodes suivantes.

3. Démonstration par disjonction de cas. Si l'on est certain que $P \vee Q$ est vrai, pour démontrer R, il suffit de démontrer $P \Rightarrow R$, puis de démontrer $Q \Rightarrow R$. Démontrons ainsi que le carré de tout réel est positif ou nul. Soit $x \in \mathbb{R}$. Il est lui-même positif ou nul, ou bien négatif ou nul. Dans le premier cas, $x^2 = xx$ est le produit de deux réels positifs ou nuls, donc il est positif ou nul. Dans le deuxième cas, $x^2 = (-x)(-x)$ est encore le produit de deux réels positifs ou nuls, donc positif ou nul.

4. Démonstration par contraposée. Cette méthode s'applique lorsque l'on veut démontrer une implication $P \Rightarrow Q$. On démontre à la place l'implication *contraposée* $(\neg Q) \Rightarrow (\neg P)$, qui lui est équivalente.

   Démontrons ainsi l'implication : $f \in \mathcal{C}(\mathbb{R}, \mathbb{R})$ est inversible $\Rightarrow f$ a un signe constant ; ici, $\mathcal{C}(\mathbb{R}, \mathbb{R})$ désigne l'ensemble des fonctions continues de $\mathbb{R}$ dans $\mathbb{R}$. L'hypothèse P signifie : $\exists g \in \mathcal{C}(\mathbb{R}, \mathbb{R}) \ : \ fg = 1$. La conclusion Q signifie : $\big(\forall x \in \mathbb{R} \ , \ f(x) > 0\big) \vee \big(\forall x \in \mathbb{R} \ , \ f(x) < 0\big)$. Nous allons démontrer que $(\neg Q) \Rightarrow (\neg P)$. Pour cela, nous introduisons l'hypothèse auxiliaire $\neg Q$, autrement dit, le temps de la démonstration, nous supposons $\neg Q$ vraie. Expliciter la négation de Q est un petit exercice sur les lois de Morgan et les quantificateurs. On trouve : $\big(\exists x \in \mathbb{R} \ : \ f(x) \leqslant 0\big) \wedge \big(\exists x \in \mathbb{R} \ : \ f(x) \geqslant 0\big)$. Dire que « A et B » est vrai signifie que A est vrai et que B est vrai. Puisque $\exists x \in \mathbb{R} \ : \ f(x) \leqslant 0$ est vrai, on peut choisir $a \in \mathbb{R}$ tel que $f(a) \leqslant 0$. Puisque $\exists x \in \mathbb{R} \ : \ f(x) \geqslant 0$ est vrai, on peut choisir $b \in \mathbb{R}$ tel que $f(b) \geqslant 0$. Noter qu'en vertu du lien entre $\exists$ et $\wedge$ (voir la règle (104) de la page 49), on ne peut pas exiger que a et b soient les mêmes ! On a $a \leqslant b$ ou $b \leqslant a$ (encore une disjonction de cas !) Dans le premier cas, f s'annule en un point de $[a, b]$, dans le deuxième cas, en un point de $[b, a]$ (théorème des valeurs intermédiaires, module IV.2). Dans tous les cas, il existe c tel que $f(c) = 0$. Montrons alors (par l'absurde !) que f n'est pas inversible. Si elle avait un inverse g, on aurait $fg = 1$, donc $0 = 0g(c) = f(c)g(c) = 1$, ce qui est impossible. On a donc démontré $\neg P$, en ayant pour cela supposé $\neg Q$. On a donc démontré $\neg Q \Rightarrow \neg P$. On a donc démontré $P \Rightarrow Q$.

5. Démonstration par récurrence simple. Pour démontrer $\forall n \in \mathbb{N} \ , \ P(n)$, on démontre $P(0)$ et, pour tout n, $P(n) \Rightarrow P(n+1)$.

Exercice 13.
Démontrer par récurrence $\forall n \in \mathbb{N} \ , \ n < 2^n$.
Solution. C'est vrai pour $n := 0$ car $0 < 1$. Pour démontrer $P(n) \Rightarrow P(n+1)$, on fait l'*hypothèse de récurrence* $P(n)$: $n < 2^n$, « pour un certain n » : c'est donc encore un cas d'hypothèse auxiliaire. Supposons $n < 2^n$, on a $n + 1 < 2^n + 1$, et, comme $1 \leqslant 2^n$, $n + 1 < 2^n + 2^n = 2^{n+1}$, soit $P(n+1)$. On a donc bien démontré l'implication $P(n) \Rightarrow P(n+1)$ (on dit parfois l'*hérédité*). Le principe de récurrence (module II.1) permet de conclure.

---

6. Démonstration par récurrence à deux pas. Pour démontrer $\forall n \in \mathbb{N} \ , \ P(n)$, on démontre $P(0)$ et $P(1)$, et, pour tout n, $\big(P(n) \wedge P(n+1)\big) \Rightarrow P(n+2)$. Il existe évidemment une version à k pas ! Démontrons ainsi que, pour tout $n \in \mathbb{N}$, $2^n - (-1)^n$ est multiple de 3. C'est vrai pour $n := 0$ et 1 (vérification immédiate). Supposons que $a := 2^n - (-1)^n$ et $b := 2^{n+1} - (-1)^{n+1}$ sont multiples de 3. On constate alors (petit calcul) que $2^{n+2} - (-1)^{n+2} = 2a + b$, qui est multiple de 3. En fait, ce mode de démonstration s'applique souvent à des suites définies par des récurrences à deux pas : ici, $u_{n+2} = u_{n+1} + 2u_n$. La précaution à ne pas perdre de vue est que *l'initialisation de la récurrence doit se faire en* $n := 0$ *et* $n := 1$, *ou bien* $n := 1$ *et* $n := 2$. Par exemple, la propriété « $2^n + (-1)^n$ est multiple de 3 » vérifie la même relation d'hérédité, et elle est vraie pour $n := 0$ mais fausse pour $n := 1$.

7. Démonstration par récurrence forte. On veut encore démontrer $\forall n \in \mathbb{N} \ , \ P(n)$. Ici, l'hérédité prend la forme : $\big(\forall m < n \ , \ P(m)\big) \Rightarrow P(n)$. En principe, il n'y a même pas besoin d'initialisation. Le lecteur se reportera à 6.1 pour des exemples ; voir aussi l'exercice I.1.37 de la page 58.

Exercice type corrigé

I.1.0 1) Soit E un ensemble totalement ordonné et soit $(u_n)_{n\geqslant 0}$ une suite d'éléments de E. On suppose que la suite $(u_n)_{n\geqslant 0}$ n'admet pas de plus grand élément. Démontrer : $\forall k \in \mathbb{N}\ ,\ \exists \ell > k\ :\ u_k < u_\ell$. En déduire que, s'il existe un entier p tel que la suite $(u_n)_{n\geqslant p}$ n'admet pas de plus grand élément, alors la suite $(u_n)_{n\geqslant 0}$ admet une sous-suite strictement croissante.
2) On suppose maintenant au contraire que, quel que soit l'entier p, la suite $(u_n)_{n\geqslant p}$ admet un plus grand élément et l'on note v_p ce dernier. Démontrer que la suite $(v_p)_{p\geqslant 0}$ est décroissante. En déduire que la suite $(u_n)_{n\geqslant 0}$ admet une sous-suite décroissante.
3) Quelle conclusion générale peut-on tirer des deux questions précédentes au sujet des suites d'éléments de E ?
4) Selon le module IV.1, toute suite croissante majorée (resp. toute suite décroissante minorée) de réels admet une limite. Que peut-on en déduire pour les suites bornées de réels ?

Solution. 1) Notons $M := \max(u_0, \ldots, u_k)$. Il existe un entier ℓ tel que $M < u_\ell$ (sinon, M serait le plus grand élément de la suite). On a évidemment $\ell > k$ et $u_k < u_\ell$, ce qui démontre la première affirmation. Soit maintenant p un entier tel que la suite $(u_n)_{n\geqslant p}$ n'admet pas de plus grand élément. Posons $i_0 := p$. Appliquons la propriété qui vient d'être démontrée avec $k := i_0$ et $i_1 := \ell$: on voit qu'il existe $i_1 > i_0$ tel que $u_{i_0} < u_{i_1}$. De même, en l'appliquant avec $k := i_1$ et $i_2 := \ell$, on voit qu'il existe $i_2 > i_1$ tel que $u_{i_1} < u_{i_2}$. En itérant ce procédé, on construit une suite strictement croissante d'indices $i_0 < i_1 < i_2 < \cdots$ telle que $u_{i_0} < u_{i_1} < u_{i_2} < \cdots$. La suite $(u_{i_k})_{k\geqslant 0}$ est une sous-suite strictement croissante de la suite $(u_n)_{n\geqslant 0}$.
2) De manière générale, si $A \subset B$ et si A et B ont chacun un plus grand élément, $\max A \in A$ et $\max B \in B$, la relation $\max A \in B$ implique que $\max A \leqslant \max B$. Puisque $\{u_n \mid n \geqslant p+1\} \subset \{u_n \mid n \geqslant p\}$, on a donc $v_{p+1} \leqslant v_p$ et la suite $(v_p)_{p\geqslant 0}$ est bien décroissante. Puisque $v_p \in \{u_n \mid n \geqslant p\}$, on peut l'écrire $v_p = u_{n_p}$ avec $n_p \geqslant p$. La suite des n_p n'est donc pas majorée, et l'on peut donc en extraire une sous-suite strictement croissante $(n_{p_k})_{k\geqslant 0}$. Posons $m_k = n_{p_k}$. Alors la suite $(u_{m_k})_{k\geqslant 0}$ est une sous-suite décroissante de la suite $(u_n)_{n\geqslant 0}$.
3) Toute suite d'éléments d'un ensemble totalement ordonné E admet donc une sous-suite croissante ou une sous-suite décroissante.
4) Comme toute sous-suite d'une suite bornée est elle-même bornée, on voit que toute suite bornée de réels admet une sous-suite croissante majorée ou décroissante minorée, donc convergente : c'est le théorème de Bolzano-Weierstraß (module IV.1, théorème 35).

Pour aller plus loin

Les corrigés sont disponibles en accès libre à partir des pages d'accueil du livre sur le site www.dunod.com

Exercices sur la section 1

I.1.1 Démontrer que $\{\{a\}, \{a,b\}\} = \{\{a'\}, \{a',b'\}\}$ si, et seulement si, $a = a'$ et $b = b'$. Cela peut donc servir à construire les couples.

I.1.2 Que dire de $\mathcal{P}(A \cap B)$, de $\mathcal{P}(A \cup B)$? (Pour cette dernière question, supposer A et B disjoints.)

I.1.3 1) On définit par récurrence $E_0 := \varnothing$, puis, pour tout entier k, $E_{k+1} := E_k \cup \{E_k\}$. Démontrer par récurrence sur k que tout élément de E_k en est un sous-ensemble.

2) Démontrer par récurrence sur k que $E_{k+1} \neq E_k$; en déduire que les E_k forment une suite strictement croissante d'ensembles (pour l'inclusion). Combien l'ensemble E_k a-t-il d'éléments ?

I.1.4 1) Dans certaines variantes de la théorie des ensembles, on introduit l'*axiome de fondation* : $\forall x \neq \varnothing \ , \ \exists y \in x \ : \ y \cap x = \varnothing$. Démontrer que cet axiome équivaut à l'affirmation suivante : il n'existe pas de suite d'ensembles $x_0, x_1, \ldots$ telle que $\forall i \in \mathbb{N} \ , \ x_{i+1} \in x_i$. (Pour l'implication directe, procéder par l'absurde et considérer $x = \{x_i \mid i \in \mathbb{N}\}$.)
2) Démontrer que l'axiome de fondation entraine qu'il n'existe aucun ensemble qui soit élément de lui-même et donc qu'il n'existe pas d'ensemble de tous les ensembles.
3) On pose $s(x) = x \cup \{x\}$ ("successeur" de x). Sous la même hypothèse, montrer que $x, s(x), s\big(s(x)\big), \ldots$ sont deux à deux distincts.
4) La relation $(\forall y \in x \ , \ y \in y)$ est-elle collectivisante ? Et la relation $(\forall y \in x \ , \ y \notin y)$?

Exercices sur la section 2

I.1.5 Soient $E = \{a, b\}$ et $F = \{c, d, e\}$. On suppose $a \neq b$. Existe-t-il des surjections, des injections, des bijections de E dans F ?

I.1.6 Soient $f : E \to F$ et $B \subset F$. Montrer que $B = f\big(f^{-1}(B)\big)$ si, et seulement si, $B \subset \operatorname{Im} f$.

I.1.7 On dit que $A \subset E$ est saturé par $f : E \to F$ si $A = f^{-1}\big(f(A)\big)$, autrement dit, si : $\forall x \in A \ , \ \forall x' \in E \ : \ f(x) = f(x') \Rightarrow x' \in A$. Montrer que les parties saturées de E sont les parties de la forme $f^{-1}(B)$.

I.1.8 (i) Soient $f : E \to F$ et $f' : E' \to F$ deux applications. Démontrer l'équivalence suivante : $\big(\exists u : E \to E' \ : \ f = f' \circ u\big) \iff \big(\operatorname{Im} f \subset \operatorname{Im} f'\big)$.
(ii) Soient $f : E \to F$ et $f' : E \to F'$ deux applications. On suppose F' non vide. Démontrer l'équivalence :

$$\big(\exists v : F \to F' \ : \ f' = v \circ f\big) \iff \big(\forall x_1, x_2 \in E \ : \ f(x_1) = f(x_2) \Rightarrow f'(x_1) = f'(x_2)\big).$$

Pourquoi faut-il supposer F' non vide ?

Exercices sur la section 3

I.1.9 Soit $(E_i)_{i \in I}$ une famille de sous-ensembles de E. À quelle condition l'application $f \mapsto (f_{|E_i})_{i \in I}$ (exemple 4 de la page 13) de $\mathcal{F}(E, F)$ dans $\prod_{i \in I} \mathcal{F}(E_i, F)$ est-elle injective ? surjective ? En général, quelle est son image ?

Exercices sur la section 4

I.1.10 Quels éléments de $(\mathcal{P}(E), \cup)$, resp. de $(\mathcal{P}(E), \cap)$ sont neutres, inversibles, simplifiables, absorbants, idempotents ?

I.1.11 Montrer que l'image d'un idempotent par tout morphisme est un idempotent, mais que ce n'est pas vrai pour un neutre, un simplifiable, un inversible, un absorbant.

I.1.12 Montrer que les nombres de Catalan (exemple de la page 27) vérifient la relation de récurrence : $c_n = \sum_{i+j=n-1} c_i c_j$. Calculer c_3, c_4 et c_5.

I.1.13 Montrer comment l'on peut traduire l'associativité d'une loi sur E à l'aide d'un diagramme commutatif qui met en jeu les ensembles E, $E \times E$ et $E \times E \times E$. Traiter de manière similaire la commutativité.

Exercices sur la section 5

I.1.14 La relation $\complement_E A \subset B$ entre sous-ensembles de E est symétrique. De même pour la relation $B \subset \complement_E A$.

I.1.15 Soient $n_1, \ldots, n_k$ des entiers non nuls et $\mathcal{R}_i$ la relation de congruence $x \equiv y \pmod{n_i}$ dans $\mathbb{Z}$. Calculer l'intersection des $\mathcal{R}_i$.

I.1.16 Soient V un espace vectoriel et W un sous–espace vectoriel de V. Montrer que tout supplémentaire de W est un ensemble de représentants pour la relation d'équivalence $x\mathcal{R}y$ définie par $x - y \in W$.

I.1.17 Sur l'ensemble $E^{\mathbb{N}}$, on définit la relation $\sim$ par :

$$(u_n)_{n\in\mathbb{N}} \sim (v_n)_{n\in\mathbb{N}} \iff \exists p \in \mathbb{N} \ : \ \forall n \geqslant p \ , \ u_n = v_n.$$

Démontrer que c'est une relation d'équivalence.

I.1.18 1) On munit $\{0,1\}^{\mathbb{N}}$ de l'ordre lexicographique, pour lequel $(u_n)_{n\in\mathbb{N}} \leqslant (v_n)_{n\in\mathbb{N}}$ si les deux suites sont égales ou s'il existe $p \in \mathbb{N}$ tel que $u_p < v_p$ et $\forall n < p \ , \ u_n = v_n$. Démontrer que c'est un ordre total.
2) Décrire l'unique relation d'ordre sur $\mathcal{P}(\mathbb{N})$ telle que la bijection $\mathcal{P}(\mathbb{N}) \to \{0,1\}^{\mathbb{N}}$ (théorème 2 de la page 25) est un isomorphisme.
3) Démontrer que l'application $A \mapsto \sum_{a\in A} 2^a$ est une bijection de l'ensemble $\mathcal{P}_f(\mathbb{N})$ des parties finies de $\mathbb{N}$ sur $\mathbb{N}$. (Utiliser l'écriture binaire, module II.1.)
4) Décrire l'unique relation d'ordre $\leqslant$ sur $\mathcal{P}_f(\mathbb{N})$ telle que cette application soit un isomorphisme de $(\mathcal{P}_f(\mathbb{N}), \leqslant)$ sur $(\mathbb{N}, \leqslant)$.

I.1.19 La clôture réflexive transitive d'une relation symétrique $\mathcal{R}$ est une relation d'équivalence (c'est donc la relation d'équivalence engendrée par $\mathcal{R}$).

I.1.20 On appelle cycle pour une relation $\mathcal{R}$ sur E un n-uplet $(x_1, \ldots, x_n) \in E^n$, avec $n \geqslant 2$, les x_i deux à deux distincts et $x_1\mathcal{R}x_2$, ..., $x_{n-1}\mathcal{R}x_n$, $x_n\mathcal{R}x_1$. Démontrer que, pour qu'une relation quelconque engendre une relation d'ordre, il faut, et il suffit, qu'elle n'admette pas de cycle ; et la relation d'ordre engendrée est alors sa clôture réflexive transitive.

I.1.21 Démontrer que la relation $x \in y$ est une relation d'ordre strict sur chaque E_k (exercice I.1.3 de la page 54) ainsi que sur $\bigcup_{k\in\mathbb{N}} E_k$.

Exercices sur la section 6

I.1.22 Soit $(E_i)_{i\in I}$ une famille d'ensembles ordonnés indexée par un ensemble bien ordonné I. Sur l'ensemble produit $E = \prod_{i\in I} E_i$, on définit la relation $(x_i)_{i\in I} \preceq (y_i)_{i\in I}$ par : $(x_i)_{i\in I} = (y_i)_{i\in I}$, ou bien, i étant le plus petit indice tel que $x_i \neq y_i$, on a $x_i < y_i$. Vérifier que c'est une relation d'ordre. Démontrer que, si les E_i sont totalement ordonnés , leur produit l'est également. Si I est fini et si les E_i sont bien ordonnés, leur produit l'est également.

I.1.23 Soit E un ensemble quelconque. Montrer que l'ensemble des parties finies de E, ordonné par inclusion, est artinien.

I.1.24 Soient E un ensemble ordonné et $f : E \to \mathbb{N}$ une application strictement croissante. Démontrer que E est artinien. Donner un exemple où il n'est pas bien ordonné.

I.1.25 Démontrer à l'aide des résultats sur les cardinaux qu'il n'existe pas d'ensemble de tous les ensembles. (Comparer un tel ensemble à l'ensemble de ses parties.)

I.1.26 Soient $\aleph_1$, $\aleph_2$ et $\aleph_3$ trois cardinaux. Démontrer les formules :

$$\left(\aleph_1\aleph_2\right)^{\aleph_3} = \aleph_1^{\aleph_3}\aleph_2^{\aleph_3}, \qquad \aleph_1^{\aleph_2+\aleph_3} = \aleph_1^{\aleph_2}\aleph_1^{\aleph_3}, \qquad \left(\aleph_1^{\aleph_2}\right)^{\aleph_3} = \aleph_1^{\aleph_2\aleph_3}.$$

I.1.27 Démontrer que les opérations sur les cardinaux sont croissantes en chacun de leurs arguments (il y aura cependant une exception pour l'opération d'exponentiation).

I.1.28 (i) Démontrer que chacun des ensembles E_k de l'exercice I.1.3 de la page 54 est fini mais que l'ensemble dont les éléments sont les E_k ne l'est pas.
(ii) Démontrer sans faire appel à l'axiome de l'infini que, si E est infini il existe des applications injectives $f_k : E_k \to E$ qui sont restrictions les unes des autres. En déduire l'existence de $\mathbb{N}$ et d'une application injective de $\mathbb{N}$ dans E.

I.1.29 Soit k un entier naturel non nul. Pour tout $n \in \mathbb{N}$, on note $n \operatorname{div} k$ et $n \mod k$ le quotient et le reste de la division euclidienne de n par k. Démontrer que l'application $n \mapsto (n \operatorname{div} k, n \mod k)$ est une bijection de $\mathbb{N}$ sur $\mathbb{N} \times \{0, \ldots, k-1\}$. En déduire que $k\aleph_0 = \aleph_0$.

I.1.30 Démontrer que l'ensemble $\mathbb{N}^{(\mathbb{N})}$ des suites d'entiers à support fini (c'est-à-dire nulles à partir d'un certain rang) est dénombrable.

I.1.31 Pour tout cardinal infini $\aleph$, démontrer les égalités $\aleph + \aleph = \aleph\aleph_0 = \aleph$. En déduire qu'aucun cardinal infini n'est simplifiable pour l'addition ou la multiplication des cardinaux. Que dire des cardinaux finis ?

I.1.32 Démontrer que $\mathbb{N}^{\mathbb{N}}$ et $\mathbb{R}^{\mathbb{N}}$ ont la puissance du continu.

Exercices sur la section 7

I.1.33 On pose $P \mid Q = \neg(P \wedge Q)$ (*connecteur de Sheffer*, également appelé NAND, comme “Not And”). Dresser sa table de vérité. Montrer que tous les connecteurs peuvent s'en déduire. Voyez-vous un autre connecteur ayant cette propriété ?

I.1.34 Vérifier que la formule $\big(P \wedge (P \Rightarrow Q)\big) \Rightarrow Q$ est une tautologie et que la formule $P \Leftrightarrow (\neg P)$ est une contradiction. Que dire de la formule $P \Rightarrow (\neg P)$?

I.1.35 Soient F et G deux formules. Démontrer qu'elles sont logiquement équivalentes si, et seulement si, la formule $F \Leftrightarrow G$ est une tautologie.

I.1.36 Démontrer par l'absurde que, pour toute suite de réels, si $\lim\limits_{n\to+\infty} u_n = 1$, alors $\exists n \in \mathbb{N} \ : \ \forall p \geqslant n \ , \ u_p > 0$. (On utilisera la méthode de l'hypothèse auxiliaire.)

I.1.37 Démontrer par récurrence forte que les coefficients binomiaux sont entiers, en utilisant la relation de Pascal (module II.1).

Algèbre

Partie II

L'algèbre au sens moderne a deux visages : d'une part l'étude des structures indépendamment de leurs réalisations concrètes et d'autre part celle d'algorithmes performants permettant des calculs effectifs sur ordinateur.
Elle est issue de l'arithmétique, déjà bien présente chez les anciens Grecs (notamment Euclide), qui a connu de grands développements au XVIIe siècle (Fermat), au XVIIIe (Euler) et au XIXe (Gauß, Hermite), et joue toujours un rôle très important, central dans un certain nombre de conjectures très célèbres comme celle de Riemann. Vers le milieu du XXe siècle, l'algèbre a permis d'unifier arithmétique et géométrie algébrique, et d'établir aujourd'hui de fascinantes convergences entre arithmétique et physique théorique. Algèbre et arithmétique ont aussi d'importantes applications (cryptographie, codes correcteurs d'erreurs, secret bancaire, communications).
Les « recettes » pour les équations du premier et du second degré remontent à une lointaine antiquité : à Babylone (vers 1800 avant Jésus-Christ), en Grèce grâce à Euclide et Diophante, suivis au Moyen Âge par des mathématiciens de langue arabe. Il faudra attendre le XVIe siècle italien pour connaître les formules de résolution par radicaux des équations de degré trois et quatre (Del Ferro, Cardan, Ferrari). Un siècle plus tard, Viète et Descartes essaieront de dépasser ce stade, ce qui conduira ce dernier à inventer au passage la géométrie analytique. Au début du XIXe, Gauß, Abel puis surtout Galois mettront un terme aux recherches vaines de leurs prédécesseurs : « il n'y a plus de formule » à partir du degré cinq. Après avoir joué un très grand rôle dans la construction des mathématiques, le sujet perdait presque tout intérêt ; toutefois les outils inventés pour le clore (groupes, théorie de Galois) restaient centraux dans les mathématiques et certaines de leurs applications.
Dans une perspective plus appliquée, Gauß, au XIXe siècle, a développé des techniques « effectives » d'algèbre linéaire pour l'astronomie (trajectoire de Cérès en 1801). Au XXe siècle, les groupes et l'algèbre linéaire interviennent de manière centrale en mécanique quantique et en chimie (cristallographie, chimie quantique). L'algèbre linéaire est aujourd'hui également omniprésente dans de nombreux problèmes industriels (contrôle, optimisation, robotique...).

Nous avons évoqué plus haut les structures algébriques. Dans ce cours de première année apparaissent celles de groupe, anneau, corps, espace vectoriel. Dans une première approche, il faut apprendre à maîtriser les corps usuels (rationnels, réels, complexes), la notion de groupe abélien et surtout l'algèbre linéaire sous son double aspect théorique et algorithmique, sans oublier ses relations filiales avec la géométrie.

Arithmétique II.1

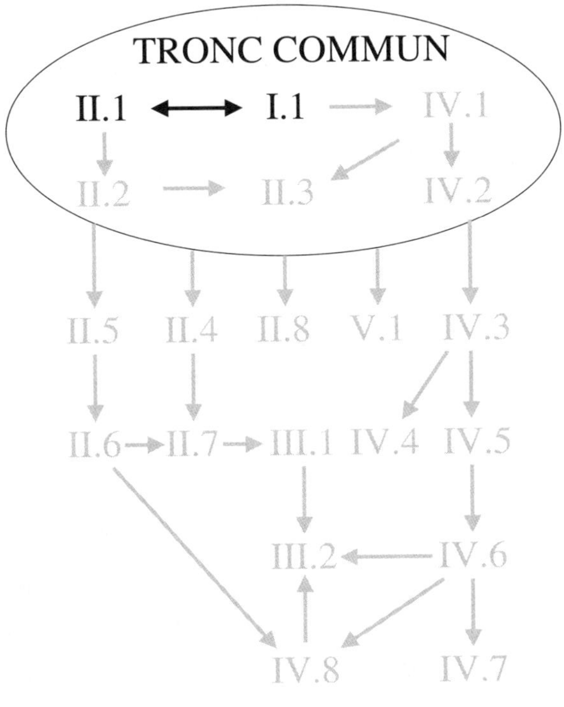

L'arithmétique est la science des nombres, plus précisément des nombres entiers, qu'ils soient *naturels* : $0, 1, 2, \ldots$ ou *relatifs* : $-2, -1, 0, 1, 2, \ldots$. Il s'agit donc d'étudier l'ensemble $\mathbb{N}$ des entiers naturels et l'ensemble $\mathbb{Z}$ des entiers relatifs. Les outils essentiels sont les quatre opérations : addition, multiplication, soustraction, division, auxquelles il faut ajouter la relation d'ordre $\leqslant$. L'objectif poursuivi dans cet ouvrage n'est pas d'étudier $\mathbb{N}$ et $\mathbb{Z}$ « pour eux-mêmes », mais en liaison avec les nombreux domaines des mathématiques (ou de leurs applications) où ils interviennent. Citons quelques raisons de s'intéresser aux entiers.

1. Les entiers naturels servent d'abord à compter (c'est leur fonction *cardinale*), ou à numéroter des objets (c'est leur fonction *ordinale*). Chacun est familiarisé avec ces deux fonctions depuis son enfance.
2. Dans toutes les branches des mathématiques, l'un des modes de raisonnement fondamentaux est le *raisonnement par récurrence*, dans lequel l'intervention de $\mathbb{N}$ est

évidente. À cet égard, l'arithmétique elle-même a le mérite d'offrir de nombreux exemples de tels raisonnements, qu'ils soient très simples ou plus élaborés.

3. Les ordinateurs manient des nombres entiers (écrits en système binaire). Ils ne font même que cela, mais pas n'importe comment : ils sont « programmés ». Lorsqu'ils effectuent un programme, ils passent d'une instruction n à l'instruction suivante $n+1$, démarche proche de celle que l'on suit dans un raisonnement par récurrence. Dans les programmes, il est fait appel à des *algorithmes*, c'est-à-dire des procédés de calcul, et ces algorithmes portent souvent sur des entiers. Il peut être important de comprendre ou de savoir se servir de ces algorithmes et, si nécessaire, de mettre au point un algorithme répondant à tel ou tel besoin. À l'inverse, savoir écrire un programme (fonctionnant correctement) qui résout un certain problème mathématique prouve au moins que l'on a compris les notions intervenant dans ce problème.

4. En ce qui concerne $\mathbb{Z}$, son étude a ici une motivation directe. D'abord chacun pourra constater que l'*algèbre* (notamment l'algèbre linéaire) occupe une place importante dans l'enseignement des mathématiques. Il s'agit d'un outil puissant, utilisé dans beaucoup de domaines des mathématiques et de leurs applications. L'algèbre met en jeu des objets fondamentaux, tels que les *groupes* ou les *anneaux* (voir le module II.2). Dans chacun de ces cas, $\mathbb{Z}$ offre l'exemple le plus simple du type d'objet envisagé. Par exemple, l'*arithmétique des polynômes* s'avérera très voisine de l'*arithmétique de* $\mathbb{Z}$. L'étude de $\mathbb{Z}$ servira donc de « répétition générale » avant celle des polynômes, qui sont des objets *a priori* moins simples que les entiers.

1 Ensemble des entiers naturels

Cette section utilise librement le module précédent concernant les ensembles. Les notions d'application injective (surjective, bijective) et de relation d'ordre sont supposées connues. À propos de la présentation de $\mathbb{N}$ qui est donnée ici, mentionnons les points suivants :

1. Une approche entièrement « intuitive » ne peut pas suffire. Chacun sait « calculer » sur les entiers, mais il est nécessaire de savoir bâtir un raisonnement correct dans une situation où ces entiers interviennent.

2. Pour autant, nous ne donnons pas une « construction rigoureuse » de $\mathbb{N}$, contrairement à ce qui sera fait plus loin pour les ensembles de nombres $\mathbb{Z}, \mathbb{Q}, \mathbb{R}, \mathbb{C}$. Il est possible de donner une telle construction, mais cela nous a semblé trop lourd dans un ouvrage de ce type.

3. En conséquence, nous *admettrons* qu'il existe un ensemble, que nous appellerons $\mathbb{N}$, possédant trois propriétés simples (voir la section 1.1). Ces propriétés seront prises comme *axiomes* ou règles du jeu. L'important est de comprendre comment l'on *déduit* de ces axiomes les propriétés des entiers qui seront utiles. Bien entendu, les axiomes ne sont pas arbitraires. C'est l'expérience, comme dans d'autres sciences, qui a montré que la théorie obtenue en partant de ces axiomes « fonctionne bien », tant en mathématiques que dans leurs applications.

1.1 Relations d'ordre et entiers naturels

Les relations d'ordre ont déjà été étudiées dans le module I.1 (section 5.3), le lecteur est prié de s'y reporter. Considérons donc un *ensemble ordonné* $\mathcal{N}$, c'est-à-dire un ensemble muni d'une relation d'ordre, notée $\leqslant$. Cette relation binaire entre éléments de $\mathcal{N}$ est donc *réflexive, antisymétrique et transitive* ; on en déduit les relations notées $<$, $\geqslant$ et $>$. Soient A une partie de $\mathcal{N}$ et $t \in \mathcal{N}$. Nous savons ce que signifient les expressions « t est un majorant (ou un minorant) de A », « t est le plus petit élément de A », ce que l'on note $t = \min(A)$, « t est le plus grand élément de A », ce que l'on note $t = \max(A)$. Nous savons aussi ce que veut dire « A est majorée, ou minorée, ou bornée ».

À partir de la relation $\leqslant$ sur $\mathcal{N}$, nous pouvons parler d'*intervalles*. Soient a, b deux éléments de $\mathcal{N}$ donnés. On notera $[a, b]$ l'ensemble des éléments x de $\mathcal{N}$ tels que $a \leqslant x \leqslant b$ et $]a, b[$ l'ensemble des éléments x de $\mathcal{N}$ tels que $a < x < b$. On a des définitions analogues pour $]a, b]$ et $[a, b[$. L'ensemble des éléments x de $\mathcal{N}$ tels que $x \geqslant a$ (resp. $x > a$) sera noté $[a, \rightarrow[$ (resp. $]a, \rightarrow[$). Les définitions de $]\leftarrow, a]$ et $]\leftarrow, a[$ sont analogues. Ces divers ensembles, appelés *intervalles*, peuvent éventuellement être vides.

Cela étant, nous *admettrons l'existence* d'un ensemble ordonné non vide $\mathbb{N}$ vérifiant les trois propriétés suivantes :

(N1) Toute partie non vide de $\mathbb{N}$ possède un plus petit élément.

(N2) Toute partie non vide et *majorée* de $\mathbb{N}$ possède un plus grand élément.

(N3) L'ensemble $\mathbb{N}$ lui-même n'est pas majoré, en particulier il ne possède pas de plus grand élément.

Les éléments de $\mathbb{N}$ sont appelés *entiers naturels*.
Une question se pose ici. Si deux ensembles ordonnés vérifient les conditions ci-dessus, vont-ils conduire à des théories équivalentes ? La réponse est oui, comme l'exercice II.1.1 le montrera. En pratique, le lecteur peut *admettre* que les entiers naturels, qu'il sait manipuler depuis son enfance, forment un ensemble $\mathbb{N}$ qui vérifie les conditions (N1), (N2), (N3).

1.2 Récurrence

Dans cette section, nous allons donner d'importantes conséquences des propriétés (N1), (N2), (N3). Nous parlerons d'« entiers » au lieu d'« entiers naturels », tant qu'il n'y aura pas de risque de confusion. Une première conséquence de (N1) est que $\mathbb{N}$ est *totalement ordonné*, c'est-à-dire que deux éléments x, y quelconques de $\mathbb{N}$ sont toujours *comparables* : on a soit $x \leqslant y$, soit $y \leqslant x$ (soit les deux). C'est évident si $x = y$. Sinon, $\{x, y\}$ étant une partie non vide de $\mathbb{N}$, elle possède un plus petit élément, égal soit à x soit à y, et l'on a $x \leqslant y$ (resp. $y \leqslant x$) dans le premier (resp. le deuxième) cas. Ensuite, l'ensemble $\mathbb{N}$ lui-même n'étant pas vide, la propriété (N1) montre qu'il possède un plus petit élément, on le note 0 ; les entiers autres que 0 sont dits *strictement positifs*, ils forment une partie de $\mathbb{N}$ notée $\mathbb{N}^*$.
Soit $n \in \mathbb{N}$. L'ensemble $A := \{k \in \mathbb{N} \mid k > n\}$ n'est pas vide, car n ne majore pas $\mathbb{N}$, vu la propriété (N3). Ainsi A possède un plus petit élément, noté $n + 1$ et appelé *successeur* de n. Le successeur de 0 est noté 1.
De même, si $n \in \mathbb{N}^*$, $B := \{k \in \mathbb{N} \mid k < n\}$ n'est pas vide, car $0 \in B$. Évidemment, n

est un majorant de B ; la propriété (N2) montre alors que B possède un plus grand élément, noté $n-1$ et appelé *prédécesseur* de n. Provisoirement, la notation $n+1$ n'est pas reliée à l'addition, idem pour $n-1$ et la soustraction. Cependant on a $(n-1)+1=n=(n+1)-1$ pour tout entier $n>0$: le vérifier en exercice, de même que l'égalité $[0,n[\,=[0,n-1]$. Pour deux entiers m,n les équivalences ci-dessous résultent des définitions :

$$(m>n)\Longleftrightarrow(m\geqslant n+1)\ ,\quad (m<n)\Longleftrightarrow\big((n>0)\text{ et }(m\leqslant n-1)\big).$$

Voici maintenant un résultat essentiel, il fournit la base logique du mode de raisonnement par récurrence. Le raisonnement par récurrence et le raisonnement par l'absurde sont deux outils très importants en mathématiques.

Théorème 1 (Théorème de récurrence).
Soit n_0 un entier. Pour tout entier $n\geqslant n_0$, notons $\mathcal{P}(n)$ une certaine propriété de l'entier n. On fait les hypothèses suivantes :

(R1) La propriété $\mathcal{P}(n_0)$ est vraie.

(R2) Si la propriété $\mathcal{P}(n)$ est vraie pour un certain entier $n\geqslant n_0$, la propriété $\mathcal{P}(n+1)$ l'est aussi.

Sous ces hypothèses, la propriété $\mathcal{P}(n)$ est vraie pour *tout* entier $n\geqslant n_0$.

Démonstration. Raisonnons par l'absurde : supposons qu'il existe au moins un entier $m\geqslant n_0$ tel que $\mathcal{P}(m)$ soit fausse. L'ensemble A des entiers $k\geqslant n_0$ tels que $\mathcal{P}(k)$ soit fausse étant alors non vide, il possède un plus petit élément n. D'après l'hypothèse (R1) $n\neq n_0$, donc $n>n_0$ et par suite $n-1\geqslant n_0$ (définition de $n-1$). Ainsi $n_0\leqslant n-1<n$, donc $n-1\notin A$ $\big($car $n=\min(A)\big)$, *i.e.* $\mathcal{P}(n-1)$ est vraie. Comme n est le successeur de $n-1$, (R2) fait que $\mathcal{P}(n)$ est vraie, c'est absurde car $n\in A$. Il n'existe donc pas d'entier $m\geqslant n_0$ tel que $\mathcal{P}(m)$ soit fausse. Le théorème en résulte. ■

Dans cette preuve, les hypothèses (R1) et (R2) peuvent être remplacées par l'hypothèse (R3) ci-dessous, sans changer la conclusion du théorème (vérifiez-le) ; c'est ce qu'on appelle la *récurrence forte*. Il est parfois plus facile de vérifier (R3) que (R1) et (R2), *cf.* par exemple le théorème 33 de la page 84.

(R3) Dès qu'un entier $n\geqslant n_0$ est tel que $\mathcal{P}(k)$ soit vraie pour tous les entiers k vérifiant $n_0\leqslant k<n$, la propriété $\mathcal{P}(n)$ est vraie.

Si $\mathcal{P}(n)$ n'est définie que sur un intervalle $[n_0,n_1]$, on modifie (R2) ainsi : si $\mathcal{P}(n)$ est vraie pour un certain entier $n\in[n_0,n_1-1]$, $\mathcal{P}(n+1)$ est aussi vraie. En gardant (R1), on obtient la conclusion suivante : $\mathcal{P}(n)$ est vraie pour tout $n\in[n_0,n_1]$ (*récurrence finie*). Voici une conséquence utile du théorème de récurrence. Soit A une partie de $\mathbb{N}$ contenant 0. On suppose que le successeur de tout élément de A appartient aussi à A. Alors $A=\mathbb{N}$ (prendre pour $\mathcal{P}(n)$ la relation $n\in A$).

Un autre aspect de la récurrence est la *construction par récurrence*. Soient E un ensemble, g une application de E dans E et a un élément de E donné. Il existe une unique suite (u_n) d'éléments de E telle que $u_0=a$ et $u_{n+1}=g(u_n)$ pour tout entier n. On dit que l'on a construit cette suite à partir de son premier terme $u_0 := a$ et de la relation de récurrence $u_{n+1} := g(u_n)$. Par exemple la suite (2^n) des puissances de 2 est définie par son premier terme 1 et la relation de récurrence $2^{n+1} := 2 \times 2^n$. De même la suite $(n!)$ des factorielles est définie par son premier terme $0! := 1$ et la relation de récurrence $(n+1)! := (n+1)n!$. Rappelons qu'une suite d'éléments de E est simplement une application de $\mathbb{N}$ dans E. La justification de la construction par récurrence va résulter du théorème qui suit.

Théorème 2. Soient E un ensemble, g une application de E dans E et a un élément de E donné. Il existe une unique application f de $\mathbb{N}$ dans E telle que $f(0) = a$ et $f(n+1) = g\big(f(n)\big)$ pour tout entier n.

Démonstration. Si f existe, sa restriction f_n à $[0, n]$ est telle que :

$$f_n(0) = a \qquad \text{et} \qquad f_n(m+1) = g\big(f_n(m)\big) \quad \text{pour tout} \quad m < n.$$

Montrons inversement, par récurrence, qu'une application telle que f_n existe et est unique. C'est vrai pour $n = 0$. Si c'est vrai pour n, il est nécessaire que f_n soit la restriction de f_{n+1} à $[0, n]$ et que

$$f_{n+1}(n+1) = g\big(f_{n+1}(n)\big) = g\big(f_n(n)\big).$$

Inversement ces deux relations impliquent que f_{n+1} convient.

Par suite, si f existe, elle est unique, car définie pour tout n par $f(n) := f_n(n)$. Cette application convient bien puisque $f(0) = f_0(0) = a$ et, pour tout n :

$$f(n+1) = f_{n+1}(n+1) = g\big(f_n(n)\big) = g\big(f(n)\big).$$

■

Exemples.

1. Soient X un ensemble, $b \in X$ et h une application de $\mathbb{N} \times X$ dans X. On peut de même définir une suite (u_n) par son premier terme $u_0 := b$ et la relation de récurrence $u_{n+1} := h(n, u_n)$. On vérifiera en exercice qu'il suffit d'appliquer le théorème 2 en prenant pour E l'ensemble $\mathbb{N} \times X$, pour g l'application $(n, x) \mapsto \big(n+1, h(n, x)\big)$ de E dans E, et pour a le couple $(0, b)$. L'application f est alors de la forme $n \mapsto (n, u_n)$, et la suite (u_n) répond à la question.

   Prenons par exemple $X := \mathbb{N}$, $b := 1$, et définissons $h : \mathbb{N} \times \mathbb{N} \to \mathbb{N}$ par la formule $h(k, x) := (k+1)x$. La suite (u_n) est alors la suite $(n!)$ des factorielles, dont la définition est ainsi justifiée. Nous avons utilisé ici la multiplication des entiers, dont la définition sera donnée dans la section suivante, le lecteur constatera qu'il n'y a pas de cercle vicieux.

2. Soient X un ensemble et $f : X \to X$ une application. On définit la suite (f_n) des itérées de f par son premier terme, qui est l'application identique Id_X de X, et la relation de récurrence $f_{n+1} := f \circ f_n$. Si cela ne prête pas à confusion, f_n sera notée f^n (ainsi $f^0 = \mathrm{Id}_X, f^1 = f$, $f^2 = f \circ f, \ldots$). À cause de l'associativité de la composition des applications (*cf.* le module I.1), on a (voir aussi l'exercice 1 de la page 68) :
$$f^3 = f \circ f^2 = f \circ (f \circ f) = (f \circ f) \circ f = f^2 \circ f.$$

Voici un théorème qui nous servira dans la section suivante.

Théorème 3. Soient X, Y deux ensembles et $u : X \to Y$, $v : Y \to Y$ deux applications. Il existe une unique application F de $X \times \mathbb{N}$ dans Y vérifiant les deux conditions suivantes :

1. Pour tout élément x de X, $F(x, 0) = u(x)$.
2. Pour tout $x \in X$ et tout entier n, $F(x, n+1) = v\big(F(x, n)\big)$.

Démonstration. Définissons $F : X \times \mathbb{N} \to Y$ ainsi :
$$F(x, n) := (v^n \circ u)(x) \quad \text{pour tous} \quad x \in X,\, n \in \mathbb{N}.$$

Alors F vérifie la condition 1, car $v^0 \circ u = u$. Si $n \in \mathbb{N}$ et $x \in X$, on a $v^{n+1} \circ u = (v \circ v^n) \circ u = v \circ (v^n \circ u)$ (associativité de la composition des applications), et l'on en déduit que F vérifie la condition 2 :
$$F(x, n+1) = \big(v \circ (v^n \circ u)\big)(x) = v\big((v^n \circ u)(x)\big) = v\big(F(x, n)\big).$$

Soit $F' : X \times \mathbb{N} \to Y$ une autre application vérifiant les conditions 1 et 2. Notons $\mathcal{P}(n)$ la propriété suivante d'un entier n : pour tout $x \in X$, $F(x, n) = F'(x, n)$. Vu la condition 1 (pour F et F'), $\mathcal{P}(0)$ est vraie. Ensuite $\mathcal{P}(n) \Longrightarrow \mathcal{P}(n+1)$ pour tout n, grâce à la condition 2. D'après le théorème de récurrence, $\mathcal{P}(n)$ est vraie pour tout entier n, *i.e.* $F = F'$. ■

Théorème 4. Il n'y a pas d'application strictement décroissante de $\mathbb{N}$ dans $\mathbb{N}$.

Démonstration. Raisonnons par l'absurde, en supposant qu'une telle application f existe. Soit $m := \min\big(f(\mathbb{N})\big)$; il existe $k \in \mathbb{N}$ tel que $m = f(k)$. Alors $f(k+1) < f(k) = m$, car f décroît strictement. Mais $f(k+1) \in f(\mathbb{N})$, donc $m \leqslant f(k+1)$, par définition de m. D'où une contradiction. ■

On peut appliquer ce théorème ainsi : soit $\mathcal{P}(n)$ une certaine propriété dépendant d'un entier n. Supposons que l'on sache construire, à partir de tout entier n tel que $\mathcal{P}(n)$ soit vraie, un entier $n' < n$ tel que $\mathcal{P}(n')$ soit vraie. Alors, *pour tout entier k, $\mathcal{P}(k)$ est fausse.* C'est là ce qu'on appelle « principe de descente infinie de Fermat » , Fermat ayant été le premier à l'appliquer pour démontrer certains résultats d'arithmétique.

1.3 Addition et multiplication des entiers naturels

Les résultats précédents permettent de donner une définition rapide des deux opérations de base dans $\mathbb{N}$ et de démontrer leurs principales propriétés. Pour les entiers *intuitifs*, ces propriétés sont connues du lecteur. Contentons-nous donc d'énoncer les résultats et d'esquisser quelques preuves.

Théorème et définition 5.
Il existe une unique application de $\mathbb{N} \times \mathbb{N}$ dans $\mathbb{N}$, notée $+$, telle que :

1. Pour tout entier n, on a $n + 0 = n$, et $n + 1$ est le successeur de n.
2. Pour tous entiers m, n, on a : $m + (n + 1) = (m + n) + 1$.

L'application $+$ est appelée *addition* et, si a, b sont deux entiers, $a+b$ est appelé *somme* de a et b.

Démonstration. Notons s l'application de $\mathbb{N}$ dans $\mathbb{N}$ associant à tout entier son successeur. Appliquons le théorème 3 de la page précédente, en prenant $X := \mathbb{N}$, $Y := \mathbb{N}$, u égal à l'application identique de $\mathbb{N}$ et $v := s$. Il existe une unique application F de $\mathbb{N} \times \mathbb{N}$ dans $\mathbb{N}$ telle que, pour tous entiers a, b, on ait $F(a, 0) = a$ et $F\big(a, s(b)\big) = s\big(F(a, b)\big)$, d'où $F(a, 1) = s(a)$. Il suffit alors de définir $+$ par la formule $m+n = F(m, n)$ pour conclure, le lecteur le vérifiera. ■

Voici des propriétés standard de l'addition :

a) Pour tout entier a, $a + 0 = a = 0 + a$.

b) *Associativité* : pour tous entiers a, b, c, on a $(a + b) + c = a + (b + c)$.

c) *Commutativité* : pour tous entiers a, b, on a $b + a = a + b$.

d) *Compatibilité avec l'ordre* : pour tous entiers a, a', b, b' les inégalités $a \leqslant a'$ et $b \leqslant b'$ impliquent la suivante : $a + b \leqslant a' + b'$.

e) Pour tous entiers a, b, c, $(a \leqslant b) \iff (a + c \leqslant b + c)$.

f) *Régularité* : pour tous entiers a, b, c, $(a + c = b + c) \Longrightarrow (a = b)$.

g) Pour tous entiers a, b, l'égalité $a + b = 0$ implique $a = b = 0$.

L'assertion a) est immédiate, par récurrence sur a. Pour l'associativité, notons $\mathcal{P}(c)$ la propriété suivante d'un entier c : pour *tous* $a, b \in \mathbb{N}$, $(a + b) + c = a + (b + c)$. La propriété $\mathcal{P}(0)$ est vraie, vu la condition 1 du théorème. Si $\mathcal{P}(c)$ est vraie pour un certain c et si $a, b \in \mathbb{N}$, on voit que $\mathcal{P}(c + 1)$ est vraie, en utilisant plusieurs fois la condition 2 du théorème :

$$\begin{aligned}(a + b) + (c + 1) &= \big((a + b) + c\big) + 1 = \big(a + (b + c)\big) + 1 \\ &= a + \big((b + c) + 1\big) = a + \big(b + (c + 1)\big).\end{aligned}$$

Les démonstrations des autres assertions sont laissées au lecteur, comme exemples de raisonnements par récurrence.

Exercice 1.
Soient X un ensemble et $f : X \to X$ une application. Montrer que $f^m \circ f^n = f^{m+n}$ pour tous entiers m, n.

Solution. Notons $\mathcal{P}(m)$ la propriété suivante d'un entier m : pour *tout* $n \in \mathbb{N}$, $f^m \circ f^n = f^{m+n}$. La propriété $\mathcal{P}(0)$ est vraie : pour tout $n \in \mathbb{N}$,

$$f^0 \circ f^n = \mathrm{Id}_X \circ f^n = f^n = f^{0+n}.$$

Soit m un entier tel que $\mathcal{P}(m)$ soit vraie. Pour tout $n \in \mathbb{N}$, l'associativité de la composition des applications donne :

$$f^{m+1} \circ f^n = (f \circ f^m) \circ f^n = f \circ (f^m \circ f^n) = f \circ f^{m+n} = f^{(m+n)+1}.$$

Mais $(m+n)+1 = (m+1)+n$, et donc $\mathcal{P}(m+1)$ est vraie.
La composée de deux applications injectives (resp. surjectives) est injective (resp. surjective), *cf.* le module I.1. Si donc f est injective (resp. surjective), on en déduit, par récurrence sur n, que chaque f^n l'est aussi.

Théorème et définition 6. Soient a, b deux entiers. Pour que l'on ait $a \leqslant b$, il faut et il suffit qu'il existe un entier c tel que $b = a + c$. Un tel entier c est alors unique, on le note $b - a$ et on l'appelle *différence* de b et de a. En d'autres termes, l'application $x \mapsto a + x$ est une bijection de $\mathbb{N}$ sur $[a, \to [$.

Seule la surjectivité de l'application t_a en question (translation de vecteur a) nécessite une preuve, immédiate en raisonnant par récurrence sur a. Noter l'exercice suivant, dont la résolution est laissée au lecteur :

Exercice 2.
Pour tout entier $n \geqslant 1$, $n - 1$ est le prédécesseur de n.

Théorème et définition 7. Il existe une unique application de $\mathbb{N} \times \mathbb{N}$ dans $\mathbb{N}$, notée $\times$, vérifiant les propriétés suivantes :

1. Pour tout entier m, on a $m \times 0 = 0$.
2. Pour tous entiers m, n, on a : $m \times (n+1) = (m \times n) + m$.

L'application $\times$ est appelée *multiplication* et, si $a, b \in \mathbb{N}$, $a \times b$ est appelé *produit* de a et b et noté simplement ab si cela ne prête pas à confusion ($2 \times x$ peut être noté $2x$, mais 2×3 ne peut pas être noté 23 !).

Démonstration. Pour tous entiers m, n, posons $m \times n := t_m^n(0)$, où t_m^n est la $n^{\text{ème}}$ itérée de la translation de vecteur m. La propriété 1 est évidente. Pour la propriété 2, soient $m, n \in \mathbb{N}$. La commutativité de l'addition donne :

$$m \times (n+1) = t_m^{n+1}(0) = (t_m \circ t_m^n)(0) = t_m(m \times n) = m + (m \times n) = (m \times n) + m,$$

d'où la partie existence de l'énoncé. Le lecteur vérifiera la partie unicité de l'énoncé. Noter qu'une multiplication apparaît ainsi comme une succession d'additions ($x \times 3 = x + (x + x)$, etc). ∎

Voici des propriétés standard de la multiplication, à prouver en exercice :

a) Pour tout entier a, on a $1 \times a = a = a \times 1$.

b) *Associativité* : pour tous entiers a, b, c, on a $(ab)c = a(bc)$.

c) *Commutativité* : pour tous entiers a, b, on a $ba = ab$.

d) *Distributivité de la multiplication par rapport à l'addition* : pour tous entiers a, b, c, on a $a(b + c) = ab + ac$ et $(a + b)c = ac + bc$.

e) *Compatibilité avec l'ordre* : pour tous entiers a, a', b, b' les inégalités $a \leqslant a'$ et $b \leqslant b'$ impliquent la suivante : $ab \leqslant a'b'$. En particulier le produit de deux entiers strictement positifs est strictement positif.

f) Pour tous entiers a, b, c, l'entier c étant *non nul*, les inégalités $a \leqslant b$ et $ac \leqslant bc$ sont équivalentes.

g) *Régularité* : pour tous entiers a, b, c, l'entier c étant *non nul*, l'égalité $ac = bc$ implique $a = b$.

h) Pour tous entiers a, b, l'égalité $ab = 0$ équivaut à $\big((a = 0) \text{ ou } (b = 0)\big)$, et l'égalité $ab = 1$ équivaut à $a = b = 1$.

Proposition 8 (Propriété d'Archimède).
Soient a, b deux entiers, on suppose $a > 0$. Il existe un entier n tel que $na > b$.

Démonstration. D'après la propriété (N3) de $\mathbb{N}$, b n'est pas un majorant de $\mathbb{N}$. Il existe donc un entier n tel que $n > b$. Mais $a > 0$, donc $a \geqslant 1$ (définition de 1), d'où $na \geqslant n \times 1 = n > b$, et ainsi $na > b$. ∎

À partir de la multiplication, on définit la suite (a^n) des puissances d'un entier a fixé, par $a^0 := 1$ et la relation de récurrence $a^{n+1} := a^n \times a$. Outre les égalités évidentes $0^n = 0$ pour tout entier $n > 0$ (mais $0^0 = 1$) et $1^n = 1$ pour tout entier n, les formules classiques à retenir sont les suivantes :

Proposition 9. Pour tous entiers a, b, m, n, on a :

$$a^m \times a^n = a^{m+n} \quad , \quad (a^m)^n = a^{mn} \quad , \quad (ab)^n = a^n \times b^n.$$

Démonstration. Si a est un entier, notons μ_a l'application $x \mapsto ax$ de $\mathbb{N}$ dans $\mathbb{N}$. Pour tout entier n, on a $a^n = \mu_a^n(1)$, d'où (*cf.* l'exercice 1 de la page ci-contre) la première formule. La seconde en résulte, vu la définition de la multiplication à partir de l'addition. La dernière formule se démontre simplement par récurrence sur n, en utilisant la commutativité de la multiplication. ∎

Voici un exemple simple de raisonnement par récurrence.

Exercice 3.

Pour tout $n \in \mathbb{N}$, prouver l'inégalité $2^n > n$.

Solution. Ici, 2 est le successeur de 1 $(2 = 1 + 1)$! Soit $\mathcal{P}(n)$ la propriété à établir. Puisque $\mathcal{P}(0)$ s'écrit $1 > 0$, elle est vraie. Supposons $\mathcal{P}(n)$ vraie pour un certain $n \in \mathbb{N}$: $2^n > n$, soit $2^n \geqslant n + 1$, vu la définition du successeur. Multiplions par 2 : $2^{n+1} \geqslant 2n + 2 \geqslant n + 2 > n + 1$, donc $\mathcal{P}(n + 1)$ est vraie. Le théorème de récurrence montre donc que $\mathcal{P}(n)$ est vraie pour tout $n \in \mathbb{N}$.

Lemme 10.

Soient deux entiers m, t tels que $m > 1$ et $1 \leqslant t \leqslant m$.
Alors il existe une bijection u de l'ensemble $T = [1, m] \setminus \{t\}$ (complémentaire du singleton $\{t\}$ dans $[1, m]$) sur $[1, m - 1]$.

Démonstration.

L'application s de $[1, m]$ dans $[1, m]$ définie par

$$s(t) := m, \qquad s(m) := t \qquad \text{et} \qquad s(k) := k \quad \text{si} \quad k \notin \{m, t\}$$

est une bijection de $[1, m]$ sur $[1, m]$ (c'est par exemple l'identité si $t = m$).
L'application u de T dans $[1, m - 1]$ définie par $u(k) := s(k)$ convient. ■

La proposition ci-dessous sera très utile dans la section suivante.

Proposition 11. Soient n et p deux entiers strictement positifs.

1. Il existe une injection de $[1, n]$ dans $[1, p]$ si, et seulement si, $n \leqslant p$.
2. Il existe une surjection de $[1, n]$ sur $[1, p]$ si, et seulement si, $n \geqslant p$.

Démonstration. L'application f de $[1, n]$ dans $[1, p]$ définie par $f(k) := \min(k, p)$ est injective si $n \leqslant p$ et surjective si $n \geqslant p$, d'où la suffisance en 1 et 2.
Venons-en aux conditions nécessaires. Démontrons par récurrence sur $n \geqslant 1$ la propriété $\mathcal{P}(n)$ selon laquelle l'existence d'une injection de $[1, n]$ dans $[1, m]$ implique $n \leqslant m$.
La propriété $\mathcal{P}(1)$ est évidente. Supposons $\mathcal{P}(n)$ vraie pour un entier $n \geqslant 1$, et démontrons $\mathcal{P}(n + 1)$. Soient f une injection de $[1, n + 1]$ dans $[1, m]$ et $t = f(n + 1)$; la restriction g de f à $[1, n]$ est une injection de $[1, n]$ dans $[1, m] \setminus \{t\} \neq \varnothing$. Par suite $u \circ g$ est une injection de $[1, n]$ dans $[1, m - 1]$, d'où $n \leqslant m - 1$ et $n + 1 \leqslant m$ (ici u est comme dans le lemme précédent).
La preuve de l'autre condition nécessaire est analogue. Soit f une surjection de $[1, n + 1]$ sur $[1, m]$; les égalités :

$$[1, m] = f([1, n + 1]) = f([1, n]) \cup \{f(n + 1)\}$$

font qu'ou bien $f([1, n]) = [1, m]$, alors $n + 1 > n \geqslant m$ par hypothèse de récurrence, ou bien il existe un t tel que $f([1, n]) = [1, m] \setminus \{t\}$. Alors $u \circ g$ est une surjection de $[1, n]$ sur $[1, m - 1]$, d'où $n \geqslant m - 1$ et $n + 1 \geqslant m$. ■

2 Dénombrement

2.1 Ensembles finis, ensembles dénombrables

Les ensembles finis, ainsi que les ensembles dénombrables dont il sera question plus loin, ont déjà été abordés dans le module I.1. Le point de vue adopté ici est un peu différent, il précise la définition intuitive « un ensemble fini est un ensemble qui a un nombre fini d'éléments ».

Définition 1. Un ensemble X est dit *fini* s'il est vide ou s'il est en bijection avec $[1,n]$, pour un certain entier $n \geqslant 1$. S'il n'est pas fini, X est dit *infini.*

Théorème et définition 12. Soit X un ensemble fini. Si X n'est pas vide, il existe un unique entier $n \geqslant 1$ tel que X soit en bijection avec $[1,n]$. Cet entier n est appelé *cardinal* de X, on le note $\operatorname{card}(X)$, et l'on dit que X est un ensemble à n éléments. Si X est vide, on pose $\operatorname{card}(X) := 0$.

Démonstration. Soient $n,p \geqslant 1$ deux entiers, g une bijection de X sur $[1,n]$, et h une bijection de X sur $[1,p]$. Nous devons prouver que $n = p$. Or $v := h \circ g^{-1}$ est une bijection de $[1,n]$ sur $[1,p]$. Ainsi $n \leqslant p$ car v est injective (assertion 1 de la proposition 11 de la page précédente) mais aussi $n \geqslant p$ car v est surjective (assertion 2 de la proposition 11 de la page ci-contre). D'où $n = p$. ■

La proposition 11 de la page précédente peut maintenant s'énoncer ainsi :

Théorème 13. Soient X, Y deux ensembles finis, de cardinaux n,p respectivement.

1. Il existe une injection de X dans Y si, et seulement si, $n \leqslant p$.
2. Il existe une surjection de X dans Y si, et seulement si, $n \geqslant p$.
3. Il existe une bijection de X dans Y si, et seulement si, $n = p$.

Démonstration. Elle est immédiate à partir de la proposition 11 de la page ci-contre. Il existe une bijection u de $[1,n]$ sur X et une bijection v de Y sur $[1,p]$. Soient $f : X \to Y$ et $F : [1,n] \to [1,p]$ deux applications. Les égalités $F = v \circ f \circ u$ et $f = v^{-1} \circ F \circ u^{-1}$ sont équivalentes. Si elles sont vérifiées, f sera injective (resp. surjective) si, et seulement si, F l'est, d'où aussitôt la conclusion. ■

Voici une conséquence simple des résultats précédents. Soient n,p deux entiers tels que $n > p$. Aucune application d'un ensemble fini à n éléments dans un ensemble fini à p éléments n'est injective. En effet, l'existence d'une injection d'un ensemble à n éléments dans un ensemble à p éléments contredirait l'assertion 1 du théorème précédent. Le résultat ci-dessus s'appelle « principe des tiroirs », à cause de l'interprétation suivante. Si l'on distribue n objets dans p tiroirs, et si $n > p$, l'un des tiroirs contiendra au moins deux objets. En effet, soient X l'ensemble des objets, Y l'ensemble des tiroirs et $f : X \to Y$

l'application associant à tout objet x le tiroir $f(x)$ dans lequel x est placé. La conclusion traduit la non injectivité de f.

Théorème 14. Soient X un ensemble fini et A une partie de X. L'ensemble A est fini, $\text{card}\,(A) \leqslant \text{card}\,(X)$, et cette inégalité n'est une égalité que si $A = X$.

Démonstration. Raisonnons par récurrence sur $n = \text{card}\,(X)$, le cas $n = 0$ étant évident. Supposons X de cardinal $n \geqslant 1$, la conclusion étant vraie pour tout ensemble fini de cardinal strictement inférieur à n. Soit A une partie de X. Si $A = X$, il n'y a rien à démontrer. Sinon, soit $x \in X \setminus A$. Il existe un $q \in [1, n]$ et une bijection de $X \setminus \{x\}$ sur $[1, n] \setminus \{q\}$. Comme $[1, n] \setminus \{q\}$ est de cardinal $n-1$, $X \setminus \{x\}$ l'est aussi. Or $A \subset X \setminus \{x\}$. D'après l'hypothèse de récurrence, A est donc fini, de cardinal au plus $n - 1$, d'où la conclusion. ■

Théorème 15. Soient X, Y deux ensembles de *même* cardinal fini n. Une application $f : X \to Y$ est bijective si, et seulement si, elle est injective (resp. surjective).

Démonstration. Au moyen de bijections de $[1, n]$ sur X et Y, on se ramène au cas où $X = Y = [1, n]$. Si f est bijective, elle est injective et surjective. Si f est injective, l'application $x \mapsto f(x)$ est une bijection de $[1, n]$ sur $f([1, n])$. Ainsi $f([1, n])$ est une partie de $[1, n]$ à n éléments, donc $f([1, n]) = [1, n]$, vu le théorème précédent : f est surjective, donc bijective. Supposons f surjective. Si $k \in [1, n]$, notons $g(k)$ le plus petit des antécédents de k par f. On définit ainsi une application g de $[1, n]$ dans lui-même, et $f \circ g$ est, par construction, l'application identique de $[1, n]$. Il en résulte que g est injective, car l'application identique l'est. Vu ce qui précède, g est bijective, donc f l'est aussi (c'est la réciproque de g). ■

Un problème de *dénombrement* consiste à calculer le cardinal (ou nombre d'éléments) d'un ensemble fini X, pouvant être défini par des procédés variés. La première méthode, dite *méthode bijective*, est d'établir une bijection entre X et un ensemble fini Y dont on connaît déjà le cardinal ; si l'on y parvient, on aura $\text{card}\,(X) = \text{card}\,(Y)$, en vertu du théorème 13 de la page précédente. Voici un exemple simple : si $a, b \in \mathbb{N}$ et si $a \leqslant b$, le cardinal de $[a, b]$ est $b - a + 1$ (ne pas oublier le 1), car $x \mapsto x + a - 1$ est une bijection de $[1, b - a + 1]$ sur $[a, b]$, comme le lecteur le vérifiera. Voici deux théorèmes fondamentaux, qui seront illustrés dans la section suivante.

Théorème 16. Soient X un ensemble, $n \geqslant 1$ un entier et $A_1, \ldots, A_n$ des parties finies de X deux à deux disjointes. La réunion de ces parties est finie, et :

$$\text{card}\,(A_1 \cup A_2 \cup \cdots \cup A_n) = \text{card}\,(A_1) + \text{card}\,(A_2) + \cdots + \text{card}\,(A_n).$$

Démonstration. Par récurrence sur n, on se ramène facilement au cas $n = 2$. Posons $m_i := \text{card}\,(A_i)$, $i = 1, 2$. Soit f_1 une bijection de A_1 sur $[1, m_1]$. Puisque

$J := [\![m_1+1, m_1+m_2]\!]$ est de cardinal m_2, il existe une bijection f_2 de A_2 sur J. Définissons une application $f : A_1 \cup A_2 \to [\![1, m_1+m_2]\!]$ comme suit : si $x \in A_1 \cup A_2$, on pose $f(x) := f_1(x)$ si $x \in A_1$ et $f(x) := f_2(x)$ si $x \in A_2$; cette définition est licite parce que $A_1 \cap A_2$ est vide. Il est clair que f est une bijection de $A_1 \cup A_2$ sur $[\![1, m_1+m_2]\!]$, d'où la conclusion. ■

Définition 2. Soient X, Y deux ensembles et $f : X \to Y$ une application. Si $y \in Y$, soit $f^{-1}(\{y\})$ l'image réciproque de $\{y\}$ par f, *i.e.* l'ensemble des antécédents de y par f. Un tel ensemble est appelé une *fibre* de f.

Lorsque cela ne prête pas à confusion, $f^{-1}(\{y\})$ sera noté simplement $f^{-1}(y)$.

Exemple. Soient X, Y deux ensembles finis et $f : X \to Y$ une application. Lorsque y décrit Y, les fibres $f^{-1}(y)$ forment une partition de X : si $x \in X$, le seul élément y de Y tel que $x \in f^{-1}(y)$ est $f(x)$. D'où :

$$\operatorname{card}(X) = \sum_{y \in Y} \operatorname{card}\Big(f^{-1}(y)\Big). \tag{1}$$

Soient maintenant A, B deux ensembles finis et E une partie de $A \times B$. On peut calculer le cardinal de E de deux façons, par la *formule de Fubini* :

$$\operatorname{card}(E) = \sum_{a \in A} \operatorname{card}\Big(\{b \in B \mid (a,b) \in E\}\Big) = \sum_{b \in B} \operatorname{card}\Big(\{a \in A \mid (a,b) \in E\}\Big).$$

Soit en effet $p : E \to A$ l'application définie par $(x, y) \mapsto x$ (ne pas oublier que E est une partie de $A \times B$). Si $a \in A$, la fibre $p^{-1}(a)$ est l'intersection $E \cap (\{a\} \times B)$, en bijection avec l'ensemble des $b \in B$ tels que $(a,b) \in E$. La première égalité résulte donc de l'égalité (1), appliquée à p. La deuxième égalité est analogue (échanger les rôles de A et B).

Théorème 17. La réunion de deux parties finies A, B d'un ensemble X est finie, et :

$$\operatorname{card}(A \cup B) + \operatorname{card}(A \cap B) = \operatorname{card}(A) + \operatorname{card}(B).$$

Démonstration. Posons $A' := A \setminus B$ et $B' := B \setminus A$. Ce sont des parties finies de X (théorème 14 de la page ci-contre). Puisque A est réunion disjointe de $A \cap B$ et A', le théorème précédent montre que $\operatorname{card}(A) = \operatorname{card}(A \cap B) + \operatorname{card}(A')$. De même $\operatorname{card}(A \cup B) = \operatorname{card}(B) + \operatorname{card}(A')$, car $A \cup B$ est réunion disjointe de B et de A'. L'égalité annoncée en résulte :

$$\operatorname{card}(A \cup B) + \operatorname{card}(A \cap B) + \operatorname{card}(A') = \operatorname{card}(A) + \operatorname{card}(B) + \operatorname{card}(A').$$

■

Les théorèmes 16 et 17 seront généralisés dans le module II.2 (*cf.* la « formule du crible »).

Théorème 18. Soient $n \geqslant 1$ un entier et $X_1, \ldots, X_n$ des ensembles finis. L'ensemble produit $X_1 \times X_2 \times \cdots \times X_n$ est fini, et l'on a :

$$\text{card}\,(X_1 \times X_2 \times \cdots \times X_n) = \text{card}\,(X_1) \times \text{card}\,(X_2) \times \cdots \times \text{card}\,(X_n).$$

Démonstration. Il suffit de traiter le cas $n = 2$, en observant par exemple que, si X, Y, Z sont trois ensembles, $(x, y, z) \mapsto ((x, y), z)$ est une bijection de $X \times Y \times Z$ sur $(X \times Y) \times Z$. Écrivons X, Y au lieu de X_1, X_2, et posons $m := \text{card}\,(X)$, $p := \text{card}\,(Y)$. Si $x \in X$, $A_x := \{x\} \times Y$ est une partie à p éléments de $X \times Y$, car $y \mapsto (x, y)$ est une bijection de Y sur A_x. Lorsque x décrit X, les A_x forment une *partition* de $X \times Y$: ces parties sont deux à deux disjointes et leur réunion est $X \times Y$.

D'après le théorème 16 de la page 72, le cardinal de $X \times Y$ est donc $\overbrace{p + p + \cdots + p}^{m \text{ termes}}$, c'est-à-dire mp. Noter que la multiplication apparaît ici comme une succession d'additions. Voir une autre preuve à l'exercice II.1.15. ■

Terminons par quelques résultats sur les ensembles infinis. Une étude précise des cardinaux de ces ensembles dépasse le cadre de cet ouvrage. L'*existence* d'ensembles infinis n'est pas évidente ; en fait, dans certaines présentations théoriques, cette existence est prise comme axiome. Ici, elle va résulter des propriétés de $\mathbb{N}$ déjà admises ou établies.

Théorème 19. Pour un ensemble X, les conditions ci-dessous sont équivalentes :

a) Il existe une injection de $\mathbb{N}$ dans X.

b) Il existe une bijection de X sur une partie de X distincte de X.

c) L'ensemble X est infini.

En particulier, l'ensemble $\mathbb{N}$ est infini.

Démonstration. Pour l'implication $\text{a)} \Rightarrow \text{b)}$, soient $f : \mathbb{N} \to X$ une injection et $a = f(0)$. Définissons une application $g : X \to X \setminus \{a\}$ ainsi : si $x \in X \setminus f(\mathbb{N})$, on pose $g(x) := x$; si x appartient à $f(\mathbb{N})$, il existe un unique entier n tel que $x = f(n)$ (injectivité de f), on pose $g(x) := f(n+1)$. On vérifie sans peine que g est une bijection de X sur $X \setminus \{a\}$. L'implication $\text{b)} \Rightarrow \text{c)}$ résulte trivialement, par contraposition, du théorème 14 de la page 72. Puisque $n \mapsto n + 1$ est une bijection de $\mathbb{N}$ sur $\mathbb{N}^*$, une conséquence de cette implication est que $\mathbb{N}$ est infini.
Il reste l'implication $\text{c)} \Rightarrow \text{a)}$, contentons-nous d'en ébaucher la preuve. Supposons donc X infini, et soit $a \in X$ (X n'est pas vide !). Définissons une suite (u_n) d'éléments de X par son premier terme $u_0 := a$ et le « procédé récurrent » suivant : si $n \in \mathbb{N}$ et si $u_0, \ldots, u_n$ ont déjà été définis et sont deux à deux distincts, la partie $\{u_0, \ldots, u_n\}$ de X est finie, donc n'est pas égale à X. On « choisit » donc un élément u_{n+1} de X n'appartenant pas à cette partie. La suite (u_n) étant ainsi construite, l'application $n \mapsto u_n$ de $\mathbb{N}$ dans X est évidemment injective. Cette construction peut être *justifiée* par certains axiomes de théorie des ensembles. ■

Un ensemble X est fini si, et seulement s'il n'existe pas de bijection de X sur une partie de X *distincte de* X. Cette propriété ne fait plus référence à $\mathbb{N}$; dans le module I.1, elle a été prise comme *définition* des ensembles finis. Les ensembles infinis peuvent être plus ou moins « gros ». Comme dans le cas fini, on dit que deux ensembles quelconques ont même cardinal ou sont *équipotents* s'il existe une bijection de l'un sur l'autre. Ainsi $\mathbb{N}^*$ a le même cardinal que $\mathbb{N}$, il est « aussi gros » que $\mathbb{N}$; cela montre les limites de notre intuition concernant la notion d'infini.

Définition 3. Un ensemble est dit *dénombrable* s'il est en bijection avec $\mathbb{N}$.

Si X est un ensemble dénombrable, *choisir* une bijection de $\mathbb{N}$ sur X revient à *numéroter* tous les éléments de X, de façon exhaustive et sans répétitions. Signalons trois résultats importants concernant les ensembles dénombrables.

Théorème 20. Toute partie d'un ensemble dénombrable est finie ou dénombrable.

Démonstration. Il suffit de voir que toute partie infinie A de $\mathbb{N}$ est dénombrable. D'abord A n'est pas majorée : sinon, on aurait $A \subset [0, \max(A)]$, donc A serait finie. Soit $a := \min(A)$. On définit une suite (u_n) d'entiers par $u_0 := a$ et la relation de récurrence $u_{n+1} := \min\Big(A \cap]u_n, \rightarrow [\Big)$. Le lecteur vérifiera que $n \mapsto u_n$ est une bijection de $\mathbb{N}$ sur A. ■

Une conséquence est qu'un ensemble X est *fini ou dénombrable* si, et seulement s'il existe une injection de X dans $\mathbb{N}$.

Théorème 21. Si X et Y sont deux ensembles dénombrables, $X \times Y$ est dénombrable. Plus généralement, étant donnés des ensembles dénombrables $X_1, \ldots, X_p$ ($p \geqslant 1$), leur produit $X_1 \times X_2 \times \cdots \times X_p$ est dénombrable.

Démonstration. La deuxième assertion résulte de la première (récurrence sur p). Pour la première, il suffit de montrer que $\mathbb{N} \times \mathbb{N}$ est dénombrable. Esquissons deux méthodes pour y parvenir.

– La première consiste à énumérer ainsi les éléments de $\mathbb{N} \times \mathbb{N}$:

$$(0,0),\ (0,1),\ (1,0),\ (0,2),\ (1,1),\ (2,0),\ (0,3),\ (1,2),\ (2,1),\ (3,0), \ldots$$

On écrit donc successivement, pour $n = 0, 1, 2 \ldots$ tous les couples $(a, b) \in \mathbb{N} \times \mathbb{N}$ tels que $a + b = n$, rangés par ordre de a croissant. Nous laissons le lecteur expliciter la bijection de $\mathbb{N}$ sur $\mathbb{N} \times \mathbb{N}$ correspondante et la bijection réciproque, puis donner l'interprétation graphique en termes de quadrillage du plan.

– La deuxième méthode utilise par anticipation la section 3.2. Tout entier strictement positif s'écrit de façon unique comme produit d'une puissance de 2 et d'un entier impair ; l'application $(n, p) \mapsto 2^n(2p + 1) - 1$ est donc une bijection de $\mathbb{N} \times \mathbb{N}$ sur $\mathbb{N}$.

■

Théorème 22. Soient X un ensemble, I un ensemble fini ou dénombrable et $(A_i)_{i\in I}$ une famille de parties finies ou dénombrables de X. La réunion des A_i est finie ou dénombrable.

Démonstration. Esquissons cette preuve. Soit A la réunion des A_i. D'abord, au moyen d'une injection de I dans $\mathbb{N}$, et quitte à rajouter des A_i vides, on se ramène au cas où $I = \mathbb{N}$. Pour chaque $i \in \mathbb{N}$, il existe une injection f_i de A_i dans $\mathbb{N}$. Définissons une application $f : A \to \mathbb{N} \times \mathbb{N}$ ainsi. Soient $x \in A$ et i le plus petit entier tel que $x \in A_i$. On pose : $f(x) := \big(i, f_i(x)\big)$. On montre aisément que f est injective, donc en bijection avec son image $f(A)$. Cette dernière est une partie de $\mathbb{N} \times \mathbb{N}$, qui est dénombrable, donc $f(A)$ est finie ou dénombrable, d'après le théorème 20 de la page précédente. ■

Théorème 23. Soit f une application d'un ensemble X dans un ensemble Y.

1. On suppose f *injective*. Si Y est fini, X l'est aussi. Si Y est dénombrable, X est fini ou dénombrable.
2. On suppose f *surjective*. Si X est fini, Y l'est aussi. Si X est dénombrable, Y est fini ou dénombrable.

Démonstration. Pour l'assertion 1, X étant en bijection avec $f(X)$, la conclusion vient du théorème 14 de la page 72 et du théorème 20 de la page précédente. Pour l'assertion 2, on peut invoquer le fait qu'il existe une injection de Y dans X (*cf.* le module I.1), puis appliquer l'assertion 1. ■

Il apparaîtra plus loin que l'ensemble $\mathbb{Z}$ des entiers relatifs et l'ensemble $\mathbb{Q}$ des nombres rationnels sont dénombrables, mais que l'ensemble $\mathbb{R}$ des nombres réels ne l'est pas, il est « vraiment plus gros » que $\mathbb{N}$.

2.2 Analyse combinatoire

L'objectif de cette section est de résoudre des problèmes de dénombrement classiques, en montrant l'efficacité des résultats de la section précédente. Nous utilisons ici les nombres rationnels, réels, complexes, bien que la construction « rigoureuse » des ensembles $\mathbb{Q}, \mathbb{R}, \mathbb{C}$ n'ait pas encore été donnée. Rappelons que la suite des factorielles $(n!)$ est définie par son premier terme $0! := 1$ et la relation de récurrence $(n+1)! := n! \times (n+1)$. Ainsi :

$$0! = 1\ ,\quad 1! = 1\ ,\quad 2! = 2\ ,\quad 3! = 6\ ,\quad 4! = 24\ ,\quad 5! = 120\ ,\quad 6! = 720.$$

La suite $(n!)$ croît très rapidement (sa croissance est « ultra-exponentielle »). Par exemple $10! = 3\,628\,800$ est déjà « grand ».

Théorème 24. Soient X, Y deux ensembles finis de cardinaux respectifs $n, p \geqslant 1$. L'ensemble $\mathcal{F}(X, Y)$ des applications de X dans Y est de cardinal p^n.

Démonstration. Numérotons les éléments de X : $x_1, \ldots, x_n$, ce qui revient à choisir une bijection $i \mapsto x_i$ de $[1,n]$ sur X. On définit alors une application $F : f \mapsto \big(f(x_1), \ldots, f(x_n)\big)$ de $\mathcal{F}(X,Y)$ dans $\overbrace{Y \times Y \times \cdots \times Y}^{n \text{ facteurs}} = Y^n$. Soit $v = (y_1, \ldots, y_n) \in Y^n$. Le seul antécédent de v par F est l'application $f : X \to Y$ définie par $f(x_i) := y_i$, $i = 1, \ldots, n$. Ainsi F est bijective. D'après le théorème 18 de la page 74, Y^n est de cardinal p^n, d'où la conclusion. ∎

Introduisons maintenant une notion importante, notamment en calcul des probabilités, celle de *fonction caractéristique* d'une partie d'un ensemble.

Définition 4. Soient X un ensemble et A une partie de X. On appelle *fonction caractéristique* de A l'application χ_A de X dans $\{0,1\}$ prenant la valeur 1 sur A et la valeur 0 sur $X \setminus A$, complémentaire de A dans X.

Proposition 25. Soit X un ensemble. L'application $A \mapsto \chi_A$ est une bijection de l'ensemble $\mathcal{P}(X)$ des parties de X sur $\mathcal{F}(X, \{0,1\})$.

Démonstration. À toute fonction $f \in \mathcal{F}\big(X, \{0,1\}\big)$, associons la partie $f^{-1}(\{1\})$ de X. Il est clair que les applications $A \mapsto \chi_A$ de $\mathcal{P}(X)$ dans $\mathcal{F}(X, \{0,1\})$ et $f \mapsto f^{-1}\big(\{1\}\big)$ de $\mathcal{F}(X, \{0,1\})$ dans $\mathcal{P}(X)$ sont deux bijections réciproques (regarder les composées dans les deux sens). ∎

Théorème 26. Soit X un ensemble fini à n éléments. L'ensemble $\mathcal{P}(X)$ des parties de X est fini, de cardinal 2^n.

Démonstration. Compte tenu de la proposition précédente, il suffit d'appliquer le théorème 24 de la page précédente, en prenant $Y := \{0,1\}$ et $p := 2$. ∎

Soient n, p deux entiers tels que $0 \leqslant p \leqslant n$. Un *arrangement* de n objets pris p à p est une suite de p objets *distincts* pris parmi les n objets donnés. On note A_n^p le nombre d'arrangements de n objets pris p à p. Ainsi, un arrangement des 26 lettres de l'alphabet prises 3 à 3 est un mot formé de trois lettres *distinctes*. Combien y a-t-il de tels mots ? Il y a 26 possibilités pour la première lettre ; une fois cette lettre choisie, il reste 25 choix possibles pour la $2^{\text{ème}}$ puis, cette $2^{\text{ème}}$ lettre étant choisie, il reste 24 choix possibles pour la $3^{\text{ème}}$. Le nombre cherché est donc $A_{26}^3 = 26 \times 25 \times 24$.
Généralisons cet exemple. Soit Y un ensemble fini, de cardinal n. Une suite $(y_1, \ldots, y_p)$ de p éléments de Y est par définition une application $f : [1,p] \to Y$ ($f(i) = y_i$ pour $i = 1, \ldots, p$), et $y_1, \ldots, y_p$ sont distincts si, et seulement si, f est *injective*. Ainsi un arrangement des n éléments de Y pris p à p est simplement une application *injective* de $[1,p]$ dans Y. La détermination des nombres A_n^p résultera ainsi du théorème suivant :

Théorème 27. Soient X, Y deux ensembles finis, $p := \text{card}\,(X), n := \text{card}\,(Y)$. Si $p \leqslant n$, le cardinal de l'ensemble $I(X,Y)$ des *injections* de X dans Y est :

$$A_n^p := \overbrace{n(n-1)\cdots(n-p+1)}^{p \text{ facteurs}} = \frac{n!}{(n-p)!}.$$

Si $p > n$, il n'y a pas d'injections de X dans Y.

Démonstration. Prenons ici la première égalité comme *définition* de A_n^p. La deuxième égalité de l'énoncé est évidente. Pour tout entier p, notons $\mathcal{P}(p)$ la propriété suivante : pour *tout* ensemble X de cardinal p et *tout* ensemble fini Y de cardinal $n \geqslant p$, le cardinal de $I(X,Y)$ est A_n^p. La propriété $\mathcal{P}(0)$ est vraie : pour tout ensemble Z, il y a une seule application de l'ensemble vide dans Z, et elle est injective (se référer aux définitions). Soit $p \geqslant 1$ un entier tel que $\mathcal{P}(p-1)$ soit vraie. Il nous suffit de montrer que $\mathcal{P}(p)$ est vraie. Si donc X, Y, n sont comme dans l'énoncé, nous devons démontrer que le cardinal de $I(X,Y)$ est A_n^p. Fixons un élément a de X, et soit $X' := X \setminus \{a\}$, qui est de cardinal $p-1$.

À toute injection f de $I(X,Y)$ on peut associer bijectivement le couple (g,b) où g est la restriction de f à X' et b est $f(a)$, qui n'appartient pas à $g(X') = f(X')$ qui est de cardinal $p-1$. Par suite :

$$\text{card}\,\big(I(X,Y)\big) = \text{card}\,\big(I(X',Y)\big)\,(n-p+1) = A_n^{p-1}(n-p+1) = A_n^p.$$

Nous avons ainsi démontré que $\mathcal{P}(p)$ est vraie.

La dernière assertion du théorème résulte du théorème 13 de la page 71. ■

Le nombre A_n^p est donc bien le *nombre d'arrangements de n objets pris p à p*. Voici une conséquence immédiate de ce théorème et du théorème 15 de la page 72.

Théorème 28. Soient X, Y deux ensembles finis de *même* cardinal n. Le nombre de bijections de X sur Y est $n!$. En particulier l'ensemble $\mathfrak{S}_X$ des bijections de X sur X (on les appelle *permutations* de X) est de cardinal $n!$.

Soit p un entier naturel. Pour tout nombre *complexe* a, on pose :

$$\binom{a}{p} := \frac{a(a-1)\cdots(a-p+1)}{p!}. \tag{2}$$

Le numérateur est un produit de p facteurs, il vaut 1, par convention, lorsque $p = 0$. *A priori*, $\binom{a}{p}$ est alors un nombre complexe. Par exemple :

$$\binom{a}{0} = 1\,, \quad \binom{a}{1} = a\,, \quad \binom{a}{2} = \frac{a(a-1)}{2}\,, \quad \binom{a}{3} = \frac{a(a-1)(a-2)}{6}.$$

Soient n, p deux entiers tels que $0 \leqslant p \leqslant n$ et X un ensemble de cardinal n. On appelle *combinaison* des n éléments de X pris p à p toute partie de X à p éléments. Le théorème suivant va montrer que le nombre de ces combinaisons est $\binom{n}{p}$. Prenons $p = 3$, X étant l'ensemble des 26 lettres de l'alphabet. Chaque partie de X à 3 éléments, par exemple $\{a, i, r\}$, « correspond » à $3! = 6$ mots formés de trois lettres distinctes (air, ari,iar, ira, rai, ria). Le nombre de parties de X à 3 éléments est « donc » $A_{26}^3/3! = \binom{26}{3}$.

Théorème 29. Soit X un ensemble fini de cardinal n. Étant donné un entier $p \in [0, n]$, le nombre de parties à p éléments de X est :

$$\binom{n}{p} := \frac{n(n-1)\cdots(n-p+1)}{p!} = \frac{n!}{p!(n-p)!} = \frac{A_n^p}{p!}\,. \tag{3}$$

Démonstration. La première égalité est la définition du nombre $\binom{n}{p}$, les deux dernières viennent du théorème 27 de la page ci-contre. Nous devons démontrer que l'ensemble $\mathcal{P}_p(X)$ des parties à p éléments de X a pour cardinal $A_n^p/p!$. Si $f : [1, p] \to X$ est une injection, $f([1, p])$ est une partie à p éléments de X, d'où une application $t : f \mapsto f([1, p])$ de $I([1, p], X)$ dans $\mathcal{P}_p(X)$. Soit B une partie à p éléments de X. La fibre $t^{-1}(\{B\})$ est formée des injections $f : [1, p] \to X$ ayant pour image B, c'est-à-dire des bijections de $[1, p]$ sur B. D'après le théorème précédent, cette fibre est donc de cardinal $p!$. La formule (1) de la page 73 et le théorème 27 de la page précédente impliquent alors :

$$A_n^p = \operatorname{card}\Big(I([1, p], X)\Big) = \sum_{B \in \mathcal{P}_p(X)} p! = p! \operatorname{card}\Big(\mathcal{P}_p(X)\Big).$$

■

Soit X un ensemble de cardinal fini n ($[1, n]$ par exemple). Les $\mathcal{P}_p(X)$, pour $p = 0, 1, \ldots, n$ forment une partition de $\mathcal{P}(X)$. Le théorème précédent et le théorème 16 de la page 72 donnent donc l'égalité suivante :

$$\binom{n}{0} + \binom{n}{1} + \cdots + \binom{n}{n-1} + \binom{n}{n} = 2^n.$$

À titre d'exercice, donner une autre preuve de cette formule (sans la formule du binôme, bien sûr). Les coefficients $\binom{n}{p}$ sont appelés *coefficients binomiaux*, à cause de la *formule du binôme* (*cf.* le module II.2).

Exemples. Par définition, $\binom{50}{3} = 50!/(47!\,3!)$, mais il ne faut surtout pas calculer $50!$ (qui a 65 chiffres décimaux) : $\binom{50}{3} = (50 \times 49 \times 48)/6 = 50 \times 49 \times 8 = 19\,600$.

Voici un autre exemple. Soient n, p deux entiers naturels. Alors :

$$\binom{-(n+1)}{p} = \frac{(-n-1)(-n-2)\cdots(-n-p)}{p!}$$
$$= (-1)^p \frac{(n+p)(n+p-1)\cdots(n+1)}{p!} = (-1)^p \binom{n+p}{p}.$$

Sur la formule (3), il n'est pas évident que le nombre rationnel $\binom{n}{p}$ soit entier. C'est vrai à cause du théorème 29 de la page précédente ! Cela résulte aussi (voir l'exercice II.1.5) de la formule suivante, qui est par ailleurs essentielle :

$$\binom{a+1}{p+1} = \binom{a}{p} + \binom{a}{p+1} \quad (a \in \mathbb{C},\ p \in \mathbb{N}). \tag{4}$$

Prouvons cette formule. En multipliant les deux membres par $(p+1)!$, il suffit (le lecteur s'en convaincra) de voir que la somme

$$(p+1)a(a-1)\cdots(a-p+1) + a(a-1)\cdots(a-p+1)(a-p)$$

vaut $(a+1)a(a-1)\cdots(a-p+1)$, ce qui est évident. En particulier :

$$\binom{n+1}{p+1} = \binom{n}{p} + \binom{n}{p+1} \quad (n, p \in \mathbb{N},\ p \leqslant n-1). \tag{5}$$

Cette égalité est appelée *relation de Pascal*. C'est la règle de formation du *triangle arithmétique de Pascal*, dans lequel on dispose, ligne après ligne, les coefficients binomiaux :

n \ p	0	1	2	3	4	5
0	1					
1	1	1				
2	1	2	1			
3	1	3	3	1		
4	1	4	6	4	1	
5	1	5	10	10	5	1

Noter la symétrie que présente ce tableau : $\binom{n}{p} = \binom{n}{n-p}$ lorsque $0 \leqslant p \leqslant n$. Vérifier cette propriété de symétrie directement, puis à l'aide du théorème 29 de la page précédente.

Exercice 4.

Étant donnés p objets identiques, quel est le nombre $T(n, p)$ de manières qu'il y a de répartir ces p objets entre n boîtes ($n, p \in \mathbb{N}^*$) ?

On dit que $T(n, p)$ est le nombre de *combinaisons avec répétitions de n objets pris p à p*.

Solution. Numérotons les boîtes : $B_1, \dots, B_n$. Il suffit de se donner, pour tout $i \in [1, n]$, le nombre a_i d'objets qu'on met dans la boîte B_i. Ainsi $T(n, p)$ est le cardinal de l'ensemble A des n-uples $(a_1, \dots, a_n) \in \mathbb{N}^n$ tels que $a_1 + a_2 + \cdots + a_n = p$. Démontrons la formule suivante :

$$T(n,p) = \binom{n+p-1}{n-1} = \binom{n+p-1}{p}. \qquad (6)$$

Notons B l'ensemble des suites strictement croissantes d'entiers $(b_1, \dots, b_n)$ telles que $b_n = n + p$. Si $(a_1, \dots, a_n) \in A$, posons $b_i := a_1 + \cdots + a_i + i$ pour $i = 1, \dots, n$. Il est clair que $(b_1, \dots, b_n) \in B$, et que l'application $(a_1, \dots, a_n) \mapsto (b_1, \dots, b_n)$ ainsi définie est une bijection de A sur B : les a_i sont donnés en fonction des b_i par $a_1 := b_1 - 1$ et $a_i := b_i - b_{i-1} - 1$ pour $i = 2, \dots, n$. Ainsi $T(n, p) = \operatorname{card}(B)$. Si $(b_1, \dots, b_n) \in B$, les b_i sont distincts, donc $\{b_1, \dots, b_{n-1}\}$ est une partie à $n-1$ éléments de $[1, n+p-1]$ (car $b_n = n+p$, donc $b_i < n+p$ pour $i = 1, \dots, n-1$). Enfin $(b_1, \dots, b_n) \mapsto \{b_1, \dots, b_{n-1}\}$ est une bijection de B sur l'ensemble des parties à $n-1$ éléments de $[1, n+p-1]$, comme on le vérifiera, donc $\operatorname{card}(B) = \binom{n+p-1}{n-1}$, en vertu du théorème 29 de la page 79. D'où la conclusion.

---

3 Divisibilité

La divisibilité sera étudiée deux fois : d'abord dans $\mathbb{N}$ puis dans $\mathbb{Z}$. Quelques résultats seront démontrés de deux façons ; cela n'était pas indispensable, mais nous a paru instructif. Ce sera le cas pour deux théorèmes fondamentaux (et liés entre eux) : le *théorème de Gauß* (théorème 40 de la page 90 et théorème 54 de la page 98), et le *lemme d'Euclide* (théorème 36 de la page 86 et théorème 55 de la page 99). Dans $\mathbb{N}$, les preuves sont peut-être plus naturelles, pas forcément plus simples ; dans $\mathbb{Z}$ elles sont plus puissantes et mettent en lumière le caractère « linéaire » de la notion de divisibilité. Ce sont les méthodes utilisées pour $\mathbb{Z}$ qui seront généralisées dans le module portant sur les anneaux de polynômes.

3.1 Division euclidienne. Numération

En général, étant donnés deux entiers a, b, $b \neq 0$, il n'est pas possible de *diviser* a par b, c'est-à-dire de trouver un entier c tel que $a = bc$. C'est pour cela qu'on introduit les nombres rationnels (fractions). En tous cas, si un tel c existe, il est unique (régularité de la multiplication). Dans ce cas, on dit que b *divise* a, ou est un *diviseur* de a, ou encore que a est *multiple* de b. Un entier est dit *pair* si c'est un multiple de 2 et *impair* sinon. On notera que, si b divise deux entiers a, a', il divise $na + n'a'$, ceci pour tous entiers n, n', ainsi que $a - a'$ si $a \geqslant a'$. Sur $\mathbb{N}^*$, la relation « x divise y » est une relation d'ordre, nous la noterons $x \mid y$ pour la distinguer de l'ordre usuel. Noter que 1 est le plus petit élément de $\mathbb{N}^*$ mais que, par exemple, 2 et $3 = 2 + 1$ ne sont pas comparables pour la divisibilité : l'ordre obtenu n'est pas total. Si la division « exacte » n'est pas toujours possible, la *division euclidienne*, définie par le théorème suivant, la « remplace ». C'est une opération importante en arithmétique, mais aussi en informatique. Une première application en sera l'écriture d'un entier dans une base donnée.

Théorème et définition 30. Soient a, b deux entiers, on suppose $b > 0$. Il existe un unique couple d'entiers (q, r) vérifiant les conditions suivantes :

$$\text{(D1)} : \ a = bq + r \quad \text{et} \quad \text{(D2)} : \ 0 \leqslant r < b.$$

Les entiers q et r sont appelés respectivement *quotient* et *reste* de la division de a par b, on les note a div b et $a \bmod b$ respectivement.

Démonstration. Soit E l'ensemble des entiers n tels que $nb > a$. D'après la propriété d'Archimède, E n'est pas vide, soit $m := \min(E)$; bien sûr $m \neq 0$. Posons $q := m - 1$. Par définition de m, on a $qb \leqslant a < (q+1)b$. Nous pouvons donc poser $r := a - qb$, d'où $a = bq + r$. De plus $qb + r < qb + b$, donc $r < b$, vu la propriété d) de l'addition : le couple (q, r) vérifie (D1) et (D2). Soit (q', r') un autre couple d'entiers tel que $a = bq' + r'$ et $r' < b$. Alors $bq' \leqslant a$ mais $b(q' + 1) > bq' + r' = a$, autrement dit $q' + 1 \in E$ mais $q' \notin E$. Ainsi $q' + 1 = m$, soit $q' = m - 1 = q$, d'où l'on déduit $r' = r$. ■

Exercice 5.
Cette preuve n'est pas « constructive ». Notons ici $q(a, b)$ et $r(a, b)$ le quotient et le reste de la division de a par b. Vérifier que $\big(q(a, b), r(a, b)\big)$ vaut $(0, a)$ si $a < b$ et $\big(1 + q(a - b, b), r(a - b, b)\big)$ si $a \geqslant b$. Donner une preuve « constructive » de l'existence du couple (q, r), puis écrire un algorithme permettant le calcul de q et r à partir de a et b (*cf.* aussi le module II.8) (la solution est laissée au lecteur).

Théorème 31 (Numération en base b). Soit b un entier, $b > 1$. Tout entier non nul x peut s'écrire de manière unique sous la forme

$$x = a_n b^n + a_{n-1} b^{n-1} + \cdots + a_1 b + a_0, \tag{7}$$

où n est un entier, $a_0, a_1, \ldots, a_n$ sont des entiers appartenant à $[0, b-1]$ et $a_n \neq 0$. On dit alors que $x = a_n a_{n-1} \ldots a_1 a_0$ est *l'écriture de x en base b*. Si la *base b* doit être précisée, on écrit $x = (a_n a_{n-1} \ldots a_1 a_0)_b$.

Démonstration. Notons $\mathcal{P}(x)$ la propriété : « x possède une écriture du type (7) ». Si $x < b$, $\mathcal{P}(x)$ est vraie : prendre $n := 0$ et $a_0 := x$. Supposons que $\mathcal{P}(y)$ soit vraie pour tous les entiers $y < x$, x étant supérieur à b. Soit $a_0 := x \bmod b$: il existe un entier q tel que $x = bq + a_0$, et $q \neq 0$ puisque $x \geqslant b > a_0$. De plus $q < bq$ (car $b > 1$ et $q > 0$), donc $q < bq \leqslant x$. Ainsi $\mathcal{P}(q)$ est vraie : q s'écrit $q = a_n b^{n-1} + \cdots + a_2 b + a_1$, où n est un entier non nul et $a_1, \ldots, a_n \in [0, b-1]$, $a_n \neq 0$. L'égalité (7) résulte alors de l'égalité $x = bq + a_0$. En conclusion, $\mathcal{P}(x)$ est vraie, et le théorème de récurrence montre que $\mathcal{P}(t)$ est vraie pour tout entier $t > 0$. Pour l'unicité, la conclusion est évidente si $x < b$. Sinon, partant d'une écriture du type (7), posons $q := a_n b^{n-1} + \cdots + a_2 b + a_1$. Alors $x = bq + a_0$ et $0 \leqslant a_0 < b$, donc $a_0 = x \bmod b$. On conclut comme ci-dessus, par récurrence sur x, grâce à la régularité de l'addition et de la multiplication. ■

Le système décimal ($b = 10$) est celui que nous employons, le système binaire ($b = 2$) sert aux ordinateurs actuels qui utilisent aussi le système hexadécimal ($b = 16$), dans lequel les *chiffres* sont notés $0, 1, \ldots, 9$ (pourquoi pas 10 ?), puis A, B, C, D, E, F.

Exercice 6.

Soit $x := 13_{10}$ (c'est le nombre 13 en base 10). Il s'écrit $x = 1101_2$ en système binaire, car $13 = 8 + 4 + 1 = 2^3 + 2^2 + 2^0$. Écrire x en base 3 et en base 7.
Solution. On a $x = 111_3 = 16_7$.

Exercice 7.

Avec les hypothèses et notations du théorème 31 de la page ci-contre, montrer que n est le seul entier tel que $b^n \leqslant x < b^{n+1}$.
Solution. En effet $x \geqslant b^n$ parce que $a_n \geqslant 1$ et $a_k \geqslant 0$ pour $k = 0, \ldots, n-1$. Utilisons maintenant l'identité fondamentale :

$$z^m - 1 = (z - 1)\left(z^{m-1} + z^{m-2} + \cdots + z + 1\right), \tag{8}$$

où z, m sont deux entiers et $m \geqslant 1$ (cela reste vrai si $z \in \mathbb{C}$). Puisque $a_k \leqslant b - 1$ pour $k = 0, \ldots, n$, il vient :

$$x \leqslant (b-1)\Big[b^n + b^{n-1} + \cdots + b + 1\Big] = b^{n+1} - 1 < b^{n+1}.$$

D'où $b^n \leqslant x < b^{n+1}$, ce qui *caractérise* évidemment l'entier n.

Exemple. Une application de l'écriture binaire d'un entier, importante en pratique, consiste à calculer « rapidement » une puissance x^n. On suppose que $n > 0$ est un entier ; quant à x, c'est un entier, ou un élément d'un *anneau* quelconque, par exemple l'anneau $\mathbb{Z}/m\mathbb{Z}$ où $m > 0$ est un entier (voir le module II.2). L'important est l'associativité de la multiplication et l'égalité $x^0 = 1$. *A priori*, il faut $n - 1$ multiplications pour calculer x^n, ainsi $x^4 = x \times \big(x \times (x \times x)\big)$. Il est possible de faire mieux. Par exemple :

$$x^2 = x \times x\,,\ x^4 = x^2 \times x^2\,,\ x^8 = x^4 \times x^4\,,\ x^{13} = x^8 \times (x^4 \times x)\,,$$

donc cinq multiplications suffisent pour calculer x^{13}. Dans cet exemple, nous avons utilisé, sans le dire, l'égalité $13 = 1101_2$. Généralisons. D'abord, pour tout entier k, k multiplications (élévations au carré successives) permettent de calculer x^{2^k}. Ensuite, dans l'écriture binaire de n, si nous ne conservons que les chiffres 1, nous obtenons une égalité du type :

$$n \;=\; 2^{k_p} + 2^{k_{p-1}} + \cdots + 2^{k_1} + 2^{k_0},$$

où $(k_0, k_1, \ldots, k_p)$ est une suite d'entiers strictement croissante. D'où le calcul de x^n avec $m := k_p + p$ multiplications : k_p pour calculer $x^{2^{k_p}}$ (ce qui donne au passage les autres $x^{2^{k_j}}$), puis p multiplications pour calculer le produit des $x^{2^{k_j}}$ pour $j = 0, 1, \ldots, p$. Évidemment $p \leqslant k_p$ (pourquoi ?), donc $m \leqslant 2k_p$. Par ailleurs $2^{k_p} \leqslant n$, soit $k_p \leqslant \log_2(n)$

(voir le module IV.3 pour la notation $\log_2$). Ainsi $m \leqslant 2\log_2(n)$, c'est nettement mieux que $n-1$: vérifiez que le calcul de x^{10007} peut se faire avec 20 multiplications ! Une variante de cette méthode n'utilise pas vraiment l'écriture binaire de n, mais seulement la division (euclidienne) par 2. Par exemple, les égalités :

$$x^{13} = x \times x^{12}\,,\; x^{12} = (x^6)^2\,,\; x^6 = (x^3)^2\,,\; x^3 = x \times x^2\,,\; x^2 = x \times x$$

donnent à nouveau x^{13} à l'aide de cinq multiplications.

3.2 Nombres premiers. Factorisation des entiers

Il y a plusieurs raisons de s'intéresser aux nombres *premiers*. D'abord leur définition est naturelle (elle date de plus de 2400 ans). Ensuite ces nombres permettent d'obtenir, par multiplication, tous les autres entiers (théorème 37 de la page 87). Les polynômes *irréductibles* (*cf.* le module II.6) joueront un rôle analogue. Troisième raison : les nombres premiers tiennent aujourd'hui une place centrale en mathématiques. Quatrième raison : ces nombres sont utilisés aujourd'hui en *cryptographie* (science du codage) ; en ce sens ils influencent notre vie pratique (transmission de données, cartes bancaires, etc).

Définition 5. On appelle *nombre premier* tout entier $p > 1$ possédant exactement deux diviseurs : 1 et p. L'ensemble des nombres premiers sera noté $\mathbb{P}$.

Proposition 32. Pour qu'un entier $p > 1$ soit premier, il faut et il suffit qu'il ne soit pas produit de deux entiers strictement plus grands que 1.

Démonstration. Supposons p non premier : il possède un diviseur $a \neq 1, p$. Soit b l'entier tel que $p = ab$; $b \neq 1, p$, vu l'hypothèse sur a. Ainsi $p = ab$, et $a > 1$, $b > 1$. Réciproquement, supposons que p s'écrive $p = xy$, où x, y sont deux entiers strictement supérieurs à 1. Alors $x \mid p$, et $x \neq p$ (sinon $y = 1$), *i.e.* x est un diviseur de p distinct de 1 et p : p n'est pas premier. ■

Théorème 33 (Euclide). Tout entier $n > 1$ est un produit (fini) de nombres premiers. En particulier, n possède au moins un diviseur premier.

Démonstration. Pour un entier $n > 1$, notons $\mathcal{P}(n)$ la propriété : « n est produit de nombres premiers ». Soit $n > 1$ un entier tel que $\mathcal{P}(k)$ soit vraie pour tout entier k tel que $1 < k < n$. Il nous suffit de prouver que $\mathcal{P}(n)$ est vraie (c'est un exemple de *récurrence forte*, *cf.* la condition (R3) de la page 64). Si n est premier, c'est un produit d'un seul nombre premier : lui-même. Sinon, $n = ab$, où a, b sont deux entiers strictement supérieurs à 1. Comme $1 < a, b < ab = n$, chacun des entiers a et b est, par hypothèse, produit de nombres premiers. Alors $n = ab$ est aussi produit de nombres premiers (« juxtaposer » les facteurs premiers de a et de b). ■

Proposition 34. Soit $n > 1$. Si n n'est pas premier, il possède un facteur premier p tel que $p^2 \leqslant n$.

Démonstration. Puisque $n \notin \mathbb{P}$, il s'écrit $n = ab$, où a, b sont deux entiers strictement supérieurs à 1, on peut supposer que $a \leqslant b$. Soit p un facteur premier de a (l'existence en est assurée par le théorème précédent). Alors $p \mid n$, et $p^2 \leqslant ap \leqslant ab = n$. ∎

Le nombre 1 n'est pas premier, mais $2, 3, 5, 7, 11$ sont des nombres premiers. Noter que 2 est le seul nombre premier pair (pourquoi ?). Voici deux questions naturelles. Comment savoir si un entier $N > 1$ est premier ? La proposition ci-dessus donne une réponse : on dresse la liste des nombres premiers p tels que $p^2 \leqslant N$ (c'est-à-dire, si l'on utilise les réels, $p \leqslant E(\sqrt{N})$, en notant $E(x)$ la partie entière d'un réel x, voir page 525). Alors N est premier si, et seulement s'il n'est multiple d'aucun des nombres premiers obtenus.

Exemple. Le nombre $1\,789$ est premier. D'abord $E(\sqrt{1\,789}) = 42$ puisque $42^2 = 1\,764$ et $43^2 = 1\,849$. Les nombres premiers inférieurs à 42 sont :

$$2, 3, 5, 7, 11, 13, 17, 19, 23, 29, 31, 37, 41.$$

Par division euclidienne, on vérifie qu'aucun de ces nombres ne divise $1\,789$.

Cette méthode marche pour $1\,789$, mais n'est pas praticable, avec ou sans ordinateur, pour un nombre de cent chiffres. On connaît aujourd'hui des méthodes beaucoup plus rapides, mais elles dépassent le cadre de cet ouvrage (*cf.* cependant, dans le module II.2, le « petit théorème de Fermat »).

Une deuxième question est la suivante : si $N > 1$ est un entier donné, comment trouver *tous* les nombres premiers inférieurs à N ? Le *crible d'Ératosthène* fournit une méthode. Dans la liste des entiers de 2 à N, on supprime tous les multiples de 2, puis tous les multiples de 3, etc. Après avoir supprimé tous les multiples d'un certain entier, le plus petit des entiers qui restent dans la liste, s'il y en a, est premier, et tous les nombres premiers entre 2 et N sont obtenus successivement par ce procédé.

Exercice 8.

Certains nombres premiers sont « remarquables ».

1) C'est le cas des *nombres de Mersenne*. Étant donnés deux entiers $a, n \geqslant 2$, le nombre $M := a^n - 1$ peut-il être premier ?

Certainement pas si $a > 2$, car la formule (8) de la page 83 montre alors que $a - 1 \mid M$, et $a - 1$ est distinct de 1 (évident) et de M $(a - 1 < a^n - 1)$. De même M n'est pas premier lorsque n lui-même n'est pas premier. En effet, on écrit alors $n = uv$, où u, v sont deux entiers strictement supérieurs à 1, et la même formule montre que $a^u - 1$ est un diviseur de M distinct de 1 et de M. Il reste le cas des nombres $M_p := 2^p - 1$, où p est un nombre premier ; M_p est appelé *nombre de Mersenne* d'indice p. Ces nombres peuvent être premiers, comme $M_7 = 2^7 - 1 = 127$, ou non premiers, comme $M_{11} = 2^{11} - 1 = 2\,047 = 23 \times 89$. On connaît beaucoup de nombres de Mersenne premiers, mais on ne sait pas s'il y en a une

infinité. Voir l'exercice II.1.12 pour une propriété de ces nombres. L'écriture binaire de M_p en base 2 ne comporte que des 1, c'est bien adapté au calcul par ordinateur !
2) De même, étant donné un entier $m \geqslant 1$, le nombre $F := 2^m + 1$ peut-il être premier ? Si m possède un facteur premier $p > 2$, F n'est pas premier. En effet, écrivons $m = pr$. La formule (8) donne, en calculant ici dans $\mathbb{Z}$:

$$2^m + 1 = -\left[(-2^r)^p - 1\right] = (2^r + 1)\left[(2^r)^{p-1} - (2^r)^{p-2} + \cdots - 2^r + 1\right],$$

ce qui fait apparaître F comme produit de deux entiers strictement supérieurs à 1 (le vérifier). Si m ne possède aucun facteur premier autre que 2, m est une puissance de 2 (théorème 33 de la page 84). Si $n \in \mathbb{N}$, le nombre $F_n := 2^{2^n} + 1$ est appelé *nombre de Fermat d'indice* n. Les nombres F_n suivants sont premiers :

$$\begin{cases} F_0 = 2^{2^0} + 1 = 3, F_1 = 2^{2^1} + 1 = 2^2 + 1 = 5, F_2 = 2^{2^2} + 1 = 2^4 + 1 = 17 \\ F_3 = 2^{2^3} + 1 = 2^8 + 1 = 257,\ F_4 = 2^{2^4} + 1 = 2^{16} + 1 = 65\,537. \end{cases}$$

En revanche $F_5 = 2^{32} + 1$ n'est pas premier (*cf.* l'exemple de la page 148), et l'on ne connaît à ce jour aucun nombre de Fermat F_n premier avec $n > 4$.

Théorème 35 (Euclide). L'ensemble $\mathbb{P}$ des nombres premiers est infini.

Démonstration. Supposons le contraire ; soit $n \geqslant 1$ le cardinal de $\mathbb{P}$. Numérotons les éléments de $\mathbb{P}$: ainsi $\mathbb{P} = \{p_1, p_2, \ldots, p_n\}$. L'entier $N := 1 + p_1 p_2 \cdots p_n$ est strictement plus grand que 1. D'après le théorème 33 de la page 84, il possède un facteur premier p. Mais $p \in \mathbb{P}$ doit être l'un des p_i, donc p divise $p_1 p_2 \cdots p_n = N - 1$. Comme p divise aussi N, il divise $1 = N - (N-1)$. C'est absurde car $p \neq 1$, et le seul diviseur de 1 est 1. Ce raisonnement très simple est sans doute dû à Euclide (4ème siècle avant J.-C.) lui-même. ■

Le résultat important ci-dessous sera redémontré dans la section 4.2.

Théorème 36 (Lemme d'Euclide). Si un nombre premier divise le produit de deux entiers (strictement positifs), il divise au moins l'un de ces deux entiers. Plus généralement, si un nombre premier divise un produit d'entiers strictement positifs, il divise l'un de ces entiers.

Démonstration. Soit p premier, divisant ab mais pas a. L'ensemble A des entiers $n > 0$ tels que p divise an contient p, b et $m := \min A > 0$, mais pas 1, donc $m > 1$.

Pour tout $n \in A$, effectuons la division euclidienne $n = mq + r$, avec $0 \leqslant r < m$; alors p divise $an - (am)q = ar$. Comme $r < m$, on a $r \notin A$, d'où $r = 0$, ce qui montre que m divise n. En particulier m divise p et b. Or p est premier et $m > 1$, donc $p = m$, qui divise ainsi b.

La seconde assertion résulte de la première, en raisonnant par récurrence sur le nombre de facteurs. ■

Exercice 9.

Soient p un nombre premier et $k \in [1, p-1]$. Montrer que $\binom{p}{k}$ est multiple de p.

Solution. Comme $\binom{p}{k} = px$, où $x = (p-1)(p-2)\cdots(p-k+1)/k!$, on pourrait dire que $p \mid \binom{p}{k}$ parce que $\binom{p}{k} = px$: p est « en facteur » dans $\binom{p}{k}$. C'est tentant, mais faux : cela reviendrait à dire que $2 \mid 3$ parce que $3 = 2 \times (3/2)$! La divisibilité concerne $\mathbb{N}$ (ou $\mathbb{Z}$), mais pas $\mathbb{Q}$. Restons donc dans $\mathbb{N}$. Écrivons $k!\binom{p}{k} = p(p-1)(p-2)\cdots(p-k+1) = pt$, où cette fois $t \in \mathbb{N}$. Ainsi p divise $k!\binom{p}{k}$. Le lemme d'Euclide montre que p divise soit $\binom{p}{k}$ soit $k!$. La seconde possibilité est exclue : si p divise $k!$, produit de $1, 2, \ldots, k$, ce même lemme entraîne l'existence d'un entier $j \in [1, k]$ multiple de p. C'est absurde car $j \leqslant k \leqslant p-1$. Ainsi $p \mid \binom{p}{k}$.

Voici un théorème essentiel, parfois appelé « théorème fondamental de l'arithmétique ».

Théorème 37 (Factorisation). Soit n un entier strictement supérieur à 1. On peut *factoriser* n, *i.e.* l'écrire sous la forme :

$$n = p_1 p_2 \cdots p_r, \tag{9}$$

où r est un entier strictement positif et $p_1, p_2, \ldots, p_r$ sont des nombres premiers (pas nécessairement distincts). Une telle factorisation est *unique, à l'ordre des facteurs près*, on dit aussi qu'elle est *essentiellement unique*.

Démonstration. L'existence d'une factorisation de n du type (9) vient du théorème 33 de la page 84. Prouvons l'unicité par récurrence (forte). Soit $n > 1$ un entier tel que l'assertion d'unicité soit vraie pour tout entier m, $1 < m < n$. Considérons deux factorisations de n : $n = p_1 p_2 \cdots p_r = q_1 q_2 \cdots q_s$. Il s'agit de voir que ce sont essentiellement les mêmes. Si n est premier, $r = s = 1$ et $p_1 = n = q_1$. Supposons $r \geqslant 2$, $s \geqslant 2$. Puisque le nombre premier p_1 divise $n = q_1 q_2 \cdots q_s$, le lemme d'Euclide entraîne l'existence d'un indice $j \in [1, s]$ tel que $p_1 \mid q_j$. En réordonnant les q_k, on peut supposer que $j = 1$. Les nombres p_1, q_1 sont premiers et $p_1 \mid q_1$, donc $p_1 = q_1$. En simplifiant, il vient $p_2 \cdots p_r = q_2 \cdots q_s$, notons n' ce produit. Comme $n' < n$ (car $n = p_1 n'$), les deux factorisations de n' dont nous disposons sont essentiellement les mêmes. Autrement dit d'une part $r = s$, d'autre part $p_2, \ldots, p_r$ et $q_2, \ldots, q_s$ sont les mêmes, à l'ordre près. Puisque $p_1 = q_1$, les deux factorisations de n dont nous sommes partis ne diffèrent qu'à l'ordre près. ■

Dans une factorisation de n du type (9) on obtient, en regroupant les facteurs premiers égaux, une nouvelle écriture de n de la forme :

$$n = q_1^{e_1} q_2^{e_2} \cdots q_s^{e_s}, \tag{10}$$

où cette fois $q_1, \ldots, q_s$ sont des nombres premiers *deux à deux distincts* et les e_i sont des entiers strictement positifs. Une telle factorisation de n, ou *décomposition de n en facteurs premiers*, est unique, à l'ordre des q_i près, elle devient vraiment unique si l'on range les q_i par ordre croissant. Ainsi la factorisation de 9 000 est : $9\ 000 = 2^3 \times 3^2 \times 5^3$. Pour factoriser un entier n, on commence par en déterminer un facteur premier p (voir plus haut), on écrit $n = pn'$, où n' est un entier tel que $n' < n$, il reste à factoriser n', etc. En fait, factoriser un entier pose des problèmes algorithmiques non triviaux. Ce problème de factorisation est utile, notamment en cryptographie.
Voici une notation commode : si n est écrit comme en (10), et si $i \in [1, s]$, l'entier e_i est appelé *exposant du nombre premier q_i dans la décomposition de n en facteurs premiers* et noté $\nu_{q_i}(n)$. Si p est un nombre premier distinct de $q_1, \ldots, q_s$, on pose $\nu_p(n) := 0$. L'égalité (10) s'écrit alors :

$$n = \prod_{p \in \mathbb{P}} p^{\nu_p(n)}. \tag{11}$$

Le second membre de cette formule est en fait un produit *fini* (voir la section 1 du module II.2) : si $p \in \mathbb{P}$ n'est pas l'un des q_i, ce qui revient à dire que p ne divise pas n (pourquoi ?), on omet $p^{\nu_p(n)} = p^0 = 1$ dans ce produit. La notation ν_p est complétée en posant $\nu_p(1) := 0$ pour tout $p \in \mathbb{P}$. Si $n \in \mathbb{N}^*$ et $p \in \mathbb{P}$, l'entier $\nu_p(n)$ est aussi appelé *valuation de n en p*.
Soient $a, b \in \mathbb{N}^*$. En écrivant $a = \prod_{p\in\mathbb{P}} p^{\nu_p(b)}$ et $b = \prod_{p\in\mathbb{P}} p^{\nu_p(b)}$, il est clair que $ab = \prod_{p\in\mathbb{P}} p^{\nu_p(a)+\nu_p(b)}$. D'où la formule importante suivante, valable pour tous $a, b \in \mathbb{N}^*$ et tout nombre premier p :

$$\nu_p(ab) = \nu_p(a) + \nu_p(b). \tag{12}$$

Cette formule vient de l'unicité d'une factorisation du type (11) pour ab.

Théorème 38. Soient x, y deux entiers strictement positifs. Pour que x divise y, il faut et il suffit que $\nu_p(x) \leqslant \nu_p(y)$ pour *tout* nombre premier p.

Démonstration. Si $x \mid y$, écrivons $y = xz$, où $z \in \mathbb{N}^*$. Pour tout $p \in \mathbb{P}$, la formule (12) donne : $\nu_p(y) = \nu_p(x) + \nu_p(z) \geqslant \nu_p(x)$. Inversement, supposons que $\nu_p(x) \leqslant \nu_p(y)$ pour tout $p \in \mathbb{P}$. Si $p \in \mathbb{P}$, écrivons $\nu_p(y) = \nu_p(x) + t_p$, où $t_p \in \mathbb{N}$ (soustraction dans $\mathbb{N}$). Alors $y = xz$, où $z = \prod_{p\in\mathbb{P}} p^{t_p}$, donc x divise y (le produit définissant z est fini : pourquoi ?). ■

3.3 Plus grand commun diviseur, algorithme d'Euclide

La notion de *plus grand commun diviseur* est essentielle dans $\mathbb{N}$ et $\mathbb{Z}$, comme elle le sera dans les anneaux de polynômes. *Dans ce qui suit, lorsqu'il s'agira de divisibilité, les entiers concernés seront supposés strictement positifs.* Noter que, pour deux entiers a, b, la relation

$a \mid b$ implique $a \leqslant b$. Étant donnés des entiers $a_1, \ldots, a_n$, un entier est appelé *diviseur commun à* $a_1, \ldots, a_n$ s'il divise chacun des a_i. L'ensemble de ces diviseurs communs est majoré par a_1, il a donc un plus grand élément (propriété (N2) de $\mathbb{N}$), qu'on pourrait appeler « pgcd » des a_i. On préfère donner la définition suivante :

Théorème et définition 39. Soient $a_1, a_2, \ldots, a_n$ $(n \geqslant 1)$ des entiers strictement positifs. Il existe un *unique* entier $d > 0$ vérifiant les deux conditions suivantes :

1. L'entier d est un diviseur commun à $a_1, a_2, \ldots, a_n$.
2. Tout autre diviseur commun à $a_1, a_2, \ldots, a_n$ divise d.

Cet entier d, appelé *plus grand commun diviseur* ou en abrégé *pgcd* de $a_1, a_2, \ldots, a_n$, est noté $\mathrm{pgcd}(a_1, \ldots, a_n)$ ou $a_1 \wedge a_2 \wedge \cdots \wedge a_n$. Il est donné explicitement, en fonction des factorisations des a_i, par la formule :

$$d = \prod_{p \in \mathbb{P}} p^{m_p}, \text{ où } m_p := \min\big(\nu_p(a_1), \ldots, \nu_p(a_n)\big) \ \forall p \in \mathbb{P}. \tag{13}$$

Démonstration. Soit d le second membre de la formule (13), c'est bien un produit fini : si $p \in \mathbb{P}$ ne divise pas a_1, $m_p = 0$. D'après le théorème 38 de la page précédente, d divise chacun des a_i. Soit de même t un diviseur commun aux a_i. Pour tout $p \in \mathbb{P}$, $\nu_p(t) \leqslant \nu_p(a_i)$ pour $i = 1, \ldots, n$, d'où $\nu_p(t) \leqslant m_p$. Ainsi $t \mid d$: d vérifie 1 et 2. Soit enfin d' un entier vérifiant les mêmes propriétés 1 et 2 que d, montrons que $d' = d$. Puisque d' est un diviseur commun aux a_i, la propriété 2 (pour d) montre que $d' \mid d$. De même $d \mid d'$, donc $d = d'$. ■

Retenons qu'un entier t divise deux entiers a et b si, et seulement s'il divise leur pgcd.

Exemple. Le pgcd de $9\,000 = 2^3 \times 3^2 \times 5^3$ et $1\,575 = 3^2 \times 5^2 \times 7$ est $3^2 \times 5^2 = 225$.

Définition 6. Deux entiers sont dits *premiers entre eux* si leur pgcd vaut 1, *i.e.* s'ils n'ont pas d'autre diviseur commun que 1. De même des entiers $a_1, a_2, \ldots, a_n$ $(n \geqslant 1)$ sont dits premiers entre eux si leur pgcd est 1.

Pour trois entiers a, b, c, il ne faut pas confondre les conditions $\mathrm{pgcd}(a, b, c) = 1$ et $a \wedge b = b \wedge c = c \wedge a = 1$. Dans le deuxième cas, on dit que a, b, c sont *premiers entre eux deux à deux*. Dans le premier cas, a, b, c sont « premiers entre eux » ; pour éviter toute confusion, on dit aussi qu'ils sont *premiers entre eux dans leur ensemble*. Ainsi, $4, 6, 9$ sont premiers entre eux dans leur ensemble, mais pas deux à deux $(4 \wedge 6 = 2)$.

Sur $\mathbb{N}^*$, l'opération pgcd : $(a, b) \mapsto a \wedge b$ est associative et commutative, comme il résulte de la formule (13). Pour la même raison, le lecteur pourra vérifier que la multiplication est distributive par rapport au pgcd : $a(b \wedge c) = ab \wedge ac$ pour tous entiers a, b, c. Voici une application essentielle :

Théorème 40 (Gauß, 1777-1855). Soient a, b, c trois entiers strictement positifs. On suppose que a divise bc et que a est premier avec b. Alors a divise c.

Démonstration. Par hypothèse $a \wedge b = 1$. Ainsi $c = c(a \wedge b) = ca \wedge cb$. Or a divise ca et aussi cb, il divise donc le pgcd c de ca et cb. ■

Exercice 10.

Pour tout entier $m \geqslant 1$, notons $\varphi(m)$ le nombre d'entiers $k \in [1, m]$ premiers avec m. La fonction $\varphi : \mathbb{N}^* \to \mathbb{N}$ ainsi définie s'appelle *indicatrice d'Euler*. Démontrer, pour tout entier $n \geqslant 1$, l'égalité suivante :

$$\sum_{d \mid n} \varphi(d) = n,$$

la somme étant étendue à tous les diviseurs $d > 0$ de n.

Solution. L'idée est de trier les entiers $k \in [1, n]$ selon la valeur de $t = k \wedge n$. Soit E l'ensemble des couples d'entiers (d, h) tels que $d > 0$ soit un diviseur de n et $h \in [1, d]$ soit premier avec d. D'après la formule de Fubini (exemple de la page 73), la somme $\sum_{d|n} \varphi(d)$ est égale à $\operatorname{card}(E)$. Soit $f : E \to [1, n]$ l'application associant à tout couple $(d, h) \in E$ le produit th, où t est le seul entier tel que $n = td$. Il suffit de montrer que f est bijective. Soit $k \in [1, n]$. Un couple $(d, h) \in E$, avec $n = td$ comme ci-dessus, est un antécédent de k par f si, et seulement si, $k = th$. Si c'est le cas, $n \wedge k = td \wedge th = t$, d'où l'unicité de t, donc de d et h. Inversement, posons $t := k \wedge n$. On peut écrire $k = th$, $n = td$, où $h, d \in \mathbb{N}^*$ et $h \wedge d = 1$. Mais $th = k \leqslant n = td$, donc $h \in [1, d]$; alors $(d, h) \in E$ est un antécédent de k par f. Ainsi k a un unique antécédent par f, donc f est bijective.

Voir le module II.2 pour d'autres propriétés de la fonction d'Euler.

Le calcul à l'aide de la formule (13) du pgcd de deux entiers « grands », par exemple à cent chiffres chacun, est très long : c'est la factorisation de ces entiers qui est longue. Il existe une méthode beaucoup plus rapide, remontant à Euclide, elle est basée sur la *division euclidienne*.

Théorème 41 (Algorithme d'Euclide). Soient $a, b \in \mathbb{N}^*$. Il existe un unique entier $n \geqslant 1$ et deux suites d'entiers $(q_1, \ldots, q_n)$ et $(r_1, \ldots, r_{n+2})$, elles aussi uniques, qui vérifient les conditions ci-après :

1. (initialisation) : $r_1 := a$ et $r_2 := b$.
2. Pour $k = 1, \ldots, n$, on a : $r_k = q_k r_{k+1} + r_{k+2}$, égalité notée (D$_k$).
3. On a : $r_2 > r_3 > \cdots > r_{n+1} > r_{n+2} := 0$.

Le pgcd de a et b est alors r_{n+1}, *dernier reste non nul*.

Démonstration. Prouvons l'existence par récurrence *sur* b. Si $b \mid a$, on écrit $a = bq_1$, avec $q_1 \in \mathbb{N}^*$, et il suffit de prendre $n := 1$, $r_1 := a$, $r_2 := b$ et $r_3 := 0$. Supposons que b

ne divise pas a et que l'existence ait été démontrée pour tout entier strictement inférieur à b. On effectue la division euclidienne de a par b : $a = bq + r$, où $q \in \mathbb{N}$ et $0 \leqslant r < b$. En fait $r > 0$ car b ne divise pas a. Remplaçons le couple (a, b) par (b, r). Appliquons l'hypothèse de récurrence à (b, r) : il existe un entier $n \geqslant 2$ et deux suites $(q_2, \ldots, q_n)$, $(r_2, \ldots, r_{n+2})$ pour lesquels $r_2 = b, r_3 = r$, $0 = r_{n+2} < r_{n+1} < \cdots < r_3$, et les égalités ($D_k$) soient vraies pour $k = 2, \ldots, n$. Noter le décalage effectué sur les indices. Posons alors $r_1 := a$ et $q_1 := q$. L'égalité (D_1) est donc satisfaite, et $r_3 = r < b = r_2$. Les conditions requises sont donc vérifiées pour (a, b).
Supposons maintenant que les suites $(q_1, \ldots, q_n)$ et $(r_1, \ldots, r_{n+2})$ vérifient les conditions $1, 2, 3$. Soit $d := a \wedge b$, montrons que $d = r_{n+1}$. Il suffit de montrer que $d = r_k \wedge r_{k+1}$ pour $k = 1, \ldots, n$: le cas $k = n$ donnera alors $d = r_n \wedge r_{n+1}$. Or (D_n) s'écrit $r_n = q_n r_{n+1}$, donc $r_n \wedge r_{n+1} = r_{n+1}$, et ainsi $d = r_{n+1}$. Procédons par récurrence sur k. D'après 1, $r_1 \wedge r_2 = a \wedge b = d$. Supposons que $d = r_k \wedge r_{k+1}$ pour un certain entier $k \in [1, n-1]$. Soit t un diviseur de r_{k+1}. Comme $r_k = q_k r_{k+1} + r_{k+2}$, t divise r_k si, et seulement s'il divise r_{k+2}. Ainsi les diviseurs communs à r_k et r_{k+1} sont les mêmes que les diviseurs communs à r_{k+1} et r_{k+2}, d'où $r_{k+1} \wedge r_{k+2} = r_k \wedge r_{k+1} = d$: notre assertion est vraie au rang $k+1$. Pour terminer la preuve, il faut voir que les suites $(q_1, \ldots, q_n)$ et $(r_1, \ldots, r_{n+2})$ sont uniques, nous laisserons cette vérification au lecteur. ■

L'entier n est le nombre de divisions euclidiennes à effectuer pour calculer $a \wedge b$ par la méthode que cette preuve suggère (*cf.* l'exercice II.1.16). Voir une autre méthode de calcul de $a \wedge b$ dans l'exercice II.1.17.

Exercice 11.
Reprendre le calcul du pgcd de 9000 et 1575.
Solution. On effectue les divisions euclidiennes voulues :

$$\begin{cases} 9\,000 = 5 \times 1575 + 1125 \\ 1\,575 = 1 \times 1125 + 450 \\ 1\,125 = 2 \times 450 + \mathbf{225} \\ \quad 450 = 2 \times \mathbf{225} + 0. \end{cases}$$

Le pgcd cherché est donc $\mathbf{225}$, dernier reste non nul.

Introduisons enfin la notion de ppcm. La preuve du théorème ci-après est analogue à celle du théorème et définition 39 de la page 89, nous la laissons au lecteur.

Théorème et définition 42. Soient $a_1, a_2, \ldots, a_n$ $(n \geqslant 1)$ des entiers strictement positifs. Il existe un *unique* entier $m > 0$ vérifiant les deux conditions suivantes :

1. L'entier m est un multiple commun à $a_1, a_2, \ldots, a_n$.
2. Tout autre multiple commun à $a_1, a_2, \ldots, a_n$ est un multiple de m.

Cet entier m est appelé *plus petit commun multiple* ou *ppcm* de $a_1, a_2, \ldots, a_n$, on le note $\mathrm{ppcm}(a_1, \ldots, a_n)$ ou $a_1 \vee a_2 \vee \cdots \vee a_n$. De plus m est donné explicitement, en fonction des factorisations des a_i, par la formule :

$$m = \prod_{p \in \mathbb{P}} p^{t_p}, \text{ où } t_p := \max\big(\nu_p(a_1), \ldots, \nu_p(a_n)\big) \ \forall p \in \mathbb{P}. \tag{14}$$

Dans le cas de *deux* entiers, le pgcd et le ppcm sont liés (vérifier en exercice que le résultat ci-dessous ne marche plus pour trois entiers).

Proposition 43. Soient a, b deux entiers et m leur ppcm, d leur pgcd. Alors $dm = ab$.

Démonstration. Observons que, si x, y sont deux entiers, ou d'ailleurs deux réels, $x + y = \max(x, y) + \min(x, y)$. Cette simple remarque va nous suffire. Soit en effet $p \in \mathbb{P}$. Vu les égalités (12), (13) et (14), il vient :

$$\begin{aligned}\nu_p(ab) = \nu_p(a) + \nu_p(b) &= \min\big(\nu_p(a), \nu_p(b)\big) + \max\big(\nu_p(a), \nu_p(b)\big)\\ &= \nu_p(d) + \nu_p(m) = \nu_p(dm).\end{aligned}$$

Ainsi, pour tout $p \in \mathbb{P}$, les exposants de p dans ab et dm sont égaux. D'où la conclusion, compte tenu de la formule (11), appliquée à ab et dm. ■

Théorème 44. Soient $a_1, \ldots, a_n \in \mathbb{N}^* (n \geqslant 2)$ des entiers premiers entre eux *deux à deux*. Leur ppcm est alors égal à leur produit.

Démonstration. Soient m le ppcm et M le produit des a_i. Il suffit de voir que, pour tout $p \in \mathbb{P}$, $\nu_p(m) = \nu_p(M)$. Or $\nu_p(M)$ est la somme des $\nu_p(a_i), i = 1, \ldots, n$ (égalité (12)), et $\nu_p(m)$ est le maximum des $\nu_p(a_i)$ (égalité (14)). L'idée est que, parmi les entiers $\nu_p(a_i)$, un seul au plus est non nul (alors le maximum et la somme sont évidemment égaux). Supposons en effet le contraire, et soient $i, j \in [1, n]$ tels que $i \neq j$ et $\nu_p(a_i) \geqslant 1$, $\nu_p(a_j) \geqslant 1$: p divise a_i et a_j, contrairement à l'hypothèse $a_i \wedge a_j = 1$. ■

Le ppcm de $4, 6, 9$ est 36 et leur produit est 216. Pourtant $4, 6, 9$ sont premiers entre eux. Quelle explication donner ?

4 Entiers relatifs

4.1 Opérations sur les entiers relatifs

Dans $\mathbb{N}$, l'opération inverse de l'addition (soustraction) n'est pas toujours définie : $a - b$ n'a un sens dans $\mathbb{N}$ que si $a \geqslant b$. L'introduction des entiers relatifs $(\ldots, -2, -1, 0, 1, 2, \ldots)$ pallie ce défaut. Les entiers relatifs forment un ensemble noté $\mathbb{Z}$, qui contient $\mathbb{N}$. Le lecteur sait déjà effectuer sur les entiers relatifs les trois opérations standard : addition, soustraction et multiplication, et il sait comparer deux entiers relatifs, *i.e.* utiliser la relation d'ordre usuelle sur $\mathbb{Z}$. Précisons alors les objectifs de la présente section :

1. Rappeler sans démonstration les principales propriétés des opérations standard et de la relation d'ordre sur $\mathbb{Z}$. Ces propriétés sont indispensables, elles seront librement utilisées dans cet ouvrage.
2. Proposer une *construction rigoureuse* de l'ensemble $\mathbb{Z}$ à partir de $\mathbb{N}$, puis des trois opérations et de la relation d'ordre sur $\mathbb{Z}$.

La construction de $\mathbb{Z}$ est basée sur la notion, assez abstraite, de quotient d'un ensemble par une relation d'équivalence (*cf.* le module I.1). Cette *construction* ne sera pas utilisée dans le reste de cet ouvrage. Le lecteur peut donc s'il le désire omettre en première lecture les passages concernant cette construction. Précisons d'abord la terminologie :

Les éléments de $\mathbb{Z}$ *sont appelés entiers relatifs, ou rationnels. Lorsqu'il n'y aura pas de confusion possible, nous dirons simplement « entier » au lieu de « entier relatif ». Par contre les éléments de* $\mathbb{N}$ *seront désormais appelés entiers naturels (ou positifs).*

L'addition de $\mathbb{Z}$ est une application $(a,b) \mapsto a+b$ de $\mathbb{Z} \times \mathbb{Z}$ dans $\mathbb{Z}$. Ses principales propriétés sont rappelées ci-après ; certaines (par exemple l'associativité) seront étudiées de façon plus générale dans le module suivant.

Proposition 45. L'addition de $\mathbb{Z}$ a les propriétés suivantes (rappel : $\mathbb{Z}$ *contient* $\mathbb{N}$) :

1. Elle est *associative* et commutative.
2. Pour tout $t \in \mathbb{Z}$, $0 + t = t$.
3. Soit $t \in \mathbb{Z}$. Il existe un unique élément $t' \in \mathbb{Z}$ tel que $t + t' = 0$.
   Cet élément t' est noté $-t$ et appelé *opposé* de t.
4. Pour tous $x, y \in \mathbb{Z}$, $-(-x) = x$ et $-(x+y) = (-x) + (-y)$.
5. L'application $n \mapsto -n$ est une bijection de $\mathbb{N}^*$ sur le complémentaire de $\mathbb{N}$ dans $\mathbb{Z}$. En clair, tout élément de $\mathbb{Z}$ est soit un élément de $\mathbb{N}$, soit de la forme $-n$, où $n \in \mathbb{N}^*$.
6. L'addition de $\mathbb{Z}$ prolonge celle de $\mathbb{N}$: si $x, y \in \mathbb{N}$, la somme $x + y$ est la même, qu'on la calcule dans $\mathbb{N}$ ou dans $\mathbb{Z}$.
7. *Régularité* : pour tous $a, b, c \in \mathbb{Z}$, $a + c = b + c$ implique $a = b$.

C'est la propriété 3 qui distingue $\mathbb{Z}$ de $\mathbb{N}$ en ce qui concerne l'addition.

Les propriétés 1, 2, 3 se traduisent en disant que $\mathbb{Z}$*, muni de l'addition, est un groupe commutatif*, *cf.* le module II.2.

À partir de l'addition, on peut définir la *soustraction* dans $\mathbb{Z}$: si $x, y \in \mathbb{Z}$, on pose : $x - y := x + (-y)$. D'où par exemple $-(x-y) = y - x$. Tout entier relatif x peut s'écrire sous la forme $x = a - b$, où $a, b \in \mathbb{N}$ (pourquoi ?), mais cette écriture n'est pas unique ($-3 = 2 - 5 = 5 - 8$). Voici une application :

Exercice 12.

Montrer que l'ensemble $\mathbb{Z}$ est dénombrable.

Solution. L'application $(a,b) \mapsto a - b$ de $\mathbb{N}^2$ dans $\mathbb{Z}$ étant surjective, $\mathbb{Z}$ est fini ou dénombrable parce que $\mathbb{N}^2$ est dénombrable (voir le théorème 23 de la page 76). Mais $\mathbb{Z}$ n'est pas fini, car il contient $\mathbb{N}$.

La multiplication de $\mathbb{Z}$ est une application $(a,b) \mapsto ab = a \times b$ de $\mathbb{Z} \times \mathbb{Z}$ dans $\mathbb{Z}$. Voici ses principales propriétés :

Proposition 46. La multiplication de $\mathbb{Z}$ possède les propriétés suivantes :

1. Elle est *associative* et *commutative.*
2. Elle est *distributive* par rapport à l'addition : $a(b+c) = ab + ac$ pour tous $a, b, c \in \mathbb{Z}$.
3. Pour tout $t \in \mathbb{Z}$, $1 \times t = t$.
4. La multiplication de $\mathbb{Z}$ prolonge celle de $\mathbb{N}$: si $x, y \in \mathbb{N}$, le produit xy est le même, qu'on le calcule dans $\mathbb{N}$ ou dans $\mathbb{Z}$.
5. Soient $a, b \in \mathbb{Z}$. Alors $ab = 0$ si, et seulement si, $a = 0$ ou $b = 0$.
6. Soient $a, b \in \mathbb{Z}$. Alors $ab = 1$ si, et seulement si, $a = b = \pm 1$.

Les propriétés 1, 2, 3, jointes aux propriétés de l'addition, signifient que $\mathbb{Z}$, *muni de l'addition et de la multiplication, est un anneau commutatif, cf.* le module II.2. La propriété 5 signifie que $\mathbb{Z}$ *est un anneau intègre.*

Voici enfin les propriétés de la relation d'ordre usuelle sur $\mathbb{Z}$:

Théorème 47. La relation d'ordre sur $\mathbb{Z}$ a les propriétés suivantes.

1. Elle est *totale* : si $x, y \in \mathbb{Z}$, on a soit $x \leqslant y$ soit $y \leqslant x$.
2. Pour tout $x \in \mathbb{Z}$, on a $0 \leqslant x$ si, et seulement si, $x \in \mathbb{N}$.
3. Elle prolonge celle de $\mathbb{N}$: si $x, y \in \mathbb{N}$, $x \leqslant y$ a le même sens dans $\mathbb{Z}$ et dans $\mathbb{N}$.
4. Elle est *compatible avec l'addition* : si $a, a', b, b' \in \mathbb{Z}$ et si $a \leqslant a'$ et $b \leqslant b'$, on a : $a + b \leqslant a' + b'$.
5. Pour deux éléments quelconques x, y de $\mathbb{Z}$, $(x \leqslant y) \Longleftrightarrow (-y \leqslant -x)$.
6. Soient $a, a', b \in \mathbb{Z}$. Si $a \leqslant a'$ *et* $b \geqslant 0$, on a : $ba \leqslant ba'$.
   Si de plus $b > 0$, alors $(a \leqslant a') \Longleftrightarrow (ba \leqslant ba')$ et $(a < a') \Longleftrightarrow (ba < ba')$.
7. Toute partie non vide *majorée* de $\mathbb{Z}$ a un plus grand élément.
8. Toute partie non vide *minorée* de $\mathbb{Z}$ a un plus petit élément.

Esquissons maintenant la construction de $\mathbb{Z}$. Sur l'ensemble $\mathbb{N}^2 = \mathbb{N} \times \mathbb{N}$, définissons une relation, notée $\sim$, comme suit : $(a, b) \sim (c, d)$ si $a + d = b + c$. Il s'agit d'une relation d'équivalence sur $\mathbb{N}^2$. Seule la transitivité mérite d'être vérifiée. Supposons que $(a, b) \sim (c, d)$ et $(c, d) \sim (e, f)$ $(a, b, c, d, e, f \in \mathbb{N})$. Ainsi $a + d = b + c$ et $c + f = d + e$. D'où :

$$(a + f) + c = a + (c + f) = a + (d + e) = (a + d) + e = (b + c) + e = (b + e) + c.$$

La régularité de l'addition dans $\mathbb{N}$ donne donc : $a + f = b + e$, soit $(a, b) \sim (e, f)$.

L'ensemble $\mathbb{Z}$ est *par définition* le quotient de $\mathbb{N}^2$ par cette relation d'équivalence. Notons provisoirement $[a, b]$ la classe d'un couple $(a, b) \in \mathbb{N}^2$, elle jouera plus tard le rôle de « différence » de a et b. L'application $(a, b) \mapsto [a, b]$ de $\mathbb{N}^2$ dans son quotient $\mathbb{Z}$ est donc surjective.

Que devient $\mathbb{N}$ dans cette construction ? L'application $n \mapsto [n, 0]$ de $\mathbb{N}$ dans $\mathbb{Z}$ est *injective* : si $n, n' \in \mathbb{N}$ et si $[n, 0] = [n', 0]$, on a $n + 0 = n' + 0$, soit $n = n'$. Il est alors naturel d'*identifier* chaque $n \in \mathbb{N}$ avec $[n, 0] \in \mathbb{Z}$. *Nous considérons donc désormais* $\mathbb{N}$ *comme partie de* $\mathbb{Z}$. En particulier, $0 \in \mathbb{N}$ est identifié à $[0, 0] \in \mathbb{Z}$.

Comment définir l'addition sur $\mathbb{Z}$? L'idée est simple : soient $t, t' \in \mathbb{Z}$. Si $(a, b), (a', b') \in \mathbb{N}^2$ sont tels que $t = [a, b]$ et $t' = [a', b']$, on a envie de poser :

$$t + t' := [a + a', b + b']. \qquad (*)$$

Pour justifier cette formule, il faut vérifier que le second membre ne dépend que de t, t', et pas du choix de $(a, b), (a', b')$. Soit donc (c, d) $\big($resp. $(c', d')\big)$ un autre représentant de t (resp. t'). Ainsi $(a, b) \sim (c, d)$, soit $a + d = b + c$, de même $a' + d' = b' + c'$. Alors :

$$(a + a') + (d + d') = (a + d) + (a' + d') = (b + c) + (b' + c') = (b + b') + (c + c'),$$

donc $(a + a', b + b') \sim (c + c', d + d')$. Cela justifie la formule $(*)$, qui est donc valable *pour tout* choix du représentant (a, b) $\big($resp. $(a', b')\big)$ de t (resp. t'). D'où une *addition* : $\mathbb{Z} \times \mathbb{Z} \to \mathbb{Z}$ qui est, comme celle de $\mathbb{N}$, associative et commutative. Cette addition prolonge bien celle de $\mathbb{N}$ car, si $n, n' \in \mathbb{N}$, on a $[n, 0] + [n', 0] = [n + n', 0]$.
Soit $t \in \mathbb{Z}$, écrivons-le $t = [a, b]$, où $a, b \in \mathbb{N}$, et posons $t' = [b, a] \in \mathbb{Z}$. Alors $t + t' = [a + b, b + a] = [0, 0] = 0$, d'où la propriété 3 de la proposition 45 de la page 93. Si $a \geqslant b$, $a - b$ a un sens dans $\mathbb{N}$, et $(a - b) + b = a$, d'où $[a, b] = [a - b, 0] \in \mathbb{N}$. Si $a < b$, $b - a$ a un sens dans $\mathbb{Z}$, et $[a, b] = [0, b - a] = -[b - a, 0]$, d'où la propriété 5 de la proposition 45 de la page 93. Le lecteur vérifiera les autres propriétés de cette proposition.
Comment définir la multiplication de $\mathbb{Z}$? Soient $t, t' \in \mathbb{Z}$. Si $(a, b), (a', b') \in \mathbb{N}^2$ sont tels que $t = [a, b]$ et $t' = [a', b']$, nous avons ici envie de poser :

$$tt' := [aa' + bb', ab' + ba']. \qquad (**)$$

Le lecteur montrera que la formule $(**)$ est licite, le principe est le même que pour $(*)$. D'où une *multiplication* : $\mathbb{Z} \times \mathbb{Z} \to \mathbb{Z}$, qui prolonge bien celle de $\mathbb{N}$ car, si $n, n' \in \mathbb{N}$, on a $[n, 0] \times [n', 0] = [nn', 0]$.
Vérifions, à titre d'exemple, la propriété 5 de la proposition 46 de la page précédente, laissant le lecteur consciencieux vérifier les autres. La suffisance est claire. Supposons a, b non nuls. Si $a, b \in \mathbb{N}^*$, le produit ab dans $\mathbb{Z}$ est le même que dans $\mathbb{N}$, il est donc non nul. Si $b \in \mathbb{N}^*$ et $a = -n$, $n \in \mathbb{N}^*$, on a $ab = (-n)b = -(nb)$ (conséquence facile de la propriété 2), donc $ab \neq 0$. Il en est de même si $a \in \mathbb{N}^*$ et $b = -n'$, $n' \in \mathbb{N}^*$. Enfin, si $a = -n$ et $b = -n'$, où $n, n' \in \mathbb{N}^*$, $ab = (-n)(-n') = nn' \neq 0$.
Comment définir la relation d'ordre sur $\mathbb{Z}$? Soient $x, y \in \mathbb{Z}$. On dit que $x \leqslant y$ si $y - x \in \mathbb{N}$. Si $x \in \mathbb{Z}$, $x - x = x + (-x) = 0 \in \mathbb{N}$, donc $x \leqslant x$: la réflexivité est vérifiée. Si $x, y, z \in \mathbb{Z}$ et $x \leqslant y \leqslant z$, $y - x$ et $z - y$ sont dans $\mathbb{N}$, leur somme $(y - x) + (z - y) = z - x$ aussi (propriété 6 de l'addition), donc $x \leqslant z$: la transitivité est vérifiée. Enfin soient $x, y \in \mathbb{Z}$ tels que $x \leqslant y$ et $y \leqslant x$: $a = y - x$ et $b = x - y$ sont deux éléments de $\mathbb{N}$ de somme nulle, ils sont donc tous les deux nuls. Ainsi $x = y$, d'où l'antisymétrie. Nous avons bien défini une relation d'ordre sur $\mathbb{Z}$.
Dans le théorème 47 de la page ci-contre, les propriétés 1 à 6 sont immédiates, comme le lecteur le constatera. Prouvons 8. Soient donc A une partie non vide de $\mathbb{Z}$ et m un minorant de A. Pour tout $a \in A$, on a $m \leqslant a$, soit $a - m \in \mathbb{N}$. Posons $B := \{a - m \mid a \in A\}$. C'est une partie non vide de $\mathbb{N}$, soit $b_0 := \min(B)$. Comme $b_0 \in B$, il existe un élément a_0 de A tel que $b_0 = a_0 - m$. Soit alors $a \in A$. Par définition de B, $a - m \in B$, donc $b_0 \leqslant a - m$. La propriété 4 donne : $b_0 + m \leqslant (a - m) + m = a$, soit $a_0 \leqslant a$. Ainsi a_0 est le plus petit élément de A. La propriété 7 se déduit de 8 au moyen de la bijection $x \mapsto -x$ de $\mathbb{Z}$ sur $\mathbb{Z}$ (le vérifier).

En exercice, le lecteur vérifiera que $\mathbb{Z}$ ne possède ni plus grand ni plus petit élément ; en particulier $\mathbb{Z}$ ne vérifie pas la propriété (N1) de $\mathbb{N}$.

4.2 Sous-groupes de $\mathbb{Z}$, divisibilité dans $\mathbb{Z}$

La division euclidienne dans $\mathbb{N}$ s'étend sans difficulté à $\mathbb{Z}$. Voici l'analogue du théorème et définition 30 de la page 82.

Théorème et définition 48. Soient a, b deux entiers relatifs, on suppose $b > 0$. Il existe un unique couple d'entiers relatifs (q, r) vérifiant les conditions suivantes :

$$(\text{D1}) : \ a = bq + r \qquad \text{et} \qquad (\text{D2}) : \ 0 \leqslant r < b.$$

Les entiers q et r sont appelés respectivement *quotient* et *reste* de la division de a par b, on les note $a \operatorname{div} b$ et $a \bmod b$ respectivement.

Démonstration. Prouvons l'existence de (q, r).
Le théorème et définition 30 de la page 82 l'assure si $a \geqslant 0$. Supposons donc $a < 0$. Alors $-a \in \mathbb{N}$, donc il existe $(q', r') \in \mathbb{N}^2$ tel que $-a = bq' + r'$ et $0 \leqslant r' < b$. Si $r' = 0$, il suffit de prendre $q := -q'$, $r := 0$. Si $r' > 0$, on prend $r := b - r'$ et $q := -q' - 1$.
Supposons que $bq + r = a = bq' + r'$, où q, q', r, r' sont des entiers et $0 \leqslant r, r' < b$. Si par exemple $r' \leqslant r$, on a $0 \leqslant b(q' - q) = r - r' < b$ et donc $0 \leqslant q' - q < 1$. Ainsi $q = q'$, d'où $r = r'$. ■

Comme dans $\mathbb{N}$, étant donnés deux entiers a, b, nous dirons que a *divise* b, ou que b *est un multiple de* a, s'il existe un entier c tel que $b = ac$ (notation : $a \mid b$). Si de plus $b \neq 0$, on aura $|a| \leqslant |b|$ (voir plus loin un rappel sur les valeurs absolues). Observer que 1 a maintenant deux diviseurs : 1 et -1. Lorsque $n \in \mathbb{Z}$ est donné, l'ensemble des multiples de n sera noté $n\mathbb{Z}$:

$$n\mathbb{Z} := \left\{kn \mid k \in \mathbb{Z}\right\}.$$

Bien sûr $0\mathbb{Z} = \{0\}$. Si $n \in \mathbb{Z}$ n'est pas nul, $k \mapsto kn$ est une bijection de $\mathbb{Z}$ sur $n\mathbb{Z}$. La proposition suivante est importante, bien qu'évidente.

Proposition 49. Étant donnés $a, b \in \mathbb{Z}$, a divise b si, et seulement si, $b\mathbb{Z} \subset a\mathbb{Z}$ (faire attention à l'ordre). De plus $a\mathbb{Z} = b\mathbb{Z}$ si, et seulement si, $a = \pm b$.

Démonstration. Si $a \mid b$, soit $c \in \mathbb{Z}$ tel que $b = ca$. Pour tout $k \in \mathbb{Z}$, $kb = (kc)a \in a\mathbb{Z}$, d'où $b\mathbb{Z} \subset a\mathbb{Z}$. Si $b\mathbb{Z} \subset a\mathbb{Z}$, en particulier $b = b \times 1 \in a\mathbb{Z}$. Il existe donc un entier k tel que $b = ka$, donc $a \mid b$. Cela prouve la première équivalence. Nous laissons la seconde au lecteur. ■

Nous verrons que les parties $n\mathbb{Z}$ de $\mathbb{Z}$ jouent un rôle important. Donnons d'abord une définition, qui sera généralisée dans le module II.2.

Définition 7. Une partie C de $\mathbb{Z}$ est appelée un *sous-groupe* (additif) de $\mathbb{Z}$ si elle vérifie les conditions ci-dessous.

1. Elle n'est pas vide.
2. Elle est *additivement stable* : la somme de deux éléments quelconques de C appartient à C.
3. L'opposé de tout élément de C appartient aussi à C.

Théorème 50.
a) Pour tout entier n, $n\mathbb{Z}$ est un sous-groupe de $\mathbb{Z}$.
b) Réciproquement, soit C un sous-groupe de $\mathbb{Z}$. Il existe un *unique* entier $n \geqslant 0$ tel que $C = n\mathbb{Z}$.

Démonstration. L'assertion a) est triviale. Pour b), soit C un sous-groupe de $\mathbb{Z}$. Il contient 0 : soit en effet $a \in C$. D'après la propriété 3, $-a \in C$, donc $0 = a + (-a) \in C$ (propriété 2). Si $C = \{0\}$, il suffit de prendre $n := 0$. Sinon, soit $b \in C, b \neq 0$. Quitte à remplacer b par $-b$, qui appartient aussi à C, nous pouvons supposer $b > 0$. Ainsi $C \cap \mathbb{N}^*$ est une partie non vide de $\mathbb{N}^*$, elle possède un plus petit élément n. Montrons que $C = n\mathbb{Z}$. L'inclusion $n\mathbb{Z} \subset C$ est claire : soit $k \in \mathbb{Z}$. Si $k = 0$, $kn = 0 \in C$. Si $k > 0$, $kn = n + n + \cdots + n$ appartient à C par application répétée de la stabilité de C par addition. Si $k < 0$, kn est l'opposé de $(-k)n$, qui appartient à C (cas précédent), donc $kn \in C$ (propriété 3). L'inclusion inverse $C \subset n\mathbb{Z}$ résulte du théorème et définition 48 de la page précédente. Soit en effet $a \in C$. Effectuons la division euclidienne de a par n : $a = nq + r$, où $q, r \in \mathbb{Z}$ et $0 \leqslant r < n$. D'abord $nq \in n\mathbb{Z} \subset C$, et $a \in C$, donc $r = a - qn \in C$ (propriétés 2 et 3). Si r n'était pas nul, il appartiendrait à $C \cap \mathbb{N}^*$, on aurait donc $n = \min(C \cap \mathbb{N}^*) \leqslant r$, ce qui est faux. Ainsi $r = 0$, d'où $a = nq \in n\mathbb{Z}$. ■

Définition 8. Soient A, B deux parties de $\mathbb{Z}$. On appelle *somme* de A et B l'ensemble des entiers de la forme $a + b$, où $a \in A$ et $b \in B$.

Cette « addition » de parties de $\mathbb{Z}$ est clairement associative et commutative.

Proposition 51. La somme de deux sous-groupes de $\mathbb{Z}$ est un sous-groupe de $\mathbb{Z}$.

Démonstration. Soient C, C' deux sous-groupes de $\mathbb{Z}$. D'abord $0 \in C$ et $0 \in C'$, donc $0 = 0 + 0 \in C + C'$. Soit $x \in C + C'$. Il existe $(a, a') \in C \times C'$ tel que $x = a + a'$. Alors $-x = (-a) + (-a') \in C + C'$, car $-a \in C$ (propriété 3) et de même $-a' \in C'$. La stabilité de $C + C'$ par addition est évidente. ■

Noter que $C + C'$ contient C (et C') : si $x \in C$, $x = x + 0 \in C + C'$ car $0 \in C'$. Inversement, tout sous-groupe D de $\mathbb{Z}$ contenant C et C' contient $C + C'$. Soit en effet $x \in C + C'$: $x = a + a'$, où $a \in C, a' \in C'$. Alors a et a' appartiennent à D, qui est stable par addition, donc $x = a + a' \in D$:

PROPRIÉTÉ. *La somme $C + C'$ est, au sens de l'inclusion, le plus petit sous-groupe de $\mathbb{Z}$ contenant C et C'.*

Voici un résultat capital, montrant que la notion de pgcd est plus simple à utiliser dans $\mathbb{Z}$ que dans $\mathbb{N}^*$, à cause de son caractère « linéaire ».

Théorème 52 (Plus grand commun diviseur dans $\mathbb{Z}$).
Soient a et b deux entiers relatifs *quelconques*.

1. Il existe un unique entier $d \geqslant 0$ tel que $a\mathbb{Z} + b\mathbb{Z}$ soit égal à $d\mathbb{Z}$.
2. L'entier d divise a et b. Réciproquement, tout diviseur commun à a et b divise d.
3. Il existe deux entiers u, v vérifiant la *relation de Bézout* suivante :
$$au + bv = d. \tag{15}$$
4. Si $a, b \in \mathbb{N}^*$, d est le pgcd de a et b au sens du théorème et définition 39 de la page 89.

Démonstration. L'assertion 1 résulte de la proposition précédente et du théorème 50 de la page précédente. Ensuite $a\mathbb{Z} \subset a\mathbb{Z} + b\mathbb{Z} = d\mathbb{Z}$, donc $d \mid a$, de même $d \mid b$. Soit t un diviseur commun à a et b. Ainsi $t\mathbb{Z}$ *contient* $a\mathbb{Z}$ et $b\mathbb{Z}$, donc aussi leur somme $d\mathbb{Z}$, autrement dit $t \mid d$: d'où 2. Puisque $d \in d\mathbb{Z} = a\mathbb{Z} + b\mathbb{Z}$, d est somme d'un élément de $a\mathbb{Z}$ et d'un élément de $b\mathbb{Z}$, d'où 3. Supposons enfin $a, b > 0$. D'abord $d > 0$ (car $a\mathbb{Z}+b\mathbb{Z} \neq \{0\}$). Ensuite il existe $c \in \mathbb{Z}$ tel que $a = cd$, d'où $c > 0$, de sorte que $d \mid a$ *dans* $\mathbb{N}$, de même $d \mid b$ dans $\mathbb{N}$. Soit t un diviseur commun à a et b dans $\mathbb{N}$. D'après 2, t divise d dans $\mathbb{Z}$, donc dans $\mathbb{N}$ (regarder les signes). Ainsi 4 résulte du théorème et définition 39 de la page 89. ■

Compte tenu de 4, il est logique de donner la définition suivante :

Définition 9. Soient a, b deux entiers quelconques. On appelle *plus grand commun diviseur* (ou pgcd) de a et b l'unique entier $d \geqslant 0$ tel que $a\mathbb{Z} + b\mathbb{Z} = d\mathbb{Z}$, on le note aussi $a \wedge b$. On dit que a et b sont *premiers entre eux* si $a \wedge b = 1$.

Ainsi $a \wedge b$ est caractérisé par la propriété suivante :

PROPRIÉTÉ. $a \wedge b \geqslant 0$ et $a\mathbb{Z} + b\mathbb{Z} = (a \wedge b)\mathbb{Z}$.

Noter que, si $a \in \mathbb{Z}$, le pgcd de 0 et a est $|a|$. Cela dit, il est maintenant facile d'obtenir les trois résultats fondamentaux ci-dessous.

Théorème 53 (Bézout, 1731-1783). Pour que deux entiers a et b soient premiers entre eux, il faut et il suffit qu'il existe deux entiers u, v tels que $au + bv = 1$.

Démonstration. Si $a \wedge b = 1$, l'assertion 3 du théorème 52 donne l'existence de deux entiers u, v tels que $au + bv = 1$. Inversement, supposons qu'il existe $u, v \in \mathbb{Z}$ tels que $au + bv = 1$, et soit $d := a \wedge b$. Alors $d \mid au$ et $d \mid bv$, donc d divise $1 = au + bv$. Comme $d \geqslant 0$, nécessairement $d = 1$. ■

Théorème 54 (Gauß). Soient $a, b, c \in \mathbb{Z}$. Si a divise bc et est premier avec b, il divise c.

Démonstration. Comme $a \wedge b = 1$, il existe $u, v \in \mathbb{Z}$ tels que $au + bv = 1$. Or $a \mid a(cu)$, $a \mid v(bc)$ (car $a \mid bc$), donc $a \mid a(cu) + v(bc) = c(au + bv) = c$. ■

Théorème 55 (Lemme d'Euclide). Si un nombre *premier* divise le produit de deux entiers relatifs, il divise l'un (au moins) de ces deux entiers.

Démonstration. Soit p un nombre premier, supposons que p divise un produit ab $(a, b \in \mathbb{Z})$. Supposons que p ne divise pas b, et montrons que p divise c. Soit $d := p \wedge b$. Alors $d > 0$, et d divise p dans $\mathbb{N}$, donc d vaut 1 ou p, car p est premier. Le cas $d = p$ est exclu : p diviserait alors b. Ainsi $d = 1$, *i.e.* p est premier avec b. On conclut grâce au théorème de Gauß. ∎

Remarquer la simplicité de ces démonstrations. Dans $\mathbb{Z}$, le lemme d'Euclide découle du théorème de Gauß, alors que dans $\mathbb{N}$ c'était l'inverse.
Soient $a_1, \ldots, a_n$ $(n \geqslant 3)$ des entiers relatifs. La définition de leur pgcd est simple : c'est l'unique entier $d \geqslant 0$ tel que $a_1\mathbb{Z} + \cdots + a_n\mathbb{Z} = d\mathbb{Z}$. L'associativité de l'opération pgcd résulte alors de l'associativité de l'addition de sous-groupes de $\mathbb{Z}$. Nous n'insisterons pas sur cette généralisation évidente. Comme dans $\mathbb{N}$, il faut distinguer les notions « premiers entre eux (dans leur ensemble) » et « premiers entre eux deux à deux ».

Proposition 56. Soient $a_1, \ldots, a_n (n \geqslant 2)$ des entiers non tous nuls et d leur pgcd. Pour $i = 1, \ldots, n$, écrivons $a_i = db_i$, où $b_i \in \mathbb{Z}$ (d divise a_i). Alors $b_1, \ldots, b_n$ sont premiers entre eux (dans leur ensemble).

Démonstration. Il est clair que $d \neq 0$. Soit $t \geqslant 0$ le pgcd des b_i. Pour tout i, td divise donc a_i. Ainsi td est un diviseur commun aux a_i, et par suite $td \mid d$. Comme $d \neq 0$, t divise 1, *i.e.* $t = \pm 1$, et $t = 1$ car $t \geqslant 0$. ∎

Voici un problème naturel. Soient $a, b \in \mathbb{Z}$ et $d := a \wedge b$. Il existe donc deux entiers u, v (*coefficients de Bézout*) tels que $au + bv = d$. Comment trouver *un* tel couple (u, v) ? Voyons un exemple (*cf.* aussi le module II.8) :

Exercice 13.
Nous avons vu (exemple de la page 89) que le pgcd de $9\,000$ et $1\,575$ est 225. Chercher *une* solution (u, v) de l'équation :

$$9\,000u + 1\,575v \;=\; 225 \;\; (u, v \in \mathbb{Z}). \qquad (*)$$

Solution. L'algorithme d'Euclide (exercice 11 de la page 91) donne, en partant du bas :

$$\begin{cases} 225 = 1\,125 - 2 \times 450 \\ 450 = 1\,575 - 1 \times 1\,125 \\ 1\,125 = 9\,000 - 5 \times 1\,575, \quad \text{d'où} \end{cases}$$

$$\begin{aligned} 225 &= 1\,125 - 2\Big[1\,575 - 1 \times 1\,125\Big] = 3 \times 1\,125 - 2 \times 1\,575 \\ &= 3\Big[9\,000 - 5 \times 1\,575\Big] - 2 \times 1\,575 = 3 \times 9\,000 - 17 \times 1\,575. \end{aligned}$$

Le couple $(3, -17)$ est donc solution de l'équation $(*)$.

Ce qui précède est lié à la résolution de certaines équations du premier degré à coefficients entiers. Plus précisément, on a le résultat suivant :

Proposition 57. Soient $a, b, c \in \mathbb{Z}$ trois entiers, $a \neq 0$, $b \neq 0$, et $d \geqslant 1$ le pgcd de a et b. Écrivons $a = da'$, $b = db'$, où $a', b' \in \mathbb{Z}$. Considérons l'équation :

$$ax + by = c. \tag{16}$$

1. Cette équation a une solution $(x, y) \in \mathbb{Z}^2$ si, et seulement si, $d \mid c$.
2. Si l'équation (16) a une solution $(x_0, y_0) \in \mathbb{Z}^2$, ses autres solutions sont données par $(x, y) = (x_0 + kb', y_0 - ka')$, où $k \in \mathbb{Z}$ est arbitraire.

Démonstration. Soit $(x, y) \in \mathbb{Z}^2$ une solution de (16).
Alors $d \mid c$, car $c = ax + by = d(a'x + b'y)$. Supposons inversement que $c = dc'$, où $c' \in \mathbb{Z}$. Il existe $(u, v) \in \mathbb{Z}^2$ tel que $au + bv = d$, d'où $c = c'd = a(c'u) + b(c'v)$. Ainsi $(c'u, c'v) \in \mathbb{Z}^2$ vérifie (16), d'où l'assertion 1.
Pour l'assertion 2, soit d'abord $k \in \mathbb{Z}$. Puisque $ab' = da'b' = ba'$, il vient :

$$a(x_0 + kb') + b(y_0 - ka') = (ax_0 + by_0) + k(ab' - ba') = ax_0 + by_0 = c,$$

donc $(x_0 + kb', y_0 - ka') \in \mathbb{Z}^2$ est solution de (16).
Soit inversement $(x, y) \in \mathbb{Z}^2$ une solution de (16) : $ax + by = c = ax_0 + by_0$, d'où $a(x - x_0) = b(y_0 - y)$, soit $da'(x - x_0) = db'(y_0 - y)$, ou encore $a'(x - x_0) = b'(y_0 - y)$, car $d \neq 0$. Comme $a' \wedge b' = 1$, b' divise $x - x_0$ (théorème de Gauß) : il existe $k \in \mathbb{Z}$ tel que $x - x_0 = kb'$, soit $x = x_0 + kb'$. Alors $b'(y_0 - y) = a'(x - x_0) = ka'b'$, donc $y_0 - y = ka'$. En conclusion, $(x, y) = (x_0 + kb', y_0 - ka')$, comme désiré. ■

Passons au ppcm. Si C et C' sont deux sous-groupes de $\mathbb{Z}$, il est clair que $C \cap C'$ est un sous-groupe de $\mathbb{Z}$. Le théorème suivant est alors évident.

Théorème et définition 58 (Plus petit commun multiple dans $\mathbb{Z}$).
Soient a et b deux entiers relatifs *quelconques*.

1. Il existe un unique entier $m \geqslant 0$ tel que $a\mathbb{Z} \cap b\mathbb{Z}$ soit égal à $m\mathbb{Z}$.
   Cet entier est appelé *ppcm* de a et b.
2. L'entier m est un multiple de a et de b.
   Réciproquement, tout multiple commun à a et b est un multiple de m.
3. Si $a, b \in \mathbb{N}^*$, m est le ppcm de a et b au sens de la page 91.

On généralise sans difficulté au cas de n éléments de $\mathbb{Z}$ quelconques $(n \geqslant 2)$.

5 Nombres rationnels

L'opération inverse de la multiplication dans $\mathbb{Z}$ (division) n'est pas toujours définie : $\dfrac{2}{3}$ n'a pas de sens dans $\mathbb{Z}$. L'introduction des nombres rationnels pallie ce défaut. Adoptons ici le même point de vue que pour $\mathbb{Z}$: la *construction* de $\mathbb{Q}$ donnée ci-après peut être omise en première lecture, l'important est de garder à l'esprit les principales propriétés de $\mathbb{Q}$. L'ensemble $\mathbb{Q}$ est donc supposé connu (ou construit), il contient $\mathbb{Z}$, et ses éléments sont appelés *nombres rationnels*. On pose $\mathbb{Q}^* := \mathbb{Q} \setminus \{0\}$ et $\mathbb{Z}^* := \mathbb{Z} \setminus \{0\}$. À tout couple

$(a,b) \in \mathbb{Z} \times \mathbb{Z}^*$ correspond un nombre rationnel écrit sous forme de *fraction* $\frac{a}{b}$, et tout nombre rationnel s'écrit de cette manière ; par exemple, si $a \in \mathbb{Z}^*$, $a = \frac{a}{1}\cdot$ Une telle écriture n'est pas unique, vu la propriété suivante :

PROPRIÉTÉ. *Si* $a, c \in \mathbb{Z}$ *et* $b, d \in \mathbb{Z}^*$, $\left(\frac{a}{b} = \frac{c}{d}\right) \Longleftrightarrow (ad = bc)$.

L'addition de $\mathbb{Q}$ est une application $(x,y) \mapsto x+y$ de $\mathbb{Q} \times \mathbb{Q}$ dans $\mathbb{Q}$, en voici les principales propriétés :

Proposition 59. L'addition de $\mathbb{Q}$ a les propriétés suivantes (rappel : $\mathbb{Q}$ contient $\mathbb{Z}$) :

1. Elle est *associative* et *commutative*.
2. Pour tout $t \in \mathbb{Q}$, $0 + t = t$.
3. Si $a, c \in \mathbb{Z}$ et $b, d \in \mathbb{Z}^*$, on a : $\frac{a}{b} + \frac{c}{d} = \frac{ad+bc}{bd}$.
4. Soit $t \in \mathbb{Q}$. Il existe un unique $t' \in \mathbb{Q}$ tel que $t + t' = 0$. Il est noté $-t$ et appelé *opposé* de t. Si $t = \frac{a}{b}$ ($a \in \mathbb{Z}$, $b \in \mathbb{Z}^*$), on a $-t = \frac{-a}{b}$.
5. L'addition de $\mathbb{Q}$ prolonge celle de $\mathbb{Z}$: si $x, y \in \mathbb{Z}$, la somme $x + y$ est la même, qu'on la calcule dans $\mathbb{Z}$ ou dans $\mathbb{Q}$.
6. *Régularité* : pour tous $x, y, z \in \mathbb{Q}$, $x + z = y + z$ implique $x = y$.

Ainsi $\mathbb{Q}$, *muni de l'addition, est un groupe commutatif*. On définit aussi la *soustraction* sur $\mathbb{Q}$, nous n'en détaillerons pas les propriétés.
La multiplication de $\mathbb{Q}$ est une application $(x,y) \mapsto xy = x \times y$ de $\mathbb{Q} \times \mathbb{Q}$ dans $\mathbb{Q}$, dont les principales propriétés sont données ci-après.

Proposition 60. La multiplication de $\mathbb{Q}$ possède les propriétés suivantes :

1. Elle est *associative* et *commutative*.
2. Elle est *distributive* par rapport à l'addition : $a(b+c) = ab + ac$ pour tous $a, b, c \in \mathbb{Q}$.
3. Pour tout $t \in \mathbb{Q}$, $1 \times t = t$.
4. Si $a, c \in \mathbb{Z}$ et $b, d \in \mathbb{Z}^*$, on a : $\frac{a}{b} \times \frac{c}{d} = \frac{ac}{bd}$.
5. La multiplication de $\mathbb{Q}$ prolonge celle de $\mathbb{Z}$: si $x, y \in \mathbb{Z}$, le produit xy est le même, qu'on le calcule dans $\mathbb{Z}$ ou dans $\mathbb{Q}$.
6. Soit $t \in \mathbb{Q}^*$. Il existe un unique $t' \in \mathbb{Q}^*$, appelé *inverse* de t, tel que $tt' = 1$. Il est aussi noté t^{-1} ou $\frac{1}{t}\cdot$ Si $t = \frac{a}{b}$ $(a, b \in \mathbb{Z}^*)$, $t^{-1} = \frac{b}{a}\cdot$
7. *Régularité* : soient $x, y, z \in \mathbb{Q}$. Si $xz = yz$ *et si* $z \neq 0$, on a $x = y$.

La propriété essentielle est 6. Nous dirons que $\mathbb{Q}^*$, *muni de la multiplication, est un groupe commutatif*. Nous dirons aussi (*cf.* le module II.2) que $\mathbb{Q}$, muni des lois $+$ et $\times$, *est un* *corps commutatif.* La définition de la *division*, à partir de la multiplication, résulte de la propriété suivante :

PROPRIÉTÉ. *Soient* $u \in \mathbb{Q}$ *et* $t \in \mathbb{Q}^*$. *L'équation* $tx = u$ *possède une unique solution* $x \in \mathbb{Q}$, *appelée* quotient *de* u *par* t *et notée* $\frac{u}{t}$, *ou* u/t, *ou encore* ut^{-1}. *Si* $u = \frac{a}{b}$ *et* $t = \frac{c}{d}$, *où* $a \in \mathbb{Z}$ *et* $b, c, d \in \mathbb{Z}^*$, *on a* $\frac{u}{t} = \frac{ad}{bc}$.

Le théorème ci-après rappelle les propriétés principales de la relation d'ordre sur $\mathbb{Q}$.

Théorème 61. La relation d'ordre sur $\mathbb{Q}$ a les propriétés suivantes.

1. Elle est *totale* : si $x, y \in \mathbb{Q}$, on a soit $x \leqslant y$ soit $y \leqslant x$.
2. Elle prolonge celle de $\mathbb{Z}$: si $x, y \in \mathbb{Z}$, $x \leqslant y$ a le même sens dans $\mathbb{Z}$ et dans $\mathbb{Q}$.
3. Elle est *compatible avec l'addition* : si $x, x', y, y' \in \mathbb{Q}$ et si $x \leqslant x'$ et $y \leqslant y'$, on a $x + y \leqslant x' + y'$.
4. Pour deux éléments quelconques x, y de $\mathbb{Q}$, $(x \leqslant y) \Longleftrightarrow (-y \leqslant -x)$.
5. *Comportement vis-à-vis de la multiplication* : soient $t, x, y \in \mathbb{Q}$. Si $t > 0$, $(x \leqslant y) \Longleftrightarrow (tx \leqslant ty)$ et $(x < y) \Longleftrightarrow (tx < ty)$. Si par contre $t < 0$, $(x \leqslant y) \Longleftrightarrow (tx \geqslant ty)$ et $(x < y) \Longleftrightarrow (tx > ty)$.
6. Elle vérifie la « règle des signes » : si $x, y \in \mathbb{Q}^*$, chacun des nombres xy, $\frac{x}{y}$ est strictement positif si x, y sont de même signe et strictement négatif sinon.

Lorsqu'on parle d'intervalles, il faut préciser s'il s'agit d'intervalles de $\mathbb{Z}$, de $\mathbb{Q}$ (ou plus tard de $\mathbb{R}$). À cet égard, voici une notation commode, désormais utilisée dans tout le livre : *Lorsque* $a, b \in \mathbb{Q}$, *l'intervalle* $[a, b]$ *(par exemple) désigne l'ensemble des nombres rationnels* x *tels que* $a \leqslant x \leqslant b$ *(il en sera de même avec les nombres réels). Si* $a, b \in \mathbb{Z}$, *l'ensemble des entiers* x *tels que* $a \leqslant x \leqslant b$ *sera noté* $[\![a, b]\!]$, *pour le distinguer de l'intervalle* $[a, b]$ *de* $\mathbb{Q}$.

L'ordre de $\mathbb{Q}$ est beaucoup plus complexe que celui de $\mathbb{Z}$. Pour s'en convaincre, il suffit de réfléchir à l'assertion 1 du théorème ci-après. Les exercices II.1.22 et II.1.23 donnent aussi une idée de la complexité de cet ordre.

Théorème 62.

1. Soient $a, b \in \mathbb{Q}$ tels que $a < b$. L'intervalle $]a, b[$ est infini ; il est majoré et minoré, et il n'a ni élément maximum ni élément minimum.
2. Soient $a, b \in \mathbb{Q}$ avec $b > 0$.
   Il existe un entier $n \in \mathbb{N}$ tel que $nb > a$ *(propriété d'Archimède)*.

Démonstration. D'abord $]a, b[$ n'est pas vide : il contient $(a+b)/2$ (c'est l'intérêt de la division : dans $\mathbb{Z}$, $]\!]0, 1[\![$ est vide !). Si cet intervalle était fini, il aurait un élément maximum c, car l'ordre de $\mathbb{Q}$ est total. C'est absurde, car $a < c < (b + c)/2 < b$.

De même $]a, b[$ n'a pas d'élément minimum, d'où l'assertion 1.

Pour 2, la conclusion est claire si $a \leqslant 0$: $n := 0$ convient. Supposons $a > 0$. On peut écrire $a = u/c$ et $b = v/c$, où $u, v \in \mathbb{Z}$ et $c \in \mathbb{Z}^*$ (réduire au même dénominateur). Quitte à changer c de signe, on peut supposer $c > 0$, d'où $u > 0, v > 0$ car $a, b > 0$. D'après la propriété d'Archimède dans $\mathbb{N}$, il existe un $n \in \mathbb{N}^*$ tel que $nv > u$. Puisque $c \geqslant 1$, la propriété 5 du théorème 61 de la page précédente implique $nb > a$, d'où l'assertion 2. ∎

Esquissons ici la *construction* de $\mathbb{Q}$ puis de l'addition, de la multiplication et de la relation d'ordre sur $\mathbb{Q}$. Les idées sont les mêmes que pour la construction de $\mathbb{Z}$ à partir de $\mathbb{N}$. L'ensemble $\mathbb{Z}^*$ des entiers relatifs non nuls est *stable par multiplication* : le produit de deux entiers non nuls est non nul. Sur l'ensemble $\mathbb{Z} \times \mathbb{Z}^*$, définissons une relation, notée $\sim$, comme suit : $(a, b) \sim (c, d)$ si $ad = bc$. C'est une relation d'équivalence sur $\mathbb{Z} \times \mathbb{Z}^*$ (le vérifier). L'ensemble $\mathbb{Q}$ est *par définition* le quotient de $\mathbb{Z} \times \mathbb{Z}^*$ par la relation $\sim$, et les éléments de $\mathbb{Q}$ sont appelés *nombres rationnels*. La classe d'un couple $(a, b) \in \mathbb{Z} \times \mathbb{Z}^*$ sera notée $\dfrac{a}{b}$, elle jouera le rôle de « quotient » de a par b. L'application $(a, b) \mapsto \dfrac{a}{b}$ de $\mathbb{Z} \times \mathbb{Z}^*$ dans son quotient $\mathbb{Q}$ est surjective. La propriété de la page 101 est vraie, par définition.

Comment définir l'addition et la multiplication sur $\mathbb{Q}$? Soient t, t' deux nombres rationnels, représentés par $\dfrac{a}{b}, \dfrac{a'}{b'}$ respectivement ($a, a' \in \mathbb{Z},\ b, b' \in \mathbb{Z}^*$). Posons :

$$t + t' := \frac{a}{b} + \frac{a'}{b'} = \frac{ab' + a'b}{bb'} \quad \text{et} \quad tt' := \frac{a}{b} \times \frac{a'}{b'} = \frac{aa'}{bb'}, \tag{$*$}$$

après avoir vérifié que ces formules sont licites. Ces formules sont alors valables *quel que soit* le choix du représentant $\dfrac{a}{b}$ (resp. $\dfrac{a'}{b'}$) de t (resp. t'). D'où une *addition* : $+ : \mathbb{Q} \times \mathbb{Q} \to \mathbb{Q}$ et une multiplication $\times : \mathbb{Q} \times \mathbb{Q} \to \mathbb{Q}$.

Que devient $\mathbb{Z}$ dans cette construction ? L'application $a \mapsto \dfrac{a}{1}$ de $\mathbb{Z}$ dans $\mathbb{Q}$ est injective : si $a, a' \in \mathbb{Z}$ et si $\dfrac{a}{1} = \dfrac{a'}{1}$, on a $(a, 1) \sim (a', 1)$, soit $a = a'$. Nous identifions donc chaque $a \in \mathbb{Z}$ avec $\dfrac{a}{1} \in \mathbb{Q}$ et *nous considérons désormais* $\mathbb{Z}$ *comme partie de* $\mathbb{Q}$. En particulier 0 et 1 sont identifiés à $\dfrac{0}{1}$ et $\dfrac{1}{1}$ respectivement.

Les *preuves* de la proposition 59 de la page 101 et de la proposition 60 de la page 101 sont constituées de vérifications nombreuses mais triviales. Nous conseillons cependant au lecteur de faire ces vérifications, afin de se familiariser avec l'usage de la relation $\sim$. À titre d'exemple, si $a \in \mathbb{Z}$ et $b \in \mathbb{Z}^*$, on a :

$$\frac{a}{b} + \frac{-a}{b} = \frac{ab + b(-a)}{b^2} = \frac{0}{b^2} = \frac{0}{1} = 0 \quad \text{et} \quad \frac{a}{b} \times \frac{b}{a} = \frac{ab}{ba} = \frac{1}{1} = 1.$$

La *définition* de l'ordre sur $\mathbb{Q}$ est plus délicate. Soit d'abord $x \in \mathbb{Q}$. On dit que x est positif ($x \geqslant 0$) s'il s'écrit $x = \dfrac{a}{b}$, où $a \in \mathbb{Z}$, $b \in \mathbb{Z}^*$ et $ab \geqslant 0$. Dans ce cas, si $x = \dfrac{c}{d}$ où $c \in \mathbb{Z}$, $d \in \mathbb{Z}^*$, on a $ad = bc$, d'où $(ab)(cd) = a^2d^2 \geqslant 0$ et par suite $cd \geqslant 0$. Ainsi le fait que x soit positif se lit sur *n'importe quel* représentant de x. On pose $\mathbb{Q}_+ := \{x \in \mathbb{Q} \mid x \geqslant 0\}$, et aussi

$\mathbb{Q}_+^* := \{x \in \mathbb{Q} \mid x > 0\}$. Il est facile de vérifier que $\mathbb{Q}_+$ est stable par addition et multiplication : si $x, y \in \mathbb{Q}_+$, on a $x + y \in \mathbb{Q}_+$ et $xy \in \mathbb{Q}_+$. Par ailleurs, pour tout $x \in \mathbb{Q}^*$, on a soit $x \in \mathbb{Q}_+^*$, soit $-x \in \mathbb{Q}_+^*$, et ces deux possibilités s'excluent mutuellement (vérifier ces assertions).
Soient maintenant $x, y \in \mathbb{Q}$. On dit que $x \leqslant y$ si $y - x \in \mathbb{Q}_+$ (c'est cohérent car alors $0 \leqslant x$ si, et seulement si, $x \in \mathbb{Q}_+$). Ce qui précède montre qu'on obtient ainsi sur $\mathbb{Q}$ une relation d'ordre. La vérification des diverses assertions du théorème 61 de la page 102 est triviale, là encore, elle sera laissée au lecteur. À titre d'exemple, soient $x, y \in \mathbb{Q}$, supposons $x > 0$ et $y < 0$. On peut donc écrire $x = \dfrac{a}{b}$, $y = \dfrac{c}{d}$, où $a, b, c, d \in \mathbb{Z}^*$ et $ab > 0$, $cd < 0$. Alors $xy = \dfrac{ac}{bd} < 0$ car $(ac)(bd) = (ab)(cd) < 0$ (dans $\mathbb{Z}$).

Passons à d'autres propriétés de $\mathbb{Q}$.

Proposition 63. L'ensemble $\mathbb{Q}$ est dénombrable.

Démonstration. L'application $(a, b) \mapsto \dfrac{a}{b}$ de $\mathbb{Z} \times \mathbb{Z}^*$ dans $\mathbb{Q}$ est surjective et $\mathbb{Z} \times \mathbb{Z}^*$ est dénombrable puisque $\mathbb{Z}$ l'est. Ainsi $\mathbb{Q}$ est fini ou dénombrable (théorème 23 de la page 76) ; mais $\mathbb{Q}$ n'est pas fini, car il contient $\mathbb{Z}$. ■

Les résultats qui vont suivre montrent comment l'arithmétique (qui porte sur les *entiers*) peut intervenir à propos de nombres rationnels. Rappelons d'abord une notion importante, celle de *partie entière*.

Théorème et définition 64. Soit x un nombre rationnel.

1. Il existe un unique entier relatif n tel que $n \leqslant x < n + 1$. Cet entier est appelé *partie entière* de x, il est noté $E(x)$ ou $\lfloor x \rfloor$. Ainsi :
$$E(x) \leqslant x < E(x) + 1 \text{ et } E(x) \in \mathbb{Z}, \tag{17}$$
et ces propriétés caractérisent $E(x)$.
2. Écrivons x sous la forme $x = \dfrac{a}{b}$, où $b \in \mathbb{N}^*$ et $a \in \mathbb{Z}$. Alors $E(x)$ est le quotient dans la division euclidienne de a par b.

Démonstration. Si x est écrit sous la forme a/b comme dans l'énoncé, effectuons la division euclidienne de a par b : $a = bq + r$, où $q, r \in \mathbb{Z}$ et $0 \leqslant r < b$. Alors $bq \leqslant bq + r < b(q + 1)$ d'où, en divisant par b : $q \leqslant x < q + 1$. L'entier q est le seul pour lequel un tel encadrement soit vrai. En effet soit q' un autre entier tel que $q' \leqslant x < q' + 1$. Alors $q \leqslant x < q' + 1$, donc $q - q' \leqslant 0$, *parce que* $q - q'$ *est un entier*. Symétriquement $q' - q \leqslant 0$, d'où $q = q'$. Cela prouve à la fois 1 et 2. ■

Ainsi $E(13/5) = 2$, mais $E(-13/5) = -3$ (le vérifier !).

Exercice 14.
Soient a, b deux nombres rationnels tels que $b - a > 1$.
Montrer que l'intervalle $]a, b[$ contient au moins un entier.

Solution. Si b est entier, $b-1$ convient. Sinon, soit $m := E(b)$. Par définition de la partie entière, $m > b-1 > a$, d'où $m \in]a, b[$ (et m est entier). Dans les deux cas, $-E(-b)-1$ convient.

Remarque. Soient a, b deux entiers, $b \neq 0$. Pour que b divise a (dans $\mathbb{Z}$), il faut et il suffit que le nombre rationnel $\frac{a}{b}$ soit en fait entier. C'est nécessaire, car si $b \mid a$, $a = kb$ où $k \in \mathbb{Z}$, et $\frac{a}{b} = \frac{k}{1} = k \in \mathbb{Z}$. Inversement, si $\frac{a}{b} = n \in \mathbb{Z}$, on a $a = nb$, donc b divise a.

Théorème et définition 65. Soit x un nombre rationnel. Il existe un unique couple d'entiers $(a, b) \in \mathbb{Z} \times \mathbb{N}^*$ tel que :

- Le nombre x soit égal à $\frac{a}{b}$.
- Les entiers a et b soient *premiers entre eux*.

On dit alors que $x = \frac{a}{b}$ est la *forme irréductible* de x. De plus, les autres représentants de x sont les $\frac{ka}{kb}$, où k est un entier non nul quelconque.

Démonstration. Prouvons l'existence d'un couple (a, b) ayant les propriétés requises. Il existe en tous cas des entiers $s \in \mathbb{Z}$ et $t \in \mathbb{N}^*$ tels que $x = s/t$ (après changement de signe du numérateur et du dénominateur, au besoin). Soit $d := s \wedge t$, écrivons $s = da$ et $t = db$, où $a \in \mathbb{Z}$ et $b \in \mathbb{N}^*$. Nous savons que $a \wedge b = 1$ (*cf.* la proposition 56 de la page 99). De plus $x = \frac{s}{t} = \frac{da}{db} = \frac{a}{b}$: le couple (a, b) convient.

Soit $(a', b') \in \mathbb{Z} \times \mathbb{Z}^*$ un autre couple représentant x : $x = a'/b' = a/b$. Ainsi $ab' = a'b$. Comme $a \wedge b = 1$ et $a \mid a'b$, le théorème de Gauß montre que $a \mid a'$. Soit donc $k \in \mathbb{Z}$ tel que $a' = ka$. Il vient $ab' = a'b = kab$, donc $b' = kb$. Cela prouve la dernière assertion du théorème. Supposons enfin qu'on ait aussi $a' \wedge b' = 1$ et $b' > 0$. Avec les notations ci-dessus, k vaut nécessairement 1, d'où $(a', b') = (a, b)$. ∎

Exemple. Nous savons que $1\,575 \wedge 9\,000 = 225$. Comme $1\,575 = 7 \times 225$ et $9\,000 = 40 \times 225$, la forme irréductible de $1\,575/9\,000$ est $7/40$.

Comme autre exemple, soit p un nombre premier. Une fois les réels introduits, la proposition suivante dira que $\sqrt{p}$ est un nombre *irrationnel*.

Proposition 66. Un nombre premier p n'est jamais le carré d'un nombre rationnel.

Démonstration. Supposons le contraire : $p = x^2$, où $x \in \mathbb{Q}$. Soit a/b la forme irréductible de x. Alors $p = (a/b)^2$. De $a \wedge b = 1$, il résulte que $a^2 \wedge b^2 = 1$ (le vérifier de plusieurs

façons). Ainsi a^2/b^2 est une forme irréductible de p. Mais $p = p/1$ est aussi une forme irréductible, donc $b = 1$ et $p = a^2$.
C'est absurde, car a serait un diviseur de p distinct de 1 et p. ■

Rappelons enfin ce qu'est la *valeur absolue* d'un nombre rationnel.

Définition 10. On appelle *valeur absolue* d'un nombre rationnel x le nombre $|x| := \max(x, -x)$. Ainsi $|x| = x$ si $x \geqslant 0$ et $|x| = -x$ sinon.

Les propriétés suivantes sont connues, et elles s'étendront aux nombres réels :

- Pour tout $x \in \mathbb{Q}$, $-|x| \leqslant x \leqslant |x|$ et $(|x| = 0) \Longleftrightarrow (x = 0)$.
- Pour tous $x, y \in \mathbb{Q}$, $|xy| = |x||y|$.
- Pour tous $x, y \in \mathbb{Q}$, $|x + y| \leqslant |x| + |y|$ (*inégalité triangulaire*).
- Pour tous $x, y \in \mathbb{Q}$, $|x - y| \geqslant \big||x| - |y|\big|$.

La dernière propriété se déduit de l'inégalité triangulaire comme suit.
L'égalité $x = (x-y)+y$ donne $|x| \leqslant |x-y|+|y|$, d'où $|x-y| \geqslant |x|-|y|$. En échangeant x et y, $|x - y| \geqslant |y| - |x|$. Alors $|x - y| \geqslant \max(|x| - |y|, |y| - |x|) = \big||x| - |y|\big|$.

Exercice type corrigé

II.1.0 Soient $m, p, q \in \mathbb{N}$, $m \leqslant \min(p, q)$. Prouver la formule :

$$\sum_{k=0}^{m} \binom{p}{k} \binom{q}{m-k} = \binom{p+q}{m}.$$

Prendre un ensemble E à $p + q$ éléments, le partager en deux parties de cardinaux respectifs p et q. Dénombrer alors les parties à m éléments de E. Comment modifier la formule ci-dessus en remplaçant l'hypothèse $m \leqslant \min(p, q)$ par $m \leqslant p + q$? Application : soit n un entier. Calculer la somme $\sum\limits_{p=0}^{n} \binom{n}{p}^2$.

Solution. Il sera commode d'utiliser la notation suivante : si W est un ensemble fini et si $k \in \mathbb{N}$, l'ensemble des parties à k éléments de W sera noté $W^{|k|}$. Cela étant, soit donc E un ensemble de cardinal $p + q$, et considérons une partie A de E de cardinal p. Soit $B := E \setminus A$. Les parties A et B sont fixées. Posons $F := E^{|m|}$. Ensuite, pour tout $k \in [\![0, m]\!]$, notons F_k l'ensemble des parties $Z \in F$ telles que $A \cap Z$ soit de cardinal k. Les F_k, $k \in [\![0, m]\!]$ forment une partition de F, de sorte que :

$$\binom{p+q}{m} = \operatorname{card}(F) = \sum_{k=0}^{m} \operatorname{card}(F_k).$$

Soit $k \in [\![0, m]\!]$ un entier fixé. Il est clair que, si $X \in A^{|k|}$ et $Y \in B^{|m-k|}$, $X \cup Y \in F_k$; en outre $(X, Y) \mapsto X \cup Y$ est une bijection de $A^{|k|} \times B^{|m-k|}$ sur F_k, la bijection réciproque étant définie par $Z \mapsto (A \cap Z, B \cap Z)$. En vertu du théorème 18 de la page 74, il vient alors :

$$\operatorname{card}(F_k) = \operatorname{card}(A^{|k|}) \times \operatorname{card}(B^{|m-k|}) = \binom{p}{k}\binom{q}{m-k},$$

la dernière égalité résultant du théorème 29 de la page 79. D'où l'égalité annoncée :

$$\binom{p+q}{m} = \sum_{k=0}^{m} \binom{p}{k}\binom{q}{m-k}. \qquad (*)$$

Remplaçons l'hypothèse $m \leqslant \min(p,q)$ par l'hypothèse plus faible $m \leqslant p+q$. Le raisonnement précédent doit être modifié comme suit. L'entier k doit être tel que $A^{|k|}$ et $B^{|m-k|}$ ne soient pas vides, c'est-à-dire $0 \leqslant k \leqslant p$ et $0 \leqslant m-k \leqslant q$, soit $\max(0, m-q) \leqslant k \leqslant \min(m,p)$. On obtient ceci :

$$\binom{p+q}{m} = \sum_{\max(0,m-q)}^{\min(m,p)} \binom{p}{k}\binom{q}{m-k}.$$

Appliquons la formule $(*)$ en prenant $m = p = q = n$. On obtient ceci :

$$\binom{2n}{n} = \sum_{k=0}^{n} \binom{n}{k}\binom{n}{n-k} = \sum_{k=0}^{n} \binom{n}{k}^2,$$

la dernière égalité venant de la propriété de symétrie $\binom{n}{k} = \binom{n}{n-k}$.

Pour aller plus loin

Les corrigés sont disponibles en accès libre à partir des pages d'accueil du livre sur le site www.dunod.com

Exercices sur la section 1

II.1.1 Soit $\mathcal{N}$ un ensemble ordonné non vide vérifiant lui aussi les propriétés (N1), (N2), (N3). Montrer, à l'aide du théorème 2 de la page 65, qu'il existe une unique bijection g de $\mathbb{N}$ sur $\mathcal{N}$ respectant l'ordre : pour tous entiers m, n, l'inégalité $m \leqslant n$ est équivalente à l'inégalité (dans $\mathcal{N}$) $g(m) \leqslant g(n)$.

II.1.2 Soit $f : \mathbb{N} \to \mathbb{N}$ une application strictement croissante. Montrer que $f(n) \geqslant n$ pour tout entier n. Que dire lorsque f est surjective ?

II.1.3 Sur l'ensemble $\mathbb{N}^2$ on définit une relation comme suit :

$$\Big((x,y) \leqslant (x',y')\Big) \iff \Big((x < x') \text{ ou } \big((x = x') \text{ et } (y \leqslant y')\big)\Big).$$

Montrer qu'il s'agit d'une relation d'ordre. Montrer que l'ensemble $\mathbb{N}^2$ ainsi ordonné vérifie les conditions (N1) et (N3) qui ont servi à caractériser $\mathbb{N}$, mais pas la condition (N2).
Tout élément de $\mathbb{N}^2$ a-t-il un successeur ? Un prédécesseur ?
L'ordre défini ainsi sur $\mathbb{N}^2$ s'appelle l'ordre *lexicographique*.

II.1.4 *Démontrer* l'associativité de l'addition dans $\mathbb{N}$.

II.1.5

1. Montrer que les coefficients binomiaux sont des entiers, sans utiliser le théorème 29 de la page 79.

2. Soient p, q deux entiers, $p \leqslant q$. Démontrer la formule :

$$\sum_{n=p}^{q} \binom{n}{p} = \binom{q+1}{p+1}.$$

Exercices sur la section 3

II.1.6 Définir explicitement une bijection de $\mathbb{N}$ sur $\mathbb{Z}$ ainsi que la bijection réciproque.

II.1.7 Soit $n > 1$ un entier, écrit comme en (10) page 88. Montrer que le nombre de diviseurs de n est $(e_1 + 1)(e_2 + 1) \cdots (e_s + 1)$.

II.1.8 Chacun sait effectuer les opérations usuelles en base 10. Écrire les tables d'addition et de multiplication en base 2. Effectuer ensuite les opérations $1011_2 + 101_2$ et $1011_2 \times 11_2$, sans passer par le système décimal.

II.1.9 En système décimal, comment voit-on simplement qu'un entier est multiple de 4 ? Montrer qu'un entier strictement positif est divisible par 9 si, et seulement si, la somme de ses chiffres décimaux l'est.

II.1.10 Soit $n \in \mathbb{N}$. Combien y a-t-il d'entiers $k \in [\![1, 10^n[\![$ dont l'écriture décimale ne comporte pas le chiffre 7 ?

II.1.11 Pour tout $k \in \mathbb{N}$, posons $F_k := 2^{2^k} + 1$ (*cf.* l'exercice 8 de la page 86). Montrer que, si $n, m \in \mathbb{N}$ et $n < m$, F_n divise $F_m - 2$. En déduire une nouvelle preuve du théorème 35 de la page 86.

II.1.12 Pour tout entier $n > 0$, on note $s(n)$ la somme de tous les diviseurs (positifs) de n.

1. Soient $a, b \in \mathbb{N}^*$. Si $a \wedge b = 1$, montrer que $s(ab) = s(a)s(b)$. À cette fin, établir que tout diviseur de ab s'écrit d'une manière et d'une seule comme produit d'un diviseur de a et d'un diviseur de b.

2. Soit p un nombre premier tel que $M_p = 2^p - 1$ soit premier (*cf.* l'exercice 8 de la page 85). On pose $N := 2^{p-1} M_p$. Vérifier que $s(N) = 2N$.

3. Réciproquement, soit $N > 0$ un entier *pair* tel que $s(N) = 2N$ (un tel nombre est dit *parfait*). On écrit $N = 2^r m$, où m est un entier impair et $r \in \mathbb{N}^*$. Montrer qu'il existe un entier t tel que $m = (2^{r+1} - 1)t$ et $s(m) = 2^{r+1} t$. Prouver ensuite que $t = 1$, que $p = r+1$ est premier ainsi que $M_p = m$. Quelle est la conclusion ?

II.1.13 Soient $a, b \in \mathbb{N}^*$ tels que $a \wedge b = 1$. Si ab est un carré (d'entier !), montrer que a et b sont des carrés. Soient x, y deux entiers impairs. Montrer que $x^2 + y^2$ est divisible par 2 mais pas par 4.

II.1.14 Un triplet $(u, v, w) \in (\mathbb{N}^*)^3$ est appelé *triangle pythagoricien* si $u^2 + v^2 = w^2$. Ainsi $(3, 4, 5)$ est pythagoricien : $3^2 + 4^2 = 5^2$. D'où vient l'adjectif « pythagoricien » ? Montrer que tous les triangles pythagoriciens s'obtiennent par le procédé suivant, quitte à échanger u, v. On part de trois entiers d, a, b tels que $d \geqslant 1$ et $a > b \geqslant 1,\ a \wedge b = 1$, et l'on pose :

$$u := d(a^2 - b^2)\,,\quad v := 2dab\,,\quad w := d(a^2 + b^2). \qquad (*)$$

Se ramener au cas de triangles formés d'entiers premiers entre eux. Pour un tel triangle (u, v, w), quitte à échanger u, v, montrer que v est pair et u, w impairs, puis utiliser l'égalité $u^2 = (w + v)(w - v)$ (*cf.* l'exercice précédent).

Il est possible de traiter cet exercice géométriquement, et de comprendre ainsi d'où sort le procédé ci-dessus. Voici l'idée. Dans le plan, soit C le cercle de centre l'origine et de rayon 1 (« cercle-unité »), ayant pour équation $x^2 + y^2 = 1$. On sait « paramétrer rationnellement » ce cercle : en posant :

$$x(t) := \frac{t^2 - 1}{t^2 + 1}\,,\quad y(t) := \frac{2t}{t^2 + 1}\,,$$

l'application $t \mapsto \big(x(t), y(t)\big)$ est une bijection de $\mathbb{R}$ sur le cercle C privé du point $(1, 0)$ (il faut le vérifier). Cela étant, si $(u, v, w) \in \mathbb{N}^{*3}$, l'égalité $u^2 + v^2 = w^2$ équivaut à $(u/w)^2 + (v/w)^2 = 1$, et les formules $(*)$ impliquent les suivantes : $u/w = x(t),\ v/w = y(t)$, où $t = a/b$. Par ailleurs, il revient au même de connaître un nombre $t \in \mathbb{Q}$ ou sa forme irréductible a/b.

II.1.15 Soient $m, n \in \mathbb{N}^*$. Donner une nouvelle preuve du théorème 18 de la page 74, en montrant que l'application $(a, b) \mapsto a + (b - 1)m$ est une bijection de $[\![1, m]\!] \times [\![1, n]\!]$ sur $[\![1, mn]\!]$ (la division euclidienne intervient).

II.1.16 On définit une suite d'entiers $(F_n)_{n \geqslant 0}$, appelée *suite de Fibonacci*, par $F_0 := 0$, $F_1 := 1$, et la relation de récurrence $F_{n+2} := F_{n+1} + F_n$.

1. Justifier la construction de cette suite en considérant l'application $(x, y) \mapsto (y, x + y)$ de $\mathbb{N}^2$ dans $\mathbb{N}^2$, et en appliquant le théorème 2 de la page 65.
2. Soit $m \geqslant 2$ un entier. Décrire toutes les étapes de l'algorithme d'Euclide (théorème 41 de la page 90), appliqué à $a := F_m$ et $b := F_{m-1}$.
3. Soient a, b deux entiers, $a > b \geqslant 1$. On applique l'algorithme d'Euclide à a et b, en reprenant toutes les notations du théorème 41 de la page 90. Ainsi n est le nombre de divisions euclidiennes à faire. Montrer que $r_{n+2-k} \geqslant F_{k+1}$ pour $k = 1, \ldots, n$. En particulier $b \geqslant F_{n+1}$.
4. Démontrer pour tout entier $k \geqslant 0$ la formule suivante (dans $\mathbb{R}$!) :

$$F_k = \frac{t^k - u^k}{\sqrt{5}}\,,\quad \text{où } t = \frac{1 + \sqrt{5}}{2}\,,\quad u = \frac{1 - \sqrt{5}}{2}\,.$$

5. En reprenant les hypothèses et les notations de la question 3, en déduire l'inégalité suivante :

$$n + 1 \leqslant \frac{\ln\left(1 + b\sqrt{5}\right)}{\ln t}\,.$$

Soit m le nombre de chiffres décimaux de b. Établir l'inégalité $n \leqslant 5m$ (« théorème de Lamé »).

II.1.17 (Algorithme binaire de calcul du pgcd). Soit f l'application $(x, y) \mapsto (x', y')$ de $\mathbb{N}^{*2}$ dans $\mathbb{N}^{*2}$ définie comme suit (dans la liste ci-dessous, chaque cas est supposé exclure les précédents) :

a) si $x = y$, $(x', y') := (x, y)$,
b) si x est pair, $(x', y') := (x/2, y)$,
c) si y est pair, $(x', y') := (x, y/2)$,
d) si $x < y$, $(x', y') := (y, x)$,
e) dans les cas restants, $(x', y') := \big(y, (x - y)/2\big)$.

On donne un couple $(a, b) \in \mathbb{N}^{*2}$.

1. Soit $\big((a_n, b_n)\big)$ la suite de $\mathbb{N}^{*2}$ définie par $(a_0, b_0) := (a, b)$ et la relation de récurrence $(a_{n+1}, b_{n+1}) := f\big((a_n, b_n)\big)$. Montrer qu'il existe un entier $k \geqslant 0$ tel que $a_k = b_k$. On note n le plus petit de ces entiers.
2. Montrer que $a \wedge b = 2^h a_n$, où $h \geqslant 0$ est un entier que l'on précisera.
3. Exemple numérique : $a = 9000$, $b = 1575$.
4. Écrire un programme mettant en œuvre l'algorithme suggéré.
5. Si n est comme dans la question 2, montrer que $n \leqslant 4\log_2\big(\max(a, b)\big)$, où $\log_2$ désigne le logarithme en base 2.

L'avantage essentiel de cet algorithme par rapport à l'algorithme d'Euclide, est qu'il ne comporte pas de *divisions* (opérations longues), sauf des divisions par 2 qui, pour un ordinateur, sont de simples opérations de « décalage ».

Exercices sur la section 5

II.1.18 Soient $n \geqslant 1$ et p un nombre premier. On se propose de calculer $m := \nu_p(n!)$, exposant de p dans la décomposition de $n!$ en facteurs premiers. Pour cela, on écrit d'abord n en base p :

$$n = a_r p^r + a_{r-1}p^{r-1} + \cdots + a_1 p + a_0 \ \ (a_r \neq 0).$$

1. Démontrer la formule suivante (on désigne par $E(x)$ la partie entière d'un rationnel x) :

$$m = E\left(\frac{n}{p}\right) + E\left(\frac{n}{p^2}\right) + \cdots + E\left(\frac{n}{p^r}\right).$$

   Appliquer la formule de Fubini (*cf.* l'exemple de la page 73) à l'ensemble des couples $(k, t) \in [\![1, r]\!] \times [\![1, n]\!]$ tels que p^k divise t.

2. Soit $k \in [\![1, r]\!]$. Calculer $E(n/p^k)$ en fonction des chiffres a_i.

3. En déduire, à l'aide de la formule (8) page 83, la *formule de Legendre* :

$$m = \frac{n-S}{p-1}\;, \quad S := a_r + a_{r-1} + \cdots + a_1 + a_0.$$

Exemple : calculer m lorsque $n = 1\,000$ et $p = 2$.

II.1.19 Soient $a, b \in \mathbb{N}^*$ tels que $a \wedge b = 1$ et $t \in \mathbb{N}$. On suppose $t > ab$. Montrer que l'équation $au + bv = t$ possède au moins une solution $(u, v) \in \mathbb{N}^2$ (on pourra utiliser l'exercice 14 de la page 104).

II.1.20 Soit n un entier au moins égal à 2. On considère le nombre rationnel

$$S := 1 + \frac{1}{2} + \frac{1}{3} + \cdots + \frac{1}{n} \cdot$$

Montrer que S n'est pas un entier. Indication : soit $m \geqslant 1$ le seul entier tel que $2^m \leqslant n < 2^{m+1}$. Mettre S sous forme irréductible $S = \dfrac{A}{B}$, puis considérer l'exposant de 2 dans la décomposition de B en facteurs premiers.

II.1.21 Soient x un nombre rationnel et $n > 0$ un entier. On suppose que x^n est entier. Montrer qu'alors x est lui-même entier.

II.1.22 Soit $n \in \mathbb{N}^*$. Considérons tous les nombres rationnels *mis sous forme irréductible*, appartenant à $[0, 1]$, et dont le dénominateur est au plus égal à n. En les rangeant par ordre croissant, on obtient une suite $\mathcal{F}_n$, appelée *suite de Farey d'ordre* n. Voici par exemple $\mathcal{F}_7$:

$$\frac{0}{1}, \frac{1}{7}, \frac{1}{6}, \frac{1}{5}, \frac{1}{4}, \frac{2}{7}, \frac{1}{3}, \frac{2}{5}, \frac{3}{7}, \frac{1}{2}, \frac{4}{7}, \frac{3}{5}, \frac{2}{3}, \frac{5}{7}, \frac{3}{4}, \frac{4}{5}, \frac{5}{6}, \frac{6}{7}, \frac{1}{1} \cdot$$

Montrer que, si $x = \dfrac{a}{b}$ et $y = \dfrac{c}{d}$ sont deux termes consécutifs de $\mathcal{F}_n$ $(x < y)$, on a $bc - ad = 1$. Pour cela, montrer qu'il existe un unique couple $(u, v) \in \mathbb{Z}^2$ tel que $ub - av = 1$ et $n - b < v \leqslant n$. Posant $t := \dfrac{u}{v}$, montrer ensuite que t appartient à $\mathcal{F}_n$ et $t \geqslant y$. Montrer enfin que $t = y$, en raisonnant par l'absurde ; on évaluera les différences $y - x$, $t - y$, $t - x$.
Déduire de ce qui précède que, si $x = \dfrac{a}{b}$, $y = \dfrac{c}{d}$, $z = \dfrac{e}{f}$ sont trois termes consécutifs de $\mathcal{F}_n$, on a :
$y = \dfrac{a+e}{b+f} \cdot$

II.1.23 $**$ Soit E un ensemble *dénombrable*, muni d'une relation d'ordre total, notée $\leqslant$. On fait les hypothèses suivantes :

a) L'ensemble E ne possède ni élément maximum ni élément minimum.
b) Pour tous $a, b \in E$ tels que $a < b$, l'intervalle $]a, b[$ est non vide (on dit que E « n'a pas de trous »).

Montrer qu'il existe une bijection f de $\mathbb{Q}$ sur E respectant l'ordre, *i.e.* telle que, pour tous $x, y \in \mathbb{Q}$, $(x \leqslant y) \Longleftrightarrow \big(f(x) \leqslant f(y)\big)$ (« lemme de Cantor »).
Indication : soit D l'ensemble des nombres rationnels de la forme $a/2^n$, où $a \in \mathbb{Z}$ et $n \in \mathbb{N}$ (nombres « dyadiques »). À partir d'une numérotation des éléments de E (i.e. une bijection de $\mathbb{N}$ sur E), on pourra construire une bijection de D sur E respectant l'ordre.

Groupes, anneaux, corps

II.2

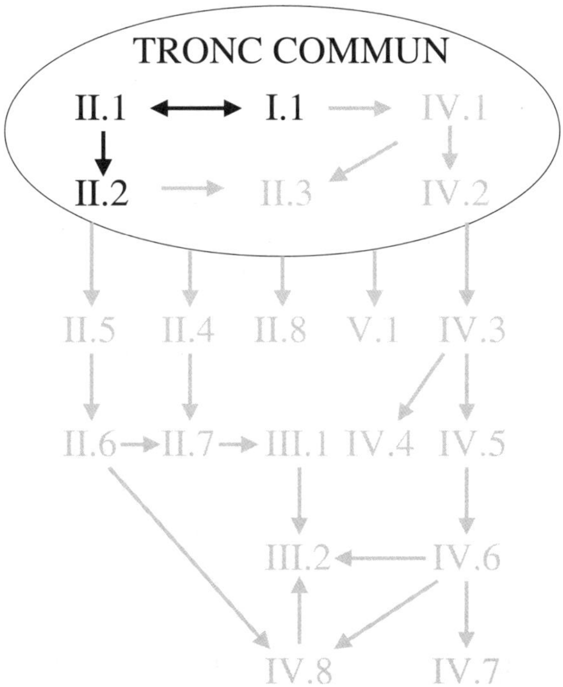

En algèbre élémentaire, on « calcule », *i.e.* on effectue des « opérations ». Ainsi $2 + 3 = 5$ est une *addition*. Quant à *l'addition des entiers naturels*, c'est l'*application* associant à *tout* couple d'entiers naturels leur somme (et non pas l'addition de deux entiers particuliers) : l'addition devient une *application* de $\mathbb{N} \times \mathbb{N}$ dans $\mathbb{N}$, *i.e.* une *loi de composition interne sur* $\mathbb{N}$. Il y aura plus loin des *lois de composition externes* (*cf.* les espaces vectoriels).

Considérons des ensembles munis d'une ou de plusieurs lois de composition (comme l'addition et la multiplication sur $\mathbb{Z}$). En imposant à ces lois de vérifier certaines propriétés (appelées « axiomes »), on obtient une « structure algébrique ». De telles structures sont celles de « groupe », d'« anneau », de « corps » et d'« espace vectoriel ».

La structure de groupe met en jeu une loi de composition interne. Les « axiomes » des groupes ont été choisis à cause des nombreuses applications de la notion obtenue, notion

introduite par E. Galois (1811-1832) afin de résoudre des problèmes portant sur la résolution des équations algébriques. Les groupes jouent un rôle central dans de nombreuses branches des mathématiques et de la physique. Ils interviennent dans les structures d'anneau, de corps et d'espace vectoriel.
Le prototype de groupe est $\mathbb{Z}$, muni de l'addition. L'important dans un groupe n'est ni la *nature* de ses éléments, ni la notation employée, mais les *règles de calcul*, résultant des axiomes des groupes. Ainsi les éléments du « groupe des permutations d'un ensemble » ne sont pas du tout des nombres.
Un anneau est muni de deux lois de composition. Le prototype d'anneau est $\mathbb{Z}$; l'anneau des polynômes (*cf.* le module II.6) sera voisin de $\mathbb{Z}$ pour son « arithmétique », mais nous verrons des exemples d'anneaux très différents.
La structure de corps, importante en algèbre linéaire, se rattache à celle d'anneau. Contrairement aux anneaux, les corps les plus utiles dans cet ouvrage sont les ensembles de nombres $\mathbb{Q}, \mathbb{R}, \mathbb{C}$, avec leurs lois usuelles.

1 Lois de composition internes

Les lois de composition internes (dans ce module, nous dirons simplement *lois*), ont été introduites dans le module I.1. Dans cette section, nous regroupons les propriétés de ces lois qui seront utiles pour l'étude des groupes, anneaux et corps. Une loi sur un ensemble E est donc une application de $E \times E$ dans E. À tout couple $(x, y) \in E \times E$, cette loi associe un élément z de E, noté de diverses façons. Les notations les plus courantes sont :

- La notation additive : l'élément z est noté $x + y$ (*somme* de x et y), la loi est appelée *addition* et notée $+ : E \times E \to E$.
- La notation multiplicative : l'élément z est noté xy ou $x \times y$ (*produit* de x et y), la loi est appelée *multiplication* et notée $\times : E \times E \to E$.

On peut utiliser aussi des notations telles que $x \star y$, $x \top y$ ou $x \circ y$. Lorsque nous parlerons de $(E, \top)$, cela signifiera que $\top$ est une loi sur l'ensemble E.

Exemples.

1. L'addition (resp. multiplication) est une loi sur $\mathbb{N}$ (ou $\mathbb{Z}$ ou $\mathbb{Q}$).
2. Soient E un ensemble et $\mathcal{F}(E, E)$ l'ensemble des applications de E dans E. Associons à tout couple (f, g) d'éléments de $\mathcal{F}(E, E)$ la *composée* $f \circ g$.
   Cette loi sur $\mathcal{F}(E, E)$ est la *composition des applications*.
3. Soit $\mathcal{P}(X)$ l'ensemble des parties d'un ensemble X. L'*intersection* $(A, B) \mapsto A \cap B$ et la *réunion* $(A, B) \mapsto A \cup B$ sont des lois sur $\mathcal{P}(X)$.
4. Sur l'ensemble $\mathbb{N}^*$, nous disposons de la loi *pgcd* : $(a, b) \mapsto \mathrm{pgcd}(a, b)$ et de la loi *ppcm* : $(a, b) \mapsto \mathrm{ppcm}(a, b)$.
5. Soit $\star$ une loi sur X. À tout couple (A, B) de parties de X, associons $A \star B := \{x \star y \mid (x, y) \in A \times B\}$. Cela définit une loi $(A, B) \mapsto A \star B$ sur $\mathcal{P}(X)$. Si la loi de X est $+$ (resp. $\times$), on écrit $A + B$ (resp. AB).

Certaines des propriétés que peut posséder une loi ont été envisagées dans le module I.1, notamment l'*associativité* et la *commutativité*. Dans les exemples 1 à 4, les lois sont associatives. Dans l'exemple 5, si la loi $\star$ sur X est associative, la loi $\star$ sur $\mathcal{P}(X)$ l'est aussi. Dans $\mathbb{Z}$, la *soustraction* n'est pas associative (le vérifier).

Exemple.
On peut définir une loi sur un ensemble fini par sa *table* : sur $E = \{a, b\}$, la table ci-contre définit une multiplication *non associative*. En effet :

	a	$\underline{b}$
$\underline{a}$	b	$\underline{\underline{a}}$
b	a	a

$$\underline{a} \times \underline{b} = \underline{\underline{a}}$$

$$aa = b,\ ab = a,\ ba = a,\ bb = a, \text{ d'où } (aa)b = bb = a \neq b = aa = a(ab).$$

Si une loi est *associative*, on peut *supprimer les parenthèses* : si $x, y, z \in E$, l'élément $(x \star y) \star z = x \star (y \star z)$ peut sans ambiguïté être noté $x \star y \star z$ (ou xyz, ou $x + y + z$, etc). Par récurrence sur n, on définit en général des *applications* $(x_1, \ldots, x_n) \mapsto x_1 \star \cdots \star x_n$ de E^n dans E : pour $n = 1$, on part de l'application identique de E, puis on utilise la formule récurrente :

$$x_1 \star x_2 \star \cdots \star x_n \ := \ (x_1 \star x_2 \star \cdots \star x_{n-1}) \star x_n \quad n \geqslant 2\,.$$

Si $x_1, \ldots, x_n \in E$ et $y_1, \ldots, y_m \in E$ $(n, m \geqslant 1)$, on a :

$$(x_1 \star x_2 \star \cdots \star x_n) \star (y_1 \star y_2 \star \cdots \star y_m) \ = \ x_1 \star x_2 \star \cdots \star x_n \star y_1 \star y_2 \star \cdots \star y_m, \quad (1)$$

on le montre par récurrence sur m. En notation additive, $x_1 + x_2 + \cdots + x_n$ est aussi noté $\sum\limits_{i=1}^{n} x_i$, en notation multiplicative, $x_1 x_2 \cdots x_n$ est aussi noté $\prod\limits_{i=1}^{n} x_i$. Le cas où tous les x_i sont égaux à un même élément x est important :

Définition 1. Soient E un ensemble muni d'une multiplication et $x \in E$. La suite $(x^n)_{n \geqslant 1}$ des *puissances* de x est définie par $x^1 := x$ et la relation de récurrence $x^{n+1} := x^n \times x$. En notation additive, la suite $(nx)_{n \geqslant 1}$ des *multiples* de x est définie par $1x := x$ et la relation $(n+1)x := nx + x$.

Pour une loi associative, $nx = \overbrace{x + x + \cdots + x}^{n \text{ termes}}$, de même $x^n = \overbrace{x \times x \times \cdots \times x}^{n \text{ facteurs}}$.

Proposition 1. Soient E un ensemble muni d'une loi *associative* et $x \in E$. Pour tous entiers $m, n \geqslant 1$, on a :

$$x^m x^n = x^{m+n} \quad \text{et} \quad (x^m)^n = x^{mn} \ \text{ en notation multiplicative,} \quad (2)$$

$$mx + nx = (m+n)x \quad \text{et} \quad m(nx) = (mn)x \ \text{ en notation additive.} \quad (3)$$

Démonstration. La première formule (3) (par exemple) vient de l'égalité (1), et la deuxième en résulte (raisonner par récurrence sur n). ∎

Partons de $(E, \star)$. On dit que $x, y \in E$ *commutent* si $x \star y = y \star x$. Si c'est vrai pour tous x, y, la loi est *commutative*.

Remarque. Considérons une loi associative, notée multiplicativement par exemple, sur un ensemble E. Soient $x, y_1, \ldots, y_n \in E$ $(n \geqslant 1)$. Si x commute avec chacun des y_i, il commute avec $y_1 y_2 \cdots y_n$. C'est vrai si $n = 1$ et, si c'est vrai pour $n-1$ $(n \geqslant 2)$, on a :

$$\begin{aligned} x(y_1 y_2 \cdots y_n) &= (x y_1)(y_2 \cdots y_n) = (y_1 x)(y_2 \cdots y_n) = y_1\big(x(y_2 \cdots y_n)\big) \\ &= y_1\big((y_2 \cdots y_n)x\big) = \big(y_1(y_2 \cdots y_n)\big)x = (y_1 y_2 \cdots y_n)x\,. \end{aligned}$$

On préfère réserver la notation additive à des lois *commutatives*. Dans les exemples 1, 3, 4, les lois sont commutatives. Dans l'exemple 5, si la loi $\star$ sur X est commutative, la loi $\star$ sur $\mathcal{P}(X)$ l'est aussi. La soustraction de $\mathbb{Z}$ n'est pas commutative. La loi $\circ$ (exemple 2) non plus, dès que E a deux éléments distincts a, b : les applications $x \mapsto a$ et $x \mapsto b$ ne commutent pas.

Dans cet ouvrage, les lois seront associatives, pas toujours *commutatives* (*cf.* le groupe symétrique, ou l'anneau des matrices carrées).

Proposition 2. Soit E un ensemble muni d'une multiplication (resp. addition) *associative*. Si $x, y \in E$ *commutent* (par exemple si la loi est *commutative*),

$$(xy)^n = x^n y^n \ \text{(resp. } n(x+y) = nx + ny) \ \text{ pour tout entier } n \geqslant 1. \qquad (4)$$

Démonstration. Dans le cas multiplicatif, $xy^k = y^k x$ pour tout $k \geqslant 1$, vu la remarque ci-dessus. Démontrons la formule (4) par récurrence sur n. Le cas $n = 1$ est évident. Si la formule est vraie au rang n, il vient :

$$(xy)^{n+1} = (xy)^n(xy) = (x^n \overbrace{y^n)(x} y) = (x^n \overbrace{x)(y^n} y) = x^{n+1}y^{n+1}\,.$$

■

Pour une addition associative et commutative, la somme de plusieurs éléments *ne dépend pas de l'ordre* dans lequel on effectue les additions :

Proposition 3. Soient E un ensemble muni d'une addition associative et commutative, $x_1, \ldots, x_n \in E$ $(n \geqslant 1)$ et s une *permutation* de $[\![1, n]\!]$. Alors :

$$x_1 + x_2 + \cdots + x_n \;=\; x_{s(1)} + x_{s(2)} + \cdots + x_{s(n)}. \qquad (5)$$

Démonstration. Raisonnons par récurrence sur n (le cas $n = 1$ est trivial). Supposons $n \geqslant 2$ et le résultat vrai à l'ordre $n-1$. Si $s(n) = n$, l'hypothèse de récurrence s'applique. Sinon, $n = s(k)$ pour un certain $k \in [\![1, n-1]\!]$. Vu la remarque de la présente page, le membre de droite vaut :

$$x_{s(1)} + \cdots + x_{s(k-1)} + \big[x_n + \big(x_{s(k+1)} + \cdots + x_{s(n)}\big)\big]\,, \quad \text{soit}$$

$$x_{s(1)} + \cdots + x_{s(k-1)} + \big[\big(x_{s(k+1)} + \cdots + x_{s(n)}\big) + x_n\big]\,,$$

ce qui nous ramène au cas précédent. ■

Gardons les mêmes hypothèses. Soient I un ensemble fini de cardinal $n \geqslant 1$ et $(x_i)_{i\in I}$ une famille d'éléments de E. Si f est une *bijection* de $[\![1,n]\!]$ sur I (*numérotation* des éléments de I), posons $T(f) := x_{f(1)} + \cdots + x_{f(n)}$. Si $g : [\![1,n]\!] \to I$ est une autre bijection, $s := f^{-1} \circ g \in \mathfrak{S}_n$, et $g = f \circ s$, donc $T(f) = T(g)$, car $x_{f(1)} + x_{f(2)} + \cdots + x_{f(n)} = x_{f(s(1))} + x_{f(s(2))} + \cdots + x_{f(s(n))}$, vu la proposition. Ainsi $T(f)$ *ne dépend pas de* f, elle est appelée *somme* de la famille $(x_i)_{i\in I}$ et notée : $\sum\limits_{i\in I} x_i$.

L'indice i est *muet*, *i.e.* peut être changé $\left(\sum\limits_{i\in I} x_i = \sum\limits_{k\in I} x_k\right)$. En notation multiplicative, on écrit $\prod\limits_{i\in I} x_i$ au lieu de $\sum\limits_{i\in I} x_i$.

Les sommes ci-dessus obéissent aux règles de calcul suivantes :

Théorème 4. Soit E un ensemble muni d'une addition associative et commutative. Considérons deux ensembles finis non vides I, J.

1. Soient $(x_i)_{i\in I}$ une famille d'éléments de E et $I_1, \dots, I_m$ des parties finies non vides de I formant une *partition* de I. Si $h \in [\![1,m]\!]$, soit S_h la somme de la famille $(x_i)_{i\in I_h}$. On a la *formule d'associativité* :

$$\sum_{i\in I} x_i = S_1 + S_2 + \cdots + S_m\,, \quad \text{soit} \quad \sum_{i\in I} x_i = \sum_{h=1}^{m}\left(\sum_{i\in I_h} x_i\right). \tag{6}$$

2. Soit $(x_{i,j})_{(i,j)\in I\times J}$ une famille d'éléments de E. Alors :

$$\sum_{(i,j)\in I\times J} x_{i,j} = \sum_{i\in I}\left(\sum_{j\in J} x_{i,j}\right) = \sum_{j\in J}\left(\sum_{i\in I} x_{i,j}\right). \tag{7}$$

3. Soient $(x_i)_{i\in I}$ une famille d'éléments de E et t une bijection de J sur I. Alors :

$$\sum_{j\in J} x_{t(j)} = \sum_{i\in I} x_i \quad \text{(formule de changement d'indice)}. \tag{8}$$

Démonstration. L'assertion 1 est laissée au lecteur à titre d'exercice. L'assertion 2 en résulte : lorsque i décrit I, les parties $\{i\}\times J$ forment une partition de $I\times J$, d'où la première égalité. La deuxième est analogue.

Pour l'assertion 3, soient $n := \operatorname{card}(J)$, f une bijection de $[\![1,n]\!]$ sur J, et $g := t \circ f$. Pour tout $j \in J$, posons $y_j := x_{t(j)}$. Dans la formule (8), la somme de droite vaut $x_{g(1)} + \cdots + x_{g(n)} = x_{t(f(1))} + \cdots + x_{t(f(n))}$, soit $y_{f(1)} + \cdots + y_{f(n)}$, et la somme de gauche vaut $\sum\limits_{j\in J} y_j = y_1 + \cdots + y_n$. ■

Partons de $(E, \top)$. Rappelons qu'un élément e de E est *élément neutre* pour $\top$ si l'on a $x \top e = x = e \top x$ pour tout $x \in E$. Un tel élément est unique *lorsqu'il existe*. On le note 0 pour une addition, 1 pour une multiplication. Ainsi, dans chacun des ensembles de nombres usuels, 0 est neutre pour l'addition et 1 est neutre pour la multiplication. Dans $\mathbb{N}^*$, 1 est neutre pour la loi « ppcm ». Vérifier qu'il n'y a pas de neutre pour la loi « pgcd ».

Soit E un ensemble. L'application identique Id_E de E est élément neutre pour la loi « composition des applications » sur $\mathcal{F}(E,E)$. Sur l'ensemble $\mathcal{P}(E)$ des parties de E, E est neutre pour la loi $\cap$ et la partie vide $\varnothing$ est neutre pour la loi $\cup$.

Soit E un ensemble muni d'une loi associative $\star$ et ayant un élément neutre e. Pour une famille finie $(x_1,\ldots,x_n)$ d'éléments de E $(n \geqslant 1)$, l'élément $x_1 \star \cdots \star x_n$ a été défini. Si $n = 0$, *i.e.* si la famille est vide, nous *convenons* que $x_1 \star \cdots \star x_n := e$ (soit $x_1 + \cdots + x_n := 0$ en notation additive, $x_1 \cdots x_n := 1$ en notation multiplicative). Ainsi, soit $x \in E$. Si la loi est multiplicative (resp. additive), on a $x^0 := 1$ (resp. $0x := 0$) (le 0 à gauche est un entier, le second membre est le neutre de E). Avec ces conventions, les formules (1) à (4) restent vraies pour deux entiers $m,n \geqslant 0$ (le vérifier).

Supposons de plus la loi additive et *commutative*. Soit $(x_i)_{i\in I}$ une famille finie d'éléments de E. La somme $\sum_{i\in I} x_i$ est définie si $I \neq \varnothing$. Si $I = \varnothing$, on *convient* que cette somme vaut 0. Les formules (6), (7), (8) restent vraies si certains des ensembles d'indices intervenant sont vides. Généralisons : au lieu de supposer I fini, supposons que $I' = \{i \in I \mid x_i \neq 0\}$ soit fini ; I' est appelé *support* de la famille. *Par définition*, $\sum_{i\in I} x_i$ est alors égale à $\sum_{i\in I'} x_i$. Le théorème 4 de la page précédente reste vrai, en supposant par exemple dans la formule (7) que la famille $(x_{i,j})_{(i,j)\in I\times J}$ est *à support fini*.

Partons de $(E,\top)$, E possédant un élément neutre e pour $\top$, et soit $x \in E$. Rappelons qu'un élément x' de E est appelé *symétrique* de x si :

$$x\top x' = e = x'\top x. \tag{9}$$

Si un tel élément x' existe, (auquel cas il est unique lorsque la loi est associative), on dit que x est *symétrisable*. Par exemple, tout $x \in E$ tel que $x\top x = e$ est symétrisable : il est son propre symétrique. Un tel élément est dit *involutif*. Des exemples importants seront les « symétries ».

En notation additive, le symétrique x' d'un élément x est appelé *opposé* de x et noté $-x$. Ainsi $x + (-x) = 0 = (-x) + x$. En notation multiplicative, x' est appelé *inverse* de x et noté x^{-1}. Ainsi $x \times x^{-1} = 1 = x^{-1} \times x$; un élément possédant un inverse est dit *inversible*, au lieu de « symétrisable ».

Pour le premier des deux résultats suivants, voir le module I.1 :

Théorème 5 (Régularité). Soient E un ensemble admettant un élément neutre e pour une loi *associative* $\top$ et x un élément *symétrisable* de E. Alors x est *régulier* (ou *simplifiable*), ce qui signifie que, pour tous $y,z \in E$, on a les implications :

$$(x\top y = x\top z) \Longrightarrow (y = z) \quad \text{et} \quad (y\top x = z\top x) \Longrightarrow (y = z). \tag{10}$$

Proposition 6. Soient E un ensemble possédant un élément neutre e pour une multiplication *associative* et $x_1,\ldots,x_n$ des éléments inversibles de E $(n \geqslant 0)$. Alors $x_1x_2\cdots x_n$ est inversible, et son inverse est donné par la formule :

$$(x_1x_2\cdots x_n)^{-1} = x_n^{-1}\cdots x_2^{-1}x_1^{-1} \quad \textit{(remarquer l'ordre des facteurs)}.$$

Démonstration. Par récurrence sur n (les cas $n=0$ et $n=1$ sont évidents), on se ramène au cas de deux éléments inversibles x, y. Alors :

$$(xy)(y^{-1}x^{-1}) = \big(x(yy^{-1})\big)x^{-1} = (xe)x^{-1} = xx^{-1} = e,$$

et l'on vérifie de même que $(y^{-1}x^{-1})(xy) = e$, d'où la conclusion. ∎

Ainsi, dans l'un des ensembles $\mathbb{Z}, \mathbb{Q}$, muni de son addition, tout élément x a un *opposé* $-x$. Pour l'addition de $\mathbb{N}$, seul 0 possède un opposé. Tout $x \in \mathbb{Q}^*$ a pour *inverse* multiplicatif $1/x$ (noté aussi x^{-1}). Dans $\mathbb{Z}\backslash\{0\}$, seuls -1 et 1 sont inversibles pour la multiplication.

Exemple. Soit E un ensemble. Si $f \in \mathcal{F}(E,E)$ possède un symétrique f' pour la loi $\circ$, on a $f' \circ f = \mathrm{Id}_E = f \circ f'$. La première (resp. deuxième) égalité montre que f est injective (resp. surjective). Ainsi f est bijective.
Soient inversement f une bijection de E sur E et f^{-1} la *bijection réciproque* de f. Puisque $f^{-1} \circ f = \mathrm{Id}_E = f \circ f^{-1}$, f^{-1} est symétrique de f. Les éléments symétrisables (on dit plutôt *inversibles*) de $\mathcal{F}(E,E)$ pour la loi $\circ$ sont donc exactement les *permutations* de E.

À partir d'une loi, on peut en définir d'autres, *cf.* le module I.1. Ainsi, partant de $(E, \top)$, soit F une partie de E *stable pour la loi* $\top$: pour tous $x, y \in F$, $x \top y$ appartient aussi à F, *i.e.* $F \top F \subset F$ (voir l'exemple 5 de la page 114). Alors $(x,y) \mapsto x \top y$ est une loi *sur* F, appelée *loi induite par* $\top$. Si F est stable pour une loi associative (resp. commutative), la loi induite a la même propriété. La partie vide et E sont stables pour $\top$. De même :

Proposition 7. Soit $\top$ une loi sur l'ensemble E. Si $(F_i)_{i \in I}$ est une famille de parties de E stables pour $\top$, l'*intersection* des F_i pour $i \in I$ est stable pour $\top$.

Dans $\mathbb{Z}$, $\mathbb{N}$ est *additivement et multiplicativement stable*, de même pour $n\mathbb{Z}$ si $n \in \mathbb{Z}$. Par contre, la *réunion* $F = 2\mathbb{Z} \cup 3\mathbb{Z}$ *n'est pas* additivement stable : $2 \in F$, $3 \in F$ mais $5 \notin F$ (5 n'est multiple ni de 2 ni de 3).
L'ensemble $\mathfrak{S}(E)$ des permutations d'un ensemble E est stable pour la composition des applications sur $\mathcal{F}(E,E)$: la composée de deux bijections de E sur E est une bijection de E sur E, *cf.* le module I.1.
Rappelons aussi ce qu'est une *loi produit*. Soient $E_1, \ldots, E_n$ $(n \geqslant 2)$ des ensembles, chacun muni d'une loi $\top_i$. Soit $F := E_1 \times E_2 \times \cdots E_n$. On appelle *produit* des lois $\top_1, \ldots, \top_n$ la loi $\top$ définie sur F par la formule suivante, dans laquelle, pour $i = 1, \ldots, n$, x_i et y_i appartiennent à E_i :

$$(x_1, \ldots, x_n) \top (y_1, \ldots, y_n) := (x_1 \top_1 y_1, \ldots, x_n \top_n y_n). \tag{11}$$

Si chaque $\top_i$ est notée additivement (resp. multiplicativement) la loi $\top$ sera notée additivement (resp. multiplicativement). Si chaque $\top_i$ est associative (resp. commutative), $\top$ l'est aussi. Si chaque E_i possède un élément neutre e_i pour la loi $\top_i$, $e := (e_1, \ldots, e_n) \in F$ est élément neutre pour la loi $\top$. Soit de plus $x := (x_1, \ldots, x_n) \in F$. Si chaque x_i possède un symétrique x'_i pour la loi $\top_i$, $x' := (x'_1, \ldots, x'_n)$ est symétrique de x pour la loi $\top$.

Le nom de « loi produit » vient du *produit* $E_1 \times E_2 \times \cdots E_n$, il n'a rien à voir avec la notation, multiplicative ou additive ou autre.

Supposons les E_i tous égaux à un même ensemble E et les lois $\top_i$ toutes égales à une même loi $\top$. La loi produit sur $F := E^n$ sera encore notée $\top$. Ainsi l'addition des vecteurs du plan est une loi produit.

Plus généralement, partons de $(E, \top)$, et soit X un ensemble quelconque. Sur l'ensemble $\mathcal{F}(X, E)$ des applications de X dans E, on a défini comme suit une loi, notée aussi $\top$. Si $f, g \in \mathcal{F}(X, E)$, $f \top g$ est donnée par :

$$(f \top g)(x) := f(x) \top g(x) \quad \text{pour tout} \quad x \in X. \tag{12}$$

D'où une addition et une multiplication « naturelles » sur l'ensemble $\mathcal{F}(\mathbb{R}, \mathbb{R})$ des fonctions définies sur $\mathbb{R}$. La loi $\top$ sur $\mathcal{F}(X, E)$ est associative (ou commutative) si la loi $\top$ sur E l'est ; si $e \in E$ est neutre pour la loi $\top$, l'application $x \mapsto e$ de X dans E est neutre pour la loi $\top$ sur $\mathcal{F}(X, E)$.

2 Groupes

2.1 Définitions, règles de calcul

Définition 2. On appelle *groupe* tout ensemble muni d'une loi *associative*, possédant un élément *neutre*, et dans lequel tout élément est *symétrisable*. Le groupe est dit *commutatif* ou *abélien* lorsque sa loi est commutative.

Un groupe n'est jamais vide : il a au moins un élément neutre. Un groupe est dit *multiplicatif* (resp. *additif*) si sa loi est $+$ (resp. $\times$). Si G, muni de la loi $\top$, est un groupe, on dit aussi que $(G, \top)$ est un groupe ou que $\top$ est une loi de groupe sur G. Si l'ensemble G est fini, on dit que G est un *groupe fini*, et le cardinal de G est appelé *ordre de* G.

Chacun des ensembles $\mathbb{Z}, \mathbb{Q}$ est un groupe additif abélien ; pour $(\mathbb{Z}, +)$, voir la proposition 45 de la page 93. La multiplication sur $\mathbb{Q}$ est associative, commutative, et 1 est élément neutre. Tout $x \in \mathbb{Q}^*$ a un inverse $1/x$, mais 0 n'a pas d'inverse, donc $(\mathbb{Q}, \times)$ n'est pas un groupe. Par contre, $\mathbb{Q}^*$ est multiplicativement stable, et $(\mathbb{Q}^*, \times)$ est un groupe abélien (*cf.* la proposition 60 de la page 101).

Exemples.

1. Soit $G := \{e\}$ un *singleton*. Il y a sur G une unique loi , c'est évidemment une loi de groupe. Un tel groupe est dit *trivial*.
2. Soient $G_1, \ldots, G_n$ des groupes ($n \geqslant 1$). Alors $G := G_1 \times \cdots \times G_n$, muni de la *loi produit* est un groupe, appelé *groupe produit* $G_1 \times \cdots \times G_n$. Il est abélien si, et seulement si, chaque G_i l'est (le vérifier).
3. Soient $(A, +)$ un groupe et X un ensemble. L'addition sur $\mathcal{F}(X, A)$ est associative, avec pour élément neutre l'application *nulle* (notée 0) : $x \mapsto 0$. Tout $f \in \mathcal{F}(X, A)$ a un opposé $-f : x \mapsto -f(x)$ (le vérifier), donc $\big(\mathcal{F}(X, A), +\big)$ *est un groupe*.

   Si $f, g \in \mathcal{F}(X, A)$ et $x \in X$, on a :

$$(f + g)(x) = f(x) + g(x) \quad \text{et} \quad (-f)(x) = -f(x). \tag{13}$$

Voici un exemple important de groupe, en général non commutatif (cet exemple sera étudié plus en détail dans la section 2.3) :

Théorème et définition 8. L'ensemble $\mathfrak{S}(E)$ des permutations d'un ensemble E, muni de la loi $\circ$ (composition des applications) est un groupe, appelé *groupe symétrique* de E. Si $n \geqslant 1$ est un entier et $E = [\![1, n]\!]$, ce groupe est noté $\mathfrak{S}_n$.

Démonstration. Nous avons vu que $\mathfrak{S}(E)$ est une partie de $\mathcal{F}(E, E)$ *stable* pour la loi $\circ$. D'où une loi associative *induite* sur $\mathfrak{S}(E)$, notée encore $\circ$, dont Id_E est élément neutre. Tout $s \in \mathfrak{S}(E)$ possède un inverse (ou symétrique) pour la loi $\circ$, à savoir la bijection réciproque s^{-1} de s. ■

Voici maintenant des règles de calcul importantes dans un groupe.

Proposition 9. Soit $(G, \top)$ un groupe. Notons e l'élément neutre et, pour tout $x \in G$, notons x' le symétrique de G. On a les propriétés suivantes :

1. Associativité : pour tous $x, y, z \in G$, $(x \top y) \top z = x \top (y \top z)$.
2. Pour tout $x \in G$, $x \top e = x = e \top x$.
3. Pour tout $x \in G$, $x \top x' = e = x' \top x$ et $(x')' = x$.
4. Pour tous $x, y \in G$, $(x \top y)' = y' \top x'$.
5. *Régularité* : pour tous $x, y, z \in G$, on a les implications :
$$(x \top y = x \top z) \Longrightarrow (y = z) \quad \text{et} \quad (y \top x = z \top x) \Longrightarrow (y = z).$$
6. Soient $a, b \in G$. L'équation $x \top a = b$ (resp. $a \top x = b$) possède une seule solution dans G, à savoir $x = b \top a'$ (resp. $x = a' \top b$).

Démonstration. Les propriétés 1, 2, 3 résultent des définitions $\big((x')' = x$, vu la symétrie des égalités (9) en $x, x'\big)$. Tout élément de G est symétrisable, donc 4 et 5 résultent de la proposition 6 de la page 118 et du théorème 5 de la page 118. Pour 6, soient $a, b \in G$ et $x := b \top a'$. Alors $x \top a = (b \top a') \top a = b \top (a' \top a) = b \top e = b$, donc $x \top a = b$. Si $y \in G$ et $y \top a = b$, $x \top a = y \top a$, d'où $x = y$, par régularité. ■

Notons que, si $x, y \in G$ et si $x \top y = e$, alors $x = y'$ et $y = x'$. En effet $x \top y = e = x \top x'$, donc $y = x'$ (régularité), puis $x = (x')' = y'$.

Proposition 10. Soient G un groupe multiplicatif et $a \in G$. L'application $t_a : x \mapsto ax$ de G dans G est appelée *translation à gauche* définie par a. C'est une *permutation* de G. En notation additive, t_a est l'application $x \mapsto a + x$.

Démonstration. Soient $a, b \in G$. Il existe un unique $x \in G$ tel que $t_a(x) = b$ (propriété 6), *i.e.* un unique antécédent de b par t_a. ■

Soient G un groupe multiplicatif et $x \in G$. Rappelons que nous avons défini x^n pour tout entier $n \geqslant 1$, et que nous avons posé $x^0 := 1$. Généralisons :

Définition 3. Soient G un groupe et $x \in G$. Pour tout entier $n < 0$, on pose :

$$x^n := (x^{-n})^{-1} \text{ (inverse de } x^{-n}) \text{ en notation multiplicative,} \tag{14}$$

$$nx := -\big((-n)x\big) \text{ (opposé de } (-n)x) \text{ en notation additive.} \tag{15}$$

Les deux sens de x^{-1} (lesquels ?) coïncident, heureusement.

Proposition 11. Soient G un groupe et $x \in G$.

1. Pour tous entiers $m, n \in \mathbb{Z}$, on a :

$$x^m x^n = x^{m+n},\ (x^n)^{-1} = x^{-n} \quad \text{et} \quad (x^m)^n = x^{mn}, \quad \text{ou} \tag{16}$$

$$mx + nx = (m+n)x,\ -(nx) = (-n)x \quad \text{et} \quad m(nx) = (mn)x, \tag{17}$$

suivant que la notation soit multiplicative ou additive.

2. Soit $y \in G$ un élément *commutant* avec x. Pour tout $n \in \mathbb{Z}$ on a :

$$(xy)^n \;=\; x^n y^n \quad \text{en notation multiplicative (ici } xy = yx), \tag{18}$$

$$n(x+y) \;=\; nx + ny \quad \text{en notation additive (ici } x+y = y+x). \tag{19}$$

Démonstration. Prouvons la première égalité (16). Le résultat est vrai lorsque $m \geqslant 0$ et $n \geqslant 0$. Si $m < 0$ et $n < 0$, on a $-m > 0$, $-n > 0$, d'où :

$$x^m x^n = (x^{-m})^{-1}(x^{-n})^{-1} = (x^{-n}x^{-m})^{-1} = (x^{-(m+n)})^{-1} = x^{m+n},$$

car $-(m+n) > 0$. Si $m \geqslant 0$ et $n < 0$ (ou l'inverse), la preuve est analogue, en distinguant les cas $m+n \geqslant 0$ et $m+n < 0$. Les autres égalités sont laissées au lecteur en exercice. ■

Soient G un groupe additif et $x, y \in G$. La somme $x + (-y)$ est notée $x - y$ (*différence* de x et y). Vérifier par exemple que $-(x-y) = (y-x)$.

2.2 Sous-groupes, morphismes de groupes

Définition 4. Soit $(G, \top)$ un groupe. Une partie H de G est appelée *sous-groupe* de G si elle vérifie les conditions suivantes :

1. La partie H n'est pas vide.
2. La partie H est stable pour la loi $\top$.
3. Pour tout $x \in H$, le symétrique de x appartient aussi à H.

Les conditions 1, 2, 3 sont équivalentes aux conditions 4 et 5 ci-après :

Proposition 12. Soit $(G, \top)$ un groupe, d'élément neutre e ; pour tout $x \in G$, notons x' le symétrique de x. Une partie H de G est un sous-groupe de G si, et seulement si, elle vérifie les conditions suivantes :

4. L'élément neutre e de G appartient à H.
5. Pour tous $x, y \in H$, l'élément $x \top y'$ appartient aussi à H.

Démonstration. Supposons que H soit un sous-groupe de G. Soit $a \in H$ (condition 1). Puisque $a' \in H$ (condition 3), $e = a \top a' \in H$ (condition 2). Ensuite, si $x, y \in H$, $y' \in H$ (condition 3), puis $x \top y' \in H$ (condition 2).
Supposons que H vérifie 4 et 5. Puisque $e \in H$, $H \neq \varnothing$. Si $x \in H$, $e \top x' = x' \in H$ (condition 5), donc 3 est vérifiée. Si $x, y \in H$, on a $y' \in H$, donc $x \top (y')' = x \top y \in H$ (condition 5), et ainsi H est stable pour $\top$. ■

Dans un groupe G d'élément neutre e, G et $\{e\}$ sont des sous-groupes de G ; $\{e\}$ est appelé sous-groupe *trivial* de G.

Proposition 13. Soient $(G, \top)$ un groupe et H un sous-groupe de G. Muni de la loi $\top'$ induite par $\top$, H est un groupe (d'où la terminologie de « sous-groupe »).

Démonstration. La loi $\top'$ est associative, car $\top$ l'est. Le neutre e de G appartient à H, c'est un élément neutre pour $\top'$. Si $x \in H$, le symétrique x' de x dans G appartient à H, c'est un symétrique de x pour la loi $\top'$. ■

Exemples.

1. Les sous-groupes de $(\mathbb{Z}, +)$ ont été décrits dans le théorème 50 de la page 97 : ce sont les $n\mathbb{Z}$, où $n \in \mathbb{N}$ est arbitraire (noter que la définition de sous-groupe donnée ici coïncide, dans le cas de $(\mathbb{Z}, +)$, avec celle qui précède le théorème 50 de la page 97). Noter aussi que $\mathbb{Z}$ est un sous-groupe de $(\mathbb{Q}, +)$.
2. L'ensemble $\mathbb{Q}_+^*$ et $\{-1, 1\}$ sont des sous-groupes de $(\mathbb{Q}^*, \times)$.

Exercice 1.
Montrer que l'intersection H d'une famille $(H_i)_{i \in I}$ de sous-groupes d'un groupe G est un sous-groupe de G.
Solution. En effet la proposition 7 de la page 119 montre que H est une partie stable de G ; le neutre de G appartient à chaque H_i, donc à H. Si $x \in H$, le symétrique x' de x appartient de même à H.

Exercice 2.
Soit $(G, \times)$ un groupe. Montrer que l'ensemble $Z(G)$ des $a \in G$ commutant avec *tout* élément de G est un sous-groupe de G, appelé *centre* de G.
Solution. D'abord $1 \in Z(G)$. Soient $a, b \in Z(G)$. Pour tout $x \in G$, on a :

$$(ab)x = a(bx) = a(xb) = (ax)b = (xa)b = x(ab),$$

donc $ab \in Z(G)$. De même $ax = xa$ d'où, en multipliant à gauche et à droite par a^{-1} : $xa^{-1} = a^{-1}x$, ce qui montre que $a^{-1} \in Z(G)$.

Voici un résultat important concernant les groupes finis :

Théorème 14 (Lagrange). Soient G un groupe fini, par exemple multiplicatif, et H un sous-groupe de G. L'ordre de H divise l'ordre de G.

Démonstration. Soient N, m les ordres respectifs de G et H. Pour tout $a \in G$, $aH := \{ax \mid x \in H\}$ est l'image de H par la translation $t_a : x \mapsto ax$, appliquant bijectivement H sur aH (proposition 10 de la page 121). D'où $\mathrm{card}\,(aH) = m$.
La relation $\sim$ définie sur G par $a \sim b$ si $aH = bH$ est clairement une relation d'équivalence. Soit $a \in G$. La classe de a modulo $\sim$ est aH. En effet, soit $b \in G$. Si $b \sim a$, on a $b = b \times 1 \in bH = aH$. Inversement, si $b \in aH$, il existe $h \in H$ tel que $b = ah$. Alors $bH = ahH = aH$, car H est un sous-groupe de G et donc $hH = H$ (le vérifier). D'après l'alinéa précédent, la classe aH de a modulo $\sim$ est de cardinal m.
Les classes $C_1, \ldots, C_r$ modulo $\sim$ forment une partition de G, et chacune est de cardinal m, nous l'avons vu. Ainsi $N = rm$, donc m divise N. ∎

L'exercice 1 de la page précédente justifie la définition suivante :

Définition 5. Soient G un groupe et S une partie de G. On appelle sous-groupe de G *engendré par* S l'intersection de *tous* les sous-groupes de G contenant S (G lui-même est un tel sous-groupe), et ce sous-groupe est noté $\langle S \rangle$. Si $\langle S \rangle = G$, on dit que S *engendre* G ou est une *partie génératrice* de G.

Par exemple, $\langle \varnothing \rangle = \{e\}$ et $\langle G \rangle = G$. Si $S := \{a\}$ ou $S := \{a, b\}$, on écrit $\langle a \rangle$ ou $\langle a, b \rangle$ au lieu de $\langle \{a\} \rangle$ ou $\langle \{a, b\} \rangle$. Voici un résultat évident :

Proposition 15. Soit S une partie du groupe G. Le sous-groupe $\langle S \rangle$ est, pour l'inclusion, le *plus petit sous-groupe de* G *contenant* S : c'est un sous-groupe de G contenant S, et il contient tout sous-groupe de G contenant S.

Proposition 16. Soient G un groupe multiplicatif (resp. additif) et $x \in G$. Alors $\langle x \rangle$ est formé des puissances x^n (resp. des multiples nx) de x, n décrivant $\mathbb{Z}$.

Démonstration. Soit $A := \{x^n \mid n \in \mathbb{Z}\}$. C'est un sous-groupe de G (formules (16)) contenant x, donc $A \supset \langle x \rangle$. Or $\langle x \rangle$ est un sous-groupe de G contenant x, il contient x^n pour tout entier $n \geqslant 0$ (récurrence sur n). Si $n < 0$, $\langle x \rangle$ contient x^{-n}, donc son inverse x^n. Ainsi $\langle x \rangle \supset A$. ∎

Définition 6. Un groupe G est dit *monogène* s'il existe $x \in G$ tel que $\langle x \rangle = G$ (un tel x est dit *générateur* de G). Un groupe monogène *fini* est dit *cyclique*.

Les groupes monogènes seront entièrement décrits dans le théorème 30 de la page 134.

Tout groupe fini G d'ordre p *premier* est cyclique. Soit en effet $x \in G$ distinct du neutre. Alors $\langle x \rangle$ est un sous-groupe non trivial de G, son ordre $m > 1$ est un diviseur de p. Puisque p est premier, $m = p$, d'où $\langle x \rangle = G$.
Noter que la *réunion* de deux sous-groupes d'un groupe G n'est pas, en général, un sous-groupe de G (*cf.* l'exemple de la page 119). Précisons :

Théorème et définition 17. Soit G un groupe *commutatif*, noté additivement. Considérons des sous-groupes $C_1, \ldots, C_n$ ($n \geqslant 2$) de G. Le sous-groupe de G engendré par la *réunion* des C_i est l'ensemble $C_1 + \cdots + C_n$ formé des éléments du type $x_1 + \cdots + x_n$, où $(x_1, \ldots, x_n)$ décrit $C_1 \times \cdots \times C_n$.

Démonstration. Par récurrence sur n, on se ramène aisément au cas $n = 2$. Posons $C := C_1$, $C' := C_2$ et $C + C' := \{x + x' \mid (x, x') \in C \times C'\}$.
Si $u, v \in C + C'$, il existe (x, x'), $(y, y') \in C \times C'$ tels que $u = x + x'$, $v = y + y'$; $x + y \in C$ car C est un sous-groupe de G, de même $x' + y' \in C'$. Alors :

$$u + v = x + \overbrace{x' + y} + y' = x + \overbrace{(y + x')} + y' = (x + y) + (x' + y') \in C + C'.$$

De même $-u \in C + C'$ et $0 \in C + C'$. Ainsi $C + C'$ est un sous-groupe de G, contenant $C = C + \{0\}$ (et C'). D'où $\langle C \cup C' \rangle \subset C + C'$ (proposition 15 de la page précédente).
Soit $u \in C + C'$: il existe $(x, x') \in C \times C'$ tel que $u = x + x'$. Alors $x \in C \subset \langle C \cup C' \rangle$, de même $x' \in \langle C \cup C' \rangle$, donc $u \in \langle C \cup C' \rangle$, car $\langle C \cup C' \rangle$ est un sous-groupe de G.
Ainsi $C + C' \subset \langle C \cup C' \rangle$. ■

Par exemple, si $a, b \in \mathbb{Z}$, leur pgcd est le seul $d \in \mathbb{N}$ tel que $a\mathbb{Z} + b\mathbb{Z} = d\mathbb{Z}$.
Voici une définition importante :

Définition 7. Soient G, G' deux groupes multiplicatifs. On appelle *morphisme* de G dans G' toute application $f : G \to G'$ vérifiant la condition suivante :

$$f(xy) = f(x)f(y) \quad \text{pour tous} \quad x, y \in G. \qquad (*)$$

Pour des lois additives, la condition $(*)$ s'écrit ainsi : $f(x + y) = f(x) + f(y)$. Le lecteur vérifiera que le composé de deux morphismes est un morphisme. Soit e' le neutre de G'. L'application $x \mapsto e'$ est un morphisme, dit *trivial*.

Proposition 18. Soit $f : G \to G'$ un morphisme de groupes multiplicatifs. Pour tout $x \in G$ et tout $n \in \mathbb{Z}$, $f(x^n) = f(x)^n$. En particulier, $f(x^{-1}) = f(x)^{-1}$. Si e (resp. e') est l'élément neutre de G (resp. G'), $f(e) = e'$.

Démonstration. D'abord $ee = e$, donc $f(e) = f(ee) = f(e)f(e)$. Mais $f(e)e' = f(e)$, donc $f(e) = e'$ d'après la proposition 9 de la page 121 (propriété 5). Soit $x \in G$. L'égalité $xx^{-1} = e$ implique $e' = f(e) = f(x)f(x^{-1})$, ce qui entraîne $f(x^{-1}) = f(x)^{-1}$. Pour l'égalité $f(x^n) = f(x)^n$, le cas $n > 0$ est évident par récurrence sur n, à partir de l'égalité $(*)$, et le cas $n < 0$ s'en déduit. ■

Voici maintenant un résultat et une définition essentiels :

Théorème et définition 19. Soit $f : G \to G'$ un morphisme de groupes, par exemple multiplicatifs.

1. L'image $f(H)$ d'un sous-groupe H de G est un sous-groupe de G'. Ainsi $f(G)$ est un sous-groupe de G', noté $\mathrm{Im}(f)$ (*image* de f).
2. Si H' est un sous-groupe de G', son *image réciproque* $f^{-1}(H')$ est un sous-groupe de G. Rappelons que $f^{-1}(H') := \{x \in G \mid f(x) \in H'\}$.
3. En particulier, notons e' l'élément neutre de G'. Alors $f^{-1}(e')$ est un sous-groupe de G, appelé *noyau* de f et noté $\mathrm{Ker}(f)$.

Démonstration. Notons e l'élément neutre de G. Soit H un sous-groupe de G. Puisque $e \in H$, $e' = f(e) \in f(H)$. Soient ensuite $x', y' \in f(H)$: il existe $x, y \in H$ tels que $x' = f(x)$, $y' = f(y)$. Alors :

$$x'y'^{-1} = f(x)f(y)^{-1} = f(x)f(y^{-1}) = f(xy^{-1}) \in f(H) \quad \text{car} \quad xy^{-1} \in H.$$

D'après la proposition 12 de la page 123, $f(H)$ est donc un sous-groupe de G'.
Soit H' un sous-groupe de G'. On a $e \in f^{-1}(H')$ car $f(e) = e' \in H'$. Si $x, y \in f^{-1}(H')$, $f(xy^{-1}) = f(x)f(y^{-1}) = f(x)f(y)^{-1} \in H'$ parce que $f(x), f(y) \in H'$, d'où $xy^{-1} \in f^{-1}(H')$. Ainsi $f^{-1}(H')$ est un sous-groupe de G.
L'assertion 3 résulte de l'assertion 2, car $\{e'\}$ est un sous-groupe de G'. ■

Le noyau d'un morphisme mesure la « non injectivité » de ce morphisme :

Théorème 20. Soit $f : G \to G'$ un morphisme de groupes, par exemple multiplicatifs.

1. Pour que f soit *injectif*, il faut, et il suffit, que son noyau soit *trivial*.
2. Si f est *bijectif*, la bijection *réciproque* f^{-1} *est aussi un morphisme*.
3. Supposons G *fini*. Alors $\mathrm{Im}(f)$ est finie, et l'on a :

$$\mathrm{ordre}(G) = \mathrm{ordre}\big(\mathrm{Ker}(f)\big) \times \mathrm{ordre}\big(\mathrm{Im}(f)\big). \tag{20}$$

Démonstration. Soit e (resp. e') l'élément neutre de G (resp. G'). Si $x, y \in G$, $f(x^{-1}y) = f(x)^{-1}f(y)$ (*cf.* la proposition 18 de la page précédente), d'où les équivalences :

$$\big(f(x) = f(y)\big) \iff \big(x^{-1}y \in \mathrm{Ker}(f)\big) \iff \big(y \in x\,\mathrm{Ker}(f)\big).$$

Si $\mathrm{Ker}(f)$ est trivial, on en déduit que f est injectif. Si f est injectif et $x \in \mathrm{Ker}(f)$, on a $f(x) = e' = f(e)$, donc $x = e$. Ainsi $\mathrm{Ker}(f) = \{e\}$.

Supposons f bijectif, et soient $x', y' \in G'$. Posant $x := f^{-1}(x')$, $y := f^{-1}(y')$, on a $f(x) = x'$, $f(y) = y'$. Alors $f(xy) = f(x)f(y) = x'y'$, et par suite $f^{-1}(x'y') = xy = f^{-1}(x')f^{-1}(y')$. Cela prouve que f^{-1} est un morphisme.

Pour 3, on peut supposer f surjectif $\big($remplacer G' par $f(G)\big)$. Soient $b \in G'$ et x un antécédent de b par f. D'après les équivalences ci-dessus, on a $f^{-1}(b) = x\ \mathrm{Ker}(f)$, donc le cardinal de $f^{-1}(b)$ est égal à l'ordre de $\mathrm{Ker}(f)$ (*cf.* la proposition 10 de la page 121). La conclusion vient alors de la formule (1) de la page 73. ■

Définition 8. On appelle *isomorphisme* d'un groupe G sur un groupe G' tout morphisme *bijectif* de G sur G'. Un isomorphisme d'un groupe G sur lui-même est appelé *automorphisme* de G.

Comme exemple, soient $(G, \times)$ un groupe et $a \in G$. L'application $x \mapsto axa^{-1}$ est un morphisme f de G dans G (*conjugaison par* a) : si $x, y \in G$, on a : $f(x)f(y) = (axa^{-1})(aya^{-1}) = (ax)(a^{-1}a)(ya^{-1}) = a(xy)a^{-1} = f(xy)$. On vérifie que f est bijectif et que f^{-1} est l'application $x \mapsto a^{-1}xa$.
Deux groupes sont dits *isomorphes* s'il existe un isomorphisme de l'un sur l'autre. Ils possèdent alors les mêmes propriétés : si l'un est abélien (resp. fini, resp. monogène,...), l'autre l'est aussi.
Voici un exemple, anticipant sur le module IV.3. L'application $x \mapsto \mathrm{e}^x$ est une *bijection* f de $\mathbb{R}$ sur $\mathbb{R}_+^*$. C'est un morphisme de $(\mathbb{R}, +)$ dans $(\mathbb{R}_+^*, \times)$: $\mathrm{e}^{x+y} = \mathrm{e}^x\mathrm{e}^y$ pour tous $x, y \in \mathbb{R}$. Ainsi f est un *isomorphisme* de $\mathbb{R}$ sur $\mathbb{R}_+^*$. La bijection réciproque f^{-1} de f est l'application $t \mapsto \ln(t)$, c'est donc un *morphisme* de $(\mathbb{R}_+^*, \times)$ dans $(\mathbb{R}, +)$. D'où la propriété connue : $\ln(tu) = \ln(t) + \ln(u)$ pour tous $t, u \in \mathbb{R}_+^*$.

Théorème et définition 21.
Soient G un groupe, par exemple multiplicatif, et $x \in G$.

1. Il existe un unique morphisme f de $(\mathbb{Z}, +)$ dans G tel que $f(1) = x$.
   De plus $f(n) = x^n$ pour tout $n \in \mathbb{Z}$, et l'image de f est $\langle x \rangle$.
2. Si f est injectif, c'est un isomorphisme de $(\mathbb{Z}, +)$ sur $\langle x \rangle$.
   En particulier $\langle x \rangle$ est *infini*, et l'on dit alors que x *est d'ordre infini*.
3. Si f n'est pas injectif, il existe un unique $n \in \mathbb{N}^*$ tel que le noyau de f soit égal à $n\mathbb{Z}$. Alors $1, x, x^2, \ldots, x^{n-1}$ sont deux à deux distincts, $\langle x \rangle = \{1, x, x^2, \ldots, x^{n-1}\}$, et $\langle x \rangle$ est *cyclique d'ordre* n ; n est appelé *ordre de* x, c'est le plus petit entier $k > 0$ tel que $x^k = 1$.

Démonstration. Pour l'assertion 1, notons f l'application $n \mapsto x^n$ de $\mathbb{Z}$ dans G. Par définition, $f(\mathbb{Z}) = \langle x \rangle$. La première formule (16) montre que f est un morphisme de $(\mathbb{Z}, +)$ dans G ; de plus $f(1) = x$. L'unicité de f vient de l'exercice II.2.7. L'assertion 2 résulte évidemment de l'assertion 1.
Pour l'assertion 3, le théorème 20 de la page précédente montre que $\mathrm{Ker}(f)$ est un sous-groupe non trivial de $(\mathbb{Z}, +)$. D'après l'exemple 1 de la page 123, il existe un unique entier $n \geqslant 1$ tel que $\mathrm{Ker}(f) = n\mathbb{Z}$. Pour tout $k \in \mathbb{Z}$, l'égalité $x^k = 1$ signifie que $k \in n\mathbb{Z}$, *i.e.* que n divise k. D'où la dernière assertion de l'énoncé.

Soient $h, k \in [\![0, n-1]\!]$ tels que $x^h = x^k$ et par exemple $h \leqslant k$. Alors $k - h \in [\![0, n-1]\!]$, et $x^{k-h} = 1$. Ainsi n divise $k-h$, d'où $k - h = 0$. Posons enfin $A := \{1, x, \ldots, x^{n-1}\}$; A est donc de cardinal n, et $A \subset \langle x \rangle$. Soit inversement $k \in \mathbb{Z}$. Effectuons la division euclidienne de k par n : $k = nq+r$, où $r \in [\![0, n-1]\!]$. Alors $x^k = x^{qn+r} = (x^n)^q x^r = x^r \in A$, ce qui prouve l'inclusion $\langle x \rangle \subset A$. D'où $\langle x \rangle = A$. ■

Voici une conséquence de ce théorème :

Théorème 22 (Lagrange). Soient G un groupe fini et $x \in G$. L'ordre de x divise l'ordre de G.

Démonstration. Puisque G est fini, $\langle x \rangle$ l'est aussi. Ainsi x est d'ordre fini, égal à l'ordre de $\langle x \rangle$. Il suffit alors d'appliquer le théorème 14 de la page 124. ■

2.3 Groupe symétrique

L'étude des groupes symétriques servira surtout en algèbre linéaire, notamment pour les *déterminants*. Une étude plus poussée sera faite en L2.

Soit E un ensemble. Si $f : E \to E$ est une application, tout $x \in E$ tel que $f(x) = x$ est appelé *point fixe de* f, on dit aussi que f laisse fixe x.

Par définition, le *groupe symétrique de* E est l'ensemble $\mathfrak{S}(E)$ des *permutations* de E, muni de la loi $\circ$ (composition des applications). Le théorème et définition 8 de la page 121 montre que $(\mathfrak{S}(E), \circ)$ *est un groupe*. Si $E = [\![1, n]\!]$, $n \geqslant 1$, ce groupe est noté $\mathfrak{S}_n$. Rappelons quelques points importants.

Si $s, t \in \mathfrak{S}(E)$ et $x \in E$, $(s \circ t)(x) = s(t(x))$. L'élément neutre de $\mathfrak{S}(E)$ est l'application identique Id_E de E, notée 1 si cela ne prête pas à confusion. Soit $s \in \mathfrak{S}(E)$. L'*inverse* de s dans $\mathfrak{S}(E)$ est la *bijection réciproque* s^{-1} de s : $s^{-1} \circ s = 1 = s \circ s^{-1}$. Si E est fini de cardinal $n \geqslant 1$, l'*ordre* (ou cardinal) de $\mathfrak{S}(E)$ est $n!$ (*cf.* le théorème 28 de la page 78). Ainsi l'ordre de $\mathfrak{S}_n$ est $n!$.

Voici, sur un exemple, une notation « matricielle » pour définir une permutation s de E. Soit $E := \{a, b, c, d, e\}$. On écrit $s = \begin{pmatrix} a & b & c & d & e \\ c & b & d & e & a \end{pmatrix}$ pour désigner la permutation s de E appliquant a, b, c, d, e dans l'ordre sur c, b, d, e, a. Le fait que s soit bijective se traduit ainsi : tout élément de E apparaît une fois et une seule dans la seconde ligne de la « matrice » ci-dessus. Introduisons une notion importante, celle de *cycle* :

Définition 9. Soient E un ensemble, $n \geqslant 2$ un entier et $a_1, \ldots, a_n \in E$ des éléments deux à deux distincts. Considérons la permutation c de E définie ainsi :

$$\begin{cases} c(a_1) := a_2,\ c(a_2) := a_3, \ldots,\ c(a_{n-1}) := a_n \quad \text{et} \quad c(a_n) := a_1, \\ c(x) := x \ \text{ pour tout } x \in E \text{ distinct de } a_1, \ldots, a_n \,; \end{cases}$$

c est notée $(a_1\ a_2\ \ldots\ a_n)$. Une permutation de ce type est appelée n-*cycle* (ou *cycle de longueur* n) de E. Un 2-cycle est appelé *transposition*.

Vérifier que c est une permutation de E. Dans $\mathfrak{S}_5$, le 3-cycle $(2\ 3\ 5)$ a pour écriture matricielle $\begin{pmatrix} 1 & 2 & 3 & 4 & 5 \\ 1 & 3 & 5 & 4 & 2 \end{pmatrix}$.

Dans $\mathfrak{S}_{100}$, on imagine la notation matricielle du 3-cycle $(2\ 3\ 5)$!

Exercice 3.

Le groupe $\mathfrak{S}_3$ est d'ordre $3! = 6$. Vérifier que

$$\mathfrak{S}_3 = \{1,\ (1\ 2),\ (1\ 3),\ (2\ 3),\ (1\ 2\ 3),\ (1\ 3\ 2)\},$$

puis écrire la table de multiplication de $\mathfrak{S}_3$. Quelle différence y a-t-il entre $(1\ 2)$ et $(1, 2)$?

La solution est laissée au lecteur.

Proposition 23. Soit $c := (a_1\ a_2\ \ldots\ a_n)$ un n-cycle de E, comme dans la définition 9 de la page ci-contre.

1. La permutation c est la composée de $n-1$ transpositions :
$$(a_1\ a_2\ \ldots\ a_n) = (a_1\ a_2) \circ (a_2\ a_3) \circ \cdots \circ (a_{n-1}\ a_n). \tag{21}$$
2. Pour tout $s \in \mathfrak{S}(E)$, on a la *formule de conjugaison* suivante :
$$s \circ (a_1\ a_2\ \ldots\ a_n) \circ s^{-1} = \big(s(a_1)\ s(a_2)\ \ldots\ s(a_n)\big). \tag{22}$$

Démonstration. Pour l'assertion 1, raisonnant par récurrence sur n (le cas $n = 2$ est évident), on se ramène à vérifier l'égalité suivante, pour $n \geqslant 3$:

$$(a_1\ a_2\ \ldots\ a_n) = (a_1\ a_2\ \ldots\ a_{n-1}) \circ (a_{n-1}\ a_n).$$

Soit c' le second membre de cette égalité. Tout $x \in E$ distinct des a_i est fixé par c et c'.

Ensuite $$c'(a_{n-1}) = (a_1\ a_2\ \ldots\ a_{n-1})(a_n) = a_n = c(a_{n-1})$$

et $$c'(a_n) = (a_1\ a_2\ \ldots\ a_{n-1})(a_{n-1}) = a_1 = c(a_n).$$

Si $i \in [\![1, n-2]\!]$, $c'(a_i) = (a_1\ a_2\ \ldots\ a_{n-1})(a_i) = a_{i+1} = c(a_i)$. Ainsi $c = c'$.

Soit c'' le second membre de l'égalité (22).

Si $x \in E$ est distinct des a_i, $s(x)$ est distinct des $s(a_i)$.

Ainsi $c(x) = x$ et $c''\big(s(x)\big) = s(x)$, d'où $(s \circ c)(x) = s(x) = (c'' \circ s)(x)$. Si $i \in [\![1, n-1]\!]$, $c''\big(s(a_i)\big) = s(a_{i+1})$ et $c(a_i) = a_{i+1}$, donc $(s \circ c)(a_i) = s(a_{i+1}) = (c'' \circ s)(a_i)$. Enfin $c(a_n) = a_1$ et $c''\big(s(a_n)\big) = s(a_1)$, donc $(s \circ c)(a_n) = s(a_1) = (c'' \circ s)(a_n)$. D'où $s \circ c = c'' \circ s$, ce qui prouve l'assertion 2 (composer à droite avec s^{-1}). ■

Exemple. Si E est un ensemble ayant au moins trois éléments, le *centre* de $\mathfrak{S}(E)$ (exercice 2 de la page 123) est trivial (en particulier, $\mathfrak{S}(E)$ *n'est alors pas commutatif*). Soit en effet $s \in \mathfrak{S}(E)$, $s \neq 1$. Il existe $a \in E$ tel que $s(a) \neq a$. Posons $b := s(a)$ et soit $x \in E \setminus \{a, b\}$. La formule (22) donne : $s \circ (a\ x) \circ s^{-1} = \big(b\ s(x)\big) \neq (a\ x)$, car $b \neq a, x$. Ainsi $s \circ (a\ x) \neq (a\ x) \circ s$: s ne commute déjà pas avec $(a\ x)$. D'où la conclusion.

Toute transposition t est d'ordre 2 (le vérifier) : $t \neq 1$ mais $t^2 = t \circ t = 1$, soit $t^{-1} = t$. Voici un résultat important concernant les transpositions :

Théorème 24.

1. Soit $n \geqslant 1$ un entier. Chacune des parties suivantes engendre $\mathfrak{S}_n$:
   $S := \{(1\,2), (2\,3), \ldots, (n-1\; n)\}$, $T := \{(1\,2), (1\,3), \ldots, (1\,n)\}$, et
   $U := \{(1\,2), (1\,2\,\cdots\,n)\}$.
2. Toute permutation d'un ensemble *fini* E s'écrit comme composée de transpositions. L'ensemble des transpositions engendre donc $\mathfrak{S}(E)$.

Démonstration. Posons $c := (1\,2\,\cdots\,n)$, $s_k := (k\; k+1)$ pour $k \in [\![1, n-1]\!]$ et $t_k := (1\; k)$ pour $k \in [\![2, n]\!]$. Appliquons de manière répétée la formule de conjugaison (22). Si $k \in [\![2, n-1]\!]$, $s_k = t_k \circ t_{k+1} \circ t_k^{-1} \in \langle T \rangle$, d'où $S \subset \langle T \rangle$. De même, si $k \in [\![1, n-2]\!]$, $s_{k+1} = c \circ s_k \circ c^{-1}$; comme $s_1 \in U$, ces égalités montrent que $s_k \in \langle U \rangle$ pour tout k (récurrence sur k), d'où $S \subset \langle U \rangle$. Pour l'assertion 1, il suffit donc de prouver que $\langle S \rangle = \mathfrak{S}_n$.
Soit $s \in \mathfrak{S}_n$. Montrons que s s'écrit comme composée d'éléments de S, de sorte que $s \in \langle S \rangle$. C'est vrai si $s = 1$. Si $s \neq 1$, raisonnons par récurrence sur le plus grand $k \in [\![1, n]\!]$ tel que $s(k) \neq k$ ($k \geqslant 2$ et, si $k = 2$, $s = (1\,2) = s_1$). Soit $h := s(k)$. D'abord $s(h) \neq h$, car sinon $h = s^{-1}(h) = k$. D'où $h < k$. Alors $t := (h\,k) \circ s$ laisse fixe k, et aussi tout j tel que $k < j \leqslant n$. Vu l'hypothèse de récurrence, t est un composé d'éléments de S. On conclut grâce aux égalités suivantes, à vérifier :

$$s = (h\,k) \circ t \quad \text{et} \quad (h\,k) = (s_h \circ s_{h+1} \circ \cdots \circ s_{k-2}) \circ s_{k-1} \circ (s_{k-2} \circ \cdots \circ s_{h+1} \circ s_h).$$

Pour l'assertion 2, soit $n := \mathrm{card}\,(E)$. Si $n = 1$, $\mathfrak{S}(E)$ est trivial, et l'ensemble des transpositions de E est vide, d'où la conclusion. Si $n \geqslant 2$, on se ramène au cas où $E := [\![1, n]\!]$ (*cf.* l'exercice II.2.12). La conclusion vient alors de l'alinéa précédent. ∎

Exemple. Comment ranger des réels $x_1, \ldots, x_n$ par ordre croissant ? Si les x_i sont des mots, comment les classer par ordre alphabétique ? Ce sont là deux problèmes de *tri*. Parmi de nombreux algorithmes de tri, importants dans la vie courante, en voici un, le *tri à bulle*, lent mais simple à décrire.

1. Prendre $k := 1$.
2. S'arrêter si $k = n$ (le tri est alors terminé).
3. Si $x_k > x_{k+1}$, échanger x_k et x_{k+1}, puis retourner à l'étape 1.
4. Remplacer k par $k+1$ et retourner à l'étape 2.

Le rapport avec $\mathfrak{S}_n$ est le suivant : trier les x_i, c'est trouver une permutation $s \in \mathfrak{S}_n$ telle que la suite $(x_{s(1)}, \ldots, x_{s(n)})$ soit croissante. L'algorithme proposé fournit une telle permutation s, comme composée de transpositions appartenant à la partie S du théorème 24 (le vérifier).

Lemme 25. Soient $n \geqslant 0$ un entier et $s_1, \ldots, s_n$ des transpositions d'un ensemble E telles que $s_1 \circ s_2 \circ \cdots \circ s_n = 1$. $\quad (*)$
Alors n est *pair*.

Démonstration. En préliminaire, soient $s := (a\,b)$ et t deux transpositions, supposons que $t(a) = a$.

Vu la formule (22), $t \circ s \circ t^{-1} = s'$, où $s' := \big(a\ t(b)\big)$. Ainsi $t \circ s = s' \circ t$, et a intervient dans s', mais pas dans t.

Prouvons le lemme par récurrence sur n. Le cas $n = 0$ est trivial, le cas $n = 1$ est exclu. Supposons $n \geqslant 2$, le résultat étant vrai jusqu'au rang $n - 1$. Écrivons $s_h := (a_h\ b_h)$ $(h = 1, \ldots, n)$, et posons $a := a_1$. Par une utilisation répétée du préliminaire, on remplace l'égalité $(*)$ par une égalité analogue, ayant la propriété suivante (par commodité, on ne change pas de notations) : il existe $m \in [\![1, n]\!]$ tel que $a = a_1 = a_2 = \cdots = a_m$ mais $s_h(a) = a$ pour $h = m + 1, \ldots, n$. Posant $t := s_{m+1} \circ \cdots \circ s_n$, on a $t(a) = a$, et $(*)$ s'écrit :

$$s_1 \circ s_2 \circ \cdots \circ s_m \circ t \;=\; (a\ b_1) \circ (a\ b_2) \circ \cdots \circ (a\ b_m) \circ t \;=\; 1.$$

Il existe $r \in [\![1, m-1]\!]$ tel que $b_r = b_m$ (donc $s_r = s_m$), sinon on aurait $a = (s_1 \circ \cdots \circ s_m \circ t)(a) = b_m$. Si $r = m - 1$, s_{m-1} et s_m peuvent être ôtés de l'égalité $(*)$, d'où une égalité analogue comportant $n - 2$ transpositions. D'après l'hypothèse de récurrence, $n - 2$ est pair, donc n est pair.

Si $r \leqslant m - 2$, soit $u := s_{r+1} \circ \cdots \circ s_{m-1}$. Par ailleurs, notons f l'automorphisme $s \mapsto s_m \circ s \circ s_m^{-1}$ de $\mathfrak{S}(E)$ (*cf.* l'exemple de la page 127). Comme $s_r = s_m = s_m^{-1}$, il vient, en posant $s'_h := f(s_h)$ pour $h = 1, \ldots, n$:

$$\overbrace{s_r \circ s_{r+1} \circ \cdots s_{m-1} \circ s_m}^{m-r+1 \text{ facteurs}} = s_m \circ u \circ s_m^{-1} = f(u) = \overbrace{s'_{r+1} \circ \cdots \circ s'_{m-1}}^{m-r-1 \text{ facteurs}}. \qquad (**)$$

Vu la formule (22) (toujours elle !), les s'_h sont des transpositions. Grâce à $(**)$, on transforme $(*)$ en une égalité analogue comportant $n - 2$ transpositions, ce qui montre comme ci-dessus que n est pair. ∎

La notion de *signature* d'une permutation, que nous allons définir maintenant, sera importante pour la définition et le calcul des *déterminants*. Dans ce qui suit, on désigne par E un ensemble fini, de cardinal $n \geqslant 1$.

Théorème et définition 26.

1. Si $n \geqslant 2$, il existe un *unique* morphisme ε *non trivial* de $\mathfrak{S}(E)$ dans le groupe multiplicatif $\{-1, 1\}$; si $n = 1$, on note $\varepsilon : \mathfrak{S}(E) \to \{-1, 1\}$ le morphisme trivial. Si $s \in \mathfrak{S}(E)$, $\varepsilon(s)$ est appelé *signature de* s ; s est dite *paire* si $\varepsilon(s) = 1$ et *impaire* sinon.
2. Soit $s \in \mathfrak{S}(E)$. Il existe un entier $k \geqslant 0$ et des transpositions $s_1, \ldots, s_k$ tels que $s = s_1 \circ s_2 \circ \cdots \circ s_k$. Alors $\varepsilon(s) = (-1)^k$.
3. Si c est un cycle de longueur $m \geqslant 2$, $\varepsilon(c) = (-1)^{m-1}$. En particulier, la signature d'une transposition est -1.

Démonstration. On peut supposer $n \geqslant 2$. Soit $s \in \mathfrak{S}(E)$. D'après le théorème 24 de la page ci-contre, il existe des transpositions $s_1, \ldots, s_k$ $(k \geqslant 0)$ telles que $s = s_1 \circ s_2 \circ \cdots \circ s_k$. Une telle écriture n'est pas unique. Si $s = t_1 \circ t_2 \circ \cdots \circ t_h$ est une écriture analogue,

$$1 = s \circ s^{-1} = (s_1 \circ s_2 \circ \cdots \circ s_k) \circ (t_1 \circ t_2 \circ \cdots \circ t_h)^{-1} = s_1 \circ s_2 \circ \cdots \circ s_k \circ t_h \circ \cdots \circ t_2 \circ t_1$$

Vu le lemme précédent, $h + k$ est pair, *i.e.* $(-1)^h = (-1)^k$. On peut donc poser $\varepsilon(s) := (-1)^k$, ceci pour *toute* écriture $s = s_1 \circ s_2 \circ \cdots \circ s_k$ du type ci-dessus. D'où une *application* $\varepsilon : \mathfrak{S}(E) \to \{-1, 1\}$, pour laquelle l'assertion 2 est vraie. En particulier $\varepsilon(t) = -1$ pour toute

transposition t. La définition de ε et la formule (1) entraînent que ε est un morphisme. Si c est un m-cycle, la formule (21) montre que $\varepsilon(c) = (-1)^{m-1}$.
Soit $f : \mathfrak{S}(E) \to \{-1, 1\}$ un morphisme. Montrons que f est soit trivial, soit égal à ε. On peut supposer que $E := [\![1, n]\!]$. Soit $\alpha = f\big((1\ 2)\big)$. Si $k \in [\![3, n]\!]$ il vient, en notant que $\{-1, 1\}$ est abélien et en utilisant la formule (22) :

$$f\big((1\ k)\big) = f\left((2\ k) \circ (1\ 2) \circ (2\ k)^{-1}\right) = f\big((2\ k)\big) f\big((1\ 2)\big) f\big((2\ k)\big)^{-1} = \alpha.$$

Ainsi $f(t) = \alpha$ pour tout $t \in T$ (*cf.* le théorème 24 de la page 130). Si $\alpha = -1$, f et ε coïncident sur T, donc $f = \varepsilon$ (*cf.* le théorème 24 de la page 130 et l'exercice II.2.7 de la page 158). Si $\alpha = 1$, le même argument montre que f est trivial. ∎

Le noyau de ε est appelé *groupe alterné* de E, on le note $\mathfrak{A}(E)$ $\big(\mathfrak{A}_n$ si $E = [\![1, n]\!]\big)$. Si $n \geqslant 2$, l'ordre de $\mathfrak{A}(E)$ est $n!/2$, vu la formule (20).

Proposition 27. Soient $n \geqslant 2$ un entier et $s \in \mathfrak{S}_n$. Appelons *inversion de s* tout couple d'entiers (i, j) tel que $1 \leqslant i < j \leqslant n$ et $s(i) > s(j)$. Notons $N(s)$ le nombre d'inversions de s. Alors $\varepsilon(s) = (-1)^{N(s)}$.

Démonstration. C'est vrai si $N(s) = 0$, car alors $s = 1$ (pourquoi ?). Si $N(s) \geqslant 1$, soit (i, j) une inversion de s telle que $j - i$ soit minimum. Alors $j = i + 1$: si $j \geqslant i + 2$, $(i, j-1)$ et $(j-1, j)$ ne sont pas des inversions de s, donc $s(i) < s(j-1) < s(j)$, c'est absurde. Soit $t := s \circ (i\ i+1)$. Alors $t(i) = s(i+1)$, $t(i+1) = s(i)$, et $t(k) = s(k)$ pour tout $k \in [\![1, n]\!]$ distinct de $i, i+1$. On en déduit que $N(t) = N(s) - 1$ (le vérifier avec soin, à titre d'exercice). Or $\varepsilon(t) = -\varepsilon(s)$, d'où la conclusion, par récurrence sur $N(s)$. ∎

2.4 Groupe additif des entiers modulo n

Dans cette section, nous définissons les groupes additifs $\mathbb{Z}/n\mathbb{Z}$ (« entiers modulo n »). Ce sont des cas particuliers de quotients, mais la notion générale de groupe quotient sera étudiée en L2.
Comme introduction, notons qu'un entier relatif a deux parités possibles : il est pair ou impair. La somme de deux entiers impairs est paire, la somme d'un entier pair et d'un entier impair est impaire, etc. D'où la « table d'addition » suivante, à gauche :

	pair	impair
pair	pair	impair
impair	impair	pair

	$\overline{0}$	$\overline{1}$
$\overline{0}$	$\overline{0}$	$\overline{1}$
$\overline{1}$	$\overline{1}$	$\overline{0}$

La parité d'un entier k est déterminée par le reste dans la division de k par 2 ; ce reste, noté $k \bmod 2$, vaut 0 ou 1. En remplaçant « pair » et « impair » par $\overline{0}$ et $\overline{1}$, on obtient la table à droite. On écrit $\overline{1}$ et non pas 1, car l'addition $1 + 1 = 0$ pourrait laisser perplexe !
La table ci-dessus définit une loi de groupe sur $\{\overline{0}, \overline{1}\}$, le groupe obtenu est $\mathbb{Z}/2\mathbb{Z}$. Avant de remplacer 2 par un autre entier, donnons une définition :

Définition 10. Soit $n \geqslant 1$ un entier. On dit que $x, y \in \mathbb{Z}$ sont *congrus modulo n*, et l'on note $x \equiv y \mod n$, si n divise $x - y$, *i.e.* si $x \bmod n = y \bmod n$.

Divisons x et y par n : $x = an + r$, $y = bn + s$; ainsi $r = x \bmod n$ et $s = y \bmod n$. Comme $x - y = n(a - b) + (r - s)$, n divise $x - y$ si, et seulement s'il divise $r - s$, *i.e.* si $r = s$, puisque $|r - s| \in [\![0, n-1]\!]$.
Soit $n \geqslant 1$ un entier *fixé*. Définissons l'ensemble $\mathbb{Z}/n\mathbb{Z}$ ainsi :

$$\mathbb{Z}/n\mathbb{Z} := \{\overline{0}, \overline{1}, \ldots, \overline{n-1}\}.$$

Les éléments de $\mathbb{Z}/n\mathbb{Z}$ sont simplement n symboles distincts $\overline{0}, \overline{1}, \ldots, \overline{n-1}$, peu importe leur « nature ». On définit une application $k \mapsto \overline{k}$ de $\mathbb{Z}$ dans $\mathbb{Z}/n\mathbb{Z}$ comme suit : si $k \in \mathbb{Z}$, $\overline{k}$ est par définition égal à $\overline{r}$, où $r = k \bmod n$ est le reste dans la division de k par n. Pour tous $x, y \in \mathbb{Z}$, on a donc :

$$\big(\overline{x} = \overline{y}\big) \iff \big(x \mod n = y \mod n\big) \iff \big(x \equiv y \mod n\big). \tag{23}$$

Pour cette raison, les éléments de $\mathbb{Z}/n\mathbb{Z}$ sont appelés *entiers modulo* n. Bien entendu, la notation $\overline{k}$ ne peut être utilisée que si n est clair dans le contexte, et s'il n'y a pas confusion avec la conjugaison dans $\mathbb{C}$!
Pour définir une addition sur $\mathbb{Z}/n\mathbb{Z}$, partons du lemme évident suivant :

Lemme 28. Soit $n \geqslant 1$ un entier. Soient $x, x', y, y' \in \mathbb{Z}$ des entiers. Supposons que $x \equiv x' \mod n$ et $y \equiv y' \mod n$. Alors $x + y \equiv x' + y' \mod n$.

Démonstration. Elle est immédiate : n divise $x - x'$ et $y - y'$, donc il divise leur somme, qui vaut $(x - x') + (y - y') = (x + y) - (x' + y')$. ■

Une conséquence de ce lemme est que, si $a, b \in \mathbb{Z}$, $\overline{a + b} \in \mathbb{Z}/n\mathbb{Z}$ ne dépend que de $\overline{a}, \overline{b} \in \mathbb{Z}/n\mathbb{Z}$, et pas de a et b eux-mêmes. Il est donc licite de définir une addition sur $\mathbb{Z}/n\mathbb{Z}$ en posant, pour tous $x, y \in \mathbb{Z}$:

$$\overline{x} + \overline{y} := \overline{x + y}. \tag{24}$$

Par exemple $2 + 3 = 5$ et $5 \bmod 4 = 1$, donc $\overline{2} + \overline{3} = \overline{1}$ dans $\mathbb{Z}/4\mathbb{Z}$.

Exercice 4.
Il est midi. Quelle heure sera-t-il dans 41 heures ?
Solution. Calculons dans $\mathbb{Z}/24\mathbb{Z}$: $12 + 41 = 53 = 2 \times 24 + 5$, donc $\overline{53} = \overline{5}$.
Il sera donc 5 heures.

Proposition 29. Soit $n \geqslant 1$ un entier. Muni de l'addition définie ci-dessus, $\mathbb{Z}/n\mathbb{Z}$ est un *groupe*. Ce groupe est *cyclique* d'ordre n, et $\overline{1}$ en est un générateur.

Démonstration. L'associativité de l'addition sur $\mathbb{Z}/n\mathbb{Z}$ résulte de l'associativité de l'addition sur $\mathbb{Z}$ et de (24). De même $\overline{0}$ est élément neutre et, si $x \in \mathbb{Z}$, $\overline{-x}$ est opposé de $\overline{x}$. Ainsi $(\mathbb{Z}/n\mathbb{Z}, +)$ est un groupe. Si $k \in \mathbb{N}$, (24) montre, par récurrence sur k, que $\overline{k} = k \cdot \overline{1}$; en passant aux opposés, on en déduit que $\overline{k} = k \cdot \overline{1}$ pour tout $k \in \mathbb{Z}$, donc $\overline{1}$ engendre $\mathbb{Z}/n\mathbb{Z}$. ■

L'application $\pi : k \mapsto \overline{k}$ de $\mathbb{Z}$ dans $\mathbb{Z}/n\mathbb{Z}$ est, vu la définition de l'addition de $\mathbb{Z}/n\mathbb{Z}$, un morphisme de groupes, appelé *morphisme canonique* ; il est surjectif et $\operatorname{Ker}(\pi) = n\mathbb{Z}$, d'après les équivalences (23). Pour un ordinateur, l'ensemble $\mathbb{Z}/n\mathbb{Z}$ est simplement $[\![0, n-1]\!]$, l'addition étant définie par $(a, b) \mapsto (a + b) \bmod n$: il calcule la somme $a + b$ dans $\mathbb{Z}$, puis la remplace par son reste modulo n.

Voici une réciproque de la proposition précédente :

Théorème 30. Un groupe monogène est isomorphe soit à $\mathbb{Z}$ s'il est infini, soit à $\mathbb{Z}/n\mathbb{Z}$ s'il est fini (donc cyclique) d'ordre $n \geqslant 1$.

Démonstration. Soient $(G, \times)$ un groupe monogène et x un générateur de G. Appliquons le théorème et définition 21 de la page 127, en reprenant ses notations. Si f est injectif, c'est un isomorphisme de $\mathbb{Z}$ sur $\langle x \rangle = G$, donc G est infini. Sinon, $\operatorname{Ker}(f) = n\mathbb{Z}$ pour un certain $n \geqslant 1$. Alors $G = \{1, x, x^2, \ldots, x^{n-1}\}$ est cyclique d'ordre n. Soit $u : \mathbb{Z}/n\mathbb{Z} \to G$ l'application bijective $\overline{k} \mapsto x^k$, $k = 0, 1, \ldots, n-1$. Montrons que c'est un morphisme. Soient $a, b \in [\![0, n-1]\!]$, divisons $a+b$ par n : $a + b = nq + r$. Alors $\overline{a} + \overline{b} = \overline{r}$, d'où, puisque $x^n = 1$:
$u(\overline{a} + \overline{b}) = u(\overline{r}) = x^r = x^r (x^n)^q = x^{a+b} = x^a x^b = u(\overline{a}) u(\overline{b})$. ■

Exercice 5.
Soient G un groupe (multiplicatif) cyclique d'ordre $n \geqslant 1$ et a un générateur de G. Soient $k \in \mathbb{Z}$ et d le pgcd de k et n ; écrivons $k = dk'$, $n = dn'$ ($k' \in \mathbb{Z}$, $n' \in \mathbb{N}$). Montrer que l'ordre de a^k est n', et que a^k est un générateur de G si, et seulement si, k est premier avec n.

Solution. Soit $t \in \mathbb{Z}$. Par définition de l'ordre d'un élément (*cf.* le théorème et définition 21 de la page 127), on a les équivalences :

$$\big((a^k)^t = 1\big) \iff (a^{kt} = 1) \iff (n \mid kt) \iff (n' \mid k't) \iff (n' \mid t);$$

puisque $k' \wedge n' = 1$, la dernière équivalence résulte du théorème de Gauß (théorème 54 de la page 98). Ainsi $\{t \in \mathbb{Z} \mid (a^k)^t = 1\} = n'\mathbb{Z}$, donc l'ordre de a^k est n'. Enfin a^k est un générateur de G si, et seulement si, son ordre est n, *i.e.* si $n' = n$, autrement dit si $k \wedge n = 1$.

---

3 Anneaux

3.1 Définitions, règles de calcul

Définition 11. On appelle *anneau* tout ensemble A muni de deux lois appelées *addition* et *multiplication*, notées en général $+$ et $\times$, telles que :

1. L'addition est une loi de groupe *commutative* sur A.
2. La multiplication est *associative*.
3. La multiplication est *distributive par rapport à l'addition*. Cela veut dire que, pour tous $x, y, z \in A$, on a :

$$x(y+z) = xy + xz \quad \text{et} \quad (y+z)x = yx + zx. \tag{25}$$

4. Pour la multiplication, A possède un élément neutre, noté 1.

L'anneau A est dit *commutatif* si la multiplication est commutative.

Munis de leur addition et leur multiplication usuelles, $\mathbb{Z}$ et $\mathbb{Q}$ sont des anneaux commutatifs. Les deux lois d'un anneau A ne jouent pas le même rôle : $+$ est commutative, mais $\times$ peut ne pas l'être ; de même $(A,+)$ est un groupe, alors que $(A,\times)$ n'est un groupe que si A est « nul ». La seconde loi s'appelle *multiplication* mais peut être notée par un autre symbole que $\times$ (par exemple $\circ$), les égalités (25) devant être modifiées en conséquence. Nous garderons les notations $+$ et $\times$ et parlerons de l'anneau $(A,+,\times)$.

Le neutre de $(A,+)$ est noté 0. Si l'on veut éviter toute confusion (avec les nombres $0,1$ par exemple), $0,1 \in A$ sont notés 0_A, 1_A. Soit $x \in A$. Puisque $(A,+)$ est un groupe, x a un *opposé* $-x$. Ensuite, $+$ et $\times$ étant associatives et A ayant pour chacune un élément neutre, les suites $(nx)_{n\geqslant 0}$ et $(x^n)_{n\geqslant 0}$ sont définies (revoir leurs propriétés à la proposition 1 de la page 115) ; nx est parfois noté $n\cdot x$, pour ne pas confondre avec les produits ab $(a,b\in A)$.

Parmi les règles de calcul dans l'anneau A, il y a celles qui ne font intervenir que $+$, *i.e.* les règles de calcul dans le groupe $(A,+)$. Il y a ensuite celles qui font partie de la définition d'un anneau (distributivité, associativité de $\times$). Nous ne réécrirons pas toutes ces règles. Il y a enfin les règles se déduisant des précédentes, *cf.* la proposition qui va suivre.

Disons que deux éléments a,b de A *commutent* (ou que a *commute avec* b) si $ab=ba$. Si c'est le cas, toute puissance de a commute avec toute puissance de b (*cf.* la remarque de la page 116).

Proposition 31. Soit $(A,+,\times)$ un anneau. Pour des éléments $x,y\in A$ et $n\in\mathbb{Z}$ quelconques, on a :

1. $0_A\,x = 0_A = x\,0_A$.
2. $(-x)y = -(xy) = x(-y)$.
3. $(nx)y = n(xy) = x(ny)$. Ainsi $n(xy)$ pourra être noté nxy.
4. $(n\cdot 1_A)x = nx = x(n\cdot 1_A)$.

Démonstration. Par distributivité, $0_A\,x = (0_A+0_A)x = 0_A\,x + 0_A\,x$.
Par régularité dans $(A,+)$, $0_A\,x = 0_A$. De même $x\,0_A = 0_A$, d'où 1. Par distributivité, $0_A = 0_A\,y = \big(x+(-x)\big)y = xy + (-x)y$, d'où l'on déduit $(-x)y = -(xy)$, et de même pour la deuxième égalité en 2.

L'égalité $(nx)y = n(xy)$ est vraie si $n:=0$, vu 1 ; elle est vraie si $n>0$ par distributivité : par exemple $nx = x+x+\cdots+x$ (n termes). Si $n<0$, soit $k:=-n$. Alors $nx=-(kx)$, donc $(nx)y = \big(-(kx)\big)y = -\big((kx)y\big)$, puis $(nx)y = -\big(k(xy)\big) = (-k)(xy) = n(xy)$.

De même pour $x(ny) = n(xy)$.

Prenons $y := 1_A$ dans 3 : $nx = n(x1_A) = x(n1_A) = x(n\cdot 1_A)$. La première égalité en 4 se démontre de même. ■

Exemples.

1. Dans un anneau A, $0_A = 1_A$ si, et seulement si, $A=\{0_A\}$: si $0_A=1_A$ et si $x\in A$, $x = x\,1_A = x\,0_A = 0_A$, donc $A=\{0_A\}$; la réciproque est triviale. Un tel anneau possédant un seul élément est dit *nul*.

2. Soient $A_1, \dots, A_n$ des anneaux ($n \geqslant 1$). Alors $A := A_1 \times \cdots \times A_n$, muni de l'addition (resp. multiplication) *produit* de celles des A_i, est un anneau (le vérifier), appelé *anneau produit* $A_1 \times \cdots \times A_n$.
3. Soient A un anneau et X un ensemble. Nous avons vu que $\big(\mathcal{F}(X,A),+\big)$ est un groupe abélien . On a aussi une multiplication associative sur $\mathcal{F}(X,A)$, avec pour élément neutre l'application constante : $x \mapsto 1$. Si $f, g \in \mathcal{F}(X,A)$, le produit fg est défini ainsi :
$$(fg)(x) := f(x)g(x) \quad \text{pour tout } x \in X. \tag{26}$$
Alors $\big(\mathcal{F}(X,A),+,\times\big)$ *est un anneau* (vérifier la distributivité).

Exercice 6.
Soit $(E,+)$ un groupe abélien. Sur le groupe abélien $\big(\mathcal{F}(E,E),+\big)$, prenons comme multiplication la loi $\circ$; obtient-on un anneau ?
Solution. Soient $f, g, h \in \mathcal{F}(E,E)$. D'abord $(f+g)\circ h = (f \circ h) + (g \circ h)$ (le vérifier), mais l'égalité $f\circ(g+h) = (f\circ g)+(f\circ h)$ est fausse en général : soient $a, b \in E$ et g, h les applications constantes $x \mapsto a$ et $x \mapsto b$. L'égalité visée équivaut à $f(a+b) = f(a)+f(b)$, ce qui peut être faux.

Voici maintenant une importante règle de calcul dans un anneau.

Théorème 32 (formule du binôme). Dans un anneau $(A,+,\times)$, soient a, b deux éléments qui *commutent*. Pour tout entier $n \geqslant 0$, on a alors :
$$(a+b)^n = \sum_{k=0}^{n} \binom{n}{k} a^{n-k}\, b^k. \qquad \text{(formule du binôme)} \tag{27}$$

Démonstration. Par récurrence sur n. Le cas $n = 0$ est évident : $\binom{0}{0} = 1$ et $a^0 = b^0 = (a+b)^0 = 1_A$. Supposons (27) vraie pour un entier n. Alors :
$$\begin{aligned}(a+b)^{n+1} &= (a+b)(a+b)^n \\ &= a\left(\sum_{k=0}^{n}\binom{n}{k}a^{n-k}\,b^k\right) + b\left(\sum_{k=0}^{n}\binom{n}{k}a^{n-k}\,b^k\right) \\ &= \overbrace{\sum_{k=0}^{n}\binom{n}{k}a^{n-k+1}\,b^k}^{S} + \overbrace{\sum_{k=0}^{n}\binom{n}{k}a^{n-k}\,b^{k+1}}^{T} = S+T.\end{aligned}$$
Parmi ces égalités, la 2ème vient de la distributivité ; la 3ème vient des égalités 3 de la proposition précédente et du fait que b commute avec toute puissance de a. Transformons T via la formule de changement d'indice (8). Puisque $t : h \mapsto h-1$ est une bijection de $[\![1, n+1]\!]$ sur $[\![0, n]\!]$, on a :
$$T = \sum_{k=0}^{n}\binom{n}{k}a^{n-k}\,b^{k+1} = \sum_{h=1}^{n+1}\binom{n}{h-1}a^{n-(h-1)}\,b^h = \sum_{k=1}^{n+1}\binom{n}{k-1}a^{n+1-k}\,b^k.$$

C'est la 2ème de ces égalités qui vient de la formule (8) (on a « posé » $k = h - 1$) ; pour la 3ème égalité, on a simplement remplacé l'indice muet h par k. Ainsi :

$$\begin{aligned}(a+b)^{n+1} = S + T &= \sum_{k=0}^{n} \binom{n}{k} a^{n-k+1} b^k + \sum_{k=1}^{n+1} \binom{n}{k-1} a^{n+1-k} b^k \\ &= \binom{n}{0} a^{n+1} b^0 + \sum_{k=1}^{n} \left[\overbrace{\binom{n}{k} + \binom{n}{k-1}}\right] a^{n+1-k} b^k + \binom{n}{n} a^0 b^{n+1} \\ &= \binom{n+1}{0} a^{n+1} b^0 + \sum_{k=1}^{n} \overbrace{\binom{n+1}{k}} a^{(n+1)-k} b^k + \binom{n+1}{n+1} a^0 b^{n+1} \\ &= \sum_{k=0}^{n+1} \binom{n+1}{k} a^{(n+1)-k} b^k.\end{aligned}$$

Nous avons utilisé la relation de Pascal (5) de la page 80, ainsi que les égalités suivantes (où $m \in \mathbb{N}$) : $\binom{m}{0} = 1 = \binom{m}{m}$. L'égalité (27) est donc vraie au rang $n+1$. ■

Exemple. Dans la formule du binôme, prenons $A := \mathbb{Z}$, $a := 1$, $b := \pm 1$ et $n \geqslant 1$. Puisque $(1+1)^n = 2^n$ et $(1-1)^n = 0^n = 0$, on obtient ceci :

$$\sum_{k=0}^{n} \binom{n}{k} = 2^n \quad \text{et} \quad \sum_{k=0}^{n} (-1)^k \binom{n}{k} = 0.$$

La première égalité dit que la somme des termes de la ligne d'indice n du triangle de Pascal vaut 2^n ; on aurait pu la déduire du théorème 26 de la page 77. La deuxième égalité dit que, dans un ensemble fini non vide, il y a autant de parties de cardinal pair que de parties de cardinal impair.

Comme autre exemple de calcul dans un anneau commutatif A, soient I un ensemble fini et $(x_i)_{i \in I}$, $(y_i)_{i \in I}$ deux familles d'éléments de A. Si $J \in \mathcal{P}(I)$, soit X_J le produit des x_i pour $i \in J$, de même pour Y_J. Alors :

$$\prod_{i \in I} (x_i + y_i) = \sum_{J \in \mathcal{P}(I)} X_{I \setminus J} Y_J. \tag{28}$$

On peut supposer que $I = [\![1, n]\!]$. Le produit P à gauche s'écrit alors :

$$P = (x_1 + y_1)(x_2 + y_2) \cdots (x_n + y_n).$$

En développant P par distributivité, on voit que P est somme de 2^n termes, chaque terme étant le produit d'un élément (x_1 ou y_1) de la première parenthèse, d'un élément de la deuxième parenthèse, etc. La formule (28) s'en déduit aussitôt (nous laissons les détails au lecteur).

Exercice 7.

Soient X un ensemble fini et $A_1, \ldots, A_n$ $(n \geqslant 2)$ des parties de X ; notons A la réunion des A_i. Démontrer la *formule du crible* :

$$\operatorname{card}(A) = \sum_{1\leqslant i\leqslant n} \operatorname{card}(A_i) - \sum_{1\leqslant i<j\leqslant n} \operatorname{card}(A_i \cap A_j)$$

$$+ \sum_{1\leqslant i<j<k\leqslant n} \operatorname{card}(A_i \cap A_j \cap A_k) + \cdots + (-1)^n \operatorname{card}(A_1 \cap A_2 \cap \cdots \cap A_n).$$

Solution. Pour toute partie A de X, notons χ_A la fonction caractéristique de A (définition 4 de la page 77), que nous considérons comme élément de l'anneau commutatif $\mathcal{F}(X,\mathbb{Z})$. Dans cet anneau, voici des formules valables pour toutes parties A, B de X et résultant de la définition des fonctions caractéristiques :

$$\sum_{x\in X} \chi_A(x) = \operatorname{card}(A)\,, \quad \chi_{X\setminus A} = 1 - \chi_A\,, \quad \chi_{A\cap B} = \chi_A\,\chi_B. \tag{29}$$

Ainsi, soit $x \in X$. Puisque $\chi_A(x), \chi_B(x) \in \{0,1\}$, $\chi_A(x)\chi_B(x) = 1$ si, et seulement si, $\chi_A(x) = \chi_B(x) = 1$, *i.e.* si $x \in A \cap B$. D'où la dernière formule.
Introduisons les notations suivantes : pour tout $i \in [\![1,n]\!]$ on pose $B_i := X \setminus A_i$, de sorte que $\chi_{B_i} = 1 - \chi_{A_i}$. On pose de même $B := X \setminus A$. Puisque A est la *réunion* des A_i, B est l'*intersection* des B_i (*cf.* le module I.1), et par suite χ_B est le produit des χ_{B_i}. D'où :

$$\chi_B = \prod_{i=1}^{n} \chi_{B_i} = \prod_{i=1}^{n} (1 - \chi_{A_i}).$$

Appliquons la formule (28) avec, pour tout i, $x_i := 1$ et $y_i := -\chi_{A_i}$. Pour toute partie J de $[\![1,n]\!]$, de cardinal k, $X_{I\setminus J} = 1$ et $Y_J = (-1)^k \chi_{A_J}$, en notant A_J l'intersection des A_i, $i \in J$; si $J = \varnothing$, $Y_J = 1$ puisque $A_J = X$.

$$\chi_B = 1 + \sum_{k=1}^{n} (-1)^k \left(\sum_{\operatorname{card}(J)=k} \chi_{A_J} \right), \text{ soit } \chi_A = \sum_{k=1}^{n} (-1)^{k-1} \left(\sum_{\operatorname{card}(J)=k} \chi_{A_J} \right).$$

Dans chaque parenthèse, J décrit l'ensemble des parties de cardinal k de $[\![1,n]\!]$. Faisons la somme des valeurs de chaque membre de la dernière égalité en tous les $x \in X$. On obtient la formule voulue, écrite de façon formelle :

$$\operatorname{card}(A) = \sum_{k=1}^{n} (-1)^{k-1} \left(\sum_{\operatorname{card}(J)=k} \operatorname{card}(A_J) \right). \tag{30}$$

Un élément d'un anneau peut avoir diverses propriétés. Voici trois exemples.

Définition 12. Soient $(A, +, \times)$ un anneau et $x \in A$.

1. On dit que x est *inversible* s'il possède un inverse x^{-1} pour la multiplication. L'ensemble des éléments inversibles de A sera noté $A^{\times}$.
2. On dit que x est *idempotent* si $x^2 = x$; on dit qu'il est *nilpotent* si l'une de ses puissances est nulle.

Par exemple $\mathbb{Q}^\times = \mathbb{Q}^*$, alors que $\mathbb{Z}^\times = \{-1, 1\}$.
Dans un anneau A, 0 et 1 sont idempotents ; si $x \in A$ est idempotent, $1 - x$ l'est aussi, car $(1-x)^2 = 1 - 2x + x^2 = 1 - 2x + x = 1 - x$. Si $x, y \in A$ sont idempotents et *commutent*, xy est idempotent : $(xy)^2 = x^2y^2 = xy$.
Les idempotents seront importants en algèbre linéaire (« projecteurs » d'un espace vectoriel), les éléments nilpotents aussi.

Exemple. Soit X un ensemble. Sur l'ensemble $\mathcal{P}(X)$ des parties de X, on définit deux lois $+$ et $\times$ en posant, pour toutes parties S, T de X :

$$S + T := (S \setminus T) \cup (T \setminus S) \qquad \text{et} \qquad ST := S \cap T;$$

$S + T$ est appelée *différence symétrique* de S et T ; c'est l'ensemble des éléments de X appartenant à une et une seule des parties S, T.
Voici des propriétés évidentes : ces deux lois sont commutatives, $\times$ est associative, $\varnothing$ est élément neutre pour $+$ et X est élément neutre pour $\times$. À titre d'exercice, démontrer l'associativité de $+$. Nous verrons, dans l'exercice II.2.37 de la page 161 que $\big(\mathcal{P}(X), +, \times\big)$ est un anneau.
Cet anneau est un exemple d'anneau dans lequel tout élément x vérifie : $2x = x + x = 0$ et $x^2 = x$; *tout* élément est donc idempotent. En effet, si $S \in \mathcal{P}(X)$, $S + S = \varnothing$ et $S \cap S = S$. Un tel anneau est appelé *anneau de Boole*. Vérifier en exercice qu'un anneau de Boole est commutatif.

Dans un anneau A, l'ensemble $A^\times$ des éléments inversibles contient 1, il est multiplicativement stable (proposition 6 de la page 118). On munit donc $A^\times$ de la multiplication induite par celle de A. Alors $1 \in A^\times$ est élément neutre de $A^\times$ et, si $x \in A^\times$, son inverse x^{-1} dans A est inverse de x dans $A^\times$. Ainsi $(A^\times, \times)$ est un groupe, appelé *groupe des éléments inversibles de* A.
Dans $\mathbb{Z}$, le produit de deux entiers non nuls est non nul. Par contre, dans l'anneau produit $A := \mathbb{Z}^2$, $(1,0)$ et $(0,1)$ sont distincts de $0_A = (0,0)$, mais $(1,0) \times (0,1) = 0_A$. Cela motive la définition suivante :

Définition 13. Un anneau $(A, +, \times)$ est dit *intègre* s'il est *commutatif*, si $0 \neq 1$, et si le produit de deux éléments non nuls quelconques de A est non nul.

La dernière condition de cette définition peut être exprimée ainsi :

PROPRIÉTÉ. *Pour tous* $a, b \in A$, $(ab = 0) \Longrightarrow (a = 0)$ ou $(b = 0)$.

Voici un résultat très simple, mais important :

Proposition 33. Soient $(A, +, \times)$ un anneau et $x \in A$. On suppose que l'une (au moins) des deux conditions suivantes est satisfaite :

1. L'élément x de A est inversible.
2. L'anneau A est intègre et $x \neq 0$.

Alors x est *régulier* : pour tous $y, z \in A$, on a les implications :

$$(xy = xz) \Longrightarrow (y = z) \quad \text{et} \quad (yx = zx) \Longrightarrow (y = z). \tag{31}$$

Démonstration. Si x est inversible, on applique le théorème 5 de la page 118 à $(A, \times)$. Si A est intègre, soient $y, z \in A$ tels que $xy = xz$. Les égalités 2 de la proposition 31 de la page 135 et la distributivité donnent : $xy - xz = xy + x(-z) = x\big[y + (-z)\big]$, d'où $x(y - z) = 0$. Ainsi $y - z = 0$ (*cf.* la propriété ci-dessus), *i.e.* $y = z$. ■

La propriété suivante est évidente, comme le lecteur le vérifiera :

PROPRIÉTÉ. *Dans un anneau* intègre, *les seuls éléments idempotents sont* 0 *et* 1, *et le seul élément nilpotent est* 0.

3.2 Sous-anneaux, idéaux, morphismes

Dans ce qui suit, sauf mention du contraire, on note $(x, y) \mapsto x + y$ *et* $(x, y) \mapsto xy$ *les lois d'un anneau et* $0, 1$ *les deux éléments neutres.*

Dans un anneau, il y a deux notions analogues à celle de sous-groupe d'un groupe : ce sont les notions de « sous-anneau » et d'« idéal ». Il importe de bien distinguer ces deux notions, en apparence voisines.

Un peu d'histoire

L'origine du terme d'« idéal » est historique. Le « dernier » théorème de Fermat dit que, pour des entiers $n \geqslant 3$ et $x, y, z \neq 0$, l'égalité $x^n + y^n = z^n$ est impossible. Fermat (1601-1665) a affirmé détenir la preuve de ce théorème (sans la communiquer), et depuis les mathématiciens ont cherché une telle preuve. Sans succès jusqu'en 1994, date à laquelle une preuve, extraordinairement difficile, a été donnée, essentiellement par Wiles (1953 -). Kummer (1810-1893) s'est inspiré du cas $n = 2$ (*cf.* l'exercice II.1.14 de la page 109), remplaçant $\mathbb{Z}$ par un certain sous-anneau A de $\mathbb{C}$. Il a prouvé que, **si** l'analogue du « théorème de factorisation » (théorème 37 de la page 87) est vrai dans cet anneau A, dépendant de n, le théorème de Fermat est vrai pour l'exposant n. Il se trouve que l'hypothèse ci-dessus est satisfaite pour $n \leqslant 22$, mais pas pour 23, par exemple. Kummer a vu ensuite que le théorème de factorisation est vrai dans A (sans que le théorème de Fermat en résulte !), *si* l'on remplace les éléments de A par des « éléments idéaux », qui sont en substance des idéaux de A au sens de la définition ci-dessous.

Définition 14. On appelle *sous-anneau* d'un anneau A tout sous-groupe de $(A, +)$ contenant 1 et multiplicativement stable.

Définition 15. Soit A un anneau *commutatif*. On appelle *idéal* de A tout sous-groupe I de $(A, +)$ vérifiant la condition suivante : pour tout $x \in I$ et tout $a \in A$, l'élément ax appartient à I.

Lorsque nous parlerons d'idéal d'un anneau, il sera donc sous-entendu que cet anneau est commutatif. Voici deux résultats évidents.

PROPRIÉTÉ. *Dans un anneau commutatif* A, *tout idéal contenant* 1 *est égal à* A. *Le seul sous-anneau de* A *qui soit un idéal de* A *est* A.

Soit I un idéal de A contenant 1. Soit $a \in A$. Puisque $a \in A$ et $1 \in I$, $a = a \times 1 \in I$ (définition d'un idéal). D'où $I = A$. Si I est un idéal *et* un sous-anneau de A, $1 \in I$ (définition d'un sous-anneau), donc $I = A$.

Proposition 34. Le seul sous-anneau de $\mathbb{Z}$ est $\mathbb{Z}$ lui-même. Les idéaux de $\mathbb{Z}$ sont exactement les $n\mathbb{Z}$, n décrivant $\mathbb{N}$.

Démonstration. Soit T un idéal ou sous-anneau de $\mathbb{Z}$; c'est déjà un sous-groupe de $(\mathbb{Z}, +)$. Il existe donc un unique $n \in \mathbb{N}$ tel que $T = n\mathbb{Z}$. Si T est un sous-anneau de $\mathbb{Z}$, $1 \in T = n\mathbb{Z}$, d'où $n = 1$ et donc $T = \mathbb{Z}$.

Il reste à voir que, si $n \in \mathbb{N}$, $n\mathbb{Z}$ est un idéal de $\mathbb{Z}$. Soient $a \in \mathbb{Z}$ et $x \in n\mathbb{Z}$; il existe $t \in \mathbb{Z}$ tel que $x = nt$. Alors $ax = a(nt) = n(at) \in n\mathbb{Z}$. ■

Remarque. Les idéaux de $\mathbb{Z}$ sont exactement les sous-groupes de $(\mathbb{Z}, +)$. Tout idéal d'un anneau A est un sous-groupe de $(A, +)$, l'inverse peut être faux : $\mathbb{Z}$ est un sous-anneau, mais pas un idéal, de $\mathbb{Q}$.

Soit T un sous-anneau ou idéal de l'anneau A. D'abord, T est additivement et multiplicativement stable, on peut donc le munir des lois $+$ et $\times$ induites par celles de A. Si T est un sous-anneau de A, $1 \in T$, et alors $(T, +, \times)$ est un anneau (le vérifier), d'où le terme de sous-anneau.

Exemples.

1. Dans tout anneau A, A est un sous-anneau et un idéal de A, alors que $\{0\}$ est un idéal de A, mais pas un sous-anneau, sauf si A est nul.
2. Toute intersection de sous-anneaux (ou idéaux) d'un anneau A est un sous-anneau (ou idéal) de A (proposition 7 de la page 119 et exercice 1 de la page 123).
3. Soient X un ensemble, A un anneau commutatif. On considère l'anneau $\mathcal{F}(X, A)$ (exemple 3 de la page 136). Soient Y une partie de X et J un idéal de A fixés. Soit enfin I l'ensemble des $f \in \mathcal{F}(X, A)$ telles que $\forall y \in Y,\ f(y) \in J$. Il est aisé de montrer que I est un idéal de $\mathcal{F}(X, A)$ (le faire). Traduction lorsque $X \subset A = \mathbb{R}$ et $J = \{0\}$?

L'exemple 2 justifie la définition suivante :

Définition 16. Soient A un anneau et S une partie de A.

1. On appelle sous-anneau de A *engendré par* S l'intersection de *tous* les sous-anneaux de A contenant S (A est un tel sous-anneau).
2. Supposons A commutatif. On appelle idéal de A *engendré par* S l'intersection de *tous* les idéaux de A contenant S (A est un tel idéal). Cet idéal sera noté (S).

Si $S := \{a\}$ est un singleton, (S) sera noté (a). Pour les sous-anneaux ou les idéaux, l'analogue de la proposition 15 de la page 124 est vrai (le vérifier) : (S) est, au sens de l'inclusion, le *plus petit* des idéaux de A contenant S.

Proposition 35. Soient A un anneau commutatif et $I_1, \ldots, I_n$ des idéaux de A ($n \geqslant 1$). Soit $I := I_1 + \cdots + I_n$ la somme des sous-groupes I_i (théorème et définition 17 de la page 125). Alors I est l'*idéal* de A engendré par la réunion des I_i.

Démonstration. Soit S la réunion des I_i. *A priori*, I est, au sens de l'inclusion, le plus petit *sous-groupe* de $(A, +)$ contenant S. Montrons que I est un *idéal* de A. Soient $x \in I$ et $a \in A$. Il s'agit de prouver que $ax \in I$. D'après le théorème et définition 17 de la page 125, x s'écrit $x = x_1 + \cdots + x_n$, où $x_i \in I_i$ pour $i = 1, \ldots, n$. Pour tout i, $ax_i \in I_i$, car I_i est un idéal de A et $x_i \in I_i$. Ainsi la somme des ax_i appartient à I, par définition de I. Par distributivité, cette somme vaut ax, d'où $ax \in I$.

Si J est un idéal de A contenant S, c'est un sous-groupe de $(A, +)$, il contient I d'après la proposition 15 de la page 124 et le théorème et définition 17 de la page 125. ■

Définition 17. Soient A, A' deux anneaux. Une application $f : A \to A'$ est appelée *morphisme d'anneaux* si elle vérifie les conditions suivantes :

1. Pour tous $x, y \in A$, $f(x + y) = f(x) + f(y)$.
2. Pour tous $x, y \in A$, $f(xy) = f(x)f(y)$.
3. On a : $f(1_A) = 1_{A'}$.

Si de plus f est bijective, on dit que c'est un *isomorphisme d'anneaux* de A sur A' (ou *automorphisme de l'anneau* A lorsque $A' = A$).

La condition 1 signifie que f est un *morphisme de groupes* de $(A, +)$ dans $(A', +)$. La condition 3 ne doit pas être oubliée, elle ne résulte pas de 1 et 2 : *cf.* l'application nulle (si A' n'est pas nul). Remarquons que le mot morphisme peut maintenant devenir ambigu. Voici une règle de bon sens :

Lorsqu'on parle d'un morphisme $f : A \to A'$, il faut préciser si c'est un morphisme de groupes, d'anneaux, ..., sauf lorsque le contexte l'indique.

Proposition 36. Soit $f : A \to A'$ un morphisme d'anneaux. Si x est un élément inversible de A, $f(x)$ est un élément inversible de A' et $f(x)^{-1} = f(x^{-1})$. Ainsi $x \mapsto f(x)$ est un morphisme de groupes, de $A^\times$ dans $A'^\times$.

Démonstration. Soit $x \in A^\times$. Puisque $xx^{-1} = 1_A$, la définition 17 implique : $1_{A'} = f(xx^{-1}) = f(x)f(x^{-1})$, et de même $1_{A'} = f(x^{-1})f(x)$, d'où la première assertion de l'énoncé. La deuxième assertion est alors évidente. ■

Théorème 37. Soit $f : A \to A'$ un morphisme d'anneaux.

1. L'image $f(B)$ d'un sous-anneau B de A est un sous-anneau de A'. En particulier, $\text{Im}(f) := f(A)$ est un sous-anneau de A'.
2. Si B' est un sous-anneau de A', $f^{-1}(B')$ est un sous-anneau de A.
3. Supposons A commutatif. Le *noyau* $\text{Ker}(f)$ de f, considéré comme morphisme de $(A, +)$ dans $(A', +)$, est un *idéal* de A.

Démonstration. Dans tous les cas, la partie dont on veut prouver que c'est un sous-anneau ou un idéal est un sous-groupe additif, en vertu du théorème et définition 19 de la page 126. Pour l'assertion 1, $1_A \in B$, donc $1_{A'} = f(1_A) \in f(B)$. Soient $x', y' \in f(B)$. Il existe $x, y \in B$ tels que $x' = f(x)$, $y' = f(y)$. Puisque f est un morphisme, $x'y' = f(x)f(y) = f(xy)$; or $xy \in B$ (B est un sous-anneau de A), donc $x'y' = f(xy) \in f(B)$. Ainsi $f(B)$ est un sous-anneau de A'. L'assertion 2 est analogue. Pour l'assertion 3, soient $a \in A$ et $x \in \text{Ker}(f)$. Il suffit de voir que $ax \in \text{Ker}(f)$, ce qui est clair : $f(ax) = f(a)f(x) = f(a)\,0 = 0$. ■

Théorème 38. Soit $f : A \to A'$ un morphisme d'anneaux.

1. Pour que f soit *injectif*, il faut, et il suffit, que son noyau soit $\{0_A\}$.
2. Si f est *bijectif*, f^{-1} *est aussi un morphisme d'anneaux.*

Démonstration. L'assertion 1 résulte du théorème 20 de la page 126, car seule l'addition intervient dans la définition de $\text{Ker}(f)$. Supposons f bijectif. On sait déjà que f^{-1} est un morphisme de groupes additifs. Ensuite $f(1_A) = 1_{A'}$, d'où $f^{-1}(1_{A'}) = 1_A$. En raisonnant comme pour le théorème 20 de la page 126, le lecteur vérifiera que $f^{-1}(x'y') = f^{-1}(x')f^{-1}(y')$ pour tous $x', y' \in A'$. ■

Exemples.

1. Soient A un anneau et X un ensemble. Considérons l'anneau $\mathcal{F}(X, A)$ (exemple 3 de la page 136). Soit $x \in X$ fixé. Notons $e_x : \mathcal{F}(X, A) \to A$ l'application $f \mapsto f(x)$ (évaluation en x). Alors e_x est un morphisme d'anneaux, son noyau est formé des $f : X \to A$ s'annulant en x.
2. Soient A un anneau et a un élément inversible de A fixé. Alors $x \mapsto axa^{-1}$ est un automorphisme de l'anneau A (le vérifier).

L'étude des morphismes de $\mathbb{Z}$ dans d'autres anneaux est simple :

Théorème et définition 39 (caractéristique d'un anneau).
Soient A un anneau et 1_A son élément neutre multiplicatif.

1. Il existe un *unique* morphisme d'anneaux ε de $\mathbb{Z}$ dans A.
2. Explicitement, on a $\varepsilon(k) = k \cdot 1_A$ pour tout $k \in \mathbb{Z}$.
3. Il existe un unique entier $n \geqslant 0$, appelé *caractéristique de* A et noté $\text{car}(A)$, tel que $\text{Ker}(\varepsilon) = n\mathbb{Z}$. De plus $nx = 0$ pour tout $x \in A$.

Démonstration. Définissons $\varepsilon : \mathbb{Z} \to A$ par la formule donnée en 2. D'abord $\varepsilon(1) = 1_A$. Soient $h, k \in \mathbb{Z}$. L'égalité $\varepsilon(h+k) = \varepsilon(h) + \varepsilon(k)$ résulte de la première formule (3). Ensuite :

$$\varepsilon(hk) = (hk) \cdot 1_A = h \cdot (k \cdot 1_A) = (h \cdot 1_A)(k \cdot 1_A) = \varepsilon(h)\varepsilon(k);$$

la 2ème égalité vient de la 2ème formule (3), la 3ème égalité vient des formules 4 de la proposition 31 de la page 135. Ainsi ε est un morphisme d'anneaux.

Soit $f : \mathbb{Z} \to A$ un morphisme d'anneaux, montrons que $f = \varepsilon$. D'après l'exercice II.2.26 de la page 160, $\{k \in \mathbb{Z} \mid f(k) = \varepsilon(k)\}$ est un sous-anneau de $\mathbb{Z}$, donc un sous-groupe de $(\mathbb{Z}, +)$ contenant 1. Il est ainsi égal à $\mathbb{Z}$, *i.e.* $f = \varepsilon$.

Puisque $\mathrm{Ker}(\varepsilon)$ est un sous-groupe de $(\mathbb{Z}, +)$, la première partie de l'assertion 3 vient du théorème 50 de la page 97. Si $x \in A$, on a : $nx = (n \cdot 1_A)x = 0_A\, x = 0_A$. ■

La plupart des anneaux intervenant dans cet ouvrage seront *de caractéristique* 0. Les anneaux $\mathbb{Z}/n\mathbb{Z}$ feront exception (*cf.* la section 3.4).

PROPRIÉTÉ. *Soit A un anneau* intègre *de caractéristique* 0. *Pour tous $h, k \in \mathbb{Z}$ et $x \in A$, on a :*

$$(hx = 0) \iff \big((h = 0) \text{ ou } (x = 0)\big) \quad \textit{et} \quad (hx = kx) \iff (h = k) \text{ ou } (x = 0).$$

La première équivalence vient de l'égalité $hx = (h \cdot 1_A)x$, et la deuxième s'en déduit aussitôt, car $hx - kx = (h - k)x$.

Voici deux résultats simples concernant la caractéristique d'un anneau.

Proposition 40. La caractéristique d'un anneau *intègre* A est 0 ou un nombre premier.

Démonstration. Supposons $n := \mathrm{car}(A) \neq 0$. D'abord $1 \neq 0$ (A est intègre), donc $n \neq 1$. Supposons n non premier : $n = hk$, où $h, k \in \mathbb{N}^*$ sont distincts de 1. Alors $(h \cdot 1_A)(k \cdot 1_A) = (hk) \cdot 1_A = n \cdot 1_A = 0$. L'un des deux éléments $h \cdot 1_A, k \cdot 1_A$ est nul, car A est intègre. Si par exemple $h \cdot 1_A = 0$, h appartient à $\mathrm{Ker}(\varepsilon) = n\mathbb{Z}$. Ainsi n divise h, ce qui est absurde. ■

Proposition 41. Soit A un anneau commutatif dont la caractéristique est un nombre premier p. L'application $x \mapsto x^p$ est un morphisme d'anneaux de A dans A. En particulier, si $x, y \in A$, on a $(x+y)^p = x^p + y^p$.

Démonstration. Appliquons la formule du binôme (A est commutatif) :

$$(x+y)^p = \sum_{k=0}^{p} \binom{p}{k} x^{p-k} y^k = x^p + y^p + \overbrace{\sum_{k=1}^{p-1} \binom{p}{k} x^{p-k} y^k}^{S}.$$

Soit $k \in [\![1, p-1]\!]$. L'exercice 9 de la page 87 montre que $\binom{p}{k}$ est multiple de p : $\binom{p}{k} = mp$, où $m \in \mathbb{N}$. Pour tout $z \in A$, $pz = 0$, d'où $(mp)z = 0$, soit $\binom{p}{k} z = 0$. Ainsi chaque terme de la somme S est nul, d'où $(x+y)^p = x^p + y^p$.

L'application $F : x \mapsto x^p$ est un morphisme de groupes additifs. Or $F(1) = 1$ et, si $x, y \in A$, $(xy)^p = x^p y^p$. Ainsi F est un morphisme d'anneaux. ■

3.3 Divisibilité dans un anneau intègre

Tous les anneaux considérés sont supposés intègres (donc commutatifs).

Cette section est un « pont » entre l'étude arithmétique de $\mathbb{Z}$ et celle des anneaux $K[X]$ (module II.6). Les éléments neutres d'un anneau A sont notés 0 et 1 (ainsi $0 \neq 1$), et $A^\times$ est le groupe des inversibles de A.

Proposition 42. Soient A un anneau et $a \in A$. L'idéal (a) de A engendré par a est égal à $aA := \{at \mid t \in A\}$.

Démonstration. D'abord aA est un sous-groupe de $(A, +)$: c'est l'image du morphisme $t \mapsto at$ de $(A, +)$ dans lui-même. Si $x \in aA$ et $b \in A$, il existe $t \in A$ tel que $x = at$, alors $bx = b(at) = a(bt) \in aA$. Ainsi aA est un idéal de A, contenant $a = a \times 1$, d'où $(a) \subset aA$. D'autre part $a \in (a)$ donc, pour tout $t \in A$, $at = ta \in (a)$, car (a) est un idéal de A. D'où $aA \subset (a)$. ■

Définition 18. Soient A un anneau et $a, b \in A$. On dit que a *divise* b (et l'on note $a \mid b$), ou que b *est multiple de* a, s'il existe un $t \in A$ tel que $b = ta$. On dit que a et b sont *associés* (ce que l'on note $a \sim b$) si $a \mid b$ et $b \mid a$.

Dans cette définition, *si* $a \neq 0$, un $t \in A$ tel que $b = ta$ est *unique* s'il existe, car A est intègre. Noter aussi que tout $a \in A$ divise 0, car $0 = 0 \times a$. Par contre le seul multiple de 0 est 0, et le seul élément associé à 0 est 0.

Proposition 43. Soient A un anneau et $a, b \in A$. Alors :

1. Pour que a divise b, il faut, et il suffit, que aA *contienne* bA.
2. Pour que a et b soient associés, il faut, et il suffit, que aA et bA soient égaux, ou encore qu'il existe un $u \in A^\times$ tel que $b = ua$.

Démonstration. La proposition précédente montre que $bA = (b)$. Puisque aA est un idéal, il contient donc bA si, et seulement si, $b \in aA$, ce qui veut dire, par définition, que $a \mid b$. D'où 1. La première assertion de 2 en résulte.

Si $u \in A^\times$ et $b = ua$, on a $a = u^{-1}b$, donc a et b sont associés. Inversement, si $a \sim b$, distinguons deux cas. Si a est nul, b l'est aussi, et $b = 1 \times a$. Sinon, il existe $u, v \in A$ tels que $b = ua$ et $a = vb$. Alors $a = uva$, donc $uv = 1$ car A est intègre et $a \neq 0$. Ainsi u est inversible. ■

Dans un anneau A, tout $a \neq 0$ possède des diviseurs évidents : tout élément inversible de A divise a, et tout élément associé à a divise a. De tels diviseurs de a sont dits *triviaux*. Généralisons la notion de nombre premier.

Définition 19. Soit A un anneau. Un élément p de A est dit *irréductible* s'il est non nul, non inversible, et si *ses seuls diviseurs sont ses diviseurs triviaux*. La dernière condition peut être exprimée ainsi : si $p = xy$, où $x, y \in A$, l'un (au moins) des deux éléments x, y est inversible.

Si deux éléments d'un anneau sont associés, l'un est irréductible si, et seulement si, l'autre l'est. Puisque $\mathbb{Z}^\times = \{-1, 1\}$, les diviseurs triviaux d'un entier $a \neq 0$ sont $-1, 1, a$ et $-a$. Il en résulte que *les éléments irréductibles de $\mathbb{Z}$ sont les nombres premiers et leurs opposés*. Dans $K[X]$, anneau des polynômes sur un corps K (*cf.* le module II.6), les inversibles seront les éléments de K^* ; les *polynômes irréductibles* joueront un rôle important. Terminons cette section en introduisant la notion d'*anneau principal*.

Définition 20. Soit A un anneau commutatif. Un idéal I de A est dit *principal* s'il existe un élément $a \in A$ tel que $I = aA$; un tel a est appelé *générateur* de I. On dit que A est un *anneau principal* s'il est *intègre* et si tout idéal de A est *principal*.

Ainsi $\mathbb{Z}$ est principal (proposition 34 de la page 141), comme le seront les anneaux de polynômes sur un corps aussi (*cf.* le module II.6). Les anneaux principaux ont des propriétés voisines de celles de $\mathbb{Z}$. Par exemple :

Proposition 44. Soient A un anneau principal et $a, b \in A$. Considérons un générateur d de l'idéal $(a) + (b)$. Alors d est un *pgcd* de a et b, au sens suivant : d divise a et b, et tout diviseur commun à a et b divise d.

Démonstration. L'existence de d vient du fait que l'idéal $(a)+(b)$ est principal. Rappelons que $(a) + (b)$ est, au sens de l'inclusion, le plus petit idéal de A contenant $\{a, b\}$. Soit $t \in A$. Pour que t divise a et b, il faut, et il suffit, que (t) contienne (a) et (b), *i.e.* que (t) contienne $(a) + (b) = (d)$, ce qui revient à dire que t divise d. D'où le résultat. ■

Remarque. La notion de pgcd (comme celle de divisibilité) est définie *à association près* : si d est comme ci-dessus, tout élément associé à d est encore un générateur de $(a) + (b)$, donc est un pgcd de a et b.

Proposition 45 (Lemme d'Euclide). Dans un anneau principal A, si un élément *irréductible* divise le produit de deux éléments, il divise (au moins) l'un de ces deux éléments.

Démonstration. Soient $p, a, b \in A$, supposons que p soit irréductible et divise ab. Soit d

un générateur de $(p)+(a)$, *i.e.* un pgcd de p et a ; en particulier $d \mid p$. Or p est irréductible, donc d est un diviseur trivial de p. Ainsi, ou bien $d \sim p$, et dans ce cas $p \mid a$ car $d \mid a$; ou bien d est inversible, donc 1 engendre $(p)+(a)$. Il existe alors $u, v \in A$ tels que $1 = up + va$, d'où $b = p(ub) + v(ab)$. Comme p divise ab et $p(ub)$, il divise b. ■

3.4 Anneau des entiers modulo n

Considérons un entier $n \geqslant 1$ fixé. Nous allons voir que l'ensemble des entiers modulo n a une structure naturelle d'anneau. Dans la section 2.4, nous avons construit le groupe abélien $(\mathbb{Z}/n\mathbb{Z}, +)$ et le morphisme canonique $\pi : k \mapsto \overline{k}$ de $\mathbb{Z}$ sur $\mathbb{Z}/n\mathbb{Z}$. Définissons maintenant une multiplication sur $\mathbb{Z}/n\mathbb{Z}$, puis vérifions les propriétés de la définition 11 de la page 134. Partons d'un lemme :

Lemme 46. Soit $n \geqslant 1$ un entier. Soient $x, x', y, y' \in \mathbb{Z}$ tels que $x \equiv x' \mod n$ et $y \equiv y' \mod n$. Alors $xy \equiv x'y' \mod n$.

Démonstration. Elle est immédiate : n divise $x - x'$ et $y - y'$, il divise donc $xy - x'y' = (x - x')y + x'(y - y')$. ■

Une conséquence de ce lemme est que, si $a, b \in \mathbb{Z}$, $\overline{ab} \in \mathbb{Z}/n\mathbb{Z}$ ne dépend que de $\overline{a}, \overline{b} \in \mathbb{Z}/n\mathbb{Z}$, et pas de a et b eux-mêmes. Il est donc licite de définir une multiplication sur $\mathbb{Z}/n\mathbb{Z}$ en posant, pour tous $x, y \in \mathbb{Z}$:

$$\overline{x} \times \overline{y} := \overline{xy}. \tag{32}$$

Par exemple $3 \times 4 = 12$ et $12 \mod 7 = 5$, donc $\overline{3} \times \overline{4} = \overline{5}$ dans $\mathbb{Z}/7\mathbb{Z}$.

Proposition 47. Si $n \geqslant 1$ est un entier, $(\mathbb{Z}/n\mathbb{Z}, +, \times)$ est un anneau commutatif. De plus le morphisme canonique $\pi : k \mapsto \overline{k}$ de $\mathbb{Z}$ dans $\mathbb{Z}/n\mathbb{Z}$ est un morphisme d'*anneaux* surjectif, de noyau $n\mathbb{Z}$.

Démonstration. C'est une conséquence immédiate des formules (24) et (32), vu les propriétés déjà connues de π comme morphisme de groupes. ■

Exercice 8.
Calculer le reste de la division de 3^{1000} par 17.
Solution. Observons que $3^4 = 81 = 5 \times 17 - 4$. On en déduit, mod. 17, les congruences $3^4 \equiv -4$, puis $3^8 \equiv 16 \equiv -1$, et enfin $3^{1000} = (3^8)^{125} \equiv (-1)^{125} = -1$.
Ainsi $3^{1000} \equiv -1 \equiv 16 \mod 17$, *i.e.* le reste cherché est 16.

Les congruences ci-après sont mod. 9. On a $10 \equiv 1$, d'où $10^k \equiv 1$ pour tout $k \in \mathbb{N}$. Soit $x \in \mathbb{N}$ un entier écrit en base 10 : $x = a_r a_{r-1} \cdots a_1 a_0$, soit $x = \sum\limits_{k=0}^{r} a_k 10^k$. Notant

$s(x)$ la somme des chiffres $a_0, \ldots, a_r$ de x, on a $x \equiv s(x)$. Par exemple la multiplication $1\,263 \times 551 = 696\,913$ est *fausse* :

$$1\,263 \equiv s(1\,263) = 12 \equiv 3\,,\ 551 \equiv s(551) = 11 \equiv 2\,,$$

alors que $696\,913 \equiv s(696\,913) = 34 \equiv 7$. C'est là une « preuve par 9 ». En fait $1\,263 \times 551 = 695\,913$, et $695\,913 \equiv s(695\,913) = 33 \equiv 6$. La preuve par 9 ne garantit pas que la multiplication soit juste, elle donne seulement la congruence $1\,263 \times 551 \equiv 695\,913$; il y a donc « une chance sur 9 » pour que la multiplication soit fausse malgré tout.

Montrons que le nombre de Fermat $F_5 := 2^{2^5} + 1$ (exercice 8 de la page 86) n'est pas premier. D'abord $F_5 = 2^{32} + 1$. Un ordinateur factorise immédiatement F_5 comme produit de deux nombres premiers :

$$F_5 = 4\,294\,967\,297 = 641 \times 6\,700\,417.$$

Voici la preuve astucieuse (et sans ordinateur !) d'Euler du fait que F_5 ne soit pas premier ; elle illustre la puissance des congruences. Les congruences ci-après sont modulo 641. Euler part des égalités :

$$\begin{cases} 641 = 625 + 16 = 5^4 + 2^4 \\ 641 = 640 + 1 = 5 \times 128 + 1 = 5 \times 2^7 + 1. \end{cases}$$

Les premières égalités donnent : $5^4 \equiv -2^4$. Les dernières donnent : $5 \times 2^7 \equiv -1$. Élevons à la puissance 4 : $5^4 \times 2^{28} \equiv 1$, d'où $(-2^4) \times 2^{28} \equiv 1$. Ainsi $2^{32} + 1 \equiv 0$, ce qui signifie que F_5 est multiple de 641.

Proposition 48. Soit $n \geqslant 2$ un entier. L'anneau $\mathbb{Z}/n\mathbb{Z}$ est intègre si, et seulement si, n est premier.

Démonstration. Supposons d'abord n premier. L'anneau $\mathbb{Z}/n\mathbb{Z}$ n'est pas nul. Soient $x, y \in \mathbb{Z}/n\mathbb{Z}$ tels que $xy = 0$. Il existe des entiers a, b tels que $x = \overline{a}$, $y = \overline{b}$. Alors $\overline{ab} = xy = 0$, donc ab est multiple de n $\big($*cf.* les équivalences (23)$\big)$. Puisque n est premier, le lemme d'Euclide montre que n divise a ou b, *i.e.* $x = 0$ ou $y = 0$. L'anneau $\mathbb{Z}/n\mathbb{Z}$ est donc intègre.

Supposons ensuite n non premier : $n = ab$, où $a, b \in [\![2, n-1]\!]$. Alors $\overline{a} \neq 0$, $\overline{b} \neq 0$, mais $\overline{a}\,\overline{b} = \overline{n} = 0$, donc $\mathbb{Z}/n\mathbb{Z}$ n'est pas intègre. ■

Rappelons la définition suivante (*cf.* l'exercice 10 de la page 90) :

Définition 21. Pour tout entier $n \geqslant 1$, notons $\varphi(n)$ le nombre d'entiers $k \in [\![1, n]\!]$ premiers avec n. La fonction $\varphi : \mathbb{N}^* \to \mathbb{N}$ ainsi définie est appelée *fonction indicatrice d'Euler*.

Si p est premier, $\varphi(p) = p - 1$, car tout $k \in [\![1, p-1]\!]$ est premier avec p.

Proposition 49. Soit $n \geqslant 2$ un entier.

1. Soit $k \in \mathbb{Z}$. Pour que $\overline{k} \in \mathbb{Z}/n\mathbb{Z}$ soit inversible, il faut, et il suffit, que k soit *premier avec* n, *i.e.* que $\overline{k}$ soit un générateur de $(\mathbb{Z}/n\mathbb{Z}, +)$.
2. Le groupe multiplicatif $(\mathbb{Z}/n\mathbb{Z})^\times$ des inversibles de l'anneau $\mathbb{Z}/n\mathbb{Z}$ est d'ordre $\varphi(n)$.

Démonstration. Soit $k \in \mathbb{Z}$. Supposons que $\overline{k}$ possède un inverse. Il existe donc $h \in \mathbb{Z}$ tel que $\overline{h}\,\overline{k} = \overline{1}$, soit $hk \equiv 1 \mod n$. D'où un $t \in \mathbb{Z}$ tel que $hk - 1 = nt$. Ainsi k et n sont premiers entre eux. Inversement, si k est premier avec n, il existe $u, v \in \mathbb{Z}$ tels que $ku + nv = 1$ (théorème de Bézout). Alors $ku \equiv 1 \mod n$, soit $\overline{k}\,\overline{u} = 1$, et donc $\overline{k}$ est inversible. D'où l'assertion 1, vu l'exercice 5 de la page 134.

L'assertion 2 est une conséquence évidente de 1 et de la définition de φ, car $k \mapsto \overline{k}$ est une bijection de $[\![1, n]\!]$ sur $\mathbb{Z}/n\mathbb{Z}$. ■

Remarque. Si $k \in \mathbb{Z}$ est premier avec n, cette preuve *donne un moyen* de calculer $\overline{k}^{-1} \in \mathbb{Z}/n\mathbb{Z}$: on détermine une relation de Bézout entre k et n : $ku + nv = 1$ (*cf.* l'exercice 13 de la page 99), alors $\overline{k}^{-1} = \overline{u}$.

Donnons deux conséquences importantes de la proposition précédente.

Théorème 50 (Euler, 1707-1783). Soit $n \geqslant 2$ un entier. Pour tout entier $a \in \mathbb{Z}$ premier avec n, on a :

$$a^{\varphi(n)} \equiv 1 \mod n. \tag{33}$$

Démonstration. Soient $a \in \mathbb{Z}$ un entier premier avec n et $\overline{a}$ son image dans $\mathbb{Z}/n\mathbb{Z}$. Vu la proposition précédente, $\overline{a} \in (\mathbb{Z}/n\mathbb{Z})^\times$, et le groupe multiplicatif $(\mathbb{Z}/n\mathbb{Z})^\times$ est d'ordre $\varphi(n)$. Le théorème de Lagrange (théorème 22 de la page 128) montre donc que $\overline{a}^{\varphi(n)} = 1$. D'où la congruence annoncée. ■

Théorème 51 (Petit théorème de Fermat). Soit p un nombre premier. Si $a \in \mathbb{Z}$ n'est pas multiple de p, on a :

$$a^{p-1} \equiv 1 \mod p, \quad \text{donc} \quad a^p \equiv a \mod p. \tag{34}$$

La deuxième de ces congruences est vraie en fait pour *tout* entier a.

Démonstration. Elle résulte du théorème d'Euler. Si $a \in \mathbb{Z}$ n'est pas multiple de p, il est premier avec p (car p est premier). Puisque $\varphi(p) = p-1$, la première congruence (34) n'est autre que (33) (en prenant $n := p$). Lorsque p ne divise pas a, la deuxième congruence (34) résulte de la première en multipliant par a ; si p divise a, cette congruence est évidente. ■

Remarques.

1. Lorsqu'on effectue de nombreux calculs (additions, multiplications) sur des entiers, il peut y avoir « explosion » : les résultats intermédiaires peuvent dépasser la taille permise (sur ordinateur). *Il n'y a pas d'explosion* lorsqu'on calcule dans $\mathbb{Z}/n\mathbb{Z}$: les résultats ne dépassent jamais la taille de n. Cette remarque a beaucoup d'applications pratiques.

2. Le théorème ci-dessus est dit « petit » par opposition au dernier (ou grand) théorème de Fermat » (*cf.* la remarque de la page 140). Ce théorème a une conséquence apparemment surprenante. Soit $n > 1$ un entier impair. Si 2^{n-1} n'est pas congru à 1 modulo n, ce théorème dit que n *n'est pas premier*. Si n est « grand », par exemple s'il a $100\,000$ chiffres, le calcul de $\overline{2}^{n-1} \in \mathbb{Z}/n\mathbb{Z}$ par ordinateur ne pose pas de problème ; vu l'exemple de la page 83, ce calcul nécessite moins de $700\,000$ multiplications. Bien entendu, tous les calculs se font dans $\mathbb{Z}/n\mathbb{Z}$, par application itérée de la formule (32), et non dans $\mathbb{N}$: même pour un ordinateur, le calcul de 2^{n-1} n'est pas faisable !

   Si donc $\overline{2}^{n-1} \neq 1$, nous pouvons affirmer que n n'est pas premier, *sans pour autant connaître un diviseur non trivial de* n.

Voici une application du théorème de Fermat. Il s'agit d'une méthode de codage très utilisée en cryptographie, la méthode RSA (due à Rivest, Shamir et Adleman). Soient p et q deux nombres *premiers* distincts, $N = pq$ et $c \geqslant 1$ un entier fixé *premier* avec $(p-1)(q-1)$. L'expéditeur du message ne connaît que N et c : la *« clé publique »*, mais ni p ni q. Le message à transmettre est initialement constitué de *lettres* ou, plus généralement, de *caractères*. On le transforme en une *liste de chiffres* en remplaçant, dans le premier cas, chaque lettre par son rang dans l'alphabet et, dans le second, chaque caractère par le nombre qui le représente dans un certain *encodage*, par exemple en utilisant le codage ASCII (version étendue 8 bits) par un entier entre 0 et $255 = 2^8 - 1$. On découpe ensuite le message ainsi transformé en *tranches* de même longueur représentant chacune un nombre entier $x < N$, puis l'on remplace chaque tranche par le $\bar{x} \in \mathbb{Z}/N\mathbb{Z}$ correspondant. On *code* chaque $\bar{x}$ en le remplaçant par $\bar{y} = \bar{x}^c$ et l'on transmet la liste des $y \in [\![0, N-1]\!]$ correspondants.
Comment le destinataire du message peut-il *décoder*, *i.e.* retrouver $\bar{x}$ à partir de $\bar{y}$ *en connaissant* p *et* q ? Voici la réponse. D'après le théorème de Bézout, il existe deux entiers d et k tels que $cd - k(p-1)(q-1) = 1$; on peut de plus supposer $k \geqslant 1$ (*cf.* la proposition 57 de la page 100), d'où $d \geqslant 1$. Alors $\bar{x} = \bar{y}^d$. En effet, il s'agit de vérifier que $\bar{x}^{cd} = \bar{x}$, soit $x^{cd} \equiv x \mod pq$, ou encore que pq divise $x^{cd} - x$. Comme pq est le ppcm de p et q, il suffit de voir que $x^{cd} - x$ est multiple de p et de q. Par symétrie, il suffit de montrer que $x^{cd} - x \equiv 0 \mod p$. C'est clair si p divise x, auquel cas p divise x^{cd}. Si p ne divise pas x, le théorème de Fermat donne $x^{p-1} \equiv 1 \mod p$. Alors :

$$x^{cd} = x^{1+k(p-1)(q-1)} = x\left[x^{p-1}\right]^{k(q-1)} \equiv x \mod p.$$

Ainsi, pour récupérer $\bar{x}$, il suffit d'élever $\bar{y}$ à la puissance d.
En pratique, on choisit pour p et q deux « grands » nombres premiers distincts (de quelques centaines de chiffres chacun). Quel est l'intérêt ?

Le point capital est que, depuis un peu plus d'une vingtaine d'années, grâce à des méthodes que nous ne pouvons pas détailler ici, on sait fabriquer à la demande des nombres premiers p et q de la taille requise. En revanche, il se trouve que, *dans l'état actuel*, on ne peut pas factoriser un entier de la taille de $N = pq$.

Les entiers N et c constituent la « clé publique », ils peuvent sans inconvénient être connus de tous, et permettent de coder les messages.

Pour décoder il faut avoir d, ce qui revient, comme nous l'avons vu, à connaître le nombre $(p-1)(q-1) = N - p - q + 1$, c'est à dire p *ou* q. L'entier d, appelé « clé secrète », ne peut donc pas être trouvé, même si N et c sont connus, ainsi que le message initial $\bar{x}$ et le message codé $\bar{y}$. C'est l'avantage essentiel de cette méthode de codage, dite *à clé publique*.

Voici un exemple numérique « petit » : $N := 415\,439 = pq$, où $p := 233$ et $q := 1\,783$. Alors $(p-1)(q-1) = 232 \times 1\,782 = 2^4.3^4.11.29$. Choisissons $c := 113$ et $d := 336\,593$; il est facile de vérifier que $cd \equiv 1 \mod (p-1)(q-1)$. Le mot « eau » est codé par $\bar{x} := \overline{5\,01\,21}$ (les numéros des lettres e, a et u sont 5, 1 et 21 respectivement). On vérifie que $\bar{x}^c = \overline{22\,09\,14}$. Les 22ème, 9ème et 14ème lettres de l'alphabet étant v, i et n, le mot codé est : « vin ».

Théorème 52 (Théorème Chinois). Soient $m_1, \ldots, m_r \geqslant 2$ des entiers premiers entre eux *deux à deux* ($r \geqslant 2$) et M leur produit.

Étant donnés des entiers $a_1, \ldots, a_r$, considérons le système de congruences :

$$(S) : x \equiv a_i \mod m_i \ (i = 1, \ldots, r). \qquad (35)$$

Ce système possède une solution $x \in \mathbb{Z}$, qui est unique modulo M.

Démonstration. Commençons par l'unicité. Soient $x, y \in \mathbb{Z}$ deux solutions de (S). Pour tout i, $x \equiv a_i \equiv y \mod m_i$, donc $x - y$ est multiple de m_i. Ainsi $x - y$ est multiple du ppcm des a_i, qui vaut M puisque les m_i sont premiers entre eux deux à deux (théorème 44 de la page 92). D'où $x \equiv y \mod M$.

Pour l'existence, supposons que $r = 2$. Puisque $m_1 \wedge m_2 = 1$, il existe $u, v \in \mathbb{Z}$ tels que $um_1 + vm_2 = 1$. Posons $x_1 := vm_2$ et $x_2 := um_1$. Alors x_1 est congru à $0 \mod m_2$ et à $1 \mod m_1$, car $x_1 = 1 - um_1$. De même $x_2 \equiv 1 \mod m_2$ et $x_2 \equiv 0 \mod m_1$. Posons $x := a_1x_1 + a_2x_2$. Alors :

$$x \equiv a_1 \times 1 + a_2 \times 0 = a_1 \mod m_1 \qquad \text{et} \qquad x \equiv a_1 \times 0 + a_2 \times 1 = a_2 \mod m_2,$$

donc x est solution de (S).

Raisonnons alors par récurrence sur r. Si $r \geqslant 3$, le passage de $r-1$ à r se fait comme suit. Soit $P := m_1m_2 \cdots m_{r-1}$. D'après l'hypothèse de récurrence, il existe un $y \in \mathbb{Z}$ tel que $y \equiv a_i \mod m_i$ pour $i = 1, \ldots, r-1$. Par ailleurs $P \wedge m_r = 1$. D'après le cas $r = 2$, il existe un $x \in \mathbb{Z}$ tel que $x \equiv y \mod P$ et $x \equiv a_r \mod m_r$. Il est clair que x est solution de (S). ∎

Noter que la preuve précédente fournit une méthode pratique de résolution du système (S).

Exercice 9.

Résoudre par exemple le système suivant :

$$(S) : x \equiv 5 \mod 17, \ x \equiv 3 \mod 23.$$

Solution. Les nombres 17 et 23 étant premiers entre eux, il existe $u, v \in \mathbb{Z}$ tels que $17u + 23v = 1$. Par exemple $(u, v) := (-4, 3)$ convient. Avec les notations de la preuve ci-dessus, $x_1 := 3 \times 23 = 69$ et $x_2 := 17 \times (-4) = -68$. D'où une solution x de (S), à savoir $x := 5x_1 + 3x_2 = 5 \times 69 + 3 \times (-68) = 141$. La solution générale de (S) est donc $x := 141 + 391k$, où $k \in \mathbb{Z}$ est arbitraire.

Voici une autre version du théorème chinois.

Théorème 53. Soient $m_1, \ldots, m_r \geqslant 2$ des entiers premiers entre eux *deux à deux* $(r \geqslant 2)$ et M leur produit.

1. Il existe un isomorphisme d'anneaux « naturel » de $\mathbb{Z}/M\mathbb{Z}$ sur l'anneau produit $(\mathbb{Z}/m_1\mathbb{Z}) \times \cdots \times (\mathbb{Z}/m_r\mathbb{Z})$.
2. Cet isomorphisme induit un isomorphisme de groupes multiplicatifs de $(\mathbb{Z}/M\mathbb{Z})^\times$ sur le groupe $(\mathbb{Z}/m_1\mathbb{Z})^\times \times \cdots \times (\mathbb{Z}/m_r\mathbb{Z})^\times$. Ainsi :

$$\varphi(M) = \varphi(m_1)\varphi(m_2)\cdots\varphi(m_r). \tag{36}$$

Démonstration. Soit B l'anneau produit $(\mathbb{Z}/m_1\mathbb{Z}) \times \cdots \times (\mathbb{Z}/m_r\mathbb{Z})$.
Notons $\pi : \mathbb{Z} \to \mathbb{Z}/M\mathbb{Z}$ et $\pi_i : \mathbb{Z} \to \mathbb{Z}/m_i\mathbb{Z}$ $(i = 1, \ldots, r)$ les morphismes canoniques. Soient $k \in \mathbb{Z}$ et $\overline{k} = \pi(k) \in \mathbb{Z}/M\mathbb{Z}$. Nous avons envie de poser :

$$F(\overline{k}) := \big(\pi_1(k), \ldots, \pi_r(k)\big) \in B. \tag{$*$}$$

Pour justifier cette formule, qui définit une application $F : \mathbb{Z}/M\mathbb{Z} \to B$, il suffit de voir que le second membre ne change pas si l'on remplace k par un entier l, $l \equiv k \mod M$. C'est évident : pour tout i, $k \equiv l \mod m_i$, soit $\pi_i(k) = \pi_i(l)$, car $k - l$ est multiple de M, *a fortiori* de m_i.

Le fait que F soit un morphisme d'anneaux résulte des formules (24) et (32). Montrons que F est injectif, *i.e.* que $\mathrm{Ker}(F) = (0)$. Soit $x \in \mathrm{Ker}(F)$, $x = \overline{k}$, pour un certain $k \in \mathbb{Z}$. Pour tout i, $\pi_i(k) = 0$, *i.e.* k est multiple de m_i. Ainsi k est multiple de M, ppcm des m_i, d'où $x = \overline{k} = 0$.

Il se trouve que $\mathbb{Z}/M\mathbb{Z}$ et B ont même ordre, à savoir $M = m_1m_2\cdots m_r$. Puisque $F : \mathbb{Z}/M\mathbb{Z} \to B$ est injectif, il est bijectif (théorème 15 de la page 72), c'est donc un isomorphisme d'anneaux. En fait, le lecteur pourra vérifier que la surjectivité de F est équivalente au théorème chinois.

La proposition 36 de la page 142 entraîne que F applique $(\mathbb{Z}/n\mathbb{Z})^\times$ sur $B^\times$. Or $B^\times$ est le groupe produit des $(\mathbb{Z}/n_i\mathbb{Z})^\times$ (*cf.* l'exercice II.2.21 de la page 159), d'où la première assertion en 2. La seconde assertion en résulte, en appliquant la proposition 49 de la page 149, puis en prenant les ordres des deux groupes considérés. ■

4 Corps

Les corps sont des anneaux particuliers, dans lesquels les divisions (par des éléments non nuls) sont possibles. Comme nous l'avons dit dans l'introduction, les corps les plus utiles dans cet ouvrage seront $\mathbb{Q}, \mathbb{R}, \mathbb{C}$, les autres corps n'intervenant que de façon ponctuelle. Il n'y a donc pas lieu d'étudier les corps de manière aussi détaillée que les groupes ou les anneaux.

Définition 22. Un *corps* est un anneau non nul ($0 \neq 1$) dont tout élément *non nul* est *inversible*. Un corps est dit *commutatif* si sa multiplication est commutative.

Le seul corps dont nous disposions pour l'instant est $\mathbb{Q}$, les corps $\mathbb{R}$ et $\mathbb{C}$ seront définis et étudiés dans des modules ultérieurs. Tous les corps envisagés dans cet ouvrage seront commutatifs (hormis le corps des *quaternions*, qui n'apparaîtra que comme exemple). Nous ferons donc la convention suivante :

Désormais, le mot corps signifiera corps commutatif.

Soit K un corps. Le neutre additif de K est noté 0 (ou 0_K si besoin est), et le neutre multiplicatif de K est noté 1 (ou 1_K). Tout $x \in K$ possède un *opposé* $-x$. Le groupe $(K^{\times}, \times)$ des inversibles de l'anneau K est égal à $K^* = K \setminus \{0\}$: tout $x \in K^*$ possède un *inverse* x^{-1}, noté aussi $1/x$. Si $a \in K$ et $b \in K^*$, ab^{-1} est aussi noté $\dfrac{a}{b}$ et appelé *quotient de a par b*.

Pour un corps K, les groupes $(K, +)$ et $(K^*, \times)$ sont assez différents : ainsi, le lecteur vérifiera que, dans $(\mathbb{Q}, +)$, le seul élément d'ordre fini est 0 alors que, dans $(\mathbb{Q}^*, \times)$, il y a deux éléments d'ordre fini : -1 et 1. Dans $(\mathbb{C}^*, \times)$, il y a une infinité d'éléments d'ordre fini (les « racines de l'unité », voir le module II.5).

Résumons les règles de calcul dans un corps K :

PROPRIÉTÉS.

1. *Associativité de $+$: pour tous $a, b, c \in K$, $(a+b)+c = a+(b+c)$.*
2. *Commutativité de $+$: pour tous $a, b \in K$, $a+b = b+a$.*
3. *Pour tout $a \in K$, $a+0 = a$ et $a+(-a) = 0$.*
4. *Associativité de $\times$: pour tous $a, b, c \in K$, $(ab)c = a(bc)$.*
5. *Commutativité de $\times$: pour tous $a, b \in K$, $ab = ba$.*
6. *Pour tout $a \in K$, $a \times 1 = a$.*
7. *Pour tout $a \in K^*$, $a \times \dfrac{1}{a} = 1$.*
8. *Pour tout $a \in K$, $0 \times a = 0$.*
9. *Distributivité : pour tous $a, b, c \in K$, $a(b+c) = ab+ac$.*
10. *Pour tous $a, b \in K$, $(-a)b = -(ab) = a(-b)$.*
11. *Régularité de $+$: pour tous $a, b, c \in K$, $(a+b = a+c) \Longrightarrow (b = c)$.*
12. *Pour tous $a, b \in K$, la différence $a-b$ est définie, elle vaut $a+(-b)$.*
13. *Intégrité : pour tous $a, b \in K$, $(ab = 0) \Longrightarrow \big((a=0)$ ou $(b=0)\big)$.*
14. *Régularité de $\times$: pour tous $a \in K^*$ et $b, c \in K$, $(ab = ac) \Longrightarrow (b = c)$.*
15. *Pour tous $a \in K$ et $b \in K^*$, le quotient $\dfrac{a}{b}$ est défini, il vaut ab^{-1}.*

Vérifions 13 : soient $a, b \in K$ tels que $ab = 0$. Si $a \neq 0$, a est inversible (définition d'un corps), et $ab = 0 = a0$, d'où $b = 0$ (proposition 33 de la page 139).
Si $x \in K$, on sait définir les multiples nx, $n \in \mathbb{Z}$ de x et, si $x \neq 0$, les puissances x^n, $n \in \mathbb{Z}$ de x (revoir les règles (16) à (19) de la page 122).

Proposition 54. Soit K un corps.

1. L'anneau K est *intègre*, de caractéristique 0 ou un nombre premier.
2. L'anneau K possède exactement deux idéaux : $\{0\}$ et K.
3. Tout morphisme f de K dans un anneau *non nul* B est injectif.

Démonstration. D'abord $K \neq \{0\}$, soit $0_K \neq 1_K$, par définition d'un corps, donc la propriété 13 montre que K est intègre. La proposition 40 de la page 144 montre alors que la caractéristique de K est 0 ou un nombre premier.
Soit I un idéal de K. Supposons $I \neq \{0\}$, et montrons que $I = K$. Soient a un élément non nul de I et a^{-1} son inverse. Puisque $a \in I$, $1 = a^{-1}a \in I$ (définition d'un idéal), et donc $I = A$, vu la propriété de la page 140.
Pour l'assertion 3, $\mathrm{Ker}(f)$ est un idéal de K (assertion 3 du théorème 37 de la page 143). Cet idéal n'est pas égal à K, *i.e.* ne contient pas 1, car $f(1) = 1_B \neq 0_B$ par hypothèse. D'après 2, $\mathrm{Ker}(f) = \{0\}$, donc f est injectif (théorème 38 de la page 143). ■

Remarque. Soient K un corps et $x \in K$, $n \in \mathbb{Z}$. Si la caractéristique de K est 0, $(nx = 0)$ équivaut à $\big((n = 0) \text{ ou } (x = 0)\big)$. Si la caractéristique de K est un nombre premier p, $(nx = 0)$ équivaut à $\big((p \mid n) \text{ ou } (x = 0)\big)$.

Théorème 55. Si p est un nombre premier, l'anneau $\mathbb{Z}/p\mathbb{Z}$ est un corps à p éléments.

Démonstration. D'abord $\bar{0} \neq \bar{1}$ dans $\mathbb{Z}/p\mathbb{Z}$, car $1 \not\equiv 0 \mod p$. Soit $x \in \mathbb{Z}/p\mathbb{Z}$, $x \neq 0$, il s'agit de voir que x est inversible. Soit $a \in \mathbb{Z}$ tel que $x = \overline{a}$. Par hypothèse $\overline{a} \neq 0$, *i.e.* p ne divise pas a. Puisque p est premier, $a \wedge p = 1$, et la proposition 49 de la page 149 montre alors que $x = \overline{a}$ est inversible. ■

Exercice 10.
Considérons le nombre premier 37 ? Calculer l'inverse de $x := \overline{7} \in \mathbb{Z}/37\mathbb{Z}$.
Solution. On cherche des entiers u, v tels que $7u + 37v = 1$, alors $x^{-1} = \overline{u}$. Le couple $(u, v) := (16, -3)$ répond à la question, donc $x^{-1} = \overline{16}$.
Effectivement, $7 \times 16 = 112 = 1 + 3 \times 37 \equiv 1 \mod 37$.

Pour tout nombre premier p, $\mathbb{Z}/p\mathbb{Z}$ est donc un corps *fini*, de cardinal p. Il existe des corps finis plus généraux, dont le cardinal est une *puissance* d'un nombre premier (*cf.* par exemple l'exercice II.2.35). Les corps finis, introduits par Galois, sont importants de nos jours, car ils permettent de fabriquer des « codes correcteurs », servant à la transmission des données.

Exemple. Soit K un corps. L'équation $x^2 = 1$ est simple à résoudre dans K. Elle a deux solutions évidentes : $\pm 1_K$, distinctes si, et seulement si, la caractéristique de K est distincte de 2. Soit $x \in K$ tel que $x^2 = 1$. Alors $0 = x^2 - 1_K = (x - 1_K)(x + 1_K)$; or K est intègre, donc l'un des éléments $x - 1_K$, $x + 1_K$ est nul, *i.e.* $x = \pm 1_K$.
Soit ensuite $K = \mathbb{Z}/p\mathbb{Z}$, où $p \geqslant 3$ est un nombre premier. Si $x \in K^*$, les conditions $(x = 1/x)$, $(x^2 = 1)$ et $\big(x \in \{-1_K, 1_K\}\big)$ sont équivalentes. Posant $m := (p-3)/2$, on peut écrire ainsi les $2m$ éléments de $K^* \setminus \{-1, 1\}$:

$$K^* \setminus \{-1,1\} = \big\{x_1, 1/x_1, x_2, 1/x_2, \ldots, x_m, 1/x_m\big\},$$

où $x_j \neq x_i$, $1/x_i$ lorsque $j \neq i$. Sous cette forme, il est clair que le produit des éléments de $K^* \setminus \{-1,1\}$ vaut 1, donc le produit des éléments de K^* vaut -1. Or, les éléments de K^* étant les $\overline{k}$, $k = 1, \ldots, p-1$, leur produit est $\overline{(p-1)!}$. D'où la congruence suivante :

$$(p-1)! \equiv -1 \mod p \quad (\textit{théorème de Wilson}), \tag{37}$$

aussi valable lorsque $p = 2$. Cette congruence *caractérise* les nombres premiers : si $p > 2$ n'est pas premier, il a un diviseur $q \in [\![2, p-1]\!]$; alors q divise $(p-1)!$, donc $(p-1)!$ n'est pas congru à -1 modulo q, *a fortiori* modulo p.

Soit A un anneau (commutatif) *intègre*. De même que le corps $\mathbb{Q}$ a été construit à partir de l'anneau $\mathbb{Z}$, on peut construire, à partir de A un certain corps K, appelé *corps des fractions de* A. Cette construction étant identique à celle de $\mathbb{Q}$ (*cf.* le module II.1), à condition de remplacer les éléments de $\mathbb{Z}$ par ceux de A, nous nous contenterons d'énoncer un théorème :

Théorème 56.
Soit A un anneau intègre. Il existe un corps K vérifiant les conditions :
a) K contient A, plus précisément A est un sous-anneau de K.
b) Tout $x \in K$ s'écrit $x = \dfrac{a}{b}$, où $a \in A$, $b \in A^*$, $\dfrac{a}{b}$ étant le quotient de a par b *dans* K.

Dans le module II.6, le « corps des fractions rationnelles » sera ainsi construit à partir de l'anneau des polynômes. Le corps K construit ci-dessus est unique au sens suivant (*cf.* l'exercice II.2.38) : si K' est un autre corps vérifiant les conditions a) et b) du théorème, il existe un unique isomorphisme d'anneaux f de K sur K' tel que $f(a) = a$ pour tout $a \in A$. Ainsi, pour travailler dans K, peu importe la façon dont on a construit K. L'essentiel est que les conditions a) et b) du théorème soient vérifiées. Le corps K est appelé *corps des fractions* de A.

Définition 23. Soient K un corps et K' une partie de K. On dit que K' est un *sous-corps* de K si c'est un sous-anneau de K et si, pour tout élément non nul x de K', l'inverse de x dans K appartient à K'.

Cela signifie (le vérifier) que K' est un sous-anneau de K et que, muni de l'addition et de la multiplication induites par celles de K, K' est un corps. Il s'avérera ainsi que $\mathbb{Q}$ est un sous-corps de $\mathbb{R}$, et $\mathbb{R}$ un sous-corps de $\mathbb{C}$.

Exemples.

1. Si K, L sont deux corps et $f, g : K \to L$ deux morphismes d'anneaux, $K' := \{x \in K \mid f(x) = g(x)\}$ est un sous-corps de K (le vérifier). Si $L = K$, l'ensemble des points fixes de f est donc un sous-corps de K.
2. Toute intersection de sous-corps d'un corps K est un sous-corps de K. L'intersection k de *tous* les sous-corps de K est donc, au sens de l'inclusion, le plus petit sous-corps de K.

Exercice 11.

Soit K l'un des corps $\mathbb{Q}$ ou $\mathbb{Z}/p\mathbb{Z}$, où p est premier.

1. Montrer que le seul sous-corps de K est K lui-même.
2. Montrer que Id_K est le seul morphisme d'anneaux de K dans K.

Solution.

1. Soit K' un sous-corps de K. Comme sous-anneau de K, il contient 1_K, donc aussi $k \cdot 1_K$ pour tout $k \in \mathbb{N}^*$ (récurrence sur k). Si $K = \mathbb{Z}/p\mathbb{Z} = \{\overline{0}, \overline{1}, \ldots, \overline{p-1}\}$, il en résulte que $K' = K$. Supposons que $K = \mathbb{Q}$. Pour tout entier $k \geqslant 1$, K' contient $1/k$, donc aussi tout rationnel a/b ($a \in \mathbb{Z}$, $b \in \mathbb{N}^*$), car K' est multiplicativement stable. Ainsi $K = \mathbb{Q}$.
2. Soit $f : K \to K$ un morphisme d'anneaux. D'après l'exemple 1 ci-dessus, $K' := \{x \in K \mid f(x) = x\}$ est un sous-corps de K ; ainsi $K' = K$ (d'après l'assertion 1), *i.e.* $f = \mathrm{Id}_K$.

Exercice type corrigé

II.2.0 Soient $(G, \times)$ un groupe *fini* et $s : G \to G$ un morphisme *involutif* : $s \circ s = \mathrm{Id}_G$. On suppose de plus que 1 est le seul *point fixe* de s.

1. Montrer que l'application $x \mapsto x^{-1}s(x)$ de G dans G est injective. En déduire que $s(x) = x^{-1}$ pour tout $x \in G$, puis que G est abélien.
2. Montrer que l'ordre de G est impair.
3. Établir une réciproque lorsque G est abélien d'ordre impair.

Solution.

1. L'application $f : x \mapsto x^{-1}s(x)$ de G dans G est injective. Soient en effet $x, y \in G$ tels que $f(x) = f(y)$, montrons que $x = y$. Multiplions les deux membres de l'égalité $x^{-1}s(x) = y^{-1}s(y)$ à gauche par x et à droite par $s(y)^{-1} = s(y^{-1})$: $x\big[x^{-1}s(x)\big]s(y^{-1}) = x\big[y^{-1}s(y)\big]s(y^{-1})$. Comme $s(x)s(y^{-1}) = s(xy^{-1})$, l'égalité obtenue s'écrit : $s(xy^{-1}) = xy^{-1}$. Ainsi xy^{-1} est un point fixe de s. Vu l'hypothèse, $xy^{-1} = 1$, *i.e.* $x = y$. Comme G est fini, le théorème 15 de la page 72 montre que f est *surjective*.

Soit $x \in G$. Il existe donc $a \in G$ tel que $x = f(a) = a^{-1}s(a)$. Puisque $s \circ s = \mathrm{Id}_G$, il vient :

$$s(x) = s\big(a^{-1}s(a)\big) = s(a)^{-1}s\big(s(a)\big) = s(a)^{-1}a = \big(a^{-1}s(a)\big)^{-1} = x^{-1}.$$

Nous avons utilisé la définition d'un morphisme, la proposition 18 de la page 125 et la propriété 4 de la proposition 9 de la page 121. Ainsi $s(x) = x^{-1}$ pour tout $x \in G$.
Soient alors $a, b \in G$. On a $(ab)^{-1} = s(ab) = s(a)s(b) = a^{-1}b^{-1}$, soit $b^{-1}a^{-1} = a^{-1}b^{-1}$. En prenant les inverses, on en déduit que $ab = ba$, d'où la commutativité de G.

2. Soit $E := G \setminus \{1\}$. Pour tout $x \in E$, $x^{-1} = s(x)$ est distinct de x, puisque 1 est le seul point fixe de s. Les éléments de E sont donc « rangés par paires $\{x, x^{-1}\}$ », et il en résulte intuitivement que E a un nombre pair d'éléments. Dans ces conditions, $\operatorname{card}(G) = 1 + \operatorname{card}(E)$ est impair. Formellement, la relation $\sim$ sur E définie par $x \sim y$ si, et seulement si, $y = x$ ou $y = x^{-1}$ est une relation d'équivalence sur E $\big($à cause de la formule $(x^{-1})^{-1} = x\big)$. Vu ce qui précède, chaque classe de E pour $\sim$ a deux éléments. Le fait que $\operatorname{card}(E)$ soit pair résulte alors du théorème 16 de la page 72.

3. Supposons que G soit un groupe abélien fini d'ordre *impair* N. Définissons $s : G \to G$ par $s(x) := x^{-1}$ pour tout $x \in G$. Soient $a, b \in G$. Il vient $s(ab) = (ab)^{-1} = b^{-1}a^{-1} = a^{-1}b^{-1}$, la dernière égalité venant de la commutativité de G. Ainsi $s(ab) = s(a)s(b)$, donc s est un morphisme. Ensuite la formule $(x^{-1})^{-1} = x$ montre que $s \circ s$ est l'identité. Il reste à montrer que, si x est un point fixe de s, alors $x = 1$. Supposons le contraire : $x = s(x) = x^{-1}$, donc $x^2 = 1$, mais $x \neq 1$. Ainsi x est d'ordre 2. Cela contredit le théorème de Lagrange (théorème 22 de la page 128), puisque 2 ne divise pas N. En conclusion, s possède les propriétés requises : c'est un morphisme involutif de G dans G ayant un seul point fixe, à savoir 1.

Pour aller plus loin

Les corrigés sont disponibles en accès libre à partir des pages d'accueil du livre sur le site www.dunod.com

---

II.2.1 Sur un ensemble fini à n éléments, montrer qu'il y a n^{n^2} lois de composition. Parmi elles, combien sont commutatives ?

II.2.2 Soit S (resp. I) l'ensemble des fonctions paires (resp. impaires) de $\mathbb{R}$ dans $\mathbb{R}$. Montrer que S et I sont des parties additivement stables de $\mathcal{F}(\mathbb{R}, \mathbb{R})$, et que S est multiplicativement stable. Que dire de I ?

II.2.3 Soient G un groupe multiplicatif et H une partie multiplicativement stable de G, *finie* et non vide. Donner deux preuves du fait que H soit un sous-groupe de G (pour l'une d'elles, utiliser la proposition 10 de la page 121).

II.2.4 Soient G un groupe et $a \in G$. Montrer que les éléments de G commutant avec a forment un sous-groupe $C_G(a)$ de G. Quelle est l'intersection des $C_G(a)$ lorsque a décrit G ?

II.2.5 Soit G un groupe multiplicatif. On suppose que $x^2 = 1$ pour tout $x \in G$. Montrer que G est abélien.

II.2.6 Soit $a \in \mathbb{Z}$. Montrer que l'application $x \mapsto ax$ (multiplication par a) est un morphisme du groupe $(\mathbb{Z}, +)$ dans lui-même. À quelle condition (sur a) ce morphisme est-il injectif (resp. surjectif, resp. bijectif) ?

II.2.7 Soient $f, g : G \to G'$ deux morphismes de groupes. Montrer que, si f et g coïncident sur une partie génératrice de G, $f = g$. Vérifier d'abord que $\{x \in G \mid f(x) = g(x)\}$ est un sous-groupe de G.

II.2.8 Sur $G := \mathbb{Z} \times \{-1, 1\}$, on définit une loi $\top$ ainsi :

$$(a, \varepsilon)\top(b, \eta) := (a + \varepsilon b, \varepsilon\eta) \quad \text{pour tous} \quad a, b \in \mathbb{Z} \quad \text{et} \quad \varepsilon, \eta \in \{-1, 1\}.$$

1. Montrer que $(G, \top)$ est un groupe. Ce groupe est-il commutatif ?
2. Soient $a := (0, -1)$ et $b := (1, -1)$. Montrer que a, b sont des éléments d'ordre 2 de G et que $\{a, b\}$ engendre G.

II.2.9 Soit G un groupe multiplicatif engendré par cinq éléments a, b, c, d, e. On suppose que les égalités suivantes sont vérifiées :

$$ab = c\,,\ bc = d\,,\ cd = e\,,\ de = a\,,\ ea = b. \qquad (*)$$

1. Montrer que G est engendré par a et b. Vérifier les égalités :

$$babab^2ab = a\,,\ ab^2aba = b\,,\ bab^2 = a^2 \quad \text{et} \quad ba^4b = a. \qquad (**)$$

2. En déduire les égalités suivantes : $cb^4c = b$, puis :

$$b^5 = a^{-2}\,,\ c^{5^2} = a^4\,, \ldots,\ a^{5^5} = a^{-32} \qquad (***)$$

3. Montrer que les ordres de a et b sont finis et premiers avec 10, puis que b appartient à $\langle a \rangle$. En déduire que $a^{11} = 1$ et $b = a^4$. Montrer enfin que G est soit trivial, soit cyclique d'ordre 11.
4. Soient G' un groupe multiplicatif cyclique d'ordre 11 et a un générateur de G'. Trouver des éléments b, c, d, e de G' vérifiant les égalités $(*)$.

II.2.10 Soient $(G, \times)$ un groupe *abélien* et $a, b \in G$. On suppose que a (resp. b) est d'ordre fini m (resp. n), et que m et n sont premiers entre eux. Montrer que ab est d'ordre mn.

II.2.11 Soient G un groupe *abélien* fini, noté additivement, et p un diviseur premier de l'ordre n de G. On se propose de montrer que G possède un élément d'ordre p (« Théorème de Cauchy »).

1. Soient $x_1, \ldots, x_n$ les éléments de G.
Pour tout i, soit $H_i := \langle x_i \rangle$, et soit $A := H_1 \times H_2 \times \cdots \times H_n$.
Montrer que $f : (y_1, \ldots, y_n) \mapsto y_1 + y_2 + \cdots + y_n$ est un morphisme surjectif de A sur G.
2. Prouver qu'il existe $i \in [\![1, n]\!]$ tel que p divise l'ordre de x_i. Conclure.

II.2.12 Soit f une bijection de E sur un ensemble F. Montrer que $s \mapsto f \circ s \circ f^{-1}$ est un *isomorphisme* de $\mathfrak{S}(E)$ sur $\mathfrak{S}(F)$. Ainsi les groupes $\mathfrak{S}(E)$ et $\mathfrak{S}(F)$ ont les mêmes propriétés.

II.2.13 Montrer que les applications $t : x \mapsto x + 1$ et $s : x \mapsto -x$ de $\mathbb{Z}$ dans $\mathbb{Z}$ appartiennent à $\mathfrak{S}(\mathbb{Z})$. Comparer $s \circ t$ et $t \circ s$. Conclusion ? Établir un isomorphisme entre le sous-groupe Γ de $\mathfrak{S}(\mathbb{Z})$ engendré par $\{s, t\}$ et le groupe G de l'exercice II.2.8.

II.2.14 Soit V_4 la partie $\{1,\ (1\ 2)(3\ 4),\ (1\ 3)(2\ 4),\ (1\ 4)(2\ 3)\}$ de $\mathfrak{S}_4$ (on supprime le symbole $\circ$).

1. Montrer que V_4 est un sous-groupe du groupe alterné $\mathfrak{A}_4$, puis que V_4 est isomorphe au groupe produit $(\mathbb{Z}/2\mathbb{Z})^2$.
2. Un groupe $(G, \times)$ d'ordre 4 dont tout élément est de carré 1 est isomorphe à V_4 (étudier la table de multiplication de G). À isomorphisme près, combien y a-t-il de groupes d'ordre 4 ?

II.2.15 Soient E un ensemble et c un n-cycle de E ($n \geqslant 2$). Montrer que c est un élément d'ordre n de $\mathfrak{S}(E)$.

II.2.16 Soient E un ensemble fini de cardinal N et n un entier, $2 \leqslant n \leqslant N$. Combien y a-t-il de cycles de longueur n dans $\mathfrak{S}(E)$?

II.2.17 Soit $s \in \mathfrak{S}_n$, $n \geqslant 2$. Prouver la formule :

$$\varepsilon(s) = \prod_{1 \leqslant i < j \leqslant n} \left(\frac{s(j) - s(i)}{j - i} \right).$$

On pourra utiliser la proposition 27 de la page 132.

II.2.18 $*$ Soient $n \geqslant 2$ un entier et V une partie *génératrice* de $\mathfrak{S}_n$ formée de *transpositions*. Montrer que $\operatorname{card}(V) \geqslant n - 1$.

Anneaux et corps

II.2.19 On reprend les notations de l'exercice 6 de la page 136.
Vérifier que l'ensemble $\operatorname{End}(E)$ des morphismes de E dans lui-même est un sous-groupe de $(\mathcal{F}(E, E), +)$. Montrer que $(\operatorname{End}(E), +, \circ)$ est un anneau. Quels sont ses éléments inversibles ?

II.2.20 Soient A, B deux anneaux commutatifs. Dans l'anneau produit $A \times B$, montrer que $A \times \{0\}$ et $\{0\} \times B$ sont des idéaux. Montrer que, si A et B ne sont pas nuls, l'anneau $A \times B$ n'est pas intègre.

II.2.21

1. Considérons un anneau produit $A := A_1 \times \cdots \times A_n$ (exemple 2 de la page 136). Montrer que $A^\times$ est le groupe produit $A_1^\times \times \cdots A_n^\times$.
2. Soient X un ensemble et A un anneau. Montrer que les éléments inversibles de l'anneau $\mathcal{F}(X, A)$ (exemple 3 de la page 136) sont les applications $f : X \to A$ telles que $f(X) \subset A^\times$.

II.2.22 Soient A un anneau commutatif et $a \in A$, $n \in \mathbb{N}$. Prouver la formule :

$$\prod_{k=0}^{n} (a^{2^k} + 1) = \sum_{j=0}^{2^{n+1}-1} a^j.$$

II.2.23

1. Soient $r \geqslant 2$ un entier et $i_1, \ldots, i_r \in \mathbb{N}$. Montrer que le nombre rationnel suivant est en fait un entier :

$$\frac{(i_1 + i_2 + \cdots + i_r)!}{i_1! \, i_2! \cdots i_r!} \cdot$$

2. Soient A un anneau et $a_1, \ldots, a_r$ des éléments de A commutant deux à deux ($r \geqslant 2$). Démontrer, pour tout $n \in \mathbb{N}$, la *formule du multinôme* :

$$(a_1 + a_2 + \cdots + a_r)^n = \sum_{(i_1,\ldots,i_r) \in E} \left(\frac{(i_1 + i_2 + \cdots + i_r)!}{i_1! \, i_2! \cdots i_r!} \right) a_1^{i_1} a_2^{i_2} \cdots a_r^{i_r} ,$$

où E est l'ensemble des r-uplets $(i_1, \ldots, i_r) \in \mathbb{N}^r$ de somme n.

II.2.24 Soit A un anneau. Montrer que, si $x \in A$ est nilpotent, $1 - x$ est inversible. La réciproque est-elle vraie ?

II.2.25 Soit e un idempotent de l'anneau A. Montrer que $(eAe, +, \times)$ est un anneau.

II.2.26 Montrer que, si $f, g : A \to A'$ sont deux morphismes d'anneaux, alors l'ensemble $\{x \in A \mid f(x) = g(x)\}$ est un sous-anneau de A.

II.2.27 1. Soient p un nombre premier fixé et A l'ensemble des rationnels de la forme a/b, où $a, b \in \mathbb{Z}$ et b n'est pas multiple de p. Montrer que A est un sous-anneau de $\mathbb{Q}$. Quels sont les éléments inversibles de A ?
2. Montrer que le sous-anneau de $\mathbb{Q}$ engendré par l'ensemble des inverses des nombres premiers est $\mathbb{Q}$. Montrer qu'il n'y a pas de partie *finie* S de $\mathbb{Q}$ telle que le sous-anneau de $\mathbb{Q}$ engendré par S soit $\mathbb{Q}$.

II.2.28 Montrer que les éléments nilpotents d'un anneau commutatif A forment un idéal de A. Soit $n \geqslant 2$ un entier, $k \in \mathbb{Z}$ et $\overline{k} \in \mathbb{Z}/n\mathbb{Z}$ son image. Montrer que $\overline{k}$ est nilpotent si, et seulement si, tout diviseur premier de n divise k.

II.2.29 Soit $X := \mathbb{N} \setminus \{0\}$. On définit sur $\mathcal{F}(X, \mathbb{Z})$ une loi $\star$ comme suit. Si $f, g \in \mathcal{F}(X, \mathbb{Z})$, $f \star g : X \to \mathbb{Z}$ est donnée par :

$$(f \star g)(n) := \sum_{(a,b) \in X^2, \; ab = n} f(a) \, g(b) \quad \text{pour tout } n \in X.$$

1. Vérifier que la fonction $\delta : X \mapsto \mathbb{Z}$ valant 1 en 1 et 0 ailleurs est élément neutre pour $\star$.
2. Montrer que la loi $\star$ est associative $\big($utiliser les formules (6) à (8)$\big)$, puis que $\big(\mathcal{F}(X, \mathbb{Z}), +, \star\big)$ est un anneau commutatif.
3. Soit $\mu : X \to \mathbb{Z}$ la *fonction de Möbius*, définie ainsi. Soit $n \in X$; $\mu(n) := (-1)^r$ si n est produit de r nombres premiers *distincts* ($r \geqslant 0$), et $\mu(n) := 0$ sinon. Soit $c : X \to \mathbb{Z}$ la fonction constante égale à 1. Montrer que c et μ sont inverses l'une de l'autre dans $\big(\mathcal{F}(X, \mathbb{Z}), +, \star\big)$.

4. Étant donnés un groupe abélien $(E,+)$ et deux fonctions $f,g : X \to E$, établir l'équivalence suivante (*formule d'inversion de Möbius*) :

$$\Big(\forall n \in X,\ g(n) = \sum_{d|n} f(d)\Big) \iff \Big(\forall n \in X,\ f(n) = \sum_{d|n} \mu(n/d)g(d)\Big).$$

Dans ces sommes, d décrit l'ensemble des diviseurs positifs de n.

II.2.30 Soit $n := 561 = 3 \times 11 \times 17$. Montrer grâce au théorème chinois que n a la propriété suivante : il n'est pas premier mais, pour tout $a \in \mathbb{Z}$ premier avec n, on a : $a^{n-1} \equiv 1 \mod n$ (1729 a la même propriété).

II.2.31 Soit $n > 0$ un entier *impair*. Montrer que le nombre de solutions de l'équation $x^2 = 1$ dans l'anneau $\mathbb{Z}/n\mathbb{Z}$ est 2^m, où m est le nombre de facteurs premiers de n distincts (commencer par le cas $m = 1$).

II.2.32 Soient $n \in \mathbb{N}$ et p un facteur premier de $2^{2^n} + 1$. Montrer que $p - 1$ est multiple de 2^{n+1}. On pourra considérer l'ordre de $\overline{2} \in (\mathbb{Z}/p\mathbb{Z})^\times$.

II.2.33 Si $a, b \in \mathbb{Z}$, $ab(a^{60} - b^{60})$ est multiple de $56\,786\,730$.

II.2.34 Soit $N \geqslant 2$ un entier. Montrer que la suite $(\overline{n}^{\,n})_{n \geqslant 1}$ d'éléments de $\mathbb{Z}/N\mathbb{Z}$ est périodique à partir d'un certain rang.

II.2.35 Montrer qu'un corps de cardinal 4 est de caractéristique 2. Soit K un ensemble à quatre éléments, notés $0, 1, a, b$. Montrer qu'il existe sur K une addition $+$ et une multiplication $\times$ uniques faisant de K un corps, ayant pour élément neutre additif 0 et pour élément neutre multiplicatif 1 (écrire les tables d'addition et de multiplication).

II.2.36 Un anneau *intègre fini* est un corps (donner deux preuves).

II.2.37 Soit X un ensemble. Notons $K := \{0,1\}$ le corps $\mathbb{Z}/2\mathbb{Z}$, et considérons l'anneau $\mathcal{F}(X,K)$ (*cf.* l'exemple 3 de la page 136). Si A est une partie de X, sa fonction caractéristique χ_A (*cf.* la définition 4 de la page 77) est considérée ici comme élément de $\mathcal{F}\big(X,\{0,1\}\big) = \mathcal{F}(X,K)$.
1. Montrer que $\chi : A \mapsto \chi_A$ est une bijection de $\mathcal{P}(X)$ sur $\mathcal{F}(X,K)$, et expliciter la bijection réciproque.
2. Reprenons les notations de l'exemple de la page 139. Si $A, B \in \mathcal{P}(X)$, calculer χ_{A+B} et χ_{AB}. En déduire que $\big(\mathcal{P}(X), +, \times\big)$ est un anneau.

II.2.38 Soient A, A' deux anneaux intègres et K, K' leurs corps des fractions respectifs. Montrer que tout morphisme d'anneaux *injectif* $f : A \to A'$ se prolonge *de manière unique* en un morphisme d'anneaux $F : K \to K'$ (F « prolonge » f si $F(a) = f(a)$ pour tout $a \in A$).

II.2.39 Soient K un corps et k le plus petit sous-corps de K, au sens de l'inclusion (*cf.* l'exemple 2 de la page 156). Si K est de caractéristique 0, montrer qu'il existe un unique isomorphisme d'anneaux f de $\mathbb{Q}$ sur k tel que $f(a/b) = (a \cdot 1_K)(b \cdot 1_K)^{-1}$ pour tous $a \in \mathbb{Z}$ et $b \in \mathbb{Z}^*$. On suppose que $\operatorname{card}(K)$ est un nombre premier p. Montrer qu'il existe un unique isomorphisme d'anneaux f de $\mathbb{Z}/p\mathbb{Z}$ sur k tel que $f(\overline{a}) = a \cdot 1_K$ pour tout $a \in \mathbb{Z}$.

II.2.40 Résoudre les équations $x^3 = 1$ et $x^5 = 1$ dans chacun des corps suivants : $\mathbb{R}$, $\mathbb{Z}/11\mathbb{Z}$, $\mathbb{Z}/19\mathbb{Z}$, $\mathbb{C}$. Dans le cas de $\mathbb{C}$, il faut utiliser l'exponentielle complexe, étudiée dans le module II.5.

II.2.41 Cet exercice utilise les réels.
Soit A (resp. K) l'ensemble des nombres réels de la forme $a+b\sqrt{10}$, où $a, b \in \mathbb{Z}$ (resp. $a, b \in \mathbb{Q}$).

1. Montrer que $\sqrt{10}$ est irrationnel (*cf.* la proposition 66 de la page 105). En déduire que tout $x \in K$ s'écrit *de manière unique* $x = a + b\sqrt{10}$, où $(a, b) \in \mathbb{Q}^2$.
2. Montrer que A est un sous-anneau de $\mathbb{R}$ et que K est un sous-corps de $\mathbb{R}$. Montrer que K est isomorphe au corps des fractions de A.
3. Si $x := a + b\sqrt{10} \in K$ $\big((a, b) \in \mathbb{Q}^2\big)$, on pose $N(x) := a^2 - 10b^2$.
Montrer que $N : (K^*, \times) \to (\mathbb{Q}^*, \times)$ est un morphisme, et que $N(A^*) \subset \mathbb{Z}^*$, où $A^* := A \setminus \{0\}$ et $\mathbb{Z}^* := \mathbb{Z} \setminus \{0\}$.
4. Montrer que $A^\times = \big\{x \in A \mid N(x) = \pm 1\big\}$, puis que $A^\times$ est infini.
5. Soient $a, b \in \mathbb{Z}$. Montrer que $a^2 - 10b^2 \neq \pm 2$ (considérer le chiffre des unités de a). En déduire que 2 est un élément *irréductible* de A.
6. À partir de l'égalité $(4 + \sqrt{10})(4 - \sqrt{10}) = 2 \times 3$, montrer que l'anneau A n'est pas principal (penser au lemme d'Euclide).

Espaces vectoriels et applications linéaires

II.3

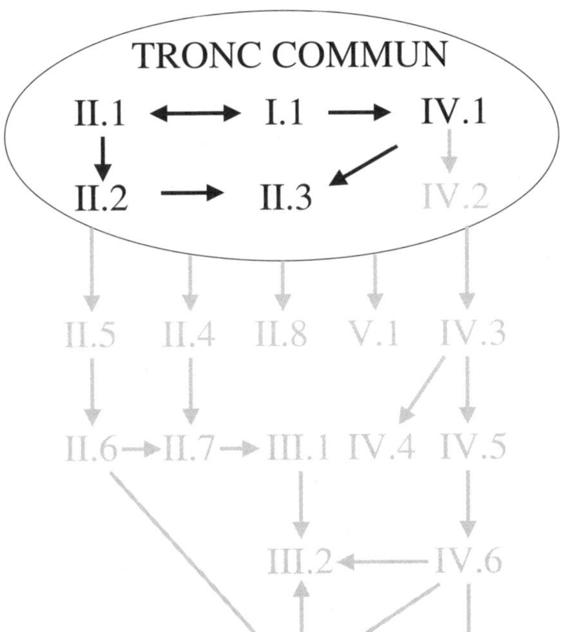

L'algèbre linéaire a deux sources. La première est la géométrie d'Euclide. Les élégants raisonnements de la géométrie plane (ainsi que de la géométrie dite « dans l'espace ») se structurent autour de deux notions clés : celle d'addition des vecteurs, pour laquelle la physique fournit d'ailleurs également des exemples ; et celle de transformation, du plan et de l'espace. Ces deux notions à elles seules justifient l'introduction des espaces vectoriels et des applications linéaires dans l'enseignement. L'autre source, plus diffuse, est la découverte, tout au long de la première moitié du vingtième siècle, que *toutes* les grandes théories mathématiques mettent en jeu des phénomènes *linéaires* et que la structure d'espace vectoriel y est omniprésente. On en trouvera de nombreuses illustrations dans les cours d'algèbre et de géométrie de cette année, mais aussi dans le cours d'analyse des années suivantes. Par exemple, on peut comprendre le calcul différentiel comme un effort pour approcher des fonctions quelconques par des fonctions linéaires.

Cette ubiquité de l'algèbre linéaire nous conduira à définir nos espaces vectoriels sur un corps commutatif K quelconque. Le présent module vise à introduire le vocabulaire et les idées générales qui simplifieront, dès les modules suivants, l'exposé de la théorie des matrices, des nombres complexes et des polynômes. Réciproquement, ces modules illustreront et motiveront ces généralités. La théorie deviendra plus substantielle au module II.7, avec l'étude des espaces vectoriels de dimension finie.

1 Vocabulaire et propriétés élémentaires

1.1 La structure d'espace vectoriel

Dans tout ce module, la lettre K désigne un corps commutatif.

Définition 1. On dit qu'un groupe abélien $(V, +)$ est muni d'une *structure d'espace vectoriel sur le corps* K si l'on a une loi de composition (ou multiplication) externe $(\lambda, v) \mapsto \lambda.v$ de $K \times V$ dans V vérifiant les axiomes suivants :

$$\forall \lambda, \mu \in K \ , \ \forall x \in V \ , \ (\lambda + \mu).x = \lambda.x + \mu.x, \tag{1}$$

$$\forall \lambda \in K \ , \ \forall x, y \in V \ , \ \lambda.(x + y) = \lambda.x + \lambda.y, \tag{2}$$

$$\forall \lambda, \mu \in K \ , \ \forall x \in V \ , \ \lambda.(\mu.x) = (\lambda\mu).x, \tag{3}$$

$$\forall x \in V \ , \ 1.x = x. \tag{4}$$

Dans ces axiomes, le symbole 1 désigne l'unité de K et le symbole $+$ désigne aussi bien l'addition du groupe K que celle du groupe V.
Le point de la notation $\lambda.x$ est en général omis dans l'écriture : $\lambda.x = \lambda x$.

On dit alors que $(V, +, .)$ ou (abusivement) que V est un espace vectoriel sur le corps K ou un K-espace vectoriel. Les éléments de V sont parfois appelés *vecteurs* et ceux de K *scalaires*. On écrit toujours les scalaires *à gauche* des vecteurs dans la multiplication externe. Le lecteur est invité à examiner les formules ci-dessus et à décider, pour chaque occurrence d'une addition ou d'une multiplication, s'il s'agit de celle de K ou de V.

Les règles de calcul suivantes sont des conséquences faciles de la définition. Nous notons ici 0_V l'élément neutre du groupe V.

$$\forall \lambda \in K \ , \ \lambda.0_V = 0_V, \tag{5}$$

$$\forall x \in V \ , \ 0.x = 0_V, \tag{6}$$

$$\forall \lambda \in K \ , \ \forall x \in V \ , \ \lambda.(-x) = -(\lambda.x), \tag{7}$$

$$\forall \lambda \in K \ , \ \forall x \in V \ , \ (-\lambda).x = -(\lambda.x) \tag{8}$$

$$\forall \lambda \in K \ , \ \forall x \in V \ , \ \lambda.x = 0_V \Longrightarrow \lambda = 0 \text{ ou } x = 0_V. \tag{9}$$

Démontrons la dernière règle. Si $\lambda.x = 0_V$ et si $\lambda \neq 0$, on a, par applications successives des axiomes : $x = 1.x = (\lambda^{-1}.\lambda).x = \lambda^{-1}.(\lambda.x) = \lambda^{-1}.0_V = 0_V$ (cette dernière égalité résultant de la première règle).

Les propriétés suivantes étendent celles connues pour les groupes abéliens. Pour tout entier $m \in \mathbb{Z}$, on sait définir l'élément mx du groupe abélien V et l'élément $m.1$ du groupe abélien K. On vérifie :

$$m.x = (m.1).x. \tag{10}$$

De même, pour toute famille finie $(x_1, \ldots, x_p)$ d'éléments de V, on a :

$$\forall \lambda \in K \ , \ \lambda.\sum_{i=1}^{p} x_i = \sum_{i=1}^{p} (\lambda.x_i). \tag{11}$$

Plus généralement, pour toute famille $(x_i)_{i \in I}$ d'éléments de V, supposée *à support fini* (c'est-à-dire telle que les x_i sont nuls sauf pour un nombre fini d'indices i), on sait définir l'élément $\sum\limits_{i \in I} x_i$ de V. Avec ces notations :

$$\forall \lambda \in K \ , \ \lambda.\sum_{i \in I} x_i = \sum_{i \in I} (\lambda.x_i). \tag{12}$$

Ces règles sont à rapprocher des égalités :

$$\sum_{i=1}^{p} x_i + \sum_{i=1}^{p} y_i = \sum_{i=1}^{p} (x_i + y_i) \quad \text{et} \quad \sum_{i \in I} x_i + \sum_{i \in I} y_i = \sum_{i \in I} (x_i + y_i),$$

valides dans tout groupe abélien.

Exemples.

1. Avec les définitions usuelles de l'addition vectorielle et de la multiplication d'un vecteur par un réel, on munit l'ensemble des vecteurs du plan (ou de l'espace) d'une structure d'espace vectoriel sur le corps $\mathbb{R}$. De manière plus précise, notons Π le plan rapporté au repère $(O, \vec{\imath}, \vec{\jmath})$. Tout vecteur s'écrit de manière unique sous la forme $x\vec{\imath} + y\vec{\jmath}$ avec $x, y \in \mathbb{R}$ et la loi d'addition des vecteurs (règle du parallélogramme) et la dilatation (ou homothétie) de rapport $\lambda \in \mathbb{R}$ se traduisent par les formules :
$$(x\vec{\imath} + y\vec{\jmath}) + (x'\vec{\imath} + y'\vec{\jmath}) = (x + x')\vec{\imath} + (y + y')\vec{\jmath},$$
$$\lambda.(x\vec{\imath} + y\vec{\jmath}) = (\lambda x)\vec{\imath} + (\lambda y)\vec{\jmath}.$$
L'espace vectoriel des vecteurs du plan (ou plan vectoriel) s'identifie donc à l'espace vectoriel obtenu en munissant le groupe $(\mathbb{R}^2, +)$ de la loi externe définie par $\lambda.(x, y) = (\lambda x, \lambda y)$.

2. En posant $\lambda.(x_1, \ldots, x_n) := (\lambda x_1, \ldots, \lambda x_n)$, on fait du groupe abélien $(K^n, +)$ un K-espace vectoriel. *Le lecteur est vivement encouragé à vérifier en détail les axiomes de la définition sur cet exemple !* Si l'on prend $K = \mathbb{R}$ et $n = 2$, on retrouve le plan vectoriel. Si l'on prend $n = 1$, on trouve que K lui-même est un K-espace vectoriel.

3. L'ensemble $M_{n,1}(K)$ des *vecteurs colonnes* est également formé des n-uplets d'éléments de K, mais *écrits verticalement*. La structure d'espace vectoriel de $M_{n,1}(K)$ est définie par les opérations :

$$\begin{pmatrix}\lambda_1\\ \vdots\\ \lambda_n\end{pmatrix} + \begin{pmatrix}\mu_1\\ \vdots\\ \mu_n\end{pmatrix} := \begin{pmatrix}\lambda_1+\mu_1\\ \vdots\\ \lambda_n+\mu_n\end{pmatrix} \quad \text{et} \quad \lambda\begin{pmatrix}\lambda_1\\ \vdots\\ \lambda_n\end{pmatrix} := \begin{pmatrix}\lambda\lambda_1\\ \vdots\\ \lambda\lambda_n\end{pmatrix} \tag{13}$$

4. L'ensemble $K[X]$ des polynômes à coefficients dans le corps K sera muni, au module II.6, d'une structure d'espace vectoriel sur K.

5. L'addition des fonctions et la multiplication d'une fonction par un scalaire définissent le $\mathbb{R}$-espace vectoriel $\mathcal{F}(I,\mathbb{R})$ des fonctions numériques sur l'intervalle I de $\mathbb{R}$.

6. On appelle *espace vectoriel trivial* ou *nul* tout espace vectoriel réduit à un seul élément : cet élément est nécessairement l'élément neutre de l'addition et le groupe sous-jacent est le groupe trivial $\{0\}$.

7. Soient $K \subset L$ deux corps commutatifs et soit V un L-espace vectoriel. En restreignant la multiplication externe $L \times V \to V$ à $K \times V \to V$, on munit V d'une structure de K-espace vectoriel.

8. Par exemple, L lui-même est un L-espace vectoriel et donc également un K-espace vectoriel : ainsi, $\mathbb{R}$ est un $\mathbb{R}$-espace vectoriel et un $\mathbb{Q}$-espace vectoriel ; de même, $\mathbb{C}$ est un $\mathbb{C}$-espace vectoriel, un $\mathbb{R}$-espace vectoriel et un $\mathbb{Q}$-espace vectoriel.

Les deux derniers exemples montrent qu'il est parfois indispensable de préciser le corps de base lorsque l'on parle d'espaces vectoriels. Par exemple, le $\mathbb{C}$-espace vectoriel $\mathbb{C}$ est engendré par l'élément 1 (*cf* définition 6 de la page 172), il est donc de dimension 1 (*cf* paragraphe 3.4). Mais le $\mathbb{R}$-espace vectoriel $\mathbb{C}$ ne peut être engendré par une famille à un seul élément (nous verrons au module II.5 qu'il est de dimension 2). Le $\mathbb{C}$-espace vectoriel $\mathbb{C}$ et le $\mathbb{R}$-espace vectoriel $\mathbb{C}$ sont donc différents !

Nous allons traiter à part un exemple important, qui généralise d'ailleurs certains des exemples ci-dessus. Soient I un ensemble et V un K-espace vectoriel. L'ensemble $\mathcal{F}(I,V)$ des applications de I dans V a été muni, au module II.2 (exemple 3 de la page 120), d'une structure de groupe : la somme $f+g$ de $f,g \in \mathcal{F}(I,V)$ est l'application $i \mapsto f(i)+g(i)$. Définissons de même, pour tout $\lambda \in K$, l'application $\lambda f : i \mapsto \lambda f(i)$. On fait ainsi de $\mathcal{F}(I,V)$ un K-espace vectoriel. Rappelons d'autre part qu'une famille d'éléments de V indexée par I est, à la notation près, une application de I dans V : la famille $(x_i)_{i\in I} \in V^I$ d'éléments de V s'identifie à l'application $f : I \to V$ si $x_i = f(i)$. L'addition et la multiplication externe dans l'espace vectoriel V^I sont donc données par les formules $(x_i)_{i\in I} + (y_i)_{i\in I} := (x_i+y_i)_{i\in I}$ et $\lambda.(x_i)_{i\in I} = (\lambda x_i)_{i\in I}$. Le cas le plus utile de cette construction est celui où $V = K$: on obtient le K-espace vectoriel $K^I := \mathcal{F}(I,K)$. Lorsque de plus $I = [\![1,n]\!]$, l'espace vectoriel K^I s'identifie naturellement à K^n et l'on retrouve l'exemple 2.

Exercice 1.
Soit E un ensemble quelconque. On prend $V = \mathcal{P}(E)$, l'ensemble des parties de E. On le munit de la loi interne :

$$A \oplus B = (A \setminus B) \cup (B \setminus A) \quad \text{(différence symétrique)}.$$

On sait que $(V, \oplus)$ est un groupe abélien dont l'élément neutre est la partie vide $\varnothing$, que nous noterons 0, et tel que tout élément de V est son propre opposé. On va définir sur V une loi externe $\mathbb{F}_2 \times V \to V$ sur le corps à deux éléments $\mathbb{F}_2 = \mathbb{Z}/2\mathbb{Z}$; pour cela, on pose, pour tout $x \in V$: $0.x := 0$ et $1.x := x$. Démontrer que l'on obtient ainsi un $\mathbb{F}_2$-espace vectoriel.

Solution. On vérifie tous les axiomes en donnant aux scalaires λ, μ successivement les valeurs 0 et 1. La seule vérification qui n'est pas tautologique est celle de l'égalité : $(1+1).x = 1.x \oplus 1.x$. Le membre gauche vaut $0.x$ (car $1+1 = 0$ dans $\mathbb{F}_2$) donc 0, par définition de la multiplication ; le membre droit vaut $x \oplus x$. La validité de cet axiome tient donc à la propriété spéciale de notre groupe, à savoir que tout élément est son propre opposé.

1.2 Combinaisons linéaires

Soient $\lambda, \mu, \nu, \ldots$ des scalaires et $x, y, z, \ldots$ des vecteurs. On peut former les expressions $\lambda x + \mu y, \lambda x + \mu y + \nu z, \ldots$. Plus généralement, soit $(x_1, \ldots, x_p)$ une suite finie de vecteurs, donc une famille indexée par $[\![1, p]\!] \subset \mathbb{N}$. Soit de même une suite finie $(\lambda_1, \ldots, \lambda_p)$ d'éléments du corps K. Alors $\lambda_1 x_1, \ldots, \lambda_p x_p$ sont des vecteurs et l'on peut former leur somme :

$$\sum_{i=1}^{p} \lambda_i x_i = \lambda_1 x_1 + \cdots + \lambda_p x_p.$$

Celle-ci est appelée *combinaison linéaire des (vecteurs)* x_i et les (scalaires) λ_i sont appelés *coefficients* de cette combinaison linéaire.

Plus généralement encore, soit $(x_i)_{i \in I}$ une famille d'éléments du K-espace vectoriel V indexée par l'ensemble I. Soit par ailleurs $(\lambda_i)_{i \in I}$ une famille d'éléments de K indexée par I. On suppose la famille $(\lambda_i)_{i \in I}$ *à support fini* : l'ensemble des indices $i \in I$ tels que $\lambda_i \neq 0$ est un ensemble fini ; on dit aussi que « presque tous les λ_i sont nuls » (cette condition est bien sûr vérifiée si l'ensemble I est fini). Alors les $\lambda_i x_i \in V$ sont presque tous nuls, et la somme $\sum\limits_{i \in I} \lambda_i x_i$ est un élément bien défini du groupe V.

Définition 2. Toute telle somme $\sum\limits_{i \in I} \lambda_i x_i$ est appelée *combinaison linéaire* des (vecteurs) x_i. Les (scalaires) λ_i sont les *coefficients* de cette combinaison linéaire.

Dans le cas d'une famille finie, on prendra presque toujours l'ensemble d'indices I de la forme $[\![1, p]\!] \subset \mathbb{N}$, ce qui nous ramènera à la première forme de la définition. Nous allégerons parfois la notation des familles finies. Par exemple, quand on parlera de la famille (x, y, z) formée de trois éléments de V, il s'agira de la famille $(x_i)_{i \in I}$ indexée par $I = \{1, 2, 3\}$ et telle que $x_1 = x$, $x_2 = y$ et $x_3 = z$. Devant la notation $(x_1, \ldots, x_n)$, le lecteur devra donc se demander s'il a affaire à une famille de n éléments d'un espace vectoriel V ou bien à un élément de l'espace vectoriel K^n.

Plus généralement, étant donnés une famille $(x_i)_{i\in I}$ quelconque et un vecteur x qui est combinaison linéaire des x_i, il résulte de la définition que x est combinaison linéaire d'un nombre fini de ces vecteurs : il suffit de ne pas tenir compte de ceux qui sont affectés d'un coefficient nul. Il existe donc $i_1,\ldots,i_p \in I$ distincts tels que x est combinaison linéaire de $x_{i_1},\ldots,x_{i_p}$:

$$x = \sum_{i\in I} \lambda_i x_i = \lambda_{i_1} x_{i_1} + \cdots + \lambda_{i_p} x_{i_p}.$$

Pour simplifier les notations, on emploiera souvent la formulation (légèrement abusive) suivante : il existe des éléments $x_1,\ldots,x_p$ (extraits de notre famille infinie) et des scalaires $\lambda_1,\ldots,\lambda_p \in K$ tels que $x = \lambda_1 x_1 + \cdots + \lambda_p x_p$.

Exemples.

1. Les combinaisons linéaires de la famille à un seul élément (x) sont les λx, $\lambda \in K$, celles de la famille à deux éléments (x,y) sont les $\lambda x + \mu y$, $\lambda,\mu \in K$, etc.

2. L'élément neutre 0 est une combinaison linéaire des x_i (prendre tous les coefficients nuls). Chaque x_{i_0} est une combinaison linéaire des x_i (prendre son coefficient égal à 1 et tous les autres nuls).

3. La famille $(X^n)_{n\in\mathbb{N}}$ des monômes en X est une famille d'éléments du K-espace vectoriel $K[X]$. Tout polynôme est une somme finie $a_o X^0 + \cdots + a_d X^d$, donc une combinaison linéaire $\sum\limits_{n\in\mathbb{N}} a_n X^n$ dans laquelle on a pris tous les coefficients a_n d'indice $n > d$ nuls.

4. Soit $V := K^{\mathbb{N}}$ l'espace vectoriel des suites $(x_n)_{n\in\mathbb{N}}$ d'éléments de K. Pour tout entier $n \in \mathbb{N}$, soit $\delta^{(n)}$ la suite dont le $n^{ème}$ terme vaut 1 et les autres 0 ; avec la notation de Kronecker : $\forall i \in \mathbb{N}$, $\delta_i^{(n)} = \delta_{i,n}$. La combinaison linéaire $\sum\limits_{n\in\mathbb{N}} \lambda_n \delta^{(n)}$ n'est définie que si presque tous les λ_n sont nuls. Dans ce cas, c'est la suite $(\lambda_n)_{n\in\mathbb{N}}$. Les combinaisons linéaires des $\delta^{(n)}$ sont donc exactement les suites à support fini.

Dans le dernier exemple, on pourrait considérer une suite quelconque $(\lambda_n)_{n\in\mathbb{N}}$ d'éléments du corps K comme égale à l'expression $\sum\limits_{n\in\mathbb{N}} \lambda_n \delta^{(n)}$, alors même que celle-ci comporte une infinité de coefficients non nuls. Cependant, on ne considérera pas une telle expression comme une combinaison linéaire : elle n'a pas pu être obtenue par application répétée des opérations de l'espace vectoriel et ne relève donc pas du calcul algébrique. De la même manière, lorsque l'on écrit $\sum\limits_{n\geqslant 0} u_n$ la somme d'une série de réels ou de complexes, il ne s'agit pas d'une somme algébrique mais du résultat d'un passage à la limite.

On peut appliquer à une *partie* A de V ce qui a été dit pour une famille d'éléments de V, et l'on parlera donc de *combinaison linéaire d'éléments de* A. Si l'ensemble A est fini, il y a alors avantage à numéroter ses éléments : $A = \{x_1,\ldots,x_p\}$ et les combinaisons linéaires des éléments de A sont identiques aux combinaisons linéaires de la famille finie $(x_1,\ldots,x_p)$.

Un cas spécial mérite un commentaire. De même que la somme des éléments d'une famille vide ou d'une partie vide d'un groupe abélien est, par convention, l'élément neutre 0 de ce groupe, nous dirons que toute combinaison linéaire d'éléments d'une famille vide ou d'une partie vide vaut 0.
La règle de calcul suivante découle des précédentes :

$$\lambda \sum_{i \in I} \lambda_i x_i + \mu \sum_{i \in I} \mu_i x_i = \sum_{i \in I} (\lambda \lambda_i + \mu \mu_i)\, x_i. \tag{14}$$

Une combinaison linéaire de deux combinaisons linéaires des x_i est donc elle-même une combinaison linéaire des x_i. Plus généralement, toute combinaison linéaire de combinaisons linéaires des x_i est elle-même une combinaison linéaire des x_i, mais il faut des notations pour le formuler correctement.

Proposition 1. Soit $(x_i)_{i \in I}$ une famille d'éléments de V indexée par l'ensemble I. Soit un ensemble J d'indices et, pour tout indice $j \in J$, une famille de coefficients $(\lambda_i^{(j)})_{i \in I}$ (une famille d'éléments de K indexée par I). Soit enfin $(\mu_j)_{j \in J}$ une famille d'éléments de K indexée par J. On suppose que toutes ces familles de coefficients sont à support fini. Alors :

$$\sum_{j \in J} \mu_j \left(\sum_{i \in I} \lambda_i^{(j)} x_i \right) = \sum_{i \in I} \left(\sum_{j \in J} \mu_j \lambda_i^{(j)} \right) x_i. \tag{15}$$

Nous ne démontrerons pas cette formule générale. Dans tous les cas où nous l'appliquerons, elle sera évidente. Si par exemple J a deux éléments, mettons a et b, notant $\lambda := \mu_a$, $\mu := \mu_b$, $\lambda_i := \lambda_i^{(a)}$ et $\mu_i := \lambda_i^{(b)}$, on retrouve 14. Lorsque les ensembles d'indices sont finis, par exemple $I = [\![1, p]\!]$ et $J = [\![1, q]\!]$, la formule 15 devient :

$$\sum_{j=1}^{q} \mu_j \left(\sum_{i=1}^{p} \lambda_i^{(j)} x_i \right) = \sum_{i=1}^{p} \left(\sum_{j=1}^{q} \mu_j \lambda_i^{(j)} \right) x_i. \tag{16}$$

Une autre propriété élémentaire des combinaisons linéaires ne fait que reprendre une propriété analogue des sommes dans un groupe abélien. Nous la formulons d'abord sous une forme très concrète et dans un cas très simple :

$$\sum_{i=1}^{p+q} \lambda_i x_i = \sum_{i=1}^{p} \lambda_i x_i + \sum_{i=p+1}^{p+q} \lambda_i x_i. \tag{17}$$

La généralisation naturelle de cette égalité est la suivante. On se donne une famille $(x_i)_{i \in I}$ de vecteurs et une famille $(\lambda_i)_{i \in I}$ de scalaires toutes deux indexées par l'ensemble I. On se donne par ailleurs une partition $(I_j)_{j \in J}$ de l'ensemble I : autrement dit, I est la réunion de ses sous-ensembles I_j et ceux-ci sont deux à deux disjoints. On a alors :

$$\sum_{i \in I} \lambda_i x_i = \sum_{j \in J} \left(\sum_{i \in I_j} \lambda_i x_i \right). \tag{18}$$

La première formule correspond au cas où $I = [\![1, p+q]\!]$ est décomposé selon la partition formée de $I_1 = [\![1, p]\!]$ et de $I_2 = [\![p+1, p+q]\!]$.

Définition 3. Nous conservons les notations précédentes. Une *relation linéaire* entre les éléments de la famille $(x_i)_{i \in I}$ est une égalité de la forme :

$$\sum_{i \in I} \lambda_i x_i = 0. \tag{19}$$

C'est une *relation linéaire triviale* si tous les coefficients λ_i sont nuls, une *relation linéaire non triviale* autrement.

Exemples.

1. Toute relation linéaire non triviale concernant la famille à un seul élément x a la forme $\lambda x = 0$ avec $\lambda \neq 0$. Elle entraîne donc $x = 0$.

2. Toute relation linéaire non triviale concernant la famille à deux éléments (x, y) a la forme $\lambda x + \mu y = 0$ avec λ, μ non tous deux nuls. Si $\lambda \neq 0$, on en déduit $x = \dfrac{-\mu}{\lambda} y$; si $\mu \neq 0$, on en déduit $y = \dfrac{-\lambda}{\mu} x$. Si λ ou μ est nul, l'un au moins des éléments de la famille est nul. Si λ et μ sont tous deux non nuls, chacun des deux éléments de la famille est multiple de l'autre. Dans tous les cas, l'un au moins des deux éléments de la famille est multiple de l'autre. On dira qu'ils sont *proportionnels*.

1.3 Sous-espaces vectoriels

Définition 4. Soit $(V, +, .)$ un espace vectoriel sur K. On dit que $W \subset V$ en est un *sous-espace vectoriel* (ou simplement un *sous-espace*) si W est un sous-groupe et s'il est de plus stable par multiplication externe :

$$\forall \lambda \in K \ , \ \forall x \in W \ , \ \lambda x \in W.$$

Par exemple, les sous-groupes $\{0\}$ et V de V en sont des sous-espaces.

Exercice 2.
Démontrer que le K-espace vectoriel K n'admet pas d'autres sous-espaces vectoriels que $\{0\}$ et K.

Solution. Soit en effet $W \subset K$ un sous-espace vectoriel autre que $\{0\}$. Soit $x \in W \setminus \{0\}$. Alors, pour tout $y \in K$, l'élément $\lambda = yx^{-1} \in K$ vérifie $\lambda.x = y$. Or, par définition, $\lambda.x \in W$. On a donc $W = K$.

La restriction de l'application $(\lambda, x) \mapsto \lambda.x$ définit alors une application $K \times W \to W$, qui munit celui-ci de la *structure d'espace vectoriel induite* par celle de V. Toutes les fois que l'on aura un sous-espace vectoriel W d'un espace vectoriel V, il sera implicitement muni de cette structure induite (et donc vu lui-même comme un espace vectoriel).

Proposition 2. Soit W une partie non vide de l'espace vectoriel V. Alors W est un sous-espace vectoriel de V si, et seulement si, l'une des trois conditions équivalentes suivantes est vérifiée :

(i) $\forall \lambda, \mu \in K \ , \ \forall x, y \in W \ , \ \lambda x + \mu y \in W$.

(ii) $\forall \lambda \in K \ , \ \forall x, y \in W \ , \ \lambda x + y \in W$.

(iii) $\forall x, y \in W \ , \ x + y \in W$ et $\forall \lambda \in K \ , \ \forall x \in W \ , \ \lambda x \in W$.

Démonstration. Si W est un sous-espace vectoriel et si $\lambda, \mu \in K$ et $x, y \in W$, alors $\lambda x, \mu y \in W$ (stabilité pour la loi externe), donc $\lambda x + \mu y \in W$ (c'est un sous-groupe) : la condition (i) est satisfaite. Celle-ci implique à son tour la condition (ii) (prendre $\mu = 1$). Supposons (ii) vérifiée. En prenant $\lambda = 1$, on voit que W est stable par addition, en prenant $y = 0$, on voit qu'il est stable pour la loi externe, d'où la condition (iii). Supposons (iii) vérifiée. En prenant $\lambda = -1$, on voit que W est stable par passage à l'opposé ; comme il est stable par par addition, c'est un sous-groupe, et, comme il est stable pour la loi externe, c'est un sous-espace vectoriel. ∎

Corollaire 3. L'ensemble des combinaisons linéaires d'éléments d'une partie A de V (resp. l'ensemble des combinaisons d'éléments d'une famille $(x_i)_{i \in I}$ d'éléments de V) est un sous-espace vectoriel de V qui contient A (resp. qui contient tous les x_i).

Démonstration. Pour la partie ou la famille vide, on trouve le sous-espace trivial $\{0\}$. En général, cet ensemble est non vide, et il suffit d'appliquer l'équation 14 et la condition (i) de la proposition pour voir que c'est un sous-espace vectoriel. Il est clair qu'il contient A (resp. tous les x_i). ∎

Proposition 4. Tout sous-espace vectoriel est stable par combinaisons linéaires.

Démonstration. Autrement dit, toute combinaison linéaire d'éléments de W est élément de W. En effet, chaque $\lambda_i x_i$ est élément de W (stabilité pour la loi externe) et toute somme d'éléments d'un sous-groupe d'un groupe abélien est élément de de ce sous-groupe. ∎

Exemples.

1. Soient $x, y \in V$. Alors $Kx + Ky := \{\lambda x + \mu y \mid \lambda, \mu \in K\}$ est un sous-espace vectoriel de V et l'ensemble $Kx := \{\lambda x \mid \lambda \in K\}$ des multiples de x est un sous-espace vectoriel de $Kx + Ky$, donc de V.
2. Soit $J \subset I$. Le sous-groupe de K^I formé des $(x_i)_{i \in I}$ tels que $\forall j \in J \ , \ x_j = 0$ est un sous-espace vectoriel de K^I. Par exemple, les sous-groupes $\{0\} \times K$ et $K \times \{0\}$ de l'espace vectoriel K^2 en sont des sous-espaces vectoriels.

Exercice 3.
Les parties $A := \{(x, y) \in K^2 \mid y = x\}$, $B := \{(x, y) \in K^2 \mid y = x^2\}$ et $C := \{(x, y) \in K^2 \mid y \geqslant x\}$ sont-elles des sous-espaces vectoriels de K^2 ?

Solution. Le sous-ensemble A est un sous-espace vectoriel (appelé la diagonale). Le sous-ensemble B est l'ensemble des couples (x, x^2). C'est un sous-espace vectoriel si, et seulement si,, pour tous $x, y \in K$, on a : $(\lambda x + \mu y)^2 = \lambda x^2 + \mu y^2$. Le lecteur vérifiera que cela est vrai pour le corps $K = \mathbb{F}_2$ (corps à deux éléments) et pour lui-seul. Enfin, le sous-ensemble C ne peut être défini que si K a été muni d'une relation d'ordre. Prenons donc le cas où K est un sous-corps de $\mathbb{R}$ (c'est le seul exemple à notre disposition). Il est clair que $(0, 1)$ est élément de C mais pas son opposé ; C n'est donc pas un sous-espace vectoriel.

Remarque. La notion de sous-espace vectoriel permet parfois de munir un ensemble de la structure d'espace vectoriel sans avoir à en vérifier tous les axiomes. Ainsi, on a déjà vu que l'ensemble $\mathcal{F}(I, \mathbb{R})$ des fonctions numériques sur l'intervalle I de $\mathbb{R}$ est un $\mathbb{R}$-espace vectoriel. Comme une combinaison linéaire de fonctions continues, est continue, le sous-ensemble $\mathcal{C}(I, \mathbb{R})$ des fonctions continues est un sous-espace vectoriel de $\mathcal{F}(I, \mathbb{R})$, ce qui en fait un espace vectoriel sur $\mathbb{R}$; il en va de même pour l'ensemble $\mathcal{C}^\infty(I, \mathbb{R})$ des fonctions indéfiniment dérivables sur un intervalle ouvert I.

Lemme 5. Soit $(W_i)_{i \in I}$ une famille de sous-espaces vectoriels de l'espace vectoriel V. Alors leur intersection $W := \bigcap_{i \in I} W_i$ est un sous-espace vectoriel de V.

Démonstration. L'ensemble W est non vide, car il contient 0. Soient $\lambda, \mu \in K$ et $x, y \in W$. Alors, pour tout $i \in I$, $x, y \in W_i$, donc $\lambda x + \mu y \in W_i$. On en déduit que $\lambda x + \mu y \in \bigcap_{i \in I} W_i$. ■

Théorème et définition 6. (i) Soit A une partie de l'espace vectoriel V. Il existe alors un plus petit sous-espace vectoriel de V contenant A. On l'appelle *sous-espace vectoriel engendré par* A et on le note $\mathrm{Vect}(A)$. Le sous-espace vectoriel engendré par l'ensemble $\{x_i \mid i \in I\}$ est appelé *sous-espace vectoriel engendré par les* $(x_i)_{i \in I}$ et noté $\mathrm{Vect}\big((x_i)_{i \in I}\big)$.
(ii) Le sous-espace vectoriel de V engendré par une partie A (resp. par une famille $(x_i)_{i \in I}$) est l'ensemble des combinaisons linéaires d'éléments de A (resp. l'ensemble des combinaisons linéaires des x_i).

Démonstration. (i) Il suffit en effet de prendre l'intersection de tous les sous-espaces vectoriels de V contenant A.
(ii) Pour la famille vide et pour l'ensemble vide, on trouve l'espace vectoriel trivial. Nous ferons la démonstration pour une partie A non vide, le cas d'une famille s'en déduit immédiatement. L'ensemble W des combinaisons linéaires d'éléments de A est, d'après le corollaire 3 de la page précédente, un sous-espace vectoriel de V qui contient A, donc $\mathrm{Vect}(A) \subset W$. Par ailleurs, toute combinaison linéaire d'éléments de A appartient à $\mathrm{Vect}(A)$ d'après la proposition 4 de la page précédente, donc $W \subset \mathrm{Vect}(A)$. ■

Par exemple, le sous-espace vectoriel engendré par la partie vide (ou par la famille vide) est le sous-espace vectoriel trivial $\text{Vect}(\varnothing) = \{0\}$. En effet, tous les sous-espaces vectoriels contiennent la partie vide (ou la famille vide) et $\{0\}$ est le plus petit d'entre eux.

Exemples.

1. Le sous-espace vectoriel de V engendré par $x \in V$ est $\text{Vect}(x) = Kx$.
2. Le sous-espace vectoriel de V engendré par $x, y \in V$ est $\text{Vect}(x, y) = Kx + Ky$.
3. Le sous-espace vectoriel de $K^{\mathbb{N}}$ engendré par la famille des $\delta^{(n)}$ (voir l'exemple 4 de la page 168) est l'ensemble $K^{(\mathbb{N})}$ des suites à support fini.
4. Plus généralement, appelons, pour tout $i \in I$, $\delta^{(i)}$ l'élément de K^I dont la composante d'indice i vaut 1 et dont toutes les autres composantes valent 0. Alors, le sous-espace vectoriel de K^I engendré par la famille des $\delta^{(i)}$ est l'ensemble $K^{(I)}$ des familles à support fini.

Exemple. Quel est le nombre minimum de vecteurs nécessaire pour engendrer $W = Kx \subset V$? Ce nombre est majoré par 1 puisque x convient ! Si ce nombre est 0, c'est que W est engendré par la partie vide, c'est-à-dire $W = \{0\}$. Cela équivaut évidemment à $x = 0$ (et dans ce cas, le nombre minimum est bien 0). Sinon, ce nombre est 1. De plus, tout vecteur non nul y engendre W. En effet, $y = \lambda x$ (puisque $W = Kx$), $\lambda \neq 0$ (puisque $y \neq 0$), donc tout élément μx de $W = Kx$ s'écrit $(\mu\lambda^{-1})y$.

Exercice 4.

Quel est le nombre minimum de vecteurs nécessaire pour engendrer $W = Kx + Ky \subset V$?

Solution. Ce nombre est majoré par 2 puisque x et y conviennent ! Si ce nombre est 0, c'est que W est engendré par la partie vide, c'est-à-dire $W = \{0\}$. Cela équivaut à $x = y = 0$, et, dans ce cas, le nombre minimum est 0. Supposons donc x, y non tous deux nuls. Si l'un des deux est multiple de l'autre (et en particulier si l'un des deux est nul), ce nombre est 1 : si par exemple $y = \lambda x$, on voit que $W = Kx + Ky = Kx$. Enfin, si aucun des deux n'est multiple de l'autre, ce nombre est 2. En effet, si ce n'était pas le cas, on aurait $W = Kz$ pour un certain $z \in V$, d'où $x = \lambda z$ et $y = \mu z$. Supposons par exemple $x \neq 0$: alors $\lambda \neq 0$ et $y = \dfrac{\mu}{\lambda}x$, contradiction.

Définition 5. On appelle *droite vectorielle* un espace vectoriel non trivial engendré par un seul élément. On appelle *plan vectoriel* un espace vectoriel engendré par deux éléments et qui n'est pas une droite vectorielle.

Tout élément non nul d'une droite vectorielle l'engendre. Deux éléments quelconques d'une droite vectorielle sont proportionnels. Enfin, on verra plus loin que deux éléments non proportionnels d'un plan vectoriel l'engendrent.

Proposition 7. Soient $W_1, \ldots, W_p$ des sous-espaces vectoriels de l'espace vectoriel V. Le plus petit sous-espace de V contenant tous les W_i est :

$$\text{Vect}\Big(\bigcup_{i=1}^{p} W_i\Big) = \{x_1 + \cdots + x_p \mid x_1 \in W_1, \ldots, x_p \in W_p\}. \tag{20}$$

Démonstration. Les sous-espaces contenant tous les W_i sont ceux qui contiennent la réunion A de ceux-ci, donc le plus petit est bien $\mathrm{Vect}(A)$. Toute somme $\sum_{i=1}^{p} x_i$ de la forme indiquée est dans $\mathrm{Vect}(A)$. L'ensemble de ces sommes est non vide, stable par addition et multiplication externe, donc un sous-espace vectoriel contenant A, donc égal à $\mathrm{Vect}(A)$. ■

Définition 6. Le sous-espace $\mathrm{Vect}(\bigcup_{i=1}^{p} W_i)$ est appelé *somme des sous-espaces* W_i et noté $W_1 + \cdots + W_p = \sum_{i=1}^{p} W_i$.

Exemples.

1. La somme des sous-espaces Kx et Ky de V est le sous-espace $Kx + Ky$.
2. La somme des sous-espaces $Kx_i, 1 \leqslant i \leqslant p$ est $\mathrm{Vect}((x_i)_{1 \leqslant i \leqslant p})$, que l'on pourra donc écrire $\sum_{i=1}^{p} Kx_i = Kx_1 + \cdots + Kx_p$.

Exercice 5.
Soient W et W' deux sous-espaces de V. Leur réunion est-elle un sous-espace de V ?
Solution. Si par exemple $W \subset W'$, leur réunion est W' qui est un sous-espace. Si aucun des deux n'est inclus dans l'autre, leur réunion ne peut être un sous-espace. Soient en effet $x \in W \setminus W'$ et $x' \in W' \setminus W$. Alors x et x' sont éléments de $W \cup W'$. Si l'on avait $x + x' \in W$, on en tirerait $x' = (x + x') - x \in W$, ce qui n'est pas ; donc $x + x' \notin W$. De même, $x + x' \notin W'$. Finalement, $x + x' \notin W \cup W'$, qui n'est donc pas un sous-espace vectoriel. Cependant, $W \cup W'$ est stable par multiplication externe.

---

2 Applications linéaires

La notion d'application linéaire est au moins aussi importante que celle d'espace vectoriel. C'est le phénomène de linéarité qui est fondamental, et l'introduction des espaces vectoriels vise essentiellement à donner un cadre rigoureux pour l'étudier. *Tous* les modules d'algèbre qui suivent (et certains modules d'analyse) en illustreront l'importance.

2.1 Vocabulaire et exemples

Définition 7.
Soient V et V' deux espaces vectoriels sur K. Une *application linéaire* de V dans V' est une application $f : V \to V'$ qui est un morphisme de groupes et telle que :

$$\forall \lambda \in K \ , \ \forall x \in V \ , \ f(\lambda x) = \lambda f(x).$$

L'espace vectoriel V (resp. l'espace vectoriel V') est appelé *source* ou *espace de départ* (resp. *but* ou *espace d'arrivée*) de l'application f. Si l'on veut préciser le corps de base, on pourra dire que f est K-linéaire.

Proposition 8. Soit f une application de l'espace vectoriel V dans l'espace vectoriel V'. Alors f est linéaire si, et seulement si, l'une quelconque des deux conditions équivalentes suivantes est vérifiée :

(i) $\forall \lambda, \mu \in K \;,\; \forall x, y \in V \;,\; f(\lambda x + \mu y) = \lambda f(x) + \mu f(y)$.

(ii) $\forall \lambda \in K \;,\; \forall x, y \in V \;,\; f(\lambda x + y) = \lambda f(x) + f(y)$.

La preuve de cette proposition est mécanique et laissée au lecteur. Nous omettrons également la preuve du fait suivant : les applications linéaires préservent les combinaisons linéaires. Autrement dit, on a les égalités :

$$f\left(\sum_{i \in I} \lambda_i x_i\right) = \sum_{i \in I} \lambda_i f(x_i), \tag{21}$$

$$f\left(\lambda_1 x_1 + \cdots + \lambda_p x_p\right) = \lambda_1 f(x_1) + \cdots + \lambda_p f(x_p). \tag{22}$$

Définition 8. L'application $x \mapsto \lambda x$ du K-espace vectoriel V dans lui-même est appelée *homothétie de rapport* $\lambda \in K$ *de l'espace vectoriel* V et notée H_λ.

L'homothétie H_λ est une application linéaire de V dans lui-même. En prenant $\lambda = 1$, on trouve l'identité de V. En prenant $\lambda = 0$, on trouve l'application constante de V dans V' de valeur $0_{V'}$ (élément neutre de V'), que l'on l'appelle *application (linéaire) nulle* ou *triviale* de V dans V'. Pour certains usages on exige $\lambda \neq 0$.

Exemples.

1. Soient D, D' deux droites distinctes passant par l'origine du plan $\Pi = \mathbb{R}^2$. Alors la projection sur la droite D parallèlement à la droite D' est une application linéaire : c'est en effet le *théorème de Thalès.* Si D est l'axe des abscisses et D' celui des ordonnées, cette projection est l'application $(x, y) \mapsto (x, 0)$. En revanche, la restriction de cette application au cercle $\Gamma := \{(\cos t, \sin t) \mid t \in \mathbb{R}\}$ n'est pas linéaire, car son ensemble de départ Γ n'est pas un espace vectoriel.
2. Si W est un sous-espace vectoriel de V, l'application qui, à l'élément x de W, associe l'élément x de V est linéaire. C'est en effet équivalent à dire que les lois de composition interne et externe sur W ont été définies par restriction de celles de V.
3. Soit f une application linéaire de l'espace vectoriel V dans l'espace vectoriel V'. Soient W un sous-espace vectoriel de V et W' un sous-espace vectoriel de V', et supposons que $f(W) \subset W'$. Alors l'application de W dans W' induite par *restriction* de f à W (et *corestriction* à W') est linéaire.
4. L'application qui, à la fonction $f \in \mathcal{C}^\infty(\mathbb{R}, \mathbb{R})$, associe sa dérivée f' est linéaire de $\mathcal{C}^\infty(\mathbb{R}, \mathbb{R})$ dans lui-même. L'application qui, à $f \in \mathcal{C}([0,1], \mathbb{R})$, associe le nombre $\int_0^1 f(t)\, dt$, est linéaire de $\mathcal{C}([0,1], \mathbb{R})$ dans $\mathbb{R}$.

Il faut parfois préciser le corps de base. Par exemple, l'application $z \mapsto \operatorname{Re} z$ de $\mathbb{C}$ dans $\mathbb{C}$ est $\mathbb{R}$-linéaire, mais pas $\mathbb{C}$-linéaire.

Exercice 6.

Donner un exemple d'application linéaire du $\mathbb{F}_2$-espace vectoriel $\mathbb{F}_2^2$ dans le $\mathbb{Q}$-espace vectoriel $\mathbb{Q}^2$.

Solution. Il n'y en a aucune, car ce ne sont pas des espaces vectoriels sur le même corps, et la condition de compatibilité avec la loi externe n'aurait ici aucun sens. Remarquons cependant que l'application constante de valeur $(0,0) \in \mathbb{Q}^2$ est un morphisme de groupes de $\mathbb{F}_2^2$ dans $\mathbb{Q}^2$ (c'est d'ailleurs le seul : sauriez-vous le démontrer ?), mais que l'on ne peut pas écrire la relation $f(\lambda x) = \lambda f(x)$ car on ne saurait pas où prendre λ.

Exercice 7.

Décrire toutes les applications linéaires de K dans V.

Solution. On a $f(\lambda) = f(\lambda.1) = \lambda f(1)$. Notant $x_0 = f(1) \in V$, on voit que f est de la forme $\lambda \mapsto \lambda x_0$. Réciproquement, pour tout $x_0 \in V$, l'application $\lambda \mapsto \lambda x_0$ convient. Il y a donc une correspondance bijective entre les applications linéaires de K dans V et les éléments de V.

Exercice 8.

Décrire toutes les applications linéaires de K^2 dans un espace vectoriel V. En déduire les applications linéaires de K^2 lui-même.

Solution. Notons $x_0 := f\left((1,0)\right) \in V$ et $y_0 := f\left((0,1)\right) \in V$.
De l'égalité $(\lambda,\mu) = \lambda.(1,0) + \mu.(0,1)$, on tire $f\left((\lambda,\mu)\right) = \lambda x_0 + \mu y_0$. Réciproquement, pour tout $(x_0,y_0) \in V \times V = V^2$, l'application $(\lambda,\mu) \mapsto \lambda x_0 + \mu y_0$ convient. Il y a donc une correspondance bijective entre les applications linéaires de K^2 dans V et les éléments de V^2. Dans le cas où $V = K^2$, l'application est déterminée par $x_0 = (a,c)$ et $y_0 = (b,d)$, donc de la forme $(\lambda,\mu) \mapsto (a\lambda + b\mu, c\lambda + d\mu)$.

Soient $f : V \to V'$ et $f' : V' \to V''$ des applications linéaires : cela sous-entend implicitement que V, V' et V'' sont des espaces vectoriels sur un même corps K. L'application composée $f' \circ f$ va de V dans V''.

Proposition 9. L'application composée $f' \circ f$ est linéaire.

Démonstration. On sait déjà (module II.2, p. 125, après la définition 7) que c'est un morphisme de groupes. Soient $x \in V$ et $\lambda \in K$. Alors, d'après les hypothèses :

$$(f' \circ f)(\lambda x) = f'\big(f(\lambda x)\big) = f'\big(\lambda f(x)\big) = \lambda f'\big(f(x)\big) = \lambda (f' \circ f)(x).$$

■

Exemple. Soit $\lambda \in K$. Notons H_λ et H'_λ les homothéties de rapport λ de V et de V'. Alors $H'_\lambda \circ f = f \circ H_\lambda$. Cette application (qui sera notée plus loin λf) associe à tout x de V l'élément $\lambda f(x)$ de V'. Lorsque $\lambda = 0$, notant temporairement $0_{V,V'}$ l'application nulle de V dans V', etc. on obtient la relation : $0_{V',V'} \circ f = f \circ 0_{V,V} = 0_{V,V'}$.

Lorsque $\lambda = 1$, notant Id_V et $\mathrm{Id}_{V'}$ les applications identités de V et V', on obtient la relation : $\mathrm{Id}_{V'} \circ f = f \circ \mathrm{Id}_V = f$. Lorsque f est elle-même une homothétie, on trouve : $H_\lambda \circ H_{\lambda'} = H_{\lambda\lambda'}$.

Définition 9. Un *isomorphisme* de l'espace vectoriel V sur l'espace vectoriel V' est une application linéaire bijective de V sur V'. On dit que V et V' sont *isomorphes* s'il existe un isomorphisme de V sur V'.

L'application identité Id_V est donc un isomorphisme de V sur V.

Proposition 10. Si f est un isomorphisme de V sur V', alors sa réciproque f^{-1} est un isomorphisme de V' sur V. Si f est un isomorphisme de V sur V' et si f' est un isomorphisme de V' sur V'', alors $f' \circ f$ est un isomorphisme de V sur V''.
La relation d'isomorphie entre espaces vectoriels sur un même corps est donc réflexive, symétrique et transitive.

Démonstration. Pour prouver la première affirmation, déjà connue pour les isomorphismes de groupes (module II.2, théorème 20 de la page 126), prenons $x' \in V'$ et $\lambda \in K$. Soit $x := f^{-1}(x')$ l'antécédent de x' par f : donc $x' = f(x)$. Comme f est linéaire, $f(\lambda x) = \lambda x'$, d'où $f^{-1}(\lambda x') = \lambda x = \lambda f^{-1}(x)$: l'application f^{-1} est bien linéaire bijective, donc un isomorphisme. Enfin, $f' \circ f$ est linéaire bijective donc un isomorphisme. ∎

Exemples.

1. Deux espaces vectoriels triviaux *sur un même corps* K sont isomorphes entre eux. En effet, l'unique application de l'un dans l'autre est l'application nulle, qui est linéaire et bijective. Réciproquement, si un espace vectoriel est isomorphe à un espace vectoriel trivial, il est lui même trivial. On parlera donc de *l'*espace vectoriel trivial, ou nul (avec l'article défini) sur un corps K fixé.

2. Soit V une droite vectorielle sur K et soit $x \in V$ un élément non nul. L'application $\lambda \mapsto \lambda x$ est un isomorphisme de K sur V. Toutes les droites vectorielles sont donc isomorphes à K, donc entre elles. De plus, tout espace vectoriel isomorphe à une droite vectorielle est une droite vectorielle.

3. Si le plan vectoriel V est engendré par x et y, l'application $(\lambda, \mu) \mapsto \lambda x + \mu y$ est un isomorphisme de K^2 sur V : il est évident qu'elle est linéaire, elle est surjective parce que x, y engendrent V et elle est injective parce que x, y sont non multiples l'un de l'autre. Les plans vectoriels sont donc exactement les espaces vectoriels isomorphes à K^2.

4. L'application $(\lambda_1, \ldots, \lambda_n) \mapsto \begin{pmatrix} \lambda_1 \\ \vdots \\ \lambda_n \end{pmatrix}$ est un isomorphisme $K^n \simeq M_{n,1}(K)$.

5. On démontrera à la section 3 que les espaces vectoriels K et K^n ne sont isomorphes que si $n = 1$. On démontrera plus généralement au module II.7 que les espaces vectoriels K^m et K^n ne sont isomorphes que si $m = n$.

Définition 10. On appelle *endomorphisme* de l'espace vectoriel V une application linéaire de V dans lui-même. On appelle *automorphisme* de V un endomorphisme bijectif (autrement dit, un isomorphisme de V sur lui-même).

Le composé de deux endomorphismes de V est donc un endomorphisme de V (proposition 9 de la page 176) et l'application réciproque d'un automorphisme de V est un automorphisme de V (proposition 10 de la page précédente).

Exemples.

1. Toute homothétie H_λ est un endomorphisme de V. Si $\lambda \neq 0$, c'est un automorphisme d'inverse $H_{\lambda^{-1}}$.
2. Tous les endomorphismes d'une droite vectorielle sont des homothéties.
3. Tout endomorphisme de K^2 est de la forme $f : (x, y) \mapsto (ax + by, cx + dy)$, avec $a, b, c, d \in K$. On dit que f est *associé à la matrice* $\begin{pmatrix} a & b \\ c & d \end{pmatrix}$.

Exemple. Soient f, f' les endomorphismes de K^2 respectivement associés aux matrices $\begin{pmatrix} a & b \\ c & d \end{pmatrix}$ et $\begin{pmatrix} a' & b' \\ c' & d' \end{pmatrix}$. Un calcul immédiat donne :

$$(f' \circ) f(x, y) = \big((a'a + b'c)x + (a'b + b'd)y, (c'a + d'c)x + (c'b + d'd)y\big).$$

Donc l'endomorphisme $f' \circ f$ est associé à la matrice $\begin{pmatrix} a'a + b'c & a'b + b'd \\ c'a + d'c & c'b + d'd \end{pmatrix}$.

Pour savoir si f est bijective, il faut chercher si l'on peut inverser la relation $(x', y') = f(x, y)$, c'est-à-dire trouver un unique antécédent (x, y) à tout élément (x', y').

Cela revient à résoudre le système : $\begin{cases} ax + by = x' \\ cx + dy = y' \end{cases}$

On sait que ce système admet une unique solution pour tout choix des seconds membres $x', y' \in K$ si, et seulement si, $ad - bc \neq 0$. On a alors :

$$\begin{cases} x = \dfrac{d}{ad - bc} x' + \dfrac{-b}{ad - bc} y' \\ y = \dfrac{-c}{ad - bc} x' + \dfrac{a}{ad - bc} y' \end{cases}$$

Ainsi, f est un automorphisme si, et seulement si, $ad - bc \neq 0$, et f^{-1} est alors associé à la matrice : $\begin{pmatrix} \dfrac{d}{ad - bc} & \dfrac{-b}{ad - bc} \\ \dfrac{-c}{ad - bc} & \dfrac{a}{ad - bc} \end{pmatrix} = \dfrac{1}{ad - bc} \begin{pmatrix} d & -b \\ -c & a \end{pmatrix}$.

⚠ Il y a des opérations qui ont un sens avec les endomorphismes mais pas avec les autres applications linéaires. Par exemple, on ne peut calculer $f \circ f$ que si source et but de f sont identiques, donc pour un endomorphisme. De même, on ne peut comparer $f \circ g$ à $g \circ f$ que si f et g sont des endomorphismes d'un même espace vectoriel V. Dans ce cas, on a déjà vu que, quel que soit le scalaire $\lambda \in K$, on a $H_\lambda \circ f = f \circ H_\lambda$: on dit que les homothéties H_λ commutent avec tout endomorphisme f. Si V est un espace vectoriel trivial ou une droite vectorielle, tout endomorphisme est une homothétie. Dans ce cas, la composition des endomorphismes est commutative, mais ce n'est pas généralement le cas.

Exemple. Les endomorphismes f et f' de K^2 respectivement associés à $\begin{pmatrix} 0 & 1 \\ 0 & 0 \end{pmatrix}$ et à $\begin{pmatrix} 1 & 0 \\ 0 & 0 \end{pmatrix}$ ne commutent pas. En effet, $f' \circ f$ est associé à $\begin{pmatrix} 0 & 1 \\ 0 & 0 \end{pmatrix}$ (donc égal à f), alors que $f \circ f'$ est associé à $\begin{pmatrix} 0 & 0 \\ 0 & 0 \end{pmatrix}$ (donc nul).

Exercice 9.
Quels endomorphismes de K^2 commutent avec tous les endomorphismes ?
Solution. Il s'agit de choisir $a, b, c, d \in K$ tels que, pour tous $a', b', c', d' \in K$:

$$\begin{pmatrix} a'a + b'c & a'b + b'd \\ c'a + d'c & c'b + d'd \end{pmatrix} = \begin{pmatrix} aa' + bc' & ab' + bd' \\ ca' + dc' & cb' + dd' \end{pmatrix}.$$

En prenant successivement $(a', b', c', d') = (1, 0, 0, 0)$, $(0, 1, 0, 0)$, $(0, 0, 1, 0)$ et $(0, 0, 0, 1)$, on trouve : $a = d$ et $b = c = 0$, autrement dit, $f = H_a$.
C'est un cas particulier du théorème 41 de la page 202.

2.2 Noyau et image

Soit $f : V \to V'$ une application linéaire entre K-espaces vectoriels. C'est donc en particulier un morphisme de groupes, et l'on a défini son noyau : $\operatorname{Ker} f := \{x \in V \mid f(x) = 0_{V'}\}$. Ce dernier est un sous-groupe de V. On a de plus démontré que l'application f est injective si, et seulement si, son noyau est le sous-groupe trivial : f est injective $\Leftrightarrow \operatorname{Ker} f = \{0_V\}$.
À l'opposé, l'application f est triviale (nulle) si, et seulement si, le noyau est l'espace source tout entier : f est nulle $\Leftrightarrow \operatorname{Ker} f = V$. Ainsi, pour que f soit à la fois nulle et injective, il faut, et il suffit, que la source de f soit l'espace trivial $V = \{0\}$.
Remarquons enfin que, pour tout sous-espace vectoriel $W \subset V$, la restriction de f à W a pour noyau $\operatorname{Ker} f \cap W$.

Proposition 11. Le noyau $\operatorname{Ker} f$ de l'application linéaire f est un sous-espace vectoriel de l'espace vectoriel V.

Démonstration. Il suffit de vérifier que $\operatorname{Ker} f$ est stable pour la loi externe. Mais, si $\lambda \in K$ et $x \in \operatorname{Ker} f$: $f(\lambda x) = \lambda f(x) = \lambda . 0_{V'} = 0_{V'}$, et l'on a bien $\lambda x \in \operatorname{Ker} f$. ■

Exemples.

1. Reprenons l'exemple du théorème de Thalès : soient D et D' deux droites passant par l'origine du plan $\Pi = \mathbb{R}^2$; ce sont donc des sous-espaces vectoriels de $\mathbb{R}^2$. Soit $p : \Pi \to D$ la projection sur D parallèlement à D'. Son noyau est D', elle n'est donc pas injective. Soit Δ une droite passant par l'origine (donc un sous-espace vectoriel) et soit $q = p_{|\Delta} : \Delta \to D$ la restriction à Δ de la projection p. Le noyau de q est $D' \cap \Delta$. Si Δ est parallèle à la direction de projection, autrement dit, si $\Delta = D'$, $\operatorname{Ker} q = \Delta \cap D' = \Delta$ et l'application q est nulle. Si Δ n'est pas parallèle à la direction de projection, autrement dit, si $\Delta \neq D'$, $\operatorname{Ker} q = \Delta \cap D' = \{0\}$ et l'application q est injective.
2. Soit $f : V \to V'$ une application linéaire dont la source V est une droite vectorielle. Les seuls sous-espaces de V sont V lui-même et le sous-espace trivial $\{0_V\}$. L'application f est donc nulle ou injective.
3. Soit f un endomorphisme de K^2 et soit $\begin{pmatrix} a & b \\ c & d \end{pmatrix}$ la matrice associée. Si $ad-bc \neq 0$, l'application f est bijective et son noyau est nul. Si a, b, c, d sont tous nuls, l'application f est nulle et son noyau est K^2. Le cas « intermédiaire » est celui où $ad-bc = 0$ et a, b, c, d ne sont pas tous nuls. Dans ce cas, les vecteurs $(d, -c)$ et $(b, -a)$ sont proportionnels, ils ne sont pas tous deux nuls et ils engendrent le noyau, qui est donc une droite vectorielle.
4. L'endomorphisme $D : f \mapsto f'$ du $\mathbb{R}$-espace vectoriel $\mathcal{C}^\infty(\mathbb{R}, \mathbb{R})$ admet pour noyau le sous-espace vectoriel des fonctions constantes. Celui-ci est engendré par la fonction constante 1, c'est donc une droite vectorielle. L'endomorphisme M qui, à la fonction f de $\mathcal{C}^\infty(\mathbb{R}, \mathbb{R})$ associe la fonction xf, c'est-à-dire la fonction $x \mapsto xf(x)$, est injectif. Soit en effet un élément f du noyau : on a alors $xf(x) = 0$ pour tout réel x, donc $f(x) = 0$ pour tout réel non nul x. Par continuité, f est l'application constante nulle : $f = 0$. Le noyau de l'endomorphisme M est donc $\{0\}$ et M est injectif.

Exercice 10.

Soient a, b, c des éléments du corps K.

Quel est le noyau de l'application $f : K^2 \to K$ définie par $(x, y) \mapsto ax + by + c$?

Solution. Si $c \neq 0$, l'application f n'est pas linéaire et la question n'a aucun sens. Nous supposerons donc que c est nul. Si $a = b = 0$, l'application f est nulle et son noyau est K^2. Si a et b ne sont pas tous deux nuls, on vérifie sans peine que $\operatorname{Ker} f$ est engendré par le vecteur non nul $(b, -a)$: c'est donc une droite vectorielle.

Exercice 11.

Y a-t-il des applications linéaires injectives $K^n \to K$?

Solution. Si $n = 0$, l'unique application de $K^n = \{0\}$ dans K est linéaire et elle est à la fois nulle et injective. Si $n = 1$, les applications linéaires de K^n dans K sont les homothéties $H_\lambda : x \mapsto \lambda x$; elles sont injectives pour $\lambda \neq 0$. Supposons $n \geqslant 2$. Toute application linéaire f de K^n dans K est de la forme $(x_1, \ldots, x_n) \mapsto a_1x_1 + \cdots + a_nx_n$, les a_i étant des éléments de K fixés. Si les a_i sont tous nuls, f est nulle et n'est donc pas injective. Si, par exemple, a_1 n'est pas nul, le vecteur $(a_2, -a_1, 0, \ldots, 0)$ n'est pas nul et appartient au noyau ; si c'est une autre composante a_i qui n'est pas nulle, le lecteur construira de même un élément non nul du noyau. On conclut que, pour $n \geqslant 2$, il n'y a pas d'application linéaire injective de K^n dans K. En particulier, les espaces K^n et K ne sont pas isomorphes.

Soit $f : V \to V'$ une application linéaire entre K-espaces vectoriels.
C'est donc en particulier un morphisme de groupes, et l'on a défini son image :

$$\operatorname{Im} f = f(V) := \{x' \in V' \mid \exists x \in V \ : \ x' = f(x)\}.$$

C'est un sous-groupe de V'. L'application f est surjective si, et seulement si, son image est le groupe V' tout entier : f est surjective $\Leftrightarrow \operatorname{Im} f = V'$.
À l'opposé, l'application f est triviale si, et seulement si, son image est le sous-groupe trivial de V' : f est nulle $\Leftrightarrow \operatorname{Im} f = \{0_{V'}\}$. Ainsi, pour que l'application f soit à la fois triviale et surjective, il faut, et il suffit, que son but soit le groupe trivial $V' = \{0\}$.

Proposition 12. L'image $\operatorname{Im} f$ de l'application linéaire f est un sous-espace vectoriel de l'espace vectoriel V'.

Démonstration. Il suffit de vérifier que $\operatorname{Im} f$ est stable pour la loi externe. Mais, si $\lambda \in K$ et $x' \in \operatorname{Im} f$, on peut écrire $x' = f(x)$ avec $x \in V$ et $\lambda x' = \lambda f(x) = f(\lambda x)$; on a donc bien $\lambda x' \in \operatorname{Im} f$. ∎

Exemples.

1. Dans l'exemple du théorème de Thalès, avec les notations précédentes, l'image de la projection $p : \Pi \to D$ est D. L'application p est donc surjective. Si $\Delta = D'$, la restriction q est l'application linéaire nulle et $\operatorname{Im} q = \{0\}$. Si $\Delta \neq D'$, l'image de q est $\operatorname{Im} q = D$ et l'application q est surjective.
2. Soit $f : V \to V'$ une application linéaire dont le but V' est une droite vectorielle. Les seuls sous-espaces de V' sont V' lui-même et le sous-espace trivial $\{0_{V'}\}$. L'application f est donc nulle ou surjective.
3. Soit f un endomorphisme de K^2 de matrice associée $\begin{pmatrix} a & b \\ c & d \end{pmatrix}$.

   Si $ad - bc \neq 0$, l'application f est bijective et son image est K^2. Si a, b, c, d sont tous nuls, l'application f est nulle et son image est $\{0\}$. Si $ad - bc = 0$ et a, b, c, d ne sont pas tous nuls, les vecteurs (a, c) et (b, d) sont proportionnels, ils ne sont pas tous deux nuls et ils engendrent l'image, qui est donc une droite vectorielle.
4. L'endomorphisme $D : f \mapsto f'$ du $\mathbb{R}$-espace vectoriel $\mathcal{C}^\infty(\mathbb{R}, \mathbb{R})$ admet pour image l'espace vectoriel tout entier, car il est surjectif ; par exemple, un antécédent de $f \in \mathcal{C}^\infty(\mathbb{R}, \mathbb{R})$ est la primitive de f qui s'annule en 0, la fonction $x \mapsto \int_0^x f(t)\, dt$. L'endomorphisme $M : f \mapsto xf$ de $\mathcal{C}^\infty(\mathbb{R}, \mathbb{R})$ a pour image le sous-espace vectoriel

de $\mathcal{C}^\infty(\mathbb{R},\mathbb{R})$ formé des fonctions qui s'annulent en 0. En effet, il est clair que la fonction xf s'annule en 0. Réciproquement, si la fonction $g \in \mathcal{C}^\infty(\mathbb{R},\mathbb{R})$ s'annule en 0, la fonction $x \mapsto g(x)/x$ qui est *a priori* définie sur $\mathbb{R}^*$ et de classe $\mathcal{C}^\infty$ se prolonge par continuité en une fonction f telle que $f(0) = \lim\limits_{x\to 0} g(x)/x = g'(0)$ et l'on a $xf = g$. On peut alors démontrer (mais ce n'est nullement évident !) que $f \in \mathcal{C}^\infty(\mathbb{R},\mathbb{R})$, et f est un antécédent de g par M.

Exercice 12.
Y a-t-il des applications linéaires surjectives $K \to K^n$?
Solution. Si $n = 0$, l'unique application de K dans $K^n = \{0\}$ est linéaire et elle est à la fois nulle et surjective. Si $n = 1$, les applications linéaires de K dans K^n sont les homothéties $H_\lambda : x \mapsto \lambda x$; elles sont surjectives pour $\lambda \neq 0$. Supposons $n \geqslant 2$. Toute application linéaire f de K dans K^n est de la forme $x \mapsto (xa_1, \ldots, xa_n)$, où $f(1) = (a_1, \ldots, a_n) \in K^n$ est fixé. Si les a_i sont tous nuls, f est nulle et n'est donc pas surjective. Si, par exemple, a_1 n'est pas nul, le vecteur $(0, 1, \ldots, 1)$ n'appartient pas à l'image ; si c'est une autre composante a_i qui n'est pas nulle, le lecteur construira de même un élément de K^n sans antécédent. Dans tous les cas, on conclut que, pour $n \geqslant 2$, il n'y a pas d'application linéaire surjective de K sur K^n. En particulier, on a redémontré que les espaces K^n et K ne sont pas isomorphes.

Remarque. Deux faits significatifs se déduisent des exemples précédents et seront généralisés au module II.7 : un endomorphisme de K ou de K^2 est injectif si, et seulement s'il est bijectif (on démontrera que ce fait est valable pour tout endomorphisme de K^n, $n \in \mathbb{N}$) ; l'espace K^n est isomorphe à $\{0\} = K^0$ ou à $K = K^1$ si, et seulement si, $n = 0$ ou 1 (on démontrera que K^n et K^p sont isomorphes si, et seulement si, $n = p$).

Soit $f : V \to V'$ une application linéaire. Pour tout sous–espace vectoriel $W' \subset V'$, on vérifie facilement que l'image réciproque par f de W' :

$$f^{-1}(W') := \{x \in V \mid f(x) \in W'\}$$

est un sous–espace vectoriel de V. De même, pour tout sous–espace vectoriel $W \subset V$, son image par f : $f(W) := \{x' \in V' \mid \exists x \in W \ : \ f(x) = x'\}$ est un sous–espace vectoriel de V'. Remarquons qu'en prenant $W' = \{0_{V'}\}$ et $W = V$, on retrouve le noyau $\operatorname{Ker} f$ et l'image $f(W) = \operatorname{Im} f$.

2.3 Quelques applications linéaires particulières

Définition 11.
Un endomorphisme de V idempotent pour la loi $\circ$ est appelé *projecteur*.

Rappelons qu'un élément a est dit idempotent pour une loi de composition interne $\star$ si $a \star a = a$. Un projecteur est donc un endomorphisme p tel que $p \circ p = p$, c'est-à-dire que, pour tout x de V : $p\big(p(x)\big) = p(x)$.

Exemples. Les endomorphismes $p : (x,y) \mapsto (x,0)$ et $q : (x,y) \mapsto (0,y)$ de $\mathbb{R}^2$ sont des projecteurs. Pour que l'homothétie H_λ soit un projecteur, il faut, et il suffit, que $H_{\lambda^2} = H_\lambda$, donc $\lambda^2 = \lambda$. Les seules possibilités sont l'endomorphisme nul H_0 et l'endomorphisme identité H_1.

Proposition 13. L'endomorphisme p de V est un projecteur d'image $W \subset V$ si, et seulement si, $\operatorname{Im} p \subset W$ et $p_{|W} = \operatorname{Id}_W$.

Démonstration. Si p est un projecteur d'image W, il est évident que $\operatorname{Im} p \subset W$. Tout élément x de W s'écrit $x = p(y)$ et l'on a alors : $p(x) = p\big(p(y)\big) = p(y) = x$, de sorte que la restriction de p à W est bien l'identité de W.
Réciproquement, soit p un endomorphisme V d'image $\operatorname{Im} p \subset W$ et tel que $p_{|W} = \operatorname{Id}_W$. Alors, pour tout x de V, l'élément $y = p(x)$ appartient à $\operatorname{Im} p$, donc à W.
Ainsi $p(y) = p_{|W}(y) = \operatorname{Id}_W(y) = y$, c'est-à-dire que $p\big(p(x)\big) = p(x)$: l'endomorphisme p est bien un projecteur. Par hypothèse, son image est contenue dans W ; mais tout $y \in W$ est égal à $\operatorname{Id}_W(y) = p_{|W}(y) = p(y) \in \operatorname{Im} p$, et l'image de p est $\operatorname{Im} p = W$. ■

Pratiquement, pour prouver que p est un projecteur d'image W, on vérifiera les deux conditions suivantes :

$$\forall x \in V\ ,\ p(x) \in W \text{ et } \forall y \in W\ ,\ p(y) = y. \tag{23}$$

Proposition 14. Soit p un projecteur de V. L'application $q : x \mapsto x - p(x)$ est un projecteur de V d'image $\operatorname{Im} q = \operatorname{Ker} p$.

Démonstration. On vérifie aisément que c'est une application linéaire, donc un endomorphisme de V. En fait, on définira en 2.4 l'addition des applications linéaires ; selon cette définition, on a $q = \operatorname{Id}_V - p$.
Nous allons vérifier les conditions 23. Notons $W = \operatorname{Ker} p$. Soit $x \in V$. Alors :

$$p\big(q(x)\big) = p\big(x - p(x)\big) = p(x) - p\big(p(x)\big) = 0,$$

et l'on a bien $q(x) \in \operatorname{Ker} p = W$. Soit maintenant $y \in W$, donc $p(y) = 0$. Alors : $q(y) = y - p(y) = y$, d'où la deuxième condition, ce qui permet de conclure. ■

Puisque $x - q(x) = x - \big(x - p(x)\big) = p(x)$, on peut d'ailleurs appliquer la deuxième proposition et en tirer que $\operatorname{Im} p = \operatorname{Ker} q$.

Proposition 15. Si p est un projecteur de V, alors :

$$V = \operatorname{Im} p + \operatorname{Ker} p \qquad \text{et} \qquad \operatorname{Im} p \cap \operatorname{Ker} p = \{0\}.$$

Démonstration. La première affirmation vient de l'égalité évidente : $x = p(x) + q(x)$ et de la proposition précédente. Soit $x \in \operatorname{Im} p \cap \operatorname{Ker} p$. Alors $x = p(x)$, car $x \in \operatorname{Im} p$ et $p(x) = 0$, car $x \in \operatorname{Ker} p$. ■

Comme nous le verrons en 4, on dit alors que V est la somme directe de $\operatorname{Im} p$ et $\operatorname{Ker} p$. Nous montrerons également que toute écriture de V comme somme directe de deux sous-espaces vectoriels s'obtient de cette manière.

Exemple.
Les projecteurs $p : (x,y) \mapsto (x,0)$ et $q : (x,y) \mapsto (0,y)$ de $\mathbb{R}^2$ vérifient $q = \mathrm{Id}_{\mathbb{R}^2} - p$. On a $\operatorname{Im} p = \operatorname{Ker} q = \mathbb{R} \times \{0\}$ (la droite horizontale) et $\operatorname{Im} q = \operatorname{Ker} p = \{0\} \times \mathbb{R}$ (la droite verticale).

Définition 12. Une *forme linéaire* sur le K-espace vectoriel V est une application linéaire de V dans K. Un *hyperplan* de V est le noyau d'une forme linéaire non nulle sur V.

On a déjà vu qu'une forme linéaire f sur V est soit nulle soit surjective. Dans le premier cas, le noyau $\operatorname{Ker} p$ est bien sûr l'espace V tout entier.

Exemples.

1. L'espace trivial ne contient aucun hyperplan. Pour $n \geqslant 1$, les hyperplans de K^n sont les sous-espaces de la forme :
$$H := \{(x_1, \ldots, x_n) \in K^n \mid a_1 x_1 + \cdots + a_n x_n = 0\},$$
les coefficients a_i étant non tous nuls. Le seul hyperplan d'une droite vectorielle est le sous-espace trivial. Dans K^2, les hyperplans sont les droites vectorielles. Un hyperplan de l'espace $\mathbb{R}^3$ est un plan vectoriel (*i.e.* passant par l'origine). Il est défini par une équation : $ax + by + cz = 0$, dont les coefficients a, b, c ne sont pas tous nuls.
2. L'ensemble des fonctions numériques continues sur le segment $[0,1]$ et nulles en 0 est un hyperplan de $\mathcal{C}([0,1],\mathbb{R})$: c'est en effet le noyau de la forme linéaire non nulle $f \mapsto f(0)$.

Nous allons illustrer sur une même construction les notions de projecteur et de forme linéaire. On se donne un hyperplan H de V et l'on veut construire un projecteur d'image H. On introduit d'abord une forme linéaire non nulle f sur V dont le noyau est $\operatorname{Ker} f = H$: il en existe, par définition des hyperplans. Puisque f est non nulle, on peut choisir un élément $x_0 \in V$ tel que $f(x_0) \neq 0$. Notons D le sous-espace vectoriel engendré par x_0 : c'est donc une droite vectorielle de V. On pose enfin $p(x) = \dfrac{f(x)}{f(x_0)} x_0$. Le lecteur consciencieux vérifiera (en tout cas, il le devrait) que p est une application linéaire, donc un endomorphisme de V. Montrons que c'est un projecteur d'image D, en utilisant les deux conditions pratiques indiquées plus haut. Tout d'abord, pour tout x de V, $p(x) \in D$ puisque c'est un multiple de x_0. Soit ensuite $x \in D$; on peut donc écrire $x = \lambda x_0$ et calculer :
$$p(x) = p(\lambda x_0) = \lambda p(x_0) = \lambda \frac{f(x_0)}{f(x_0)} x_0 = \lambda x_0 = x.$$
Cela démontre notre assertion. Le noyau de p est H, car $\dfrac{f(x)}{f(x_0)} x_0$ s'annule si, et seulement si, $f(x) = 0$. Si l'on pose : $q(x) = x - \dfrac{f(x)}{f(x_0)} x_0$, il découle de l'étude précédente que q est un projecteur d'image H et de noyau D.

2.3.1 Produit d'espaces vectoriels

Soient $V_1, \ldots, V_k$ des groupes. Le groupe produit : $\prod_{i=1}^{k} V_i = V_1 \times \cdots \times V_k$ a été défini en munissant l'ensemble produit $V_1 \times \cdots \times V_k$ de la loi interne :

$$(x_1, \ldots, x_k) + (y_1, \ldots, y_k) := (x_1 + y_1, \ldots, x_k + y_k);$$

Définition 13. Soient $V_1, \ldots, V_k$ des K-espaces vectoriels. L'*espace vectoriel produit* est défini en munissant le groupe produit $V_1 \times \cdots \times V_k$ de la loi externe :

$$\lambda(x_1, \ldots, x_k) := (\lambda x_1, \ldots, \lambda x_k). \qquad (24)$$

On définit, pour chaque indice j, une application $j^{\text{ème}}$ projection p_j de $\prod_{i=1}^{k} V_i$ dans V_j, qui associe à l'élément $(x_1, \ldots, x_k)$ sa $j^{\text{ème}}$ composante x_j. On définit également, pour chaque indice j, d'une application $j^{\text{ème}}$ section $s_j : V_j \to \prod_{i=1}^{k} V_i$, qui associe à l'élément $a \in V_j$ l'élément $(0, \ldots, a, \ldots, 0)$ dont la $j^{\text{ème}}$ composante est a et dont toutes les autres composantes sont nulles. Le lecteur vérifiera que les applications projections et sections sont linéaires, que les p_j sont surjectives et que les s_j sont injectives. En particulier, le produit de deux K-espaces vectoriels V et V' est l'ensemble produit $V \times V'$, muni des opérations :

$$\forall (x, x'), (y, y') \in V \times V' \;,\; (x, x') + (y, y') := (x + y, x' + y'),$$
$$\forall \lambda \in K \;,\; \forall (x, x') \in V \times V' \;,\; \lambda(x, x') := (\lambda x, \lambda x').$$

Les projections sur V et V' sont respectivement les applications linéaires $(x, x') \mapsto x$ et $(x, x') \mapsto x'$. Les sections sont l'application $a \mapsto (a, 0_{V'})$ de V dans $V \times V'$ et l'application $a' \mapsto (0_V, a')$ de V' dans $V \times V'$. Si par exemple on prend $V_1 = \cdots = V_k =$ le K-espace vectoriel K, l'espace vectoriel produit $V_1 \times \cdots \times V_k$ n'est autre que l'espace K^k. L'application $j^{\text{ème}}$ projection p_j associe à l'élément $(x_1, \ldots, x_k) \in K^k$ sa $j^{\text{ème}}$ composante $x_j \in K$.

2.4 Espaces d'applications linéaires

Définition 14. Soient V et V' deux K-espaces vectoriels. On note $\mathcal{L}_K(V, V')$ (ou $\mathcal{L}(V, V')$, s'il n'y a pas de risque de confusion) l'ensemble des applications K-linéaires de V dans V'.
L'ensemble $\mathcal{L}_K(V, V)$ des endomorphismes de V est noté $\mathcal{L}_K(V)$ (ou $\mathcal{L}(V)$).
Le sous-ensemble de $\mathcal{L}_K(V)$ formé des automorphismes est noté $\mathcal{GL}_K(V)$ ou $\mathcal{GL}(V)$.
On utilise également les notations $\mathrm{Hom}_K(V, V')$, $\mathrm{End}_K(V)$ et $\mathrm{Aut}_K(V)$ pour ces trois ensembles.

Soient maintenant f et g des applications linéaires de V dans V' et $\alpha \in K$ un scalaire. On peut alors définir les applications $f + g$ et αf de V dans V' : il s'agit là d'opérations dans le K-espace vectoriel $\mathcal{F}(V, V')$.

Exemples. L'homothétie H_λ de V est égale à $\lambda \, \mathrm{Id}_V$. Pour tout projecteur p de V, l'application $\mathrm{Id}_V - p$ est un projecteur de V.

Lemme 16. Les applications $f+g$ et αf sont linéaires.

Démonstration. Cela résultera des deux calculs suivants :

$$\begin{aligned}(f+g)(\lambda x+\mu y) &= f(\lambda x+\mu y)+g(\lambda x+\mu y)\\ &= \big(\lambda f(x)+\mu f(y)\big)+\big(\lambda g(x)+\mu g(y)\big)\\ &= \lambda(f+g)(x)+\mu(f+g)(y), \text{ et}\end{aligned}$$

$$(\alpha f)(\lambda x+\mu y)=\alpha f(\lambda x+\mu y)=\alpha\big(\lambda f(x)+\mu f(y)\big)=\lambda(\alpha f)(x)+\mu(\alpha f)(y),$$

d'où respectivement la linéarité de $f+g$, et celle de αf. ■

Proposition 17. L'ensemble $\mathcal{L}_K(V,V')$ muni de ces deux opérations est un K-espace vectoriel.

Démonstration. On sait déjà que l'ensemble $\mathcal{F}(V,V')$ de toutes les applications de V dans V' est un K-espace vectoriel. Le lemme nous dit que $\mathcal{L}_K(V,V')$ en est un sous-espace vectoriel. ■

Exemples.

1. De la description des applications linéaires de K dans V, on déduit la bijection : $\mathcal{L}_K(K,V)\to V$ qui, à $f\in\mathcal{L}_K(K,V)$, associe $f(1)$.

   De l'égalité $(\alpha f+\beta g)(1)=\alpha f(1)+\beta g(1)$, on déduit que cette bijection est linéaire. On a donc un isomorphisme $\mathcal{L}_K(K,V)\simeq V$.

2. De la description des applications linéaires de K^2 dans V, on déduit la bijection : $\mathcal{L}_K(K^2,V)\to V^2$ qui, à $f\in\mathcal{L}_K(K^2,V)$, associe $\big(f(1,0),f(0,1)\big)$. On démontre de même que c'est un isomorphisme. Il découlera de la section 3.3 que l'on a, plus généralement, $\mathcal{L}_K(K^n,V)\simeq V^n$.

Définition 15. L'espace vectoriel $\mathcal{L}_K(V,K)$ des formes linéaires sur l'espace vectoriel V est appelé *espace dual* de V. On le note V^*.

On prendra garde aux risques de confusion avec d'autres usages de l'astérisque. Par exemple, il vaut mieux éviter de noter K^* le dual du K-espace vectoriel K, la signification $K^*=K\setminus\{0\}$ étant d'usage plus courant.

Exemple. En faisant $V=K$ dans les exemples précédents, on voit que le dual de K^n s'identifie naturellement à K^n. Par exemple, si $n=1$, $\lambda\in K$ correspond à la forme linéaire $x\mapsto\lambda x$ de K dans K. Si $n=2$, $(\lambda,\mu)\in K^2$ correspond à la forme linéaire $(x,y)\mapsto\lambda x+\mu y$ de K^2 dans K. Ces exemples sont d'ailleurs exceptionnels : il n'y pas de façon naturelle d'identifier un espace vectoriel quelconque avec son dual.

Nous allons énoncer deux règles de distributivité de la composition par rapport aux combinaisons linéaires. Soient V, V', V'' trois espaces vectoriels sur K, $f, g \in \mathcal{L}_K(V, V')$ et $f', g' \in L_K(V', V'')$ des applications linéaires et $\lambda, \mu \in K$ des scalaires. Alors :

$$(\lambda f' + \mu g') \circ f = \lambda(f' \circ f) + \mu(g' \circ f), \tag{25}$$

$$f' \circ (\lambda f + \mu g) = \lambda(f' \circ f) + \mu(f' \circ g). \tag{26}$$

Remarquons d'ailleurs que la première de ces deux règles n'exige en fait aucune hypothèse sur les applications f, f', g', alors que la deuxième règle repose sur la linéarité de f'.

Proposition 18. Muni de l'addition et de la composition, $\mathcal{L}_K(V)$ est un anneau.

Démonstration. On sait déjà que c'est un groupe pour l'addition. Si l'on se restreint à l'espace vectoriel $\mathcal{L}_K(V)$ des endomorphismes de V, la composition est une loi interne. Elle est associative et Id_V en est élément neutre. Elle est enfin distributive par rapport à l'addition d'après les règles ci-dessus. ■

Corollaire 19. L'ensemble $\mathcal{GL}_K(V)$ (définition 14 de la page 185) muni de la composition est un groupe.

Démonstration. C'est en effet le groupe des éléments inversibles de l'anneau $\mathcal{L}_K(V)$. ■

Définition 16. Le groupe $\mathcal{GL}_K(V)$ est appelé *groupe linéaire* de l'espace vectoriel V.

Exemples.

1. Si V est trivial, $\mathcal{L}_K(V)$ est l'anneau trivial.
2. Si V est une droite vectorielle, les endomorphismes de V sont les homothéties, et l'anneau $\mathcal{L}_K(V)$ est isomorphe au corps K et le groupe linéaire $\mathcal{GL}_K(V)$ est isomorphe au groupe multiplicatif K^*.
3. Si $V = K^2$, l'anneau $\mathcal{L}_K(V)$ est isomorphe à l'anneau des matrices carrées $M_2(K)$ et le groupe linéaire $\mathcal{GL}_K(V)$ est isomorphe au groupe $GL_2(K)$ des matrices inversibles (module II.4).

3 Familles de vecteurs

On sait, depuis Descartes, que repérer les points du plan par leurs coordonnées permet d'appliquer à la géométrie toute la puissance de l'algèbre et de l'analyse. Ce repérage suppose le choix d'une origine et de deux vecteurs non proportionnels. La question du choix de l'origine sera l'un des objets de la géométrie affine ; ce qui compte, pour la géométrie *vectorielle*, c'est le choix d'une *base*, c'est-à-dire d'une famille de vecteurs *génératrice* et *libre*.

3.1 Familles génératrices

Définition 17. Une famille $(x_i)_{i\in I}$ d'éléments du K-espace vectoriel V est dite *génératrice* si tout élément de V est combinaison linéaire des x_i :

$$\forall x \in V \ , \ \exists (\lambda_i)_{i\in I} \in K^{(I)} \ : \ x = \sum_{i\in I} \lambda_i x_i.$$

Autrement dit (section 1.3), V est engendré par la famille $(x_i)_{i\in I}$: $V = \mathrm{Vect}(x_i)_{i\in I}$. Une *partie génératrice* de V est une partie A telle que la famille de ses éléments est génératrice : $V = \mathrm{Vect}(A)$.

Exemple. Dans l'espace vectoriel trivial $\{0\}$, toute famille est génératrice. La partie vide est génératrice. Dans l'espace vectoriel K, une famille est génératrice si, et seulement si, l'un de ses éléments au moins est non nul. Cela reste vrai dans toute droite vectorielle.

Même si l'on ne mentionne pas toujours explicitement le corps de base, la définition d'une partie génératrice en dépend de manière essentielle. Par exemple, la partie $\{1\} \subset \mathbb{R}$ est une partie génératrice du $\mathbb{R}$-espace vectoriel $\mathbb{R}$, mais pas du $\mathbb{Q}$-espace vectoriel $\mathbb{R}$: le sous-espace du $\mathbb{Q}$-espace vectoriel $\mathbb{R}$ engendré par $\{1\}$ est $\mathbb{Q}$.

Le lecteur prendra garde que, dans l'écriture de $x \in V$ sous la forme $x = \sum \lambda_i x_i$, les coefficients λ_i ne sont en général pas uniques.

Exercice 13.
Montrer que la famille $\big((1,0),(0,1),(1,1)\big)$ d'éléments de l'espace vectoriel K^2 est génératrice et déterminer toutes les écritures de $(a,b) \in K^2$ comme combinaison linéaire des éléments de cette famille.

Solution. On cherche tous les triplets (x,y,z) d'éléments de K tels que :

$$(a,b) = x(1,0) + y(0,1) + z(1,1),$$

ce qui revient à résoudre le système de 2 équations à 3 inconnues :

$$\begin{cases} x + z = a \\ y + z = b \end{cases}$$

On peut, par exemple, résoudre en fonction de z et obtenir $(x,y,z) = (a-z, b-z, z)$, $z \in K$ étant arbitraire. Cela fournit l'écriture : $(a,b) = (a-z)(1,0) + (b-z)(0,1) + z(1,1)$. On ne peut donc sans ambiguïté désigner « les » coefficients de l'écriture de (a,b) comme combinaison linéaire des éléments de cette famille.

Cet exercice suggère l'existence d'un lien entre familles génératrices et systèmes d'équations. Considérons le système de n équations à p inconnues :

$$\begin{cases} a_{1,1}x_1 + \cdots + a_{1,p}x_p = b_1, \\ \vdots \\ a_{n,1}x_1 + \cdots + a_{n,p}x_p = b_n. \end{cases} \tag{27}$$

La conjonction de ces n égalités scalaires équivaut à l'égalité vectorielle :

$$x_1 \begin{pmatrix} a_{1,1} \\ \vdots \\ a_{n,1} \end{pmatrix} + \cdots + x_p \begin{pmatrix} a_{1,p} \\ \vdots \\ a_{n,p} \end{pmatrix} = \begin{pmatrix} b_1 \\ \vdots \\ b_n \end{pmatrix}. \tag{28}$$

Cette égalité a lieu dans l'espace $M_{n,1}(K)$ des vecteurs colonnes.

Notons $A_1 = \begin{pmatrix} a_{1,1} \\ \vdots \\ a_{n,1} \end{pmatrix}, \ldots, A_p = \begin{pmatrix} a_{1,p} \\ \vdots \\ a_{n,p} \end{pmatrix}$ et $B = \begin{pmatrix} b_1 \\ \vdots \\ b_n \end{pmatrix}$.

Pour que le système (27) admette au moins une solution, il faut, et il suffit, que $B \in \text{Vect}(A_1, \ldots, A_p)$. Pour qu'il admette une solution *pour tout second membre* B, il faut, et il suffit, que la famille $(A_1, \ldots, A_p)$ soit une famille génératrice de $M_{n,1}(K)$.

Voici maintenant des exemples de familles génératrices infinies. Une particularité de ces exemples est que, dans chaque cas, il n'existe pas de famille génératrice finie.

Exemples. Dans le K-espace vectoriel $K[X]$, la famille $(X^n)_{n\in\mathbb{N}}$ est génératrice. Dans le $\mathbb{R}$-espace vectoriel $\mathbb{R}^{(\mathbb{N})}$ des suites à support fini, la famille des $\delta^{(n)}$ (exemple 4 de la page 168). est génératrice. Soit maintenant $(u^{(1)}, \ldots, u^{(n)})$ une famille finie d'éléments de $\mathbb{R}^{(\mathbb{N})}$. Chacune des suites $u^{(i)}$ est, par hypothèse, à support fini : il existe donc un entier N_i tel que tous les termes de la suite $u^{(i)}$ d'indices strictement supérieurs à N_i sont nuls. Notons N le plus grand des entiers N_i. Soit maintenant $u = \lambda_1 u^{(1)} + \cdots + \lambda_n u^{(n)}$ un élément de $\text{Vect}(u^{(1)}, \ldots, u^{(n)})$: tous ses termes d'indices strictement supérieurs à N sont donc nuls. Comme les éléments de $\mathbb{R}^{(\mathbb{N})}$ ne vérifient pas tous cette propriété (par exemple $\delta^{(N+1)}$), le sous-espace vectoriel $\text{Vect}(u^{(1)}, \ldots, u^{(n)})$ n'est pas $\mathbb{R}^{(\mathbb{N})}$ et la famille $(u^{(1)}, \ldots, u^{(n)})$ n'est pas génératrice. Ainsi, aucune famille finie de $\mathbb{R}^{(\mathbb{N})}$ n'est génératrice.

Exercice 14.

Montrer que le K-espace vectoriel $K[X]$ n'admet aucune famille génératrice finie.

Solution. Soit $(P_1, \ldots, P_k)$ une famille finie de polynômes et soit d le maximum de leurs degrés. Toute combinaison linéaire des P_i est de degré inférieur ou égal à d.

La famille $(P_1, \ldots, P_k)$ n'est donc pas génératrice.

La proposition qui suit est formulée pour des parties génératrices : l'adaptation au cas d'une famille ne pose pas de problème.

Proposition 20. Toute partie de V contenant une partie génératrice est elle-même une partie génératrice. L'image par une application linéaire surjective d'une partie génératrice est une partie génératrice.

Démonstration. Soit A une partie génératrice du K-espace vectoriel V et soit B une partie de V contenant A. Si $x \in V$ est une combinaison linéaire d'éléments de A, c'est aussi une combinaison linéaire d'éléments de B : il suffit en effet d'attribuer aux éléments de A les mêmes coefficients et à ceux de $B \setminus A$ le coefficient 0. Autrement dit, partant de l'écriture $x = \sum\limits_{a \in A} \lambda_a a$, on en tire l'écriture $x = \sum\limits_{b \in B} \mu_b b$, en posant $\mu_a := \lambda_a$ pour $a \in A$ et $\mu_b := 0$ pour $b \notin A$. Cela montre bien que B est une partie génératrice. Soit par ailleurs f une application linéaire surjective de V sur V'. Tout élément x' de V' s'écrit $x' = f(x)$ avec $x \in V$ (surjectivité de f). Mais x est combinaison linéaire des $a \in A$ (qui est génératrice) donc $f(x)$ est combinaison linéaire des $f(a), a \in A$ (linéarité de f). Avec les notations précédentes : $x' = \sum\limits_{a \in A} \lambda_a f(a) = \sum\limits_{a' \in A'} \lambda'_{a'} a'$, où l'on a noté $A' := f(A)$ et, pour $a' \in A'$: $\lambda'_{a'} := \sum\limits_{f(a) = a'} \lambda_a$. Cette somme a bien un sens, parce que tous les λ_a sont nuls sauf un nombre fini ; et l'on en déduit d'ailleurs que tous les $\lambda'_{a'}$ sont nuls sauf un nombre fini. Ainsi, $A' = f(A)$ est bien une partie génératrice de V'. ■

3.2 Familles libres

Définition 18. La famille $(x_i)_{i \in I}$ d'éléments de V est dite *libre* s'il n'existe aucune relation linéaire non triviale entre les x_i :

$$\forall (\lambda_i)_{i \in I} \in K^{(I)} \ : \ \sum_{i \in I} \lambda_i x_i = 0 \Longrightarrow \forall i \in I \ , \ \lambda_i = 0. \tag{29}$$

On dit également que les vecteurs x_i sont *linéairement indépendants*.
Une partie de V est dite libre si la famille de ses éléments l'est.

La notion de famille libre dépend du corps de base. Par exemple, la partie $\{1, \sqrt{2}\}$ de $\mathbb{R}$ est-elle libre ? Dans le $\mathbb{R}$-espace vectoriel $\mathbb{R}$, aucune partie à 2 éléments n'est libre. Dans le $\mathbb{Q}$-espace vectoriel $\mathbb{R}$, cette partie est bien libre, car aucun de ces deux éléments n'est multiple de l'autre *au sens de la multiplication externe* : il faudrait en effet que le facteur soit un rationnel.

Des vecteurs linéairement indépendants ne vérifient aucune relation linéaire non triviale. Une famille ou une partie qui contient le vecteur nul 0_V ne peut donc être libre (considérer la combinaison linéaire qui affecte le coefficient 1 au vecteur 0_V et le coefficient $0 \in K$ à tous les autres vecteurs). Ainsi, même si la partie A est libre, la partie $A \cup \{0_V\}$ ne l'est jamais. À l'opposé, la partie A est génératrice si, et seulement si, la partie $A \cup \{0_V\}$ l'est. S'il y a répétition dans une famille $(x_i)_{i \in I}$, elle ne peut être libre. Supposons en effet que $x_j = x_k$ avec deux indices distincts $j, k \in I$. On pose alors (par exemple) $\lambda_j = 1$, $\lambda_k = -1$ et $\lambda_i = 0$ pour $i \neq j, k$, d'où une relation linéaire non triviale. Ainsi, si la partie $\{x, y\}$ est libre, la famille (x, y) l'est également mais pas la famille (x, x, y). Rappelons d'ailleurs (module I.1) que la famille associée à un ensemble ne comporte, par définition, pas de répétition.

La définition d'une famille génératrice $(x_i)_{i \in I}$ affirme *l'existence*, pour tout $x \in V$, d'une combinaison linéaire des x_i égale à x ; mais elle n'en garantit pas *l'unicité*. La définition d'une famille libre garantit au contraire cette unicité (mais, bien sûr, pas l'existence). Supposons en effet la famille libre. Si l'on a deux écritures : $x = \sum_{i \in I} \lambda_i x_i = \sum_{i \in I} \mu_i x_i$, on en tire la relation linéaire $\sum_{i \in I} (\lambda_i - \mu_i) x_i = 0$, d'où, par hypothèse : $\forall i \in I$, $\lambda_i - \mu_i = 0$, et $\forall i \in I$, $\lambda_i = \mu_i$. C'est bien l'unicité annoncée de l'écriture.

Exemples.

1. La seule partie libre de l'espace trivial $\{0\}$ est la partie vide $\varnothing$.
2. Les seules parties libres d'une droite vectorielle sont les $\{x\}$, où $x \neq 0$.
3. Dans tout espace vectoriel V, les singletons $\{x\}$, où $x \neq 0$ sont des parties libres. Le couple (famille de deux éléments) (x, y) est libre si, et seulement si, $x \neq y$ et si la paire (partie à deux éléments) $\{x, y\}$ l'est. La paire $\{x, y\}$ est une partie libre si, et seulement si, aucun des deux vecteurs x,y n'est multiple de l'autre. Pour le voir, prouvons que la paire $\{x, y\}$ est une partie *non* libre si, et seulement si, l'un des deux vecteurs x,y est multiple de l'autre. Si $y = \lambda x$, resp. $x = \mu y$, on a la relation linéaire non triviale $\lambda.x + (-1).y = 0_V$, resp. la relation linéaire non triviale $(-1).x + \mu.y = 0_V$.
   Réciproquement, si $\lambda x + \mu y = 0_V$ est une relation linéaire non triviale, λ ou μ est non nul. Si $\lambda \neq 0$, on a $x = \dfrac{-\mu}{\lambda} y$; si $\mu \neq 0$, on a $y = \dfrac{-\lambda}{\mu} x$.
4. Soient (a, b) et (c, d) deux éléments de K^2. Ils sont linéairement indépendants si, et seulement si, $ad - bc \neq 0$. Pour le voir, nous invoquons l'équivalence précédente. Si $(c, d) = \lambda(a, b)$ ou $(a, b) = \mu(c, d)$, il est immédiat que $ad - bc = 0$. Réciproquement, si $ad - bc = 0$, on a $d(a, b) = b(c, d)$ et $c(a, b) = a(c, d)$. Si l'un des quatre coefficients a, b, c, d est non nul, on a une relation linéaire non triviale ; si $a = b = c = d = 0$, les vecteurs ne sont évidemment pas indépendants.
5. Dans le K-espace vectoriel $K[X]$, la famille $(X^n)_{n \in \mathbb{N}}$ est libre.

La proposition qui suit s'étend sans peine au cas d'une famille.

Proposition 21. Soit A une partie libre du K-espace vectoriel V. Toute partie de A est libre. L'image de A par une application linéaire injective est libre.

Démonstration. Soit B une partie de A. De toute relation linéaire non triviale $\sum_{b \in B} \lambda_b b = 0$ entre les éléments de B, on déduirait une relation linéaire non triviale $\sum_{a \in A} \mu_a a = 0$ entre les éléments de A en posant $\mu_a := \lambda_a$ si $a \in B$, $\mu_a := 0$ si $a \in A \setminus B$. Cela démontre la première affirmation. Soit $f : V \to V'$ une application linéaire injective. Tout $a' \in A' = f(A)$ s'écrit de manière unique $a' = f(a)$, avec $a \in A$. Toute combinaison linéaire d'éléments de A' peut donc s'écrire : $\sum_{a' \in A'} \lambda'_{a'} a' = \sum_{a \in A} \lambda_a f(a) = f\left(\sum_{a \in A} \lambda_a a\right)$ (par linéarité de f), en posant $\lambda_a := \lambda'_{f(a)}$ pour tout $a \in A$. D'une relation linéaire $\sum_{a' \in A'} \lambda_{a'} a' = 0_{V'}$ entre les éléments de A', on déduit donc : $f\left(\sum_{a \in A} \lambda_a a\right) = 0_{V'}$, d'où

$\sum_{a\in A} \lambda_a a = 0_V$ (par injectivité de f), puis, A étant libre, $\forall a \in A$, $\lambda_a = 0$. Par définition, cela entraîne $\forall a \in A$, $\lambda'_{f(a)} = 0$, puis $\forall a' \in A'$, $\lambda'_{a'} = 0$, car tout $a' \in A'$ est un $f(a)$. ■

Exercice 15.

Notons, pour tout $k \in \mathbb{N}$, $u^{(k)}$ la suite de réels dont le $n^{\text{ème}}$ terme est $u_n^{(k)} = n^k$. Démontrer que la famille $(u^{(k)})_{k\in\mathbb{N}}$ est une famille libre du $\mathbb{R}$-espace vectoriel $\mathbb{R}^{\mathbb{N}}$.

Solution. Soit $u = a_1 u^{(k_1)} + \cdots + a_p u^{(k_p)}$ une combinaison linéaire non triviale u des $u^{(k)}$. On suppose les indices k_i deux à deux distincts et rangés en ordre croissant : $k_1 < \cdots < k_p$, et les coefficients a_i tous non nuls. Alors, lorsque $n \to \infty$, u_n est équivalent à son terme dominant $a_p n^{k_p}$, car $n^{k_i} = o(n^{k_p})$ pour $i < p$. La suite u n'est donc pas nulle.

La famille $(u^{(k)})_{k\in\mathbb{N}}$ est donc libre.

Exercice 16.

Pour tout $k \in \mathbb{N}$, soit f_k la fonction $x \mapsto x^k$. Démontrer que la famille $(f_k)_{k\in\mathbb{N}}$ est une famille libre du $\mathbb{R}$-espace vectoriel $\mathcal{C}^\infty(\mathbb{R}, \mathbb{R})$. Le sous–espace vectoriel engendré par cette famille est l'espace vectoriel des *applications polynomiales* (module II.6).

Solution. Soit $\sum a_k f_k = 0$ une relation linéaire non triviale. Par définition, les coefficients a_k sont presque tous nuls et $\sum a_k X^k$ est un polynôme. Par hypothèse, ce polynôme s'annule sur $\mathbb{R}$ tout entier, donc il a une infinité de racines, donc il est nul, c'est-à-dire que tous les a_k sont nuls.

Comme la notion de famille génératrice, la notion de famille libre est liée à la résolution d'un système d'équations linéaires.

Exemple. Considérons le système de n équations à p inconnues :

$$\begin{cases} a_{1,1}x_1 + \cdots + a_{1,p}x_p = 0, \\ \vdots \\ a_{n,1}x_1 + \cdots + a_{n,p}x_p = 0. \end{cases} \tag{30}$$

La conjonction de ces n égalités scalaires équivaut à l'unique égalité vectorielle :

$$x_1 \begin{pmatrix} a_{1,1} \\ \vdots \\ a_{n,1} \end{pmatrix} + \cdots + x_p \begin{pmatrix} a_{1,p} \\ \vdots \\ a_{n,p} \end{pmatrix} = \begin{pmatrix} 0 \\ \vdots \\ 0 \end{pmatrix}. \tag{31}$$

Cette égalité est une relation linéaire dans l'espace $M_{n,1}(K)$. Le système (30) admet évidemment la solution triviale $x_1 = \cdots = x_p = 0$. Avec les notations antérieures, cela correspond à la relation linéaire triviale entre les vecteurs colonnes $A_1, \ldots, A_p$. Dire que le système n'admet que la solution triviale, c'est donc dire que les vecteurs $A_1, \ldots, A_p$ sont linéairement indépendants. Remarquons d'ailleurs que les solutions $(x_1, \ldots, x_p) \in K^p$ du système 30 forment, dans tous les cas, un sous-espace vectoriel de K^p : c'est le noyau de l'application linéaire $(x_1, \ldots, x_p) \mapsto x_1 A_1 + \cdots + x_p A_p$ de K^p dans K^n. Dire que le système 30 n'admet que la solution triviale, c'est donc également dire que cette application linéaire est injective.

Définition 19. La famille $(x_i)_{i\in I}$ d'éléments de V est dite *liée* si elle n'est pas libre, autrement dit, s'il existe une relation linéaire non triviale entre les x_i. On dit également que les vecteurs x_i sont *linéairement dépendants*.
Une partie de V est dite liée si la famille de ses éléments l'est.

Toute partie contenant une partie liée est liée, de même que toute partie contenant le vecteur nul ou deux vecteurs proportionnels. La réciproque de ce dernier point est fausse : par exemple, dans K^2, les vecteurs $(1,0)$, $(0,1)$ et $(1,1)$ sont deux à deux indépendants mais liés dans leur ensemble.

Proposition 22. L'image d'une famille liée par toute application linéaire est liée.

Démonstration. L'implication : $\sum\limits_{i\in I} \lambda_i x_i = 0 \Rightarrow \sum\limits_{i\in I} \lambda_i f(x_i) = f\big(\sum\limits_{i\in I} \lambda_i x_i\big) = 0$ montre que, de toute relation linéaire non triviale entre les x_i, on tire une relation linéaire non triviale entre les $f(x_i)$. ■

Il en résulte qu'une famille dont l'image par une application linéaire *quelconque* est libre est elle-même libre. L'assertion correspondante pour une *partie* est fausse. Par exemple, soit f la forme linéaire $(x,y) \mapsto x$ sur $\mathbb{R}^2$ et soit $A := \{(1,y) \mid y \in \mathbb{R}\} \subset \mathbb{R}^2$. La partie A est liée mais $f(A) = \{1\}$ est une partie libre de $\mathbb{R}$.

Exemple. L'application qui, à une fonction numérique $f \in \mathcal{C}^\infty(\mathbb{R},\mathbb{R})$, associe la suite $u \in \mathbb{R}^{\mathbb{N}}$ définie par $u_n = f(n)$ est linéaire. Ainsi, avec les notations de l'exercice 16 de la page précédente et de l'exemple qui le précède, si les f_k étaient liés, les $u^{(k)}$ le seraient. On en déduit une nouvelle solution du deuxième exercice, en supposant le premier résolu.

Proposition 23. Une famille (resp. une partie) est liée si, et seulement si, l'un de ses vecteurs est combinaison linéaire des autres.

Démonstration. Nous le démontrerons dans le cas d'une famille. Supposons donc la famille $(x_i)_{i\in I}$ liée. Il existe donc une relation linéaire non triviale : $\sum\limits_{i\in I} \lambda_i x_i = 0$. L'un des coefficients de cette relation est non nul (sinon, ce serait la relation triviale) : soit $j \in I$ tel que $\lambda_j \neq 0$. On a alors : $x_j = \sum\limits_{i\in I\setminus\{j\}} \dfrac{-\lambda_i}{\lambda_j} x_i$.
Réciproquement, supposons : $x_j = \sum\limits_{i\in I\setminus\{j\}} \mu_i x_i$. Posons $\lambda_i = \mu_i$ pour $i \in I \setminus \{j\}$ et $\lambda_j = -1$. On a alors : $\sum\limits_{i\in I} \lambda_i x_i = 0$. ■

Exercice 17.
Soient $a_1, \ldots, a_n$ des points deux à deux distincts de l'intervalle I de $\mathbb{R}$. On note, pour $i = 1, \ldots, n$, f_i la fonction $x \mapsto |x - a_i|$ de $\mathcal{C}(I,\mathbb{R})$. Démontrer que les f_i sont linéairement indépendants.

Solution. S'ils sont liés, l'un d'eux est combinaison linéaire des autres. Quitte à renuméroter les a_i, on peut supposer que $|x - a_n| = \sum_{i=1}^{n-1} c_i\,|x - a_i|$. Mais le membre droit de cette égalité est une fonction dérivable en a_n et pas le membre gauche. En effet, la fonction numérique $x \mapsto |x - a|$ est dérivable en tout point sauf au point a. Voici un autre argument possible : dans un voisinage du point a_n, le membre droit de l'égalité est une fonction affine donc monotone, alors que le membre de gauche change de sens de variation.

Le critère ci-dessus est extrêmement utile, mais son maniement peut s'avérer dangereux *même dans le cas de deux vecteurs* ! Tout étudiant sait en effet que, si les vecteurs u et v sont liés, l'un est multiple de l'autre, et l'on en déduit souvent (mais bien à tort) que l'on peut écrire $v = \lambda u$. Il peut se produire que $u = 0_V$ et $v \neq 0_V$: les deux vecteurs sont alors liés mais v n'est pas multiple de u. En revanche $u = 0v$ est bien multiple de v. En fait, si u et v sont liés et tous deux non nuls, ou tous deux nuls, alors chacun est multiple de l'autre. Si l'un des deux est nul et pas l'autre, la situation n'est pas symétrique. Il sera donc souvent prudent d'accompagner le raisonnement ou le calcul d'une *discussion*. Soit par exemple x un vecteur non nul de V. Pour tout scalaire $t \in K$, notons $u_t = tx$ et $v_t = (1 - t)x$. On a $tv_t + (t - 1)u_t = 0_V$; comme t et $t - 1$ ne sont pas tous deux nuls, ces deux vecteurs sont liés. Lequel est multiple de l'autre ? Si $t \notin \{0, 1\}$, les deux vecteurs sont non nuls et chacun est multiple de l'autre. Si $t = 0$, c'est u_t qui est nul, donc multiple de v_t. Si $t = 1$, la situation est symétrique.

3.3 Bases

Définition 20. Une *base* du K-espace vectoriel V est une famille libre et génératrice, autrement dit, une famille $(x_i)_{i \in I}$ telle que :

$$\forall x \in V \ , \ \exists!\ (\lambda_i)_{i \in I} \in K^{(I)} \ : \ x = \sum_{i \in I} \lambda_i x_i. \tag{32}$$

Cette égalité est appelée *écriture de x dans la base $(x_i)_{i \in I}$*. Une *partie basique* de V est une partie libre et génératrice. On appelle *coordonnées du vecteur $x \in V$ dans la base $(x_i)_{i \in I}$ de V* les coefficients λ_i de l'unique famille $(\lambda_i)_{i \in I} \in K^{(I)}$ telle que $x = \sum_{i \in I} \lambda_i x_i$. La famille $(\lambda_i)_{i \in I}$ des coordonnées de x dans la base $\mathcal{B}$ sera notée $(x)_{\mathcal{B}}$.

Rappelons (module I.1) que le symbole $\exists!$ signifie « il existe un unique ... », ici, une unique famille $(\lambda_i)_{i \in I}$ telle que ... Selon cette définition, la base (x, y) et la base (y, x) sont distinctes, mais nous serons rarement aussi pointilleux. De même, on appellera souvent base une partie basique, par abus de langage simplificateur.

Exemples.

1. La seule base de l'espace vectoriel nul est la famille vide. Les bases du K-espace vectoriel K sont les familles formées d'un élément non nul.

2. Soit $((a,b),(c,d))$ une famille libre à deux éléments de K^2 : donc, $ad-bc \neq 0$. Si $(A,B) \in K^2$, la relation : $(A,B) = x(a,b) + y(c,d)$ équivaut au système :
$$\begin{cases} ax+cy = A \\ bx+dy = B \end{cases} \qquad \text{donc à} \qquad x = \frac{Ad-Bc}{ad-bc}\,,\ y = \frac{aB-bA}{ad-bc}\,.$$
Toute famille libre de deux éléments de K^2 en est donc une base. Il en découle que toute famille de plus de deux éléments est liée : en effet, si (a,b), (c,d) sont deux éléments d'une telle famille, la sous-famille $\big((a,b),(c,d)\big)$ est libre, donc c'est une base (on vient de le voir) donc les autres éléments de la famille sont des combinaisons linéaires de ces deux-là, ce qui contredit l'hypothèse que la famille est libre. Comme on a déjà vu qu'aucune famille de moins de 2 éléments n'est génératrice (elles engendrent $\{0\}$ ou une droite vectorielle), on conclut que *les bases de* K^2 *sont exactement les familles* $\big((a,b),(c,d)\big)$ *telles que* $ad-bc \neq 0$.
3. Le $\mathbb{R}$-espace vectoriel $\mathbb{C}$ admet pour base $\{1, \mathrm{i}\}$. Le $\mathbb{C}$-espace vectoriel $\mathbb{C}$ admet pour base $\{1\}$.
4. La famille des X^n est la *base canonique* de l'espace vectoriel $K[X]$.
5. Le système linéaire avec second membre (27) admet une solution unique pour tout second membre $B \in M_{n,1}(K)$ si, et seulement si, la famille $(A_1,\ldots,A_p)$ est une base de l'espace vectoriel $M_{n,1}(K)$.
6. Dans le $\mathbb{R}$-espace vectoriel $\mathbb{R}^{(\mathbb{N})}$ des suites *à support fini*, les suites $\delta^{(n)}$ (exemple 4 de la page 168) forment une base.

Remarque. Soit f un isomorphisme du K-espace vectoriel V sur le K-espace vectoriel V'. Alors l'image par f de toute base de V est une base de V'. On sait en effet que l'image d'une famille libre par une application linéaire injective est une famille libre et que l'image d'une famille génératrice par une application linéaire surjective est une famille génératrice. Les bases d'une droite vectorielle sont donc les familles formées d'un seul élément qui est non nul. En effet, toute droite vectorielle est isomorphe au K-espace vectoriel K, et cela a déjà été démontré pour K. De même, si V admet une base à deux éléments, il est isomorphe à K^2, c'est un plan vectoriel et toutes ses bases ont deux éléments. Les bases d'un plan vectoriel sont ses familles libres à deux éléments. En effet, cela a déjà été démontré pour K^2.

Pour $i = 1,\ldots,n$, on définit $e_i \in K^n$ comme le vecteur dont la $i^{\,ème}$ composante vaut 1 et les autres valent 0 ; avec la notation de Kronecker :
$$e_i := (\delta_{i,1},\ldots,\delta_{i,n}). \tag{33}$$
Alors $(e_1,\ldots,e_n)$ est une base de K^n, appelée *base canonique*. L'unique écriture d'un élément de K^n dans la base canonique est :
$$(\lambda_1,\ldots,\lambda_n) = \lambda_1 e_1 + \cdots + \lambda_n e_n. \tag{34}$$

Ainsi, les coordonnées de $x = (\lambda_1, \ldots, \lambda_n) \in K^n$ dans la base canonique de K^n sont $(\lambda_1, \ldots, \lambda_n)$. Plus généralement la *base canonique* du K-espace vectoriel $K^{(I)}$ est la famille $(e_i)_{i \in I}$ définie comme suit : $\forall i \in I$, $e_i = (\delta_{i,j})_{j \in I}$.
Les coordonnées de $(\lambda_i)_{i \in I} \in K^{(I)}$ dans la base canonique sont donc les λ_i.

Lorsque l'on change *un* vecteur de la base $\mathcal{B}$, en général, *toutes* les coordonnées sont modifiées. Par exemple, les coordonnées de (x, y) dans la base canonique $\big((1,0),(0,1)\big)$ de K^2 sont x et y. Dans la base modifiée $\big((1,0),(1,-1)\big)$, les coordonnées sont x' et y' tels que : $(x,y) = x'\,(1,0) + y'\,(1,-1)$, ce qui donne $x' = x + y$ et $y' = -y$.

Exercice 18.
Soient $n \geqslant 2$ et $a \neq 0$. Reprendre ce calcul avec

$$\mathcal{B} = (x_1, \ldots, x_n) \qquad \text{et} \qquad \mathcal{B}' = (x_1, \ldots, x_{n-1}, x_1 + \cdots + x_{n-1} + a x_n).$$

Solution. Les coordonnées $(\lambda_1, \ldots, \lambda_n)$ et $(\lambda'_1, \ldots, \lambda'_n)$ de x dans les bases $\mathcal{B}$ et $\mathcal{B}'$ sont reliées par les relations :

$$\lambda_1 x_1 + \cdots + \lambda_n x_n = \lambda'_1 x_1 + \cdots + \lambda'_{n-1} x_{n-1} + \lambda'_n (x_1 + \cdots + x_{n-1} + a x_n).$$

On en tire, par identification : $\lambda'_i = \lambda_i - a^{-1}\lambda_n$ pour $i \leqslant n-1$ et $\lambda'_n = a^{-1}\lambda_n$.

Théorème 24. Soit $(x_i)_{i \in I}$ une famille d'éléments de V.
(i) L'application $(\lambda_i)_{i \in I} \mapsto \sum\limits_{i \in I} \lambda_i x_i$ de $K^{(I)}$ dans V est linéaire. Elle est injective (resp. surjective) si, et seulement si, la famille $(x_i)_{i \in I}$ est libre (resp. génératrice).
(ii) Si $(x_i)_{i \in I}$ est une base, on a ainsi un isomorphisme de $K^{(I)}$ sur V.
(iii) Si V admet une base de n éléments, il est isomorphe à K^n.

Démonstration. La linéarité traduit la règle de calcul (14) de la page 169. Les conditions de surjectivité et d'injectivité traduisent les caractérisations des familles génératrices et libres par existence et par unicité de l'écriture d'un vecteur quelconque comme combinaison linéaire de la famille. Les assertions (ii) et (iii) sont alors évidentes. ■

L'isomorphisme $K^{(I)} \simeq V$ se traduit par les règles de calcul suivantes :

$$\begin{cases} (x)_{\mathcal{B}} = (\lambda_i)_{i \in I} \\ (y)_{\mathcal{B}} = (\mu_i)_{i \in I} \end{cases} \Longrightarrow \begin{cases} (x+y)_{\mathcal{B}} = (\lambda_i + \mu_i)_{i \in I} \\ (\lambda x)_{\mathcal{B}} = (\lambda \lambda_i)_{i \in I}. \end{cases} \tag{35}$$

En particulier, l'application $\pi_j : \sum\limits_{i \in I} \lambda_i x_i \mapsto \lambda_j$ est une forme linéaire sur V.

Définition 21. Les formes linéaires π_j sont appelées *formes linéaires coordonnées* relatives à la base $\mathcal{B}$.

Dans le cas d'une base finie de n éléments $\mathcal{B} = (x_1, \ldots, x_n)$, il est de coutume de représenter $(x)_\mathcal{B}$ comme un vecteur *colonne* :

$$x = \lambda_1 x_1 + \cdots + \lambda_n x_n \Longleftrightarrow (x)_\mathcal{B} = \begin{pmatrix} \lambda_1 \\ \vdots \\ \lambda_n \end{pmatrix} \in M_{n,1}(K). \tag{36}$$

Dans ce cas, les règles de calcul sont les suivantes :

$$(x+y)_\mathcal{B} = (x)_\mathcal{B} + (y)_\mathcal{B} \text{ et } (\lambda x)_\mathcal{B} = \lambda\,(x)_\mathcal{B}. \tag{37}$$

Théorème 25. Soit V un K-espace vectoriel et soit $\mathcal{B} = (x_i)_{i\in I}$ une base de V. Soit V' un K-espace vectoriel et soit $(x'_i)_{i\in I}$ une famille quelconque dans V' (de même ensemble d'indices). Il existe alors une unique application linéaire f de V dans V' telle que, pour tout indice $i \in I$, on ait $f(x_i) = x'_i$. *Une application linéaire est uniquement déterminée par la connaissance de son effet sur une base de son espace de départ.*

Démonstration. En effet, si f est une telle application, et x un élément de V, de l'écriture $x = \sum\limits_{i\in I} \lambda_i x_i$ de x dans la base $\mathcal{B}$, on tire, par linéarité, $f(x) = \sum\limits_{i\in I} \lambda_i x'_i$, d'où l'unicité de f. Réciproquement, $\mathcal{B}$ étant une base, l'écriture $x = \sum\limits_{i\in I} \lambda_i x_i$ de $x \in V$ est unique, et l'on peut poser : $f(x) = \sum\limits_{i\in I} \lambda_i x'_i$. On définit ainsi une application de V dans V', dont le lecteur vérifiera qu'elle est linéaire et telle que $f(x_i) = x'_i$ pour tout indice $i \in I$. ■

Exemple. L'unique forme linéaire telle que : $\forall i \in I\ ,\ x_i \mapsto \delta_{i,j}$ est π_j.

3.3.1 Existence de bases

Nous allons maintenant démontrer l'existence de bases, *en admettant le point le plus délicat (c'est le lemme 28 de la page suivante)*. Au module II.7, le cas le plus important (dimension finie) sera traité en détail.

Proposition 26. Soit B une base de V. Soient A et C des parties de V telles que $A \subset B \subset C$ (on sait donc que A est libre et que C est génératrice). Alors, si $A \neq B$, la partie A n'est génératrice, donc n'est pas une base. De même, si $C \neq B$, la partie C n'est pas libre, donc n'est pas une base. En d'autres termes, toute base est à la fois une *partie génératrice minimale* et une *partie libre maximale*.

Démonstration. Soit $x \in B \setminus A$. Si x était combinaison linéaire d'éléments de A, on obtiendrait une relation linéaire non triviale entre les éléments de B, qui ne serait donc pas libre. Soit $y \in C \setminus B$. C'est une combinaison linéaire d'éléments de B, ce qui fournit une relation linéaire non triviale entre des éléments de C, qui n'est donc pas libre. ■

Proposition 27. Toute partie libre maximale parmi les parties libres contenues dans une partie génératrice donnée C est une base.

Démonstration. Soit B une partie libre maximale parmi celles contenues dans C. On veut prouver que tout élément x de V est combinaison linéaire d'éléments de B. Comme C est génératrice, il suffit de le prouver pour un élément quelconque x de C. Si $x \in B$, c'est évident. Sinon, $B' = B \cup \{x\}$ contient strictement B, et est contenu dans C, donc n'est pas libre. Dans toute relation linéaire non triviale entre éléments de B', le coefficient de x est non nul (sinon, on en déduirait une relation linéaire non triviale entre éléments de B). On peut donc bien en tirer x comme combinaison linéaire d'éléments de B. ■

Lemme 28. Soient A une partie libre et C une partie génératrice de V, telles que $A \subset C$. Il existe alors une partie libre maximale B telle que $A \subset B \subset C$.

Nous admettrons ce lemme. Voir cependant l'exercice II.3.23 de la page 208.

Théorème 29. Soient A une partie libre et C une partie génératrice de V, telles que $A \subset C$. Il existe alors une base B de V telle que $A \subset B \subset C$. En conséquence, tout espace vectoriel admet une base.

Démonstration. La première assertion résulte du lemme et de la proposition ci-dessus. Pour la seconde, il suffit de prendre $A = \varnothing$ et $C = V$. ■

3.4 Dimension finie

Nous énonçons ici quelques résultats qui nous seront utiles aux modules suivants, mais dont la démonstration appartient au module II.7. Le lecteur attentif vérifiera qu'aucun cercle vicieux n'est ainsi créé.

Un espace vectoriel sera dit *de dimension finie* s'il admet une famille génératrice finie. On prouve alors que *dans un espace V de dimension finie, toutes les bases sont finies et ont même nombre d'éléments.* Ce nombre est appelé *dimension* de l'espace vectoriel V. L'espace K^n est donc de dimension n (voir sa base canonique). L'espace V est isomorphe à K^n si, et seulement s'il est de dimension n. Les espaces K^n et K^p ne sont isomorphes que si $n = p$.

4 Sommes directes et projections

4.1 Somme directe de deux sous-espaces vectoriels

Lemme 30. Soient E et F deux sous-espaces vectoriels du K-espace vectoriel V. L'application $(y, z) \mapsto y + z$ de $E \times F$ dans V est linéaire et son image est la somme $E + F$. Son noyau est isomorphe à $E \cap F$.

Démonstration. L'application considérée est la somme des deux projections $E \times F \to E$ et $E \times F \to F$, vues comme éléments de $\mathcal{L}_K(E \times F, V)$. L'assertion sur son image est évidente. Les éléments de son noyau sont les couples (y, z) tels que $y \in E$, $z \in F$ et $z = -y$: ce noyau est donc le sous-espace $\{(y, -y) \mid y \in E \cap F\}$ de $E \times F$. L'application $y \mapsto (y, -y)$ de $E \cap F$ dans $E \times F$ est un isomorphisme sur ce sous-espace. ■

Proposition 31.
Avec les notations du lemme, les trois affirmations suivantes sont équivalentes :

1. L'espace V est la somme $E+F$ et $E \cap F = \{0\}$.
2. L'application $(y,z) \mapsto y+z$ de $E \times F$ dans V est un isomorphisme.
3. Pour tout $x \in V$, il existe un unique couple $(y,z) \in E \times F$ tel que $x = y+z$.

Démonstration. L'équivalence des deux premières propriétés est une conséquence directe du lemme. La troisième propriété est une paraphrase de la deuxième. ∎

Définition 22. Si les trois affirmations de la proposition sont vérifiées, on dit que V est la *somme directe de* E *et de* F et l'on écrit $V = E \oplus F$.

Bien sûr, dans ce cas, on a aussi l'égalité $V = F \oplus E$.

Exemples.

1. Dans tout espace vectoriel V, on a $V = \{0\} \oplus V = V \oplus \{0\}$.
2. Soient D et D' deux droites vectorielles distinctes du plan $\Pi = \mathbb{R}^2$.
   Alors $\Pi = D \oplus D' = D' \oplus D$.
3. Soient respectivement D et Π une droite vectorielle et un plan vectoriel ne la contenant pas dans l'espace $V = \mathbb{R}^3$. Alors $V = D \oplus \Pi = \Pi \oplus D$.
4. Soient respectivement D et H une droite et un hyperplan ne la contenant pas dans l'espace vectoriel V. On a alors $V = D \oplus H = H \oplus D$. Cet exemple admet comme cas particuliers les deux exemples précédents.

Lemme 32. (i) On suppose que $V = E+F$. Soient respectivement $\mathcal{C}$ et $\mathcal{D}$ des parties génératrices de E et de F. Alors $\mathcal{C} \cup \mathcal{D}$ est une partie génératrice de V.
(ii) On suppose que $E \cap F = \{0\}$. Soient respectivement $\mathcal{C}$ et $\mathcal{D}$ des parties libres de E et de F. Alors $\mathcal{C}$ et $\mathcal{D}$ sont disjointes et $\mathcal{C} \cup \mathcal{D}$ est libre.

Démonstration. (i) Tout $x \in V$ s'écrit $y+z$, où y est combinaison linéaire d'éléments de $\mathcal{C}$ et où z est combinaison linéaire d'éléments de $\mathcal{D}$; donc x est combinaison linéaire d'éléments de $\mathcal{C} \cup \mathcal{D}$.
(ii) Tout élément commun à $\mathcal{C}$ et $\mathcal{D}$ serait commun à E et F donc nul, contredisant la liberté de $\mathcal{C}$ et $\mathcal{D}$. Toute relation linéaire $\sum\limits_{b \in \mathcal{C} \cup \mathcal{D}} \lambda_b b = 0$ entraîne $\sum\limits_{b \in \mathcal{C}} \lambda_b b = -\sum\limits_{b \in \mathcal{D}} \lambda_b b \in E \cap F$, d'où $\sum\limits_{b \in \mathcal{C}} \lambda_b b = \sum\limits_{b \in \mathcal{D}} \lambda_b b = 0$ et les coefficients λ_b sont nuls pour tout $b \in \mathcal{C}$ et pour tout $b \in \mathcal{D}$. ∎

La proposition suivante découle immédiatement de ce lemme :

Proposition 33. On suppose que $V = E \oplus F$. Soient respectivement $\mathcal{C}$ et $\mathcal{D}$ des bases de E et de F. Alors $\mathcal{C}$ et $\mathcal{D}$ sont disjointes et leur réunion $\mathcal{B} := \mathcal{C} \cup \mathcal{D}$ est une base de V.

Le lemme et la proposition s'étendent à des familles. Dans ce cas, on suppose que les bases $\mathcal{C} = (y_i)_{i \in I}$ et $\mathcal{D} = (z_j)_{j \in J}$ sont indexées par des ensembles d'indices I et J *disjoints*. On pose $L = I \cup J$, et, pour tout $\ell \in L$, $x_\ell = y_\ell$ si $\ell \in I$ et $x_\ell = z_\ell$ si $\ell \in J$. La famille $\mathcal{B} = (x_\ell)_{\ell \in L}$ est alors une base de V. La définition suivante concerne aussi bien les parties basiques que les bases qui sont des familles.

Définition 23. La base $\mathcal{B}$ obtenue par *juxtaposition* des bases $\mathcal{C}$ et $\mathcal{D}$ de E et de F. est dite *adaptée* à la décomposition en somme directe $V = E \oplus F$.

On peut construire des décompositions en sommes directes et des bases adaptées de la manière suivante. Soit $\mathcal{B}$ une base de V et supposons que $\mathcal{C}$ et $\mathcal{D}$ en sont une partition, c'est-à-dire que $\mathcal{B} = \mathcal{C} \cup \mathcal{D}$ et $\mathcal{C} \cap \mathcal{D} = \varnothing$. Alors les sous-espaces vectoriels E et F respectivement engendrés par les parties libres $\mathcal{C}$ et $\mathcal{D}$ admettent ces parties comme bases, et l'on a $V = E \oplus F$. La base $\mathcal{B}$ est adaptée à cette décomposition.

Définition 24. On dit que les sous-espaces vectoriels E et F de V sont *supplémentaires* ou que F est *un supplémentaire* de E si $V = E \oplus F$.

On précise parfois que F est un supplémentaire de E *dans* V. Bien sûr, E est alors un supplémentaire de F. On prendra garde à ne pas confondre *supplémentaire* et *complémentaire* : on n'a ici ni $E \cap F = \varnothing$ (le sous-espace trivial $\{0\}$ n'est pas l'ensemble vide) ni $E \cup F = V$ (la réunion de E et de F n'est en général pas un espace vectoriel).

Exemples. Le seul supplémentaire de $\{0\}$ dans V est V ; le seul supplémentaire de V dans V est $\{0\}$. Les supplémentaires d'une droite de $\mathbb{R}^2$ sont toutes les autres droites. Les supplémentaires d'une droite de $\mathbb{R}^3$ sont tous les plans ne la contenant pas. Les supplémentaires d'une droite de V sont tous les hyperplans ne la contenant pas.

Théorème 34. Tout sous-espace E de V admet au moins un supplémentaire.

Démonstration. Soit $\mathcal{C}$ une base de E ; elle est libre, donc (théorème 29 de la page 198), elle s'étend en une base $\mathcal{B}$ de V. Soit alors $\mathcal{D} = \mathcal{B} \setminus \mathcal{C}$. Le sous-espace F engendré par $\mathcal{D}$ est un supplémentaire de E dans V. ■

Notons que cette preuve repose indirectement sur le lemme 28 de la page 198 qui a été admis. En général, un sous-espace admet beaucoup de supplémentaires : le seul cas d'unicité est celui de $\{0\}$ et V (voir l'exercice II.3.26 de la page 209). On prouvera plus loin (corollaire 37 de la page suivante) que ces supplémentaires sont tous isomorphes entre eux.

Théorème 35. Soit $f : V \to V'$ linéaire. Alors f induit, par restriction, un isomorphisme de tout supplémentaire de $\operatorname{Ker} f$ sur $\operatorname{Im} f$.

Démonstration. Soit F un supplémentaire de $\operatorname{Ker} f$ et soit $g = f_{|F}$ la restriction de f à F. Le noyau de g est $\operatorname{Ker} g = \operatorname{Ker} f \cap F = \{0\}$, et g est injective. D'autre part, $\operatorname{Im} f = f(V) = f(\operatorname{Ker} f + F) = f(\operatorname{Ker} f) + f(F)$, d'où $\operatorname{Im} f = f(F) = g(F) = \operatorname{Im} g$, et g est surjective de F sur $\operatorname{Im} f$. ■

4.2 Projections

Théorème 36. Supposons $V = E \oplus F$. Pour tout $x \in V$, notons $p(x) \in E$ et $q(x) \in F$ les éléments (uniquement déterminés) tels que $x = p(x) + q(x)$. Alors les applications p et q de V dans V sont des projecteurs tels que $E = \operatorname{Im} p = \operatorname{Ker} q$ et $F = \operatorname{Ker} p = \operatorname{Im} q$.

Démonstration. Par définition, $q = \operatorname{Id}_V - p$. Nous allons démontrer que p est un projecteur d'image E et de noyau F, le reste en découlant immédiatement par symétrie. Soient $\lambda, \mu \in K$ des scalaires et $x, y \in V$ des vecteurs. Alors : $\lambda x + \mu y = \big(\lambda p(x) + \mu p(y)\big) + \big(\lambda q(x) + \mu q(y)\big)$. Comme $\lambda p(x) + \mu p(y) \in E$ et $\lambda q(x) + \mu q(y) \in F$, on a là la décomposition de $\lambda x + \mu y$ dans $E \oplus F$, et, par définition : $\lambda p(x) + \mu p(y) = p(\lambda x + \mu y)$ et $\lambda q(x) + \mu q(y) = q(\lambda x + \mu y)$, d'où la linéarité. Par définition, pour tout x de V, $p(x) \in E$. Enfin, si $x \in E$, sa décomposition est $x = x + 0$, d'où $p(x) = x$. On reconnaît les conditions (23), et p est bien un projecteur. ■

Corollaire 37. Soit E un sous-espace vectoriel de V. Alors tous les supplémentaires de E sont isomorphes entre eux.

Démonstration. Soit F un supplémentaire de E choisi arbitrairement. Nous reprenons les notations du théorème : $E = \operatorname{Ker} q$. D'après le théorème 35 de la page ci-contre, tout supplémentaire de E est isomorphe à $\operatorname{Im} q$, c'est-à-dire à F. Plus précisément, si F' est un supplémentaire quelconque de E, la restriction de q à F' est un isomorphisme de F' sur F. ■

Corollaire 38. Pour tout sous-espace $E \subset V$, il existe un projecteur p d'image E.

Démonstration. D'après le théorème 34 de la page précédente, E admet un supplémentaire. ■

Définition 25. L'endomorphisme p du théorème est appelé *projection sur E parallèlement à F* (et q est alors la projection sur F parallèlement à E).

Exemples.

1. Soient D et D' deux droites distinctes du plan vectoriel $\Pi = \mathbb{R}^2$. Nous avons déjà rencontré la projection sur D parallèlement à D'.
2. Soit f une forme linéaire non triviale sur V, et soit H l'hyperplan $\operatorname{Ker} f$.
   Pour tout $x_0 \notin H$, la droite vectorielle $D = Kx_0$ est un supplémentaire de H. La projection sur D parallèlement à H a été calculée à la section 2.3 : elle est donnée par la formule $p(x) := \dfrac{f(x)}{f(x_0)} x_0$.

⚠ Le sous-espace E étant donné, la projection p sur E dépend du supplémentaire F choisi.

Dans l'exemple précédent, prenons pour D l'axe des abscisses : $D := \mathbb{R} \times \{0\}$. Prenons pour D' la droite d'équation $y = ax$: $D' := \{(x, ax) \mid x \in \mathbb{R}\}$. Ces droites sont supplémentaires si et seulement si $a \neq 0$. Pour décomposer $(x, y) \in \mathbb{R}^2$ selon $D \oplus D'$, on écrit : $(x, y) = (t, 0) + (u, au)$, d'où $t = x - y/a$ et $u = y/a$. On a donc $p(x, y) = (x - y/a, 0)$, qui dépend de a, donc du choix de D'.

4.2.1 Sommes directes et applications linéaires

On suppose que $V = E \oplus F$ et l'on note p et q les projections associées. Soit f une application linéaire de V dans un espace vectoriel V' et soient $f_{|E}$ et $f_{|F}$ ses restrictions à E et à F. Le couple $(f_{|E}, f_{|F})$ est élément de $\mathcal{L}(E, V') \times \mathcal{L}(F, V')$.

Théorème 39. L'application $f \mapsto (f_{|E}, f_{|F})$ est un isomorphisme de l'espace vectoriel $\mathcal{L}(V, V')$ sur l'espace vectoriel $\mathcal{L}(E, V') \times \mathcal{L}(F, V')$: *une application linéaire de source V est uniquement déterminée par ses restrictions à E et F.*

Démonstration. Le lecteur vérifiera sans peine que l'application considérée est linéaire et qu'elle admet pour réciproque l'application $(g, h) \mapsto g \circ p + h \circ q$. ■

Proposition 40. Pour que l'endomorphisme f de V commute avec p, il faut, et il suffit, que les sous-espaces E et F soient stables par f : $f(E) \subset E$ et $f(F) \subset F$.

Démonstration. Supposons que l'endomorphisme f commute avec p : $f \circ p = p \circ f$.
Si $x \in E$, on a $x = p(x)$ et par suite $p\big(f(x)\big) = f\big(p(x)\big) = f(x)$, autrement dit, $f(x) \in E$ et nous avons bien démontré l'inclusion $f(E) \subset E$. Si $x \in F$, on a $p(x) = 0$ et par suite $p\big(f(x)\big) = f\big(p(x)\big) = f(0) = 0$, autrement dit $f(x) \in F$ ce qui donne l'inclusion $f(F) \subset F$.
Supposons maintenant que $f(E) \subset E$ et $f(F) \subset F$. Alors, pour tout $x \in V$, $y = f\big(p(x)\big) \in E$ et $z = f\big(q(x)\big) \in F$, de sorte que $y + z = f\big(p(x)\big) + f\big(q(x)\big) = f\big(p(x) + q(x)\big) = f(x)$ est une décomposition selon la somme directe $E \oplus F$. Ainsi, $p\big(f(x)\big) = y = f\big(p(x)\big)$: nous avons bien démontré que $f \circ p = p \circ f$. ■

Théorème 41. Soit f un endomorphisme *central* de V, autrement dit, qui commute avec tous les endomorphismes de V. Alors f est une homothétie.

Démonstration. D'après le corollaire 38 de la page précédente et la proposition ci-dessus, tout sous-espace vectoriel de V est stable par f. Nous allons en fait montrer que *tout endomorphisme f de V laissant stable toutes les droites vectorielles est une homothétie.* L'hypothèse signifie que, pour toute droite vectorielle $D \subset V$, on a $f(D) \subset D$. Cela revient à dire que, pour tout $x \in V$ non nul, $f(x) \in \mathrm{Vect}(x)$. On peut donc écrire $f(x) = L(x)x$, où $L(x) \in K$ est parfaitement défini. Il suffit de montrer que $L(x)$ a la même valeur pour tout $x \in V$ non nul. Or, de l'égalité $f(\lambda x) = \lambda f(x)$, on tire que $L(\lambda x) = L(x)$: si x et y sont liés, on a donc $L(x) = L(y)$. D'autre part, si x et y sont linéairement indépendants, de l'égalité $f(x + y) = f(x) + f(y)$, on tire :

$$\big(L(x+y) - L(x)\big)x + \big(L(x+y) - L(y)\big)y = 0.$$

Comme x et y sont linéairement indépendants, on en déduit $L(x) = L(x + y) = L(y)$. ■

4.2.2 Symétries

On suppose, dans cette section, que la caractéristique du corps K n'est pas 2 (*cf.* la définition 39 de la page 143). Rappelons que, dans le plan Π, la symétrie d'axe une droite D et de direction une droite D' a été définie ainsi : soit $x \in \Pi$ et soit y sa projection sur D parallèlement à D'. Le symétrique de x par rapport à D parallèlement à D' est l'unique élément $x' \in \Pi$ tel que y est le milieu de x et de x' : $y = \dfrac{x+x'}{2}$; ainsi, $x' = 2y - x$. Si l'on écrit $x = y + z$, avec $y \in D$ et $z \in D'$, on constate que $x' = y - z$. La définition de la symétrie est donc liée à la décomposition en somme directe $\Pi = D \oplus D'$, ce qui justifie la définition plus générale suivante :

Définition 26. Notons p et q les projecteurs associés à la décomposition en somme directe $V = E \oplus F$. L'endomorphisme $p - q$ est appelé *symétrie d'axe E et de direction F*, ou encore *symétrie par rapport à E et parallèlement à F*.

C'est donc l'application s qui, à $x = y + z$, où $y \in E$ et $z \in F$, associe $x' = s(x) = y - z$. Ainsi, $s(x) - x = -2z \in F$: l'action de s « déplace x dans la direction F », d'où la terminologie.

Remarque. Si le corps K était de caractéristique 2, on aurait $p + q = p - q$, $y + z = y - z$ et s serait l'identité.

Proposition 42. La symétrie d'axe E et de direction F est un endomorphisme *involutif*, c'est à dire tel que $s^2 = \mathrm{Id}_V$. Son axe est formé des $x \in V$ tels que $s(x) = x$. Sa direction est formée des $x \in V$ tels que $s(x) = -x$.

Démonstration. De même que, si $x = y + z$, où $y \in E$ et $z \in F$, on a $x' = s(x) = y - z$, on voit que $s(x') = y - (-z) = y + z = x$, d'où $s\big(s(x)\big) = x$. L'endomorphisme s est bien involutif. Avec les mêmes notations, l'égalité $s(x) = x$ équivaut à $z = -z$, donc à $2z = 0$, donc à $z = 0$ *puisque la caractéristique du corps K n'est pas 2* ; enfin, $z = 0$ signifie que $x \in E$. De la même manière, $s(x) = -x$ équivaut à $y = -y$, donc à $y = 0$, c'est-à-dire à $x \in F$. ■

L'axe et la direction d'une symétrie s sont donc bien déterminés par les formules suivantes :

$$\text{Axe de } s = \{x \in V \mid s(x) = x\}, \tag{38}$$

$$\text{Direction de } s = \{x \in V \mid s(x) = -x\}. \tag{39}$$

Notons également qu'une symétrie est son propre inverse : $s^{-1} = s$, c'est donc en particulier un automorphisme de V.

On a vu qu'une projection peut être caractérisée par une condition purement algébrique, l'idempotence : $p^2 = p$. On peut également caractériser les symétries par une condition algébrique, l'involutivité.

Proposition 43. Soit s une involution linéaire de V : $s \in \mathcal{L}_K(V)$ et $s^2 = \mathrm{Id}_V$ (c'est donc exactement la même chose qu'un endomorphisme involutif). Alors c'est une symétrie, dont l'axe E et la direction F sont donnés par les équations (38) et (39). Les projecteurs associés à la décomposition en somme directe $V = E \oplus F$ sont $p := \dfrac{\mathrm{Id}_V + s}{2}$ et $q := \dfrac{\mathrm{Id}_V - s}{2}$.

Démonstration. Puisque s est linéaire, p et q le sont. Notons

$$E := \{x \in V \mid s(x) = x\} \quad \text{et} \quad F := \{x \in V \mid s(x) = -x\}.$$

Soient $x \in V$ et $x' = s(x)$, d'où $x = s(x')$ (car s est une involution). Alors $y = p(x) = \dfrac{x+x'}{2}$ est tel que $s(y) = \dfrac{s(x)+s(x')}{2} = y$, c'est-à-dire que $y = p(x) \in E$. Si $x \in E$, de l'égalité $x = s(x)$, on tire $p(x) = \dfrac{x+x'}{2} = x$. On reconnaît les conditions (23) qui assurent que p est un projecteur d'image E. Son noyau est formé des x tels que $p(x) = \dfrac{x+s(x)}{2} = 0$, c'est donc F. Comme $p+q = \dfrac{\mathrm{Id}_V + s}{2} + \dfrac{\mathrm{Id}_V - s}{2} = \mathrm{Id}_V$, l'autre projecteur associé à la décomposition $V = E \oplus F$ est $\mathrm{Id}_V - p = q$. La symétrie d'axe E et de direction F est $p - q = \dfrac{\mathrm{Id}_V + s}{2} - \dfrac{\mathrm{Id}_V - s}{2} = s$. ∎

Exemple. Considérons le $\mathbb{R}$-espace vectoriel $V = \mathcal{F}(\mathbb{R}, \mathbb{R})$ formé de toutes les applications de $\mathbb{R}$ dans $\mathbb{R}$. Pour toute application $f : \mathbb{R} \to \mathbb{R}$, notons $g := s(f)$ l'application $x \mapsto g(x) = f(-x)$. Comme $g(-x) = f(x)$, on a $s(g) = f$ et s est une involution : $s^2 = \mathrm{Id}_V$. Nous laissons au lecteur le soin de démontrer que s est linéaire. C'est donc une symétrie. La fonction f appartient à l'axe E de s (resp. à sa direction F) si $\forall x \in \mathbb{R}\,,\ f(-x) = f(x)$ (resp. $\forall x \in \mathbb{R}\,,\ f(-x) = -f(x)$). Ainsi, E est l'ensemble des fonctions paires et F est l'ensemble des fonctions impaires. Les projections p et q associent respectivement à f les fonctions $x \mapsto \dfrac{f(x)+f(-x)}{2}$ et $x \mapsto \dfrac{f(x)-f(-x)}{2}$.

L'égalité $V = E \oplus F$ signifie que toute application $f : \mathbb{R} \to \mathbb{R}$ s'écrit de manière unique comme somme d'une fonction paire et d'une fonction impaire, et cette écriture est donnée par la formule :

$$\forall x \in \mathbb{R}\,,\ f(x) = \frac{f(x)+f(-x)}{2} + \frac{f(x)-f(-x)}{2}\,.$$

Exercice type corrigé

II.3.0 1) Soient E un K-espace vectoriel et $E^* = \mathcal{L}_K(E, K)$ son dual (définition 15 de la page 186). Soit $\mathcal{B} = (x_i)_{i\in I}$ une base de E. On note π_i les formes linéaires coordonnées associées (définition 21 de la page 196). Démontrer que la famille $\mathcal{B}^* = (\pi_i)_{i\in I}$ est libre dans E^*.

2) Démontrer que les éléments de $\mathrm{Vect}(\mathcal{B}^*)$ sont les $\varphi \in E^*$ telles que la famille $\big(\varphi(x_i)\big)_{i\in I}$ est à support fini.

3) En déduire que $\mathcal{B}^*$ est une base de E^* si, et seulement si, I est fini.

4) On prend $E = \mathbb{R}_n[X]$ (polynômes sur $\mathbb{R}$ de degré inférieur ou égal à n) et pour $\mathcal{B}$ la base canonique. Soient $k \in [\![0, n]\!]$ et $a \in K$. Exprimer la forme linéaire $P \mapsto P^{(k)}(a)$ dans la base $\mathcal{B}^*$.

5) On prend pour E le $\mathbb{R}$-espace vectoriel $\mathbb{R}^{(\mathbb{N})}$ des suites de réels à support fini et pour $\mathcal{B}$ la base $(\delta^{(n)})_{n\in\mathbb{N}}$ (voir l'exemple 4 de la page 168, complété à la section 3.3). Démontrer que l'application $\varphi \mapsto \big(\varphi(\delta^{(n)})\big)_{n\in\mathbb{N}}$ de E^* dans $\mathbb{R}^{\mathbb{N}}$ est un isomorphisme. Quelle est l'image de $\mathcal{B}^*$ par cet isomorphisme ?

Solution. 1) Soit $\sum\limits_{i\in I} \lambda_i \pi_i = 0$ une relation linéaire. Pour $j \in I$ arbitraire, en appliquant cette forme linéaire à x_j, on trouve $\lambda_j = \sum\limits_{i\in I} \lambda_i \pi_i(x_j) = 0$ (car $\pi_i(x_j) = \delta_{i,j}$). La famille $\mathcal{B}^*$ est donc bien libre.

2) Tout élément de $\text{Vect}(\mathcal{B}^*)$ s'écrit $\varphi = \sum_{i \in J} \lambda_i \pi_i$, où J est fini : alors $\varphi(x_i)$ est nul pour $i \notin J$ et la famille $\left(\varphi(x_i)\right)_{i \in I}$ est bien à support fini. Réciproquement, si la famille $\left(\varphi(x_i)\right)_{i \in I}$ est à support fini, la forme linéaire $\psi := \sum_{i \in I} \varphi(x_i)\pi_i$ est bien définie et l'on a $\psi(x_j) = \varphi(x_j)$ pour tout $j \in I$. D'après le théorème 25 de la page 197, $\psi = \varphi$, d'où $\varphi \in \text{Vect}(\mathcal{B}^*)$.
3) Si $\mathcal{B}^*$ est une base de E^*, l'unique forme linéaire φ telle que $\varphi(x_i) = 1$ pour tout $i \in I$ est dans $\text{Vect}(\mathcal{B}^*)$, donc la famille constante 1 est à support fini, donc I est fini. Si I est fini, toute forme linéaire φ s'écrit $\sum_{i \in I} \varphi(x_i)\pi_i$ d'après le calcul ci-dessus, et $\mathcal{B}^*$ est bien une base de E^*.

4) Si $P = a_0 + \cdots + a_n X^n$, on a $\pi_i(P) = a_i$ et $P^{(k)}(a) = \displaystyle\sum_{i=k}^{n} a_i \frac{i!}{(i-k)!} a^{i-k}$.

La forme linéaire $P \mapsto P^{(k)}(a)$ est donc $\displaystyle\sum_{i=k}^{n} \frac{i!}{(i-k)!} a^{i-k} \pi_i = \sum_{i=0}^{n-k} \frac{(i+k)!}{i!} a^i \pi_{i+k}$.

5) Il est clair que l'application $\varphi \mapsto \left(\varphi(\delta^{(n)})\right)_{n \in \mathbb{N}}$ est linéaire. Le théorème 25 de la page 197 dit qu'elle est bijective. Notons encore $(\pi_n)_{n \in \mathbb{N}}$ la famille $\mathcal{B}^*$. L'image d'un π_m $(m \in \mathbb{N})$ est la suite $\left(\pi_m(\delta^{(n)})\right)_{n \in \mathbb{N}} = (\delta_{m,n})_{n \in \mathbb{N}} = \delta^{(m)}$. L'image de $\mathcal{B}^*$ est donc $\mathcal{B}$. Cela a bien un sens, puisque c'est une famille d'éléments de $\mathbb{R}^{(\mathbb{N})}$, donc de $\mathbb{R}^{\mathbb{N}}$.

Pour aller plus loin

Les corrigés sont disponibles en accès libre à partir des pages d'accueil du livre sur le site www.dunod.com

Exercices sur la section 1

II.3.1 Montrer que, dans la définition d'un espace vectoriel, il n'est pas nécessaire de supposer le groupe abélien : cette propriété est en effet une conséquence des autres axiomes. (Développer de deux manières le produit $(1+1).(x+y)$.) Montrer qu'en revanche l'axiome $1.x = x$ n'est pas une conséquence des autres axiomes. *Indication : prendre un corps K et un groupe abélien V quelconques et poser* $\forall \lambda \in K, \forall x \in V\ ,\ \lambda.x = 0$.

II.3.2 Soit V un $\mathbb{Q}$-espace vectoriel. Montrer que, pour tout entier $m \in \mathbb{Z}$ et pour tout $x \in V$, on a l'égalité $mx = m.x$. Le premier membre de l'égalité correspond à la définition correspondante dans tout groupe noté additivement ; le deuxième membre correspond à la loi de composition externe de V (il a un sens, puisque $m \in \mathbb{Q}$) ; par exemple, $x + x = 2.x$. Montrer que le groupe abélien V est *sans torsion*, autrement dit, pour tout entier $m \in \mathbb{Z}$ non nul et pour tout $x \in V$, on a $mx = 0 \Rightarrow x = 0$. Montrer que le groupe V est de plus *divisible*, autrement dit, pour tout entier $m \in \mathbb{Z}$ non nul et pour tout $x \in V$, il existe $y \in V$ tel que $x = my$.

II.3.3 Montrer que tout groupe abélien sans torsion et divisible peut être muni d'une unique structure de $\mathbb{Q}$-espace vectoriel.

II.3.4 Soient E un ensemble et $F \subset E$ un sous-ensemble. Démontrer que $\mathcal{P}(F)$ est un sous-espace vectoriel du $\mathbb{F}_2$-espace vectoriel $\mathcal{P}(E)$. Déterminer le sous-espace vectoriel de $\mathcal{P}(E)$ engendré par les singletons.

II.3.5 Soit V un $\mathbb{F}_2$-espace vectoriel. Montrer que tout élément du groupe V est son propre opposé. Soit réciproquement V un groupe noté additivement dans lequel tout élément est son propre opposé. Montrer que V est abélien. Montrer que le groupe V admet une unique structure de $\mathbb{F}_2$-espace vectoriel.

II.3.6 Soit V un $\mathbb{Q}$-espace vectoriel et soit A une partie dénombrable de V. Démontrer que le sous-espace vectoriel engendré par A est dénombrable (commencer par supposer A fini). En déduire que le $\mathbb{Q}$-espace vectoriel $\mathbb{R}$ n'est engendré par aucune partie dénombrable.

Exercices sur la section 2

II.3.7 Vérifier que l'application $x \mapsto \sqrt{2}\,x$ est un endomorphisme du $\mathbb{Q}$-espace vectoriel $\mathbb{R}$. Est-ce une homothétie ?

II.3.8 Soient V et V' deux espaces vectoriels sur $\mathbb{Q}$ et soit $f : V \to V'$ un morphisme de groupes. Montrer que f est $\mathbb{Q}$-linéaire.
Indication : dans l'égalité $f(mx) = mf(x)$, remplacer x par $(n/m)x$.

II.3.9 (i) Soient f et g deux formes linéaires non nulles sur le K-espace vectoriel V, de même noyau H. On suppose qu'il existe $x_0 \notin H$ tel que $f(x_0) = g(x_0)$. Démontrer que $f = g$. On pourra d'abord considérer les restrictions de f et g à H et à $\text{Vect}(x_0)$.
(ii) On ne fait plus l'hypothèse $f(x_0) = g(x_0)$. Que peut-on cependant conclure au sujet de f et g ? On pourra remplacer g par l'application $h : x \mapsto \lambda g(x)$ pour un choix convenable de λ.

II.3.10 (i) On fixe $a \in K$. Montrer que l'application $P \mapsto P(a)$ est une forme linéaire non nulle sur le K-espace vectoriel $K[X]$ des polynômes sur K. On note H son noyau : c'est donc un hyperplan. Montrer que l'application $P \mapsto P - P(a)$ est un projecteur d'image H.
(ii) On suppose désormais K de caractéristique nulle. Montrer que l'application $D : P \mapsto P'$ est un endomorphisme de $K[X]$ et préciser son noyau et son image.
(iii) On note $I(P)$ l'unique polynôme dont le terme constant est nul et dont le polynôme dérivé est P ; ainsi : $I\left(\sum\limits_{k=0}^{n} a_k X^k\right) = \sum\limits_{k=0}^{n} \dfrac{a_k}{k+1} X^{k+1}$ · Montrer que l'application $I : P \mapsto I(P)$ est un endomorphisme de $K[X]$ et préciser son noyau et son image. Calculer $I \circ D$ et $D \circ I$.

II.3.11 (i) Soit $p \in \mathcal{L}_K(V)$ un projecteur. Calculer $(\text{Id}_V - p)^2$ et en déduire une nouvelle preuve du fait que $q = \text{Id}_V - p$ est un projecteur.
(ii) Soit $s := p - q$. Exprimer s en fonction de p seul et calculer s^2.
(iii) Soit réciproquement $s \in \mathcal{L}_K(V)$ tel que $s^2 = \text{Id}_V$. On suppose que le corps K n'est pas de caractéristique 2. Démontrer l'existence d'un unique projecteur p tel que $s = 2p - \text{Id}_V$.

II.3.12 Soit $V = \mathcal{C}^\infty(\mathbb{R}, \mathbb{R})$. On définit deux endomorphismes de V : D qui, à f, associe sa dérivée f' ; et I qui, à f, associe celle de ses primitives qui s'annule en 0 : $x \mapsto \int_0^x f(t)\,dt$. Démontrer que $D, I \in \mathcal{L}(V)$, $DI = \text{Id}_V$ et $ID \neq \text{Id}_V$. Est-ce que $D, I \in GL(V)$?

II.3.13 Soient n un entier naturel non nul, $E = [\![1, n]\!]$ et V le $\mathbb{F}_2$-espace vectoriel $\mathcal{P}(E)$. En posant $\chi(\lambda_1, \ldots, \lambda_n) := \{i \in [\![1, n]\!] \mid \lambda_i = 1\}$, on définit une application $\chi : \mathbb{F}_2^n \to V$. Démontrer que l'application χ est linéaire et bijective. Plus généralement, définir pour tout ensemble E une bijection linéaire $\chi : \mathbb{F}_2^E \to \mathcal{P}(E)$. Quelle est l'image par χ du sous-espace $\mathbb{F}_2^{(E)}$ de $\mathbb{F}_2^E$?

II.3.14 Soient $f : V \to V'$ et $f' : V' \to V''$ des applications linéaires. Montrer que $f' \circ f = 0$ (l'application linéaire nulle) si, et seulement si, $\operatorname{Im} f \subset \operatorname{Ker} f'$. Montrer que $\operatorname{Im}(f' \circ f) = f'(\operatorname{Im} f)$ et que $\operatorname{Ker}(f' \circ f) = f^{-1}(\operatorname{Ker} f')$.

II.3.15 (i) Soient $f : V \to V'$ une application linéaire et $(W_i')_{i \in I}$ une famille de sous-espaces vectoriels de V'. Démontrer l'égalité : $f^{-1}\left(\bigcap\limits_{i \in I} W_i'\right) = \bigcap\limits_{i \in I} f^{-1}(W_i')$.

(ii) Soient $W_1, \ldots, W_p$ des sous-espaces vectoriels de V. Démontrer l'égalité :

$$f\left(W_1 + \cdots + W_p\right) = f(W_1) + \cdots + f(W_p).$$

(iii) On suppose f surjective ; soient $W_1', \ldots, W_p'$ des sous-espaces de V'. Démontrer l'égalité :

$$f^{-1}\left(W_1' + \cdots + W_p'\right) = f^{-1}(W_1') + \cdots + f^{-1}(W_p').$$

Soit $p : \mathbb{R}^2 \to \mathbb{R}^2$ la projection $(x, y) \mapsto (x, 0)$. Soient D_1' et D_2' deux droites vectorielles distinctes de $\mathbb{R}^2$ que l'on suppose non horizontales. Comparer $p^{-1}(D_1' + D_2')$ et $p^{-1}(D_1') + p^{-1}(D_2')$. *On vérifiera que* $p^{-1}(D_1') + p^{-1}(D_2') = \{0\} \times \mathbb{R}$ *et* $p^{-1}(D_1' + D_2') = \mathbb{R}^2$.

(iv) On suppose f injective ; soient $(W_i)_{i \in I}$ des sous-espaces de V. Démontrer l'égalité :

$$f\left(\bigcap_{i \in I} W_i\right) = \bigcap_{i \in I} f(W_i).$$

Soit $p : \mathbb{R}^2 \to \mathbb{R}^2$ la projection $(x, y) \mapsto (x, 0)$. Soient D_1 et D_2 deux droites vectorielles distinctes de $\mathbb{R}^2$ que l'on suppose non verticales. Comparer $p(D_1 \cap D_2)$ et $p(D_1) \cap p(D_2)$. (On vérifiera que $p(D_1 \cap D_2) = \{0\}$ et que $p(D_1) \cap p(D_2) = \mathbb{R} \times \{0\}$.)

Exercices sur la section 3

II.3.16 Soit $(x_i)_{i \in I}$ une famille génératrice du K-espace vectoriel V. Soient f et g deux applications linéaires de V dans V' qui coïncident sur la famille : $\forall i \in I\ ,\ f(x_i) = g(x_i)$. Montrer que $f = g$.

II.3.17 Soit $V = \mathcal{C}^\infty(\mathbb{R}, \mathbb{R})$ le $\mathbb{R}$-espace vectoriel des fonctions indéfiniment dérivables. Soit, pour $a \in \mathbb{R}$, f_a la fonction e^{ax}. Montrer que les f_a $(a \in \mathbb{R})$ sont linéairement indépendants.
Indication : considérer une relation linéaire non triviale comportant le plus petit nombre de termes possible et la dériver pour rabaisser ce nombre de termes.

II.3.18 (i) Soit $V = \mathbb{R}^{\mathbb{N}}$ le $\mathbb{R}$-espace vectoriel des suites numériques. Soit, pour $q \in \mathbb{R}$, $g^{(q)}$ la suite des q^n $(n \in \mathbb{N})$. Montrer que les $g^{(q)}$ $(q \in \mathbb{R})$ sont linéairement indépendants.
Indication : pour toute combinaison linéaire $\underline{u} = \sum a_q g^{(q)}$, *on pourra étudier le comportement de* u_n *lorsque* $n \to +\infty$.
(ii) On note maintenant $V = K^{\mathbb{N}}$ et, pour $q \in \mathbb{K}$, $g^{(q)}$ la suite des q^n $(n \in \mathbb{N})$.

Montrer que les $g^{(q)}$ $(q \in K)$ sont linéairement indépendants.
Indication : considérer une relation linéaire non triviale comportant le plus petit nombre de termes possible et chercher à rabaisser ce nombre de termes.
(iii) On suppose maintenant le corps K de caractéristique 0, de sorte que l'on peut identifier $\mathbb{N}$ à une partie de K. Pour tout $q \in K^*$ et tout $k \in \mathbb{N}$, on note $g^{(q,k)}$ la suite des $n^k q^n$ $(n \in \mathbb{N})$. Montrer que les $g^{(q,k)}$ $((q,k) \in K^* \times \mathbb{N})$ sont linéairement indépendants.
Même méthode que ci-dessus.

II.3.19 (i) Soient $a_1, \ldots, a_p$ des éléments du corps K. Dans le K-espace vectoriel $K^{\mathbb{N}}$ des suites d'éléments de K, on considère le sous-espace vectoriel suivant :

$$V := \{\underline{u} = (u_n)_{n \in \mathbb{N}} \mid \forall n \in \mathbb{N}\,,\ u_{n+p} = a_1 u_{n+p-1} + \cdots + a_p u_n\}.$$

On dit que les suites de V satisfont une relation de récurrence linéaire à p pas. Démontrer que V est un sous-espace vectoriel de $K^{\mathbb{N}}$.
(ii) Démontrer que l'application $\underline{u} \mapsto (u_0, \ldots, u_{p-1})$ de $K^{\mathbb{N}}$ dans K^p est linéaire et que sa restriction à V est un isomorphisme de V sur K^p. En déduire la dimension de V.

II.3.20 Soit $\mathcal{B} = (x_i)_{i \in I}$ une base du K-espace vectoriel V et soit f une application linéaire de V dans V'. Démontrer que f est injective (resp. surjective, resp. bijective) si, et seulement si, la famille $f(\mathcal{B}) = (f(x_i))_{i \in I}$ de V' est libre (resp. génératrice, resp. une base).

II.3.21 Démontrer que, si I est infini, le K-espace vectoriel $K^{(I)}$ n'est pas de dimension finie.

II.3.22 Soient $K \subset L \subset M$ trois corps commutatifs. Soient $(x_i)_{i \in I}$ une base du K-espace vectoriel L et $(y_j)_{j \in J}$ une base du L-espace vectoriel M. Démontrer que la famille des $x_i y_j$ est une base du K-espace vectoriel M.

II.3.23 (i) Soit $(B_i)_{i \in I}$ une famille de parties libres d'un espace vectoriel V telles que deux d'entre elles sont *comparables pour l'inclusion*, autrement dit, si $i, j \in I$, alors $B_i \subset B_j$ ou $B_j \subset B_i$. Démontrer que $\bigcup\limits_{i \in I} B_i$ est libre.
Indication : si $x_1, \ldots, x_p \in \bigcup\limits_{i \in I} B_i$, *alors* $\exists i \in I\ :\ x_1, \ldots, x_p \in B_i$.
(ii) Soient A une partie libre et C une partie génératrice de V, telles que $A \subset C$. Soit E l'ensemble des parties libres B telles que $A \subset B \subset C$, que l'on ordonne par inclusion. Démontrer que E est inductif (module I.1). En déduire, à l'aide du lemme de Zorn, une preuve du lemme 28 de la page 198.

II.3.24 On appelle *base de Hamel* une base du $\mathbb{Q}$-espace vectoriel $\mathbb{R}$. Démontrer qu'une telle base n'est pas dénombrable. Utiliser l'existence d'une base de Hamel pour construire un morphisme de groupe non trivial $\mathbb{R} \to \mathbb{R}$ qui n'est pas bijectif. Montrer que ce morphisme n'est pas continu. En admettant que, si E est infini, $\operatorname{card} E + \operatorname{card} E = \operatorname{card} E$ (module I.1, section 6), en déduire que le groupe $\mathbb{R}$ est isomorphe au groupe $\mathbb{R} \times \mathbb{R}$.

Exercices sur la section 4

II.3.25 Soient D, D', D'' trois droites vectorielles deux à deux distinctes de $\mathbb{R}^2$. Calculer leurs intersections deux à deux. Calculer leur somme. Y a-t-il unicité de la décomposition d'un $x \in \mathbb{R}^2$?

II.3.26 Montrer qu'un sous-espace vectoriel de V autre que 0 et V a une infinité de supplémentaires (on suppose le corps infini).

II.3.27 (i) Montrer que $f \in \mathcal{L}_K(V, V')$ est injective si, et seulement s'il existe $g \in \mathcal{L}_K(V', V)$ telle que $g \circ f = \mathrm{Id}_V$.
(ii) Montrer que $f \in \mathcal{L}_K(V, V')$ est surjective si, et seulement s'il existe $h \in \mathcal{L}_K(V', V)$ telle que $f \circ h = \mathrm{Id}_{V'}$.
(iii) Si f est bijective, $g = h = f^{-1}$.

II.3.28 Les sous-espaces $V_1 \times \{0\}$ et $\{0\} \times V_2$ sont supplémentaires dans $V_1 \times V_2$ et les projections associées sont $s_1 \circ p_1$ et $s_2 \circ p_2$.

II.3.29 Si V n'est ni trivial ni une droite vectorielle, il admet des endomorphismes qui ne sont pas des homothéties.

II.3.30 Donner un exemple d'endomorphisme d'un espace vectoriel V et de sous–espace vectoriel E de V tels que $f(E) = E$ mais aucun supplémentaire de E n'est stable.
Indication : si (u, v) est une base de V, poser $f(u) = u$ et $f(v) = u + v$.

II.3.31 Soit E un sous-espace vectoriel de V. Soit F' un sous-espace de V tel que $E \cap F' = \{0\}$. Démontrer qu'il existe un supplémentaire F de E tel que $F' \subset F$. (Appliquer le théorème 29 de la page 198.) Soit $x \in V \setminus E$. Déduire de ce qui précède l'existence d'une forme linéaire f nulle sur E et telle que $f(x) = 1$. Démontrer que E est l'intersection des hyperplans qui le contiennent.

II.3.32 Nous supposons que $V = E \oplus F$ et que p et q sont les projecteurs associés. Soit f un endomorphisme de V.
Démontrer que, pour que E soit stable par f, il faut, et il suffit, que $q \circ f \circ p = 0$.

Calcul matriciel élémentaire

II.4

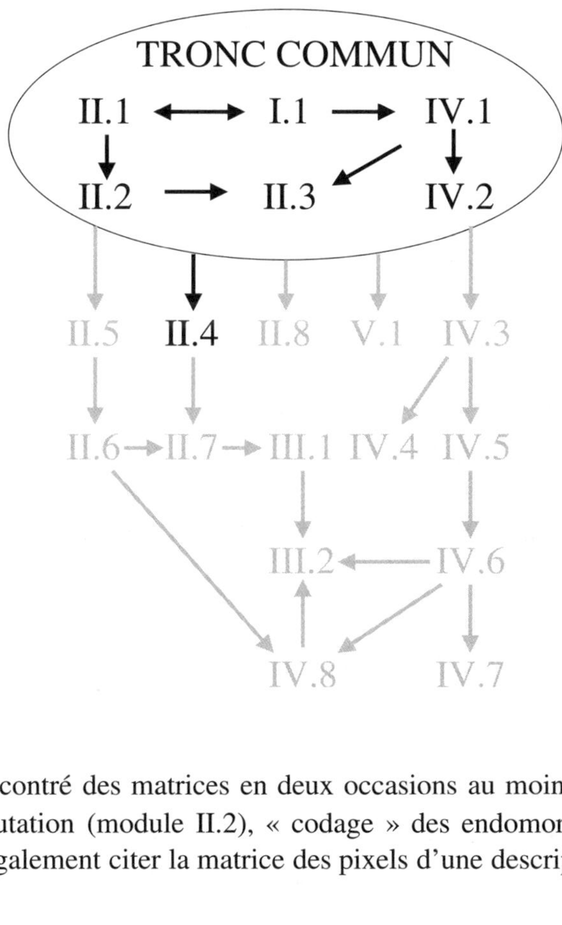

Nous avons déjà rencontré des matrices en deux occasions au moins : représentation matricielle d'une permutation (module II.2), « codage » des endomorphismes de K^2 (module II.3). On peut également citer la matrice des pixels d'une description d'écran.

1 Algèbre matricielle

1.1 Définitions et généralités

Soient $m, n \in \mathbb{N}^*$ deux entiers naturels non nuls et soit E un ensemble quelconque.

Définition 1. Une matrice *de type* (m, n) (ou à m lignes et n colonnes) *à coefficients dans* E (ou *sur* E) est une famille $(a_{i,j})_{1\leqslant i\leqslant m, 1\leqslant j\leqslant n} \in E^{[\![1,m]\!]\times[\![1,n]\!]}$ d'éléments de E, indexée par l'ensemble produit $[\![1, m]\!] \times [\![1, n]\!]$.
L'ensemble de ces matrices est noté $M_{m,n}(E)$.
Une *matrice ligne* est une matrice à une seule ligne, donc un élément de $M_{1,n}(E)$.
Une *matrice colonne* est une matrice à une seule colonne, donc un élément de $M_{m,1}(E)$.

Par exemple, $M_{1,1}(E) = E$. On convient de représenter par un tableau rectangulaire la matrice $A = (a_{i,j})_{1\leqslant i\leqslant m, 1\leqslant j\leqslant n}$:

$$A = \begin{pmatrix} a_{1,1} & \dots & a_{1,j} & \dots & a_{1,n} \\ \vdots & \ddots & \vdots & \ddots & \vdots \\ a_{i,1} & \dots & a_{i,j} & \dots & a_{i,n} \\ \vdots & \ddots & \vdots & \ddots & \vdots \\ a_{m,1} & \dots & a_{m,j} & \dots & a_{m,n} \end{pmatrix}. \tag{1}$$

Le *coefficient d'indices* (i, j) *de* A, qui est ici $a_{i,j}$ mais que l'on peut également noter $(A)_{i,j}$, est donc situé à l'intersection de la $i^{\text{ème}}$ ligne et de la $j^{\text{ème}}$ colonne du tableau, les lignes étant numérotées de 1 à m de haut en bas, et les colonnes étant numérotées de 1 à n de gauche à droite. On appelle alors $i^{\text{ème}}$ *ligne de* A (pour $1 \leqslant i \leqslant m$) la matrice ligne $L_i := \begin{pmatrix} a_{i,1} & \dots & a_{i,j} & \dots & a_{i,n} \end{pmatrix} \in M_{1,n}(E)$; on l'identifie avec le n-uplet $(a_{i,1}, \dots, a_{i,n}) \in E^n$. On appelle $j^{\text{ème}}$ colonne de A (pour $1 \leqslant j \leqslant n$) la matrice colonne $C_j := \begin{pmatrix} a_{1,j} \\ \vdots \\ a_{i,j} \\ \vdots \\ a_{m,j} \end{pmatrix} \in M_{m,1}(E)$. Pour indiquer que A est formée des lignes $L_1, \dots, L_m$ (resp. des colonnes $C_1, \dots, C_n$), on pourra écrire :

$$A = \begin{bmatrix} L_1 \\ \vdots \\ L_m \end{bmatrix} = [C_1; \dots; C_n]. \tag{2}$$

***Tableau horaire d'occupation des salles.*.** On veut représenter le tableau suivant d'occupation de 3 salles le matin et l'après-midi par les 3 promotions :

	Salle 1	Salle 2	Salle 3
Matin :	vide	L3	L1
Après-midi :	L2	L1	vide

Soient $E = \{\text{L1}, \text{L2}, \text{L3}, \text{vide}\}$ et $m = 2, n = 3$. La matrice $A = (a_{i,j})_{1 \leqslant i \leqslant 2, 1 \leqslant j \leqslant 3}$ telle que $a_{1,1} = a_{2,3} = \text{vide}$, $a_{1,3} = a_{2,2} = \text{L1}$, $a_{1,2} = \text{L3}$ et $a_{2,1} = \text{L2}$ est représentée par $\begin{pmatrix} \text{vide} & \text{L3} & \text{L1} \\ \text{L2} & \text{L1} & \text{vide} \end{pmatrix}$. Ses lignes sont : $L_1 = \begin{pmatrix} \text{vide} & \text{L3} & \text{L1} \end{pmatrix}$ (occupation des salles le matin) et $L_2 = \begin{pmatrix} \text{L2} & \text{L1} & \text{vide} \end{pmatrix}$ (occupation des salles l'après-midi) et ses colonnes $C_1 = \begin{pmatrix} \text{vide} \\ \text{L2} \end{pmatrix}$ (horaire d'occupation de la salle 1), $C_2 = \begin{pmatrix} \text{L3} \\ \text{L1} \end{pmatrix}$ (horaire d'occupation de la salle 2) et $C_3 = \begin{pmatrix} \text{L1} \\ \text{vide} \end{pmatrix}$ (horaire d'occupation de la salle 3).

L'ensemble $M_{m,n}(E)$ est par définition identique à $E^{[\![1,m]\!] \times [\![1,n]\!]}$ et il s'identifie donc à $\mathcal{F}([\![1,m]\!] \times [\![1,n]\!], E)$. Plus généralement, I et J étant deux ensembles finis, les matrices de type (I, J) sur E sont les éléments de $E^{I \times J}$. Pour les représenter graphiquement, il faut introduire une relation d'ordre total sur E. Pratiquement, la plupart des définitions et des résultats de ce module se transposent sans difficulté au cas de matrices dont les ensembles d'indices sont autres que $[\![1,m]\!]$ et $[\![1,n]\!]$.

Exemple. L'espace vectoriel $K_n[X]$ des polynômes de degré inférieur ou égal à n sur le corps K (module II.6, proposition 5 de la page 291) admet pour base $(1, X, \ldots, X^n)$. Le vecteur colonne des coordonnées d'un polynôme $P \in K_n[X]$ dans cette base admet donc $(n+1)$ composantes, qu'il est naturel d'indexer de 0 à n. Si l'on forme une matrice ayant pour colonnes de tels vecteurs colonnes, les lignes de cette matrice seront naturellement numérotées de 0 à n.

Nous considérerons dorénavant des matrices à coefficients dans un corps commutatif K. Cependant, la plupart des définitions et une partie des résultats seraient tout aussi valides sur un anneau commutatif quelconque. L'identification de l'ensemble $M_{m,n}(K)$ à $K^{[\![1,m]\!] \times [\![1,n]\!]}$ permet de le munir d'une structure de K-espace vectoriel (module II.3), avec les opérations :

$$\lambda \begin{pmatrix} a_{1,1} & \ldots & a_{1,j} & \ldots & a_{1,n} \\ \vdots & \ddots & \vdots & \ddots & \vdots \\ a_{i,1} & \ldots & a_{i,j} & \ldots & a_{i,n} \\ \vdots & \ddots & \vdots & \ddots & \vdots \\ a_{m,1} & \ldots & a_{m,j} & \ldots & a_{m,n} \end{pmatrix} + \lambda' \begin{pmatrix} a'_{1,1} & \ldots & a'_{1,j} & \ldots & a'_{1,n} \\ \vdots & \ddots & \vdots & \ddots & \vdots \\ a'_{i,1} & \ldots & a'_{i,j} & \ldots & a'_{i,n} \\ \vdots & \ddots & \vdots & \ddots & \vdots \\ a'_{m,1} & \ldots & a'_{m,j} & \ldots & a'_{m,n} \end{pmatrix} :=$$

$$\begin{pmatrix} \lambda a_{1,1} + \lambda' a'_{1,1} & \ldots & \lambda a_{1,j} + \lambda' a'_{i,j} & \ldots & \lambda a_{1,n} + \lambda' a'_{1,n} \\ \vdots & \ddots & \vdots & \ddots & \vdots \\ \lambda a_{i,1} + \lambda' a'_{i,1} & \ldots & \lambda a_{i,j} + \lambda' a'_{i,j} & \ldots & \lambda a_{i,n} + \lambda' a'_{i,n} \\ \vdots & \ddots & \vdots & \ddots & \vdots \\ \lambda a_{m,1} + \lambda' a'_{m,1} & \ldots & \lambda a_{m,j} + \lambda' a'_{m,j} & \ldots & \lambda a_{m,n} + \lambda' a'_{m,n} \end{pmatrix}. \qquad (3)$$

De manière plus compacte : $(\lambda A + \lambda' A')_{i,j} = \lambda\,(A)_{i,j} + \lambda'\,(A')_{i,j}$.

L'espace vectoriel $M_{1,n}(E)$ des matrices lignes s'identifie ainsi à l'espace vectoriel K^n.

Nous avons déjà rencontré (au module II.3) l'espace vectoriel $M_{m,1}(E)$ des vecteurs colonnes. Plus généralement, on peut calculer les combinaisons linéaires de matrices ligne par ligne ou colonne par colonne :

$$\lambda \begin{bmatrix} L_1 \\ \vdots \\ L_m \end{bmatrix} + \lambda' \begin{bmatrix} L'_1 \\ \vdots \\ L'_m \end{bmatrix} = \begin{bmatrix} \lambda L_1 + \lambda' L'_1 \\ \vdots \\ \lambda L_m + \lambda' L'_m \end{bmatrix}, \tag{4}$$

$$\lambda[C_1; \dots; C_n] + \lambda'[C'_1; \dots; C'_n] = [\lambda C_1 + \lambda' C'_1; \dots; \lambda C_n + \lambda' C'_n]. \tag{5}$$

Définition 2. Les *matrices élémentaires* de $M_{m,n}(K)$ sont les matrices $E_{i,j}^{(m,n)}$ $(1 \leqslant i \leqslant m,\ 1 \leqslant j \leqslant n)$ ainsi définies : le coefficient d'indices (i,j) de $E_{i,j}^{(m,n)}$ est égal à 1, tous ses autres coefficients sont nuls.
On a donc, pour $1 \leqslant k \leqslant m$ et $1 \leqslant l \leqslant n$:

$$(E_{i,j}^{(m,n)})_{k,l} := \delta_{i,k}\delta_{j,l} \quad \text{(avec la notation de Kronecker).} \tag{6}$$

Proposition et définition 1. Les $E_{i,j}^{(m,n)}$ forment une base de $M_{m,n}(K)$, appelée la *base canonique*. La dimension de $M_{m,n}(K)$ est donc mn.

Démonstration. La base canonique d'un espace vectoriel de la forme $K^{(X)}$ a été décrite au module II.3, 3.3 : nous avons ici le cas particulier $X = [\![1,m]\!] \times [\![1,n]\!]$.
Pratiquement, les coordonnées d'une matrice dans la base canonique sont ses coefficients :

$$(a_{i,j})_{1\leqslant i\leqslant m, 1\leqslant j\leqslant n} = \sum_{1\leqslant i\leqslant m, 1\leqslant j\leqslant n} a_{i,j} E_{i,j}^{(m,n)}.$$

■

La notation $E_{i,j}^{(m,n)}$ des matrices élémentaires sera allégée en $E_{i,j}$ lorsqu'il n'y aura pas de risque de confusion. On pourra donc, par exemple, distinguer les matrices

$$E_{1,1} = \begin{pmatrix} 1 & 0 \end{pmatrix} \in M_{1,2}(K),\ E_{1,1} = \begin{pmatrix} 1 & 0 \\ 0 & 1 \end{pmatrix} \in M_{2,2}(K) \quad \text{et} \quad E_{1,1} = \begin{pmatrix} 1 \\ 0 \end{pmatrix} \in M_{2,1}(K)$$

en se fiant au contexte.

Appelons *hauteur* d'une matrice colonne non nulle $C = \begin{pmatrix} a_1 \\ \vdots \\ a_m \end{pmatrix} \in M_{m,1}(K)$ et notons $h(C)$ l'entier $i \in [\![1,m]\!]$ tel que $a_1 = \cdots = a_{m-i} = 0$ et $a_{m-i+1} \neq 0$. On appellera *pivot* de C le premier élément non nul : a_{m-i+1}. Si $C = 0$, nous posons $h(C) := 0$ (et C n'a pas de pivot). Appelons de même *largeur* d'une matrice ligne non nulle $L = \begin{pmatrix} a_1 & \dots & a_n \end{pmatrix} \in M_{1,n}(K)$ et notons $\ell(L)$ l'entier $j \in [\![1,n]\!]$ tel que $a_1 = \cdots = a_{n-j} = 0$ et $a_{n-j+1} \neq 0$. On appellera *pivot* de L le premier élément non nul : a_{n-j+1}. Si $L = 0$, nous posons $\ell(L) := 0$ (et L n'a pas de pivot).

Exemple. Les matrices colonnes $\begin{pmatrix}0\\3\\0\end{pmatrix}$ et $\begin{pmatrix}0\\3\\3\end{pmatrix}$ ont pour hauteur 2. Les matrices lignes $\begin{pmatrix}0 & 0 & 2 & 1 & 4\end{pmatrix}$ et $\begin{pmatrix}0 & 0 & 2 & 0 & 0\end{pmatrix}$ ont pour largeur 3.

Définition 3. La matrice de lignes $L_1, \ldots, L_m$ est dite *échelonnée en lignes* si elle est nulle ou s'il existe un indice $k \in [\![1, m]\!]$ tel que $\ell(L_1) > \cdots > \ell(L_k) > 0$ et $L_i = 0$ pour $k < i \leqslant m$. La matrice de colonnes $C_1, \ldots, C_n$ est dite *échelonnée en colonnes* si elle est nulle ou s'il existe un indice $\ell \in [\![1, n]\!]$ tel que $h(C_1) > \cdots > h(C_\ell) > 0$ et $C_j = 0$ pour $\ell < j \leqslant n$.

Exemple. Nous représentons ici par $\star$ des coefficients quelconques et par $\underline{\star}$ les pivots (qui sont donc non nuls). Les matrices $\begin{pmatrix}0 & \underline{\star} & \star & \star & \star\\0 & 0 & 0 & \underline{\star} & \star\\0 & 0 & 0 & 0 & 0\end{pmatrix}$ et $\begin{pmatrix}0 & 0 & 0 & 0 & 0\\0 & 0 & 0 & 0 & 0\\\underline{\star} & 0 & 0 & 0 & 0\\\star & \underline{\star} & 0 & 0 & 0\\\star & \star & \underline{\star} & 0 & 0\end{pmatrix}$ sont respectivement échelonnées en lignes de largeurs $4, 2, 0$ et en colonnes de hauteurs $3, 2, 1, 0, 0$.

Exercice 1.

La matrice $A = E_{i,j}^{(m,n)}$ est-elle échelonnée ?

Solution. Ses lignes sont nulles, sauf la $i^{\grave{e}me}$ qui est de largeur $n - j + 1$. Elle est donc échelonnée en lignes si, et seulement si, $i = 1$. De même, elle est échelonnée en colonnes si, et seulement si, $j = 1$.

Exercice 2.

À quoi ressemble une matrice échelonnée en lignes et en colonnes ?

Solution. Si $a_{1,1} = 0$, $h(C_1) < m$ donc $h(C_j) < m$ pour tout j, donc $L_1 = 0$, donc $L_i = 0$ pour tout i et $A = 0$. Si A n'est pas nulle, on a donc $a_{1,1} \neq 0$, donc $h(C_1) = m > h(C_2), \ldots, h(C_n)$ et $l(L_1) = n > \ell(L_2), \ldots, \ell(L_m)$. On voit donc que $L_1 = \begin{pmatrix}a_{1,1} & 0 & \ldots & 0\end{pmatrix}$ et $C_1 = \begin{pmatrix}a_{1,1}\\0\\\vdots\\0\end{pmatrix}$. Réitérant le raisonnement, on trouve que A a des coefficients $a_{1,1}, \ldots, a_{k,k}$ non nuls et tous les autres coefficients nuls :

$$A = \begin{pmatrix}a_{1,1} & \ldots & 0 & \ldots & 0\\\vdots & \ddots & \vdots & \ddots & \vdots\\0 & \ldots & a_{k,k} & \ldots & 0\\\vdots & \ddots & \vdots & \ddots & \vdots\\0 & \ldots & 0 & \ldots & 0\end{pmatrix}.$$

Soient $m, n, p \in \mathbb{N}^*$. On peut définir le *produit* des matrices

$$A = (a_{i,j})_{1 \leqslant i \leqslant m, 1 \leqslant j \leqslant n} \in M_{m,n}(K) \qquad \text{et} \qquad B = (a_{j,k})_{1 \leqslant j \leqslant n, 1 \leqslant k \leqslant p} \in M_{n,p}(K)$$

comme la matrice $AB = (c_{i,k})_{1 \leqslant i \leqslant m, 1 \leqslant k \leqslant p} \in M_{m,p}(K)$ donnée par les formules suivantes :

$$\forall (i,k) \in [\![1, m]\!] \times [\![1, p]\!] \ , \ c_{i,k} := \sum_{j=1}^{n} a_{i,j} b_{j,k}. \tag{7}$$

Il est commode de poser les calculs comme suit :

$$\begin{array}{cc} & \begin{pmatrix} & & b_{1,k} & \\ & & \vdots & \\ & & b_{j,k} & \\ & & \vdots & \\ & & b_{n,k} & \end{pmatrix} \\ \begin{pmatrix} & & & & \\ & & & & \\ a_{i,1} & \dots & a_{i,j} & \dots & a_{i,n} \\ & & & & \end{pmatrix} & \begin{pmatrix} & & \vdots & \\ & & \vdots & \\ \dots & \dots & c_{i,k} & \\ & & & \end{pmatrix} \end{array}$$

Exemple. On prend ici $m = 3, n = 4, p = 2$:

$$\begin{pmatrix} a_{1,1} & a_{1,2} & a_{1,3} & a_{1,4} \\ a_{2,1} & a_{2,2} & a_{2,3} & a_{2,4} \\ a_{3,1} & a_{3,2} & a_{3,3} & a_{3,4} \end{pmatrix} \times \begin{pmatrix} b_{1,1} & b_{1,2} \\ b_{2,1} & b_{2,2} \\ b_{3,1} & b_{3,2} \\ b_{4,1} & b_{4,2} \end{pmatrix} =$$

$$\begin{pmatrix} a_{1,1}b_{1,1} + a_{1,2}b_{2,1} + a_{1,3}b_{3,1} + a_{1,4}b_{4,1} & a_{1,1}b_{1,2} + a_{1,2}b_{2,2} + a_{1,3}b_{3,2} + a_{1,4}b_{4,2} \\ a_{2,1}b_{1,1} + a_{2,2}b_{2,1} + a_{2,3}b_{3,1} + a_{2,4}b_{4,1} & a_{2,1}b_{1,2} + a_{2,2}b_{2,2} + a_{2,3}b_{3,2} + a_{2,4}b_{4,2} \\ a_{3,1}b_{1,1} + a_{3,2}b_{2,1} + a_{3,3}b_{3,1} + a_{3,4}b_{4,1} & a_{3,1}b_{1,2} + a_{3,2}b_{2,2} + a_{3,3}b_{3,2} + a_{3,4}b_{4,2} \end{pmatrix}.$$

La multiplication des matrices A et B n'est donc possible que si le nombre de colonnes de A est égal au nombre de lignes de B. Par exemple, le produit de la matrice ligne $L = \begin{pmatrix} a_1 & \dots & a_n \end{pmatrix}$ par la matrice colonne $C = \begin{pmatrix} b_1 \\ \vdots \\ b_m \end{pmatrix}$ n'est défini que si $m = n$, et il vaut alors $LC = a_1 b_1 + \cdots + a_n b_n$; c'est un élément de $M_{1,1}(K) = K$. Plus généralement, si l'on note $L_1, \dots, L_m$ les lignes de A et $C_1, \dots, C_p$ les colonnes de B, on voit que les coefficients de AB sont aussi donnés par la formule : $c_{i,k} = L_i C_k$:

$$\begin{bmatrix} L_1 \\ \vdots \\ L_m \end{bmatrix} \times [C_1;\ldots;C_p] = \begin{pmatrix} L_1C_1 & \ldots & L_1C_p \\ \vdots & \ddots & \vdots \\ L_mC_1 & \ldots & L_mC_p \end{pmatrix}. \tag{8}$$

Quelques conséquences de ces règles sont extrêmement utiles dans le calcul matriciel. Les colonnes de AB sont les AC_j :

$$A[C_1;\ldots;C_p] = [AC_1;\ldots;AC_p]. \tag{9}$$

Les lignes de AB sont les L_iB :

$$\begin{bmatrix} L_1 \\ \vdots \\ L_m \end{bmatrix} B = \begin{bmatrix} L_1B \\ \vdots \\ L_mB \end{bmatrix}. \tag{10}$$

Le produit AX de A par un vecteur colonne X est une combinaison linéaire des colonnes de A :

$$A = [C_1;\ldots;C_n] \Longrightarrow A \begin{pmatrix} x_1 \\ \vdots \\ x_n \end{pmatrix} = x_1C_1 + \cdots + x_nC_n. \tag{11}$$

Le produit YA d'un vecteur ligne Y par A est une combinaison linéaire des lignes de A :

$$A = \begin{bmatrix} L_1 \\ \vdots \\ L_m \end{bmatrix} \Longrightarrow \begin{pmatrix} y_1 & \ldots & y_m \end{pmatrix} A = y_1L_1 + \cdots + y_mL_m. \tag{12}$$

Par exemple, si l'on note $(\Lambda_1,\ldots,\Lambda_m)$ la base canonique de $M_{1,m}(K)$ et $(\Gamma_1,\ldots,\Gamma_n)$ celle de $M_{n,1}(K)$, on en déduit :

$$A = [C_1;\ldots;C_n] \Longrightarrow A\Gamma_j = C_j, \tag{13}$$

$$A = \begin{bmatrix} L_1 \\ \vdots \\ L_m \end{bmatrix} \Longrightarrow \Lambda_i A = L_i. \tag{14}$$

Le lecteur est invité à contrôler la possibilité de toutes ces formules (compatibilité des nombres de lignes et de colonnes) pour en tester la vraisemblance. De même, il devrait effectuer soigneusement les calculs dont les résultats sont donnés ci-dessous.

Exemples.

1. Soit $A = [C_1;\ldots;C_n] \in M_{m,n}(K)$. Alors $AE_{k,\ell}^{(n,p)} = [0;\ldots;C_k;\ldots;0]$, la colonne C_k étant placée en $\ell^{ème}$ position.

2. Soit $B = \begin{bmatrix} L_1 \\ \vdots \\ L_n \end{bmatrix} \in M_{n,p}(K)$. Alors $E_{i,j}^{(m,n)} B = \begin{bmatrix} 0 \\ \vdots \\ L_j \\ \vdots \\ 0 \end{bmatrix}$, la ligne L_j étant placée en $i^{\text{ème}}$ position.
3. Le produit de deux matrices élémentaires de formats compatibles est donné par la formule : $E_{i,j}^{(m,n)} E_{k,\ell}^{(n,p)} = \delta_{j,k} E_{i,\ell}^{(m,p)}$.
4. On a $[C_1; \ldots ; C_n] \times \begin{bmatrix} L_1 \\ \vdots \\ L_n \end{bmatrix} = C_1 L_1 + \cdots + C_n L_n$. En effet, le terme $C_j L_j$ est la matrice de type (m, p) de coefficient général $c_{i,k}^{(j)} = a_{i,j} b_{j,k}$ et l'on a bien (dans la définition du produit AB) l'égalité $c_{i,k} = c_{i,k}^{(1)} + \cdots + c_{i,k}^{(n)}$.

Exercice 3.
À quoi ressemble le produit d'une colonne par une ligne ?
Solution. Le produit de $C \in M_{m,1}(K)$ par $L \in M_{1,p}(K)$ est toujours possible. On obtient une matrice (m, p) de coefficient général $a_i b_k$.

Nous noterons $I_n := (\delta_{i,j})_{1 \leqslant i,j \leqslant n} = \sum_{i=1}^{n} E_{i,i}^{(n,n)}$ la *matrice identité d'ordre* n ; ses coefficients $a_{i,i}$ valent 1 et les autres 0 :

$$I_n = \begin{pmatrix} 1 & 0 & \ldots & 0 & 0 \\ 0 & 1 & \ldots & 0 & 0 \\ \vdots & \vdots & \ddots & \vdots & \vdots \\ 0 & 0 & \ldots & 1 & 0 \\ 0 & 0 & \ldots & 0 & 1 \end{pmatrix}. \tag{15}$$

Proposition 2. La multiplication est associative ; elle est distributive à droite et à gauche par rapport à l'addition ; les matrices identités sont neutres pour la multiplication :

$$\forall A \in M_{m,n}(K), \forall B \in M_{n,p}(K), \forall C \in M_{p,q}(K)\ ,\ (AB)C = A(BC) \tag{16}$$

$$\forall A, A' \in M_{m,n}(K), \forall B \in M_{n,p}(K)\ ,\ (A + A')B = AB + A'B, \tag{17}$$

$$\forall A \in M_{m,n}(K), \forall B, B' \in M_{n,p}(K)\ ,\ A(B + B') = AB + AB', \tag{18}$$

$$\forall A \in M_{m,n}(K)\ ,\ I_m A = A, \tag{19}$$

$$\forall A \in M_{m,n}(K)\ ,\ AI_n = A. \tag{20}$$

Démonstration. Notant $a_{i,j}, b_{j,k}, c_{k,\ell}$ les coefficients généraux respectifs de A, B, C, le calcul donne $\sum_{j=1}^{n}\sum_{k=1}^{p} a_{i,j}b_{j,k}c_{k,\ell}$ pour coefficient d'indices (i,ℓ) de $(AB)C$ comme de $A(BC)$, d'où l'associativité. L'égalité $(A+A')B = AB+A'B$ découle de l'égalité $\sum_{j=1}^{n}(a_{i,j}+a'_{i,j})b_{j,k} = \sum_{j=1}^{n} a_{i,j}b_{j,k} + \sum_{j=1}^{n} a'_{i,j}b_{j,k}$ entre les coefficients d'indices (i,k) des deux matrices. L'égalité $A(B+B') = AB+AB'$ se démontre de manière analogue. Les égalités $I_mA = A = AI_n$ découlent du fait que les lignes de I_m et les colonnes de I_n forment respectivement les bases canoniques $(\Lambda_1,\dots,\Lambda_m)$ de $M_{1,m}(K)$ et $(\Gamma_1,\dots,\Gamma_n)$ de $M_{n,1}(K)$. ■

Les matrices $\lambda I_n = \begin{pmatrix} \lambda & 0 & \dots & 0 & 0 \\ 0 & \lambda & \dots & 0 & 0 \\ \vdots & \vdots & \ddots & \vdots & \vdots \\ 0 & 0 & \dots & \lambda & 0 \\ 0 & 0 & \dots & 0 & \lambda \end{pmatrix}$ sont appelées *matrices scalaires*. On vérifie aisément que $(\lambda I_m)A = \lambda A = A(\lambda I_n)$, ce qui, joint à la proposition, entraîne une généralisation de la distributivité :

Corollaire 3. La multiplication des matrices est *bilinéaire* :

$$\forall \lambda,\lambda' \in K, \forall A, A' \in M_{m,n}(K), \forall B, B' \in M_{n,p}(K),$$

$$(\lambda A + \lambda' A')B = \lambda AB + \lambda' A'B, \quad (21)$$

$$A(\lambda B + \lambda' B') = \lambda AB + \lambda' AB'. \quad (22)$$

Exercice 4.

Peut-on calculer A^2 ? Peut-on comparer AB et BA ?

Solution. On ne peut calculer A^2 que si A est de type (m,m). On ne peut comparer AB et BA que si A et B sont de type (m,m).

Coût des opérations sur les matrices. Il s'agit du nombre d'opérations (additions et multiplications) dans K qui sont nécessaires pour additionner et multiplier deux matrices. Chacun des mn coefficients de la somme de deux matrices de type (m,n) est une somme de deux coefficients. Additionner deux matrices de type (m,n) coûte donc mn additions élémentaires (c'est-à-dire dans le corps K). Chacun des mp coefficients du produit de deux matrices de types (m,n) et (n,p) s'obtient en additionnant n produits de deux coefficients : son calcule coûte donc n multiplications élémentaires et $(n-1)$ additions élémentaires. Il y a donc au total mnp multiplications élémentaires et $mp(n-1)$ additions élémentaires.

La définition et les premières propriétés de la transposition sont valables pour des matrices sur un ensemble E quelconque.

Définition 4. La *transposée* de la matrice $A = (a_{i,j})_{1\leqslant i\leqslant m, 1\leqslant j\leqslant n}$ de $M_{m,n}(E)$ est la matrice $B := (a_{j,i})_{1\leqslant j\leqslant n, 1\leqslant i\leqslant m}$ de $M_{n,m}(E)$ définie en posant $b_{j,i} = a_{i,j}$. On la note $B = {}^tA$.

Ainsi, la transposée d'une matrice ligne est une matrice colonne, et réciproquement. Avec les notations de l'équation (2) de la page 212 :

$$^t[C_1;\ldots;C_n] = \begin{bmatrix} {}^tC_1 \\ \vdots \\ {}^tC_n \end{bmatrix} \quad \text{et} \quad {}^t\begin{bmatrix} L_1 \\ \vdots \\ L_m \end{bmatrix} = [{}^tL_1;\ldots;{}^tL_m]. \tag{23}$$

On vérifie facilement que ${}^t({}^tA) = A$. Autrement dit, les applications $A \mapsto {}^tA$ de $M_{m,n}(E)$ dans $M_{n,m}(E)$ et $B \mapsto {}^tB$ de $M_{n,m}(E)$ dans $M_{m,n}(E)$ sont réciproques l'une de l'autre.

Revenons au cas de matrices sur un corps commutatif K.

Proposition 4.
(i) L'application $A \mapsto {}^tA$ de $M_{m,n}(K)$ dans $M_{n,m}(K)$ est un isomorphisme.
(ii) Soient $A \in M_{m,n}(K)$ et $B \in M_{n,p}(K)$. Alors ${}^t(AB) = {}^tB\,{}^tA$.

Démonstration.
Nous laisserons au lecteur le plaisir de démontrer l'égalité ${}^t(\lambda_1 A_1 + \lambda_2 A_2) = \lambda_1 {}^tA_1 + \lambda_2 {}^tA_2$. Pour la deuxième égalité, notons $C = AB$, $A' = {}^tA$, $B' = {}^tB$ et $C' = {}^tC$. Avec des notations évidentes, $c'_{k,i} = c_{i,k} = \sum\limits_{j=1}^{n} a_{i,j} b_{j,k} = \sum\limits_{j=1}^{k} b'_{k,j} a'_{j,i}$, de sorte que $C' = B'A'$. ∎

On peut remarquer enfin que la transposée d'une matrice échelonnée en lignes est une matrice échelonnée en colonnes et réciproquement.

1.2 Matrices carrées

On appellera *matrice carrée d'ordre* n une matrice de type (n, n) et l'on notera $M_n(K) = M_{n,n}(K)$. Les coefficients d'indices (i, i) $(1 \leqslant i \leqslant n)$ de la matrice $A = (a_{i,j})_{1 \leqslant i,j \leqslant n}$ de $M_n(K)$ sont appelés *coefficients diagonaux* ; les $a_{i,j}$ tels que $i \leqslant j$ (resp. $i < j$, resp. $i \geqslant j$, resp. $i > j$) sont dits *au dessus de la diagonale* (resp. *strictement au dessus de la diagonale*, resp. *au dessous de la diagonale*, resp. *strictement au dessous de la diagonale*). Parmi les matrices carrées, divers sous-ensembles méritent un nom spécifique ; notant, comme ci-dessus, $A = (a_{i,j})_{1 \leqslant i,j \leqslant n}$:

1. La matrice A est dite *triangulaire supérieure* si tous ses coefficients strictement au dessous de la diagonale sont nuls. Par exemple, les matrices carrées échelonnées en lignes sont triangulaires supérieures. L'ensemble $T_n(K)$ des matrices triangulaires supérieures est un sous–espace vectoriel de $M_n(K)$. Les $E_{i,j}$ tels que $1 \leqslant i \leqslant j \leqslant n$ en forment une base. Sa dimension est $n(n+1)/2$.

2. La matrice A est dite *triangulaire supérieure stricte* si tous ses coefficients au dessous de la diagonale sont nuls. L'ensemble $T_n^*(K)$ des matrices triangulaires supérieures strictes est un sous–espace vectoriel de $M_n(K)$. Les $E_{i,j}$ tels que $1 \leqslant i < j \leqslant n$ en forment une base. Sa dimension est $n(n-1)/2$.

3. On définit de même le sous–espace vectoriel $\mathcal{L}_n(K)$ (resp. $\mathcal{L}_n^*(K)$) des matrices *triangulaires inférieures* (resp. *triangulaires inférieures strictes*), dont une base est formée des $E_{i,j}$ tels que $1 \leqslant j \leqslant i \leqslant n$ (resp. tels que $1 \leqslant j < i \leqslant n$) et dont la dimension est $n(n+1)/2$ (resp. $n(n-1)/2$).
4. La matrice A est dite *diagonale* si ses coefficients non diagonaux sont nuls, autrement dit, si elle est à la fois triangulaire supérieure et triangulaire inférieure. La matrice diagonale de coefficients diagonaux $a_1, \ldots, a_n$ est notée $\mathrm{Diag}(a_1, \ldots, a_n)$. Par exemple, les matrices scalaires sont diagonales : $\lambda I_n = \mathrm{Diag}(\lambda, \ldots, \lambda)$.

   L'ensemble $D_n(K)$ des matrices diagonales est un sous–espace vectoriel de $M_n(K)$. Les $E_{i,i}$ tels que $1 \leqslant i \leqslant n$ en forment une base. Sa dimension est n.

Des diverses partitions de la base de $M_n(K)$ formée des $E_{i,j}$, on déduit autant de décompositions en sommes directes de sous–espace vectoriels :

$$M_n(K) = T_n(K) \oplus \mathcal{L}_n^*(K) \tag{24}$$

$$= \mathcal{L}_n(K) \oplus T_n^*(K), \tag{25}$$

$$T_n(K) = T_n^*(K) \oplus D_n(K), \tag{26}$$

$$\mathcal{L}_n(K) = \mathcal{L}_n^*(K) \oplus D_n(K). \tag{27}$$

Deux sous-ensembles de $M_n(K)$ méritent un traitement à part. La matrice A est dite *symétrique* (resp. *antisymétrique*) si elle est égale (resp. si elle est opposée) à sa transposée, autrement dit, si l'on a, pour $1 \leqslant i \leqslant n$: $a_{i,j} = a_{j,i}$ (resp. $a_{i,j} = -a_{j,i}$). Par exemple, les matrices diagonales sont symétriques.

Les coefficients diagonaux d'une matrice antisymétrique vérifient $a_{i,i} = -a_{i,i}$. Si le corps K n'est pas de caractéristique 2, cela entraîne qu'ils sont nuls. En revanche, si le corps K est de caractéristique 2, il n'y a pas de différence entre matrices symétriques et matrices antisymétriques.

Les matrices symétriques forment un sous–espace vectoriel de $M_n(K)$, que l'on note $S_n(K)$. Une base de $S_n(K)$ est formée par les $E_{i,i}$ pour $1 \leqslant i \leqslant n$ et les $E_{i,j} + E_{j,i}$ pour $1 \leqslant i < j \leqslant n$. Sa dimension est donc $n(n+1)/2$. Les matrices antisymétriques forment également un sous–espace vectoriel de $M_n(K)$, que l'on note $A_n(K)$. *Si l'on suppose que le corps K n'est pas de caractéristique* 2, une base de $A_n(K)$ est formée par les $E_{i,j} - E_{j,i}$ pour $1 \leqslant i < j \leqslant n$. Sa dimension est donc $n(n-1)/2$ dans ce cas. Si le corps K est de caractéristique 2, on a déjà remarqué que $A_n(K) = S_n(K)$.

Proposition 5. On suppose que le corps K n'est pas de caractéristique 2. Les sous-espaces $S_n(K)$ et $A_n(K)$ sont supplémentaires dans $M_n(K)$ et les projecteurs associés sont les applications $A \mapsto \dfrac{A + {}^tA}{2}$ et $A \mapsto \dfrac{A - {}^tA}{2}$.

Démonstration. En effet, l'application $A \mapsto {}^tA$ est un automorphisme involutif de $M_n(K)$, donc une symétrie selon le module II.3 (définition 26 de la page 203), dont on peut appliquer les résultats. ■

Exercice 5.
Déterminer $S_n(K) \cap T_n^*(K)$, $S_n(K) \cap \mathcal{L}_n^*(K)$, $A_n(K) \cap T_n(K)$ et $A_n(K) \cap \mathcal{L}_n(K)$. Que peut-on en conclure ?

Solution. Tous ces sous-espaces sont triviaux (pour les deux derniers, on doit supposer que car $K \neq 2$). En anticipant sur le module II.7, proposition 16 de la page 342, on en déduit autant de décompositions de $M_n(K)$ en somme directe : on y prouvera en effet que, si W_1 et W_2 sont des sous-espaces de V tels que $W_1 \cap W_2 = \{0\}$ et $\dim W_1 + \dim W_2 = \dim V$, alors $V = W_1 \oplus W_2$.

Il découle de la proposition 2 de la page 218 que, muni de l'addition et de la multiplication des matrices, $M_n(K)$ *est un anneau*, dont l'élément neutre est I_n. De plus, l'application $\lambda \mapsto \lambda I_n$ est un isomorphisme de K sur le sous-anneau de $M_n(K)$ formé des matrices scalaires. Enfin, ce dernier est *central* : une matrice scalaire commute avec tout élément de $M_n(K)$, en vertu des égalités $(\lambda I_n)A = \lambda A = A(\lambda I_n)$. On résume ces propriétés en disant que $M_n(K)$ est une K*-algèbre*, notion qui sera étudiée en L2.

Exemple. Puisque $M_n(K)$ est à la fois un anneau et un K-espace vectoriel, il est naturel de former la table de multiplication d'une base de $M_n(K)$. On choisit, bien sûr, la base des matrices élémentaires $E_{i,j}$, et l'on a les formules :

$$\forall i,j,k,l \in [\![1,n]\!]\ ,\ E_{i,j}E_{k,l} = \delta_{j,k}E_{i,l}. \tag{28}$$

Lorsque $n = 1$, l'anneau $M_n(K)$ n'est pas bien mystérieux, puisqu'il s'identifie au corps commutatif K. Dès que $n \geqslant 2$, il est plein de pièges, principalement parce qu'il n'est ni commutatif ni intègre. Par exemple, on a $E_{2,2}E_{1,2} = 0$, d'où la non intégrité, puisque $E_{2,2}$ et $E_{1,2}$ sont non nulles ; et $E_{1,2}E_{2,2} = E_{1,2} \neq 0$, d'où la non commutativité.

Exercice 6.
Déterminer le centre de $M_n(K)$, c'est-à-dire le sous-anneau formé des matrices qui commutent avec toute matrice. (On explicitera les conditions $AE_{i,j} = E_{i,j}A$.)

Solution. Notons L_i, C_j les lignes et les colonnes de A.

On a déjà calculé $AE_{i,j} = [0;\ldots;C_i;\ldots;0]$ (C_i en $j^{\text{ème}}$ position) et $E_{i,j}A = \begin{bmatrix} 0 \\ \vdots \\ L_j \\ \vdots \\ 0 \end{bmatrix}$ (L_j en $i^{\text{ème}}$ position). On en déduit que le seul coefficient non nul de C_i est $a_{i,i}$, que le seul coefficient non nul de L_j est $a_{j,j}$ et qu'ils sont égaux. Ainsi, les coefficients non diagonaux de A sont nuls et tous ses coefficients diagonaux sont égaux entre eux : elle est donc scalaire. Réciproquement, on a déjà vu qu'une matrice scalaire est centrale.

Exercice 7.
A-t-on $(A+B)(A-B) = A^2 - B^2$ et $(A+B)^2 = A^2 + 2AB + B^2$ dans $M_n(K)$?

Solution. En développant soigneusement, on trouve :

$$(A+B)(A-B) = A^2 + BA - AB - B^2 \quad \text{et} \quad (A+B)^2 = A^2 + AB + BA + B^2.$$

Les identités ci-dessus sont donc valables si, et seulement si, $AB = BA$.

Plus généralement, si A et B commutent, les identités classiques suivantes sont valables :

$$\begin{aligned}(A+B)^N &= \sum_{i=0}^{N} \binom{N}{i} A^i B^{N-i} \quad \text{(formule du binôme de Newton)},\\ A^N - B^N &= (A-B)\sum_{i=0}^{N-1} A^i B^{N-1-i} = \left(\sum_{i=0}^{N-1} A^i B^{N-1-i}\right)(A-B).\end{aligned}$$

C'est en particulier le cas si A ou B est I_n.

Proposition et définition 6.
Nous dirons que A est *nilpotente d'ordre* N si $A^N = 0$. Nous dirons que B est *unipotente* si $B - I_n$ est nilpotente. Toute matrice unipotente est inversible.

Démonstration. Écrivons $B = I_n - A$ avec $(-A)^N = 0$, d'où $A^N = 0$. En vertu de la deuxième identité remarquable ci-dessus, on a :

$$I_n = I_n - A^N = (I_n - A)(I_n + A + \cdots + A^{N-1}) = (I_n + A + \cdots + A^{N-1})(I_n - A).$$

■

Par exemple, $(I_n + E_{i,j})^{-1} = I_n - E_{i,j}$ pour $i \neq j$ car $E_{i,j}^2 = 0$.

Lemme 7. Soient A et B deux matrices triangulaires supérieures (resp. inférieures) ; alors AB est triangulaire supérieure (resp. inférieure) et les coefficients diagonaux de AB s'obtiennent en multipliant les coefficients diagonaux correspondants de A et de B.

Démonstration. Traitons le cas où $A, B \in T_n(K)$, l'autre cas étant analogue (ou s'en déduisant par transposition). Si $i > j$, chacun des termes de la somme $c_{i,j} = \sum_{k=1}^{n} a_{i,k} b_{k,j}$ est tel que $k < i$ ou $j < k$ (car sinon, on aurait $i \leqslant k$ et $k \leqslant j$, donc $i \leqslant j$), donc tel que $a_{i,k} = 0$ ou $a_{k,j} = 0$, car $A, B \in T_n(K)$. Leur somme $c_{i,j}$ est donc nulle et $AB \in T_n(K)$. De plus, le seul terme non nul de la somme $c_{i,i} = \sum_{k=1}^{n} a_{i,k} b_{k,i}$ est $a_{i,i} b_{i,i}$, pour la même raison. On a donc $c_{i,i} = a_{i,i} b_{i,i}$. ■

Proposition 8. Les sous-ensembles $T_n(K)$, $\perp_n(K)$ et $D_n(K)$ de $M_n(K)$ sont des sous-anneaux.

Démonstration. On sait déjà que ce sont des sous-groupes (et même des sous–espace vectoriels) et il est clair qu'ils contiennent I_n. La stabilité pour la multiplication de $T_n(K)$ et $\perp_n(K)$est conséquence du lemme, et $D_n(K)$ est leur intersection. ■

Exercice 8.
Les sous-ensembles $S_n(K)$ et $A_n(K)$ de $M_n(K)$ sont-ils des sous-anneaux ?
Solution. Si $\operatorname{car} K \neq 2$, $A_n(K)$ ne contient pas I_n et si $\operatorname{car} K = 2$, $A_n(K) = S_n(K)$: on n'examinera donc que la stabilité par multiplication du sous-groupe $S_n(K)$. Si $n = 1$,

$S_n(K) = M_n(K) = K$ et la réponse est triviale. Supposons donc $n \geqslant 2$. Alors les matrices symétriques $E_{1,1}$ et $E_{1,2} + E_{2,1}$ ont pour produit $E_{1,2}$ qui n'est pas symétrique ; $S_n(K)$ et $A_n(K)$ ne sont donc pas des sous-anneaux. En fait, si A et B sont symétriques, ${}^t(AB) = {}^tB{}^tA = BA$; dire que AB est symétrique est donc équivalent à dire que A et B commutent.

1.2.1 Le groupe linéaire

Rappelons (module I.1, section 4) que, dans un ensemble muni d'une loi associative et dotée d'un élément neutre e, tout élément a inversible à gauche (resp. à droite) est simplifiable à gauche (resp. à droite). Si un élément a admet à la fois un inverse à gauche et un inverse à droite, ceux-ci sont égaux. L'élément a est alors dit inversible. Une matrice $A \in M_n(K)$ est donc inversible (on dit aussi *régulière*) s'il existe $A' \in M_n(K)$ telle que $AA' = A'A = I_n$; son inverse A' est alors noté A^{-1}. Toute matrice inversible est donc inversible à gauche et à droite et simplifiable à gauche et à droite. Les réciproques de toutes ces implications sont vraies, bien que non triviales (corollaire 25 de la page 239). Grâce à la correspondance entre matrices et applications linéaires (module II.7), on pourra également le déduire du théorème 18 de la page 342.

Rappelons également (module II.2, section 3.1, p. 139) que l'ensemble des éléments inversibles d'un anneau est un groupe pour la multiplication de l'anneau.

Définition 5. Le *groupe linéaire* $GL_n(K)$ est le groupe des éléments inversibles de l'anneau $M_n(K)$.

Si $n = 1$, ce groupe s'identifie à K^*. Si $n \geqslant 2$, il n'est jamais commutatif.
Par exemple, $I_n + E_{1,2}$ et $I_n + E_{2,1}$ sont inversibles (d'inverses $I_n - E_{1,2}$ et $I_n - E_{2,1}$) et ne commutent pas : $(I_n + E_{1,2})(I_n + E_{2,1}) = I_n + E_{1,2} + E_{2,1} + E_{1,1}$, alors que $(I_n + E_{2,1})(I_n + E_{1,2}) = I_n + E_{1,2} + E_{2,1} + E_{2,2}$.

Exemples.

1. Une matrice inversible ne peut avoir ni ligne ni colonne nulle. En effet, si par exemple la $i^{\text{ème}}$ ligne de A est nulle, il en est de même de toute matrice AB et l'on ne peut avoir $AB = I_n$. De même, si une colonne de A est nulle, on ne peut avoir $CA = I_n$.

2. La matrice diagonale $D := \text{Diag}(a_1, \ldots, a_n)$ est inversible si, et seulement si, les a_i sont non nuls, et son inverse est alors $D' = \text{Diag}(a_1^{-1}, \ldots, a_n^{-1})$.

   En effet, si $a_i = 0$ la $i^{\text{ème}}$ ligne de D est nulle et si les a_i sont tous non nuls, alors $DD' = D'D = \text{Diag}(1, \ldots, 1) = I_n$.

3. Si A est une matrice nilpotente d'ordre N, c'est-à-dire si $A^N = 0$, alors $I_n - A$ admet pour inverse $I_n + A + \cdots + A^{N-1}$.

4. La transposée d'une matrice inversible est inversible et ${}^t(A^{-1}) = ({}^tA)^{-1}$.

   En effet, Si $AB = BA = I_n$, alors ${}^tB{}^tA = {}^tA{}^tB = {}^tI_n = I_n$.

Définition 6. Les matrices A et B de $M_{m,n}(K)$ sont dites *équivalentes* s'il existe $P \in GL_m(K)$ et $Q \in GL_n(K)$ telles que $B = PAQ$.

Notons que, par définition, deux matrices équivalentes sont de même format. On vérifie facilement que la relation « être équivalentes » entre matrices est une relation d'équivalence ! Elle est réflexive : $A = I_m A I_n$. Elle est symétrique : si $B = PAQ$, alors $A = P^{-1}BQ^{-1}$. Elle est enfin transitive : si $B = PAQ$ et $C = RBS$, alors $C = (RP)A(QS)$ où, bien sûr, $RP \in GL_m(K)$ et $QS \in GL_n(K)$.

La seule matrice équivalente à la matrice $0 \in M_{m,n}(K)$ est 0 elle-même. À l'opposé, la classe d'équivalence de la matrice $I_n \in M_n(K)$ est $GL_n(K)$.

D'après le lemme 7 de la page 223, les coefficients diagonaux d'une matrice triangulaire inversible sont nécessairement non nuls. Nous allons démontrer la réciproque de ce fait. À titre auxiliaire, pour tout $p \in \mathbb{N}$, nous noterons N_p l'ensemble des matrices $A = (a_{i,j})_{1 \leqslant i,j \leqslant n} \in M_n(K)$ telles que $j - i < p \Rightarrow a_{i,j} = 0$. Par exemple, $N_0 = T_n(K)$, $N_1 = T_n^*(K)$ et $N_p = \{0\}$ pour $p \geqslant n$. (Vérifiez ces affirmations !)

Lemme 9. Si $A \in N_p$ et $B \in N_q$, alors $AB \in N_{p+q}$.

Démonstration. Soient $A = (a_{i,j})_{1 \leqslant i,j \leqslant n}$, $B = (b_{i,j})_{1 \leqslant i,j \leqslant n}$ et $(c_{i,j})_{1 \leqslant i,j \leqslant n} = AB$.

Si $j - i < p + q$, tout terme $a_{i,k}b_{k,j}$ de la somme $c_{i,j} = \sum\limits_{k=1}^{n} a_{i,k}b_{k,j}$ est tel que $k - i < p$ ou $j - k < q$ (car $k - i \geqslant p, j - k \geqslant q \Rightarrow j - i \geqslant p + q$), donc tel que $a_{i,k}b_{k,j} = 0$ (car $A \in N_p, B \in N_q$) ; on a donc $c_{i,j} = 0$. ■

Lemme 10. Toute matrice triangulaire stricte est nilpotente d'ordre n.

Démonstration. Si $A \in T_n^*(K)$, alors $A \in N_1$, donc, d'après le lemme précédent, $A^k \in N_k$ pour tout $k \geqslant 1$ (par récurrence sur k) ; en particulier, $A^n = 0$. Si $A \in \mathcal{L}_n^*(K)$, alors ${}^tA \in T_n^*(K)$, donc ${}^t(A^n) = ({}^tA)^n = 0$. ■

Proposition 11. Pour qu'une matrice triangulaire (supérieure ou inférieure) soit inversible, il faut, et il suffit, que ses coefficients diagonaux soient non nuls.

Démonstration. On a déjà vu que la condition était nécessaire. Supposons que $A = D + N$ avec $D = \mathrm{Diag}(a_1, \ldots, a_n)$, les $a_i \in K^*$ et $N \in T_n^*(K)$ ou $\mathcal{L}_n^*(K)$. Alors D est inversible et $A = D(I_n - P)$, où $P = -D^{-1}N$ est triangulaire (supérieure ou inférieure) stricte, donc nilpotente d'ordre n. On a alors $A^{-1} = (I_n + P + \cdots + P^{n-1})D^{-1}$. ■

Exercice 9.

Calculer l'inverse de la matrice $A := \begin{pmatrix} 1 & 1 & 0 & \dots & 0 & 0 \\ 0 & 1 & 1 & \dots & 0 & 0 \\ 0 & 0 & 1 & \dots & 0 & 0 \\ \vdots & \vdots & \vdots & \ddots & \vdots & \vdots \\ 0 & 0 & 0 & \dots & 1 & 1 \\ 0 & 0 & 0 & \dots & 0 & 1 \end{pmatrix}$.

Solution. On a $A = I_n + P$, où $P = \sum_{i=1}^{n-1} E_{i,i+1}$.

On vérifie facilement que, pour $1 \leqslant k \leqslant n-1$, $P^k = \sum_{i=1}^{n-k} E_{i,i+k}$ (et $P^n = 0$). Donc :

$$A = I - P + P^2 + \cdots + (-1)^{n-1} P^{n-1} = \begin{pmatrix} 1 & -1 & 1 & \dots & (-1)^{n-2} & (-1)^{n-1} \\ 0 & 1 & -1 & \dots & (-1)^{n-3} & (-1)^{n-2} \\ 0 & 0 & 1 & \dots & (-1)^{n-4} & (-1)^{n-3} \\ \vdots & \vdots & \vdots & \ddots & \vdots & \vdots \\ 0 & 0 & 0 & \dots & 1 & -1 \\ 0 & 0 & 0 & \dots & 0 & 1 \end{pmatrix}.$$

1.3 Matrices et applications linéaires

Il ne s'agira ici que d'applications linéaires de K^n dans K^m ; le cas de deux espaces vectoriels de dimension finie quelconques met en jeu des choix de bases, on l'étudiera au module II.7. Nous avons remarqué au module II.3 (section 2) que toute application linéaire de K^2 dans lui-même était de la forme $(x, y) \mapsto (ax + by, cx + dy)$ et nous lui avons associé la matrice $\begin{pmatrix} a & b \\ c & d \end{pmatrix}$. Selon les définitions de 1.1, le lien est le suivant : $\begin{pmatrix} a & b \\ c & d \end{pmatrix} \begin{pmatrix} x \\ y \end{pmatrix} = \begin{pmatrix} ax + by \\ cx + dy \end{pmatrix}$. C'est cette correspondance que nous allons généraliser.

Comme dans le module II.3, nous conviendrons de représenter les éléments de l'espace vectoriel K^n sous forme de vecteurs colonnes ; nous identifierons donc K^n à $M_{n,1}(K)$. Soit $A \in M_{m,n}(K)$. Pour tout vecteur colonne $X \in M_{n,1}(K)$, le produit AX est un vecteur colonne : $AX \in M_{m,1}(K)$:

$$\begin{aligned} \Phi_A : \ M_{n,1}(K) &\longrightarrow M_{m,1}(K) . \\ X &\longmapsto AX \end{aligned} \tag{29}$$

Modulo l'identification ci-dessus, nous avons ainsi défini une application Φ_A de K^n dans K^m. En termes de composantes, le vecteur $(x_1, \dots, x_n) \in K^n$ a pour image le vecteur $(a_{1,1}x_1 + \cdots + a_{1,n}x_n, \dots, a_{m,1}x_1 + \cdots + a_{m,n}x_n) \in K^m$. En termes de matrices, on peut écrire :

$$\begin{pmatrix} a_{1,1} & \dots & a_{1,n} \\ \vdots & \ddots & \vdots \\ a_{m,1} & \dots & a_{m,n} \end{pmatrix} \begin{pmatrix} x_1 \\ \vdots \\ x_n \end{pmatrix} = \begin{pmatrix} a_{1,1}x_1 + \cdots + a_{1,n}x_n \\ \vdots \\ a_{m,1}x_1 + \cdots + a_{m,n}x_n \end{pmatrix}.$$

Proposition 12. L'application Φ_A est linéaire. Son image est le sous–espace vectoriel de $M_{m,1}(K)$ engendré par les colonnes de A.

Démonstration. La linéarité de Φ_A découle de la bilinéarité de la multiplication matricielle (corollaire 3 de la page 219). Par ailleurs, si $A = [C_1;\ldots;C_n]$, le vecteur $X \in M_{n,1}(K)$ de composantes $x_1,\ldots,x_n$ a pour image $x_1C_1+\cdots+x_nC_n$ (équation (11) de la page 217) et l'image de Φ_A est l'ensemble des vecteurs de cette forme. ∎

Corollaire 13. Les conditions suivantes sont équivalentes :
(i) L'application Φ_A est surjective.
(ii) Les colonnes de A engendrent $M_{m,1}(K)$.
(iii) Il existe une matrice $B \in M_{n,m}(K)$ telle que $AB = I_m$.

Démonstration. L'équivalence de (i) et de (ii) est une conséquence immédiate de la proposition. Supposons que (i) est vraie. Alors les vecteurs $E_1,\ldots,E_m$ de la base canonique de $M_{m,1}(K)$ sont dans l'image de Φ_A : notons $E_i = AX_i$. Soit $B = [X_1;\ldots;X_m] \in M_{n,m}(K)$. On a $AB = [AX_1;\ldots;AX_m] = [E_1;\ldots;E_m] = I_m$. Réciproquement, si $AB = I_m$, tout $Y \in M_{m,1}(K)$ est égal à $A(BY) = \Phi_A(X)$ avec $X = BY \in M_{n,1}(K)$. ∎

Remarque. Le vecteur $X \in M_{n,1}(K)$ est dans le noyau de Φ_A si, et seulement si, $x_1C_1 + \cdots + x_nC_n = 0$. Pour que Φ_A soit injective, il est donc nécessaire et suffisant que les C_j soient linéairement indépendantes.

Théorème 14. L'application $A \mapsto \Phi_A$ de $M_{m,n}(K)$ dans $\mathcal{L}_K(K^n, K^m)$ est un isomorphisme d'espaces vectoriels.

Pour résumer, toute application linéaire de K^n dans K^m est codée par une matrice $A \in M_{m,n}(K)$ et cette correspondance est compatible avec les combinaisons linéaires.

Démonstration. L'application $\Phi_{\lambda A+\lambda' A'}$ associe à $X \in M_{n,1}(K)$ le vecteur $(\lambda A + \lambda' A')X = \lambda AX + \lambda' A'X$. C'est donc l'application $\lambda\Phi_A + \lambda'\Phi_{A'}$, et $A \mapsto \Phi_A$ est bien linéaire. Si Φ_A est l'application linéaire nulle, son image est triviale ; comme elle contient les colonnes de A, celles-ci sont nulles et $A = 0$, d'où l'injectivité. Montrons enfin la surjectivité. Toute application linéaire $\varphi : K^n \to K^m$ est déterminée par son effet sur la base canonique de K^n. Notons donc $(a_{1,j},\ldots,a_{m,j}) \in K^m$ l'image par φ du $j^{\text{ème}}$ vecteur de cette base canonique ($1 \leqslant j \leqslant n$). L'image par φ de $(x_1,\ldots,x_n) \in K^n$ est alors le vecteur $(a_{1,1}x_1 + \cdots + a_{1,n}x_n,\ldots,a_{m,1}x_1 + \cdots + a_{m,n}x_n) \in K^m$, et l'on voit que $\varphi = \Phi_A$ avec $A = (a_{i,j})_{1\leqslant i,j\leqslant n}$. ∎

Qu'en est-il de la multiplication ? Soient $A \in M_{m,n}(K)$, $B \in M_{n,p}(K)$ et $C = AB \in M_{m,p}(K)$. De l'associativité du produit matriciel, on déduit que, si $X \in M_{n,1}(K)$, $\Phi_C(X) = (AB)X = A(BX) = \Phi_A\big(\Phi_B(X)\big)$, c'est-à-dire $\Phi_C = \Phi_A\circ\Phi_B$. Ainsi, par la correspondance précédente, *la multiplication des matrices correspond à la composition des applications linéaires.*

Théorème 15.
L'application $A \mapsto \Phi_A$ de $M_n(K)$ dans $\mathcal{L}_K(K^n)$ est un isomorphisme d'anneaux.

Démonstration. Il nous reste seulement à vérifier qu'elle fait se correspondre les éléments neutres de la multiplication et de la composition : si $A = I_n$, il faut voir que $\Phi_A = \mathrm{Id}_{K^n}$, ce qui est évident puisque $I_n X = X$. ∎

Application : inversion d'une matrice triangulaire.. Soit $A = (a_{i,j})_{1 \leqslant i,j \leqslant n}$ une matrice triangulaire supérieure (le cas d'une matrice triangulaire inférieure se traite exactement de la même manière). On a vu qu'elle est inversible si, et seulement si, ses coefficients diagonaux $a_{1,1}, \ldots, a_{n,n}$ sont non nuls. Pour calculer A^{-1}, nous partirons de la remarque que l'application linéaire $Y \mapsto A^{-1}Y$ est la réciproque de l'application linéaire $X \mapsto AX$. Nous sommes ramenés à résoudre un système :

$$\begin{array}{rrrrl} a_{1,1}x_1+ & a_{1,2}x_2+ & \cdots+ & a_{1,n}x_n = & y_1 \\ & a_{2,2}x_2+ & \cdots+ & a_{2,n}x_n = & y_2 \\ & & & \vdots & \\ & & & a_{n,n}x_n = & y_n \end{array}$$

On le résout de bas en haut :

$$\begin{aligned} x_n &= a_{n,n}^{-1}\, y_n \\ x_{n-1} &= a_{n-1,n-1}^{-1}\,(y_n - a_{n-1,n}x_n) \\ &\vdots \\ x_1 &= a_{1,1}^{-1}\,(y_1 - a_{1,2}x_2 - \cdots - a_{1,n}x_n) \end{aligned}$$

On obtient ainsi des expressions $x_i = \sum\limits_{j=1}^{n} b_{i,j}y_j$ et $A^{-1} = (b_{i,j})_{1 \leqslant i,j \leqslant n}$.

Exercice 10.

Calculer l'inverse de la matrice $A = \begin{pmatrix} 1 & 1 & 0 & \ldots & 0 & 0 \\ 0 & 1 & 1 & \ldots & 0 & 0 \\ 0 & 0 & 1 & \ldots & 0 & 0 \\ \vdots & \vdots & \vdots & \ddots & \vdots & \vdots \\ 0 & 0 & 0 & \ldots & 1 & 1 \\ 0 & 0 & 0 & \ldots & 0 & 1 \end{pmatrix}$ par cette méthode.

Solution. Le système associé est : $\begin{cases} x_1 + x_2 = y_1 \\ x_2 + x_3 = y_2 \\ \vdots \\ x_{n-1} + x_n = y_{n-1} \\ x_n = y_n \end{cases}$

On trouve donc $x_n = x_n$, $x_{n-1} = y_{n-1} - y_n, \ldots, x_1 = y_1 - y_2 + \cdots + (-1)^{n-1}y_n$, d'où

la matrice $\begin{pmatrix} 1 & -1 & 1 & \ldots & (-1)^{n-2} & (-1)^{n-1} \\ 0 & 1 & -1 & \ldots & (-1)^{n-3} & (-1)^{n-2} \\ 0 & 0 & 1 & \ldots & (-1)^{n-4} & (-1)^{n-3} \\ \vdots & \vdots & \vdots & \ddots & \vdots & \vdots \\ 0 & 0 & 0 & \ldots & 1 & -1 \\ 0 & 0 & 0 & \ldots & 0 & 1 \end{pmatrix}$.

Définition 7. On appelle *rang* de la matrice A, et l'on note $\operatorname{rg} A$ la dimension du sous–espace vectoriel engendré par les colonnes de A.

D'après la proposition 12 de la page 227, ce sous–espace vectoriel est également l'image de l'application Φ_A. Des propriétés générales de la dimension (module II.7, proposition 17 de la page 342), on déduit les deux inégalités suivantes :

- $\operatorname{rg}(A) \leqslant n$, avec égalité si, et seulement si, les colonnes de A sont linéairement indépendantes ; cela équivaut à l'injectivité de Φ_A.
- $\operatorname{rg}(A) \leqslant m$, avec égalité si, et seulement si, les colonnes de A engendrent $M_{m,1}(K)$; cela équivaut à la surjectivité de Φ_A.

Proposition 16. Des matrices équivalentes ont même rang.

Démonstration. Soient $A \in M_{m,n}(K)$, $P \in GL_m(K)$ et $Q \in GL_n(K)$. Il suffit évidemment de démontrer que $\operatorname{rg}(AQ) = \operatorname{rg} A = \operatorname{rg}(PA)$. Les colonnes de AQ sont des combinaisons linéaires de celles de A ; la réciproque est vraie, puisque $A = (AQ)Q^{-1}$. L'égalité $\operatorname{rg} A = \operatorname{rg}(AQ)$ s'en déduit immédiatement. Il est plus malaisé de démontrer que $\operatorname{rg} A = \operatorname{rg}(PA)$ par calcul direct. Nous raisonnerons donc sur l'espace image de $\Phi_{PA} = \Phi_P \circ \Phi_A$: il est l'image par l'isomorphisme Φ_P de l'espace image de Φ_A ; ces deux espaces images ont donc même dimension. ■

Rang d'une matrice échelonnée en colonnes. Soit une matrice A échelonnée en colonnes : ses colonnes $C_1, \ldots, C_k$ ont pour pivots $a_{i_1,1}, \ldots, a_{i_k,k}$ (donc $1 \leqslant i_1 < \cdots < i_k \leqslant n$) et $C_j = 0$ pour $k < j \leqslant n$. Alors *le rang de A est k.*

Il suffit en effet de démontrer que les vecteurs colonnes $C_1, \ldots, C_k$ sont linéairement indépendants (puisque les autres colonnes sont nulles). Supposons donc une relation linéaire $\lambda_1 C_1 + \cdots + \lambda_k C_k = 0$. Pour $j \geqslant 2$, les coefficients non nuls de C_j sont d'indice $k \geqslant i_j \geqslant i_2 > i_1$. Le coefficient d'indice i_1 de $\lambda_1 C_1 + \cdots + \lambda_k C_k$ est donc $\lambda_1 a_{i_1,1}$, et il est nul par hypothèse ; comme $a_{i_1,1} \neq 0$, on a $\lambda_1 = 0$. On recommence alors le même raisonnement à partir de la relation $\lambda_2 C_2 + \cdots + \lambda_k C_k = 0$, et l'on prouve successivement que $\lambda_2, \ldots, \lambda_k$ sont nuls.

Rang d'une matrice échelonnée en lignes. Soit une matrice A échelonnée en lignes : ses lignes $L_1, \ldots, L_k$ ont pour pivots $a_{1,j_1}, \ldots, a_{k,j_k}$ (donc $1 \leqslant j_1 < \cdots < j_k \leqslant n$) et $L_i = 0$ pour $k < i \leqslant m$. Alors *le rang de A est k.*

La preuve est plus compliquée, et nous en donnerons seulement les arguments essentiels. On remarque tout d'abord que le dernier coefficient non nul de chaque « colonne de pivot » C_{j_i} ($1 \leqslant i \leqslant k$) a pour indice i (car toutes les lignes d'indice $> i$ sont plus courtes et calées à droite). Le même argument que dans la proposition précédente s'applique et permet de voir que les colonnes de pivot $C_{j_1}, \ldots, C_{j_k}$ sont linéairement indépendantes. De plus, notant temporairement $E_1, \ldots, E_m$ la base canonique de l'espace $M_{m,1}(K)$ des colonnes, on voit de la même manière que $\operatorname{Vect}(C_{j_1}, \ldots, C_{j_k}) = \operatorname{Vect}(E_1, \ldots, E_k)$. Comme, pour toute colonne C_j de A, les seuls coefficients non nuls de C_j sont d'indice $\leqslant k$ (les lignes au delà de L_k étant nulles), $C_j \in \operatorname{Vect}(C_{j_1}, \ldots, C_{j_k})$. L'espace engendré par les colonnes est donc de dimension k.

Exemple. Les colonnes de pivot de la matrice $\begin{pmatrix} 0 & \underline{\star} & \star & \star & \star & \star & \star & \star \\ 0 & 0 & 0 & \underline{\star} & \star & \star & \star & \star \\ 0 & 0 & 0 & 0 & 0 & 0 & 0 & \underline{\star} \\ 0 & 0 & 0 & 0 & 0 & 0 & 0 & 0 \end{pmatrix}$ sont C_2, C_4 et C_8. Elles sont linéairement indépendantes et engendrent le sous–espace vectoriel $\mathrm{Vect}(E_1, E_2, E_3)$, auquel appartiennent également C_1, C_3, C_5, C_6, C_7.

On voit donc que, pour une matrice A échelonnée en lignes ou en colonnes, $\operatorname{rg} A = \operatorname{rg} {}^tA$. On démontrera plus loin que c'est vrai pour toute matrice (corollaire 23 de la page 238).

2 Opérations élémentaires et algorithmes de Gauß

Dans cette section, nous adoptons un point de vue résolument algorithmique, ce qui aura quelques conséquences sur notre vocabulaire. Notre activité principale consistera à *transformer* des matrices. Cela signifie, par exemple, que l'on partira d'une matrice A. Par un calcul algébrique, on en déduira une matrice A'. On dira alors que l'on a transformé A en A', puis, si cela simplifie le discours, *c'est cette dernière que l'on appellera* A.

Exemple. Si l'on multiplie à gauche $A = \begin{pmatrix} a & b & c \\ d & e & f \end{pmatrix}$ par $\begin{pmatrix} 0 & 1 \\ 1 & 0 \end{pmatrix}$, elle est transformée en la nouvelle valeur $A = \begin{pmatrix} d & e & f \\ a & b & c \end{pmatrix}$.

2.1 Opérations élémentaires sur les lignes et sur les colonnes d'une matrice

2.1.1 Définition des opérations élémentaires

Soient $A = \begin{bmatrix} L_1 \\ \vdots \\ L_m \end{bmatrix}$ et $A' = \begin{bmatrix} L_1 \\ \vdots \\ L'_m \end{bmatrix}$ deux matrices de $M_{m,n}(K)$. Nous dirons que A' a été obtenue à partir de A par :

- *permutation* ou *échange* des lignes L_i et L_j (avec $i, j \in [\![1, m]\!]$ et $i \neq j$) si $L'_i = L_j$, $L'_j = L_i$ et $L'_k = L_k$ pour $k \in [\![1, m]\!] \setminus \{i, j\}$; $\boxed{\text{notation : } L_i \leftrightarrow L_j}$
- *addition à* L_i *de* αL_j (avec $i, j \in [\![1, m]\!]$, $i \neq j$ et $\alpha \in K$) si $L'_i = L_i + \alpha L_j$ et $L'_k = L_k$ pour $k \in [\![1, m]\!] \setminus \{i\}$ (on parle alors de *transvection sur les lignes*) ;
$$\boxed{\text{notation : } L_i \leftarrow L_i + \alpha L_j}$$
- *multiplication de* L_i *par* λ (avec $i \in [\![1, m]\!]$ et $\lambda \in K^*$) si $L'_i = \lambda L_i$ et $L'_k = L_k$ pour $k \in [\![1, m]\!] \setminus \{i\}$ (on parle alors de *dilatation sur les lignes*) ; $\boxed{\text{notation : } L_i \leftarrow \lambda L_i .}$

Ces opérations sont appelées *opérations élémentaires sur les lignes de* A.

La dilatation $L_i \leftarrow \lambda L_i$ n'est autorisée que si $\lambda \neq 0$.

Exercice 11.

Soient $a, b, c \in K$. Transformer la matrice $\begin{pmatrix} 1 & a & a^2 \\ 1 & b & b^2 \\ 1 & c & c^2 \end{pmatrix}$ en une matrice triangulaire à l'aide d'opérations élémentaires sur les lignes.

Solution.

$$\begin{pmatrix} 1 & a & a^2 \\ 1 & b & b^2 \\ 1 & c & c^2 \end{pmatrix} \xrightarrow{L_2 \leftarrow L_2 - L_1} \begin{pmatrix} 1 & a & a^2 \\ 0 & b-a & b^2-a^2 \\ 1 & c & c^2 \end{pmatrix} \xrightarrow{L_3 \leftarrow L_3 - L_1} \begin{pmatrix} 1 & a & a^2 \\ 0 & b-a & b^2-a^2 \\ 0 & c-a & c^2-a^2 \end{pmatrix}$$

Supposons $a \neq b$:

$$\begin{pmatrix} 1 & a & a^2 \\ 0 & b-a & b^2-a^2 \\ 0 & c-a & c^2-a^2 \end{pmatrix} \xrightarrow{L_3 \leftarrow L_3 - \frac{c-a}{b-a} L_2} \begin{pmatrix} 1 & a & a^2 \\ 0 & b-a & b^2-a^2 \\ 0 & 0 & (c-a)(c-b) \end{pmatrix}$$

Supposons $a = b$:

$$\begin{pmatrix} 1 & a & a^2 \\ 0 & b-a & b^2-a^2 \\ 0 & c-a & c^2-a^2 \end{pmatrix} = \begin{pmatrix} 1 & a & a^2 \\ 0 & 0 & 0 \\ 0 & c-a & c^2-a^2 \end{pmatrix} \xrightarrow{L_2 \leftrightarrow L_3} \begin{pmatrix} 1 & a & a^2 \\ 0 & c-a & c^2-a^2 \\ 0 & 0 & 0 \end{pmatrix}$$

Remarque. Dans le processus ci-dessus, les deux premières opérations

$$(L_2 \leftarrow L_2 - L_1 \quad \text{et} \quad L_3 \leftarrow L_3 - L_1)$$

sont permutables ; dans ce cas, on peut les exécuter simultanément et écrire directement :

$$\begin{pmatrix} 1 & a & a^2 \\ 1 & b & b^2 \\ 1 & c & c^2 \end{pmatrix} \xrightarrow[L_3 \leftarrow L_3 - L_1]{L_2 \leftarrow L_2 - L_1} \begin{pmatrix} 1 & a & a^2 \\ 0 & b-a & b^2-a^2 \\ 0 & c-a & c^2-a^2 \end{pmatrix}$$

Ce n'est pas toujours aussi simple : le lecteur vérifiera que les opérations $L_2 \leftarrow L_2 - L_1$ et $L_3 \leftarrow L_3 - L_2$, par exemple, ne sont pas permutables.

Soient $A = [C_1; \ldots; C_m]$ et $A' = [C'_1; \ldots; C'_m]$ deux matrices de $M_{m,n}(K)$. Nous dirons que A' a été obtenue à partir de A par :

- *permutation* ou *échange* des colonnes C_i et C_j (avec $i, j \in [\![1, m]\!]$ et $i \neq j$) si $C'_i = C_j$, $C'_j = C_i$ et $C'_k = C_k$ pour $k \in [\![1, m]\!] \setminus \{i, j\}$; notation : $C_i \leftrightarrow C_j$
- *addition à C_i de αC_j* (avec $i, j \in [\![1, m]\!]$, $i \neq j$ et $\alpha \in K$) si $C'_i = C_i + \alpha C_j$ et $C'_k = C_k$ pour $k \in [\![1, m]\!] \setminus \{i\}$ (on parle alors de *transvection sur les colonnes*) ;

  notation : $C_i \leftarrow C_i + \alpha C_j$

- *multiplication de C_i par λ* (avec $i \in [\![1, m]\!]$ et $\lambda \in K^*$) si $C'_i = \lambda C_i$ et $C'_k = C_k$ pour $k \in [\![1, m]\!] \setminus \{i\}$ (on parle alors de *dilatation sur les colonnes*) ; notation : $C_i \leftarrow \lambda C_i$.

Ces opérations sont appelées *opérations élémentaires sur les colonnes de* A. Il revient donc au même d'effectuer des opérations élémentaires sur les lignes de M ou d'effectuer des opérations élémentaires sur les colonnes de ${}^tM$.

La dilatation $C_i \leftarrow \lambda C_i$ n'est autorisée que si $\lambda \neq 0$.

Exercice 12.

Transformer la matrice triangulaire obtenue plus haut en une matrice diagonale par une suite d'opérations élémentaires sur les colonnes.

Solution.

$$\begin{pmatrix} 1 & a & a^2 \\ 0 & b-a & b^2-a^2 \\ 0 & 0 & (c-a)(c-b) \end{pmatrix} \xrightarrow[C_3 \leftarrow C_3 - a^2 C_1]{C_2 \leftarrow C_2 - aC_1} \begin{pmatrix} 1 & 0 & 0 \\ 0 & b-a & b^2-a^2 \\ 0 & 0 & (c-a)(c-b) \end{pmatrix}$$

$$\begin{pmatrix} 1 & 0 & 0 \\ 0 & b-a & b^2-a^2 \\ 0 & 0 & (c-a)(c-b) \end{pmatrix} \xrightarrow{C_3 \leftarrow C_3 - (a+b)C_2} \begin{pmatrix} 1 & 0 & 0 \\ 0 & b-a & 0 \\ 0 & 0 & (c-a)(c-b) \end{pmatrix}$$

Remarquons que la dernière opération n'était pas permutable avec les précédentes.

Introduisons maintenant trois types de matrices carrées particuliers :

- Les *matrices d'échange* $S_{i,j}^{(n)} := I_n - E_{i,i}^{(n,n)} - E_{j,j}^{(n,n)} + E_{i,j}^{(n,n)} + E_{j,i}^{(n,n)}$ (avec $i, j \in [\![1, n]\!]$ et $i \neq j$) :

$$S_{i,j}^{(n)} = \begin{pmatrix} 1 & 0 & \dots & 0 & \dots & 0 & \dots & 0 \\ 0 & 1 & \dots & 0 & \dots & 0 & \dots & 0 \\ \vdots & \vdots & \ddots & \vdots & \ddots & \vdots & \ddots & \vdots \\ 0 & 0 & \dots & 0 & \dots & 1 & \dots & 0 \\ \vdots & \vdots & \ddots & \vdots & \iddots & \vdots & \ddots & \vdots \\ 0 & 0 & \dots & 1 & \dots & 0 & \dots & 0 \\ \vdots & \vdots & \ddots & \vdots & \ddots & \vdots & \ddots & \vdots \\ 0 & 0 & \dots & 0 & \dots & 0 & \dots & 1 \end{pmatrix} \tag{30}$$

- Les *matrices de transvection* $T_{i,j}^{(n)}(\alpha) := I_n + \alpha E_{i,j}^{(n,n)}$ (avec $i, j \in [\![1, n]\!]$, $i \neq j$ et $\alpha \in K$) :

$$T_{i,j}^{(n)}(\alpha) = \begin{pmatrix} 1 & 0 & \dots & 0 & \dots & 0 & \dots & 0 \\ 0 & 1 & \dots & 0 & \dots & 0 & \dots & 0 \\ \vdots & \vdots & \ddots & \vdots & \ddots & \vdots & \ddots & \vdots \\ 0 & 0 & \dots & 1 & \dots & \alpha & \dots & 0 \\ \vdots & \vdots & \ddots & \vdots & \ddots & \vdots & \ddots & \vdots \\ 0 & 0 & \dots & 0 & \dots & 1 & \dots & 0 \\ \vdots & \vdots & \ddots & \vdots & \ddots & \vdots & \ddots & \vdots \\ 0 & 0 & \dots & 0 & \dots & 0 & \dots & 1 \end{pmatrix} \tag{31}$$

- Les *matrices de dilatation* $D_i^{(n)}(\lambda) := I_n + (\lambda - 1)E_{i,i}^{(n,n)}$ (avec $i \in [\![1,n]\!]$ et $\lambda \in K^*$) :

$$D_i^{(n)}(\lambda) = \begin{pmatrix} 1 & 0 & \dots & 0 & \dots & 0 & \dots & 0 \\ 0 & 1 & \dots & 0 & \dots & 0 & \dots & 0 \\ \vdots & \vdots & \ddots & \vdots & \ddots & \vdots & \ddots & \vdots \\ 0 & 0 & \dots & \lambda & \dots & 0 & \dots & 0 \\ \vdots & \vdots & \ddots & \vdots & \ddots & \vdots & \ddots & \vdots \\ 0 & 0 & \dots & 0 & \dots & 1 & \dots & 0 \\ \vdots & \vdots & \ddots & \vdots & \ddots & \vdots & \ddots & \vdots \\ 0 & 0 & \dots & 0 & \dots & 0 & \dots & 1 \end{pmatrix} \tag{32}$$

Toutes ces matrices sont inversibles (*i.e.* inversibles à droite et à gauche) :

$$\left(S_{i,j}^{(n)}\right)^{-1} = S_{i,j}^{(n)} \tag{33}$$

$$\left(T_{i,j}^{(n)}(\alpha)\right)^{-1} = T_{i,j}^{(n)}(-\alpha) \tag{34}$$

$$\left(D_i^{(n)}(\lambda)\right)^{-1} = D_i^{(n)}(\lambda^{-1}) \tag{35}$$

On vérifie alors sans peine que la matrice obtenue à partir de A par

- l'opération élémentaire $L_i \leftrightarrow L_j$ est la matrice $S_{i,j}^{(m)}A$,
- l'opération élémentaire $L_i \leftarrow L_i + \alpha L_j$ est la matrice $T_{i,j}^{(m)}(\alpha)A$,
- l'opération élémentaire $L_i \leftarrow \lambda L_i$ est la matrice $D_i^{(m)}(\lambda)A$,
- l'opération élémentaire $C_i \leftrightarrow C_j$ est la matrice $AS_{i,j}^{(n)}$,
- l'opération élémentaire $C_i \leftarrow C_i + \alpha C_j$ est la matrice $AT_{j,i}^{(n)}(\alpha)$,
- l'opération élémentaire $C_i \leftarrow \lambda C_i$ est la matrice $AD_i^{(n)}(\lambda)$.

La matrice A étant rectangulaire, les tailles des matrices carrées spéciales par lesquelles on la multiplie ne sont pas les mêmes selon que l'on multiplie à gauche ou à droite.

Proposition 17. Les opérations sur les lignes et les colonnes produisent des matrices équivalentes. Elles conservent le rang. Elles conservent également les propriétés suivantes : simplifiabilité à droite (resp. à gauche), inversibilité à droite (resp. à gauche).

Démonstration. C'est immédiat à partir des remarques précédentes. ∎

Exemple. La matrice $\begin{pmatrix} 1 & a & a^2 \\ 1 & b & b^2 \\ 1 & c & c^2 \end{pmatrix}$ est inversible si, et seulement si, a, b, c sont deux à deux distincts. Son rang est le nombre de valeurs distinctes parmi ces trois scalaires. Cela découle des exemples précédents.

2.2 Algorithmes de Gauß : lignes seules

Proposition 18. À l'aide d'échanges et de transvections sur les lignes, on peut transformer toute matrice $A \in M_{m,n}(K)$ en une matrice échelonnée en lignes.

Démonstration. Nous procéderons par récurrence sur $\inf(m, n)$. Si $m = 1$, A est une matrice ligne et il n'y a rien à faire. Si $n = 1$, c'est une matrice colonne. Si elle est nulle, il n'y a rien à faire. Sinon, une opération $L_1 \leftrightarrow L_i$ fait venir en première position un *pivot* non nul a_1 ; puis des opérations simultanées $L_i \leftarrow L_i - \dfrac{a_i}{a_1} L_1$ (pour $i \geqslant 2$) annulent tous les autres coefficients, et l'on a fini. Nous supposons maintenant que $m, n \geqslant 2$. Comme première étape, on examine la première colonne. Si elle est nulle, la première étape est finie. Sinon, une opération $L_1 \leftrightarrow L_i$ fait venir en première position un *pivot* non nul $a_{1,1}$; puis des opérations simultanées $L_i \leftarrow L_i - \dfrac{a_{i,1}}{a_{1,1}} L_1$ (pour $i \geqslant 2$) annulent tous les autres coefficients de la première colonne. À l'issue de la première étape, on a dans tous les cas une matrice de la forme suivante :

$$\begin{pmatrix} a_{1,1} & \star & \dots & \star \\ 0 & b_{1,1} & \dots & b_{1,n-1} \\ \vdots & \vdots & \ddots & \vdots \\ 0 & b_{m-1,1} & \dots & b_{m-1,n-1} \end{pmatrix}$$

Par hypothèse de récurrence, des opérations du type indiqué permettent de transformer la matrice $\begin{pmatrix} b_{1,1} & \dots & b_{1,n-1} \\ \vdots & \ddots & \vdots \\ b_{m-1,1} & \dots & b_{m-1,n-1} \end{pmatrix}$ en une matrice échelonnée en lignes, donc également notre matrice. ■

Corollaire 19. Toute matrice s'écrit sous la forme BC, où B est un produit de matrices d'échange et de matrices de transvection, et C une matrice échelonnée en lignes.

2.2.1 Application aux systèmes d'équations

Considérons le système :

$$\begin{cases} a_{1,1}x_1 + \cdots + a_{1,n}x_n = b_1 \\ \dots\dots\dots\dots\dots\dots\dots\dots \\ a_{m,1}x_1 + \cdots + a_{m,n}x_n = b_m \end{cases} \tag{36}$$

On peut l'écrire sous forme matricielle $AX = B$, avec $A \in M_{m,n}(K)$, $B \in M_{m,1}(K)$ et $X \in M_{n,1}(K)$. Soit $A' = PAQ$, où $P \in GL_m(K)$ et $Q \in GL_n(K)$, une matrice équivalente à A. Le système ci-dessus équivaut au système $A'X' = B'$, où $B' = PB$ et où $X = QX'$. Pratiquement, remplacer le système $AX = B$ par le système $(PA)X = (PB)$ revient à effectuer des combinaisons linéaires sur les équations de départ pour obtenir un système équivalent en l'inconnue X ; alors que le remplacer par le système $A'X' = B'$ revient à effectuer des combinaisons linéaires sur les coefficients de X pour remplacer l'inconnue X par l'inconnue X', qui lui est équivalente parce que l'on peut passer de l'une à l'autre dans les deux sens : $X = QX'$ et $X' = Q^{-1}X$.

L'algorithme décrit plus haut montre que l'on peut se ramener, par des combinaisons linéaires simples sur les équations, à un système échelonné en lignes, donc de la forme suivante :

$$\begin{cases} a_{1,j_1}x_{j_1} + \sum\limits_{j>j_1} a_{1,j}x_j = b_1 \\ \dots\dots\dots\dots\dots\dots\dots\dots \\ a_{k,j_k}x_{j_k} + \sum\limits_{j>j_k} a_{k,j}x_j = b_k \\ 0 = b_{k+1} \\ \dots\dots\dots\dots\dots\dots\dots\dots \\ 0 = b_m \end{cases} \tag{37}$$

Ici, les coefficients pivots $a_{1,j_1}, \dots, a_{k,j_k}$ sont non nuls. Si $b_{k+1}, \dots, b_n$ sont non tous nuls, il n'y a pas de solution à ce système. Si $k = m$ ou si $b_{k+1}, \dots, b_n$ sont tous nuls, il y a des solutions et l'on peut toutes les trouver en résolvant du bas en haut :

1. Les x_j pour $j > j_k$ sont choisis arbitrairement et l'on pose :
$$x_{j_k} := \frac{1}{a_{k,j_k}}\Big(b_k - \sum_{j>j_k} a_{k,j}x_j\Big), \tag{38}$$
2. Pour chaque indice i de $k-1$ à 1 (dans cet ordre), les x_j pour $j_{i+1} > j > j_i$ sont choisis arbitrairement et l'on pose :
$$x_{j_i} := \frac{1}{a_{i,j_i}}\Big(b_i - \sum_{j>j_i} a_{i,j}x_j\Big). \tag{39}$$
3. Les x_j pour $j < j_1$ sont choisis arbitrairement.

Le nombre d'inconnues x_j choisies arbitrairement est :

$$(n - j_k) + \cdots + (j_k - j_{k-1} - 1) + \cdots + (j_2 - j_1 - 1) + (j_1 - 1) = n - k.$$

Les autres inconnues s'expriment linéairement en fonction de celles-ci et des b_k : comme on le verra au module II.7 (théorème 63 de la page 379), cela signifie que les solutions forment un *espace affine de dimension* $n-k$, et c'est lié au fait que $\operatorname{rg} A = k$ (comme on l'a prouvé précédemment).

Exemple. Nous supposons a, b, c deux à deux distincts. Le système :

$$\begin{cases} x + ay + a^2z = u \\ x + by + b^2z = v \\ x + cy + c^2z = w \end{cases}$$

est transformé par les opérations déjà vues en un système équivalent. Nous le coderons par la *matrice augmentée* :

$$\begin{pmatrix} 1 & a & a^2 & u \\ 1 & b & b^2 & v \\ 1 & c & c^2 & w \end{pmatrix}$$

et nous effectuerons les opérations sur les lignes sur cette matrice augmentée :

$$\begin{pmatrix} 1 & a & a^2 & u \\ 1 & b & b^2 & v \\ 1 & c & c^2 & w \end{pmatrix} \xrightarrow[L_3 \leftarrow L_3 - L_1]{L_2 \leftarrow L_2 - L_1} \begin{pmatrix} 1 & a & a^2 & u \\ 0 & b-a & b^2-a^2 & v-u \\ 0 & c-a & c^2-a^2 & w-u \end{pmatrix}$$

$$\begin{pmatrix} 1 & a & a^2 & u \\ 0 & b-a & b^2-a^2 & v-u \\ 0 & c-a & c^2-a^2 & w-u \end{pmatrix} \xrightarrow{L_3 \leftarrow L_3 - \frac{c-a}{b-a}L_2}$$

$$\begin{pmatrix} 1 & a & a^2 & u \\ 0 & b-a & b^2-a^2 & v-u \\ 0 & 0 & (c-a)(c-b) & w-u-\dfrac{c-a}{b-a}(v-u) \end{pmatrix}$$

Le système de départ est donc équivalent au suivant :

$$\begin{cases} 1x + ay + a^2z = u \\ 0x + (b-a)y + (b^2-a^2)z = v-u \\ 0x + 0y + (c-a)(c-b)z = w-u-\dfrac{c-a}{b-a}(v-u) \end{cases}$$

On peut alors résoudre ce système. On trouve successivement :

$$\begin{aligned} z &= \frac{u}{(c-a)(b-a)} + \frac{v}{(a-b)(c-b)} + \frac{w}{(a-c)(b-c)} \\ y &= -\frac{(b+c)u}{(c-a)(b-a)} - \frac{(a+c)v}{(a-b)(c-b)} - \frac{(a+b)w}{(a-c)(b-c)} \\ x &= \frac{cbu}{(c-a)(b-a)} + \frac{cav}{(a-b)(c-b)} + \frac{abw}{(a-c)(b-c)} \end{aligned}$$

Remarquons qu'en posant $P(T) = x+yT+zT^2$, on est ramené à chercher un polynôme P de degré inférieur ou égal à 2 tel que $P(a) = u$, $P(b) = v$, $P(c) = w$. Nous verrons au module II.6 (théorème 23 de la page 302) que ce problème d'*interpolation polynomiale* admet pour unique solution :

$$P(T) = u\frac{(T-b)(T-c)}{(a-b)(a-c)} + v\frac{(T-a)(T-c)}{(b-a)(b-c)} + w\frac{(T-a)(T-b)}{(c-a)(c-b)}.$$

Les coefficients de ce polynôme P sont x, y, z.

2.3 Algorithmes de Gauß : lignes et colonnes

Il serait encore plus simple de transformer une matrice quelconque en matrice échelonnée en lignes et en colonnes ; par exemple, transformer une matrice carrée en matrice diagonale. Cependant, cela n'est pas toujours possible avec les seules opérations sur les lignes (comme pourrait le faire croire l'exemple précédent) : essayez avec la matrice $\begin{pmatrix} 1 & 1 \\ 0 & 0 \end{pmatrix}$.

Proposition 20. À l'aide d'échanges et de transvections sur les lignes et les colonnes, on peut transformer toute matrice $A \in M_{m,n}(K)$ en une matrice échelonnée en lignes et en colonnes.

Démonstration. À l'aide des seuls échanges et transvections sur les lignes, on peut se ramener au cas où A est échelonnée en lignes, ce que nous supposons. Il y a donc des indices $j_1 > \cdots > j_k$ tels que les pivots $a_{1,j_1}, \ldots, a_{k,j_k}$ sont non nuls, que $a_{i,j} = 0$ pour $i \leqslant k$ et $j < j_i$ et pour $i > k$ et j quelconque. On effectue alors, dans l'ordre, les transvections suivantes :

1. $C_j \leftarrow C_j - \dfrac{a_{1,j}}{a_{1,j_1}} C_{j_1}$, pour tous les $j > j_1$; ces transvections sont permutables et peuvent donc être simultanées. Après leur exécution, le seul coefficient non nul sur la première ligne est le pivot a_{1,j_1}.

2. $C_j \leftarrow C_j - \dfrac{a_{2,j}}{a_{2,j_2}} C_{j_2}$, pour tous les $j > j_2$; ces transvections sont permutables et peuvent donc être simultanées. Après leur exécution, le seul coefficient non nul sur la deuxième ligne est le pivot a_{2,j_2} ; de plus, la première ligne n'a pas été modifiée par ces opérations.

3. Etc., pour toutes les lignes d'indices $\leqslant k$.

À l'issue de toutes ces opérations, chacune des k premières lignes a un seul coefficient non nul et leurs indices de colonnes vont strictement croissant. On fait alors, dans cet ordre, les échanges $C_1 \leftrightarrow C_{j_1}$ (qui ramène le pivot de la première ligne en première colonne), puis $C_2 \leftrightarrow C_{j_2}$ (qui ramène le pivot de la deuxième ligne en deuxième colonne), etc. ■

À l'issue de ces transformations, on a obtenu une matrice de la forme :

$$A = \sum_{i=1}^{k} E_{i,i}^{(m,n)} = \begin{pmatrix} a_{1,1} & \ldots & 0 & \ldots & 0 \\ \vdots & \ddots & \vdots & \ddots & \vdots \\ 0 & \ldots & a_{k,k} & \ldots & 0 \\ \vdots & \ddots & \vdots & \ddots & \vdots \\ 0 & \ldots & 0 & \ldots & 0 \end{pmatrix}, \text{ avec } a_{1,1}, \ldots, a_{k,k} \neq 0.$$

Théorème 21. Toute matrice A de $M_{m,n}(K)$ est équivalente à une matrice de la forme suivante et à une seule :

$$I_r^{(m,n)} := \begin{pmatrix} 1 & 0 & \dots & 0 & 0 & \dots & 0 & 0 \\ 0 & 1 & \dots & 0 & 0 & \dots & 0 & 0 \\ 0 & 0 & \dots & 1 & 0 & \dots & 0 & 0 \\ 0 & 0 & \dots & 0 & 0 & \dots & 0 & 0 \\ 0 & 0 & \dots & 0 & 0 & \dots & 0 & 0 \end{pmatrix} = \sum_{i=1}^{r} E_{i,i} = \begin{pmatrix} I_r & 0_{r,n-r} \\ 0_{m-r,r} & 0_{m-r,n-r} \end{pmatrix}, \quad (40)$$

pour un certain $r \in [\![0, \min(m,n)]\!]$. Dans la dernière écriture, les *blocs* I_r, $0_{r,n-r}$, $0_{m-r,r}$ et $0_{m-r,n-r}$ désignent respectivement la matrice identité d'ordre r et les matrices nulles de types $(r, n-r)$, $(m-r, r)$ et $(m-r, n-r)$.

Démonstration. On peut partir de la forme obtenue précédemment. Pour chaque indice $i \in [\![1, k]\!]$, on effectue alors, au choix, la dilatation $L_i \leftarrow \dfrac{1}{a_{i,i}} L_i$ ou la dilatation $C_i \leftarrow \dfrac{1}{a_{i,i}} C_i$. Cela montre l'existence d'un $r \in [\![0, \min(m,n)]\!]$ tel que A est équivalente à $I_r^{(m,n)}$. Le couple (m,n) est nécessairement le type de A et l'entier r est nécessairement le rang de A (puisque l'on sait déjà que $\operatorname{rg} I_r^{(m,n)} = r$). ■

Une preuve géométrique de ce théorème sera donnée au module II.7 (théorème 33 de la page 352).

Corollaire 22.
Deux matrices de $M_{m,n}(K)$ sont équivalentes si, et seulement si, elles ont même rang.

Démonstration. On sait déjà que deux matrices équivalentes ont même rang. Il découle du théorème que deux matrices de même rang r de $M_{m,n}(K)$ sont équivalentes à $I_r^{(m,n)}$, donc entre elles. ■

Corollaire 23. Une matrice et sa transposée ont même rang. Le rang d'une matrice est la dimension du K-espace vectoriel engendré par ses lignes

Démonstration. Si $PAQ = I_r^{(m,n)}$, alors ${}^tQ{}^tA{}^tP = I_r^{(n,m)}$.
La deuxième affirmation est alors triviale. ■

Corollaire 24. Toute matrice carrée est équivalente à sa transposée.

Démonstration. Elles ont en effet même type et même rang. ■

Corollaire 25. Soit $M \in M_n(K)$. Alors les conditions suivantes sont équivalentes : M est simplifiable à gauche ; M est simplifiable à droite ; M est inversible à gauche ; M est inversible à droite ; M est inversible ; M est de rang n.

Démonstration. Chacune des propriétés énoncées est conservée par les opérations élémentaires (elles sont compatibles avec l'équivalence). Il suffit donc d'examiner le cas de la matrice $I_r = I_r^{(n,n)}$. Pour $r = n$, c'est la matrice identité, qui vérifie toutes ces propriétés. Pour $r < n$, on a $E_{n,n}I_r = I_rE_{n,n} = 0$; la matrice $I_r^{(n,n)}$ n'est donc ni simplifiable à gauche ni simplifiable à droite, et, *fortiori*, ni inversible à gauche, ni inversible à droite, ni inversible. ■

Comme on l'a remarqué lors de l'étude du groupe linéaire, l'inverse à droite est donc aussi l'inverse à gauche.

Proposition 26. Toute matrice inversible, peut être transformée en la matrice I_n avec des opérations élémentaires sur les lignes.

Démonstration. Encore une fois, on peut partir d'une matrice échelonnée en lignes. Comme elle est carrée, elle est triangulaire supérieure. Comme elle est inversible, sa diagonale est formée de pivots $a_{1,1}, \ldots, a_{n,n}$ non nuls. À partir de là :

1. La première étape est la transvection $L_1 \leftarrow L_1 - \dfrac{a_{1,2}}{a_{2,2}}L_2$, à la suite de laquelle la colonne C_2 n'a qu'un coefficient non nul (le pivot $a_{2,2}$) (et la colonne C_1 est inchangée).
2. On effectue ensuite les transvections $L_i \leftarrow L_i - \dfrac{a_{i,3}}{a_{3,3}}L_3$ pour $i < 3$, dans un ordre quelconque car elles sont permutables. À la suite de cette étape, la colonne C_3 n'a qu'un coefficient non nul (le pivot $a_{3,3}$), et les colonnes C_1 et C_2 sont inchangées.
3. Etc., jusqu'à la simplification de C_n.

On a maintenant une matrice diagonale à coefficients diagonaux non nuls, et l'on applique, pour chaque $i \in [\![1, n]\!]$, une dilatation $L_i \leftarrow \dfrac{1}{a_{i,i}}L_i$. ■

Corollaire 27. Toute matrice inversible, peut être transformée en la matrice I_n avec des opérations élémentaires sur les colonnes

***Algorithme d'inversion par opérations élémentaires.*.** L'algorithme repose sur la remarque suivante : une suite d'opérations sur les lignes qui transforme A en l'identité revient à une multiplication à gauche par P telle que $PA = I_n$, c'est-à-dire par $P = A^{-1}$. La *même* suite d'opérations sur les lignes transforme donc I_n en $PI_n = P$. De cette remarque, on tire la méthode suivante : appliquer des opérations sur les lignes à A et I_n en parallèle ; quand A s'est transformée en I_n, I_n s'est transformée en A^{-1}. D'après le corollaire, on peut tout aussi bien opérer sur les colonnes ; mais *on ne peut pas mélanger des opérations sur les lignes à des opérations sur les colonnes.*

Exercice 13.

On va inverser une matrice $A \in M_2(K)$ quelconque.

Solution. La méthode indiquée en 1.3 serait ici bien plus commode, mais notre but est d'illustrer l'algorithme précédent sur un exemple abordable ! On part de :

$$\begin{pmatrix} a & b \\ c & d \end{pmatrix} \quad \text{et} \quad \begin{pmatrix} 1 & 0 \\ 0 & 1 \end{pmatrix}$$

Par commodité, on notera ci-dessous $\Delta = ad - bc$. Si $a \neq 0$, on effectue la transvection $L_2 \leftarrow L_2 - \dfrac{c}{a} L_1$:

$$\begin{pmatrix} a & b \\ 0 & \Delta/a \end{pmatrix} \quad \text{et} \quad \begin{pmatrix} 1 & 0 \\ -c/a & 1 \end{pmatrix}.$$

Si Δ était nul, A ne serait pas inversible ; voyez-vous pourquoi ? On peut donc effectuer la transvection $L_1 \leftarrow L_1 - \dfrac{ab}{\Delta} L_2$:

$$\begin{pmatrix} a & 0 \\ 0 & \Delta/a \end{pmatrix} \quad \text{et} \quad \begin{pmatrix} ad/\Delta & -ab/\Delta \\ -c/a & 1 \end{pmatrix}.$$

Enfin, les dilatations $L_1 \leftarrow \dfrac{1}{a} L_1$ et $L_2 \leftarrow \dfrac{a}{\Delta} L_2$ achèvent le travail :

$$\begin{pmatrix} 1 & 0 \\ 0 & 1 \end{pmatrix} \quad \text{et} \quad \frac{1}{\Delta} \begin{pmatrix} d & -b \\ -c & a \end{pmatrix} = A^{-1}.$$

Le calcul ci-dessus n'est valable que si $a \neq 0$. Si $a = 0$, on a $c \neq 0$ et l'on a la suite d'opérations :

$$\begin{pmatrix} 0 & b \\ c & d \end{pmatrix} \text{ et } \begin{pmatrix} 1 & 0 \\ 0 & 1 \end{pmatrix} \xrightarrow{L_1 \leftrightarrow L_2} \begin{pmatrix} c & d \\ 0 & b \end{pmatrix} \text{ et } \begin{pmatrix} 0 & 1 \\ 1 & 0 \end{pmatrix} \xrightarrow{L_1 \leftarrow L_1 - \frac{d}{b} L_2}$$

$$\begin{pmatrix} c & 0 \\ 0 & b \end{pmatrix} \text{ et } \begin{pmatrix} -d/b & 1 \\ 1 & 0 \end{pmatrix} \xrightarrow[L_2 \leftarrow b^{-1} L_2]{L_1 \leftarrow c^{-1} L_1} \begin{pmatrix} 1 & 0 \\ 0 & 1 \end{pmatrix} \text{ et } \begin{pmatrix} -d/bc & 1/c \\ 1/b & 0 \end{pmatrix}$$

On remarque que la formule $A^{-1} = \dfrac{1}{\Delta} \begin{pmatrix} d & -b \\ -c & a \end{pmatrix}$ est encore valable.

Remarque. La phase de triangularisation réussit toujours. À son issue, on peut voir si la matrice est inversible : une condition nécessaire et suffisante est que les coefficients diagonaux soient tous non nuls.

Exercice type corrigé

II.4.0 1) Calculer l'inverse $\begin{pmatrix} a' & b' \\ c' & d' \end{pmatrix}$ de $\begin{pmatrix} a & b \\ c & d \end{pmatrix} \in GL_2(K)$. Calculer $\Delta' := a'd' - b'c'$ en fonction de $\Delta := ad - bc$.

À quelle condition la matrice $P := \begin{pmatrix} a & b \\ c & d \end{pmatrix} \in M_2(\mathbb{Z})$ admet-elle un inverse dans $M_2(\mathbb{Z})$?

2) On note $GL_2(\mathbb{Z}) := \{P \in M_2(\mathbb{Z}) \mid P^{-1} \in M_2(\mathbb{Z})\}$.

Quelles opérations élémentaires sur $M_2(\mathbb{Q})$ (section 2) correspondent-elles à des matrices de $GL_2(\mathbb{Z})$? Quel est l'effet de ces opérations sur les matrices de $M_2(\mathbb{Z})$?

3) On définit une relation d'équivalence sur $M_2(\mathbb{Z})$ par : $A \sim B$ si, et seulement si, l'on peut passer de A à B par des opérations élémentaires du type ci-dessus. Pour toute matrice A non nulle, on note $|A|$ la plus petite valeur absolue non nulle de ses coefficients.

Démontrer que, pour toute $A \in M_2(\mathbb{Z})$, il existe $B \sim A$ telle que B est diagonale ou $|B| < |A|$. En déduire que toute matrice de $M_2(\mathbb{Z})$ est équivalente à une matrice diagonale.

4) Trouver une matrice diagonale $B \in M_2(\mathbb{Z})$ telle que $B \sim A = \begin{pmatrix} 2 & 3 \\ 4 & 5 \end{pmatrix}$.

Solution. 1) En résolvant $ax + by = x'$, $cx + dy = y'$, on trouve $x = a'x' + b'y'$, $y = c'x' + d'y'$ avec $a' = \dfrac{d}{\Delta}$, $b' = \dfrac{-b}{\Delta}$, $c' = \dfrac{-c}{\Delta}$, $d' = \dfrac{a}{\Delta}$ ·

On calcule alors $\Delta' = \dfrac{1}{\Delta}$ et l'on en déduit que, pour que $P \in M_2(\mathbb{Z})$ soit inversible dans $M_2(\mathbb{Z})$, il faut, et il suffit, que $\dfrac{1}{\Delta} \in \mathbb{Z}$, c'est-à-dire $\Delta = \pm 1$.

2) Reprenant la liste des matrices associées aux opérations élémentaires en 2, on voit que celles qui conviennent sont : les échanges de lignes et les échanges de colonnes ; les dilatations de lignes ou de colonnes de rapport ± 1 ; les transvections de lignes ou de colonnes à coefficient entier. Ces opérations transforment une matrice de $M_2(\mathbb{Z})$ en une matrice de $M_2(\mathbb{Z})$.

3) Par échanges de lignes et de colonnes, on peut ramener en position $(1, 1)$ le coefficient de plus petite valeur absolue non nulle. Par dilatation, on peut le rendre positif. Par transvection $C_2 \leftarrow C_2 - bC_1$, on peut rendre le coefficient de position $(1, 2)$ positif et strictement plus petit que celui de position $(1, 1)$: c'est une division euclidienne ! De même pour le coefficient de position $(2, 1)$, par transvection $L_2 \leftarrow L_2 - aL_1$. La matrice B obtenue est alors diagonale ou telle que $|B| < |A|$. On peut réitérer ce procédé, jusqu'à obtenir une matrice diagonale. En effet, si l'on tombait toujours sur le deuxième cas $|B| < |A|$, on aurait une suite strictement décroissante d'entiers naturels.

4) Les opérations $L_2 \leftarrow L_2 - 2L_1$, puis $C_2 \leftarrow C_2 - C_1$, puis échange de colonnes, puis $L_2 \leftarrow L_2 + L_1$ puis $C_2 \leftarrow C_2 - 2C_1$ donnent la matrice diagonale $\begin{pmatrix} 1 & 0 \\ 0 & 2 \end{pmatrix} \sim \begin{pmatrix} 2 & 3 \\ 4 & 5 \end{pmatrix}$.

Pour aller plus loin

Les corrigés sont disponibles en accès libre à partir des pages d'accueil du livre sur le site www.dunod.com

Exercices sur la section 1

II.4.1 Soit $A \in M_n(K)$ une matrice triangulaire supérieure dont tous les coefficients diagonaux valent $\lambda \in K$. Calculer les puissances de A à l'aide de la formule du binôme.

II.4.2 Soient $A, B \in M_n(K)$ deux matrices nilpotentes qui commutent. Démontrer que $A + B$ est nilpotente à l'aide de la formule du binôme. Donner un exemple de matrices $A, B \in M_2(K)$ nilpotentes mais telles que $A + B$ n'est pas nilpotente.

II.4.3 Soit $A \in M_2(K)$.
Démontrer qu'il existe des scalaires $\tau, \delta \in K$ tels que $A^2 = \tau A - \delta I_2$. En déduire qu'il existe deux suites $(\alpha_n)_{n\in\mathbb{N}}$ et $(\beta_n)_{n\in\mathbb{N}}$ d'éléments de K telles que $\forall n \in \mathbb{N}, A^n = \alpha_n A + \beta_n I_2$.

II.4.4 Soient $a_1, \ldots, a_m, b_1, \ldots, b_n \in K$ des scalaires, et soit $A \in M_{m,n}(K)$ la matrice dont le coefficient d'indices (i, j) est $a_i b_j$. Démontrer que A est nulle si, et seulement si, $a_1 = \cdots = a_m = 0$ ou $b_1 = \cdots = b_n = 0$. Démontrer que, si la matrice A n'est pas nulle, elle est de rang 1. Démontrer enfin la réciproque : toute matrice de rang 1 est de la forme indiquée.

II.4.5 Démontrer que le centre de $GL_n(K)$ est l'ensemble des matrices scalaires inversibles λI_n, avec $\lambda \in K^*$.

II.4.6 Démontrer que, si $n = 3$ et $K = \mathbb{Z}/3\mathbb{Z}$, le groupe constitué des matrices triangulaires supérieures dont tous les éléments diagonaux sont égaux à 1 est un groupe non commutatif dans lequel $\forall x\ ,\ x^3 = 1$.

II.4.7 Démontrer qu'une application linéaire $\varphi : V \to V'$ est injective si, et seulement s'il existe $\psi : V' \to V$ telle que $\psi \circ \varphi = \mathrm{Id}_V$.
En déduire que, si $A \in M_{m,n}(K)$, l'application linéaire $\Phi_A : X \mapsto AX$ est injective si, et seulement si, A est inversible à gauche.

II.4.8 Soit σ une permutation de $[\![1, n]\!]$. On définit la matrice $A_\sigma \in M_n(K)$ comme celle dont le coefficient d'indices (i, j) vaut 1 si $j = \sigma(i)$, et 0 sinon. Calculer le produit de deux telles matrices. En déduire que l'ensemble de ces matrices est un sous-groupe de $GL_n(K)$ isomorphe au groupe symétrique.

Exercices sur la section 2

II.4.9 Inverser les matrices $\begin{pmatrix} 1 & a & a^2 \\ 1 & b & b^2 \\ 1 & c & c^2 \end{pmatrix}$ et $\begin{pmatrix} 1 & 1 & 0 & \dots & 0 & 0 \\ 0 & 1 & 1 & \dots & 0 & 0 \\ 0 & 0 & 1 & \dots & 0 & 0 \\ \vdots & \vdots & \vdots & \ddots & \vdots & \vdots \\ 0 & 0 & 0 & \dots & 1 & 1 \\ 0 & 0 & 0 & \dots & 0 & 1 \end{pmatrix}$ par opérations sur les lignes ou sur les colonnes.

II.4.10 Cet exercice fait appel à des connaissances élémentaires sur les polynômes. Soient $x_1, \dots, x_n \in K$. On définit la *matrice de Vandermonde* : $A = (a_{i,j})_{1 \leqslant i,j \leqslant n} \in M_n(K)$ par $a_{i,j} = x_i^{j-1}$. Démontrer que, pour qu'elle soit inversible, il faut que les x_i soient deux à deux distincts. On le suppose désormais, et l'on pose, pour $i = 1, \dots, n-1$:

$$(X - x_1) \cdots (X - x_i) = X^i + \sum_{j=0}^{i-1} \lambda_{i,j} X^j.$$

(i) On effectue l'opération suivante sur les colonnes :

$$C_n \leftarrow C_n + \lambda_{n-1,0} C_1 + \cdots + \lambda_{n-1,n-2} C_{n-1}.$$

Démontrer que cela équivaut à effectuer les $n-1$ transvections permutables :

$$C_n \leftarrow C_n + \lambda_{n-1,i-1} C_i.$$

Décrire la matrice obtenue à la suite de ces opérations. (Seule la dernière colonne a changé, tous ses coefficients sont nuls, sauf le dernier qui vaut maintenant $(x_n - x_1) \cdots (x_n - x_{n-1})$.)
(ii) On effectue les opérations analogues :

$$C_k \leftarrow C_k + \lambda_{k-1,0} C_1 + \cdots + \lambda_{k-1,k-2} C_{k-1},$$

pour k allant (dans cet ordre) de $n-1$ à 2. Décrire la matrice obtenue. (Elle est triangulaire inférieure, ses coefficients diagonaux sont explicitement calculables). En déduire que la matrice de Vandermonde est inversible et calculer son déterminant (celui-ci est défini au module II.7).

II.4.11 L'algorithme d'Euclide pour le calcul du pgcd $\delta > 0$ de deux entiers $u \geqslant v > 0$, peut être décrit ainsi. On définit, par récurrence à deux pas, une suite $(x_n)_{n \geqslant 0}$ en posant $x_0 := u$, $x_1 := v$ et, tant que $x_i > 0$, $x_{i+1} :=$ le reste de la division euclidienne : $x_{i-1} := q_i x_i + x_{i+1}$. Il existe alors un entier k tel que $x_k \neq 0$ et $x_{k+1} = 0$; le pgcd de u et v est alors $\delta := x_k$. Démontrer que, pour $i = 1, \dots, k$:

$$\begin{pmatrix} x_i \\ x_{i+1} \end{pmatrix} = \begin{pmatrix} 0 & 1 \\ 1 & -q_i \end{pmatrix} \begin{pmatrix} x_{i-1} \\ x_i \end{pmatrix}.$$

En déduire que $x_i = a_i u + b_i v$, où :

$$\begin{pmatrix} a_i & b_i \\ \star & \star \end{pmatrix} := \begin{pmatrix} 0 & 1 \\ 1 & -q_i \end{pmatrix} \cdots \begin{pmatrix} 0 & 1 \\ 1 & -q_1 \end{pmatrix}.$$

Que valent les $\star$ de la deuxième ligne ?
Donner une définition par récurrence mutuelle des suites $(a_n)_{n \geqslant 0}$ et $(b_n)_{n \geqslant 0}$, puis une méthode de calcul des coefficients de Bézout $a, b \in \mathbb{Z}$ tels que $au + bv = \delta$.

II.5

Le corps des nombres complexes

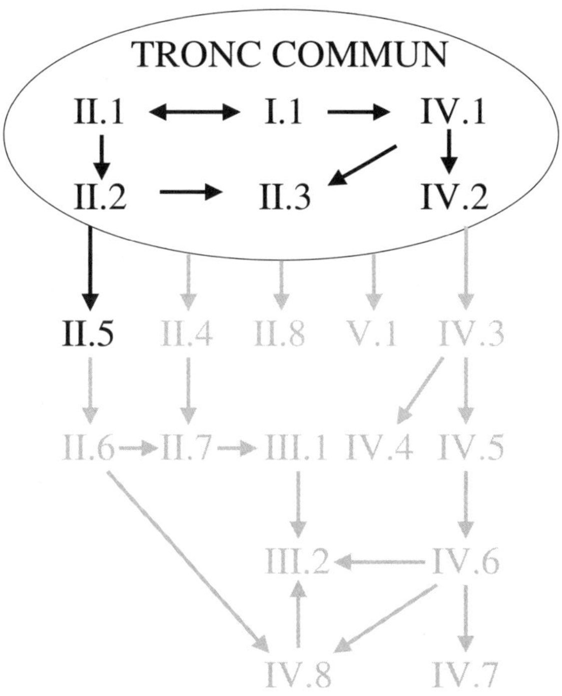

Les thèmes de ce module et du suivant : nombres complexes et polynômes, recouvrent ensemble les bases du calcul algébrique ; on entend ici le mot *algébrique* dans ses deux acceptions classiques, celle liée à la prescription d'algorithmes d'une part, celle qui concerne la structure de l'ensemble des objets du calcul d'autre part. L'étude du corps $\mathbb{C}$, comme celle de $\mathbb{R}$, ne relève cependant pas de l'algèbre pure : elle fait appel à des outils de topologie et d'analyse (suites convergentes, parties fermées ou bornées du plan, fonctions continues ou dérivables). Cela concerne, par exemple, la fonction exponentielle et la trigonométrie (dans ce module), et l'existence et la localisation des racines des polynômes (au module suivant). Sur ces points, on s'aidera librement des modules correspondants de ce livre.

1 Construction et axiomes

Aucun paradoxe et aucune conséquence néfaste ne peuvent être déduits de l'égalité $\mathrm{i}^2 = -1$ jointe aux règles usuelles du calcul, *à la seule exception de la règle des signes* [1]. Les anciens avaient constaté que l'égalité $a^2 = 2$ était incompatible avec leur *conception* des nombres comme *grandeurs commensurables à l'unité* ; mais leurs successeurs ont pu développer le calcul dans $\mathbb{R}$, y compris les irrationnels, sans jamais rencontrer de contradiction. Et c'est seulement au XIXe siècle que l'on a pu construire rigoureusement les nombres réels en accord avec leurs propriétés observées. De même, les modernes ont utilisé le nombre $\mathrm{i} = \sqrt{-1}$ et rassemblé ses propriétés bien avant de savoir construire le corps des nombres complexes. L'application fondamentale de celui-ci, le théorème de d'Alembert-Gauß (possibilité de résoudre *toutes* les équations algébriques, voir la section 5.3) a été pressentie, énoncée, justifiée par des arguments probants bien avant d'être démontrée.

Après avoir construit le corps $\mathbb{C}$ dans la présente section, nous en exposerons le mode d'emploi à la section suivante. Le lecteur pragmatique et doué de foi peut donc, s'il le préfère, passer directement à la section 2 de la page 249.

1.1 Approche axiomatique

Supposons donnés le corps $\mathbb{R}$ des nombres réels d'un côté, un nombre imaginaire noté i de l'autre, le tout étant englobé dans un domaine de calcul noté $\mathbb{C}$, dont on suppose seulement que les règles usuelles concernant l'addition et la multiplication y ont cours : c'est donc en fait un anneau commutatif $(\mathbb{C}, +, \times)$. Nous *postulons* les propriétés suivantes :

1. Les règles du calcul sur $\mathbb{R}$ sont englobées dans celles de $\mathbb{C}$, autrement dit, $(\mathbb{R}, +, \times)$ est un sous-anneau de $(\mathbb{C}, +, \times)$.
2. Le nombre i vérifie $\mathrm{i}^2 = -1$.

Comme aucun élément de $\mathbb{R}$ n'a pour carré -1, on voit que i n'est pas réel. En fait, les éléments $a + b\mathrm{i}$ de $\mathbb{C}$ sont deux à deux distincts lorsque a et b parcourent $\mathbb{R}$: soient en effet a, b, a', b' des réels. On a alors les implications suivantes :

$$a + b\mathrm{i} = a' + b'\mathrm{i} \quad \Longrightarrow \quad a - a' = (b' - b)\mathrm{i} \quad \Longrightarrow \quad (a - a')^2 = -(b' - b)^2,$$

d'où $a = a'$ et $b = b'$ puisque la dernière égalité porte sur des réels. L'application $(a, b) \mapsto a + b\mathrm{i}$ de $\mathbb{R} \times \mathbb{R}$ dans $\mathbb{C}$ est donc injective. Notons temporairement $\mathbb{C}' = \{a + b\mathrm{i} \mid a, b \in \mathbb{R}\} \subset \mathbb{C}$ son image. Dans l'anneau $\mathbb{C}$, on a $0 \times \mathrm{i} = 0$ et l'on voit, en prenant $b = 0$ et $a \in \mathbb{R}$ quelconque, que $\mathbb{C}'$ contient $\mathbb{R}$. Les calculs qui suivent montrent que $\mathbb{C}'$ est stable pour la soustraction et la multiplication :

$$(a + b\mathrm{i}) - (a' + b'\mathrm{i}) = (a - a') + (b - b')\mathrm{i}$$

$$(a + b\mathrm{i}) \times (a' + b'\mathrm{i}) = (aa' - bb') + (ab' + ba')\mathrm{i},$$

cette dernière égalité découlant des propriétés des anneaux $\mathbb{R}$ et $\mathbb{C}$ et de l'égalité $\mathrm{i}^2 = -1$. Comme $\mathbb{C}'$ contient 1 (il contient tous les réels), c'est en fait un sous-anneau de $\mathbb{C}$. De même, $\mathbb{R}$ est un sous-anneau de $\mathbb{C}'$, ce que l'on peut préciser en disant que l'anneau $\mathbb{C}'$ est *engendré par son élément* i *sur le sous-anneau* $\mathbb{R}$. En effet, tout sous-anneau de $\mathbb{C}'$ qui contient $\mathbb{R}$ et i contient également tous les éléments $a + b\mathrm{i}$ lorsque a et b parcourent $\mathbb{R}$.

---

[1] Il faut aussi mentionner les règles relatives à l'emploi du symbole $\sqrt{\ }$, mais celles-ci sont sans danger si l'on se cantonne aux réels positifs et, dans le cas contraire, exigent le recours à la règle des signes.

Parmi toutes les solutions possibles à notre problème de départ, nous en voulons une économique ; nous choisirons donc $\mathbb{C}$ aussi petit que possible : on voit qu'il faut prendre $\mathbb{C} = \mathbb{C}'$. Ce qui précède va nous suffire pour procéder à la construction effective du corps $\mathbb{C}$, dont nous n'avons fait que postuler l'existence. Voici d'abord deux déductions simples. Tout d'abord, il ne peut y avoir d'équivalent de la règle des signes dans $\mathbb{C}$. En effet, lorsqu'une telle règle est valide, tous les carrés sont positifs (que x soit positif ou négatif, la règle des signes entraîne que x^2 est positif). Or, dans $\mathbb{C}$, 1 et -1 sont des carrés et ils ne peuvent être tous deux positifs. *Il n'y a dans $\mathbb{C}$ aucune relation d'ordre total compatible avec la structure d'anneau.*

Du côté positif, bien que nous n'ayons pas postulé la possibilité de diviser dans $\mathbb{C}$, on peut vérifier dès à présent que c'est un corps : soit en effet $a + b\mathrm{i}$ un élément non nul de $\mathbb{C}$, c'est-à-dire que $(a, b) \in \mathbb{R}^2 \setminus \{(0, 0)\}$ (d'après l'injectivité prouvée plus haut). On peut donc poser $a' := \dfrac{a}{a^2 + b^2}$ et $b' := \dfrac{-b}{a^2 + b^2}\cdot$ On trouve sans peine que $aa' - bb' = 1$ et $ab' + ba' = 0$. La formule de multiplication déjà vue donne alors : $(a + b\mathrm{i}) \times (a' + b'\mathrm{i}) = (aa' - bb') + (ab' + ba')\mathrm{i} = 1$.

1.2 Construction effective de $\mathbb{C}$

Nous *définissons* $\mathbb{C}$ comme l'ensemble produit $\mathbb{R} \times \mathbb{R}$ muni des deux lois de composition internes suivantes ; quels que soient $(x_1, y_1), (x_2, y_2) \in \mathbb{R} \times \mathbb{R}$, on pose :

$$(x_1, y_1) + (x_2, y_2) := (x_1 + x_2, y_1 + y_2),$$
$$(x_1, y_1) \times (x_2, y_2) := (x_1x_2 - y_1y_2, x_1y_2 + y_1x_2).$$

La notation $(x_1, y_1) \times (x_2, y_2)$ pourra être allégée en $(x_1, y_1)(x_2, y_2)$.

Proposition 1. On obtient ainsi un corps commutatif $(\mathbb{C}, +, \times)$.

Démonstration. Tout d'abord, $(\mathbb{C}, +)$ est un groupe commutatif : on reconnaît en effet le produit du groupe commutatif $(\mathbb{R}, +)$ par lui-même. En particulier, son élément neutre est $(0, 0)$. La loi $\times$ est associative :

$$(x_1, y_1) \times [(x_2, y_2) \times (x_3, y_3)] = [(x_1, y_1) \times (x_2, y_2)] \times (x_3, y_3).$$

Ce calcul figure dans n'importe quel manuel de terminale et peut d'ailleurs être vérifié à l'aide d'un logiciel de calcul formel ; cela s'applique également à toutes les égalités qui suivant. La commutativité de la multiplication se voit immédiatement sur la définition, dans laquelle les indices 1 et 2 peuvent être permutés. L'élément $(1, 0)$ est neutre à gauche, (donc à droite par commutativité) : $(1, 0) \times (x, y) = (x, y)$. Nous avons enfin la distributivité à gauche de la multiplication par rapport à l'addition (et la distributivité à droite en découle par commutativité) :

$$[(x_1, y_1) + (x_1', y_1')] \times (x_2, y_2) = [(x_1, y_1) \times (x_2, y_2)] + [(x_1', y_1') \times (x_2, y_2)] .$$

Il reste à voir que tout élément non nul est inversible. Soit donc $(x, y) \neq (0, 0)$, de sorte que $x^2 + y^2 > 0$. Posons $x' := \dfrac{x}{x^2 + y^2}$ et $y' := \dfrac{-y}{x^2 + y^2}\cdot$ Alors $xx' - yy' = 1$ et $xy' + yx' = 0$, d'où l'on tire : $(x, y) \times (x', y') = (xx' - yy', xy' + yx') = (1, 0)$. On a bien un inverse à gauche (donc à droite), ce qui achève la preuve. ∎

La construction qui précède vise à représenter le nombre complexe $a + b\mathrm{i}$ par le couple (a, b). Ce dernier s'écrit également : $(a, b) = (a, 0) + (0, b) = (a, 0) + (b, 0)(0, 1)$, car

$(b,0)\times(0,1)=(b.0-0.1,b.1+0.0)=(b,0)$. Nous comptons donc identifier le nombre imaginaire i au couple $(0,1)$ et les réels a,b aux couples $(a,0)$, $(b,0)$.

Proposition 2. L'application $a\mapsto(a,0)$ de $\mathbb{R}$ dans $\mathbb{C}$ est un morphisme injectif d'anneaux.

Démonstration. Notons φ cette application. Les égalités $(a,0)+(b,0)=(a+b,0)$ et $(a,0)(b,0)=(ab,0)$ signifient respectivement que $\varphi(a+b)=\varphi(a)+\varphi(b)$ et que $\varphi(ab)=\varphi(a)\varphi(b)$. Par ailleurs, $\varphi(1)=(1,0)$ est l'élément neutre de la multiplication dans $\mathbb{C}$. On a donc bien un morphisme d'anneaux. Son noyau est formé des $a\in\mathbb{R}$ tels que $(a,0)=(0,0)$, il est donc réduit à $\{0\}$, et φ est bien injectif. ■

Cette application réalise donc un isomorphisme de l'anneau $\mathbb{R}$ sur son image, qui est le sous-anneau $\mathbb{R}\times\{0\}$ de $\mathbb{C}$. *On convient d'identifier $\mathbb{R}$ à ce sous-anneau et chaque réel $a\in\mathbb{R}$ à son image $(a,0)\in\mathbb{C}$.* C'est un procédé courant en algèbre (*cf.* l'identification de $\mathbb{N}$ avec son image dans $\mathbb{Z}$, celle de $\mathbb{Z}$ avec son image dans $\mathbb{Q}$, ou bien celle de $\mathbb{Q}$ avec son image dans $\mathbb{R}$).

Définition 1. On note i l'élément $(0,1)$ de $\mathbb{C}$.

Cette écriture est justifiée par les égalités $\mathrm{i}^2=(0,1)\times(0,1)=(-1,0)$, soit, avec l'identification ci-dessus, $\mathrm{i}^2=-1$.

Proposition 3. Tout élément de $\mathbb{C}$ s'écrit d'une façon et d'une seule sous la forme $a+b\mathrm{i}$, avec $a,b\in\mathbb{R}$. On a les égalités :

$$(a_1+b_1\mathrm{i})+(a_2+b_2\mathrm{i})=(a_1+a_2)+(b_1+b_2)\mathrm{i},$$
$$(a_1+b_1\mathrm{i})(a_2+b_2\mathrm{i})=(a_1a_2-b_1b_2)+(b_1a_2+a_1b_2)\mathrm{i}.$$

Démonstration. Puisque $a+b\mathrm{i}=(a,0)+(b,0)(0,1)=(a,b)$, l'existence et l'unicité de l'écriture indiquée sont claires. Les deux formules qui suivent ne font que plagier la définition de l'addition et de la multiplication dans $\mathbb{C}$. ■

Nous écrirons donc sous la forme $a+b\mathrm{i}$ l'élément (a,b) de $\mathbb{C}$.
Le cas où $b=0$ correspond à $a+0\mathrm{i}$, soit le couple $(a,0)$, qui a été identifié au nombre réel a : on l'écrira donc a. Le cas où $a=0$ correspond au couple $(0,b)$ que l'on écrira $0+b\mathrm{i}=b\mathrm{i}$; on dira que ce nombre est *un imaginaire pur*. Les éléments de $\mathbb{C}$ seront appelés *nombres complexes*.

Théorème 4. Soit $\tilde{\mathbb{C}}$ un un anneau commutatif dont $\mathbb{R}$ est un sous-anneau et engendré sur $\mathbb{R}$ par un élément $\tilde{\imath}$ de carré -1. Il existe alors un unique isomorphisme de $\mathbb{C}$ dans $\tilde{\mathbb{C}}$ dont la restriction à $\mathbb{R}$ est l'identité et par lequel l'image de i est $\tilde{\imath}$.

Démonstration. Le lecteur vérifiera en effet que l'application $a+b\mathrm{i}\mapsto a+b\tilde{\imath}$ de $\mathbb{C}$ dans $\tilde{\mathbb{C}}$ est la seule qui convienne. ■

Exercice 1.
Déterminer, sans référence au théorème, tous les automorphismes de $\mathbb{C}$ dont la restriction à $\mathbb{R}$ est l'identité. Ceux-ci forment un (groupe pour la composition) noté $\mathrm{Aut}(\mathbb{C}\mid\mathbb{R})$ dont l'identité et la conjugaison sont évidemment éléments.

Solution. Soit σ un tel automorphisme. Pour $x, y \in \mathbb{R}$, on a :

$$\begin{aligned} \sigma(x+y\mathrm{i}) &= \sigma(x) + \sigma(y)\sigma(\mathrm{i}) && \text{(car } \sigma \text{ est un automorphisme de corps)} \\ &= x + y\sigma(\mathrm{i}) && \text{(car la restriction de } \sigma \text{ à } \mathbb{R} \text{ est l'identité)} \\ \text{et} \quad \sigma(\mathrm{i})^2 &= \sigma(\mathrm{i}^2) && \text{(car } \sigma \text{ est un automorphisme de corps)} \\ &= \sigma(-1) = -1 && \text{(car la restriction de } \sigma \text{ à } \mathbb{R} \text{ est l'identité).} \end{aligned}$$

On en déduit que $\sigma(\mathrm{i})^2 = \mathrm{i}^2$, d'où $\sigma(\mathrm{i}) = \pm\mathrm{i}$. En effet, dans tout anneau commutatif intègre (donc dans $\mathbb{C}$), on a l'implication $a^2 = b^2 \Rightarrow a = \pm b$. On distingue alors deux cas : si $\sigma(\mathrm{i}) = \mathrm{i}$, on a $\sigma(x+y\mathrm{i}) = x + y\mathrm{i}$ pour tous $x, y \in \mathbb{R}$ et l'automorphisme σ est l'identité. Sinon, $\sigma(\mathrm{i}) = -\mathrm{i}$, et l'on a $\sigma(x+y\mathrm{i}) = x - y\mathrm{i}$ pour tous $x, y \in \mathbb{R}$: c'est l'automorphisme de conjugaison (voir 2.3). On retrouve cet automorphisme en appliquant le théorème ci-dessus à $\tilde{\mathbb{C}} = \mathbb{C}$ et $\tilde{\imath} = -\mathrm{i}$. En conclusion, on a l'égalité $\mathrm{Aut}(\mathbb{C} \mid \mathbb{R}) = \{\mathrm{Id}_{\mathbb{C}}, \sigma\}$.

La construction de $\mathbb{C}$ est achevée. Dans la pratique, le complexe $x + y\mathrm{i}$ est plutôt noté $x + \mathrm{i}y$, et nous nous conformerons à cet usage dès la prochaine section.

2 Règles élémentaires de calcul

Le lecteur qui le désire peut entamer ici l'étude des nombres complexes, quitte à admettre certains résultats élémentaires.

2.1 Représentation cartésienne

Un *nombre complexe* est un nombre $z = x + \mathrm{i}y$, où x et y sont des réels et où i désigne un « nombre imaginaire » de carré -1. On parle aussi plus brièvement du *complexe* z. L'ensemble des complexes est noté :

$$\mathbb{C} := \{x + \mathrm{i}y \mid x, y \in \mathbb{R}\}.$$

Tout complexe $z \in \mathbb{C}$ s'écrit de manière unique $z = x + \mathrm{i}y$, avec $x, y \in \mathbb{R}$. Autrement dit, l'application $(x, y) \mapsto x + \mathrm{i}y$ de $\mathbb{R}^2$ dans $\mathbb{C}$ est bijective.

Définition 2. L'écriture $z = x + \mathrm{i}y$ est appelée *représentation cartésienne* ou *algébrique* du nombre complexe $z \in \mathbb{C}$. On appelle *partie réelle de* z le réel $\mathrm{Re}\, z := x$ et *partie imaginaire de* z le réel $\mathrm{Im}\, z := y$.

En principe, il ne devrait pas y avoir de confusion avec la notation $\mathrm{Im}\, f$ pour l'image d'une application f. On prendra garde que *la partie imaginaire d'un nombre complexe est un nombre réel.*

Pour vérifier l'égalité de deux nombres complexes, il suffit donc de vérifier séparément l'égalité de leurs parties réelles et l'égalité de leurs parties imaginaires. Ainsi, une égalité dans $\mathbb{C}$ correspond, de manière générale, à deux égalités dans $\mathbb{R}$. Comme on le verra, cela exprime le fait que $\mathbb{C}$ est un espace vectoriel de dimension 2 sur $\mathbb{R}$. On convient d'identifier le nombre réel $x \in \mathbb{R}$ au nombre complexe $x + 0\mathrm{i} \in \mathbb{C}$. De même, on notera $\mathrm{i}y$ le *nombre imaginaire pur* $0 + \mathrm{i}y \in \mathbb{C}$. Ainsi, pour tout complexe $z \in \mathbb{C}$:

$$z \text{ est réel} \iff \mathrm{Im}\, z = 0 \qquad \text{et} \qquad z \text{ est imaginaire pur} \iff \mathrm{Re}\, z = 0.$$

Définition 3. La somme des complexes $z = x + \mathrm{i}y$ et $z' = x' + \mathrm{i}y'$ est le complexe :

$$z + z' := (x + x') + \mathrm{i}(y + y') \in \mathbb{C}.$$

Le produit des complexes $z = x + \mathrm{i}y$ et $z' = x' + \mathrm{i}y'$ est le complexe :

$$z \times z' := (xx' - yy') + \mathrm{i}(xy' + yx') \in \mathbb{C}.$$

On le notera également $z.z'$, ou zz'.

En particulier, le produit du complexe $y = y + \mathrm{i}0$ et du complexe $\mathrm{i} = 0 + \mathrm{i}1$ est $\mathrm{i}y$; de même, la somme du complexe $x = x + \mathrm{i}0$ et du complexe $\mathrm{i}y = 0 + \mathrm{i}y$ est le complexe $x + \mathrm{i}y$. Nos notations sont donc cohérentes !

Quand nous parlerons du complexe $z = x + \mathrm{i}y$, nous sous-entendrons en général qu'il s'agit là de sa représentation cartésienne ; x et y sont donc implicitement supposés réels : $x = \operatorname{Re} z$ et $y = \operatorname{Im} z$. En l'absence de cette convention, beaucoup de formules deviendraient fausses. Par exemple, le lecteur est invité à examiner la validité de l'égalité $\operatorname{Re}(x + \mathrm{i}y) = x$ lorsque $x = 1$ et $y = \mathrm{i}$.

De la section 1, on retiendra que $(\mathbb{C}, +)$ est un groupe commutatif d'élément neutre $0 = 0 + 0\mathrm{i}$; l'opposé de $z = x + \mathrm{i}y$ y est donné par la formule : $-z = (-x) + \mathrm{i}(-y)$. Le lien entre l'addition de $\mathbb{R}$ et celle de $\mathbb{C}$ s'exprime par les règles suivante :

$$\operatorname{Re}(z + z') = \operatorname{Re} z + \operatorname{Re} z', \tag{1}$$

$$\operatorname{Im}(z + z') = \operatorname{Im} z + \operatorname{Im} z'. \tag{2}$$

Pour tout réel λ et tout complexe $z = x + \mathrm{i}y$, on a posé $\lambda.z := (\lambda x) + \mathrm{i}(\lambda y)$. Cette multiplication, qui est un cas particulier de la multiplication interne de $\mathbb{C}$ (cas où le premier facteur est réel), fait du groupe additif $\mathbb{C}$ un espace vectoriel sur le corps $\mathbb{R}$. Avec ces notations, on a les règles :

$$\operatorname{Re}(\lambda z) = \lambda \operatorname{Re} z \tag{3}$$

$$\operatorname{Im}(\lambda z) = \lambda \operatorname{Im} z, \tag{4}$$

qui ne sont, bien sûr, valables, *que si λ est réel.*

Proposition 5. (i) Les applications Re et Im sont des applications linéaires surjectives du $\mathbb{R}$-espace vectoriel $\mathbb{C}$ sur le $\mathbb{R}$-espace vectoriel $\mathbb{R}$. Le noyau de Im est le sous-espace vectoriel $\mathbb{R}$ de $\mathbb{C}$. Le noyau de Re est le sous-espace vectoriel $\mathbb{R}\mathrm{i} = \{\mathrm{i}y \mid y \in \mathbb{R}\}$ de $\mathbb{C}$ formé des imaginaires purs.
(ii) L'application $(x, y) \mapsto x + \mathrm{i}y$ est un isomorphisme de l'espace vectoriel $\mathbb{R}^2$ sur l'espace vectoriel $\mathbb{C}$. L'isomorphisme réciproque est $z \mapsto (\operatorname{Re} z, \operatorname{Im} z)$.

Démonstration. Elle découle des règles précédentes et sera omise. ∎

Corollaire 6. L'image de la base canonique de $\mathbb{R}^2$ par l'isomorphisme ci-dessus est la base $(1, \mathrm{i})$ du $\mathbb{R}$-espace vectoriel $\mathbb{C}$, qui est donc de dimension 2.

Démonstration. Elle est immédiate en vertu du module II.3. ∎

⚠ Tout corps est naturellement muni d'une structure d'espace vectoriel sur lui-même, et cet espace vectoriel est de dimension 1, car il admet la base (1) (famille réduite à un seul élément). Ainsi, $\mathbb{C}$ est un $\mathbb{C}$-espace vectoriel de dimension 1, tout en étant un $\mathbb{R}$-espace vectoriel de dimension 2, qui admet la base $(1, \mathrm{i})$ d'après le corollaire. De même, les applications Re et Im sont-elles $\mathbb{R}$-linéaires (règles (3) et (4) de la page 250), mais elles ne sont pas $\mathbb{C}$-linéaires : calculer $\mathrm{Re}(\mathrm{i}z)$ et $\mathrm{Im}(\mathrm{i}z)$ lorsque $z = 1$ ou i.

Nous nous intéressons maintenant à la multiplication. De la section 1, on retiendra que $(\mathbb{C}, +, \times)$ est un anneau commutatif. L'élément neutre de la multiplication (l'unité) est le complexe $1 = 1 + 0\mathrm{i}$. C'est même un corps, car tout élément non nul admet un inverse. En effet, le complexe $z = x + \mathrm{i}y$ est non nul si, et seulement si, $(x, y) \neq (0, 0)$, ce qui équivaut à $x^2 + y^2 > 0$ (il s'agit de réels). On peut alors calculer : $z^{-1} = \dfrac{x}{x^2 + y^2} + \mathrm{i}\dfrac{-y}{x^2 + y^2}$, et vérifier que $zz^{-1} = z^{-1}z = 1$. Notant selon l'usage $\mathbb{C}^* = \mathbb{C} \setminus \{0\}$, on a donc bien un groupe multiplicatif $(\mathbb{C}^*, \times)$.

Théorème 7. L'addition et la multiplication font de $\mathbb{C}$ un corps commutatif.

2.2 Le plan d'Argand-Cauchy

L'identification du corps $\mathbb{R}$ avec une droite permet de prouver algébriquement des théorèmes de géométrie et, réciproquement, d'employer un langage géométrique (points, segments, distances ...) pour parler de nombres. Nous allons pareillement donner une image géométrique du corps $\mathbb{C}$. Nous n'indiquons ici que les rudiments de cette représentation. Les applications géométriques seront décrites en 4. Considérons un plan Π, appelé le *plan d'Argand-Cauchy*, muni d'un repère orthonormé $(O, \vec{u}, \vec{v})$. Ainsi, le point $M(x, y)$ du plan Π de coordonnées $(x, y) \in \mathbb{R}^2$, est caractérisé par la relation : $\overrightarrow{OM} = x\vec{u} + y\vec{v}$.

Définition 4. (i) On dit que le complexe $z = x + \mathrm{i}y$ est *l'affixe* du point $M(x, y)$ et on le note $\mathrm{Aff}(M)$ (le mot *affixe* est un nom féminin).
Réciproquement, le point M est appelé *(point) image* du complexe z et noté $[z]$.
(ii) Soit $\vec{V}$ un vecteur de coordonnées (ξ, η). On appelle *affixe* de $\vec{V}$ le nombre complexe $\zeta = \xi + \mathrm{i}\eta$. On le note $\mathrm{Aff}(\vec{V})$.
Réciproquement, $\vec{V}$ est appelé *(vecteur) image* du complexe ζ et noté $[\vec{\zeta}]$.

Ainsi, si $z = \mathrm{Aff}(M)$, l'abscisse de M est $\mathrm{Re}\, z$ et son ordonnée est $\mathrm{Im}\, z$.

Soient $M(x, y)$ et $M'(x', y')$ deux points de Π. Le vecteur $\vec{V} = \overrightarrow{MM'}$ a pour coordonnées $(\xi, \eta) = (x' - x, y' - y)$: $\vec{V} = \xi\vec{u} + \eta\vec{v}$. On déduit immédiatement de ces définitions les règles suivantes :

$$\overrightarrow{[z][z']} = \overrightarrow{[z'-z]}, \quad \text{Aff}(\overrightarrow{MM'}) = \text{Aff}(M') - \text{Aff}(M).$$

Comme première série d'applications, décrivons le lien entre certaines opérations sur les complexes et certaines transformations simples du plan.

Exemples.

1. Soit $\overrightarrow{V}$ un vecteur de coordonnées (a,b). La *translation de vecteur* $\overrightarrow{V}$ transforme le point $M(x,y)$ en le point $M'(x+a, y+b)$. Ainsi :
$$\text{Aff}(M') = \text{Aff}(M) + \text{Aff}(\overrightarrow{V}).$$
2. Soit λ un réel. L'*homothétie de rapport* λ *et de centre* O transforme le point $M(x,y)$ en le point $M'(\lambda x, \lambda y)$. Ainsi :
$$\text{Aff}(M') = \lambda\ \text{Aff}(M).$$
3. En particulier, la *symétrie centrale de centre* O, qui n'est autre que l'homothétie de rapport -1, transforme $M(x,y)$ en $M'(-x,-y)$:
$$\text{Aff}(M') = -\text{Aff}(M).$$
4. La *rotation de centre* O *et d'angle* $\pi/2$ transforme $\vec{u}$ en $\vec{v}$ et $\vec{v}$ en $-\vec{u}$, donc $M(x,y)$ en $M'(x',y')$, avec $x'\vec{u} + y'\vec{v} = x\vec{v} + y(-\vec{u})$, d'où $(x',y') = (-y,x)$.
Alors $x' + \text{i}y' = -y + \text{i}x = \text{i}\,(x + \text{i}y)$:
$$\text{Aff}(M') = \text{i}\ \text{Aff}(M).$$

Exercice 2.

Décrire l'homothétie de rapport λ et de centre A et la similitude directe de centre A, de rapport λ et d'angle $k\pi/2$ $(k \in \mathbb{Z})$.

Solution. Soient M' et M'' les images de M par ces deux transformations.

On a $\overrightarrow{AM'} = \lambda\,\overrightarrow{AM}$, d'où $\text{Aff}(M') - \text{Aff}(A) = \lambda\big(\text{Aff}(M) - \text{Aff}(A)\big)$.

On en conclut : $\text{Aff}(M') = \lambda\,\text{Aff}(M) + (1-\lambda)\,\text{Aff}(A)$. Le vecteur $\overrightarrow{AM''}$ s'obtient à partir de $\overrightarrow{AM}$ en multipliant par λ et en tournant k fois de $\pi/2$ (ou $-k$ fois de $-\pi/2$). Ainsi : $\text{Aff}(M'') - \text{Aff}(A) = \lambda\,\text{i}^k\big(\text{Aff}(M) - \text{Aff}(A)\big)$.

On laisse au lecteur le calcul de $\text{Aff}(M'')$; il y a une discussion sur la valeur de i^k, qui ne dépend que de $k \mod 4$, car $\text{i}^4 = (-1)^2 = 1$.

Voici enfin une détermination de *lieu géométrique* (partie du plan).

Exemple. La droite reliant les points $M_0 = [z_0]$ et $M_1 = [z_1]$ (supposés distincts) est formée des points M tels que l'on puisse écrire $\overrightarrow{M_0M} = t\,\overrightarrow{M_0M_1}$ pour un réel t. Ce sont donc les points d'affixes $z = tz_1 + (1-t)z_0$, $t \in \mathbb{R}$.
Les points du segment reliant M_0 et M_1 sont caractérisés par la condition $0 \leqslant t \leqslant 1$. Ce sont donc les points d'affixes $z = tz_1 + (1-t)z_0$, $t \in [0,1]$.

2.3 Conjugaison

Définition 5. Le *conjugué* du complexe $z \in \mathbb{C}$ est le complexe $\overline{z} := \operatorname{Re} z - \mathrm{i} \operatorname{Im} z$; en représentation cartésienne :

$$\overline{x + \mathrm{i}y} = x - \mathrm{i}y. \tag{5}$$

Nous donnerons sans preuve quelques règles de calcul et de raisonnement concernant le conjugué ; le lecteur est invité à les vérifier.

$$\overline{\overline{z}} = z, \tag{6}$$

$$\overline{z + z'} = \overline{z} + \overline{z'}, \tag{7}$$

$$\overline{zz'} = \overline{z}\,\overline{z'}, \tag{8}$$

$$\forall \lambda \in \mathbb{R}\,,\ \overline{\lambda z} = \lambda\,\overline{z}, \tag{9}$$

$$\operatorname{Re} z = \frac{1}{2}(z + \overline{z}), \tag{10}$$

$$\operatorname{Im} z = \frac{1}{2\mathrm{i}}(z - \overline{z}) = \frac{\mathrm{i}}{2}(\overline{z} - z), \tag{11}$$

$$z \in \mathbb{R} \Longleftrightarrow \overline{z} = z, \tag{12}$$

$$z \in \mathbb{R}\mathrm{i} \Longleftrightarrow \overline{z} = -z. \tag{13}$$

Dans la règle (11), on prendra garde au dénominateur.

Proposition 8. La conjugaison est un automorphisme involutif du corps commutatif $\mathbb{C}$. C'est également un automorphisme du $\mathbb{R}$-espace vectoriel $\mathbb{C}$.

Démonstration. C'est une traduction des règles (6) à (9). ■

Exemple. La *symétrie par rapport à l'axe des abscisses* transforme $M(x,y)$ en $M'(x,-y)$, d'affixe $\operatorname{Aff}(M') = \overline{\operatorname{Aff}(M)}$. La *symétrie par rapport à l'axe des ordonnées* transforme $M(x,y)$ en $M''(-x,y)$, d'affixe $\operatorname{Aff}(M'') = -\overline{\operatorname{Aff}(M)}$.

La conjugaison va nous fournir un moyen commode de tester si deux vecteurs sont parallèles, voire de même sens. On dira que les complexes z et z' sont *réellement liés* s'il existe $\lambda, \lambda' \in \mathbb{R}$ non tous deux nuls tels que $\lambda z = \lambda' z'$. On dira que z et z' sont *positivement liés* si les réels λ, λ' peuvent être de plus choisis de même signe (au sens large). Les complexes $z, z' \in \mathbb{C}$ sont donc réellement liés (resp. positivement liés) si, et seulement si, les vecteurs (x,y) et (x',y') de $\mathbb{R}^2$ sont proportionnels (resp. proportionnels avec coefficient de proportionnalité positif). Si l'un des complexes z, z' est nul, ils sont réellement liés et positivement liés. Si $z \neq 0$, ils sont réellement liés (resp. positivement liés) si, et seulement si, $\dfrac{z'}{z} \in \mathbb{R}$ (resp. $\dfrac{z'}{z} \in \mathbb{R}_+$).

Lemme 9. Les complexes z et z' sont réellement liés (resp. positivement liés) si, et seulement si, $\overline{z}z' \in \mathbb{R}$ (resp. $\overline{z}z' \in \mathbb{R}_+$).

Démonstration. Si $z = 0$, c'est clair. Sinon, on remarque que $\dfrac{z'}{z} = \dfrac{1}{A}\overline{z}z'$, où $A = z\overline{z} \in \mathbb{R}_+^*$, ce qui rend évidentes les équivalences énoncées. ■

Exemples.

1. Soit à déterminer la droite D passant par le point $M_0(x_0, y_0)$ et parallèle à la direction de vecteur directeur $\overrightarrow{V} = a\vec{u} + b\vec{v} \neq \vec{0}$. Notant $w = \text{Aff}(\overrightarrow{V})$, $z_0 = \text{Aff}(M_0)$ et $z = \text{Aff}(M)$, on voit que $M \in D$ si, et seulement si, les vecteurs $\overrightarrow{AM}$ et $\overrightarrow{V}$ sont liés. Cela équivaut à $\overline{w}(z - z_0) \in \mathbb{R}$, donc à $\text{Im}\big(\overline{w}(z - z_0)\big) = 0$. On retrouve l'équation $b(x - x_0) - a(y - y_0) = 0$.

2. Soit à déterminer la droite D' passant par le point $M_0(x_0, y_0)$ et perpendiculaire à la direction de vecteur directeur $\overrightarrow{V} = a\vec{u} + b\vec{v} \neq \vec{0}$. La rotation d'angle $\pi/2$ multiplie l'affixe de ce vecteur par i. Avec les mêmes notations que précédemment, on voit donc que $M \in D'$ si, et seulement si, $\overline{\mathrm{i}w}(z - z_0) \in \mathbb{R}$, c'est-à-dire $\overline{w}(z - z_0) \in \mathbb{R}\mathrm{i}$, ou encore $\text{Re}\big(\overline{w}(z - z_0)\big) = 0$. On retrouve l'équation $a(x - x_0) + b(y - y_0) = 0$.

Au passage, nous avons trouvé un critère d'orthogonalité. Soient $z = \text{Aff}(\overrightarrow{V})$ et $z' = \text{Aff}(\overrightarrow{V'})$, alors :

$$\overrightarrow{V} \perp \overrightarrow{V'} \iff \text{Re}(\overline{z}z') = 0. \tag{14}$$

2.4 Module

Définition 6. On appelle *norme algébrique* du complexe z le réel $N(z) := z\overline{z}$.

En représentation cartésienne, si $z = x + \mathrm{i}y$:

$$N(z) = z\overline{z} = (x + \mathrm{i}y)(x - \mathrm{i}y) = x^2 - y^2\mathrm{i}^2 = x^2 + y^2,$$

qui est bien un réel. On tire immédiatement de cette formule :

$$N(z) \geqslant 0, \tag{15}$$

$$N(z) = 0 \iff z = 0, \tag{16}$$

$$\forall x \in \mathbb{R}\ ,\ N(x) = x^2. \tag{17}$$

Exercice 3.
Utiliser la norme algébrique de $z \in \mathbb{C}^*$ pour diviser simplement par z dans $\mathbb{C}$ (penser à « la quantité conjuguée »).

Solution. L'inverse de la norme de z est le réel strictement positif $\dfrac{1}{N(z)}\cdot$ Soit $z' = x' + \mathrm{i}y'$ un autre complexe. Pour diviser, on « multiplie en haut et en bas par la quantité conjuguée » :

$$\begin{aligned}\frac{z'}{z} = \frac{z'\overline{z}}{z\overline{z}} = \frac{z'\overline{z}}{N(z)} = \frac{1}{N(z)}z'\overline{z} = \frac{1}{N(z)}(x' + \mathrm{i}y')(x - \mathrm{i}y)\\ = \frac{1}{N(z)}\big((xx' + yy') + \mathrm{i}(xy' - yx')\big) = \frac{xx' + yy'}{N(z)} + \mathrm{i}\frac{xy' - yx'}{N(z)}\\ = \frac{xx' + yy'}{x^2 + y^2} + \mathrm{i}\frac{xy' - yx'}{x^2 + y^2}\cdot\end{aligned}$$

Proposition 10. On a les égalités :

$$N(\overline{z}) = N(z) \tag{18}$$

$$\forall \lambda \in \mathbb{R}\,,\ N(\lambda z) = \lambda^2 N(z) \tag{19}$$

$$N(zz') = N(z)N(z'), \tag{20}$$

$$N(z + z') = N(z) + N(z') + 2\,\mathrm{Re}(\overline{z}z') \tag{21}$$

$$N(z - z') = N(z) + N(z') - 2\,\mathrm{Re}(\overline{z}z') \tag{22}$$

$$\mathrm{Re}(\overline{z}z') = \frac{1}{4}\left(N(z + z') - N(z - z')\right)\cdot \tag{23}$$

Démonstration. Les deux premières égalités sont immédiates, la suivante est conséquence de la règle 8 de la page 253. Pour prouver la quatrième , on écrit :

$$N(z + z') = (z + z')(\overline{z} + \overline{z'}) = z\overline{z} + z\overline{z'} + z'\overline{z} + z'\overline{z'} = N(z) + N(z') + z\overline{z'} + z'\overline{z},$$

et l'on conclut en remarquant que $z\overline{z'} + z'\overline{z} = z\overline{z'} + \overline{z\overline{z'}} = 2\,\mathrm{Re}(\overline{z}z')$. Les deux dernières règles s'en déduisent facilement. ■

Définition 7. Le *module* du nombre complexe z est le réel positif $|z| := \sqrt{N(z)}$.

Puisque $N(z) \geqslant 0$, cette définition est justifiée. La racine carrée d'un réel positif est, par convention, un réel positif. En représentation cartésienne :

$$|x + \mathrm{i}y| = \sqrt{x^2 + y^2}. \tag{24}$$

Cette formule est identique à celle qui donne la longueur en géométrie euclidienne. On tire des propriétés de la norme :

$$|z| \geqslant 0, \tag{25}$$

$$|z| = 0 \iff z = 0. \tag{26}$$

De plus, pour un réel x, le module de x est égal à sa valeur absolue. Nous allons traduire en termes de modules la proposition 10 de la page précédente. Pour cela, il nous faudra une traduction algébrique de *l'inégalité de Cauchy-Schwarz* :

Lemme 11. Soient $z, z' \in \mathbb{C}$.
Alors $\operatorname{Re}(\overline{z}z') \leqslant |z|\,|z'|$, avec égalité si, et seulement si, z et z' sont positivement liés.

Démonstration. Si $z = 0$, l'inégalité est vérifiée et les complexes sont positivement liés. Dans le cas contraire, on peut diviser les deux membres de l'inégalité par le réel strictement positif $N(z) = z\overline{z}$, ce qui la transforme en : $\operatorname{Re}\dfrac{z'}{z} \leqslant \left|\dfrac{z'}{z}\right|\cdot$ On est donc ramené à prouver, pour tout complexe w, que $\operatorname{Re}(w) \leqslant |w|$ avec égalité si, et seulement si, $w \in \mathbb{R}_+$. Pour cela, on écrit $w = a + \mathrm{i}b$, $\operatorname{Re}(w) = a$ et $|w| = \sqrt{a^2 + b^2}$: c'est alors immédiat. ■

Plus généralement, on a l'inégalité : $\left|\operatorname{Re}(\overline{z}z')\right| \leqslant |z|\,|z'|$, avec égalité si, et seulement si, z et z' sont réellement liés. En effet, $|z|\,|z'|^2 = N(\overline{z}z') = \left(\operatorname{Re}(\overline{z}z')\right)^2 + \left(\operatorname{Im}(\overline{z}z')\right)^2$, et il suffit d'appliquer le lemme 9 de la page 254.

Proposition 12. Soient $z, z' \in \mathbb{C}$. Alors :
$$|\overline{z}| = |z| \tag{27}$$
$$|z + z'| \leqslant |z| + |z'|, \tag{28}$$
$$|zz'| = |z|\,|z'|. \tag{29}$$
Pour que l'inégalité (28) soit une égalité, il faut, et il suffit, que z et z' soient positivement liés.

Démonstration. Les égalités et l'inégalité portant sur des réels positifs, on peut les élever au carré. Elles découlent alors de la proposition 10 de la page précédente et (pour l'inégalité) du lemme 11. ■

L'inégalité (28) est appelée *(première) inégalité du triangle*, ce que l'on comprend aisément en interprétant le module comme une longueur. En l'appliquant à z' et $z - z'$, on obtient $|z - z'| \geqslant |z| - |z'|$; on prouve de même $|z - z'| \geqslant |z'| - |z|$ d'où la *deuxième inégalité du triangle* :
$$|z - z'| \geqslant \big||z| - |z'|\big|. \tag{30}$$
La norme algébrique n'est pas une norme au sens du cours d'analyse de L2, par exemple parce que l'on n'a pas $N(\lambda z) = |\lambda|\,N(z)$. En revanche, en vertu des règles ci-dessus, le module l'est. Nous allons maintenant passer à son interprétation géométrique. Pour un vecteur $\overrightarrow{V}$ d'affixe w, la longueur (ou norme euclidienne) vaut $|w|$; de même, pour deux points M, M' d'affixes respectifs z, z', la distance vaut $|z' - z|$, d'où les formules :
$$\|\overrightarrow{V}\| = |\operatorname{Aff}(\overrightarrow{V})| \qquad \text{et} \qquad MM' = \left|\operatorname{Aff}(M') - \operatorname{Aff}(M)\right|.$$
L'inégalité du triangle démontrée plus haut s'exprime en disant que, pour trois points A, B, C quelconques, on a $AC \leqslant AB + BC$, avec égalité si, et seulement si, $\overrightarrow{AB}$ et $\overrightarrow{BC}$

sont positivement liés, c'est-à-dire si les points sont alignés et B entre A et C. On le prouve en appliquant la règle (28) aux complexes $\mathrm{Aff}(B) - \mathrm{Aff}(A)$ et $\mathrm{Aff}(C) - \mathrm{Aff}(B)$.

Exemple. Le théorème de Pythagore dit que $AC^2 = AB^2 + BC^2$ si, et seulement si, $\overrightarrow{AB} \perp \overrightarrow{BC}$. En termes de complexes, selon la caractérisation (14) de l'orthogonalité, il s'agit de démontrer que $N(z+z') = N(z) + N(z')$ si, et seulement si, $\mathrm{Re}(\overline{z}z') = 0$. Pour cela, on applique la règle (21).

Exercice 4.

Soit I le milieu des points A' et A''.

Montrer que M est équidistant de A' et A'' si, et seulement si, $\overrightarrow{IM} \perp \overrightarrow{A'A''}$.

Solution. Notons z, z', z'', Z et W les affixes respectives de M, A', A'', $\overrightarrow{IM}$ et $\overrightarrow{A'A''}$. On a $z - z' = Z + W/2$ et $z - z'' = Z - W/2$, d'où :

$$\begin{aligned} MA' = MA'' &\iff |Z + W/2| = |Z - W/2| \\ &\iff N(Z + W/2) - N(Z - W/2) = 0 \\ &\iff \mathrm{Re}\,\overline{Z}W = 0, \end{aligned}$$

et l'on applique encore (14). Le même calcul permet d'ailleurs de caractériser les points plus proches de A' que de A'' (par exemple) : ce sont ceux tels que $\mathrm{Re}\,\overline{Z}W \leqslant 0$. Ils forment donc un demi-plan ouvert de frontière la médiatrice, celui qui contient A', bien sûr.

Définition 8. Soient $z_0 \in \mathbb{C}$ et $r \in \mathbb{R}$. En vertu de l'identification de $\mathbb{C}$ avec le plan d'Argand-Cauchy, on appelle respectivement *disque ouvert, disque fermé et cercle de centre* z_0 *et de rayon* r les ensembles $\overset{\circ}{D}(z_0, r) := \{z \in \mathbb{C} \mid |z - z_0| < r\}$, $\overline{D}(z_0, r) := \{z \in \mathbb{C} \mid |z - z_0| \leqslant r\}$ et $\partial D(z_0, r) := \{z \in \mathbb{C} \mid |z - z_0| = r\}$.

Si $r < 0$, ces trois ensembles sont vides.
Si $r = 0$, le premier est vide et les deux autres réduits à $\{z_0\}$.

Exercice 5.

À quelle condition $\overset{\circ}{D}(z_0, r)$ et $\overset{\circ}{D}(z'_0, r')$ se rencontrent-ils ?

Solution. Un dessin suggère la condition $|z'_0 - z_0| < r + r'$. On vérifie d'abord qu'elle est nécessaire : si $z \in \overset{\circ}{D}(z_0, r) \cap \overset{\circ}{D}(z'_0, r')$, il suffit d'appliquer l'inégalité du triangle à $z - z_0$ et $z'_0 - z$.

Supposons la condition vérifiée. On cherchera un point commun sur le segment qui relie les centres, donc sous la forme $tz_0 + (1-t)z'_0$, $t \in [0, 1]$ (exemple de la page 252). Pour que z soit dans les deux disques, il faut, et il suffit, que $t < \dfrac{r'}{|z'_0 - z_0|}$ et $1 - t < \dfrac{r}{|z'_0 - z_0|}$.

En vertu de l'hypothèse, le réel $t := \dfrac{r'}{r + r'}$ convient.

2.5 Racines carrées

On sait que les carrés des nombres réels sont exactement les nombres positifs, que 0 est le carré d'un seul réel (lui-même) et que tout réel strictement positif x est le carré d'exactement deux réels opposés. Ceux-ci sont appelés *les* racines carrées de x et celui qui est positif est appelé *la* racine carrée de x. Dans le corps des complexes, la situation est un peu plus compliquée : nous prouverons que tout complexe non nul admet deux racines carrées ; malheureusement, il n'y a pas de moyen naturel d'attacher à chaque complexe une racine carrée privilégiée.

Définition 9. On dit que $w \in \mathbb{C}$ est *une racine carrée* de $z \in \mathbb{C}$ si $z^2 = w$.

La seule racine carrée de 0 est 0 lui-même. Si un complexe non nul z admet une racine carrée w, il en a exactement deux, qui sont w et $-w$. En effet, z et w étant donnés tels que $w^2 = z$, on a les équivalences : $w'^2 = z \Leftrightarrow w'^2 = w^2 \Leftrightarrow w' = \pm w$, en vertu de l'identité remarquable $w'^2 - w^2 = (w' - w)(w' + w)$ et de l'intégrité de l'anneau $\mathbb{C}$. Un réel x strictement positif a donc toujours deux racines carrées réelles opposées dans $\mathbb{C}$, et nous conserverons la notation $\sqrt{x}$ pour désigner celle qui est positive. Si x est un réel négatif, ses racines carrées sont $\pm \mathrm{i}\sqrt{-x}$. En effet, cette notation a un sens puisque $-x > 0$; et, par ailleurs, $\left(\pm \mathrm{i}\sqrt{-x}\right)^2 = (-1)(-x) = x$.

Proposition 13. Tout complexe admet des racines carrées.

Démonstration. Si $z = x + \mathrm{i}y$ est un réel, cela résulte des arguments précédents. Nous supposons donc $y \neq 0$ et nous cherchons à résoudre l'équation $w^2 = z$ avec $w = u + v\mathrm{i}$.

De l'égalité $(u + \mathrm{i}v)^2 = (u^2 - v^2) + 2\mathrm{i}uv$, on déduit l'équivalence :

$$w^2 = z \Longleftrightarrow \left\{u^2 - v^2 = x \qquad \text{et} \qquad 2uv = y\right\}.$$

Pour faciliter le calcul, remarquons que, si $w^2 = z$, on a $|w| = \sqrt{|z|}$, d'où l'égalité $u^2 + v^2 = \sqrt{x^2 + y^2}$. On en déduit l'équivalence légèrement améliorée :

$$w^2 = z \Longleftrightarrow \begin{cases} u^2 - v^2 = x \\ u^2 + v^2 = \sqrt{x^2 + y^2} \\ 2uv = y \end{cases}$$

Le système formé des deux premières égalités équivaut à :

$$u^2 = \frac{\sqrt{x^2 + y^2} + x}{2} \qquad \text{et} \qquad v^2 = \frac{\sqrt{x^2 + y^2} - x}{2}.$$

Les membres droits de ces égalités sont visiblement positifs. On en tire :

$$w^2 = z \Longleftrightarrow \begin{cases} u = \pm\sqrt{\dfrac{\sqrt{x^2+y^2}+x}{2}} \\ v = \pm\sqrt{\dfrac{\sqrt{x^2+y^2}-x}{2}} \\ 2uv = y \end{cases}$$

Les deux premières égalités entraînent $(uv)^2 = \dfrac{y^2}{4}$, d'où $2uv = \pm y$. Il s'agit donc de choisir les signes de u et v de manière compatible avec celui de y :

1. Si $y > 0$, on prend $u = \sqrt{\dfrac{\sqrt{x^2+y^2}+x}{2}}$ et $v = \sqrt{\dfrac{\sqrt{x^2+y^2}-x}{2}}$.
2. Si $y < 0$, on prend $u = \sqrt{\dfrac{\sqrt{x^2+y^2}+x}{2}}$ et $v = -\sqrt{\dfrac{\sqrt{x^2+y^2}-x}{2}}$.

Dans les deux cas, les racines carrées de z sont $\pm(u + \mathrm{i}v)$. ■

Exercice 6.

Calculer les racines carrées de i.

Solution. Les notations sont celles de la preuve ci-dessus, avec $x = 0$ et $y = 1$. Il faut résoudre le système : $\{u^2 - v^2 = 0 \text{ et } 2uv = 1\}$. De plus, $u^2+v^2 = 1$, d'où $u^2 = v^2 = \dfrac{1}{2}$ et u, v sont de même signe. Finalement, on trouve $\dfrac{\sqrt{2}}{2} + \mathrm{i}\dfrac{\sqrt{2}}{2}$ et $-\dfrac{\sqrt{2}}{2} - \mathrm{i}\dfrac{\sqrt{2}}{2}$.

Exercice 7.

Calculer les racines quatrièmes de i, puis les racines carrées de $-\mathrm{i}$.

Solution. Il s'agit donc des racines carrées de $z = \dfrac{\sqrt{2}}{2} + \mathrm{i}\dfrac{\sqrt{2}}{2}$ et de celles de $-z$. Remarquons que, si w est une racine carrée de z, alors $(\mathrm{i}.w)^2 = -w^2 = -z$: on obtiendra donc les racines carrées de $-z$ en multipliant par i celles de z. Cherchons ces dernières. Nous notons : $x = y = \dfrac{\sqrt{2}}{2}$ et posons : $\left\{u^2 - v^2 = \dfrac{\sqrt{2}}{2} \text{ et } 2uv = \dfrac{\sqrt{2}}{2}\right\}$. On sait de plus que $u^2 + v^2 = 1$, d'où $u = \pm\sqrt{\dfrac{1}{2}\left(1 + \dfrac{\sqrt{2}}{2}\right)}$, $v = \pm\sqrt{\dfrac{1}{2}\left(1 - \dfrac{\sqrt{2}}{2}\right)}$ et u, v doivent être de même signe.

En conclusion, les racines carrées de z sont $\pm\left(\sqrt{\dfrac{1}{2}\left(1 + \dfrac{\sqrt{2}}{2}\right)} + \mathrm{i}\sqrt{\dfrac{1}{2}\left(1 - \dfrac{\sqrt{2}}{2}\right)}\right)$.

En les multipliant par i, on trouve que les racines carrées de $-z$ sont :

$$\pm\left(\sqrt{\frac{1}{2}\left(1+\frac{\sqrt{2}}{2}\right)}-\mathrm{i}\sqrt{\frac{1}{2}\left(1-\frac{\sqrt{2}}{2}\right)}\right).$$

Pour déterminer les racines, carrées de $-\mathrm{i}$ le plus simple est de multiplier par i les racines carrées de i. On trouve ainsi $\pm\left(\frac{\sqrt{2}}{2}-\mathrm{i}\frac{\sqrt{2}}{2}\right)$.

Y a-t-il un moyen raisonnable de choisir une racine carrée particulière pour tout nombre complexe ? Un critère serait la continuité, mais nous prouverons plus loin (page 263) que c'est impossible. On peut s'en convaincre intuitivement en cherchant, parmi les racines possibles, à en choisir « de proche en proche ». *Le lecteur est vivement invité à représenter sur un dessin l'argumentation qui va suivre.* Tous les complexes dont nous allons parler sont de module 1, donc situés sur le cercle trigonométrique. On part de $\sqrt{1}=1$. Les deux racines de -1 sont $\pm\mathrm{i}$ et elles sont équidistantes de 1, ce qui ne permet pas de trancher. Mais, pour les racines de i, la plus proche est $\frac{\sqrt{2}}{2}+\mathrm{i}\frac{\sqrt{2}}{2}$ que nous sélectionnons donc. Il est alors naturel de choisir i comme racine de -1, puis, toujours de proche en proche, $-\frac{\sqrt{2}}{2}+\mathrm{i}\frac{\sqrt{2}}{2}$ comme racine de $-\mathrm{i}$. Pourtant, si l'on était passé de 1 à $-\mathrm{i}$, le critère de proximité aurait plutôt conduit à sélectionner l'autre racine : $+\frac{\sqrt{2}}{2}-\mathrm{i}\frac{\sqrt{2}}{2}$.
Il y a donc une contradiction dans notre processus de choix. C'est ce phénomène qui sous-tend la démonstration que nous donnerons page 263.
Voici un autre critère raisonnable possible pour choisir une racine carrée : il serait bon de disposer de la règle algébrique $\sqrt{xx'}=\sqrt{x}\sqrt{x'}$, dont on sait qu'elle est valide sur $\mathbb{R}_+$. Cela revient à postuler que l'application $x\mapsto\sqrt{z}$ est un morphisme du groupe $\mathbb{C}^*$ dans lui-même. En fait, *il n'existe pas de morphisme f du groupe multiplicatif $\mathbb{C}^*$ dans lui-même tel que l'on ait, $\forall z\neq 0,\ (f(z))^2=z$.* Supposons en effet que f est un tel morphisme. On a $f(1)=1$, puisque f est un morphisme pour la multiplication. Donc $\big(f(-1)\big)^2=f\big((-1)^2\big)=f(1)=1$ (car f est un morphisme), d'où $f(-1)=\pm 1$. Mais, par hypothèse, $f(-1)$ doit être une racine carrée de -1, et $\big(f(-1)\big)^2=-1$, d'où $f(-1)=\pm\mathrm{i}$: contradiction.

2.5.1 Application à l'équation du second degré

Soient $a,b,c\in\mathbb{C}$, avec $a\neq 0$. La mise sous forme canonique du trinôme du second degré donne l'équivalence :

$$az^2+bz+c=0\iff\left(z+\frac{b}{2a}\right)^2=\frac{\Delta}{4a^2},$$

où l'on a noté $\Delta=b^2-4ac$ le discriminant du trinôme. Il n'est pas question ici de discuter le signe du discriminant, puisque c'est en général un complexe. Il n'y a que deux cas à considérer :

1. Si $\Delta=0$, l'équation admet la racine double $-\frac{b}{2a}$.

2. Si le discriminant Δ n'est pas nul, il admet deux racines carrées complexes opposées δ_1 et δ_2. L'équation admet alors les deux racines :

$$z_1 = \frac{-b+\delta_1}{2a} \quad \text{et} \quad z_2 = \frac{-b+\delta_2}{2a}\,.$$

Dans tous les cas, on voit que la somme des racines est $-\frac{b}{a}$ et que leur produit est $\frac{c}{a}\cdot$ Réciproquement, pour trouver deux nombres complexes de somme s et de produit p, on prend les racines de l'équation $z^2-sz+p=0$. Le lecteur retrouvera facilement les propriétés des racines lorsque a, b, c sont réels : elles sont toutes deux réelles ou bien complexes conjuguées.

3 Représentation trigonométrique

Nous étudierons en 5.2 la fonction exponentielle complexe $\exp : \mathbb{C} \to \mathbb{C}^*$. En principe, c'est cette étude qui fonde rigoureusement celle des fonctions trigonométriques. Pour simplifier l'exposé, nous allons commencer par définir et étudier l'exponentielle complexe à partir des connaissances acquises en terminale, que nous rappelons pour la commodité du lecteur :

1. La fonction exponentielle réelle est dérivable sur $\mathbb{R}$ et égale à sa dérivée. On a, pour x, y réels, $e^{x+y} = e^x e^y$.
2. Les fonctions $\cos$ et $\sin$ sont 2π-périodiques et dérivables sur $\mathbb{R}$, et $\cos' = -\sin$, $\sin' = \cos$. Pour tout réel t, on a $\cos^2 t + \sin^2 t = 1$.

   Réciproquement, pour tout couple (x, y) de réels tels que $x^2 + y^2 = 1$, il existe $t \in \mathbb{R}$ tel que $\cos t = x$, $\sin t = y$ et ce réel est unique modulo $2\pi\mathbb{Z}$.
3. Les formules d'addition, l'étude du signe de $\cos t$ et $\sin t$ à l'aide du cercle trigonométrique, et les valeurs spéciales sont également supposées acquises : consulter là-dessus un manuel de terminale.

Définition 10. La *fonction exponentielle complexe* $z \mapsto \exp z = e^z$ de $\mathbb{C}$ dans $\mathbb{C}^*$ est définie par la formule $\exp(x + \mathrm{i}y) := e^x\,(\cos y + \mathrm{i}\sin y)$.

Proposition 14. La fonction $\exp$ est un morphisme surjectif du groupe additif $\mathbb{C}$ sur le groupe multiplicatif $\mathbb{C}^*$, de noyau $2\mathrm{i}\pi\mathbb{Z}$.

Cela signifie que, pour deux complexes z_1, z_2 quelconques :

$$\exp(z_1 + z_2) = \exp(z_1)\ \exp(z_2), \tag{31}$$

$$\exp z_1 = \exp z_2 \iff z_1 \equiv z_2 \pmod{2\mathrm{i}\pi}. \tag{32}$$

Par définition, la notation $z_1 \equiv z_2 \pmod{2\mathrm{i}\pi}$ (congruence modulo $2\mathrm{i}\pi$) signifie que $z_1 - z_2$ est élément du groupe $2\mathrm{i}\pi\mathbb{Z}$ des nombres de la forme $2k\mathrm{i}\pi$, $k \in \mathbb{Z}$. Ces propriétés sont une conséquence facile des rappels précédents.

3.1 Le groupe des nombres complexes de module 1

Définition 11. On appelle *cercle unité* ou *cercle trigonométrique* de $\mathbb{C}$ le cercle $\mathbb{U} = \partial D(0,1)$ de centre 0 et de rayon 1. C'est donc l'ensemble des nombres complexes de module 1 : $\mathbb{U} = \{z \in \mathbb{C} \mid |z| = 1\}$.

Théorème 15. (i) Le cercle unité $\mathbb{U}$ est un sous-groupe du groupe multiplicatif $\mathbb{C}^*$.
(ii) L'application $t \mapsto e^{it}$ est un morphisme surjectif du groupe additif $\mathbb{R}$ sur le groupe multiplicatif $\mathbb{U}$, de noyau $2\pi\mathbb{Z}$.

Démonstration. (i) Il résulte de (29) de la page 256 que l'application $z \mapsto |z|$ de $\mathbb{C}^*$ est un morphisme du groupe multiplicatif $\mathbb{C}^*$ dans le groupe multiplicatif $\mathbb{R}_+^*$. L'ensemble $\mathbb{U}$ est le noyau de ce morphisme, donc un sous-groupe.
(ii) Notons $\mathbf{e}(t) = e^{it}$. Il faut démontrer que $\mathbf{e}(t+t') = \mathbf{e}(t)\,\mathbf{e}(t')$, ce qui découle de la proposition 14 de la page précédente. Soit $z = x + iy \in \mathbb{U}$: donc $x^2 + y^2 = 1$ et l'on sait qu'il existe $t \in \mathbb{R}$ tel que $\cos t = x$, $\sin t = y$, c'est-à-dire tel que $\mathbf{e}(t) = z$. Le morphisme $\mathbf{e}$ est donc surjectif. Enfin, $t \in \operatorname{Ker} \mathbf{e}$ si, et seulement si, $\cos t = 1$ et $\sin t = 0$, c'est-à-dire si $t \in 2\pi\mathbb{Z}$. ∎

Pratiquement, cela signifie que tout complexe u de module 1 peut s'écrire e^{it} pour un réel t bien défini modulo 2π, autrement dit, la classe d'équivalence de t pour la relation de congruence modulo $2\pi\mathbb{Z}$ (module I.1, section 5). Nous noterons cette classe $t + 2\pi\mathbb{Z}$, ou encore $t \pmod{2\pi}$, ou même, pour alléger l'écriture, $t + 2k\pi$ (étant sous-entendu que k parcourt $\mathbb{Z}$). L'ensemble de ces classes est noté $\mathbb{R}/2\pi\mathbb{Z}$.

En vertu du théorème, si l'on associe à $u \in \mathbb{U}$ la classe $t+2\pi\mathbb{Z} \in \mathbb{R}/2\pi\mathbb{Z}$ telle que $u = e^{it}$, et, de même, à $u' \in \mathbb{U}$ la classe $t + 2\pi\mathbb{Z} \in \mathbb{R}/2\pi\mathbb{Z}$ telle que $u' = e^{it'}$, alors la classe associée à uu' est $t + t' + 2\pi\mathbb{Z} \in \mathbb{R}/2\pi\mathbb{Z}$. Il est donc naturel de munir $\mathbb{R}/2\pi\mathbb{Z}$ de la loi de composition interne définie par :

$$(t + 2\pi\mathbb{Z}) + (t' + 2\pi\mathbb{Z}) := t + t' + 2\pi\mathbb{Z}. \tag{33}$$

On fait ainsi de $\mathbb{R}/2\pi\mathbb{Z}$ un groupe et le théorème nous dit que ce groupe est isomorphe à $\mathbb{U}$. Nous verrons dans le cours de L2 que ce groupe est le *quotient* du groupe $\mathbb{R}$ par son sous-groupe $2\pi\mathbb{Z}$.

Exemple. Les antécédents de 1 forment la classe $2\pi\mathbb{Z} = 0 + 2\pi\mathbb{Z} = 0 \pmod{2\pi}$. Ceux de -1 forment la classe $\pi + 2\pi\mathbb{Z} = \pi \pmod{2\pi}$.
Ceux de i sont les $\dfrac{\pi}{2} + 2k\pi$. Ceux de $-$i sont les $3\dfrac{\pi}{2} + 2k\pi$, ou encore les $-\dfrac{\pi}{2} + 2k\pi$.

Exercice 8.

Préciser les antécédents de $\pm\dfrac{\sqrt{2}}{2} \pm i\dfrac{\sqrt{2}}{2}$, $\pm\dfrac{1}{2} \pm i\dfrac{\sqrt{3}}{2}$ et $\pm\dfrac{\sqrt{3}}{2} \pm i\dfrac{1}{2}$.

Solution. Il s'agit des classes modulo 2π de $\pi/4$, $3\pi/4$, $5\pi/4$, $7\pi/4$, $\pi/3$, $2\pi/3$, $4\pi/3$, $5\pi/3$, $\pi/6$, $5\pi/6$, $7\pi/6$, $11\pi/6$. Le lecteur consciencieux attribuera soigneusement les signes des parties réelles et imaginaires.

Exercice 9.

Quelles sont les racines carrées de $e^{\mathrm{i}t} \in \mathbb{U}$?

Solution. Puisque $\left|u'^2\right| = 1 \Rightarrow |u'| = 1$, elles sont de la forme $u' = e^{\mathrm{i}t'}$ avec $e^{2\mathrm{i}t'} = e^{\mathrm{i}t}$, c'est-à-dire $2t' \equiv t \pmod{2\pi}$.

Elles correspondent donc aux deux classes $\dfrac{t}{2} + 2\pi\mathbb{Z}$ et $\dfrac{t}{2} + \pi + 2\pi\mathbb{Z}$.

Théorème 16. (i) L'application $t \mapsto e^{\mathrm{i}t}$ de $\mathbb{R}$ dans $\mathbb{C}$ est continue et son image est $\mathbb{U}$.
(ii) Soit f une fonction continue de $\mathbb{U}$ dans $\mathbb{R}$. La fonction f admet alors un minimum $\min f$ et un maximum $\max f$ atteints, et son image est le segment : $f(\mathbb{U}) = [\min f, \max f]$.

Démonstration. (i) Notons temporairement $\mathbf{e}(t) = e^{\mathrm{i}t}$. Puisque $e^{\mathrm{i}t} = \cos t + \mathrm{i}\sin t$, la continuité de $\mathbf{e}$ est évidente (module IV.6, section 2). De plus, $\left|e^{\mathrm{i}t}\right| = (\cos t)^2 + (\sin t)^2 = 1$, et l'image de $\mathbf{e}$ est bien incluse dans $\mathbb{U}$. La surjectivité a déjà été démontrée.
(ii) La fonction $g = f \circ \mathbf{e}$ est continue sur le segment $[0, 2\pi]$, à valeurs dans $\mathbb{R}$; elle admet donc des extrema atteints (module IV.2, théorème 13), et $g([0, 2\pi]) = [\min g, \max g]$. Comme l'application $\mathbf{e}$ est surjective de $[0, 2\pi]$ sur $\mathbb{U}$, on conclut en remarquant que $\min f = \min g$, $\max f = \max g$ et $f(\mathbb{U}) = g([0, 2\pi])$. ■

On verra dans le module IV.7, définition 5 que $\mathbb{U}$ est une partie compacte du plan, et, dans le cours d'analyse de L2, qu'elle est connexe par arcs (comme image d'une courbe paramétrée de classe $\mathcal{C}^1$), donc connexe. L'assertion (ii) sera alors un cas particulier de théorèmes généraux. À titre d'application, nous allons démontrer qu'il n'est pas possible de définir de manière continue une fonction « racine carrée » sur $\mathbb{U}$ (et donc, *a fortiori*, sur $\mathbb{C}^*$ ou sur $\mathbb{C}$). Soit en effet $f : \mathbb{U} \to \mathbb{U}$ telle que $\forall u \in \mathbb{U}, (f(u))^2 = u$. Le carré de $\varepsilon(t) = f\left(e^{\mathrm{i}t}\right) e^{-\mathrm{i}t/2}$ est $e^{\mathrm{i}t}e^{-\mathrm{i}t} = 1$, c'est donc une application de $\mathbb{R}$ dans $\{+1, -1\}$. Comme $f\left(e^{\mathrm{i}(t+2\pi)}\right) = f\left(e^{\mathrm{i}t}\right)$ et $e^{\mathrm{i}(t+2\pi)/2} = -e^{\mathrm{i}t/2}$, on a $\varepsilon(t + 2\pi) = -\varepsilon(t)$. La fonction ε change donc de signe. Si elle était continue, elle s'annulerait d'après le théorème des valeurs intermédiaires, ce qui n'est pas le cas : elle n'est donc pas continue, et f ne peut pas l'être non plus.

Les mathématiciens du dix-neuvième siècle parlaient de « la fonction multiforme $\sqrt{z}$ ». C'est pour comprendre de telles fonctions que Riemann a édifié la théorie des *surfaces de Riemann*, dont l'importance est fondamentale dans les mathématiques du vingtième siècle.

3.2 Racines de l'unité

Définition 12. Soit $n \in \mathbb{N}^*$. Une *racine* $n^{\grave{e}me}$ *de l'unité* est un complexe z tel que $z^n = 1$. L'ensemble des racines $n^{\grave{e}mes}$ de l'unité est noté μ_n. Une *racine de l'unité* est un complexe z qui est une racine $n^{\grave{e}me}$ de l'unité pour un $n \in \mathbb{N}^*$ au moins. L'ensemble des racines de l'unité est noté μ_∞.

Ainsi, $\mu_n := \{z \in \mathbb{C} \mid z^n = 1\}$ et $\mu_\infty = \bigcup_{n \in \mathbb{N}^*} \mu_n$. Si $p = nm$ est un multiple de n, l'implication $z^n = 1 \Rightarrow z^p = (z^n)^m = 1$ montre que $\mu_n \subset \mu_p$, ce qui justifie le terme « au moins » dans la définition.

Exemple. Il est immédiat que $\mu_1 = \{1\}$, $\mu_2 = \{+1, -1\}$. On trouve facilement que $\mu_4 = \{+1, -1, +\mathrm{i}, -\mathrm{i}\}$ en remarquant que $z^4 = 1 \Leftrightarrow z^2 = \pm 1$. Les exercices d'application sur les racines carrées permettent de trouver μ_8 :

$$\mu_8 = \left\{+1, -1, +\mathrm{i}, -\mathrm{i}, -\frac{\sqrt{2}}{2} + \frac{\sqrt{2}}{2}\mathrm{i}, \frac{\sqrt{2}}{2} - \frac{\sqrt{2}}{2}\mathrm{i}, \frac{\sqrt{2}}{2} + \frac{\sqrt{2}}{2}\mathrm{i}, -\frac{\sqrt{2}}{2} - \frac{\sqrt{2}}{2}\mathrm{i}\right\}.$$

Les classes dans $\mathbb{R}/2\pi\mathbb{Z}$ de ces nombres ont été sont les $k\pi/4 + 2\pi\mathbb{Z}$ pour $k = 0, \ldots, 7$.
Déterminons μ_3.
Comme $z^3 - 1 = (z - 1)(z^2 + z + 1)$, μ_3 contient 1 et les racines de l'équation $z^2 + z + 1 = 0$, qui sont $j := -\frac{1}{2} + \mathrm{i}\frac{\sqrt{3}}{2} = e^{2\mathrm{i}\pi/3}$ et son carré $j^2 = -\frac{1}{2} - \mathrm{i}\frac{\sqrt{3}}{2} = e^{4\mathrm{i}\pi/3}$, d'où $\mu_3 = \{1, j, j^2\}$.

Exercice 10.

Déterminer μ_5. On ramènera une équation de degré 4 à une équation de degré 2 grâce à l'inconnue auxiliaire $Z = z + z^{-1}$. Reconnaître $e^{2\mathrm{i}\pi/5}$ dans la liste obtenue.
Solution. Comme $z^5 - 1 = (z-1)(z^4 + z^3 + z^2 + z + 1)$, μ_5 contient 1 et les racines de l'équation $z^4 + z^3 + z^2 + z + 1 = 0$. Comme 0 n'en est pas solution, on la divise par z^2, ce qui la ramène à $z^2 + z + 1 + z^{-1} + z^{-2} = 0$. Posant $Z = z + z^{-1}$, ce qui équivaut à $z^2 - Zz + 1 = 0$, on a $Z^2 = z^2 + z^{-2} + 2$, d'où l'équation : $Z^2 + Z - 1 = 0$. Celle ci admet deux racines réelles : $Z' = \dfrac{-1 + \sqrt{5}}{2}$ et $Z'' = \dfrac{-1 - \sqrt{5}}{2}$ · Il faut maintenant résoudre les équations du second degré $z^2 - Z'z + 1 = 0$ et $z^2 - Z''z + 1 = 0$. Leurs discriminants respectifs sont $\Delta' = \dfrac{-5 - \sqrt{5}}{2}$ et $\Delta'' = \dfrac{-5 + \sqrt{5}}{2}$: ils sont tous deux négatifs.
Outre $z_0 = 1$, on trouve finalement $\mu_5 = \{z_0, z_1, z_2, z_3, z_4\}$, avec :

$$z_1 = \frac{Z'}{2} + \mathrm{i}\frac{\sqrt{-\Delta'}}{2} = \frac{-1 + \sqrt{5}}{4} + \mathrm{i}\frac{\sqrt{10 + 2\sqrt{5}}}{4},$$

$$z_2 = \frac{Z'}{2} - \mathrm{i}\frac{\sqrt{-\Delta'}}{2} = \frac{-1 + \sqrt{5}}{4} - \mathrm{i}\frac{\sqrt{10 + 2\sqrt{5}}}{4},$$

$$z_3 = \frac{Z''}{2} + \mathrm{i}\frac{\sqrt{-\Delta''}}{2} = \frac{-1 - \sqrt{5}}{4} + \mathrm{i}\frac{\sqrt{10 - 2\sqrt{5}}}{4},$$

$$z_4 = \frac{Z''}{2} - \mathrm{i}\frac{\sqrt{-\Delta''}}{2} = \frac{-1 - \sqrt{5}}{4} - \mathrm{i}\frac{\sqrt{10 - 2\sqrt{5}}}{4}.$$

Le complexe $e^{2\mathrm{i}\pi/5}$ est une racine $5^{\,ème}$ de l'unité car $\left(e^{2\mathrm{i}\pi/5}\right)^5 = e^{2\mathrm{i}\pi} = 1$.
D'après la liste trouvée, le seul élément de μ_5 d'abscisse et d'ordonnée strictement positives est $z_1 = \dfrac{-1 + \sqrt{5}}{4} + \mathrm{i}\dfrac{\sqrt{10 + 2\sqrt{5}}}{4}$: comme $\cos 2\pi/5$ et $\sin 2\pi/5$ sont strictement positifs, on a $e^{2\mathrm{i}\pi/5} = z_1$.

Proposition 17. Soit $n \in \mathbb{N}^*$. L'ensemble μ_n des racines $n^{\text{èmes}}$ de l'unité est un sous-groupe cyclique de $\mathbb{U}$. Ses éléments sont les $e^{2k\mathrm{i}\pi/n}$, où k parcourt les entiers modulo n ; par exemple : $\mu_n = \left\{e^{2k\mathrm{i}\pi/n} \mid k \in [\![0, n-1]\!]\right\}$.

Démonstration. On a les implications : $z^n = 1 \Rightarrow |z|^n = 1 \Rightarrow |z| = 1$, d'où l'inclusion $\mu_n \subset \mathbb{U}$. De plus, l'application $z \mapsto z^n$ est un morphisme du groupe $\mathbb{C}^*$ dans lui-même de noyau μ_n, qui est donc bien un sous-groupe de $\mathbb{U}$. Puisque $\mu_n \subset \mathbb{U}$, ses éléments sont de la forme $z = e^{\mathrm{i}t}$, avec $e^{\mathrm{i}nt} = 1$, ce qui équivaut à $nt = 2k\pi$, avec $k \in \mathbb{Z}$, d'où $z = z_k = e^{2k\mathrm{i}\pi/n}$. Par ailleurs, $z_k = z_{k'} \Leftrightarrow e^{2k\mathrm{i}\pi/n} = e^{2k'\mathrm{i}\pi/n} \Leftrightarrow 2k\pi/n \equiv 2k'\pi/n \pmod{2\pi}$, ce qui équivaut à $k \equiv k' \pmod{n}$, d'où la description des éléments de μ_n. Le groupe μ_n a n éléments et il formé des puissances de $e^{2\mathrm{i}\pi/n}$, donc cyclique. ∎

Corollaire 18. Les seuls sous-groupes finis de $\mathbb{C}^*$ sont les μ_n.

Démonstration. Soit en effet G un sous-groupe fini de $\mathbb{C}^*$, et soit n l'ordre de G. D'après le théorème de Lagrange (module II.2), tout élément x de G vérifie $x^n = 1$, d'où l'inclusion $G \subset \mu_n$.
Mais, ces deux groupes ayant même nombre d'éléments, ils sont égaux : $G = \mu_n$. ∎

Exemple. Le groupe μ_6 est engendré par $e^{2\mathrm{i}\pi/6} = e^{\mathrm{i}\pi/3} = \dfrac{1}{2} + \mathrm{i}\dfrac{\sqrt{3}}{2}$.

Soit K un corps commutatif. On démontre que tout sous-groupe fini de K^* est cyclique et qu'il y en a au plus un d'ordre n donné. Si K est algébriquement clos de caractéristique nulle, il y a exactement un sous-groupe pour tout ordre $n \in \mathbb{N}^*$. Si K est de caractéristique $p > 0$, cela ne vaut que pour les n non divisibles par p. La spécificité de $\mathbb{C}$ est que l'on peut décrire explicitement les racines de l'unité à l'aide de fonctions.

Définition 13. Une *racine primitive $n^{\text{ème}}$ de l'unité* est un générateur de μ_n.

Il résulte de l'exercice 5 de la page 134 (module II.2) que les générateurs de μ_n sont les $\left(e^{2\mathrm{i}\pi/n}\right)^k = e^{2k\mathrm{i}\pi/n}$, où $0 \leqslant k \leqslant n-1$ et où k est premier avec n.
Il y a donc $\varphi(n)$ tels générateurs (φ est l'indicatrice d'Euler).

Exercice 11.
Quelles sont les racines primitives de μ_2, μ_3, μ_4, μ_5 et μ_6 ?
Solution. Dans μ_2, la seule racine primitive est -1. Dans μ_3 et μ_5 toutes les racines autres que 1 sont primitives ; il en est de même dans tout μ_p, p étant premier.
Dans μ_4, il y a i et $-\mathrm{i}$. Dans μ_6, il y a $e^{\mathrm{i}\pi/3}$ et $e^{-\mathrm{i}\pi/3}$.

Soit $z = e^{2k\mathrm{i}\pi/n} \neq 1$ une racine $n^{\text{ème}}$ non triviale de l'unité. Si l'on écrit k/n sous forme de fraction irréductible ℓ/p, on a $z = e^{2\ell\mathrm{i}\pi/p}$ et ℓ et p sont premiers entre eux ; z est donc une racine primitive $p^{\text{ème}}$ de l'unité et p est le plus petit naturel non nul tel que $z^p = 1$: c'est *l'ordre* de z.

Exercice 12.
Soit $n \geqslant 3$. On note $z_k = e^{2ki\pi/n}$ et M_k le point du cercle unité d'affixe z_k. On verra plus loin que $M_0, \ldots, M_{n-1}$ sont les sommets d'un polygone régulier. Calculer le périmètre de ce polygone et l'aire du domaine qu'il entoure, puis les limites de ces nombres quand $n \to +\infty$.

Solution. La longueur $M_k M_{k+1}$ vaut $|z_{k+1} - z_k| = |z_1^{k+1} - z_1^k|$, soit $|z_1 - 1| = |e^{2i\pi/n} - 1|$ (car $|z_1^k| = 1$). Les n côtés ont donc pour longueur :

$$\sqrt{(\cos 2\pi/n - 1)^2 + (\sin 2\pi/n)^2} = \sqrt{2 - 2\cos 2\pi/n} = \sqrt{4\sin^2 \pi/n},$$

c'est-à-dire $2\sin \pi/n$ car ce dernier est visiblement positif. Le périmètre est donc $2n \sin \pi/n$ et sa limite lorsque $n \to +\infty$ est 2π, la circonférence du cercle, ce qui est bien normal. Par ailleurs, les triangles OM_kM_{k+1} sont tous égaux (trois côtés égaux) donc ont même aire. On calcule celle de OM_0M_1 en prenant la base OM_0 (longueur 1) et la hauteur menée de M_1 (sa longueur est $\sin \frac{2\pi}{n}$, l'ordonnée de M_1) : son aire est donc $\frac{1}{2}\sin\frac{2\pi}{n}$ et celle enclose par le polygone est $\frac{n}{2}\sin\frac{2\pi}{n}$.
La limite lorsque n tend vers $+\infty$ est π, l'aire du disque unité, ce qui est encore normal.

Exercice 13.
Soit $z = e^{4i\pi/5}$: c'est une racine primitive $5^{\text{ème}}$ de l'unité, qui engendre donc μ_5. Quelle figure obtient-on en reliant dans cet ordre les points du cercle unité d'affixes $z^0, z^1, z^2, z^3, z^4, z^5$?

Solution. Il s'agit d'un parcours cyclique des 5 sommets d'un pentagone régulier, lequel est un cas particulier du polygone de l'exercice précédent. Toutefois, ici, les sommets ne sont pas parcourus consécutivement mais de 2 en 2. Les segments tracés sont donc les 5 diagonales du pentagone. On obtient un pentagone étoilé[2]. Pour être précis, en examinant les signes des parties réelles et imaginaires des z_k déterminés précédemment, on trouve $z = e^{2i\pi/5} = z_1$, $z^2 = e^{4i\pi/5} = z_3$, $z^3 = e^{6i\pi/5} = z_4$ et $z^4 = e^{8i\pi/5} = z_2$. Le lecteur est invité à placer ces points sur le cercle $\mathbb{U}$. On obtient de même un polygone régulier étoilé chaque fois que l'on parcourt les puissances d'une racine primitive $n^{\text{ème}}$ autre que $z = e^{2i\pi/n}$ ou son inverse $z^{-1} = e^{-2i\pi/n}$.

3.3 Arguments d'un nombre complexe

Théorème 19. (i) Les applications : $(\rho, u) \mapsto \rho u$, de $\mathbb{R}_+^* \times \mathbb{U}$ dans $\mathbb{C}^*$, et $z \mapsto \left(|z|, \dfrac{z}{|z|}\right)$, de $\mathbb{C}^*$ dans $\mathbb{R}_+^* \times \mathbb{U}$, sont des isomorphismes de groupes multiplicatifs. Ces isomorphismes sont réciproques l'un de l'autre.
(ii) Tout nombre complexe non nul z peut s'écrire : $z = \rho\, e^{i\theta}$, où $\rho \in \mathbb{R}_+^*$ est unique et où $\theta \in \mathbb{R}$ est déterminé modulo 2π.

[2] Un tel pentagone apparaît sur le drapeau du Maroc (c'est *l'étoile Cherifienne*).

Démonstration. L'égalité $z = \rho u$ avec $\rho > 0$ et $|u| = 1$ équivaut à $\rho = |z|$ et $u = \dfrac{z}{|z|}$; on a donc bien deux bijections réciproques l'une de l'autre. Ce sont des morphismes en vertu de la formule (29) de la page 256. La seconde assertion est conséquence triviale de la première. ∎

Définition 14. Soit $z \in \mathbb{C}^*$. Toute écriture $z = \rho\, e^{\mathrm{i}\theta}$, $\rho \in \mathbb{R}_+^*$, $\theta \in \mathbb{R}$ est appelée *représentation trigonométrique*, ou encore *écriture trigonométrique* de z.

Voici quelques règles de calcul sur les représentations trigonométriques :

$$\left(\rho\, e^{\mathrm{i}\theta}\right)\left(\rho' e^{\mathrm{i}\theta'}\right) = (\rho\rho')\, e^{\mathrm{i}(\theta+\theta')}, \tag{34}$$

$$\left(\rho\, e^{\mathrm{i}\theta}\right)^{-1} = \rho^{-1}\, e^{-\mathrm{i}\theta}, \tag{35}$$

$$\left(\rho\, e^{\mathrm{i}\theta}\right)^{n} = \rho^{n}\, e^{n\mathrm{i}\theta}, \tag{36}$$

$$-\rho\, e^{\mathrm{i}\theta} = \rho\, e^{\mathrm{i}(\theta+\pi)}. \tag{37}$$

Il est d'usage, dans l'étude des courbes planes, de repérer un point du plan par ses *coordonnées polaires* (module III.2). Celles-ci sont presque identiques au module et à l'argument, à cela près que l'on s'autorise des « modules négatifs » : le point de coordonnées polaires $(\rho, \theta) \in \mathbb{R}^2$ est le point d'affixe $\rho e^{\mathrm{i}\theta}$. Si $\rho > 0$, c'est bien une représentation trigonométrique. Si $\rho < 0$, l'affixe du point correspondant admet pour représentation trigonométrique $|\rho|\, e^{\mathrm{i}(\theta+\pi)}$. Si $\rho = 0$, l'angle θ n'a aucune signification.

Exercice 14.

Calculer $(1 + \mathrm{i})^n$ et préciser sa position dans la plan, c'est-à-dire les signes de ses parties réelle et imaginaire.

Solution. Le complexe $1+\mathrm{i}$ peut s'écrire $\sqrt{2}\, e^{\mathrm{i}\pi/4}$. Ses puissances sont donc de la forme : $(1 + \mathrm{i})^n = 2^{n/2}\, e^{n\mathrm{i}\pi/4}$. Leur position dépend seulement de la classe de n modulo 8 :

$$n \equiv 0 \pmod 8 \Longrightarrow \mathrm{Re}\big((1+\mathrm{i})^n\big) > 0 \text{ et } \mathrm{Im}\big((1+\mathrm{i})^n\big) = 0,$$

$$n \equiv 1 \pmod 8 \Longrightarrow \mathrm{Re}\big((1+\mathrm{i})^n\big) > 0 \text{ et } \mathrm{Im}\big((1+\mathrm{i})^n\big) > 0,$$

$$n \equiv 2 \pmod 8 \Longrightarrow \mathrm{Re}\big((1+\mathrm{i})^n\big) = 0 \text{ et } \mathrm{Im}\big((1+\mathrm{i})^n\big) > 0,$$

$$n \equiv 3 \pmod 8 \Longrightarrow \mathrm{Re}\big((1+\mathrm{i})^n\big) < 0 \text{ et } \mathrm{Im}\big((1+\mathrm{i})^n\big) > 0,$$

$$n \equiv 4 \pmod 8 \Longrightarrow \mathrm{Re}\big((1+\mathrm{i})^n\big) < 0 \text{ et } \mathrm{Im}\big((1+\mathrm{i})^n\big) = 0,$$

$$n \equiv 5 \pmod 8 \Longrightarrow \mathrm{Re}\big((1+\mathrm{i})^n\big) < 0 \text{ et } \mathrm{Im}\big((1+\mathrm{i})^n\big) < 0,$$

$$n \equiv 6 \pmod 8 \Longrightarrow \mathrm{Re}\big((1+\mathrm{i})^n\big) = 0 \text{ et } \mathrm{Im}\big((1+\mathrm{i})^n\big) < 0,$$

$$n \equiv 7 \pmod 8 \Longrightarrow \mathrm{Re}\big((1+\mathrm{i})^n\big) > 0 \text{ et } \mathrm{Im}\big((1+\mathrm{i})^n\big) < 0.$$

La prochaine définition pourra sembler compliquée, mais il n'y a pas moyen de faire mieux. Le problème est qu'il y a une infinité de réels θ tels que $\dfrac{z}{|z|} = e^{i\theta}$, et que l'on ne sait pas en choisir un par une méthode qui soit satisfaisante dans tous les cas. Ce qui transparaît ici, c'est l'impossibilité d'une définition simple du logarithme complexe : il n'existe pas de fonction continue $\log : \mathbb{C}^* \to \mathbb{C}$ telle que, pour tout complexe $z \neq 0$, $\exp(\log z) = z$. Cette question sera élucidée dans le cours de L2 (*théorème de relèvement*). Par exemple, il n'existe pas de fonction continue $\theta : \mathbb{C}^* \to \mathbb{R}$ telle que $e^{i\theta(z)} = z$. En effet, s'il existait une telle fonction, en prenant $f(z) = e^{i\theta(z)/2}$, on obtiendrait une fonction « racine carrée » qui soit continue, ce qui est impossible, comme on l'a remarqué à la page 263.

Définition 15.
Soit $z = \rho\, e^{i\theta}$, $\rho \in \mathbb{R}_+^*$, $\theta \in \mathbb{R}$ un complexe non nul écrit sous forme trigonométrique.
(i) La classe $\theta + 2\pi\mathbb{Z} \in \mathbb{R}/2\pi\mathbb{Z}$ (qui est bien déterminée d'après le théorème 19 de la page 266) est appelée *(l') argument* de z et notée $\arg z$.
(ii) Tout élément de cette classe, c'est-à-dire tout $\theta \in \mathbb{R}$ tel que $\dfrac{z}{|z|} = e^{i\theta}$ est appelé *(un) argument* de z : on note alors $\theta \in \arg z$.
(iii) L'unique représentant de $\arg(z)$ dans l'intervalle $]-\pi, \pi]$, c'est-à-dire l'unique $\theta \in \arg z$ tel que $\theta \in]-\pi, \pi]$, est appelé *argument principal de* z et on le note $\operatorname{Arg} z$.
La fonction $z \mapsto \operatorname{Arg} z$ est appelée *détermination principale de l'argument.*

En pratique, on écrira souvent $\theta = \arg z$ pour dire que θ est un argument de z. C'est toutefois une notation ambiguë, donc dangereuse : si par exemple, en un point d'un calcul, on écrit $\theta = \arg z$ et en un autre point $\theta' = \arg z$, on peut en déduire que $\theta' \equiv \theta \pmod{2\pi}$ mais pas nécessairement que $\theta' = \theta$.

Les cas de base suivants sont à connaître par cœur. Les réels strictement positifs sont les complexes d'argument $0 + 2\pi\mathbb{Z}$. Les réels strictement négatifs sont les complexes d'argument $\pi + 2\pi\mathbb{Z}$. Les éléments de $\mathbb{R}_+^*\, i$ sont les complexes d'argument $\pi/2 \pmod{2\pi}$. Les éléments de $\mathbb{R}_-^*\, i$ sont les complexes d'argument $-\pi/2 \pmod{2\pi}$. Soit $z \in \mathbb{C}^*$. Alors $\operatorname{Arg} z \geqslant 0$ si, et seulement si, $\operatorname{Im} z \geqslant 0$. De même, $\operatorname{Arg} z \in [-\pi/2, \pi/2]$ si, et seulement si, $\operatorname{Re} z \geqslant 0$.

Exercice 15.
Soit $x \in]-\pi, \pi]$. Déterminer le module et l'argument de $e^{ix} + 1$.
Solution. Si $x = \pi$, $e^{ix} + 1 = 0$. Supposons donc $x \in]-\pi, \pi[$. Alors :

$$\left|e^{ix} + 1\right|^2 = \left(e^{ix} + 1\right)\left(e^{-ix} + 1\right) = 2 + 2\cos x = 4\cos^2(x/2),$$

d'où le module : $\left|e^{ix} + 1\right| = 2\cos(x/2)$ (qui est bien positif car $x/2 \in]-\pi/2, \pi/2[$). Les formules de duplication du sinus et du cosinus donnent : $e^{ix} + 1 = 2\cos(x/2)\, e^{ix/2}$. L'argument de $e^{ix} + 1$ est donc $x/2 \pmod{2\pi}$.

Exercice 16.
Soit $x \in]-\pi, \pi]$. Calculer le module et l'argument de $e^{ix} - 1$ en commençant par mettre en facteur $e^{ix/2}$.

Solution. On a : $e^{ix} - 1 = e^{ix/2}\left(e^{ix/2} - e^{-ix/2}\right) = 2i\sin(x/2)\ e^{ix/2}$. Si $x = 0$, $e^{ix} - 1 = 0$. Si $x \in\ ]0, \pi]$, $\sin(x/2) > 0$, le module de $e^{ix} - 1$ est $2\sin(x/2)$ et son argument est $x/2 + \pi/2 \pmod{2\pi}$. Si $x \in\ ]-\pi, 0[$, $\sin(x/2) < 0$, le module de $e^{ix} - 1$ est $-2\sin(x/2)$ et son argument est $x/2 - \pi/2 \pmod{2\pi}$.

Voici quelques règles de calcul sur l'argument principal. Leur complication est une difficulté inhérente au problème : *le choix d'une détermination de l'argument dans une formule requiert presque toujours une discussion et toujours beaucoup de soin.* Les complexes z et z' sont supposés non nuls.

$$\begin{aligned}
\operatorname{Arg}(zz') &= \operatorname{Arg} z + \operatorname{Arg} z' \\
&\quad \text{ou } \operatorname{Arg} z + \operatorname{Arg} z' - 2\pi \\
&\quad \text{ou } \operatorname{Arg} z + \operatorname{Arg} z' + 2\pi, \\
\operatorname{Arg}\left(\frac{1}{z}\right) &= -\operatorname{Arg} z \\
&\quad \text{ou } \operatorname{Arg} z \ \text{ dans le seul cas où } z \in \mathbb{R}_-^*, \\
\operatorname{Arg}(-z) &= \operatorname{Arg} z + \pi \\
&\quad \text{ou } \operatorname{Arg} z - \pi.
\end{aligned}$$

3.4 Racines $n^{\text{èmes}}$ des nombres complexes

Définition 16. Soit $n \geqslant 2$ un entier naturel.
On appelle *racine $n^{\text{ème}}$ du complexe z* tout complexe w tel que $w^n = z$.

La seule racine $n^{\text{ème}}$ de 0 est donc 0.

Proposition 20. Soit $z \in \mathbb{C}^*$ de module ρ et d'argument $\theta + 2\pi\mathbb{Z}$. Alors z admet n racines $n^{\text{èmes}}$ distinctes $z_1, \ldots, z_n$, toutes de module $\rho^{1/n}$, et d'arguments respectifs $\theta_1 + 2\pi\mathbb{Z}, \ldots, \theta_n + 2\pi\mathbb{Z}$, où $\theta_k = \theta/n + 2k\pi/n + 2\pi\mathbb{Z}$, $k = 1, \ldots, n$. Toutes ces racines s'obtiennent à partir de l'une quelconque d'entre elles successivement multipliée par les racines $n^{\text{èmes}}$ de l'unité.

Démonstration. On cherche ces racines sous la forme $z' = \rho' e^{i\theta'}$, avec les contraintes $\rho'^n = \rho$ et $n\theta' \equiv \theta \pmod{n}$. La première condition équivaut à $\rho' = \rho^{1/n}$. La seconde se réécrit $n\theta' = \theta + 2k\pi$, $k \in \mathbb{Z}$, soit $\theta' = \theta + 2k\pi/n$, $k \in \mathbb{Z}$. La valeur de $e^{i\theta'}$ ne dépend alors que de la classe de congruence $k \pmod{n}$ d'où la première assertion.
Fixant $k \in [\![1, n]\!]$, on voit alors que $z_\ell = z_k e^{2(\ell-k)i\pi/n}$, où $\ell - k = 1 - k, \ldots, n - k$ parcourt toutes les classes d'entiers modulo n, d'où la deuxième assertion. ■

Exemple. Les racines cubiques du réel non nul a sont le réel $a^{1/3}$ et les complexes conjugués $a^{1/3}j$ et $a^{1/3}j^2$, avec la notation usuelle $j = e^{2i\pi/3} = \dfrac{-1}{2} + i\dfrac{\sqrt{3}}{2}$.

3.4.1 Application à l'équation du troisième degré

Soient $a, b, c, d \in \mathbb{C}$, $a \neq 0$. Alors l'équation du troisième degré $aw^3 + bw^2 + cw + d = 0$ se ramène à l'équation $z^3 + pz + q$ par le changement de variable $z = w + \dfrac{b}{3a}$: le lecteur patient calculera p et q en fonction de a, b, c, d. Si $p = 0$, on est ramené à calculer les racines cubiques de $-q$, ce que permet la proposition 20 de la page précédente. Nous supposerons donc $p \neq 0$. Quel que soit z, on peut choisir des complexes u et v tels que $u + v = z$ et $uv = -p/3$ (somme et produit : cela revient à résoudre une équation du second degré, ce qui est possible dans $\mathbb{C}$). On ne perd donc pas en généralité en cherchant nos solutions z sous la forme $z = u + v$, avec la condition $uv = -p/3$. Les inconnues auxiliaires u et v jouent d'ailleurs un rôle symétrique. L'intérêt de cette forme réside dans l'égalité $z^3 + pz + q = u^3 + v^3 + (3uv + p)(u + v) + q$, qui nous conduit au système : $uv = -p/3$, $u^3 + v^3 = -q$.
On pose $U = u^3, V = v^3$, d'où $U + V = -q$, $UV = -p^3/27$. Soit $\Delta = q^2 + 4p^3/27$ et soient $\pm\delta$ ses racines carrées. On prendra $U, V = \dfrac{-q \pm \delta}{2}$, l'ordre étant indifférent. Soient u_1, u_2, u_3 les racines cubiques de U et v_1, v_2, v_3 celles de V. Comme $q \neq 0$, U et V sont non nuls et chacun a trois racines distinctes. Pour chacune des racines $u = u_i$ de U, les complexes uv_1, uv_2 et uv_3 sont distincts et leur cube est $UV = -p^3/27$. L'un d'entre eux est égal à $-p/3$. Quitte à renuméroter les v_i, on peut donc supposer que $u_1v_1 = u_2v_2 = u_3v_3 = -p/3$. Les racines de notre équation sont alors $z_1 = u_1 + v_1$, $z_2 = u_2 + v_2$ et $z_3 = u_3 + v_3$. Cette discussion est résumée par la *formule de Cardan* (ou *de Scipion del Ferro*) :

$$z = \sqrt[3]{-\frac{q}{2} + \sqrt{\left(\frac{q}{2}\right)^2 + \left(\frac{p}{3}\right)^3}} + \sqrt[3]{-\frac{q}{2} - \sqrt{\left(\frac{q}{2}\right)^2 + \left(\frac{p}{3}\right)^3}}.$$

Si, par exemple, on applique cette formule à l'équation $z^3 - 15z - 4 = 0$, on obtient :

$$z = \sqrt[3]{2 + \sqrt{-121}} + \sqrt[3]{2 - \sqrt{-121}}.$$

Il faut donc, pour commencer, trouver une racine cubique de $2 + 11\mathrm{i}$. Avec un peu de chance, on trouve $u = 2 + \mathrm{i}$. Les racines cubiques de $2 + 11\mathrm{i}$ (resp. de $2 - 11\mathrm{i}$) sont donc u, uj, uj^2 (resp. v, vj, vj^2, où $v = \overline{u} = 2 - \mathrm{i}$). On constate que u et v s'apparient : $u + v = 4$ est une racine. Elle est réelle, bien que l'on ait dû passer par les complexes pour la calculer. On termine en factorisant $z^3 - 15z - 4 = (z - 4)(z^2 + az + b)$. On trouve $a = 4$ et $b = 1$, d'où les racines $-2 \pm \sqrt{3}$.

3.5 Applications à la trigonométrie

Le conjugué de $e^{\mathrm{i}x} = \cos x + \mathrm{i}\sin x$ est $e^{-\mathrm{i}x} = \cos x - \mathrm{i}\sin x$.
On en tire les *formules d'Euler* :

$$\cos x = \frac{e^{\mathrm{i}x} + e^{-\mathrm{i}x}}{2}, \tag{38}$$

$$\sin x = \frac{e^{\mathrm{i}x} - e^{-\mathrm{i}x}}{2\mathrm{i}}. \tag{39}$$

Ces formules peuvent servir à *linéariser* les expressions polynomiales en $\cos x$ et $\sin x$.

Exemples.

1. On n'est pas obligé d'apprendre par cœur les formules donnant les produits. Par

exemple, pour calculer $\cos a \cos b$, on écrit :

$$\frac{e^{\mathrm{i}a}+e^{-\mathrm{i}a}}{2}\times\frac{e^{\mathrm{i}b}+e^{-\mathrm{i}b}}{2}=\frac{e^{\mathrm{i}(a+b)}+e^{\mathrm{i}(a-b)}+e^{\mathrm{i}(-a+b)}+e^{\mathrm{i}(-a-b)}}{4},$$

d'où l'on tire : $\cos a \cos b = \dfrac{\cos(a+b)+\cos(a-b)}{2}\,\cdot$

De même, le calcul de $\cos a \sin b$:

$$\frac{e^{\mathrm{i}a}+e^{-\mathrm{i}a}}{2}\times\frac{e^{\mathrm{i}b}-e^{-\mathrm{i}b}}{2\mathrm{i}}=\frac{e^{\mathrm{i}(a+b)}-e^{\mathrm{i}(a-b)}+e^{\mathrm{i}(-a+b)}-e^{\mathrm{i}(-a-b)}}{4\mathrm{i}},$$

d'où l'on tire : $\cos a \sin b = \dfrac{\sin(a+b)-\sin(a-b)}{2}\,\cdot$

De même, le calcul de $\sin a \sin b$:

$$\frac{e^{\mathrm{i}a}-e^{-\mathrm{i}a}}{2\mathrm{i}}\times\frac{e^{\mathrm{i}b}-e^{-\mathrm{i}b}}{2\mathrm{i}}=\frac{e^{\mathrm{i}(a+b)}-e^{\mathrm{i}(a-b)}-e^{\mathrm{i}(-a+b)}+e^{\mathrm{i}(-a-b)}}{-4},$$

d'où l'on tire : $\sin a \sin b = \dfrac{\cos(a-b)-\cos(a+b)}{2}\,\cdot$

2. On obtient de la même manière des expressions pour les puissances du cosinus et du sinus :

$$\cos^n x=\left(\frac{e^{\mathrm{i}x}+e^{-\mathrm{i}x}}{2}\right)^n=2^{-n}\sum_{k=0}^{n}\binom{n}{k}\left(e^{\mathrm{i}x}\right)^k\left(e^{-\mathrm{i}x}\right)^{n-k}=2^{-n}\sum_{k=0}^{n}\binom{n}{k}e^{\mathrm{i}(2k-n)x}.$$

Plutôt que développer $e^{\mathrm{i}(2k-n)x}$ en cosinus et sinus, le plus simple est de remarquer que $\cos^n x = \mathrm{Re}(\cos^n x)$, d'où :

$$\cos^n x=2^{-n}\sum_{k=0}^{n}\binom{n}{k}\mathrm{Re}\left(e^{\mathrm{i}(2k-n)x}\right)=2^{-n}\sum_{k=0}^{n}\binom{n}{k}\cos(2k-n)x.$$

On peut améliorer cette formule en tenant compte de la parité de la fonction cosinus, mais il y a discussion selon la parité de n. Si $n=2m$, par le changement d'indice $\ell = m-k$, on obtient :

$$\cos^{2m} x=2^{-2m}\left(\binom{2m}{m}+2\sum_{\ell=1}^{m}\binom{2m}{\ell+m}\cos 2\ell x\right).$$

Pour $n=2m+1$, le même changement d'indice donne :

$$\cos^{2m+1} x=2^{-2m}\sum_{\ell=0}^{m}\binom{2m+1}{\ell+m+1}\cos(2\ell+1)x.$$

De l'égalité $\left(e^{\mathrm{i}x}\right)^n = e^{\mathrm{i}nx}$, on tire la *formule de Moivre* :

$$\cos nx+\mathrm{i}\sin nx=(\cos x+\mathrm{i}\sin x)^n\,. \tag{40}$$

Exemple. Écrivons que $\cos nx$ et $\sin nx$ sont respectivement la partie réelle et la partie imaginaire de $(\cos x + \mathrm{i}\sin x)^n$:

$$\cos nx = \sum_{k=0}^{n} \binom{n}{k} \operatorname{Re}\left((\cos x)^{n-k}(\mathrm{i}\sin x)^k\right) = \sum_{\ell=0}^{\lfloor n/2 \rfloor} \binom{n}{2\ell} (\cos x)^{n-2\ell}(\mathrm{i}\sin x)^{2\ell},$$

$$\sin nx = \sum_{k=0}^{n} \binom{n}{k} \operatorname{Im}\left((\cos x)^{n-k}(\mathrm{i}\sin x)^k\right) = \frac{1}{\mathrm{i}} \sum_{\ell=0}^{\lfloor (n-1)/2 \rfloor} \binom{n}{2\ell+1} (\cos x)^{n-2\ell-1}(\mathrm{i}\sin x)^{2\ell+1},$$

car les puissances paires de i sont réelles et ses puissances impaires sont imaginaires pures ; on a noté $\lfloor r \rfloor$ la partie entière de r. Le calcul se poursuit en remplaçant $\mathrm{i}^{2\ell}$ par $(-1)^\ell$ et $\sin^2 x$ par $1 - \cos^2 x$:

$$\cos nx = \sum_{\ell=0}^{\lfloor n/2 \rfloor} \binom{n}{2\ell} (-1)^\ell (\cos x)^{n-2\ell}(1-\cos^2 x)^\ell,$$

$$\sin nx = \sin x \sum_{\ell=0}^{\lfloor (n-1)/2 \rfloor} \binom{n}{2\ell+1} (-1)^\ell (\cos x)^{n-2\ell-1}(1-\cos^2 x)^\ell.$$

On constate que $\cos nx$ et $\dfrac{\sin nx}{\sin x}$ sont des polynômes en $\cos x$: ce sont les *polynômes de Tchebychef*, que nous retrouverons par une autre voie au module II.6 (section 2.3).

4 Quelques applications géométriques

4.1 Similitudes planes

Nous avons vu que l'application $z \mapsto \mathrm{i}z$ s'interprète géométriquement comme une rotation de centre 0 et d'angle $\pi/2$. Cela permet de caractériser les bases orthonormées directes du plan : ce sont les couples (u, v) de complexes de module 1 tels que $v = \mathrm{i}u$. Un tel couple est l'image de la base canonique $(1, \mathrm{i})$ par l'application $R : z \mapsto uz$. Posons $u = e^{\mathrm{i}\theta}$. L'application R transforme le point (x, y) en le point $u(x + \mathrm{i}y)$ de coordonnées $(x\cos\theta - y\sin\theta, x\sin\theta + y\cos\theta)$. C'est la *rotation* $R(O, \theta)$ *de centre* O *et d'angle* θ. Elle ne dépend que de la classe $\theta + 2\pi\mathbb{Z}$.

Exemple. Soit $\omega \in \mu_n$ une racine de l'unité. L'application $z \mapsto \omega z$ est la rotation $R(O, \arg\omega)$. L'ensemble des rotations $R(O, \arg\omega)$ lorsque ω parcourt μ_n est le groupe des rotations d'angles $2k\pi/n$, $k \in \mathbb{Z}$. L'application $\omega \mapsto R(O, \arg\omega)$ est un isomorphisme de μ_n sur ce groupe, qui est donc cyclique. Supposons $n \geqslant 3$. Pour tout $\omega \in \mu_n$, l'application $z \mapsto \omega z$ permute les éléments de μ_n. Le polygone dont les sommets sont les éléments de μ_n parcourus dans l'ordre « naturel » est transformé en lui même par $R(O, \arg\omega)$. Il est donc invariant par le groupe des rotations d'angles $2k\pi/n$: c'est en ce sens qu'on le considère comme *régulier*.

Rappelons que la similitude directe $S(A, \rho, \theta)$ de centre A, de rapport $\rho \neq 0$ et d'angle θ est l'application obtenue en composant l'homothétie $H(A, \rho)$ de centre A et de rapport ρ avec la rotation $R(A, \theta)$ de centre A et d'angle θ, l'ordre de composition étant indifférent :

$$S(A, \rho, \theta) = H(A, \rho) \circ R(A, \theta) = R(A, \theta) \circ H(A, \rho).$$

La transformation identité est une similitude $S(A,1,0)$ de rapport 1, d'angle $0 \pmod{2\pi}$ et de centre arbitraire (on peut aussi lui attribuer le rapport -1 et l'angle π). Pour tout autre similitude, le centre est l'unique point fixe. Avec ces notations, on a l'égalité : $S(A,\rho,\theta) = S(A,-\rho,\theta+\pi)$; on pourra donc, sans restreindre la généralité, supposer que $\rho > 0$. D'autre part, pour tout $k \in \mathbb{Z}$, on a : $S(A,\rho,\theta) = S(A,\rho,\theta+2k\pi)$. Ce sont donc le rapport (supposé positif) et l'angle (connu à $2\pi\mathbb{Z}$ près) qui sont, avec le centre, caractéristiques de la similitude. Composant rotations et homothéties, on voit que la similitude directe de centre O, de rapport $\rho > 0$ et d'angle θ est l'application $z \mapsto az$, où $a = \rho\, e^{i\theta}$. Les paramètres qui définissent cette similitude sont donc le module et l'argument de a.

Les similitudes directes autres que l'identité sont les applications de la forme $z \mapsto z' = az + b$, où $a, b \in \mathbb{C}$ et $a \neq 0, 1$. Pour le voir, on exprime que le centre est z_0, en écrivant que $z' - z_0 = a(z - z_0)$, soit $z' = az + (1-a)z_0$. Réciproquement, si $a \neq 1$, la relation $z' = az + b$ équivaut à $z' - z_0 = a(z - z_0)$, où $z_0 = \dfrac{b}{1-a} \cdot$

Exemple. Nous allons décrire le *groupe G engendré par les similitudes directes*. On calcule d'abord la composée des deux similitudes $z' = az + b$ et $z'' = a'z' + b'$: c'est $z'' = a''z + b''$, avec $a'' = aa'$ et $b'' = b' + ba'$. Si $aa' = 1$ (similitudes directes de rapports inverses et angles opposés), la transformation $z \mapsto z''$ est la translation de vecteur $b' + ba'$; si de plus $b' + ba' = 0$, c'est même à la fois une translation et une similitude directe. Si $aa' \neq 1$, on obtient une similitude directe de rapport le produit des rapports et d'angle la somme des angles. Son centre n'a pas de caractérisation simple, sauf dans le cas où les deux similitudes de départ ont même centre : c'est alors aussi celui de leur composée. Le groupe G contient donc les similitudes directes et les translations, donc toutes les transformations $\sigma_{a,b} : z \mapsto az + b,\ a \in \mathbb{C}^*,\ b \in \mathbb{C}$. D'après le calcul ci-dessus, l'ensemble de ces transformations est stable pour la composition, et il contient l'identité (c'est $\sigma_{1,0}$). De plus, la réciproque de la transformation $\sigma_{a,b}$ est la transformation $\sigma_{a',b'}$, où $a' = a^{-1}$ et $b' = -a^{-1}b$. Finalement : $G = \{\sigma_{a,b} \mid (a,b) \in \mathbb{C}^* \times \mathbb{C}\}$.

4.2 Angles de vecteurs et angles de droites

Soit $z \mapsto z' = az + b$ une similitude directe. L'image du vecteur $\overrightarrow{U} = \overrightarrow{AB}$ est le vecteur $\overrightarrow{U'} = \overrightarrow{A'B'}$, avec $\mathrm{Aff}(A') = a\ \mathrm{Aff}(A) + b$, $\mathrm{Aff}(B') = a\ \mathrm{Aff}(B) + b$, de sorte que $\mathrm{Aff}(\overrightarrow{U'}) = a\ \mathrm{Aff}(\overrightarrow{U})$. En ce qui concerne les vecteurs (ou les complexes considérés comme des vecteurs), on ne s'intéresse donc qu'aux similitudes directes de la forme $z \mapsto az$. Si l'on se donne réciproquement deux vecteurs non nuls $\overrightarrow{U}$ et $\overrightarrow{U'}$ du plan, il existe une et une seule similitude directe $z \mapsto az$ qui transforme $\overrightarrow{U}$ en $\overrightarrow{U'}$: c'est celle qui vérifie $a = \dfrac{\mathrm{Aff}(\overrightarrow{U'})}{\mathrm{Aff}(\overrightarrow{U})} \cdot$

Définition 17. L'*angle orienté* $(\widehat{\overrightarrow{U},\overrightarrow{U'}})$ est l'angle de l'unique similitude directe qui transforme $\overrightarrow{U}$ en $\overrightarrow{U'}$. On a donc l'égalité :

$$(\widehat{\overrightarrow{U},\overrightarrow{U'}}) = \arg\left(\frac{\mathrm{Aff}(\overrightarrow{U'})}{\mathrm{Aff}(\overrightarrow{U})}\right) \cdot \tag{41}$$

L'angle orienté de deux vecteurs est donc un élément de $\mathbb{R}/2\pi\mathbb{Z}$, c'est-à-dire un réel défini modulo 2π. Les règles qui suivent mettent donc en jeu l'addition modulo 2π. Les deux premières sont les *relations de Chasles* pour les angles et se déduisent des règles de calcul sur les arguments.

$$\widehat{(\overrightarrow{U},\overrightarrow{U''})} = \widehat{(\overrightarrow{U},\overrightarrow{U'})} + \widehat{(\overrightarrow{U'},\overrightarrow{U''})}, \tag{42}$$

$$\widehat{(\overrightarrow{U},\overrightarrow{U'})} = -\widehat{(\overrightarrow{U'},\overrightarrow{U})}, \tag{43}$$

$$\widehat{(\overrightarrow{U},\overrightarrow{U'})} - \widehat{(\overrightarrow{V},\overrightarrow{V'})} = \widehat{(\overrightarrow{U},\overrightarrow{V})} - \widehat{(\overrightarrow{U'},\overrightarrow{V'})}, \tag{44}$$

$$\overrightarrow{U}, \overrightarrow{V} \text{ positivement liés} \iff \widehat{(\overrightarrow{U},\overrightarrow{V})} = 0 \pmod{2\pi}, \tag{45}$$

$$\overrightarrow{U}, \overrightarrow{V} \text{ liés} \iff \widehat{(\overrightarrow{U},\overrightarrow{V})} = 0 \text{ ou } \pi \pmod{2\pi}. \tag{46}$$

La troisième règle se démontre à l'aide des relations de Chasles et d'un calcul dans le groupe $\mathbb{R}/2\pi\mathbb{Z}$: la preuve en est laissée en exercice. Dans les deux dernières règles, le complexe $\dfrac{\mathrm{Aff}(\overrightarrow{V})}{\mathrm{Aff}(\overrightarrow{U})}$ est respectivement réel strictement positif (argument nul) et réel non nul (argument nul ou égal à π).

Supposons les vecteurs $\overrightarrow{U}$, $\overrightarrow{V}$ positivement liés, de même que les vecteurs $\overrightarrow{U'}$, $\overrightarrow{V'}$. D'après les règles ci-dessus, $\widehat{(\overrightarrow{U},\overrightarrow{U'})} = \widehat{(\overrightarrow{V},\overrightarrow{V'})}$. Comme tous les vecteurs directeurs d'une droite orientée (c'est-à-dire munie d'un sens positif) sont positivement liés entre eux, la définition qui suit a bien un sens. Elle garderait d'ailleurs un sens pour des demi-droites.

Définition 18. Soient $\overrightarrow{D}$ et $\overrightarrow{D'}$ deux droites orientées. L'*angle orienté* $\widehat{(\overrightarrow{D},\overrightarrow{D'})}$ est l'angle orienté $\widehat{(\overrightarrow{U},\overrightarrow{U'})}$ d'un vecteur directeur $\overrightarrow{U}$ quelconque de $\overrightarrow{D}$ et d'un vecteur directeur $\overrightarrow{U'}$ quelconque de $\overrightarrow{D'}$.

Si l'on suppose seulement les vecteurs $\overrightarrow{U}$, $\overrightarrow{V}$ liés, de même que les vecteurs $\overrightarrow{U'}$, $\overrightarrow{V'}$, on a $\widehat{(\overrightarrow{U},\overrightarrow{U'})} = \widehat{(\overrightarrow{V},\overrightarrow{V'})}$ ou $\widehat{(\overrightarrow{V},\overrightarrow{V'})} + \pi$. L'angle orienté de deux droites ne peut être défini que modulo π.

Exemple. Fixons deux points A et B distincts. On va déterminer l'ensemble Γ des points M (distincts de A, B) tels que l'angle des droites (MA) et (MB) ait une valeur donnée. D'après la remarque ci-dessus, cette valeur n'est définie que modulo π. Notant a, b, z les affixes de A, B, M, on a la condition : $z \in \Gamma \Leftrightarrow \operatorname{Arg} \dfrac{z-b}{z-a} \equiv \alpha \pmod{\pi}$. Cette condition équivaut à $e^{-\mathrm{i}\alpha}\dfrac{z-b}{z-a} \in \mathbb{R}^*$. Comme on sait que $\dfrac{z-b}{z-a} \in \mathbb{C}^*$, il suffit d'écrire que ce nombre est égal à son conjugué : $e^{-\mathrm{i}\alpha}\dfrac{z-b}{z-a} = e^{\mathrm{i}\alpha}\dfrac{\overline{z}-\overline{b}}{\overline{z}-\overline{a}}$, ce qui équivaut à la relation : $(e^{2\mathrm{i}\alpha}-1)z\overline{z} - -(e^{2\mathrm{i}\alpha}\overline{b}-\overline{a})z - (e^{2\mathrm{i}\alpha}a-b)\overline{z}(e^{2\mathrm{i}\alpha}a\overline{b}-b\overline{a}) = 0$. Le lecteur vérifiera que, si $\alpha \equiv 0 \pmod{\pi}$, c'est l'équation d'une droite ; sinon, c'est l'équation d'un cercle (auxquels il faut toutefois ôter A et B).

4.3 Constructions à la règle et au compas

Une élégante théorie *algébrique* permet de dire quelles constructions géométriques planes peuvent être effectuées à l'aide d'une règle et d'un compas. On démontre ainsi que trois problèmes antiques n'admettent pas de solution : la duplication du cube (construire le côté d'un cube de volume 2 : autrement dit, construire le réel $\sqrt[3]{2}$) ; la trisection de l'angle (construire les trisectrices d'un angle, ou encore le diviser en 3) ; la quadrature du cercle (construire le côté d'un carré ayant même aire qu'un disque de rayon 1 : autrement dit, construire le réel $\sqrt{\pi}$). À l'inverse, Gauß a montré à l'âge de 19 ans comment construire un polygone régulier à 17 côtés. Nous effleurons ici le sujet. Nous admettons les constructions élémentaires suivantes, qui relèvent de la géométrie de terminale :

1) Possibilité d'additionner, de soustraire, de multiplier et de diviser des longueurs ; ces deux dernières reposent sur le théorème de Thalès et sur la construction de la parallèle à une droite donnée passant par un point donné.

2) Possibilité d'additionner et de soustraire des angles.

3) Possibilité d'extraire la racine carrée d'une longueur (qui repose sur la géométrie des triangles rectangles) et de construire la moitié d'un angle (ou ses bissectrices).

Nous dirons qu'un complexe z est connu si le point M d'affixe z est donné et que l'on peut s'en servir pour de nouvelles constructions. Bien sûr, si z est connu, les réels $\operatorname{Re} z$, $\operatorname{Im} z$ et $|z|$ ainsi que l'angle $\arg z$ le sont. Réciproquement, si les réels $\operatorname{Re} z$ et $\operatorname{Im} z$ sont connus, ou bien si la longueur $|z|$ et l'angle $\arg z$ le sont, alors z l'est. Les complexes 0, 1 et i sont évidemment supposés connus dès le départ. On voit alors que les constructions suivantes sont possibles :

1) Les complexes a et b étant connus, construire $a+b$ et $a-b$. Il suffit en effet d'additionner ou de soustraire les parties réelles et imaginaires.

2) Les complexes a et b étant connus, construire le produit ab et, si $a \neq 0$, le quotient b/a. Il suffit en effet de multiplier ou de diviser les longueurs $|a|$ et $|b|$ et d'additionner ou de soustraire les angles $\arg a$ et $\arg b$.

3) Le complexe a étant connu, construire ses racines carrées. Il suffit en effet de construire la racine carrée de la longueur $|a|$ et la moitié de l'angle $\arg a$.

On déduit de ces préliminaires que, les complexes a, b, c étant supposés connus, *on peut construire les racines de l'équation* az^2+bz+c. Si $a=b=0$, ces racines sont tous les complexes (si $c=0$) ou aucun (si $c \neq 0$) et c'est évident. Si $a=0$ et $b \neq 0$, l'unique racine est $-b/a$, que l'on sait construire. Si $a \neq 0$, on construit successivement $\Delta = b^2-4ac$, ses racines carrées $\pm\delta$ et les racines de l'équation $\dfrac{-b \pm \delta}{2a}\cdot$ Pour construire un pentagone régulier, il suffit de construire $e^{2\imath\pi/5}$. C'est une racine de l'équation $z^2 - zZ + 1 = 0$, où Z est une racine de l'équation $Z^2+Z-1=0$. Pour un algorithme pratique, consulter les vieux manuels de géométrie plane. En revanche, on ne peut pas résoudre en général les équations de degré 3 par à la règle et au compas : sinon, on pourrait construire $\sqrt[3]{2}$, ou encore $z = \cos\theta$ à partir de $a = \cos 3\theta$ (et donc trisecter les angles) ; voyez-vous pourquoi ?

5 Topologie de $\mathbb{C}$

5.1 Rappels sur la convergence dans $\mathbb{C}$

Rappelons (module IV.1, section 2.2.2) qu'une suite $(z_n)_{n\in\mathbb{N}}$ de nombres complexes converge vers le complexe ℓ si $\lim\limits_{n\to+\infty} |z_n - \ell| = 0$. On écrit alors $\lim\limits_{n\to+\infty} z_n = \ell$. Rappelons également (module IV.4) qu'une série $\sum\limits_{n\geqslant 0} z_n$ de nombres complexes converge, si, et seulement si, les séries $\sum\limits_{n\geqslant 0} \operatorname{Re} z_n$ et $\sum\limits_{n\geqslant 0} \operatorname{Im} z_n$ convergent. On a les égalités :

$$\lim_{n\to+\infty}(x_n+\mathrm{i}y_n)=\lim_{n\to+\infty}x_n+\mathrm{i}\lim_{n\to+\infty}y_n \quad \text{et} \quad \sum_{n\geqslant 0}(x_n+\mathrm{i}y_n)=\sum_{n\geqslant 0}x_n+\mathrm{i}\sum_{n\geqslant 0}y_n,$$

ainsi que leurs conséquences triviales : $\overline{\lim\limits_{n\to+\infty} z_n} = \lim\limits_{n\to+\infty}\overline{z_n}$ et $\overline{\sum\limits_{n\geqslant 0} z_n} = \sum\limits_{n\geqslant 0}\overline{z_n}$.

On en déduit les règles concernant l'addition :

$$\lim_{n\to+\infty}(z_n+z'_n)=\lim_{n\to+\infty}z_n+\lim_{n\to+\infty}z'_n \quad \text{et} \quad \sum_{n\geqslant 0}(z_n+z'_n)=\sum_{n\geqslant 0}z_n+\sum_{n\geqslant 0}z'_n$$

ainsi que celle concernant la limite d'un produit :

$$\lim_{n\to+\infty}(z_nz'_n)=\big(\lim_{n\to+\infty}z_n\big)\big(\lim_{n\to+\infty}z'_n\big).$$

En particulier, pour $w\in\mathbb{C}$ quelconque :

$$\lim_{n\to+\infty}w\,z_n=w\lim_{n\to+\infty}z_n \quad \text{et} \quad \sum_{n\geqslant 0}w\,z_n=w\sum_{n\geqslant 0}z_n.$$

Notons $z_n = x_n + \mathrm{i}y_n$ La série de complexes $\sum\limits_{n\geqslant 0} z_n$ est dite *absolument convergente* si la série à termes positifs $\sum\limits_{n\geqslant 0}|z_n|$ converge, ce qui a lieu si, et seulement si, les séries de réels $\sum\limits_{n\geqslant 0} x_n$ et $\sum\limits_{n\geqslant 0} y_n$ le sont. Toute série absolument convergente de complexes est convergente (module IV.4, théorème 20). La somme de deux séries absolument convergentes est absolument convergente. Pour toute série absolument convergente $\sum\limits_{n\geqslant 0} z_n$, on a : $\big|\sum\limits_{n\geqslant 0} z_n\big| \leqslant \sum\limits_{n\geqslant 0}|z_n|$.

Le *produit de Cauchy* des séries absolument convergentes $\sum\limits_{n\geqslant 0} z_n$ et $\sum\limits_{n\geqslant 0} z'_n$ est la série $\sum\limits_{n\geqslant 0} w_n$ de terme général $w_n = \sum\limits_{j+k=n} z_j z'_k$. Cette série converge absolument et l'on a l'égalité : $\big(\sum\limits_{n\geqslant 0} z_n\big)\big(\sum\limits_{n\geqslant 0} z'_n\big) = \sum\limits_{n\geqslant 0} w_n$ (module IV.4, théorème et définition 21).

5.2 L'exponentielle complexe

Théorème et définition 21. Pour tout complexe z, la série $\sum\limits_{n\geqslant 0}\dfrac{z^n}{n!}$ converge absolument. Sa somme est notée $\exp z$ ou e^z et la fonction $\exp : z\mapsto \exp z$ de $\mathbb{C}$ dans $\mathbb{C}$ est appelée fonction *exponentielle (complexe)*. Elle est à valeurs dans $\mathbb{C}^*$ et vérifie les relations :

$$\exp(0)=1, \tag{47}$$

$$\forall a,b\in\mathbb{C}\ ,\ \exp(a+b)=(\exp a)\,(\exp b)\,, \tag{48}$$

$$\forall a\in\mathbb{C}\ ,\ \exp(-a)=(\exp a)^{-1}\,, \tag{49}$$

$$\forall a\in\mathbb{C}\ ,\ \overline{\exp a}=\exp\overline{a}. \tag{50}$$

En particulier, la fonction exp envoie $\mathbb{R}$ dans $\mathbb{R}_+^*$ et $\mathrm{i}\mathbb{R}$ dans $\mathbb{U}$.

Démonstration. On peut supposer $z \neq 0$. Soit n_0 un entier tel que $m = \dfrac{|z|}{n_0} < 1$. Notant $u_n = \left|\dfrac{z^n}{n!}\right|$, on voit que, pour $n \geqslant n_0$, $\dfrac{u_{n+1}}{u_n} < m$. La série $\sum\limits_{n\geqslant 0} u_n$ est donc convergente et la série $\sum\limits_{n\geqslant 0} \dfrac{z^n}{n!}$ absolument convergente. La première égalité à démontrer est évidente. La seconde résulte du calcul du terme général du produit de Cauchy des séries $\sum\limits_{n\geqslant 0} \dfrac{a^n}{n!}$ et $\sum\limits_{n\geqslant 0} \dfrac{b^n}{n!}$: $\sum\limits_{j+k=n} \dfrac{a^j}{j!}\dfrac{b^k}{k!} = \dfrac{(a+b)^n}{n!}$, qui n'est autre que la formule du binôme. La troisième égalité résulte des deux premières en posant $b = -a$. Elle implique que $\exp$ est à valeurs dans $\mathbb{C}^*$. La dernière égalité résulte des règles générales de 5.1. Elle entraîne que, pour $t \in \mathbb{R}$, $\exp t \in \mathbb{R}^*$, puis que $\exp t = (\exp t/2)^2 > 0$; et que l'inverse $\exp(-\mathrm{i}t)$ de $\exp(\mathrm{i}t)$ est aussi son conjugué, donc que $\exp(\mathrm{i}t) \in \mathbb{U}$. ■

La preuve (facile) de la majoration suivante, est laissée en exercice au lecteur :

$$\forall z \in \mathbb{C}^* \ , \ 0 < |z| \leqslant M \Longrightarrow \left|\frac{\exp z - 1 - z}{z^2}\right| \leqslant \exp M. \tag{51}$$

Avec les notations du module IV.8, on en déduit que $\exp z = 1 + z + \mathrm{O}(z^2)$ lorsque $z \to 0$.

Théorème 22. La restriction de la fonction $\exp$ à $\mathbb{R}$ est la fonction exponentielle réelle.

Démonstration. Notons $f(x) = \exp x$ pour $x \in \mathbb{R}$. On a vu que f est à valeurs réelles et que $f(0) = 1$. Des propriétés (48) et (51) de la page 277, on déduit que, pour $a \in \mathbb{R}$ fixé, $f(a+h) = f(a) + hf(a) + O(h^2)$ lorsque $h \to 0$, donc que $f' = f$. C'est alors un exercice simple de démontrer que $f(x) = e^x$ (exercices II.5.17 et II.5.18). ■

5.2.1 La fonction $\exp$ et le cercle unité $\mathbb{U}$

Notons, pour tout $y \in \mathbb{R}$, $C(y) = \mathrm{Re}(\exp \mathrm{i}y)$ et $S(y) = \mathrm{Im}(\exp \mathrm{i}y)$. Les fonctions C et S sont définies sur $\mathbb{R}$ et à valeurs dans $\mathbb{R}$, et l'on a, d'après l'équation 48 et le théorème 22, l'égalité : $\forall x, y \in \mathbb{R}$, $\exp(x+\mathrm{i}y) = e^x\big((C(y)+\mathrm{i}S(y)\big)$. D'après le théorème 21 de la page ci-contre, $e^x > 0$ et $C(y) + \mathrm{i}S(y) \in \mathbb{U}$, c'est à dire $C^2 + S^2 = 1$. Par exemple, $C(0) = 1$ et $S(0) = 0$. Du même théorème, on déduit que C est paire et S impaire. Les théorèmes qui suivent font alors le lien avec la présentation « élémentaire » de l'exponentielle au début de la section 3.

Théorème et définition 23. Les fonctions C et S sont dérivables et $C' = -S$, $S' = C$. Il existe un unique réel $a > 0$ tel que $C(a) = 0, S(a) = 1$ avec $C > 0$ et $S > 0$ sur $]0, a[$. On notera π le réel $2a$. Les fonctions C et S sont 2π-périodiques. L'application $t \mapsto (C(t), S(t))$ est une bijection de $[0, 2\pi[$ sur le cercle trigonométrique $\mathbb{U} = \{(x,y) \in \mathbb{R}^2 \mid x^2 + y^2 = 1\} \subset \mathbb{R}^2$; de manière équivalente, l'application $t \mapsto \exp \mathrm{i}t$ est une bijection de $[0, 2\pi[$ sur le cercle unité $\mathbb{U} \subset \mathbb{C}$.

Démonstration. Des propriétés (48) et (51) de la page 277, on déduit que, pour $a \in \mathbb{R}$ fixé, $C(a+h) = C(a) - hS(a) + \mathrm{O}(h^2)$ et $S(a+h) = S(a) + hC(a) + \mathrm{O}(h^2)$ lorsque $h \to 0$, d'où $C' = -S$, $S' = C$. Les fonctions C et S sont donc indéfiniment dérivables. Comme $S(0) = 0$ et $C(0) = S'(0) = 1$, il existe $\alpha > 0$ tel que $C, S > 0$ sur $]0, \alpha]$. Supposons que C reste > 0 sur $\mathbb{R}_+^*$. Alors S croît sur $\mathbb{R}_+^*$, donc $S \geqslant S(\alpha)$ sur $[\alpha, +\infty[$, donc $C(x) \leqslant C(\alpha) - (x - \alpha)S(\alpha)$ sur $[\alpha, +\infty[$ (inégalité des accroissements finis), ce qui contredit l'hypothèse $C > 0$. Il existe donc un plus petit réel $a > 0$ tel que $C(a) = 0$. Alors $S(a) = \pm 1$. Sur $]0, a[$, $C > 0$, donc S croît strictement, donc $S > 0$ et $S(a) = 1$. C'est le a de l'énoncé du théorème et son unicité est évidente ; nous l'écrirons $a = \pi/2$. On a donc $\exp \mathrm{i}\pi/2 = \mathrm{i}$, d'où, par application répétée de (48), $\exp \mathrm{i}(a + 2\pi) = \exp \mathrm{i}a$: cela entraîne la 2π-périodicité de C et de S. L'étude précédente (avec le théorème des valeurs intermédiaires) montre que l'application $t \mapsto \big(C(t), S(t)\big)$ est une bijection de $[0, \pi/2]$ sur $\mathbb{U} \cap (\mathbb{R}_+ \times \mathbb{R}_+)$. La relation $\exp \mathrm{i}(t + \pi/2) = \mathrm{i} \exp \mathrm{i}t$ entraîne alors que l'on a des bijections de $[\pi/2, \pi[$, $[\pi, 3\pi/2[$ et $[3\pi/2, 2\pi[$ sur les intersections de $\mathbb{U}$ avec les trois autres quadrants. ■

Proposition 24. La fonction $t \mapsto (C(t), S(t))$ est un paramétrage du cercle trigonométrique par l'abscisse curviligne (voir le module III.2).

Démonstration. Cela résulte de l'égalité $C'^2 + S'^2 = (-S)^2 + C^2 = 1$. ■

La « condition initiale » $\big(C'(0), S'(0)\big) = \big(-S(0), C(0)\big) = (0, 1)$, garantit que le sens du paramétrage est le sens trigonométrique habituel. Autrement dit, pour $t \in [0, 2\pi[$, $(C(t), S(t))$ sont les coordonnées du point M tel que l'arc de cercle (parcouru dans le sens positif) qui joint $(1, 0)$ à M a pour longueur t : au sens du programme de terminale, on a bien $C(t) = \cos t$ et $S(t) = \sin t$.

5.3 Le théorème de d'Alembert-Gauß

Nous allons démontrer que le corps $\mathbb{C}$ est algébriquement clos. Cette propriété purement algébrique de $\mathbb{C}$ admet de nombreuses preuves substantiellement différentes, qui reposent *toutes* sur la topologie ou sur l'analyse. Celle que nous proposons ici est un cas particulier du *principe du maximum* pour les fonctions de variables complexes, qui seront étudiées en L2.

Soit $P = \sum\limits_{n \geqslant 0} a_n X^n \in \mathbb{C}[X]$ un polynôme à coefficients complexes et soit $(z_n)_{n \in \mathbb{N}}$ une suite de complexes de limite $\lim\limits_{n \to +\infty} z_n = z$. Il découle des rappels de 5.1 que $\lim\limits_{n \to +\infty} P(z_n) = P(z)$. On dit que *l'application polynomiale P est continue.*

Proposition 25. Supposons $P = a_0 + \cdots + a_n X^n$ de degré $n \geqslant 1$ (en particulier $a_n \neq 0$). Alors :

$$\forall M > 0\,,\ \exists R > 0\,,\ \forall z \in \mathbb{C}\ :\ |z| > R \Longrightarrow |P(z)| > M. \qquad (52)$$

On dit que la fonction $|P|$ sur $\mathbb{C}$ *tend vers l'infini à l'infini.*

Démonstration. Supposons $z \neq 0$. Alors :

$$\left|\frac{P(z)}{a_n z^n}\right| = \left|1 + \frac{a_{n-1}}{a_n z} + \cdots + \frac{a_0}{a_n z^n}\right| \geqslant 1 - \left|\frac{a_{n-1}}{a_n z}\right| - \cdots - \left|\frac{a_0}{a_n z^n}\right|.$$

Si de plus, $|z| \geqslant R \geqslant 1$, on en tire l'inégalité :

$$\left|\frac{P(z)}{a_n z^n}\right| \geqslant 1 - \frac{1}{R}\sum_{i=0}^{n-1}\left|\frac{a_i}{a_n}\right|. \tag{53}$$

Il suffit donc de prendre $R \geqslant \max\left(1, 2\sum_{i=0}^{n-1}\left|\frac{a_i}{a_n}\right|\right)$ et tel que $|a_n|\, R^n \geqslant 2M$. ■

Rappelons (module IV.7, définition 5) qu'une partie de $\mathbb{C}$ qui est *fermée* (c'est-à-dire stable par passage à la limite) et *bornée* (c'est-à-dire incluse dans un disque) est dite *compacte*.

Proposition 26. Soit A une partie compacte non vide de $\mathbb{C}$. La fonction $|P|$ admet un maximum et un minimum atteints sur A.

Démonstration. C'est évident si P est constant.

Nous supposerons donc que $P = a_0 + \cdots + a_n X^n$, avec $a_n \neq 0$ et $n \geqslant 1$. Si $M > 0$ est tel que $\forall z \in A, |z| \leqslant M$, alors, sur A : $|P(z)| \leqslant |a_0| + \cdots + |a_n|\, M^n$. L'ensemble non vide $\{|P(z)| \mid z \in A\}$ est donc majoré et minoré (par 0), donc il admet une borne supérieure et une borne inférieure. Nous noterons m cette dernière et prouverons qu'elle est atteinte : le raisonnement est identique en ce qui concerne la borne supérieure. Par définition de la borne inférieure, il existe une suite $(z_n)_{n\in\mathbb{N}}$ d'éléments de A telle que $\lim\limits_{n\to+\infty} |P(z_n)| = m$. La partie A étant bornée, cette suite est bornée. D'après le théorème de Bolzano-Weierstraß (module IV.6, théorème 11), elle admet une sous-suite convergente ; quitte à remplacer notre suite par cette sous-suite, nous pouvons donc admettre d'emblée que la suite $(z_n)_{n\in\mathbb{N}}$ admet une limite z. La partie A étant fermée, $z \in A$. L'application polynomiale P étant continue, $|P(z)| = \lim\limits_{n\to+\infty} |P(z_n)| = m$. La borne inférieure m est bien atteinte, c'est donc le minimum de $|P|$ sur A. ■

Corollaire 27. La fonction $|P|$ admet un minimum atteint sur $\mathbb{C}$.

Démonstration. Soit $M = |P(0)|$. Si $M = 0$, c'est le minimum; supposons donc $M > 0$. Comme $|P|$ tend vers l'infini à l'infini, il existe $R > 0$ tel que $|P| > M$ hors du disque fermé $A = \overline{D}(0, R)$. Celui-ci étant fermé borné non vide, $|P|$ y admet un minimum atteint, qui est nécessairement inférieur ou égal à $|P(0)| = M$: c'est donc le minimum sur $\mathbb{C}$. ■

Lemme 28. Soit $k \geqslant 1$ et soit $Q = 1 + X^k +$ des termes de degrés supérieurs un polynôme sur $\mathbb{C}$. Il existe $z_0 \in \mathbb{C}$ tel que $|Q(z_0)| < 1$.

Démonstration. Écrivons $Q = 1 + X^k R$, où R est un polynôme de terme constant 1. Nous prendrons $z_0 = \frac{1}{p}e^{\mathrm{i}\pi/k}$, avec $p \in \mathbb{N}^*$ à déterminer. L'application R étant continue, $\lim\limits_{p\to+\infty} R\left(\frac{1}{p}e^{\mathrm{i}\pi/k}\right) = 1$. On choisit p tel que $R\left(\frac{1}{p}e^{\mathrm{i}\pi/k}\right) = 1 + u$ avec $|u| < 1$. On a alors : $Q(z_0) = 1 + z_0^k R(z_0) = 1 - p^{-k}(1 + u)$, d'où :

$$|Q(z_0)| \leqslant |1 - p^{-k}| + |p^{-k}u| < 1 - p^{-k} + p^{-k} = 1.$$

■

Théorème 29 (de d'Alembert-Gauß).
Tout polynôme non constant de $\mathbb{C}[X]$ admet au moins une racine.

Démonstration. Soit $z_1 \in \mathbb{C}$ un point où $|P|$ atteint son minimum. On va démontrer par l'absurde que $P(z_1) = 0$. Sinon, on considère le polynôme $\dfrac{P(z_1+X)}{P(z_1)}$.
Il est non constant (sinon P serait constant) et son terme constant vaut 1 ; il est donc de la forme $1 + aX^k$ plus des termes de degrés supérieurs, avec $k \geqslant 1$ et $a \neq 0$. Soit $\lambda \in \mathbb{C}$ une racine $k^{\text{ème}}$ de a^{-1}. On peut alors appliquer le lemme au polynôme $Q = \dfrac{P(z_1+\lambda X)}{P(z_1)}$: il existe z_0 tel que $|Q(z_0)| < 1$, c'est-à-dire $|P(z_1+\lambda z_0)| < |P(z_1)|$, contredisant la minimalité de $|P(z_1)|$. ∎

Exercice type corrigé

II.5.0 1) Soient A, B, C, D les images dans le plan d'Argand-Cauchy (section 2.2) de $a, b, c, d \in \mathbb{U}$ (définition 12 de la page 263). On suppose $a \neq b$ et $c \neq d$. Donner une condition nécessaire et suffisante simple de parallélisme des droites (AB) et (CD).
2) Lorsque $a = b$, on convient que (AB) désigne la tangente au cercle unité en A (*i.e.* la perpendiculaire au rayon OA passant par A). Généraliser la relation précédente aux cas $a = b$ ou $c = d$.
3) Construire géométriquement ab.
4) Construire géométriquement a^{-1}.
5) Pour tout $u \in \mathbb{U}$, résoudre géométriquement l'équation $x^2 = u$.

Solution. 1) La condition de parallélisme se traduit par la relation $\dfrac{d-c}{b-a} \in \mathbb{R}$, qui équivaut à :

$$\frac{d-c}{b-a} = \frac{\overline{d}-\overline{c}}{\overline{b}-\overline{a}} = \frac{d^{-1}-c^{-1}}{b^{-1}-a^{-1}} = \frac{ab(c-d)}{cd(a-b)},$$

car les éléments $u \in \mathbb{U}$ vérifient $\overline{u} = u^{-1}$.
Un petit calcul donne alors la condition nécessaire et suffisante $ab = cd$.
2) Puisque (AB) est perpendiculaire à OA, on peut remplacer $b-a$ par $\mathrm{i}a$ dans le calcul précédent, ce qui donne $\dfrac{d-c}{\mathrm{i}a} = \dfrac{d^{-1}-c^{-1}}{-\mathrm{i}a^{-1}}$, soit la condition $a^2 = cd$. Si de plus $c = d$, on remplace $d - c$ par $\mathrm{i}c$ et l'on trouve de manière analogue $a^2 = c^2$.
Dans tous les cas, on retrouve la condition $ab = cd$.
3) On prend $d := 1$ et $D := [d]$. On mène la parallèle à (AB) passant par D. Si elle est tangente au cercle, on pose $C := D$; sinon, elle recoupe le cercle en un point C.
Dans tous les cas, le point C a pour affixe $c = ab$.
4) On prend $c := d := 1$, donc pour (CD) la tangente au cercle au point d'affixe 1. La parallèle à (CD) menée par A recoupe le cercle en B (qui est A lui-même si c'est une tangente).
Le point B a pour affixe $b = a^{-1}$.
5) On prend $c := u$ et $d := 1$. On cherche A tel que la tangente en A est parallèle à (CD), autrement dit, tel que le rayon OA est perpendiculaire à CD. Il suffit donc de mener la perpendiculaire à (CD) passant par le centre O. Comme c'est un diamètre, elle coupe le cercle en deux points A et B d'affixes a et $b = -a$, qui sont les solutions de $x^2 = u$.

Pour aller plus loin

Les corrigés sont disponibles en accès libre à partir des pages d'accueil du livre sur le site www.dunod.com

Exercices sur la section 1

II.5.1 Démontrer qu'il n'existe sur $\mathbb{C}$ aucune relation d'ordre total qui soit compatible avec l'addition et la multiplication. Pour le voir, on discutera du signe de i et du signe de son carré.

II.5.2 Cet exercice propose une construction de $\mathbb{C}$ à l'aide des matrices réelles. Soit $\tilde{\mathbb{C}}$ le sous-ensemble $\left\{ \begin{pmatrix} a & b \\ -b & a \end{pmatrix} \,\middle|\, a, b \in \mathbb{R} \right\}$ de $M_2(\mathbb{R})$.

(i) Montrer que $\tilde{\mathbb{C}}$ est un sous-anneau de $M_2(\mathbb{R})$. Montrer que l'application $a \mapsto \begin{pmatrix} a & 0 \\ 0 & a \end{pmatrix}$ est un morphisme injectif de $\mathbb{R}$ dans $\tilde{\mathbb{C}}$, qui permet donc d'identifier $\mathbb{R}$ à son image, un sous-anneau de $\tilde{\mathbb{C}}$; ainsi $1 \in \mathbb{R}$ s'identifie à la matrice identité $I_2 \in M_2(\mathbb{R})$.

(ii) Montrer que la matrice $\tilde{\imath} = \begin{pmatrix} 0 & 1 \\ -1 & 0 \end{pmatrix} \in \tilde{\mathbb{C}}$ vérifie $\tilde{\imath}^2 = -1$ et que tout élément de $\tilde{\mathbb{C}}$ s'écrit de manière unique $a + b\tilde{\imath}$, avec $a, b \in \mathbb{R}$. En déduire que l'application $a + b\mathrm{i} \mapsto a + b\tilde{\imath}$ définit un isomorphisme d'anneaux de $\mathbb{C}$ dans $\tilde{\mathbb{C}}$ dont la restriction à $\mathbb{R}$ est l'identité.

II.5.3 Soit A un anneau commutatif et soit $\alpha \in A$ tel que $\alpha^2 = -1$. Soit $\varphi : \mathbb{R} \to A$ un morphisme d'anneaux. Montrer qu'il existe un unique morphisme d'anneaux $\psi : \mathbb{C} \to A$ dont la restriction à $\mathbb{R}$ est φ et tel que $\psi(\mathrm{i}) = \alpha$.

II.5.4 En analogie avec la construction de $\mathbb{C}$, on ajoute ici à $\mathbb{R}$ *trois* nouveaux éléments, notés $\mathbf{i}, \mathbf{j}, \mathbf{k}$, et l'on note : $\mathbf{H} := \{a + b\mathbf{i} + c\mathbf{j} + d\mathbf{k} \mid a, b, c, d \in \mathbb{R}\}$. Les éléments de $\mathbf{H}$ sont appelés *quaternions de Hamilton*, ou simplement quaternions. Nous voulons faire de $\mathbf{H}$ un anneau (ici, non commutatif) admettant $\mathbb{R}$ comme sous-anneau (éléments tels que $b = c = d = 0$). Nous imposons de plus aux nouveaux éléments les règles suivantes :

$$\mathbf{i}^2 = \mathbf{j}^2 = -1, \quad \mathbf{ij} = \mathbf{k} = -\mathbf{ji} \quad \text{et} \quad \forall a \in \mathbb{R}\,,\ a\mathbf{i} = \mathbf{i}a \quad \text{et} \quad a\mathbf{j} = \mathbf{j}a.$$

(i) Vérifier que $\mathbb{R}$ est central dans $\mathbf{H}$, que $\mathbf{k}^2 = -1$ et que $\mathbf{jk} = \mathbf{i} = -\mathbf{kj}$ et $\mathbf{ki} = \mathbf{j} = -\mathbf{ik}$. Calculer la somme et le produit de $a_1 + b_1\mathbf{i} + c_1\mathbf{j} + d_1\mathbf{k}$ et de $a_2 + b_2\mathbf{i} + c_2\mathbf{j} + d_2\mathbf{k}$. En examinant le cas spécial où $a_2 = a_1$, $b_2 = -b_1$, $c_2 = -c_1$ et $d_2 = -d_1$, vérifier que l'égalité $a + b\mathbf{i} + c\mathbf{j} + d\mathbf{k} = 0$ équivaut à $a = b = c = d = 0$, puis que $\mathbf{H}$ est un corps. Vérifier que l'application $a + b\mathrm{i} \mapsto a + b\mathbf{i}$ définit un morphisme injectif d'anneaux de $\mathbb{C}$ dans $\mathbf{H}$ dont la restriction à $\mathbb{R}$ est l'identité.
(ii) Proposer une construction rigoureuse de $\mathbf{H}$.
(iii) On définit une application σ de $\mathbf{H}$ dans lui-même en posant :

$$\sigma(a + b\mathbf{i} + c\mathbf{j} + d\mathbf{k}) = a - b\mathbf{i} - c\mathbf{j} - d\mathbf{k}.$$

Vérifier que c'est un automorphisme pour la structure de groupe (et même de $\mathbb{R}$-espace vectoriel) et que : $\forall x, y \in \mathbf{H}\,,\ \sigma(xy) = \sigma(y)\sigma(x)$. On pose, pour tout $x \in \mathbf{H}$, $N(x) = x\sigma(x)$. Vérifier que :

$$\forall x, y \in \mathbf{H}\,,\ N(xy) = N(x)N(y).$$

Écrire explicitement la formule correspondante ne mettant en jeu que des nombres réels. En déduire que le produit de deux sommes de quatre carrés de $\mathbb{N}$ est une somme de quatre carrés de $\mathbb{N}$. *Cette formule sert à démontrer le célèbre théorème de Lagrange : tout entier naturel est somme de quatre carrés.*

Exercices sur la section 2

II.5.5 On va ramener la résolution de l'équation du $4^{\text{ème}}$ degré à celle de l'équation du $3^{\text{ème}}$ degré par la *méthode de Ferrari.*

(i) Démontrer que l'on peut se ramener à l'équation $z^4 + az^2 + bz + c = 0$.

(ii) Soit $w \in \mathbb{C}$. Calculer les complexes a', b', c' tels que l'égalité ci-dessus soit équivalente à l'égalité $(z^2 + w)^2 = a'z^2 + b'z + c'$.

(iii) À quelle condition portant sur w le trinôme $a'z^2 + b'z + c'$ est-il un carré parfait ? (On trouvera une équation du $3^{\text{ème}}$ degré en w.) En déduire la résolution de l'équation du $4^{\text{ème}}$ degré.

II.5.6 (i) Soient $p, q \in \mathbb{C}$. Démontrer que l'ensemble E des suites $\underline{u} = (u_n)_{n\in\mathbb{N}}$ telles que : $\forall n \in \mathbb{N}\ ,\ u_{n+2} = pu_{n+1} + qu_n$ est un sous-espace vectoriel de l'espace vectoriel $\mathbb{C}^{\mathbb{N}}$ de toutes les suites de complexes.

(ii) Déterminer les éléments de E de la forme $u_n = x^n$. On démontrera que, si $p^2 + 4q \neq 0$, il y en a deux ; si $p^2 + 4q = 0$, il n'y en a qu'une, mais alors la suite $u_n = nx^n$ est dans E.

(iii) On note $\underline{v}$ et $\underline{w}$ les deux éléments particuliers de E trouvés ci-dessus. Démontrer qu'ils forment une base de E. (Pour que l'égalité $\underline{u} = a\underline{v} + b\underline{w}$, soit vérifiée, il faut, et il suffit, que l'on ait $u_0 = av_0 + bw_0$ et $u_1 = av_1 + bw_1$.)

(iv) On suppose p et q réels et l'on s'intéresse au sous-ensemble F des suites réelles de E. Montrer que c'est un sous-espace vectoriel du $\mathbb{R}$-espace vectoriel E et qu'il est de dimension 2. On en décrira une base dans chacun des trois cas : $p^2 + 4q > 0$, $p^2 + 4q = 0$, $p^2 + 4q < 0$.

II.5.7 Démontrer que l'ensemble $\mathbb{Z}[\mathrm{i}] := \{a + \mathrm{i}b \mid a, b \in \mathbb{Z}\}$ est un sous-anneau de $\mathbb{C}$ stable par conjugaison (ses éléments sont appelés *entiers de Gauß*). Démontrer que les normes algébriques des éléments de $\mathbb{Z}[\mathrm{i}]$ sont exactement les sommes de deux carrés dans $\mathbb{N}$. En déduire que l'ensemble des sommes de deux carrés dans $\mathbb{N}$ est stable par multiplication. Démontrer que les éléments inversibles de cet anneau sont ceux dont la norme algébrique vaut 1. (Si $zz' = 1$, alors $N(z)N(z') = 1$. Si $N(z) = 1$, $\overline{z} = z^{-1}$.) Énumérer ces éléments.

II.5.8 On rappelle que $j = e^{2\mathrm{i}\pi/3} = \dfrac{-1}{2} + \mathrm{i}\dfrac{\sqrt{3}}{2}\cdot$

On note $\mathbb{Z}[j]$ le sous-ensemble $\{a + bj \mid a, b \in \mathbb{Z}\}$ de $\mathbb{C}$. Démontrer que $\mathbb{Z}[j]$ est un sous-anneau de $\mathbb{C}$ stable par l'automorphisme de conjugaison. Caractériser les normes algébriques des éléments de $\mathbb{Z}[j]$. En déduire que l'ensemble des entiers de la forme $a^2 + ab + b^2$ avec $a, b \in \mathbb{Z}$ est stable par multiplication.

Exercices sur la section 3

II.5.9 Démontrer la formule suivante (*théorème de l'angle au centre*) :

$$\forall z \in \mathbb{C} \setminus \mathbb{R}_-\ ,\ \operatorname{Arg} z = 2 \arctan \frac{\operatorname{Im} z}{|z| + \operatorname{Re} z}\cdot$$

II.5.10 (i) Calculer les nombres $\sum\limits_{k=0}^{n} \cos k\theta$ et $\sum\limits_{k=0}^{n} \sin k\theta$. (Les considérer respectivement comme des parties réelle et imaginaire).

(ii) Calculer de même $\sum\limits_{k=0}^{n} k\cos k\theta$ et $\sum\limits_{k=0}^{n} k\sin k\theta$.

II.5.11 Linéariser l'expression $\cos^2 x \sin^3 x$.

II.5.12 Démontrer la proposition 14 de la page 261 à partir de la définition 10 de la page 261 et des rappels du cours de terminale au début de 3.

II.5.13 Montrer qu'il n'existe pas de fonction $\theta : \mathbb{C}^* \to \mathbb{R}$ telle que $e^{\mathrm{i}\theta(z)} = z$ et telle que, de plus, $\theta(zz') = \theta(z) + \theta(z')$. (S'il existait une fonction θ, en prenant $f(z) = e^{\mathrm{i}\theta(z)/2}$, on obtiendrait une fonction « racine carrée » qui soit un morphisme.)

Exercices sur la section 4

II.5.14 (i) Démontrer que l'application $z \mapsto \dfrac{z-\mathrm{i}}{z+\mathrm{i}}$ définit une bijection de $\mathbb{C}\setminus\{-\mathrm{i}\}$ sur $\mathbb{C}\setminus\{1\}$, et que la bijection réciproque est l'application $w \mapsto \mathrm{i}\dfrac{1+w}{1-w}$ ·

(ii) On note $\mathcal{D}$ le disque unité ouvert $\overset{\circ}{D}(0,1)$ et $\mathcal{H}$ le *demi-plan de Poincaré* $\{z \in \mathbb{C} \mid \operatorname{Im} z > 0\}$. Démontrer *géométriquement* que $z \in \mathcal{H}$ si, et seulement si, $\dfrac{z-\mathrm{i}}{z+\mathrm{i}} \in \mathcal{D}$. En déduire une bijection de $\mathcal{H}$ sur $\mathcal{D}$.

II.5.15 (i) Soit x un complexe, $x \neq -\mathrm{i}$. Démontrer *géométriquement* que $\left|\dfrac{1+\mathrm{i}x}{1-\mathrm{i}x}\right| = 1$ si, et seulement si, x est réel.

(ii) Soit a un réel. Démontrer que les racines de l'équation : $\left(\dfrac{1+\mathrm{i}x}{1-\mathrm{i}x}\right)^n = \dfrac{1+\mathrm{i}a}{1-\mathrm{i}a}$ sont les $x_k = \tan\dfrac{\alpha+k\pi}{n}$, $k = 0,\ldots,n-1$. (Mettre a sous la forme $\tan\alpha$, $\alpha \in]-\pi/2,\pi/2[$. On discutera la possibilité que l'un des x_k ne soit pas défini.)

II.5.16 Démontrer que le groupe des similitudes directes est isomorphe au groupe obtenu en munissant l'ensemble $\mathbb{C}^* \times \mathbb{C}$ de la loi de composition interne : $(a,b) \star (a',b') = (aa', ab'+b)$.

Exercices sur la section 5

II.5.17 À l'aide de l'inégalité $\left|\sum_{n\geqslant 0} \dfrac{z^n}{(n+2)!}\right| \leqslant \sum_{n\geqslant 0} \left|\dfrac{z^n}{(n+2)!}\right|$, démontrer la majoration 51 de la page 277.

II.5.18 Démontrer que la seule fonction $f : \mathbb{R} \to \mathbb{R}$ telle que $f(0) = 1$ et $f' = f$ est l'exponentielle réelle. (Dériver $x \mapsto f(x)e^{-x}$.)

II.5.19 Déduire la proposition 14 de la page 261 des résultats de la section 5.2.

Polynômes et fractions rationnelles

II.6

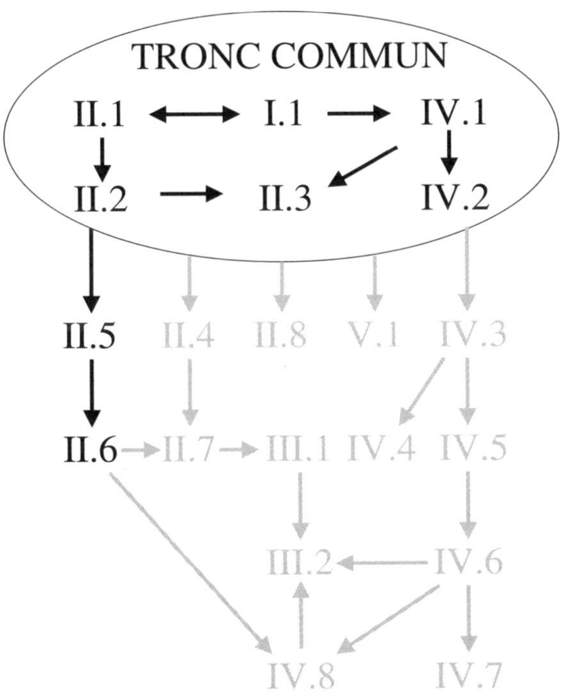

On a rencontré dans le secondaire le trinôme du second degré qui est un exemple de *fonction polynomiale* sur $\mathbb{R}$. Une partie des calculs sur les fonctions polynomiales est purement algébrique et les objets correspondants sont les *polynômes*, qui sont manipulés dans les systèmes de calcul formel comme Maple. Nous étudions dans ce module les lois qui les gouvernent. On se placera, en général, sur un corps commutatif quelconque : le cas de $\mathbb{R}$ et de $\mathbb{C}$, qui utilise un peu de topologie et d'analyse, sera détaillé en 2.

1 Polynômes sur un corps quelconque

Comme on l'a fait pour $\mathbb{C}$, on se fixe pour premier objectif de fonder rigoureusement l'algèbre des polynômes. Pratiquement, le lecteur qui le désire peut aborder directement l'étude de la section 1.2.

1.1 Construction et axiomes

Le problème posé est ici le suivant : comment adjoindre à un corps commutatif K un "élément indéterminé" X que l'on pourra, par la suite, remplacer par des valeurs arbitraires. Cependant, une grande partie des constructions et des raisonnements garde un sens et un intérêt sous des hypothèses plus générales. On se donne donc pour commencer un *anneau commutatif* A, auquel on veut adjoindre une *indéterminée* X de manière à obtenir un anneau commutatif $A[X]$.

Soit B un anneau commutatif qui contient A (comme sous-anneau) et X (comme élément). Le sous-anneau de B engendré par A et par X est, par définition (voir module II.2, définition 16 de la page 141) le plus petit sous-anneau de B contenant A et X. Il contient donc toutes les *expressions polynomiales en X à coefficients dans A*, c'est-à-dire les sommes $\sum\limits_{n\geqslant 0} a_n X^n$ dont les coefficients a_n sont des éléments de A presque tous nuls. Rappelons qu'une suite $(a_n)_{n\in\mathbb{N}} \in A^{\mathbb{N}}$ est dite *à support fini* si ses termes sont nuls à partir d'un certain rang, et que le sous-ensemble de $A^{\mathbb{N}}$ formé des suites à support fini est noté $A^{(\mathbb{N})}$. On introduit donc l'ensemble :

$$C := \left\{ \sum_{n\geqslant 0} a_n X^n \;\middle|\; (a_n)_{n\in\mathbb{N}} \in A^{(\mathbb{N})} \right\}.$$

C'est un sous-anneau de B, et c'est donc le sous-anneau engendré par A et X. On le prouve en vérifiant qu'il contient 0 (prendre pour $(a_n)_{n\in\mathbb{N}}$ la suite constante nulle) et 1 (prendre la suite telle que $a_0 = 1$ et $a_i = 0$ pour $i \geqslant 1$. La stabilité pour les lois internes découle des formules suivantes :

$$\sum_{n\geqslant 0} a_n X^n \pm \sum_{n\geqslant 0} b_n X^n = \sum_{n\geqslant 0} (a_n \pm b_n) X^n, \tag{1}$$

$$\sum_{n\geqslant 0} a_n X^n \times \sum_{n\geqslant 0} b_n X^n = \sum_{n\geqslant 0} \left(\sum_{i=0}^{n} a_i b_{n-i} \right) X^n. \tag{2}$$

La dernière formule résulte du calcul suivant :

$$\sum_{n\geqslant 0} a_n X^n \times \sum_{n\geqslant 0} b_n X^n = \sum_{i,j\geqslant 0} a_i b_j X^{i+j} = \sum_{n\geqslant 0} \left(\sum_{i+j=n} a_i b_j \right) X^n.$$

La suite de terme général $c_n = \sum\limits_{i+j=n} a_i b_j = \sum\limits_{i=0}^{n} a_i b_{n-i}$ est bien dans $A^{(\mathbb{N})}$: soient $\alpha, \beta \in \mathbb{N}$ tels que $a_i = 0$ pour $i > \alpha$ et $b_j = 0$ pour $j > \beta$ (il en existe par hypothèse); alors $c_n = 0$ pour $n > \alpha + \beta$. La structure de l'anneau C sera complètement élucidée si l'on peut affirmer que l'écriture $P = \sum\limits_{n\geqslant 0} a_n X^n$ est unique.

Théorème et définition 1. Il existe un anneau commutatif contenant A (comme sous-anneau) et X (comme élément) dans lequel tout élément s'écrit $P = \sum\limits_{n \geqslant 0} a_n X^n$ de manière unique et dans lequel les lois de compositions internes sont données par les formules précédentes. Ses éléments sont appelés *polynômes à coefficients dans A en l'indéterminée X*. L'anneau de ces polynômes est noté $A[X]$. Le *polynôme nul* $0 = \sum\limits_{n \geqslant 0} 0X^n$ est le zéro de $A[X]$. Un polynôme $\sum\limits_{n \geqslant 0} a_n X^n$ tel que $a_n = 0$ pour $n \geqslant 1$ est appelé *polynôme constant* et identifié à l'élément a_0 de A.

On peut donc *identifier les coefficients de deux polynômes égaux* :

$$\sum_{n \geqslant 0} a_n X^n = \sum_{n \geqslant 0} b_n X^n \Longleftrightarrow \forall n \in \mathbb{N}\ ,\ a_n = b_n, \tag{3}$$

$$\sum_{n \geqslant 0} a_n X^n = 0 \Longleftrightarrow \forall n \in \mathbb{N}\ ,\ a_n = 0. \tag{4}$$

Démonstration. L'application $(a_n)_{n \in \mathbb{N}} \mapsto \sum\limits_{n \geqslant 0} a_n X^n$ sera au bout du compte une bijection de $A^{(\mathbb{N})}$ sur $A[X]$. On va donc définir directement une structure d'anneau sur $A^{(\mathbb{N})}$. Ses lois sont données par les formules :

$$(a_n)_{n \in \mathbb{N}} + (b_n)_{n \in \mathbb{N}} := (a_n + b_n)_{n \in \mathbb{N}},$$

$$(a_n)_{n \in \mathbb{N}} \times (b_n)_{n \in \mathbb{N}} := (c_n)_{n \in \mathbb{N}},\ \text{où } c_n := \sum_{i=0}^{n} a_i b_{n-i}.$$

La première loi est celle qui fait de $A^{\mathbb{N}}$ un groupe commutatif, et il est clair que $A^{(\mathbb{N})}$ en est un sous-groupe. On vérifie que la seconde loi est bien interne, c'est-à-dire que la suite $(c_n)_{n \in \mathbb{N}}$ est à support fini, par le même raisonnement que plus haut. Pour la commutativité, on remarque que $\sum\limits_{i=0}^{n} a_i b_{n-i} = \sum\limits_{i+j=n} a_i b_j = \sum\limits_{i+j=n} a_j b_i = \sum\limits_{i=0}^{n} b_i a_{n-i}$. On montre ensuite que la suite $(e_n)_{n \in \mathbb{N}}$ de termes $1, 0, 0, 0, \ldots$ est élément neutre pour la multiplication : $\sum\limits_{i=0}^{n} a_i e_{n-i} = 0 + \cdots + 0 + a_n e_0 = a_n$ (cela suffit, en vertu de la commutativité). Pour l'associativité, on utilise la même remarque, d'où l'on tire mécaniquement les égalités :

$$\begin{aligned}\big((a_n)_{n \in \mathbb{N}} \times (b_n)_{n \in \mathbb{N}}\big) \times (c_n)_{n \in \mathbb{N}} &= (a_n)_{n \in \mathbb{N}} \times \big((b_n)_{n \in \mathbb{N}} \times (c_n)_{n \in \mathbb{N}}\big) \\ &= (d_n)_{n \in \mathbb{N}},\ \text{où } d_n = \sum_{i+j+k=n} a_i b_j c_k.\end{aligned}$$

Enfin, la commutativité permet de ne vérifier la distributivité que d'un seul côté :

$$\sum_{i+j=n} a_i (b_j + b'_j) = \sum_{i+j=n} a_i b_j + \sum_{i+j=n} a_i b'_j.$$

L'application $a \mapsto (a, 0, 0, 0 \ldots)$ est un isomorphisme de A sur un sous-anneau de $A^{(\mathbb{N})}$, et l'on identifie donc A à ce sous-anneau. Si l'on *définit* enfin X comme la suite $(0, 1, 0, 0, \ldots) \in A^{(\mathbb{N})}$, on démontre par récurrence que X^p est la suite dont le terme d'indice p vaut 1 et dont tous les autres termes sont nuls. Tout élément $P = (a_n)_{n \in \mathbb{N}}$ de $A^{(\mathbb{N})}$ s'écrit donc $\sum\limits_{n \geqslant 0} a_n X^n$ et cette écriture est unique. ■

Notons de plus que l'anneau $A[X]$ est muni d'une loi externe : si $P := \sum\limits_{n\geqslant 0} a_n X^n \in A[X]$ et si $a \in A$, on peut poser $aP := \sum\limits_{n\geqslant 0} a a_n X^n$.

Proposition et définition 2. L'anneau $K[X]$ des polynômes sur un corps commutatif K, muni de cette loi externe, est un K-sous–espace vectoriel. La famille $(X^n)_{n\in\mathbb{N}}$ en est une base, appelée *base canonique*. L'espace vectoriel $K[X]$ est donc de dimension infinie.

Démonstration. La loi externe est celle qui fait de $K^{(\mathbb{N})}$ un espace vectoriel, dont $(X^n)_{n\in\mathbb{N}}$ est la base canonique (module II.3, section 3.3). ■

Si A est un sous-anneau de K, alors $A[X]$ est un sous-anneau de $K[X]$. Les anneaux $A[X]$ que nous rencontrerons dans ce volume seront presque tous de cette forme; typiquement : $\mathbb{Z}[X] \subset \mathbb{Q}[X] \subset \mathbb{R}[X] \subset \mathbb{C}[X]$.

1.2 Règles élémentaires de calcul

Résumons la description de l'anneau $K[X]$ des polynômes à coefficients dans le corps commutatif K. C'est un K-espace vectoriel, dont la famille des X^n forme la *base canonique* ; autrement dit, tout polynôme s'écrit de manière unique $P = \sum\limits_{n\geqslant 0} a_n X^n$, les coefficients $a_n \in K$ étant nuls à partir d'un certain rang. En conséquence, l'addition et la soustraction sont donnés par les règles (1) de la page 286 et, si deux polynômes sont égaux, on peut identifier leurs coefficients (règles (3) de la page 287 et (4)) de la page 287). Il est muni de la multiplication donnée par la règle 2 de la page 286 et son neutre est $1 = 1X^0 + 0X^1 + \cdots$ Pour tout polynôme $P = \sum\limits_{n\geqslant 0} a_n X^n$ et pour tout entier naturel k, on appellera respectivement *terme de degré* k et *coefficient de degré* k du polynôme P le *monôme* $a_k X^k \in K[X]$ et le *coefficient* $a_k \in K$ (les a_k sont donc les coordonnées de P dans la base canonique). En particulier, le *terme constant* de P est $\operatorname{tc}(P) := a_0$. L'application $P \mapsto \operatorname{tc}(P)$ est une forme linéaire sur $K[X]$, et aussi un morphisme d'anneaux de $K[X]$ sur K :

$$\operatorname{tc}(\lambda P + \mu Q) = \lambda \operatorname{tc}(P) + \mu \operatorname{tc}(Q), \tag{5}$$

$$\operatorname{tc}(PQ) = \operatorname{tc}(P) \operatorname{tc}(Q). \tag{6}$$

Exemple. La formule du binôme de Newton, valide dans tout anneau commutatif (module II.2, théorème 32 de la page 136), entraîne $(1+X)^n = \sum\limits_{i=0}^{n} \binom{n}{i} X^i$. De l'égalité $(1+X)^{n+p} = (1+X)^n(1+X)^p$, on tire, par identification du coefficient de degré k : $\forall k \in [\![0, n+p]\!]\,,\ \binom{n+p}{k} = \sum\limits_{i+j=k} \binom{n}{i}\binom{p}{j}$. Cette jolie formule admet également une preuve combinatoire (exercice II.1.0 de la page 106).

Un polynôme $P := \sum\limits_{n\geqslant 0} a_n X^n \in K[X]$ et un élément x de K étant donnés, on peut *calculer la valeur de* P *en* x (on dit encore *évaluer* P *en* x ou *substituer l'élément* x *à l'indéterminée* X) en posant :

$$P(x) := \sum_{n \geqslant 0} a_n x^n \in K.$$

L'application $P \mapsto P(x)$ est K-linéaire et c'est un morphisme d'anneaux. Par exemple, $P(0)$ est le terme constant $\operatorname{tc}(P)$ de P.

Exemple. En substituant 1 à X dans $1+X$, on trouve 2 ; en substituant 1 à X dans $(1+X)^n$, on trouve donc : $\sum\limits_{i=0}^{n} \binom{n}{i} = 2^n$. En substituant -1 à X dans $1+X$, on trouve 0 ; en substituant -1 à X dans $(1+X)^n$, on trouve donc : $\sum\limits_{i=0}^{n} \binom{n}{i} (-1)^n = 0^n$ qui vaut 1 si $n = 0$, et 0 sinon. Une preuve combinatoire de la première formule a été donnée au module II.1 (après le théorème 29 de la page 79) ; sauriez-vous en trouver une pour la seconde ?

Coût de l'évaluation.. Calculer la valeur de P en x n'est pas gratuit ! Cela *coûte* un certain nombre d'opérations. Nous admettrons ici que les additions et les multiplications d'éléments de K ont un *coût* constant. Pour de très grands nombres, cette hypothèse n'est pas réaliste. Ce point est discuté au module II.8. En général, (c'est-à-dire si aucun terme n'est nul), l'expression $P(x) = a_0 + a_1 x + \cdots + a_d x^d$ comporte $d+1$ termes et son calcul donc nécessite d additions. Le calcul de $a_i x^i$ nécessite de même i multiplications, ce qui donne au total $0 + 1 + \cdots + d = \dfrac{d(d+1)}{2}$ multiplications. En réalité, cette estimation est très pessimiste car le calcul de x^{i+1} *alors que l'on a déjà calculé* x^i ne nécessite qu'une multiplication. Voici donc un algorithme plus raisonnable et moins coûteux. On calcule $x^2, \ldots, x^d$; coût : $d-1$ multiplications. Puis l'on calcule $a_1 x, \ldots, a_d x^d$; coût : d multiplications. Finalement, il n'y a eu que $2d-1$ multiplications. Mais on peut faire mieux ! C'est le *schéma de Horner*. On pose $v_0 := a_d$, puis, pour $1 \leqslant i \leqslant d$: $v_i := v_{i-1} x + a_{d-i}$. On vérifie facilement que $v_i = a_{d-i} + a_{d-i+1} x + \cdots + a_d x^i$ (par récurrence sur i). En particulier, $v_d = P(x)$. Mais le calcul de chaque v_i pour $1 \leqslant i \leqslant d$ comporte une multiplication et une addition. Le coût du calcul de $P(x)$ est donc ici de d additions et d multiplications.

On peut, plus généralement, *substituer à* X *dans* P *un polynôme* $Q \in K[X]$.
Si $P := \sum\limits_{n \geqslant 0} a_n X^n$, on pose ainsi :

$$P(Q) := \sum_{n \geqslant 0} a_n Q^n. \tag{7}$$

Le polynôme $P(Q)$ est également noté $P \circ Q$. Le polynôme Q étant fixé, l'application $P \mapsto P(Q)$ de $K[X]$ dans $K[X]$ est K-linéaire et c'est un morphisme d'anneaux.

Définition 1.
Le polynôme P est dit *pair* si $P(-X) = P(X)$ et *impair* si $P(-X) = -P(X)$.

Ainsi, P *a la parité de* $k \in \mathbb{N}$ si, et seulement si, $P(-X) = (-1)^k P(X)$.
Pour $P = \sum_{n \geqslant 0} a_n X^n$, on a $P(-X) = \sum_{n \geqslant 0} (-1)^n a_n X^n$. Sur un corps de caractéristique 2, tous les polynômes sont donc pairs et impairs. Supposons le corps K de caractéristique différente de 2. Pour un polynôme pair, tous les coefficients a_{2n+1} sont nuls ; pour un polynôme impair, tous les coefficients a_{2n} sont nuls. Les polynômes pairs sont ceux qui peuvent s'écrire $P(X) = Q(X^2)$, les polynômes impairs ceux qui peuvent s'écrire $P(X) = XQ(X^2)$.

1.2.1 Le degré d'un polynôme

Tout polynôme non nul de $K[X]$ admet une unique écriture :

$$P(X) = a_0 + \cdots + a_d X^d \,, \quad \text{avec } a_d \neq 0. \tag{8}$$

Définition 2. Le *terme dominant* de P est $\mathrm{td}(P) := a_d X^d$ et son *coefficient dominant* est $\mathrm{cd}(P) := a_d$; ils ne sont définis que pour des polynômes non nuls. Le polynôme P est dit *unitaire* si son coefficient dominant est 1.

Proposition 3. L'anneau $K[X]$ est intègre et l'on a les règles suivantes :

$$\mathrm{td}(PQ) = \mathrm{td}(P)\,\mathrm{td}(Q), \tag{9}$$

$$\mathrm{cd}(PQ) = \mathrm{cd}(P)\,\mathrm{cd}(Q). \tag{10}$$

Les éléments inversibles de $K[X]$ sont les polynômes constants non nuls.

Démonstration. Écrivons $P(X) := a_0 + \cdots + a_d X^d$ et $Q(X) := b_0 + \cdots + b_e X^e$, avec $a_d, b_e \neq 0$. Alors, de la définition de la multiplication dans $K[X]$, on tire $PQ(X) = a_0 b_0 + \cdots + a_d b_e X^{d+e}$, avec $a_d b_e \neq 0$. Le fait que $PQ \neq 0$ et les deux règles s'en déduisent immédiatement. Il est clair que, si $P \in K^*$, P est inversible dans K donc dans $K[X]$. Réciproquement, si $PQ = 1$, alors P et Q sont non nuls, et, notant $aX^d = \mathrm{td}(P)$, $bX^e = \mathrm{td}(Q)$, on a $1 = \mathrm{td}(P)\,\mathrm{td}(Q) = abX^{d+e}$, d'où $ab = 1$ et $d + e = 0$, d'où $d = e = 0$. ∎

Deux polynômes P et Q sont donc *associés* (module II.2, définition 18 de la page 145) si, et seulement s'il existe $\lambda \in K^*$ tel que $Q = \lambda P$.

Définition 3. On appelle *degré du polynôme* P et l'on note $\deg P$ l'entier d ci-dessus si P est non nul. On convient que le degré du polynôme nul est $-\infty$.
Le symbole $-\infty$ qui apparaît ici est soumis aux axiomes suivants : pour tout $n \in \mathbb{Z}$, $-\infty < n$, et $(-\infty) + n = n + (-\infty) = (-\infty) + (-\infty) = -\infty$.

Par exemple, les polynômes de degré 0 sont les polynômes constants non nuls ; les polynômes de degré 1 (resp. de degré 2) sont les polynômes $aX + b$ (resp. $aX^2 + bX + c$) tels que $a \neq 0$.

Proposition 4. Soient P et Q deux polynômes quelconques. Alors :

$$\deg(PQ) = \deg P + \deg Q, \tag{11}$$

$$\deg(P+Q) \leqslant \max(\deg P, \deg Q), \tag{12}$$

et cette inégalité devient une égalité si $\deg P \neq \deg Q$ ou si $\deg P = \deg Q \geqslant 0$ et $\mathrm{cd}(P) + \mathrm{cd}(Q) \neq 0$.

Démonstration. Si P et Q sont non nuls, la première relation est conséquence immédiate de la proposition précédente ; si l'un des deux est nul, elle découle des axiomes auxquels est soumis le symbole $-\infty$. Si P ou Q est nul, la seconde relation est immédiate (on a même égalité) ; si P et Q sont non nuls et opposés, c'est encore vrai (avec inégalité stricte). On peut donc supposer P, Q et $P+Q$ non nuls. Supposons d'abord $\deg P \neq \deg Q$, par exemple $\deg P < \deg Q$ (l'autre cas est symétrique). Alors, avec les notations de la proposition précédente, $(P+Q)(X) = (a_0 + b_0) + \cdots + (a_d + b_d)X^d + \cdots + b_e X^e$, avec $b_e \neq 0$. Ainsi, $\mathrm{td}(P+Q) = \mathrm{td}(Q)$ et $\deg(P+Q) = \deg Q$ dans ce cas. Supposons maintenant $\deg P = \deg Q$. Alors $(P+Q)(X) = (a_0+b_0) + \cdots + (a_d+b_d)X^d$. Ainsi, si $a_d + b_d \neq 0$, $\mathrm{td}(P+Q) = \mathrm{td}(P) + \mathrm{td}(Q)$ et $\deg(P+Q) = \deg P = \deg Q$ dans ce cas. Si $a_d + b_d = 0$, on a l'inégalité stricte $\deg(P+Q) < \deg P = \deg Q$. ■

Exemple. Supposons P et Q non nuls. En écrivant $P \circ Q = a_0 + \cdots + a_d Q^d$, on voit que $\deg(P \circ Q) = \deg P \deg Q$, avec une exception : celle où $Q = b_0$ est constant et $P \circ Q = P(b_0) = 0$. Par exemple, le degré de $P(X+a)$ est égal à celui de P ; en fait, ils ont même terme dominant, comme le montre le calcul suivant :

$$P(X+a) = a_0 + a_1(X+a) + \cdots + a_k \sum_{i=0}^{k} \binom{k}{i} a^{k-i} X^i + \cdots + a_d \sum_{i=0}^{d} \binom{d}{i} a^{d-i} X^i,$$

qui se réécrit $\sum\limits_{k=0}^{d} \left(a_k + (k+1)a_{k+1}a + \cdots + \binom{d}{k} a_d a^{d-k}\right) X^k$ (ces coefficients seront "expliqués" plus loin par les formules de Taylor, théorème 35 de la page 308).
Il vient alors $\mathrm{td}\, P(X+a) = \mathrm{td}\, P$ et $\mathrm{tc}\, P(X+a) = P(a)$.

Proposition et définition 5. (i) Soit $n \in \mathbb{N}$. Les polynômes de degré inférieur ou égal à n forment un sous–espace vectoriel de $K[X]$, que l'on note $K_n[X]$. La famille $(1, X, \ldots, X^n)$ en forme la *base canonique*. La dimension de $K_n[X]$ est donc $n+1$.
(ii) Les polynômes P_k $(0 \leqslant k \leqslant n)$ (resp. $k \in \mathbb{N}$) forment une famille *à degrés étagés* si, pour tout k, $\deg P_k = k$. Alors $(P_0, \ldots, P_n)$ est une base de $K_n[X]$ (resp. $(P_n)_{n\in\mathbb{N}}$ est une base de $K[X]$).

Démonstration. (i) Par définition, un polynôme de degré $d \in \mathbb{N}$ est combinaison linéaire de $1, X, \ldots, X^d$. Comme $\deg 0 = -\infty$, on voit que $K_n[X]$ est engendré par la famille $(1, X, \ldots, X^n)$. Celle-ci est libre puisqu'extraite de la base canonique de $K[X]$.
(ii) Notons, pour $0 \leqslant k \leqslant n$, C_k le vecteur colonne des coordonnées de P_k dans la base canonique de $K_n[X]$ et soit $A = [C_0; \ldots; C_n] \in M_{n+1}(K)$. Pour que la famille des P_k soit à degrés étagés, il faut, et il suffit, que la matrice A soit triangulaire supérieure à coefficients diagonaux non nuls. On a vu au module II.4 (proposition 11 de la page 225) que A est alors inversible. Il en découle, d'après le théorème 20 de la page 344 du module II.7, que $(P_0, \ldots, P_n)$ est une base de $K_n[X]$. ■

Exercice 1.
Sur un corps K de caractéristique nulle, on définit les *polynômes de Newton*

$$\binom{X}{n} := \frac{X(X-1)\cdots(X-n+1)}{n!} \qquad \text{(et donc } \binom{X}{0} = 1\text{).}$$

Alors $\deg \binom{X}{n} = n$ et l'on a une famille à degrés étagés. Exprimer le polynôme $P = X^3 - 1$ dans la base formée de $\binom{X}{0} = 1$, $\binom{X}{1} = X$, $\binom{X}{2} = \frac{1}{2}X^2 - \frac{1}{2}X$, $\binom{X}{3} = \frac{1}{6}X^3 - \frac{1}{2}X^2 + \frac{1}{3}X$ ·

Solution. On a $Q = P - 6\binom{X}{3} = 3X^2 - 2X - 1$, puis $R = Q - 6\binom{X}{2} = X - 1$, puis $S = R - \binom{X}{1} = -1$, et enfin $T = S + \binom{X}{0} = 0$.
Finalement : $P = 6\binom{X}{3} + 6\binom{X}{2} + \binom{X}{1} - \binom{X}{0}$.

Avec des arguments analogues, on prouve que, si $\deg P_0, \ldots, \deg P_n$ sont deux à deux distincts, alors la famille des P_k $(0 \leqslant k \leqslant n)$ est libre. De même, si $\deg P_0, \ldots, \deg P_n$ prennent toutes les valeurs de 0 à d, alors $P_0, \ldots, P_n$ engendrent $K_d[X]$.

1.2.2 Division euclidienne

On dit que $A \in K[X]$ *divise* $B \in K[X]$, ce qui se note $A|B$, s'il existe $Q \in K[X]$ tel que $B = QA$. Par exemple, tout polynôme divise 0 ; et un polynôme inversible (c'est-à-dire une constante non nulle) divise tout polynôme. De plus, l'anneau $K[X]$ étant intègre, si $A \neq 0$ divise B, le polynôme Q est unique : c'est le *quotient* $Q = \dfrac{B}{A}$ ·

Soient par exemple $a, b \in K^*$ et $d, e \in \mathbb{N}$; alors $aX^d | bX^e$ si, et seulement si, $d \leqslant e$ et, dans ce cas, $\dfrac{bX^e}{aX^d} = \dfrac{b}{a}X^{e-d}$.

Lemme 6. Si $P \neq 0$ et si $Q|P$, alors $\deg Q \leqslant \deg P$ et $\deg \dfrac{P}{Q} = \deg P - \deg Q$.

Démonstration. Le polynôme Q n'est pas nul (sinon P le serait) et le polynôme $R := \dfrac{P}{Q}$ non plus (même raison). On a donc une relation $\deg P = \deg Q + \deg R$ entre éléments de $\mathbb{N}$, d'où les conclusions. ∎

Théorème et définition 7. Soient $A, B \in K[X]$; on suppose $A \neq 0$. Il existe alors un unique couple $(Q, R) \in K[X]^2$ tel que :

$$B = QA + R, \qquad \text{avec} \qquad \deg R < \deg A.$$

Les polynômes Q et R sont respectivement appelés *quotient* et *reste* de la *division euclidienne de B par A* et notés $Q = B \operatorname{div} A$ et $R = B \mod A$.

On a de plus $\operatorname{td}(B \operatorname{div} A) = \dfrac{\operatorname{td}(B)}{\operatorname{td}(A)}$ ·

Ainsi, $A|B$ si, et seulement si, $B \mod A = 0$, et, dans ce cas, $B \operatorname{div} A = \dfrac{B}{A}$·

Démonstration. Prouvons d'abord l'unicité.
Si $B = QA + R = Q_1A + R_1$ avec $\deg R, \deg R_1 < \deg A$, alors $(Q - Q_1)A = R_1 - R$. Ainsi, $A | R_1 - R$ et $\deg A > \deg(R_1 - R)$, ce qui implique $R = R_1$ (lemme 6 de la page précédente). On a donc $QA = Q_1A$, donc $Q = Q_1$ puisque $K[X]$ est intègre et A non nul.
Prouvons ensuite l'existence. Si $\deg A = 0$, A est inversible et l'on a $B = QA$ avec $R = 0$, donc $\deg R < \deg A$. On suppose donc $\deg A > 0$ et l'on raisonne par récurrence forte sur $\deg B$. Si $\deg B < \deg A$, le problème est résolu en prenant $Q := 0, R := B$. Si $\deg B \geqslant \deg A$, on va éliminer le terme dominant de B en lui soustrayant un multiple de A. Plus précisément, $\dfrac{\operatorname{td}(B)}{\operatorname{td}(A)}A$ a pour terme dominant $\operatorname{td}(B)$. On pose donc

$B_1 = B - \dfrac{\operatorname{td}(B)}{\operatorname{td}(A)}A$, et l'on a $\deg B_1 < \deg B$.

Par hypothèse de récurrence, $B_1 = Q_1A + R'$ avec $\deg R_1 < \deg A$. Alors $B = QA + R$, avec $R = R_1$ et $Q = Q_1 + \dfrac{\operatorname{td}(B)}{\operatorname{td}(A)}$ · ■

Il découle d'ailleurs de cette démonstration que le terme dominant du quotient est $\operatorname{td}(Q) = \dfrac{\operatorname{td}(B)}{\operatorname{td}(A)}$ ·

On peut même en tirer un algorithme.

Algorithme de la division euclidienne.. On se donne B et A. Pour simplifier les notations, on pose $aX^d := \operatorname{td}(A)$: donc $a \in K^*$ et $d \in \mathbb{N}$. On pose $B_0 := B$, puis l'on définit les B_i par récurrence : si $\deg B_i \geqslant \deg A$, on pose $B_{i+1} := B_i - \dfrac{\operatorname{cd}(B_i)}{a}X^{\deg B_i - d}A$. Par construction, $\deg B_{i+1} < \deg B_i$, donc (récurrence) $\deg B_i \leqslant \deg B - i$. Il existe donc un entier $k \leqslant \deg B - \deg A$ tel que $\deg B_{k+1} < \deg A$. L'algorithme est alors terminé, et l'on a l'égalité :

$$B = \left(\sum_{i=0}^{k} \frac{\operatorname{cd}(B_i)}{a} X^{\deg B_i - d}\right) A + B_{k+1}.$$

Le quotient est donc $Q = \sum_{i=0}^{k} \dfrac{\operatorname{cd}(B_i)}{a} X^{\deg B_i - d}$ et le reste est $R = B_{k+1}$. Le nombre d'étapes de l'algorithme est majoré par $\deg B - \deg A$. Notons que l'on n'a produit que les termes non nuls $\dfrac{\operatorname{cd}(B_i)}{a} X^{\deg B_i - d}$ du quotient.

Exercice 2.

Diviser $B := X^7 + X + 1$ par $A := X^3 + X + 1$.

Solution. On a :

$$\begin{aligned}
X^7 + X + 1 &= X^4(X^3 + X + 1) - X^5 - X^4 + X + 1 \\
-X^5 - X^4 + X + 1 &= -X^2(X^3 + X + 1) - X^4 + X^3 + X^2 + X + 1 \\
-X^4 + X^3 + X^2 + X + 1 &= -X(X^3 + X + 1) + X^3 + 2X^2 + 2X + 1 \\
X^3 + 2X^2 + 2X + 1 &= 1(X^3 + X + 1) + 2X^2 + X
\end{aligned}$$

Donc $Q = X^4 - X^2 - X + 1$ et $R = 2X^2 + X$.

Exercice 3.
Quel est le reste de la division de $P(X)$ par $X - a$?
Solution. C'est un polynôme de degré strictement plus petit que 1, donc constant. En écrivant $P(X) = Q(X)(X-a) + R(X)$ et en évaluant en $X = a$, on voit que $R = P(a)$. On peut le vérifier, et calculer du même coup le quotient, en remarquant que $X - a | X^k - a^k$ et que $\dfrac{X^k - a^k}{X - a} = \sum\limits_{i+j=k-1} a^i X^j$ (c'est une identité remarquable, valide dans tout anneau commutatif). On calcule donc le quotient $Q(X) = \dfrac{P(X) - P(a)}{X - a}$:

$$Q(X) = \sum_{k=0}^{d} a_k \sum_{i+j=k-1} a^i X^j = \sum_{j=0}^{d-1} \left(\sum_{i=0}^{d-1-j} a_{i+j+1} a^i \right) X^j.$$

Remarque. Le théorème 7 de la page 292 demeure valable sur un anneau commutatif quelconque, à la seule condition de supposer $\mathrm{cd}(A)$ inversible.

1.2.3 Ordre d'un polynôme

Tout polynôme non nul de $K[X]$ admet une unique écriture :

$$P(X) = a_k X^k + \cdots + a_d X^d\,, \quad \text{avec} \quad a_k \neq 0, \quad a_d \neq 0 \quad \text{et} \quad k \leqslant d.$$

Définition 4. On appelle *ordre de P* ou *valuation de P* l'entier :

$$\omega(P) := \min\{n \in \mathbb{N} \mid a_n \neq 0\}.$$

Par convention, l'ordre du polynôme nul est $+\infty$.
Le symbole $+\infty$ qui apparaît ici est soumis aux axiomes suivants : pour tout $n \in \mathbb{Z}$, $n < +\infty$, et $(+\infty) + n = n + (+\infty) = (+\infty) + (+\infty) = +\infty$.

L'intérêt de cette notion est qu'elle garde un sens pour les *séries formelles*, qui sont des sortes de « polynômes de degré infini » (voir le cours de L2). L'ordre a des propriétés proches de celles du degré. Soient P et Q deux polynômes quelconques. Alors :

$$\omega(PQ) = \omega(P) + \omega(Q), \tag{13}$$

$$\omega(P + Q) \geqslant \min\bigl(\omega(P), \omega(Q)\bigr), \tag{14}$$

et cette inégalité devient une égalité si $\omega(P) \neq \omega(Q)$ ou si $\omega(P) = \omega(Q) = k < +\infty$ et les coefficients en X^k de P et Q ne sont pas opposés. Disons ensuite que les polynômes P_k $(0 \leqslant k \leqslant n)$ (resp. $k \in \mathbb{N}$) forment une famille *à valuations étagées* si, pour tout k, $\omega(P_k) = k$. Alors $(P_0, \ldots, P_n)$ est une base de $K_n[X]$ (resp. $(P_n)_{n\in\mathbb{N}}$ est une base de $K[X]$). Les preuves de ces affirmations sont similaires à celles de la proposition 4 de la page 291 et de la proposition 5 de la page 291. Notons enfin, pour $0 \leqslant k \leqslant n$, C_k le vecteur colonne des coordonnées de P_k dans la base canonique de $K_n[X]$ et soit $A = [C_0; \ldots; C_n] \in M_{n+1}(K)$. Pour que la famille des P_k soit à valuations étagées, il faut, et il suffit, que la matrice A soit triangulaire inférieure à coefficients diagonaux non nuls. Par exemple, le polynôme $X^k(1-X)^{n-k}$ s'écrit $X^k + \cdots + (-1)^{n-k}X^n$: son ordre est k. Les $X^k(1-X)^{n-k}$ $(0 \leqslant k \leqslant n)$ forment donc une base de $K_n[X]$.

1.3 Propriétés arithmétiques des polynômes

Cette section va être l'occasion de découvrir de frappantes analogies entre les anneaux $\mathbb{Z}$ et $K[X]$, dues au fait que ces deux anneaux sont munis d'une division euclidienne.

Remarquons d'abord que tout polynôme non nul est associé à un unique polynôme unitaire : on a vu que deux polynômes P et Q sont associés si, et seulement s'il existe $\lambda \in K^*$ tel que $Q = \lambda P$. L'unique polynôme unitaire associé à $P \neq 0$ est donc $\dfrac{1}{\operatorname{cd}(P)}P$. Pour énumérer les diviseurs d'un polynôme non nul P de degré $d \in \mathbb{N}$, on pourra donc se cantonner aux polynômes unitaires et rechercher ceux-ci de degré inférieur ou égal à d (lemme 6 de la page 292). Ses diviseurs de degré 0 sont les constantes non nulles, qui divisent bien P puisque ce sont des polynômes inversibles ; les quotients correspondants sont ses associés $\lambda P, \lambda \in K^*$. Ses diviseurs Q de degré d sont tels que $\deg \dfrac{P}{Q} = 0$, donc ce sont ses associés $\lambda P, \lambda \in K^*$ et les quotients correspondants sont inversibles.

Définition 5. Les *diviseurs triviaux* d'un polynôme P de degré d (donc non nul) sont les inversibles et ses associés. Un polynôme P non constant est dit *irréductible* si tous ses diviseurs sont triviaux (module II.2, définition 19 de la page 146) et *réductible* dans le cas contraire.

Le polynôme $X^2 + 1$ de $\mathbb{R}[X]$ est irréductible. Mais le même polynôme $X^2 + 1$, considéré comme élément de $\mathbb{C}[X]$, se factorise en $(X + \mathrm{i})(X - \mathrm{i})$. Cette notion est donc relative au corps de base K.

Exemples.

1. Un polynôme constant n'est ni réductible ni irréductible.
2. Le polynôme P de degré supérieur ou égal à 1 est irréductible si l'on a l'implication : $P = QR \Rightarrow \deg Q = 0$ ou $\deg R = 0$. Il est réductible s'il s'écrit $P = QR$ avec $\deg Q, \deg R \geqslant 1$. En particulier, tout polynôme de degré 1 est irréductible.
3. Soient $a \in K^*$ et $b, c, d \in K$. Les polynômes aX^2+bX+c et aX^3+bX^2+cX+d sont-ils réductibles ? Cherchons des diviseurs non triviaux et unitaires. Si le polynôme $aX^2 + bX + c$ a des diviseurs unitaires de degré 1, ceux-ci sont de la forme $Q = X - \alpha$, et le quotient de la forme $R = a'X + b'$. On calcule :

$$P = QR = a'X^2 + (b' - \alpha a')X - \alpha b' \iff \begin{cases} a' = a \\ b' - \alpha a' = b \\ -\alpha b' = c \end{cases}$$

Ces équations impliquent $b' = b + \alpha a$, et elles sont compatibles si, et seulement si, $-\alpha(b+\alpha a) = c$. Les diviseurs de la forme $X - \alpha$ de aX^2+bX+c correspondent donc aux $\alpha \in K$ tels que $P(\alpha) = 0$.

Les diviseurs non triviaux de aX^3+bX^2+cX+d sont de degré 1 ou 2, les quotients correspondants de degré 2 ou 1. Encore une fois, il suffit de chercher les diviseurs de la forme $Q = X - \alpha$, mais avec quotients $R = a'X^2 + b'X + c'$. On calcule encore :

$$P = QR = a'X^3 + (b' - \alpha a')X^2 + (c' - \alpha b')X - \alpha c' \iff \begin{cases} a' = a \\ b' - \alpha a' = b \\ c' - \alpha b' = c \\ -\alpha c' = d \end{cases}$$

On trouve de nouveau pour condition nécessaire et suffisante de compatibilité l'égalité $P(\alpha) = 0$. Dans les deux cas, pour que le polynôme P soit réductible, il faut, et il suffit, qu'il existe $\alpha \in K$ tel que $P(\alpha) = 0$.

Théorème 8. Tout polynôme non constant est produit de polynômes irréductibles.

Démonstration. On le prouve par récurrence forte sur $\deg P$. Si $\deg P = 1$, P est irréductible. Si $\deg P \geqslant 2$, soit P est irréductible, soit $P = QR$ avec $\deg Q, \deg R \geqslant 1$, donc $\deg Q, \deg R < \deg P$. Par hypothèse de récurrence, Q et R sont produits de polynômes irréductibles, donc $P = QR$ aussi. ■

Quitte à remplacer chaque facteur irréductible par le polynôme unitaire associé et à sortir les coefficients dominants, on peut donc écrire : $P = \mathrm{cd}(P)P_1 \cdots P_r$, où $P_1, \ldots, P_r$ sont irréductibles unitaires.

Corollaire 9. Il y a une infinité de polynômes irréductibles unitaires (donc deux à deux non associés).

Démonstration. Si le corps K est infini, il suffit de considérer les $X - a$, $a \in K$. Dans le cas contraire, on utilise une preuve analogue à celle d'Euclide pour les nombres premiers de $\mathbb{N}$ (module II.1, théorème 35 de la page 86). Supposons qu'il n'y ait qu'un nombre fini de tels polynômes, soient $P_1, \ldots, P_k$; on sait que $k \neq 0$ (en fait, $k \geqslant \operatorname{card} K$ d'après le premier argument). Le polynôme $P = P_1 \cdots P_k + 1$ est de degré supérieur ou égal à k, donc divisible par un polynôme irréductible unitaire Q. Si Q était l'un des P_i, il diviserait $P_1 \cdots P_k$, donc également $P - P_1 \cdots P_k = 1$, ce qui est impossible. ■

Proposition 10. L'anneau $K[X]$ est principal.

Démonstration. Soit I un idéal de $K[X]$. Si $I = \{0\}$, il est principal. Sinon, soit $A \in I \setminus \{0\}$ de degré minimum (les degrés des éléments de $I \setminus \{0\}$ forment une partie non vide de $\mathbb{N}$) ; nous allons prouver que $I = < A >$. L'inclusion $< A > \subset I$ est triviale. Soit donc $B \in I$ quelconque ; on effectue la division euclidienne : $B = QA + R$. Alors $R = B - QA \in I$. Comme $\deg R < \deg A$, la condition de minimalité posée sur A implique $R = 0$, c'est-à-dire $B = QA$. Donc $I \subset < A >$. ■

Les générateurs d'un idéal non nul de $K[X]$ sont tous associés entre eux et l'un d'entre eux (et un seul) est unitaire. Rappelons (module II.2) qu'un pgcd de $F, G \in K[X]$ est un polynôme Δ tel que les diviseurs communs de F et G sont exactement les diviseurs de Δ. Si F et G ne sont pas tous deux nuls et s'ils admettent un pgcd, les associés de celui-ci sont tous leurs pgcd et l'on appellera celui qui est unitaire *le* pgcd de F et G ; on le notera $F \wedge G$. On conviendra que $0 \wedge 0 = 0$.

Théorème 11 (Théorème de Bézout pour les polynômes).
Soient F et G deux polynômes non tous deux nuls. Ils admettent alors un pgcd $\Delta = F \wedge G$. C'est le générateur unitaire de l'idéal $< F, G >$ engendré par F et G, et il existe donc $A, B \in K[X]$ tels que $\Delta = AF + BG$.

Démonstration. C'est la proposition 44 de la page 146 du module II.2. ■

Comme pour les nombres entiers, on dira que deux polynômes F et G sont *premiers entre eux* ou *étrangers* s'ils n'ont pas de diviseur commun non inversible. D'après les considérations qui précèdent, cela équivaut à $F \wedge G = 1$.

Corollaire 12. Soit L un corps commutatif contenant le corps K.
Les polynômes $F, G \in K[X]$ sont premiers entre eux en tant qu'éléments de $K[X]$ si, et seulement s'ils le sont en tant qu'éléments de $L[X]$.

Démonstration. Si F et G ont un diviseur commun non constant dans $K[X]$, c'en est aussi un dans $L[X]$. Sinon, la relation $AF + BG = 1$ dans $K[X]$ entraîne qu'ils sont premiers entre eux en tant qu'éléments de $L[X]$. ■

Corollaire 13 (Lemme de Gauß pour les polynômes).
Supposons F et G premiers entre eux et soit $H \in K[X]$ tel que $F|GH$. Alors $F|H$.

Démonstration. Selon le théorème, il existe A et B tels que $AF + BG = 1$. On a donc $H = AFH + BGH$; comme F divise AFH et BGH (car il divise GH par hypothèse), il divise H. ■

Corollaire 14 (Lemme d'Euclide pour les polynômes).
Tout élément F irréductible est *premier*, c'est-à-dire tel que $F|GH \Rightarrow F|G$ ou $F|H$.

Théorème 15 (Théorème fondamental de l'arithmétique des polynômes).
Tout polynôme non nul P admet une factorisation :

$$P = CP_1 \cdots P_r, \tag{15}$$

où $C \in K^*$ et où $P_1, \ldots, P_r$ sont irréductibles unitaires. Cette décomposition est unique à l'ordre près des facteurs irréductibles.

Démonstration. L'existence a déjà été établie. Prouvons l'unicité. Un produit de polynômes unitaires est unitaire, on a donc $C = \text{cd}(P) = D$, donc $P_1 \cdots P_r = Q_1 \cdots Q_s$. Si $r = 0$, le membre gauche vaut 1, donc $s = 0$. Sinon, P_1 divise l'un des Q_i d'après le lemme d'Euclide. Quitte à renuméroter les Q_i, on peut supposer que P_1 divise Q_1. Comme ils sont unitaires irréductibles, on a $P_1 = Q_1$, donc $P_2 \cdots P_r = Q_2 \cdots Q_s$, et l'on peut réitérer l'argument. ■

On peut alors, comme au module II.1, équation (11) de la page 88, définir des *valuations*. Pour tout polynôme irréductible unitaire P et pour tout polynôme non nul F, notons $v_P(F)$ le nombre d'occurrences de P dans la décomposition ci-dessus : c'est donc l'unique entier k tel que F est divisible par P mais pas par P^{k+1}. On convient que $v_P(0) = +\infty$. Par exemple, l'ordre $\omega(F)$ est égal à $v_X(F)$. On a une décomposition :

$$F = \mathrm{cd}(F) \prod_P P^{v_P(F)}.$$

Le produit est étendu à tous les polynômes irréductibles unitaires P, mais presque tous les $v_P(F)$ sont nuls, donc presque tous les facteurs valent 1.
Rappelons la définition du *plus petit commun multiple* ou ppcm : les multiples communs à F et G (supposés non nuls) sont les éléments de l'idéal $< F > \cap < G >$. Celui-ci est principal, et tout générateur M satisfait la relation : $F|H \quad \text{et} \quad G|H \Leftrightarrow M|H$. On dit que c'est un ppcm de F et G. Le générateur unitaire est noté $F \vee G$.

On a les règles suivantes de calcul et de raisonnement : $FG = \prod_P P^{v_P(F)+v_P(G)}$, $F|G$ si, et seulement si, $\forall P$, $v_P(F) \leqslant v_P(G)$, $F \wedge G = \prod_P P^{\min\left(v_P(F),v_P(G)\right)}$, $F \vee G = \prod_P P^{\max\left(v_P(F),v_P(G)\right)}$, etc. Les règles suivantes, qui sont déjà valables pour les entiers, s'étendent sans peine au cas des polynômes :

1. Si F est étranger à $G_1, \ldots, G_k$, alors F est étranger à $G_1 \cdots G_k$.
2. Si $U \neq 0$ et si Δ est un pgcd de F et G, alors $U\Delta$ est un pgcd de UF et UG. De même, si $U|F$ et $U|G$ et si Δ est un pgcd de F et G, alors $\dfrac{\Delta}{U}$ est un pgcd de $\dfrac{F}{U}$ et $\dfrac{G}{U}$ ·

   Si Δ est un pgcd de F et G, $\dfrac{FG}{\Delta}$ en est un ppcm.

Nous allons maintenant décrire un moyen pratique de calculer le pgcd, l'*algorithme d'Euclide*. Comme dans le cas des entiers, il repose sur les deux idées suivantes. Si $G = 0$, $F \wedge G = \dfrac{1}{\mathrm{cd}(F)} F$ (c'est évident). Si $F = QG + R$, alors $F \wedge G = G \wedge R$. Cela découle de la double inclusion $< F, G > \subset < G, R >$ et $< G, R > \subset < F, G >$, dont la preuve (aisée) est laissée au lecteur ; les idéaux $< G, R >$ et $< F, G >$ étant égaux, leurs générateurs unitaires respectifs $G \wedge R$ et $F \wedge G$ sont égaux.

Algorithme d'Euclide. On se donne F et G tels que $\deg G \leqslant \deg F$ et $F \neq 0$. Le but est de calculer leur pgcd $\Delta = F \wedge G$. Si $G = 0$, le pgcd est $\Delta = \dfrac{1}{\mathrm{cd}(F)} F$. Supposons donc G non nul. On pose $F_0 := F, F_1 := G$, puis l'on définit des polynômes F_i par une récurrence à deux pas. Pour $i \geqslant 1$, si $F_i \neq 0$, on pose $F_{i+1} := F_{i-1} \mod F_i$. Donc, pour $i \geqslant 1$, $\deg F_{i+1} < \deg F_i$. Comme il n'existe pas de suite infinie strictement décroissante d'entiers naturels, il y a un entier k tel que $F_k \neq 0$ et $F_{k+1} = 0$. On a alors $\Delta = \dfrac{1}{\mathrm{cd}(F_k)} F_k$. En effet, le lemme implique que $F_{i-1} \wedge F_i = F_i \wedge F_{i+1}$. Par récurrence, on voit donc que $\Delta = F_0 \wedge F_1 = F_k \wedge F_{k+1}$.

On majore le nombre d'étapes k en remarquant que $\deg F_{i+1} \leqslant \deg F_i - 1$, d'où l'on tire $\deg F_k \leqslant \deg F_0 - k$ et $\deg F_k \leqslant \deg F_1 - (k - 1)$, et finalement $k \leqslant \min(\deg F, \deg G + 1)$.

Exercice 4.

Traiter le cas de : $F_0 = F := X^5 - 1$ et $F_1 = G := X^3 - 1$.

Solution. On a :

$$\begin{aligned} X^5 - 1 = X^2(X^3 - 1) + X^2 - 1 &\Longrightarrow F_2 = X^2 - 1 \\ X^3 - 1 = X(X^2 - 1) + X - 1 &\Longrightarrow F_3 = X - 1 \\ X^2 - 1 = (X+1)(X-1) + 0 &\Longrightarrow F_4 = 0 \end{aligned}$$

Le pgcd est donc $F_3 = X - 1$.

Exercice 5.

On définit des polynômes T_n par la relation de récurrence : $T_0 := 1$, $T_1 := X$ et, pour $n \geqslant 1$, $T_{n+1} := 2XT_n - T_{n-1}$.

Que dire de l'algorithme d'Euclide appliqué à T_n et T_{n-1} ?

Solution. On voit d'abord par récurrence que $\deg T_n = n$.

Par définition, les F_i qui apparaissent dans l'exécution de l'algorithme d'Euclide sont $T_n, T_{n-1}, -T_{n-2}, -T_{n-3}, T_{n-4}, \ldots$. Il y a donc n étapes, ce qui est le "cas le pire" du point de vue de l'estimation ci-dessus. Les T_n sont les *polynômes de Tchebychef*, que nous retrouverons plus loin (page 314).

On montre facilement par récurrence qu'à chaque étape, $F_i \in \, < F, G >$, donc Δ aussi, ce qui fournit une nouvelle preuve du théorème de Bézout. On peut même exploiter les calculs pour trouver les "coefficients de Bézout" à partir des quotients successifs. Dans l'exemple ci-dessus, on trouve successivement $F_2 = F_0 - Q_1F_1$, $F_3 = F_1 - Q_2F_2 = F_1 - Q_2(F_0 - Q_1F_1)$ et $\Delta = (1 + Q_1Q_2)G - Q_2F = (X^3 + 1)G - XF$. Nous allons systématiser cette idée. On se donne G et F. Le but est de calculer leur pgcd $\Delta := F \wedge G$ et des *coefficients de Bézout* A, B tels que $\Delta = AF + BG$. Si $F = 0$, le pgcd est $\Delta = \dfrac{1}{\mathrm{cd}(G)}G$, et l'on peut prendre $A = 0$ et $B = \mathrm{cd}(G)$. Supposons donc F non nul. On pose, $F_0 := F$, $F_1 := G$, puis, tant que $F_i \neq 0$, $F_{i-1} := Q_iF_i + F_{i+1}$ (division euclidienne). D'autre part, on introduit des polynômes A_i, B_i avec l'idée d'avoir à chaque étape : $A_iF + B_iG = F_i$. On pose naturellement $A_0 := 1$, $B_0 := 0$, $A_1 := 0$ et $B_1 := 1$; puis, pour $i \geqslant 1$: $A_{i+1} := A_{i-1} - Q_iA_i$ et $B_{i+1} := B_{i-1} - Q_iB_i$. Supposons (hypothèse de récurrence) que l'on ait $A_{i-1}F + B_{i-1}G = F_{i-1}$ et $A_iF + B_iG = F_i$. Alors, par définition de ces suites, $A_{i+1}F + B_{i+1}G = (A_{i-1} - Q_iA_i)F + (B_{i-1} - Q_iB_i)G = F_{i-1} - Q_iF_i = F_{i+1}$. La relation désirée est établie par récurrence. Pour l'indice k final, cela donne $A_kF + B_kG = F_k$, donc : $\Delta = AF + BG$, avec $A := \dfrac{1}{\mathrm{cd}(F_k)}A_k$ et $B := \dfrac{1}{\mathrm{cd}(F_k)}B_k$. Nous allons voir que les coefficients de Bézout obtenus par cette méthode sont optimaux : ils ont les plus petits degrés possibles. Pour cela, étudions l'équation :

$$PF + QG = H, \tag{16}$$

d'inconnues $P, Q \in K[X]$, où $F, G \in K[X]$ sont fixés tous deux non nuls et $H \in K[X]$. Une condition nécessaire et suffisante est que H soit multiple du pgcd $\Delta = F \wedge G$. En effet, l'existence de P, Q équivaut à la relation $H \in \, < F, G > \, = \, < \Delta >$. Nous supposerons donc cette condition vérifiée : $H = \Delta H'$, avec $H' \in K[X]$. Sous cette hypothèse, il existe au moins une solution de l'équation (16). Soient en effet A_0, B_0 des coefficients de Bézout : $A_0F + B_0G = \Delta$. Alors $P_0 := A_0H'$ et $Q_0 := B_0H'$ sont bien solutions de (16). Pour déterminer toutes les solutions, nous introduisons les notations suivantes : $F' = \dfrac{F}{\Delta}$ et $G' = \dfrac{G}{\Delta}$.

Ce sont deux polynômes premiers entre eux et $A_0F' + B_0G' = 1$.

Proposition 16. Les solutions de l'équation 16 de la page précédente sont les couples :

$$(P, Q) = (P_0 + SG', Q_0 - SF') \text{ avec } S \in K[X].$$

Démonstration. L'égalité $PF + QG = H$ équivaut à $(P - P_0)F = (Q_0 - Q)G$, donc à $(P - P_0)F' = (Q_0 - Q)G'$. Comme F' et G' sont premiers entre eux, cette dernière égalité entraîne $F'|Q_0 - Q$, donc $Q = Q_0 - SF'$ pour un certain $S \in K[X]$. On a alors $(P - P_0)F' = SF'G'$, d'où $P = P_0 + SG'$. Réciproquement, pour tout $S \in K[X]$:

$$(P_0 + SG')F + (Q_0 - SF')G = P_0F + Q_0G + S(G'F - F'G) = H.$$

■

En prenant $H := \Delta$ et $H' := 1$, on en déduit qu'un couple (A_0, B_0) de coefficients de Bézout étant donné, les couples de coefficients de Bézout sont les couples $(A, B) := (A_0 + SG', B_0 - SF')$ avec $S \in K[X]$.

Corollaire 17. Il existe un unique couple (A, B) de coefficients de Bézout tels que $\deg A < \deg G'$ et $\deg B < \deg F'$.

Démonstration. Selon nos hypothèses, F' et G' sont non tous deux constants, et F et G non associés. L'unicité vient de ce que, d'après le corollaire précédent, A et B ne peuvent être que $A_0 \mod G'$ et $B_0 \mod F'$. Pour prouver l'existence, on fait la division euclidienne $B_0 = SF' + B$, et l'on pose $A := A_0 + SG'$. Le couple (A, B) est un couple de coefficients de Bézout tel que $\deg B < \deg F'$. Comme $AF' + BG' = 1$ et que AF' et BG' ne sont pas tous deux de degré 0, on a :

$$\deg A + \deg F' = \deg AF' = \deg BG' = \deg B + \deg G' < \deg F' + \deg G',$$

d'où $\deg A < \deg G'$. ■

Théorème 18.
L'algorithme d'Euclide étendu fournit les coefficients de Bézout de degré minimum.

Démonstration. D'après la preuve du corollaire, il suffit de tester le degré de A, par exemple. Reprenons les notations de l'algorithme. Pour $2 \leqslant i \leqslant k$, on voit par récurrence que $\deg A_i = \deg Q_1 + \cdots + \deg Q_{i-1}$. D'autre part, $\deg Q_i = \deg F_{i-1} - \deg F_i$. On en tire : $\deg A_k = \deg F_1 - \deg F_{k-1} < \deg F_1 - \deg F_k = \deg G - \deg \Delta = \deg G'$. ■

1.4 Fonctions polynomiales et racines d'un polynôme

Définition 6. Soit $P : \sum_{n \geqslant 0} a_n X^n \in K[X]$ un polynôme sur le corps commutatif K.
L'application $x \mapsto P(x) = \sum_{n \geqslant 0} a_n x^n$ de K dans K est appelée *fonction* ou *application polynomiale associée au polynôme* P.

Notons $\widetilde{P}$ cette application. On a donc $\forall a \in K$, $\widetilde{P}(a) = P(a)$, mais il y aura souvent lieu de distinguer le polynôme P (objet "formel") de la fonction $\widetilde{P}$ (objet "numérique").

L'application polynomiale associée à $\lambda P + \mu Q$ (resp. à PQ) est $\lambda\widetilde{P} + \mu\widetilde{Q}$ (resp. $\widetilde{P}\widetilde{Q}$). Autrement dit, l'application $P \mapsto \widetilde{P}$ de $K[X]$ dans $\mathcal{F}(K, K)$ est à la fois un morphisme d'anneau et une application K-linéaire. Remarquons également que l'application polynomiale associée à $P \circ Q$ est $\widetilde{P} \circ \widetilde{Q}$. En particulier, si le polynôme P est pair (resp. impair), l'application $\widetilde{P}$ l'est aussi.

Théorème et définition 19. Soit $P \in K[X]$ un polynôme non nul et soit $a \in K$.
(i) On dit que a est *une racine* ou *un zéro de* P si $P(a) = 0$. Pour que a soit un zéro de P, il faut, et il suffit, que $X - a$ divise P.
(ii) On suppose que a est un zéro de P. Il existe alors un unique entier m tel que P est divisible par $(X-a)^m$ mais pas par $(X-a)^{m+1}$. On a $m \in [\![1, \deg P]\!]$. On peut alors écrire $P(X) = (X-a)^m Q(X)$, où $Q(a) \neq 0$. L'entier m est appelé *l'ordre* ou *la multiplicité* de la racine a. La racine a est dite *simple* si $m = 1$, *multiple* sinon.

Démonstration. Selon l'exercice 3 de la page 294, le reste de la division euclidienne de P par $X - a$ est $P(a)$, ce qui prouve la première affirmation. Par ailleurs, si P est divisible par $(X-a)^m$, alors $m = \deg(X-a)^m \leqslant \deg P$ puisque P n'est pas nul. Il y a donc un plus grand tel entier m, et il est compris entre 1 et $\deg P$. Si $Q = \frac{P}{(X-a)^m}$, par définition, Q n'est pas divisible par $X - a$, donc $Q(a) \neq 0$. ■

Lemme 20. Soient $a_1, \ldots, a_k$ des racines deux à deux distinctes du polynôme non nul P et soient $m_1, \ldots, m_k$ leurs multiplicités.
Alors $P(X) = (X-a_1)^{m_1} \cdots (X-a_k)^{m_k} Q(X)$, où $Q(a_1), \ldots, Q(a_k) \neq 0$.

Démonstration. Puisque les a_i sont deux à deux distinctes, les $X - a_i$ sont premiers entre eux deux à deux, donc également les $(X-a_i)^{m_i}$; comme ils divisent tous P, leur produit divise P (section 1.3). Notant Q le quotient, celui-ci n'est divisible par aucun des $X - a_i$ (sinon l'ordre de la racine a_i de P serait strictement supérieur à m_i), donc les $Q(a_i)$ sont non nuls. ■

Soient $a_1, \ldots, a_k$ toutes les racines de P et soient $m_1, \ldots, m_k$ leurs multiplicités. L'expression *le nombre de racines de P comptées avec leurs multiplicités* désigne alors la somme $m_1 + \cdots + m_k$ de ces multiplicités.

Théorème 21. Le nombre de racines d'un polynôme non nul P, comptées avec leurs multiplicités, est inférieur ou égal à $\deg P$.

Démonstration. D'après le lemme, $m_1 + \cdots + m_k \leqslant \deg P$. ■

Corollaire 22. Si un polynôme $P \in K_n[X]$ s'annule en $n + 1$ éléments de K deux à deux distincts, il est nul.

Exemple. Le noyau de l'application $P \mapsto \widetilde{P}$ de $K[X]$ dans $\mathcal{F}(K, K)$ est formé des polynômes dont tout $a \in K$ est racine. Si le corps K est infini, un tel polynôme est nul, d'après le corollaire. L'application $P \mapsto \widetilde{P}$ est alors injective et il est donc légitime d'identifier d'identifier un polynôme à la fonction polynomiale associée. Si le corps K est fini, le noyau est l'idéal engendré par le polynôme $\prod\limits_{a \in K} (X - a)$, qui est de degré $\operatorname{card} K$.

Soient $a_1, \ldots, a_n$ des éléments deux à deux distincts de K. Introduisons, pour tout $i \in [\![1, n]\!]$, les polynômes :

$$L_i := \prod_{j \in [\![1,n]\!] \setminus \{i\}} \frac{X - a_j}{a_i - a_j}. \tag{17}$$

Ces polynômes sont de degré n et $\forall i, j \in [\![1, n]\!]$, $L_i(a_j) = \delta_{i,j}$.

Théorème 23 (Polynôme d'interpolation de Lagrange).
Pour tout $(b_1, \ldots, b_n) \in K^n$, il existe un unique polynôme $P \in K_{n-1}[X]$ tel que $P(a_1) = b_1, \ldots, P(a_n) = b_n$. Il s'agit de

$$P = \sum_{i=1}^{n} b_i L_i.$$

Démonstration. Il est clair que le polynôme indiqué en répond à la question. Si un autre polynôme Q y répond aussi, le polynôme $P - Q \in K_{n-1}[X]$ admet les n racines a_i, donc il est nul. ■

Exemple. Démontrons que l'application $P \mapsto \widetilde{P}$ est surjective si, et seulement si, le corps K est fini. Si K est fini, toute application est polynomiale : en effet, notant $a_1, \ldots, a_n$ les éléments de K (donc $n = \operatorname{card} K$), et reprenant les notations ci-dessus, on voit que toute application $f : K \to K$ est interpolée par le polynôme $\sum\limits_{i=1}^{n} f(a_i) L_i$. Si K est infini, soit $f : K \to K$ l'application telle que $f(0) = 1$ et qui est nulle sur K^*. Si elle était polynomiale, le polynôme correspondant (qui est unique comme on vient de le voir) aurait une infinité de racines (les éléments de K^*), donc serait nul, et f le serait aussi. Donc f n'est pas polynomiale.

Exercice 6.

Calculer $P \mod \prod\limits_{i=1}^{n} (X - a_i)$.

Solution. C'est un polynôme de degré strictement inférieur à n qui prend la valeur $P(a_i)$ en a_i. C'est donc le polynôme $\sum\limits_{i=1}^{n} P(a_i) L_i$.

Définition 7. Un polynôme non nul P est dit *scindé* ou *dissocié* s'il est produit de polynômes du premier degré (ou, de manière équivalente, s'il admet $\deg P$ racines comptées avec leurs multiplicités). Il est de plus dit *séparable* si toutes ses racines sont simples (ou, de manière équivalente, si ses $\deg P$ racines sont distinctes).

Le polynôme $X^2 + 1$ de $\mathbb{R}[X]$ est irréductible, il n'est certainement pas scindé. Mais le même polynôme $X^2 + 1$, considéré comme élément de $\mathbb{C}[X]$, se factorise en $(X + \mathrm{i})(X - \mathrm{i})$, il est donc scindé. Cette notion est donc relative au corps de base K.

Théorème et définition 24. Le corps commutatif K est dit *algébriquement clos* si les conditions équivalentes suivantes sont sont réalisées :
(i) Tout polynôme non constant sur K admet une racine au moins.
(ii) Tout polynôme non constant sur K est scindé.
(iii) Les polynômes irréductibles de $K[X]$ sont de degré 1.

Démonstration. La preuve de l'implication (i) $\Rightarrow$ (ii) se fait par récurrence sur le degré : un polynôme de degré 1 est, par définition, scindé. Un polynôme de degré supérieur ou égal à 2 admet une racine a, donc s'écrit $(X-a)Q$, où Q est scindé par hypothèse de récurrence. La réciproque (ii) $\Rightarrow$ (i) est triviale, puisque tout polynôme non constant scindé admet des facteurs de degré 1, donc des racines. Pour prouver que (ii) $\Rightarrow$ (iii), on remarque que, de façon générale, un polynôme irréductible scindé est nécessairement de degré 1. Supposons enfin que tous les polynômes irréductibles sont de degré 1. L'existence de la décomposition en facteurs irréductibles entraîne alors que tout polynôme non constant est scindé. ∎

Exemple. Le corps $\mathbb{C}$ est algébriquement clos (théorème 38 de la page 310).

On a vu dans l'enseignement secondaire que les racines x_1, x_2 d'un trinôme du second degré aX^2+bX+c sont liées aux coefficients par les égalités $x_1+x_2 = -\dfrac{b}{a}$ et $x_1x_2 = \dfrac{c}{a}\cdot$ Nous allons généraliser ces relations. On fixe un entier $n \geqslant 1$.

Définition 8. Soient $x_1, \ldots, x_n$ des éléments du corps K (pas nécessairement distincts). Les *fonctions symétriques élémentaires des* x_i sont les expressions :

$$\forall k \in [\![1,n]\!]\ ,\ \sigma_k(x_1,\ldots,x_n) := \sum_{1\leqslant i_1<\cdots<i_k\leqslant n} x_{i_1}\cdots x_{i_k}. \tag{18}$$

Pratiquement :

$$\sigma_1(x_1,\ldots,x_n) = x_1+\cdots+x_n \tag{19}$$

$$\sigma_2(x_1,\ldots,x_n) = x_1x_2+\cdots+x_{n-1}x_n \tag{20}$$

$$\sigma_k(x_1,\ldots,x_n) = x_1x_2\cdots x_k+\cdots+x_{n-k+1}x_{n-k+2}\cdots x_n \tag{21}$$

$$\sigma_n(x_1,\ldots,x_n) = x_1\cdots x_n \tag{22}$$

Ainsi, chaque $\sigma_k(x_1,\ldots,x_n)$ est la somme de $\binom{n}{k}$ monômes.

Théorème 25 (Relations entre coefficients et racines).
Soit $P := a_0+\cdots+a_nX^n = a_n(X-x_1)\cdots(X-x_n)$ un polynôme scindé de degré n. On a alors les relations suivantes :

$$\forall k \in [\![1,n]\!]\ ,\ \sigma_k(x_1,\ldots,x_n) = (-1)^k\frac{a_{n-k}}{a_n}\cdot \tag{23}$$

Démonstration. En développant le produit $(X-x_1)\cdots(X-x_n)$, on trouve :

$$X^n-(x_1+\cdots+x_n)X^{n-1}+\cdots+(-1)^n x_1\cdots x_n.$$

Le coefficient de degré k est $(-1)^k\sigma_k(x_1,\ldots,x_n)$. On conclut par identification. ∎

Exercice 7.

Avec les mêmes notations, calculer $\big(\sigma_1(x_1,\dots,x_n)\big)^2$, et en déduire une expression de $x_1^2+\cdots+x_n^2$ en fonction des a_i.

Exprimer de même $\dfrac{1}{x_1}+\cdots+\dfrac{1}{x_n}$ en fonction des a_i (en supposant les x_i non nuls).

Solution. De l'égalité (valable dans tout anneau commutatif) :

$$\Big(\sum_{1=1}^{n} x_i\Big)^2 = \sum_{i=1}^{n} x_i^2 + 2\sum_{1\leqslant i<j\leqslant n} x_i x_j,$$

on tire $x_1^2+\cdots+x_n^2 = \dfrac{a_{n-1}^2 - 2a_n a_{n-2}}{a_n^2}\cdot$ La condition sur les x_i équivaut à $a_0 \neq 0$, et l'on vérifie alors facilement que $\dfrac{1}{x_1}+\cdots+\dfrac{1}{x_n} = -\dfrac{a_1}{a_0}\cdot$

On va calculer plus généralement les *sommes de Newton* :

$$S_k := x_1^k+\cdots+x_n^k\,,\ k\in\mathbb{N}. \tag{24}$$

Tout d'abord, des égalités $P(x_i)=0$, on tire, pour tout $k\in\mathbb{N}$: $a_n x_i^{n+k}+\cdots+a_0 x_i^k = 0$. En sommant ces relations pour $i\in[\![1,n]\!]$, on obtient une relation de récurrence à n pas :

$$\forall k\in\mathbb{N}\,,\ S_{k+n} = -\frac{a_{n-1}}{a_n}S_{k+n-1}-\cdots-\frac{a_0}{a_n}S_k. \tag{25}$$

Il suffit donc de déterminer $S_0,\dots,S_{n-1}$.

Il est évident que $S_0 = n$ et que $S_1 = \sigma_1(x_1,\dots,x_n) = -\dfrac{a_{n-1}}{a_n}$; S_2 a été calculé plus haut. Plus généralement :

$$\forall k\in[\![0,n-1]\!]\,,\ (n-k)a_{n-k} = a_n S_k + a_{n-1}S_{k-1}+\cdots+a_{n-k}S_0. \tag{26}$$

Nous démontrerons cette relation en 1.5. On en déduit, par exemple :

$$S_3 = \frac{-3a_{n-3}a_n^2 + 3a_n a_{n-1}a_{n-2} - a_{n-1}^3}{a_n^3}\,.$$

Réciproquement, *si le corps K est de caractéristique nulle*, ces mêmes relations permettent de calculer P à un facteur constant près : on fixe a_n arbitraire non nul, puis l'on calcule $a_{n-1},\dots,a_0$ par récurrence descendante.

1.4.1 Application aux corps finis

Soit K un corps fini commutatif à q éléments (on démontrera en L3 le *théorème de Wedderburn*, qui dit que que *tout corps fini est commutatif*).

Théorème 26. Le polynôme $X^q - X\in K[X]$ est scindé et séparable :

$$X^q - X = \prod_{a\in K}(X-a).$$

Démonstration. Le groupe multiplicatif K^* a $(q-1)$ éléments. D'après le théorème de Lagrange, tout $x\in K^*$ vérifie donc $x^{q-1}=1$, donc $x^q = x$. Comme c'est évidemment le cas pour $x=0$, on voit que tous les éléments de K sont racines de $X^q - X$, de sorte que $\prod_{a\in K}(X-a)$ le divise. Mais ces deux polynômes sont unitaires de même degré q, donc égaux. ■

Théorème 27. Le groupe multiplicatif K^* est cyclique.

Démonstration. On va démontrer, plus généralement, que tout sous-groupe fini du groupe multiplicatif d'un corps commutatif est cyclique. Soit donc G un sous-groupe fini du groupe multiplicatif K^* d'un corps commutatif K. Soit $n := \operatorname{card} G$. Le théorème de Lagrange implique donc que $\forall x \in G, x^n = 1$. Pour tout $x \in G$, l'ordre de x est donc un diviseur de n. Notons, pour tout diviseur d de n, G_d l'ensemble des $x \in G$ d'ordre d et $\psi(d) := \operatorname{card} G_d$. On a donc : $\sum\limits_{d|n} \psi(d) = n$. Par ailleurs, si x est d'ordre d, il engendre un sous-groupe cyclique $< x >$ d'ordre d de G dont tous les éléments vérifient $y^d = 1$. Comme le polynôme $X^d - 1$ admet au plus d racines, ses racines sont exactement les éléments de $< x >$. En particulier, tous les éléments de G_d sont dans $< x >$. Comme le groupe cyclique $< x >$ admet $\varphi(d)$ éléments d'ordre d (cela découle de la proposition 49 de la page 149 du module II.2), on voit que $\psi(d) = \varphi(d)$ dans ce cas. Pour tout diviseur d de n, il y a donc une dichotomie : soit il n'y a aucun élément d'ordre d dans G et $\psi(d) = 0$, soit il y en a et $\psi(d) = \varphi(d)$. Dans tous les cas, $\psi(d) \leqslant \varphi(d)$. Mais (exercice 10 de la page 90 du module II.1), on a : $\sum\limits_{d|n} \varphi(d) = n$. On a donc $\sum\limits_{d|n} \big(\varphi(d) - \psi(d)\big) = 0$ et $\forall d|n\ ,\ \varphi(d) - \psi(d) \geqslant 0$, d'où $\forall d|n\ ,\ \varphi(d) - \psi(d) = 0$. En particulier, $\psi(n) = \varphi(n)$, qui est non nul, ce qui signifie très précisément que G est cyclique. ■

On a déjà prouvé que les sous-groupes finis de $\mathbb{C}^*$ étaient cycliques. La preuve avait l'avantage d'être explicite en ce sens que l'exponentielle complexe nous permettait de décrire tous les générateurs.

1.5 Polynômes dérivés

Lorsque le corps K est $\mathbb{R}$, la fonction polynomiale $\widetilde{P}$ est dérivable et sa dérivée est elle-même polynomiale.

L'application $\widetilde{P}'$ est associée au polynôme $P' = \sum\limits_{n\geqslant 0} (n+1)a_{n+1}X^n \in \mathbb{R}[X]$. Ce polynôme peut être défini de manière purement algébrique, sans référence à un passage à la limite et, d'ailleurs, sur un corps commutatif quelconque.

Définition 9. Soit $P = \sum\limits_{n\geqslant 0} a_n X^n \in K[X]$ un polynôme sur le corps commutatif K. Le *polynôme dérivé* est le polynôme $P' := \sum\limits_{n\geqslant 0} (n+1)a_{n+1}X^n \in K[X]$. L'application $P \mapsto P'$ de $K[X]$ dans lui-même est appelée *dérivation*.

Si P est constant, P' est nul. Plus généralement, $\deg P' \leqslant \deg P - 1$.

Proposition 28. L'application de dérivation est un endomorphisme du K-espace vectoriel $K[X]$ qui satisfait la *règle de Leibniz* :

$$\forall P, Q \in K[X]\ ,\ (PQ)' = P'Q + PQ'. \tag{27}$$

Démonstration. La linéarité de $P \mapsto P'$ est évidente. Les applications $P \mapsto (PQ)'$ et $P \mapsto P'Q + PQ'$ étant linéaires, il suffit de vérifier l'égalité lorsque P est élément de la base canonique ; de même, les applications $Q \mapsto (PQ)'$ et $Q \mapsto P'Q + PQ'$

étant linéaires, il suffit de vérifier l'égalité lorsque Q est élément de la base canonique. Si $P = 1$, l'égalité à démontrer s'écrit $Q' = 0Q + Q'$, qui est évidente ; similairement lorsque $Q = 1$. Supposons donc $P := X^p, Q := X^q$ avec $p, q \geqslant 1$. On calcule alors $(PQ)' = (p+q)X^{p+q-1} = pX^{p-1}X^q + X^p(qX^{q-1}) = P'Q + PQ'$. ■

Les *dérivées successives* de $P \in K[X]$ sont définies par itération de la dérivation. On les note : $P'' := (P')'$, $P''' := (P'')'$, $P^{(4)} := (P''')'$, et, en général : $P^{(n+1)} := (P^{(n)})'$. Les dérivées successives de $P := X^m$ sont donc $P' = mX^{m-1}$, $P'' = m(m-1)X^{m-2}, \ldots,$ $P^{(k)} = \dfrac{m!}{(m-k)!}X^{m-k}$. Selon les conventions usuelles sur l'itération, on pose $P^{(0)} := P$.

Corollaire 29 (Formule de Leibniz). Soient $P, Q \in K[X]$ et soit $n \in \mathbb{N}$. Alors :

$$(PQ)^{(n)} = \sum_{i=0}^{n} \binom{n}{i} P^{(i)} Q^{(n-i)}. \tag{28}$$

Démonstration. Comme pour la proposition 28, on peut prendre $P = X^p$ et $Q = X^q$. Il s'agit alors de démontrer la formule : $\dfrac{(p+q)!}{(p+q-n)!} = \displaystyle\sum_{i+j=n, i \leqslant p, j \leqslant q} \frac{p!}{(p-i)!} \frac{q!}{(q-j)!}$. Mais celle-ci est une conséquence facile de l'exercice II.1.0 de la page 106 ■

Corollaire 30. Soient $P_1, \ldots, P_n \in K[X]$. Alors :

$$(P_1 \cdots P_n)' = P_1' \cdots P_n + \cdots + P_1 \cdots P_n' = \sum_{i=1}^{n} \left(\prod_{j \in [\![0,n]\!] \setminus \{i\}} P_j \right) P_i'. \tag{29}$$

Démonstration. Cette formule se prouve par récurrence sur n, à l'aide de la règle de Leibniz : nous laisserons ce soin au lecteur. ■

Corollaire 31. Soient $P, Q \in K[X]$ et soit $n \geqslant 1$. Alors :

$$(P^n)' = nP^{n-1}P' \tag{30}$$

$$(P \circ Q)' = (P' \circ Q)Q'. \tag{31}$$

Démonstration. La première formule se prouve en posant $P_1 = \cdots = P_n = P$ dans le corollaire précédent. Pour la deuxième, on remarque que les deux membres de l'égalité sont fonctions linéaires de P (mais pas de Q !), et que l'on peut donc prendre $P = X^n$. Si $n = 0$, l'égalité est évidente, si $n \geqslant 1$, c'est celle qui vient d'être établie. ■

Exemple. Soit $P(X) := \prod\limits_{i=1}^{n} (X - a_i)$. Alors $P'(X) = \sum\limits_{i=1}^{n} \prod\limits_{j \in [\![1,n]\!] \setminus \{i\}} (X - a_j)$. Si l'on évalue P' en a_k, on constate que tous les termes de cette somme s'annulent, sauf celui d'indice k, qui vaut : $P'(a_k) = \prod_{j\in[\![1,n]\!]\setminus\{k\}} (a_k - a_j)$. Si l'on pose $\omega = \prod_{i\in[\![1,n]\!]} (X - a_i)$, on en déduit la formule : $L_i = \dfrac{\omega}{\omega'(a_i)(X - a_i)}\cdot$

Application aux sommes de Newton. Reprenons les notations $S_k := x_1^k + \cdots + x_n^k$ et $P := a_0 + \cdots + a_n X^n = a_n(X - x_1)\cdots(X - x_n)$, où $a_n \neq 0$. Pour tout $k \in \mathbb{N}$, le quotient de la division euclidienne de $X^{k+1}P'$ par P est $S_0 X^k + \cdots + S_k$. En effet, les calculs précédents montrent que $P' = \dfrac{P}{X - x_1} + \cdots + \dfrac{P}{X - x_n}$, d'où :

$$X^{k+1}P' = \left(\sum_{i=1}^{n} \frac{X^{k+1} - x_i^{k+1}}{X - x_i}\right) P + \sum_{i=1}^{n} x_i^{k+1} \frac{P}{X - x_i}\cdot$$

Comme $\sum\limits_{i=1}^{n} \dfrac{X^{k+1} - x_i^{k+1}}{X - x_i} = S_0 X^k + \cdots + S_k \in K[X]$ et comme le degré de $\sum\limits_{i=1}^{n} x_i^{k+1} \dfrac{P}{X - x_i}$ est strictement inférieur à n, c'est bien une division euclidienne. Les polynômes $X^{k+1}P'$ et $(S_0 X^k + \cdots + S_k)P$ ont donc même terme de degré n. Or, le coefficient du premier est $(n - k)a_{n-k}$ et celui du second est $a_n S_k + a_{n-1} S_{k-1} + \cdots + a_{n-k} S_0$, ce qui établit la relation de récurrence dont nous avions laissé la preuve en suspens.

1.5.1 Cas d'un corps de caractéristique nulle

Nous supposons maintenant que le corps K est de caractéristique nulle. Le cas où la caractéristique est non nulle sera abordé à la page 309.

Proposition 32. Le noyau de l'application de dérivation est formé des constantes. Pour un polynôme P non constant, $\deg P' = \deg P - 1$.

Démonstration. Si $P \in K$, on sait déjà que $P' = 0$. Sinon, si l'on note $\mathrm{td}(P) = ax^n$, avec $a \in K^*$ et $n \geqslant 1$, on a $P = aX^n + Q$ où $\deg Q \leqslant n - 1$.
On en tire $P' = naX^{n-1} + Q'$ où $\deg Q' \leqslant n - 2$. Comme $na \in K^*$ *parce que la caractéristique de K est nulle*, on a $\mathrm{td}(P') = naX^{n-1}$ et $\deg P' = n - 1$. ∎

Corollaire 33. Soient $P \in K[X]$ et $n \in \mathbb{N}$. Alors :

$$P^{(n)} = 0 \Longleftrightarrow \deg P < n. \tag{32}$$

Lemme 34. Soient U et V deux éléments quelconques de $K[X]$ et soit $P \in K_n[X]$. Alors :

$$P(U + V) = \sum_{k=0}^{n} \frac{P^{(k)}(U)}{k!} V^k = \sum_{k\geqslant 0} \frac{P^{(k)}(U)}{k!} V^k. \tag{33}$$

Démonstration. Les deux membres de la première égalité sont des fonctions linéaires de $P \in K_n[X]$. On peut donc prendre pour P un élément de la base canonique de $K_n[X]$; supposons $P := X^m$, avec $m \leqslant n$. Alors $P^{(k)} = \dfrac{m!}{(m-k)!}X^{m-k}$ si $k \leqslant m$, et $P^{(k)} = 0$ si $m < k \leqslant n$. Le membre droit de l'égalité vaut donc : $\sum_{k=0}^{m} \dfrac{1}{k!}\dfrac{m!}{(m-k)!}U^{m-k}V^k$, soit $(U+V)^m = P(U+V)$, d'après la formule du binôme. La deuxième égalité vient de ce que, si $P \in K_n[X]$ et si $k > n$, alors $P^{(k)} = 0$. ■

Théorème 35 (Formules de Taylor). Soient $P \in K[X]$ et $a \in K$. Alors :

$$P(X+a) = P(a) + XP'(a) + \cdots + \frac{X^n}{n!}P^{(n)}(a) \tag{34}$$

$$= \sum_{k \geqslant 0} \frac{X^k}{k!}P^{(k)}(a), \tag{35}$$

$$P(X+a) = P(X) + aP'(X) + \cdots + \frac{a^n}{n!}P^{(n)}(X) \tag{36}$$

$$= \sum_{k \geqslant 0} \frac{a^k}{k!}P^{(k)}(X), \tag{37}$$

$$P(X) = P(a) + P'(a)(X-a) + \cdots + \frac{P^{(n)}(a)}{n!}(X-a)^n \tag{38}$$

$$= \sum_{k \geqslant 0} \frac{P^{(k)}(a)}{k!}(X-a)^k, \tag{39}$$

$$P(X) = P(0) + P'(0)X + \cdots + \frac{P^{(n)}(0)}{n!}X^n \tag{40}$$

$$= \sum_{k \geqslant 0} \frac{P^{(k)}(0)}{k!}X^k, \tag{41}$$

où n est n'importe quel entier supérieur ou égal à $\deg P$.

Démonstration. Il suffit d'appliquer le lemme, d'abord avec $U := a$ et $V := X$, ensuite avec $U := X$ et $V := a$, enfin avec $U := a$ et $V := X - a$; puis de faire $a := 0$. ■

Théorème 36. (i) Soit P un polynôme non nul sur le corps K. Pour que $a \in K$ soit racine multiple de P, il faut, et il suffit, que a soit racine de P et de P'.
(ii) Soit m un entier non nul. Pour que $a \in K$ soit racine de P d'ordre supérieur ou égal à m, il faut, et il suffit, que a soit racine de $P, P', \ldots, P^{(m-1)}$, c'est-à-dire que l'on ait $P(a) = P'(a) = \cdots = P^{(m-1)}(a) = 0$.

Démonstration. (i) Si $a \in K$ est racine multiple de P, alors $P = (X-a)^2 Q$, $P' = (X-a)\,(2Q + (X-a)Q')$ et $P(a) = P'(a) = 0$. Si $P(a) = P'(a) = 0$, on a $P = (X-a)Q$ et $P' = (X-a)Q' + Q$, d'où $Q(a) = 0$, et $(X-a)^2 | P$.

(ii) D'après le théorème 35 de la page précédente, le reste de la division de P par $(X-a)^m$ est $P(a)+(X-a)P'(a)+\cdots+\dfrac{(X-a)^{m-1}}{(m-1)!}P^{(m-1)}(a)$. Le polynôme P est donc divisible par $(X-a)^m$ si, et seulement si, l'on a $P(a)=P'(a)=\cdots=P^{(m-1)}(a)=0$. ■

Exemple. On suppose P scindé : $P=C(X-a_1)^{\mu_1}\cdots(X-a_k)^{\mu_k}$, où $C\neq 0$, les racines a_i sont deux à deux distinctes et les multiplicités $\mu_i\in\mathbb{N}^*$. Le pgcd de P et P' doit diviser P, aucune racine simple de P ne doit en être racine et chaque racine multiple a_i doit en être racine avec la multiplicité μ_i-1. Donc : $P\wedge P'=(X-a_1)^{\mu_1-1}\cdots(X-a_k)^{\mu_k-1}$. Le polynôme $\dfrac{P}{P\wedge P'}=C(X-a_1)\cdots(X-a_k)$ a donc les mêmes racines que P, mais elles sont simples, il est donc séparable. On l'appelle *radical de* P.

1.5.2 Cas d'un corps de caractéristique non nulle

Indiquons rapidement comment certains des résultats précédents doivent être modifiés lorsque le corps K est de caractéristique $p>0$. Tout d'abord, *le noyau de l'application de dérivation est formé des polynômes de la forme* $P(X^p)$. Soit en effet $P=\sum\limits_{n\geqslant 0}a_nX^n$. L'égalité $P'=0$ équivaut à $\forall n, na_n=0$. Cela revient à dire que les seuls coefficients a_n non nuls sont ceux pour lesquels $p\mid n$ et l'on a alors : $P=\sum\limits_{m\geqslant 0}a_{pm}X^{pm}=Q(X^p)$, où $Q(X)=\sum\limits_{m\geqslant 0}a_{pm}X^m$.

La formule de Taylor n'a évidemment aucun sens (sauf pour des degrés strictement inférieurs à p), puisqu'elle comporte des divisions par $k!$. On peut cependant généraliser le lemme de la manière suivante. On introduit, pour tout $k\in\mathbb{N}$, l'unique endomorphisme Δ_k de $K[X]$ tel que $\Delta_k(X^n)=0$ si $n<k$ et $\Delta_k(X^n)=\binom{n}{k}X^{n-k}$ si $n\geqslant k$. Les Δ_k sont parfois appelés *dérivations supérieures*. Le même calcul que précédemment donne la formule :

$$\forall P\in K[X]\ ,\ \forall U,V\in K[X]\ ,\ P(U+V)=\sum_{k\geqslant 0}\Delta_kP(U)V^k.$$

Naturellement, Δ_1 est l'endomorphisme de dérivation. Sans hypothèse sur la caractéristique, on prouve facilement : $\Delta_k(PQ)=\sum\limits_{i+j=k}\Delta_i(P)\Delta_j(Q)$ et $\Delta_k\circ\Delta_\ell=\binom{k+\ell}{k}\Delta_{k+\ell}$. En caractéristique nulle, on déduirait de cette dernière relation que $\Delta_k(P)=\dfrac{P^{(k)}}{k!}$, puis, de la première, la formule de Leibniz (et du lemme, les formules de Taylor). Ici, les relations entre les Δ_k sont beaucoup plus compliquées.

La caractérisation des racines multiples par $P(a)=P'(a)=0$ est valable en toute caractéristique, mais pas la caractérisation de l'ordre d'une racine, comme le montre l'exemple de X^p dont toutes les dérivées sont nulles.

2 Polynômes sur les corps $\mathbb{R}$ et $\mathbb{C}$

Les corps $\mathbb{R}$ et $\mathbb{C}$ étant infinis, nous identifierons tout polynôme P de $\mathbb{R}[X]$ ou de $\mathbb{C}[X]$ avec la fonction polynomiale associée. Si $P\in\mathbb{R}[X]$, celle-ci est continue et dérivable et sa dérivée (en tant que fonction de variable réelle) est l'application $x\mapsto P'(x)$ associée au polynôme dérivé. Les deux notions de dérivée coïncident donc parfaitement. Les faits suivants sont démontrés dans les modules IV.6 et IV.7, ou s'en déduisent immédiatement.

Soient $t \mapsto u(t)$ et $t \mapsto v(t)$ deux fonctions dérivables d'un intervalle ouvert I de $\mathbb{R}$ dans $\mathbb{C}$ (ce sont donc des fonctions vectorielles). Soient $\lambda, \mu \in \mathbb{C}$.
Alors les fonctions $f = \lambda u + \mu v$ et $g = uv$ sont dérivables de dérivées respectives $f' = \lambda u' + \mu v'$ et $g' = u'v + uv'$. Soit $t \mapsto x(t)$ une fonction dérivable d'un intervalle ouvert I de $\mathbb{R}$ dans $\mathbb{C}$. Pour tout $P \in \mathbb{C}[X]$, la fonction $t \mapsto P\big(x(t)\big)$ est dérivable et sa dérivée est la fonction $t \mapsto P'\big(x(t)\big)x'(t)$.

Théorème 37 (Inégalité des accroissements finis).
Soit $P \in \mathbb{C}[X]$ et soient $a, b \in \mathbb{C}$. On suppose que $|P'| \leqslant M$ sur le segment $[a, b]$. Alors $|P(b) - P(a)| \leqslant M\,|b - a|$.

2.1 Applications du théorème de d'Alembert-Gauß

Nous avons démontré au module II.5 le théorème de d'Alembert-Gauß (théorème 29 de la page 280), selon lequel *tout polynôme non constant de* $\mathbb{C}[X]$ *admet au moins une racine*. En vertu du théorème 24 de la page 303, on en déduit immédiatement :

Théorème 38. Le corps $\mathbb{C}$ des nombres complexes est algébriquement clos : tout polynôme non nul de $\mathbb{C}[X]$ est scindé. En particulier, un polynôme de $\mathbb{R}[X]$ est scindé si, et seulement si, toutes ses racines dans $\mathbb{C}$ sont réelles.

Corollaire 39. Les polynômes irréductibles unitaires de $\mathbb{R}[X]$ sont les polynômes du premier degré et les trinômes du second degré $X^2+pX+q \in \mathbb{R}[X]$ dont le discriminant $p^2 - 4q$ est strictement négatif.

Démonstration. Les polynômes $X^2 + pX + q \in \mathbb{R}[X]$ dont le discriminant $p^2 - 4q$ est strictement négatif n'ont pas de racines et sont donc irréductibles (puisqu'ils sont de degré 2). Soit $P \in \mathbb{R}[X]$ un polynôme irréductible unitaire. En tant que polynôme sur $\mathbb{C}$, il admet une racine $z \in \mathbb{C} \setminus \mathbb{R}$. Comme P est à coefficients réels, il découle des règles de calcul sur les conjugués (section 2.3 du module II.5) que $P(\overline{z}) = \overline{P(z)} = 0$. Puisque P admet les deux racines distinctes z et $\overline{z}$, il est divisible par $(X-z)(X-\overline{z}) = X^2+pX+q$, où $p = -2\,\mathrm{Re}(z)$ et $q = |z|^2$. On a donc $P = X^2 + pX + q$. De plus, les racines de P n'étant pas réelles, $p^2 - 4q < 0$. En fait, $p^2 - 4q = -4(\mathrm{Im}\, z)^2$. ■

Corollaire 40. Soit $P \in \mathbb{R}[X]$ unitaire tel que $\forall x \in \mathbb{R},\ P(x) > 0$.
Il existe alors $A, B \in \mathbb{R}[X]$ tels que $P = A^2 + B^2$.

Démonstration. Il y a deux preuves possibles. On peut décomposer P sur $\mathbb{R}$. Ses facteurs sont des trinômes du second degré à discriminant négatif, donc de la forme $(X + p/2)^2 + \left(\sqrt{q - p^2/4}\right)^2$.
Or, dans tout anneau commutatif, les produits de sommes de deux carrés sont des sommes de deux carrés en vertu de l'identité : $(a^2 + b^2)(c^2 + d^2) = (ad - bc)^2 + (ac + bd)^2$. On peut également décomposer P sur $\mathbb{C}$. Comme il est à coefficients réels, pour toute racine a de multiplicité μ, $\overline{a}$

est aussi une racine de multiplicité μ. Comme il n'a aucune racine réelle, on peut choisir une racine dans chaque paire de conjuguées et former deux polynômes $F = \prod(X - a_i)$ et $G = \prod(X - \overline{a_i})$ tels que $P = FG$. Alors $F \in \mathbb{C}[X]$ s'écrit $A + \mathrm{i}B$ avec $A, B \in \mathbb{R}[X]$, et $G = A - \mathrm{i}B$, d'où $P = A^2 + B^2$. ∎

Corollaire 41.
Soit $P \in \mathbb{R}[X]$ tel que $\forall x \in \mathbb{R},\ P(x) \geqslant 0$. Il existe alors $A, B \in \mathbb{R}[X]$ tels que $P = A^2 + B^2$.

Démonstration. On peut évidemment supposer $P \neq 0$. Son coefficient dominant C est strictement positif, puisque $P(x) \sim Cx^d$ lorsque $x \to +\infty$ (avec $d = \deg P$). Quitte à diviser P par $C = \left(\sqrt{C}\right)^2$, on peut supposer P unitaire. Soit a une racine réelle de P, de multiplicité $\mu \in \mathbb{N}^*$: donc $P = (X - a)^\mu Q$, où $Q(a) \neq 0$. Si μ était impair, $P(x)$ serait du signe de $Q(a)(x - a)$ au voisinage de a, donc il changerait de signe. Donc les multiplicités de toutes les racines réelles de P sont paires. Ainsi, $P = Q^2 P_1$, où $Q \in \mathbb{R}[X]$ est scindé et où P_1 est strictement positif sur $\mathbb{R}$. On applique alors à P_1 le corollaire précédent. ∎

Prenons par exemple $P := X^6 + X^4 + X^2 + 1$, qui est unitaire, réel et ne prend que des valeurs strictement positives sur $\mathbb{R}$. On remarque que $(X^2 - 1)P = X^8 - 1$. Les racines de P sont donc les éléments de $\mu_8 \setminus \{\pm 1\}$ (module II.5, exemple de la page 264), donc $\pm\mathrm{i}$ et $\pm\dfrac{\sqrt{2}}{2} \pm \mathrm{i}\dfrac{\sqrt{2}}{2}$.

Prenons $F := (X - \mathrm{i})\left(X - \dfrac{\sqrt{2}}{2} - \mathrm{i}\dfrac{\sqrt{2}}{2}\right)\left(X + \dfrac{\sqrt{2}}{2} + \mathrm{i}\dfrac{\sqrt{2}}{2}\right)$. Alors :

$$F = (X - \mathrm{i})(X^2 - \mathrm{i}) = X^3 - \mathrm{i}X^2 - \mathrm{i}X - 1 \qquad \text{et} \qquad P = (X^3 - 1)^2 + (X^2 + X)^2.$$

2.2 Cyclotomie

Rappelons (module II.5) que l'on note $\mu_n := \{e^{2k\mathrm{i}\pi/n} \mid k \in [\![0, n-1]\!]\}$ l'ensemble des racines $n^{\text{èmes}}$ de l'unité dans $\mathbb{C}$.

Théorème 42. Soit $n \geqslant 1$. Le polynôme $X^n - 1 \in \mathbb{C}[X]$ est scindé et séparable. Il admet la factorisation suivante :

$$X^n - 1 = \prod_{j \in \mu_n} (X - j) = \prod_{k=0}^{n-1} (X - e^{2k\mathrm{i}\pi/n}). \tag{42}$$

Démonstration. Les n éléments de μ_n sont racines de $X^n - 1$, qui est de degré n et unitaire. ∎

Exemple. Notons $P(X) := X^n - 1$. Alors $P'(1) = n$, mais la factorisation donne aussi : $P'(1) = \prod\limits_{j \in \mu_n \setminus \{1\}} (1 - j) = \prod\limits_{k=1}^{n-1} (1 - e^{2k\mathrm{i}\pi/n})$ qui se réécrit :

$$\prod_{k=1}^{n-1} e^{k\mathrm{i}\pi/n} \prod_{k=1}^{n-1} (e^{-k\mathrm{i}\pi/n} - e^{k\mathrm{i}\pi/n}) = e^{(n-1)\mathrm{i}\pi/2} \prod_{k=1}^{n-1} \left(-2\mathrm{i} \sin \frac{k\pi}{n}\right).$$

On a donc en fin de compte $\prod\limits_{k=1}^{n} \sin \dfrac{k\pi}{n} = \dfrac{n}{2^{n-1}}$.

Corollaire 43. La décomposition en facteurs irréductibles de X^n-1 sur $\mathbb{R}$ est donnée par les formules suivantes :

$$\text{si } n=2p\ ,\ X^n-1=(X-1)(X+1)\prod_{k=1}^{p-1}\left(X^2-2X\cos\frac{2k\pi}{n}+1\right), \tag{43}$$

$$\text{si } n=2p+1\ ,\ X^n-1=(X-1)\prod_{k=1}^{p}\left(X^2-2X\cos\frac{2k\pi}{n}+1\right). \tag{44}$$

Démonstration. Le conjugué de $j_k=e^{2k\mathrm{i}\pi/n}$ est $\overline{j_k}=j_{n-k}$.
D'autre part, $(X-e^{\mathrm{i}\theta})(X-e^{-\mathrm{i}\theta})=X^2-2X\cos\theta+1$. ■

Exercice 8.
Factoriser X^5-1 et X^6-1 sur $\mathbb{R}$.
Solution. D'après le calcul de μ_5 au module II.5 (section 3.2), on a :

$$X^5-1=(X-1)\left(X^2+\frac{1-\sqrt5}{2}X+1\right)\left(X^2+\frac{1+\sqrt5}{2}X+1\right).$$

D'après le calcul de μ_6 :

$$X^6-1=(X-1)(X+1)\left(X^2-X+1\right)\left(X^2+X+1\right).$$

Exercice 9.
En développant et en factorisant $(X+1)^n-(X-1)^n$, trouver une formule simple pour $\sum\limits_{k=1}^{n-1}\operatorname{cotan}^2 k\pi/n$.

Solution. On a $(X+1)^n-(X-1)^n=2\left(\binom{n}{1}X^{n-1}+\binom{n}{3}X^{n-3}+\cdots\right)$ (formule du binôme). Le terme dominant est donc $2nX^{n-1}$. Les racines x sont caractérisées par $\dfrac{x+1}{x-1}=j\in\mu_n$ (et 1 n'est pas racine), ce sont donc les $(n-1)$ complexes $x=\dfrac{j+1}{j-1}$ où j parcourt $\mu_n\backslash\{1\}$ (il est clair que $\dfrac{x+1}{x-1}=1$ est impossible).

Comme $\dfrac{e^{\mathrm{i}\theta}+1}{e^{\mathrm{i}\theta}-1}=-\mathrm{i}\operatorname{cotan}\theta/2$, on a finalement :

$$2\left(\binom{n}{1}X^{n-1}+\binom{n}{3}X^{n-3}+\cdots\right)=2n\prod_{k=1}^{n-1}\left(X+\mathrm{i}\operatorname{cotan}\frac{k\pi}{n}\right).$$

Les calculs de sommes de Newton donnent alors : $\sum\limits_{k=1}^{n-1}\operatorname{cotan}^2\dfrac{k\pi}{n}=\dfrac{(n-1)(n-2)}{3}$.

2.2.1 Polynômes cyclotomiques

Après la décomposition en facteurs irréductibles de X^n-1 dans $\mathbb{C}[X]$ et dans $\mathbb{R}[X]$, nous allons étudier la décomposition dans $\mathbb{Q}[X]$. Notons $E_n=\{k\in[\![0,n-1]\!]\mid k\wedge n=1\}$. Alors $\mu_n^*=\{e^{2k\mathrm{i}\pi/n}\mid k\in E_n\}$ est l'ensemble des racines primitives $n^{\text{èmes}}$ de l'unité.

Définition 10. Le $n^{ème}$ *polynôme cyclotomique* est le polynôme unitaire Φ_n dont les racines sont les racines primitives $n^{èmes}$ de l'unité :

$$\Phi_n := \prod_{j \in \mu_n^*} (X - j) = \prod_{k \in E_n} (X - e^{2ki\pi/n}). \tag{45}$$

Le polynôme Φ_n est donc de degré card $\mu_n^* = \text{card } E_n = \varphi(n)$ (indicatrice d'Euler). On a évidemment $\Phi_1 = X - 1$. Soit p premier. Tous les entiers de $[\![1, p-1]\!]$ sont premiers avec p, et l'on a donc :

$$\Phi_p = \frac{X^p - 1}{X - 1} = X^{p-1} + \cdots + X + 1.$$

Exercice 10.
Calculer Φ_4, Φ_6 et Φ_8.

Solution. On a $\mu_4^* = \{i, -i\}$, d'où $\Phi_4 = X^2 + 1$; $\mu_6^* = \left\{\frac{1}{2} + i\frac{\sqrt{3}}{2}, \frac{1}{2} - i\frac{\sqrt{3}}{2}\right\}$, d'où $\Phi_6 = X^2 - X + 1$; et $\mu_8^* = \left\{\frac{\sqrt{2}}{2} + i\frac{\sqrt{2}}{2}, \frac{\sqrt{2}}{2} - i\frac{\sqrt{2}}{2}, -\frac{\sqrt{2}}{2} + i\frac{\sqrt{2}}{2}, -\frac{\sqrt{2}}{2} - i\frac{\sqrt{2}}{2}\right\}$, d'où

$$\Phi_8 = \left(\left(X - \frac{\sqrt{2}}{2}\right)^2 + \frac{1}{2}\right)\left(\left(X + \frac{\sqrt{2}}{2}\right)^2 + \frac{1}{2}\right) = X^4 + 1.$$

Proposition 44. Soit $n \geqslant 1$. Alors : $X^n - 1 = \prod_{d|n} \Phi_d$.

Démonstration. Soit j une racine $n^{ème}$ de l'unité et soit d son ordre en tant qu'élément du groupe μ_n : c'est l'unique diviseur de n tel que j est racine primitive $d^{ème}$. Le groupe μ_n est l'union disjointe des μ_d^* pour $d|n$, et l'on a : $X^n - 1 = \prod_{j \in \mu_n} (X - j) = \prod_{d|n} \left(\prod_{j \in \mu_n^*} (X - j)\right) = \prod_{d|n} \Phi_d$. ∎

Soient par exemple p premier et $k \geqslant 1$. Alors $\Phi_{p^k} = \dfrac{X^{p^k} - 1}{X^{p^{k-1}} - 1} = \sum_{i=0}^{p-1} X^{ip^{k-1}}$. Plus généralement, on peut déduire de la proposition une expression explicite de Φ_n, grâce à la formule d'inversion de Möbius (module II.2, exercice II.2.29 de la page 160). Anticipant un peu sur la fin de ce module, nous considérons le groupe multiplicatif $\mathbb{C}(X)^*$ du corps des fractions rationnelles. De la formule de Möbius on déduit :

$$\Phi_n = \prod_{d|n} (X^d - 1)^{\mu(n/d)}.$$

Cette formule permet un nouveau calcul de Φ_4, Φ_6 et Φ_8.

On a $\mu(1) = \mu(6) = 1$, $\mu(2) = \mu(3) = -1$ et $\mu(4) = \mu(8) = 0$, d'où : $\Phi_4 = \dfrac{X^4 - 1}{X^2 - 1} = X^2 + 1$, $\Phi_6 = \dfrac{(X^6 - 1)(X - 1)}{(X^2 - 1)(X^3 - 1)} = X^2 - X + 1$ et $\Phi_8 = \dfrac{X^8 - 1}{X^4 - 1} = X^4 + 1$. La formule ne met en jeu que des polynômes à coefficients rationnels, et l'on en déduit donc *a priori* que $\Phi_n \in \mathbb{Q}(X)$. On va démontrer qu'en fait, $\Phi_n \in \mathbb{Z}[X]$.

Lemme 45. Soient $A, B \in \mathbb{Q}[X]$ des polynômes à coefficients rationnels et $C := AB$ leur produit. On suppose que A est unitaire et que A et C sont à coefficients entiers : $A, C \in \mathbb{Z}[X]$. Alors B est à coefficients entiers.

Démonstration. C'est un cas particulier du fait suivant : si l'on effectue la division euclidienne de $C \in \mathbb{Z}[X]$ par un polynôme unitaire $A \in \mathbb{Z}[X]$, le quotient est dans $\mathbb{Z}[X]$. En effet, dans l'algorithme de la division euclidienne, les seules divisions sont par le coefficient dominant de A. ■

Théorème 46. Les polynômes cyclotomiques sont à coefficients entiers : $\Phi_n \in \mathbb{Z}[X]$.

Démonstration. On le démontre par récurrence forte sur n. Pour $n = 1$, c'est acquis. Supposons $n > 1$. On applique alors le lemme à $B := \Phi_n$ et $C := X^n - 1$: le polynôme A est le produit des Φ_d pour tous les d diviseurs stricts de n ; il est évidemment unitaire, et il est à coefficients entiers par hypothèse de récurrence. ■

On démontrera en L3 que Φ_n est un polynôme irréductible de $\mathbb{Q}(X)$.

2.3 Polynômes de Tchebychef

On a remarqué au module II.5 (exemple de la page 272) que les $\cos n\theta$ et $\dfrac{\sin n\theta}{\sin\theta}$ s'expriment comme des polynômes en $\cos\theta$. L'étude de ces polynômes est l'objet de cette section. Nous considérerons d'ailleurs l'expression $\dfrac{\sin n\theta}{\sin\theta}$ comme définie pour tout θ ; pour $\theta = k\pi$, le prolongement par continuité permet de lui attribuer la valeur :

$$\lim_{\alpha\to 0}\frac{\sin n(k\pi+\alpha)}{\sin(k\pi+\alpha)} = \lim_{\alpha\to 0}\frac{(-1)^{nk}\sin n\alpha}{(-1)^k\sin\alpha} = (-1)^{(n-1)k}n.$$

Définition 11. Les *polynômes de Tchebychef de première espèce* sont les polynômes T_n définis par la relation de récurrence à deux pas :

$$T_0 := 1\ ,\ T_1 := X \quad \text{et} \quad \forall n \geqslant 1, T_{n+1} := 2XT_n - T_{n-1}. \tag{46}$$

Les *polynômes de Tchebychef de deuxième espèce* sont les polynômes U_n définis par la relation de récurrence à deux pas :

$$U_0 := 1\ ,\ U_1 := 2X \quad \text{et} \quad \forall n \geqslant 1, U_{n+1} := 2XU_n - U_{n-1}. \tag{47}$$

Proposition 47. Soit $n \in \mathbb{N}$. Le polynôme T_n est l'unique polynôme tel que :

$$\forall\theta \in \mathbb{R}\ ,\ T_n(\cos\theta) = \cos n\theta. \tag{48}$$

Le polynôme U_n est l'unique polynôme tel que :

$$\forall\theta \in \mathbb{R}\ ,\ U_n(\cos\theta) = \frac{\sin(n+1)\theta}{\sin\theta}\cdot \tag{49}$$

Démonstration. Ces égalités sont évidemment vérifiées pour $n = 0$ et 1. On prouve qu'elles le sont pour tout $n \geqslant 2$ par une récurrence à deux pas, à l'aide des identités : $\cos(n+1)\theta + \cos(n-1)\theta = 2\cos\theta\cos n\theta$ et $\dfrac{\sin(n+1)\theta}{\sin\theta} + \dfrac{\sin(n-1)\theta}{\sin\theta} = 2\cos\theta\dfrac{\sin n\theta}{\sin\theta}\cdot$
L'unicité vient de ce que les valeurs de T_n et U_n sont ainsi imposées en tout $\cos\theta$, donc sur $[-1, 1]$, c'est-à-dire en une infinité de points. ■

Corollaire 48. (i) Les polynômes T_n et U_n ont même parité que n.
(ii) Pour $n \geqslant 1$, $T_n' = nU_{n-1}$.
(iii) Pour tout n, $XU_n + (X^2 - 1)U_n' = (n+1)T_{n+1}$.

Démonstration. Toutes les relations à démontrer sont des égalités entre polynômes ; on peut donc se restreindre à $[-1, 1]$, qui est infini. Il suffit d'évaluer ces égalités en $\cos\theta$. L'assertion (i) s'obtient alors en remplaçant θ par $\theta + \pi$, l'assertion (ii) (resp. l'assertion (iii)), en dérivant par rapport à θ l'égalité $\cos n\theta = T_n(\cos\theta)$ (resp. l'égalité $\sin(n+1)\theta = \sin\theta\, U_n(\cos\theta)$). ■

Théorème 49. Les polynômes de Tchebychef sont scindés et séparables. Ils admettent les décompositions :

$$\forall n \geqslant 1\ ,\ T_n = 2^{n-1} \prod_{k=1}^{n} \left(X - \cos \frac{(2k-1)\pi}{2n} \right), \tag{50}$$

$$\forall n \geqslant 1\ ,\ U_n = 2^{n} \prod_{k=1}^{n} \left(X - \cos \frac{k\pi}{n+1} \right). \tag{51}$$

Démonstration. On vérifie d'abord par récurrence que le terme dominant de T_n est, pour $n \geqslant 1$, $2^{n-1}X^n$; et celui de U_n est, pour $n \geqslant 0$, $2^n X^n$. Par ailleurs, on a :

$$T_n\left(\cos \frac{(2k-1)\pi}{2n}\right) = \cos \frac{(2k-1)\pi}{2} = 0 \quad \text{et} \quad U_n\left(\cos \frac{k\pi}{n+1}\right) = \frac{\sin k\pi}{\sin \frac{k\pi}{n+1}} = 0.$$

La fonction cos étant strictement décroissante sur $[0, \pi]$, les $\cos \frac{2k-1}{2n}\pi$ (resp. les $\cos \frac{k}{n+1}\pi$) sont deux à deux distincts pour $k \in [\![1, n]\!]$, et l'on a donc n racines distinctes de T_n (resp. de U_n), qui est de degré n : ce sont donc toutes les racines, et elles sont simples. ■

2.4 Nombres algébriques

Proposition et définition 50. Un complexe x est dit *algébrique sur* $\mathbb{Q}$ s'il existe un polynôme non nul $P \in \mathbb{Q}[X]$ tel que $P(x) = 0$. Les nombres complexes algébriques sur $\mathbb{Q}$ sont appelés *nombres algébriques*, les complexes non algébriques sont appelés *nombres transcendants*. L'ensemble des nombres algébrique est noté $\overline{\mathbb{Q}}$. Soit x un nombre algébrique. Le noyau de l'application $P \mapsto P(x)$ de $\mathbb{Q}[X]$ dans $\mathbb{C}$ est un idéal non trivial de $\mathbb{C}[X]$. Son unique générateur unitaire est appelé *polynôme minimal de* x. C'est un polynôme irréductible dans $\mathbb{Q}[X]$ et scindé séparable dans $\mathbb{C}[X]$. Son degré est appelé *degré de* x.

Démonstration. Le noyau d'un morphisme d'anneaux est un idéal. Il est ici non trivial par définition d'un nombre algébrique. Soit P son générateur unitaire. Si $P = QR$ et une décomposition dans $\mathbb{Q}[X]$, alors $Q(x)R(x) = 0$, donc Q ou R est dans l'idéal, donc multiple de P. Celui-ci est donc bien irréductible. Il est évidemment scindé dans $\mathbb{C}[X]$. Le radical de P est dans $\mathbb{Q}[X]$, il divise P et x en est racine : il est donc associé à P, qui est donc séparable. ■

Exemples.

1. Les nombres algébriques de degré 1 sont les rationnels : tout rationnel x est racine de $X - x \in \mathbb{Q}[X]$ et l'unique racine de $aX + b \in \mathbb{Q}[X]$ est $-\dfrac{b}{a} \in \mathbb{Q}$.
2. Les nombres algébriques de degré 2 sont les nombres de la forme $a + b\sqrt{D}$, où $a, b, D \in \mathbb{Q}$, D n'est pas un carré de $\mathbb{Q}$ et $b \neq 0$ (si $D < 0$, la notation abusive $\sqrt{D}$ représente ici $\mathrm{i}\sqrt{-D}$). Soit en effet $x = a + b\sqrt{D}$. Alors x est racine de $X^2 - 2aX + a^2 - Db^2 \in \mathbb{Q}[X]$. Comme D n'est pas un carré, x n'est pas rationnel : il est donc de degré 2. Réciproquement, si x est de degré 2, il est racine de $X^2 + pX + q$, donc de la forme $a + b\sqrt{D}$, où $D = p^2 - 4q$ n'est pas un carré (sinon x serait rationnel).
3. Une racine primitive $n^{ème}$ de l'unité est algébrique de degré $\varphi(n)$: cela découle de l'irréductibilité de $\Phi_n \in \mathbb{Q}[X]$ (que nous n'avons pas démontrée).

Lemme 51. Soient $x_1, \ldots, x_n \in \mathbb{C}$. On suppose que toutes les sommes de Newton $S_k(x_1, \ldots, x_n)$ sont rationnelles : $\forall k \in \mathbb{N}$, $x_1^k + \cdots + x_n^k \in \mathbb{Q}$.
Alors $(X - x_1) \cdots (X - x_n) \in \mathbb{Q}[X]$ et les x_i sont algébriques.

Démonstration. En partant de $a_n = 1$, les relations de récurrence descendante 26 de la page 304 montrent que tous les coefficients de $(X - x_1) \cdots (X - x_n)$ sont rationnels. ■

Lemme 52. Soient $x_1, \ldots, x_m, y_1, \ldots, y_n$ des complexes. On note $p = mn$ et l'on réindexe la famille des $x_i + y_j$ en $u_1, \ldots, u_p$ et la famille des $x_i y_j$ en $v_1, \ldots, v_p$. On a alors, pour tout $k \in \mathbb{N}$: $S_k(v_1, \ldots, v_p) = S_k(x_1, \ldots, x_m) S_k(y_1, \ldots, y_n)$ et $S_k(u_1, \ldots, u_p) = \sum\limits_{\ell=0}^{k} \binom{k}{\ell} S_\ell(x_1, \ldots, x_m) S_{k-\ell}(y_1, \ldots, y_n)$.

Démonstration. D'abord :

$$S_k(v_1, \ldots, v_p) = \sum_{i=1}^{m} \sum_{j=1}^{n} x_i^k y_j^k = \left(\sum_{i=1}^{m} x_i^k \right) \left(\sum_{j=1}^{n} y_j^k \right) = S_k(x_1, \ldots, x_m) S_k(y_1, \ldots, y_n).$$

Ensuite, $S_k(u_1, \ldots, u_p) = \sum\limits_{i=1}^{m} \sum\limits_{j=1}^{n} (x_i + y_j)^k$ se développe en :

$$\sum_{i=1}^{m} \sum_{j=1}^{n} \sum_{\ell=0}^{k} \binom{k}{\ell} x_i^\ell y_j^{k-\ell} = \sum_{\ell=0}^{k} \binom{k}{\ell} \sum_{i=1}^{m} \sum_{j=1}^{n} x_i^\ell y_j^{k-\ell} = \sum_{\ell=0}^{k} \binom{k}{\ell} S_\ell(x_1, \ldots, x_m) S_{k-\ell}(y_1, \ldots, y_n).$$

■

Théorème 53. L'ensemble $\overline{\mathbb{Q}}$ des nombres algébriques est un sous-corps de $\mathbb{C}$.

Démonstration. Il contient 1 et c'est un sous-anneau d'après les lemmes 51 et 52. Si x est algébrique non nul, il est racine de $a_0 + \cdots + a_n X^n$ avec $a_0 a_n \neq 0$, et $\dfrac{1}{x}$ est alors racine de $a_n + \cdots + a_0 X^n$, donc algébrique. ■

C'est un cas particulier d'un théorème valable en toute généralité, mais cette démonstration repose sur le lemme 51 qui n'est valable qu'en caractéristique 0. Nous démontrerons en L3 que le corps $\overline{\mathbb{Q}}$ est algébriquement clos.

Corollaire 54. Le complexe $z \in \mathbb{C}$ est algébrique si, et seulement si, $\operatorname{Re} z$ et $\operatorname{Im} z$ le sont.

Démonstration. Il est en effet évident que z est algébrique si, et seulement si, son conjugué $\overline{z}$ l'est. ∎

Théorème 55. Le corps $\overline{\mathbb{Q}}$ est dénombrable. En conséquence, presque tous les nombres complexes et presque tous les nombres réels sont transcendants.

Démonstration. Tout nombre algébrique est racine d'un polynôme non nul à coefficients entiers, obtenu, par exemple, en réduisant au même dénominateur les coefficients du polynôme minimal. Pour tout entier n, notons E_n l'ensemble des racines des polynômes non nuls de $\mathbb{Z}[X]$ de degré inférieur ou égal à n et dont la somme des valeurs absolues des coefficients est inférieur ou égal à n. Ces polynômes sont en nombre fini, donc E_n est fini. De plus, $\overline{\mathbb{Q}} = \bigcup\limits_{n \geqslant 0} E_n$, qui est dénombrable.

Comme $\mathbb{R}$ et $\mathbb{C}$ ne sont pas dénombrables, l'ensemble des nombres réels transcendants et l'ensemble des nombres complexes transcendants sont non dénombrables. ∎

Cet argument ne permet cependant pas de trouver des nombres transcendants, ni de prouver qu'un nombre donné l'est. Les nombres π et e sont transcendants, mais la preuve en est difficile. Nous exhiberons un nombre transcendant moins "naturel", mais avec une preuve élémentaire.

Lemme 56. Soit x un nombre algébrique réel de degré $d \geqslant 2$. Il existe alors une constante $C > 0$ telle que :

$$\forall \frac{p}{q} \in \mathbb{Q}\,, \quad \left| x - \frac{p}{q} \right| \geqslant \frac{C}{q^d}\,.$$

Démonstration. Soit P le polynôme obtenu en chassant les dénominateurs les coefficients du polynôme minimal de x : il est donc à coefficients entiers, de degré $d \geqslant 2$ et irréductible dans $Q[X]$. Par conséquent, $P\left(\frac{p}{q}\right)$ est de la forme $\frac{a}{q^d}$, où a est un entier non nul (sinon P aurait une racine rationnelle, donc un facteur de degré 1, donc il serait réductible ou de degré 1). Ainsi, $\left| P(x) - P\left(\frac{p}{q}\right) \right| \geqslant \frac{1}{q^d}$ · Soit $A > 0$ un majorant de $|P'|$ sur $[x-1, x+1]$.

D'après l'inégalité des accroissements finis (pour les fonctions dérivables sur $\mathbb{R}$), si $\left| x - \frac{p}{q} \right| \leqslant 1$,

$$\left| P(x) - P\left(\frac{p}{q}\right) \right| \leqslant A \left| x - \frac{p}{q} \right| \quad \text{et} \quad \left| x - \frac{p}{q} \right| \geqslant \frac{1}{Aq^d}\,.$$

On peut donc prendre, dans tous les cas, $C = \min\left(1, \frac{1}{A}\right)$. ∎

Proposition 57. Le *nombre de Liouville* $\sum\limits_{n \geqslant 0} 10^{-n!}$ est transcendant.

Démonstration. Soit $\frac{p_n}{q_n}$ la forme irréductible de $\sum\limits_{k=0}^{n} 10^{-k!}$. Alors $q_n = 10^{n!}$. De plus : $q_n^{n+1} \left| x - \frac{p_n}{q_n} \right| = \sum\limits_{k \geqslant 1} 10^{(n+1)! - (n+k)!} < 2$. Cette dernière majoration (facile et laissée en exercice au lecteur) entraîne que la conclusion du lemme n'est vérifiée pour aucun couple (C, d). ∎

3 Fractions et fonctions rationnelles

3.1 Le corps des fractions rationnelles

Définition 12. Le corps des fractions (voir module II.2, théorème 56 de la page 155) de l'anneau intègre $K[X]$ est noté $K(X)$ et appelé *corps des fractions rationnelles sur le corps* K. Les éléments de $K(X)$ sont appelés *fractions rationnelles sur* K.

Un élément de $K(X)$ est donc une fraction $\dfrac{A}{B}$, où $A, B \in K[X]$ et où $B \neq 0$. Les fractions rationnelles $\dfrac{A_1}{B_1}$ et $\dfrac{A_2}{B_2}$ sont égales si, et seulement si, $A_1B_2 = A_2B_1$. Chacune des écritures particulières $\dfrac{A}{B}$ d'une fraction rationnelle $R \in K(X)$ peut donc être considérée comme un *représentant* particulier de R. Si B divise A, on identifie la fraction rationnelle $\dfrac{A}{B}$ au quotient de A par B dans l'anneau $K[X]$. Les opérations dans le corps $K(X)$ sont définies par les formules suivantes :

$$\frac{A_1}{B_1} + \frac{A_2}{B_2} := \frac{A_1B_2 + A_2B_1}{B_1B_2}, \tag{52}$$

$$\frac{A_1}{B_1}\frac{A_2}{B_2} := \frac{A_1A_2}{B_1B_2}, \tag{53}$$

$$\text{si } A \neq 0\,,\ \left(\frac{A}{B}\right)^{-1} := \frac{B}{A}\cdot \tag{54}$$

Pour tout polynôme non nul P, on appelle *dérivée logarithmique de* P la fraction rationnelle $\dfrac{P'}{P}\cdot$ De la règle de Leibniz, on déduit que *la dérivée logarithmique de* PQ *est égale à la somme des dérivées logarithmiques de* P *et de* Q. Par exemple, pour un polynôme scindé, on trouve :

$$P = C\prod_{i=1}^{n}(X - a_i)^{\mu_i} \Longrightarrow \frac{P'}{P} = \sum_{i=1}^{n} \frac{\mu_i}{X - a_i}\cdot \tag{55}$$

Exercice 11.

Montrer que les $\dfrac{1}{X-a}$ $(a \in K)$ et que les $\dfrac{1}{X^n}$ $(n \in N)$ forment deux familles libres du K-espace vectoriel $K(X)$. Qu'en déduire au sujet de la dimension de celui-ci ?

Solution. Soient $a_1, \ldots, a_n \in K$ deux à deux distincts et $\lambda_1, \ldots, \lambda_n \in K$ tels que $\sum\limits_{i=1}^{n} \lambda_i \dfrac{1}{X - a_i} = 0$. En multipliant cette égalité par $\prod\limits_{i=1}^{n}(X - a_i)$ on obtient l'égalité $\sum\limits_{i=1}^{n} \lambda_i L_i = 0$, où les L_i sont, à un facteur constant près, les polynômes de Lagrange. En évaluant cette égalité en un a_i particulier, on trouve $\lambda_i = 0$: la famille est bien libre. La dimension de $K(X)$ est donc au moins égale au cardinal de K. Si la famille des $\dfrac{1}{X^n}$ est liée, il existe un $n \in \mathbb{N}$ tel que les $\frac{1}{X^k}$ $(0 \leqslant k \leqslant n)$ sont liés. Soient $\lambda_0, \ldots, \lambda_n \in K$ tels que $\sum_{i=0}^{n} \lambda_i \frac{1}{X^i} = 0$. En multipliant par X^n, on obtient l'égalité $\sum_{i=0}^{n} \lambda_{n-i} X^i = 0$, d'où $\lambda_0, \ldots, \lambda_n = 0$: la famille est bien libre. La dimension de $K(X)$ est donc infinie.

Proposition et définition 58. Soit $F \in K(X)$. La valeur de $\deg A - \deg B$ est la même pour toute écriture $F = \frac{A}{B} \cdot$

On l'appelle *degré* ou *degré total* de F et on le note $\deg F$.

Démonstration. Soient $\frac{A_1}{B_1}, \frac{A_2}{B_2}$ deux écritures de F. On a $A_1 B_2 = A_2 B_1$, d'où $\deg A_1 + \deg B_2 = \deg A_2 + \deg B_1$, d'où $\deg A_1 - \deg B_1 = \deg A_2 - \deg B_2$ car on peut soustraire $\deg B_1 + \deg B_2 \neq -\infty$. ∎

Proposition 59. Soient F et G deux fractions rationnelles. On a alors :

$$\deg(F+G) \leqslant \max(\deg F, \deg G), \tag{56}$$

$$\deg(FG) = \deg(F) + \deg G. \tag{57}$$

De plus, si $\deg F \neq \deg G$, alors $\deg(F+G) = \max(\deg F, \deg G)$.

Démonstration. Écrivons $F = \frac{A}{B}$ et $G = \frac{C}{D} \cdot$

L'inégalité à démontrer résulte de la relation $\deg(AD+BC) \leqslant \max\big(\deg(AD), \deg(BC)\big)$, dont on peut soustraire $\deg(BD) = \deg B + \deg D \in \mathbb{N}$; le cas d'égalité s'obtient alors en remarquant que, si $\deg F \neq \deg G$, alors $\deg(AD) \neq \deg(BC)$. On obtient $\deg(FG)$ par soustraction des égalités $\deg(AC) = \deg A + \deg C$ et $\deg(BD) = \deg B + \deg D \in \mathbb{N}$. ∎

Proposition et définition 60. Toute fraction rationnelle $F \in K[X]$ admet un unique représentant $\frac{A_0}{B_0}$ tel que A_0 et B_0 sont premiers entre eux et B_0 est unitaire.

Tous les représentants $\frac{A}{B}$ sont alors de la forme $\frac{PA_0}{PB_0}$, où $P \in K[X]$ est non nul. Les fractions $\frac{A}{B} := \frac{PA_0}{PB_0}$ telles que A et B sont premiers entre eux sont celles telles que $P \in K^*$: on les appelle *formes irréductibles de* F.

Le représentant $\frac{A_0}{B_0}$ est parfois appelé *la* forme irréductible de F.

Démonstration. Soit $\frac{A_1}{B_1}$ un représentant arbitraire de F. Parmi les pgcd de A et B, notons Δ celui qui a même coefficient dominant que B. Alors $A_0 = \frac{A_1}{\Delta}$ et $B_0 = \frac{B_1}{\Delta}$ sont premiers entre eux, B_0 est unitaire et $\dfrac{A_0}{B_0} = F$. Soit maintenant $\dfrac{A}{B}$ un représentant quelconque de F. De l'égalité $AB_0 = A_0B$, on déduit que B_0 divise A_0B, donc il divise B d'après le lemme de Gauß : il existe donc un unique $P \in K[X]$ non nul tel que $B = PB_0$, ce qui entraîne $A = PA_0$. Les affirmations restantes (y compris l'unicité de *la* forme irréductible de F) se déduisent alors immédiatement. ■

Corollaire 61. Soient $P \in K[X]$ un polynôme non constant et $F \in K(X)$. Si $P(F) = 0$, alors F est constante.

Démonstration. Notons $P := a_0 + \cdots + a_nX^n$. Soit $\dfrac{A}{B}$ la forme irréductible de F. L'égalité $P(F) = 0$ entraîne $a_0B^n + a_1B^{n-1}A + \cdots + a_nA^n = 0$, donc $B|A^n$, donc $B \in K^*$, puisque A et B sont premiers entre eux (lemme de Gauß), donc $B = 1$, et $a_0 + a_1A + \cdots + a_nA^n = 0$, d'où $\deg A = 0$. ■

Soit L un corps commutatif contenant K et soit $\dfrac{A_0}{B_0}$ une forme irréductible de $F \in K(X)$. C'est d'ailleurs aussi une forme irréductible de $F \in L(X)$ en vertu du corollaire 12 de la page 297. Pour tout élément $\alpha \in L$, on dit que F *est définie en* α, ou que α *est substituable dans* F, si $B_0(\alpha) \neq 0$. On pose alors $F(\alpha) := \dfrac{A_0(\alpha)}{B_0(\alpha)} \in L$, que l'on appelle *valeur de* F *en* α.

Ces définitions ne dépendent pas du choix d'une forme irréductible : si $\dfrac{A_1}{B_1}$ est une autre forme irréductible de F, les conditions $B_0(\alpha) \neq 0$ et $B_1(\alpha) \neq 0$ sont équivalentes et $\dfrac{A_0(\alpha)}{B_0(\alpha)} = \dfrac{A_1(\alpha)}{B_1(\alpha)}\cdot$ De plus, pour toute écriture $\dfrac{A}{B}$ de F telle que $B(\alpha) \neq 0$, on a encore $F(\alpha) = \dfrac{A(\alpha)}{B(\alpha)}\cdot$ Réciproquement, si F n'est pas définie en α, alors $\dfrac{A(\alpha)}{B(\alpha)}$ n'est définie pour *aucune* écriture $\dfrac{A}{B}$ de F.

Exemples.

1. La fraction rationnelle $\dfrac{X}{X^2+X} \in K(X)$ est définie en 0, mais cette écriture particulière ne convient pas pour en calculer la valeur, alors que l'écriture $\dfrac{X-1}{X^2-1}$ de la même fraction rationnelle convient.
2. La fraction rationnelle $\dfrac{1}{X^2-2} \in \mathbb{Q}[X]$ est définie en tout point de $\mathbb{Q}$ mais pas en tout point de $\mathbb{R}$. La fraction rationnelle $\dfrac{1}{X^2+1} \in \mathbb{R}[X]$ est définie en tout point de $\mathbb{R}$ mais pas en tout point de $\mathbb{C}$.
3. Si $L = K(X)$, tout G non constant est substituable dans tout $F \in K(X)$, d'après le corollaire 61. On note $F(G)$ ou $F \circ G$ la fraction rationnelle ainsi obtenue.

Proposition et définition 62. (i) On appelle *pôle de F dans L* un élément $\alpha \in L$ en lequel F n'est pas définie. Pour toute forme irréductible $\dfrac{A_0}{B_0}$ de F, la multiplicité de α en tant que racine de B_0 est la même : on l'appelle *l'ordre du pôle α*.
(ii) On appelle *zéro de F dans L* un élément $\alpha \in L$ en lequel $F(\alpha) = 0$. Pour toute écriture $\dfrac{A}{B}$ de F, α est alors une racine de A. Pour toute forme irréductible $\dfrac{A_0}{B_0}$ de F, la multiplicité de α en tant que racine de B_0 est la même : on l'appelle *l'ordre du zéro α*.
(iii) Il existe un unique $m \in \mathbb{Z}$ tel que $F = (X - \alpha)^m G$, où G est définie en α et $G(\alpha) \neq 0$: si $m > 0$, α est un zéro d'ordre m de F ; si $m < 0$, c'en est un pôle d'ordre $-m$; si $m = 0$, α n'est ni un zéro ni un pôle. L'entier m est appelé *l'ordre de F en α*.

Démonstration. C'est immédiat d'après ce qui précède. ■

3.2 Propriétés arithmétiques de $K(X)$

Ces propriétés reposent sur le fait que $K(X)$ est le corps des fractions de $K[X]$, qui possède une division euclidienne et qui est principal. Elles sont donc très proches de celles de $\mathbb{Q}$.

Théorème 63. Toute fraction rationnelle non nulle F peut s'écrire de manière unique :

$$F = CP_1^{\mu_1} \cdots P_r^{\mu_r}, \tag{58}$$

où $C \in K^*$, où $P_1, \ldots, P_r$ sont irréductibles unitaires et où $\mu_1, \ldots, \mu_r$ sont des entiers relatifs non nuls.

Démonstration. Soit $\dfrac{A_0}{B_0}$ la forme irréductible de F. Alors la factorisation ci-dessus s'obtient à partir des factorisations $A_0 = C \prod\limits_{\mu_i > 0} P_i^{\mu_i}$ et $B_0 = \prod\limits_{\mu_i < 0} P_i^{-\mu_i}$ dans $K[X]$. ■

Corollaire 64. Si m est l'ordre de F en $\alpha \in K$, le polynôme irréductible unitaire $X - \alpha$ apparaît donc dans cette factorisation avec l'exposant m.

Exemple. Pour que F soit un carré dans $K(X)$, il faut, et il suffit, que C soit un carré dans K^* et que tous les μ_i soient pairs. Par exemple, X n'est pas un carré dans $K(X)$.

Proposition et définition 65. Toute fraction rationnelle $F \in K(X)$ admet une unique décomposition $F = Q + G$, où $Q \in K[X]$ et $\deg G < 0$. Le polynôme Q est appelé *partie entière de F*.

Démonstration. Soit $\dfrac{A_0}{B_0}$ la forme irréductible de F. Alors $R = A_0 - QB_0$ est un polynôme vérifiant $\deg R < \deg B_0$, puisque $G = \dfrac{R}{B_0}$ est de degré strictement négatif. Ainsi, $Q = A_0 \text{ div } B_0$ et $G = \dfrac{R}{B_0}$, où $R = A_0 \mod B_0$. ■

Pour tout $n \in \mathbb{Z}$, notons $K_n(X)$ le sous–espace vectoriel de $K(X)$ formé des fractions rationnelles de degré inférieur ou égal à n. On voit donc que $K(X) = K[X] \oplus K_{-1}(X)$. Nous allons maintenant décrire les éléments de $K_{-1}(X)$.

Lemme 66. Soit $F := \dfrac{A}{B}$ une fraction rationnelle non nulle de degré strictement négatif. On suppose que $B = \prod\limits_{i=1}^{k} B_i$, où les B_i sont premiers entre eux deux à deux. Il existe alors une unique décomposition $F = \sum\limits_{i=1}^{k} \dfrac{A_i}{B_i}$ avec $\deg \dfrac{A_i}{B_i} < 0$.
Si $\dfrac{A}{B}$ est irréductible, les $\dfrac{A_i}{B_i}$ le sont.

Démonstration. Si $k = 1$, c'est évident.
Si $k = 2$, l'écriture voulue équivaut à $A = A_1B_2 + A_2B_1$, qui découle du théorème de Bézout. La condition sur les deux degrés équivaut alors à l'une quelconque des deux conditions, par exemple $\deg A_1 < \deg B_1$. Il suffit, pour réaliser celle-ci, de remplacer A_1 par $A_1 - SB_1 = A_1 \mod B_1$ (donc $S = A_1 \text{ div } B_1$) et A_2 par $A_2 + SB_2$. On passe au cas général par récurrence, en remarquant que B_k et $\prod\limits_{i=1}^{k-1} B_i$ sont premiers entre eux.
Supposons $\dfrac{A}{B}$ irréductible. Tout diviseur commun de A_i et B_i, divise B et chacun des k termes qui composent A, donc il est constant. ■

Exemple. Si $\deg A < k$, la fraction rationnelle $F := \dfrac{A}{(X - x_1) \cdots (X - x_k)}$ (où les x_i sont deux à deux distincts) admet donc une unique décomposition

$$F = \frac{\lambda_1}{X - x_1} + \cdots + \frac{\lambda_k}{X - x_k} \cdot$$

Notant $\omega = (X - x_1) \cdots (X - x_k)$, on voit que cela équivaut à $A = \sum \lambda_i \omega'(x_i) L_i$, où les L_i sont les polynômes de Lagrange $\dfrac{\omega}{\omega'(x_i)(X - x_i)}\cdot$ On a donc :

$$\frac{A}{(X - x_1) \cdots (X - x_k)} = \frac{A(x_1)}{\omega'(x_1)(X - x_1)} + \cdots + \frac{A(x_k)}{\omega'(x_k)(X - x_k)} \cdot$$

On peut retrouver ce résultat de manière plus « intuitive » : pour chaque i, on multiplie l'égalité $F = \dfrac{\lambda_1}{X - x_1} + \cdots + \dfrac{\lambda_k}{X - x_k}$ par $X - x_i$ puis l'on fait « tendre X vers x_i ». Le membre droit « tend vers λ_i », le membre gauche vers $\dfrac{A(x_i)}{\omega'(x_i)}$ ·

Lemme 67. Soit $F := \dfrac{A}{B}$ une fraction rationnelle non nulle de degré strictement négatif. On suppose que $B = Q^m$, où $m \geqslant 1$.
Il existe alors une unique décomposition $F = \sum\limits_{i=1}^{m} \dfrac{A_i}{Q^i}$ avec $\deg A_i < \deg Q$.

Démonstration. Pour $m = 1$, c'est immédiat.
Si $m \geqslant 2$, l'égalité voulue équivaut à : A_1 est la partie entière de QF et $\sum\limits_{i=1}^{m-1} \dfrac{A_{i+1}}{Q^i}$ est la décomposition de $QF - A_1 = \dfrac{A - A_1 Q^{m-1}}{Q^{m-1}}$ · On conclut par récurrence sur m. ∎

Théorème et définition 68. Soit $\dfrac{A}{B}$ la forme irréductible d'une fraction rationnelle F et soit $B = \prod\limits_{i=1}^{k} F_i^{\mu_i}$ la décomposition de B en facteurs irréductibles unitaires.
On a alors une unique décomposition :

$$F = E + \sum_{i=1}^{k} \sum_{j=1}^{\mu_i} \frac{A_{i,j}}{F_i^j}, \tag{59}$$

où E et les $A_{i,j}$ sont des polynômes et où $\deg A_{i,j} < \deg F_i$ pour $i \in [\![1, k]\!]$, $j \in [\![1, \mu_i]\!]$. Cette écriture est la *décomposition en éléments simples de* F.

Démonstration. Elle découle de la proposition et des deux lemmes précédents. On obtient E comme partie entière de F. Puis l'on décompose $F - E$ en une somme de $\dfrac{A_i}{B_i} = \dfrac{A_i}{F_i^{\mu_i}}$; puis chaque $\dfrac{A_i}{F_i^{\mu_i}}$ en une somme $\sum\limits_{j=1}^{\mu_i} \dfrac{A_{i,j}}{F_i^j}$ · ∎

Définition 13. Soit α un pôle de F dans K, de sorte que la décomposition en éléments simples de F comporte un terme de la forme $\dfrac{a}{X - \alpha}$, avec $a \in K$.
La constante a est appelée *résidu de* F *en le pôle* α. Par convention, le résidu de F en un point de K qui n'est pas un pôle est nul.

Si l'on note E la partie entière de $(X - \alpha)F$, on vérifie facilement que résidu de F en α est, dans tous les cas, égal à $E(\alpha)$.

Dans le cas où le dénominateur de F est scindé, on dispose d'une méthode efficace pour déterminer sa décomposition en éléments simples.

Théorème 69 (Division par puissances croissantes).
Soient $P, Q \in K[X]$ tels que $Q(0) = \mathrm{tc}(Q) \neq 0$. Pour tout entier m, il existe un unique polynôme $S \in K_{m-1}[X]$ tel que X^m divise $P - SQ$.

Démonstration. Prouvons d'abord l'unicité. Si deux polynômes S_1, S_2 conviennent, X^m divise $(S_1 - S_2)Q$. Mais l'hypothèse sur Q implique qu'il est premier avec X^m, qui divise donc $S_1 - S_2$, qui est donc nul puisque de degré strictement inférieur à m. L'existence s'obtient par un algorithme analogue à celui de la division euclidienne. On pose $P_0 := P$. Alors $P_1 := P_0 - \dfrac{\mathrm{tc}\, P_0}{\mathrm{tc}\, Q} Q$ a pour terme constant 0, il est donc divisible par X. Supposons déterminé P_i non nul, de terme de plus bas degré $s_i X^{m_i}$. On pose alors $P_{i+1} := P_i - \dfrac{s_i}{\mathrm{tc}\, Q} X^{m_i} Q$, qui est divisible par X^{m_i+1}. Ainsi, $P_{i+1} = 0$ ou $m_{i+1} > m_i$. On arrête au premier indice k tel que $P_{k+1} = 0$ ou $m_{k+1} > m$, et l'on a alors $S = \sum\limits_{i=0}^{k} s_i X^{m_i}$. ■

Appliquons cet algorithme à la décomposition en éléments simples de la fraction rationnelle $F := \dfrac{A}{(X-\alpha)^m B}$, supposée de degré strictement négatif, où $B(\alpha) \neq 0$. On a une unique écriture : $F = \dfrac{C}{B} + \dfrac{a_1}{X-\alpha} + \cdots + \dfrac{a_m}{(X-\alpha)^m}$, où $\deg C < \deg B$ et où $a_1, \ldots, a_m \in K$. En effet, cette égalité équivaut à :

$$A(X+\alpha) = (a_1 X^{m-1} + \cdots + a_m) B(X+\alpha) + X^m C(X+\alpha).$$

On détermine les coefficients a_i (donc C) en effectuant la division par puissances croissantes de $P = A(X+\alpha)$ par $Q = B(X+\alpha)$. Celle-ci est possible parce que, par hypothèse, $Q(0) = B(\alpha) \neq 0$. On réitère alors le procédé avec $G = \dfrac{C}{B}\cdot$

Plus généralement, si $F := \dfrac{A}{\prod\limits_{i=1}^{k} (X-\alpha_i)^{\mu_i}}$, supposé de degré strictement négatif, on se débarrasse successivement des facteurs $(X-\alpha_i)^{\mu_i}$ du dénominateur.

Exercice 12.

Développer en éléments simples $F := \dfrac{4X^3}{(X^2-1)^2}\cdot$

Solution. On veut avoir : $F = \dfrac{a}{X-1} + \dfrac{b}{(X-1)^2} + \dfrac{c}{X+1} + \dfrac{d}{(X+1)^2}\cdot$

Une division selon les puissances croissantes donne : $4(X+1)^3 = (1+2X)(X+2)^2+$ un multiple de X^2 ; de même, $4(X-1)^3 = (-1+2X)(X-2)^2+$ un multiple de X^2. Finalement : $a = 2, b = 1, c = 2, d = -1$.

3.3 Fonctions rationnelles

Dans cette section, le corps K est supposé infini. Pour toute fraction rationnelle $F \in K(X)$ écrite sous forme irréductible $\frac{A}{B}$, l'ensemble des pôles de F dans K, qui est l'ensemble des racines de B dans K, est fini. Son complémentaire dans K est l'ensemble $\mathcal{D}_F$ des $\alpha \in K$ tels que $F(\alpha)$ est défini. On l'appelle *ensemble de définition de* F.

Proposition 70. Soient $F, G \in K(X)$. On suppose que, pour tout $\alpha \in \mathcal{D}_F \cap \mathcal{D}_G$, $F(\alpha) = G(\alpha)$. Alors $F = G$.

Démonstration. Si $F = \frac{A}{B}$ et $G = \frac{C}{D}$, on a $(AD - BC)(\alpha) = 0$ pour tout α dans l'ensemble infini $\mathcal{D}_F \cap \mathcal{D}_G$, donc $AD - BC = 0$. ■

On pourra donc sans inconvénient identifier la fraction rationnelle F avec la *fonction rationnelle* $x \mapsto F(x)$ de $\mathcal{D}_F$ dans K. Cette identification est évidemment compatible avec les combinaisons linéaires, la multiplication et l'inversion des éléments non nuls. La seule petite difficulté est celle-ci : il peut arriver que $F + G$ ou FG soit défini en un point où F ou G n'est pas défini. Par exemple $\frac{1}{X} - \frac{1}{X}$ et $\frac{X-1}{X}\frac{X}{X-1}$ sont définies partout.

Proposition et définition 71. Soit $F := \frac{A}{B} \in K(X)$.

La fraction rationnelle $\frac{A'B - AB'}{B^2}$ ne dépend que de F et non de l'écriture particulière choisie. On l'appelle *dérivée de* F et on la note F'. L'application $F \mapsto F'$ est un endomorphisme du K-espace vectoriel $K(X)$, qui vérifie de plus la règle de Leibniz :

$$\forall F, G \in K(X)\ ,\ (FG)' = F'G + FG'. \tag{60}$$

Démonstration. Soit $\frac{A_0}{B_0}$ la forme irréductible de F. Il existe un polynôme P tel que $A = PA_0$ et $B = PB_0$, d'où $A'B - AB' = P^2(A_0'B_0 - A_0B_0')$, et enfin $\frac{A'B - AB'}{B^2} = \frac{A_0'B_0 - A_0B_0'}{B_0^2}$.

Les autres affirmations découlent d'un calcul direct, qui est laissé au lecteur. ■

Naturellement, dans le cas du corps $\mathbb{R}$, cette définition algébrique coïncide avec celle du cours d'analyse.

Exemple. La dérivée $n^{\text{ème}}$ de $\frac{1}{(X-\alpha)^m}$ est $\frac{(-1)^n m(m+1)\cdots(m+n-1)}{(X-\alpha)^{m+n}}$.

Pour calculer les dérivées successives de F lorsque le corps est algébriquement clos, il suffit donc d'utiliser la décomposition en éléments simples de F.

Proposition 72. On suppose le corps K de caractéristique 0. Si $F \in K(X)$ est non nulle et de degré non nul, on a $\deg F' = (\deg F) - 1$.

Démonstration. Si $F = \dfrac{A}{B}$, on a $\deg A \neq \deg B$, et les coefficients dominants $(\deg A)(\operatorname{cd} A)(\operatorname{cd} B)$ et $(\deg B)(\operatorname{cd} A)(\operatorname{cd} B)$ de $A'B$ et de $B'A$ sont différents. Le numérateur $AB' - BA'$ de F' est donc de degré $\deg A + \deg B - 1$ et :

$$\deg F' = \deg A + \deg B - 1 - 2\deg B = \deg F - 1.$$

■

Corollaire 73. Si K est de caractéristique 0, l'endomorphisme $F \mapsto F'$ de $K(X)$ a pour noyau K.

Démonstration. On écrit $F = E+G$, avec $E \in K[X]$ et $\deg G < 0$. Alors $F' = E'+G'$, avec $E' \in K[X]$ et $\deg G' < 0$. Si $F' = 0$, on a $E' = G' = 0$, donc $E \in K$ et $G = 0$. ■

On sait que $K(X) = K[X] \oplus K_{-1}(X)$ et que les X^n forment une base de $K[X]$. Si le corps K est algébriquement clos, il résulte du théorème 68 de la page 323 que $K_{-1}(X)$ admet pour base la famille des $(X-\alpha)^{-m}$, où $\alpha \in K$ et $m \in \mathbb{N}^*$. Plus généralement, pour chaque $n \geqslant 1$, $K_{-n}(X)$ admet pour base la famille des $(X-\alpha)^{-m}$, où $\alpha \in K$ et $m \geqslant n$. L'ensemble des fractions rationnelles dont tous les résidus sont nuls est donc $K[X] \oplus K_{-2}(X)$.

Théorème 74. On suppose K de caractéristique 0 et algébriquement clos. Alors l'endomorphisme $F \mapsto F'$ de $K(X)$ a pour image l'ensemble des fractions rationnelles dont tous les résidus sont nuls.

Démonstration. Notons D cet endomorphisme. On sait que la restriction de D à $K[X]$ est surjective et que l'image de $K_{-1}(X)$ par D est incluse dans $K_{-2}(X)$. Par ailleurs, si $m \geqslant 2$, la fraction rationnelle $\dfrac{1}{(X-\alpha)^m}$ est la dérivée de la fraction rationnelle $-\dfrac{1}{m-1}\dfrac{1}{(X-\alpha)^{m-1}}$. ■

3.4 Développements limités

Soit $F \in \mathbb{C}(X)$ une fraction rationnelle non nulle, d'ordre m en 0. Alors $F = X^m G$, où G est définie en 0 et $a = G(0) \neq 0$. Ainsi, lorsque le complexe z tend vers 0, selon les notations du module IV.8, $F(z) \sim az^m$. De même, la fonction rationnelle F est définie en 0 si, et seulement si, $m \geqslant 0$. Bien que défini algébriquement, l'ordre a donc dans ce cas une signification analytique.

Dans cette section, on notera $K(X)_0$ le sous-anneau de $K(X)$ formé des fractions rationnelles définies en 0, qui est stable par dérivation. Pour tout $m \geqslant 0$, l'ensemble des fractions rationnelles dont l'ordre en 0 est supérieur ou égal à m est l'idéal de $K(X)_0$ engendré par X^m. On notera $F \equiv G \pmod{X^m}$ la congruence modulo cet idéal, c'est à dire la relation d'équivalence « $F - G$ est d'ordre supérieur ou égal à m en 0 ».

Proposition et définition 75. Soit $F \in K(X)_0$. Pour tout $m \geqslant 0$, il existe un unique $P \in K_m[X]$ tel que $F \equiv P \pmod{X^{m+1}}$; on l'appelle *développement limité de F à l'ordre m* et on le note DL_m de F ou $DL_m(F)$.

Démonstration. Si $\dfrac{A}{B}$ est une forme irréductible de F, le fait que $F \in K(X)_0$ signifie que X ne divise pas B. La proposition est alors une conséquence immédiate de la division de A par B selon les puissances croissantes. ■

Les règles connues en analyse concernant les développements limités s'appliquent alors, avec l'avantage supplémentaire que $F \in K(X)_0$ admet des développements limités à tous les ordres.

1. Le DL_m de F est la troncature à l'ordre m de $DL_{m+1}(F)$.
2. Le DL_m de $\lambda F + \mu G$ est $\lambda DL_m(F) + \mu DL_m(G)$.
3. Le DL_m de FG est la troncature à l'ordre m de $DL_m(F)DL_m(G)$.
4. La dérivée de $DL_m(F)$ est $DL_{m-1}(F')$. Cette règle, qui est fausse en analyse, découle du calcul suivant : si $F = P + X^{m+1}G$, où $G \in K(X)_0$, alors $F' = P' + X^m H$, où $H = (m+1)G + XG' \in K(X)_0$.

Exemple. De l'égalité $\dfrac{1-X^{m+n}}{1-X} = 1 + X + \cdots + X^{m+n-1}$, on déduit que :

$$DL_{m+n-1}\left(\frac{1}{1-X}\right) = 1 + X + \cdots + X^{m+n-1},$$

puis, en dérivant $(n-1)$ fois :

$$\frac{1}{(1-X)^n} \equiv \sum_{k=0}^{m} \binom{k+n-1}{k} X^k \pmod{X^{m+1}}.$$

Exercice type corrigé

II.6.0 Nous allons déterminer les coefficients des polynômes de Tchebychef T_n. Une méthode analogue permettrait de calculer ceux des polynômes U_n. Nous fixons $n \in \mathbb{N}^*$ et nous écrivons $T_n = a_0 + a_1 X + \cdots + a_n X^n$.

1) Calculer $a_0 = T_n(0)$ et $a_1 = T_n'(0)$. (On rappelle que $T_n' = nU_{n-1}$).

2) Démontrer l'équation différentielle : $(1-X^2)T_n'' - XT_n' + n^2 T_n = 0$.

3) En déduire la relation de récurrence : $a_{k+2} = \dfrac{k^2 - n^2}{(k+1)(k+2)} a_k$.

4) Calculer explicitement les a_k. (Distinguer deux cas selon la parité de n.)

Solution.

1) On a $a_0 = T_n(\cos\pi/2) = \cos n\pi/2$, qui est nul si n est impair et vaut $(-1)^p$ si $n = 2p$.

De même, on a $a_1 = T_n'(0) = nU_{n-1}(\cos\pi/2)$, donc $a_1 = n\dfrac{\sin n\pi/2}{\sin\pi/2}$, qui est nul si n est pair et vaut $n(-1)^p$ si $n = 2p+1$.

2) Selon le corollaire 48 de la page 315, on a directement $T'_n = nU_{n-1}$ et (après un décalage d'indice) $XU_{n-1} + (X^2-1)U'_{n-1} = nT_n$. Il suffit donc de remplacer U_{n-1} par $\frac{1}{n}T'_n$ dans cette dernière relation.
3) Les coefficients en X^k dans les polynômes $(1-X^2)T''_n$, XT'_n et n^2T_n valent respectivement $(k+1)(k+2)a_{k+2} - k(k-1)a_k$, ka_k et n^2a_k, d'où, d'après la question précédente, l'égalité $(k+1)(k+2)a_{k+2} - k(k-1)a_k - ka_k + n^2a_k = 0$. La relation voulue s'en déduit immédiatement.
4) Si $n = 2p$, les $a_{2\ell+1}$ sont nuls (car $a_1 = 0$), et l'on a :

$$a_{2\ell+2} = -4\frac{p^2-\ell^2}{(2\ell+1)(2\ell+2)}a_{2\ell}.$$

Comme $a_0 = (-1)^p$, on trouve :

$$a_{2\ell} = \frac{(-4)^\ell(-1)^p}{2\ell!}\prod_{j=0}^{\ell-1}(p-j)(p+j) = \frac{(-1)^{\ell+p}2^{2\ell}p}{2\ell!}\frac{(p+\ell-1)!}{(p-\ell)!}\,.$$

Si $n = 2p+1$, les $a_{2\ell}$ sont nuls (car $a_0 = 0$), et l'on a :

$$a_{2\ell+1} = -4\frac{p(p+1)-\ell(\ell-1)}{2\ell(2\ell+1)}a_{2\ell-1}.$$

Comme $a_1 = n(-1)^p$, un calcul similaire donne :

$$a_{2\ell+1} = \frac{(-1)^{\ell+p}2^{2\ell}(2p+1)}{(2\ell+1)!}\frac{(p+\ell)!}{(p-\ell)!}\,.$$

On déduit aisément de ces formules l'égalité $a_n = 2^{n-1}$ (théorème 49 de la page 315). On retrouve de même le fait que T_n a même parité que n (corollaire 48 de la page 315).

Pour aller plus loin

Les corrigés sont disponibles en accès libre à partir des pages d'accueil du livre sur le site www.dunod.com

Exercices sur la section 1

II.6.1 Soit $a \in K$, et soit φ_a l'automorphisme $P \mapsto P(X+a)$ du K-espace vectoriel $K_n[X]$. Vérifier que $a \mapsto \varphi_a$ est un morphisme du groupe additif K dans le groupe linéaire de $K_n[X]$. Soit M_a la matrice dont les colonnes sont les vecteurs des coordonnées des images $(X+a)^k$ des éléments de la base canonique de $K_n[X]$ dans cette même base canonique. Écrire la matrice M_a.
Vérifier que $a \mapsto M_a$ est un morphisme du groupe additif K dans le groupe linéaire $GL_{n+1}(K)$.

II.6.2 Vérifier que l'application $\Delta_a : P \mapsto \varphi_a(P) - P$ (voir l'exercice II.6.1) est une application linéaire de $K_n[X]$ dans $K_{n-1}[X]$. On suppose K de caractéristique nulle. Quelle est l'image par Δ_1 de la base des polynômes de Newton $\binom{X}{n} := \frac{X(X-1)\cdots(X-n+1)}{n!}$?

En déduire que cette application est surjective et de noyau K.
Application : Soit $k \in \mathbb{N}$. Montrer l'existence d'un unique polynôme $P_k \in \mathbb{Q}(X)$, de terme dominant $\dfrac{X^{k+1}}{k+1}$, tel que, pour tout $n \in \mathbb{N}^*$: $1^k + \cdots + n^k = P_k(n)$.

II.6.3 Que donne la division euclidienne de $X^n - 1$ par $X^m - 1$? Que donne l'algorithme d'Euclide appliqué à $X^n - 1$ et $X^m - 1$?

II.6.4 Soient $A, B \in K[X]$ des polynômes non constants de degrés respectifs n, p. Montrer que, pour que A et B ne soient pas étrangers, il faut, et il suffit, qu'il existe des polynômes $P \in K_{p-1}[X]$ et $Q \in K_{n-1}[X]$ non tous deux nuls tels que $AP + BQ = 0$. Vérifier que cette condition est, à son tour, équivalente à la suivante : les éléments $A, XA, \ldots, X^{p-1}A, B, XB, \ldots, X^{q-1}B$ de $K_{n+p-1}[X]$ sont liés. On écrit $A = a_0 + \cdots + a_nX^n$ et $B = b_0 + \cdots + b_pX^p$, et l'on forme la matrice $S(A, B) \in M_{n+p}(K)$ ainsi définie :

$$\begin{pmatrix} a_0 & \ldots & a_n & 0 & \ldots & 0 & 0 & 0 \\ 0 & a_0 & \ldots & a_n & 0 & \ldots & 0 & 0 \\ \ldots & \ldots & \ldots & \ldots & \ldots & \ldots & \ldots & \ldots \\ 0 & \ldots & \ldots & \ldots & 0 & a_0 & \ldots & a_n \\ b_0 & \ldots & \ldots & b_p & 0 & \ldots & \ldots & 0 \\ 0 & b_0 & \ldots & \ldots & b_p & 0 & \ldots & 0 \\ \ldots & \ldots & \ldots & \ldots & \ldots & \ldots & \ldots & \ldots \\ 0 & \ldots & \ldots & 0 & b_0 & \ldots & \ldots & b_p \end{pmatrix} \quad (p \text{ lignes avec les } a_i\ ,\ n \text{ lignes avec les } b_j).$$

Vérifier que $A \wedge B = 1$ si, et seulement si, $S(A, B)$ est inversible.

II.6.5 Soit $P := X^n + a_{n-1}X^{n-1} + \cdots + a_n \in \mathbb{Z}[X]$ un polynôme unitaire à coefficients entiers et soit $x \in \mathbb{Q}$ une racine rationnelle de P. Démontrer que $x \in \mathbb{Z}$: on dit que l'anneau $\mathbb{Z}$ est *intégralement clos*. (Écrire x sous forme irréductible $\dfrac{p}{q}$, montrer que $q|p^n$ et appliquer le lemme de Gauß dans $\mathbb{Z}$.) En déduire que $\sqrt{2}$, $\sqrt{3}$ et $\sqrt{2}+\sqrt{3}$ ne sont pas rationnels. (Pour ce dernier, penser au polynôme $(X^2 - 5)^2 - 24$.)

II.6.6 (i) Soit $P \in \mathbb{C}[X]$. Démontrer que $P(\mathbb{Z}) \subset \mathbb{Q}$ si, et seulement si, $P \in \mathbb{Q}[X]$. (Si $\deg P = n$, interpoler P en $0, \ldots, n$.)
(ii) On prend $P \in \mathbb{Q}[X]$ que l'on développe dans la base des polynômes de Newton : $P = \sum\limits_{n \geqslant 0} a_n \dbinom{X}{n}$. Démontrer que $P(\mathbb{Z}) \subset \mathbb{Z}$ si, et seulement si, les $a_n \in \mathbb{Z}$.
Indication : appliquer P successivement à $0, 1, \ldots$.

II.6.7 Soient $x_1, \ldots, x_n \in K$ deux à deux distincts et $L_1, \ldots, L_n \in K_{n-1}[X]$ les polynômes de Lagrange correspondants. On définit la matrice de Vandermonde : $A = (a_{i,j})_{1 \leqslant i,j \leqslant n} \in M_n(K)$ par $a_{i,j} = x_i^{j-1}$ Soit par ailleurs B la matrice dont la $j^{\text{ème}}$ colonne est formée des coordonnées de L_j dans la base canonique de $K_{n-1}[X]$. Démontrer que $AB = I_n$.

II.6.8 Avec les notations de l'exercice précédent, on pose $\omega := \prod\limits_{i=1}^{n} (X - x_i)$, de sorte que $L_i = \dfrac{\omega}{\omega'(x_i)(X - x_i)}$.

Démontrer que, pour tout polynôme $P \in K_{n-1}[X]$, $P = \sum_{i=1}^{n} P(x_i)L_i$.

En déduire, pour tout polynôme $P \in K_{n-2}[X]$, l'égalité $\sum_{i=1}^{n} \dfrac{P(x_i)}{\omega'(x_i)} = 0$. Que vaut $\sum_{i=1}^{n} \dfrac{x_i^{n-1}}{\omega'(x_i)}$?

II.6.9 Soit $\theta \in \mathbb{R}$. Démontrer que $X^n \sin\theta - X \sin n\theta + \sin(n-1)\theta$ est divisible par $X^2 - 2X\cos\theta + 1$.

II.6.10 Montrer que si l'on suppose K de caractéristique $p > 0$ dans l'exercice II.6.2 de la page 328, et si l'on prend $n = p$, alors le polynôme $X^p - X$ est dans le noyau et le polynôme X^{p-1} n'est pas dans l'image de Δ_1.

II.6.11 On suppose que K est un anneau commutatif et que $A, B \in K[X]$ et $A \neq 0$. Démontrer qu'il existe $Q, R \in K[X]$ tels que :

$$\left(\mathrm{cd}(A)\right)^k B = QA + R, \text{ où } k := \max(0, \deg B - \deg A + 1).$$

et $\deg R < \deg A$. Dans le cas où $\mathrm{cd}(A)$ est inversible, montrer que l'on retrouve l'existence et l'unicité du quotient et du reste.

II.6.12 Montrer que le polynôme $P \circ (X + P)$ est divisible par le polynôme P. À quelle condition $P \circ (X + P)$ est-il irréductible ?

II.6.13 Sur le corps $\mathbf{H}$ des quaternions, le polynôme $X^2 + 1$ a une infinité de racines. (Les chercher sous la forme $b\mathbf{i} + c\mathbf{j} + d\mathbf{k}$.) Le groupe multiplicatif $\mathbf{H}^*$ a des sous-groupes finis non cycliques. (Considérer le groupe $\{\pm 1, \pm\mathbf{i}, \pm\mathbf{j}, \pm\mathbf{k}\}$.)

II.6.14 Soit K un corps fini à q éléments.
(i) De la factorisation $X^{q-1} - 1 = \prod_{a \in K^*} (X - a)$, déduire une expression exacte des polynômes de Lagrange L_i correspondant aux $(q-1)$ paires de K^*.
(ii) En prenant $K = \mathbb{Z}/p\mathbb{Z}$ (p premier), déduire le théorème de Wilson : $(p-1)! \equiv -1 \pmod{p}$.

II.6.15 Dans cet exercice, on fait appel à la terminologie du module V.1.
(i) On tire au hasard et sans remise des entiers dans $[\![1, n]\!]$. Après k tirages, le nombre d'entiers *distincts* qui ont été tirés est D_k. Ainsi $D_0 = 0$ et $D_1 = 1$ avec probabilité 1, et, pour $k \geqslant 2$, D_k prend une valeur dans $[\![1, \min(n,k)]\!]$. Démontrer, pour tout $m \in [\![0, n]\!]$ et pour tout $k \in \mathbb{N}$, la formule :

$$\mathbb{P}(D_{k+1} = m) = \frac{m}{n}\mathbb{P}(D_k = m) + \frac{n - m + 1}{n}\mathbb{P}(D_k = m - 1).$$

(ii) Soit, pour tout $k \in \mathbb{N}$, $P_k := \sum_{m=0}^{n} \mathbb{P}(D_k = m)X^m \in K_n[X]$. Vérifier que $P_k(1) = 1$ et que $P_k'(1)$ est l'espérance de D_k.

(iii) Vérifier que $P_0 = 1$, $P_1 = X$ et, pour $k \in \mathbb{N}$: $P_{k+1} = XP_k + \dfrac{X - X^2}{n}P_k'$.

(iv) Soit $n \in \mathbb{N}^*$ fixé. Pour tout polynôme $P \in K[X]$, on pose $\Phi(P) = XP + \dfrac{X - X^2}{n}P'$. Démontrer que Φ induit un endomorphisme de $K_n[X]$. Étudier l'effet de Φ sur la base des $X^k(1-X)^{n-k}$. Exprimer 1 dans cette base. (Développer $(X + 1 - X)^n$ par la formule du binôme.) On pose $P_0 := 1$ et $P_{k+1} := \Phi(P_k)$. Calculer P_k puis $P_k'(1)$.

Exercices sur la section 2

II.6.16 Calculer les polynômes d'interpolation de Lagrange L_i correspondant aux n points de μ_n.

II.6.17 Calculer $\prod_{k=0}^{n-1} \cos(\theta + k\pi/n)$ et $\prod_{k=0}^{n-1} \sin(\theta + k\pi/n)$.

II.6.18 En évaluant en $X = e^{i\theta}$ la factorisation de $X^{2p} - 1$ dans $\mathbb{R}[X]$, retrouver la factorisation de $\dfrac{\sin p\theta}{\sin\theta}$ donnée en 2.3.

II.6.19 (i) Vérifier les inégalités $\sin x \leqslant x \leqslant \tan x$ sur $[0, \pi/2[$ et les égalités :

$$\operatorname{cotan}^2 x + 1 = \frac{1}{\sin^2 x} \quad \text{et} \quad \operatorname{cotan}(\pi - x) = -\operatorname{cotan} x.$$

(ii) À l'aide de la formule $\sum\limits_{k=1}^{n-1} \operatorname{cotan}^2 \dfrac{k\pi}{n} = \dfrac{(n-1)(n-2)}{3}$, en déduire un encadrement de $\sum\limits_{k=1}^{p} \dfrac{1}{k^2}$ (où $n = 2p$), puis : $\sum\limits_{k=1}^{+\infty} \dfrac{1}{k^2} = \dfrac{\pi^2}{6}$.

II.6.20 Soit $x \in \mathbb{R}$. Étudier les suites définies par $t_0 := 1$, $t_1 := x$, $t_{n+1} := 2xt_n - t_{n-1}$ et $u_0 := 1$, $u_1 := 2x$, $u_{n+1} := 2xu_n - u_{n-1}$.
Il y a une discussion selon que $|x|$ est inférieur, égal ou supérieur à 1.

II.6.21 Démontrer les propriétés suivantes des polynômes de Tchebychef :

$$T_n^2 + (1 - X^2)U_{n-1}^2 = 1 \quad \text{et} \quad \begin{pmatrix} T_{n+1} \\ U_n \end{pmatrix} = \begin{pmatrix} X & X^2 - 1 \\ 1 & X \end{pmatrix}^n \begin{pmatrix} X \\ 1 \end{pmatrix}.$$

Exercices sur la section 3

II.6.22 Soit $P \in K_n[X]$. Montrer que $Q := (1+X)^n P\left(\dfrac{X}{1+X}\right) \in K_n[X]$.

Si $Q = \sum\limits_{k=0}^{n} a_k X^k$, montrer que $P = \sum\limits_{k=0}^{n} a_k X^k (1-X)^{n-k}$. En déduire, pour tout $i \in [\![0, n]\!]$, l'écriture de X^i dans la base de $K_n[X]$ formée des $X^k(1-X)^{n-k}$.

II.6.23 On définit une suite $(F_n)_{n\in\mathbb{N}}$ de fractions rationnelles par la relation de récurrence : $F_0 := 0$ et, pour tout $n \in \mathbb{N}$, $F_{n+1} := \dfrac{F_n + X}{1 - XF_n}$ · Montrer que F_n peut s'écrire $\dfrac{A_n}{B_n}$, où $A_0 = 0$, $B_0 = 1$, et, pour tout $n \in \mathbb{N}$, $A_{n+1} = A_n + XB_n$ et $B_{n+1} = B_n - XA_n$. Démontrer que $B_n + iA_n = (1 + iX)^n$ et en déduire des expressions explicites de A_n et B_n. En substituant $\tan\theta$ à X, déterminer les zéros de A_n et de B_n et les zéros et les pôles de F_n, et démontrer l'égalité $F_n(\tan\theta) = \tan n\theta$.

II.6.24 Démontrer que la fraction rationnelle $\dfrac{aX+b}{cX+d}$ est non constante si, et seulement si, $ad - bc \neq 0$. On dira alors que c'est une *homographie* et on la notera H_A, où A est la matrice

$\begin{pmatrix} a & b \\ c & d \end{pmatrix} \in GL_2(K)$. Démontrer que $H_A \circ H_B = H_{AB}$, que $H_{I_2} = X$. En déduire que l'ensemble des homographies, muni de la loi $\circ$, est un groupe et que $A \mapsto H_A$ est un morphisme de $GL_2(K)$ sur ce groupe. Montrer que le noyau de ce morphisme est le sous-groupe K^*I_2 de $GL_2(K)$ formé des matrices scalaires inversibles.

II.6.25 Décomposer en éléments simples les fractions rationnelles suivantes : $\dfrac{1}{T_n}$ sur $\mathbb{R}$; $\dfrac{1}{X^n - 1}$ sur $\mathbb{C}$ et sur $\mathbb{R}$; $\dfrac{1}{X^q - X} \in K(X)$ sur le corps fini K à q éléments.

II.6.26 Soit α une racine simple de B, donc un pôle simple de $F := \dfrac{A}{B}\cdot$

Démontrer que le résidu de F en α est $\dfrac{A(\alpha)}{B'(\alpha)}\cdot$

II.6.27 Décomposer en éléments simples la fraction rationnelle $\dfrac{1}{X+1} \cdots \dfrac{1}{X+p}$ $(p \geqslant 2)$. En déduire une expression de la somme de la série $\sum\limits_{n \geqslant 0} \dfrac{1}{(n+1)\cdots(n+p)}\cdot$ (Si l'on note $H_n = \sum\limits_{k=1}^{n} \dfrac{1}{k}$, on a, lorsque $n \to +\infty$, $H_n = \log n + \gamma + o(1)$, où $\gamma \in \mathbb{R}$ est la *constante d'Euler*.)

II.6.28 Calculer la dérivée $n^{\text{ème}}$ de la fraction rationnelle $\dfrac{1}{X^2 - 2X\cos\theta + 1}\cdot$ (Décomposer celle-ci en éléments simples.)

II.6.29 Décomposer en éléments simples $\dfrac{1}{(1-X^2)(1-X^3)}$ sur $\mathbb{C}$ et en déduire une expression du nombres de solutions entières de $2x + 3y = n$. (Considérer les développements limités de cette fonction rationnelle.)

II.6.30 Soit $(P_n)_{n\in\mathbb{N}}$ une suite de polynômes non constants.
On définit une suite $(F_n)_{n\in\mathbb{N}}$ de fractions rationnelles par la relation de récurrence : $F_0 := P_0$ et, pour tout $n \in \mathbb{N}$, $F_{n+1} := P_{n+1} + \dfrac{1}{F_n}\cdot$ Montrer que, pour tout n, $\deg F_n = \deg P_n$ et que F_n admet la forme irréductible $\dfrac{A_n}{B_n}$, où $A_0 = P_0, B_0 = 1$ et $A_{n+1} = A_n P_{n+1} + B_n, B_{n+1} = A_n$.

II.6.31 Montrer que l'ordre de $F(1/X)$ en 0 est $-\deg F$.

II.6.32 Soit F une fraction rationnelle. On définit une suite $(F_n)_{n\in\mathbb{N}}$ de fractions rationnelles par la relation de récurrence : $F_0 := F$ et, pour $n \geqslant 0$, si F_n n'est pas un polynôme, $F_n := Q_n + \dfrac{1}{F_{n+1}}$, où Q_n est la partie entière de F_n. Démontrer que cette suite est finie. (Les F_n admettent des formes irréductibles $\dfrac{A_n}{A_{n+1}}$ telles que $A_{n+1} = A_{n-1} \mod A_n$.)

II.6.33 Pour tout $n \in \mathbb{N}$, démontrer que $K_n(X) = K_n[X] \oplus K_{-1}(X)$.

Espaces vectoriels de dimension finie

II.7

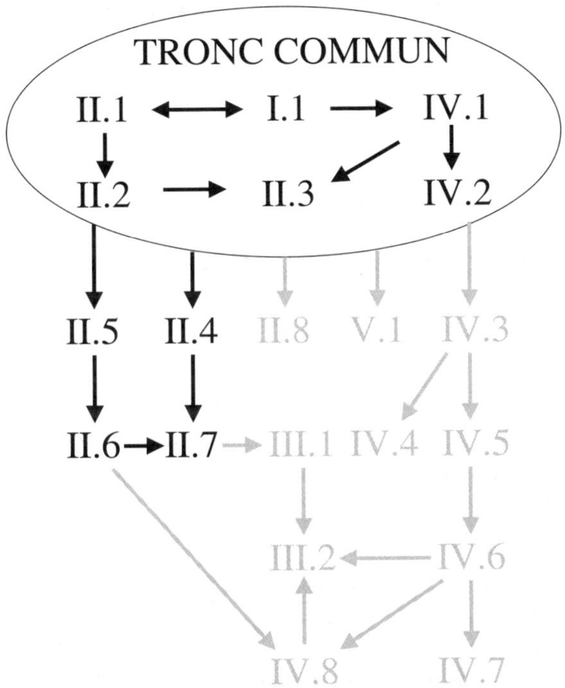

Ce module est la continuation à la fois du module II.4 sur le calcul matriciel et du module II.3 sur l'algèbre linéaire générale, ces deux modules se rejoignant dans l'étude des espaces vectoriels *de dimension finie*. Nous utiliserons donc constamment les notions et résultats des modules précités.

Pour bien apprendre et assimiler l'algèbre linéaire, il faut être « bilingue » :

- il faut comprendre et savoir parler le langage « géométrique », dans lequel les mots importants sont « espaces vectoriels, applications linéaires, noyau, image, etc ».
- il faut comprendre et savoir parler le langage « matriciel ».

Le langage géométrique est souple et puissant. Le langage matriciel, seul compris par un ordinateur, est conceptuellement plus simple et il conduit à des algorithmes. En schématisant, le langage géométrique est celui du raisonnement, le langage matriciel celui du calcul.

Traduire d'un langage à l'autre est l'une des difficultés de l'algèbre linéaire, lors de l'apprentissage.

La notion de « dimension » joue un rôle essentiel en mathématiques et dans leurs applications, c'est l'analogue du « nombre de degrés de liberté » en physique. Cette notion a un aspect intuitif : nous savons qu'une droite, un cercle, plus généralement une courbe, sont des objets à une dimension, alors que le plan, une surface (par exemple celle de la terre), l'intérieur d'une ellipse, sont des objets à deux dimensions ; enfin l'espace dans lequel nous vivons a trois dimensions, un cylindre plein aussi. Dans ces exemples, le « nombre de dimensions » est le nombre de coordonnées nécessaires pour repérer un point de l'objet considéré ; dans le cas d'un espace vectoriel E, ce nombre sera simplement le nombre d'éléments d'une base de E.

1 Espaces vectoriels de dimension finie

La notion de dimension d'un espace vectoriel a déjà été rencontrée dans les modules II.3, II.4 et II.6. Notre objectif est ici d'en donner une définition précise, puis d'en étudier les propriétés simples.

Dans tout ce module, on désigne par K un corps commutatif, et les espaces vectoriels envisagés sont des K-espaces vectoriels.

1.1 Définition de la dimension

Définition 1. Un espace vectoriel E est dit *de dimension finie* s'il possède une partie génératrice *finie*, il est dit *de dimension infinie* dans le cas contraire.

Observer qu'à ce stade, nous n'avons pas encore défini la *dimension* d'un espace vectoriel, mais seulement le fait que cet espace soit « de dimension finie » (voir le théorème et définition 5 de la page 336).

Proposition 1. Soit E un espace vectoriel de dimension finie. Toute partie génératrice de E contient une partie génératrice *finie*.

Démonstration. Soient G une partie génératrice finie de E et S une partie génératrice quelconque. Soit $x \in G$. Puisque S est génératrice, x est combinaison linéaire *d'un nombre fini* d'éléments de S : il existe une partie *finie* T_x de S telle que x appartienne à $\mathrm{Vect}(T_x)$, sous-espace vectoriel de E engendré par T_x. La réunion T des T_x, $x \in G$, est une partie finie de S, car G est finie et chaque T_x est finie. Pour tout $x \in G$, $\mathrm{Vect}(T)$ contient $\mathrm{Vect}(T_x)$, car $T \supset T_x$, donc $x \in \mathrm{Vect}(T)$. C'est vrai pour tout $x \in G$, donc $G \subset \mathrm{Vect}(T)$. Comme G engendre E, $\mathrm{Vect}(T) = E$, *i.e.* T engendre E. ■

Proposition 2. Soient E un espace vectoriel et $x_1, \ldots, x_n$ des vecteurs de E ($n \geqslant 1$). Considérons des vecteurs $y_1, \ldots, y_m \in E$ qui sont combinaisons linéaires de $x_1, \ldots, x_n$. Si $m > n$, la famille $(y_1, \ldots, y_m)$ est *liée*.

Démonstration. Par récurrence sur n. Supposons que $n = 1$. Si $y_1 = 0$ ou $y_2 = 0$,

$(y_1,\dots,y_m)$ est liée. Sinon, il existe $a_1,a_2\in K^*$ tels que $y_1=a_1x_1,\ y_2=a_2x_1$. Alors $a_2y_1-a_1y_2=0$, donc la famille (y_1,y_2) est liée, *a fortiori* $(y_1,\dots,y_m)$ est liée.

Supposons $n\geqslant 2$, le résultat étant vrai à l'ordre $n-1$.

Soient $E,x_1,\dots,x_n$ et $m,y_1,\dots,y_m$ comme dans l'énoncé. Il existe des scalaires $a_{i,j}$ tels que :

$$\begin{cases} y_1=a_{1,1}x_1+\cdots+a_{1,n}x_n,\\ \dots\dots\dots\dots\dots\dots\dots\dots\dots,\\ y_m=a_{m,1}x_1+\cdots+a_{m,n}x_n. \end{cases}$$

Si $a_{j,n}=0$ pour $j=1,\dots,m$, les vecteurs $y_1,\dots,y_m$ sont combinaisons linéaires de $x_1,\dots,x_{n-1}$. D'après l'hypothèse de récurrence, $(y_1,\dots,y_m)$ est liée. Si les $a_{j,n}$ ne sont pas tous nuls on peut supposer (en réordonnant les y_j) que $a_{m,n}\neq 0$.

Si $j\in[\![1,m-1]\!]$, posons $\lambda_j:=a_{j,n}/a_{m,n}$; alors $y_j-\lambda_jy_m$ est combinaison linéaire de $x_1,\dots,x_{n-1}$. Comme $m-1>n-1$, l'hypothèse de récurrence montre qu'il existe $b_1,\dots,b_{m-1}\in K$ non tous nuls tels que :

$$b_1(y_1-\lambda_1y_m)+\cdots+b_{m-1}(y_{m-1}-\lambda_{m-1}y_m)\ =\ 0,\quad \text{soit :}$$

$$b_1y_1+\cdots+b_{m-1}y_{m-1}-(b_1\lambda_1+\cdots+b_{m-1}\lambda_{m-1})y_m\ =\ 0\,.$$

Comme $b_1,\dots,b_{m-1}$ ne sont pas tous nuls, la famille $(y_1,\dots,y_m)$ est liée. ■

À ce stade, nous pouvons donner une preuve complète du théorème 29 de la page 198, pour un espace vectoriel de dimension finie.

Théorème 3. Soient E un espace vectoriel de dimension finie, L une partie libre de E et G une partie génératrice de E. Il existe alors une *base finie* $\mathcal{B}$ de E telle que $L\subset\mathcal{B}\subset L\cup G$, en particulier L est finie.

Démonstration. D'après la proposition 1 de la page ci-contre, G contient une partie génératrice finie G'. Nous pouvons donc supposer G finie (sinon, la remplacer par G').

L'ensemble des parties de G est fini. Parmi les parties S de G telles que $L\cup S$ soit libre (par exemple la partie vide), il en existe donc une, soit S, dont le cardinal soit *maximum*. Alors $\mathcal{B}:=L\cup S$ est une partie libre *maximale* parmi les parties de $L\cup G$, donc $\mathcal{B}$ est une base de E (proposition 27 de la page 197).

Soit $n:=\operatorname{card}(G)$. Tout élément de E est combinaison linéaire des n éléments de G ; si $\mathcal{B}$ possédait $n+1$ éléments distincts, ces éléments seraient linéairement dépendants, d'après la proposition 2 de la page ci-contre, ce qui est absurde puisque $\mathcal{B}$ est libre. Ainsi $\mathcal{B}$ est finie (et a au plus n éléments). ■

Théorème 4. Tout espace vectoriel E de dimension finie possède une base finie.

Démonstration. Il suffit d'appliquer le théorème 3 en prenant $L:=\varnothing$ (qui est bien libre) et $G:=E$ (qui est bien génératrice). ■

Théorème et définition 5. Soit E un espace vectoriel de dimension finie. Toutes les bases de E sont finies et ont le même nombre d'éléments. Ce nombre est appelé *dimension* de E et noté $\dim(E)$.

Démonstration. Soient $\mathcal{B}, \mathcal{B}'$ deux bases de E. En prenant $L := G := \mathcal{B}$ dans le théorème 3 de la page précédente, on voit que $\mathcal{B}$ est finie, de même $\mathcal{B}'$ est finie. Soient $n := \operatorname{card}(\mathcal{B})$, $n' := \operatorname{card}(\mathcal{B}')$. Les n éléments de $\mathcal{B}$ engendrent E, et les n' éléments de $\mathcal{B}'$ sont linéairement indépendants, donc $n' \leqslant n$ (proposition 2 de la page 334). De même $n \leqslant n'$, d'où $n = n'$. ■

Désormais, l'expression « E est de dimension finie n » signifiera que E est de dimension finie, et que sa dimension est l'entier n.
Noter que la notion de dimension est relative au corps de base K considéré (voir l'exercice II.7.10). Ainsi $\mathbb{R}$ est de dimension 1 lorsqu'on le considère comme espace vectoriel sur lui-même. Par contre $\mathbb{R}$ est un $\mathbb{Q}$-espace vectoriel de dimension infinie (*cf.* les exercices II.3.6 et II.3.24 du module II.3).

Exemples.

1. Un espace vectoriel est de dimension 0 si, et seulement s'il est trivial $\big($égal à $\{0\}\big)$, *i.e.* si la partie vide en est une base.
2. Soit $n \geqslant 1$ un entier. L'espace vectoriel K^n est de dimension finie n, puisqu'il possède une base à n éléments, à savoir sa *base canonique*.
3. Soient $n \in \mathbb{N}$ et $K_n[X]$ l'ensemble des polynômes de degré au plus n à coefficients dans K. C'est un sous-espace vectoriel de $K[X]$, et $(1, X, X^2, \ldots, X^n)$ est une base de $K_n[X]$, dite *canonique*, *cf.* le module II.6. Ainsi $K_n[X]$ est de dimension finie $n+1$:
$$\dim\big(K_n[X]\big) = n + 1. \tag{1}$$
Par contre, l'espace vectoriel $K[X]$ est de dimension infinie, car il possède une base infinie, à savoir $(X^k)_{k \geqslant 0}$.
4. Soient m, n deux entiers strictement positifs et $M_{m,n}(K)$ l'espace vectoriel des matrices de type (m, n) à coefficients dans K. Les matrices *élémentaires* $E_{i,j}$, où $(i, j) \in [\![1, m]\!] \times [\![1, n]\!]$, forment une base de $M_{m,n}(K)$ (*cf.* le module II.4), donc $M_{m,n}(K)$ est de dimension finie mn :
$$\dim\big(M_{m,n}(K)\big) = mn. \tag{2}$$

La dimension d'un espace vectoriel *caractérise* cet espace vectoriel à un isomorphisme près, comme le prouve le théorème suivant.

Théorème 6.

1. Deux espaces vectoriels de dimension finie sont isomorphes si, et seulement s'ils ont même dimension.
2. Soit n un entier strictement positif. Pour qu'un espace vectoriel soit de dimension n, il faut, et il suffit, qu'il soit isomorphe à K^n.

Démonstration. Soient V, W deux espaces vectoriels isomorphes de dimension finie et u un isomorphisme de V sur W. Étant donnée une base $\mathcal{B}$ de V, la remarque de la page 195 montre que $u(\mathcal{B})$ est une base de W. Puisque u est une bijection, $\mathcal{B}$ et $u(\mathcal{B})$ ont même cardinal. D'où $\dim(V) = \dim(W)$.

Soient ensuite E un espace vectoriel de dimension finie $n \geqslant 1$ et $(e_1, \ldots, e_n)$ une base de E. L'application $(a_1, \ldots, a_n) \mapsto a_1 e_1 + \cdots + a_n e_n$ de K^n dans E est un isomorphisme de K^n sur E (théorème 24 de la page 196). Réciproquement, si E est isomorphe à K^n, le début de cette preuve montre que E a même dimension que K^n, c'est-à-dire n.

Enfin, si V, W sont deux espaces vectoriels de même dimension finie n, chacun d'eux est isomorphe à K^n, vu ce qui précède, donc V et W sont isomorphes (si $n = 0$, V et W sont triviaux, donc isomorphes). ∎

Définition 2. On appelle *droite* (vectorielle) tout espace vectoriel de dimension 1 et *plan* (vectoriel) tout espace vectoriel de dimension 2. Soit E un espace vectoriel de dimension finie $n \geqslant 1$. On appelle *hyperplan* (vectoriel) de E tout sous-espace vectoriel de E de dimension $n - 1$.

Nous retrouvons les définitions 5 et 12 du module II.3 (*cf.* l'exemple de la page 341). Si E est une droite, le seul hyperplan de E est $\{0\}$; si E est un plan, les hyperplans de E sont les droites de E. Enfin, dans l'espace usuel $\mathbb{R}^3$, les hyperplans sont les plans vectoriels (*i.e.* passant par l'origine).

Donnons quelques conséquences du théorème 3 de la page 335.

Proposition 7. Soit E un espace vectoriel de dimension finie. De tout système générateur de E, on peut extraire une base.

Démonstration. Si G est une partie génératrice de E, le théorème 3 de la page 335 montre que G contient une base de E (prendre pour L la partie vide).

Soit maintenant $(x_i)_{i \in I}$ une famille génératrice de E. L'ensemble formé des x_i est une partie génératrice de E, qui contient une base finie $\mathcal{B}$ de E (théorème 3 de la page 335). On a $\mathcal{B} := \{x_{i_1}, \ldots, x_{i_n}\}$, où $i_1, \ldots, i_n \in I$ sont distincts. Ainsi $(x_{i_1}, \ldots, x_{i_n})$ est une base de E, extraite de la famille donnée. ∎

Théorème 8 (théorème de la base incomplète). Dans un espace vectoriel E de dimension finie n, toute famille libre $(x_1, \ldots, x_p)$ peut être complétée en une base $(x_1, \ldots, x_p, x_{p+1}, \ldots, x_n)$ de E, en particulier $p \leqslant n$. On peut de plus imposer à $x_{p+1}, \ldots, x_n$ d'appartenir à une partie génératrice donnée G de E.

Démonstration. Soit $L := \{x_1, \ldots, x_p\}$.

Il existe une base $\mathcal{B}$ de E telle que $L \subset \mathcal{B} \subset (L \cup G)$ (théorème 3 de la page 335). Alors $p \leqslant n = \operatorname{card}(\mathcal{B})$. Si $p = n$, $L = \mathcal{B}$, et $(x_1, \ldots, x_p)$ est une base de E. Si $p < n$, les $n-p$ éléments $x_{p+1}, \ldots, x_n$ de $\mathcal{B} \backslash L$ appartiennent à G. Ainsi $\mathcal{B} = \{x_1, \ldots, x_p, x_{p+1}, \ldots, x_n\}$, donc $(x_1, \ldots, x_p, x_{p+1}, \ldots, x_n)$ est une base de E. ∎

Théorème 9 (caractérisation des bases). Soient E un espace vectoriel de dimension finie n et $x_1,\dots,x_p$ des vecteurs de E ($p \geqslant 1$).

1. Si $x_1,\dots,x_p$ forment un système libre, on a $p \leqslant n$.
   Si $p = n$, ce système est une base de E.
2. Si $x_1,\dots,x_p$ forment un système générateur de E, on a $p \geqslant n$.
   Si $p = n$, ce système est une base de E.

Démonstration. Pour une famille, l'assertion 1 résulte du théorème 8 de la page précédente. Pour une partie, on applique ce qui précède à la famille libre $(x_1,\dots,x_p)$.

Pour l'assertion 2, si le système est une famille, la proposition 7 de la page précédente montre qu'on peut en *extraire* une base $\mathcal{B}$ de E. Les n vecteurs formant $\mathcal{B}$ sont *certains* des x_i, d'où $n \leqslant p$. Si $n = p$, $\mathcal{B} = (x_1,\dots,x_p)$, d'où la conclusion. Pour une partie, on applique ce qui précède à la famille correspondante. ■

On retiendra en particulier la propriété suivante :

PROPRIÉTÉ. *Dans un espace vectoriel E de dimension finie n, considérons une famille de vecteurs $(x_1,\dots,x_n)$ (le même n que la dimension de l'espace). Pour prouver que cette famille est une base de E, on peut* soit *montrer qu'elle est libre,* soit *qu'elle est génératrice. Vu le théorème précédent, il n'est pas nécessaire de vérifier les* deux *propriétés.*

Exemples.

1. Dans $\mathbb{R}^3$, $x_1 := (0,1,-1)$ et $x_2 := (1,-2,2)$ ne sont pas proportionnels. Puisque $\dim(\mathbb{R}^3) = 3$, il existe $x_3 \in \{e_1,e_2,e_3\}$ tel que (x_1,x_2,x_3) soit une base de $\mathbb{R}^3$. Comme $e_1 = 2x_1 + x_2$, e_1 ne convient pas, mais e_2 convient. En effet, les égalités $x_1 = e_2 - e_3$ et $x_2 = e_1 - 2e_2 + 2e_3$ donnent $e_3 = e_2 - x_1$ et $e_1 = 2x_1 + x_2$; ainsi $\mathrm{Vect}(x_1,x_2,e_2)$ contient e_1,e_2,e_3, donc est égal à $\mathbb{R}^3$. La famille (x_1,x_2,e_2) engendre donc $\mathbb{R}^3$, *i.e.* est une base de $\mathbb{R}^3$. Nous avons noté (e_1,e_2,e_3) la base canonique de $\mathbb{R}^3$.
2. Soient $n \in \mathbb{N}$ et $P_0,\dots,P_n \in K[X]$ des polynômes tels que $\deg(P_k) = k$ pour tout $k = 0,\dots,n$. À l'aide de la propriété précédente, le lecteur montrera que $(P_0,\dots,P_n)$ est une base de $K_n[X]$.

Il n'est pas évident *a priori* qu'un sous-espace vectoriel d'un espace vectoriel de dimension finie soit de dimension finie. C'est cependant vrai :

Théorème 10. Soient E un espace vectoriel de dimension finie n et V un sous-espace vectoriel de E. Alors V est de dimension finie, et l'on a $\dim(V) \leqslant \dim(E)$. De plus, $\dim(V) = \dim(E)$ si, et seulement si, $V = E$.

Démonstration. D'après le théorème 9, toute partie libre de V a au plus n éléments, car c'est une partie libre de E. Parmi les parties libres de V il en existe donc une, notons-la L, dont le cardinal p soit *maximum*, et en outre $p \leqslant n$. Vu la maximalité de p, L est une partie libre *maximale* de V, donc est une base de V (proposition 27 de la page 197). Ainsi V possède une base à p éléments, donc est de dimension finie p. Enfin, si $p = n$, L est une partie libre de E à n éléments, c'est donc une base de E, d'après le théorème 9 de la page précédente. En particulier L engendre E. Or L engendre aussi V, d'où $V = E$. ∎

Vu le théorème 6 de la page 336, il n'y a donc pas d'application linéaire *injective* f d'un espace E de dimension infinie dans un espace F de dimension finie : f définirait un isomorphisme de E sur un sous-espace vectoriel de F.

Donnons une caractérisation des nombres algébriques, définis dans le module II.6 (section 2.4), en termes de dimension. Rappelons que $x \in \mathbb{C}$ est dit *algébrique* s'il existe $P \in \mathbb{Q}[X]$ tel que $P(x) = 0$ et $P \neq 0$.

Notons $\mathbb{Q}[x]$ le sous-$\mathbb{Q}$-espace vectoriel de $\mathbb{C}$ engendré par les x^n, $n \in \mathbb{N}$.

Exercice 1.

Montrer que $x \in \mathbb{C}$ est algébrique si, et seulement si, $\mathbb{Q}[x]$ est de dimension finie en tant que $\mathbb{Q}$-espace vectoriel.

Solution. La condition est suffisante : supposons que $\mathbb{Q}[x]$ soit de dimension finie n. D'après le théorème 9 de la page précédente, la famille $(1, x, \ldots, x^n)$, formée d'éléments de $\mathbb{Q}[x]$, est liée sur $\mathbb{Q}$, ce qui signifie qu'il existe un polynôme non nul $P \in \mathbb{Q}[X]$, de degré au plus n, tel que $P(x) = 0$. Ainsi x est algébrique.

Supposons inversement que x soit algébrique, et considérons son polynôme minimal :

$$P := X^n + a_{n-1}X^{n-1} + \cdots + a_1 X + a_0 \in \mathbb{Q}[X],$$

défini dans le module II.6. Puisque $P(x) = 0$, on a $x^n = -\big(a_{n-1}x^{n-1} + \cdots + a_1 x + a_0\big)$. Soit V le sous-$\mathbb{Q}$-espace vectoriel de $\mathbb{C}$ engendré par $1, x, \ldots, x^{n-1}$, il est de dimension finie n, par définition de P. L'égalité ci-dessus montre que $x^n \in V$. On en déduit que $x^p \in V$ pour tout $p \in \mathbb{N}$ (raisonner par récurrence sur p), ce qui montre que $V = \mathbb{Q}[x]$. Ainsi $\mathbb{Q}[x]$ est de dimension finie.

Exercice 2.

Montrer alors que l'ensemble $\overline{\mathbb{Q}}$ des nombres algébriques est un sous-corps de $\mathbb{C}$, résultat prouvé dans le module II.6 par une autre méthode.

Solution. Soient $x, y \in \overline{\mathbb{Q}}$ et n (resp. p) le degré du polynôme minimal de x (resp. y). Nous avons vu que $(1, x, \ldots, x^{n-1})$ est une base de $\mathbb{Q}[x]$, de même $(1, y, \ldots, y^{p-1})$ est une base de $\mathbb{Q}[y]$. Soit A le sous-$\mathbb{Q}$-espace vectoriel (de dimension finie) de $\mathbb{C}$ engendré par les $x^j y^k$, (j, k) décrivant $[\![0, n-1]\!] \times [\![0, p-1]\!]$.

De l'égalité ci-dessus donnant x^n et de son analogue pour y, on déduit que, pour *tous* $j, k \in \mathbb{N}$, le produit $x^j y^k$ appartient à A. Il en résulte aussitôt que A est un sous-anneau de $\mathbb{C}$. Ainsi A contient $x + y, x - y, xy$, mais aussi toutes les puissances de ces éléments. Par suite $\mathbb{Q}[x + y] \subset A$ est de dimension finie, en vertu du théorème précédent, et donc $x + y$ est algébrique (voir ci-dessus) ; de même $x - y$ et xy sont algébriques. Si $x \neq 0$, l'algébricité de $1/x$ se déduit de l'exercice 3 de la page 343.

Donnons ici, en dimension finie, une preuve complète du théorème 34 de la page 200 :

Théorème 11. Soient E un espace vectoriel de dimension finie et V un sous-espace vectoriel de E. Alors V possède (au moins) un *supplémentaire* dans E. Plus précisément, soit $(e_1, \ldots, e_p)$ une base de V, complétons-la en une base $(e_1, \ldots, e_p, e_{p+1}, \ldots, e_n)$ de E. Alors le sous-espace vectoriel W de E engendré par $e_{p+1}, \ldots, e_n$ est un supplémentaire de V dans E.

Démonstration. Posons $n := \dim(E)$ et $p := \dim(V)$, de sorte que $p \leqslant n$, vu le théorème précédent. Soit $(e_1, \ldots, e_p)$ une base de V. On peut la compléter en une base $(e_1, \ldots, e_n)$ de E (théorème 8 de la page 337). Soit donc $W := \mathrm{Vect}(e_{p+1}, \ldots, e_n)$. Montrons que $E = V \oplus W$.

Soit $x \in E$. Écrivons $x = a_1e_1 + \cdots + a_ne_n$, où les a_i sont des scalaires. Alors $x = v + w$, où $v := a_1e_1 + \cdots + a_pe_p \in V$ et $w := a_{p+1}e_{p+1} + \cdots + a_ne_n \in W$. Ainsi $V + W = E$ (*cf.* la proposition 7 de la page 173).

Il suffit maintenant de montrer que $V \cap W = \{0\}$ (*cf.* la proposition 31 de la page 199). Soit donc $x \in V \cap W$. Il existe des scalaires $a_1, \ldots, a_n$ tels que :

$$a_1e_1 + \cdots + a_pe_p = x = a_{p+1}e_{p+1} + \cdots + a_ne_n\,, \quad \text{soit :}$$

$$a_1e_1 + \cdots + a_pe_p + (-a_{p+1})e_{p+1} + \cdots + (-a_n)e_n = 0\,.$$

Puisque $(e_1, \ldots, e_n)$ est une famille libre, tous les a_i sont nuls, donc $x = 0$. ■

Théorème 12. Soient V, W deux sous-espaces vectoriels *supplémentaires* d'un espace vectoriel E de dimension finie. Alors $\dim(E) = \dim(V) + \dim(W)$.

Démonstration. Soient S une base de V et T une base de W. La proposition 33 de la page 199 montre que S, T sont *disjointes* et que $S \cup T$ est une base de E. Ainsi $\dim(E) = \mathrm{card}\,(S \cup T) = \mathrm{card}\,(S) + \mathrm{card}\,(T) = \dim(V) + \dim(W)$. ■

Proposition 13. Soient E et F deux espaces vectoriels de dimension finie. Le produit $E \times F$ est de dimension finie, et l'on a : $\dim(E \times F) = \dim(E) + \dim(F)$.

La dimension du *produit* $E \times F$ est la *somme* des dimensions de E et F, ce n'est pas le produit de ces dimensions.

Démonstration. Soient $(x_1, \ldots, x_n)$ une base de E et $(y_1, \ldots, y_p)$ une base de F $\big(n := \dim(E),\ p := \dim(F)\big)$. La définition de l'espace vectoriel $E \times F$ (définition 13 de la page 185) montre que, si $a_1, \ldots, a_n, b_1, \ldots, b_p \in K$, on a :

$$\begin{cases} a_1(x_1, 0) + \cdots + a_n(x_n, 0) + b_1(0, y_1) + \cdots + b_p(0, y_p) = (x, y) \quad \text{où :} \\ x := a_1x_1 + \cdots + a_nx_n \quad \text{et} \quad y := b_1y_1 + \cdots + b_py_p\,. \end{cases}$$

Il en résulte aussitôt que la famille $\big((x_1, 0), \ldots, (x_n, 0), (0, y_1), \ldots, (0, y_p)\big)$ est une base de $E \times F$, et cette base a $n + p$ éléments, d'où la conclusion. ■

1.2 Applications linéaires en dimension finie

Définition 3. Soient E, F deux espaces vectoriels et $f : E \to F$ une application linéaire. On dit que f est *de rang fini* lorsque l'image de f est de dimension finie. La dimension de cette image est alors appelée *rang* de f. Ainsi $\mathrm{rang}\, f := \dim(\mathrm{Im}\, f)$.

Si F est de dimension finie, toute application $f \in \mathcal{L}(E, F)$ est de rang fini, vu le théorème 10 de la page 338.

Exemple. Soient E un espace vectoriel de dimension finie, V, W deux sous-espaces vectoriels supplémentaires de E et $p \in L(E)$ la projection de E sur V parallèlement à W. L'image de p est V, donc $\operatorname{rang}(p) = \dim(V)$.

Le théorème suivant est essentiel :

Théorème 14 (théorème du rang). Soient E un espace vectoriel de dimension finie, F un espace vectoriel quelconque et $f : E \to F$ une application linéaire. Alors f est de rang fini, et son rang est donné par la formule :

$$\operatorname{rang} f \;=\; \dim(\operatorname{Im} f) \;=\; \dim(E) - \dim(\operatorname{Ker} f)\,. \tag{3}$$

Démonstration. Par hypothèse, E possède une partie génératrice finie S. Puisque l'application f de E dans $\operatorname{Im} f$ est linéaire surjective, la proposition 20 de la page 189 montre que $f(S)$ est une partie génératrice de $\operatorname{Im} f$. Comme $f(S)$ est finie, $\operatorname{Im} f$ est de dimension finie, *i.e.* f est de rang fini.

Soit maintenant H un supplémentaire de $\operatorname{Ker} f$ dans E ; un tel H existe, d'après le théorème 11 de la page 339. D'après le théorème 35 de la page 200, la restriction de f à H induit un isomorphisme de H sur $\operatorname{Im} f$. Comme H est de dimension finie (car E l'est), le théorème 6 de la page 336 montre que $\operatorname{Im} f$ est de dimension finie, égale à celle de H. Cela étant, puisque $E = \operatorname{Ker} f \oplus H$, le théorème 12 de la page ci-contre donne : $\dim(E) = \dim(\operatorname{Ker} f) + \dim(H) = \dim(\operatorname{Ker} f) + \dim(\operatorname{Im} f)$. ■

Exemple. Soit E un espace vectoriel de dimension finie $n \geqslant 1$. Si α est une forme linéaire non nulle sur E, $\alpha : E \to K$ est surjective. Le théorème précédent montre donc que le noyau de α est de dimension $n-1$, *i.e.* est un hyperplan de E (définition 2 de la page 337). Soit inversement H un hyperplan de E. Soit $(e_1, \ldots, e_{n-1})$ une base de H, complétée en une base $(e_1, \ldots, e_n)$ de E. Soit α la seule forme linéaire sur E telle que $\alpha(e_i) = 0$ pour $i = 1, \ldots, n-1$ et $\alpha(e_n) = 1$. Alors $\operatorname{Ker}(\alpha) = H$, donc les deux notions d'hyperplan (définition 2 de la page 337 et définition 12 de la page 184) coïncident.

Voici quelques conséquences du théorème du rang.

Théorème 15. Soient E un espace vectoriel et V, W deux sous-espaces vectoriels de dimension finie de E. La somme $V + W$ est de dimension finie, à savoir :

$$\dim(V + W) \;=\; \dim(V) + \dim(W) - \dim(V \cap W)\,. \tag{4}$$

Démonstration. Soit f l'application $(v, w) \mapsto v + w$ du produit $V \times W$ dans E. Elle est linéaire, et son image est la somme $V + W$ (voir la définition 6 de la page 174). Il en résulte d'abord que $V + W$ est de dimension finie. Le noyau de f est formé des couples $(v, w) \in V \times W$ tels que $v + w = 0$, c'est-à-dire des couples $(x, -x)$, où $x \in V \cap W$. Ainsi $x \mapsto (x, -x)$ est un isomorphisme de $V \cap W$ sur $\operatorname{Ker} f$. La proposition 13 de la page précédente et le théorème du rang permettent de conclure. En effet, $\dim(V + W)$ vaut :

$$\dim(\operatorname{Im} f) = \dim(V \times W) - \dim(\operatorname{Ker} f) = \dim(V) + \dim(W) - \dim(V \cap W)\,.$$

■

Proposition 16. Soient E un espace vectoriel de dimension finie n et V, W deux sous-espaces vectoriels de E. Pour que E soit somme directe de V et de W, il faut, et il suffit, qu'on ait $\dim(V) + \dim(W) = n$ et que, d'autre part, l'une au moins des conditions $V + W = E$ et $V \cap W = \{0\}$ soit vérifiée.

Démonstration. Si $E = V \oplus W$, on a $V \cap W = \{0\}$ *et* $V + W = E$, par définition ; de plus $\dim(V) + \dim(W) = n$, d'après le théorème 12 de la page 340.
Supposons que $\dim(V) + \dim(W) = n$, soit $\dim(V + W) + \dim(V \cap W) = n$, vu le théorème précédent. Le théorème 10 de la page 338 donne les équivalences suivantes :

$$V + W = E \iff \dim(V + W) = n \iff \dim(V \cap W) = 0 \iff V \cap W = \{0\}\,.$$

Ainsi chacune des conditions $V + W = E$ et $V \cap W = \{0\}$ implique l'autre, donc les deux sont vraies, de sorte que $E = V \oplus W$. ■

Proposition 17. Soient E et F deux espaces vectoriels de dimension finie et $f : E \to F$ une application linéaire. Posons $n := \dim(E)$ et $p := \dim(F)$. Alors :

1. On a $\operatorname{rang}(f) \leqslant n$, et $\operatorname{rang}(f) = n$ si, et seulement si, f est *injective*.
2. On a $\operatorname{rang}(f) \leqslant p$, et $\operatorname{rang}(f) = p$ si, et seulement si, f est *surjective*.
3. Dans tous les cas, $\operatorname{rang}(f) \leqslant \min(n, p)$.

Démonstration. Posons $r := \operatorname{rang}(f) = \dim(\operatorname{Im} f)$ et $s := \dim(\operatorname{Ker} f)$, de sorte que $r = n - s$ (théorème du rang). Ainsi $r \leqslant n$; de plus $r = n$ si, et seulement si, $s = 0$, *i.e.* si $\operatorname{Ker} f = \{0\}$, autrement dit si f est injective.
Comme $\operatorname{Im} f$ est un sous-espace vectoriel de F, on a $r \leqslant p$, et $r = p$ si, et seulement si, $\operatorname{Im} f = F$ (théorème 10 de la page 338), autrement dit si f est surjective. ■

Ce résultat permet de caractériser les isomorphismes en dimension finie :

Théorème 18 (caractérisation des isomorphismes).
Soient E, F deux espaces vectoriels de *même* dimension finie n et $f : E \to F$ une application linéaire. Pour que f soit un isomorphisme (*i.e.* soit bijective), il faut, et il suffit, qu'elle soit injective, ou qu'elle soit surjective, ou encore que le rang de f soit égal à n.
Ce théorème s'applique en particulier lorsque E est un espace vectoriel de dimension finie n et f est un *endomorphisme* de E.

Démonstration. La proposition précédente prouve en effet l'équivalence des propriétés « f est injective », « $\operatorname{rang}(f) = n$ » et « f est surjective ». ■

Exemple. Dans le module II.6, nous avons déjà rencontré l'*interpolation de Lagrange* pour les polynômes (théorème 23 de la page 302). Rappelons ce dont il s'agit.
On se donne n éléments $a_1, \ldots, a_n$ de K distincts ($n \geqslant 1$), ainsi que n éléments $b_1, \ldots, b_n$ de K arbitraires. Il existe alors un unique polynôme P appartenant à $K_{n-1}[X]$ et prenant en chaque a_i la valeur b_i.

L'application $f : Q \longmapsto \big(Q(a_1), \dots, Q(a_n)\big)$ de $K_{n-1}[X]$ dans K^n est linéaire.
Soit $Q \in \mathrm{Ker}(f)$: pour tout $i \in [\![1, n]\!]$, $Q(a_i) = 0$, *i.e.* a_i est une racine de Q, autrement dit $X - a_i$ divise Q. Les a_i étant distincts, Q est multiple de $S := \prod_{i=1}^{n}(X - a_i)$, qui est le ppcm des $X - a_i$. Or $\deg(S) = n$ et $\deg(Q) < n$, donc Q ne peut être multiple de S que s'il est nul. Cela prouve que $\mathrm{Ker}(f)$ est trivial, c'est-à-dire que f est injective (elle est linéaire). Comme $\dim\big(K_{n-1}[X]\big) = n = \dim(K^n)$, le théorème précédent montre que f est bijective. Ainsi $(b_1, \dots, b_n) \in K^n$ possède un unique antécédent P par f, *i.e.* il existe un unique $P \in K_{n-1}[X]$ tel que $P(a_i) = b_i$ pour $i = 1, \dots, n$.
Noter que l'existence de P a été démontrée ici à l'aide du théorème 18 de la page ci-contre, ce qui illustre la puissance de ce théorème. Par contre, nous n'avons pas retrouvé la formule *explicite* obtenue dans le module II.6.

Exercice 3.
Soient K un corps et $\mathcal{A}$ une K-algèbre (*cf.* le module II.4), de dimension finie $n \geqslant 1$ sur K et sans diviseurs de zéro : étant donnés $a, b \in \mathcal{A}$, $ab = 0$ si, et seulement si, $a = 0$ ou $b = 0$. Montrer que $\mathcal{A}$ est un corps.
Solution. Soit $a \in A$, $a \neq 0$. Montrons que a possède un inverse multiplicatif. L'application $f : x \mapsto ax$ de $\mathcal{A}$ dans $\mathcal{A}$ est K-linéaire (par définition d'une algèbre), elle est injective ($x \neq 0$ implique $ax \neq 0$ car $a \neq 0$), donc surjective, vu le théorème précédent. Ainsi l'élément neutre 1 de $\mathcal{A}$ appartient à $\mathrm{Im}\, f$: il existe $b \in \mathcal{A}$ tel que $ab = 1$, et b convient.

Définition 4. Soit $(x_i)_{i \in I}$ une famille de vecteurs d'un espace vectoriel E. On dit que cette famille est *de rang fini* si le sous-espace vectoriel V de E engendré par les x_i est de dimension finie.
Dans ce cas, la dimension de V est appelée *rang* de la famille $(x_i)_{i \in I}$.

Exemple. Soient $x_1 := (1, 4, 3)$, $x_2 := (1, 1, 0)$, $x_3 := (1, -1, -2) \in \mathbb{R}^3$.
La famille (x_1, x_2) est libre (x_1 et x_2 ne sont pas colinéaires).
En revanche, $2x_1 - 5x_2 + 3x_3 = 0$, donc (x_1, x_2) est une base du sous-espace vectoriel de $\mathbb{R}^3$ engendré par x_1, x_2, x_3. Le rang de la famille (x_1, x_2, x_3) est donc 2.

Proposition 19. Soient E un espace vectoriel de dimension finie n et $(x_1, \dots, x_p)$ une famille finie de vecteurs de E.

1. La famille $(x_1, \dots, x_p)$ est de rang fini, notons-le r, et $r \leqslant \min(n, p)$.
2. On a $r \leqslant p$, et $r = p$ si, et seulement si, cette famille est *libre*.
3. On a $r \leqslant n$, et $r = n$ si, et seulement si, cette famille est *génératrice*.

Démonstration. L'application linéaire $f : (a_1, \dots, a_p) \mapsto a_1x_1 + \dots + a_px_p$ de K^p dans E a pour image $V = \mathrm{Vect}(x_1, \dots, x_p)$. En particulier V est de dimension finie, car E l'est, ce qui prouve l'assertion 1. Or $r = \mathrm{rang}(f)$, donc les assertions 2 et 3 résultent du théorème 24 de la page 196 et de la proposition 17 de la page ci-contre. ■

2 Applications linéaires et matrices

Dans cette section, nous allons généraliser les résultats du module II.4 reliant les applications linéaires de K^p dans K^n et les matrices.

2.1 Écriture matricielle d'une application linéaire

Soient V un espace vectoriel de dimension finie $n \geqslant 1$ et $\mathcal{B} := (e_1, \ldots, e_n)$ une base de V fixée. Étant donné un vecteur $x \in V$, notons $x_1, \ldots, x_n \in K$ ses composantes dans la base $\mathcal{B}$, caractérisées par l'égalité suivante :

$$x := x_1 e_1 + x_2 e_2 + \cdots + x_n e_n = \sum_{i=1}^{n} x_i e_i \,. \tag{5}$$

L'application $x \longmapsto (x)_{\mathcal{B}} := (x_1, \ldots, x_n)$ est un isomorphisme de V sur K^n, l'isomorphisme réciproque est $(x_1, \ldots, x_n) \mapsto x_1 e_1 + \cdots + x_n e_n$.
Dans la suite, il sera commode d'identifier K^n à $M_{n,1}(K)$. Ainsi, à tout $x \in V$ comme ci-dessus, on associe le vecteur colonne $X := {}^t(x)_{\mathcal{B}}$, soit :

$$X := \begin{pmatrix} x_1 \\ \vdots \\ x_n \end{pmatrix} \in M_{n,1}(K)\,. \tag{6}$$

L'application $x \mapsto X$ est alors un isomorphisme de V sur $M_{n,1}(K) = K^n$.

Définition 5. Soient V un espace vectoriel de dimension finie $n \geqslant 1$, $\mathcal{B}$ une base de V et $u_1, \ldots, u_p$ des vecteurs de V $(p \geqslant 1)$.
On appelle *matrice de la famille* $(u_1, \ldots, u_p)$ *dans la base* $\mathcal{B}$ la matrice de type (n,p) définie ainsi : pour $j = 1, \ldots, p$, la $j^{\,ème}$ colonne de cette matrice est formée des composantes de u_j dans la base $\mathcal{B}$. Cette matrice sera notée $\mathrm{Mat}_{\mathcal{B}}(u_1, \ldots, u_p)$.

Pour $j = 1, \ldots, p$, soit U_j le vecteur colonne des composantes de u_j dans la base $\mathcal{B}$. Ainsi $\mathrm{Mat}_{\mathcal{B}}(u_1, \ldots, u_p) = [U_1; \ldots; U_p]$ ce qui signifie, rappelons-le, que $\mathrm{Mat}_{\mathcal{B}}(u_1, \ldots, u_p) \in M_{n,p}(K)$ a pour colonnes $U_1, \ldots, U_p$. Si l'on note $a_{i,j}$ les coefficients de cette matrice, on a donc :

$$u_j = a_{1,j} e_1 + \cdots + a_{n,j} e_n = \sum_{i=1}^{n} a_{i,j} e_i \ \ (j = 1, \ldots, p)\,. \tag{7}$$

Les trois notions de rang : rang d'une famille de vecteurs, rang d'une matrice, rang d'une application linéaire, sont liées, nous allons le voir. Le *rang* d'une matrice $M \in M_{n,p}(K)$ a été défini, dans le module II.4, comme la *dimension* du sous-espace vectoriel de K^n engendré par les colonnes de M.

Théorème 20. Conservons les hypothèses et les notations de la définition 5. Soit A la matrice de la famille $(u_1, \ldots, u_p)$ dans la base $\mathcal{B}$. Alors le rang de la famille de vecteurs $(u_1, \ldots, u_p)$ est égal au rang de la matrice A.

Démonstration. Soit f l'isomorphisme de $M_{n,1}(K) = K^n$ sur V appliquant tout vecteur colonne ${}^t(x_1, \ldots, x_n)$ sur $x_1e_1 + \cdots + x_ne_n$. Pour $j = 1, \ldots, p$, soit U_j le $j^{\text{ème}}$ vecteur colonne de A, formé des composantes de u_j dans la base $\mathcal{B}$, de sorte que $f(U_j) = u_j$. Par restriction, f induit un isomorphisme du sous-espace vectoriel de K^n engendré par $U_1, \ldots, U_p$ sur le sous-espace vectoriel de V engendré par $u_1, \ldots, u_p$. Ces deux sous-espaces ont donc même dimension. Or, par définition, la dimension du premier est le rang de la matrice A, et la dimension du second est le rang de $(u_1, \ldots, u_p)$. ■

Ainsi la famille $(u_1, \ldots, u_p)$ est une base de V si, et seulement si, $p = n$ et si la matrice de cette famille dans la base $\mathcal{B}$ est inversible.

Définition 6. Soient E, F deux espaces vectoriels de dimension finie : $p := \dim(E)$ et $n := \dim(F)$. Soient $\mathcal{B} := (e_1, \ldots, e_p)$ une base de E, $\mathcal{C} := (f_1, \ldots, f_n)$ une base de F et $f : E \to F$ une application linéaire. On appelle *matrice de f dans les bases $\mathcal{B}$ et $\mathcal{C}$* la matrice de la famille $\big(f(e_1), \ldots, f(e_p)\big)$ dans la base $\mathcal{C}$. Cette matrice est notée $\operatorname{Mat}_{\mathcal{B}}^{\mathcal{C}}(f)$. Ses coefficients $a_{i,j}$ sont donc caractérisés par les formules suivantes :

$$f(e_j) = a_{1,j}f_1 + \cdots + a_{n,j}f_n = \sum_{i=1}^{n} a_{i,j}f_i \ \ (j = 1, \ldots, p). \tag{8}$$

Nous dirons aussi que $\operatorname{Mat}_{\mathcal{B}}^{\mathcal{C}}(f)$ est la matrice représentant f dans les bases $\mathcal{B}$ et $\mathcal{C}$. À propos de cette matrice, il est *essentiel* de retenir ceci :

1. le nombre de *lignes* de $\operatorname{Mat}_{\mathcal{B}}^{\mathcal{C}}(f)$ est la dimension de *l'espace d'arrivée* F de f, à savoir $\dim(F) = n$;
2. le nombre de *colonnes* de $\operatorname{Mat}_{\mathcal{B}}^{\mathcal{C}}(f)$ est la dimension de *l'espace de départ* E de f, à savoir $\dim(E) = p$.
3. pour tout indice $j \in [\![1, p]\!]$, la $j^{\text{ème}}$ colonne de $\operatorname{Mat}_{\mathcal{B}}^{\mathcal{C}}(f)$ est formée des composantes du vecteur $f(e_j)$ dans la base $\mathcal{C}$.

L'expression « la matrice de l'application linéaire f » ne veut rien dire : il est *impératif de préciser les deux bases choisies.*

Voici une application importante du théorème 20 de la page ci-contre :

Théorème 21. Soient E, F deux espaces vectoriels de dimension finie, $\mathcal{B}$ une base de E, $\mathcal{C}$ une base de F et $f : E \to F$ une application linéaire.
Posons $p := \dim(E)$, $n := \dim(F)$, et notons $A \in M_{n,p}(K)$ la matrice de f dans les bases $\mathcal{B}$ et $\mathcal{C}$. Alors *le rang de f est égal au rang de A.*

Démonstration. Si $\mathcal{B} := (e_1, \ldots, e_p)$, A est la matrice de la famille $w := \big(f(e_1), \ldots, f(e_p)\big)$ dans la base $\mathcal{C}$. Vu le théorème précédent, le rang de A est le rang de w, *i.e.* la dimension de $\operatorname{Vect}\big(f(e_1), \ldots, f(e_p)\big) = \operatorname{Im}(f)$, c'est-à-dire le rang de f. ■

Théorème 22.
Soient E, F deux espaces vectoriels de dimension finie p et n respectivement, $\mathcal{B} := (e_1, \ldots, e_p)$ une base de E et $\mathcal{C} := (f_1, \ldots, f_n)$ une base de F. L'application de $\mathcal{L}(E, F)$ dans $M_{n,p}(K)$ associant à toute application linéaire de E dans F sa matrice dans les bases $\mathcal{B}$ et $\mathcal{C}$ est un *isomorphisme* d'espaces vectoriels. Autrement dit, *une application linéaire de E dans F est entièrement déterminée par sa matrice dans les bases $\mathcal{B}$ et $\mathcal{C}$.*

Démonstration. Notons Φ l'application $f \mapsto \operatorname{Mat}_{\mathcal{B}}^{\mathcal{C}}(f)$. Soient d'abord $f, g \in \mathcal{L}(E, F)$ et $\lambda \in K$. Pour tout $j \in [\![1, p]\!]$, on a $(f+g)(e_j) = f(e_j)+g(e_j)$ et $(\lambda f)(e_j) = \lambda f(e_j)$. En considérant les composantes de ces différents vecteurs sur la base $\mathcal{C}$ et en faisant varier j, on en déduit les égalités :

$$\operatorname{Mat}_{\mathcal{B}}^{\mathcal{C}}(f + g) = \operatorname{Mat}_{\mathcal{B}}^{\mathcal{C}}(f) + \operatorname{Mat}_{\mathcal{B}}^{\mathcal{C}}(g) \quad \text{et} \quad \operatorname{Mat}_{\mathcal{B}}^{\mathcal{C}}(\lambda f) = \lambda \operatorname{Mat}_{\mathcal{B}}^{\mathcal{C}}(f). \tag{9}$$

L'application Φ est donc linéaire. Considérons une matrice $A \in M_{n,p}(K)$, et notons $a_{i,j}$ ses coefficients. D'après le théorème 25 de la page 197, il existe une application $f \in \mathcal{L}(E, F)$ *unique* telle que, pour tout $j \in [\![1, p]\!]$, l'égalité (8) soit vérifiée, *i.e.* telle que $\Phi(f) = A$. Ainsi Φ est bijective, *i.e.* Φ est un isomorphisme.

■

Théorème 23. Conservons les hypothèses du théorème précédent. Soient $f : E \to F$ une application linéaire et $A \in M_{n,p}(K)$ sa matrice dans les bases $\mathcal{B}$ et $\mathcal{C}$. Soient $x \in E$ et $y := f(x)$. Notons

$$X := \begin{pmatrix} x_1 \\ \vdots \\ x_p \end{pmatrix} \in M_{p,1}(K) \quad \text{et} \quad Y := \begin{pmatrix} y_1 \\ \vdots \\ y_n \end{pmatrix} \in M_{n,1}(K) \tag{10}$$

les matrices colonnes donnant les composantes de x dans la base $\mathcal{B}$ et de y dans la base $\mathcal{C}$. La traduction matricielle de l'égalité $y = f(x)$ est :

$$Y = AX. \tag{11}$$

Démonstration. Notons $a_{i,j}$ les coefficients de A. Par définition de X,

$$x = \sum_{j=1}^{p} x_j e_j, \quad \text{d'où} \quad y = \sum_{j=1}^{p} x_j f(e_j),$$

la deuxième égalité venant de la linéarité de f. Vu les égalités (8), il vient :

$$y = \sum_{j=1}^{p} x_j \left(\sum_{i=1}^{n} a_{i,j} f_i \right) = \sum_{i=1}^{n} \left(\sum_{j=1}^{p} a_{i,j} x_j \right) f_i.$$

Cela montre que, pour tout $i \in [\![1, n]\!]$, la $i^{\text{ème}}$ composante y_i de y sur la base $\mathcal{C}$ vaut : $y_i = \sum\limits_{j=1}^{p} a_{i,j} x_j$. On en déduit l'égalité matricielle annoncée. ■

Voici un exemple important. Soient $A \in M_{n,p}(K)$ et $f : K^p \to K^n$ l'application linéaire $X \mapsto AX$ correspondante (*cf.* le module II.4). Dans le théorème précédent, prenons pour $\mathcal{B}$ et $\mathcal{C}$ les bases canoniques de K^p et K^n respectivement. Avec les notations de ce théorème, on a, pour tout $x \in K^p$, $X = x$ et $y = Y = AX$ $\big($en se rappelant que, pour tout $m \in \mathbb{N}^*$, K^m est identifié à $M_{m,1}(K)\big)$. On en déduit ceci, compte tenu du théorème 21 de la page 345 :

PROPRIÉTÉ. *Soit $A \in M_{n,p}(K)$. Alors A est la matrice de l'application linéaire $X \mapsto AX$ de K^p dans K^n, dans les bases canoniques de K^p et K^n respectivement. En particulier, le rang de A est égal au rang de cette application linéaire de K^p dans K^n, dite* canoniquement associée à A.

Exemple. Soit f l'application $(x, y, z) \mapsto (3x - 5y + z, 2x + y - 3z)$ de K^3 dans K^2. Notons $\mathcal{B} := (u_1, u_2, u_3)$ la base canonique de K^3 et $\mathcal{C} := (v_1, v_2)$ la base canonique de K^2. On vérifie que :

$$f(u_1) = 3v_1 + 2v_2\,, \quad f(u_2) = -5v_1 + v_2\,, \quad f(u_3) = v_1 - 3v_2\,.$$

Compte tenu de la définition 6 de la page 345 et de la propriété 3 suivant cette définition, la matrice de f dans les bases $\mathcal{B}$ et $\mathcal{C}$ est : $\begin{pmatrix} 3 & -5 & 1 \\ 2 & 1 & -3 \end{pmatrix}$. Le théorème 23 de la page ci-contre se traduit par l'égalité matricielle suivante, où $(x, y, z) \in K^3$ est arbitraire :

$$\begin{pmatrix} 3 & -5 & 1 \\ 2 & 1 & -3 \end{pmatrix} \begin{pmatrix} x \\ y \\ z \end{pmatrix} = \begin{pmatrix} 3x - 5y + z \\ 2x + y - 3z \end{pmatrix}.$$

Proposition 24. Soient E un espace vectoriel de dimension finie p et F un espace vectoriel de dimension finie n. L'espace $\mathcal{L}(E, F)$ est de dimension np.
Par exemple, le *dual* $E^* = \mathcal{L}(E, K)$ de E est de dimension p.

Démonstration. Une base $\mathcal{B}$ de E et une base $\mathcal{C}$ de F étant fixées, le théorème 22 de la page précédente fournit un isomorphisme de $\mathcal{L}(E, F)$ sur $M_{n,p}(K)$. D'où la conclusion, car $M_{n,p}(K)$ est de dimension np (exemple 4 de la page 336). ■

Théorème 25. Soient E, F, G trois espaces vectoriels de dimension finie, $\mathcal{B}$ une base de E, $\mathcal{C}$ une base de F, $\mathcal{D}$ une base de G.
Pour toutes applications linéaires $f \in \mathcal{L}(E, F)$ et $g \in \mathcal{L}(F, G)$, on a :

$$\mathrm{Mat}_{\mathcal{B}}^{\mathcal{D}}(g \circ f) = \mathrm{Mat}_{\mathcal{C}}^{\mathcal{D}}(g) \times \mathrm{Mat}_{\mathcal{B}}^{\mathcal{C}}(f)\,. \tag{12}$$

Ainsi *la composition des applications linéaires se traduit par la multiplication matricielle.* Bien noter l'ordre dans lequel est fait le produit matriciel.

Démonstration. Soient $p := \dim(E), n := \dim(F), s := \dim(G)$.

Posons $P := \mathrm{Mat}_{\mathcal{B}}^{\mathcal{C}}(f)$, $Q := \mathrm{Mat}_{\mathcal{C}}^{\mathcal{D}}(g)$ et $R := \mathrm{Mat}_{\mathcal{B}}^{\mathcal{D}}(g \circ f)$, de sorte que P, Q, R sont des matrices de type $(n,p), (s,n)$ et (s,p) respectivement. Il s'agit de montrer que $R = QP$. Soit $x \in E$, posons $y := f(x)$ et $z := g(y)$. Notons :

- $X \in M_{p,1}(K)$ la matrice des composantes de x dans la base $\mathcal{B}$;
- $Y \in M_{n,1}(K)$ la matrice des composantes de y dans la base $\mathcal{C}$;
- $Z \in M_{s,1}(K)$ la matrice des composantes de z dans la base $\mathcal{D}$.

Vu le théorème 23 de la page 346, $Y = PX$ et $Z = QY$, donc $Z = Q(PX) = (QP)X$, mais aussi $Z = RX$, d'où $(R - QP)X = 0$. Cette égalité est vraie pour tout $X \in M_{p,1}(K)$ (lorsque x décrit E, X décrit $M_{p,1}(K)$). Ainsi $R - QP$ est nulle, car l'application linéaire de K^p dans K^s associée est nulle. ■

Les applications linéaires *bijectives* se reconnaissent à leurs matrices :

Proposition 26. Soient E, F deux espaces vectoriels de *même* dimension finie $n \geqslant 1$, $\mathcal{B}$ une base de E, $\mathcal{C}$ une base de F, $f : E \to F$ une application linéaire et $A \in M_n(K)$ la matrice de f dans les bases $\mathcal{B}$ et $\mathcal{C}$. Alors f est un isomorphisme si, et seulement si, la matrice A est *inversible*, auquel cas l'inverse A^{-1} de A est la matrice de f^{-1} dans les bases $\mathcal{C}$ et $\mathcal{B}$: $\mathrm{Mat}_{\mathcal{C}}^{\mathcal{B}}(f^{-1}) = \left[\mathrm{Mat}_{\mathcal{B}}^{\mathcal{C}}(f)\right]^{-1}$.

Démonstration. Supposons f bijective.

D'après le théorème précédent, $\mathrm{Mat}_{\mathcal{C}}^{\mathcal{B}}(f^{-1}) \times \mathrm{Mat}_{\mathcal{B}}^{\mathcal{C}}(f)$ est la matrice de $f^{-1} \circ f$ dans les bases $\mathcal{B}$ et $\mathcal{B}$ (au départ et à l'arrivée).

Comme $f^{-1} \circ f = \mathrm{Id}_E$, $\mathrm{Mat}_{\mathcal{C}}^{\mathcal{B}}(f^{-1}) \times \mathrm{Mat}_{\mathcal{B}}^{\mathcal{C}}(f) = I_n$. En échangeant les rôles de f et f^{-1}, on voit que $\mathrm{Mat}_{\mathcal{B}}^{\mathcal{C}}(f) \times \mathrm{Mat}_{\mathcal{C}}^{\mathcal{B}}(f^{-1}) = I_n$. Ainsi A est inversible et son inverse est la matrice $\mathrm{Mat}_{\mathcal{C}}^{\mathcal{B}}(f^{-1})$.

Si A est inversible, c'est-à-dire de rang n (*cf.* le module II.4), le théorème 21 de la page 345 montre que f est de rang n, *i.e.* est bijective (théorème 18 de la page 342). ■

Intéressons-nous maintenant aux *endomorphismes* d'un espace vectoriel E de dimension finie $n \geqslant 1$, *i.e.* aux applications linéaires de E dans E. Rappelons que l'ensemble $\mathcal{L}(E)$ des endomorphismes est à la fois un anneau (dans lequel la multiplication est la *composition*), et un espace vectoriel. Lorsqu'on veut représenter un endomorphisme par une matrice, il est naturel de choisir la même base au départ et à l'arrivée :

Définition 7. Soient E un espace vectoriel de dimension finie $n \geqslant 1$, $f \in \mathcal{L}(E)$ et $\mathcal{B} := (e_1, \ldots, e_n)$ une base de E. On appelle *matrice de f dans la base $\mathcal{B}$* la matrice de l'application linéaire f dans les bases $\mathcal{B}$ au départ et $\mathcal{B}$ à l'arrivée. Cette matrice, notée $\mathrm{Mat}_{\mathcal{B}}(f)$, appartient à $M_n(K)$, et l'on a :

$$\mathrm{Mat}_{\mathcal{B}}(f) := \mathrm{Mat}_{\mathcal{B}}^{\mathcal{B}}(f).$$

Nous dirons aussi que $\mathrm{Mat}_{\mathcal{B}}(f)$ est la matrice représentant f dans la base $\mathcal{B}$. Notant $a_{i,j}$ les coefficients de $\mathrm{Mat}_{\mathcal{B}}(f)$, on a donc :

$$f(e_j) = a_{1,j}e_1 + \cdots + a_{n,j}e_n = \sum_{i=1}^{n} a_{i,j}e_i \quad (j = 1, \ldots, n). \tag{13}$$

Traduisons, pour les endomorphismes, certains des résultats précédents.

Théorème 27. Soient E un espace vectoriel de dimension finie $n \geqslant 1$ et $\mathcal{B}$ une base de E fixée. L'application de $\mathcal{L}(E)$ dans $M_n(K)$ associant à tout endomorphisme de E sa matrice dans la base $\mathcal{B}$ est un isomorphisme à la fois *d'espaces vectoriels* et *d'anneaux*. Pour tous $f, g \in \mathcal{L}(E)$, on a donc :

$$\text{Mat}_{\mathcal{B}}(g \circ f) = \text{Mat}_{\mathcal{B}}(g) \times \text{Mat}_{\mathcal{B}}(f) . \tag{14}$$

Démonstration. Le théorème 22 de la page 346 montre que l'application Φ visée est un isomorphisme d'espaces vectoriels (prendre $F := E$ et $\mathcal{C} := \mathcal{B}$). L'égalité (14) vient du théorème 25 de la page 347. Comme $\Phi(\text{Id}_E) = I_n$ et $\Phi(f+g) = \Phi(f) + \Phi(g)$ pour tous $f, g \in \mathcal{L}(E)$ (parce que Φ est linéaire), Φ est un morphisme d'anneaux ; ce morphisme étant bijectif, c'est un isomorphisme d'anneaux. ■

Exercice 4.

Montrer que la matrice A ci-dessous vérifie $A^n = I_n$ (A est carrée, d'ordre $n \geqslant 2$).

$$A := \begin{pmatrix} 0 & 0 & \cdots & 0 & 1 \\ 1 & 0 & \cdots & 0 & 0 \\ 0 & 1 & \cdots & 0 & 0 \\ \cdots & \cdots & \cdots & \cdots & \cdots \\ 0 & 0 & \cdots & 1 & 0 \end{pmatrix} .$$

Solution.

Soit u l'endomorphisme de K^n de matrice A dans la base canonique $\mathcal{B} := (e_1, \ldots, e_n)$. L'examen des colonnes de A montre que $u(e_1) = e_2$, $u(e_2) = e_3, \ldots, u(e_{n-1}) = e_n$ et $u(e_n) = e_1$. Ainsi u permute circulairement les vecteurs $e_1, \ldots, e_n$. On en déduit que u^n laisse fixe chacun des e_i, donc vaut l'identité de K^n. D'après le théorème précédent, A^n est la matrice de u^n dans la base $\mathcal{B}$, c'est donc I_n.

Voici une conséquence immédiate de la proposition 26 de la page ci-contre :

Théorème 28. Soient E un espace vectoriel de dimension finie $n \geqslant 1$, $\mathcal{B}$ une base de E, f un endomorphisme de E et $A \in M_n(K)$ la matrice de f dans la base $\mathcal{B}$. Alors f est un *automorphisme* de E (*i.e.* f est bijectif) si, et seulement si, la matrice A est *inversible*, auquel cas l'inverse A^{-1} de A est la matrice de f^{-1} dans la base $\mathcal{B}$:

$$\left[\text{Mat}_{\mathcal{B}}(f)\right]^{-1} = \text{Mat}_{\mathcal{B}}(f^{-1}).$$

Le théorème 27 a la conséquence suivante :

Proposition 29. Soient E un espace vectoriel de dimension finie $n \geqslant 1$ et $\mathcal{B}$ une base de E fixée. L'application de $\mathcal{GL}(E)$ dans $GL_n(K)$ associant à tout $f \in \mathcal{GL}(E)$ sa matrice dans la base $\mathcal{B}$ est un isomorphisme de *groupes*.

Démonstration. D'après le théorème 27, l'application $f \mapsto \text{Mat}_{\mathcal{B}}(f)$ de $\mathcal{L}(E)$ dans $M_n(K)$ est un isomorphisme d'anneaux. Or $\mathcal{GL}(E)$ $\big($resp. $GL_n(K)\big)$ est le groupe multiplicatif des éléments inversibles de l'anneau $\mathcal{L}(E)$ (resp. $M_n(K)$). La conclusion résulte donc de la proposition 36 de la page 142. ■

Exemples.

1. La matrice dans la base $\mathcal{B}$ de l'endomorphisme nul est la matrice nulle ; si $\lambda \in K$, la matrice dans la base $\mathcal{B}$ de l'homothétie $\lambda\,\mathrm{Id}_E$ est λI_n.

2. Soit $A \in M_n(K)$. Considérons l'endomorphisme $X \mapsto AX$ de K^n « canoniquement associé » à A. Sa matrice dans la base canonique de K^n est A elle-même (*cf.* la propriété de la page 347).

3. Soient V, W deux sous-espaces vectoriels supplémentaires de E et $p \in L(E)$ la *projection* de E sur V parallèlement à W. Alors $\operatorname{Im} p = V$ et $\operatorname{Ker} p = W$. Soient $(e_1, \ldots, e_r)$ une base de V et $(e_{r+1}, \ldots, e_n)$ une base de W. Alors $\mathcal{B} := (e_1, \ldots, e_n)$ est une base de E (proposition 33 de la page 199). Puisque $p(v) = v$ pour tout $v \in V$ et $p(w) = 0$ pour tout $w \in W$, il vient :

$$p(e_j) = e_j \;\; (j = 1, \ldots, r) \quad \text{et} \quad p(e_j) = 0 \;\; (j = r+1, \ldots, n), \quad \text{d'où :}$$

$$\mathrm{Mat}_{\mathcal{B}}(p) = \mathrm{Diag}(\overbrace{1, 1, \ldots, 1}^{r \text{ fois } 1}, \overbrace{0, \ldots, 0}^{n-r \text{ fois } 0}). \tag{$*$}$$

4. Gardant les hypothèses précédentes, supposons que la caractéristique de K ne soit pas égale à 2. Soit s la *symétrie* par rapport à V parallèlement à W. La restriction de s à V est Id_V, la restriction de s à W est $-\mathrm{Id}_W$. D'où :

$$\mathrm{Mat}_{\mathcal{B}}(s) = \mathrm{Diag}(\overbrace{1, 1, \ldots, 1}^{r \text{ fois } 1}, \overbrace{-1, \ldots, -1}^{n-r \text{ fois } -1}). \tag{$**$}$$

Exercice 5.
Soient E un espace vectoriel de dimension finie n, $\mathcal{B}$ une base de E et $r \in [\![1, n-1]\!]$. Soient $p, s \in \mathcal{L}(E)$. Si l'égalité $(*)$ est vérifiée, montrer que p est un projecteur de E. Si l'égalité $(**)$ est vérifiée, montrer que s est une symétrie de E (ici, la caractéristique de K n'est pas 2).

2.2 Changements de bases

Soient E un espace vectoriel de dimension finie $p \geqslant 1$ ainsi que $\mathcal{B} := (e_1, \ldots, e_p)$ et $\mathcal{B}' := (e'_1, \ldots, e'_p)$ deux bases de E. Tout vecteur x de E est représenté par deux vecteurs colonnes : X dans la base $\mathcal{B}$ et X' dans la base $\mathcal{B}'$:

$$x = \sum_{j=1}^{p} x_j e_j = \sum_{j=1}^{p} x'_j e'_j \; ; \;\; X := \begin{pmatrix} x_1 \\ \vdots \\ x_p \end{pmatrix}, \;\; X' := \begin{pmatrix} x'_1 \\ \vdots \\ x'_p \end{pmatrix}. \tag{15}$$

Comment X, X' sont-ils reliés ? Pour le savoir, introduisons une définition :

Définition 8. On appelle *matrice de passage* de la base $\mathcal{B}$ à la base $\mathcal{B}'$ la matrice de la famille $(e'_1, \ldots, e'_p)$ dans la base $\mathcal{B}$. C'est une matrice carrée d'ordre p, qui sera notée $\mathrm{Pass}(\mathcal{B}, \mathcal{B}')$.

Notons $P_{i,j}$ les coefficients de cette matrice. Vu la définition 5 de la page 344 on a :

$$e'_j = \sum_{i=1}^{p} P_{i,j} e_i \;\; (j = 1, \ldots, p). \tag{16}$$

En comparant avec la définition 6 de la page 345, nous obtenons ceci : *la matrice de passage de la base $\mathcal{B}$ à la base $\mathcal{B}'$ est la matrice de l'application identique de E (de E dans E) dans les bases $\mathcal{B}'$ au départ et $\mathcal{B}$ à l'arrivée* (observer l'ordre) :

$$\text{Pass}(\mathcal{B}, \mathcal{B}') = \text{Mat}_{\mathcal{B}'}^{\mathcal{B}}(\text{Id}_E). \tag{17}$$

Considérons une troisième base $\mathcal{B}''$ de E. Le théorème 25 de la page 347 donne l'égalité :

$$\text{Mat}_{\mathcal{B}''}^{\mathcal{B}}(\text{Id}_E) = \text{Mat}_{\mathcal{B}'}^{\mathcal{B}}(\text{Id}_E) \times \text{Mat}_{\mathcal{B}''}^{\mathcal{B}'}(\text{Id}_E).$$

D'où la propriété de transitivité suivante :

$$\text{Pass}(\mathcal{B}, \mathcal{B}'') = \text{Pass}(\mathcal{B}, \mathcal{B}') \times \text{Pass}(\mathcal{B}', \mathcal{B}''). \tag{18}$$

Proposition 30. Soient $\mathcal{B}$ et $\mathcal{B}'$ deux bases de E. La matrice de passage de $\mathcal{B}$ à $\mathcal{B}'$ est *inversible*, et son inverse est la matrice de passage de $\mathcal{B}'$ à $\mathcal{B}$.

Démonstration. Posons $P := \text{Pass}(\mathcal{B}, \mathcal{B}')$ et $P' := \text{Pass}(\mathcal{B}', \mathcal{B})$. D'après les deux propriétés ci-dessus, PP' est la matrice de l'application identique de E dans les bases $\mathcal{B}$ et $\mathcal{B}$, *i.e.* $PP' = I_p$, et de même $P'P = I_p$. ■

Remarque. Soit $\mathcal{B}$ une base de E fixée. À toute base $\mathcal{B}'$ de E, associons la matrice $\text{Pass}(\mathcal{B}, \mathcal{B}')$. Nous obtenons une application de l'ensemble des bases de E dans $GL_p(K)$. Cette application est *bijective*. L'injectivité vient des formules (16). Soit $P = (P_{i,j}) \in GL_p(K)$. Définissons $e'_1, \ldots, e'_p$ par les formules (16), et soit $\mathcal{B}' := (e'_1, \ldots, e'_p)$. Puisque P, matrice de la famille $(e'_1, \ldots, e'_p)$ dans la base $\mathcal{B}$, est inversible, le théorème 20 de la page 344 et la proposition 19 de la page 343 montrent que $\mathcal{B}'$ est une base de E. Vu les formules (16), $\text{Pass}(\mathcal{B}, \mathcal{B}') = P$, d'où la surjectivité. *Ainsi, la base $\mathcal{B}$ de E étant* fixée, *toute matrice $P \in GL_p(K)$ est la matrice de passage de $\mathcal{B}$ à une unique autre base de E.*

Répondons maintenant à la question posée au début de cette section :

Proposition 31. Soit x un vecteur de E. Comme en (15), notons X (resp. X') le vecteur colonne formé des composantes de x dans « l'ancienne base » $\mathcal{B}$ (resp. dans la « nouvelle base » $\mathcal{B}'$). Alors :

$$X = PX', \quad \text{où} \quad P := \text{Pass}(\mathcal{B}, \mathcal{B}'). \tag{19}$$

Attention : la matrice P donne $\mathcal{B}'$ en fonction de $\mathcal{B}$, mais la formule (19) *est $X = PX'$, et non $X' = PX$ comme on pourrait le penser.*

Démonstration. Écrivons $P := (P_{i,j})$. Les égalités (15) et (16) donnent :

$$x = \sum_{j=1}^{p} x'_j e'_j = \sum_{j=1}^{p} x'_j \left(\sum_{i=1}^{p} P_{i,j} e_i \right) = \sum_{i=1}^{p} \left(\sum_{j=1}^{p} P_{i,j} x'_j \right) e_i .$$

L'unicité de l'écriture de x comme combinaison linéaire des e_i donne $x_i = \sum_{j=1}^{p} P_{i,j}x'_j$, pour $i = 1, \ldots, p$, d'où :

$$X = \begin{pmatrix} x_1 \\ \vdots \\ x_p \end{pmatrix} = \begin{pmatrix} P_{1,1} & P_{1,2} & \ldots & P_{1,p} \\ P_{2,1} & P_{2,2} & \ldots & P_{2,p} \\ \ldots & \ldots & \ldots & \ldots \\ P_{p,1} & P_{p,2} & \ldots & P_{p,p} \end{pmatrix} \begin{pmatrix} x'_1 \\ \vdots \\ x'_p \end{pmatrix} = PX'.$$

■

Théorème 32 (formule de changement de bases). Soit f une application linéaire d'un espace vectoriel E de dimension finie $p \geqslant 1$ dans un espace vectoriel F de dimension finie $n \geqslant 1$. Considérons deux bases $\mathcal{B}, \mathcal{B}'$ de E et deux bases $\mathcal{C}, \mathcal{C}'$ de F. Posons :

$$A := \mathrm{Mat}_{\mathcal{B}}^{\mathcal{C}}(f),\ A' := \mathrm{Mat}_{\mathcal{B}'}^{\mathcal{C}'}(f),\ P := \mathrm{Pass}(\mathcal{B}, \mathcal{B}'),\ Q := \mathrm{Pass}(\mathcal{C}, \mathcal{C}').\ \text{Alors :}$$

$$A' = Q^{-1}AP. \tag{20}$$

Ainsi *deux matrices représentant la même application linéaire dans des bases différentes sont équivalentes* (*cf.* le module II.4).

Démonstration. D'abord, P et Q sont inversibles.

Partant des égalités $f \circ \mathrm{Id}_E = f = \mathrm{Id}_F \circ f$, une double application du théorème 25 de la page 347 donne ceci :

$$\mathrm{Mat}_{\mathcal{B}}^{\mathcal{C}}(f) \times \mathrm{Mat}_{\mathcal{B}'}^{\mathcal{B}}(\mathrm{Id}_E) = \mathrm{Mat}_{\mathcal{B}'}^{\mathcal{C}}(f) = \mathrm{Mat}_{\mathcal{C}'}^{\mathcal{C}}(\mathrm{Id}_F) \times \mathrm{Mat}_{\mathcal{B}'}^{\mathcal{C}'}(f),$$

d'où $AP = QA'$. La formule (20) s'en déduit en multipliant à gauche par Q^{-1}, car Q est inversible. D'où la conclusion. ■

Donnons ici une preuve « géométrique » d'un résultat déjà démontré de façon « algorithmique » dans le module II.4. Il s'agit d'un exemple typique de traduction du langage matriciel dans le langage géométrique et *vice versa*.

Théorème 33. Soient A une matrice de $M_{n,p}(K)$ et r son rang. Alors A est équivalente à la matrice suivante (dont r coefficients valent 1) :

$$I_r^{(n,p)} := \begin{pmatrix} 1 & 0 & \ldots & 0 & 0 & \ldots & 0 \\ 0 & 1 & \ldots & 0 & 0 & \ldots & 0 \\ 0 & 0 & \ldots & 0 & 0 & \ldots & 0 \\ 0 & 0 & \ldots & 1 & 0 & \ldots & 0 \\ 0 & 0 & \ldots & 0 & 0 & \ldots & 0 \\ 0 & 0 & \ldots & 0 & 0 & \ldots & 0 \end{pmatrix} = \sum_{i=1}^{r} E_{i,i}. \tag{21}$$

Démonstration. C'est clair si $r = 0$, *i.e.* si $A = 0$. Si $r \geqslant 1$, soit $\mathcal{B}$ (resp. $\mathcal{C}$) la base canonique de K^p (resp. K^n). Soit $f : K^p \to K^n$ l'application linéaire $X \mapsto AX$, dont la matrice dans les bases $\mathcal{B}$ et $\mathcal{C}$ est A.

D'après le théorème 21 de la page 345, f est de rang r, et donc $\operatorname{Ker} f$ est de dimension $p-r$ (théorème du rang). Soit $(e'_{r+1}, \ldots, e'_p)$ une base de $\operatorname{Ker} f$, complétons-la en une base $\mathcal{B}' := (e'_1, \ldots, e'_p)$ de K^p. Le sous-espace vectoriel H de K^p engendré par $e'_1, \ldots, e'_r$ est un supplémentaire de $\operatorname{Ker} f$ dans K^p.

Pour $j = 1, \ldots, r$, posons $f'_j := f(e'_j)$. D'après le théorème 35 de la page 200, la restriction de f à H est un isomorphisme de H sur $\operatorname{Im} f$, donc $(f'_1, \ldots, f'_r)$ est une base de $\operatorname{Im} f$; complétons-la en une base $\mathcal{C}' := (f'_1, \ldots, f'_n)$ de K^n.

Si $j \in [\![1, r]\!]$, $f(e'_j) = f'_j$; si $r < j \leqslant p$, $e'_j \in \operatorname{Ker} f$, donc $f(e'_j) = 0$. Ainsi la matrice de f dans les bases $\mathcal{B}'$ et $\mathcal{C}'$ est $I_r^{(n,p)}$, et donc A est équivalente à la matrice $I_r^{(n,p)}$, vu la dernière assertion du théorème précédent. ■

Pour un endomorphisme, la formule de changement de bases donne ceci :

Théorème 34 (changement de bases pour un endomorphisme).
Soient f un endomorphisme d'un espace vectoriel E de dimension finie $n \geqslant 1$ et $\mathcal{B}, \mathcal{B}'$ deux bases de E. Notons A (resp. A') la matrice de f dans la base $\mathcal{B}$ (resp. $\mathcal{B}'$) et P la matrice de passage de $\mathcal{B}$ à $\mathcal{B}'$. Alors :

$$A' = P^{-1}AP. \tag{22}$$

3 Déterminants

Les déterminants ont de nombreuses applications. Citons par exemple un critère pour qu'une matrice carrée soit inversible (théorème 44 de la page 363), l'étude théorique des systèmes linéaires (section 4.2), ou encore des applications géométriques (sections 3.3 et 4.2). En L2, les déterminants interviendront dans la formule de changement de variables pour une intégrale multiple.

La définition du déterminant d'une matrice carrée est « calculatoire ». Elle fait appel au *groupe symétrique* (*cf.* le module II.2, section 2.3). Certaines démonstrations des sections 3.1 et 3.2 sont un peu techniques et peuvent être omises en première lecture ; en seconde lecture, elles permettront de mieux comprendre le groupe symétrique.

À titre d'introduction, soient $u := \begin{pmatrix} a \\ c \end{pmatrix}$ et $v := \begin{pmatrix} b \\ d \end{pmatrix}$ deux vecteurs de $\mathbb{R}^2$. Comment voir si u et v sont colinéaires, à l'aide d'une condition simple portant sur a, b, c, d ? Voici la réponse : u et v sont colinéaires si, et seulement si, $ad - bc = 0$. En effet, si $u = 0$, (u, v) est liée et $ad - bc = 0$. Supposons $u \neq 0$. Si (u, v) est liée, il existe $\lambda \in \mathbb{R}$ tel que $v = \lambda u$, soit $b = \lambda a$ et $d = \lambda c$, d'où $ad - bc = a(\lambda c) - (\lambda a)c = 0$. Supposons inversement que $ad - bc = 0$. Si $a \neq 0$, on pose $\lambda := b/a$; alors $b = \lambda a$ et $a(d - \lambda c) = 0$, d'où $d = \lambda c$, donc $v = \lambda u$. Si $a = 0$, on pose de même $\lambda := d/c$.

L'expression $ad - bc$ sera notée $\begin{vmatrix} a & b \\ c & d \end{vmatrix}$ et appelée déterminant de la matrice $\begin{pmatrix} a & b \\ c & d \end{pmatrix}$, ou déterminant de la famille (u, v) dans la base canonique de $\mathbb{R}^2$. Si (u, v) est libre, $ad - bc$ présente un autre intérêt : comme nous le verrons, c'est l'*aire algébrique* du parallélogramme construit sur les vecteurs u, v : $|ad - bc|$ est l'aire *géométrique* de ce parallélogramme, et le signe de $ad - bc$ est $+$ si (u, v) est une base directe de $\mathbb{R}^2$ et $-$ sinon. Dans le cas de n vecteurs en dimension n, les déterminants permettront entre autres de décider si n vecteurs d'un espace vectoriel de dimension n sont ou ne sont pas linéairement indépendants (*cf.* le théorème 53 de la page 368).

3.1 Déterminant d'une matrice carrée

Dans cette section uniquement, K désigne un anneau commutatif, pas nécessairement un corps : nous ne ferons pas de divisions.

Définition 9. Soit A une matrice carrée d'ordre $n \geqslant 1$, de coefficients $a_{i,j} \in K$. On appelle *déterminant de* A l'élément $\det(A)$ de K défini par la formule :

$$\det(A) := \sum_{s \in \mathfrak{S}_n} \varepsilon(s)\, a_{s(1),1} a_{s(2),2} \cdots a_{s(n),n}\,. \tag{23}$$

Dans cette formule, pour toute permutation s de $[\![1, n]\!]$, $\varepsilon(s) \in \{-1, 1\}$ est la *signature* de s (*cf.* le théorème et définition 26 de la page 131).

Le déterminant de la matrice des $a_{i,j}$ est noté comme la matrice elle-même, à ceci près que les parenthèses sont remplacées par des barres :

$$A = \begin{pmatrix} a_{1,1} & a_{1,2} & \cdots & a_{1,n} \\ a_{2,1} & a_{2,2} & \cdots & a_{2,n} \\ \cdots & \cdots & \cdots & \cdots \\ a_{n,1} & a_{n,2} & \cdots & a_{n,n} \end{pmatrix}, \quad \det(A) = \begin{vmatrix} a_{1,1} & a_{1,2} & \cdots & a_{1,n} \\ a_{2,1} & a_{2,2} & \cdots & a_{2,n} \\ \cdots & \cdots & \cdots & \cdots \\ a_{n,1} & a_{n,2} & \cdots & a_{n,n} \end{vmatrix}.$$

Que donne la définition 9 pour des petites valeurs de n ? Si $n = 1$, le groupe $\mathfrak{S}_1$ est trivial, son seul élément est l'identité, de signature 1, d'où $\det(A) = a_{1,1}$. Si $n = 2$, les deux éléments de $\mathfrak{S}_2$ sont l'identité, de signature 1, et la transposition $(1\ 2)$ échangeant 1 et 2, de signature -1. D'où :

$$\begin{vmatrix} a_{1,1} & a_{1,2} \\ a_{2,1} & a_{2,2} \end{vmatrix} = a_{1,1}a_{2,2} - a_{2,1}a_{1,2}\,.$$

Si $n = 3$, les éléments de $\mathfrak{S}_3$ sont l'identité et les 3-cycles $(1\ 2\ 3), (1\ 3\ 2)$, de signature 1, et les transpositions $(1\ 2), (2\ 3), (1\ 3)$, de signature -1. D'où :

$$\begin{vmatrix} a_{1,1} & a_{1,2} & a_{1,3} \\ a_{2,1} & a_{2,2} & a_{2,3} \\ a_{3,1} & a_{3,2} & a_{3,3} \end{vmatrix} = \big(a_{1,1}a_{2,2}a_{3,3} + a_{2,1}a_{3,2}a_{1,3} + a_{3,1}a_{1,2}a_{2,3}\big)$$
$$- \big(a_{2,1}a_{1,2}a_{3,3} + a_{1,1}a_{3,2}a_{2,3} + a_{3,1}a_{2,2}a_{1,3}\big)\,.$$

Le lecteur peut ainsi vérifier que $\begin{vmatrix} 1 & 2 & 3 \\ 4 & 5 & 6 \\ 7 & 8 & 11 \end{vmatrix} = -6$. En général, $\mathfrak{S}_n$ étant de cardinal $n!$, $\det(A)$ est somme de $n!$ termes, chacun étant un produit de n facteurs. Le calcul de $\det(A)$ par la formule (23) nécessite donc $(n-1)n!$ multiplications et $n!$ additions. Si $n = 100$, cela fait plus de 10^{159} multiplications, c'est bien trop, même pour un ordinateur. Nous verrons plus loin une méthode de calcul beaucoup plus rapide. La formule (23) a surtout un intérêt théorique, comme nous allons le montrer.

Remarque. Supposons que K soit un *sous-anneau* d'un anneau L. Si $A \in M_n(K)$, $\det(A)$ est le même, que l'on considère A comme élément de $M_n(K)$ ou de $M_n(L)$, et c'est un élément de K. Ainsi, le déterminant d'une matrice carrée à coefficients entiers est un entier ; si les coefficients de A appartiennent à l'anneau $K[X]$, le déterminant de A appartient à $K[X]$.
Soient ensuite f un morphisme de K dans un anneau commutatif K' et $A \in M_n(K)$, de coefficients $a_{i,j}$. Notons $f(A) \in M_n(K')$ la matrice de coefficients $f(a_{i,j})$. Appliquons f aux deux membres de l'égalité (23) :

$$\det\bigl(f(A)\bigr) = f\bigl(\det(A)\bigr). \tag{24}$$

Si $C_1, \ldots, C_n$ sont les colonnes de A, $\det(A)$ sera noté provisoirement $\det(C_1, \ldots, C_n)$ (*cf.* la définition 11 de la page 367). Voici des propriétés importantes de l'application $(C_1, \ldots, C_n) \longmapsto \det(C_1, \ldots, C_n)$ de $(K^n)^n$ dans K :

Théorème 35. Notons $C_1, \ldots, C_n$ les colonnes de la matrice $A \in M_n(K)$. Alors :

1. Soit $j \in [\![1, n]\!]$. Pour tout $\lambda \in K$, on a :
$$\det(C_1, \ldots, \lambda C_j, \ldots, C_n) = \lambda \det(C_1, \ldots, C_j, \ldots, C_n). \tag{25}$$
Si C_j est somme de deux vecteurs colonnes C, C', on a :
$$\det(A) = \det(C_1, \ldots, C, \ldots, C_n) + \det(C_1, \ldots, C', \ldots, C_n). \tag{26}$$
Autrement dit, $\det(C_1, \ldots, C_n)$ *dépend linéairement de* C_j lorsque les autres colonnes sont fixées.
2. Si l'une des colonnes C_j est nulle, $\det(A) = 0$.
3. Si deux des colonnes de A sont égales, $\det(A) = 0$.
4. L'échange de deux colonnes de A multiplie le déterminant par -1.
5. Si l'on effectue une permutation $s \in \mathfrak{S}_n$ sur les colonnes de A, le déterminant est multiplié par la *signature* $\varepsilon(s)$ de s :
$$\det\bigl(C_{s(1)}, \ldots, C_{s(n)}\bigr) = \varepsilon(s) \det(C_1, \ldots, C_n). \tag{27}$$
6. Pour tout $\lambda \in K$, $\det(\lambda A) = \lambda^n \det(A)$.

Démonstration. Pour toute permutation s de $[\![1, n]\!]$, posons :

$$P_s := P_s(C_1, \ldots, C_n) = a_{s(1),1} a_{s(2),2} \cdots a_{s(n),n}. \tag{28}$$

Soit $j \in [\![1, n]\!]$. Multiplions C_j par $\lambda \in K$. Pour toute s, le facteur $a_{s(j),j}$ de P_s est multiplié par λ, et les autres facteurs ne changent pas. Ainsi P_s est multiplié par λ. Cela étant, la formule (23) s'écrit :

$$\det(A) = \det(C_1, \ldots, C_n) = \sum_{s \in \mathfrak{S}_n} \varepsilon(s)\, P_s. \tag{29}$$

La formule (25) en résulte. La preuve de la formule (26) est analogue.

La propriété 2 résulte de la formule (25) : prendre $\lambda = 0$. La propriété 6 résulte aussi de (25), appliquée successivement à chacune des colonnes.

La propriété 4 résulte de 1 et 3. Soient en effet $i, j \in [\![1, n]\!]$ deux indices distincts, par exemple $i < j$. Pour tous vecteurs $C, C' \in M_{n,1}(K)$, posons :

$$d(C, C') := \det(C_1, \ldots, \overbrace{C}^{i}, \ldots, \overbrace{C'}^{j}, \ldots, C_n).$$

La propriété 1 donne :

$$\begin{aligned} d(C + C', C + C') &= d(C, C + C') + d(C', C + C') \\ &= \big[d(C, C) + d(C, C')\big] + \big[d(C', C) + d(C', C')\big]. \end{aligned}$$

Or $d(C + C', C + C') = d(C, C) = d(C', C') = 0$, en vertu de la propriété 3, donc $d(C, C') + d(C', C) = 0$. La propriété 4 s'obtient en prenant $C := C_i$ et $C' := C_j$.

La propriété 5 est une conséquence de la propriété 4, car toute permutation s de $[\![1, n]\!]$ est la composée d'un certain nombre r de transpositions, et l'on a de plus $\varepsilon(s) = (-1)^r$ (*cf.* le théorème et définition 26 de la page 131).

Pour la propriété 3, supposons que $C_i = C_j$, où $i, j \in [\![1, n]\!]$ et $i < j$ (donc $n \geqslant 2$). Soit t la transposition $(i\, j)$ échangeant i et j. Pour tout $s \in \mathfrak{S}_n$, $P_{s \circ t} = P_s$. En effet $a_{(s \circ t)(h),h} = a_{s(h),h}$ pour tout $h \in [\![1, n]\!] \setminus \{i, j\}$ et, puisque $C_i = C_j$, on a :

$$a_{(s \circ t)(i),i}\, a_{(s \circ t)(j),j} = a_{s(j),i}\, a_{s(i),j} = a_{s(j),j}\, a_{s(i),i}.$$

Comme $\varepsilon(s \circ t) = \varepsilon(s)\varepsilon(t) = -\varepsilon(s)$, on a $\varepsilon(s)P_s + \varepsilon(s \circ t)P_{s \circ t} = 0$. Posons ensuite :

$$S := \big\{s \in \mathfrak{S}_n \mid s(i) < s(j)\big\} \quad \text{et} \quad S' := \big\{s \in \mathfrak{S}_n \mid s(i) > s(j)\big\}.$$

Alors S et S' forment une partition de $\mathfrak{S}_n$, et $s \mapsto s \circ t$ est une bijection de S sur S'. La formule (29) s'écrit alors, par changement d'indice :

$$\begin{aligned} \det(A) &= \sum_{s \in \mathfrak{S}_n} \varepsilon(s)\, P_s = \sum_{s \in S} \varepsilon(s)\, P_s + \sum_{s \in S'} \varepsilon(s)\, P_s \\ &= \sum_{s \in S} \varepsilon(s)\, P_s + \sum_{s \in S} \varepsilon(s \circ t)\, P_{s \circ t} = \sum_{s \in S} \Big[\underbrace{\varepsilon(s)\, P_s + \varepsilon(s \circ t)\, P_{s \circ t}}_{=0}\Big] = 0. \end{aligned}$$

■

Théorème 36. Pour toute matrice $A \in M_n(K)$, on a $\det({}^tA) = \det(A)$.

Démonstration. L'application $s \mapsto s^{-1}$ est une bijection de $\mathfrak{S}_n$ sur $\mathfrak{S}_n$. Dans la formule (23), effectuons le changement d'indice $s := t^{-1}$. Comme ε est un morphisme de $\mathfrak{S}_n$ dans $\{-1, 1\}$, on a $\varepsilon(s^{-1}) = \varepsilon(s)^{-1} = \varepsilon(s)$ pour tout s, d'où :

$$\det(A) = \sum_{t \in \mathfrak{S}_n} \varepsilon(t)\, a_{t^{-1}(1),1} a_{t^{-1}(2),2} \cdots a_{t^{-1}(n),n} = \sum_{t \in \mathfrak{S}_n} \varepsilon(t) \left(\prod_{i=1}^{n} a_{t^{-1}(i),i}\right).$$

Soit $t \in \mathfrak{S}_n$ une permutation fixée. Effectuons le changement d'indice (bijectif) $j := t^{-1}(i)$, d'où $i = t(j)$:

$$\prod_{i=1}^{n} a_{t^{-1}(i),i} = \prod_{j=1}^{n} a_{j,t(j)}, \quad \text{puis} \quad \det(A) = \sum_{t \in \mathfrak{S}_n} \varepsilon(t)\, a_{1,t(1)} a_{2,t(2)} \cdots a_{n,t(n)}.$$

Notons $b_{i,j}$ les coefficients de ${}^tA$, de sorte que $b_{i,j} = a_{j,i}$ pour tous $i, j \in [\![1, n]\!]$. L'égalité précédente s'écrit alors :

$$\det(A) = \sum_{t \in \mathfrak{S}_n} \varepsilon(t)\, b_{t(1),1} b_{t(2),2} \cdots b_{t(n),n} = \det({}^tA).$$

■

Théorème 37.
Le théorème 35 de la page 355 reste vrai en remplaçant « colonne » par « ligne ».

Démonstration. Soient $L_1, \ldots, L_n$ les lignes de A. Les colonnes de ${}^tA$ sont donc ${}^tL_1, \ldots, {}^tL_n$. Si $h, i \in [\![1, n]\!]$ sont distincts et si $L_h = L_i$, ${}^tA$ a deux colonnes égales, donc $\det(A) = \det({}^tA) = 0$. D'où la propriété analogue à la propriété 3 du théorème 35 de la page 355. La preuve des autres propriétés est semblable. ■

Le théorème suivant est capital.

Théorème 38. Soient $A, B \in M_n(K)$, $n \geqslant 1$. Alors $\det(AB) = (\det A)(\det B)$.

Démonstration. Notons $a_{i,j}, b_{i,j}, c_{i,j}$ les coefficients des matrices A, B, AB respectivement. Par définition, on a :

$$\det(AB) = \sum_{s \in \mathfrak{S}_n} \varepsilon(s)\, c_{s(1),1} c_{s(2),2} \cdots c_{s(n),n}. \qquad (*)$$

Par définition du produit de deux matrices on a, pour tous $i, j \in [\![1, n]\!]$:

$$c_{i,j} = \sum_{k=1}^{n} a_{i,k} b_{k,j}.$$

Dans la formule $(*)$, développons chaque terme $c_{s(i),i}$. On obtient ceci :

$$\det(AB) = \sum_{s \in \mathfrak{S}_n} \varepsilon(s) \left(\sum_{k_1=1}^{n} a_{s(1),k_1} b_{k_1,1} \right) \cdots \left(\sum_{k_n=1}^{n} a_{s(n),k_n} b_{k_n,n} \right).$$

On peut intervertir les différents signes somme :

$$\det(AB) = \sum_{k_1=1}^{n} \cdots \sum_{k_n=1}^{n} b_{k_1,1} \cdots b_{k_n,n} \left(\sum_{s \in \mathfrak{S}_n} \varepsilon(s)\, a_{s(1),k_1} \cdots a_{s(n),k_n} \right). \qquad (**)$$

Pour tout $k = (k_1, \ldots, k_n) \in [\![1, n]\!]^n$, posons $Q_k := \sum_{s \in \mathfrak{S}_n} \varepsilon(s)\, a_{s(1),k_1} \cdots a_{s(n),k_n}$.

Notant $C_1, \ldots, C_n$ les colonnes de A, on constate que $Q_k = \det(C_{k_1}, \ldots, C_{k_n})$. Si deux des indices $k_1, \ldots, k_n$ sont égaux, $Q_k = 0$, comme déterminant d'une matrice ayant deux colonnes égales. Sinon, $i \mapsto k_i$ est une permutation t de $[\![1, n]\!]$, et la propriété 5 du théorème 35 de la page 355 montre que $Q_k = \varepsilon(t) \det(C_1, \ldots, C_n)$, soit $Q_k = \varepsilon(t) \det(A)$. Le second membre de la formule $(**)$ ne change pas si, au lieu de faire varier $k_1, \ldots, k_n$ de 1 à n indépendamment, on fait varier la permutation t dans $\mathfrak{S}_n$ et l'on pose $k_i := t(i)$ pour tout i. Ce second membre devient :

$$\sum_{t \in \mathfrak{S}_n} b_{t(1),1} \cdots b_{t(n),n} \big[\varepsilon(t) \det(A)\big] = \det(A) \sum_{t \in \mathfrak{S}_n} \varepsilon(t)\, b_{t(1),1} \cdots b_{t(n),n} = \det(A) \det(B).$$

■

Théorème 39. Le déterminant d'une matrice triangulaire, supérieure ou inférieure, est égal au produit des termes diagonaux de cette matrice.

Démonstration. Soit A une matrice triangulaire supérieure d'ordre n, de coefficients $a_{i,j}$. Son déterminant est donné par les formules (28) et (29). Il suffit de montrer que $P_s = 0$ pour toute permutation s de $[\![1,n]\!]$ autre que l'identité car, si s est l'identité, P_s est le produit des termes diagonaux $a_{i,i}$ de A. Soit donc $s \in \mathfrak{S}_n$ telle que $P_s \neq 0$. Pour tout $i \in [\![1,n]\!]$, le facteur $a_{s(i),i}$ n'est donc pas nul. Comme A est triangulaire supérieure, cela n'est possible que si $s(i) \leqslant i$. Ainsi $s(i) \leqslant i$ pour $i = 1,\dots,n$. On en déduit, par exemple par récurrence sur i, que $s(i) = i$ pour tout i, donc s est l'identité. Si A est triangulaire inférieure, on remplace $s(i) \leqslant i$ par $s(i) \geqslant i$. ■

Théorème 40. Le déterminant d'une matrice ne change pas si l'on ajoute à une colonne une combinaison linéaire des autres colonnes. Cela reste vrai en remplaçant « colonne » par « ligne ».

Démonstration. Soient $A \in M_n(K)$ et $C_1,\dots,C_n$ les colonnes de A.

Soit $j \in [\![1,n]\!]$ un indice fixé. Pour tout vecteur colonne $X \in M_{n,1}(K)$, posons $f(X) := \det(C_1,\dots,C_{j-1},X,C_{j+1},\dots,C_n)$; c'est le déterminant de la matrice obtenue en remplaçant C_j par X. Évidemment $\det(A) = f(C_j)$. La propriété 1 du théorème 35 de la page 355 montre que f est une application *linéaire* de $M_{n,1}(K)$ dans K. Par ailleurs, pour tout indice $i \neq j$, $f(C_i)$ est le déterminant d'une matrice ayant deux colonnes égales (celles d'indices i et j), donc $f(C_i) = 0$ (propriété 3 du théorème 35).

Considérons alors des scalaires λ_i, pour $i \in [\![1,n]\!] \setminus \{j\}$. Remplaçons C_j par

$$X := C_j + \sum_{1 \leqslant i \leqslant n,\, i \neq j} \lambda_i C_i .$$

Le déterminant de la matrice obtenue est $f(X)$, soit, par linéarité de f :

$$f(X) = f(C_j) + \sum_{1 \leqslant i \leqslant n,\, i \neq j} \lambda_i f(C_i) = f(C_j) = \det(A).$$

D'où la première assertion. On applique ensuite le théorème 36 de la page 356. ■

Dans le module II.4, ont été définies des opérations élémentaires sur les lignes (resp. colonnes) d'une matrice M, se traduisant par la multiplication à gauche (resp. droite) de M par une matrice carrée de l'un des types suivants : matrices d'échange, matrices de transvection, matrices de dilatation. Le théorème ci-après fait appel aux matrices d'échange et de transvection.

Exemples.

1. Soient $i,j \in [\![1,n]\!]$, $i \neq j$ et $S_{i,j}^{(n)} := I_n - E_{i,i}^{(n,n)} - E_{j,j}^{(n,n)} + E_{i,j}^{(n,n)} + E_{j,i}^{(n,n)}$ la matrice d'échange, déduite de I_n par échange des lignes d'indices i et j. La propriété 4 du théorème 35 de la page 355 montre que $\det\left(S_{i,j}^{(n)}\right) = -1$.
2. Soient $i,j \in [\![1,n]\!]$, $i \neq j$, et $\lambda \in K$.
   Considérons la matrice de transvection $T_{i,j}^{(n)}(\lambda) := I_n + \lambda E_{i,j}^{(n,n)}$. Elle est triangulaire (supérieure si $j > i$, inférieure si $j < i$), et ses termes diagonaux valent 1. Son déterminant est donc 1 (théorème 39 de la page ci-contre).

Théorème 41. Soit $A \in M_n(K)$, $n \geqslant 1$. À l'aide d'échanges et de transvections sur les lignes, on peut transformer A en une matrice triangulaire supérieure M. De plus, si m est le nombre d'échanges effectués sur les lignes et si $d_1, \ldots, d_n$ sont les termes diagonaux de M, on a :

$$\det(A) = (-1)^m d_1 d_2 \cdots d_n .$$

Démonstration. À l'aide d'échanges et de transvections sur les lignes, on peut transformer A en une matrice $M \in M_n(K)$ échelonnée en lignes (section 2.2 du module II.4). Puisque M est carrée et échelonnée en lignes, elle est triangulaire supérieure, notons $d_1, \ldots, d_n$ ses termes diagonaux.
Les opérations élémentaires sur les lignes correspondent à la multiplication à gauche par des matrices élémentaires (*cf.* le module II.4). Il existe donc des matrices élémentaires $R_1, \ldots, R_s$ telles que $M = R_1 R_2 \cdots R_s A$. Parmi les R_i, m sont des matrices d'échange, de déterminant -1, les autres sont des transvections, de déterminant 1 (exemples 1 et 2 ci-dessus). D'où $\det(M) = (-1)^m \det(A)$, et l'on conclut grâce au théorème 39 de la page précédente. ■

Remarque. Soit $A \in M_n(K)$. La preuve ci-dessus suggère un algorithme pour calculer $\det(A)$. Plus précisément, en analysant la démonstration donnée dans la section 2.2 du module II.4, et en ne tenant compte que des multiplications et divisions, on obtient ceci :

- une transvection, définie par une matrice $T_{i,j}^{(n)}(\lambda) = I_n + \lambda E_{i,j}^{(n)}$ demande une division (pour calculer λ) et $n-1$ multiplications ;
- une fois un pivot choisi sur la première colonne et amené sur la première ligne, $n-1$ transvections permettent d'annuler les autres coefficients de cette colonne ;
- en opérant ainsi successivement sur les colonnes de A, on transforme A en une matrice triangulaire supérieure. Le nombre de multiplications ou divisions pour y parvenir est au plus (le vérifier) :

$$n(n-1) + (n-1)(n-2) + \cdots + 2 \times 1 = \frac{n(n^2-1)}{3} .$$

Le calcul de $\det(A)$ par cet algorithme nécessite ainsi moins de n^3 multiplications, cet algorithme est donc rapide : si $n = 100$, cela fait moins de 10^6 multiplications, à comparer avec 10^{159} si l'on applique la formule (23).

3.2 Mineurs d'une matrice

Soit $A \in M_{m,n}(K)$ une matrice de coefficients $a_{i,j}$. Considérons une partie non vide I de $[\![1,m]\!]$ et une partie non vide J de $[\![1,n]\!]$. On écrit :

$$I := \{i_1, \dots, i_p\}\ ,\quad J := \{j_1, \dots, j_q\}\,,$$

avec $1 \leqslant i_1 < i_2 < \cdots < i_p \leqslant m$ et $1 \leqslant j_1 < j_2 < \cdots < j_q \leqslant n$. Notons $A_{I,J}$ la matrice de type (p,q) dont le coefficient d'indices (h,k) est a_{i_h,j_k}, ceci pour tout $(h,k) \in [\![1,p]\!] \times [\![1,q]\!]$. Nous dirons que $A_{I,J}$ est la matrice *extraite* de A obtenue en prenant les lignes d'indices appartenant à I et les colonnes d'indices appartenant à J. Dans le cas où $p = q$, le déterminant d'une telle matrice *carrée* extraite de A sera appelé *mineur d'ordre* p de A.

Voici un cas particulier qui va s'avérer important. On suppose que A est carrée ($m = n \geqslant 2$). Deux indices $i, j \in [\![1,n]\!]$ étant donnés, on prend $I := [\![1,n]\!] \setminus \{i\}$ et $J := [\![1,n]\!] \setminus \{j\}$. La matrice extraite correspondante $A_{I,J}$, obtenue en *supprimant* dans A la $i^{\text{ème}}$ ligne et la $j^{\text{ème}}$ colonne, sera notée simplement $A_{i,j}$, et son déterminant sera noté $D_{i,j}$. Ainsi :

$$A := \begin{pmatrix} \boxed{1} & -1 & \boxed{3} \\ \boxed{2} & 4 & \boxed{1} \\ 3 & 5 & 8 \end{pmatrix}\ ,\quad A_{3,2} := \begin{pmatrix} 1 & 3 \\ 2 & 1 \end{pmatrix}.$$

Les $D_{i,j}$ sont donc les mineurs d'ordre $n-1$ de A. Le théorème ci-après fournit une méthode « récursive » de calcul d'un déterminant : le calcul d'un déterminant d'ordre n se ramène au calcul de n déterminants d'ordre $n-1$:

Théorème 42. Soit A une matrice carrée d'ordre $n \geqslant 2$ à coefficients dans K et $k \in [\![1,n]\!]$ un indice fixé. Alors :

1. On peut développer $\det(A)$ par rapport à la $k^{\text{ème}}$ ligne :

$$\det(A) = \sum_{j=1}^{n} (-1)^{k+j} a_{k,j}\, D_{k,j}\,. \tag{30}$$

2. On peut de même développer $\det(A)$ par rapport à la $k^{\text{ème}}$ colonne :

$$\det(A) = \sum_{i=1}^{n} (-1)^{i+k} a_{i,k}\, D_{i,k}\,. \tag{31}$$

Démonstration. Pour tout $j \in [\![1,n]\!]$, posons $S_j := \{s \in \mathfrak{S}_n \mid s(j) = k\}$. Les S_j forment une partition de $\mathfrak{S}_n$, donc la formule (23) peut être écrite ainsi :

$$\det A = \sum_{s \in \mathfrak{S}_n} \varepsilon(s) \left(\prod_{h=1}^{n} a_{s(h),h} \right) = \sum_{j=1}^{n} a_{k,j} \left(\sum_{s \in S_j} \varepsilon(s) \left(\prod_{1 \leqslant h \leqslant n,\, h \neq j} a_{s(h),h} \right) \right).$$

Fixons $j \in [\![1,n]\!]$. Notons φ la permutation de $[\![1,n]\!]$ définie par $\varphi(k) := n$, $\varphi(h) := h$ si $h < k$ et $\varphi(h) := h-1$ si $h > k$. Soit ψ la permutation analogue, où j remplace k. Les permutations φ

et ψ ont pour nombres d'inversions $n-k$ et $n-j$ respectivement, donc pour signatures $(-1)^{n-k}$ et $(-1)^{n-j}$. Si $t \in \mathfrak{S}_{n-1}$, notons $\hat{t} \in \mathfrak{S}_n$ le prolongement de t défini par $\hat{t}(n) := n$, puis posons $s := \varphi^{-1} \circ \hat{t} \circ \psi$. Il est clair que $\varepsilon(\hat{t}) = \varepsilon(t)$, d'où $\varepsilon(s) = (-1)^{k+j}\varepsilon(t)$. De plus $t \mapsto s$ est une bijection de $\mathfrak{S}_{n-1}$ sur S_j. La formule de changement d'indice donne donc :

$$\sum_{s\in S_j} \varepsilon(s) \left(\prod_{1\leqslant h\leqslant n,\, h\neq j} a_{s(h),h} \right) = (-1)^{k+j} \sum_{t\in\mathfrak{S}_{n-1}} \varepsilon(t) \left(\prod_{1\leqslant h\leqslant n,\, h\neq j} a_{s(h),h} \right).$$

Notons $B := (b_{u,v})$ la matrice A privée de sa $k^{\text{ème}}$ ligne et de sa $j^{\text{ème}}$ colonne. Par définition, $\det B = D_{k,j}$. Si $v \in [\![1, n-1]\!]$, $h := \psi^{-1}(v) \in [\![1,n]\!]$ est distinct de j, et $s(h) = \varphi^{-1}\big(t(v)\big)$; de plus, on vérifie que $b_{t(v),v} = a_{s(h),h}$. Par changement d'indice, $v \mapsto h$ étant une bijection de $[\![1, n-1]\!]$ sur $[\![1,n]\!] \setminus \{j\}$, on obtient alors :

$$\prod_{1\leqslant h\leqslant n,\, h\neq j} a_{s(h),h} = \prod_{v=1}^{n-1} b_{t(v),v}.$$

La formule (30) en résulte, compte tenu des formules établies précédemment.

La formule (31) se déduit de la formule (30) appliquée à ${}^tA$, vu le théorème 36 de la page 356. ■

Voici par exemple ce que donne le développement d'un déterminant d'ordre 3 par rapport à sa première ligne :

$$\begin{aligned}
\begin{vmatrix} a_{1,1} & a_{1,2} & a_{1,3} \\ a_{2,1} & a_{2,2} & a_{2,3} \\ a_{3,1} & a_{3,2} & a_{3,3} \end{vmatrix} &= (-1)^{1+1}a_{1,1}D_{1,1} + (-1)^{1+2}a_{1,2}D_{1,2} + (-1)^{1+3}a_{1,3}D_{1,3} \\
&= a_{1,1}(a_{2,2}a_{3,3} - a_{2,3}a_{3,2}) - a_{1,2}(a_{2,1}a_{3,3} - a_{2,3}a_{3,1}) \\
&\quad + a_{1,3}(a_{2,1}a_{3,2} - a_{2,2}a_{3,1}).
\end{aligned}$$

Exercice 6.

Calculer le déterminant $D := \begin{vmatrix} 1 & 2 & 3 \\ 4 & 5 & 6 \\ 7 & 8 & 11 \end{vmatrix}$.

Solution. Par linéarité du déterminant par rapport à sa dernière ligne, il vient :

$$D = \begin{vmatrix} 1 & 2 & 3 \\ 4 & 5 & 6 \\ 7 & 8 & 9 \end{vmatrix} + \begin{vmatrix} 1 & 2 & 3 \\ 4 & 5 & 6 \\ 0 & 0 & 2 \end{vmatrix} = D_1 + D_2.$$

En notant L_1, L_2, L_3 les lignes de D_1, on a $L_1 + L_3 = 2L_2$, donc $D_1 = 0$. Développons D_2 par rapport à sa troisième ligne :

$$D = D_2 = 2\begin{vmatrix} 1 & 2 \\ 4 & 5 \end{vmatrix} = 2 \times \big[1 \times 5 - 2 \times 4\big] = -6.$$

Donnons un exemple plus général de développement d'un déterminant.

Exercice 7 (déterminant de Vandermonde).
Soient $x_1, \ldots, x_n$ des éléments de K ($n \geqslant 1$). Le déterminant suivant :

$$V(x_1, \ldots, x_n) := \begin{vmatrix} 1 & x_1 & x_1^2 & \ldots & x_1^{n-1} \\ 1 & x_2 & x_2^2 & \ldots & x_2^{n-1} \\ \vdots & \vdots & \vdots & & \vdots \\ 1 & x_n & x_n^2 & \ldots & x_n^{n-1} \end{vmatrix} \qquad (32)$$

est appelé *déterminant de Vandermonde de* $x_1, \ldots, x_n$ (exercice II.4.10 de la page 243).
La $i^{\text{ème}}$ ligne est formée des puissances x_i^j de x_i, $j = 0, 1, \ldots, n-1$.
Noter que $V(x_1, \ldots, x_n) = 0$ si deux des x_i sont égaux, car deux des lignes de ce déterminant sont alors égales. Si $n = 1$, $V(x_1) = 1$. Si $n = 2$, $V(x_1, x_2) = \begin{vmatrix} 1 & x_1 \\ 1 & x_2 \end{vmatrix} = x_2 - x_1$.
Dans le cas général, prouver la formule :

$$V(x_1, \ldots, x_n) = \prod_{1 \leqslant i < j \leqslant n} (x_j - x_i). \qquad (33)$$

Solution. Raisonnons par récurrence sur n. Le résultat est vrai lorsque n vaut 1 ou 2. Supposons $n \geqslant 3$ et la formule vraie pour $n-1$. Prouvons la formule (33), pour des éléments $x_1, \ldots, x_n$ de K donnés. La conclusion est claire si deux des x_i sont égaux car les deux membres de la formule sont alors nuls. Supposons donc les x_i distincts. Considérons le déterminant :

$$V(x_1, \ldots, x_{n-1}, X) := \begin{vmatrix} 1 & x_1 & x_1^2 & \ldots & x_1^{n-1} \\ 1 & x_2 & x_2^2 & \ldots & x_2^{n-1} \\ \vdots & \vdots & \vdots & & \vdots \\ 1 & x_{n-1} & x_{n-1}^2 & \ldots & x_{n-1}^{n-1} \\ 1 & X & X^2 & \ldots & X^{n-1} \end{vmatrix}.$$

C'est un polynôme en X (*cf.* la remarque de la page 355), notons-le P. Pour tout $i \in [\![1, n-1]\!]$, on a $P(x_i) = V(x_1, \ldots, x_{n-1}, x_i) = 0$, *i.e.* x_i est racine de P. Comme $x_1, \ldots, x_{n-1}$ sont distincts, P est multiple du polynôme :

$$Q := (X - x_1)(X - x_2) \cdots (X - x_{n-1}).$$

Développons le déterminant donnant P par rapport à sa dernière ligne :

$$P = \sum_{j=1}^{n} (-1)^{n+j} X^{j-1} D_{n,j}.$$

Ainsi P est un polynôme de degré au plus $n-1$; le coefficient de X^{n-1} dans P est $D_{n,n}$, qui vaut $V(x_1, \ldots, x_{n-1})$. L'hypothèse de récurrence donne :

$$D_{n,n} = V(x_1, \ldots, x_{n-1}) = \prod_{1 \leqslant i < j \leqslant n-1} (x_j - x_i) \neq 0.$$

Ainsi P est de degré exactement $n-1$, comme Q.
Or Q est unitaire et divise P, donc $P = D_{n,n} Q$. Prenons les valeurs en x_n :

$$P(x_n) = Q(x_n) D_{n,n} = (x_n - x_1) \cdots (x_n - x_{n-1}) \prod_{1 \leqslant i < j \leqslant n-1} (x_j - x_i).$$

D'où la formule à l'ordre n, car $P(x_n) = V(x_1, \ldots, x_n)$.

Définition 10. Soit $A \in M_n(K)$, $n \geqslant 2$. Pour tous $i, j \in [\![1, n]\!]$, $(-1)^{i+j} D_{i,j}$ est appelé *cofacteur d'indice* (i, j) de A. La matrice carrée d'ordre n ayant pour coefficients ces cofacteurs est appelée *comatrice* de A.

L'intérêt de la comatrice réside dans le théorème suivant :

Théorème 43. Soient $A \in M_n(K)$ et $\widetilde{A}$ sa *comatrice*. Alors :

$$A \times {}^t\widetilde{A} = {}^t\widetilde{A} \times A = \det(A)\, I_n\,. \tag{34}$$

Démonstration. Notons $b_{i,j}$ les coefficients de $B := A \times {}^t\widetilde{A}$. Alors :

$$b_{k,i} = \sum_{j=1}^{n} a_{k,j}\, ({}^t\widetilde{A})_{j,i} \quad \text{pour tous} \quad k, i,$$

où $({}^t\widetilde{A})_{j,i}$ est le coefficient d'indices (j, i) de la matrice ${}^t\widetilde{A}$, c'est-à-dire le coefficient d'indices (i, j) de la matrice $\widetilde{A}$, qui est par définition $(-1)^{i+j} D_{i,j}$. Ainsi :

$$b_{k,i} = \sum_{j=1}^{n} (-1)^{i+j} a_{k,j} D_{i,j}\,.$$

Si $i = k$, la formule (30) montre que $b_{k,k} = \det(A)$. Si $i \neq k$, la même formule montre que $b_{k,i}$ est le déterminant de la matrice obtenue en remplaçant la $i^{\text{ème}}$ ligne de A par la $k^{\text{ème}}$; cette matrice ayant deux lignes égales (!), son déterminant $b_{k,i}$ est nul. Ainsi, pour tous $k, i \in [\![1, n]\!]$, $b_{k,i}$ vaut $\det A$ si $k = i$ et 0 sinon. D'où $B = \det(A) I_n$. Pour la deuxième égalité, on utilise la formule (31). ■

Une conséquence essentielle du théorème précédent est une caractérisation des matrices carrées inversibles :

Théorème 44 (critère d'inversibilité d'une matrice carrée).
Pour qu'une matrice $A \in M_n(K)$ soit inversible, il faut, et il suffit, que son déterminant soit *non nul*. Dans ce cas, l'inverse A^{-1} de A est donné par la première formule ci-dessous, où $\widetilde{A}$ est la *comatrice* de A :

$$A^{-1} = \frac{1}{\det(A)}\, {}^t\widetilde{A} \quad \text{et} \quad \det(A^{-1}) = \frac{1}{\det(A)}\,. \tag{35}$$

Démonstration. Supposons A inversible, et soit A^{-1} son inverse. L'égalité $A \times A^{-1} = I_n$ donne, vu le théorème 38 de la page 357 : $1 = \det(I_n) = \det(A)\det(A^{-1})$.

Ainsi $\det(A) \neq 0$, et la deuxième formule (35) est vérifiée. Supposons inversement que $\det(A)$ soit non nul. Considérons la matrice $M := (\det A)^{-1}\, {}^t\widetilde{A}$. D'après le théorème 43, $AM = MA = I_n$, ce qui montre que A est inversible et a pour inverse M. ■

Proposition 45. Étant donné un entier $n \geqslant 1$, l'application $\det : A \mapsto \det(A)$ est un morphisme surjectif (de groupes multiplicatifs) de $GL_n(K)$ dans K^*.

Démonstration. D'après le théorème précédent, $\det(M) \in K^*$ pour toute matrice $M \in GL_n(K)$. Le théorème 38 de la page 357 montre ensuite que l'application déterminant est un morphisme de groupes de $GL_n(K)$ dans K^*.
Si $\lambda \in K^*$ et si $A = \operatorname{Diag}(1, 1, \ldots, \lambda)$, on a $\det(A) = \lambda$, d'où la surjectivité. ∎

Remarque. Supposons que K ne soit pas un corps, mais seulement un anneau commutatif. Tous les résultats de cette section *avant* le théorème 44 de la page précédente restent vrais. En modifiant la preuve précédente, on voit que A est inversible si, et seulement si, $\det(A)$ est un élément *inversible* de l'anneau K, auquel cas les formules (35) doivent être remplacées par les suivantes :

$$A^{-1} = \left[\det(A)\right]^{-1}\, {}^t\widetilde{A} \quad \text{et} \quad \det(A^{-1}) = \left[\det(A)\right]^{-1}.$$

Ainsi, soit $A \in M_n(\mathbb{Q})$ une matrice à coefficients entiers, de déterminant non nul. Pour que $A^{-1} \in M_n(\mathbb{Q})$ soit *à coefficients entiers*, il faut, et il suffit, que $\det(A)$ soit un élément inversible de $\mathbb{Z}$, *i.e.* soit égal à ± 1.

Exercice 8.
Inverser la matrice suivante, à coefficients dans $\mathbb{Q}$:

$$A := \begin{pmatrix} 1 & -1 & 1 \\ 2 & 4 & 9 \\ 3 & -4 & 2 \end{pmatrix}.$$

Solution. Calculons les mineurs $D_{i,j}$ de A : $D_{1,1} = \begin{vmatrix} 4 & 9 \\ -4 & 2 \end{vmatrix} = 8 + 36 = 44$, de même $D_{1,2} = -23$, $D_{1,3} = -20$, $D_{2,1} = 2$, $D_{2,2} = -1$, $D_{2,3} = -1$, $D_{3,1} = -13$, $D_{3,2} = 7$, $D_{3,3} = 6$. Développons $\det(A)$ par rapport à sa première ligne :

$$\det(A) = (-1)^{1+1} \times 1 \times 44 + (-1)^{1+2} \times (-1) \times (-23) + (-1)^{1+3} \times 1 \times (-20),$$

soit $\det(A) = 44 - 23 - 20 = 1$. Ainsi A est inversible, et $A^{-1} = {}^t\widetilde{A}$:

$$\widetilde{A} = \begin{pmatrix} 44 & 23 & -20 \\ -2 & -1 & 1 \\ -13 & -7 & 6 \end{pmatrix}, \quad A^{-1} = \begin{pmatrix} 44 & -2 & -13 \\ 23 & -1 & -7 \\ -20 & 1 & 6 \end{pmatrix}.$$

Les mineurs d'une matrice A déterminent le rang de A, nous allons le voir. Introduisons une définition. Soit $A_{I,J}$ une matrice extraite de A. On appelle *matrice bordante* de $A_{I,J}$ toute matrice extraite $A_{I',J'}$ de A, où I' est de la forme $I \cup \{i\}$, $i \in [\![1, n]\!] \setminus I$, et J' de la forme $J \cup \{j\}$, $j \in [\![1, p]\!] \setminus J$.

Théorème 46. Soit $A \in M_{n,p}(K)$. Considérons une matrice carrée *inversible* B d'ordre r extraite de A. Alors $\text{rang}(A) \geqslant r$. Le rang de A est égal à r si, et seulement si, B ne possède aucune matrice *bordante* inversible.

Démonstration. Notons $C_1, \ldots, C_p$ les colonnes de A. On écrit $B := A_{I,J}$, où

$$I := \{i_1, \ldots, i_r\} \quad \text{et} \quad J := \{j_1, \ldots, j_r\} \quad \text{avec} \quad \begin{array}{l} 1 \leqslant i_1 < \cdots < i_r \leqslant n \\ 1 \leqslant j_1 < \cdots < j_r \leqslant p. \end{array}$$

La matrice $A_{I,J}$ est inversible, donc ses colonnes sont linéairement indépendantes. Ces colonnes sont les images de $C_{j_1}, \ldots, C_{j_r}$ par la projection $(x_1, \ldots, x_n) \mapsto (x_{i_1}, \ldots, x_{i_r})$ de K^n sur K^r, donc $C_{j_1}, \ldots, C_{j_r}$ sont linéairement indépendantes (proposition 22 de la page 193), d'où $\text{rang}(A) \geqslant r$. Si B' est une matrice bordante inversible de B, c'est une matrice carrée inversible d'ordre $r+1$ extraite de A, donc $\text{rang}(A) \geqslant r+1$, nous venons de le voir.

Supposons inversement $\text{rang}(A) \geqslant r+1$. Les colonnes de B étant linéairement indépendantes, la famille $(C_{j_1}, \ldots, C_{j_r})$ de vecteurs de K^n est libre.

Comme $\dim\big(\text{Vect}(C_1, \ldots, C_n)\big) = \text{rang}(A) > r$, le théorème 8 de la page 337 entraîne l'existence d'un indice $j \in [\![1,p]\!] \setminus J$ tel que $(C_{j_1}, \ldots, C_{j_r}, C_j)$ soit libre.

La matrice $M := [C_{j_1}; \ldots; C_{j_r}; C_j] \in M_{n,r+1}(K)$ est de rang $r+1$. Comme ci-dessus, les lignes de M d'indices $i_1, \ldots, i_r$ sont linéairement indépendantes, et il existe un $i \in [\![1,n]\!] \setminus I$ tel que les lignes d'indices $i_1, \ldots, i_r, i$ de M forment une base de K^{r+1}. En posant $I' := I \cup \{i\}$ et $J' := J \cup \{j\}$, on voit donc que la matrice $A_{I',J'}$ est une matrice bordante *inversible* de B. ■

Corollaire 47. Le rang d'une matrice A est le maximum des ordres des matrices carrées *inversibles* extraites de A.

Démonstration. Soient t ledit maximum et $A_{I,J}$ une matrice carrée d'ordre t extraite de A et inversible. Elle n'a pas de matrice bordante inversible, par maximalité de t. Ainsi $t = \text{rang}(A)$, vu le théorème précédent. ■

Exercice 9.

Trouver le rang de la matrice A suivante, à coefficients dans $\mathbb{Q}$:

$$A := \begin{pmatrix} \boxed{1} & 2 & \boxed{3} & 4 \\ 2 & 4 & 6 & 8 \\ \boxed{3} & 6 & \boxed{8} & 9 \end{pmatrix}, \quad B := \begin{pmatrix} 1 & 3 \\ 3 & 8 \end{pmatrix}.$$

Solution. Puisque $a_{1,1} \neq 0$, $\text{rang}(A) \geqslant 1$. Pour voir si $\text{rang}(A) \geqslant 2$, vu le corollaire, il faut voir si A possède un mineur non nul d'ordre 2, il y a 18 tels mineurs (pourquoi ?). Le théorème 46 est plus puissant : il suffit de regarder les 6 matrices bordantes $A_{\{1,i\},\{1,j\}}$, où $i \in \{2,3\}$ et $j \in \{2,3,4\}$.

L'une d'elles est la matrice B, de déterminant $1 \times 8 - 3 \times 3 = -1$, d'où $\text{rang}(A) \geqslant 2$. On peut de même chercher une bordante inversible de B. Il n'y en a pas : notant L_1, L_2, L_3 les lignes de A, on a $L_2 = 2L_1$, d'où $\text{rang}(A) = 2$.

Application : orientation d'un espace vectoriel réel.

Soit E un espace vectoriel *réel* de dimension finie $n \geqslant 1$ (le corps de base est donc $\mathbb{R}$). Étant données deux bases $\mathcal{B}, \mathcal{B}'$ de E, le déterminant de la matrice de passage de $\mathcal{B}$ à $\mathcal{B}'$ est un réel non nul ; nous dirons que $\mathcal{B}, \mathcal{B}'$ sont *de même sens* si $\det\big(\text{Pass}(\mathcal{B}, \mathcal{B}')\big) > 0$ et de sens opposé si $\det\big(\text{Pass}(\mathcal{B}, \mathcal{B}')\big) < 0$. Sur l'ensemble des bases de E, la relation « être de même sens » est une relation d'équivalence : la réflexivité est évidente, la symétrie vient de la proposition 30 de la page 351, la transitivité vient de l'égalité (18).

En pratique, choisissons une base $\mathcal{B}_0$ de E, par exemple la base canonique si $E = \mathbb{R}^n$. Une base $\mathcal{B}$ est dite *directe* si elle est de même sens que $\mathcal{B}_0$ et *indirecte* sinon ; on dit que E est *orienté* par le choix de la base $\mathcal{B}_0$. Sur l'ensemble des bases de E, il y a donc deux classes pour la relation d'équivalence « être de même sens », ce sont par définition les deux *orientations* de E. Orienter E, c'est choisir l'une d'elles.

3.3 Déterminant d'un endomorphisme

À partir de la notion de déterminant d'une matrice carrée, nous allons définir deux autres notions de déterminant : le déterminant d'un endomorphisme et le déterminant de n vecteurs relativement à une base.

Théorème et définition 48. Soit f un endomorphisme d'un espace vectoriel E de dimension finie $n \geqslant 1$. Il existe un unique élément de K, noté $\det(f)$, tel que, pour *toute* base $\mathcal{B}$ de E, l'égalité suivante soit vérifiée :

$$\det(f) = \det\Big(\text{Mat}_{\mathcal{B}}(f)\Big). \tag{36}$$

Ce scalaire $\det(f)$ est appelé *déterminant* de f.

Démonstration. Il s'agit de voir que, si $\mathcal{B}$ est une base de E, $\det\big(\text{Mat}_{\mathcal{B}}(f)\big)$ est *indépendant* du choix de $\mathcal{B}$, *i.e.* ne dépend que de f.

Soient donc $\mathcal{B}$ et $\mathcal{B}'$ deux bases de E, $P := \text{Pass}(\mathcal{B}, \mathcal{B}') \in GL_n(K)$ et $A := \text{Mat}_{\mathcal{B}}(f)$, $A' := \text{Mat}_{\mathcal{B}'}(f)$. La formule (22) donne : $A' = P^{-1}AP$. Ainsi, d'après la proposition 45 de la page 364 et la commutativité de K, $\det(A') = \det\left(P^{-1}AP\right)$ vaut :

$$\det(P)^{-1}\det(A)\det(P) = \left[\det(P)^{-1}\det(P)\right]\det(A) = \det(A).$$

■

Pour calculer le déterminant d'un endomorphisme f de E, nous pouvons donc choisir de façon appropriée une base de E, alors $\det(f)$ est le déterminant de la matrice représentant f dans cette base.

Exemples.

1. Soit $\alpha \in K$. Le déterminant de $\alpha\,\text{Id}_E$ est α^n : dans toute base de E, la matrice de $\alpha\,\text{Id}_E$ est αI_n, de déterminant α^n (théorème 35 de la page 355).

2. Reprenons les hypothèses et notations de l'exemple 4 de la page 350. Vu l'égalité $(**)$ de cet exemple, $\det(s)$ est le déterminant de la matrice $\mathrm{Diag}(1,\ldots,1,-1,\ldots,-1)$ (r coefficients valent 1, les $n-r$ autres valent -1), il vaut $(-1)^{n-r}$. Dans $\mathbb{R}^2$, une symétrie par rapport à une droite est de déterminant -1. Dans $\mathbb{R}^3$, une symétrie par rapport à un plan (resp. une droite) est de déterminant -1 (resp. 1).

Le résultat suivant montre l'importance de cette notion de déterminant :

Théorème 49. Soit f un endomorphisme d'un espace vectoriel E de dimension finie $n \geqslant 1$. Pour que f soit bijectif (*i.e.* soit un automorphisme de E), il faut, et il suffit, que son déterminant soit non nul. Lorsque c'est le cas, on a :

$$\det\bigl(f^{-1}\bigr) = \bigl[\det(f)\bigr]^{-1}. \tag{37}$$

Démonstration. Soient $\mathcal{B}$ une base et $A := \mathrm{Mat}_{\mathcal{B}}(f) \in M_n(K)$. D'après le théorème 28 de la page 349, f est bijectif si, et seulement si, A est inversible, *i.e.* si $\det(A) \neq 0$, auquel cas $\mathrm{Mat}_{\mathcal{B}}(f^{-1}) = A^{-1}$. Vu le théorème 44 de la page 363, A est inversible si, et seulement si, $\det(A) \neq 0$, soit $\det(f) \neq 0$, auquel cas :

$$\det\bigl(f^{-1}\bigr) = \det\bigl(\mathrm{Mat}_{\mathcal{B}}(f^{-1})\bigr) = \det(A^{-1}) = \bigl[\det(A)\bigr]^{-1} = \bigl[\det(f)\bigr]^{-1}.$$

■

Proposition 50. Soit E un espace vectoriel de dimension finie $n \geqslant 1$.

1. Pour tous $f, g \in \mathcal{L}(E)$, on a :
$$\det(f \circ g) = \det(f)\det(g). \tag{38}$$
2. Pour tous $f \in \mathcal{L}(E)$ et $\alpha \in K$, on a : $\det(\alpha f) = \alpha^n \det(f)$.
3. L'application $\det : f \mapsto \det(f)$ de $\mathcal{GL}(E)$ dans K^* est un morphisme de groupes multiplicatifs.

Démonstration. En passant par les matrices dans une base de E fixée, 1 et 3 résultent de la proposition 29 de la page 349 et de la proposition 45 de la page 364. L'assertion 2 résulte de 1, puisque $\det(\alpha\,\mathrm{Id}_E) = \alpha^n$. ■

Passons au déterminant de n vecteurs dans une base donnée.

Définition 11. Soient E un espace vectoriel de dimension finie $n \geqslant 1$ et $\mathcal{B}$ une base de E. Étant donnés n vecteurs $x_1,\ldots,x_n$ de E, on appelle *déterminant de* $x_1,\ldots,x_n$ *dans la base* $\mathcal{B}$ le déterminant de la matrice de la famille $(x_1,\ldots,x_n)$ dans la base $\mathcal{B}$. Ce déterminant est noté $\det_{\mathcal{B}}(x_1,\ldots,x_n)$:

$$\det_{\mathcal{B}}(x_1,\ldots,x_n) := \det\bigl(\mathrm{Mat}_{\mathcal{B}}(x_1,\ldots,x_n)\bigr).$$

Voyons quelques propriétés de ce déterminant.

Proposition 51. Soient E un espace vectoriel de dimension finie $n \geqslant 1$ et P la matrice de passage d'une base $\mathcal{B}$ à une base $\mathcal{B}'$ de E. Si $x_1, \ldots, x_n \in E$, on a :

$$\det_{\mathcal{B}}(x_1, \ldots, x_n) = \det(P) \times \det_{\mathcal{B}'}(x_1, \ldots, x_n).$$

Démonstration. Pour tout j, soit X_j (resp. X'_j) la matrice colonne des composantes de x_j dans la base $\mathcal{B}$ (resp. $\mathcal{B}'$). Par définition, on a :

$$\mathrm{Mat}_{\mathcal{B}}(x_1, \ldots, x_n) = [X_1; \ldots; X_n] \quad \text{et} \quad \mathrm{Mat}_{\mathcal{B}'}(x_1, \ldots, x_n) = [X'_1; \ldots; X'_n].$$

La proposition 31 de la page 351 donne $X_j = PX'_j$ pour tout j, d'où :

$$\mathrm{Mat}_{\mathcal{B}}(x_1, \ldots, x_n) = P \times \mathrm{Mat}_{\mathcal{B}'}(x_1, \ldots, x_n).$$

Il suffit alors de prendre les déterminants des deux membres. ■

La proposition suivante résulte immédiatement du théorème 35 de la page 355 :

Proposition 52. Soient E un espace vectoriel de dimension finie $n \geqslant 1$, $\mathcal{B}$ une base de E et $x_1, \ldots, x_n$ des vecteurs de E. Posons $d := \det_{\mathcal{B}}(x_1, \ldots, x_n)$. Alors :

1. Soit $j \in [\![1, n]\!]$. Lorsque les x_i pour $i \neq j$ sont fixés, d dépend linéairement de x_j.
2. Si l'un des vecteurs x_j est nul, ou si deux des vecteurs x_j sont égaux, on a $d = 0$.
3. Pour toute permutation $s \in \mathfrak{S}_n$, on a :

$$\det_{\mathcal{B}}(x_{s(1)}, \ldots, x_{s(n)}) = \varepsilon(s)\det_{\mathcal{B}}(x_1, \ldots, x_n).$$

Si l'on échange deux des vecteurs x_j, d est donc remplacé par $-d$.

Théorème 53. Soient E un espace vectoriel de dimension finie $n \geqslant 1$, $\mathcal{B}$ une base de E et $x_1, \ldots, x_n$ des vecteurs de E. Pour que $(x_1, \ldots, x_n)$ soit une base de E, il faut, et il suffit, que $\det_{\mathcal{B}}(x_1, \ldots, x_n)$ soit non nul.

Démonstration. Soit $A := \mathrm{Mat}_{\mathcal{B}}(x_1, \ldots, x_n)$. Le rang r de A est égal au rang de la famille $(x_1, \ldots, x_n)$ (théorème 20 de la page 344). D'après la proposition 19 de la page 343, $(x_1, \ldots, x_n)$ est une base de E si, et seulement si, $r = n$, *i.e.* si A est de rang n, c'est-à-dire inversible. Comme $\det_{\mathcal{B}}(x_1, \ldots, x_n) = \det(A)$, la conclusion vient du théorème 44 de la page 363. ■

Exercice 10.
Soient $a_1, \ldots, a_n$ des scalaires deux à deux distincts. Pour tout $i \in [\![1, n]\!]$, posons $x_i := (1, a_i, a_i^2, \ldots, a_i^{n-1}) \in K^n$. Montrer que $(x_1, \ldots, x_n)$ est une base de K^n.

Solution. Soit en effet $\mathcal{B}$ la base canonique de K^n. La matrice de $(x_1, \ldots, x_n)$ dans la base $\mathcal{B}$ est la matrice $A \in M_n(K)$ de coefficients a_i^{j-1}, $(i, j) \in [\![1, n]\!]^2$. Le déterminant de A est le déterminant de Vandermonde $V(a_1, \ldots, a_n)$, il n'est donc pas nul (*cf.* l'exercice 7 de la page 362). Il suffit alors d'appliquer le théorème précédent.

Voici enfin un lien entre les notions de déterminant d'un endomorphisme et de déterminant de n vecteurs.

Théorème 54. Soit f un endomorphisme d'un espace vectoriel E de dimension finie $n \geqslant 1$. Pour toute base $\mathcal{B}$ de E et tous vecteurs $x_1, \ldots, x_n$ de E, on a :

$$\det_{\mathcal{B}}\big(f(x_1), \ldots, f(x_n)\big) = \det(f) \times \det_{\mathcal{B}}(x_1, \ldots, x_n). \tag{39}$$

Démonstration. Soit $A := \mathrm{Mat}_{\mathcal{B}}(f)$. Par ailleurs, pour tout $j \in [\![1, n]\!]$, soit X_j (resp. Y_j) le vecteur colonne des composantes de x_j $\big($resp. $f(x_j)\big)$ dans la base $\mathcal{B}$. Le théorème 23 de la page 346 montre que $Y_j = AX_j$ pour tout j, donc :

$$\begin{aligned}\mathrm{Mat}_{\mathcal{B}}\big(f(x_1), \ldots, f(x_n)\big) &= [Y_1; \ldots; Y_n] = [AX_1; \ldots; AX_n] \\ &= A[X_1; \ldots; X_n] = A\,\mathrm{Mat}_{\mathcal{B}}(x_1, \ldots, x_n).\end{aligned}$$

D'où la conclusion, en prenant les déterminants des deux membres. ∎

Terminons par une illustration géométrique des déterminants. Notons $\mathcal{B} := (\vec{\imath}, \vec{\jmath}, \vec{k})$ la base canonique de $\mathbb{R}^3$. Soient u, u' deux vecteurs de $\mathbb{R}^3$, considérés comme vecteurs colonnes :

$$u := \begin{pmatrix} a \\ b \\ c \end{pmatrix} \qquad \text{et} \qquad u' := \begin{pmatrix} a' \\ b' \\ c' \end{pmatrix}.$$

Notons $(u \mid u')$ le produit scalaire de u et u' : $(u \mid u') := aa' + bb' + cc'$. Ainsi, $||u||$ désignant la longueur de u, $||u||^2 = (u \mid u) = a^2 + b^2 + c^2$. On définit aussi le *produit vectoriel* $u \wedge u'$ de u et u', utile en physique notamment :

$$u \wedge u' := \begin{pmatrix} bc' - cb' \\ ca' - ac' \\ ab' - ba' \end{pmatrix} \quad \textit{i.e.} \quad \begin{pmatrix} a \\ b \\ c \end{pmatrix} \wedge \begin{pmatrix} a' \\ b' \\ c' \end{pmatrix} := \begin{pmatrix} bc' - cb' \\ ca' - ac' \\ ab' - ba' \end{pmatrix}.$$

Remarquons que les composantes de $u \wedge u'$ sont, dans l'ordre, $\begin{vmatrix} b & b' \\ c & c' \end{vmatrix}$, $-\begin{vmatrix} a & a' \\ c & c' \end{vmatrix}$ et $\begin{vmatrix} a & a' \\ b & b' \end{vmatrix}$. Par exemple, $\vec{\imath} \wedge \vec{\jmath} = \vec{k}$. On vérifie immédiatement *l'identité de Lagrange* suivante (en développant consciencieusement) :

$$\begin{aligned}(a^2 + b^2 + c^2)(a'^2 + b'^2 + c'^2) &= (aa' + bb' + cc')^2 + (bc' - b'c)^2 \\ &\quad + (ca' - ac')^2 + (ab' - ba')^2,\end{aligned}$$

$$\text{soit : } \quad ||u||^2 ||u'||^2 = (u \mid u')^2 + ||u \wedge u'||^2. \tag{40}$$

Supposons u, u' non nuls, et notons $\theta \in [\![0, \pi]\!]$ l'angle de u et u'.
On sait que $(u|u') = ||u||\,||u'|| \cos\theta$, d'où $||u \wedge u'|| = ||u||\,||u'|| \sin\theta$, vu l'égalité ci-dessus. Ainsi $u \wedge u' = 0$ si, et seulement si, u, u' sont colinéaires ($\theta = 0$ ou $\theta = \pi$). Si (u, u') est libre et si $c = c' = 0$, on peut assimiler u, u' à des vecteurs de $\mathbb{R}^2$.

L'égalité $||u \wedge u'|| = ||u||\,||u'|| \sin\theta$ montre alors que $|ab' - ba'|$ est *l'aire géométrique* du parallélogramme construit sur u, u' (le vérifier en exercice).
En général, l'égalité (40) impliquant $\big|(u|u')\big| \leqslant ||u||\,||u'||$, on peut d'ailleurs définir « rigoureusement » l'angle θ par la formule :

$$\theta \;:=\; \arccos\left(\frac{(u \mid u')}{||u||\,||u'||}\right).$$

Définition 12. Soit $u'' = \begin{pmatrix} a'' \\ b'' \\ c'' \end{pmatrix}$ un troisième vecteur de $\mathbb{R}^3$. On appelle *produit mixte* de u, u', u'' (dans cet ordre) et l'on note $[u, u', u'']$ le déterminant :

$$[u, u', u''] \;:=\; \det_{\mathcal{B}}(u, u', u'') \;=\; \begin{vmatrix} a & a' & a'' \\ b & b' & b'' \\ c & c' & c'' \end{vmatrix}. \qquad (41)$$

Indiquons quelques propriétés simples du produit mixte.

1. Le produit mixte $[u, u', u'']$ est nul si, et seulement si, les vecteurs u, u', u'' sont *liés* : cela résulte du théorème 53 de la page 368.
2. Si $[u, u', u''] \neq 0$, $\mathcal{C} = (u, u', u'')$ est une base de $\mathbb{R}^3$, elle est directe si $[u, u', u''] > 0$ et indirecte si $[u, u', u''] < 0$.
3. Si l'on échange deux des trois vecteurs u, u', u'', $[u, u', u'']$ change de signe. Par contre $[u, u', u'']$ est *invariant par permutation circulaire* :
$$[u, u', u''] \;=\; [u', u'', u] \;=\; [u'', u, u'].$$
Cela résulte de la propriété 5 du théorème 35 de la page 355, puisqu'une transposition est de signature -1 et le 3-cycle $(1\;2\;3)$ est de signature $+1$.
4. Si deux des vecteurs u, u', u'' sont fixés, $[u, u', u'']$ dépend linéairement du troisième (propriété 1 du théorème 35 de la page 355).
5. Développons le déterminant ci-après par rapport à sa $3^{\text{ème}}$ colonne :
$$\begin{vmatrix} a & a' & a'' \\ b & b' & b'' \\ c & c' & c'' \end{vmatrix} = a'' \begin{vmatrix} b & b' \\ c & c' \end{vmatrix} - b'' \begin{vmatrix} a & a' \\ c & c' \end{vmatrix} + c'' \begin{vmatrix} a & a' \\ b & b' \end{vmatrix}.$$
Du calcul des composantes de $u \wedge u'$, on déduit la formule suivante, reliant produit scalaire, produit vectoriel et produit mixte :
$$[u, u', u''] \;=\; \big(u \wedge u' \mid u''\big). \qquad (42)$$
En prenant $u := u'$ ou $u := u''$, on voit que $u \wedge u'$ est orthogonal à u et u'. En prenant $u'' := u \wedge u'$, il vient $||u \wedge u'||^2 = [u, u', u \wedge u']$. Si (u, u') est libre, $(u, u', u \wedge u')$ est donc une base *directe* de $\mathbb{R}^3$.
6. Supposons $[u, u', u''] \neq 0$. On montre que $\big|[u, u', u'']\big|$ est le *volume* du parallélépipède construit sur les vecteurs u, u', u''.

3.4 Valeurs propres et vecteurs propres

Cette section constitue une introduction aux notions de valeur propre et de vecteur propre d'un endomorphisme ou d'une matrice carrée. Ces notions feront l'objet d'une étude plus approfondie en L2.

Soient E un K-espace vectoriel non trivial et u un endomorphisme de E. Pour l'instant, E n'est pas nécessairement de dimension finie. Un sous-espace vectoriel V de E est dit *stable* ou *invariant* par u si $u(V) \subset V$. Cette notion sera utile en L2, à propos de la réduction des endomorphismes.

Exemples.

1. Soit u l'endomorphisme $(x, y, z) \mapsto (y, z, x)$ de K^3.
   Le plan d'équation $x + y + z = 0$ est stable par u, la droite engendrée par $(1, 1, 1)$ aussi.
2. Soient V, W deux sous-espaces vectoriels supplémentaires de E et $p \in \mathcal{L}(E)$ la projection sur V parallèlement à W.
   Alors V et W sont stables par p, puisque $\forall x \in V,\ p(x) = x$ et $\forall x \in W,\ p(x) = 0$.

Lorsque V est une droite, V est stable par u si, et seulement si, pour tout vecteur $x \in V$, $u(x)$ est colinéaire à x. D'où la définition suivante :

Définition 13.

1. Soit x un vecteur *non nul* de E. On dit que x est un *vecteur propre* de u si $u(x)$ est colinéaire à x.
2. Soit $\lambda \in K$. On dit que λ est une *valeur propre* de u si l'endomorphisme $u - \lambda\,\mathrm{Id}_E$ de E n'est pas injectif. Dans ce cas, le noyau de $u - \lambda\,\mathrm{Id}_E$ est appelé *espace propre de u associé à λ*.

Soit x un vecteur propre de u. *Il est essentiel de se rappeler que x est alors non nul*, par définition. Puisque $u(x)$ est colinéaire à x et $x \neq 0$, il existe un *unique* $\lambda \in K$ tel que $u(x) = \lambda x$. Ainsi $x \in \mathrm{Ker}(u - \lambda\,\mathrm{Id}_E)$, en particulier $\mathrm{Ker}(u - \lambda\,\mathrm{Id}_E) \neq \{0\}$, autrement dit λ est valeur propre de u ; nous dirons que x est un *vecteur propre de u associé à la valeur propre λ*.

Soit λ une valeur propre de u. Notons $E_\lambda(u)$ l'espace propre de u associé à λ. Par définition, $u(x) = \lambda x$ pour tout $x \in E_\lambda(u)$. Ainsi $E_\lambda(u)$ est formé de 0 et des vecteurs propres de u associés à λ. Noter qu'un vecteur propre de u donné appartient à un unique sous-espace propre de u, à savoir $E_\lambda(u)$, où λ est l'unique scalaire tel que $u(x) = \lambda x$.

Exemples.

1. Supposons que u soit une homothétie : $u := \alpha\,\mathrm{Id}_E$, où $\alpha \in K$. Par définition même, α est l'unique valeur propre de u, et l'espace propre correspondant est E : tout vecteur non nul de E est vecteur propre de u. Cette propriété *caractérise* les homothéties. En effet, la preuve du théorème 41 de la page 202 montre que, si $u \in \mathcal{L}(E)$ est tel que tout vecteur non nul de E soit vecteur propre de u, alors u est une homothétie.

2. Pour tout $a \in \mathbb{R}$, notons f_a la fonction $x \mapsto e^{ax}$ de $\mathbb{R}$ dans $\mathbb{R}$. Elle est dérivable, et $f'_a = af_a$. Soit E le sous-espace vectoriel de $\mathcal{F}(\mathbb{R}, \mathbb{R})$ engendré par les f_a, $a \in \mathbb{R}$. Il est clair que toute fonction $f \in E$ est dérivable et que $f' \in E$. L'application $u : f \mapsto f'$ est donc un endomorphisme de E. Si $a \in \mathbb{R}$, f_a est vecteur propre de u associé à la valeur propre a. Ainsi tous les réels sont des valeurs propres de u.

3. Soient V, W deux sous-espaces vectoriels supplémentaires non triviaux de E et $p \in \mathcal{L}(E)$ la projection sur V parallèlement à W. On a $p(v) = v$ pour tout $v \in V$ et $p(w) = 0$ pour tout $w \in W$. Ainsi 1 et 0 sont valeurs propres de p, les espaces propres correspondants étant V et W : $V = \mathrm{Ker}(p - \mathrm{Id}_E)$ et $W = \mathrm{Ker}(p)$.

   Si $\mathrm{car}(K) \neq 2$, soit $s \in \mathcal{L}(E)$ la symétrie par rapport à V parallèlement à W. Ici, $V = \mathrm{Ker}(s - \mathrm{Id}_E)$ et $W = \mathrm{Ker}(s + \mathrm{Id}_E)$, donc 1 et -1 sont valeurs propres de s. Le lecteur vérifiera que $1, 0$ (resp. $1, -1$) sont les seules valeurs propres de p (resp. de s).

Les *éléments propres*, *i.e.* les valeurs propres et vecteurs propres, peuvent aussi être définis pour une matrice *carrée* :

Définition 14. Soit $A \in M_n(K)$, $n \geqslant 1$.
Notons u l'endomorphisme $X \mapsto AX$ de K^n (on identifie K^n à $M_{n,1}(K)$).

1. On appelle *vecteur propre de* A tout vecteur colonne non nul $X \in M_{n,1}(K)$ tel que AX soit colinéaire à X.
2. On appelle *valeur propre de* A toute valeur propre de u.

Étant donné un endomorphisme u d'un espace vectoriel $E \neq \{0\}$, ou bien une matrice $A \in M_n(K)$, deux problèmes naturels se posent. Comment déterminer les valeurs propres de u (ou A) ? D'autre part, une telle valeur propre λ étant fixée, comment déterminer l'espace propre correspondant ?
En dimension finie, nous verrons que le premier problème se ramène à la recherche des racines d'un certain polynôme, le second problème se ramenant à la résolution d'un système linéaire. Voici notre point de départ :

Proposition 55.

1. Soit u un endomorphisme d'un espace vectoriel E de dimension finie $n \geqslant 1$. Un scalaire λ est valeur propre de u si, et seulement si,
$$\det(u - \lambda\, \mathrm{Id}_E) = 0. \tag{43}$$
2. Soit de même $A \in M_n(K)$, $n \geqslant 1$. Un scalaire λ est valeur propre de A si, et seulement si,
$$\det(A - \lambda I_n) = 0. \tag{44}$$

Démonstration. Prouvons 1. Par définition, λ est valeur propre de u si, et seulement si, $u - \lambda\, \mathrm{Id}_E \in \mathcal{L}(E)$ n'est pas injectif. D'après le théorème 49 de la page 367, cela revient à dire que le déterminant de $u - \lambda\, \mathrm{Id}_E$ est nul.

Pour 2, soit u l'endomorphisme $X \mapsto AX$ de K^n. Par définition, λ est valeur propre de A si, et seulement s'il est valeur propre de u, ce qui revient, d'après 1, à dire que $\det(u - \lambda\,\mathrm{Id}_{K^n}) = 0$. D'où la conclusion : $A - \lambda I_n$ est la matrice de $u - \lambda\,\mathrm{Id}_{K^n}$ dans la base canonique de K^n, donc le théorème et définition 48 de la page 366 donne : $\det(u - \lambda\,\mathrm{Id}_{K^n}) = \det(A - \lambda\, I_n)$. ■

Remarque. Soient E un K-espace vectoriel de dimension finie $n \geqslant 1$, $\mathcal{B} := (e_1, \ldots, e_n)$ une base de E, $u \in \mathcal{L}(E)$ et $A := \mathrm{Mat}_{\mathcal{B}}(u)$. Soit $\lambda \in K$. La matrice de $u - \lambda\,\mathrm{Id}_E$ dans la base $\mathcal{B}$ est $A - \lambda\, I_n$. Vu la proposition précédente, λ est valeur propre de u si, et seulement s'il est valeur propre de A. Un vecteur colonne $X := {}^t(x_1, \ldots, x_n)$ est vecteur propre de A associé à λ si, et seulement si, $x = \sum\limits_{j=1}^{n} x_j e_j$ est vecteur propre de u associé à λ.

L'assertion 2 de la proposition 55 de la page ci-contre motive la définition suivante :

Définition 15. Soit $A \in M_n(K)$, $n \geqslant 1$. On appelle *polynôme caractéristique de A* le polynôme $\chi_A \in K[X]$ défini par la formule :

$$\chi_A := \det(XI_n - A)\,. \tag{45}$$

La matrice carrée $XI_n - A$ est à coefficients dans l'anneau des polynômes $K[X]$. Ainsi le déterminant de cette matrice est bien défini, et il appartient à $K[X]$, d'après la remarque de la page 355. Cela justifie la définition. En notant $a_{i,j}$ les coefficients de A, le polynôme χ_A s'écrit :

$$\chi_A(X) = \begin{vmatrix} X - a_{1,1} & -a_{1,2} & \ldots & -a_{1,n} \\ -a_{2,1} & X - a_{2,2} & \ldots & -a_{2,n} \\ \ldots & \ldots & \ldots & \ldots \\ -a_{n,1} & -a_{n,2} & \ldots & X - a_{n,n} \end{vmatrix}. \tag{46}$$

Certains prennent comme définition $\chi_A := \det(A - XI_n)$, ce qui revient à multiplier par $(-1)^n$ le polynôme χ_A défini ci-dessus. Voici des propriétés simples du polynôme caractéristique :

Proposition 56. Soient $A \in M_n(K)$ et χ_A son polynôme caractéristique. Alors :

1. Pour tout $\lambda \in K$, on a : $\chi_A(\lambda) = \det(\lambda\, I_n - A)$. En particulier, le terme constant de χ_A est : $\chi_A(0) = (-1)^n \det(A)$.
2. Le polynôme χ_A est de degré n et unitaire : son terme de plus haut degré est X^n.
3. Le coefficient de X^{n-1} dans χ_A est : $-\big(a_{1,1} + a_{2,2} + \cdots + a_{n,n}\big)$, en notant $a_{i,j}$ les coefficients de A.

Démonstration. Les coefficients $b_{i,j}$ de la matrice $B := XI_n - A$ appartiennent à $K[X]$. Par définition, $\chi_A = \det(B)$. Soit $\lambda \in K$. L'application $P \mapsto P(\lambda)$ est un morphisme d'anneaux f de $K[X]$ dans K. Avec les notations de la remarque de la page 355, il vient

$\chi_A(\lambda) = f(\chi_A) = f\big(\det(B)\big) = \det\big(f(B)\big)$. Mais $f(B) = \lambda I_n - A$, d'où la première formule en 1.

Pour l'assertion 2, partons de la définition d'un déterminant :

$$\chi_A = \det(B) = \sum_{s\in\mathfrak{S}_n} \varepsilon(s)\, b_{s(1),1} b_{s(2),2} \cdots b_{s(n),n}\,. \qquad (*)$$

Dans la somme donnant $\det(B)$, mettons à part le terme c correspondant à $s = \mathrm{Id}_{[\![1,n]\!]}$: $c := (X - a_{1,1})(X - a_{2,2})\cdots(X - a_{n,n})$. Comme polynôme en X, c est unitaire de degré n. Si $s \neq \mathrm{Id}_{[\![1,n]\!]}$, il existe un indice i tel que $s(i) \neq i$, alors $b_{s(i),i} = -a_{s(i),i}$ est constant, *i.e.* de degré au plus 0. Le terme correspondant à s est donc de degré au plus $n-1$. D'où l'assertion 2, χ_A étant la somme de X^n et de termes de degré au plus $n-1$.

L'assertion 3 utilise la formule (28) du module II.2 (*cf.* l'exercice II.7.23). ■

Théorème 57. Soient $A \in M_n(K)$, $n \geqslant 1$ et χ_A le polynôme caractéristique de A.

1. Les valeurs propres de A sont les racines de χ_A dans K.
2. La matrice A possède *au plus* n valeurs propres.
3. Si $K = \mathbb{C}$, la matrice A possède *au moins* une valeur propre.

Démonstration. D'après la proposition 55 de la page 372, un scalaire λ est valeur propre de A si, et seulement si, $\det(A - \lambda I_n) = 0$, ce qui revient à dire que $\chi_A(\lambda) = 0$, *i.e.* que λ est racine de χ_A. Cela prouve l'assertion 1.

Un polynôme de degré n à coefficients dans K a au plus n racines dans K ; l'assertion 2 résulte donc de l'assertion 1, car le degré de χ_A est n.

Prouvons de même 3 : $\chi_A \in \mathbb{C}[X]$ étant de degré $n \geqslant 1$, le théorème de d'Alembert-Gauß montre qu'il a au moins une racine dans $\mathbb{C}$. ■

***Exemples*.**

1. Soit $A \in M_n(K)$ une matrice triangulaire et $a_{i,j}$ ses coefficients.

La matrice $XI_n - A \in M_n\big(K[X]\big)$ est encore triangulaire. D'après le théorème 39 de la page 358, son déterminant est le produit de ses termes diagonaux :

$$\chi_A = (X - a_{1,1})(X - a_{2,2})\cdots(X - a_{n,n})\,.$$

Si donc $A := \alpha I_n$ est une matrice d'homothétie, $\chi_A = (X - \alpha)^n$.

2. Soit $A := \begin{pmatrix} a & b \\ c & d \end{pmatrix} \in M_2(K)$. La proposition 56 de la page précédente donne :

$$\chi_A = X^2 - (a+d)X + (ad - bc)\,.$$

Exercice 11.

Chercher les valeurs propres de la matrice $A := \begin{pmatrix} 3 & -2 & -3 \\ 2 & 1 & -3 \\ 0 & -1 & 1 \end{pmatrix} \in M_3(\mathbb{C})$.

Solution. Développons $\chi_A = \begin{vmatrix} X-3 & 2 & 3 \\ -2 & X-1 & 3 \\ 0 & 1 & X-1 \end{vmatrix}$ par rapport à sa dernière ligne :

$$\begin{aligned}
\chi_A &= -\begin{vmatrix} X-3 & 3 \\ -2 & 3 \end{vmatrix} + (X-1)\begin{vmatrix} X-3 & 2 \\ -2 & X-1 \end{vmatrix} \\
&= -\big[3(X-3)+6\big] + (X-1)\big[(X-3)(X-1)+4\big] \\
&= -3(X-1) + (X-1)\big[X^2-4X+7\big] = (X-1)\big[(X^2-4X+7)-3\big] \\
&= (X-1)(X^2-4X+4) \;=\; (X-1)(X-2)^2\,.
\end{aligned}$$

Ainsi A a deux valeurs propres, à savoir 1 et 2.

Pour passer aux endomorphismes, nous avons besoin d'un résultat :

Proposition 58. Soient $A \in M_n(K)$ et $P \in GL_n(K)$, $n \geqslant 1$.
Posons $A' := P^{-1}AP$. Les matrices A et A' ont le même polynôme caractéristique.

Démonstration. Considérons les matrices $B := XI_n - A$, $B' := XI_n - A'$, à coefficients dans $K[X]$. La matrice d'homothétie XI_n commute avec toute matrice de $M_n\big(K(X)\big)$, en particulier avec P. Ainsi :

$$P^{-1}BP = P^{-1}(XI_n - A)P = P^{-1}(XI_n)P - P^{-1}AP = (P^{-1}P)(XI_n) - A'\,,$$

soit $P^{-1}BP = XI_n - A' = B'$. On en déduit :

$$\chi_{A'} = \det(B') = \det(P^{-1}BP) = \det(P)^{-1}\det(B)\det(P) = \det(B) = \chi_A\,.$$

■

Théorème et définition 59. Soient E un espace vectoriel de dimension finie $n \geqslant 1$ et $u \in \mathcal{L}(E)$. Soient $\mathcal{B}$ une base de E et A la matrice de u dans la base $\mathcal{B}$. Le polynôme caractéristique de A est *indépendant* du choix de la base $\mathcal{B}$, il ne dépend que de u. On l'appelle *polynôme caractéristique de* u et on le note χ_u.

Démonstration. Soient en effet $\mathcal{B}'$ une autre base de E et A' la matrice de u dans cette base. Notant P la matrice de passage de $\mathcal{B}$ à $\mathcal{B}'$, on sait que $A' = P^{-1}AP$. La proposition précédente montre donc que $\chi_{A'} = \chi_A$. ■

Retenons de ce théorème la propriété suivante :

PROPRIÉTÉ. *Pour* toute *matrice A représentant u dans une certaine base, le polynôme caractéristique de u est égal au polynôme caractéristique de A.*

Le polynôme caractéristique d'un endomorphisme a les mêmes propriétés que le polynôme caractéristique d'une matrice. Ainsi :

Proposition 60. Soient u un endomorphisme d'un espace vectoriel E de dimension finie $n \geqslant 1$ et χ_u son polynôme caractéristique. Alors :

1. Pour tout $\lambda \in K$, on a : $\chi_u(\lambda) = \det(\lambda \operatorname{Id}_E - u)$.
   En particulier, le terme constant de χ_u est : $\chi_u(0) = (-1)^n \det(u)$.
2. Le polynôme χ_u est unitaire de degré n.

Démonstration. Soit $A \in M_n(K)$ la matrice représentant u dans une certaine base $\mathcal{B}$ de E. Nous savons que $\chi_u = \chi_A$. La conclusion vient alors de la proposition 56 de la page 373 et du théorème et définition 48 de la page 366, à condition de noter que, si $\lambda \in K$, $\lambda I_n - A$ est la matrice de $\lambda \operatorname{Id}_E - u$ dans la base $\mathcal{B}$. ∎

Théorème 61. Soient u un endomorphisme d'un espace vectoriel E de dimension finie $n \geqslant 1$ et χ_u son polynôme caractéristique. Alors :

1. Les valeurs propres de u sont les racines de χ_u dans K.
2. L'endomorphisme u possède *au plus* n valeurs propres.
3. Si $K = \mathbb{C}$, l'endomorphisme u possède *au moins* une valeur propre.

Démonstration. Soit A comme dans la preuve précédente, de sorte que $\chi_u = \chi_A$. D'après la proposition 55 de la page 372, u et A ont les mêmes valeurs propres. Il suffit donc d'appliquer le théorème 57 de la page 374 pour conclure. ∎

Voyons maintenant comment déterminer les vecteurs propres d'une matrice $A \in M_n(K)$ de coefficients $a_{i,j}$. Le théorème 57 de la page 374 montre que les valeurs propres de A sont exactement les racines du polynôme χ_A dans K, il y en a au plus n. Soit λ une telle valeur propre. L'espace propre de A associé à λ est le noyau de l'endomorphisme $v : X \longmapsto (\lambda I_n - A)X$ de $K^n = M_{n,1}(K)$, il est donc formé des vecteurs colonnes X tels que $(\lambda I_n - A)X = 0$. Si l'on écrit $X := {}^t(x_1, \ldots, x_n)$, l'égalité précédente se traduit par le système :

$$\begin{cases} (\lambda - a_{1,1})x_1 - a_{1,2}x_2 - \cdots - a_{1,n}x_n = 0 \\ -a_{2,1}x_1 + (\lambda - a_{2,2})x_2 - \cdots - a_{2,n}x_n = 0 \\ \dots\dots\dots\dots\dots\dots\dots\dots\dots\dots\dots \\ -a_{n,1}x_1 - a_{n,2}x_2 - \cdots + (\lambda - a_{n,n})x_n = 0\,. \end{cases} \tag{47}$$

Les systèmes linéaires feront l'objet de la section suivante. Nous nous contenterons donc ici d'un résultat théorique simple et d'un exemple.

Proposition 62. Soit $\lambda \in K$ une valeur propre de la matrice $A \in M_n(K)$. La dimension de l'espace propre de A associé à λ est $n - \operatorname{rang}(\lambda I_n - A)$.

Démonstration. Soit $V \subset K^n$ cet espace propre. C'est le noyau de l'endomorphisme $v : X \longmapsto (\lambda I_n - A)X$ de K^n. D'après le théorème du rang, $\dim(V) = n - \operatorname{rang}(v)$. La matrice de v dans la base canonique de K^n étant $\lambda I_n - A$, le théorème 21 de la page 345 montre que le rang de v est égal au rang de $\lambda I_n - A$, et la proposition en résulte. ∎

Exercice 12.
Déterminer les espaces propres de la matrice :

$$A := \begin{pmatrix} 3 & -2 & -3 \\ 2 & 1 & -3 \\ 0 & -1 & 1 \end{pmatrix} \in M_3(\mathbb{C}).$$

Solution. Dans l'exercice 11 de la page 374, nous avons montré que A a deux valeurs propres : 1 et 2. Cherchons les espaces propres V_1 et V_2 correspondants.

$$I_3 - A = \begin{pmatrix} -2 & 2 & 3 \\ -2 & 0 & 3 \\ 0 & 1 & 0 \end{pmatrix}, \quad 2I_3 - A = \begin{pmatrix} -1 & 2 & 3 \\ -2 & 1 & 3 \\ 0 & 1 & 1 \end{pmatrix}.$$

Chacune de ces matrices est de rang 2 : son rang est au plus 2 par définition d'une valeur propre, et ses deux dernières lignes ne sont pas colinéaires. Chacun des espaces V_1, V_2 est donc une droite. Écrivons ici $X := {}^t(x, y, z)$. Pour V_1, l'égalité $(I_3 - A)X = 0$ équivaut au système : $-2x + 3z = y = 0$. On en déduit que V_1 est la droite $\mathrm{Vect}(X_1)$, où $X_1 := {}^t(3, 0, 2)$. Pour V_2, l'égalité $(2I_3 - A)X = 0$ équivaut au système : $-2x + y + 3z = y + z = 0$. On en déduit que V_2 est la droite engendrée par le vecteur $X_2 := {}^t(1, -1, 1)$.

Soit $A \in M_n(\mathbb{R})$. Par valeur propre de A, nous entendons en général une valeur propre *complexe* de A, ce qui a un sens puisque $A \in M_n(\mathbb{C})$. Par contre, soient E un espace vectoriel réel de dimension finie $n \geqslant 1$ et $f \in \mathcal{L}(E)$. Une valeur propre de f est *par définition* un réel. Si besoin est, on peut parler de racines complexes du polynôme caractéristique $\chi_f \in \mathbb{R}[X]$. On peut aussi (et c'est la même chose !) parler de valeur propre complexe de la matrice de f dans une base de E donnée.

4 Systèmes linéaires

4.1 Équations linéaires

Soient E, F deux espaces vectoriels sur un corps K et f une application linéaire de E dans F. Étant donné un élément b de F, l'équation suivante :

$$f(x) = b, \tag{48}$$

est dite *équation linéaire* (parce que f est linéaire). Dans cette équation, l'application linéaire f est donnée, ainsi que $b \in F$, appelé *second membre* ; si $b = 0$, l'équation est dite *homogène*. Le vecteur $x \in E$ est *l'inconnue*. Notons $\mathcal{S} := \{x \in E \mid f(x) = b\}$ l'ensemble des solutions de l'équation (48). Résoudre cette équation, c'est déterminer $\mathcal{S}$. Donnons d'abord des propriétés simples de $\mathcal{S}$. La définition d'une application injective (surjective, bijective) a la conséquence utile suivante (*cf.* le module II.3) :

PROPRIÉTÉS.

1. *L'application* f *est surjective si, et seulement si,* pour tout $b \in F$, *l'équation* (48) *a* au moins *une solution.*
2. *L'application* f *est injective si, et seulement si,* pour tout $b \in F$, *l'équation* (48) *a* au plus *une solution.*
3. *L'application* f *est bijective si, et seulement si,* pour tout $b \in F$, *l'équation* (48) *a* exactement *une solution.*

Avant de poursuivre, donnons une définition (*cf.* le module III.1).

Définition 16. Une partie $\mathcal{V}$ de E est appelée *sous-espace affine* s'il existe un sous-espace vectoriel V de E et un point a de E tels que :

$$\mathcal{V} = a + V, \quad \text{où} \quad a + V := \{a + v \mid v \in V\}. \tag{49}$$

On dit alors que $\mathcal{V}$ est le sous-espace affine de *direction* V passant par a. Si V est de dimension finie m, $\mathcal{V}$ est appelé *sous-espace affine de dimension* m de E.

Soit $\mathcal{V}$ un sous-espace affine de E : il existe un point $a \in E$ et un sous-espace vectoriel V de E tels que $\mathcal{V} = a + V$. D'abord $\mathcal{V}$ passe bien par a : $0 \in V$, donc $a = a + 0 \in \mathcal{V}$.
Si $a' \in \mathcal{V}$, on a $\mathcal{V} = a' + V$. En effet, il existe $v_0 \in V$ tel que $a' = a + v_0$. Soit $v \in V$. D'abord $a' + v = a + (v_0 + v)$, et $v_0 + v \in V$, donc $a' + V \subset a + V$. De même $a + v = a' + (v - v_0)$, et $v - v_0 \in V$, donc $a + V \subset a' + V$. Ainsi $a' + V = a + V = \mathcal{V}$: l'égalité (49) est en fait vraie *pour tout* $a \in \mathcal{V}$.
Le sous-espace vectoriel V est unique : si $a \in \mathcal{V}$, l'égalité (49) donne :

$$V = \mathcal{V} - a, \quad \text{soit} \quad V = \{x - a \mid x \in \mathcal{V}\}, \tag{50}$$

en notant $\mathcal{V} - a$ le sous-espace affine $(-a) + \mathcal{V}$.
Soit $\mathcal{V}$ un sous-espace affine de E de dimension m. Si $m = 0$, $\mathcal{V}$ est un point (un singleton). Si $m = 1$ (resp. 2), $\mathcal{V}$ est appelé *droite affine* (resp. *plan affine*) de E. Si la direction V de $\mathcal{V}$ est un hyperplan vectoriel (*cf.* la définition 12 de la page 184) de E, $\mathcal{V}$ est appelé *hyperplan affine* de E.

Exemples.

1. Un sous-espace affine de E passant par 0 est simplement un sous-espace *vectoriel* de E.
2. Soient $x, y \in E$, $x \neq y$. Posons $\mathcal{D} := x + K(y - x)$. Alors $\mathcal{D}$ est une droite affine passant par x et y, sa direction est la droite vectorielle $D := K(y - x)$. En fait $\mathcal{D}$ est la seule droite affine passant par x et y : si Δ est la direction d'une telle droite, l'égalité (50) montre que $y - x \in \Delta$, d'où $\Delta = K(y - x)$ puisque $\dim(\Delta) = 1$.
3. Soit $(\mathcal{V}_i)_{i \in I}$ une famille de sous-espaces affines de E, d'intersection $\mathcal{V}$. Si $i \in I$, soit V_i la direction de $\mathcal{V}_i$. Alors, ou bien $\mathcal{V}$ est vide, ou bien c'est un sous-espace affine de E, de direction $V := \bigcap_{i \in I} V_i$.

   En effet, supposons que $a \in \mathcal{V}$. Un point $x \in E$ appartient à $\mathcal{V}$ si, et seulement si, pour tout $i \in I$, $x \in \mathcal{V}_i = a + V_i$, soit $x - a \in V_i$. D'où $\mathcal{V} = a + V$.

4. Vu la définition 12 de la page 184, tous les hyperplans affines de E s'obtiennent ainsi. Partant d'une *forme linéaire* non nulle $\varphi : E \to K$ et d'un point $a \in E$, on pose :
$$\mathcal{V} \ := \ a + \operatorname{Ker} \varphi \, . \tag{51}$$
Supposons E de dimension finie $n \geqslant 1$, et soit $\mathcal{B} := (e_1, \ldots, e_n)$ une base de E. Posons $a_i := \varphi(e_i)$ pour $i = 1, \ldots, n$ et $b := \varphi(a)$.
Soit maintenant $x \in E$, notons $x_1, \ldots, x_n$ ses composantes dans la base $\mathcal{B}$. Alors $x \in \mathcal{V}$ si, et seulement si, $x - a \in \operatorname{Ker} \varphi$, soit $\varphi(x) = b$. Or :
$$\varphi(x) = \varphi\Big(\sum_{i=1}^n x_i e_i\Big) = \sum_{i=1}^n x_i \varphi(e_i) = \sum_{i=1}^n a_i x_i .$$
Ainsi $x \in \mathcal{V}$ si, et seulement si, l'on a :
$$a_1 x_1 + a_2 x_2 + \cdots + a_n x_n \ = \ b \, , \quad \text{soit} \quad \sum_{i=1}^n a_i x_i \ = \ b \, . \tag{52}$$
En d'autres termes, (52) est une *équation de* $\mathcal{V}$.

Concernant l'équation linéaire (48), voici un théorème important.

Théorème 63. Soit $\mathcal{S} \subset E$ l'ensemble des solutions de l'équation (48).

1. Ou bien $\mathcal{S}$ est vide, ou bien c'est un sous-espace affine de E, la direction de $\mathcal{S}$ étant alors le noyau de f.
2. Supposons E de dimension finie n. Si $\mathcal{S}$ n'est pas vide, c'est un sous-espace affine de E de dimension $n - \operatorname{rang}(f)$.

Démonstration. Soit donc $a \in \mathcal{S}$. Pour tout $x \in E$, on a les équivalences :
$$\begin{aligned} (x \in \mathcal{S}) &\iff \big(f(x) = b\big) \iff \big(f(x) = f(a)\big) \iff \big(f(x - a) = 0\big) \\ &\iff \big(x - a \in \operatorname{Ker}(f)\big) \iff \big(x \in a + \operatorname{Ker}(f)\big) \, . \end{aligned}$$
La troisième équivalence vient de la linéarité de f.
Ainsi $\mathcal{S} = a + \operatorname{Ker}(f)$, ce qui établit l'assertion 1.
L'assertion 2 vient alors du théorème du rang, puisque $\dim(\operatorname{Ker} f) = n - \operatorname{rang}(f)$. ■

4.2 Systèmes linéaires

La résolution pratique des systèmes linéaires a été détaillée dans le module II.4, section 2.2. Certains résultats théoriques, concernant la notion de dimension, avaient alors été admis. Ces résultats étant acquis, reprenons l'étude de ces systèmes, d'un point de vue théorique plutôt qu'algorithmique.
Rappelons que K est un corps commutatif fixé. Considérons un système :
$$(S) : \begin{cases} a_{1,1} x_1 + a_{1,2} x_2 + \cdots + a_{1,p} x_p = b_1 \\ a_{2,1} x_1 + a_{2,2} x_2 + \cdots + a_{2,p} x_p = b_2 \\ \cdots\cdots\cdots\cdots\cdots\cdots\cdots\cdots\cdots \\ a_{n,1} x_1 + a_{n,2} x_2 + \cdots + a_{n,p} x_p = b_n \, . \end{cases} \tag{53}$$

Un tel système est appelé *système linéaire de* n *équations à* p *inconnues* $(n, p \geqslant 1)$. Les scalaires $a_{i,j}, (i,j) \in [\![1,n]\!] \times [\![1,p]\!]$ et $b_1, \ldots, b_n$ sont donnés, ce sont les coefficients du système (ils appartiennent à K). Le système est dit *homogène* (ou « sans second membre ») si tous les b_j sont nuls. Le système :

$$(S_0) : \begin{cases} a_{1,1}x_1 + a_{1,2}x_2 + \cdots + a_{1,p}x_p = 0 \\ a_{2,1}x_1 + a_{2,2}x_2 + \cdots + a_{2,p}x_p = 0 \\ \cdots\cdots\cdots\cdots\cdots\cdots\cdots\cdots \\ a_{n,1}x_1 + a_{n,2}x_2 + \cdots + a_{n,p}x_p = 0 \end{cases} \tag{54}$$

est appelé système homogène *associé* au système (S).

Une *solution* du système (S) est un p-uplet $(x_1, \ldots, x_p) \in K^p$ vérifiant les n équations (53). On note $\mathcal{S} \subset K^p$ l'ensemble des solutions du système (S). *Résoudre* ce système, c'est déterminer $\mathcal{S}$. L'ensemble $\mathcal{S}_0$ des solutions du système homogène (S_0) contient toujours $0 = (0, 0, \ldots, 0) \in K^p$, c'est la solution *triviale*, les autres solutions sont dites *non triviales*.

La matrice $A \in M_{n,p}(K)$ de coefficients $a_{i,j}$ est la *matrice* du système, notons $C_1, \ldots, C_p$ ses colonnes et $L_1, \ldots, L_n$ ses lignes. Le rang r de A est le *rang* du système ; on a $r \leqslant \min(n,p)$. Le vecteur colonne $B := {}^t(b_1, \ldots, b_n)$ est appelé *second membre* du système. En notant $X := {}^t(x_1, \ldots, x_p)$ (vecteur colonne inconnu), le système (S) prend la forme matricielle :

$$AX = B. \tag{55}$$

C'est là une *équation linéaire* : en notant $f : X \mapsto AX$ l'application linéaire de K^p dans K^n canoniquement associée à A, l'équation (55) devient :

$$f(X) = B. \tag{56}$$

Ainsi les n équations (53) sont remplacées par la *seule* équation linéaire (vectorielle) (56) ; le langage géométrique apparaît dans l'équation (56), le langage matriciel apparaît dans l'équation (55).

En vertu du théorème 21 de la page 345, le rang de f est égal à r (rang de A). Le théorème 63 de la page précédente a donc la conséquence importante suivante :

Théorème 64.

1. L'ensemble $\mathcal{S}_0$ des solutions du système homogène (S_0) est un sous-espace vectoriel de dimension $p - r$ de K^p, r étant le rang de A.
2. L'ensemble $\mathcal{S}$ des solutions du système (S) est soit vide, soit est un sous-espace affine de dimension $p - r$ de K^p, de direction $\mathcal{S}_0$.

Il est bon de retenir un cas particulier de ce théorème :

Théorème 65. Un système linéaire *homogène* de n équations à n inconnues possède une solution *non triviale* si, et seulement si, sa matrice $A \in M_n(K)$ n'est pas inversible, *i.e.* si, et seulement si, $\det(A) = 0$.

Démonstration. Soit r le rang du système, *i.e.* le rang de A. D'après le théorème précédent, $\mathcal{S}_0$ est un sous-espace vectoriel de dimension $n - r$ de K^n. Dire que le système possède une solution non triviale signifie que l'espace $\mathcal{S}_0$ n'est pas trivial, *i.e.* que $\dim(\mathcal{S}_0) > 0$, soit $r < n$. Cela revient à dire que A n'est pas inversible (*cf.* le corollaire 25 dans le module II.4), ou encore que $\det(A) = 0$ (en vertu du théorème 44 de la page 363). ■

Exercice 13.
Dans le plan $\mathbb{R}^2$, montrer que trois points $M_i := (x_i, y_i)$ $(i = 1, 2, 3)$ sont alignés si, et seulement si, le déterminant suivant est nul :

$$\Delta := \begin{vmatrix} x_1 & y_1 & 1 \\ x_2 & y_2 & 1 \\ x_3 & y_3 & 1 \end{vmatrix}.$$

Solution. Voici l'idée : on se demande s'il existe une droite (affine) D, d'équation $ax + by + c = 0$, où $(a, b, c) \in \mathbb{R}^3$ et $(a, b) \neq 0$, passant par les trois points donnés, ce qui revient à dire que (a, b, c) est solution du système homogène :

$$\begin{cases} ax_1 + by_1 + c = 0 \\ ax_2 + by_2 + c = 0 \\ ax_3 + by_3 + c = 0\,. \end{cases}$$

D'après le théorème précédent, ce système possède une solution $(a, b, c) \neq (0, 0, 0)$ si, et seulement si, son déterminant Δ est nul. Pour conclure, il reste à observer que, pour une telle solution, nécessairement $(a, b) \neq (0, 0)$.

Revenons à un système (S) quelconque. Le fait que l'ensemble $\mathcal{S}$ puisse être vide appelle une définition :

Définition 17. Le système linéaire (53) est dit *compatible* s'il possède au moins une solution (*i.e.* si $\mathcal{S}$ n'est pas vide) et *incompatible* sinon (*i.e.* si $\mathcal{S}$ est vide).

Il est évidemment important de savoir si un système linéaire donné est compatible ou non. Voici une première réponse à cette question.

Proposition 66. Les conditions suivantes sont équivalentes :

1. Le système (S) est compatible.
2. Le second membre B est combinaison linéaire des colonnes de A.
3. Notons $[A; B] \in M_{n,p+1}(K)$ la matrice $[C_1; \ldots; C_p; B]$ obtenue en rajoutant B aux colonnes de A. Alors $[A; B]$ est de rang r.

Démonstration. Le système (S) se traduit par l'égalité (56), il est compatible si, et seulement si, $B \in \operatorname{Im}(f)$. Cette image est engendrée par les colonnes de A, images par f des vecteurs de la base canonique de K^p. Ainsi $\operatorname{Im} f = \operatorname{Vect}(C_1, \ldots, C_p)$, d'où l'équivalence des conditions 1 et 2.

La matrice $[A; B]$ ayant pour colonnes $C_1, \dots, C_p, B$, son rang est la dimension de $\mathrm{Vect}(C_1, \dots, C_p, B) = \mathrm{Im}\, f + \mathrm{Vect}(B) \subset K^n$. Comme $\mathrm{Im}\, f$ est de dimension r, le rang de $[A; B]$ vaut r si, et seulement si, $B \in \mathrm{Im}\, f$, d'où l'équivalence des conditions 1 et 3. ■

Appliquons la propriété de la page 378 à l'application linéaire $f : K^p \to K^n$ associée à la matrice A. L'équation $f(X) = B$ a une solution unique, ceci *quel que soit* $B \in K^n$, si, et seulement si, f est bijective, *i.e.* si $p = n$ et si A est *inversible*. Les systèmes de ce type méritent une attention particulière.

Définition 18. Le système linéaire (S) (ou sa forme matricielle (55)) est appelé *système de Cramer* si $p = n$ et si la matrice A du système est inversible.

Le fait que le système (S) soit de Cramer ne dépend pas de B, il ne dépend que de A. Le résultat essentiel concernant les systèmes de Cramer est le suivant (rappelons que $C_1, \dots, C_n$ sont les colonnes de A) :

Théorème 67 (formules de Cramer). Supposons que le système (55) soit de Cramer. Il possède alors une solution $X \in K^n$ unique, à savoir $X := A^{-1}B$. Si l'on écrit $X := {}^t(x_1, \dots, x_n)$, les x_j sont donnés par les *formules de Cramer* :

$$x_j = \frac{\det\big([C_1; \dots; C_{j-1}; B; C_{j+1}; \dots; C_n]\big)}{\det(A)} \quad (j = 1, \dots, n). \tag{57}$$

Démonstration. Le numérateur du second membre est le déterminant de la matrice obtenue en remplaçant la $j^{\text{ème}}$ colonne de A par B. Soit $X \in K^n = M_{n,1}(K)$. Puisque A est inversible, l'égalité $AX = B$ équivaut à $A^{-1}(AX) = A^{-1}B$, soit $X = A^{-1}B$. D'où la première assertion.

Posons $X := A^{-1}B = {}^t(x_1, \dots, x_n)$. D'après le théorème 43 de la page 363, si $\widetilde{A}$ désigne la comatrice de A, on a $(\det A)X = \big({}^t\widetilde{A}\big)B$. D'où, pour tout $j \in [\![1, n]\!]$:

$$(\det A)\, x_j = \sum_{i=1}^{n} \big({}^t\widetilde{A}\big)_{j,i} b_i = \sum_{i=1}^{n} \widetilde{A}_{i,j} b_i = \sum_{i=1}^{n} (-1)^{i+j} D_{i,j}\, b_i\,.$$

Si $i \in [\![1, n]\!]$, $D_{i,j}$ est le déterminant de la matrice déduite de A par suppression de la $j^{\text{ème}}$ colonne et de la $i^{\text{ème}}$ ligne, c'est aussi le déterminant de la matrice déduite de $[C_1; \dots; C_{j-1}; B; C_{j+1}; \dots]$ par suppression de la $j^{\text{ème}}$ colonne et de la $i^{\text{ème}}$ ligne. En développant le déterminant de la matrice $[C_1; \dots; C_{j-1}; B; C_{j+1}; \dots; C_n]$ par rapport à sa $j^{\text{ème}}$ colonne (théorème 42 de la page 360), on obtient l'égalité

$$(\det A)\, x_j = \det\big([C_1; \dots; C_{j-1}; B; C_{j+1}; \dots; C_n]\big).$$

■

Exercice 14.

Le système ci-dessous, où $a, b, c, d, u, v \in K$ sont donnés, est-il de Cramer ?

$$\begin{cases} ax + by = u \\ cx + dy = v\,. \end{cases}$$

Solution. C'est un système de Cramer si, et seulement si, $ad - bc \neq 0$. Si c'est le cas, son unique solution est donnée par :

$$x = \frac{\begin{vmatrix} u & b \\ v & d \end{vmatrix}}{ad - bc} = \frac{du - bv}{ad - bc}, \quad y = \frac{\begin{vmatrix} a & u \\ c & v \end{vmatrix}}{ad - bc} = \frac{av - cu}{ad - bc}.$$

Exercice 15.

Résoudre le système suivant :

$$\begin{cases} x - y + z = 1 \\ 2x + 4y + 9z = 1 \\ 3x - 4y + 2z = 1\,. \end{cases}$$

Solution. La matrice de ce système est : $A = \begin{pmatrix} 1 & -1 & 1 \\ 2 & 4 & 9 \\ 3 & -4 & 2 \end{pmatrix}$. Dans l'exercice 8 de la page 364, nous avons montré que $\det(A) = 1$. Le système est donc de Cramer. Son unique solution (x, y, z) peut être calculée par les formules de Cramer (le lecteur vérifiera les calculs de déterminants) :

$$x = \begin{vmatrix} 1 & -1 & 1 \\ 1 & 4 & 9 \\ 1 & -4 & 2 \end{vmatrix} = 29,\ y = \begin{vmatrix} 1 & 1 & 1 \\ 2 & 1 & 9 \\ 3 & 1 & 2 \end{vmatrix} = 15,\ z = \begin{vmatrix} 1 & -1 & 1 \\ 2 & 4 & 1 \\ 3 & -4 & 1 \end{vmatrix} = -13\,.$$

Dans l'exercice précité, nous avons aussi calculé A^{-1}. Vérifions :

$$A^{-1}B = \begin{pmatrix} 44 & -2 & -13 \\ 23 & -1 & -7 \\ -20 & 1 & 6 \end{pmatrix} \begin{pmatrix} 1 \\ 1 \\ 1 \end{pmatrix} = \begin{pmatrix} 29 \\ 15 \\ -13 \end{pmatrix}.$$

Remarques.

1. L'exercice ci-dessus met en lumière le fait suivant. Soit $A \in GL_n(K)$. Si l'on connaît A^{-1}, chaque système de Cramer $AX = B$ se résout aussitôt : sa seule solution est $X := A^{-1}B$. En fait, notons $(E_1, \ldots, E_n)$ la base canonique de $K^n = M_{n,1}(K)$. Pour tout $j \in [\![1, n]\!]$, le système $AX = E_j$ a une solution unique, notons-la C'_j. Alors :

$$A[C'_1; \ldots ; C'_n] = [AC'_1; \ldots ; AC'_n] = [E_1; \ldots ; E_n] = I_n\,.$$

Il en résulte que $[C'_1; \ldots ; C'_n] = A^{-1}$, *i.e.* les C'_j sont les colonnes de A^{-1}. Ainsi le calcul de A^{-1} est *équivalent* à la résolution des n systèmes de Cramer $AX = E_j$, $j = 1, \ldots, n$.

2. Les formules de Cramer ont surtout un intérêt théorique. Ainsi, soit à calculer A^{-1}, où $A \in GL_n(K)$ et n est grand, par exemple $n = 100$. Il est beaucoup plus rapide d'utiliser la méthode par « opérations élémentaires » exposée dans le module II.4 que de résoudre n systèmes de Cramer par les formules de Cramer !

Revenons au cas d'un système linéaire (S) quelconque, de rang r. Le cas $r = 0$ (c'est-à-dire $A = 0$) est trivial : ou bien $B \neq 0$, auquel cas le système est incompatible, ou bien $B = 0$, auquel cas $\mathcal{S} = K^p$. Supposons désormais $r \geqslant 1$. Nous allons d'abord préciser la proposition 66 de la page 381.

D'après le théorème 46 de la page 365 (ou son corollaire), il existe une matrice carrée d'ordre r extraite de A et inversible, notons-la $A_{I,J}$, où $I \subset [\![1,n]\!]$ et $J \subset [\![1,p]\!]$ sont des parties à r éléments *fixées*. Soit $i \in [\![1,n]\!]$. La $i^{\text{ème}}$ équation (53) est dite *équation principale* si $i \in I$ et non principale si $i \notin I$. De même, soit $j \in [\![1,p]\!]$. L'inconnue x_j est dite *inconnue principale* si $j \in J$ et non principale si $j \notin J$. Quitte à renuméroter les n équations (53), ce qui revient à permuter les lignes de A (et les composantes de B), nous pouvons supposer que $I := [\![1,r]\!]$. De même, quitte à renuméroter les inconnues, ce qui revient à permuter les colonnes de A, nous pouvons supposer que $J := [\![1,r]\!]$. Sous ces hypothèses, on a le résultat suivant :

Théorème 68. Supposons que les r premières équations (53) soient principales et que les inconnues $x_1, \ldots, x_r$ soient principales. Alors le système (S) est compatible si, et seulement si, les $n - r$ déterminants ci-dessous sont nuls :

$$\begin{vmatrix} a_{1,1} & a_{1,2} & \cdots & a_{1,r} & b_1 \\ a_{2,1} & a_{2,2} & \cdots & a_{2,r} & b_2 \\ \cdots & \cdots & \cdots & \cdots & \cdots \\ a_{r,1} & a_{r,2} & \cdots & a_{r,r} & b_r \\ a_{i,1} & a_{i,2} & \cdots & a_{i,r} & b_i \end{vmatrix} \quad (i = r+1, \ldots, n).$$

Ces déterminants sont appelés *déterminants caractéristiques* du système.

Démonstration. D'après la proposition 66 de la page 381, le système est compatible si, et seulement si, la matrice $M' := [A; B] \in M_{n,p+1}(K)$ est de rang r. Appliquons le théorème 46 de la page 365 à la matrice M'. La matrice M, formée des r premières lignes et colonnes de M', c'est-à-dire de A, est inversible. Ainsi M' est de rang r si, et seulement si, le déterminant de toute matrice bordante de M (comme matrice extraite de M') est nul. Ces déterminants sont de l'un des types ci-dessous, où $i \in [\![r+1, n]\!]$ et $j \in [\![r+1, p]\!]$:

$$\begin{vmatrix} a_{1,1} & a_{1,2} & \cdots & a_{1,r} & a_{1,j} \\ a_{2,1} & a_{2,2} & \cdots & a_{2,r} & a_{2,j} \\ \cdots & \cdots & \cdots & \cdots & \cdots \\ a_{r,1} & a_{r,2} & \cdots & a_{r,r} & a_{r,j} \\ a_{i,1} & a_{i,2} & \cdots & a_{i,r} & a_{i,j} \end{vmatrix} \quad \text{ou} \quad \begin{vmatrix} a_{1,1} & a_{1,2} & \cdots & a_{1,r} & b_1 \\ a_{2,1} & a_{2,2} & \cdots & a_{2,r} & b_2 \\ \cdots & \cdots & \cdots & \cdots & \cdots \\ a_{r,1} & a_{r,2} & \cdots & a_{r,r} & b_r \\ a_{i,1} & a_{i,2} & \cdots & a_{i,r} & b_i \end{vmatrix}.$$

Puisque A est de rang r, le théorème 46 de la page 365 montre que les déterminants du premier type sont nuls. Les déterminants du deuxième type sont les déterminants caractéristiques, et le théorème en résulte. ■

Lorsqu'on sait qu'un système est compatible, le théorème ci-dessous fournit une méthode pour le résoudre à l'aide de certains systèmes de Cramer. Pour formuler ce théorème il est commode de supposer, comme pour le théorème précédent, que les équations principales (resp. inconnues principales) choisies sont les r premières. Autrement dit la matrice M formée des r premières lignes et colonnes de A est inversible.

Théorème 69 (Rouché-Fontené). Avec ces hypothèses, supposons de plus le système (S) compatible. On obtient toutes les solutions $(x_1, \ldots, x_p)$ de ce système ainsi :

1. On donne des valeurs arbitraires aux inconnues non principales $x_{r+1}, \ldots, x_p$ (si $r < p$).
2. Ces valeurs étant choisies, on considère le système (C) suivant en les inconnues $x_1, \ldots, x_r$:

$$\begin{cases} a_{1,1}x_1 + a_{1,2}x_2 + \cdots + a_{1,r}x_r = b_1 - (a_{1,r+1}x_{r+1} + \cdots + a_{1,p}x_p) \\ a_{2,1}x_1 + a_{2,2}x_2 + \cdots + a_{2,r}x_r = b_2 - (a_{2,r+1}x_{r+1} + \cdots + a_{2,p}x_p) \\ \dots\dots\dots\dots\dots\dots\dots\dots\dots\dots\dots\dots \\ a_{r,1}x_1 + a_{r,2}x_2 + \cdots + a_{r,r}x_r = b_r - (a_{r,r+1}x_{r+1} + \cdots + a_{r,p}x_p) . \end{cases}$$

C'est un système de Cramer, dont la résolution détermine les valeurs des inconnues principales $x_1, \ldots, x_r$.

Démonstration. La matrice $M' := [A; B]$ est de rang r (proposition 66 de la page 381), et ses r premières lignes sont linéairement indépendantes (car les lignes de M le sont).

Soit $i \in [\![r+1, n]\!]$. La $i^{\,ème}$ ligne de M' est combinaison linéaire des r premières lignes de M'. Il existe donc $\beta_1, \ldots, \beta_r \in K$ (dépendant de i) tels que :

$$(a_{i,1}, \ldots, a_{i,p}, b_i) = \sum_{k=1}^{r} \beta_k (a_{k,1}, \ldots, a_{k,p}, b_k).$$

On en déduit, pour tous $x_1, \ldots, x_p \in K$, l'égalité suivante (*cf.* les coefficients de $x_1, \ldots, x_p$) :

$$(a_{i,1}x_1 + \cdots + a_{i,p}x_p) - b_i \;=\; \sum_{k=1}^{r} \beta_k \big[(a_{k,1}x_1 + \cdots + a_{k,p}x_p) - b_k \big] .$$

Ainsi, parmi les égalités (53), la $i^{\,ème}$ est une conséquence des r premières. Il en résulte que le système (S) est équivalent au système formé par les r premières équations (53), *i.e.* ces deux systèmes ont même ensemble de solutions $\mathcal{S}$. Ainsi, un p-uplet $(x_1, \ldots, x_p) \in K^p$ appartient à $\mathcal{S}$ si, et seulement si, $(x_1, \ldots, x_r)$ est solution du système (C) associé à $(x_{r+1}, \ldots, x_p)$. Ce système (C) est de Cramer : sa matrice M est inversible. Ce qui précède montre que l'application $(x_1, \ldots, x_p) \mapsto (x_{r+1}, \ldots, x_p)$ de $\mathcal{S}$ dans K^{p-r} est bijective : le seul antécédent de $(x_{r+1}, \ldots, x_p)$ par cette application est $(x_1, \ldots, x_r, x_{r+1}, \ldots, x_p)$, où $(x_1, \ldots, x_r)$ est l'unique solution du système (C) associé à $(x_{r+1}, \ldots, x_p)$. Le théorème en résulte. ■

Exercice type corrigé

II.7.0 Soient E un espace vectoriel de dimension finie n et $V_1, \dots, V_p$ des sous-espaces vectoriels de E $(p \geqslant 1)$. Démontrer l'inégalité :

$$\dim(V_1) + \dim(V_2) + \cdots + \dim(V_p) \leqslant (p-1)n + \dim(V_1 \cap V_2 \cap \cdots \cap V_p)\,,$$

par récurrence sur p. En déduire que, si chaque V_i est un hyperplan de E et si $p < n$, l'intersection des V_i n'est pas triviale. Retrouver ce résultat en interprétant chaque V_i comme noyau d'une forme linéaire.

Solution. L'inégalité $(*)$ à démontrer est évidente (c'est une égalité) si $p = 1$. Supposons $p \geqslant 2$, le résultat étant vrai à l'ordre $p-1$. Soient donc $V_1, \dots, V_p$ des sous-espaces vectoriels de E. Soit W l'intersection de $V_1, \dots, V_{p-1}$. L'hypothèse de récurrence donne l'inégalité :

$$\sum_{i=1}^{p-1} \dim(V_i) \leqslant (p-2)n + \dim(W).$$

Par ailleurs, le théorème 15 de la page 341 donne, puisque $\dim(V_p + W) \leqslant n$:

$$\dim(V_p) + \dim(W) = \dim(V_p \cap W) + \dim(V_p + W) \leqslant n + \dim(V_p \cap W)\,.$$

Additionnons terme à terme les deux inégalités obtenues. Il vient :

$$\sum_{i=1}^{p} \dim(V_i) + \dim(W) \leqslant (p-1)n + \dim(W) + \dim(V_p \cap W)\,.$$

En simplifiant par $\dim W$, on obtient l'inégalité $(*)$ au rang p, puisque $V_p \cap W$ est l'intersection de $V_1, \dots, V_p$.

Désormais $p < n$, et chaque V_i est un hyperplan. Notons V l'intersection de $V_1, \dots, V_p$. L'inégalité $(*)$ s'écrit : $p(n-1) \leqslant (p-1)n + \dim(V)$, c'est-à-dire $\dim(V) \geqslant p(n-1) - (p-1)n = n-p$. Mais $n - p > 0$, et donc $\dim(V) > 0$, *i.e.* $V \neq \{0\}$.

Voici une autre solution. Pour tout i, il existe une forme linéaire non nulle φ_i sur E telle que $\operatorname{Ker}(\varphi_i) = V_i$. Considérons alors l'application $f : x \longmapsto \big(\varphi_1(x), \dots, \varphi_p(x)\big)$ de E dans K^p. Elle est linéaire (car chaque φ_i l'est), et son noyau est formé des $x \in E$ tels que $\varphi_i(x) = 0$ pour tout i, *i.e.* $\operatorname{Ker}(f) = V$. Comme $\dim(E) = n > p = \dim(K^p)$, f n'est pas injective. Autrement dit $\operatorname{Ker}(f) = V$ n'est pas réduit à $\{0\}$.

Pour aller plus loin

Les corrigés sont disponibles en accès libre à partir des pages d'accueil du livre sur le site www.dunod.com

II.7.1 Déduire directement la proposition 13 de la page 340 du théorème 12 de la page 340.

II.7.2 Soient E, E', F, F' des espaces vectoriels, et $u : E' \to E$, $f : E \to F$, $v : F \to F'$ trois applications linéaires. On suppose que u est surjective et que v est injective. Montrer que $v \circ f \circ u$ est de rang fini si, et seulement si, f l'est, auquel cas $v \circ f \circ u$ et f ont même rang.

II.7.3 Soient E un espace vectoriel de dimension finie n et $f \in \mathcal{L}(E)$ tel que $f^2 = 0$. Démontrer l'inégalité $\operatorname{rang}(f) \leqslant n/2$.

II.7.4 Soient E, F, G trois espaces vectoriels et $f : E \to F$, $g : F \to G$ deux applications linéaires.

1. On suppose que f et g sont de rang fini. Montrer que $g \circ f : E \to G$ est de rang fini, et prouver l'inégalité $\operatorname{rang}(g \circ f) \leqslant \min(\operatorname{rang} f, \operatorname{rang} g)$.
2. On suppose F de dimension finie n. Montrer que $g \circ f$ est de rang fini, et prouver l'inégalité $\operatorname{rang}(g \circ f) \geqslant \operatorname{rang} f + \operatorname{rang} g - n$. On pourra étudier la restriction de g à $\operatorname{Im}(f)$. Lien avec l'exercice précédent ?

II.7.5 Soient E un espace vectoriel de dimension finie et $f \in \mathcal{L}(E)$. Pour tout $k \in \mathbb{N}$, posons $V_k := \operatorname{Ker}(f^k)$ et $d_k := \dim(V_k)$.

1. Montrer que la suite $(V_k)_{k \geqslant 0}$ est croissante (pour l'inclusion), en déduire que la suite $(d_k)_{k \geqslant 0}$ est stationnaire.
2. Montrer que la suite $(d_{k+1} - d_k)_{k \geqslant 0}$ est décroissante. Si $k \in \mathbb{N}$, on étudiera la restriction de f à un supplémentaire de V_{k+1} dans V_{k+2}.

II.7.6 Soient E, F deux espaces vectoriels et $f \in \mathcal{L}(E, F)$. Montrer que f est de rang 1 si, et seulement s'il existe un vecteur non nul $b \in F$ et une forme linéaire non nulle α sur E tels que $f(x) = \alpha(x) \cdot b$ pour tout $x \in E$. Décrire alors tous les couples (α, b) répondant à la question.

II.7.7 Soient E un espace vectoriel de dimension finie n et $f \in \mathcal{L}(E)$. On suppose que f n'est pas une homothétie. Montrer qu'il existe une base $(e_1, \ldots, e_n)$ de E telle que $f(e_1) = e_2$ (d'où en particulier $n \geqslant 2$).

II.7.8 Soient E un espace vectoriel de dimension finie et $u, v \in \mathcal{L}(E)$. On suppose que $u \circ v = 0$ et $u + v \in \mathcal{GL}(E)$. Montrer que $E = \operatorname{Ker}(u) \oplus \operatorname{Im}(u)$. Inversement, si $u \in \mathcal{L}(E)$ et si $E = \operatorname{Ker}(u) \oplus \operatorname{Im}(u)$, construire $v \in \mathcal{L}(E)$ de sorte que $u \circ v = 0$ et $u + v \in \mathcal{GL}(E)$.

II.7.9 Soit E un $\mathbb{C}$-espace vectoriel. On peut le considérer comme $\mathbb{R}$-espace vectoriel, par restriction de la loi externe de $\mathbb{C} \times E$ à $\mathbb{R} \times E$. Montrer que E est de dimension finie sur $\mathbb{C}$ si, et seulement s'il est de dimension finie sur $\mathbb{R}$, auquel cas la dimension de E sur $\mathbb{R}$ est le double de la dimension de E sur $\mathbb{C}$.

II.7.10 Cet exercice généralise le précédent. Soient L un corps et K un sous-corps de L. Étant donné un L-espace vectoriel E, la restriction de la loi externe $L \times E \to E$ à $K \times E$ fait de E un K-espace vectoriel. Ainsi, L est un K-espace vectoriel pour la loi externe $K \times L \to L$ définie par $(\lambda, a) \mapsto \lambda \cdot a = \lambda a$ (λa est le produit de λ et a dans L). On suppose désormais que L est de dimension finie p comme K-espace vectoriel.
Soit maintenant E un L-espace vectoriel de dimension finie n. Montrer que E est un K-espace vectoriel de dimension np.

Étant données une base $(a_1, \ldots, a_p)$ de L sur K et une base $(e_1, \ldots, e_n)$ de E sur L, on montrera que la famille $(a_i \cdot e_j)_{(i,j) \in [\![1,p]\!] \times [\![1,n]\!]}$ est une base de E sur K. Que dire si l'on suppose seulement que E est de dimension finie sur K ?

II.7.11 Soit K un corps (commutatif) ayant un nombre fini q d'éléments. Par la proposition 54 de la page 154, la caractéristique de K est un nombre premier p, et d'après l'exercice II.2.39 de la page 161, K peut être considéré comme espace vectoriel sur $\mathbb{Z}/p\mathbb{Z}$. En déduire que q est une puissance de p (ainsi, par exemple, il n'existe pas de corps commutatif à 6 éléments).

II.7.12 Considérons un entier $n \geqslant 1$. Notons R_n l'ensemble des matrices $A \in M_n(K)$ ayant la propriété suivante : il existe un scalaire $\ell(A)$ (dépendant de A) tel que la somme des termes de chaque ligne (resp. colonne) de A soit égale à $\ell(A)$.

1. Montrer que R_n est une sous-algèbre de $M_n(K)$, *i.e.* est à la fois un sous-K-espace vectoriel et un sous-anneau de $M_n(K)$.
2. Montrer que $\ell : R_n \to K$ est un morphisme d'algèbres, *i.e.* est à la fois un morphisme d'anneaux et une application K-linéaire.
3. Montrer que $\dim(R_n) = n^2 - 2n + 2$ $\big($établir un isomorphisme entre R_n et K^{n^2-2n+2}, en s'inspirant au besoin les cas $n = 2$ et $n = 3\big)$.

Exercices sur la section 2

II.7.13 Dans $\mathbb{R}^3$, soient P le plan d'équation $x+y+z=0$ et D la droite dirigée par $(1,1,1)$. Montrer que $\mathbb{R}^3 = P \oplus D$. On désigne par $s \in \mathcal{L}(\mathbb{R}^3)$ la symétrie par rapport à P parallèlement à D. Déterminer la matrice de s dans la base canonique de $\mathbb{R}^3$.

II.7.14 Soient E un espace vectoriel de dimension 3 et $f \in \mathcal{L}(E)$, $f \neq 0$. Montrer que $f^2 = 0$ si, et seulement s'il existe une base $\mathcal{B}$ de E dans laquelle f ait pour matrice $\begin{pmatrix} 0 & 1 & 0 \\ 0 & 0 & 0 \\ 0 & 0 & 0 \end{pmatrix}$.

II.7.15 Soit $n \in \mathbb{N}$. Étant donné un élément a de K fixé, déterminer la matrice A de l'endomorphisme $P \mapsto P(X+a)$ de $K_n[X]$ dans la base $(1, X, \ldots, X^n)$. Montrer que A est inversible et calculer son inverse.

II.7.16 Soient n un entier strictement positif et $P := X^n + a_{n-1}X^{n-1} + \cdots + a_1 X + a_0 \in K[X]$ un polynôme unitaire de degré n. Notons $f : K_{n-1}[X] \to K_{n-1}[X]$ l'application associant à tout polynôme $Q \in K_{n-1}[X]$ le reste dans la division euclidienne de XQ par P. Montrer que f est un endomorphisme de $K_{n-1}[X]$. Expliciter la matrice de f dans la base $(1, X, \ldots, X^{n-1})$ de $K_{n-1}[X]$.

II.7.17 Considérons un entier $n \geqslant 2$. Soit $\mathcal{B} := (e_1, \ldots, e_n)$ la base canonique de K^n. Pour tout $k \in [\![1, n]\!]$, posons $V_k := \mathrm{Vect}(e_1, \ldots, e_k)$. Rappelons (*cf.* le module II.4, section 1.2) que $T_n(K)$ est l'ensemble des matrices triangulaires supérieures de $M_n(K)$ et que $T_n^*(K)$ est formé des matrices de $T_n(K)$ dont les termes diagonaux sont nuls.

1. Soient $A \in M_n(K)$ et $f \in \mathcal{L}(K^n)$ tels que $\mathrm{Mat}_{\mathcal{B}}(f) = A$. Montrer que $A \in T_n(K)$ si, et seulement si, $f(V_k) \subset V_k$ pour $k = 1, \ldots, n$.

2. En déduire, sans calculs matriciels, que $T_n(K)$ est un sous-anneau et un sous-espace vectoriel de $M_n(K)$, puis que $T_n(K) \cap GL_n(K)$ est un sous-groupe multiplicatif de $GL_n(K)$.
3. Soient A et f comme en 1. Montrer que $A \in T_n^*(K)$ si, et seulement si, $f(V_k) \subset V_{k-1}$ pour $k = 2, \ldots, n$ et $f(V_1) = (0)$. En déduire que, si $A_1, \ldots, A_n \in T_n^*(K)$, le produit $A_1 A_2 \cdots A_n$ est nul.

II.7.18 Soient $m, n, p \in \mathbb{N}^*$ et $A \in M_{n,p}(K)$ une matrice fixée. Calculer, en fonction du rang de A, la dimension du sous-espace vectoriel de $M_{m,n}(K)$ formé des matrices M telles que $MA = 0$ (donner deux solutions). Même question si M est fixée et A varie.

Exercices sur la section 3

II.7.19 Calculer le déterminant $\begin{vmatrix} 1 & 3 & 5 \\ -2 & 4 & 1 \\ 3 & -2 & 7 \end{vmatrix}$ par la formule (23) de la page 354, puis par développement par rapport à une ligne ou colonne, enfin à l'aide d'opérations élémentaires.

II.7.20 Prouver l'identité suivante :

$$\begin{vmatrix} x & a & b & c \\ a & x & c & b \\ b & c & x & a \\ c & b & a & x \end{vmatrix} = (x+a+b+c)(x+a-b-c)(x-a+b-c)(x-a-b+c)\,.$$

II.7.21 Montrer que $\begin{vmatrix} 3 & 5 & 7 \\ 4 & -1 & 2 \\ -2 & 2 & 5 \end{vmatrix}$ est un entier se terminant par un 5, sans calculer ce déterminant (*cf.* la remarque de la page 355).

II.7.22 Dans le plan, soient $a, b, c \in \,]0, \pi[$ les angles d'un triangle. Prouver l'égalité suivante :

$$\begin{vmatrix} 1 & \cos a & \cos b \\ \cos a & 1 & \cos c \\ \cos b & \cos c & 1 \end{vmatrix} = 4 \cos a \, \cos b \, \cos c\,.$$

II.7.23 Soit $A \in M_n(K)$, $n \geqslant 1$. Pour toute partie non vide I de $[\![1, n]\!]$, de cardinal k, notons D_I le déterminant de la matrice $A_{I,I} \in M_k(K)$ extraite de A (formée des lignes ou colonnes dont les indices appartiennent à I). En utilisant la formule (28) du module II.2, montrer que, pour tout $k \in [\![1, n]\!]$, le coefficient de X^{n-k} dans χ_A, polynôme caractéristique de A, est la somme :

$$(-1)^k \sum_I D_I\,,$$

I décrivant l'ensemble des parties à k éléments de $[\![1, n]\!]$. En déduire que, si $K := \mathbb{R}$ et si tous les D_I sont positifs, A n'a pas de valeur propre réelle strictement négative.

II.7.24 Soient $A \in M_n(K)$, $n \geqslant 2$, et $\widetilde{A}$ la comatrice de A. Calculer le rang et le déterminant de $\widetilde{A}$ en fonction de $\operatorname{rang}(A)$ et $\det(A)$.

II.7.25 Soit E un espace vectoriel réel de dimension finie $n \geqslant 1$.

1. Soit $u \in \mathcal{GL}(E)$. Montrer que $\det(u) > 0$ si, et seulement si, pour toute base $\mathcal{B} := (e_1, \ldots, e_n)$ de E, la base $\big(u(e_1), \ldots, u(e_n)\big)$ est de même sens que $\mathcal{B}$ (voir l'application de la page 366). Si c'est le cas, on dit que u *conserve l'orientation*, sinon on dit que u *change l'orientation.*
2. Une homothétie de rapport non nul conserve-t-elle l'orientation ?
3. Soient V, W deux sous-espaces vectoriels supplémentaires de E et s la symétrie par rapport à V parallèlement à W. À quelle condition s conserve-t-elle l'orientation ?

II.7.26 Cet exercice utilise les dérivées de fonctions vectorielles (*cf.* le module IV.6).
Soient I un intervalle ouvert de $\mathbb{R}$, n un entier strictement positif. Pour tout $(i,j) \in [\![1,n]\!]^2$, soit $a_{i,j} : I \to \mathbb{R}$ une fonction dérivable. Pour tout $t \in I$, notons $A(t)$ la matrice de terme général $a_{i,j}(t)$, $C_1(t), \ldots, C_n(t)$ les colonnes de $A(t)$, et $D(t) := \det\big(C_1(t), C_2(t), \ldots, C_n(t)\big)$ le déterminant de $A(t)$, *i.e.* le déterminant de $\big(C_1(t), \ldots, C_n(t)\big)$ dans la base canonique de $\mathbb{R}^n$.
Montrer que la fonction $t \mapsto D(t)$ est dérivable sur I, sa dérivée étant donnée par la formule suivante :

$$\begin{aligned} D'(t) &= \det\big(C_1'(t), C_2(t), \ldots, C_n(t)\big) + \det\big(C_1(t), C_2'(t), \ldots, C_n(t)\big) \\ &\quad + \cdots + \det\big(C_1(t), \ldots, C_{n-1}'(t), C_n(t)\big) + \det\big(C_1(t), C_2(t), \ldots, C_n'(t)\big) . \end{aligned}$$

II.7.27 Soit $\mathcal{H}$ l'ensemble des matrices de la forme $\begin{pmatrix} a & b \\ -\bar{b} & \bar{a} \end{pmatrix}$, où (a,b) décrit $\mathbb{C}^2$.

1. Montrer que $\mathcal{H}$ est un sous-anneau de $M_2(\mathbb{C})$. Montrer que $\mathcal{H}$ est un sous-$\mathbb{R}$-espace vectoriel de $M_2(\mathbb{C})$, et expliciter une base de $\mathcal{H}$ sur $\mathbb{R}$. Vérifier que $\mathcal{H}$ n'est pas un sous-$\mathbb{C}$-espace vectoriel de $M_2(\mathbb{C})$.
2. Montrer que l'anneau $\mathcal{H}$ est un corps. Donner deux solutions, l'une utilisant l'exercice 3 de la page 343, l'autre étant plus explicite.
3. Comparer $\mathcal{H}$ avec le corps des quaternions $\mathbf{H}$, *cf.* l'exercice II.5.4. On pourra considérer les matrices suivantes :

$$\mathbf{i} := \begin{pmatrix} 0 & -1 \\ 1 & 0 \end{pmatrix}, \quad \mathbf{j} := \begin{pmatrix} i & 0 \\ 0 & -i \end{pmatrix}, \quad \mathbf{k} := \begin{pmatrix} 0 & i \\ i & 0 \end{pmatrix}.$$

II.7.28 Soient $I = \left]0, +\infty\right[$ et n un entier strictement positif.

1. Soient $t_1, \ldots, t_n \in \mathbb{R}^*$ et $b_1, \ldots, b_n \in \mathbb{R}$ tels que $b_1 > b_2 > \cdots > b_n$. Pour tout $x \in I$, posons :

$$f(x) := t_1 x^{b_1} + t_2 x^{b_2} + \cdots + t_n x^{b_n} .$$

Montrer que l'équation $f(x) = 0$ a au plus $n-1$ solutions dans I (raisonner par récurrence sur n et penser au théorème de Rolle).

2. Soient $x_1, \ldots, x_n, a_1, \ldots, a_n$ des réels tels que :

$$a_1 < a_2 < \cdots < a_n \quad \text{et} \quad 0 < x_1 < x_2 < \cdots < x_n.$$

Soit D le déterminant de la matrice $A \in M_n(\mathbb{R})$ de coefficients $x_i^{a_j}$, $(i,j) \in [\![1,n]\!]^2$. On veut prouver l'inégalité $D > 0$. Si $x \in I$, soit $g(x)$ le déterminant obtenu en remplaçant x_n par x dans D. Montrer que l'équation $g(x) = 0$ a exactement $n-1$ solutions dans I. Conclure en raisonnant par récurrence sur n (examiner le comportement de $g(x)$ lorsque x tend vers $+\infty$).

II.7.29 Soit E l'espace vectoriel des suites complexes.

1. Pour tout $z \in \mathbb{C}$, notons $u(z)$ la suite géométrique $(z^n)_{n\geqslant 0}$. Montrer que la famille $\big(u(z)\big)_{z\in\mathbb{C}}$ de vecteurs de E est libre (on pourra penser aux déterminants de Vandermonde).
2. Soit t un entier strictement positif. Une suite $(u_n)_{n\geqslant 0}$ est dite t-périodique si $u_{n+t} = u_n$ pour tout $n \in \mathbb{N}$, et l'on note F_t l'ensemble des suites t-périodiques. Montrer que F_t est un sous-espace vectoriel de E, de dimension t ; on construira un isomorphisme de F_t sur $\mathbb{C}^t$.
3. Une suite est dite périodique si elle est t-périodique pour un certain entier $t \geqslant 1$, et l'on note F l'ensemble des suites périodiques. Montrer que F est un sous-espace vectoriel de E.
4. Pour tout $q \in \mathbb{Q}$, posons $v(q) := u\big(\exp(2\pi i q)\big)$.

   Montrer que la famille $\big(v(q)\big)_{q\in T}$ est une base de F, en posant $T := \mathbb{Q} \cap \big[0,1\big[$.

II.7.30 Soit $J \in M_n(\mathbb{R})$ la matrice dont tous les coefficients valent 1 $(n \geqslant 2)$.

1. Donner deux preuves de l'égalité $J^2 = nJ$. Quel est le rang de J ?
2. Montrer qu'il existe $P \in GL_n(\mathbb{R})$ telle que les $n-1$ premières colonnes de $P^{-1}JP$ soient nulles. En déduire le polynôme caractéristique de J.

II.7.31 Soit $A \in M_n(\mathbb{R})$ une matrice à coefficients positifs ou nuls. On suppose que la somme des termes de chaque ligne de A vaut 1.
Montrer que, si $\lambda \in \mathbb{C}$ est une valeur propre de A, on a $|\lambda| \leqslant 1$.

II.7.32 Soient E, F deux espaces vectoriels de dimension finie et $f \in \mathcal{L}(E,F)$, $g \in \mathcal{L}(F,E)$. Montrer qu'un scalaire *non nul* $\lambda \in K$ est valeur propre de $g \circ f$ si, et seulement s'il est valeur propre de $f \circ g$.

II.7.33 Soient E un espace vectoriel réel de dimension finie $n \geqslant 1$ et f un endomorphisme de E tel que $f^2 = -Id_E$.

1. Montrer que f n'a aucune valeur propre. En déduire, par l'absurde, que n est pair (penser au théorème des valeurs intermédiaires).
2. Si $a, b \in \mathbb{R}$ et $x \in E$, posons $(a+ib)\cdot x := ax + bf(x)$. Montrer que cette loi externe $\mathbb{C} \times E \to E$ fait de E un $\mathbb{C}$-espace vectoriel. Retrouver alors le fait que n soit pair, à l'aide de l'exercice II.7.9.

Exercices sur la section 4

II.7.34 Résoudre de plusieurs façons le système suivant sur $\mathbb{Q}$:

$$\begin{cases} 2x + 3y + 5z = 10 \\ 3x + 7y + 4z = 3 \\ x + 2y + 2z = 3\,. \end{cases}$$

II.7.35 Résoudre le système suivant, où $t \in K$ est un paramètre :

$$\begin{cases} x + ty + 2z = t \\ -2x + y + (t-2)z = 1 \\ tx + y + 2z = 2t - 1\,. \end{cases}$$

Discuter suivant les valeurs de t, en précisant les valeurs de t pour lesquelles le système est compatible, la dimension du sous-espace affine de K^3 formé des solutions du système, et en détaillant le cas où le système est de Cramer.

II.7.36 Soit $A \in M_n(K)$ une matrice de rang $n-1$ ($n \geqslant 2$). Montrer qu'il existe $k \in [\![1, n]\!]$ tel que, en posant $y_j := (-1)^{k+j} D_{k,j}$ (*cf.* la section 3.2 pour la notation $D_{i,j}$) pour $j = 1, \ldots, n$, l'espace des solutions du système $AX = 0$ soit la droite engendrée par le vecteur ${}^t(y_1, \ldots, y_n)$.

II.7.37 Déterminer les valeurs propres et vecteurs propres des matrices suivantes de $M_3(\mathbb{C})$:

$$\begin{pmatrix} 0 & 1 & 1 \\ 1 & 0 & 1 \\ 0 & 0 & 1 \end{pmatrix} \quad \text{et} \quad \begin{pmatrix} 0 & 1 & 0 \\ 1 & 0 & 1 \\ 0 & 1 & 0 \end{pmatrix}.$$

II.7.38 Soit $n \geqslant 3$.
Déterminer les valeurs propres et vecteurs propres de la matrice suivante de $M_n(\mathbb{R})$:

$$\begin{pmatrix} 1 & 1 & 1 & \ldots & 1 \\ 1 & 1 & 0 & \ldots & 0 \\ 1 & 0 & 1 & \ldots & 0 \\ \ldots & \ldots & \ldots & \ldots & \ldots \\ 1 & 0 & 0 & \ldots & 1 \end{pmatrix}.$$

II.7.39 Montrer que, dans l'espace $\mathbb{R}^3$, quatre points $M_i := (x_i, y_i)$ ($i = 1, 2, 3, 4$) appartiennent à un même plan affine si, et seulement si :

$$\begin{vmatrix} x_1 & y_1 & z_1 & 1 \\ x_2 & y_2 & z_2 & 1 \\ x_3 & y_3 & z_3 & 1 \\ x_4 & y_4 & z_4 & 1 \end{vmatrix} = 0\,.$$

II.7.40 Dans le plan $\mathbb{R}^2$, considérons trois droites D_i d'équations $a_i x + b_i y + c_i = 0$, où $(a_i, b_i) \neq (0,0)$ $(i = 1,2,3)$. Montrer que ces droites sont concourantes (*i.e.* passent par un même point) ou toutes parallèles si, et seulement si, le déterminant suivant est nul :

$$\begin{vmatrix} a_1 & b_1 & c_1 \\ a_2 & b_2 & c_2 \\ a_3 & b_3 & c_3 \end{vmatrix}.$$

II.7.41 Dans le plan $\mathbb{R}^2$, soient $M_i := (x_i, y_i)$ $(i = 1,2,3)$ trois points non alignés . Montrer qu'il existe un unique cercle passant par ces trois points, et déterminer son centre $A := (a,b)$ et son rayon R (étudier le système ci-après en les inconnues a, b, c et appliquer l'exercice 13 de la page 381).

$$\begin{cases} x_1^2 + y_1^2 - 2ax_1 - 2by_1 + c = 0 \\ x_2^2 + y_2^2 - 2ax_2 - 2by_2 + c = 0 \\ x_3^2 + y_3^2 - 2ax_3 - 2by_3 + c = 0\,. \end{cases}$$

Application numérique : $M_1 := (-7,5)$, $M_2 := (1,1)$, $M_3 := (7,-3)$.

II.7.42 Soit le système linéaire (53) à coefficients dans K, K étant un sous-corps d'un corps L. Montrer que ce système possède une solution sur K si, et seulement s'il en possède une sur L.

II.7.43 Soient $A, B \in \mathbb{C}[X]$ deux polynômes non constants, de degrés respectifs n, p. Avec les notations de l'exercice II.6.4 de la page 329, montrer que A et B ont une racine commune si, et seulement si, le déterminant de la matrice $S(A,B)$ est nul. Montrer en général que le rang de la matrice $S(A,B)$ vaut $n + p - \deg(A \wedge B)$.

Initiation à l'algorithmique et au calcul formel

II.8

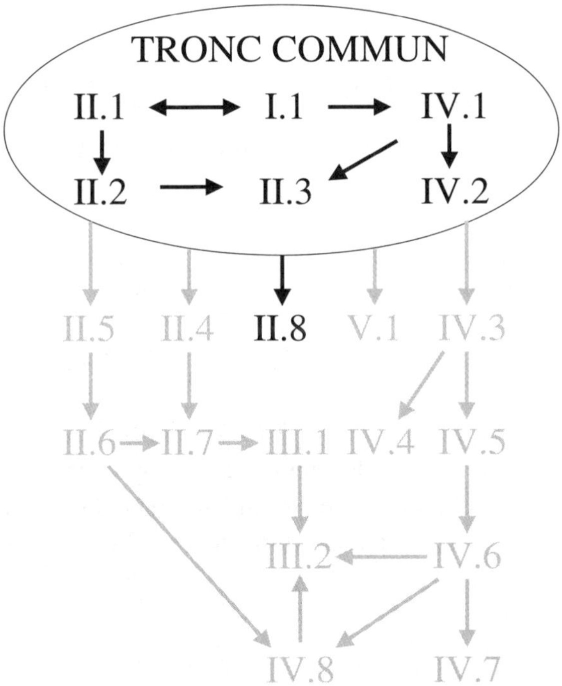

Si le cœur des mathématiques est la forme pure, axiomatique et déductive née en Grèce il y a 2 500 ans, la résolution *effective* de problèmes a toujours fait partie de la compétence professionnelle des mathématiciens. Nous en avons rencontré des exemples classiques au module II.1 (algorithme d'Euclide de recherche du pgcd de deux entiers naturels), au module II.4 (méthode du pivot de Gauß pour la résolution de systèmes d'équations linéaires), au module II.5 (résolution selon Cardan de l'équation du $3^{\text{ème}}$ degré) et au module II.6 (schéma de Horner pour l'évaluation d'un polynôme, algorithme d'Euclide de recherche du pgcd de deux polynômes et de calcul des coefficients de Bézout).

L'avènement et l'expansion rapide de l'informatique ont accentué cet aspect des mathématiques et donné naissance à de nouveaux domaines des mathématiques appliquées. Nous ignorerons ici la programmation (qui ne relève pas d'un manuel de mathématiques) et l'analyse numérique (qui sera abordée en L2), pour nous concentrer sur le dernier-né de ces domaines, le *calcul formel*. Son nom anglo-saxon de *computer algebra* indique clairement qu'il se relie principalement à l'algèbre.

Notre but, dans ce module, est d'étudier quelques algorithmes fondamentaux en des termes qui fournissent une passerelle entre leur aspect mathématique (tel qu'il est apparu dans les exemples cités) et leur aspect informatique (tel qu'on l'expérimente lorsque l'on programme des ordinateurs). Il ne s'agit pas d'une introduction à l'informatique. Après avoir dégagé et motivé la plupart des notions essentielles sur des exemples (section 1), on formulera (section 2) des rudiments du vocabulaire de l'algorithmique (description et analyse des algorithmes) sans définitions formelles et sans énoncés généraux. Puis, à la section 3, on appliquera ces notions à quelques algorithmes élémentaires mais non triviaux.

1 Exemple introductif : l'addition en base b

Il est chaudement recommandé au lecteur d'exécuter sur des exemples tous les algorithmes présentés ici.

Soit b un entier naturel supérieur ou égal à 2. Comme on l'a vu au module II.1 (théorème 31 de la page 82), tout entier naturel $n \in \mathbb{N}$ admet une unique écriture en base b :

$$n = \sum_{i \geqslant 0} c_i b^i,$$

dans laquelle les c_i sont des chiffres : $c_i \in [\![0, b-1]\!]$, nuls à partir d'un certain rang (sans quoi la somme ci-dessus n'aurait pas de sens). Les exemples les plus importants de bases de numération sont dix (numération décimale, utilisée dans la vie quotidienne) et deux et seize (numérations binaire et hexadécimale, utilisées en informatique). Si $n \neq 0$, on peut préciser l'écriture :

$$n = c_0 + \cdots + c_k b^k \ , \ c_k \neq 0,$$

ce qui permet de *coder* l'entier n par la suite de ses chiffres écrite “poids forts à gauche” :

$$n = (c_k \ldots c_0)_b.$$

Exercice 1.
Préciser la *taille* de ce codage, autrement dit, le nombre $|n|_b$ de chiffres nécessaires à l'écriture de n.

Solution. Dans l'écriture précédente, on a l'encadrement :

$$0 + \cdots + 0\, b^{k-1} + b^k \leqslant n \leqslant (b-1) + \cdots + (b-1)b^k = b^{k+1} - 1,$$

autrement dit, $b^k \leqslant n < b^{k+1}$, d'où $k \leqslant \log_b n < k+1$. Le nombre de chiffres de n est donc $|n|_b = k + 1 = 1 + \lfloor \log_b n \rfloor$. Lorsque $n \to +\infty$, son *ordre de grandeur* est $\Theta(\log n)$; cela signifie qu'il existe des constantes $a, b > 0$ telles que ce nombre de chiffres est compris entre $a \log n$ et $b \log n$ quel que soit n. Remarquons d'ailleurs que *cette estimation est indépendante du type de logarithme utilisé* (népérien, décimal ou de base 2).

1.1 L'algorithme d'addition

L'intérêt du codage en base b est qu'il permet d'effectuer les quatre opérations arithmétiques fondamentales, et bien d'autres encore, par des *successions automatiques d'opérations élémentaires*. De telles séquences sont appelées *algorithmes* depuis le moyen âge, époque où les mathématiciens Arabes ont dominé et revitalisé notre discipline : ce mot est en effet dérivé du nom du mathématicien Perse Abu Ja'far Mohammed ibn Mûsâ al-Khowârizmî, qui a vécu aux alentours de l'an 825. Nous allons détailler l'exemple apparemment innocent de l'addition des entiers naturels : nous verrons ainsi ce que sont les "opérations élémentaires" et sur quoi elles portent, puis en quoi consiste une "succession automatique" de telles opérations.

Les opérations élémentaires sont ici résumées par la table d'addition de l'école primaire ! Le principe est que la somme de deux nombres à un chiffre (*i.e.* compris entre 0 et $b-1$) est soit un nombre à un chiffre soit un nombre à deux chiffres, dont le chiffre de poids fort est 1 : si $c+d \leqslant b-1$, son écriture en base b est $(c+d)_b$; sinon, $b \leqslant c+d \leqslant 2b-2$ et son écriture en base b est $(1e)_b$, avec $e := c+d-b \in [\![0, b-1]\!]$. Un écolier apprend ces opérations par cœur et en restitue le résultat en temps constant (et faible). Un ordinateur *tabule* ces résultats, c'est à dire qu'il les garde dans une zone mémoire ; ou bien il possède un circuit spécialisé dans les additions à un chiffre. Dans tous les cas, ces opérations élémentaires s'effectuent en temps constant (et faible). De plus, elles concernent des données et des résultats de taille fixe : l'écolier n'a pas besoin de papier et crayon et le programmeur n'a pas besoin de demander l'allocation d'une zone mémoire pour les effectuer.

Exercice 2.

Décrire de manière analogue la table de multiplication.

Solution. Puisque $0 \leqslant c, d \leqslant b-1$, on a $0 \leqslant cd \leqslant (b-1)^2 = b(b-2)+1$. Le produit cd est donc un nombre à un chiffre (si $cd \leqslant b-1$) ou bien (si $b \leqslant cd \leqslant b(b-2)+1$) à deux chiffres : $cd = (fe)_b$, avec de plus $f \leqslant b-2$.

Pour simplifier, nous considérerons des entiers naturels non nuls $n := (c_k \ldots c_0)_b$ et $p := (d_\ell \ldots d_0)_b$. Par convention, on note $c_i := 0$ lorsque $i > k$ et $d_i := 0$ lorsque $i > \ell$. Les deux nombres jouant un rôle symétrique, nous supposerons que $k \leqslant \ell$. La somme des entiers n et p est l'entier q dont l'écriture $q = (e_m \ldots e_0)_b$ en base b est définie de la manière suivante. On pose $r_0 := 0$, puis, par récurrence : $e_i := (c_i + d_i + r_i) \mod b$ et $r_{i+1} := (c_i + d_i + r_i) \operatorname{div} b$. Autrement dit, on a effectué une division euclidienne :

$$c_i + d_i + r_i = r_{i+1} b + e_i.$$

On vérifie par récurrence que les *retenues* r_i valent 0 ou 1 : c'est évident pour $i = 0$; puis, si $r_i \in \{0, 1\}$, on a $0 \leqslant c_i + d_i + r_i \leqslant (b-1) + (b-1) + 1 = 2b-1$ et le quotient r_{i+1}

de la division euclidienne par b vaut 0 ou 1. On voit enfin que, soit $c_\ell + d_\ell + r_\ell \leqslant b-1$, et l'on a alors $m = \ell$ et $e_m = c_\ell + d_\ell + r_\ell$, soit $b \leqslant c_\ell + d_\ell + r_\ell \leqslant 2b-1$, et l'on a alors $m = \ell + 1$ et $e_m = 1$.

Exercice 3.
Vérifier que q est bien la somme de n et de p.
Solution. Si l'on pose $r_{m+1} := 0$, on a, pour $0 \leqslant i \leqslant m$:

$$c_i + d_i + r_i = r_{i+1}b + e_i \qquad \text{d'où l'on tire} \qquad c_ib^i + d_ib^i + r_ib^i = r_{i+1}b^{i+1} + e_ib^i,$$

puis, en sommant pour $0 \leqslant i \leqslant m$: $n + p + \sum_{i=0}^{m} r_ib_i = \sum_{i=1}^{m+1} r_ib_i + q$, d'où la conclusion.

1.1.1 Des mathématiques à l'algorithme

La description précédente est écrite en style algorithmique des mathématiciens. Le style algorithmique des algorithmiciens est assez différent ! Il faut d'abord décrire les opérations élémentaires, ici, la table d'addition. Celle-ci prend en entrée deux chiffres $c, d \in [\![0, b-1]\!]$ et une retenue antérieure $r \in \{0,1\}$ et rend comme résultat un couple (s,e) formé d'une retenue $s \in \{0,1\}$ et d'un chiffre $e \in [\![0, b-1]\!]$ tels que $c + d + r = sb + e$. En style mathématique, $s := (c+d+r) \operatorname{div} b$, $e := (c+d+r) \mod b$. En style algorithmique :

```
si c + d + r < b
  alors (s := 0 ; e := c + d + r)
  sinon (s := 1 ; e := c + d + r - b)
```

Il faut lire : "s reçoit la valeur 0", etc. les *affectations* de la *variable* s par diverses valeurs ainsi calculées. Notons au passage la différence de traitement typographique entre les objets algorithmiques, comme les variables c, d, r et leurs contreparties mathématiques, les valeurs c, d, r que peuvent contenir ces variables.

Si l'on veut éviter de calculer deux fois c + d + r, on peut introduire une *variable auxiliaire* ou *locale* x qui ne sert qu'à cet endroit :

```
x := c + d + r ;
si x < b
  alors (s := 0 ; e := x)
  sinon (s := 1 ; e := x - b)
```

Pratiquement, le fait qu'il s'agit d'une opération élémentaire signifie que l'on n'a pas à en connaître les détails d'exécution. On la considérera donc comme une *fonction* ou une *procédure* que l'algorithme principal pourra *appeler* :

```
(e,s) := add(c,d,r)                (* addition avec retenue *)
```

Remarquons qu'il y a ici une *affectation simultanée* des variables s et e. La petite phrase à droite est un *commentaire* qui rappelle au lecteur (plus ou moins en détail) ce dont il s'agit.

Il faut ensuite décrire les objets sur lesquels opère l'algorithme :

1. Les *données* sont les chiffres $c_k, \ldots, c_0$ et $d_\ell, \ldots, d_0$. On veut les conserver jusqu'au bout, elles sont donc rangées dans des *tableaux* respectivement notés `C[0..k]` et `D[0..l]`. Pour dénoter la valeur contenue dans la $i^{ème}$ case du tableau, c'est à dire c_i, on écrit simplement `C[i]`. On peut de plus supposer que $k = \ell$ quitte à rajouter au plus court des deux nombres des chiffres 0 en poids forts.
2. Le *résultat* sera rangé dans un tableau `E[0..m]`. Comme on ne cannait pas exactement son poids le plus fort (k ou $k+1$), on convient de le ranger dans le tableau `E[0..k+1]`.
3. Le calcul produit des résultats auxiliaires, les retenues r_i. Mais chacune ne sert qu'une fois. L'algorithmicien est économe et décide donc de ne pas encombrer la mémoire de toutes ces retenues : il déclare une seule variable `r` qui sera successivement affectée de toutes ces valeurs.

Nous sommes maintenant en mesure d'écrire l'algorithme.

```
r := 0 ;
pour i de 0 a k faire
   (E[i],r) := add(C[i],D[i],r) ;
E[k+1] := r ;;
```

Pour la clarté des explications qui suivent, nous choisissons d'en écrire la version complète ; exceptionnellement, nous numérotons les lignes pour simplifier les commentaires.

```
1. r := 0 ;
2. pour i de 0 a k faire
3.    (x := C[i] + D[i] + r ;
4.     si x < b
5.         alors (E[i] := x ; r := 0)
6.         sinon (E[i] := x - b ; r := 1)) ;
7. E[k+1] := r ;;
```

1.1.2 Anatomie de cet algorithme

En principe, les objets qui nous intéressent sont des entiers naturels. Ici, l'écriture en base b nous permet de représenter les entiers par des suites finies de chiffres. Les données ont donc été rangées dans les tableaux `C[0..k]` et `D[0..k]` et le résultat sera récupéré dans le tableau `E[0..k+1]`. Cela sous-entend *l'occupation* ou *l'allocation* de diverses zones de la mémoire. L'espace mémoire nécessaire au stockage d'un tel tableau est en gros proportionnel au nombre de cases de ce tableau (ici, $k+1$, $k+1$ et $k+2$). L'espace mémoire nécessaire au stockage de l'une de ces cases est une constante faible qui ne dépend que de la base b et du codage des chiffres $0, \ldots, b-1$. Par exemple, le codage `BCD` (pour "binary coded decimal", en français : "décimal codé binaire") correspond à la base dix, et chaque chiffre de 0 à 9 est représenté en binaire sur un demi octet (donc 4 bits). Dans le contexte de notre algorithme, on considère donc comme *taille* d'un entier le nombre $|n|_b$ des chiffres de son écriture en base b, l'unité de taille étant une telle case.

Les seuls autres objets de base ici manipulés sont la variable `r`, qui doit contenir un entier (ici, 0 ou 1) ; et la variable `x`, qui doit contenir un entier de $[\![0, 2b-1]\!]$. Le "compteur" `i` relève plutôt du "contrôle" du déroulement de l'algorithme (voir plus bas).

Les *instructions* de l'algorithme reposent sur des opérations de base qui sont les suivantes :

1. Opérations arithmétiques sur des nombres à un ou deux chiffres.
2. Divers *tests* : ici, tests de comparaison `x < b`.
3. Affectations, comme `r := 0` ou `E[i] := x`.

Il faut mentionner aussi des opérations "invisibles" comme *l'accès* aux composantes d'un tableau. Elles s'effectuent également en temps constant, précisément parce qu'il s'agit de tableaux. La pratique de l'informatique nous rappelle que d'autres structures de données analogues (c'est-à-dire dans lesquelles les éléments sont rangés consécutivement) ne possèdent pas cette propriété : en particulier, dans une *liste* ou dans un *fichier*, le temps d'accès à un élément dépend de la position de cet élément.

Le *déroulement* de l'algorithme est décrit par des *structures de contrôle* :

1. Le *séquencement* : notre algorithme est composé de trois étapes principales. La première est l'instruction écrite à la ligne 1 (c'est une affectation) ; la deuxième instruction, plus complexe, occupe les lignes 2 à 6 ; la troisième est l'affectation de la ligne 7. L'algorithme tout entier est composé du séquencement de ces trois instructions. C'est bien sûr une contrainte chronologique. De même, si l'on considère isolément le contenu des lignes 3 à 6, on voit qu'il s'agit d'une seule instruction composée du séquencement de deux instructions : la première est en ligne 3, la deuxième occupe les lignes 4 à 6, et la séquence qu'elles forment a été mise entre parenthèses pour en faire une seule instruction. Cette mise entre parenthèses équivaut donc, dans nos notations, au classique `debut ... fin`, ou, si l'on préfère, `begin ... end`.

2. L'*itération* ou *répétition* : on peut voir que les lignes 2 à 6 représentent une seule instruction (elle-même un séquencement, d'ailleurs), laquelle dépend d'une sorte de paramètre `i`. Notons temporairement `Proc1(i)` cette instruction (que l'on peut donc assimiler à l'appel d'une procédure). Les lignes 3 à 6 équivalent à l'instruction suivante :

   ```
   pour i de 0 a k faire
      Proc1(i) ;
   ```

   Cette instruction, à son tour, équivaut au séquencement

   ```
   Proc1(0) ; Proc1(1) ; ... ; Proc1(k) ;
   ```

   Mais celui-ci ne peut être écrit de cette manière, puisque l'on ne sait pas concrètement combien d'instructions il comporterait ! C'est l'utilité de la *boucle "pour"* utilisée.

3. Le *branchement conditionnel* : l'instruction `Proc1(i)` se compose du séquencement de deux instructions dont la deuxième occupe les lignes 4 à 6. Cette dernière comprend un test (comparaison `x < b`) et deux instructions (elles-mêmes composées !) dont une seule sera effectuée.

Remarquons enfin que le type de répétition rencontré ici, également appelé *boucle inconditionnelle* ou encore *répétition définie*, n'est pas le plus général possible. En effet, si l'on ne sait pas, au moment où l'on écrit l'algorithme, combien de fois $Proc1(i)$ devra être exécutée (cela dépendra de la valeur de k), ce nombre de fois est totalement déterminé dès "l'entrée dans la boucle". Dans certains algorithmes, ce nombre n'est pas connu et dépend des résultats des calculs : c'est le cas de l'algorithme qui va suivre.

1.1.3 Codage d'un entier dans une base

Pratiquement, comment obtient-on le codage de l'entier n dans la base b ? La question est ambiguë, car cela dépend de la forme sous laquelle est donnée l'entier n. Par exemple, si l'on demande l'écriture en base $b = 10$ du nombre $n = 1496$, la réponse est contenue dans la question. Si l'on part de l'écriture romaine $MCDXCVI$, on voit mieux où est le problème. Supposons donc que l'entier n est donné par son écriture dans une *autre* base et qu'on veut le *convertir*. Par exemple, n pourrait être le résultat codé en base 2 d'un calcul d'ordinateur, que l'on désirerait transcrire en base 10 pour usage humain.

Le procédé de conversion repose sur l'observation suivante : le quotient et le reste de la division euclidienne de $n = (c_k \ldots c_0)_b$ par b sont respectivement $q = (c_k \ldots c_1)_b$ et $r = c_0$. En effet, $q, r \in \mathbb{N}$ et $0 \leqslant r < b$ par définition ; de plus :

$$qb + r = b \sum_{i \geqslant 0} c_{i+1} b^i + c_0 = \sum_{i \geqslant 0} c_i b^i = n.$$

Il faut naturellement admettre que l'on sait effectuer des divisions euclidiennes sur des entiers naturels donnés dans la forme de départ choisie. L'algorithme suivant suppose l'entier n codé sous une forme quelconque, et il suppose aussi que l'on dispose d'une procédure (ou fonction) `diveucl` telle que l'appel `diveucl(n,b)` rende le couple `(q,r)` résultat de la division euclidienne $n = qb + r$.

```
1. tant que n > 0 faire
2.     ((q,r) := diveucl(n,b) ;
3.      ecrire(r) ;
4.      n := q) ;;
```

Sans détailler à nouveau l'anatomie de cet algorithme, voici quelques observations :

1. La principale structure de contrôle est une répétition de la forme `tant que [condition] faire [instruction]`. La condition porte ici sur l'entier `n`. S'il est strictement positif, l'instruction est exécutée, puis l'on recommence. Ce type de répétition est donc appelé *boucle conditionnelle* ou encore *répétition indéfinie*. On peut noter `Proc2(n)` l'instruction qui occupe les lignes 2 à 4 : son effet est d'écrire un chiffre *et de modifier* n. La boucle est équivalente au séquencement :

   ```
   si n > 0 alors Proc2(n) ; si n > 0 alors Proc2(n) ; ...
   ```

   Bien sûr, il faut espérer que, l'entier `n` étant modifié par `Proc2(n)`, la condition `n > 0` finisse par être fausse, pour que l'algorithme s'arrête !

2. Les données `n` et `b` et les variables intermédiaires `q` et `r` sont présentes sous des formes non spécifiées, sur lesquelles la procédure `diveucl` peut opérer. De même, on fait ici abstraction de la manière dont est réalisée la division euclidienne. Ce n'est pas pour autant une véritable opération élémentaire, et l'on ne suppose pas qu'elle s'effectue en un temps constant : elle peut mettre en jeu un algorithme complexe.
3. Le résultat est la suite des chiffres de l'écriture de n en base b, mais ceux-ci ne sont pas stockés : on les écrit, et le problème de la structure de données qui permette de les conserver ne se pose donc pas.

Exercice 4.
L'algorithme ci-dessus écrit les chiffres de poids faibles en premier. Comment le modifier pour écrire les chiffres de poids fort d'abord ?

Solution. Il faut d'abord obtenir l'encadrement $b^k \leqslant n < b^{k+1}$; le chiffre de poids fort est alors le quotient q de la division euclidienne de $n = qb^k + r$. Puis on recommence avec le reste r. Le lecteur vérifiera que $1 \leqslant q < b$ et que $0 \leqslant r < b^k$, ce qui entraîne que $c_k = q \neq 0$. L'algorithme suivant ne produit que les chiffres non nuls, mais il donne leurs poids :

```
tant que n > 0 faire
   (k := 0 ; m := 1 ; M := b ;
    tant que M <= n faire
       (k := k + 1 ; m := M ; M := M * b) ;
    (q,r) := diveucl(n,m) ;
    ecrire(``poids:'') ; ecrire(k) ;
    ecrire(``chiffre:'') ; ecrire(q) ;
    n := r) ;;
```

La *boucle interne* `tant que M <= n faire ..` a pour but de calculer le poids k, et l'encadrement $m \leqslant n < M$ par des puissances successives $m = b^k$ et $M = b^{k+1}$ de la base.

1.2 Analyse de l'algorithme d'addition

Une fois un algorithme écrit, et avant même de s'en servir, il peut être utile de le juger. Une propriété fondamentale est évidemment la *correction* : l'algorithme a-t-il l'effet désiré ? Mais il est encore plus fondamental que l'algorithme *se termine*, sans quoi on ne pourrait rien juger du tout ! Enfin, étant donné un algorithme qui se termine et qui est correct, il possède des propriétés *opérationnelles* comme son temps d'exécution, les ressources qu'il consomme (espace mémoire, processeurs), etc. L'étude de toutes ces propriétés constitue *l'analyse* de l'algorithme, que nous allons illustrer sur l'algorithme d'addition et sur l'algorithme de conversion.

1.2.1 Terminaison

L'algorithme d'addition se compose de séquencements, d'un branchement conditionnel, et d'une répétition `pour i de 0 a k faire Proc1(i)`. Son exécution met en jeu un nombre fini d'opérations (que nous estimerons plus loin) et se déroule donc en temps fini.

L'algorithme de conversion se compose de séquencements, d'appels à la fonction `diveucl` et d'une boucle conditionnelle `tant que n > 0 faire Proc2(n)`. Nous admettrons que l'appel de `diveucl` (qui sous-entend l'exécution d'un autre algorithme) rend un résultat en temps fini. Il reste à vérifier que l'instruction `Proc2(n)` (lignes 2,3,4) ne s'exécute qu'un nombre fini de fois. Mathématiquement, cela se démontre ainsi : la variable `n` prend successivement les valeurs entières $n_0, n_1, \ldots$. L'entier n_0 est celui qui a été donné à l'algorithme. De plus, n_{k+1} est défini si, et seulement si, $n_k > 0$ et c'est le quotient de la division euclidienne de n_k par b. On a donc une suite *strictement décroissante* $n_0 > n_1 > \cdots > n_k$ d'entiers naturels, et cette suite ne peut pas être infinie.

Algorithmiquement, on raisonne plutôt ainsi. La variable `n` a une valeur *avant* l'exécution de `Proc2(n)` et une valeur *après* : notons les respectivement n et n'. Par hypothèse, $n > 0$ (condition d'exécution de `Proc2(n)`) et $n' = n \operatorname{div} b$ (définition de `Proc2(n)`), donc $0 \leqslant n' < n$. Ainsi l'entier naturel `Proc2(n)` décroît strictement à chaque itération de la boucle, ce qui ne peut se produire qu'un nombre fini de fois.

Exercice 5.

On peut se rendre compte des pièges que recèlent les boucles conditionnelles en examinant la variante suivante de notre algorithme de conversion : déceler l'anomalie

```
tant que n > 0 faire
    ((q,r) := diveucl(n,b) ;
     ecrire(r)) ;;
```

Solution. Ici, `n` n'est jamais modifié et l'algorithme écrit indéfiniment le même chiffre.

1.2.2 Correction

L'algorithme d'addition est correct parce qu'il reflète de manière triviale un théorème mathématique. L'algorithme de conversion est justifié mathématiquement par récurrence. Outre la notation $n_0, n_1, \ldots$ pour les valeurs successives de la variable `n`, introduisons les valeurs successives $r_0, r_1, \ldots$ de la variable `r`. Ce sont donc les chiffres écrits par l'algorithme. L'entier n_0 est celui que l'on veut convertir, puis l'on a, tant que $n_i > 0$, les divisions euclidiennes : $n_i = bn_{i+1} + r_i$. On a alors :

$$\forall k\ ,\ n_0 = \sum_{i=0}^{k-1} r_i b^i + b^k n_k, \quad \text{et} \quad r_0, \ldots, r_{k-1} \in [\![0, b-1]\!].$$

Le lecteur prouvera sans peine cette affirmation par récurrence. Comme il existe un plus petit entier k tel que $n_{k+1} = 0$, qu'il marque l'arrêt de l'algorithme et que les chiffres écrits sont alors $r_0, \ldots, r_k$, on a bien établi la correction.

Lorsqu'on raisonne algorithmiquement, le principe de récurrence est remplacé par la notion d'*invariant de boucle*. Pour l'illustrer dans notre cas, rappelons que n_0 désigne l'entier à convertir, et que c'est la valeur de la variable `n` au départ. Nous allons prouver qu'après i itérations de la boucle, les chiffres écrits sont les i chiffres de poids faible de n_0 et la variable `n` a pour valeur l'entier formé des chiffres suivants. Autrement dit, si $n_0 = (c_k \ldots c_0)_b$, alors (après i itérations) les chiffres écrits sont $c_0, \ldots, c_i$ et n a pour valeur $(c_k \ldots c_{i+1})_b$. C'est évidemment vrai au départ. Supposons que cela soit vrai avant la $i^{ème}$ itération, et notons n et n' les valeurs de la variable n avant et après cette itération. Ainsi, $n = (c_k \ldots c_i)_b$ et les chiffres déjà écrits sont $c_0, \ldots, c_{i-1}$ (c'est l'hypothèse). Par définition de l'instruction `Proc2(n)`, on a une division euclidienne $n = bn' + r$, et r est le prochain chiffre écrit. La division euclidienne est ici :

$$(c_k \ldots c_i)_b = b(c_k \ldots c_{i+1})_b + c_i,$$

d'où $n' = (c_k \ldots c_{i+1})_b$ et $r = c_i$. L'invariant de boucle ayant été *prouvé*, reste à voir ce qu'il donne quand l'algorithme se termine. La valeur de n est alors 0, car c'est un entier naturel, et s'il était non nul, l'itération continuerait. Selon l'invariant de boucle, tous les chiffres de n_0 ont été écrits.

1.2.3 Coût

L'algorithme d'addition comporte deux instructions exécutées une seule fois (lignes 1 et 7) et l'instruction `Proc1(i)` exécutée $k+1$ fois. Nous admettrons que l'exécution de `Proc1(i)` prend toujours le même temps A. Cela pourrait être affiné si l'on tenait compte de la différence entre la ligne 5 et la ligne 6, mais il est plus raisonnable de penser à une "routine d'addition avec retenue" à temps constant. En conclusion, le coût *en temps* de l'algorithme est de la forme $A(k+1) + B$, où $k+1$ est le nombre de chiffres des nombres additionnés. On parle de *coût linéaire*. L'idée est que, si l'on double la taille des données (par exemple, si l'on additionne des nombres à 100 chiffres au lieu de 50), le temps d'exécution est à peu près doublé.

Il faut remarquer que l'on considère ici comme taille des données leur nombre de chiffres, ce qui ne va pas de soi. Si l'on considérait comme taille d'un entier l'entier lui-même, le coût de l'addition serait plutôt *logarithmique* (puisque le nombre de chiffres de n est du même ordre de grandeur que $\log n$). Mais il est courant de considérer comme taille d'une donnée la taille de sa représentation informatique, ce qui nous amène à parler du coût *en espace* de l'algorithme d'addition. Il faut quelques variables et trois tableaux de $k+1$ chiffres, l'espace consommé est donc également linéaire en la taille des données. Dans les algorithmes arithmétiques courants, on s'intéresse rarement au coût en espace, qui ne pose habituellement pas de problème majeur.

L'algorithme de conversion fait appel à la fonction `diveucl` ce qui pose problème pour l'estimation de son coût. Nous ferons l'hypothèse simplificatrice que l'algorithme qui réalise cette division euclidienne s'exécute en temps et en espace constant. Ce n'est pas une hypothèse réaliste si les nombres manipulés sont grands, mais elle n'est pas aberrante dans le cas contraire. Dans ce cas, il est immédiat que notre algorithme utilise un espace constant (quelques variables ...) et que le temps d'exécution est essentiellement proportionnel au nombre d'itérations, c'est à dire au nombre de chiffres de n. Il peut sembler paradoxal de prendre comme base de calcul du coût ce nombre de chiffres, qui dépend justement du résultat de l'algorithme de conversion ! En fait, ce nombre de chiffres est en gros proportionnel à $\log n$ et son ordre de grandeur est donc indépendant du choix de la base b.

Nous pouvons affiner l'estimation du coût en temps de l'algorithme de conversion de n. Pour cela, nous supposerons que l'appel de `diveucl(n,b)` a un coût proportionnel à la taille de n. Une étude plus précise des algorithmes arithmétiques montrerait que c'est une hypothèse réaliste. Nous écrirons donc : $D(n) = A|n|_b$, où $D(n)$ désigne le coût de `diveucl(n,b)` et où $|n|_b$ désigne la taille de n, ici son nombre de chiffres en base b. Avec les notations précédentes, on voit donc que $C(n_0) = \sum_{i=0}^{k} (D(n_i) + B)$, où $C(n)$ désigne le coût de la conversion de n et B une constante (coût des lignes 3 et 4). Comme le nombre de chiffres de n_i est $i + 1$, on trouve finalement :

$$C(n) = \sum_{i=0}^{k}(A(i+1) + B) = \frac{A}{2}|n|_b^2 + \left(\frac{A}{2} + B\right)|n|_b.$$

2 Vocabulaire

2.1 Langage algorithmique simplifié

Le langage de description des algorithmes est parfois appelé "pidgin algol" ou "pseudo-Pascal". Nous n'en donnerons pas une description formelle, les nombreux exemples de ce module devraient suffire à le comprendre.

2.1.1 Les objets

Les *types* de base dont nous aurons l'usage sont les suivants :

1. Les entiers ; remarquons d'ailleurs que, du point de vue de certains algorithmes, les entiers sont eux-mêmes des objets composés. Par exemple, dans les exemples précédents, un entier était assimilé à un tableau de chiffres.
2. les booléens : leurs valeurs possibles sont `vrai` et `faux`, ils servent à représenter les résultats des tests.

On pourrait également prendre en compte d'autres types numériques, comme les réels, les complexes, ou encore les éléments d'un corps fini (*arithmétique modulaire*). Par ailleurs, les algorithmes de tri manipulent fréquemment des caractères et des chaînes de caractères.

Les objets que l'on peut manipuler sont des constantes et des variables de l'un de ces types, ou bien des objets plus structurés, comme des tableaux ou des listes (la nuance entre ces deux structures est qu'un tableau est en général de taille fixe alors qu'une liste peut être allongée ou raccourcie). Ainsi, un polynôme peut être assimilé à une liste de nombres, un vecteur à un tableau de nombres et une matrice à un tableau de tableaux de vecteurs. Dans ce module, nous ne manipulerons que des tableaux.

2.1.2 Les actions

Le langage algorithmique sert à décrire des actions sur ces objets. Un algorithme se présente comme une suite d'instructions et celles-ci comportent des opérations élémentaires. Voici les plus fondamentales :

1. Les calculs numériques (pour nous, dans $\mathbb{N}$ et dans $\mathbb{Z}$).
2. Les calculs logiques sur les booléens, mettant en jeu le `et`, le `ou`, le `non`, etc. (les règles en ont été décrites au module I.1, section 7).

3. Les affectations, qui ont la forme `x := a` ou bien `T[i] := a`, où `x` est une variable, `T[i]` une case d'un tableau et `a` une valeur du type convenable.
4. Les tests de conditions (égalité, inégalités, ...), qui ont pour résultats des booléens et qui peuvent s'insérer dans des calculs logiques ou bien dans des instructions conditionnelles (c'est-à-dire des branchements conditionnels ou bien des boucles conditionnelles).

Si l'on veut considérer un algorithme comme le processus de calcul d'une *fonction*, on le fera précéder d'une *déclaration* du nom de cette fonction indiquant ses arguments (ou *données* de l'algorithme) et suivre d'une instruction `rendre [resultat]`. Voici un exemple trivial :

```
Produit(p,q)
x := p * q ;
rendre(x) ;
```

On fait parfois appel à des *procédures*, qui ne rendent pas de résultat mais agissent par "effet de bord", par exemple en modifiant leurs arguments :

```
Echange(a,b)
temp := a ;
a := b ;
b := temp ;
```

C'est le cas des algorithmes de tri, qui réordonnent un tableau "sur place", c'est-à-dire en modifiant les valeurs contenues dans ce tableau.

2.1.3 Les structures de contrôle

Enfin, pour décrire la manière dont se déroule l'exécution des instructions de l'algorithme, on dispose de *structures de contrôle*. La principale remarque est que l'*on exclut tout parallélisme* : il y a une seule action à la fois. Nous avons :

1. Le *séquencement* : Si `A`, `B`, `C` ... sont des instructions, alors `A ; B ; C ; ...` est l'instruction qui équivaut aux exécutions *successives* de `A`, `B`, `C` ...
2. Les instructions conditionnelles :

   ```
   si [condition] alors [instruction1] sinon [instruction2] ;
   ```

   Le sens est clair : on teste `[condition]`. Si le résultat est `vrai`, on exécute `[instruction1]` ; si le résultat est `faux`, on exécute `[instruction2]`. Il y a d'ailleurs une variante plus simple :

   ```
   si [condition] alors [instruction] ;
   ```

   Dans ce cas, si `[condition]` a la valeur `faux`, on ne fait rien. Il peut y avoir ambiguïté en cas d'imbrication : l'instruction

   ```
   si A alors si B alors C sinon D
   ```

   équivaut à l'une des deux suivantes :

```
si A
  alors si B
          alors C
          sinon rien
  sinon D ;
si A
  alors si B
          alors C
          sinon D
  sinon rien ;
```

On voit l'intérêt de la version "complète" `si... alors ... sinon ...`, quitte à compléter par l'instruction vide `rien`.

3. Les *répétitions indéfinies* (ou *boucles conditionnelles*) :

```
tant que [condition] faire [instruction] ;
```

Encore une fois, le sens est clair : on teste `[condition]`. Si le résultat est `vrai`, on exécute `[instruction]`, *puis l'on recommence* ; si le résultat est `faux`, on sort de la boucle de répétition et l'on passe éventuellement à la suite. En voici un exemple. L'algorithme suivant calcule le produit des deux entiers naturels `p` et `q` :

```
Produit1(p,q)
x := 0 ; y := q ;
tant que y > 0 faire
  (x := x + p ; y := y - 1);
rendre(x) ;
```

Une variante (moins puissante) de la boucle `tant que` est la boucle `repete` :

```
repete [instruction] jusque [condition] ;
```

Dans ce cas, on exécute au moins une fois `[instruction]`, puis l'on teste `[condition]`. Si le résultat est `vrai`, on sort de la boucle de répétition et l'on passe éventuellement à la suite ; si le résultat est `faux`, on recommence. Ainsi, *si l'on suppose* q *strictement positif*, l'algorithme précédent équivaut au suivant :

```
Produit2(p,q)
x := 0 ; y := q ;
repete (x := x + p ; y := y - 1) jusque y = 0;
rendre(x) ;
```

4. Les *répétitions définies* (ou *boucles inconditionnelles*) :

```
pour i de 1 a n faire [instruction] ;
```

Comme on l'a déjà indiqué, la boucle `pour` se comprend mieux si l'on suppose que `[instruction]` est de la forme `Proc(i)`. Cette répétition est alors équivalente au séquencement :

```
Proc(1) ; Proc(2) ; ... ; Proc(n) ;
```

Naturellement, on pourrait tout aussi bien prendre 0 comme première valeur du compteur i. La boucle `pour` est équivalente à un cas particulier de la boucle `tant que` :

```
i := 1 ;
tant que i <= n faire
   (Proc(i) ;
    i := i+1) ;
```

L'algorithme de multiplication ci-dessus équivaut donc au suivant :

```
Produit3(p,q)
pour i de 1 a q faire
   x := x + p ;
rendre(x) ;
```

Exercice 6.

Écrire un algorithme qui calcule p^n en fonction de p et de n.

Solution. On utilise une variable x initialisée à la valeur $1 = p^0$ et qui prendra successivement les valeurs $p^0, \dots, p^n$: on la multiplie donc n fois par p.

```
Puissance0(p,n)
x := 1 ;
pour i de 1 a n faire
   x := x * p ;
rendre(x) ;
```

2.2 Des mathématiques aux algorithmes

Alors qu'en mathématiques on définit une *suite* de valeurs $u_0, u_1, \dots$, par exemple par la valeur initiale $u_0 := a$ et par la relation de récurrence $u_{n+1} := f(u_n)$, l'écriture correspondante d'un algorithme a l'allure suivante :

```
1. x := a ;
2. pour i de 1 a n faire
3.    x := f(x) ;
```

On dit que l'on a *initialisé* la variable x avec la valeur a. Une exécution de l'instruction `x := f(x)` est appelée *mise à jour* de la variable x. Après i *itérations*, (et donc i mises à jour), la valeur contenue dans x est u_i. Par exemple, l'algorithme `Puissance0(p,n)` traduit la suite définie par la valeur initiale $u_0 := 1$ et la relation de récurrence $u_{n+1} := pu_n$. Le cas d'une récurrence mutuelle se ramène trivialement à celui-ci, en remplaçant la variable x par plusieurs variables ou bien par un tableau. Par exemple, les suites définies par les valeurs initiales $u_0 := p, v_0 := q$ et la relation de récurrence mutuelle $u_{n+1} := au_n + bv_n$, $v_{n+1} := cu_n + dv_n$ sont calculées par l'algorithme :

```
x := p ; y := q ;
pour i de 1 a n faire
   (x,y) := (a*x + b*y,c*x + d*y) ;
```

Si l'on est perturbé par l'*affectation simultanée* `(x,y) := (a*x + b*y,c*x + d*y)`, on peut la remplacer par la séquence :

```
x0 := x ; y0 := y ; x := a*x0 + b*y0 ;y := c*x0 + d*y0
```

On a fait appel aux *variables tampon* `x0` et `y0`. De même, une récurrence à k pas $u_{n+k} := f(u_n, \ldots, u_{n+k-1})$ se ramène au schéma précédent à l'aide de k variables.

Exercice 7.

Traiter l'exemple de la suite de Fibonacci, définie par $F_0 := 0$, $F_1 := 1$ et, pour tout $n \in \mathbb{N}$, $F_{n+2} := F_n + F_{n+1}$.

Solution. Puisque chaque valeur de la suite dépend des deux valeurs précédentes, il convient d'utiliser deux variables `x` et `y` qui, à chaque étape de l'itération, contiennent les valeurs F_{i-1} et F_i. Elles seront donc initialisées avec les valeurs 0 et 1. L'itération repose sur la fonction de deux variables $f : (x, y) \mapsto (y, x + y)$, car $(F_i, F_{i+1}) = f(F_{i-1}, F_i)$.

```
Fibonacci(n)
si n = 0 alors rendre 0 sinon
si n = 1 alors rendre 1 sinon
   (x := 0 ; y := 1 ;
    pour i de 1 a n-1 faire
       (x,y) := (y,x+y) ;
    rendre(y)) ;
```

Voici un autre exemple, tiré du module II.6 : l'évaluation d'un polynôme

$$P(X) := a_0 + \cdots + a_d X^d$$

en x. On initialise une variable `S` à la valeur a_0, puis on l'incrémente successivement par les d termes $a_i x^i$. Nous représenterons les coefficients de `P` dans un tableau `a[0..d]`. Dans la variante la plus brutale, chaque terme est calculé à partir de rien :

```
Evaluation0(P,x)
S := a[0] ;
pour i de 1 a d faire
   (terme := a[i] ;
    pour j de 1 a i faire
       terme := terme * x ;
    S := S + terme) ;
rendre(S) ;
```

Dans une version plus économe de l'algorithme, on mémorise chaque puissance x^i pour calculer plus facilement la suivante ; la variable xi sert à contenir les x^i :

```
Evaluation1(P,x)
S := a[0] ; xi := 1 ;
pour i de 1 a d faire
   (t := t * x ;
    S := S + a[i] * t) ;
rendre(S) ;
```

Enfin, le schéma de Horner s'exprime comme suit :

```
Evaluation2(P,x)
S := a[d] ;
pour i de 1 a d faire
    S := S * x + a[d-i] ;
rendre(S) ;
```

2.2.1 Analyse d'algorithmes : la terminaison

La principale qualité d'un algorithme est de terminer à coup sûr, c'est-à-dire pour toute valeur des données. Le problème se pose pour des algorithmes où figure une répétition indéfinie, c'est-à-dire de l'une des formes suivantes :

```
tant que [condition] faire [instruction]
repete [instruction] jusque [condition]
```

Dans le premier cas (boucle `tant que`), il faut s'assurer qu'après un certain nombre d'exécutions de `[instruction]`, la valeur de `[condition]` (*condition de continuation*) devient `faux`. Dans le second cas (boucle `repete`), il faut au contraire s'assurer qu'après un certain nombre d'exécutions de `[instruction]`, la valeur de `[condition]` (*condition d'arrêt*) devient `vrai`.

Par exemple, lors de l'exécution de `Produit1(p,q)`, la variable `y` décroît de 1 à chaque étape. On ne peut donc avoir indéfiniment $y > 0$. Quelles que soient les valeurs de p et q, la terminaison est donc garantie. De même, lors de l'exécution de `Produit1(p,q)`, la variable décroît strictement à chaque étape. Si la valeur initiale q de `y` est un entier naturel non nul, cette variable ne prend que des valeurs entières et elle doit finir par s'annuler. Dans tous les autres cas (valeur initiale non entière ou non strictement positive), la condition de terminaison `y = 0` ne sera jamais réalisée et l'algorithme "bouclera".

Toutes les méthodes de preuve de terminaison reposent en derrière analyse sur le fait que *toute suite strictement décroissante d'entiers naturels est finie*. On cherche donc à faire apparaître une quantité qui ne prend que des valeurs entières naturelles et qui décroît strictement à chaque étape. Cette quantité est parfois appelée *compteur*. Ce peut être la valeur contenue dans l'une des variables de l'algorithme, mais ce n'est pas nécessaire.

⚠ Lorsque l'on veut démontrer la terminaison de programmes *récursifs* généraux (voir le cours de L2), il peut arriver que l'on ait besoin de raisonner sur des ensembles ordonnés beaucoup plus compliqués que $\mathbb{N}$. C'est notamment le cas des « systèmes de réécriture ». Cependant, l'affirmation qui précède est valable pour les programmes *itératifs* du type considéré ici.

2.2.2 Analyse d'algorithmes : la correction

La deuxième qualité fondamentale d'un algorithme est sa correction : fait-il ce que l'on attend ? Outre l'arsenal des preuves mathématiques, les démonstrations de correction utilisent surtout des "invariants de boucle", qui sont une variante de la démonstration par récurrence. Ces invariants de boucle servent à maîtriser la principale difficulté non mathématique, qui vient de la distinction entre les *variables* et les *valeurs* prises par ces variables : au cours du déroulement de l'algorithme, une variable donnée pourra être affectée et prendre successivement différentes valeurs. On peut penser à la variable comme à un contenant et à sa valeur (à un stade donné de l'exécution) comme à un contenu.

Ainsi, lors de l'exécution de `Produit1(p,q)`, les variables `x` et `y` changent de valeur à chaque itération. Pour visualiser cela, nous noterons x, y les valeurs respectivement contenues dans `x`, `y` à un moment donné (la typographie est différente). Cependant, à chaque stade de l'exécution, on a la relation :

$$x + py = pq. \tag{1}$$

C'est une telle affirmation que l'on appelle *invariant de boucle*. Comment la démontre-t-on ? Rappelons que, dans (1), p et q désignent des valeurs fixées (les arguments de la fonction), alors que x et y désignent les contenus respectifs des variables `x` et `y`, qui évoluent. On démontre d'abord que la relation (1) est vérifiée à l'initialisation. Comme les variables `x` et `y` ont été initialisées avec les valeurs 0 et q, c'est évident. On démontre ensuite que, si la relation (1) est vérifiée *juste avant* une itération, alors elle est encore vérifiée *juste après*. Pour cela, nous allons utiliser une notation qui permet de distinguer la "valeur avant" de la "valeur après" d'une variable. Ainsi, nous noterons x, y les "valeurs avant" de `x`,`y` et x', y' leurs "valeurs après". L'instruction de mise à jour `(x := x + p ; y := y - 1)` a pour conséquence les relations $x' = x + p$ et $y' = y - 1$. On a donc $x' + py' = (x + p) + p(y - 1) = x + py$. Ainsi, si $x + py = pq$ (l'invariant de boucle est valide "avant"), alors $x' + py' = pq$ (l'invariant de boucle est valide "après"), ce qu'il fallait démontrer.

En quoi la preuve d'un invariant de boucle nous aide-t-elle à établir la correction d'un algorithme ? Lorsque l'algorithme `Produit1(p,q)` se termine, la condition de répétition est devenue fausse donc, à la fin de l'algorithme, y vaut 0. L'invariant de boucle nous dit alors que x vaut pq. La variable `x` contient donc bien le produit des arguments. Cet exemple est évidemment très simple, mais nous détaillerons à la section 2.3 une application probante de cette méthode.

2.2.3 Analyse d'algorithmes : la complexité

La troisième propriété importante d'un algorithme est son coût (les algorithmiciens l'appellent également *complexité*). Nous nous intéresserons essentiellement au *coût en temps*, bien que le *coût en espace* ait parfois de l'importance. Dans les algorithmes mathématiques, on considère généralement comme coût le nombre d'opérations élémentaires effectuées.

Dans presque tous les algorithmes qui comportent une répétition, le nombre d'opérations effectuées à chaque itération est "essentiellement constant" : cela signifie qu'il est encadré par deux nombres $a, b > 0$ fixés. Si la répétition a comporté n itérations, son coût vérifie donc : $an \leqslant C(n) \leqslant bn$. Autrement dit, on a à la fois $C(n) = O(n)$ et $n = O\big(C(n)\big)$, ce que l'on résume par la notation $C(n) = \Theta(n)$. On dit parfois que $C(n)$ *est de l'ordre de grandeur de* n. Pour évaluer le coût, on est donc en général ramené à évaluer le nombre d'itérations. Dans le cas d'une boucle `pour`, c'est trivial, mais dans le cas d'une répétition indéfinie, cela peut nécessiter des raisonnements sophistiqués. Pour certains algorithmes, le coût est essentiellement le même quelles que soient les données. Pour d'autres algorithmes, il dépend de la « taille » de ces données. Dans ce cas, on distinguera parfois le *coût moyen* du *coût le pire*. On cherchera alors à comprendre comment les fonctions $C_{max}(N)$ et $C_{moy}(N)$ dépendent de la taille N des données.

Une fois que l'on a évalué la fonction $C(N)$ (générale ou moyenne ou au pire), on la *classe*. Bien qu'il existe une théorie mathématique de la complexité des algorithmes, nous l'envisagerons plutôt comme une activité d'ingénieur, où l'on porte des jugements qualitatifs sur la valeur des algorithmes utilisés, en se fondant sur des estimations qui peuvent être approximatives. La principale *classe de complexité* des algorithmes est celle des fonctions de coût *linéaires*, c'est-à-dire telles que $C(N) = \Theta(N)$ ou simplement $C(N) = O(N)$. Il est d'usage de ne pas marquer de différence entre l'affirmation "tel algorithme ne comporte pas plus de aN opérations" et l'affirmation plus forte : "tel algorithme comporte de l'ordre de aN opérations". Pour une telle fonction, on voit qu'en gros, lorsque la taille des données double, le coût double lui aussi.

Nous rencontrerons également la classe des coûts *polynomiaux* : $C(N) = \Theta(N^k)$ ou $C(N) = O(N^k)$. Par exemple, le produit de deux polynômes de degré d s'effectue en $\Theta(d^2)$ opérations. Lorsque l'on double le degré, le nombre d'opérations est à peu près multiplié par 4. De même, la multiplication de deux matrices carrées d'ordre N comporte $\Theta(N^3)$ opérations (voir les exercices). Lorsque l'on double la taille des matrices, le coût de la multiplication est donc multiplié par 8 (à peu près). Nous rencontrerons enfin la classe des coûts *logarithmiques* : $C(N) = \Theta(\log N)$ ou $C(N) = O(\log N)$; c'est par exemple celle de l'exponentiation "dichotomique". Pour un tel algorithme, lorsque l'on double la taille des données, le coût est augmenté d'une constante.

2.3 Un exemple détaillé : l'algorithme d'Euclide

Nous nous référons ici au théorème 41 de la page 90 du module II.1, avec toutefois de légères modifications dans les notations. Soient $a \geqslant b > 0$ des entiers naturels. On définit une suite $x_0, x_1, \ldots$ de la manière suivante : $x_0 := a$, $x_1 := b$ puis, tant que $x_i \neq 0$, $x_{i+1} := x_{i-1} \bmod x_i$ (rappelons que, pour $x \in \mathbb{N}$ et $y \in \mathbb{N}^*$, $x \bmod y$ désigne le reste de la division euclidienne de x par y). Comme on l'a vu, pour $i \geqslant 1$, les x_i forment une suite strictement décroissante d'entiers naturels ; c'est donc une suite finie : $x_0 \geqslant x_1 > \cdots > x_k > x_{k+1} = 0$. Alors le dernier terme non nul de la suite est le pgcd de a et de b : $x_k = a \wedge b$. Nous allons retrouver ces propriétés par les méthodes de la section précédente.

Puisque cette suite est définie par une récurrence à deux pas, son écriture algorithmique met en jeu deux variables x et y qui, après i étapes, contiennent x_i et x_{i+1} :

```
PGCD(a,b)
x := a ; y := b ;
tant que y > 0 faire
   (x,y) := (y,x mod y) ;
rendre(x) ;
```

Si l'on veut éviter l'affectation simultanée, on peut la remplacer par la séquence : `(r := x mod y ; x := y ; y := r)`.

Le "compteur" qui garantit la terminaison de cet algorithme est le contenu y de la variable y. En effet, de la propriété $\forall x \in \mathbb{N}, y \in \mathbb{N}^*$, $0 \leqslant x \mod y < y$, on déduit que les valeurs prises par la variable y forment une suite strictement décroissante d'entiers naturels ; et une telle suite est nécessairement finie.

Nous prouverons l'invariant de boucle suivant : à tout stade de la répétition, x et y sont des entiers naturels et $x \wedge y = a \wedge b$. C'est en effet trivial à l'initialisation puisqu'alors $x = a$ et $y = b$. Notons x, y, x', y' les valeurs de x et y avant et après une itération : on a donc $x' = y$ et $y' = x \mod y$. De l'égalité (dont la preuve est laissée en exercice) $y \wedge (x \mod y) = x \wedge y$, on tire $x' \wedge y' = x \wedge y = a \wedge b$ et la conclusion s'ensuit.

Lorsque la boucle `tant que` s'arrête, on a $y \leqslant 0$ (par négation de la condition de continuation `y > 0`); comme y est un entier naturel, il est donc nul. Comme $x \wedge 0 = x$, l'invariant de boucle $x \wedge y = a \wedge b$ nous dit alors que $x = a \wedge b$, ce qu'il fallait démontrer.

2.3.1 Étude du coût

Nous supposerons que les opérations arithmétiques se font à coût constant. Avec les notations du début, le coût total d'exécution de l'algorithme est donc de la forme $Ak + B$, avec $A, B > 0$. L'étude du coût revient donc à l'étude de l'entier k comme fonction des entiers $a \geqslant b > 0$. Notons $K(a, b)$ cette fonction. Elle vérifie les relations suivantes : si b divise a, alors $K(a, b) = 1$; dans le cas contraire, $K(a, b) = K(b, a \mod b) + 1$.

Exercice 8.

Rappelons que la suite de Fibonacci est définie par $F_0 := 0$, $F_1 := 1$ et, pour $n \geqslant 1$, $F_{n+1} := F_n + F_{n-1}$. Calculer $K(F_{n+1}, F_n)$.

Solution. On vérifie aisément que cette suite est strictement croissante pour $n \geqslant 2$. On en déduit que $F_{n+1} \mod F_n = F_{n-1}$ pour $n \geqslant 3$. Prenant $a = F_{n+1}$ et $b = F_n$, on voit donc que $K(F_{n+1}, F_n) = n - 1$ pour $n \geqslant 2$. Nous allons voir qu'il s'agit du "cas le pire" de l'algorithme d'Euclide.

Théorème 1 (de Lamé). Supposons $k = K(a, b)$. Alors $a \geqslant F_{k+2}$ et $b \geqslant F_{k+1}$.

Démonstration. Si $k = 1$, il faut prouver que $a, b \geqslant 1$, ce qui est trivial. Nous supposerons donc $k \geqslant 2$. Reprenons la suite $x_0 \geqslant x_1 > \cdots > x_k > x_{k+1} = 0$. De ces inégalités et des divisions euclidiennes $x_{i-1} = q_i x_i + x_{i+1}$ (pour $i \in [\![1, k]\!]$), on déduit d'abord les inégalités $q_i \geqslant 1$, puis les inégalités $x_{i-1} \geqslant x_i + x_{i+1}$ (pour $i \in [\![1, k]\!]$). Comme $x_k \geqslant 1 = F_2$ et $x_{k-1} \geqslant 2 = F_3$, on montre par récurrence sur $i \in [\![0, k]\!]$ que $x_{k-i} \geqslant F_{i+2}$. En prenant $i = k - 1$ et $i = k$, on obtient la conclusion voulue. ∎

Corollaire 2. Le coût $K(a,b)$ est majoré par le plus grand entier k tel que $F_{k+1} \leqslant b$ et $F_{k+2} \leqslant a$

Notons maintenant $\rho := \dfrac{1+\sqrt{5}}{2}$ et $\rho' := \dfrac{1-\sqrt{5}}{2}$.
La théorie des récurrences linéaires (exercice II.5.6 de la page 282) nous donne l'égalité : $F_k = \dfrac{\rho^k - \rho'^k}{\rho - \rho'}$, d'où l'on tire : $k \sim \dfrac{\log F_k}{\log \rho}$.
Le théorème de Lamé nous dit que le coût le pire envisageable est de l'ordre de grandeur de $\min(\log a, \log b)$. Pour l'étude (beaucoup plus difficile) du coût moyen, le lecteur consultera "The Art of Computer Programming" de Donald E. Knuth.

2.3.2 Algorithme d'Euclide étendu

On a vu au module II.6 qu'une variante de l'algorithme d'Euclide fournit des coefficients de Bézout, c'est-à-dire $u, v \in \mathbb{Z}$ tels que $a \wedge b = ua + vb$. En effet, chacun des x_i est de la forme $u_i a + v_i b$, où les couples (u_i, v_i) sont déterminés comme suit : $(u_0, v_0) := (1,0)$; $(u_1, v_1) := (0,1)$; et, pour $i \in [\![1,k]\!]$, notant $q_i := x_{i-1} \operatorname{div} x_i$, $(u_{i+1}, v_{i+1}) := (u_{i-1}, v_{i-1}) - q_i(u_i, v_i)$. Il suffit donc de poser $(u,v) := (u_k, v_k)$.

Pour retrouver les coefficients de Bézout par les méthodes de l'algorithmique, on fait appel à quatre nouvelles variables s, t, u, v (destinées à contenir respectivement les valeurs de $u_{i-1}, v_{i-1}, u_i, v_i$) et l'on veut que soient vérifiés les invariants de boucle suivants : $x = au+bv$ et $y = as+bt$. Il est donc clair que ces quatre variables doivent être initialisées aux valeurs $0,1,1,0$. Pour écrire les mises à jour, nous partons des relations entre valeurs avant et après : $x' = y$ et $y' = x \mod y = x - qy$, où $q = x \operatorname{div} y$. Il faut de plus que les relations $x = au+bv$ et $y = as+bt$ entraînent les relations $x' = au'+bv'$ et $y' = as'+bt'$, ce qui marchera parfaitement si l'on prend $(u', v') = (s,t)$ et $(s', t') = (u,v) - q(s,t)$. Voici l'algorithme étendu :

```
PGCD-BEZOUT(a,b)
x := a ; y := b ; u := 1 ; v := 0 ; s := 0 ; t := 1 ;
tant que y > 0 faire
   ((q,r) := diveucl(x,y) ;
    x := y ; y := r ;
    (u,s) := (s,u - q*s) ; (v,t) := (t , v - q*t)) ;
rendre (x,u,v) ;
```

Naturellement, l'appel à `diveucl(x,y)` doit retourner le quotient et le reste de la division euclidienne correspondante ; les affectations simultanées peuvent être remplacées par les séquences

```
temp := u ; u := s ; s := temp - q*s ;
temp := v ; v := t ; t := temp - q*t ;
```

L'analyse de l'algorithme étendu est en tous points similaire à celle de l'algorithme simple, à cela près que l'on doit prendre en compte les deux nouveaux invariants de boucle.

3 Quelques exemples fondamentaux

Les exemples qui suivent sont tirés de l'arithmétique, de la combinatoire et de l'algèbre. Il y a une omission notable, l'algèbre linéaire. L'algorithme le plus important dans ce domaine est l'algorithme du pivot et nous l'avons abondamment étudié au module II.4. De plus, sa programmation est nettement plus compliquée et représente un exercice un peu indigeste pour une initiation à l'algorithmique.

3.1 L'exponentiation dichotomique

Soit n un entier naturel et soit x un nombre entier, réel ou complexe. Le calcul de x^n par la méthode la plus évidente comporte les $n-1$ multiplications $x^{k+1} = x^k * x$, $k = 1, \ldots, n-1$. Nous supposerons, pour simplifier, que le coût de ces multiplications est constant (voir les exercices II.8.1 et II.8.3 de la page 427 pour une hypothèse différente). Ainsi, le coût du calcul de x^n est-il essentiellement proportionnel à n.

Cependant, une méthode d'exponentiation plus rapide est connue depuis fort longtemps ; elle a d'ailleurs pris les noms d'exponentiation *chinoise* ou *indienne* ou *babylonienne*. Nous l'appellerons *dichotomique* car elle repose sur une des idées les plus fondamentales de l'algorithmique, *diviser pour régner* (en anglais : *divide and conquer*). Il s'agit de ramener le problème à deux sous-problèmes plus simples, et ainsi de suite, en espérant que la somme des coûts de résolution de ces sous-problèmes est inférieure au coût de résolution du problème de départ. C'est notamment le cas lorsqu'il y a *partage* entre les sous-problèmes.

Par exemple, on peut calculer x^{16} comme carré de x^8, celui-ci comme carré de x^4, etc. et l'on aura effectué 4 multiplications au lieu de 15. La méthode dichotomique marche aussi en présence d'exposants impairs, bien qu'avec un rendement légèrement inférieur. Ainsi, les égalités $x^{15} = (x^7)^2 * x$, $x^7 = (x^3)^2 * x$, $x^3 = (x)^2 * x$ permettent-elles de calculer x^{15} en 6 multiplications au lieu de 14. On peut même faire mieux : on calcule successivement $x^3 = x*x*x$, $x^6 = (x^3)^2$, $x^{12} = (x^6)^2$ et l'on obtient $x^{15} = x^{12}*x^3$ en 5 multiplications ! Cette dernière méthode est optimale, mais elle n'est pas aisément généralisable alors que la méthode dichotomique l'est.

```
Puissance1(a,n)
r := 1 ; x := a ; p := n ;
tant que p > 0 faire
   (si p impair r := r * x ;
    p := p div 2 ;
    x := x * x) ;
rendre(r);
```

La terminaison de `Puissance1(a,n)` est garantie par le compteur p (contenu de la variable `p`) : en effet, si $p \in \mathbb{N}^*$, alors $0 \leqslant p \operatorname{div} 2 < p$. La correction découlera de l'invariant de boucle suivant : $rx^p = a^n$. Il est trivialement vérifié à l'initialisation. La mise à jour de `r`, `x` et `p` donne les relations suivantes entre valeurs avant et valeurs après : $p = 2p' + \varepsilon$ pour un certain $\varepsilon \in \{0,1\}$; $r' = rx^\varepsilon$; et $x' = x^2$. On a alors $r'x'^{p'} = rx^\varepsilon x^{2p'} = rx^p$, ce qu'il fallait démontrer. À la fin de l'itération, la condition de non continuation $p = 0$ entraîne que $r = a^n$, comme désiré. Avant de calculer le coût, notons que la dernière multiplication `x := x * x` est inutile. La version suivante de l'algorithme n'effectue que les opérations nécessaires.

```
Puissance2(a,n)
Si n = 0
  alors rendre(1)
  sinon si n = 1
    alors rendre x
    sinon
     (r := 1 ; x := a ; p := n ;
      tant que p > 1 faire
         (si p impair r := r * x ;
          p := p div 2 ;
          x := x * x) ;
      r := r * x;
      rendre(r)) ;
```

Nous ne comptabiliserons pas les opérations `p := p div 2` : si p est codé en binaire, elles correspondent à un décalage des bits et s'effectuent en un temps négligeable. À chaque itération de la boucle `tant que` sont effectuées 1 ou 2 multiplications, selon la parité de p. Le nombre d'itérations est égal à $\lfloor \log_2 n \rfloor$. Le coût de `Puissance2(a,n)` est donc $\Theta(\log n)$. L'exercice suivant permet de préciser ce résultat.

Exercice 9.

Combien de fois est effectuée l'opération `r := r * x` ?

Solution. Écrivons $n = (b_k \dots b_0)_2$ (écriture en base 2). Les valeurs successives de p sont donc les $(b_k \dots b_i)_2$, $0 \leqslant i \leqslant k$; il est impair chaque fois que $b_i = 1$. Le nombre cherché est donc le nombre de 1 dans l'écriture de n en base 2. Cela explique pourquoi l'algorithme est moins rentable avec l'exposant $15 = (1111)_2$ qu'avec l'exposant $16 = (10000)_2$.

En réalité, ce calcul comptabilise une multiplication par 1 (valeur initiale de r) qui pourrait être économisée, quitte à modifier légèrement l'algorithme. Nous conclurons que le coût $C(n)$ de `Puissance2(a,n)` (compté en nombre de multiplications) est égal à $\lfloor \log_2 n \rfloor + C'(n) - 1$, où $C'(n)$ désigne le nombre de chiffres 1 dans l'écriture de n en base 2. Cela sera retrouvé dans l'exercice II.8.4 de la page 427.

Comme on l'a vu sur l'exemple $n = 15$, il est parfois possible de calculer x^n avec moins de multiplications. Supposons par exemple que $n = pq$. On calcule d'abord $b = a^p$ par exponentiation dichotomique puis $c = b^q$ encore par exponentiation dichotomique. Est-ce plus rentable que le calcul direct de $c = a^n$ par exponentiation dichotomique ? Autrement dit, a-t-on $C(pq) > C(p)+C(q)$? C'est bien le cas si $(p,q) = (3,5)$, car $C(3) = 2$, $C(5) = 3$ et $C(15) = 6$. En revanche, si $(p,q) = (3,7)$, cette astuce n'apporte rien car $C(21) = 6$ et $C(3)+C(7) = 2+4$. Si $(p,q) = (3,11)$ on y perd : $C(33) = 6 < C(3)+C(11) = 2+5$.

Dans tous les cas, *on ne peut pas améliorer l'ordre de grandeur* $\Theta(\log n)$. Considérons en effet une succession de k multiplications effectuées à partir de l'unique donnée de départ x ; on a pu ainsi calculer un certain nombre de puissances de x. Notons m_i le plus grand exposant ainsi apparu après i multiplications. On a donc $m_0 = 1$ (au départ, on ne dispose que de x) et la relation de récurrence $m_{i+1} \leqslant 2m_i$ (car en multipliant x^p et x^q tels que $p, q \leqslant m_i$, on obtient x^r, où $r = p + q \leqslant 2m_i$). On en déduit que $m_k \leqslant 2^k$. Pour que l'on puisse calculer x^n en k multiplications, il est donc nécessaire que $n \leqslant m_k \leqslant 2^k$, *i.e.* que $k \geqslant \log_2 n$.

3.2 Tris et permutations

La donnée de départ est un tableau `T[1..n]` d'objets que l'on veut ranger par ordre croissant. Cela sous-entend que ces objets sont d'un type pour lequel on dispose d'une relation d'ordre total. L'exemple le plus important dans la pratique est celui des chaînes de caractères, que l'on veut trier par ordre lexicographique : index terminologique d'un livre, liste des étudiants d'une filière, etc. Naturellement, seule l'existence de cet ordre total est pertinente pour décrire et comprendre les algorithmes, et nous supposerons que `T[1..n]` est un tableau d'entiers naturels et que la relation d'ordre utilisée est celle de $\mathbb{N}$.

Pour étudier les algorithmes de tri, *nous ferons l'hypothèse que le tableau à trier ne contient pas de duplicata,* autrement dit, les entiers $T[1], \ldots, T[n]$ sont deux à deux distincts. Cette hypothèse admet une justification "physique" : les valeurs qui figurent dans le tableau proviennent d'un domaine très vaste et n'en sont souvent qu'un échantillonnage restreint. Il est donc peu probable que deux valeurs soient égales. Par exemple, il est peu courant que deux étudiants d'un même amphi portent le même nom. De plus, on a observé empiriquement que, s'il y a peu de duplicata, le comportement des algorithmes est sensiblement le même que s'il n'y en a pas du tout. Il y a de plus une justification méthodologique : nous allons en effet constater que cette hypothèse permet d'analyser rigoureusement les algorithmes, ce qui serait beaucoup plus difficile sans elle.

Puisque les entiers $T[1], \ldots, T[n]$ ont été supposés deux à deux distincts et puisque seules leurs relations d'ordre comptent lorsque l'on veut les trier, on peut supposer que leurs valeurs sont les éléments de $[\![1, n]\!]$ mais en désordre. Ainsi est associée au tableau T une permutation de $[\![1, n]\!]$, celle qui à l'indice $i \in [\![1, n]\!]$ associe la valeur $T[i] \in [\![1, n]\!]$. Il y a $n!$ telles permutations et il y a donc $n!$ ordres possibles dans le tableau. Notre algorithme devra effectuer des comparaisons pour reconnaître l'ordre présent et des affectations pour rétablir l'ordre croissant. Ces affectations prendront la forme d'*échanges* `T[i] <-> T[j]`, cette dernière opération étant équivalente à la séquence `(temp := T[i] ; T[i] := T[j] ; T[j] := temp)`. Le coût de l'algorithme se comptera donc en comparaisons ou en échanges.

3.2.1 Le coût moyen optimal d'un algorithme de tri

Pour acquérir une intuition du problème, tentons de trier trois entiers a, b, c (supposés distincts) :

```
PetitTri1(a,b,c)
si a < b
  alors si b < c
          alors rendre(a,b,c)
          sinon si a < c
                alors rendre(a,c,b)
                sinon rendre(c,a,b)
  sinon si b < c
          alors si a < c
                   alors rendre(b,a,c)
                   sinon rendre(b,c,a)
          sinon rendre (c,b,a) ;
```

Ici, nous avons évité les échanges en créant directement dans chaque cas le triplet ordonné ; nous avons donc une *fonction*, qui renvoie le résultat des calculs. Dans le cas d'un tableau, cela ne sera évidemment pas possible, et des échanges seront nécessaires. Voici donc ici la version avec échanges (c'est donc une *procédure*, qui modifie les données) :

```
PetitTri2(a,b,c)
si a < b
  alors si b < c
          alors rien
          sinon si a < c
                alors b <-> c
                sinon (b <-> c ; a <-> b)
  sinon si b < c
          alors si a < c
                   alors a <-> b
                   sinon (a <-> b ; b <-> c)
          sinon a <-> c ;
```

Combien de comparaisons ont été effectuées ? Selon les cas deux ou trois. En considérant les six différents ordres comme équiprobables, on voit que le nombre de comparaisons est 2 avec probabilité $1/3$ et 3 avec probabilité $2/3$, soit une espérance de $8/3 \approx 2,67$. On peut estimer le nombre de comparaisons nécessaire en général de la manière suivante. Si k comparaisons sont effectuées par l'algorithme dans le pire des cas, cela signifie que l'on peut distinguer entre 2^k situations différentes. Comme il faut distinguer entre les $n!$ ordres possibles, on doit avoir $k \geqslant \log_2 n!$. Invoquant l'exercice II.8.6 de la page 427, on en déduit que k doit être au moins de l'ordre de grandeur de $n \log n$. Ce "raisonnement" est évidemment très approximatif, mais il est possible de le rendre rigoureux et l'on démontre que, pour tout algorithme de tri, le nombre moyen de comparaisons effectué pour classer un tableau de taille n est au moins de l'ordre de $\Theta(n \log n)$.

3.2.2 Tri par sélection

Le principe du tri par sélection est le suivant : on cherche le plus petit élément du tableau, soit $T[j]$ (c'est la sélection) ; on échange $T[j]$ avec $T[1]$. Puis l'on recommence avec la suite du tableau, etc.

```
Triselection(T)
pour i de 1 a n-1 faire
   (j := i ;
    pour k de i + 1 a n faire
       si T[k] < T[j] alors j := k ;
    T[j] <-> T[i]) ;
```

La terminaison est garantie, puisqu'il s'agit de boucles `pour`. L'invariant de boucle de la boucle "externe" (d'indice i) est le suivant : au démarrage de la $i^{ème}$ itération, les $i-1$ plus petits éléments du tableau sont en place, c'est à dire aux positions d'indices $1, \ldots, i-1$. L'invariant de boucle de la boucle "interne" (d'indice k) est le suivant : à tout moment, $T[j]$ est le plus petit parmi $T[i], \ldots, T[k]$. Le nombre de comparaisons effectué par l'algorithme est $\sum_{i=1}^{n-1} \sum_{k=i+1}^{n} 1 = \dfrac{n(n-1)}{2}$; le nombre d'échanges `T[j] <-> T[i]` est $n-1$. Ce nombre peut d'ailleurs être amélioré en modifiant ainsi la boucle interne :

```
j := i ; bouge := faux
pour k de i + 1 a n faire
   si T[k] < T[j] alors (j := k ; bouge := vrai) ;
si bouge alors T[j] <-> T[i] ;
```

Il n'est pas clair qu'une telle amélioration soit très sensible.

3.2.3 Tribulle

L'algorithme *tribulle* (en anglais *bubblesort*) n'est pas particulièrement performant, mais il est simple à écrire et à comprendre et son analyse est intéressante.

```
Tribulle(T)
pour i de 1 a n-1 faire
   pour j de 1 a n-i faire
      si T[j] > T[j+1] alors T[j] <-> T[j+1] ;
```

Pour se faire une idée intuitive du phénomène, observons l'effet de la "première passe" sur un exemple ; il s'agit de la première itération de la boucle externe : on fixe $i := 1$ et l'on observe une exécution complète de la boucle interne (j varie de 1 à $n-1$). Nous prenons $n := 7$ et le tableau $3, 1, 5, 2, 7, 6, 4$. À chaque étape, nous indiquons en gras l'entier qui se déplace vers la droite :

$$\mathbf{3}152764 \quad 1\mathbf{3}52764 \quad 13\mathbf{5}2764 \quad 132\mathbf{5}764 \quad 1325\mathbf{7}64 \quad 13256\mathbf{7}4 \quad 132564\mathbf{7}$$

Si l'on pense que la droite c'est le haut et que 7 est le plus léger, on voit bien l'analogie avec la montée des bulles (7 est la plus grosse bulle). Quoiqu'il en soit, la terminaison de l'algorithme est évidente puisqu'il ne comporte que des répétitions définies. Pour établir sa correction, on introduit des invariants de boucles. Pour la boucle externe, on constate que, juste après l'exécution de la $i^{ème}$ itération, les i cases de droite du tableau contiennent les i plus grands éléments rangés par ordre croissant ; autrement dit, les éléments $T[n-i+1], \ldots, T[n]$ sont en position définitive. Pour la boucle interne, on constate que, juste après l'itération d'indice j, $T[j+1]$ contient le plus grand des éléments $T[1], \ldots, T[j+1]$. À ce stade du module, notre lecteur n'aura aucun mal à établir ces deux affirmations ! Le nombre de comparaisons lors d'une exécution est $\sum\limits_{i=1}^{n-1} \sum\limits_{j=1}^{n-i} 1 = \dfrac{n(n-1)}{2}$; il peut d'ailleurs être amélioré. Pour voir comment, regardons les passes suivantes dans l'exemple précédent. Voici la $2^{\text{ème}}$ passe :

$$\mathbf{1}325647 \quad \mathbf{13}25647 \quad 12\mathbf{3}5647 \quad 123\mathbf{5}647 \quad 1235\mathbf{6}47 \quad 12354\mathbf{67}$$

Voici la $3^{\text{ème}}$ passe :

$$\mathbf{1}235467 \quad 1\mathbf{2}35467 \quad 12\mathbf{3}5467 \quad 123\mathbf{5}467 \quad 1234\mathbf{567}$$

Voici la $4^{\text{ème}}$ passe :

$$\mathbf{1}234567 \quad 1\mathbf{2}34567 \quad 12\mathbf{3}4567 \quad 123\mathbf{4}567$$

Ici, rien n'a bougé, car le tableau était déjà trié à la fin de la passe précédente (mais on ne le savait pas). Toutes les passes suivantes ne serviront donc à rien. Si, lors d'une passe, on n'a détecté aucune inversion $T[j] > T[j+1]$ c'est que le tableau était déjà trié et il n'est pas nécessaire de poursuivre :

```
Tribulle2(T)
i := 1 ;
repete
    (inversion := faux ;
     pour j de 1 a n-i faire
        si T[j] > T[j+1]
           alors (T[j] <-> T[j+1] ; inversion := vrai) ;
     i := i + 1)
jusque ((i = n) ou (non inversion)) ;
```

Le nombre de comparaisons de l'algorithme ainsi amélioré dépend du nombre de passes, dont l'analyse est abordée dans l'exercice II.8.9 de la page 427. L'analyse du nombre d'échanges (qui est évidemment le même pour les deux variantes) occupera le reste de cette section.

Rappelons (module II.2, proposition 27 de la page 132) que l'on a défini le nombre d'inversions d'une permutation $\sigma \in \mathfrak{S}_n$ comme l'entier :

$$N(\sigma) := \operatorname{card}\{(i,j) \mid 1 \leqslant i < j \leqslant n \text{ et } \sigma_i > \sigma_j\}.$$

Par exemple, notant, pour $1 \leqslant i < j \leqslant n$, $\tau_{i,j}$ la transposition de i et de j, on a $N(\tau_{i,j}) = 2(i-j)-1$. La démonstration de cette égalité, ainsi que celle du lemme suivant, sont laissées en exercice au lecteur.

Lemme 3. Pour tout entier $k \in [\![1, n-1]\!]$, et pour toute permutation $\sigma \in \mathfrak{S}_n$, on a :

$$N(\sigma \circ \tau_{k,k+1}) = \begin{cases} N(\sigma) - 1 \text{ si } \sigma_k > \sigma_{k+1} \\ N(\sigma) + 1 \text{ si } \sigma_k < \sigma_{k+1} \end{cases}$$

Théorème 4. Le nombre d'échanges lors d'une exécution de l'algorithme `Tribulle` est égal au nombre d'inversions de la permutation associée.

Démonstration. Soit T' le tableau obtenu à partir de T par échange de $T[k]$ et de $T[k+1]$, et soient $\sigma, \sigma' \in \mathfrak{S}_n$ les permutations associées. On a alors : $\sigma' = \sigma \circ \tau_{k,k+1}$. Or, l'algorithme `Tribulle` effectue un tel échange chaque fois qu'il rencontre une inversion de deux éléments contigus. D'après le lemme, chaque échange diminue donc le nombre d'inversions de 1. À la fin de l'algorithme, le tableau est trié et le nombre d'inversions est nul. La conclusion est alors immédiate. ■

3.2.4 Étude du nombre d'inversions d'une permutation

Soit σ une permutation. Pour tout $i \in [\![1,n]\!]$, le nombre $N_i(\sigma)$ d'indices j tels que $i < j \leqslant n$ et $\sigma_i > \sigma_j$ est compris entre 0 et $n-i+1$ (nombre total des indices j tels que $i < j \leqslant n$), d'où l'encadrement :

$$0 \leqslant N(\sigma) \leqslant \sum_{i=1}^{n}(n-i+1) = \frac{n(n-1)}{2}.$$

Le minorant est atteint si, et seulement si, pour tout i, $i < j \Rightarrow \sigma_i < \sigma_j$, c'est-à-dire si σ est la permutation identité. Le majorant est atteint si, et seulement si, pour tout i, $i < j \Rightarrow \sigma_i > \sigma_j$, c'est-à-dire si σ est la permutation $\begin{pmatrix} 1 & 2 & \dots & n \\ n & n-1 & \dots & 1 \end{pmatrix}$.

Proposition 5. (i) Soient $\sigma \in \mathfrak{S}_n$ et $k \in [\![0,n]\!]$.
L'application σ' définie sur $[\![1,n+1]\!]$ par :

$$\sigma'(i) := \begin{cases} \sigma(i) \text{ si } i < n-k+1 \\ n+1 \text{ si } i = n-k+1 \\ \sigma(i-1) \text{ si } i > n-k+1 \end{cases}$$

est une permutation de $[\![1,n+1]\!]$. Notons-la $\langle\sigma,k\rangle$. On a $N\big(\langle\sigma,k\rangle\big) = N(\sigma)+k$.
(ii) L'application $(\sigma,k) \mapsto \langle\sigma,k\rangle$ de $\mathfrak{S}_n \times \{0,\dots,n\}$ dans $\mathfrak{S}_{n+1}$ est une bijection.

Démonstration. Les deux premières affirmations deviennent évidentes si l'on comprend que σ' s'obtient à partir de σ en insérant la valeur $n+1$ parmi $\sigma_1,\dots,\sigma_n$ de manière à laisser k valeurs à sa droite :

$$\sigma = \begin{pmatrix} 1 & \dots & n-k & n-k+1 & \dots & n \\ \sigma_1 & \dots & \sigma_{n-k} & \sigma_{n-k+1} & \dots & \sigma_n \end{pmatrix}$$

et :

$$\sigma' = \begin{pmatrix} 1 & \dots & n-k & n-k+1 & n-k+2 & \dots & n & n+1 \\ \sigma_1 & \dots & \sigma_{n-k} & \mathbf{n+1} & \sigma_{n-k+1} & \dots & \sigma_{n-1} & \sigma_n \end{pmatrix}.$$

On voit alors que, par rapport à σ, σ' présente k inversions de plus : les couples $(n-k+1,j)$ avec $n-k+1 < j \leqslant n+1$.
L'assertion (ii) est facile et laissée au lecteur. ■

Corollaire 6. Le nombre moyen d'inversions d'une permutation de $\mathfrak{S}_n$ est :
$$\overline{N}_n = \frac{n(n-1)}{4}.$$

Démonstration. Pour $n = 1$, la seule permutation est l'identité et son nombre d'inversions est 0, d'où $\overline{N}_0 = 0$. De la bijection obtenue au point (ii) de la proposition et de la formule donnée en (i), on déduit :
$$\overline{N}_{n+1} = \frac{1}{(n+1)!} \sum_{\sigma \in \mathfrak{S}_n} \sum_{k=0}^{n} \big(N(\sigma) + k\big).$$
Un petit calcul donne alors $\overline{N}_{n+1} = \overline{N}_n + \dfrac{n}{2}$, d'où la conclusion par récurrence. ∎

Corollaire 7. (i) Lors d'une exécution de `Tribulle`, le nombre minimum d'échanges est 0, et il correspond au cas d'un tableau déjà trié.
(ii) Le nombre maximum d'échanges est $\dfrac{n(n-1)}{2}$, et il correspond au cas d'un tableau complètement inversé (décroissant).
(i) Le nombre moyen d'échanges est $\dfrac{n(n-1)}{4}$.

3.3 Polynômes

Les opérations sur les polynômes sont d'abord des opérations sur leurs coefficients et il est naturel de considérer comme *taille* $|P|$ d'un polynôme P le nombre de ses coefficients, c'est-à-dire $\deg P + 1$. Un polynôme de taille n est donc de la forme $P(X) := a_0 + \cdots + a_{n-1}X^{n-1}$, et il sera représenté par un tableau de nombres `a[0..n-1]` de taille n. Il peut arriver que le coefficient dominant s'annule (donc $\deg P < n-1$) mais nous dirons tout de même que P est de taille n dans ce cas.

Nous supposerons que les opérations sur ces nombres se font en temps constant. Le coût d'un algorithme sur les polynômes sera donc assimilé au nombre total de telles opérations ; nous ne distinguerons donc pas entre additions, multiplications, etc. Par exemple, le coût de la multiplication de P par un scalaire est $|P| = \deg P + 1$ et le coût de l'addition de P et de Q est $\min(|P|, |Q|) = 1 + \min(\deg P, \deg Q)$. La multiplication de P par un monôme X^e se ramène à un simple décalage des coefficients et s'effectue donc en temps $\Theta(|P|)$.

3.3.1 Multiplication simple

Pour évaluer le coût de la multiplication de deux polynômes P et Q, notons $P(X) := a_0 + \cdots + a_dX^d$, $Q(X) := b_0 + \cdots + b_eX^e$ et $PQ(X) = c_0 + \cdots + c_fX^f$; nous avons donc $f = d + e$ et, pour $k \in [\![0, f]\!]$: $c_k = \sum\limits_{i+j=k} a_ib_j$. Au lieu de parcourir le tableau $C[0..f]$ qui code PQ, il est plus simple de parcourir les tableaux $A[0..d]$ et $B[0..e]$

qui codent respectivement P et Q :

```
MultPols(A,B,C)
pour k de 0 a f faire C[k] := 0 ;
pour i de 0 a d faire
   pour j de 0 a e faire
      C[i+j] := C[i+j] + A[i] * B[j] ;
```

Il y a donc $(d+1)(e+1)$ additions et $(d+1)(e+1)$ multiplications. On aurait pu économiser $(f+1)$ additions en initialisant $C[k]$ à une autre valeur que 0 (l'une des valeurs `A[i] * B[j]`), mais l'algorithme aurait été moins simple pour une faible amélioration.

3.3.2 Division euclidienne

L'algorithme de la division euclidienne décrit au module II.6 s'écrit ainsi :

```
Diveucl(A,B)
R := A ; Q := 0 ;
tant que deg R >= deg B faire
   (c X^e := td(R) / td(B) ;
    R := R - c X^e B ;
    Q := Q + c X^e) ;
rendre(Q,R) ;
```

Le compteur qui garantit la terminaison est $\deg R$. En effet, si $\deg R > \deg B$, la valeur après $R' = R - \dfrac{\operatorname{td} R}{\operatorname{td} B} B$ est telle que $\deg R' < \deg R$. L'invariant de boucle qui garantit la correction de l'algorithme est la relation $A = QB + R$. Sa validité à l'initialisation est triviale. Les relations $R' = R - \dfrac{\operatorname{td} R}{\operatorname{td} B} B$ et $Q' = Q + \dfrac{\operatorname{td} R}{\operatorname{td} B}$ montrent que $Q'B + R' = QB + R$, d'où la conservation de l'invariant à chaque itération. En sortie de répétition, la même relation jointe à la condition de non continuation $\deg R < \deg B$ entraînent que l'on a bien une division euclidienne.

À chaque itération, on effectue les opérations suivantes :

1. La division de monômes $\dfrac{\operatorname{td} R}{\operatorname{td} B}$: il y a donc une soustraction d'entiers (les exposants) et une division de nombres (les coefficients), le coût est constant ;
2. l'addition du monôme $\dfrac{\operatorname{td} R}{\operatorname{td} B}$ à Q : un seul coefficient de Q est modifié, c'est une addition de nombres et son coût est constant ;
3. l'addition de $\dfrac{\operatorname{td} R}{\operatorname{td} B} B$ à R, qui revient à $\deg B + 1$ modifications de coefficients, des additions de nombres.

Le coût total d'une itération est donc $\Theta(\deg B)$. Le nombre d'itérations est, dans le pire des cas, $\deg A - \deg B + 1$ (on admet ici que $\deg A \geqslant \deg B$). Le coût total de la division euclidienne des polynômes dans le pire des cas est donc :

$$\Theta\big((\deg A - \deg B)\deg B\big) = \Theta\big((|A| - |B|)|B|\big).$$

Remarque. En fait, le pire des cas est le cas général. On peut en effet démontrer que la probabilité que le degré de R chute de plus de 1 lors d'une itération est nulle (on admet ici que A et B sont des polynômes à coefficients dans $\mathbb{Q}$, $\mathbb{R}$ ou $\mathbb{C}$, plus généralement dans un corps infini). Pour des polynômes A et B pris "au hasard" (avec $\deg A \geqslant \deg B$), le nombre d'itérations est donc exactement $\deg A - \deg B + 1$.

3.3.3 Multiplication dichotomique

Une nouvelle application de l'idée de dichotomie ("diviser pour régner"), dûe à Karatsuba, va nous permettre d'améliorer substantiellement les performances de la multiplication des polynômes. Pour simplifier l'exposition, nous nous restreindrons au cas de deux polynômes de même taille, c'est-à-dire de même degré. Comme pour beaucoup d'algorithmes dichotomiques, la programmation de celui-ci en style "itératif" est très compliquée : c'est une programmation récursive qui s'imposerait. Cela relève du cours de L2.

Notons $C(n)$ le coût de la multiplication de deux polynômes de taille n. Si l'on emploie la méthode la plus évidente, nous avons vu que ce coût est *quadratique*, autrement dit, polynomial de degré 2 : $C(n) \sim an^2$. Cela entraîne que *lorsque la taille n double, le coût quadruple* : pour n grand, $\lim\limits_{n\to+\infty} \dfrac{C(2n)}{C(n)} = 4$. Si nous pouvons diminuer ce nombre 4, la performance en sera améliorée d'autant. Dans l'analyse qui suit, nous noterons encore $C(n)$ le coût de la multiplication de deux polynômes de taille n.

Prenons donc deux polynômes P et Q de taille $2n$ (c'est-à-dire de degré $2n-1$), que nous "coupons en deux" : nous les écrivons $P = P_0 + X^n P_1$ et $Q = Q_0 + X^n Q_1$, où P_0, P_1, Q_0, Q_1 sont de taille n. Nous utiliserons la formule magique (dont la vérification est laissée en exercice au lecteur) :

$$PQ = P_0Q_0 + X^n\big((P_0 + P_1)(Q_0 + Q_1) - P_0Q_0 - P_1Q_1\big) + X^{2n}P_1Q_1.$$

Cette formule ramène la multiplication de deux polynômes de taille $2n$ aux opérations suivantes :

1. Des additions de polynômes de tailles inférieures ou égales à $2n$ (notons en effet que la multiplication par X^n du terme central revient à un simple décalage dans le tableau des coefficients) ;
2. trois produits de polynômes de taille n : P_0Q_0, P_1Q_1 et $(P_0 + P_1)(Q_0 + Q_1)$.

On en déduit l'existence d'une constante $b > 0$ telle que :

$$C(2n) = 3C(n) + bn.$$

Ainsi, même si l'on effectue le produit des polynômes de taille n par la méthode "simple", on trouvera $C(2n) \sim 3an^2$ au lieu de $4an^2$, ce qui est déjà une amélioration. Cependant, l'idée de la méthode dichotomique va plus loin. Par exemple, pour multiplier astucieusement deux polynômes de taille 8, on se ramène à trois produits de taille 4 (et des additions) ; ces trois produits se ramènent à 9 produits de taille 2, donc à 27 multiplications de nombres, au lieu de 64 ! Bien sûr, il y a également des additions et nous allons faire un compte plus précis.

Nous supposerons d'abord que nous n'opérons sur des polynômes dont la taille est une puissance de 2. Ainsi, on peut effectivement couper les tailles en 2 jusqu'à se ramener à des multiplications de nombres. Notons donc, pour $k \geqslant 0$, $u_k := C(2^k)$. Par exemple, u_0 est le coût de la multiplication de deux nombres. De plus, la relation entre $C(2n)$ et $C(n)$ nous donne :

$$\forall k \geqslant 0 \ , \ u_{k+1} = 3u_k + b2^k.$$

Ce type de récurrence se résout en écrivant $\dfrac{u_{k+1}}{3^{k+1}} - \dfrac{u_k}{3^k} = b\dfrac{2^k}{3^{k+1}}$, puis en sommant (télescopage). On obtient :

$$\forall k \geqslant 0 \ , \ C(2^k) = 3^k(u_0 + b) - b2^k.$$

Ainsi, lorsque n est une puissance de 2, $C(n) \sim Kn^\alpha$, où $K := u_0 + b > 0$ et $\alpha := \log_2 3$.

Lorsque n est un entier quelconque, on complète les polynômes à multiplier par des coefficients nuls de manière à obtenir des polynômes de taille 2^k, avec $k \geqslant \log_2 n > k - 1$, c'est-à-dire $k = \lceil \log_2 n \rceil$ (on désigne par $\lceil x \rceil$ l'entier immédiatement supérieur au réel x). On obtient ainsi l'estimation $C(n) \sim K2^{\alpha \lceil \log_2 n \rceil}$.

Théorème 8. Le coût de la multiplication dichotomique de deux polynômes de taille n est $\Theta(n^\alpha)$, où $\alpha = \log_2 3$.

Démonstration. De l'encadrement $\log_2 n - 1 \leqslant \lceil \log_2 n \rceil \leqslant \log_2 n$, on tire :

$$\frac{n^\alpha}{3} \leqslant 2^{\alpha \lceil \log_2 n \rceil} \leqslant n^\alpha \qquad \text{(car } 2^\alpha = 3\text{)}.$$

■

On peut apprécier le gain par rapport au coût quadratique (exposant 2) en remarquant que $\alpha = \log_2 3 \approx 1,585 < 2$.

Exercice type corrigé

II.8.0 1) Soit `T[1..n]` un tableau d'entiers de $[\![1, n]\!]$ deux à deux distincts. Expliquer l'algorithme suivant :

```
i := 1;
tant que (i < n et T[i] < T[i+1]) faire i := i + 1 ;
rendre(i=n) ;
```

2) On prend pour critère de coût le nombre de comparaisons de la forme `T[i] < T[i+1]`. Décrire le cas le meilleur et le cas le pire.

3) On introduit la permutation $\sigma : i \mapsto \sigma_i = T[i]$ et l'on définit sa *première montée* $\Lambda(\sigma)$ comme le plus grand entier k tel que $\sigma_1 < \cdots < \sigma_k$. (Si $\sigma_1 > \sigma_2$, $\Lambda(\sigma) := 1$.)

Exprimer le coût de l'algorithme en fonction de $\Lambda(\sigma)$.

4) Pour $k \in [\![1, n]\!]$, calculer le nombre de $\sigma \in \mathfrak{S}_n$ telles que $\Lambda(\sigma) \geqslant k$.

5) En déduire le coût moyen de l'algorithme.

Solution. 1) La répétition s'arrête lorsque $i = n$ ou bien lorsque $T[i] > T[i+1]$. Dans le premier cas, le tableau est trié et la condition `i=n` vaut `vrai` ; dans le second cas, le tableau n'est pas trié et la condition `i=n` vaut `faux`. Cet algorithme rend donc la valeur `vrai` si le tableau est trié et la valeur `faux` dans le cas contraire.
2) Si $n = 1$, il n'y a aucune comparaison. Si $n = 2$, il y a 1 comparaison dans tous les cas. Supposons donc $n \geqslant 3$. Le nombre minimum de comparaisons est 1. Il correspond au cas où $T[1] > T[2]$ (le tableau n'est pas trié et l'on s'en rend compte dès le début). Le nombre maximum de comparaisons est $n-1$. Il correspond au cas où $T[1] < \cdots < T[n-1]$; il se produit si le tableau est trié mais également si l'une des valeurs $1, \ldots, n-1$ a été "déplacée" à la fin du tableau (ce cas correspond donc à n configurations).
3) Le coût est égal à $\Lambda(\sigma)$ si $\Lambda(\sigma) < n$, et à $n-1$ si $\Lambda(\sigma) = n$ (c'est-à-dire si le tableau est trié) ; c'est donc, dans tous les cas, $\min\bigl(\Lambda(\sigma), n-1\bigr)$.
4) On a $\Lambda(\sigma) \geqslant k$ si, et seulement si, $\sigma_1 < \cdots < \sigma_k$. Pour tout $\sigma \in \mathfrak{S}_n$, il y a $k!$ ordres possibles des k premiers éléments et, pour chacun de ces ordres, le même nombre A de $\sigma \in \mathfrak{S}_n$ qui lui correspondent : donc $k!A = n!$. Le nombre de $\sigma \in \mathfrak{S}_n$ qui correspondent à l'ordre croissant est donc $A = \dfrac{n!}{k!}\cdot$
5) Pour $k \in [\![1, n-1]\!]$, le nombre de permutations telles que $\Lambda(\sigma) = k$ est donc égal à $\dfrac{n!}{k!} - \dfrac{n!}{(k+1)!}\cdot$ Le coût moyen recherché est donc :

$$\frac{1}{n!}\Bigl(\sum_{\sigma \neq Id} \Lambda(\sigma) + n - 1\Bigr) = \sum_{k=1}^{n-1}\left(\frac{k}{k!} - \frac{k}{(k+1)!}\right) + \frac{n-1}{n!} = \sum_{k=1}^{n-1}\frac{1}{k!},$$

formule que l'on vérifiera aisément par exemple pour $n = 3$ (on trouve $3/2$). Remarquons que cette expression tend vers $e - 1 \approx 1{,}718$ lorsque $n \to \infty$.

On suppose ici que, si `i < n` vaut `faux`, alors l'expression booléenne `(i < n et T[i] < T[i+1])` est directement évaluée à la valeur `faux` sans qu'il soit nécessaire d'évaluer `T[i] < T[i+1]`. Si ce n'était pas le cas, l'algorithme tenterait d'accéder à la valeur de `T[n+1]`, qui n'a pas de sens ; dans la plupart des langages de programmations, cela provoquerait une erreur à l'exécution du programme. On appelle *évaluation paresseuse* cette manière de calculer des booléens. Une conséquence en est que la condition `1 = 0 et 1 = 1/0` est évaluée à `faux`, alors que la condition `1 = 1/0 et 1 = 0` ne peut être évaluée (erreur "division par zéro").

Pour aller plus loin

Les corrigés sont disponibles en accès libre à partir des pages d'accueil du livre sur le site `www.dunod.com`

Exercice sur la section 1

II.8.1 Écrire un algorithme pour la multiplication $m \times n$ en base b dont le coût est $\Theta(|m||n|)$ (« modèle des coûts bilinéaires »).

Exercice sur la section 2

II.8.2 Démontrer les propriétés suivantes invoquées lors de l'étude de l'algorithme d'Euclide :

$y \wedge (x \mod y) = x \wedge y$. La suite de Fibonacci est strictement croissante pour $n \geqslant 2$. Pour $i \in [\![0, k]\!]$, $x_{k-i} \geqslant F_{i+2}$. Pour $k \in \mathbb{N}$, $F_k = \dfrac{\rho^k - \rho'^k}{\rho - \rho'}$ · En déduire que $k \sim \dfrac{\log F_k}{\log \rho}$·

Exercices sur la section 3

II.8.3 Évaluer le coût de l'exponentiation normale et de l'exponentiation dichotomique avec le modèle des coûts bilinéaires.

II.8.4 Soit $C(n)$ le nombre de multiplications lors de l'exécution de `Puissance2(x,n)`. Que vaut $C(1)$? Exprimer $C(2n)$ et $C(2n+1)$ en fonction de $C(n)$. Retrouver ainsi le calcul de $C(n)$ en fonction de n.

II.8.5 Quel est le nombre moyen d'échanges lors d'une exécution de l'algorithme `PetitTri2` ?

II.8.6 En comparant $\sum\limits_{k=1}^{n} \ln k$ à $\int_1^n \ln t \, dt$, montrer que $\ln n! \sim n \ln n$.

II.8.7 (i) Démontrer la formule $N(\tau_{i,j}) = 2(i-j) - 1$ et celles du lemme 3 de la page 420.

(ii) Vérifier le petit calcul qui donne $\overline{N}_{n+1} = \overline{N}_n + \dfrac{n}{2}$ (démonstration du corollaire 6 de la page 422).

II.8.8 On définit le tableau des inversions d'une permutation $\sigma \in \mathfrak{S}_n$ comme le n-uplet $\big(b_1(\sigma), \ldots, b_n(\sigma)\big)$, où :

$$\forall i \in \{1, \ldots, n\}\ ,\ b_i(\sigma) = \operatorname{card}\{j \in [\![1, n]\!] \mid j < \sigma^{-1}(i) \text{ et } \sigma(j) > i\}.$$

(i) Vérifier que $b_i(\sigma) \in [\![0, n-i]\!]$ et que $\sum\limits_{i=1}^{n} b_i(\sigma) = N(\sigma)$.

(ii) Décrire un algorithme qui permet de reconstituer σ à partir de son tableau d'inversions et en déduire une bijection de $\mathfrak{S}_n$ sur le produit cartésien $\{0\} \times \{0, 1\} \times \cdots \times \{0, \ldots, n-1\}$.

II.8.9 Décrire l'effet d'une passe de l'algorithme `Tribulle2` sur le tableau des inversions. En déduire que le nombre de passes de l'algorithme est $1 + \max\big(b_1(\sigma), \ldots, b_n(\sigma)\big)$.

II.8.10 Écrire l'algorithme d'addition de deux polynômes de même degré et estimer son coût.

II.8.11 Dans le produit PQ de deux polynômes, calculer le nombre N_k des termes $a_i b_j$ qui interviennent dans c_k. (Distinguer les cas $k \leqslant \min(d, e)$, $\min(d, e) \leqslant k \leqslant \max(d, e)$, $\max(d, e) \leqslant k \leqslant f$.) Calculer à nouveau le nombre total de multiplications. (C'est $\sum\limits_{k=0}^{f} N_k$.)

II.8.12 Majorer le coût de l'algorithme d'Euclide pour les polynômes en tenant compte de l'estimation du coût de la division euclidienne.

II.8.13 (i) Évaluer le nombre d'additions et de soustractions nécessaires pour additionner et pour multiplier deux matrices carrées.

(ii) Une méthode dichotomique de multiplication due à Strassen permet de ramener la multiplications de deux matrices carrées d'ordre n aux opérations suivantes : 18 additions de matrices carrées d'ordre n ; 7 multiplications de matrices carrées d'ordre n. Montrer que le coût de cette multiplication vérifie la relation de récurrence : $C(2n) = 7C(n) + an^2$ (où $a > 0$). En déduire que $C(n) = \Theta(n^\beta)$, où $\beta = \log_2 7 \approx 2{,}81 < 3$.

Géométrie

Partie III

Les mathématiques sont nées du point et du nombre ; aujourd'hui le second (via ses extensions) est souverain, mais ce fut longtemps le contraire. La tradition grecque régnait encore sans partage en 1794 quand Legendre proposait une édition d'Euclide, proche de l'original, qui restera une Bible pour un siècle (l'enseignement secondaire en était encore influencé en 1950). Au nom d'Euclide, il faut ajouter ceux d'Archimède et d'Apollonius, qui n'eurent guère de postérité créative pendant quinze siècles. Ce si long règne s'explique par deux points essentiels : une technique axiomatique clarifiant les règles du jeu d'une part, le fait que le sujet repose sur des bases intuitives fortes liées à l'expérience spatiale d'autre part. Toutefois les axiomes euclidiens étaient insuffisants et la géométrie finira par souffrir de la comparaison avec l'algèbre et l'analyse, aux fondements plus sûrs.
Les découvertes simultanées de la géométrie analytique par Descartes en 1637 dans le *Discours de la Méthode* et Fermat, puis son exploitation intensive par Euler – découvrant par le *calcul* la droite qui porte son nom ! –, ouvrirent de nouveaux horizons, notamment par la création d'objets d'étude à l'infini. La géométrie devint ainsi un outil pour la physique et la mécanique céleste, vers la maîtrise de l'Univers.
Un autre atout de la géométrie moderne est le calcul vectoriel, issu des quaternions découverts par Hamilton en 1843. Dès lors, la percée de l'algèbre linéaire pendant les cinquante ans qui suivirent changea profondément la donne. Aujourd'hui les axiomatiques de Hilbert, corrigeant Euclide, sont « marginalisées » par l'inclusion de la géométrie dans cette nouvelle et puissante discipline. L'enseignement en fut, un temps, fortement bouleversé.
Pourtant, loin d'être morte, la géométrie est toujours secrètement présente. Une vision géométrique sous-tend la théorie des nombres et une partie de l'analyse. Elle féconde les travaux les plus actuels, comme par exemple la recherche de symétries cachées des mathématiques ou de la physique théorique. La notion de point reprend sa souveraineté, même si les représentations intuitives sous-jacentes diffèrent largement des figures euclidiennes de base.

Dans ce cours de première année nous avons croisé des approches géométriques traditionnelles et analytiques d'objets simples (droites, plans, coniques...), renouvelées toutes deux par l'algèbre linéaire. L'étudiant devra d'abord apprendre à les manipuler par le calcul, en utilisant des bases, puis à s'abstraire du choix de celles-ci, ou à exploiter au mieux ce choix, ce qui est l'essence des méthodes vraiment géométriques.

Géométrie dans les espaces affines

III.1

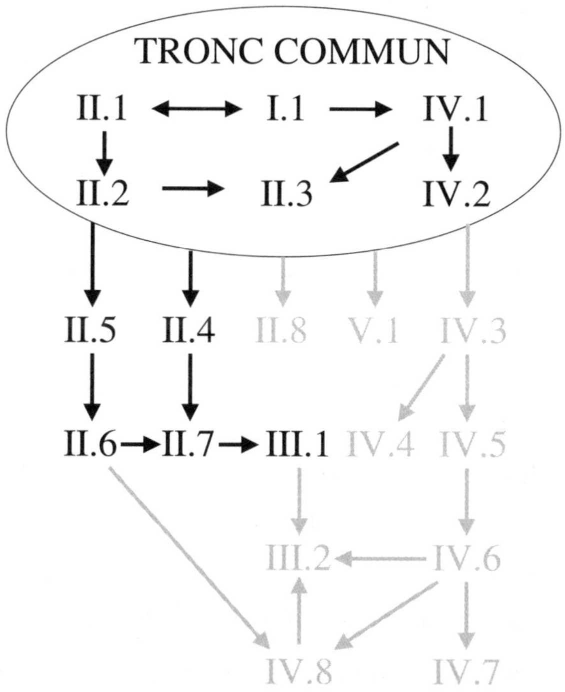

Comme signalé dans le module II.3, une des sources de l'algèbre linéaire est la géométrie d'Euclide. Dans ce module, nous allons illustrer cela sur quelques exemples.

En algèbre linéaire, nous avons manipulé des vecteurs. Nous les avons ajoutés. Nous les avons multipliés par des scalaires. Nous les avons transformés à l'aide d'applications linéaires. Nous les avons repérés à l'aide de leurs coordonnées dans des bases.

Dans ce module, les acteurs seront des points, par exemple, les points du plan. Il n'est pas sensé d'ajouter des points, pas plus qu'il n'est sensé d'ajouter les positions de deux points A et B sur une feuille de papier. En revanche, on peut parler de la distance qui sépare A et B. On peut dire que A se trouve 10 cm au dessus et 3 cm à droite de B. Cela va se traduire par le fait que dans un espace affine, on peut passer d'un point à un autre en ajoutant un vecteur. La notion d'espace affine apparaît dans le module II.7 dans le cadre d'un sous-ensemble

d'un espace vectoriel pour étudier les solutions d'un système linéaire. Ici, nous donnerons une définition plus générale d'espace affine. Nous introduirons la notion d'application affine (analogue de celle d'application linéaire pour les espaces vectoriels) et la notion de repère (analogue de la notion de base pour les espaces vectoriels).
Muni de ces notions, nous étudierons des sous-ensembles particuliers. Nous commencerons par les sous-espaces affines, en particulier, les droites, les plans et les hyperplans. Nous verrons que nous pouvons définir ces ensembles à l'aide d'équations cartésiennes ou d'équations paramétriques.
Puis, nous nous initierons à l'étude des courbes planes définies par des équations. Nous nous intéresserons à l'étude des coniques, sous-ensembles du plan définis par des équations de degré 2.

1 Espaces affines

Un espace affine est un ensemble de points muni d'une structure proche de celle d'espace vectoriel.

1.1 Structure d'espace affine

Définition 1. Un K*-espace affine* est la donnée d'un espace de points X non vide, d'un K-espace vectoriel E et d'une application :

$$\begin{array}{ccc} X \times X & \longrightarrow & E \\ (A, B) & \longmapsto & \overrightarrow{AB} \end{array}$$

qui vérifie les deux propriétés suivantes :

1. relation de Chasles : pour tous points A, B, C dans X, $\overrightarrow{AB} + \overrightarrow{BC} = \overrightarrow{AC}$ et
2. pour tout point $A \in X$ et tout vecteur $\vec{u} \in E$, il existe un unique point $B \in X$ tel que $\overrightarrow{AB} = \vec{u}$.

On note $B := A + \vec{u}$ l'unique point $B \in X$ tel que $\overrightarrow{AB} = \vec{u}$.

Nous dirons que X est un espace affine et que E est la direction de l'espace affine X. Dans toute la suite, X désigne un espace affine et E le K-espace vectoriel qui dirige X. Les propriétés suivantes découlent directement de la définition d'espace affine.

Proposition 1.

1. $\overrightarrow{AB} = \vec{0}$ si, et seulement si, $A = B$;
2. $\overrightarrow{AB} = -\overrightarrow{BA}$;
3. $\overrightarrow{AB} = \overrightarrow{DC}$ si, et seulement si, $\overrightarrow{AD} = \overrightarrow{BC}$ (identité du parallélogramme).

Démonstration.

1. D'après la relation de Chasles, pour tout A et tout B dans X, on a $\overrightarrow{AA} + \overrightarrow{AB} = \overrightarrow{AB}$. Donc $\overrightarrow{AA} = \vec{0}$. Réciproquement, si $\overrightarrow{AB} = \vec{0} = \overrightarrow{AA}$, l'unicité dans le point 2

garantit que $B := A + \overrightarrow{AB} = A + \overrightarrow{AA} = A$.

2. D'après la relation de Chasles et ce qui précède, $\overrightarrow{AB} + \overrightarrow{BA} = \overrightarrow{AA} = \overrightarrow{0}$. D'où $\overrightarrow{AB} = -\overrightarrow{BA}$.
3. Si $\overrightarrow{AB} = \overrightarrow{DC}$, alors $\overrightarrow{AD} = \overrightarrow{AB} + \overrightarrow{BD} = \overrightarrow{DC} + \overrightarrow{BD} = \overrightarrow{BC}$.
   On a la réciproque en échangeant le rôle des points.

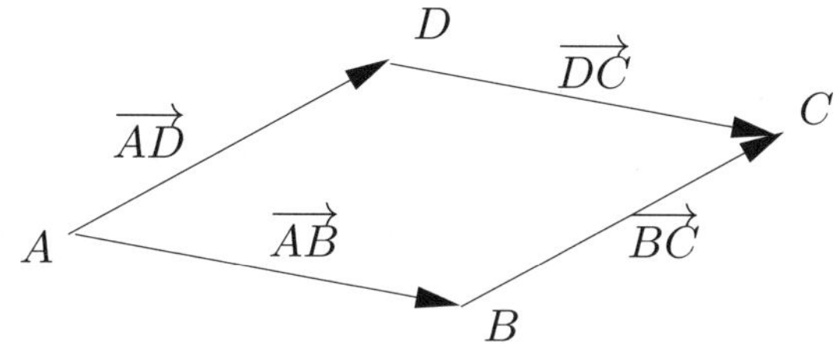

FIGURE III.1.1 – Identité du parallélogramme

■

Exemples.

1. L'ensemble X des points du plan de coordonnées $(x, y) \in \mathbb{R}^2$ est un espace affine dirigé par l'espace vectoriel $E := \mathbb{R}^2$. L'application $X \times X \to E$ est l'application :
$$\big((x_1, y_1), (x_2, y_2)\big) \mapsto (x_2 - x_1, y_2 - y_1).$$
2. L'ensemble X des points de l'espace de coordonnées $(x, y, z) \in \mathbb{R}^3$ est un espace affine dirigé par l'espace vectoriel $E := \mathbb{R}^3$. L'application $X \times X \to E$ est l'application :
$$\big((x_1, y_1, z_1), (x_2, y_2, z_2)\big) \mapsto (x_2 - x_1, y_2 - y_1, z_2 - z_1).$$
3. Plus généralement, si E est un K-espace vectoriel, alors, l'application :
$$\begin{array}{ccc} E \times E & \longrightarrow & E \\ (x, y) & \longmapsto & y - x \end{array}$$
   muni E d'une structure de K-espace affine. Par exemple : K^n.

Exercice 1.
Montrer que l'ensemble X des fonctions $f : \mathbb{R} \to \mathbb{R}$ telles que $f(0) = 1$ est un espace affine dirigé par l'espace vectoriel E des fonctions $f : \mathbb{R} \to \mathbb{R}$ qui s'annulent en 0.
Solution. L'application $X \times X \to E$ est l'application $(f, g) \mapsto g - f$.

Définition 2. La *dimension* (finie ou infinie) d'un espace affine X dirigé par l'espace vectoriel E est la dimension de E.

Exemple. Ainsi, $\mathbb{R}^2$ est un espace affine de dimension 2, $\mathbb{R}^3$ un espace affine de dimension 3, et l'espace affine des fonctions $f : \mathbb{R} \to \mathbb{R}$ telles que $f(0) = 1$ est de dimension infinie.

Définition 3. On appelle *droite affine* tout espace affine de dimension 1 et *plan affine* tout espace affine de dimension 2.

1.2 Barycentres

Les barycentres sont aux espaces affines ce que les combinaisons linéaires sont aux espaces vectoriels.

Théorème 2. Soit $(A_i)_{i\in I}$ une famille de points du K-espace affine X indexée par l'ensemble I. Soit $(\lambda_i)_{i\in I}$ une famille de scalaires (éléments de K) à support fini telle que $\sigma := \sum_{i\in I} \lambda_i \neq 0$. Alors il existe un unique point $G \in X$ tel que :

$$\sum_{i\in I} \lambda_i \overrightarrow{GA_i} = 0.$$

Pour tout point $O \in X$, on a :

$$G = O + \frac{1}{\sigma} \sum_{i\in I} \lambda_i \overrightarrow{OA_i}.$$

Démonstration. Soit $O \in X$ un point quelconque. Alors, pour tout $M \in X$, on peut écrire :

$$\sum_{i\in I} \lambda_i \overrightarrow{MA_i} = \sum_{i\in I} \lambda_i \left(\overrightarrow{OA_i} - \overrightarrow{OM}\right) = \left(\sum_{i\in I} \lambda_i \overrightarrow{OA_i}\right) - \sigma \overrightarrow{OM}.$$

Il existe un unique point $G \in X$ tel que :

$$\left(\sum_{i\in I} \lambda_i \overrightarrow{OA_i}\right) - \sigma \overrightarrow{OG} = 0.$$

C'est le point :

$$G := O + \overrightarrow{OG} = O + \frac{1}{\sigma} \sum_{i\in I} \lambda_i \overrightarrow{OA_i}.$$

■

Définition 4. Sous les hypothèses du théorème 2, on appelle *barycentre* de la famille $(A_i, \lambda_i)_{i\in I}$ l'unique point G tel que $\sum_{i\in I} \lambda_i \overrightarrow{GA_i} = 0$.

Exemple. Considérons deux points A et B du plan affine $\mathbb{R}^2$. Le barycentre de la famille $\{(A,1),(B,1)\}$ est le milieu du segment $[A,B]$. Plus généralement, si $\lambda_1 + \lambda_2 \neq 0$ et si G est le barycentre de la famille $\{(A,\lambda_1),(B,\lambda_2)\}$ alors, les points A, B et G sont alignés. En effet, $\lambda_1 \overrightarrow{GA} + \lambda_2 \overrightarrow{GB} = 0$ et donc, les vecteurs $\overrightarrow{GA}$ et $\overrightarrow{GB}$ sont colinéaires.

Nous allons maintenant montrer une propriété d'associativité du barycentre.

Théorème 3. Soit $(A_i)_{i\in I}$ une famille de points de l'espace affine X indexée par l'ensemble I. Soit $(\lambda_i)_{i\in I}$ une famille de scalaires à support fini telle que $\sum_{i\in I}\lambda_i \neq 0$. Soit enfin $(I_j)_{j\in J}$ une partition de I telle que pour tout $j \in J$, $\sigma_j := \sum_{i\in I_j}\lambda_i \neq 0$. Alors, le barycentre de la famille $(A_i,\lambda_i)_{i\in I}$ est également le barycentre de la famille $(G_j,\sigma_j)_{j\in J}$ où G_j est le barycentre de la famille $(A_i,\lambda_i)_{i\in I_j}$.

Démonstration. Il suffit d'écrire :

$$\sum_{i\in I}\lambda_i\overrightarrow{GA_i} = \sum_{j\in J}\left(\sum_{i\in I_j}\lambda_i\overrightarrow{GA_i}\right) = \sum_{j\in J}\sigma_j\overrightarrow{GG_j}.$$

■

Exemple. Considérons un triangle ABC dans le plan affine $\mathbb{R}^2$. Le barycentre G de la famille $\{(A,1),(B,1),(C,1)\}$ est le *centre de gravité* du triangle. Il se trouve à l'intersection des médianes. En effet, G est le barycentre de la famille $\{(A,1),(A',2)\}$ avec A' le barycentre de la famille $\{(B,1),(C,1)\}$, c'est-à-dire le milieu du segment $[BC]$. Le point G appartient donc à la médiane (AA'). On montre de même qu'il appartient aux deux autres médianes.

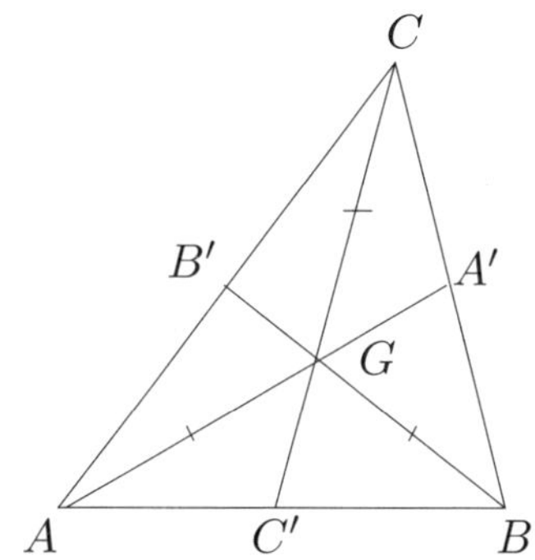

FIGURE III.1.2 – Les médianes d'un triangle sont concourantes

1.3 Sous-espaces affines

Définition 5.
Un sous-ensemble non vide $Y \subset X$ est un *sous-espace affine* de X dirigé par F si :

1. F est un sous-espace vectoriel de E ;
2. pour tous points A et B dans Y, le vecteur $\overrightarrow{AB}$ appartient à F ;
3. pour tout point A dans Y et tout vecteur $\vec{u}$ dans F, le point $A+\vec{u}$ appartient à Y.

Exemple. Dans le plan affine $\mathbb{R}^2$, les points et les droites sont des sous-espaces affines.

Exercice 2.
Soit Y un sous-espace affine de X dirigé par F. Montrer que pour tout $A \in Y$, on a l'égalité $Y = A + F$.

Solution. D'après le point 2 de la définition 5, si $B \in Y$, $B = A + \overrightarrow{AB} \in A + F$. Donc $Y \subset A + F$. D'après le point 3 de la définition 5, on a $A + F \subset Y$

Proposition 4. Soient $(A_i)_{i \in I}$ une famille de points de l'espace affine X et Y l'ensemble des barycentres de familles $(A_i, \lambda_i)_{i \in I}$.
Alors Y est un sous-espace affine de X.

Démonstration. Soit $A := A_{i_0}$ un point quelconque de la famille $(A_i)_{i \in I}$. Soit $F \subset E$ le sous-espace vectoriel engendré par la famille $\left(\overrightarrow{AA_i}\right)_{i \in I}$. On va montrer que Y est un sous-espace affine dirigé par F.

Supposons que G est le barycentre de la famille $(A_i, \lambda_i)_{i \in I}$ et que G' est le barycentre de la famille $(A_i, \lambda'_i)_{i \in I}$. Alors :

$$\overrightarrow{AG} = \frac{1}{\sigma} \sum_{i \in I} \lambda_i \overrightarrow{AA_i} \in F \quad \text{et} \quad \overrightarrow{AG'} = \frac{1}{\sigma'} \sum_{i \in I} \lambda'_i \overrightarrow{AA_i} \in F.$$

Par conséquent, $\overrightarrow{GG'} = \overrightarrow{AG'} - \overrightarrow{AG} \in F$.

Supposons que G est le barycentre de la famille $(A_i, \lambda_i)_{i \in I}$ et que $\vec{u} \in F$. Alors, il existe une famille de scalaires $(\lambda'_i)_{i \in I}$, à support fini, telle que :

$$\vec{u} = \sum_{i \in I} \lambda'_i \overrightarrow{AA_i}.$$

On peut choisir n'importe quelle valeur pour λ'_{i_0}. On peut donc supposer que $\sum_{i \in I} \lambda'_i = 0$.

On a alors :

$$\overrightarrow{AG} + \vec{u} = \frac{1}{\sigma} \sum_{i \in I} (\lambda_i + \sigma \lambda'_i) \overrightarrow{AA_i} \quad \text{avec} \quad \sum_{i \in I} (\lambda_i + \sigma \lambda'_i) = \sum_{i \in I} \lambda_i = \sigma \neq 0.$$

Le point $G + \vec{u}$ est donc barycentre de la famille $(A_i, \lambda_i + \sigma \lambda'_i)$ et appartient à Y. ■

Proposition 5 (Stabilité par barycentre). Soit Y un sous-espace affine de X et $(A_i)_{i \in I}$ une famille de points de Y. Si G est le barycentre d'une famille $(A_i, \lambda_i)_{i \in I}$, alors $G \in Y$.

Démonstration. Soit F le sous-espace vectoriel de E qui dirige Y. Soit $A := A_{i_0}$ un point quelconque de la famille A_i. Puisque Y est un sous-espace affine et puisque $A_i \in Y$, on a $\overrightarrow{AA_i} \in F$ pour tout $i \in I$. De plus, $G = A + \overrightarrow{AG}$ avec $\overrightarrow{AG} = \frac{1}{\sigma} \sum_{i \in I} \lambda_i \overrightarrow{AA_i} \in F$.

Donc, $G \in A + F = Y$. ■

Définition 6. Soient Y_1 et Y_2 deux sous-espaces affines de X dirigés par F_1 et F_2. Alors, Y_1 est *parallèle à* Y_2 si $F_1 \subset F_2$; Y_1 et Y_2 sont *parallèles* si $F_1 = F_2$.

Étant donnés un point A du plan affine et une droite D, il passe par A une unique droite parallèle à D. Le résultat suivant est plus général. On lui donne parfois le nom de cinquième postulat d'Euclide (bien que ce postulat ne soit pas énoncé en ces termes par Euclide).

Théorème 6. Dans un espace affine X dirigé par l'espace vectoriel E, étant donné un point quelconque A, et un sous-espace vectoriel $F \subset E$, il existe un unique sous-espace affine passant par A dirigé par F.

Démonstration. Ce sous-espace affine est $A + F$. ■

Proposition 7. Soient Y_1 et Y_2 deux sous-espaces affines de X. Si Y_1 est parallèle à Y_2, alors soit $Y_1 \subset Y_2$, soit $Y_1 \cap Y_2 = \varnothing$.

Démonstration. Soient F_1 et F_2 les espaces vectoriels qui dirigent Y_1 et Y_2. Comme Y_1 est parallèle à Y_2, on a $F_1 \subset F_2$. Supposons que $Y_1 \cap Y_2 \neq \varnothing$ et choisissons $A \in Y_1 \cap Y_2$. Alors $Y_1 = A + F_1 \subset A + F_2 = Y_2$. ■

Corollaire 8. Deux sous-espaces affines parallèles et distincts sont disjoints.

Théorème 9 (Intersection d'espaces affines).

1. Si Y_1 et Y_2 sont deux sous-espaces affines de X, dirigés respectivement par F_1 et F_2, alors :
   - soit $Y_1 \cap Y_2 = \varnothing$,
   - soit $Y_1 \cap Y_2$ est un sous-espace affine de X dirigé par $F_1 \cap F_2$.
2. Si de plus $F_1 + F_2 = E$, alors $Y_1 \cap Y_2 \neq \varnothing$. Si $F_1 \oplus F_2 = E$ (les espaces sont supplémentaires) alors $Y_1 \cap Y_2$ contient exactement 1 point.

Démonstration.

1. Supposons $Y_1 \cap Y_2$ non vide. Nous devons montrer que c'est un sous-espace affine de X dirigé par $F_1 \cap F_2$. Rappelons que l'intersection de deux espaces vectoriels est un espace vectoriel. Par conséquent, $F_1 \cap F_2$ est un sous-espace vectoriel de E.

   Si $A \in Y_1 \cap Y_2$ et $B \in Y_1 \cap Y_2$, alors $\overrightarrow{AB} \in F_1$ car A et B sont tous deux dans Y_1 qui est un sous-espace affine de X dirigé par F_1. De même, $\overrightarrow{AB} \in F_2$ car A et B sont tous deux dans Y_2. Par conséquent, $\overrightarrow{AB} \in F_1 \cap F_2$.

   Si $A \in Y_1 \cap Y_2$ et si $\vec{u} \in F_1 \cap F_2$, alors, $A + \vec{u} \in Y_1$ car $A \in Y_1$ et $\vec{u} \in F_1$. De même, $A + \vec{u} \in Y_2$ car $A \in Y_2$ et $\vec{u} \in F_2$. Donc, $A + \vec{u} \in Y_1 \cap Y_2$.

2. Choisissons deux points $A_1 \in Y_1$ et $A_2 \in Y_2$. Si $F_1+F_2 = E$, alors $\overrightarrow{A_1A_2} = \vec{u}_1+\vec{u}_2$ avec $\vec{u}_1 \in F_1$ et $\vec{u}_2 \in F_2$. Posons :
$$M := A_1 + \vec{u}_1 = A_2 - \vec{u}_2.$$
Alors $M \in A_1 + F_1 = Y_1$ et $M \in A_2 + F_2 = Y_2$. Donc $M \in Y_1 \cap Y_2$.
Inversement, si $M \in Y_1 \cap Y_2$, alors :
$$\overrightarrow{A_1A_2} = \underbrace{\overrightarrow{A_1M}}_{\in F_1} + \underbrace{\overrightarrow{MA_2}}_{\in F_2}.$$
Si $F_1 \oplus F_2 = E$, alors la décomposition est unique. Donc, si M et M' appartiennent à $Y_1 \cap Y_2$, on a $\overrightarrow{A_1M} = \overrightarrow{A_1M'}$ et $M = M'$.

■

1.4 Applications affines

Définition 7. Soient X et Y deux espaces affines dirigés respectivement par E et F. Une application $f : X \to Y$ est une *application affine* s'il existe une application linéaire $L : E \to F$ telle que pour tous points A et B dans X, on a :
$$\overrightarrow{f(A)f(B)} = L\big(\overrightarrow{AB}\big).$$
L'application linéaire L s'appelle la *partie linéaire* de f.

Exemples.

1. Si X et Y sont deux espaces affines, toute application constante $f : X \to Y$ est affine. Sa partie linéaire est l'application nulle.
2. Étant donnés un espace affine X dirigé par E et un vecteur $\vec{u} \in E$, la translation :
$$\begin{array}{rccc} f: & X & \longrightarrow & X \\ & M & \longmapsto & M+\vec{u} \end{array}$$
est une application affine. En effet, pour tout A et tout B dans X, on a :
$$\overrightarrow{f(A)f(B)} = \overrightarrow{f(A)A} + \overrightarrow{AB} + \overrightarrow{Bf(B)} = -\vec{u} + \overrightarrow{AB} + \vec{u} = \overrightarrow{AB}.$$
La partie linéaire de f est l'identité.

Notons que si $f : X \to Y$ est une application affine, si $L : E \to F$ est la partie linéaire de f et si $A \in X$, alors pour tout $M \in X$, on a :
$$f(M) = f(A) + L\big(\overrightarrow{AM}\big).$$
Réciproquement, s'il existe un point $A \in X$ et une application linéaire $L : E \to F$ telle que pour tout $M \in X$, on a $f(M) = f(A) + L\big(\overrightarrow{AM}\big)$ alors pour tout $M \in X$ et tout $N \in X$, on a :
$$\overrightarrow{f(M)f(N)} = \overrightarrow{f(A)f(N)} - \overrightarrow{f(A)f(M)} = L\big(\overrightarrow{AN}\big) - L\big(\overrightarrow{AM}\big) = L\big(\overrightarrow{MN}\big)$$
et f est une application affine.

Exemples.

1. Si K est un corps muni de sa structure affine canonique, et si $f : K \to K$ est une application affine, alors $f(x) = f(0) + L(x - 0)$ avec $L : K \to K$ une application linéaire. Les applications linéaires $L : K \to K$ sont de la forme $x \mapsto a \cdot x$ avec $a \in K$. Par conséquent, les applications affines $f : K \to K$ sont les applications de la forme :
$$f: \begin{array}{ccc} K & \longrightarrow & K \\ x & \longmapsto & ax+b \end{array} \quad \text{avec} \quad (a,b) \in K^2.$$

2. Supposons K^m et K^n munis de leurs structures affines canoniques, et considérons $f : K^m \to K^n$ une application affine de partie linéaire $L : K^m \to K^n$. Alors pour tout $M := (x_1, \ldots, x_m) \in K^m$, on a $f(M) = f(O) + L(\overrightarrow{OM})$, avec $O := (0, \ldots, 0)$. Cela s'écrit sous forme matricielle :
$$f(M) = A \cdot \begin{pmatrix} x_1 \\ \vdots \\ x_m \end{pmatrix} + \begin{pmatrix} b_1 \\ \vdots \\ b_n \end{pmatrix}$$
avec $(b_1, \ldots, b_n) := f(O) \in K^n$ et $A \in M_{m,n}(K)$ une matrice à m lignes et n colonnes. Autrement dit, les applications affines $f : K^m \to K^n$ sont les applications de la forme :
$$f: \begin{array}{ccc} K^m & \longrightarrow & K^n \\ x & \longmapsto & Ax+b \end{array} \quad \text{avec} \quad A \in M_{m,n}(K) \quad \text{et} \quad b \in K^n.$$

Exercice 3.

On considère que le corps K est muni de sa structure affine canonique. Pour $(a, b) \in K^2$ on note $f_{a,b}$ l'application affine :
$$f_{a,b}: \begin{array}{ccc} K & \longrightarrow & K \\ x & \longmapsto & ax+b. \end{array}$$

Si $a = 1$, $f_{a,b}$ est une translation. Si $a \neq 1$ ou si $(a, b) = (1, 0)$, $f_{a,b}$ est une homothétie de rapport a. Montrer que l'ensemble des applications affines inversibles de K dans K est un groupe (pour la loi de composition). On l'appelle le groupe des homothéties-translations.

Solution. Nous ne donnerons que les grandes lignes de la preuve.

1. La composée de deux applications affines de K dans K est une application affine de K dans K.
2. L'application affine $f_{a,b}$ est inversible si, et seulement si, $f_{a,b}$ est une homothétie ou une translation. Son inverse est $f_{1/a,-b/a}$.
3. La composée de deux translations est une translation.
4. La composée de deux homothéties $f_{a,b}$ et $f_{c,d}$ est une homothétie si $ac \neq 1$ et une translation si $ac = 1$.

Théorème 10. Soit $f : X \to Y$ une application affine, $L : E \to F$ sa partie linéaire et Y' un sous-espace affine de Y dirigé par $F' \subset F$. Posons :

$$X' := f^{-1}(Y') := \{M \in X \mid f(M) \in Y'\}.$$

Alors, soit $X' = \varnothing$, soit X' est un sous-espace affine de X dirigé par :

$$E' := L^{-1}(F') := \{\vec{u} \in E \mid L(\vec{u}) \in F'\}.$$

Démonstration. Supposons que X' ne soit pas vide et soit A un point de X'. Alors, $f(A) \in Y'$ et $Y' = f(A) + F'$. Pour tout $B \in X$:

$$\overrightarrow{f(A)f(B)} = L\big(\overrightarrow{AB}\big).$$

Donc :

$$X' = \{B \in X \mid f(B) \in f(A) + F'\} = \{B \in X \mid L\big(\overrightarrow{AB}\big) \in F'\} = A + E'.$$

Notons que E' est un sous-espace vectoriel de E. En effet, $\overrightarrow{0} \in E'$ car $L(\overrightarrow{0}) = \overrightarrow{0} \in F'$. De plus pour tout $\vec{u} \in E'$, tout $\vec{v} \in E'$ et tout $\lambda \in K$:

$$L(\lambda\vec{u} + \vec{v}) = \lambda L(\vec{u}) + L(\vec{v}) \in F' \quad \text{et donc} \quad \lambda\vec{u} + \vec{v} \in E'.$$

Par conséquent, $X' = A + E'$ est un sous-espace affine de X dirigé par E'. ■

1.4.1 Homothéties

Définition 8. Soit A un point de X et k un réel non nul. On appelle *homothétie* de centre A et de rapport k l'application affine :

$$\begin{array}{rccl} f : & X & \longrightarrow & X \\ & M & \longmapsto & A + k\overrightarrow{AM}. \end{array}$$

Une homothétie de rapport 1 est l'identité. Tous les points de X sont alors des points fixes, c'est-à-dire tels que $f(M) = M$.

Proposition 11. Si $f : X \to X$ est une homothétie de rapport $k \neq 1$, il y a un unique point fixe : le centre de l'homothétie.

Démonstration. On a $f(M) = M$ si, et seulement si, $\overrightarrow{AM} = k\overrightarrow{AM}$ donc si, et seulement si, $(1-k)\overrightarrow{AM} = \overrightarrow{0}$ donc si, et seulement si, $M = A$. ■

1.4.2 Formes affines

Définition 9. On appelle *forme affine* sur le K-espace affine X toute application affine de X dans K, muni de sa structure affine canonique.

La partie linéaire $L : E \to K$ d'une forme affine $f : X \to K$ est une forme linéaire sur E. Une telle forme linéaire est soit nulle soit surjective. Il s'en suit qu'une forme affine est soit constante, soit surjective.

1.4.3 Projections, symétries, affinités

Proposition 12. Soit $Y \subset X$ un sous-espace affine dirigé par $F \subset E$ et soit $G \subset E$ un supplémentaire de F dans E. Pour tout point $M \in X$, il existe un unique point $M' \in Y$ tel que $\overrightarrow{MM'} \in G$.

Démonstration. D'après le théorème 9 de la page 437, le sous-espace affine $M+G$ coupe Y en un unique point M'. ∎

Définition 10. Le point M' est le *projeté* de M sur Y parallèlement à G. L'application qui à M associe M' s'appelle la *projection* sur Y parallèlement à G.

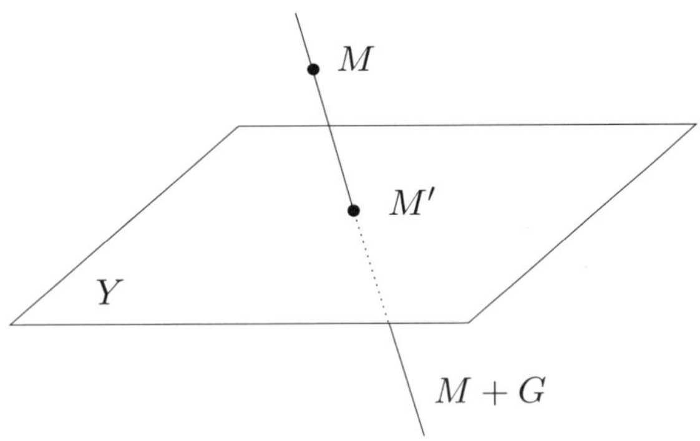

FIGURE III.1.3 – Projection sur le plan Y parallèlement à la droite vectorielle G.

Proposition 13. La projection sur Y parallèlement à G est une application affine dont la partie linéaire est la projection (vectorielle) sur F parallèlement à G.

Démonstration. Soit A un point de Y et soit $f : X \to Y$ la projection sur Y parallèlement à G. Par définition, on a $A = f(A)$ et :

$$f(M) = M' = A + \overrightarrow{AM'} \quad \text{avec} \quad \overrightarrow{AM} = \underbrace{\overrightarrow{AM'}}_{\in F} + \underbrace{\overrightarrow{M'M}}_{\in G}.$$

En particulier, $\overrightarrow{AM'} = L\big(\overrightarrow{AM}\big)$ avec $L : E \to E$ la projection vectorielle sur F parallèlement à G, et on a bien $f(M) = f(A) + L\big(\overrightarrow{AM}\big)$. ∎

Définition 11. L'application qui à M associe $M + 2\overrightarrow{MM'} = M' - \overrightarrow{M'M}$ s'appelle la *symétrie* par rapport à Y parallèlement à G.

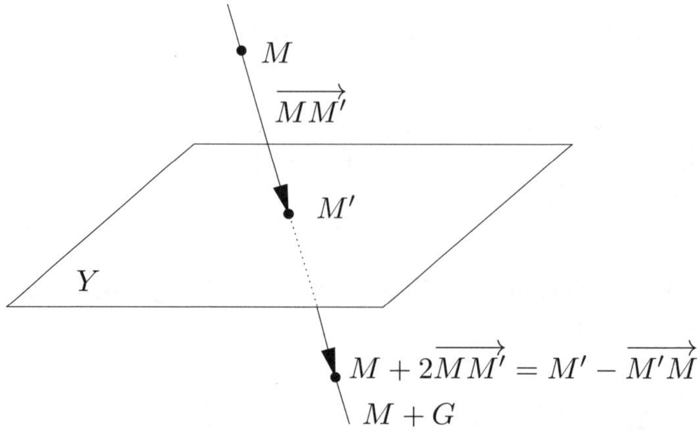

FIGURE III.1.4 – La symétrie par rapport au plan Y parallèlement à la droite vectorielle G.

Proposition 14. La symétrie par rapport à Y parallèlement à G est une application affine dont la partie linéaire est la symétrie (vectorielle) par rapport à F parallèlement à G.

Démonstration. Soit $L : E \to F$ la projection vectorielle sur F parallèlement à G et soit $L' : E \to E$ la symétrie vectorielle par rapport à F parallèlement à G.
On a $L' = 2L - \mathrm{Id}$. Soit $f : X \to Y$ la projection affine sur Y parallèlement à G et soit $f' : X \to X$ la symétrie par rapport à Y parallèlement à G. Alors, pour tout A et tout B dans X, on a :

$$\begin{aligned}\overrightarrow{f'(A)f'(B)} &= \overrightarrow{f'(A)A} + \overrightarrow{AB} + \overrightarrow{Bf'(B)}\\ &= 2\overrightarrow{f(A)A} + 2\overrightarrow{AB} - \overrightarrow{AB} + 2\overrightarrow{Bf(B)}\\ &= 2\overrightarrow{f(A)f(B)} - \overrightarrow{AB}\\ &= 2L(\overrightarrow{AB}) - \overrightarrow{AB} = L'(\overrightarrow{AB}).\end{aligned}$$

■

Définition 12. Si $k \in \mathbb{R}$, l'application qui à M associe $M' + k\overrightarrow{M'M}$ s'appelle l'*affinité* de rapport k par rapport à Y parallèlement à G.

Une projection est une affinité de rapport 0. Une symétrie est une affinité de rapport -1. Nous verrons à la fin de ce module qu'une ellipse est l'image d'un cercle par une affinité.

2 Représentation des sous-espaces affines

2.1 Hyperplans

La notion d'hyperplan d'un espace vectoriel a été introduite dans le module II.3 : c'est le noyau d'une forme linéaire non nulle.

Définition 13. On appelle *hyperplan affine* de X tout sous-espace affine dirigé par un hyperplan vectoriel de E.

Exemples.

1. Si X est une droite affine, les hyperplans affines sont les singletons. Ce sont les points de la droite.
2. Si X est un plan affine, les hyperplans sont les droites affines.
3. Dans l'espace affine $\mathbb{R}^3$, les hyperplans affines sont les plans de $\mathbb{R}^3$.

Exercice 4.

Étant donné un ensemble I, on munit le $\mathbb{R}$-espace vectoriel $\mathcal{F}(I,\mathbb{R})$ des fonctions numériques $f : I \to \mathbb{R}$ de sa structure affine canonique. Étant donné un point $a \in I$, soit $\mathcal{H}$ l'ensemble des fonctions $f : I \to \mathbb{R}$ telles que $f(a) = 1$.

1. Montrer que $\mathcal{H}$ est un sous-espace affine de $\mathcal{F}(I,\mathbb{R})$ et déterminer le sous-espace vectoriel $H \subset \mathcal{F}(I,\mathbb{R})$ qui dirige $\mathcal{H}$.
2. Montrer que l'application :
$$\begin{array}{rccc} \delta : & \mathcal{F}(I,\mathbb{R}) & \longrightarrow & \mathbb{R} \\ & f & \longmapsto & f(a) \end{array}$$
est une forme linéaire.
3. Montrer que H est un hyperplan vectoriel de $\mathcal{F}(I,\mathbb{R})$ et en déduire que $\mathcal{H}$ est un hyperplan affine de $\mathcal{F}(I,\mathbb{R})$.

Solution.

1. Soit $H \subset \mathcal{F}(I,\mathbb{R})$ l'ensemble des fonctions $f : I \to \mathbb{R}$ qui s'annulent en a. La fonction identiquement nulle sur I appartient à H. Toute combinaison linéaire de fonctions qui s'annulent en a s'annule encore en a. Par conséquent, H est un sous-espace vectoriel de $\mathcal{F}(I,\mathbb{R})$.

   Montrons que $\mathcal{H}$ est un sous-espace affine de $\mathcal{F}(I,\mathbb{R})$ dirigé par H :
   - Si f_1 et f_2 sont deux fonctions de $\mathcal{H}$, le vecteur $f_2 - f_1$ s'annule en a (car $f_1(a) = f_2(a) = 1$). Par conséquent, $f_2 - f_1 \in H$.
   - Si $f_1 \in \mathcal{H}$ et si f_2 est un vecteur de H, alors $f_1(a) = 1$ et $f_2(a) = 0$. Par conséquent, $(f_1 + f_2)(a) = 1$ et $f_1 + f_2 \in \mathcal{H}$.
2. L'application δ est à valeur dans le corps $\mathbb{R}$. C'est une application linéaire puisque :
$$\delta(f_1 + \lambda f_2) = (f_1 + \lambda f_2)(a) = f_1(a) + \lambda f_2(a) = \delta(f_1) + \lambda\delta(f_2).$$
C'est donc une forme linéaire.
3. Remarquons que la forme linéaire δ est non identiquement nulle. Par conséquent, son noyau est un hyperplan de $\mathcal{F}(I,\mathbb{R})$. Or, $\mathrm{Ker}(\delta)$ est précisément l'ensemble des fonctions $f : I \to \mathbb{R}$ telles que $f(a) = 0$, c'est-à-dire l'espace H.

Proposition 15. Soit $f : X \to K$ une forme affine non constante. Alors, $\{M \in X \mid f(M) = 0\}$ est un hyperplan affine de X dirigé par le noyau de la partie linéaire de f.

Démonstration. Le singleton $\{0\}$ est un sous-espace affine de K muni de sa structure canonique d'espace affine. Il est dirigé par l'espace vectoriel trivial $\{0\}$. D'après le théorème 10 de la page 440, $Y := f^{-1}\{0\}$ est un sous-espace affine de X dirigé par le noyau de la partie linéaire L. Cette partie linéaire est une forme linéaire non nulle (car f est non constante). Par conséquent le noyau de L est un hyperplan vectoriel de E et Y est un hyperplan affine de X. ■

La réciproque est vraie : tout hyperplan affine de X est donné par une équation.

Proposition 16. Soit Y un hyperplan affine d'un K-espace affine X. Alors, il existe une forme affine non constante $f : X \to K$ telle que $Y = \{M \in X \mid f(M) = 0\}$. Si f_1 et f_2 sont deux telles formes, alors $f_1 = \lambda f_2$ avec $\lambda \in K \setminus \{0\}$.

Remarque. On dit que $f(M) = 0$ est une équation de l'hyperplan Y.

Démonstration. L'hyperplan affine Y est dirigé par un hyperplan vectoriel H de E. On sait qu'il existe une forme linéaire non nulle $L : E \to K$ telle que $\operatorname{Ker}(L) = H$. Soit A un point de Y et définissons $f : X \to K$ par :

$$f(M) := 0 + L(\overrightarrow{AM}).$$

Alors, f est une application affine, donc une forme affine. De plus, $f(M) = 0$ si, et seulement si, $L(\overrightarrow{AM}) = 0$ donc si, et seulement si, $\overrightarrow{AM} \in H$ donc si, et seulement si, $M = A + \overrightarrow{AM} \in Y$.

Supposons maintenant que f_1 et f_2 sont deux formes affines qui s'annulent exactement sur Y. Soit $B \in X \setminus Y$. Alors, $f_1(B) \neq 0$ et $f_2(B) \neq 0$ et pour tout $M \in X$:

$$\vec{u}_1 := \overrightarrow{AM} - \frac{f_1(M)}{f_1(B)}\overrightarrow{AB} \in H.$$

En effet, si L_1 est la partie linéaire de f_1, on a :

$$\begin{aligned} L_1\left(\overrightarrow{AM} - \frac{f_1(M)}{f_1(B)}\overrightarrow{AB}\right) &= L_1(\overrightarrow{AM}) - \frac{f_1(M)}{f_1(B)}L_1(\overrightarrow{AB}) \\ &= \big(f_1(M) - f_1(A)\big) - \frac{f_1(M)}{f_1(B)}\big(f_1(B) - f_1(A)\big) = 0 \end{aligned}$$

car $f_1(A) = 0$. De même $\vec{u}_2 := \overrightarrow{AM} - \dfrac{f_2(M)}{f_2(B)}\overrightarrow{AB} \in H$. En soustrayant les deux vecteurs, on obtient :

$$\vec{u}_2 - \vec{u}_1 = \left(\frac{f_1(M)}{f_1(B)} - \frac{f_2(M)}{f_2(B)}\right)\overrightarrow{AB} \in H.$$

Comme $\overrightarrow{AB} \notin H$, on voit que pour tout $M \in X$:

$$f_1(M) = \lambda \cdot f_2(M) \quad \text{avec} \quad \lambda := \frac{f_1(B)}{f_2(B)} \in K \setminus \{0\}.$$

■

2.2 Repère

À partir de maintenant, nous allons restreindre notre étude au cas des espaces affines de dimension finie. Nous illustrerons nos propos dans le cas du plan affine $\mathbb{R}^2$ et de l'espace affine $\mathbb{R}^3$.
Dans un espace affine, on ne parle pas de base mais de repère.

Définition 14. On appelle *repère affine* (ou cartésien) de l'espace affine X tout couple $(O;\mathcal{B})$ où O est un point de X appelé *origine* et $\mathcal{B}$ est une base de l'espace vectoriel E qui dirige X.

Si l'espace affine X est de dimension $n > 0$, un repère de X est alors constitué d'un point de X, l'origine, et de n vecteurs de E qui forment une base de E.

Définition 15. On appelle *coordonnées d'un point* $M \in X$ dans le repère $(O;\mathcal{B})$ les coordonnées du vecteur $\overrightarrow{OM}$ dans la base $\mathcal{B}$.

Exemple. Dans le plan affine muni du repère $(O;\vec{\imath},\vec{\jmath})$, le point A de coordonnées $(2,3)$ est le point $O + 2\vec{\imath} + 3\vec{\jmath}$.

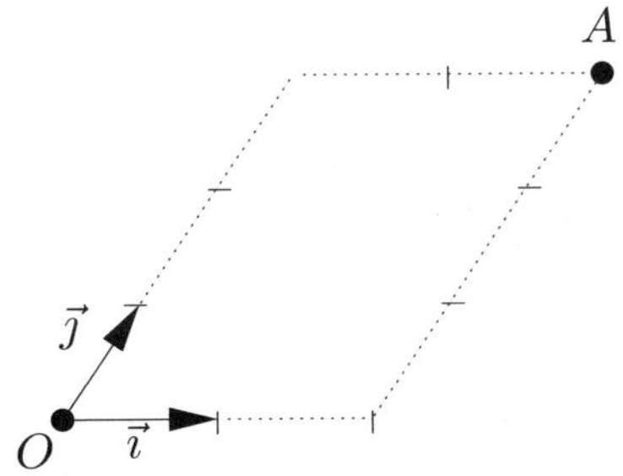

FIGURE III.1.5 – Le point A de coordonnées $(2,3)$ dans le plan muni du repère $(O;\vec{\imath},\vec{\jmath})$.

Si X est muni d'un repère cartésien $(O;\vec{u}_1,\ldots,\vec{u}_n)$, et si $M \in X$ est un point de coordonnées $(x_1,\ldots,x_n)$, alors :

$$M = O + x_1\vec{u}_1 + x_2\vec{u}_2 + \ldots + x_n\vec{u}_n.$$

Une forme affine $f : X \to K$ de partie linéaire $L : E \to K$ s'écrit alors en coordonnées :

$$f(x_1,\ldots,x_n) = a_1x_1 + \ldots + a_nx_n + b$$

avec :

$$a_1 := L(\vec{u}_1), \quad \ldots, \quad a_n := L(\vec{u}_n) \quad \text{et} \quad b := f(O).$$

Toute équation d'un hyperplan affine de X est donc de la forme :

$$a_1x_1 + \ldots + a_nx_n + b = 0 \quad \text{avec} \quad (a_1, \ldots, a_n) \neq (0, \ldots, 0).$$

La condition $(a_1, \ldots, a_n) \neq (0, \ldots, 0)$ garantit que la forme linéaire est non constante. D'après la proposition 16 de la page 444, toutes les équations d'un même hyperplan sont proportionnelles. Autrement dit, si :

$$a_1x_1 + \ldots + a_nx_n + b = 0 \quad \text{et} \quad a'_1x_1 + \ldots + a'_nx_n + b' = 0$$

sont deux équations d'un même hyperplan, alors il existe $\lambda \in K \setminus \{0\}$ tel que :

$$a'_1 = \lambda a_1, \quad \ldots, \quad a'_n = \lambda a_n \quad \text{et} \quad b' = \lambda b.$$

2.3 Systèmes d'équations

Nous avons vu qu'un sous-espace de X défini par une équation affine est un hyperplan. Si X est de dimension n, cet hyperplan est de dimension $n-1$. Ce n'est donc généralement pas une droite (l'unique exception est le cas où la dimension de X est 2, comme dans le cas du plan affine $\mathbb{R}^2$). Par exemple, dans l'espace affine $\mathbb{R}^3$, l'ensemble défini par une équation est un plan.

Nous allons voir maintenant comment décrire des sous-espaces affines de X qui ne sont pas des hyperplans à l'aide de systèmes d'équations : nous allons décrire les sous-espaces affines de X comme intersections d'hyperplans. D'après le théorème 9 de la page 437, une intersection d'hyperplans affines de X est un sous-espace affine de X.

En dimension finie, il y a un lien très fort avec les systèmes linéaires (qui ont été introduits dans le modules II.4 et II.7). Comme un hyperplan peut être décrit par une équation, l'intersection de p hyperplans $Y_1 \cap \cdots \cap Y_p$ peut être décrit comme le lieu où p formes affines $f_1 : X \to K, \ldots, f_p : X \to K$ s'annulent simultanément. En d'autre termes, l'intersection de p hyperplans affines peut être décrit par :

$$Y_1 \cap \cdots \cap Y_p = \{M \in X \mid f(M) = 0\} \quad \text{avec} \quad f := (f_1, \ldots, f_p) : X \to K^p.$$

Si $L_1 : E \to K, \ldots, L_p : E \to K$ sont les parties linéaires des formes affines $f_1, \ldots, f_p$, alors la partie linéaire de f est l'application :

$$L := (L_1, \ldots, L_p) : E \to K^p.$$

Le sous-espace affine $Y_1 \cap \cdots \cap Y_p$ est alors dirigé par $\operatorname{Ker}(L)$. D'après le théorème du rang, la dimension de cette intersection est égale à :

$$\dim(Y_1 \cap \cdots \cap Y_p) = \dim(E) - \operatorname{rang}(L) \quad \text{avec} \quad \operatorname{rang}(L) \leqslant p.$$

Donc, dans un espace affine X de dimension n, pour décrire une droite à l'aide d'un système d'équations, il faut au moins $n-1$ équations. Pour décrire un plan à l'aide d'un système d'équations, il faut au moins $n-2$ équations.

Nous allons maintenant nous intéresser à l'affirmation réciproque, dans le cas où X est un espace affine de dimension finie.

Proposition 17. Si X est de dimension finie, tout sous-espace affine Y de X est une intersection finie d'hyperplans. Si la dimension de X est n et la dimension de Y est $n-p$, alors Y peut être obtenu comme intersection de p hyperplans affines de X.

Démonstration. Soit Y un sous-espace affine de X de dimension $n-p$ dirigé par F.

Soit $(\vec{u}_1, \ldots, \vec{u}_{n-p})$ une base de F. D'après le théorème de la base incomplète, il existe des vecteurs $\vec{v}_1, \ldots, \vec{v}_p$ dans E tels que :

$$(\vec{u}_1, \ldots, \vec{u}_{n-p}, \vec{v}_1, \ldots, \vec{v}_p)$$

est une base de E.

Pour $i \in [\![1, p]\!]$, on note L_i la forme linéaire $L_i : E \to K$ qui prend la valeur 1 sur le vecteur $\vec{v}_i$ et s'annule sur tous les autres vecteurs de la base. Puis on choisit un point $A \in Y$ et pour tout $i \in [\![1, p]\!]$, on définit la forme affine $f_i : Y \to K$ par :

$$f_i(M) := L_i\big(\overrightarrow{AM}\big).$$

Montrons que :

$$Y = \big\{M \in X \mid \big(\forall i \in [\![1, p]\!]\big)\ f_i(M) = 0\big\}.$$

Pour cela, observons d'abord que les formes linéaires L_i s'annulent toutes sur F. Si $M \in Y$, alors $\overrightarrow{AM} \in F$. Donc, pour tout $i \in [\![1, p]\!]$:

$$f_i(M) = L_i\big(\overrightarrow{AM}\big) = 0.$$

De plus, si $M \notin Y$, alors le vecteur $\overrightarrow{AM}$ n'est pas contenu dans F et a donc une coordonnée non nulle selon au moins l'un des vecteurs $\vec{v}_i$. Mais cette coordonnée est précisément égale à $f_i(M) = L_i\big(\overrightarrow{AM}\big) \neq 0$. ■

Corollaire 18. Toute droite affine d'un espace affine X de dimension n peut être caractérisée par un système de $n-1$ équations affines. Tout plan affine d'un espace affine X de dimension n peut être caractérisé par un système de $n-2$ équations affines.

Remarque. Nous voyons donc que si dans le plan affine $\mathbb{R}^2$, il suffit d'une équation affine pour caractériser une droite, dans l'espace affine $\mathbb{R}^3$, il faut deux équations.

3 Géométrie affine dans $\mathbb{R}^2$ et dans $\mathbb{R}^3$

Dans cette partie, nous allons restreindre notre étude au cas d'espaces affines de dimension 2 et 3. Si X est un espace affine de dimension 2, on peut le munir d'un repère $(O; \vec{\imath}, \vec{\jmath})$. L'application qui à un point M associe ses coordonnées $(x, y) \in \mathbb{R}^2$ est une application affine et bijective. Elle nous permet d'identifier l'espace affine X muni du repère $(O; \vec{\imath}, \vec{\jmath})$ avec $\mathbb{R}^2$ muni du repère $\big((0,0); (1,0), (0,1)\big)$. Avec un abus de langage, nous identifierons donc le point $M \in X$ et le couple $(x, y) \in \mathbb{R}^2$ dés lors que :

$$M = O + x\vec{\imath} + y\vec{\jmath}.$$

De manière similaire, si X est un espace affine de dimension 3 muni d'un repère $(O; \vec{\imath}, \vec{\jmath}, \vec{k})$, nous identifierons le point $M \in X$ et le point $(x, y, z) \in \mathbb{R}^3$ dés lors que :

$$M = O + x\vec{\imath} + y\vec{\jmath} + z\vec{k}.$$

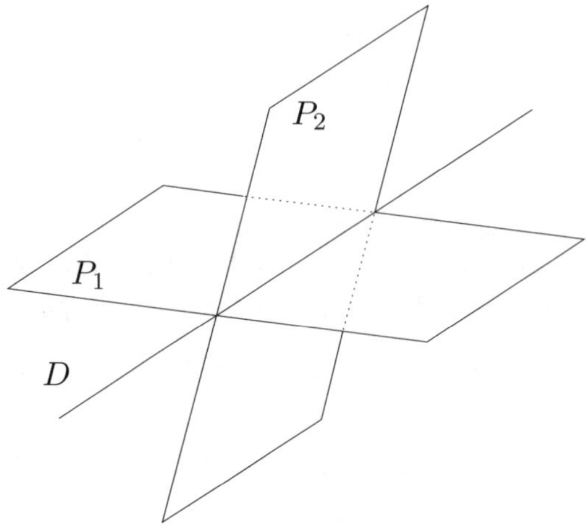

FIGURE III.1.6 – Dans $\mathbb{R}^3$, une droite D peut être décrite comme l'intersection de deux plans P_1 et P_2.

3.1 Droites de $\mathbb{R}^2$

3.1.1 Équations cartésiennes d'une droite

Les hyperplans affines de $\mathbb{R}^2$ sont les droites de $\mathbb{R}^2$. Une forme affine $f : \mathbb{R}^2 \to \mathbb{R}$ s'écrit $f : (x, y) \mapsto ax + by + c$ avec a, b et c réels. La forme est non constante si, et seulement si, $(a, b) \neq (0, 0)$. Une équation de droite est donc de la forme $ax + by + c = 0$ avec $(a, b) \neq (0, 0)$. Autrement dit, si D est une droite de $\mathbb{R}^2$, il existe des réels (a, b, c) avec $(a, b) \neq (0, 0)$ tels que :

$$D = \{(x, y) \in \mathbb{R}^2 \mid ax + by + c = 0\}.$$

Nous allons maintenant expliquer comment trouver une telle équation.
Tout d'abord, si D est une droite passant par deux points distincts $A := (x_0, y_0)$ et $B := (x_1, y_1)$, on peut rechercher une équation de D en étudiant un système. En effet, si l'on cherche une équation de la forme $ax + by + c = 0$, alors, on a nécessairement :

$$\begin{cases} ax_0 + by_0 + c = 0 \\ ax_1 + by_1 + c = 0. \end{cases}$$

C'est un système homogène de deux équations avec trois inconnues (a, b, c). On peut écrire ce système sous forme matricielle :

$$\begin{pmatrix} x_0 & y_0 & 1 \\ x_1 & y_1 & 1 \end{pmatrix} \cdot \begin{pmatrix} a \\ b \\ c \end{pmatrix} = \begin{pmatrix} 0 \\ 0 \\ 0 \end{pmatrix}.$$

Comme les points A et B sont distincts, le rang du système est égal à 2. L'ensemble des solutions (a, b, c) est donc une droite vectorielle. Chaque solution correspond à une équation de la droite D. Toutes les autres équations lui sont proportionnelles.
Il est possible de court-circuiter la résolution du système.

Proposition 19. Une équation cartésienne de la droite D de $\mathbb{R}^2$ passant par les points $A := (x_0, y_0)$ et $B := (x_1, y_1)$ est :

$$\det\begin{pmatrix} x & x_0 & x_1 \\ y & y_0 & y_1 \\ 1 & 1 & 1 \end{pmatrix} = 0.$$

Démonstration. Les point $M := (x, y)$ appartient à la droite D si, et seulement si, le système suivant de trois équations à trois inconnues (a, b, c) a une solution non triviale :

$$\begin{cases} ax + by + c = 0 \\ ax_0 + by_0 + c = 0 \\ ax_1 + by_1 + c = 0. \end{cases}$$

C'est le cas si, et seulement si, le déterminant du système est nul. ■

Exercice 5.
Donner une équation de la droite passant par les points $A := (1, 1)$ et $B := (3, -2)$.
Solution. Une équation de la droite est :

$$\det\begin{pmatrix} x & 1 & 3 \\ y & 1 & -2 \\ 1 & 1 & 1 \end{pmatrix} = 0,$$

c'est-à-dire $3x + 2y - 5 = 0$.

Proposition 20. Une équation cartésienne de la droite $D \subset \mathbb{R}^2$ passant par le point $A := (x_0, y_0)$ et dirigée par le vecteur $\vec{u} := (a, b)$ est :

$$\det\begin{pmatrix} x - x_0 & a \\ y - y_0 & b \end{pmatrix} = 0.$$

Démonstration. Le point $M := (x, y)$ appartient à la droite D si, et seulement si, les vecteurs $\overrightarrow{AM} = (x - x_0, y - y_0)$ et $\vec{u} = (a, b)$ sont colinéaires. ■

Exercice 6.
Donner une équation de la droite passant par les points $A := (1, 1)$ et $B := (3, -2)$.
Solution. La droite est dirigée par le vecteur $\overrightarrow{AB} := (2, -3)$. Une équation est :

$$\det\begin{pmatrix} x - 1 & 2 \\ y - 1 & -3 \end{pmatrix} = 0,$$

c'est-à-dire $-3x - 2y + 5 = 0$.

Le résultat suivant est en quelque sorte une réciproque.

Proposition 21. La droite $D \subset \mathbb{R}^2$ d'équation $ax + by + c = 0$ est dirigée par le vecteur $(-b, a)$.

Démonstration. L'espace vectoriel qui dirige D est le noyau de la forme linéaire $L : (x, y) \mapsto ax + by$ et $L(-b, a) = 0$. ■

Il est également possible de caractériser les droite de $\mathbb{R}^2$ à l'aide d'*équations paramétriques* ; si la droite D passe par le point $A := (x_0, y_0)$ et est dirigée par le vecteur $\vec{u} := (a, b)$, alors :

$$\begin{aligned} D &= \left\{M \in \mathbb{R}^2 \mid \overrightarrow{AM} = \lambda\vec{u} \text{ avec } \lambda \in \mathbb{R}\right\} \\ &= \left\{(x_0 + \lambda a, y_0 + \lambda b) \mid \lambda \in \mathbb{R}\right\}. \end{aligned}$$

On dit que :

$$\begin{cases} x = x_0 + \lambda a \\ y = y_0 + \lambda b \end{cases} \quad \lambda \in \mathbb{R}$$

est une équation paramétrique de la droite D.
Réciproquement, si l'on connaît une équation paramétrique d'une droite D de $\mathbb{R}^2$, on détermine facilement un point de la droite et un vecteur directeur de la droite. La proposition 20 de la page précédente permet alors d'en trouver une équation cartésienne.

Exercice 7.
Donner une équation cartésienne de la droite d'équation paramétrique :

$$\begin{cases} x = 2 + 3\lambda \\ y = 1 - 4\lambda \end{cases} \quad \lambda \in \mathbb{R}.$$

Solution. La droite passe par le point $(2, 1)$ et est dirigée par le vecteur $(3, -4)$. Elle a donc pour équation cartésienne :

$$\det\begin{pmatrix} x-2 & 3 \\ y-1 & -4 \end{pmatrix} = 0,$$

c'est-à-dire $-4x - 3y + 11 = 0$.

3.1.2 Intersection de deux droites

Proposition 22. Considérons deux droites D_1 et D_2 d'équations respectives $a_1x + b_1y + c_1 = 0$ et $a_2x + b_2y + c_2 = 0$.

1. Les droites D_1 et D_2 sont parallèles si, et seulement s'il existe $\lambda \in \mathbb{R}$ tel que $(a_2, b_2) = \lambda(a_1, b_1)$ donc si, et seulement si :

$$\det\begin{pmatrix} a_1 & b_1 \\ a_2 & b_2 \end{pmatrix} = 0.$$

2. Si les droites D_1 et D_2 ne sont pas parallèles, elles se coupent en un unique point.

Démonstration. Les droites D_1 et D_2 sont parallèles si, et seulement si, les espaces vec-

toriels qui les dirigent sont égaux. Ces sous-espaces vectoriels sont les noyaux respectifs des formes linéaires $L_1 : (x,y) \mapsto a_1x + b_1y$ et $L_2 : (x,y) \mapsto a_2x + b_2y$. Ces noyaux sont égaux si, et seulement si, $L_2 = \lambda L_1$ avec $\lambda \in \mathbb{R} \setminus \{0\}$.
Les points qui appartiennent à D_1 et D_2 sont les points (x,y) avec :

$$\begin{cases} a_1x + b_1y + c_1 = 0 \\ a_2x + b_2y + c_2 = 0. \end{cases}$$

Si les droites ne sont pas parallèles, alors le rang du système est égal à 2. Dans ce cas, d'après le théorème 63 du module II.7, le système admet une unique solution. ■

Exercice 8.
Soit D la droite d'équation $ax + by + c = 0$.

1. Montrer que le vecteur (a,b) ne dirige pas D.
2. Montrer que la droite D' passant par $(0,0)$ et dirigée par (a,b) coupe D en un unique point A.
3. Déterminer les coordonnées de A.

Solution.

1. Les vecteurs qui dirigent la droite D sont dans le noyau de l'application linéaire $L : (x,y) \mapsto ax + by$, et $L(a,b) = a^2 + b^2 > 0$.
2. Les droites D' et D ne sont pas parallèles. Elles se coupent donc en un unique point.
3. $A = (ta, tb)$ avec $t = -c/(a^2 + b^2)$.

La proposition suivante est une conséquence de cet exercice et de la proposition 21 de la page précédente.

Proposition 23. La droite $D \subset \mathbb{R}^2$ d'équation $ax+by+c = 0$, avec $(a,b) \neq (0,0)$, passe par le point $\left(-\dfrac{ac}{a^2+b^2}, -\dfrac{bc}{a^2+b^2}\right)$ et est dirigé par le vecteur $(-b,a)$.

Exemple. La droite d'équation $2x + 3y - 4 = 0$ passe par le point $(8/13, 12/13)$ et est dirigée par le vecteur $(-3,2)$.

3.2 Plans de $\mathbb{R}^3$

3.2.1 Équations cartésiennes d'un plan

Nous pouvons mener une étude similaire des hyperplans de $\mathbb{R}^3$; ce sont les plans de $\mathbb{R}^3$. Une équation d'un tel plan est de la forme $ax + by + cz + d = 0$. Autrement dit, si P est un plan de $\mathbb{R}^3$, il existe des réels (a,b,c,d) avec $(a,b,c) \neq (0,0,0)$ tels que :

$$P = \big\{(x,y,z) \in \mathbb{R}^3 \mid ax + by + cz + d = 0\big\}.$$

Comme dans le cas des droites de $\mathbb{R}^2$, si l'on connaît trois points non alignés dans un plan $P \subset \mathbb{R}^3$, on peut retrouver une équation cartésienne de P. On peut pour cela résoudre un système de trois équations (une par point) à quatre inconnues (a, b, c, d). La méthode est quelque peu laborieuse. Comme pour les équations cartésiennes de droites dans $\mathbb{R}^2$, on dispose de la méthode plus rapide suivante.

Proposition 24. Une équation cartésienne du plan P contenant les trois points non alignés $A := (x_0, y_0, z_0)$, $B := (x_1, y_1, z_1)$ et $C := (x_2, y_2, z_2)$ est :

$$\det \begin{pmatrix} x & x_0 & x_1 & x_2 \\ y & y_0 & y_1 & y_2 \\ z & z_0 & z_1 & z_2 \\ 1 & 1 & 1 & 1 \end{pmatrix} = 0.$$

Démonstration. Le point $M := (x, y, z)$ appartient au plan P si, et seulement si, le système suivant de quatre équations à quatre inconnues (a, b, c, d) admet une solution non triviale :

$$\begin{cases} ax + by + cz + d = 0 \\ ax_0 + by_0 + cz_0 + d = 0 \\ ax_1 + by_1 + cz_1 + d = 0 \\ ax_2 + by_2 + cz_1 + d = 0. \end{cases}$$

C'est le cas si, et seulement si, le déterminant du système est nul. ■

Exercice 9.

Donner une équation cartésienne du plan contenant les points $A := (1, 2, 3)$, $B := (0, 1, 0)$ et $C := (0, 0, 1)$.

Solution. Une équation cartésienne du plan est :

$$\det \begin{pmatrix} x & 1 & 0 & 0 \\ y & 2 & 1 & 0 \\ z & 3 & 0 & 1 \\ 1 & 1 & 1 & 1 \end{pmatrix},$$

c'est-à-dire $-4x + y + z - 1 = 0$.

Nous allons maintenant étudier le cas où le plan P est donné par un point $A := (x_0, y_0, z_0)$ et deux vecteurs non colinéaires $\vec{u}_1 := (a_1, b_1, c_1)$ et $\vec{u}_2 := (a_2, b_2, c_2)$ qui le dirigent.

Rappelons que si $\vec{u}$, $\vec{v}$ et $\vec{w}$ sont trois vecteurs de $\mathbb{R}^3$ alors, le produit mixte de $\vec{u}$, $\vec{v}$ et $\vec{w}$ est défini par :

$$[\vec{u}, \vec{v}, \vec{w}] := \det_{\mathcal{B}}(\vec{u}, \vec{v}, \vec{w})$$

avec $\mathcal{B} := (\vec{\imath}, \vec{\jmath}, \vec{k})$ la base canonique de $\mathbb{R}^3$. Le produit mixte est nul si, et seulement si, les trois vecteurs sont coplanaires. Par conséquent, si on connaît une base de l'espace vectoriel qui dirige P (par exemple $\vec{u} := \overrightarrow{AB}$ et $\vec{v} := \overrightarrow{AC}$), un point M appartient au plan P si, et seulement si, $\overrightarrow{AM}$, $\vec{u}$ et $\vec{v}$ sont coplanaires donc si, et seulement si, $\left[\vec{u}, \vec{v}, \overrightarrow{AM}\right] = 0$.

Le produit vectoriel de deux vecteurs $\vec{u} := (a_1, b_1, c_1)$ et $\vec{v} := (a_2, b_2, c_2)$ est défini par :

$$\vec{u} \wedge \vec{v} := \begin{pmatrix} a_1 \\ b_1 \\ c_1 \end{pmatrix} \wedge \begin{pmatrix} a_2 \\ b_2 \\ c_2 \end{pmatrix} := \begin{pmatrix} b_1c_2 - c_1b_2 \\ c_1a_2 - a_1c_2 \\ a_1b_2 - b_1a_2 \end{pmatrix}.$$

Si de plus $\vec{w} := (a_3, b_3, c_3)$, en développant le déterminant $\det_{\mathcal{B}}(\vec{u}, \vec{v}, \vec{w})$ par rapport à la troisième colonne, on obtient :

$$[\vec{u}, \vec{v}, \vec{w}] = aa_3 + bb_3 + cc_3 \quad \text{avec} \quad (a, b, c) = \vec{u} \wedge \vec{v}.$$

On en déduit le résultat suivant.

Proposition 25. Soit P un plan de $\mathbb{R}^3$ contenant le point (x_0, y_0, z_0) et dirigé par le plan vectoriel engendré par (a_1, b_1, c_1) et (a_2, b_2, c_2). Une équation cartésienne de P est :

$$\det \begin{pmatrix} a_1 & a_2 & x - x_0 \\ b_1 & b_2 & y - y_0 \\ c_1 & c_2 & z - z_0 \end{pmatrix} = 0,$$

c'est-à-dire $a(x - x_0) + b(y - y_0) + c(z - z_0) = 0$ avec :

$$\begin{pmatrix} a \\ b \\ c \end{pmatrix} := \begin{pmatrix} a_1 \\ b_1 \\ c_1 \end{pmatrix} \wedge \begin{pmatrix} a_2 \\ b_2 \\ c_2 \end{pmatrix} x = \begin{pmatrix} b_1c_2 - c_1b_2 \\ c_1a_2 - a_1c_2 \\ a_1b_2 - b_1a_2 \end{pmatrix}.$$

Exercice 10.

Donner une équation cartésienne du plan contenant les points $A := (1, 2, 3)$, $B := (0, 1, 0)$ et $C := (0, 0, 1)$.

Solution. Comme $\overrightarrow{AB} = (-1, -1, -3)$ et $\overrightarrow{AC} = (-1, -2, -2)$, on a :

$$\overrightarrow{AB} \wedge \overrightarrow{BC} = \begin{pmatrix} -1 \\ -1 \\ -3 \end{pmatrix} \wedge \begin{pmatrix} -1 \\ -2 \\ -2 \end{pmatrix} = \begin{pmatrix} -4 \\ 1 \\ 1 \end{pmatrix}.$$

Une équation du plan est donc :

$$-4(x - 1) + (y - 2) + (z - 3) = 0 \qquad \text{c'est-à-dire} \qquad -4x + y + z - 1 = 0.$$

Il est également possible de caractériser les plans de $\mathbb{R}^3$ à l'aide d'*équations paramétriques* : si le plan P contient le point $A := (x_0, y_0, z_0)$ et si les vecteurs $\vec{u} := (a_1, b_1, c_1)$ et $\vec{v} := (a_2, b_2, c_2)$ constituent une base de l'espace vectoriel qui dirige P :

$$\begin{aligned} P &= \left\{ M \in \mathbb{R}^3 \mid \overrightarrow{AM} = \lambda\vec{u} + \mu\vec{v} \text{ avec } (\lambda, \mu) \in \mathbb{R}^2 \right\} \\ &= \left\{ (x_0 + \lambda a_1 + \mu a_2, y_0 + \lambda b_1 + \mu b_2, z_0 + \lambda c_1 + \mu c_2) \mid (\lambda, \mu) \in \mathbb{R}^2 \right\}. \end{aligned}$$

On dit que :

$$\begin{cases} x = x_0 + \lambda a_1 + \mu a_2 \\ y = y_0 + \lambda b_1 + \mu b_2 \\ z = z_0 + \lambda c_1 + \mu c_2 \end{cases} \quad (\lambda, \mu) \in \mathbb{R}^2$$

est une équation paramétrique de P.

Nous avons essentiellement exprimé le fait que $(A, \vec{u}, \vec{v})$ est un repère du plan affine P. Réciproquement, si on connaît une équation paramétrique d'un plan P de $\mathbb{R}^3$, on détermine facilement un point du plan et deux vecteurs non colinéaires dirigeant le plan. La proposition 25 de la page précédente permet alors d'en trouver une équation cartésienne.

Exercice 11.

Donner une équation cartésienne du plan d'équation paramétrique :

$$\begin{cases} x = 2 + 3\lambda + \mu \\ y = 1 - 4\lambda + \mu \\ z = -1 + \lambda - \mu \end{cases} \qquad (\lambda, \mu) \in \mathbb{R}^2.$$

Solution. Le plan contient le point $A := (2, 1, -1)$ et est dirigé par les vecteurs $\vec{u} := (3, -4, 1)$ et $\vec{v} := (1, 1, -1)$.

Il a donc pour équation cartésienne : $a(x - 2) + b(y - 1) + c(z + 1) = 0$, avec $(a, b, c) := \vec{u} \wedge \vec{v} = (3, 4, 7)$, *i.e.* $3x + 4y + 7z - 3 = 0$.

3.2.2 Intersection de deux plans

D'une part, l'intersection de deux plans de $\mathbb{R}^3$ est soit vide, soit un sous-espace affine de $\mathbb{R}^3$ de dimension 1 ou 2, c'est-à-dire un plan si $P_1 = P_2$ et une droite sinon. D'autre part, d'après le théorème 17 de la page 446, une droite de $\mathbb{R}^3$ peut toujours être représentée comme intersection de deux plans de $\mathbb{R}^3$.

Proposition 26. Dans $\mathbb{R}^3$, considérons deux plans P_1 et P_2 d'équations respectives $a_1x + b_1y + c_1z + d_1 = 0$ et $a_2x + b_2y + c_2z + d_2 = 0$.

1. Les plans P_1 et P_2 sont parallèles si, et seulement s'il existe $\lambda \in \mathbb{R}$ tel que $(a_2, b_2, c_2) = \lambda(a_1, b_1, c_1)$ donc si, et seulement si, la matrice :
$$\begin{pmatrix} a_1 & b_1 & c_1 \\ a_2 & b_2 & c_2 \end{pmatrix}$$
est de rang 1 donc si, et seulement si :
$$\det\begin{pmatrix} a_1 & b_1 \\ a_2 & b_2 \end{pmatrix} = \det\begin{pmatrix} a_1 & c_1 \\ a_2 & c_2 \end{pmatrix} = \det\begin{pmatrix} b_1 & c_1 \\ b_2 & c_2 \end{pmatrix} = 0.$$

2. Si les plans P_1 et P_2 ne sont pas parallèles, ils se coupent le long d'une droite dirigée par le vecteur :
$$\begin{pmatrix} a_1 \\ b_1 \\ c_1 \end{pmatrix} \wedge \begin{pmatrix} a_2 \\ b_2 \\ c_2 \end{pmatrix} = \begin{pmatrix} b_1c_2 - c_1b_2 \\ c_1a_2 - a_1c_2 \\ a_1b_2 - b_1a_2 \end{pmatrix}.$$

Démonstration. Les plans P_1 et P_2 sont parallèles si, et seulement si, les espaces vectoriels qui les dirigent sont égaux. Ces sous-espaces vectoriels sont les noyaux respectifs des formes linéaires $L_1 : (x, y) \mapsto a_1 x + b_1 y + c_1 z$ et $L_2 : (x, y) \mapsto a_2 x + b_2 y + c_2 z$. Ces noyaux sont égaux si, et seulement si, $L_2 = \lambda L_1$ avec $\lambda \in \mathbb{R} \setminus \{0\}$.

Les points qui appartiennent à P_1 et P_2 sont les points (x, y, z) avec :

$$\begin{cases} a_1 x + b_1 y + c_1 z + d_1 = 0 \\ a_2 x + b_2 y + c_2 z + d_2 = 0. \end{cases}$$

Si les plans ne sont pas parallèles, alors le rang du système est égal à 2. Dans ce cas, d'après le théorème 63 du module II.7, l'ensemble des solutions est un sous-espace affine de dimension 1, c'est-à-dire une droite. Par définition du produit vectoriel, si :

$$\begin{pmatrix} a \\ b \\ c \end{pmatrix} = \begin{pmatrix} a_1 \\ b_1 \\ c_1 \end{pmatrix} \wedge \begin{pmatrix} a_2 \\ b_2 \\ c_2 \end{pmatrix},$$

alors pour tout $(x, y, z) \in \mathbb{R}^3$:

$$ax + by + cz = \det \begin{pmatrix} a_1 & a_2 & x \\ b_1 & b_2 & y \\ c_1 & c_2 & z \end{pmatrix}.$$

Notons que (a, b, c) n'est pas le vecteur nul car (a_1, b_1, c_1) et (a_2, b_2, c_2) ne sont pas colinéaires.

On voit donc que :

$$a_1 a + b_1 b + c_1 c = \det \begin{pmatrix} a_1 & a_2 & a_1 \\ b_1 & b_2 & b_1 \\ c_1 & c_2 & c_1 \end{pmatrix} = 0$$

et le vecteur (a, b, c) appartient au noyau de la forme linéaire :

$$L_1 : (x, y, z) \mapsto a_1 x + b_1 y + c_1 z.$$

Par conséquent, (a, b, c) appartient au plan vectoriel qui dirige P_1. On montre de même que (a, b, c) appartient au plan vectoriel qui dirige P_2. Donc (a, b, c) est un vecteur directeur de la droite $D := P_1 \cap P_2$. ■

3.3 Droites de $\mathbb{R}^3$

3.3.1 Équations de droites

Nous venons de voir que deux plans de $\mathbb{R}^3$ qui ne sont pas parallèles se coupent le long d'une droite. Le théorème 17 de la page 446 implique que toute droite de $\mathbb{R}^3$ peut être caractérisée comme intersection de 2 plans. Autrement dit, on peut caractériser une droite de $\mathbb{R}^3$ à l'aide d'un système de deux équations affines. Pour trouver un tel système, il est possible de partir d'une *équation paramétrique* de la droite : la droite D passant par le point $A := (x_0, y_0, z_0)$ et dirigée par le vecteur $\vec{u} := (a, b, c)$ vérifie :

$$D = \left\{ \begin{pmatrix} x_0 \\ y_0 \\ z_0 \end{pmatrix} + \lambda \begin{pmatrix} a \\ b \\ c \end{pmatrix}, \quad \lambda \in \mathbb{R} \right\}.$$

La droite D admet l'équation paramétrique :

$$\begin{cases} x = x_0 + \lambda a \\ y = y_0 + \lambda b \qquad \lambda \in \mathbb{R}. \\ z = z_0 + \lambda c \end{cases}$$

Pour trouver un système de deux équations caractérisant la droite D, on peut considérer les combinaisons linéaires :

$$\begin{cases} bx - ay = bx_0 - ay_0 \\ cy - bz = cy_0 - bz_0 \\ az - cx = az_0 - cx_0. \end{cases}$$

Parmi ces trois équations, on peut en trouver deux qui définissent des plans non parallèles (sinon, la proposition 26 de la page 454 impliquerait que les trois coefficients a, b et c seraient nuls). Ces deux équations caractérisent la droite D.

Exemple. Considérons la droite D passant par le point $(1, 2, 3)$ et dirigée par le vecteur $(0, 1, 2)$. Une équation paramétrique de la droite est :

$$\begin{cases} x = 1 \\ y = 2 + \lambda \\ z = 3 + 2\lambda. \end{cases}$$

On a donc :

$$\begin{cases} 1 \cdot x - 0 \cdot y = 1 \\ 2 \cdot y - 1 \cdot z = 1 \\ 0 \cdot z - 2 \cdot x = 2. \end{cases}$$

La première et la deuxième équation définissent deux plans qui ne sont pas parallèles et la droite D est caractérisée par le système d'équations :

$$\begin{cases} x = 1 \\ 2y - z = 1. \end{cases}$$

3.3.2 Intersection d'un plan avec une droite

Rappelons que par définition, la droite D dirigée par E est parallèle au plan P dirigé par F si, et seulement si, $E \subset F$. Si $\vec{u}$ est un vecteur directeur de D et si $(\vec{v}, \vec{w})$ est une base de l'espace vectoriel qui dirige P, la droite D est donc parallèle à P si, et seulement si, $\vec{u}$ est combinaison linéaire de $\vec{v}$ et $\vec{w}$.

Proposition 27. Dans $\mathbb{R}^3$, considérons une droite D et un plan P d'équations respectives :

$$D : \begin{cases} a_1x + b_1y + c_1z + d_1 = 0 \\ a_2x + b_2y + c_2z + d_2 = 0 \end{cases} \quad \text{et} \quad P : \ a_3x + b_3y + c_3z + d_3 = 0.$$

1. La droite D est parallèle au plan P si, et seulement s'il existe $(\lambda, \mu) \in \mathbb{R}^2$ tel que $(a_3, b_3, c_3) = \lambda(a_1, b_1, c_1) + \mu(a_2, b_2, c_2)$ donc si, et seulement si :

$$\det \begin{pmatrix} a_1 & b_1 & c_1 \\ a_2 & b_2 & c_2 \\ a_3 & b_3 & c_3 \end{pmatrix} = 0.$$

2. Si la droite D n'est pas parallèle au plan P, l'intersection $D \cap P$ contient exactement un point.

Démonstration. La droite D est parallèle au plan P si, et seulement si, le vecteur directeur :

$$\begin{pmatrix} a \\ b \\ c \end{pmatrix} = \begin{pmatrix} a_1 \\ b_1 \\ c_1 \end{pmatrix} \wedge \begin{pmatrix} a_2 \\ b_2 \\ c_2 \end{pmatrix}$$

appartient au plan vectoriel qui dirige P donc si, et seulement si, $a_3a + b_3b + c_3c = 0$. Or, par définition du produit vectoriel :

$$a_3a + b_3b + c_3c = \det \begin{pmatrix} a_1 & a_2 & a_3 \\ b_1 & b_2 & b_3 \\ c_1 & c_2 & c_3 \end{pmatrix}.$$

Donc, la droite D est parallèle au plan P si, et seulement si :

$$\det \begin{pmatrix} a_1 & a_2 & a_3 \\ b_1 & b_2 & b_3 \\ c_1 & c_2 & c_3 \end{pmatrix} = 0.$$

Les points qui appartiennent à $D \cap P$ sont les points (x, y, z) avec :

$$\begin{cases} a_1x + b_1y + c_1z + d_1 = 0 \\ a_2x + b_2y + c_2z + d_2 = 0 \\ a_3x + b_3y + c_3z + d_3 = 0. \end{cases}$$

Si la droite D n'est pas parallèle au plan P, le rang du système est égal à 3 et d'après le théorème 63 du module II.7, le système admet une unique solution. ■

Exercice 12.

Soit P le plan d'équation $ax + by + cz + d = 0$.

1. Montrer que le vecteur (a, b, c) n'est pas contenu dans l'espace vectoriel qui dirige P.

2. Montrer que la droite D passant par $(0,0,0)$ et dirigée par (a,b,c) coupe P en un unique point A.
3. Déterminer les coordonnées de A.

Solution.

1. Les vecteurs qui dirigent le plan P sont dans le noyau de l'application linéaire $L:(x,y)\mapsto ax+by+cz$, et $L(a,b,c)=a^2+b^2+c^2>0$.
2. La droite D n'est pas parallèle au plan P. L'intersection $D\cap P$ contient donc un unique point.
3. $A=(ta,tb,tc)$ avec $t=-c/(a^2+b^2+c^2)$.

Cet exercice montre qu'un plan d'équation $ax+by+cz+d=0$ contient le point :

$$A:=\left(-\frac{ad}{a^2+b^2+c^2},-\frac{bd}{a^2+b^2+c^2},-\frac{cd}{a^2+b^2+c^2}\right).$$

Pour trouver une base de vecteurs qui dirige le plan P, il faut trouver deux vecteurs non colinéaires contenus dans le noyau de la partie linéaire :

$$L:(x,y,z)\mapsto ax+by+cz.$$

Il n'y a pas de moyen canonique de choisir deux tels vecteurs.

3.4 Géométrie euclidienne dans $\mathbb{R}^2$ et $\mathbb{R}^3$

Nous allons maintenant introduire les notions de produit scalaire, d'orthogonalité et de distance. Ces notions et leurs généralisations à des espaces vectoriels ou affines quelconques seront étudiées systématiquement dans le deuxième tome. Ici, nous nous contenterons de les utiliser dans le cas de $\mathbb{R}^2$ et de $\mathbb{R}^3$. À partir du moment où la notion de produit scalaire intervient, on fait de la géométrie euclidienne.

Dans toute cette partie, E désigne l'espace vectoriel $\mathbb{R}^2$ ou $\mathbb{R}^3$, suivant les cas, et X désigne l'espace affine $\mathbb{R}^2$ ou $\mathbb{R}^3$. Quand nous parlerons de vecteurs, sans plus de précisions, ce seront des vecteurs de l'espace vectoriel $\mathbb{R}^2$ ou $\mathbb{R}^3$. Quand nous parlerons de points sans plus de précisions, ce seront des points de l'espace affine $\mathbb{R}^2$ ou $\mathbb{R}^3$.

Définition 16. La *norme d'un vecteur* $\vec{u}:=(x,y)\in\mathbb{R}^2$ est : $\|\vec{u}\|:=\sqrt{x^2+y^2}$.
La *norme d'un vecteur* $\vec{u}:=(x,y,z)\in\mathbb{R}^3$ est : $\|\vec{u}\|:=\sqrt{x^2+y^2+z^2}$.

Proposition 28 (Propriétés de la norme). Pour tous vecteurs $\vec{u}$ et $\vec{v}$ et pour tout $\lambda\in\mathbb{R}$, on a les trois propriétés suivantes :

1. $\|\vec{u}\|\geqslant 0$ et $\|\vec{u}\|=0$ si, et seulement si, $\vec{u}=\vec{0}$.
2. $\|\lambda\vec{u}\|=|\lambda|\cdot\|\vec{u}\|$.
3. $\|\vec{u}+\vec{v}\|\leqslant\|\vec{u}\|+\|\vec{v}\|$ (inégalité triangulaire).

Démonstration. Les deux premières propriétés sont immédiates. Nous laissons au lecteur le soin de les vérifier. Pour une démonstration de l'inégalité triangulaire (dans un cadre un peu plus général), nous renvoyons le lecteur à la proposition 4 de la page 690 du module IV.6. ▪

Définition 17. La *distance entre deux points* A et B est :

$$d(A, B) := \|\overrightarrow{AB}\|.$$

La distance entre deux points A et B est toujours positive. Elle est nulle si, et seulement si, $A = B$. Si $A := (x_0, y_0, z_0)$ et $B := (x_1, y_1, z_1)$, alors :

$$d(A, B) = \sqrt{(x_1 - x_0)^2 + (y_1 - y_0)^2 + (z_1 - z_0)^2}.$$

Exemple. La distance entre les points $A := (0, 1, 3)$ et $B := (1, 2, -1)$ dans $\mathbb{R}^3$ est :

$$d(A, B) = \sqrt{(1 - 0)^2 + (2 - 1)^2 + (-1 - 3)^2} = \sqrt{18}.$$

L'inégalité triangulaire implique que pour tout triplet de points (A, B, C), on a :

$$d(A, C) \leqslant d(A, B) + d(B, C).$$

Définition 18 (Distance d'un point à un ensemble).
La distance du point $A \in X$ au sous-ensemble $Y \subset X$ est :

$$d(A, Y) := \inf_{M \in Y} d(A, M).$$

Exemple. La distance du point $(0, 0, z)$ au plan horizontal d'équation $z = 0$ est $|z|$.

Définition 19. Le *produit scalaire de deux vecteurs* $\vec{u} := (x_1, y_1)$ et $\vec{v} := (x_2, y_2)$ de $\mathbb{R}^2$ est $\left(\vec{u} \mid \vec{v}\right) := x_1 x_2 + y_1 y_2$.
Le *produit scalaire de deux vecteurs* $\vec{u} := (x_1, y_1, z_1) \in \mathbb{R}^3$ et $\vec{v} := (x_2, y_2, z_2) \in \mathbb{R}^3$ est $\left(\vec{u}_1 \mid \vec{u}_2\right) := x_1 x_2 + y_1 y_2 + z_1 z_2$.

Proposition 29 (Propriétés du produit scalaire). Si $\vec{u}$ et $\vec{v}$ sont deux vecteurs, $\left(\vec{u} \mid \vec{v}\right) = \left(\vec{v} \mid \vec{u}\right)$. Les applications $\vec{w} \mapsto \left(\vec{u} \mid \vec{w}\right)$ et $\vec{w} \mapsto \left(\vec{w} \mid \vec{v}\right)$ sont des formes linéaires. Enfin, $\left(\vec{u} \mid \vec{u}\right) \geqslant 0$ avec égalité si, et seulement si, $\vec{u} = \overrightarrow{0}$.

Ces propriétés sont immédiates. Nous laissons au lecteur le soin de les vérifier.

Définition 20.
Deux vecteurs $\vec{u}$ et $\vec{v}$ sont *orthogonaux* si $\left(\vec{u} \mid \vec{v}\right) = 0$. On note $\vec{u} \perp \vec{v}$.

Exemple. Dans $\mathbb{R}^2$ et dans $\mathbb{R}^3$, les vecteurs de la base canoniques sont deux à deux orthogonaux.

Définition 21. Une base est *orthonormée* si les vecteurs de la base sont de norme 1 et sont deux à deux orthogonaux.

Exemples.

1. Dans $\mathbb{R}^2$ et dans $\mathbb{R}^3$, la base canonique est orthonormée.
2. Rappelons que si $\vec{u}$ et $\vec{v}$ sont orthogonaux et de norme 1, alors la base $(\vec{u}, \vec{v}, \vec{u} \wedge \vec{v})$ est orthonormée. Pour cette propriété, nous renvoyons le lecteur au module II.7, page 369.

Les deux résultats qui suivent découlent directement des définitions de la norme d'un vecteur et du produit scalaire de deux vecteurs. Nous laissons les démonstrations aux soins du lecteur.

Théorème 30. Si $\vec{u}$ et $\vec{v}$ sont deux vecteurs, on a :

1. $\|\vec{u}\|^2 = (\,\vec{u} \mid \vec{u}\,)$;
2. $\|\vec{u} + \vec{v}\|^2 = \|\vec{u}\|^2 + \|\vec{v}\|^2 + 2(\,\vec{u} \mid \vec{v}\,)$.

Comme corollaire, on a le fameux théorème de Pythagore.

Théorème 31 (Pythagore).
Les vecteurs $\vec{u}$ et $\vec{v}$ sont orthogonaux si, et seulement si :

$$\|\vec{u} + \vec{v}\|^2 = \|\vec{u}\|^2 + \|\vec{v}\|^2.$$

Mentionnons également l'inégalité de Cauchy-Schwarz dont la démonstration (dans un cadre un peu plus général) est donnée à la proposition 3 de la page 689 du module IV.6.

Théorème 32 (Inégalité de Cauchy-Schwarz).
Si $\vec{u}$ et $\vec{v}$ sont deux vecteurs, on a :

$$|(\,\vec{u} \mid \vec{v}\,)| \leqslant \|\vec{u}\| \cdot \|\vec{v}\|$$

avec égalité si, et seulement si, $\vec{u}$ et $\vec{v}$ sont colinéaires.

Par conséquent, lorsque $\vec{u} \neq 0$ et $\vec{v} \neq 0$, on peut écrire :

$$\frac{(\,\vec{u} \mid \vec{v}\,)}{\|\vec{u}\|\|\vec{v}\|} = \cos\theta \in [-1, 1] \quad \text{avec} \quad \theta \in [0, \pi].$$

L'angle θ est, par définition, l'angle que font les deux vecteurs $\vec{u}$ et $\vec{v}$.

Proposition 33. Si F est un sous-espace vectoriel de E, l'ensemble :

$$F^{\perp} := \left\{\vec{v} \in E \mid (\forall \vec{u} \in F)\ (\,\vec{u} \mid \vec{v}\,) = 0\right\}$$

est un sous-espace vectoriel de E.

Démonstration. Pour tout $\vec{u} \in F$, $\left(\,\vec{u} \mid \overrightarrow{0}\,\right) = 0$. Par conséquent, $\overrightarrow{0} \in F^{\perp}$. Si $\vec{v}$ et $\vec{w}$

appartiennent à $F^\perp$ et si $\lambda \in \mathbb{R}$, alors pour tout $\vec{u} \in F$, on a :

$$\left(\vec{u} \mid \lambda\vec{v} + \vec{w} \right) = \lambda\left(\vec{u} \mid \vec{v} \right) + \left(\vec{u} \mid \vec{w} \right) = 0.$$

Donc, $\lambda\vec{v} + \vec{w}$ appartient à $F^\perp$. ■

Définition 22. Si F est un sous-espace vectoriel de E, l'ensemble $F^\perp$ est appelé l'*orthogonal* de F. Si $\vec{u} \in F^\perp$, $\vec{u}$ est *orthogonal* à F. Si $Y \subset X$ est un sous-espace affine dirigé par F et si $\vec{u} \in F^\perp$, $\vec{u}$ est *orthogonal* à Y. Si Y et Y' sont deux sous-espaces affine de X dirigés respectivement par F et $F^\perp$, Y et Y' sont *orthogonaux*.

Exemple. Rappelons que si $\vec{u}$, $\vec{v}$ et $\vec{w}$ sont trois vecteurs de $\mathbb{R}^3$ alors :

$$[\vec{u}, \vec{v}, \vec{w}] = \left(\vec{u} \wedge \vec{v} \mid \vec{w} \right),$$

où $\vec{u} \wedge \vec{v}$ est le produit vectoriel de $\vec{u}$ et $\vec{v}$. Si $\vec{u}$ et $\vec{v}$ ne sont pas colinéaires, $\vec{u} \wedge \vec{v}$ est donc orthogonal au plan engendré par $\vec{u}$ et $\vec{v}$ (le produit mixte est nul si $\vec{w}$ appartient à ce plan).

Proposition 34. Si $D \subset \mathbb{R}^2$ est une droite d'équation $ax+by+c = 0$, alors le vecteur (a, b) est orthogonal à D. Si $P \subset \mathbb{R}^3$ est un plan d'équation $ax + by + cz + d = 0$, alors le vecteur (a, b, c) est orthogonal à P.

Démonstration. Si $D \subset \mathbb{R}^2$ est une droite d'équation $ax + by + c = 0$, alors tout vecteur qui dirige D est dans le noyau de la partie linéaire :

$$L : (x, y) \mapsto ax + by = \left((a, b) \mid (x, y) \right),$$

et donc est orthogonal à (a, b).

Si $P \subset \mathbb{R}^3$ est un plan d'équation $ax + by + cz + d = 0$, alors tout vecteur du plan qui dirige P est dans le noyau de la partie linéaire :

$$L : (x, y, z) \mapsto ax + by + cz = \left((a, b, c) \mid (x, y, z) \right),$$

et donc est orthogonal à (a, b, c). ■

Théorème 35. Les espaces F et $F^\perp$ sont supplémentaires.

Démonstration. Si $F = \{0\}$, alors $F^\perp = E$ car pour tout $\vec{v} \in E$, $\left(\overrightarrow{0} \mid \vec{v} \right) = 0$.

Si $F = E$ alors $F^\perp = \{0\}$ car pour $\vec{v} \neq \overrightarrow{0}$, on a $\left(\vec{v} \mid \vec{v} \right) = \left\|\vec{v}\right\|^2 \neq 0$.

Dans ces deux cas, F et $F^\perp$ sont supplémentaires.

Observons que si $\vec{v} \in F \cap F^\perp$, alors $\left\|\vec{v}\right\|^2 = \left(\vec{v} \mid \vec{v} \right) = 0$. Donc, $F \cap F^\perp = \{0\}$. Il suffit donc de montrer que $\dim F + \dim F^\perp \geqslant \dim E$.

Si F est un hyperplan de E (une droite vectorielle dans $\mathbb{R}^2$ et un plan vectoriel dans $\mathbb{R}^3$), alors F est le noyau d'une forme linéaire $L : E \to \mathbb{R}$ non identiquement nulle. Cette forme linéaire est de la forme $(x,y) \mapsto ax+by$ avec $(a,b) \neq \overrightarrow{0}$ si $E = \mathbb{R}^2$ et de la forme $(x,y,z) \mapsto ax+by+cz$ avec $(a,b,c) \neq \overrightarrow{0}$ si $E = \mathbb{R}^3$. Dans le premier cas, le vecteur (a,b) appartient à $F^\perp$ et dans le second cas, le vecteur (a,b,c) appartient à $F^\perp$. Par conséquent, $\dim F^\perp \geqslant 1$.

Il ne reste plus qu'à traiter le cas où F est une droite de $\mathbb{R}^3$. Alors, cette droite est l'intersection de deux plans d'équations $a_1x+b_1y+c_1z=0$ et $a_2x+b_2y+c_2z=0$. Les deux vecteurs (a_1,b_1,c_1) et (a_2,b_2,c_2) sont non colinéaires (sinon les deux plans seraient confondus) et appartiennent tous deux à $F^\perp$. Par conséquent $\dim F^\perp \geqslant 2$. ■

Définition 23. Si Y est un sous-espace affine de X dirigé par F, la *projection orthogonale* sur Y est la projection sur Y parallèlement à $F^\perp$. La *symétrie orthogonale* par rapport à Y est la symétrie par rapport à Y parallèlement à $F^\perp$. L'*affinité orthogonale* de rapport k par rapport à Y est l'affinité de rapport k par rapport à Y parallèlement à $F^\perp$.

Proposition 36. Si A est un point de X et si Y est un sous-espace affine de X, il existe un unique point $B \in Y$ tel que $d(A,B) = d(A,Y)$. Le point B est le projeté orthogonal de A sur Y.

Démonstration. Soit F l'espace vectoriel qui dirige Y. Soit B le projeté orthogonal de A sur Y. Il suffit de montrer que pour tout $M \in Y$ avec $M \neq B$, on a $d(A,M) > d(A,B)$. D'une part, le vecteur $\overrightarrow{AB}$ appartient à $F^\perp$. D'autre part, le vecteur $\overrightarrow{BM}$ appartient à F. On a donc $\overrightarrow{AB} \perp \overrightarrow{BM}$ et d'après le théorème de Pythagore :

$$\|\overrightarrow{AM}\|^2 = \|\overrightarrow{AB}\|^2 + \|\overrightarrow{BM}\|^2 > \|\overrightarrow{AB}\|^2.$$

■

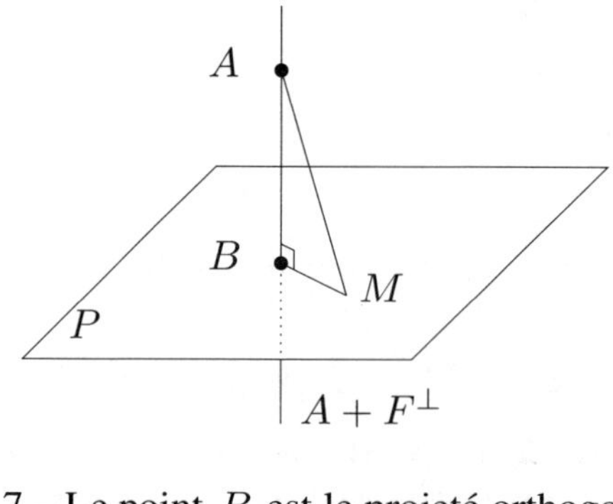

FIGURE III.1.7 – Le point B est le projeté orthogonal du point A sur le plan P dirigé par F.

Exercice 13.

Déterminer $d(A,D)$ si $A := (x_0,y_0) \in \mathbb{R}^2$ et si $D \subset \mathbb{R}^2$ est la droite d'équation $ax+by+c=0$.

Solution. Le projeté orthogonal B de A sur D appartient à la droite orthogonale à D passant par A, il est donc de la forme $(x_0, y_0) + \lambda(a, b)$ avec $\lambda \in \mathbb{R}$. En écrivant que $B \in D$, on obtient :

$$a(x_0 + \lambda a) + b(y_0 + \lambda b) + c = 0.$$

Par conséquent :

$$\lambda = -\frac{ax_0 + by_0 + c}{a^2 + b^2} \quad \text{et} \quad d(A, D) = \|\overrightarrow{AB}\| = \frac{|ax_0 + by_0 + c|}{\sqrt{a^2 + b^2}}.$$

Exercice 14.
Déterminer $d(A, P)$ si $A := (x_0, y_0, z_0) \in \mathbb{R}^3$ et si $P \subset \mathbb{R}^3$ est le plan d'équation $ax + by + cz + d = 0$.
Solution. Le projeté orthogonal B de A sur P appartient à la droite orthogonale à P passant par A, il est donc de la forme $(x_0, y_0, z_0) + \lambda(a, b, c)$ avec $\lambda \in \mathbb{R}$. En écrivant que $B \in P$, on obtient :

$$a(x_0 + \lambda a) + b(y_0 + \lambda b) + c(z_0 + \lambda c) + d = 0.$$

Par conséquent :

$$\lambda = -\frac{ax_0 + by_0 + cz_0 + d}{a^2 + b^2 + c^2} \quad \text{et} \quad d(A, P) = \|\overrightarrow{AB}\| = \frac{|ax_0 + by_0 + cz_0 + d|}{\sqrt{a^2 + b^2 + c^2}}.$$

---

4 Les coniques

Nous avons vu deux manières de décrire une droite dans $\mathbb{R}^2$. La première consiste à en donner une équation cartésienne. La seconde consiste à en donner une équation paramétrique. Dans le module suivant, nous étudierons les courbes paramétrées de $\mathbb{R}^2$ et de $\mathbb{R}^3$. Maintenant, nous allons étudier les courbes du plan définies par une équation algébrique de degré 2, c'est-à-dire une équation de la forme :

$$ax^2 + bxy + cy^2 + dx + ey + f = 0 \qquad \text{avec} \qquad (a, b, c) \neq (0, 0, 0).$$

Dans le deuxième tome, nous étudierons de manière plus générale les courbes du plan définies par des équations de la forme $f(x, y) = 0$ ou des surfaces de l'espaces définies par des équations de la forme $f(x, y, z) = 0$. L'outil central sera le théorème des fonctions implicites dont nous ne disposons pas pour le moment.
Nous allons voir ici qu'une courbe du plan donnée par une équation algébrique de degré 2 est une conique : en général, une ellipse, une parabole ou une hyperbole, mais ce peut être aussi l'ensemble vide, un point ou la réunion de deux droites (éventuellement confondues).

4.1 Cercles

Définition 24. Étant donnés un point $A \in \mathbb{R}^2$ et un réel $R > 0$, le *cercle* $C(A, R)$ de centre A et de rayon R est l'ensemble des points $M \in \mathbb{R}^2$ tels que $d(A, M) = R$.

Notons que $d(A, M) = R$ si, et seulement si, $\|\overrightarrow{AM}\|^2 = R^2$. Le résultat suivant est donc immédiat.

Proposition 37. Le cercle de centre $A := (x_0, y_0)$ de rayon $R > 0$ admet l'équation cartésienne :

$$(x - x_0)^2 + (y - y_0)^2 = R^2.$$

Il est possible de développer cette équation sous la forme :

$$x^2 + y^2 - 2x_0x - 2y_0y + x_0^2 + y_0^2 - R^2 = 0.$$

Remarquons que le coefficient de x^2 est égal à celui de y^2 et que le coefficient de xy est nul.

Proposition 38. Étant donnés des réels $a \neq 0$, b, c, et d, l'ensemble des points $M := (x, y) \in \mathbb{R}^2$ tels que :

$$ax^2 + ay^2 + bx + cy + d = 0$$

est :

- l'ensemble vide si $b^2 + c^2 - 4ad < 0$;
- le point $\bigl(-b/(2a), -c/(2a)\bigr)$ si $b^2 + c^2 - 4ad = 0$;
- le cercle $C(A, R)$ si $b^2 + c^2 - 4ad > 0$ avec :

$$A := \left(-\frac{b}{2a}, -\frac{c}{2a}\right) \quad \text{et} \quad R := \sqrt{\frac{b^2 + c^2 - 4ad}{4a^2}}.$$

Démonstration. En divisant par $a \neq 0$ et en posant :

$$x_0 := -\frac{b}{2a}, \quad y_0 := -\frac{c}{2a} \quad \text{et} \quad \alpha := x_0^2 + y_0^2 - \frac{d}{a} = \frac{b^2 + c^2 - 4ad}{4a^2},$$

on voit que $M := (x, y)$ est solution de l'équation $ax^2 + ay^2 + bx + cy + d = 0$ si, et seulement si :

$$x^2 + y^2 - 2x_0x - 2y_0y + x_0^2 + y_0^2 - \alpha = 0,$$

c'est-à-dire :

$$(x - x_0)^2 + (y - y_0)^2 = \alpha.$$

Si $\alpha < 0$, il n'y a pas de solution. Si $\alpha = 0$, la seule solution est le point $A = (x_0, y_0)$.

Si $\alpha > 0$, l'ensemble des solutions est l'ensemble des points M tels que $d(A, M)^2 = \alpha$, c'est-à-dire le cercle de centre A et de rayon $\sqrt{\alpha}$. ∎

4.2 Coniques

Définition 25. Étant donnés un point $F \in \mathbb{R}^2$, une droite $D \subset \mathbb{R}^2$ ne contenant pas F et un réel $e > 0$, l'ensemble $\mathcal{C}$ des points $M \in \mathbb{R}^2$ tels que :

$$d(M, F) = e \cdot d(M, D)$$

est :

- une *ellipse* si $0 < e < 1$,
- une *parabole* si $e = 1$,
- une *hyperbole* si $e > 1$.

La courbe $\mathcal{C}$ est la *conique* de *foyer* F, de *directrice* D associée au foyer F et d'*excentricité* e.

Notons que si le foyer F a pour coordonnées (x_0, y_0) et si la directrice D a pour équation cartésienne $a_0x + b_0y + c_0 = 0$, alors la conique $\mathcal{C}$ a pour équation :

$$(x - x_0)^2 + (y - y_0)^2 = e^2 \frac{(a_0x + b_0y + c_0)^2}{a_0^2 + b_0^2}.$$

C'est une équation algébrique de degré 2. En multipliant par $a_0^2 + b_0^2$, on peut l'écrire sous la forme :

$$ax^2 + 2bxy + cy^2 + dx + fy + g = 0$$

avec :

$$a := a_0^2 + b_0^2 - e^2a_0^2, \quad b := a_0b_0e^2 \quad \text{et} \quad c := a_0^2 + b_0^2 - e^2b_0^2.$$

Observons que :

$$ac - b^2 = (a_0^2 + b_0^2)^2(1 - e^2).$$

On voit donc que :

- lorsque $\mathcal{C}$ est une ellipse, $ac - b^2 > 0$,
- lorsque $\mathcal{C}$ est une parabole, $ac - b^2 = 0$,
- lorsque $\mathcal{C}$ est une hyperbole, $ac - b^2 < 0$.

4.2.1 Parabole

Quitte à faire un changement de repère orthonormé, on peut supposer que l'origine du repère est le foyer F et que la directrice associée est une droite horizontale d'équation $y + \alpha = 0$. Dans ce cas, l'équation de la parabole est $x^2 + y^2 = (y + \alpha)^2$. On peut simplifier cette équation : $x^2 - 2\alpha y + \alpha^2 = 0$. On peut également l'écrire sous la forme :

$$y = \frac{1}{2\alpha}x^2 + \frac{\alpha}{2}.$$

La parabole passe par le point $S := (0, \alpha/2)$ qui se trouve à mi-distance entre le foyer F et la directrice D. Ce point s'appelle le sommet de la parabole. La droite D_1 d'équation $x = 0$ est un axe de symétrie de la parabole : le point (x, y) appartient à la parabole si, et seulement si, le point $(-x, y)$ appartient à la parabole. La droite D_1 passe par le foyer F et est orthogonale à la directrice D.

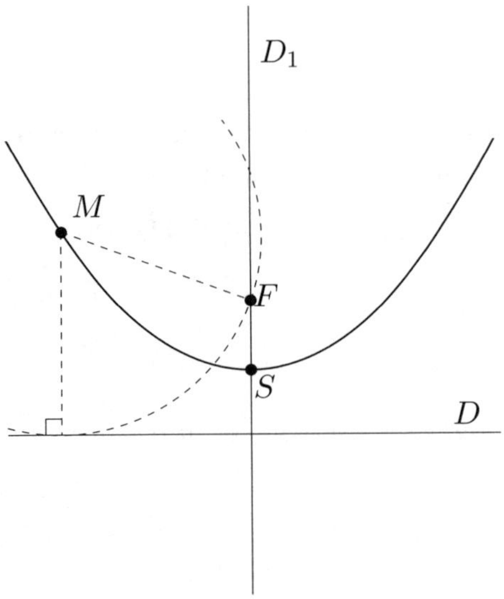

FIGURE III.1.8 – La parabole de foyer F et de directrice D.

4.2.2 Ellipse

Comme précédemment, supposons que l'origine du repère est le foyer F et que la directrice associée est une droite horizontale d'équation $y + \alpha = 0$. L'équation de l'ellipse est alors :

$$x^2 + y^2 = e^2(y + \alpha)^2$$

que l'on peut écrire :

$$x^2 + (1 - e^2)\left(y - \frac{\alpha e^2}{1 - e^2}\right)^2 = \alpha^2 e^2 + \frac{\alpha^2 e^4}{1 - e^2}.$$

Si l'on fait le changement de coordonnées :

$$X := x \quad \text{et} \quad Y := y - \frac{\alpha e^2}{1 - e^2},$$

l'équation devient :

$$X^2 + (1 - e^2)Y^2 = \frac{\alpha^2 e^2}{1 - e^2}.$$

Cela revient à se placer dans le repère $(O', \vec{\imath}, \vec{\jmath})$ avec :

$$O' := \left(0, \frac{\alpha e^2}{1 - e^2}\right).$$

Puisque $0 < e < 1$, il est également possible de l'écrire sous la forme :

$$\frac{X^2}{a^2} + \frac{Y^2}{b^2} = 1 \quad \text{avec} \quad a := \frac{\alpha e}{\sqrt{1 - e^2}} \quad \text{et} \quad b := \frac{\alpha e}{1 - e^2}.$$

Le point O' est centre de symétrie de l'ellipse : le point (X, Y) appartient à l'ellipse si, et seulement si, le point $(-X, -Y)$ appartient à l'ellipse. La droite D_1 d'équation $X = 0$

est un axe de symétrie de l'ellipse : $(X,Y) \in \mathcal{C}$ si, et seulement si, $(-X,Y) \in \mathcal{C}$. La droite D_2 d'équation $Y = 0$ est un axe de symétrie de l'ellipse : $(X,Y) \in \mathcal{C}$ si, et seulement si, $(X,-Y) \in \mathcal{C}$. La droite D_1 est orthogonale à la directrice D et passe par le foyer F (ainsi que par le centre de symétrie O'). La droite D_2 est parallèle à la directrice D et passe par le centre de symétrie O'. L'ellipse coupe la droite D_1 aux points $(X,Y) = (0,b)$ et $(X,Y) = (0,-b)$. L'ellipse coupe la droite D_2 aux points $(X,Y) = (a,0)$ et $(X,Y) = (-a,0)$. Comme $|a| > |b| > 0$, la droite D_1 s'appelle le grand axe de l'ellipse et la droite D_2 s'appelle le petit axe de l'ellipse.
L'ellipse est l'image du cercle centré en O' de rayon $|a|$ par l'affinité orthogonale de rapport $|b/a|$ d'axe D_1. En effet, le point $M := O' + X\vec{\imath} + Y\vec{\jmath}$ appartient au cercle de centre O' et de rayon $|a|$ si, et seulement si, le point $M' := O' + X\vec{\imath} + |b/a|Y\vec{\jmath}$ appartient à l'ellipse $\mathcal{C}$:

$$X^2 + Y^2 = a^2 \iff \frac{X^2}{a^2} + \frac{\big(|b/a|Y\big)^2}{b^2} = 1.$$

De même, l'ellipse est l'image du cercle centré en O' de rayon $|b|$ par l'affinité orthogonale de rapport $|a/b|$ d'axe D_2.
Enfin, comme O' est centre de symétrie de l'ellipse, elle admet un autre foyer F' et une directrice D' associée à F' : F' est le symétrique de F par rapport à O' et D' est la droite symétrique de D par rapport à O'.

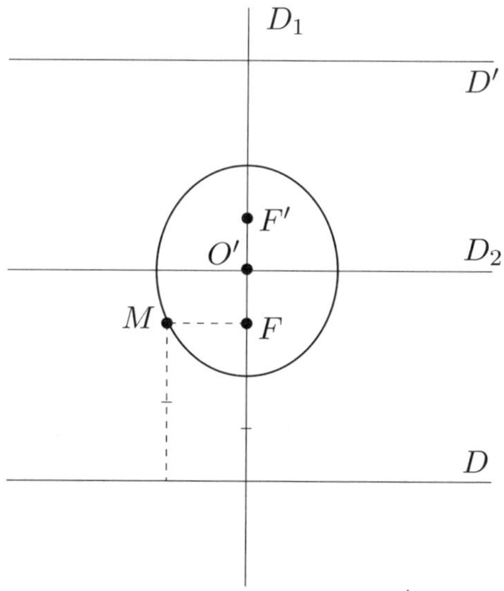

FIGURE III.1.9 – L'ellipse de foyer F, de directrice D et d'excentricité $1/2$.

4.2.3 Hyperbole

Comme dans le cas d'une ellipse, on suppose d'abord que l'origine du repère est le foyer F et que la directrice associée est une droite horizontale d'équation $y + \alpha = 0$. L'équation de l'hyperbole est alors :

$$x^2 + y^2 = e^2(y + \alpha)^2$$

que l'on peut écrire :

$$x^2 + (1-e^2)\left(y + \frac{\alpha e^2}{e^2-1}\right)^2 = \alpha^2 e^2 - \frac{\alpha^2 e^4}{e^2-1}\cdot$$

Si on fait le changement de coordonnées :

$$X := x \quad \text{et} \quad Y := y + \frac{\alpha e^2}{e^2-1},$$

ce qui revient à se placer dans le repère $(O', \vec{\imath}, \vec{\jmath})$ avec :

$$O' := \left(0, -\frac{\alpha e^2}{e^2-1}\right),$$

l'équation devient :

$$-X^2 + (e^2-1)Y^2 = \frac{\alpha^2 e^2}{e^2-1}\cdot$$

Puisque $e > 1$, il est également possible de l'écrire sous la forme :

$$-\frac{X^2}{a^2} + \frac{Y^2}{b^2} = 1 \quad \text{avec} \quad a := \frac{\alpha e}{\sqrt{e^2-1}} \quad \text{et} \quad b := \frac{\alpha e}{e^2-1}\cdot$$

Par conséquent, le point $M := O' + X\vec{\imath} + Y\vec{\jmath}$ appartient à l'hyperbole si, et seulement si :

$$X \in \mathbb{R} \text{ et } Y = b\sqrt{1+\frac{X^2}{a^2}} \quad \text{ou} \quad X \in \mathbb{R} \text{ et } Y = -b\sqrt{1+\frac{X^2}{a^2}}\cdot$$

L'hyperbole est donc la réunion de deux graphes symétriques par rapport à l'axe des X.
Le point O' est centre de symétrie de l'hyperbole : le point (X, Y) appartient à l'hyperbole si, et seulement si, le point $(-X, -Y)$ appartient à l'hyperbole. La droite D_1 d'équation $X = 0$ est un axe de symétrie de l'hyperbole : $(X, Y) \in \mathcal{C}$ si, et seulement si, $(-X, Y) \in \mathcal{C}$. La droite D_2 d'équation $Y = 0$ est un axe de symétrie de l'hyperbole : $(X, Y) \in \mathcal{C}$ si, et seulement si, $(X, -Y) \in \mathcal{C}$. La droite D_1 est orthogonale à la directrice D et passe par le foyer F (ainsi que par le centre de symétrie O'). La droite D_2 est parallèle à la directrice D et passe par le centre de symétrie O'. Notons que l'hyperbole coupe la droite D_1 aux points $(X, Y) = (0, b)$ et $(X, Y) = (0, -b)$. L'hyperbole ne coupe pas la droite D_2. La droite D_1 s'appelle l'axe transverse de l'hyperbole et la droite D_2 s'appelle l'axe non transverse de l'hyperbole.
L'ensemble des points (X, Y) tels que $-X^2/a^2 + Y^2/b^2$ est la réunion de deux droites d'équations $-X/a + Y/b = 0$ et $X/a + Y/b = 0$. En effet :

$$-\frac{X^2}{a^2} + \frac{Y^2}{b^2} = 0 \iff \left(-\frac{X}{a} + \frac{Y}{b}\right)\cdot\left(\frac{X}{a} + \frac{Y}{b}\right) = 0.$$

Ces deux droites sont appelées les asymptotes de l'hyperbole. Si les deux asymptotes sont orthogonales, ce qui se produit si, et seulement si, $|a| = |b|$, l'hyperbole est *équilatère.*
Enfin, comme O' est centre de symétrie de l'hyperbole, elle admet un autre foyer F' et une directrice D' associée à F' : F' est le symétrique de F par rapport à O' et D' est la droite symétrique de D par rapport à O'.

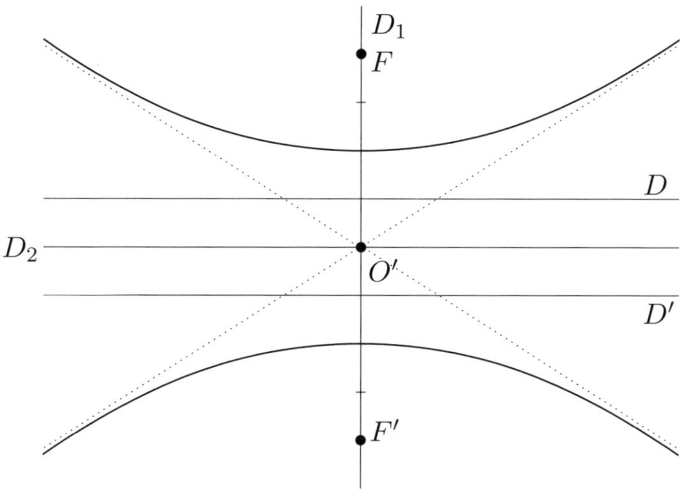

FIGURE III.1.10 – L'hyperbole de foyer F, de directrice D et d'excentricité 2.

4.3 Équations de degré 2

Nous souhaitons maintenant étudier de manière générale les courbes caractérisées par une équation de la forme $ax^2 + 2bxy + cy^2 + dx + fy + g = 0$ avec $(a, b, c) \neq (0, 0, 0)$. Rappelons que O désigne le point de coordonnées $(0, 0)$ et que $(\vec{\imath}, \vec{\jmath})$ est la base canonique de $\mathbb{R}^2$.

Proposition 39. Soit $\mathcal{C}$ l'ensemble des points $M := (x, y) \in \mathbb{R}^2$ tels que $ax^2 + 2bxy + cy^2 + dx + fy + g = 0$. Il existe une base orthonormée $(\vec{u}, \vec{v})$ de $\mathbb{R}^2$ et des réels λ, μ, α et β tels que :

$$M = O + X\vec{u} + Y\vec{v} \in \mathcal{C} \quad \Longleftrightarrow \quad \lambda X^2 + \mu Y^2 + \alpha X + \beta Y + g = 0.$$

Les vecteurs $\vec{u}$ et $\vec{v}$ sont des vecteurs propres de l'endomorphisme $L : \mathbb{R}^2 \to \mathbb{R}^2$ défini par :

$$L : \begin{pmatrix} x \\ y \end{pmatrix} \mapsto \begin{pmatrix} a & b \\ b & c \end{pmatrix} \cdot \begin{pmatrix} x \\ y \end{pmatrix} = \begin{pmatrix} ax + by \\ bx + cy \end{pmatrix}.$$

Les réels λ et μ sont les valeurs propres associées. En particulier :

$$\lambda + \mu = a + c \quad \text{et} \quad \lambda\mu = ac - b^2.$$

Enfin, les réels α et β sont définis par :

$$(d, f) = \alpha\vec{u} + \beta\vec{v}.$$

Remarque. Autrement dit, en changeant de base orthonormée, on peut se ramener au cas où le coefficient de XY est nul.

Démonstration. Commençons par montrer que L est diagonalisable dans une base orthonormée.

Lemme 40. Il existe une base orthonormée $\mathcal{B} := (\vec{u}, \vec{v})$ de vecteurs propres de L.

Démonstration. Notons que pour tous vecteurs $\vec{u} := (x, y)$ et $\vec{v} := (x', y')$, on a :

$$\begin{aligned}\big(L(\vec{v}) \mid \vec{u}\big) &= (ax' + by') \cdot x + (bx' + cy') \cdot y \\ &= x' \cdot (ax + by) + y' \cdot (bx + cy) \\ &= \big(\vec{v} \mid L(\vec{u})\big).\end{aligned}$$

Par ailleurs, les valeurs propres de L sont les racines du polynôme caractéristique :

$$(a - \lambda)(c - \lambda) - b^2 = \lambda^2 - (a + c)\lambda + ac - b^2.$$

le discriminant de ce polynôme quadratique est :

$$(a + c)^2 - 4(ac - b^2) = (a - c)^2 + 4b^2 \geqslant 0.$$

On pourra donc toujours trouver un vecteur propre $\vec{u}$ associé à une valeur propre λ. Si $\vec{v}$ est orthogonal à $\vec{u}$, alors :

$$\big(L(\vec{v}) \mid \vec{u}\big) = \big(\vec{v} \mid L(\vec{u})\big) = \lambda\big(\vec{v} \mid \vec{u}\big) = 0.$$

Par conséquent, $L(\vec{v})$ est orthogonal à $\vec{u}$ et donc, colinéaire à $\vec{v}$. Autrement dit $\vec{v}$ est un vecteur propre de L. En divisant les vecteurs $\vec{u}$ et $\vec{v}$ par leurs normes, on obtient une base orthonormée de vecteurs propres. ■

En écrivant que les deux valeurs propres λ et μ sont racines du polynôme caractéristique, on obtient les relations :

$$\lambda + \mu = a + c \quad \text{et} \quad \lambda\mu = ac - b^2.$$

Observons que pour tout point $M := (x, y) \in \mathbb{R}^2$, on a :

$$ax^2 + 2bxy + cy^2 = (ax + by) \cdot x + (bx + cy) \cdot y = \big(L(\overrightarrow{OM}) \mid \overrightarrow{OM}\big).$$

Si $M = O + x\vec{\imath} + y\vec{\jmath} = O + X\vec{u} + Y\vec{v}$, on a donc :

$$\begin{aligned}ax^2 + 2bxy + cy^2 &= \big(L(\overrightarrow{OM}) \mid \overrightarrow{OM}\big) \\ &= \big(\lambda X\vec{u} + \mu Y\vec{v} \mid X\vec{u} + Y\vec{v}\big) \\ &= \lambda X^2 + \mu Y^2.\end{aligned}$$

Pour la dernière égalité, on a utilisé $\big(\vec{u} \mid \vec{v}\big) = 0$, $\big(\vec{u} \mid \vec{u}\big) = 1$ et $\big(\vec{v} \mid \vec{v}\big) = 1$.

Soient (α, β) les coordonnées du vecteur $\vec{w} := (d, f)$ dans la base $\mathcal{B}$:

$$\vec{w} = (d, f) = \alpha\vec{u} + \beta\vec{v}.$$

Alors :

$$dx + fy = \big(\overrightarrow{OM} \mid \vec{w}\big) = \big(X\vec{u} + Y\vec{v} \mid \alpha\vec{u} + \beta\vec{v}\big) = \alpha X + \beta Y.$$

Par conséquent, on a :

$$M = O + x\vec{\imath} + y\vec{\jmath} \quad \text{avec} \quad ax^2 + 2bxy + cy^2 + dx + fy + g = 0$$

si, et seulement si :

$$M = O + X\vec{u} + Y\vec{v} \quad \text{avec} \quad \lambda X^2 + \mu Y^2 + \alpha X + \beta Y + g = 0.$$

■

4.3.1 Cas parabolique : $\lambda\mu = 0$

Nous allons montrer que dans ce cas, la courbe $\mathcal{C}$ est :

- soit l'ensemble vide,
- soit une droite,
- soit la réunion de deux droites parallèles,
- soit une parabole.

Comme $\lambda\mu = 0$ avec $(\lambda, \mu) \neq (0,0)$, on peut supposer que $\lambda \neq 0$ et $\mu = 0$. Quitte à diviser tous les coefficients par λ, on peut supposer que $\lambda = 1$. L'équation est alors de la forme $X^2 + \alpha X + \beta Y + g = 0$, que l'on peut également écrire sous la forme :

$$\left(X + \frac{\alpha}{2}\right)^2 + \beta Y = \gamma \quad \text{avec} \quad \gamma = \frac{\alpha^2}{4} - g.$$

- Si $\beta = 0$, l'équation prend la forme $\left(X + \dfrac{\alpha}{2}\right)^2 = \gamma$.
  - Si $\gamma < 0$, l'ensemble des solutions est l'ensemble vide.
  - Si $\gamma = 0$, l'ensemble des solutions est la droite d'équation :
  $$X + \alpha/2 = 0.$$
  - Si $\gamma > 0$, l'ensemble des solutions est la réunion des deux droites parallèles d'équations $X + \alpha/2 = \sqrt{\gamma}$ et $X + \alpha/2 = -\sqrt{\gamma}$.
- Si $\beta \neq 0$, l'équation prend la forme :
  $$\left(Y - \frac{\gamma}{\beta}\right) = -\frac{1}{\beta}\left(X + \frac{\alpha}{2}\right)^2$$
  qui est l'équation d'une parabole.

  Le foyer est le point de coordonnées $(X,Y) = \left(-\dfrac{\alpha}{2}, \dfrac{\gamma}{\beta} - \dfrac{\beta}{4}\right)$ et la directrice est la droite d'équation $Y = \dfrac{\gamma}{\beta} + \dfrac{\beta}{4}\cdot$

4.3.2 Coniques à centre : $\lambda\mu \neq 0$

Proposition 41. Si $\lambda\mu \neq 0$, et si $O' := O + \dfrac{\alpha}{2\lambda}\vec{u} + \dfrac{\beta}{2\mu}\vec{v}$, alors :

$$M = O + X\vec{u} + Y\vec{v} \quad \text{avec} \quad \lambda X^2 + \mu Y^2 + \alpha X + \beta Y + g$$

si, et seulement si :

$$M = O' + X'\vec{u} + Y'\vec{v} \quad \text{avec} \quad \lambda(X')^2 + \mu(Y')^2 = \gamma \quad \text{et} \quad \gamma := \frac{\alpha^2}{4\lambda} + \frac{\beta^2}{4\mu} - g.$$

Remarque. Le point O' est le centre de symétrie de la conique.

Démonstration. On peut écrire l'équation $\lambda X^2 + \mu Y^2 + \alpha X + \beta Y + g = 0$ sous la forme :

$$\lambda\left(X - \frac{\alpha}{2\lambda}\right)^2 + \mu\left(Y - \frac{\beta}{2\mu}\right)^2 = \frac{\alpha^2}{4\lambda} + \frac{\beta^2}{4\mu} - g.$$

On a :

$$O + X\vec{u} + Y\vec{v} = O' + X'\vec{u} + Y'\vec{v} \quad \Longleftrightarrow \quad X' = X - \frac{\alpha}{2\lambda} \quad \text{et} \quad Y' = Y - \frac{\beta}{2\mu}\cdot$$

■

4.3.3 Cas elliptique : $\lambda\mu > 0$

Dans ce cas, la courbe $\mathcal{C}$ est :

- soit l'ensemble vide,
- soit un point,
- soit un cercle,
- soit une ellipse.

Les réels λ et μ sont non nuls et de même signe. Quitte à multiplier tous les coefficients par -1, on peut supposer que λ et μ sont positifs.

- Si $\gamma < 0$, l'ensemble des solutions est l'ensemble vide.
- Si $\gamma = 0$, l'unique solution est le point O'.
- Si $\gamma > 0$, en divisant par γ, et en posant $a' := \sqrt{\gamma/\lambda}$ et $b' := \sqrt{\gamma/\mu}$, l'équation prend la forme :
$$\left(\frac{X'}{a'}\right)^2 + \left(\frac{Y'}{b'}\right)^2 = 1.$$
Si $a' = b'$, c'est l'équation d'un cercle centré en O' de rayon $a' = b'$. Sinon, c'est l'équation d'une ellipse. Si $a' > b'$, le grand axe est la droite d'équation $Y' = 0$ et si $b' > a'$, le grand axe de l'ellipse est la droite d'équation $X' = 0$. Le centre de symétrie de l'ellipse est le point O'.

4.3.4 Cas hyperbolique : $\lambda\mu < 0$

Dans ce cas, la courbe $\mathcal{C}$ est :

- soit la réunion de deux droites sécantes,
- soit une hyperbole.

Les réels λ et μ sont non nuls et de signes opposés.

- Si $\gamma = 0$, l'équation prend la forme :
$$\lambda(X')^2 + \mu(Y')^2 = 0.$$
En divisant par μ et en posant $a' := \sqrt{-\lambda/\mu}$, l'équation devient :
$$(a'X')^2 - (Y')^2 = 0,$$
c'est-à-dire :
$$(Y' - a'X') \cdot (Y' + a'X') = 0.$$
L'ensemble des solutions est donc la réunion des deux droites d'équations $Y' - a'X' = 0$ et $Y' + a'X' = 0$ qui se coupent au point O'.
- Si $\gamma \neq 0$, en divisant par γ, l'équation prend la forme :
$$\frac{\lambda}{\gamma}(X')^2 + \frac{\mu}{\gamma}(Y')^2 = 1.$$
L'ensemble des solutions est une hyperbole. Le centre de symétrie de l'hyperbole est le point O'. Si $\lambda/\gamma > 0$ (et donc $\mu/\gamma < 0$), l'axe transverse de l'ellipse est la droite d'équation $Y' = 0$ et l'axe non transverse est la droite d'équation $X' = 0$. Si $\lambda/\gamma < 0$ (et donc $\mu/\gamma > 0$), l'axe transverse de l'ellipse est la droite d'équation $X' = 0$ et l'axe non transverse est la droite d'équation $Y' = 0$.

Exercice type corrigé

III.1.0 Dans $\mathbb{R}^2$, soit D_1 la droite d'équation $a_1x + b_1y + c_1$, D_2 la droite d'équation $a_2x + b_2y + c_2$ et D_3 la droite d'équation $a_3x + b_3y + c_3$. Montrer que :

$$\det \begin{pmatrix} a_1 & b_1 & c_1 \\ a_2 & b_2 & c_2 \\ a_3 & b_3 & c_3 \end{pmatrix} = 0$$

si, et seulement si, les trois droites sont soit concourantes, soit deux à deux parallèles.

Solution. Supposons d'abord que le déterminant soit nul. Alors, les trois équations de droites sont liées. On peut donc trouver $(\lambda_1, \lambda_2, \lambda_3) \neq (0, 0, 0)$ tel que :

$$\lambda_1 \cdot (a_1x + b_1yc_1) + \lambda_2 \cdot (a_2x + b_2y + c_2) + \lambda_3 \cdot (a_3x + b_3y + c_3) = 0.$$

Si l'un des λ_i est nul, cela signifie que deux équations de droites sont proportionnelles et donc, que deux droites sont égales. Par exemple, si $\lambda_1 = 0$, alors $D_2 = D_3$. Puisqu'il n'y a que deux droites, elles sont soit parallèles, soit concourantes (si elles se coupent).

Si aucun λ_i n'est nul et si un point appartient à deux droites, il appartient automatiquement à la troisième. Par exemple, si $M = (x_0, y_0) \in D_1 \cap D_2$, alors $a_1x_0 + b_1y_0 + c_1 = 0$ et $a_2x_0 + b_2y_0 + c_2 = 0$. Par conséquent :

$$a_3x_0 + b_3y_0 + c_3 = -\frac{\lambda_1}{\lambda_3}(a_1x_0 + b_1y_0 + c_1) - \frac{\lambda_2}{\lambda_3} \cdot (a_2x_0 + b_2y_0 + c_2) = 0.$$

Donc, $M \in D_3$. Dans ce cas, les droites sont concourantes. La seule alternative est que deux à deux les droites soient non sécantes, c'est-à-dire parallèles.

Montrons maintenant la réciproque. Si les droites sont deux à deux parallèles, alors, les vecteurs directeurs $(b_1, -a_1)$, $(b_2, -a_2)$ et $(b_3, -a_3)$ sont colinéaires. Par conséquent, les vecteurs (a_1, a_2, a_3) et (b_1, b_2, b_3) sont colinéaires et le déterminant est nul. Si les droites sont concourantes, alors on peut trouver un point $M = (x_0, y_0)$ qui appartient aux trois droites. On a donc :

$$\begin{cases} a_1x_0 + b_1y_0 + c_1 = 0 \\ a_2x_0 + b_2y_0 + c_2 = 0 \\ a_3x_0 + b_3y_0 + c_3 = 0. \end{cases}$$

Cela implique :

$$x_0 \cdot \begin{pmatrix} a_1 \\ a_2 \\ a_3 \end{pmatrix} + y_0 \cdot \begin{pmatrix} b_1 \\ b_2 \\ b_3 \end{pmatrix} + 1 \cdot \begin{pmatrix} c_1 \\ c_2 \\ c_3 \end{pmatrix} = \begin{pmatrix} 0 \\ 0 \\ 0 \end{pmatrix}.$$

Donc le déterminant est nul.

Pour aller plus loin

Les corrigés sont disponibles en accès libre à partir des pages d'accueil du livre sur le site www.dunod.com

Exercices sur la section 1

III.1.1 Soit $f : \mathbb{R} \to \mathbb{R}$ une application continue. Montrer que l'ensemble des primitives $F : \mathbb{R} \to \mathbb{R}$ de f est un espace affine. Quelle est sa dimension ?

III.1.2 Soit A et B deux points distincts du plan affine $\mathbb{R}^2$. Pour $k > 0$, déterminer l'ensemble des points $M \in \mathbb{R}^2$ tels que $AM = k \cdot BM$.
Indication : pour $k \neq 1$, on introduira le barycentre G_1 de $\{(A,1),(B,k)\}$ et le barycentre G_2 de $\{(A,1),(B,k)\}$.

III.1.3 Soient A et B deux points de $\mathbb{R}^3$. Montrer que le segment $[A,B]$ est égal à l'ensemble des barycentres des familles $\{(A,\alpha),(B,\beta)\}$ avec $\alpha \geqslant 0$ et $\beta \geqslant 0$.

III.1.4 Soient A, B, C et D quatre points non coplanaires dans $\mathbb{R}^3$. Soient A_1 le centre de gravité du triangle BCD, B_1 celui du triangle ACD, C_1 celui du triangle ABD et D_1 celui du triangle ABC. Montrer que les quatre médianes AA_1, BB_1, CC_1 et DD_1 sont concourantes.

III.1.5 Montrer que pour tout point $A \in \mathbb{R}^2$ et tout réel α, la rotation de centre A et d'angle α est une application affine.

III.1.6 Soient X et Y deux espaces affines et $f : X \to Y$ une application affine. Soit X' un sous-espace affine de X. Monter que $f(X')$ est un sous-espace affine de Y.

III.1.7 Montrer que :

$$X := \left\{ \begin{pmatrix} 1+2a+b & a-b \\ 0 & a+b \end{pmatrix} \mid (a,b) \in \mathbb{R}^2 \right\}$$

est un sous-espace affine de $M_2(\mathbb{R})$. En déterminer un point et la direction.

III.1.8 Montrer que l'ensemble des fonctions $f \in \mathcal{F}(\mathbb{R},\mathbb{R})$ telles que $f(x) + f(-x) = 1$ est un sous-espace affine de $\mathcal{F}(\mathbb{R},\mathbb{R})$. En déterminer un point et la direction.

Exercices sur la section 2

III.1.9 Montrer que l'ensemble des fonctions $f : \mathbb{R} \to \mathbb{R}$ telles que $f(1) = f(0) + 1$ est un hyperplan de $\mathcal{F}(\mathbb{R},\mathbb{R})$.

III.1.10 Montrer que l'ensemble des matrices $n \times n$ de trace égale à 2 est un hyperplan de $M_n(\mathbb{R})$.

Exercices sur la section 3

III.1.11 Dans $\mathbb{R}^2$, déterminer une équation cartésienne de la droite passant par les points $A := (1,2)$ et $B := (-2,1)$.

III.1.12 Dans $\mathbb{R}^3$, déterminer une équation cartésienne du plan contenant les trois points $A := (0,0,1)$, $B := (0,0,2)$ et $C := (1,0,1)$.

III.1.13 Trouver une équation paramétrique de la droite $D \subset \mathbb{R}^2$ d'équation $3x + 2y - 1 = 0$.

III.1.14 Trouver une équation paramétrique de la droite $D \subset \mathbb{R}^3$ définie par les équations :

$$\begin{cases} 3x + y - z - 2 = 0 \\ x + y = 0. \end{cases}$$

III.1.15 Trouver une équation paramétrique du plan $P \subset \mathbb{R}^3$ défini par l'équation $3x + 2y - z = 0$.

III.1.16 Soient $A_1 := (x_1, y_1)$, $A_2 := (x_2, y_2)$ et $A_3 := (x_3, y_3)$ trois points de $\mathbb{R}^2$. Montrer que les points sont alignés si, et seulement si :

$$\det \begin{pmatrix} x_1 & x_2 & x_3 \\ y_1 & y_2 & y_3 \\ 1 & 1 & 1 \end{pmatrix} = 0.$$

III.1.17 Dans $\mathbb{R}^3$, soient P_1, P_2 et P_3 trois plans d'équations respectives $a_1x + b_1y + c_1z + d_1 = 0$, $a_2x + b_2y + c_2z + d_2 = 0$ et $a_3x + b_3y + c_3z + d_3 = 0$. Donner une condition nécessaire et suffisante pour que $P_1 \cap P_2 \cap P_3$ soit un singleton.

III.1.18 Donner une condition nécessaire et suffisante pour que 4 points $A_1 := (x_1, y_1, z_1)$, $A_2 := (x_2, y_2, z_2)$, $A_3 := (x_3, y_3, z_3)$ et $A_4 := (x_4, y_4, z_4)$ soient coplanaires.
Indication : considérer le déterminant de la matrice :

$$\begin{pmatrix} x_1 & x_2 & x_3 & x_4 \\ y_1 & y_2 & y_3 & y_4 \\ z_1 & z_2 & z_3 & z_4 \\ 1 & 1 & 1 & 1 \end{pmatrix}.$$

III.1.19 Soit D_1 et D_2 deux droites de $\mathbb{R}^3$ non parallèles. Soient F_1 et F_2 les espaces qui dirigent D_1 et D_2.

1. Montrer qu'il existe un sous-espace affine $X \subset \mathbb{R}^3$ contenant D_2 et dirigé par $F_1 + F_2$.
2. On appelle f la projection orthogonale sur X. Montrer que $f(D_1)$ coupe D_2 en un unique point A_2.
3. Montrer qu'il existe un unique point $A_1 \in D_1$ tel que $f(A_1) = A_2$.
4. Montrer que pour tout $B_1 \in D_1$ et tout $B_2 \in D_2$, on a $d(B_1, B_2) \geqslant d(A_1, A_2)$ avec égalité si, et seulement si, $A_1 = B_1$ et $A_2 = B_2$.

La droite A_1A_2 s'appelle la perpendiculaire commune à D_1 et D_2.

III.1.20 Dans $\mathbb{R}^3$, on considère la droite D passant par le point $A := (0,1,1)$ et dirigée par le vecteur $\vec{u} := (2,-1,0)$. Soit $B := (1,1,-2) \in \mathbb{R}^3$. Déterminer $d(B, D)$.

Exercices sur la section 4

III.1.21 Soit $\mathcal{E}$ une ellipse de foyer F et F'. Montrer qu'il existe une constante c telle que pour tout $M \in \mathcal{E}$, $d(F, M) + d(F', M) = c$.

III.1.22 Soit $\mathcal{H}$ une hyperbole de foyer F et F'. Montrer qu'il existe une constante c telle que pour tout $M \in \mathcal{E}$, $\left|d(F, M) - d(F', M)\right| = c$.

Courbes paramétrées

III.2

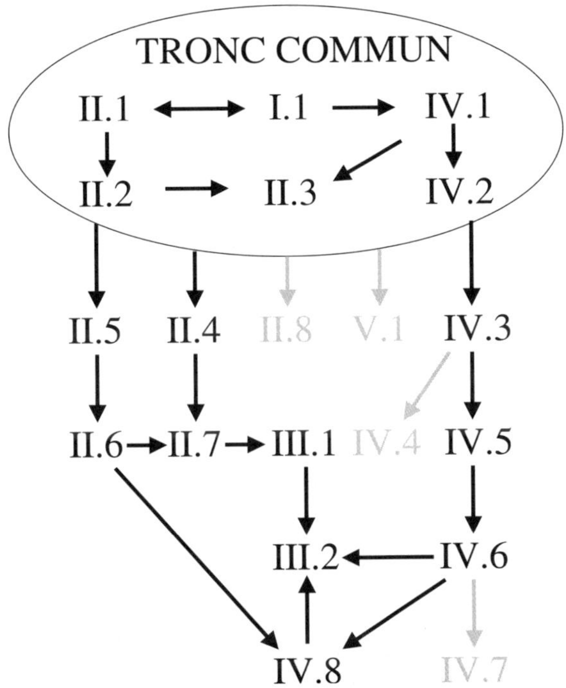

Ce module est indissociable du module IV.6 sur les applications vectorielles d'une variable réelle. Il en est le pendant géométrique.

Une courbe est la représentation mathématique d'objets tels que des câbles téléphoniques, le cours d'une rivière ou la trajectoire d'une planète. Par exemple, les droites, les segments, les polygones et les cercles sont des courbes.

Il existe essentiellement deux manières de définir une courbe. La première consiste à la définir comme l'ensemble des solutions d'une équation ou d'un système d'équations. C'est ce que nous avons fait dans le module III.1 lorsque nous avons étudié les droites du plan ou de l'espace, ou encore les coniques du plan.

D'un point de vue physique, on est plutôt tenté de définir une courbe comme le lieu des positions successives d'un point qui se meut suivant une loi déterminée, par exemple, la trajectoire d'un point dans le plan ou dans l'espace. On parlera alors de courbe paramétrée.

1 Courbes planes

Nous commencerons par étudier les courbes du plan affine. Un point du plan affine sera repéré par ses coordonnées dans un repère $(O;\vec{\imath},\vec{\jmath})$ (qui sera généralement orthonormé). Nous identifierons donc le plan affine avec $\mathbb{R}^2$. Le point M de coordonnées (x,y) est le point $M = O + x\vec{\imath} + y\vec{\jmath}$.
Dans toute la suite, $I \subset \mathbb{R}$ sera un intervalle contenant au moins deux points.

1.1 Notion de courbe paramétrée

Définition 1. Une *courbe* C de $\mathbb{R}^2$ est l'image d'une application continue $\gamma : I \to \mathbb{R}^2$. Nous dirons que γ est un *paramétrage* de C.

Exemples.

1. Une droite de $\mathbb{R}^2$ est une courbe. Un paramétrage possible de la droite passant par le point (x_0, y_0) et dirigée par le vecteur (u,v) est l'application $\gamma : \mathbb{R} \to \mathbb{R}^2$ définie par $\gamma(t) := (x_0 + tu, y_0 + tv)$.
2. Un cercle de $\mathbb{R}^2$ est une courbe.
   Un paramétrage possible du cercle de centre (x_0, y_0) et de rayon r est l'application $\gamma : [0, 2\pi] \to \mathbb{R}^2$ définie par $\gamma(t) := (x_0 + r\cos t, y_0 + r\sin t)$.
3. Si $I \subset \mathbb{R}$ est un intervalle contenant au moins deux points, le graphe (ou courbe représentative) d'une application continue $f : I \to \mathbb{R}$ est une courbe. Un paramétrage possible de cette courbe est l'application $\gamma : I \to \mathbb{R}^2$ définie par $\gamma(t) := \big(t, f(t)\big)$.

Remarque. Une même courbe C admet une infinité de paramétrages.
En effet, si $\gamma : I \to C$ est un paramétrage de C et si $\varphi : J \to I$ est un homéomorphisme, alors $\gamma \circ \varphi : J \to C$ est un paramétrage de C.

Un problème se pose. Étant donné un ensemble C de points du plan, comment déterminer si C est une courbe ? Par exemple, une ellipse est-elle une courbe ? Le carré $[0,1] \times [0,1]$ est-il une courbe ?
Il va falloir manipuler la notion de courbe avec beaucoup de soin. D'abord, avec la définition de courbe que nous venons de donner, un ensemble réduit à un point M est automatiquement une courbe, toute application constante $\gamma : \mathbb{R} \to \{M\}$ en étant un paramétrage. Ensuite, en 1890, Giuseppe Peano a montré qu'il existe une application continue surjective $\gamma : [0,1] \to [0,1] \times [0,1]$. Cela montre que contrairement à ce que notre intuition pourrait nous laisser croire, le carré $[0,1] \times [0,1]$ est une courbe.
C'est probablement ce qui a motivé la réflexion suivante de Felix Klein : « tout le monde sait ce qu'est une courbe, jusqu'à ce qu'il ait étudié suffisamment de mathématiques pour devenir déconcerté par la quantité innombrable d'exceptions possibles. »
Afin de ne pas nous laisser piéger par notre intuition, toutes les courbes que nous allons étudier seront données avec un paramétrage bien précis. Nous parlerons alors de courbes paramétrées.

Pour bien faire, une courbe paramétrée devrait être la donnée d'une courbe et d'un paramétrage de la courbe. Comme la donnée du paramétrage suffit à déterminer la courbe, nous utiliserons la définition suivante.

Définition 2. Une *courbe paramétrée* de $\mathbb{R}^2$ est une application continue $\gamma : I \to \mathbb{R}^2$. La courbe $C := \gamma(I)$ est appelée le *support* de γ.

Lorsque nous étudierons une courbe paramétrée $\gamma : I \to \mathbb{R}^2$, nous aurons généralement une vision cinématique du problème. Nous considérerons que le point $\gamma(t)$ est un point du plan qui évolue avec le temps $t \in I$. C'est pourquoi le paramètre sera habituellement noté t (pour temps).

Rappelons qu'une application $\gamma : I \to \mathbb{R}^2$ qui s'écrit en coordonnées $\gamma(t) = \big(x(t), y(t)\big)$ est continue si, et seulement si, les deux fonctions coordonnées $x : I \to \mathbb{R}$ et $y : I \to \mathbb{R}$ sont des fonctions continues (nous renvoyons le lecteur au module IV.6). Par conséquent, deux fonctions continues $x : I \to \mathbb{R}$ et $y : I \to \mathbb{R}$ définissent automatiquement une courbe paramétrée de $\mathbb{R}^2$.

Exemple.
Considérons les fonctions $x : [-2, 2] \to \mathbb{R}$ et $y : [-2, 2] \to \mathbb{R}$ définies par :

$$x(t) := t + \cos(3t) \quad \text{et} \quad y(t) := \sin(2t).$$

Ces deux fonctions sont continues sur $[-2, 2]$. Elles induisent donc une courbe paramétrée $\gamma : [-2, 2] \to \mathbb{R}^2$ définie par :

$$\gamma(t) = \big(t + \cos(3t), \sin(2t)\big).$$

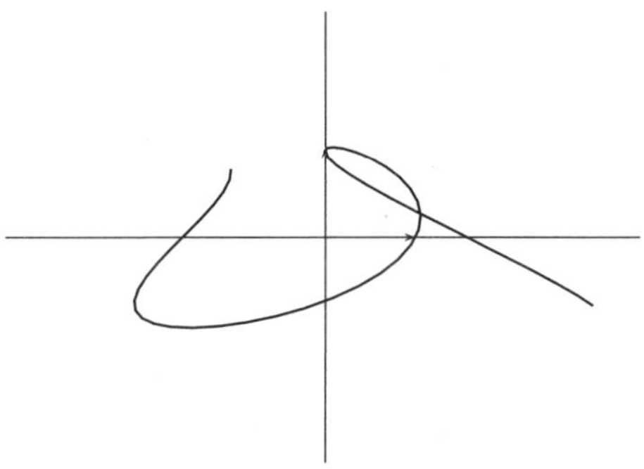

FIGURE III.2.1 –

Pour étudier les propriétés géométriques des courbes paramétrées, nous aurons souvent besoin d'imposer des conditions de régularité.

Définition 3. Soit $\gamma : I \to \mathbb{R}^2$ une courbe paramétrée et k un entier positif. La courbe paramétrée est dérivable (respectivement de classe $\mathcal{C}^k$ ou $\mathcal{C}^\infty$) si l'application γ est dérivable (respectivement de classe $\mathcal{C}^k$ ou $\mathcal{C}^\infty$).

1.2 Étude locale

1.2.1 Tangente

Dans tout ce paragraphe, nous étudions le comportement d'une courbe paramétrée $\gamma : I \to \mathbb{R}^2$ lorsque le paramètre t tend vers un paramètre $t_0 \in \overset{\circ}{I}$. Nous supposons que γ n'est pas constante au voisinage de t_0.

Intuitivement, la courbe paramétrée admet une tangente en $\gamma(t_0)$ si les droites passant par $\gamma(t_0)$ et $\gamma(t)$ admettent une limite quand t tend vers t_0. Le problème est de traduire mathématiquement la notion de limite de droite. Nous utiliserons la définition suivante.

Définition 4. La droite $D = \gamma(t_0) + \text{Vect}(u_0)$ est appelée *tangente* à γ au temps t_0 si :

$$\gamma(t) = \gamma(t_0) + \lambda(t)u_0 + \lambda(t)\varepsilon(t) \quad \text{avec} \quad \varepsilon(t) \underset{t \to t_0}{\longrightarrow} (0,0).$$

Remarque. Nous allons voir dans un instant que l'existence d'une tangente est liée à la dérivabilité de la fonction γ. Cependant, il se peut que la courbe paramétrée admette une tangente sans que γ ne soit dérivable.

Exemple.
La courbe paramétrée $\gamma : \mathbb{R} \to \mathbb{R}$ définie par $\gamma(t) := \left(\sqrt[3]{t}, |t|\right)$ admet une tangente horizontale au temps $t = 0$ bien que γ ne soit pas dérivable en 0. En effet :

$$\gamma(t) = \gamma(0) + \sqrt[3]{t}\begin{pmatrix} 1 \\ 0 \end{pmatrix} + \sqrt[3]{t}\begin{pmatrix} 0 \\ |t|/\sqrt[3]{(t)} \end{pmatrix}$$

et

$$\begin{pmatrix} 0 \\ |t|/\sqrt[3]{(t)} \end{pmatrix} \underset{t \to 0}{\longrightarrow} \begin{pmatrix} 0 \\ 0 \end{pmatrix}.$$

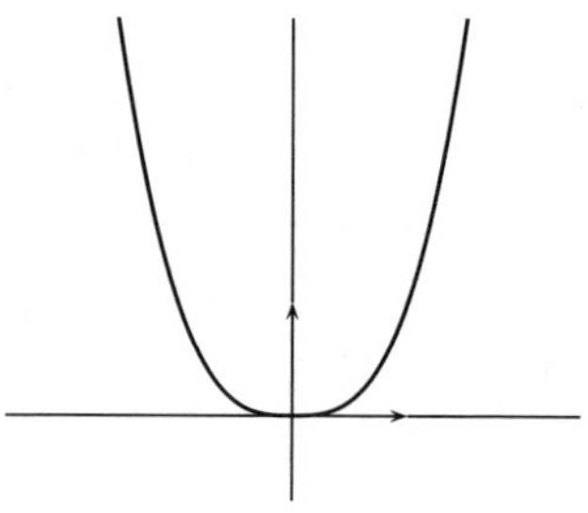

FIGURE III.2.2 –

En fait, le support de la courbe admet un paramétrage dérivable : si l'on fait le changement de paramètre $u := \sqrt[3]{t}$, on a $\gamma(t) = (u, |u|^3)$ et $u \mapsto (u, |u|^3)$ est dérivable.

Venons-en maintenant au lien entre la dérivabilité de la courbe en t_0 et l'existence d'une tangente au temps t_0. Pour que la courbe représentative $\gamma : t \mapsto \left(t, f(t)\right)$ d'une fonction $f : I \to \mathbb{R}$ ait une tangente en t_0, il suffit que f soit dérivable en t_0. La tangente est alors la droite passant le point $\gamma(t_0) = \left(t_0, f(t_0)\right)$ et dirigée par le vecteur $\gamma'(t_0) = \left(1, f'(t_0)\right)$. La proposition suivante est une généralisation de ce résultat.

Proposition 1. Si γ est dérivable en t_0 et si $\gamma'(t_0) \neq 0$, alors la courbe paramétrée admet une tangente dirigée par le vecteur $\gamma'(t_0)$ au temps t_0.

Démonstration. La dérivabilité de γ en t_0 se traduit par :

$$\gamma(t) = \gamma(t_0) + (t - t_0)\gamma'(t_0) + (t - t_0)\varepsilon(t) \quad \text{avec} \quad \varepsilon(t) \underset{t \to t_0}{\longrightarrow} (0,0).$$

Revenir à la définition d'une tangente en posant $u_0 = \gamma'(t_0)$ et $\lambda(t) = (t - t_0)$. ■

Ce résultat motive la définition suivante.

Définition 5. Supposons que γ soit dérivable en t_0. La courbe γ a un *point régulier* au temps t_0 si $\gamma'(t_0) \neq (0,0)$. Sinon, γ a un *point stationnaire* au temps t_0.

Remarque. Si γ est dérivable en t_0, $\gamma'(t_0)$ est le vecteur vitesse au temps t_0. En un point stationnaire, la vitesse est nulle.

Exercice 1.
Quels sont les points réguliers de la courbe paramétrée $\gamma : \mathbb{R} \to \mathbb{R}^2$ définie par $\gamma(t) := (t^2, t^3)$?
Solution. Aux temps $t \neq 0$, la courbe a des points réguliers. Au temps $t = 0$, la courbe passe par l'origine $(0,0)$ et a un point stationnaire.

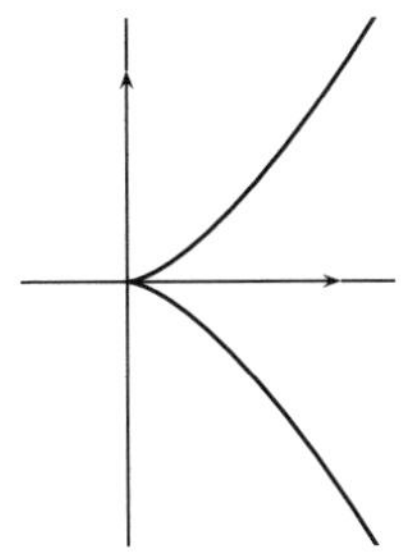

FIGURE III.2.3 –

Définition 6. Une courbe régulière est une courbe paramétrée $\gamma : I \to \mathbb{R}^2$ dérivable telle que pour tout $t \in \mathring{I}$, $\gamma'(t) \neq (0,0)$.

Remarque. Tous les points d'une courbe régulière sont des points réguliers et en un point régulier, une courbe dérivable admet une tangente dirigée par le vecteur vitesse $\gamma'(t_0)$.

Nous allons maintenant voir que même dans le cas d'un point stationnaire, il y a généralement une tangente.

Proposition 2.
Supposons qu'il existe un entier $p \geqslant 1$ et un vecteur $u_0 \neq (0,0)$ tels que :

$$\gamma(t) = \gamma(t_0) + (t - t_0)^p u_0 + (t - t_0)^p \varepsilon(t) \quad \text{avec} \quad \varepsilon(t) \underset{t \to t_0}{\longrightarrow} (0,0).$$

Alors, γ a une tangente dirigée par le vecteur u_0 au temps t_0.

Démonstration. Revenir à la définition d'une tangente en posant $\lambda(t) := (t - t_0)^p$. ■

Exercice 2.
La courbe de l'exercice 1 admet-elle une tangente au temps $t = 0$?
Solution. La courbe γ admet une tangente horizontale au temps $t = 0$. En effet :

$$\gamma(t) = (0,0) + t^2(1,0) + t^2(0,t)$$

et nous sommes dans la situation de la proposition 2 avec $u_0 = (1,0)$ et $\varepsilon(t) = (0,t)$.

Le résultat suivant est un corollaire de la proposition 2 de la page précédente.

Corollaire 3. Si γ est de classe $\mathcal{C}^\infty$ et si les dérivées $\gamma^{(p)}(t_0)$ ne sont pas toutes nulles, alors, γ admet une tangente au temps t_0.

Démonstration. Soit $p \geqslant 1$ le plus petit entier tel que $\gamma^{(p)}(t_0) \neq (0,0)$. D'après la formule de Taylor-Young pour les fonctions vectorielles (voir module IV.8) :

$$\gamma(t) = \gamma(t_0) + \frac{(t-t_0)^p}{p!}\gamma^{(p)}(t_0) + (t-t_0)^p\varepsilon(t) \quad \text{avec} \quad \varepsilon(t) \underset{t\to t_0}{\longrightarrow} (0,0).$$

■

L'essentiel des courbes paramétrées que nous considérerons seront des courbes de classe $\mathcal{C}^\infty$ auxquelles nous pourrons appliquer le corollaire 3. Elles admettront donc des tangentes en tout point. Cependant, il existe des courbes n'admettant de tangentes nulle part. Le premier mathématicien à avoir démontré l'existence de telles courbes est Karl Weierstrass. La plus célèbre de ces courbes est probablement la courbe introduite en 1906 par le mathématicien suédois Niels von Koch.

FIGURE III.2.4 – La courbe de von Koch n'admet de tangente en aucun point.

1.2.2 Allure de la courbe

Supposons maintenant que γ admette une tangente dirigée par le vecteur $u_0 \neq (0,0)$ au temps t_0. Nous souhaitons étudier l'allure de la courbe au voisinage de t_0.

Définition 7. Soient $\gamma : I \to \mathbb{R}^2$ une courbe paramétrée et D une droite qui passe par $\gamma(t_0)$ avec $t_0 \in \overset{\circ}{I}$. La courbe

- *bute sur la droite* D au temps t_0 si pour $t \neq t_0$ suffisamment proche de t_0, les points $\gamma(t)$ sont tous du même côté de D ;
- *traverse la droite* D au temps t_0 si pour $t > t_0$ suffisamment proche de t_0, les points $\gamma(t)$ se situent tous du même côté de D, et pour $t < t_0$ suffisamment proche de t_0, les points $\gamma(t)$ se situent tous de l'autre côté de D.

Remarque. Le fait de buter ou de traverser la droite D au temps t_0 ne donne qu'une description locale de la courbe. Cela ne présume en rien de la position globale de la courbe par rapport à la droite. Considérons par exemple une fonction dérivable $f : \mathbb{R} \to \mathbb{R}$ qui admet un maximum local en 0 et un maximum global $f(1) > f(0)$ en 1. Alors, la courbe représentative $\gamma : t \mapsto \big(t, f(t)\big)$ admet une tangente horizontale D au temps $t_0 = 0$. La courbe γ bute sur D au temps 0 : pour $t \neq 0$

suffisamment proche de 0, $\gamma(t)$ se trouve en dessous de sa tangente D. Cependant, pour $t = 1$, la courbe se trouve au dessus de D. De même, une courbe qui traverse une droite au temps t_0 peut retraverser à d'autres instants.

Exemples.

1. La courbe $\gamma : \mathbb{R} \to \mathbb{R}^2$ définie par $\gamma(t) := (t, t^2)$ bute sur l'axe des abscisses au temps $t = 0$ et traverse toutes les autres droites passant par l'origine.
2. La définition que nous venons de donner ne couvre pas tous les cas de figure que l'on peut rencontrer. Considérons la courbe $\gamma : \mathbb{R} \to \mathbb{R}^2$ définie par $\gamma(0) := (0, 0)$ et pour $t \neq 0$, $\gamma(t) := \big(t, t\sin(\pi/t)\big)$. Au temps $t = 0$, cette courbe ne traverse pas l'axe des abscisses et ne bute pas non plus dessus.

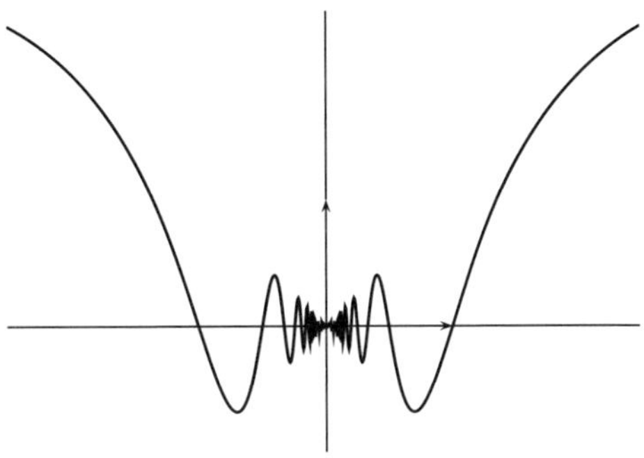

FIGURE III.2.5 –

Définition 8. Soient $\gamma : I \to \mathbb{R}^2$ une courbe paramétrée ayant une tangente D au temps $t_0 \in \overset{\circ}{I}$. La courbe paramétrée a

- un *point ordinaire* au temps t_0 si au temps t_0, la courbe bute sur la tangente et traverse toutes les autres droites qui passent par $\gamma(t_0)$;
- un *point d'inflexion* au temps t_0 si au temps t_0, la courbe traverse toutes les droites qui passent par $\gamma(t_0)$ (y compris la tangente) ;
- un *point de rebroussement de première espèce* au temps t_0 si au temps t_0, la courbe traverse la tangente et bute sur toutes les autres droites qui passent par $\gamma(t_0)$;
- un *point de rebroussement de seconde espèce* au temps t_0 si au temps t_0, la courbe bute sur toutes les droites qui passent par $\gamma(t_0)$ (y compris la tangente).

Remarque. Comme précédemment, les notions que nous venons d'introduire ne concernent que le comportement local de la courbe au voisinage du temps t_0. Par exemple, une courbe qui a un point ordinaire au temps t_0 peut traverser sa tangente en un temps $t_1 \neq t_0$.

Exemples.

1. La courbe paramétrée $\gamma_1 : \mathbb{R} \to \mathbb{R}^2$ définie par $\gamma_1(t) := (t, t^2)$ a des points ordinaires en tout temps $t \in \mathbb{R}$.
2. La courbe paramétrée $\gamma_2 : \mathbb{R} \to \mathbb{R}^2$ définie par $\gamma_2(t) := (t, t^3)$ a un point d'inflexion au temps $t = 0$. Les autres points sont des points ordinaires.

3. La courbe paramétrée $\gamma_3 : \mathbb{R} \to \mathbb{R}^2$ définie par $\gamma_3(t) := (t^2, t^3)$ a un point de rebroussement de première espèce au temps $t = 0$. Les autres points sont des points ordinaires.
4. La courbe paramétrée $\gamma_4 : \mathbb{R} \to \mathbb{R}^2$ définie par $\gamma_4(t) := (t^2, t^4 + t^5/2)$ a un point de rebroussement de seconde espèce au temps $t = 0$. Les autres points sont des points ordinaires.

Les quatre cas sont illustrés sur la figure III.2.6.

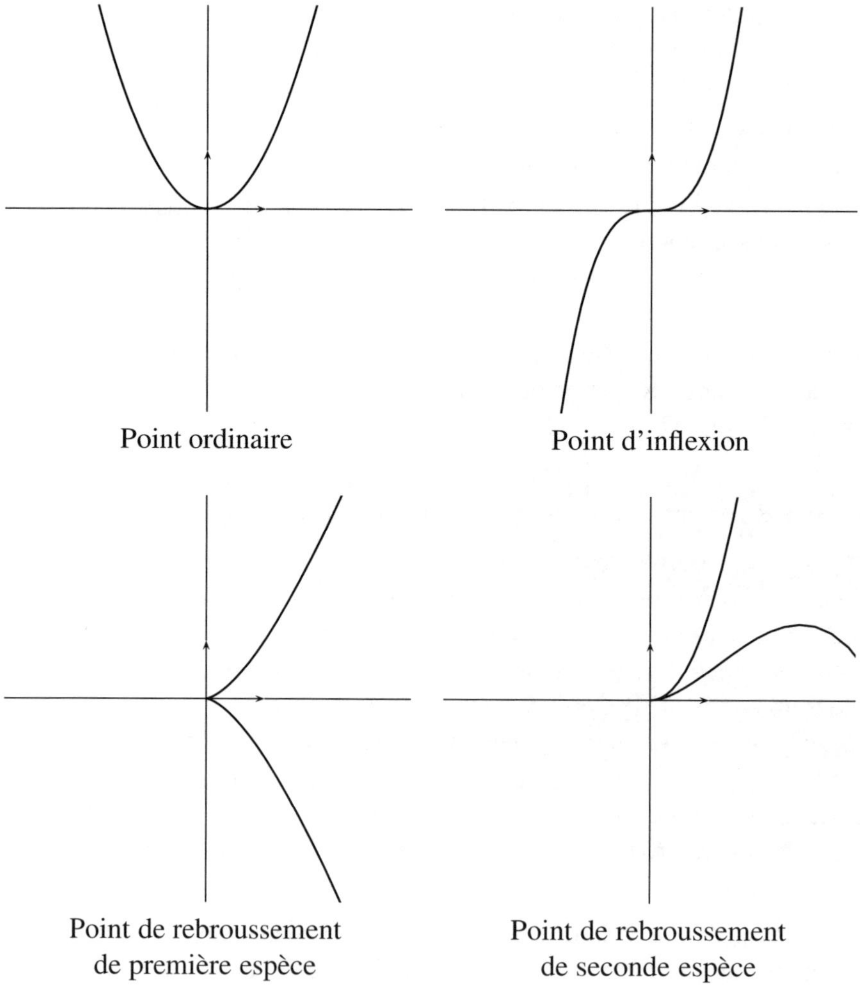

FIGURE III.2.6 –

Remarque. La définition que nous venons de donner ne couvre pas tous les cas de figure que l'on peut rencontrer. Par exemple, au temps $t = 0$, elle ne couvre pas le cas de la courbe $\gamma : \mathbb{R} \to \mathbb{R}^2$ définie par $\gamma(0) := (0,0)$ et $\gamma(t) := \big(t, t^2 \sin(1/t)\big)$ pour $t \neq 0$. Cependant, elle couvre la majorité des cas que nous rencontrerons.

Proposition 4. Supposons qu'il existe deux entiers $q > p \geqslant 2$ et deux vecteurs non colinéaires u_0 et v_0 tels que :

$$\gamma(t) = \gamma(t_0) + (t - t_0)^p \lambda(t) u_0 + (t - t_0)^q v_0 + (t - t_0)^q \varepsilon(t)$$

$$\text{avec} \quad \lambda(t) \underset{t \to t_0}{\longrightarrow} 1 \qquad \text{et} \qquad \varepsilon(t) \underset{t \to t_0}{\longrightarrow} (0,0).$$

- Si p est impair et q est pair, la courbe a un point ordinaire au temps t_0 ;
- si p est impair et q est impair, la courbe a un point d'inflexion au temps t_0 ;
- si p est pair et q est impair, la courbe a un point de rebroussement de première espèce au temps t_0 ;
- si p est pair et q est pair, la courbe a un point de rebroussement de seconde espèce au temps t_0.

Démonstration. D'abord, nous avons :

$$\gamma(t) = \gamma(t_0) + (t - t_0)^p \big(u_0 + \varepsilon_1(t)\big) \quad \text{avec} \quad \varepsilon_1(t) \underset{t \to t_0}{\longrightarrow} (0,0).$$

D'après la proposition 2 de la page 481, la courbe admet une tangente D dirigée par le vecteur u_0 au temps t_0. Soit $D' \neq D$ une droite passant par $\gamma(t_0)$. Le vecteur u_0 ne dirige pas la droite D'.

Si p est pair, $(t - t_0)^p \lambda(t)$ est positif pour $t \neq t_0$ suffisamment proche de t_0, le point $\gamma(t)$ est du même côté de la droite D' que le point $\gamma(t_0) + u_0$. Donc, la courbe bute sur la droite D'.

Si p est impair, $(t - t_0)^p \lambda(t)$ change de signe avec $t - t_0$. Pour $t > t_0$, le point $\gamma(t)$ est du même côté de D' que le point $\gamma(t_0) + u_0$ et pour $t < t_0$, le point $\gamma(t)$ est de l'autre côté de la droite D'. La courbe traverse donc la droite D'.

Ensuite :

$$\gamma(t) = \gamma(t_0) + u(t) + v(t)$$

où $u(t) = (t - t_0)^p \lambda(t)\, u_0$ et $v(t) = (t - t_0)^q \big(v_0 + \varepsilon(t)\big)$ avec $\varepsilon(t) \underset{t \to t_0}{\longrightarrow} (0,0)$. Le vecteur $u(t)$ est colinéaire à u_0. Le point $\gamma(t_0) + u(t)$ appartient donc à la tangente D.

Si q est pair, $(t - t_0)^q$ est positif et pour $t \neq t_0$ suffisamment proche de t_0, le point $\gamma(t)$ est du même côté de D que le point $\gamma(t_0) + v_0$. La courbe bute donc sur sa tangente.

Si q est impair, $(t - t_0)^q$ change de signe avec $t - t_0$. Pour $t > t_0$, le point $\gamma(t)$ est du même côté de D que le point $\gamma(t_0) + v_0$ et pour $t < t_0$, le point $\gamma(t)$ est de l'autre côté de D. La courbe traverse donc sa tangente. ∎

Définition 9. La courbe a un *point birégulier* au temps t_0 si γ est deux fois dérivable en t_0 et si $\gamma'(t_0)$ et $\gamma''(t_0)$ ne sont pas colinéaires, c'est-à-dire si $x'y'' - x''y' \neq 0$ avec $\gamma'(t_0) = (x', y')$ et $\gamma''(t_0) = (x'', y'')$.

Corollaire 5. Tout point birégulier est ordinaire.

Démonstration. D'après la formule de Taylor-Young (voir module IV.8) :

$$\gamma(t) = \gamma(t_0) + (t - t_0)\gamma'(t_0) + \frac{(t - t_0)^2}{2}\gamma''(t_0) + (t - t_0)^2\varepsilon(t)$$

avec $\varepsilon(t) \underset{t \to t_0}{\longrightarrow} (0,0)$.

Appliquer la proposition 4 de la page précédente avec $u_0 = \gamma'(t_0)$, $v_0 = \gamma''(t_0)/2$, $p = 1$ et $q = 2$. ■

Si la courbe paramétrée γ est de classe $\mathcal{C}^\infty$, nous pouvons obtenir le développement limité de la proposition 4 de la page précédente grâce à la formule de Taylor-Young. Il en résulte les deux corollaires suivants.

Corollaire 6. Supposons que γ soit de classe $\mathcal{C}^\infty$ et ait un point régulier au temps t_0. Soit $q \geqslant 2$ le plus petit entier tel que la $q^{\grave{e}me}$ dérivée $\gamma^{(q)}(t_0)$ ne soit pas colinéaire à $\gamma'(t_0)$ (on suppose qu'il existe un tel entier). Alors,
- si q est pair, la courbe paramétrée a un point ordinaire au temps t_0 ;
- si q est impair, la courbe paramétrée a un point d'inflexion au temps t_0.

Corollaire 7. Supposons que γ soit de classe $\mathcal{C}^\infty$. Soient $q > p \geqslant 1$ les deux plus petits entiers tel que $\gamma^{(p)}(t_0)$ et $\gamma^{(q)}(t_0)$ ne soient pas colinéaires (on suppose l'existence de deux tels entiers). Alors,
- Si p est impair et q est pair, la courbe a un point ordinaire au temps t_0 ;
- si p est impair et q est impair, la courbe a un point d'inflexion au temps t_0 ;
- si p est pair et q est impair, la courbe a un point de rebroussement de première espèce au temps t_0 ;
- si p est pair et q est pair, la courbe a un point de rebroussement de seconde espèce au temps t_0.

1.2.3 Comportement au bord de l'intervalle

Dans ce paragraphe, $\gamma : I \to \mathbb{R}^2$ est une courbe paramétrée et :

$$a \in \mathbb{R} \cup \{-\infty, +\infty\}$$

est une borne de l'intervalle I (il se peut que I soit ouvert en a).

Définition 10. Si $\gamma(t)$ tend vers $\gamma_0 \in \mathbb{R}^2$ quand t tend vers a, nous dirons que γ admet γ_0 comme *point d'arrêt* quand t tend vers a.
Si de plus, il existe un vecteur $u_0 \neq (0,0)$ et une fonction $\lambda : I \to \mathbb{R}$ tels que :

$$\gamma(t) = \gamma_0 + \lambda(t)u_0 + \lambda(t)\varepsilon(t) \quad \text{avec} \quad \varepsilon(t) \underset{t \to t_0}{\longrightarrow} (0,0),$$

nous dirons que la droite $D = \gamma_0 + \text{Vect}(u_0)$ est tangente à γ quand t tend vers a.

Exercice 3.
Étudier les points d'arrêt de la courbe $\gamma : [0, +\infty[\to \mathbb{R}^2$ définie par :

$$\gamma(t) = \left(\frac{1-t^2}{1+t^2}, \frac{1}{1+t} \right).$$

Solution. Elle admet $(1,1)$ comme point d'arrêt quand $t \to 0$ et $(-1,0)$ comme point d'arrêt quand $t \to +\infty$. La courbe admet des tangentes verticales quand $t \to 0$ et quand $t \to +\infty$.

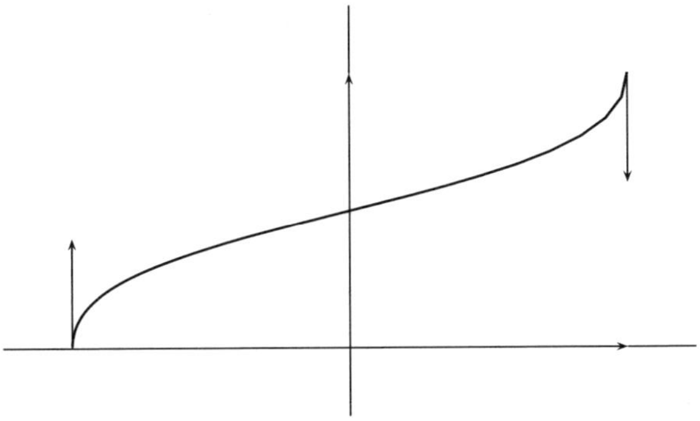

FIGURE III.2.7 –

Définition 11.
La courbe γ a une *branche infinie* quand t tend vers a si $\|\overrightarrow{O\gamma(t)}\| \underset{t \to a}{\longrightarrow} +\infty$.

Définition 12. Soit $u_0 \neq (0,0)$ un vecteur de $\mathbb{R}^2$. Quand t tend vers a, γ a une *direction asymptotique* dirigée par u_0 si :

$$\gamma(t) = \lambda(t)u_0 + \lambda(t)\varepsilon(t) \quad \text{avec} \quad |\lambda(t)| \underset{t \to a}{\longrightarrow} +\infty \quad \text{et} \quad \varepsilon(t) \underset{t \to t_0}{\longrightarrow} (0,0).$$

Définition 13. La courbe γ admet la droite $D = \gamma_0 + \text{Vect}(u_0)$ pour *asymptote* quand t tend vers a si :

$$\gamma(t) = \gamma_0 + \lambda(t) \cdot u_0 + \varepsilon(t) \quad \text{avec} \quad |\lambda(t)| \underset{t \to a}{\longrightarrow} +\infty \quad \text{et} \quad \varepsilon(t) \underset{t \to a}{\longrightarrow} (0,0).$$

Remarque. Si quand t tend vers a, γ a une asymptote dirigée par u_0, elle a une direction asymptotique dirigée par u_0. Si γ a une direction asymptotique dirigée par u_0, elle a une branche infinie.

Exemples.

1. La courbe paramétrée $\gamma : [0, +\infty[\to \mathbb{R}^2$ définie par :

$$\gamma(t) := (t\cos t, t\sin t)$$

admet une branche infinie quand $t \to +\infty$ mais pas de direction asymptotique (voir figure III.2.8).

2. La courbe paramétrée $\gamma :]0, +\infty[\to \mathbb{R}^2$ définie par $\gamma(t) := (t, 1/t)$ admet l'axe des ordonnées pour asymptote quand $t \to 0$ et l'axe des abscisses pour asymptote quand $t \to +\infty$.

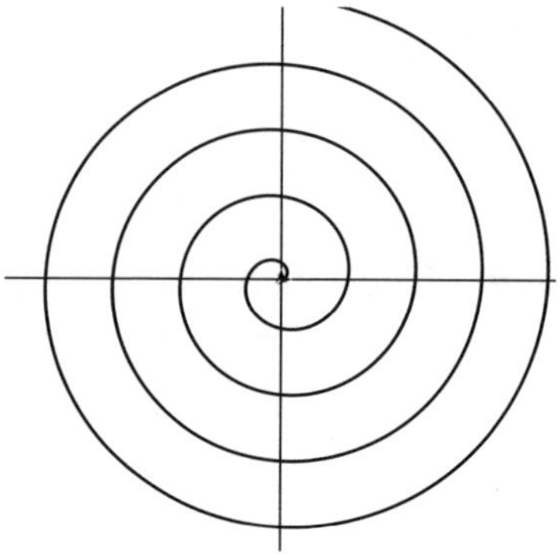

FIGURE III.2.8 –

1.3 Deux exemples

Dans ce paragraphe, nous allons présenter le plan d'étude d'une courbe paramétrée sur deux exemples. En général, on dispose de deux fonctions $x(t)$ et $y(t)$ et on souhaite tracer l'ensemble des points $M(t)$ de coordonnées $\big(x(t), y(t)\big)$. Les étapes seront essentiellement les suivantes.

1. Commencer par rechercher l'ensemble de définition commun aux fonctions x et y.
2. Essayer de réduire l'ensemble d'étude en utilisant les périodicités de x et de y, ainsi que leurs parités ou leurs symétries.
3. Dresser le tableau de variation des fonctions x et y.
4. Rechercher les points stationnaires et étudier l'allure de la courbe au voisinage de ces points.
5. Rechercher et étudier les points d'arrêt et les branches infinies.
6. Tracer la courbe.

Exercice 4.
Étudier et tracer la partie de $\mathbb{R}^2$ paramétrée par :

$$x = \cos(3t) \quad \text{et} \quad y = \sin(2t).$$

Solution.
Ensemble d'étude
Les fonctions $x : t \mapsto \cos(3t)$ et $y : t \mapsto \sin(2t)$ sont définies et continues sur $\mathbb{R}$. La fonction x est périodique de période $2\pi/3$ et la fonction y est périodique de période π. La plus petite période commune est 2π. Il nous suffit donc de tracer le support de la courbe $\gamma : I \to \mathbb{R}^2$ définie par $\gamma(t) := \big(\cos(3t), \sin(2t)\big)$, où I est un intervalle de longueur 2π.

La fonction x est paire : $x(-t) = x(t)$. La fonction y est impaire : $y(-t) = -y(t)$. On en déduit que le point de coordonnées (x, y) appartient au support de la courbe si, et seulement si, le point de coordonnées $(x, -y)$ appartient au support de la courbe. Nous pouvons donc restreindre l'ensemble d'étude à l'intervalle $[0, \pi]$. Nous tracerons le support de la restriction de la courbe à l'intervalle $[0, \pi]$, le reste du support s'obtenant par la symétrie $(x, y) \mapsto (x, -y)$, *i.e.* la symétrie par rapport à l'axe des abscisses.
Notons enfin que $x(\pi - t) = -x(t)$ et $y(\pi - t) = -y(t)$. Par conséquent, il nous suffit d'étudier la restriction de la courbe à l'intervalle $[0, \pi/2]$. Le support de la restriction à l'intervalle $[\pi/2, \pi]$ s'obtient alors par la transformation $(x, y) \mapsto (-x, -y)$, *i.e.* la symétrie centrale par rapport à $(0, 0)$. On obtient alors le reste du support en faisant la symétrie par rapport à l'axe des abscisses.

Tableau de variations

Dressons maintenant le tableau de variations des fonctions x et y sur l'intervalle $[0, \pi/2]$.

t	0		$\pi/4$		$\pi/3$		$\pi/2$
$x'(t) = -3\sin(3t)$	0	$-$		$-$	0	$+$	3
$x(t) = \cos(3t)$	1	$\searrow$	$-\sqrt{2}/2$	$\searrow$	-1	$\nearrow$	0
$y'(t) = 2\cos(2t)$	2	$+$	0	$-$		$-$	2
$y(t) = \sin(2t)$	0	$\nearrow$	1	$\searrow$	-1	$\searrow$	0

Points stationnaires

Les points sont tous des points réguliers puisque les dérivées de x et de y ne s'annulent jamais simultanément. Aux temps où la dérivée de x s'annule, il y a une tangente verticale, *i.e.* aux temps $t = 0$ avec $\gamma(0) = (1, 0)$ et au temps $t = \pi/3$ avec $\gamma(\pi/3) = (-1, -\sqrt{3}/2)$. Au temps où la dérivée de y s'annule, il y a une tangente horizontale, *i.e.* au temps $t = \pi/4$ avec $\gamma(\pi/4) = (-\sqrt{2}/2, 1)$.

Branches infinies

Les deux fonctions x et y sont bornées. Il n'y a donc pas de branche infinie.

Tracé de la courbe

On trace la restriction de la courbe à $t \in [0, \pi/2]$, puis son symétrique par rapport à $(0, 0)$, puis son symétrique par rapport à l'axe des abscisses (voir la figure III.2.9 de la page suivante).

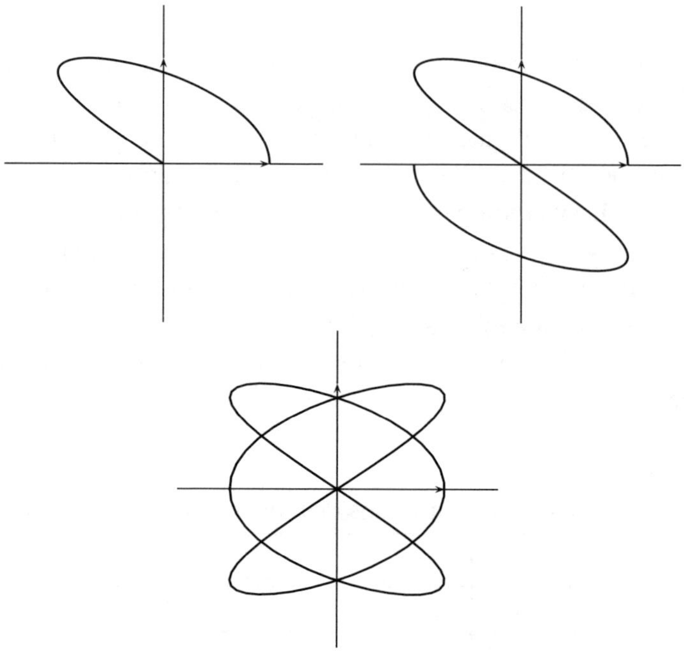

FIGURE III.2.9 –

Exercice 5.

Étudier et tracer la courbe paramétrée par :

$$x(t) = \frac{t^2}{t-1} \quad \text{et} \quad y(t) = \frac{(t-2)^2}{t^2-1}.$$

Solution.

Ensemble d'étude. L'ensemble de définition de la fonction x est $\mathbb{R} \setminus \{1\}$ et celui de la fonction y est $\mathbb{R}\setminus\{-1,1\}$. Nous sommes donc amenés à étudier non pas une courbe paramétrée, mais trois courbes paramétrées selon que $t \in]-\infty,-1[$, $t \in]-1,1[$ ou $t \in]1,+\infty[$. Les fonctions n'admettent pas de symétrie particulière, et nous ne pourrons pas réduire l'ensemble d'étude.

Tableau de variations. Le lecteur calculera :

$$x'(t) = \frac{t(t-2)}{(t-1)^2} \quad \text{et} \quad y'(t) = \frac{4(t-2)(t-1/2)}{(t^2-1)^2}.$$

t	$-\infty$		-1		0		$1/2$		1		2		$+\infty$
$x'(t)$		$+$		$+$	0	$-$		$-$	‖	$-$	0	$+$	
$x(t)$	$-\infty$	↗	$-1/2$	↗	0	↘	$-1/2$	↘	$-\infty$ ‖ $+\infty$	↘	4	↗	$+\infty$
$y'(t)$		$+$	‖	$+$		$+$	0	$-$	‖	$-$	0	$+$	
$y(t)$	1	↗	$+\infty$ ‖ $-\infty$	↗	-4	↗	3	↘	$-\infty$ ‖ $+\infty$	↘	0	↗	1

Points stationnaires
Le seul point où $x'(t)$ et $y'(t)$ s'annulent simultanément est $t = 2$. Il s'agit d'un point stationnaire. Pour étudier la nature de ce point stationnaire, on va faire un développement de Taylor :

$$\begin{pmatrix} x(t) \\ y(t) \end{pmatrix} = \begin{pmatrix} 4 \\ 0 \end{pmatrix} + (t-2)^2 \begin{pmatrix} 1 \\ 1/3 \end{pmatrix} + (t-2)^3 \begin{pmatrix} -1 \\ -4/9 \end{pmatrix} + (t-2)^3 \varepsilon(t)$$

avec $\varepsilon(t) \to (0,0)$ quand $t \to 2$. La courbe admet donc une tangente au temps $t = 2$: la droite passant par le point $(4,0)$ et dirigée par le vecteur $(1, 1/3)$. Le vecteur $(-1, -4/9)$ n'est pas colinéaire au vecteur $(1, 1/3)$. On peut donc appliquer la proposition 4 de la page 485 avec $p = 2$ et $q = 3$. La courbe a un point de rebroussement de première espèce au temps $t = 2$.

Branches infinies
Il y a quatre branches infinies : quand $t \to -\infty$, $t \to -1$, $t \to 1$ et $t \to +\infty$. Comme $y(t) \underset{t\to\pm\infty}{\longrightarrow} 1$, la droite horizontale d'équation $y = 1$ est asymptote à la courbe lorsque $t \to \pm\infty$. Comme $x(t) \underset{t\to-1}{\longrightarrow} -1/2$, la droite verticale d'équation $x = -1/2$ est donc asymptote à la courbe.
Il ne nous reste qu'à étudier la branche infinie lorsque $t \to 1$. Nous pouvons faire un développement asymptotique lorsque $t \to 1$:

$$\begin{pmatrix} x(t) \\ y(t) \end{pmatrix} = \frac{1}{t-1} \begin{pmatrix} 1 \\ 1/2 \end{pmatrix} + \begin{pmatrix} 2 \\ -5/4 \end{pmatrix} + \varepsilon(t)$$

avec $\varepsilon(t) \to (0,0)$ quand $t \to 1$. On voit donc que la droite passant par le point $(2, -5/4)$ et dirigée par le vecteur $(1, 1/2)$ est asymptote à la courbe quand $t \to 1$.

Tracé de la courbe

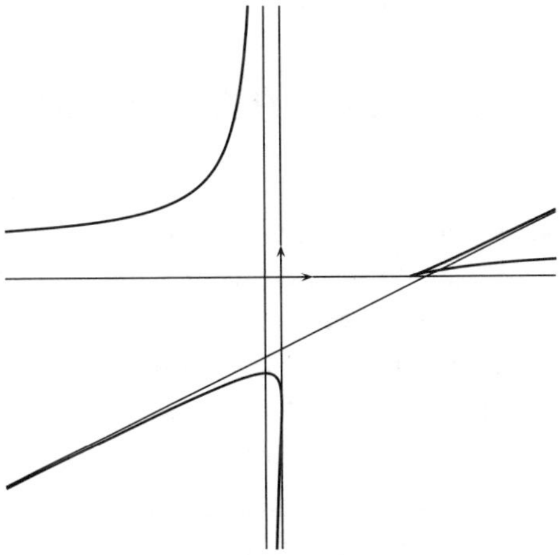

FIGURE III.2.10 –

Dans certains cas, nous pourrons être amenés à étudier d'autre points remarquables de la courbe : les points multiples.

Définition 14. Soit $\gamma : I \to \mathbb{R}^2$ une courbe paramétrée. Le point $M \in \gamma(I)$ est un *point multiple* s'il existe $t_1 \in I$ et $t_2 \in I$ avec $t_1 \neq t_2$ et $\gamma(t_1) = \gamma(t_2)$.

Exercice 6.

Montrer que la courbe $\gamma : \mathbb{R} \to \mathbb{R}^2$ définie par $\gamma(t) = (t^2 - 1, t^3 - t)$ a un point multiple.

Solution. Le point $(0,0)$ est un point multiple de la courbe γ, car :

$$\gamma(1) = \gamma(-1) = (0,0).$$

Attention, la définition que nous donnons de point multiple dépend du paramétrage de la courbe, pas seulement de son support.

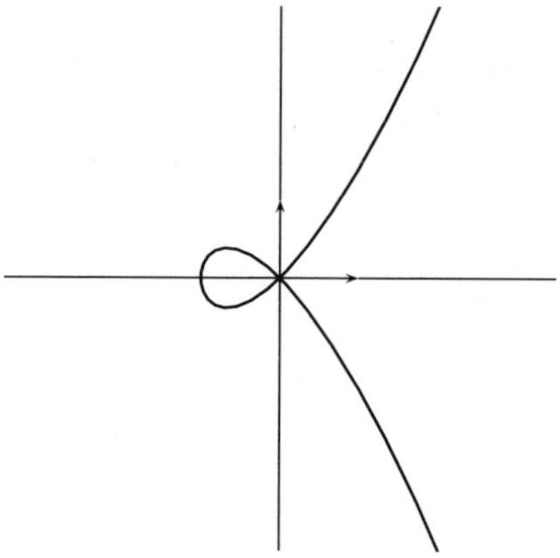

FIGURE III.2.11 –

Exemple. On peut paramétrer le cercle C de centre $(0,0)$ et de rayon 1 des deux manières suivantes :

- le premier paramétrage de C est donné par l'application $\gamma : \mathbb{R} \to \mathbb{R}^2$ définie par $\gamma(t) = (\cos t, \sin t)$;
- le second paramétrage de C est donné par la restriction de γ à l'intervalle $[0, 2\pi[$.

Dans les deux cas, le support de la courbe est le cercle C. Dans le second cas, le paramétrage est injectif et il n'y a aucun point multiple. Dans le premier cas, on a $\gamma(t + 2\pi) = \gamma(t)$ et tous les points de C sont des points multiples.

2 Courbes en coordonnées polaires

2.1 Définition

Un point du plan affine est généralement repéré par ses coordonnées cartésiennes : son abscisse x et son ordonnée y. Dans un repère orthonormé, il peut également être repéré par des couples (ρ, θ) tels que $x = \rho \cos \theta$ et $y = \rho \sin \theta$. Nous dirons alors que ρ et θ sont des coordonnées polaires du point. Attention, il se peut que ρ soit négatif.

Tout point du plan admet une infinité de coordonnées polaires. Par exemple, le point de coordonnées cartésiennes $(1,0)$ peut être repéré par les coordonnées polaires $\rho = 1$ et $\theta = \pi/2$. Il peut également être repéré par les coordonnées polaires $\rho = -1$ et $\theta = -\pi/2$, ou bien par $\rho = -1$ et $\theta = 3\pi/2$. Plus généralement, un même point peut avoir pour coordonnées polaires les couples (ρ, θ), $(\rho, \theta + 2\pi)$ et $(-\rho, \theta + \pi)$. L'origine O, de coordonnées cartésiennes $(0,0)$, joue un rôle particulier. Les coordonnées polaires de ce point sont de la forme $\rho = 0$ et $\theta \in \mathbb{R}$ quelconque.

La valeur absolue de ρ représente la distance du point à l'origine O du repère. Si ρ est positif, θ est égal, modulo 2π, à l'argument principal du point (x, y). Si ρ est négatif, θ diffère de cet argument principal de π modulo 2π.

Définition 15. Pour $\theta \in \mathbb{R}$, les vecteurs u_θ et v_θ sont les vecteurs :

$$u_\theta = (\cos\theta, \sin\theta) \quad \text{et} \quad v_\theta = (\sin\theta, -\cos\theta) = u_{\theta+\pi/2}.$$

Le repère orthonormé (O, u_θ, v_θ) est dit *repère mobile*.

Le point M de coordonnée polaires (ρ, θ) est le point $M = O + \rho(\theta)u_\theta$.
Les fonctions $\theta \mapsto u_\theta$ et $\theta \mapsto v_\theta$ sont des fonctions de classe $\mathcal{C}^\infty$ sur $\mathbb{R}$ et :

$$\frac{\mathrm{d}}{\mathrm{d}\theta}(u_\theta) = v_\theta \quad \text{et} \quad \frac{\mathrm{d}}{\mathrm{d}\theta}(v_\theta) = -u_\theta.$$

Définition 16. Une courbe paramétrée $\gamma : I \to \mathbb{R}^2$ est définie en *coordonnées polaires* par la fonction $\rho : I \to \mathbb{R}$ si ρ est une fonction continue et :

$$\gamma(\theta) = O + \rho(\theta) \cdot u_\theta = \big(\rho(\theta)\cos\theta, \rho(\theta)\sin\theta\big).$$

La fonction ρ peut prendre des valeurs positives ou des valeurs négatives. Le réel $|\rho(\theta)|$ est la distance de l'origine à $\gamma(\theta)$. Le point $\gamma(\theta)$ se trouve sur la droite passant par l'origine et dirigée par le vecteur u_θ. Si $\rho(\theta) > 0$, $\gamma(\theta)$ se trouve dans la même direction que le vecteur u_θ et si $\rho(\theta) < 0$, $\gamma(\theta)$ se trouve dans la direction opposée.

2.2 Tangente

Proposition 8. Soit $\rho : I \to \mathbb{R}$ une fonction de classe $\mathcal{C}^1$ et $\gamma : I \to \mathbb{R}^2$ la courbe paramétrée définie par ρ. Alors, γ est de classe $\mathcal{C}^1$. En tout temps $\theta \in \mathring{I}$ tel que $\rho(\theta) \neq 0$, la courbe γ a un point régulier et admet donc une tangente.

Démonstration. Si ρ est de classe $\mathcal{C}^1$, les fonctions $x : \theta \mapsto \rho(\theta)\cos\theta$ et $y : \theta \mapsto \rho(\theta)\sin\theta$ sont également de classe $\mathcal{C}^1$. En dérivant $\gamma(\theta) = O + \rho(\theta) \cdot u_\theta$ par rapport à θ, on obtient :

$$\gamma'(\theta) = \rho'(\theta) \cdot u_\theta + \rho(\theta) \cdot v_\theta.$$

Le vecteur vitesse $\gamma'(\theta)$ est donc nul si, et seulement si, $\rho(\theta) = \rho'(\theta) = 0$. ■

Dans la proposition précédente, nous avons requis que ρ soit une fonction de classe $\mathcal{C}^1$ tandis que dans la proposition suivante, nous ne la supposons que continue.

Proposition 9. Soit $\rho : I \to \mathbb{R}$ une fonction continue et $\gamma : I \to \mathbb{R}^2$ la courbe paramétrée définie par ρ. Supposons que $\theta_0 \in \overset{\circ}{I}$ est tel que $\rho(\theta_0) = 0$ et $\rho(\theta) \neq 0$ pour $\theta \neq \theta_0$ suffisamment proche de θ_0. Alors,

1. γ admet une tangente au temps θ_0 dirigée par le vecteur u_{θ_0} ;
2. si ρ change de signe avec $\theta - \theta_0$, γ a un point ordinaire au temps θ_0 ;
3. si ρ ne change pas de signe au voisinage de θ_0, γ a un point de rebroussement de première espèce au temps θ_0.

Démonstration. Observons tout d'abord que :

$$\gamma(\theta) = \gamma(\theta_0) + \rho(\theta) \cdot u_\theta = \gamma(\theta_0) + \rho(\theta) \cdot u_{\theta_0} + \rho(\theta)\varepsilon(\theta) \quad \text{avec} \quad \varepsilon(\theta) \underset{\theta \to \theta_0}{\longrightarrow} (0,0).$$

Cela démontre le point 1.

Ensuite, si $\rho(\theta) > 0$, l'argument principal de $\gamma(\theta)$ est égal à θ modulo 2π et si $\rho(\theta) < 0$, l'argument principal de $\gamma(\theta)$ est égal à $\theta + \pi$ modulo 2π. Si ρ change de signe avec $\theta - \theta_0$, la courbe doit traverser toutes les droites passant par $(0,0)$ sauf la tangente et γ a un point ordinaire au temps θ_0. Si ρ ne change pas de signe, γ traverse la tangente mais bute sur les autres droites passant pas $(0,0)$. Par conséquent, γ a un point de rebroussement de première espèce. ■

Exemple.

Soit $\rho : \mathbb{R} \to \mathbb{R}$ la fonction définie par $\rho(\theta) := \theta$. La courbe définie en coordonnées polaires par ρ admet une tangente horizontale et un point ordinaire au temps $\theta = 0$ (voir figure III.2.12).

Soit $\rho : \mathbb{R} \to \mathbb{R}$ la fonction définie par $\rho(\theta) := \sin^2(\theta/2)$. La courbe définie en coordonnées polaires par ρ est une cardioïde qui admet une tangente horizontale et un point de rebroussement de première espèce au temps $t = 0$ (voir figure III.2.13).

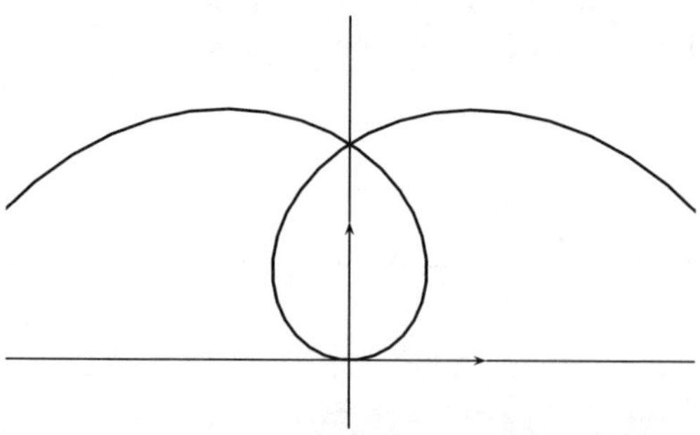

FIGURE III.2.12 –

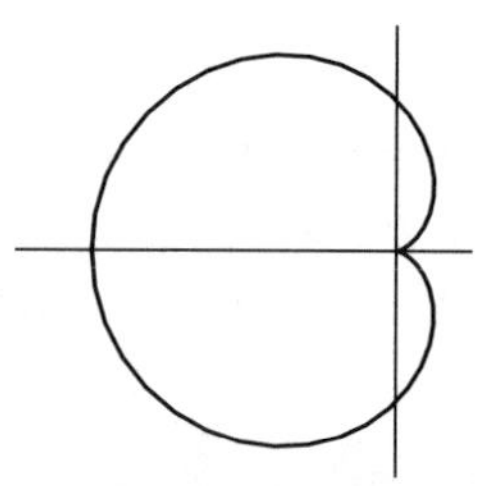

FIGURE III.2.13 –

2.3 Branches infinies

Étudions maintenant les branches infinies d'une courbe paramétrée définie en coordonnées polaires par une fonction continue $\rho : I \to \mathbb{R}$. Soit :

$$a \in \mathbb{R} \cup \{-\infty, +\infty\}$$

une borne de I. Tout d'abord, la courbe admet une branche infinie lorsque $\theta \to a$ si, et seulement si, $|\rho(\theta)| \to +\infty$ lorsque $\theta \to a$. Si $a = +\infty$ ou $a = -\infty$, il n'y a pas de direction asymptotique. Si $a \in \mathbb{R}$, la courbe a une direction asymptotique dirigée par u_a quand θ tend vers a. On va donc se placer dans le cas où $a \in \mathbb{R}$ et étudier l'existence éventuelle d'une asymptote.

Proposition 10.
La courbe admet une *asymptote* lorsque θ tend vers $a \in \mathbb{R}$ si, et seulement si :

$$\lim_{\theta \to a} |\rho(\theta)| = +\infty \quad \text{et} \quad \lim_{\theta \to a} \rho(\theta) \cdot (\theta - a) = k \in \mathbb{R}.$$

L'asymptote est la droite passant par le point $O + kv_a$ et dirigée par le vecteur u_a.

Démonstration. Puisque $\dfrac{\mathrm{d}}{\mathrm{d}\theta}(u_\theta) = v_\theta$, on a :

$$u_\theta = u_a + (u_\theta - u_a) = u_a + (\theta - a)v_a + (\theta - a)\varepsilon(\theta)$$

avec $\varepsilon(\theta) \underset{\theta \to a}{\longrightarrow} (0,0)$. Donc :

$$\gamma(\theta) = O + \rho(\theta) \cdot u_\theta = O + \rho(\theta)u_a + \rho(\theta) \cdot (\theta - a)v_a + \rho(\theta) \cdot (\theta - a)\varepsilon(\theta).$$

Le résultat suit aisément de la définition d'une asymptote. ■

3 Étude métrique d'une courbe plane

Dans tous ce paragraphe, nous supposons le plan muni d'un repère orthonormé.

3.1 Longueur d'une courbe

Définition 17. Étant donnée une courbe $\gamma : [a,b] \to \mathbb{R}^2$, la *longueur* $\ell(\gamma) \in \mathbb{R} \cup \{+\infty\}$ de γ est définie par :

$$\ell(\gamma) := \sup_{t_0 = a < t_1 < \cdots < t_n = b} \sum_{i=0}^{n-1} \left\| \overrightarrow{\gamma(t_i)\gamma(t_{i+1})} \right\|.$$

Nous dirons que $t_0 = a < t_1 < \cdots < t_n = b$ est une subdivision de $[a,b]$ et que la réunion des segments $[\gamma(t_i), \gamma(t_{i+1})]$ est une ligne polygonale inscrite. Nous venons de définir la longueur d'une courbe γ comme le supremum de toutes les longueurs des lignes polygonales inscrites.

Définition 18. La courbe $\gamma : [a,b] \to \mathbb{R}^2$ est *rectifiable* si sa longueur est finie.

Proposition 11. Considérons une courbe rectifiable $\gamma : [a,b] \to \mathbb{R}^2$ et un intervalle $[t_0, t_1] \subset [a,b]$. Alors :

$$\ell(\gamma_{|[t_0,t_1]}) \leqslant \ell(\gamma).$$

En particulier, la restriction de γ à l'intervalle $[t_0, t_1]$ est rectifiable.

Démonstration. À toute subdivision de $[t_0, t_1]$, nous pouvons ajouter (si nécessaire) les points a et b pour obtenir une subdivision de $[a,b]$. On en déduit que :

$$\ell(\gamma) \geqslant \left\|\overrightarrow{\gamma(a)\gamma(t_0)}\right\| + \ell(\gamma_{|[t_0,t_1]}) + \left\|\overrightarrow{\gamma(t_1)\gamma(b)}\right\|.$$

■

Proposition 12. Soit $\gamma : [a,b] \to \mathbb{R}^2$ une courbe de classe $\mathcal{C}^1$.
Alors, γ est rectifiable et :

$$\ell(\gamma) = \int_a^b \|\gamma'(t)\| \, \mathrm{d}t.$$

Démonstration. Considérons une subdivision $t_0 = a < t_1 < \cdots < t_n = b$. Comme :

$$\gamma(t_{i+1}) - \gamma(t_i) = \int_{t_i}^{t_{i+1}} \gamma'(t) \, \mathrm{d}t,$$

l'inégalité triangulaire (théorème 26 de la page 705) implique :

$$\left\|\overrightarrow{\gamma(t_i)\gamma(t_{i+1})}\right\| = \left\|\int_{t_i}^{t_{i+1}} \gamma'(t) \, \mathrm{d}t\right\| \leqslant \int_{t_i}^{t_{i+1}} \|\gamma'(t)\| \, \mathrm{d}t.$$

Par conséquent :

$$\sum_{i=0}^{n-1} \left\|\overrightarrow{\gamma(t_i)\gamma(t_{i+1})}\right\| \leqslant \int_a^b \|\gamma'(t)\| \, \mathrm{d}t \, ;$$

en passant au supremum sur toutes les subdivisions de $[a,b]$, nous obtenons :

$$\ell(\gamma) \leqslant \int_a^b \|\gamma'(t)\| \, \mathrm{d}t.$$

En particulier, la courbe est rectifiable.
Définissons maintenant une fonction $\varphi : [a,b] \to \mathbb{R}$ par :

$$(\forall t \in [a,b]) \quad \varphi(t) := \ell(\gamma_{|[a,t]}).$$

On a $\varphi(a) = 0$ et $\varphi(b) = \ell(\gamma)$. On va montrer que φ est dérivable de dérivée $\|\gamma'(t)\|$, ce qui conclura la preuve.
Dans l'encadrement suivant valable pour $h > 0$:

$$\frac{1}{h}\left\|\overrightarrow{\gamma(t)\gamma(t+h)}\right\| \leqslant \frac{\varphi(t+h) - \varphi(t)}{h} \leqslant \frac{1}{h}\int_t^{t+h} \|\gamma'(u)\| \, \mathrm{d}u,$$

le membre de gauche et le membre de droite ont la même limite quand $h \to 0$. Cette limite vaut $\|\gamma'(t)\|$, donc $\varphi'(t) = \|\gamma'(t)\|$. ■

Exemples.

1. Soit γ_0 un point quelconque du plan et v_0 un vecteur non nul de $\mathbb{R}^2$. Le support de la courbe $\gamma : [0,1] \to \mathbb{R}^2$ définie par $\gamma(t) := \gamma_0 + t \cdot v_0$ est le segment $[\gamma_0, \gamma_0 + v_0]$. La longueur de γ est :
$$\ell(\gamma) = \int_0^1 \|v_0\| \, \mathrm{d}t = \|v_0\|.$$
2. Le support de la courbe $\gamma : [0, 2\pi] \to \mathbb{R}^2$ définie par :
$$\gamma(t) := (x_0 + r\cos t, y_0 + r\sin t)$$
est le cercle de centre (x_0, y_0) et de rayon r. La longueur de γ est :
$$\ell(\gamma) = \int_0^{2\pi} \sqrt{(-r\sin t)^2 + (r\cos t)^2} \, \mathrm{d}t = 2\pi r.$$

Proposition 13. Soit $\gamma : [a,b] \to \mathbb{R}^2$ une courbe définie en coordonnées polaires par une fonction $\rho : [a,b] \to \mathbb{R}$ de classe $\mathcal{C}^1$. La longueur de γ est donnée par :
$$\ell(\gamma) = \int_a^b \sqrt{\rho^2 + (\rho')^2}\,(t) \, \mathrm{d}t.$$

Démonstration. Posons $x(t) = \rho(t)\cos t$ et $y(t) = \rho(t)\sin t$. Nous avons vu dans la démonstration de la proposition 8 de la page 493 que :
$$\gamma'(t) = \rho'(t) \cdot u_t + \rho(t) \cdot v_t.$$
Comme le repère $(0; u_t, v_t)$ est orthonormé, on a donc :
$$\|\gamma'\| = \sqrt{\rho^2 + (\rho')^2}.$$
Le résultat découle de la proposition 12 de la page précédente. ∎

3.2 Paramétrage normal

Nous allons maintenant montrer qu'une courbe régulière peut être reparamétrée de manière à la parcourir à vitesse constante égale à 1. Nous dirons alors qu'on a un paramétrage normal de la courbe ou bien que la courbe est paramétrée par une abscisse curviligne.
Rappelons que les homéomorphismes entre deux intervalles $I_1 \subset \mathbb{R}$ et $I_2 \subset \mathbb{R}$ sont strictement monotones : soit ils sont strictement croissants, soit ils sont strictement décroissants.

Définition 19. Deux courbes $\gamma_1 : I_1 \to \mathbb{R}^2$ et $\gamma_2 : I_2 \to \mathbb{R}^2$ représentent la même *courbe géométrique* s'il existe un homéomorphisme $h : I_1 \to I_2$ tel que $\gamma_2 = \gamma_1 \circ h$. On définit ainsi une relation d'équivalence sur les courbes paramétrées. Les classes d'équivalence sont appelées des courbes géométriques, et les représentants d'une courbe géométrique sont appelés des paramétrages de la courbe géométrique.
Si de plus h est croissant, nous dirons que γ_1 et γ_2 représentent la même courbe géométrique orientée. On définit ainsi une relation d'équivalence dont les classes d'équivalence sont appelées des *courbes géométriques orientées*.

Proposition 14. Si $\gamma_1 : [a_1, b_1] \to \mathbb{R}^2$ et $\gamma_2 : [a_2, b_2] \to \mathbb{R}^2$ représentent la même courbe géométrique, alors $\ell(\gamma_1) = \ell(\gamma_2)$.

Démonstration. Soit $t_0 = a_1 < t_1 \cdots < t_n = b_1$ une subdivision de $[a_1, b_1]$. Si $h(a_1) = a_2$, alors $h(t_0) = a_2 < h(t_1) < \cdots < h(t_n) = b_2$ est une subdivision de $[a_2, b_2]$. Il en découle aisément que :

$$\ell(\gamma_2) \geqslant \sum_{i=0}^{n-1} \left\| \overrightarrow{\gamma_2\big(h(t_i)\big)\gamma_2\big(h(t_{i+1})\big)} \right\| = \sum_{i=0}^{n-1} \left\| \overrightarrow{\gamma_1(t_i)\gamma_1(t_{i+1})} \right\|.$$

En passant au supremum sur toutes les subdivisions de $[a_1, b_1]$, nous obtenons :

$$\ell(\gamma_2) \geqslant \ell(\gamma_1).$$

Le problème étant symétrique par rapport à γ_1 et à γ_2, nous en déduisons que :

$$\ell(\gamma_2) = \ell(\gamma_1).$$

Si $h(a_1) = b_2$, alors $h(t_n) = a_2 < h(t_{n-1}) < \cdots < h(t_0) = b_2$ est une subdivision de $[a_2, b_2]$ et nous pouvons faire le même raisonnement que précédemment. ■

Définition 20. Soit $\gamma : I \to \mathbb{R}^2$ une courbe paramétrée. Une application $\varphi : I \to \mathbb{R}$ est une *abscisse curviligne* de γ si pour tout intervalle $[a, b] \subset I$:

$$\ell(\gamma_{|[a,b]}) = |\varphi(b) - \varphi(a)|.$$

Définition 21. Un paramétrage $\gamma : I \to \mathbb{R}^2$ d'une courbe géométrique est *normal* si pour tout intervalle $[a, b] \subset I$:

$$\ell(\gamma_{|[a,b]}) = b - a.$$

Remarque. Chaque fois que nous aurons à faire à un paramétrage normal $\gamma : I \to \mathbb{R}^2$, nous noterons $s \in I$ le paramètre. Par abus de langage, nous dirons que s est une abscisse curviligne. Nous dirons également que la courbe est paramétrée par une abscisse curviligne.

Proposition 15. Soit $\gamma : I \to \mathbb{R}^2$ une courbe de classe C^1. Alors, γ est un paramétrage normal si, et seulement si, pour tout $s \in I$:

$$\left\| \frac{\mathrm{d}}{\mathrm{d}s} \overrightarrow{O\gamma(s)} \right\| = \|\gamma'(s)\| = 1.$$

Démonstration. Si $\|\gamma'(s)\| = 1$, alors :

$$\ell(\gamma_{|[a,b]}) = \int_a^b \|\gamma'(s)\| \,\mathrm{d}s = b - a.$$

Réciproquement, si γ est un paramétrage normal d'une courbe géométrique, fixons $s_0 \in \mathring{I}$ et définissons $\varphi : I \to \mathbb{R}$ par :

$$\varphi(s) := \int_{s_0}^{s} \|\gamma'(u)\| \,\mathrm{d}u.$$

La fonction φ est dérivable de dérivée égale à $\|\gamma'(s)\|$. Pour $s > s_0$, nous avons :

$$\varphi(s) = \ell\big(\gamma_{|[s_0,s]}\big) = s - s_0$$

et donc $\|\gamma'(s_0)\| = \varphi'(s_0) = 1$. ■

Proposition 16. Toute courbe géométrique (orientée) admettant un paramétrage par une courbe régulière de classe $\mathcal{C}^1$, admet un paramétrage normal de classe $\mathcal{C}^1$.

Démonstration. Soit $\gamma : I \to \mathbb{R}^2$ un paramétrage de la courbe géométrique. Par hypothèse, nous pouvons supposer que γ est de classe $\mathcal{C}^1$ et que γ' ne s'annule pas sur I. Choisissons $t_0 \in I$ et définissons $\varphi : I \to \mathbb{R}$ par :

$$\varphi(t) := \int_{t_0}^{t} \|\gamma'(t)\| \,\mathrm{d}t.$$

Posons $J = \varphi(I)$. Nous allons montrer que $\varphi : I \to J$ est un difféomorphisme de classe $\mathcal{C}^1$ et que $\gamma_1 = \gamma \circ \varphi^{-1} : J \to \mathbb{R}^2$ est un paramétrage normal de la même courbe géométrique que γ.

L'application φ est de classe $\mathcal{C}^1$ et de dérivée :

$$\varphi'(t) = \|\gamma'(t)\| > 0.$$

Elle réalise donc un difféomorphisme croissant de classe $\mathcal{C}^1$ de I sur J.

En dérivant $\gamma(t) = \gamma_1 \circ \varphi(t)$, nous obtenons :

$$\gamma'(t) = \gamma_1'\big(\varphi(t)\big) \cdot \varphi'(t).$$

En prenant la norme de chaque côté, il s'en suit :

$$\|\gamma'(t)\| = \big\|\gamma_1'\big(\varphi(t)\big)\big\| \cdot \|\gamma'(t)\|.$$

Nous pouvons simplifier à gauche et à droite par $\|\gamma'(t)\|$ qui ne s'annule pas. Nous obtenons alors que pour tout $s = \varphi(t) \in J$, $\|\gamma_1'(s)\| = 1$. ■

Proposition 17. Si $\gamma_1 : J_1 \to \mathbb{R}^2$ et $\gamma_2 : J_2 \in \mathbb{R}^2$ sont deux paramétrages normaux de la même courbe géométrique, alors, il existe $\varepsilon \in \{+1, -1\}$ et $c \in \mathbb{R}$ tels que $s \in J_1$ si, et seulement si, $\varepsilon s + c \in J_2$ et $\gamma_1(s) = \gamma_2(\varepsilon s + c)$. Si de plus γ_1 et γ_2 représentent la même courbe géométrique orientée, alors $\varepsilon = +1$.

Démonstration. Comme γ_1 et γ_2 représentent la même courbe géométrique, il existe un homéomorphisme $\varphi : J_1 \to J_2$ tel que $\gamma_1 = \gamma_2 \circ \varphi$. Si $[a, b] \in I$ nous avons, d'après la proposition 14 de la page ci-contre :

$$\ell\left(\gamma_{2|_{\varphi([a,b])}}\right) = \ell\big(\gamma_{1|_{[a,b]}}\big). \tag{1}$$

Si φ est croissant, $\varphi\big([a,b]\big) = \big[\varphi(a), \varphi(b)\big]$ et donc l'égalité (1) devient :

$$\varphi(b) - \varphi(a) = b - a.$$

Si l'on fixe $t_0 \in I$, alors pour tout $t \in I$, nous aurons :

$$\varphi(t) - \varphi(t_0) = t - t_0 \quad \text{et donc} \quad \varphi(t) = t + \varphi(t_0) - t_0 = t + c.$$

Si φ est décroissant, $\varphi\big([a,b]\big) = \big[\varphi(b), \varphi(a)\big]$ et donc l'égalité (1) devient :

$$\varphi(a) - \varphi(b) = b - a.$$

Si l'on fixe $t_0 \in I$, alors pour tout $t \in I$, nous aurons :

$$\varphi(t) - \varphi(t_0) = t_0 - t \quad \text{et donc} \quad \varphi(t) = -t + \varphi(t_0) + t_0 = -t + c.$$

■

3.3 Courbure

Dans ce paragraphe, nous allons introduire une notion fondamentale dans l'étude géométrique des courbes : la courbure. La courbure en un point de la courbe traduit la rapidité à laquelle la courbe s'éloigne de sa tangente. Plus précisément, imaginons un point parcourant la courbe à vitesse constante égale à 1. Si la courbe dévie de sa tangente, le point subira une accélération. La courbure mesure cette accélération. Si le point se déplace en ligne droite, la courbure sera nulle. Plus la courbe dévie de sa tangente, plus la courbure sera grande. Si le plan est orienté, la courbure aura un signe : positif si la courbe tourne à gauche et négatif si la courbe tourne à droite.

Nous supposons maintenant le plan affine muni d'une orientation. Dans un premier temps, nous nous plaçons dans le cadre où $\gamma : I \to \mathbb{R}^2$ est un paramétrage normal de classe $\mathcal{C}^2$.

Définition 22. Le *repère de Serret-Frenet* de γ au temps $s \in I$ est le repère orthonormé $\big(\gamma(s), \overrightarrow{T}(s), \overrightarrow{N}(s)\big)$ où $\overrightarrow{T}(s) := \gamma'(s)$ et où $\overrightarrow{N}(s)$ est choisi de sorte que le repère soit orienté dans le sens direct.

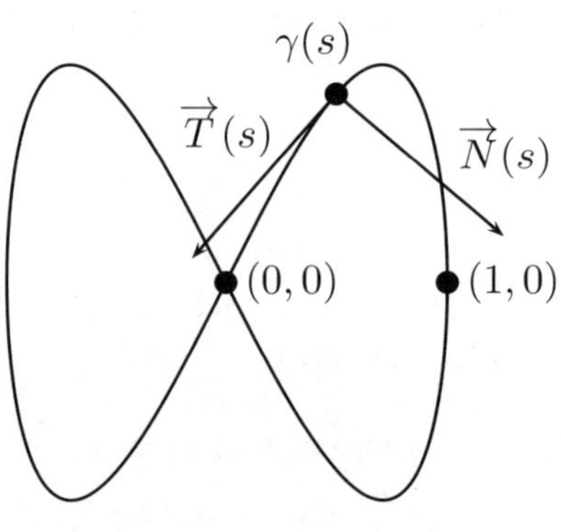

FIGURE III.2.14 – Le repère de Serret-Frenet au temps s.

Proposition 18. Il existe une fonction continue $\kappa : \overset{\circ}{I} \to \mathbb{R}$ telle que :

$$\overrightarrow{T}' = \kappa \cdot \overrightarrow{N}.$$

Démonstration. Comme γ est un paramétrage normal :

$$(\,\overrightarrow{T} \mid \overrightarrow{T}\,) = \|\gamma'\|^2 = 1.$$

En dérivant, nous obtenons :

$$2(\,\overrightarrow{T}' \mid \overrightarrow{T}\,) = 0,$$

ce qui montre que pour tout $s \in \overset{\circ}{I}$, le vecteur $\overrightarrow{T}(s)$ est colinéaire au vecteur $\overrightarrow{N}(s)$. Ceci montre l'existence de la fonction κ. Nous avons alors $\overrightarrow{T}' = \kappa \cdot \overrightarrow{N}$, et :

$$\kappa = (\,\overrightarrow{T}' \mid \overrightarrow{N}\,)$$

est donc une fonction continue. ■

Définition 23. La fonction $\kappa = (\,\overrightarrow{T}' \mid \overrightarrow{N}\,) : \overset{\circ}{I} \to \mathbb{R}$ est la *courbure algébrique* de γ. La courbure de γ est la fonction $|\kappa|$.

Proposition 19. Pour tout $s_0 \in \overset{\circ}{I}$:

$$\gamma(s) = \gamma(s_0) + (s - s_0)\overrightarrow{T}(s_0) + \frac{\kappa(s_0)}{2}(s - s_0)^2\overrightarrow{N}(s_0) + (s - s_0)^2\varepsilon(s)$$

avec $\varepsilon(s) \underset{s \to s_0}{\longrightarrow} (0, 0)$.

Démonstration. Il s'agit de faire un développement de Taylor à l'ordre 2. Au temps s_0, la courbe passe par $\gamma(s_0)$. Le vecteur vitesse est $\gamma'(s_0) = \overrightarrow{T}(s_0)$. Enfin :

$$\gamma''(s_0) = \overrightarrow{T}'(s_0) = \kappa(s_0) \cdot \overrightarrow{N}(s_0).$$

■

Remarque. Considérons la courbe compagnon :

$$s \mapsto \gamma(s_0) + (s - s_0)\overrightarrow{T}(s_0) + \frac{\kappa(s_0)}{2}(s - s_0)^2\overrightarrow{N}(s_0).$$

C'est la courbe représentative de la fonction $x \mapsto \kappa x^2/2$ dans le repère de Serret-Frenet au temps s_0. C'est une parabole. Plus $|\kappa|$ est grand, plus la parabole s'éloigne rapidement de sa tangente. Si l'on parcourt la courbe dans le sens des s croissants, en un point où la courbure est strictement positive, on tourne vers la gauche. En un point où la courbure est strictement négative, on tourne vers la droite.

Exemples.

1. Soit M un point de $\mathbb{R}^2$ et u un vecteur unitaire. La courbe paramétrée $\gamma : \mathbb{R} \to \mathbb{R}^2$ définie par $\gamma(s) := M + s \cdot u$ est un paramétrage normal. Le support de γ est une droite. La courbe algébrique de γ est la fonction nulle. En effet, $\overrightarrow{T} = u$ et $\overrightarrow{T}' = (0,0)$.

2. Soit (x_0, y_0) un point de $\mathbb{R}^2$ et $R > 0$ un réel. La courbe paramétrée $\gamma : \mathbb{R} \to \mathbb{R}^2$ définie par :
$$\gamma(s) := \big(x_0 + R\cos(s/R), y_0 + R\sin(s/R)\big)$$
est un paramétrage normal. Le support de γ est un cercle de rayon R. On a :
$$\overrightarrow{T} = \big(-\sin(s/R), \cos(s/R)\big), \quad \overrightarrow{N} = \big(-\cos(s/R), -\sin(s/R)\big)$$
et :
$$\overrightarrow{T}'(s) = \frac{1}{R} \cdot \big(-\cos(s/R), -\sin(s/R)\big) = \frac{1}{R} \cdot \overrightarrow{N}(s).$$
La courbure algébrique de γ est donc la fonction constante égale à $1/R$.

Proposition 20 (Formules de Serret-Frenet). Si $\gamma : I \to \mathbb{R}^2$ est un paramétrage normal de classe $\mathcal{C}^2$, si $\big(\gamma(s), \overrightarrow{T}(s), \overrightarrow{N}(s)\big)$ est le repère de Serret-Frenet au temps s et si $\kappa : \mathring{I} \to R$ est la courbure algébrique de γ, alors :
$$\begin{cases} \overrightarrow{T}' = \kappa \cdot \overrightarrow{N} \\ \overrightarrow{N}' = -\kappa \cdot \overrightarrow{T}. \end{cases}$$

Démonstration. Si $\gamma(s) = \big(x(s), y(s)\big)$, alors :
$$\overrightarrow{T} = (x', y') \quad \text{et} \quad \overrightarrow{N} = (-y', x').$$
Nous venons de voir dans la démonstration précédente que :
$$\overrightarrow{T}' = (x'', y'') = \kappa \cdot \overrightarrow{N} = (-\kappa y', \kappa x').$$
Nous avons donc :
$$\overrightarrow{N}' = (-y'', x'') = (-\kappa x', -\kappa y') = -\kappa \cdot \overrightarrow{T}.$$
■

Proposition 21. La courbe paramétrée γ a un point birégulier au temps s_0 si, et seulement si, $\kappa(s_0) \neq 0$.

Démonstration. Nous savons que $\gamma'(s_0) = \overrightarrow{T}(s_0)$ n'est pas nul et que le vecteur $\gamma''(s_0) = \kappa(s_0) \cdot \overrightarrow{N}(s_0)$ est orthogonal à $\gamma'(s_0)$. Par conséquent, les vecteurs $\gamma'(s_0)$ et $\gamma''(s_0)$ ne sont pas colinéaires si, et seulement si, $\gamma''(s_0) \neq (0,0)$, donc si, et seulement si, $\kappa(s_0) \neq 0$. ■

Corollaire 22. Si γ a un point d'inflexion au temps s_0, alors $\kappa(s_0) = 0$.

Démonstration. Un point birégulier est un point ordinaire. Si γ a un point d'inflexion au temps s_0, ce n'est pas un point birégulier et donc, $\kappa(s_0) = 0$. ■

Définition 24. Si γ a un point birégulier au temps s_0 (*i.e.* $\kappa(s_0) \neq 0$), $R(s_0) := 1/\kappa(s_0)$ est le *rayon de courbure* algébrique au temps s_0 et que le point $\gamma(s_0) + R(s_0) \cdot \overrightarrow{N}(s_0)$ est le *centre de courbure* au temps s_0. Le rayon de courbure de γ au temps s_0 est $|R(s_0)|$.

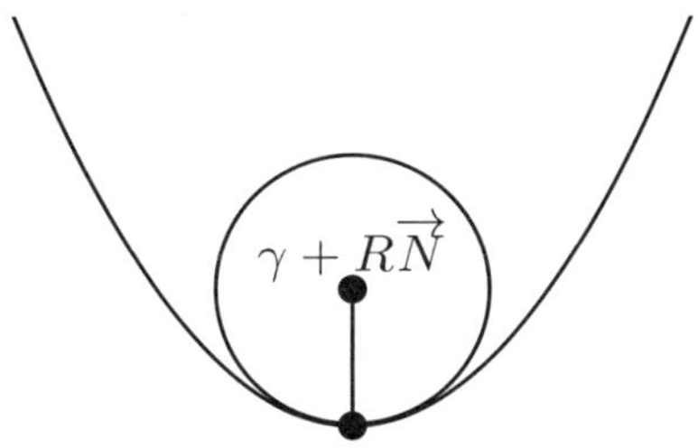

FIGURE III.2.15 –

Considérons maintenant une courbe régulière $\gamma : I \to \mathbb{R}^2$ de classe $\mathcal{C}^2$. Nous allons voir que nous pouvons encore définir le repère de Serret-Frenet, la courbure algébrique et la courbure, et en un point birégulier, le rayon de courbure algébrique, le rayon de courbure et le centre de courbure.

Définition 25. Le *repère de Serret-Frenet* de γ au temps $t \in I$ est le repère orthonormé $\big(\gamma(t); \overrightarrow{T}(t), \overrightarrow{N}(t)\big)$ où $\overrightarrow{T} = \gamma'/\|\gamma'\|$ et où $\overrightarrow{N}$ est choisi de sorte que le repère soit orienté dans le sens direct.

Soit maintenant $\gamma_1 : J_1 \to \mathbb{R}^2$ un paramétrage normal de la même courbe géométrique orientée que $\gamma : I \to \mathbb{R}^2$. Dans ce cas, il existe un homéomorphisme croissant (une abscisse curviligne) $\varphi : I \to J_1$ tel que $\gamma = \gamma_1 \circ \varphi$. Comme γ_1 est un paramétrage normal, nous pouvons définir la courbure algébrique $\kappa_1 : J_1 \to \mathbb{R}$ de γ_1.

Définition 26. La *courbure algébrique* de γ est la fonction $\kappa := \kappa_1 \circ \varphi : I \to \mathbb{R}$. La *courbure* de γ est la fonction $|\kappa| : I \to \mathbb{R}$.

Pour que cette définition ait un sens, il nous faut vérifier qu'elle ne dépend pas du choix du paramétrage normal γ_1. D'après la proposition 17 de la page 499, si $\gamma_2 : J_2 \to \mathbb{R}^2$ est un autre paramétrage normal de la même courbe géométrique orientée que γ, il existe une constante c telle que $s \in J_1$ si, et seulement si, $s + c \in J_2$ et $\gamma_1(s) = \gamma_2(s + c)$. Il s'en suit que :

$$\overrightarrow{T}_1(s) = \overrightarrow{T}_2(s + c), \quad \overrightarrow{N}_1(s) = \overrightarrow{N}_2(s + c)$$

et donc :

$$\kappa_1(s) = \left(\overrightarrow{T}'_1(s) \mid \overrightarrow{N}_1(s)\right) = \left(\overrightarrow{T}'_2(s+c) \mid \overrightarrow{N}_2(s+c)\right) = \kappa_2(s+c).$$

Proposition 23. La courbe paramétrée γ a un point birégulier au temps t_0 si, et seulement si, γ_1 a un point birégulier au temps $s_0 = \varphi(t_0)$.

Démonstration. En dérivant $\gamma = \gamma_1 \circ \varphi$, nous obtenons :

$$\gamma'(t_0) = \varphi'(t_0) \cdot \gamma_1'(s_0)$$

et :

$$\gamma''(t_0) = \left(\varphi'(t_0)\right)^2 \cdot \gamma_1''(s_0) + \varphi''(t_0) \cdot \gamma_1'(s_0)$$

avec $\varphi'(t_0) \neq 0$. Par conséquent, $\gamma'(t_0)$ et $\gamma''(t_0)$ sont colinéaires si, et seulement si, $\gamma_1'(s_0)$ et $\gamma_1''(s_0)$ sont colinéaires. ∎

Corollaire 24. Si γ a un point birégulier au temps $t_0 \in \overset{\circ}{I}$, alors $\kappa(t_0) \neq 0$.

La définition suivante a donc un sens.

Définition 27. Si γ a un point birégulier au temps $t_0 \in \overset{\circ}{I}$, $R(t_0) := 1/\kappa(t_0)$ est le rayon de courbure algébrique au temps t_0 et le point $\gamma(t_0) + R(t_0) \cdot \overrightarrow{N}(t_0)$ est le *centre de courbure* au temps t_0. Le *rayon de courbure* de γ au temps t_0 est $|R(t_0)|$.

Remarque. Ce rayon de courbure algébrique et ce centre de courbure coïncident avec le rayon de courbure algébrique et le centre de courbure de γ_1 au temps $s_0 = \varphi(t_0)$.

Nous terminerons ce paragraphe sur la courbure par une formule fondamentale qui montre que la courbure mesure la vitesse de rotation du vecteur unitaire tangent $\overrightarrow{T}$.

L'application $\overrightarrow{T} : I \to \mathbb{R}^2$ est une application de classe $\mathcal{C}^1$ et $\|\overrightarrow{T}\| \equiv 1$. Il existe donc une application $\alpha : I \to \mathbb{R}$ de classe $\mathcal{C}^1$ telle que :

$$\overrightarrow{T} = \cos\alpha\vec{\imath} + \sin\alpha\vec{\jmath}.$$

Proposition 25. Si $\gamma : I \to \mathbb{R}$ est une courbe de classe $\mathcal{C}^2$, si $s : I \to \mathbb{R}$ est une abscisse curviligne croissante et si $\alpha : I \to \mathbb{R}$ est une application de classe $\mathcal{C}^1$ telle que $\overrightarrow{T} = \cos\alpha\vec{\imath} + \sin\alpha\vec{\jmath}$, alors la courbure algébrique $\kappa : \overset{\circ}{I} \to \mathbb{R}$ est donnée par :

$$\kappa(t) = \frac{\alpha'(t)}{s'(t)}.$$

En particulier, si γ est un paramétrage normal d'abscisse curviligne s, alors :

$$\kappa = \frac{\mathrm{d}\alpha}{\mathrm{d}s}.$$

Démonstration. Soit $s : I \to \mathbb{R}$ une abscisse curviligne croissante. Alors, $\gamma_1 := \gamma \circ s$ est un paramétrage normal paramétrant la même courbe géométrique orientée que γ. On a donc :

$$\overrightarrow{T} = \overrightarrow{T}_1 \circ s, \quad \overrightarrow{N} = \overrightarrow{N}_1 \circ s, \quad \kappa = \kappa_1 \circ s \quad \text{et} \quad \overrightarrow{T}'_1 = \kappa_1 \cdot \overrightarrow{N}_1.$$

En dérivant $\overrightarrow{T} = \cos\alpha\vec{\imath} + \sin\alpha\vec{\jmath}$, on obtient :

$$\overrightarrow{T}' = (-\sin\alpha\vec{\imath} + \cos\alpha\vec{\jmath}) \cdot \alpha' = \alpha' \cdot \overrightarrow{N}.$$

Par conséquent :

$$\alpha' \cdot \overrightarrow{N} = \overrightarrow{T}'_1 \circ s \cdot s' = (\kappa_1 \cdot \overrightarrow{N}_1) \circ s \cdot s' = \kappa s' \cdot \overrightarrow{N}.$$

D'où $\alpha' = \kappa s'$. ∎

3.4 Théorème fondamental

L'un des intérêts majeurs de la courbure algébrique d'une courbe régulière γ est que cette quantité décrit bien la géométrie de la courbe :

- si la courbure algébrique est positive, la courbe « tourne à gauche » ;
- si la courbure algébrique est négative, la courbe « tourne à droite » ;
- plus la courbure est grande, plus la courbe « tourne vite ».

On peut donc s'imaginer pouvoir tracer la courbe en ne connaissant que sa courbure. C'est essentiellement ce que dit le théorème suivant. Cette démonstration est basée sur le théorème de Cauchy-Lipschitz qui ne sera démontré que dans le deuxième tome. En particulier, nous utiliserons le résultat suivant.

Si $A : I \to M_n(\mathbb{R})$ est une application continue, alors pour tout $t_0 \in I$ et tout $Y_0 \in \mathbb{R}^n$, l'équation différentielle $Y' = A(t) \cdot Y$ admet une unique solution maximale $f : J \to \mathbb{R}^n$ définie sur un intervalle $J \subset I$ contenant t_0 et vérifiant $f(t_0) = Y_0$. Si de plus, cette solution est bornée, alors $I = J$.

Théorème 26. Étant donnés une fonction continue $\kappa : I \to \mathbb{R}$, un temps $s_0 \in \mathring{I}$, un point $\gamma_0 \in \mathbb{R}^2$ et un vecteur $u_0 \in \mathbb{R}^2$ de norme $\|u_0\| = 1$, il existe un unique paramétrage normal $\gamma : I \to \mathbb{R}^2$ de classe $\mathcal{C}^2$, de courbure κ, telle que $\gamma(s_0) = \gamma_0$ et $\gamma'(s_0) = u_0$.

Démonstration.

Existence d'une solution. Soit v_0 l'unique vecteur de $\mathbb{R}^2$ tel que (u_0, v_0) soit une base orthonormée directe de $\mathbb{R}^2$.

Considérons la solution maximale $s \mapsto (\overrightarrow{T}(s), \overrightarrow{N}(s)) \in \mathbb{R}^2 \times \mathbb{R}^2$ de l'équation différentielle linéaire à coefficients continus :

$$Y' = \begin{pmatrix} 0 & \kappa(s) \\ \kappa(s) & 0 \end{pmatrix} \cdot Y$$

qui vérifie les conditions initiales $\overrightarrow{T}(s_0) = u_0$ et $\overrightarrow{N}(s_0) = v_0$. Cette solution n'est *a priori* définie que dans un voisinage J de s_0.

Lemme 27. Pour tout $s \in J$, $\big(\overrightarrow{T}(s), \overrightarrow{N}(s)\big)$ est une base orthonormée directe de $\mathbb{R}^2$.

Démonstration. Considérons la fonction vectorielle :
$$G := \big((\overrightarrow{T} \mid \overrightarrow{T}), (\overrightarrow{T} \mid \overrightarrow{N}), (\overrightarrow{N} \mid \overrightarrow{N})\big).$$
Alors, G est solution de l'équation différentielle linéaire à coefficients continus :
$$Y' = \begin{pmatrix} 0 & 2\kappa(s) & 0 \\ -\kappa(s) & 0 & \kappa(s) \\ 0 & -2\kappa(s) & 0 \end{pmatrix} \cdot Y.$$
Il y a une unique solution telle que $G(s_0) = (1,0,1)$. La fonction constante égale à $(1,0,1)$ est solution. Donc, pour tout $s \in J$, $G(s) = (1,0,1)$. Cela montre que la base $\big(\overrightarrow{T}(s), \overrightarrow{N}(s)\big)$ est orthonormée.

Le déterminant de la matrice $\big(\overrightarrow{T}(s), \overrightarrow{N}(s)\big)$ est une fonction continue qui ne peut prendre que les valeurs $+1$ ou -1 et prend la valeur $+1$ en s_0. Elle est donc constante égale à $+1$, et la base $\big(\overrightarrow{T}(s), \overrightarrow{N}(s)\big)$ est orthonormée directe. ■

Comme la longueur du vecteur $\big(\overrightarrow{T}(s), \overrightarrow{N}(s)\big)$ est bornée sur J (en fait constante égale à $\sqrt{2}$), la solution maximale est définie sur I, *i.e.* $J = I$. Définissons $\gamma : I \to \mathbb{R}^2$ par :
$$\gamma(s) := \gamma_0 + \int_{s_0}^{s} \overrightarrow{T}(t)\,\mathrm{d}t.$$
Alors, γ est un paramétrage normal de courbure algébrique κ. En effet, comme $\overrightarrow{T}' = \kappa \cdot \overrightarrow{N}$, la fonction $\overrightarrow{T}$ est de classe $\mathcal{C}^1$. La primitive γ est donc de classe $\mathcal{C}^2$. De plus, comme $\overrightarrow{T}(s) = \gamma'(s)$,

- $\|\gamma'(s)\| = 1$, ce qui montre que la courbe γ est un paramétrage normal ;
- le repère de Serret-Frenet de γ au temps s est $\big(\gamma(s), \overrightarrow{T}(s), \overrightarrow{N}(s)\big)$;
- $\overrightarrow{T}' = \kappa \cdot \overrightarrow{N}$.

Cela montre que κ est la courbure de γ.

<u>Unicité de la solution</u>. Supposons qu'il existe deux paramétrages normaux $\gamma : I \to \mathbb{R}^2$ et $\gamma_2 : I \to \mathbb{R}^2$ de classe $\mathcal{C}^2$, de courbure κ, telles que $\gamma_1(s_0) = \gamma_2(s_0) = \gamma_0$, et $\gamma_1'(s_0) = \gamma_2'(s_0) = u_0$. Soient $(\gamma_1, \overrightarrow{T}_1, \overrightarrow{N}_1)$ et $(\gamma_2, \overrightarrow{T}_2, \overrightarrow{N}_2)$ les repères de Serret-Frenet associés. Considérons la fonction :
$$f := (\overrightarrow{T}_1 \mid \overrightarrow{T}_2) + (\overrightarrow{N}_1 \mid \overrightarrow{N}_2) : \overset{\circ}{I} \to \mathbb{R}.$$
Alors, $f(s_0) = (u_0 \mid u_0) + (v_0 \mid v_0) = 2$ et
$$\begin{aligned} f' &= (\overrightarrow{T}_1' \mid \overrightarrow{T}_2) + (\overrightarrow{T}_1 \mid \overrightarrow{T}_2') + (\overrightarrow{N}_1' \mid \overrightarrow{N}_2) + (\overrightarrow{N}_1 \mid \overrightarrow{N}_2') \\ &= \kappa(\overrightarrow{N}_1 \mid \overrightarrow{T}_2) + \kappa(\overrightarrow{T}_1 \mid \overrightarrow{N}_2) - \kappa(\overrightarrow{T}_1 \mid \overrightarrow{N}_2) - \kappa(\overrightarrow{N}_1 \mid \overrightarrow{T}_2) \\ &= 0. \end{aligned}$$

Par conséquent, la fonction f est constante égale à 2. Comme $\vec{T}_1$, $\vec{T}_2$, $\vec{N}_1$ et $\vec{N}_2$ sont des vecteurs unitaires, $(\vec{T}_1 \mid \vec{T}_2) \leqslant 1$ et $(\vec{N}_1 \mid \vec{N}_2) \leqslant 1$ avec égalité si, et seulement si, $\vec{T}_1 = \vec{T}_2$ et $\vec{N}_1 = \vec{N}_2$. Par conséquent, $\vec{T}_1 = \vec{T}_2$ et :

$$\gamma_1(s) = \gamma_0 + \int_{s_0}^{s} \vec{T}_1(t)\,\mathrm{d}t = \gamma_0 + \int_{s_0}^{s} \vec{T}_2(t)\,\mathrm{d}t = \gamma_2(s).$$

■

Exemple. Le support d'une courbe paramétrée de courbure constante égale à 0 est contenue dans une droite. Le support d'une courbe paramétrée de courbure constante égale à $1/R$ est contenue dans un cercle de rayon R.

4 Courbes de l'espace

Nous allons maintenant nous intéresser aux courbes de l'espace affine $\mathbb{R}^3$. Il s'agit d'une généralisation de ce que nous venons d'étudier pour les courbes planes. Nous introduirons les notions de tangentes et de plan osculateur. Puis nous étudierons les propriétés métriques des courbes de l'espace. En particulier, nous introduirons la notion de courbure d'une courbe de l'espace, puis une nouvelle notion : celle de torsion.

Définition 28. Une *courbe paramétrée* de $\mathbb{R}^3$ est une application continue $\gamma : I \to \mathbb{R}^3$ où $I \subset \mathbb{R}$ est un intervalle non réduit à un point. La courbe $C = \gamma(I)$ est appelée le *support* de γ.

Exemples.

1. Le support de la courbe paramétrée $\gamma : \mathbb{R} \to \mathbb{R}^3$ définie par :

$$\gamma(t) := (x_0 + tu, y_0 + tv, z_0 + tw)$$

est la droite de $\mathbb{R}^3$ passant par le point (x_0, y_0, z_0) et dirigée par le vecteur (u, v, w).

2. Le support de la courbe paramétrée $\gamma : \mathbb{R} \to \mathbb{R}^3$ définie par :

$$\gamma(t) := (r\cos t, r\sin t, at)$$

avec $r > 0$ et $a > 0$ est une hélice circulaire (voir figure III.2.16).

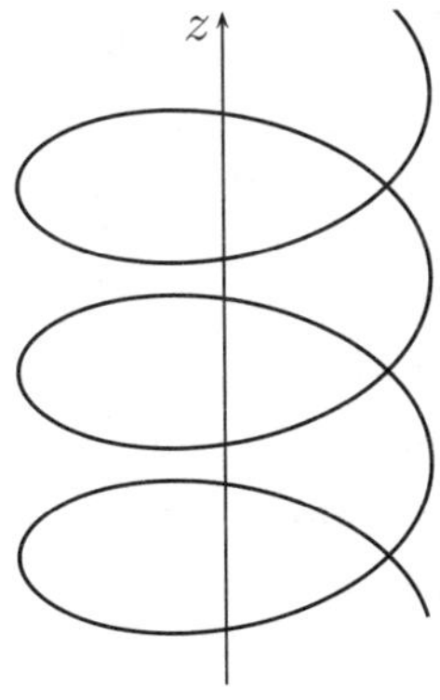

FIGURE III.2.16 –

Comme dans le cas des courbes planes, une courbe $\gamma : I \to \mathbb{R}^3$ est dérivable, de classe $\mathcal{C}^k$ ou de classe $\mathcal{C}^\infty$ suivant que γ est une application dérivable, de classe $\mathcal{C}^k$ ou de classe $\mathcal{C}^\infty$. Une courbe régulière est une courbe paramétrée dérivable dont la dérivée ne s'annule pas.

4.1 Tangente et plan osculateur

Dans ce paragraphe, nous étudions le comportement de la courbe de l'espace $\gamma : I \to \mathbb{R}^3$ lorsque le paramètre t tend vers $t_0 \in \overset{\circ}{I}$. Nous supposerons que le support de la courbe n'est pas contenu dans une droite.

La définition d'une tangente pour une courbe de l'espace est la même que pour une courbe plane.

Définition 29 (Tangente).
La droite $D = \gamma(t_0) + \text{Vect}(u_0)$ est tangente à γ au temps t_0 si :

$$\gamma(t) = \gamma(t_0) + \lambda(t)u_0 + \lambda(t)\varepsilon(t) \quad \text{avec} \quad \varepsilon(t) \underset{t \to t_0}{\longrightarrow} (0,0,0).$$

Nous allons maintenant introduire la notion de plan osculateur. Il s'agit du plan qui « approche le mieux » la courbe au temps t_0.

Définition 30 (Plan osculateur).
Le plan $P = \gamma(t_0) + \text{Vect}(u_0, v_0)$ est osculateur à γ au temps t_0 si

- γ admet une tangente dirigée par u_0 au temps t_0 et
- $\gamma(t) = \gamma_0 + \alpha(t)u_0 + \beta(t)v_0 + \beta(t)\varepsilon_1(t)$ avec $\beta(t) = \alpha(t)\varepsilon_2(t)$, $\varepsilon_1(t) \underset{t \to t_0}{\longrightarrow} (0,0,0)$ et $\varepsilon_2(t) \underset{t \to t_0}{\longrightarrow} (0,0,0)$.

***Remarque*.** Si γ est une courbe contenue dans un plan P et si γ admet une tangente au temps t_0, alors P est osculateur à γ au temps t_0. Cependant, selon la définition que nous venons de donner, une courbe ayant un plan osculateur admet nécessairement une tangente. Il existe donc des courbes planes qui n'ont pas de plan osculateur.

Exercice 7.
Déterminer le plan osculateur à la courbe paramétrée $\gamma : \mathbb{R} \to \mathbb{R}$ définie par $\gamma(t) = (t, t^2, t^3)$ au temps $t = 0$.

Solution. C'est le plan horizontal d'équation $z = 0$ car :

$$\gamma(t) = O + t\vec{\imath} + t^2\vec{\jmath} + t^2\varepsilon(t)$$

avec $\varepsilon(t) = t\vec{k} \underset{t \to 0}{\longrightarrow} \vec{0}$.

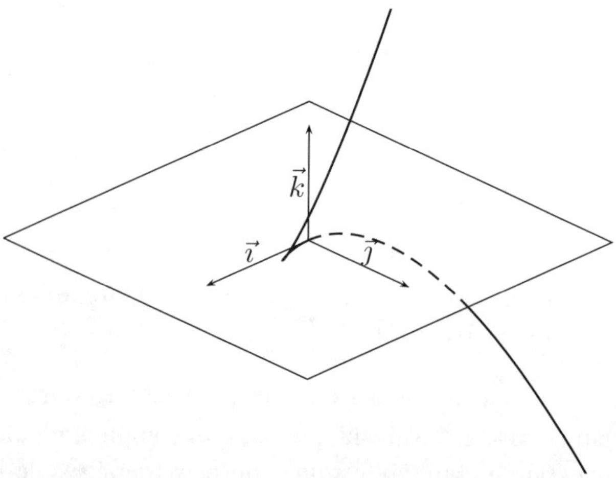

Nous avons alors une proposition analogue à la proposition 2 de la page 481.

Proposition 28. Supposons qu'il existe des entiers $q > p \geqslant 1$ et des vecteurs u_0 et v_0 non colinéaires tels que :

$$\gamma(t) = \gamma(t_0) + (t-t_0)^p\lambda(t)u_0 + (t-t_0)^q v_0 + (t-t_0)^q\varepsilon(t) \quad \text{avec}$$

$$\lambda(t) \underset{t\to t_0}{\longrightarrow} 1 \qquad \varepsilon(t) \underset{t\to t_0}{\longrightarrow} (0,0,0).$$

Alors, la droite $D = \gamma(t_0) + \operatorname{Vect}(u_0)$ est tangente à γ au temps t_0 et le plan $P = \gamma(t_0) + \operatorname{Vect}(u_0, v_0)$ est osculateur à γ au temps t_0.

Démonstration. Il suffit de revenir aux définitions de tangente et de plan osculateur en posant $\alpha(t) = (t-t_0)^p$ et $\beta(t) = (t-t_0)^q$. ∎

Définition 31. Une courbe dérivable γ a un *point régulier* au temps t_0 si $\gamma'(t_0) \neq (0,0,0)$. Si de plus γ est deux fois dérivable et si $\gamma'(t_0)$ et $\gamma''(t_0)$ ne sont pas colinéaires, γ a un *point birégulier* au temps t_0.

Corollaire 29. Si γ a un point birégulier au temps t_0, γ admet pour plan osculateur $P = \gamma(t_0) + \operatorname{Vect}\big(\gamma'(t_0), \gamma''(t_0)\big)$ au temps t_0.

Les notions de longueur et de paramétrage normal définies dans le cadre des courbes planes restent valides dans le cas des courbes de l'espace. Nous rappelons les définitions et les propriétés les plus importantes, sans en donner les démonstrations qui sont en tous points analogues à celles du paragraphe 3.

Tout d'abord, la longueur d'une courbe est définie comme le supremum des longueurs des lignes polygonales inscrites :

$$\ell(\gamma) = \sup_{t_0=a<t_1<\cdots<t_n=b} \sum_{i=0}^{n-1} \left\| \overrightarrow{\gamma(t_i)\gamma(t_{i+1})} \right\|.$$

Les notions de courbes géométriques (respectivement courbes géométriques orientées) sont analogues. Ce sont les classes d'équivalence pour la relation $\gamma_1 : I_1 \to \mathbb{R}^3$ est équivalente à $\gamma_2 : I_2 \to \mathbb{R}^3$ si, et seulement s'il existe un homéomorphisme (respectivement un homéomorphisme croissant) $h : I_1 \to I_2$ tel que $\gamma_1 = \gamma_2 \circ h$. Les représentants d'une courbe géométrique sont appelés les paramétrages de la courbe.

Un paramétrage $\gamma : I \to \mathbb{R}^3$ d'une courbe géométrique est normal si, et seulement si, pour tout intervalle $[a,b] \subset I$, $\ell\big(\gamma_{|[a,b]}\big) = b - a$.

Si $\gamma : I \to \mathbb{R}^3$ est une courbe de classe $\mathcal{C}^1$, alors γ est un paramétrage normal d'une courbe géométrique si, et seulement si, pour tout $s \in I$, $\|\gamma'(s)\| = 1$.

Toute courbe géométrique (orientée) admettant un paramétrage par une courbe régulière de classe $\mathcal{C}^1$, admet un paramétrage normal de classe $\mathcal{C}^1$.

4.2 Courbure, torsion

Le but de ce paragraphe est de définir les notions de courbure et de torsion pour une courbe géométrique de l'espace. Nous supposerons que l'espace affine est orienté. Nous ferons l'hypothèse que la courbe admet un paramétrage normal $\gamma : I \to \mathbb{R}^3$ de classe $\mathcal{C}^3$. Le lecteur vérifiera que comme dans le paragraphe 3.3, les définitions ne dépendent pas du paramétrage normal de la courbe géométrique.

Dans le cas d'une courbe de l'espace, comme dans le cas d'une courbe plane, la courbure mesure la rapidité à laquelle une courbe s'éloigne de sa tangente. Cependant, dans le cas d'une courbe de l'espace, il n'est plus possible de distinguer si un point se déplaçant le long de la courbe tourne vers la droite, le haut, la gauche ou le bas. On ne peut donc plus attribuer de signe à la courbure, *i.e.* on ne peut plus parler de courbure algébrique.

Définition 32. La *courbure* d'un paramétrage normal $\gamma : I \to \mathbb{R}$ est la fonction continue $\kappa = \|\gamma''\| : \mathring{I} \to \mathbb{R}$.

Comme dans le cas d'une courbe plane, $\kappa(s_0) \neq 0$ si, et seulement si, la courbe γ a un point birégulier au temps s_0. Notons que vecteur $\gamma''(s)$ est orthogonal au vecteur $\gamma'(s)$. En effet, en dérivant, $(\gamma' \mid \gamma') = 1$, nous obtenons $2(\gamma'' \mid \gamma') = 0$. En un point birégulier, le vecteur $\overrightarrow{N}(s) = \gamma''(s)/\|\gamma''(s)\|$ est donc orthogonal au vecteur $\overrightarrow{T}(s) = \gamma'(s)$. Nous pouvons alors définir le rayon de courbure et le centre de courbure de la manière suivante.

Définition 33. Si γ a un point birégulier au temps s_0 (*i.e.* $\kappa(s_0) \neq 0$), $R(s_0) := 1/\kappa(s_0)$ est le *rayon de courbure* au temps s_0 et le point $\gamma(s_0)+R(s_0)\cdot\overrightarrow{N}(s_0)$ est le *centre de courbure* au temps s_0.

Introduisons maintenant la notion de torsion. Cette quantité n'est définie que pour des courbes de classe $\mathcal{C}^3$ n'admettant que des point biréguliers. Nous dirons que la courbe est birégulière. Rappelons qu'en un point birégulier, la courbe admet un plan osculateur.

La torsion d'une courbe de l'espace est une quantité qui mesure la vitesse de rotation du plan osculateur. En particulier, la torsion d'une courbe plane birégulière sera nulle.

Pour définir la torsion d'une courbe de l'espace birégulière, il nous faut d'abord introduire le repère mobile de Serret-Frenet.

Définition 34. Le *repère de Serret-Frenet* de γ au temps $s \in I$ est le repère orthonormé $\big(\gamma(s), \overrightarrow{T}(s), \overrightarrow{N}(s), \overrightarrow{B}(s)\big)$ où $\overrightarrow{T} := \gamma'$, $\overrightarrow{N} := \overrightarrow{T}'/\|\overrightarrow{T}'\|$ et où $\overrightarrow{B}$ est choisi de sorte que le repère soit orienté dans le sens direct.

L'application γ est de classe $\mathcal{C}^3$, l'application $\overrightarrow{T}$ est donc de classe $\mathcal{C}^2$ et ne s'annule pas. Par conséquent, l'application $\overrightarrow{N}$ est de classe $\mathcal{C}^1$. Comme la base $\big(\overrightarrow{T}, \overrightarrow{N}, \overrightarrow{B}\big)$ est orthonormée directe, le vecteur $\overrightarrow{B}$ peut être défini par :

$$\overrightarrow{B} = \overrightarrow{T} \wedge \overrightarrow{N},$$

où $u \wedge v$ désigne le produit vectoriel de u et de v. L'application $\overrightarrow{B}$ est donc elle aussi de classe $\mathcal{C}^1$.

Proposition 30. Il existe une fonction continue $\tau : \mathring{I} \to \mathbb{R}$ telle que :

$$\overrightarrow{B}' = \tau \cdot \overrightarrow{N}.$$

Démonstration. En dérivant $\overrightarrow{B} = \overrightarrow{T} \wedge \overrightarrow{N}$, nous obtenons :

$$\overrightarrow{B}' = \overrightarrow{T}' \wedge \overrightarrow{N} + \overrightarrow{T} \wedge \overrightarrow{N}' = \overrightarrow{T} \wedge \overrightarrow{N}'$$

car par définition, pour tout $s \in \mathring{I}$, le vecteur $\overrightarrow{T}'(s)$ est colinéaire au vecteur $\overrightarrow{N}(s)$. Nous en déduisons que le vecteur $\overrightarrow{B}'(s)$ est orthogonal au vecteur $\overrightarrow{T}(s)$.

De plus, en dérivant $(\overrightarrow{B} \mid \overrightarrow{B}) = \|\overrightarrow{B}\|^2 = 1$, nous obtenons $2(\overrightarrow{B}' \mid \overrightarrow{B}) = 0$. Par conséquent le vecteur $\overrightarrow{B}'(s)$ est orthogonal au vecteur $\overrightarrow{B}(s)$.

Un vecteur orthogonal à la fois à $\overrightarrow{T}(s)$ et à $\overrightarrow{B}(s)$ est colinéaire à $\overrightarrow{N}(s)$. ■

Définition 35. La *torsion* de γ est la fonction $\tau := (\overrightarrow{B}' \mid \overrightarrow{N}) : \mathring{I} \to \mathbb{R}$.

Proposition 31 (Formules de Serret-Frenet). Si $\gamma : I \to \mathbb{R}^3$ est un paramétrage normal birégulier de classe $\mathcal{C}^3$, si $\left(\gamma(s), \overrightarrow{T}(s), \overrightarrow{N}(s), \overrightarrow{B}(s)\right)$ est le repère de Serret-Frenet au temps s, si $\kappa : \mathring{I} \to \mathbb{R}$ est la courbure de γ et si $\tau : \mathring{I} \to \mathbb{R}$ est la torsion de γ, alors :

$$\begin{cases} \overrightarrow{T}' = \kappa \cdot \overrightarrow{N} \\ \overrightarrow{N}' = -\kappa \cdot \overrightarrow{T} - \tau \cdot \overrightarrow{B} \\ \overrightarrow{B}' = \tau \cdot \overrightarrow{N}. \end{cases}$$

Démonstration. La seule formule manquante est la deuxième qui concerne $\overrightarrow{N}'$. En dérivant $\overrightarrow{N} = -\overrightarrow{T} \wedge \overrightarrow{B}$, nous obtenons

$$\begin{aligned} \overrightarrow{N}' &= -\overrightarrow{T}' \wedge \overrightarrow{B} - \overrightarrow{T} \wedge \overrightarrow{B}' \\ &= -\kappa \cdot \overrightarrow{N} \wedge \overrightarrow{B} - \tau \cdot \overrightarrow{T} \wedge \overrightarrow{N} \\ &= -\kappa \cdot \overrightarrow{T} - \tau \cdot \overrightarrow{B}. \end{aligned}$$

■

Dans le cas où γ est une courbe birégulière mais n'est pas un paramétrage normal, nous pouvons écrire $\gamma = \gamma_1 \circ h$ avec γ_1 un paramétrage normal birégulier. La courbure κ et la torsion τ de γ sont définies par :

$$\kappa = \kappa_1 \circ h \quad \text{et} \quad \tau = \tau_1 \circ h,$$

où κ_1 et τ_1 sont la courbure et la torsion de γ_1.

Exercice 8.
Déterminer la courbure et la torsion de l'hélice $\gamma : \mathbb{R} \to \mathbb{R}^3$ définie par :

$$\gamma(t) := (r\cos t, r\sin t, at) \quad \text{avec} \quad r > 0 \quad \text{et} \quad a > 0.$$

Solution. C'est une courbe de courbure constante $\kappa = r/(r^2 + a^2)$ et de torsion constante $\gamma = -a/(r^2 + a^2)$.

4.3 Théorème fondamental

Le résultat qui suit affirme qu'une courbe de l'espace birégulière est essentiellement caractérisée par sa courbure et sa torsion.

Théorème 32. Étant donnés deux fonctions continues $\kappa : I \to]0, +\infty[$ et $\tau : I \to \mathbb{R}$, un temps $s_0 \in \overset{\circ}{I}$, un point $\gamma_0 \in \mathbb{R}^2$ et deux vecteurs unitaires orthogonaux $u_0 \in \mathbb{R}^3$ et $v_0 \in \mathbb{R}^3$, il existe un unique paramétrage normal $\gamma : I \to \mathbb{R}^3$ de classe $\mathcal{C}^3$, de courbure κ et de torsion τ, telle que $\gamma(s_0) = \gamma_0$ et $\gamma'(s_0) = u_0$ et $\gamma''(s_0) = \kappa(s_0) \cdot v_0$.

Démonstration. La preuve est similaire à celle du théorème 26 de la page 505 (voir exercice III.2.15 de la page 515). ■

Exemple. Les seules courbes de l'espace birégulières de courbure constante et de torsion constante sont des arcs d'hélice. En effet, par tout point de l'espace, on peut faire passer une hélice, et il y a unicité de la courbe à courbure et torsion prescrites.

Exercice type corrigé

III.2.0 Soient $a \in \mathbb{R}$ et $\gamma_a : \mathbb{R} \to \mathbb{R}^2$ la courbe définie par $\gamma_a(t) = \big(t - a\,\sin(t), 1 - a\,\cos(t)\big)$. Déterminer l'allure de la courbe γ_a au temps $t = 0$.

Solution. Pour tout $a \in \mathbb{R}$, la courbe γ_a est définie, continue et de classe $\mathcal{C}^\infty$ au voisinage de $t = 0$ (et même sur $\mathbb{R}$ tout entier). On a :

$$t - a\,\sin(t) = (1-a)t + a\,\frac{t^3}{6} + \mathrm{o}(t^3) \quad \text{et} \quad 1 - a\,\cos(t) = (1-a) + a\,\frac{t^2}{2} + \mathrm{o}(t^3).$$

Par conséquent :

$$\gamma(t) = \begin{pmatrix} 0 \\ 1-a \end{pmatrix} + t\begin{pmatrix} 1-a \\ 0 \end{pmatrix} + a\,t^2\begin{pmatrix} 0 \\ 1/2 \end{pmatrix} + a\,t^3\begin{pmatrix} 1/6 \\ 0 \end{pmatrix} + t^3\varepsilon(t)$$

avec $\varepsilon(t) \underset{t\to 0}{\longrightarrow} (0,0)$.

La courbe γ_a passe par le point $(0, 1-a)$ au temps $t = 0$. Le cas $a = 0$ étant évident (la courbe est une droite), nous pouvons supposer $a \neq 0$.

- Si $1 - a \neq 0$, c'est-à-dire $a \neq 1$, la dérivée $\gamma_a'(0)$ est non nulle. La courbe a alors un point régulier au temps $t = 0$. La tangente est dirigée par le vecteur $(1-a, 0)$. C'est une tangente horizontale. Le vecteur $\gamma_a''(0)$ est non nul et colinéaire au vecteur $(0, 1/2)$ (le coefficient de t^2). Les vecteurs $\gamma_a'(0)$ et $\gamma_a''(0)$ ne sont donc pas colinéaires et la courbe admet un point birégulier (donc ordinaire) au temps $t = 0$.

- Si $a = 1$, la dérivée $\gamma_1'(0)$ s'annule. La courbe a un point stationnaire au temps $t = 0$. Le coefficient de t^2 est $u_0 := (0, a/2)$ qui est non nul. La courbe admet une tangente dirigée par le vecteur u_0. Cette tangente est l'axe des abscisses. Le coefficient de t^3 est $v_0 := (a/6, 0)$ qui n'est pas colinéaire à u_0. Les deux plus petits entiers $q > p \geqslant 1$ tels que $\gamma_1^{(p)}(0)$ et $\gamma_1^{(q)}(0)$ ne sont pas colinéaires sont donc $p = 2$ et $q = 3$. Comme p est pair et q impair, la courbe a un point de rebroussement de première espèce au temps $t = 0$.

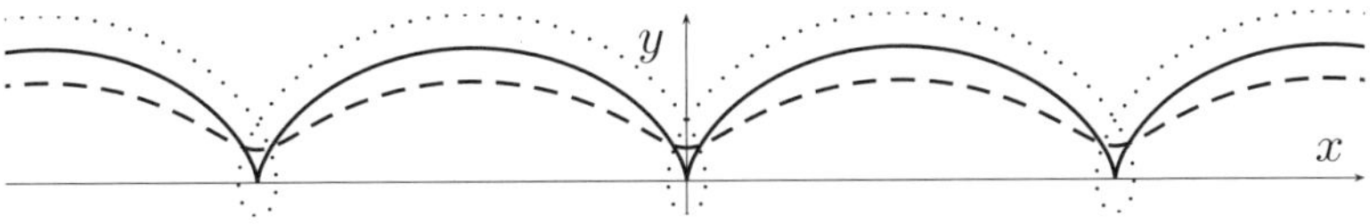

FIGURE III.2.17 – Courbes cycloïdales :
$a = 1$ en trait plein, $a = 1/2$ en tiret, $a = 3/2$ en pointillé.

Remarque. Ces courbes sont des *courbes cycloïdales* : ce sont les trajectoires d'un point d'une roue lorsque celle-ci se déplace en ligne droite. La roue a un rayon 1 et le point se trouve à distance $|a|$ du centre (elle est « à l'extérieur » de la roue lorsque $|a| > 1$). Le cas $|a| = 1$ correspond à un point de la circonférence de la roue ; la courbe correspondante s'appelle une *cycloïde*.

Pour aller plus loin

Les corrigés sont disponibles en accès libre à partir des pages d'accueil du livre sur le site www.dunod.com

Exercices sur la section 1

III.2.1 Déterminer l'allure des courbes paramétrées suivantes au voisinage de $t = 0$:

$$\gamma_1 : t \mapsto (t^3 + t^4, t^6), \quad \gamma_2 : t \mapsto (t^3, t^5 + t^6), \quad \gamma_3 : t \mapsto \left(\frac{t^2}{1+t^2}, \frac{t^2}{1+t}\right).$$

III.2.2 Déterminer les branches infinies des courbes paramétrées suivantes :

$$\gamma_1 : t \mapsto \left(\frac{e^t}{t+1}, \frac{t^2}{t-1}\right), \quad \gamma_2 : t \mapsto \left(\frac{e^{-t}}{t+1}, \frac{te^{-t}}{t+1}\right), \quad \gamma_3 : t \mapsto \left(t^2 + \frac{2}{t}, t^2 + \frac{1}{t^2}\right).$$

III.2.3 Étudier et tracer la partie de $\mathbb{R}^2$ paramétrée par :

$$x = \frac{t^3}{t^2 + t - 2} \quad \text{et} \quad y = \frac{t^2 - 2t}{t - 1}.$$

III.2.4 Étudier et tracer la partie de $\mathbb{R}^2$ paramétrée par :

$$x = \sin t \quad \text{et} \quad y = \frac{\cos^2 t}{2 - \cos t}.$$

III.2.5 Soit C le cercle de centre 0 et de rayon 1, P le point de coordonnées $(-1, 0)$ et M le point de coordonnées $(1, 2t)$, $t \in \mathbb{R}$. Soit $M' \neq P$ le point qui se trouve à l'intersection de la droite (PM) avec le cercle C. On dit que M' est le projeté stéréographique de M sur C par rapport à P. Soient (x, y) les coordonnées cartésiennes de M'.

1. On suppose $t \neq 0$. Montrer que $x = y/t - 1$. En déduire que :

$$\frac{y}{t^2}\big((1+t^2)y - 2t\big) = 0.$$

2. Montrer que pour tout $t \in \mathbb{R}$:

$$x = \frac{1-t^2}{1+t^2} \quad \text{et} \quad y = \frac{2t}{1+t^2}.$$

3. En déduire que lorsque t parcourt $\mathbb{R}$ en croissant :

$$\gamma(t) = \left(\frac{1-t^2}{1+t^2}, \frac{2t}{1+t^2}\right)$$

parcourt $C \setminus P$ dans le sens trigonométrique.

Exercices sur la section 2

III.2.6 Tracer les courbes définies en coordonnées polaires par :

1. $\rho(\theta) = 1 + \cos(\theta)$,
2. $\rho(\theta) = \sqrt{2\cos(2\theta)}$ et
3. $\rho(\theta) = 1 + \cos(3\theta) + \sin^2(3\theta)$.

III.2.7 Montrer que la droite d'équation cartésienne $\alpha x + \beta y = 1$, avec $(\alpha, \beta) \neq (0, 0)$, admet la paramétrisation en coordonnées polaires :

$$\rho(\theta) = \frac{1}{\alpha\cos(\theta) + \beta\sin(\theta)}.$$

III.2.8 Montrer que le cercle centré en $(\alpha, \beta) \neq (0, 0)$ qui passe par l'origine $(0, 0)$ admet la paramétrisation en coordonnées polaires :

$$\rho(\theta) = 2\alpha\cos(\theta) + 2\beta\sin(\theta).$$

III.2.9 Soit p et e deux réels strictement positifs. Considérons la courbe définie en coordonnées polaires par :

$$\rho(\theta) = \frac{p}{1 + e\cos(\theta)}.$$

Montrer que selon que $e = 1$, $e < 1$ ou $e > 1$, la courbe est une parabole, une ellipse ou une hyperbole dont l'excentricité est e, dont un foyer est l'origine, la directrice associée étant la droite définie en coordonnées polaires par :

$$\rho(\theta) = \frac{p}{e\cos(\theta)}.$$

Exercices sur la section 3

III.2.10 Calculer la longueur des courbes suivantes :

1. la courbe paramétrée par $t \in [0,1] \mapsto (3t, 3t^2)$,
2. la courbe paramétrée par $t \in [0,\pi] \mapsto (\cos t + \cos^2 t, \sin t + \sin t \cos t)$.

III.2.11 Soit $x : I \to \mathbb{R}$ et $y : I \to \mathbb{R}$ deux fonctions de classe $\mathcal{C}^2$ et $\gamma : I \to \mathbb{R}^2$ la courbe paramétrée définie par $\gamma(t) = \big(x(t), y(t)\big)$. Montrer que la courbure de γ est donnée par $\kappa = \dfrac{x'y'' - y'x''}{(x'^2 + y'^2)^{3/2}}$.

III.2.12 Soit $f : I \to \mathbb{R}$ une fonction de classe $\mathcal{C}^2$ et $\gamma : I \to \mathbb{R}^2$ la courbe représentative de f définie par $\gamma(t) = \big(t, f(t)\big)$. Montrer que la courbure de γ est donnée par $\kappa = \dfrac{f''}{(1 + f'^2)^{3/2}}$.

Exercices sur la section 4

III.2.13 Soit $\gamma : \mathbb{R} \to \mathbb{R}^3$ une courbe de classe $\mathcal{C}^3$.

1. Montrer que la courbure est donnée par $\kappa = \dfrac{\|\gamma' \wedge \gamma''\|}{\|\gamma'\|^3}$.
2. Montrer que la torsion est donnée par $\tau = \dfrac{\big(\gamma' \wedge \gamma'' \mid \gamma'''\big)}{\|\gamma' \wedge \gamma''\|^2}$.

III.2.14 Déterminer la courbure et la torsion de la courbe $\gamma : \mathbb{R} \to \mathbb{R}^3$ définie par $\gamma(t) = (t, t^2, t^3)$.

III.2.15 Soient $\kappa : I \to]0, +\infty[$ et $\tau : I \to \mathbb{R}$ deux fonctions continues, soit $s_0 \in \mathring{I}$, soit $\gamma_0 \in \mathbb{R}^2$ et soient $u_0 \in \mathbb{R}^3$ et $v_0 \in \mathbb{R}^3$ deux vecteurs unitaires orthogonaux.

1. Soit $w_0 = u_0 \wedge v_0$ l'unique vecteur de $\mathbb{R}^3$ tel que (u_0, v_0, w_0) soit une base orthonormée directe de $\mathbb{R}^3$. Soit $s \mapsto \big(\overrightarrow{T}(s), \overrightarrow{N}(s), \overrightarrow{B}(s)\big) \in \mathbb{R}^3 \times \mathbb{R}^3 \times \mathbb{R}^3$ la solution maximale de

l'équation différentielle linéaire à coefficients continus :

$$Y' = \begin{pmatrix} 0 & \kappa(s) & 0 \\ \kappa(s) & 0 & -\tau(s) \\ 0 & \tau(s) & 0 \end{pmatrix} \cdot Y$$

qui vérifie les conditions initiales $\overrightarrow{T}(s_0) = u_0$, $\overrightarrow{N}(s_0) = v_0$ et $\overrightarrow{B}(s_0) = w_0$. Soit G la fonction vectorielle définie par :

$$G := \big((\overrightarrow{T} \mid \overrightarrow{T}),(\overrightarrow{T} \mid \overrightarrow{N}),(\overrightarrow{T} \mid \overrightarrow{B}),(\overrightarrow{N} \mid \overrightarrow{N}),(\overrightarrow{N} \mid \overrightarrow{B}),(\overrightarrow{B} \mid \overrightarrow{B})\big).$$

(a) Montrer que G est solution d'une équation différentielle linéaire à coefficients continus.

(b) Montrer que la fonction constante égale à $(1, 0, 0, 1, 0, 1)$ est solution de la même équation différentielle.

(c) En déduire que pour tout $s \in J$, $\big(\overrightarrow{T}(s), \overrightarrow{N}(s), \overrightarrow{B}(s)\big)$ est une base orthonormée de $\mathbb{R}^3$.

(d) Montrer que le déterminant de la matrice $\big(\overrightarrow{T}(s), \overrightarrow{N}(s), \overrightarrow{B}(s)\big)$ est une fonction continue qui ne peut prendre que les valeurs $+1$ ou -1.

(e) Calculer la valeur de ce déterminant en s_0.

(f) En déduire que la base $\big(\overrightarrow{T}(s), \overrightarrow{N}(s), \overrightarrow{B}(s)\big)$ est orthonormée directe.

(g) Montrer que $J = I$ et que la courbe $\gamma : I \to \mathbb{R}^3$ définie par :

$$\gamma(s) = \gamma_0 + \int_{s_0}^{s} \overrightarrow{T}(t)\,\mathrm{d}t$$

est un paramétrage normal birégulier de classe $\mathcal{C}^3$ de courbure κ et de torsion τ.

2. Supposons maintenant qu'il existe deux paramétrages normaux biréguliers $\gamma_1 : I \to \mathbb{R}^3$ et $\gamma_2 : I \to \mathbb{R}^3$ de classe $\mathcal{C}^3$, de courbure κ, de torsion τ, tels que $\gamma_1(s_0) = \gamma_2(s_0) = \gamma_0$, $\gamma_1'(s_0) = \gamma_2'(s_0) = u_0$ et $\gamma_1''(s_0) = \gamma_2''(s_0) = \kappa(s_0) \cdot v_0$. Soient $(\gamma_1, \overrightarrow{T}_1, \overrightarrow{N}_1, \overrightarrow{B}_1)$ et $(\gamma_2, \overrightarrow{T}_2, \overrightarrow{N}_2, \overrightarrow{B}_2)$ les repères de Serret-Frenet associés. Soit $f : \mathring{I} \to \mathbb{R}$ la fonction définie par :

$$f = (\overrightarrow{T}_1 \mid \overrightarrow{T}_2) + (\overrightarrow{N}_1 \mid \overrightarrow{N}_2) + (\overrightarrow{B}_1 \mid \overrightarrow{B}_2).$$

(a) Montrer que $f(s_0) = 3$ et que $f' \equiv 0$. En déduire que $f \equiv 3$.

(b) Montrer que $(\overrightarrow{T}_1 \mid \overrightarrow{T}_2) \leqslant 1$, $(\overrightarrow{N}_1 \mid \overrightarrow{N}_2) \leqslant 1$ et $(\overrightarrow{B}_1 \mid \overrightarrow{B}_2) \leqslant 1$ avec égalité si, et seulement si, $\overrightarrow{T}_1 = \overrightarrow{T}_2$ et $\overrightarrow{N}_1 = \overrightarrow{N}_2$ et $\overrightarrow{B}_1 = \overrightarrow{B}_2$. En déduire que $\overrightarrow{T}_1 = \overrightarrow{T}_2$ et que $\gamma_1 = \gamma_2$.

Analyse

Partie IV

L'analyse, science des infinis et des limites, est née vers 1650. Après Cavalieri parlant d'indivisibles (1635), Descartes, Fermat et Roberval déterminèrent des tangentes, puis Pascal écrivit sur la cycloïde en calculant des aires. Influencés par ces travaux, Newton (1665), puis indépendamment Leibniz (1675), créèrent les calculs différentiel et intégral.

Quelques bribes d'une analyse plus fruste les précédèrent : propriétés des nombres réels dues à Eudoxe, réduction en fraction continue chez Euclide, calculs archimédiens d'aires et d'une tangente (grâce à la *neusis*, insertion entre deux arcs d'un segment de longueur donnée de support passant par un point connu), ébauche de géométrie différentielle arabe vers le Xe siècle.

L'âge d'or de l'analyse classique débute donc à la fin du XVIIe siècle, justifié par la cinématique. Au siècle suivant, les Bernoulli et Euler, calculateur talentueux, forgeront des outils toujours efficaces (fonctions transcendantes, résolutions exactes ou approchées des équations différentielles...). Puis Fourier, étudiant des problèmes de physique, introduira une analyse dont l'importance théorique et pratique ne saurait être surestimée.

La formalisation de l'analyse, secondaire pour Euler plus préoccupé d'avancer que de fonder les calculs dans un cadre général, sera surtout l'œuvre du XIXe siècle : Cauchy, Bolzano, Dirichlet, Dedekind, Stokes, Weierstrass. L'intégrale a été intuitive au départ, affermie et élargie par Cauchy et Riemann, puis au siècle suivant par Lebesgue et enfin Denjoy et Perron (dont les travaux ont été simplifiés récemment par Kurzweil et Henstock).

Vinrent ensuite de fécondes extensions hors des fonctions réelles ou complexes d'une ou plusieurs variables : l'analyse fonctionnelle (Riemann, Hilbert, Volterra, Fredholm, Fréchet, Riesz, Banach, von Neumann) où les fonctions sont vues comme des points, motivée par des problèmes variationnels, puis la mécanique quantique, les espaces vectoriels topologiques ou normés (Hilbert, Banach), les espaces de Sobolev, les distributions (L. Schwarz), rendant l'analyse universelle. Ces techniques ont aujourd'hui, dans le cadre de la théorie des équations aux dérivées partielles, d'importantes applications industrielles et en physique et chimie (développées en particulier par l'école française autour de J.-L. Lions).

L'étudiant devra d'abord *apprendre à calculer* : dériver, intégrer, manipuler suites et séries, tracer des courbes. Il est totalement *illusoire* de penser que les progrès des ordinateurs et l'existence de logiciels performants de calcul numérique ou formel dispensent de cet apprentissage « sur le tas ». Il devra aussi se former graduellement à l'apprentissage de la rigueur, cruciale en analyse, à laquelle il a été peu préparé par l'enseignement secondaire.

Nombres réels, suites numériques

IV.1

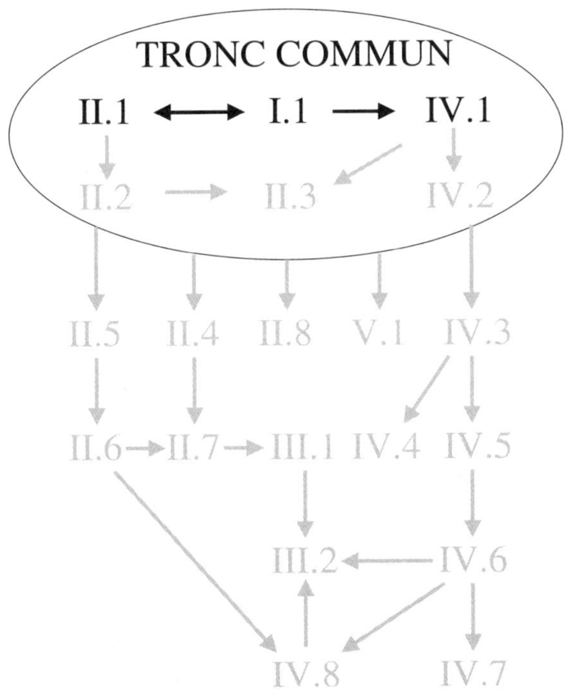

L'ensemble des nombres rationnels $\mathbb{Q}$ est de construction aisée (*cf.* page 100), mais il n'est pas adapté pour les opérations mathématiques importantes en géométrie, ni pour toutes celles que nous regroupons de nos jours dans le domaine de *l'analyse*. Il lui manque certains nombres « simples », comme la racine de 2 ou π : en fait, il est « plein de trous », en un sens que nous expliquons ci-après.

Nous allons donc construire un ensemble plus complet noté $\mathbb{R}$, le corps des nombres réels. Il n'a pas de « trou » comme $\mathbb{Q}$: en conséquence il est bien représenté géométriquement par la « droite réelle », le plus simple des objets mathématiques « continus ». Sa construction est cependant plus délicate que celle des nombres rationnels.

1 Corps des nombres réels

1.1 Bornes inférieures et supérieures

Rappelons le concept de relation d'ordre présent dans le premier module : appliquons-le à $\mathbb{Q}$, qui possède une relation d'ordre total (donc pour laquelle, par exemple, les notions d'élément minimal et de minimum sont confondues). Dans cet ensemble, une partie non minorée n'a pas de minimum ; il en va de même de l'ensemble vide. Mais même un ensemble non vide et minoré peut ne pas en avoir.

Exercice 1.

L'ensemble $A := \{x \in \mathbb{Q} \mid 0 < x\}$ est minoré, mais n'a pas de minimum.

Solution. Par définition, le nombre 0 minore A.

Supposons par l'absurde que a soit un tel minimum, strictement positif par définition ; comme a est rationnel, il en est de même de $a/2$, d'où les inégalités contradictoires :

$$a \leqslant \frac{a}{2} < a.$$

D'une façon générale, tout intervalle $]a, b[$ de $\mathbb{Q}$ est à la fois minoré et majoré (par a et b respectivement), sans avoir de minimum ni de maximum.

Cette notion d'élément minimum ou maximum est donc utile (et même indispensable !) dans les ensembles d'entiers, mais beaucoup moins dans les rationnels ou réels : on a vu qu'un ensemble aussi simple qu'un intervalle ouvert n'en avait pas. Dans ce cas, c'est la notion de *borne inférieure ou supérieure* qui est pertinente.

Définition 1. On dit qu'un sous-ensemble non vide A d'un ensemble ordonné *admet une borne inférieure* s'il est minoré et s'il existe un minorant de A plus grand que tous les autres ; on le note alors $\inf A$.

On définit de manière similaire une borne supérieure (éventuelle), qui est le plus petit des majorants ; on la note $\sup A$.

Donc $\inf A$ est **le plus grand des minorants de** A ; en d'autres termes c'est celui qui est « le plus proche de A ». Lorsqu'il existe, il est unique, puisque c'est le maximum d'un ensemble.

Exercice 2.

Montrer que si A a un minimum, alors il a aussi une borne inférieure qui est égale à $\min A$ (et une propriété similaire pour l'élément maximal éventuel).

Solution. Soit $a := \min A$. Tout minorant m de A vérifie notamment l'inégalité $m \leqslant a$ puisque $a \in A$. Or a est lui-même un minorant de A puisque $a \leqslant b$ pour tout $b \in A$; majorant tous les autres minorants, c'est donc bien le plus grand d'entre eux.

Il en va de même pour le minimum.

Soient a et b deux rationnels tels que $a < b$. L'intervalle $]a, b[$ de $\mathbb{Q}$ admet exactement a et b comme bornes inférieures ou supérieures, comme le bon sens le suggère ; et il en va de même des intervalles fermés de l'un ou l'autre côté, ou des deux. Montrons par

exemple que a est bien le plus petit minorant de $]a, b[$. C'est déjà un minorant, par définition. Soit $\alpha \in \mathbb{Q}$ tel que $\alpha > a$. Alors il existe $c \in]a, b[$ tel que $c < \alpha$: on peut prendre $c := (a + \alpha)/2$ si $\alpha \leqslant b$ ou $c := (a + b)/2$ sinon. Donc α n'est pas un minorant de $]a, b[$. Comme l'ordre sur $\mathbb{Q}$ est total, on en déduit que tout minorant de $]a, b[$, qui ne peut donc pas être strictement supérieur à a, est inférieur ou égal à a et donc que a est bien le plus grand des minorants de $]a, b[$.
Mais toute partie non vide et majorée de $\mathbb{Q}$ n'admet pas de borne supérieure comme le montre l'exemple ci-après.

Exercice 3.
Montrer que $A := \{x \in \mathbb{Q} \mid x^2 < 2\}$ est non vide et borné, mais ne possède pas de borne supérieure.
Solution. Il est non vide car $0 \in A$. Il est borné, par exemple par 10, car $|x| \geqslant 10$ implique $x^2 \geqslant 100 > 2$. Supposons qu'il ait une borne supérieure dans $\mathbb{Q}$, et notons-la a. Puisque $0 \in A$, on a donc $a \geqslant 0$.
Tout d'abord, on ne peut pas avoir $a^2 = 2$ car on sait qu'il n'y a pas de rationnel de carré égal à 2. En effet, une représentation irréductible n/d d'un tel rationnel vérifierait $n^2 = 2d^2$, d'où $n = 2n'$, puis $d^2 = 2n'^2$ et d serait aussi divisible par 2 ce qui contredirait le caractère irréductible de n/d.
Montrons la contradiction en considérant le rationnel $b := \dfrac{2a+2}{a+2}$; des calculs élémentaires donnent :

$$b - a = \frac{2 - a^2}{a + 2} \qquad \text{et} \qquad b^2 - 2 = 2\frac{a^2 - 2}{(a+2)^2}.$$

- Supposons $a^2 < 2$. Alors $b^2 - 2 < 0$, donc $b \in A$ et l'inégalité $b - a > 0$ contredit le fait que a soit un majorant de A.
- Supposons $a^2 > 2$. Alors $b - a < 0$, donc b n'est pas un majorant de A puisque a est le plus petit des majorants. Il existe donc $x \in A$ tel que $x > b$. Comme b est positif, on en déduit $x^2 > b^2$ et la relation $b^2 - 2 > 0$ conduit aux inégalités contradictoire $2 < b^2 < x^2 < 2$.

Cette absence de borne supérieure matérialise le fait qu'il manque, dans $\mathbb{Q}$, un élément dont le carré vaut 2. Intuitivement, $\mathbb{Q}$ a un « trou » à la position correspondante : les carrés des rationnels passent de valeurs strictement inférieures à 2 à des valeurs strictement supérieures, sans continuité. Le fait qu'il existe un ensemble de nombres dépourvu de ces « trous » est loin d'être évident : c'est tout l'objet de *la construction de l'ensemble des nombres réels*. Dans $\mathbb{R}$, le problème disparaîtra : l'ensemble $A' := \{x \in \mathbb{R} \mid x^2 < 2\}$ aura une borne inférieure et une borne supérieure ($-\sqrt{2}$ et $\sqrt{2}$, où $\sqrt{2}$ pourra justement être défini comme la borne supérieure de A' et vérifiera, par le même raisonnement que dans l'exercice précédent, $\sqrt{2}^2 = 2$).

Exercice 4.

Soient A et B deux parties d'un même ensemble ordonné vérifiant $A \subset B$.

1. Montrer que tout minorant de B est aussi un minorant de A ; que peut-on dire pour les majorants ?
2. Montrer que si A et B ont chacun un élément minimal, alors $\min A \geqslant \min B$; que peut-on dire pour les plus grands éléments ?
3. Montrer que si A et B ont chacun une borne inférieure, alors $\inf A \geqslant \inf B$; que peut-on dire pour les bornes supérieures ?

Solution.

1. Tout élément a de A appartient à B et vérifie donc $a \geqslant m$ pour tout minorant de B : par suite m minore A.

   De la même façon les majorants de B sont aussi majorants de A.
2. Si $\mu := \min A$ et $\nu := \min B$, alors $\mu \in A$ et $\nu \leqslant \mu$, soit $\min B \leqslant \min A$. De la même façon, $\max B \geqslant \max A$.
3. Dans ce cas, un peu plus général, $\inf B$ est un minorant de B, donc un minorant de A, et il est inférieur ou égal au plus grand des minorants de A, c'est-à-dire $\inf A$. De la même façon, $\sup B \geqslant \sup A$.

Exercice 5.

Soit A un ensemble non vide admettant une borne inférieure $m = \inf A$. Montrer que pour tout nombre $x > m$, il existe un élément $a \in A$ tel que $a < x$. Écrire la propriété similaire pour la borne supérieure.

Solution. Par définition, m est le plus grand de tous les minorants de A. Par suite x ne peut être un minorant, c'est donc qu'il existe un a dans A tel que $x > a$.

De même, pour tout ensemble non vide A admettant une borne supérieure $M = \sup A$ et pour tout nombre $y < M$, il existe un élément $b \in A$ tel que $b > y$.

1.2 Le corps des nombres réels

1.2.1 Axiomatique de $\mathbb{R}$

Définition 2. On admet l'existence d'un corps totalement ordonné contenant $\mathbb{Q}$ et vérifiant la propriété de la borne supérieure.

Notons provisoirement $\mathcal{R}$ un tel corps et précisons ce que signifie cette définition.

$\mathcal{R}$ est un corps totalement ordonné Comme il a été écrit à la section 5.3 de la page 34 du module I.1, cela veut dire que $\mathcal{R}$ est un corps muni d'une relation d'ordre total $\leqslant$ compatible avec les opérations, c'est-à-dire vérifiant, pour tous a, b, c et d de $\mathcal{R}$:

$$(a \leqslant b \quad \text{et} \quad c \leqslant d) \Longrightarrow a + c \leqslant b + d$$

$$(0 \leqslant a \leqslant b \quad \text{et} \quad 0 \leqslant c \leqslant d) \Longrightarrow a\,c \leqslant b\,d.$$

La multiplication par un nombre strictement négatif change le sens des inégalités. En particulier, on ne peut multiplier des inégalités terme à terme que si tous les réels intervenant dans ces inégalités sont positifs.

Propriété de la borne supérieure

Toute partie non vide majorée admet une borne supérieure.

Par passage à l'opposé, on en déduit que toute partie non vide minorée de $\mathcal{R}$ admet une borne inférieure.

Remarques.

- On a ainsi complété le corps $\mathbb{Q}$ pour obtenir les propriétés dont nous avons mis en évidence l'absence sur le corps des rationnels.
- Le lecteur pourra trouver à la page 554 une construction effective d'un tel corps.
- On peut démontrer l'« unicité » d'un tel corps $\mathcal{R}$ dans le sens suivant : si $\mathcal{R}_1$ et $\mathcal{R}_2$ sont deux corps totalement ordonnés et vérifiant la propriété de la borne supérieure, alors il existe un isomorphisme d'anneaux croissant de $\mathcal{R}_1$ sur $\mathcal{R}_2$.
  Voir le L2 pour une démonstration.
  L'existence d'un tel isomorphisme montre que les propriétés de $\mathcal{R}_1$ et de $\mathcal{R}_2$ concernant leurs relations d'ordre respectives et leurs opérations d'anneaux sont identiques. On ne change donc rien en remplaçant l'un par l'autre. On peut donc en fixer un arbitrairement choisi :
- On notera désormais $\mathbb{R}$ un tel corps. On l'appellera *le corps des réels*.

Point Méthode

- Si l'on a une suite d'inégalités :

$$a_1 \leqslant a_2 \leqslant \cdots \leqslant a_n$$

  avec $a_1 = a_n$, alors tous les a_i sont égaux puisque chacun est inférieur ou égal à l'autre.
- On démontre souvent une inégalité par une succession d'inégalités. Si l'une de celles-là est stricte, l'inégalité résultante est alors stricte.
  Autrement dit, lorsque l'on a démontré une inégalité $A \leqslant B$ et que l'on cherche dans quels cas il y a égalité ($A = B$), il suffit de voir quels sont les cas d'égalités dans chacune des inégalités intermédiaires qui ont conduit à $A \leqslant B$.

Exemple. Si $a \leqslant b$ et $c \leqslant d$ et $a + c = b + d$, alors $a = b$ et $c = d$, comme le prouvent les relations :

$$a + c \leqslant a + d \leqslant b + d = a + c.$$

Exemple : existence d'un irrationnel.

Reprenons l'exercice 3 de la page 521. L'ensemble $A := \{x \in \mathbb{Q} \mid x^2 < 2\}$ admet, dans $\mathbb{R}$, une borne supérieure a. On démontre de la même façon que a ne peut vérifier ni $a^2 < 2$, ni $a^2 > 2$. Il s'agit donc d'un réel positif dont le carré vaut 2. On le note $\sqrt{2}$. Ce n'est donc pas un rationnel puisque, dans l'exercice précité, on a rappelé qu'aucun rationnel n'admettait 2 pour carré.

Notation. Lorsque a et b appartenant à $\mathbb{R}$ vérifient $a \leqslant b$, on note :

$$[a,b] := \{x \in \mathbb{R} \mid a \leqslant x \leqslant b\}.$$

Les ensembles $[a,b]$, avec $a \leqslant b$, sont ce que l'on appelle les *segments* de $\mathbb{R}$.

Proposition 1. Soit $(S_n)_{n\in\mathbb{N}}$ une suite de segments de $\mathbb{R}$ décroissante pour l'inclusion, c'est-à-dire vérifiant : $\forall (p,q) \in \mathbb{N}^2,\ p \leqslant q \Longrightarrow S_q \subset S_p$.
Alors l'intersection $\bigcap\limits_{n\in\mathbb{N}} S_n$ est non vide.

Démonstration. Pour tout $n \in \mathbb{N}$, il existe deux réels a_n et b_n, avec $a_n \leqslant b_n$, tels que $S_n = [a_n, b_n]$. Considérons l'ensemble $A := \{a_n \mid n \in \mathbb{N}\}$. C'est une partie non vide de $\mathbb{R}$ majorée par b_0 puisque l'inclusion $S_n \subset S_0$ se traduit par les inégalités $a_0 \leqslant a_n \leqslant b_n \leqslant b_0$. Elle admet donc une borne supérieure $\alpha \in \mathbb{R}$. De la même façon, l'ensemble $B := \{b_n \mid n \in \mathbb{N}\}$ admet une borne inférieure β.

Or, tout élément de B majore A et tout élément de A minore B puisque, pour tout $(p,q) \in \mathbb{N}^2$, on a, en notant $n := \max(p,q)$, $a_p \leqslant a_n \leqslant b_n \leqslant b_q$. On en déduit que α, le plus petit des majorants de A, est inférieur ou égal à tous les éléments de B. C'est donc un minorant de B et, par conséquent, il est inférieur ou égal à sa borne inférieure β. Le segment $[\alpha, \beta]$ est donc une partie non vide de $\mathbb{R}$.

Ainsi, on a $\forall n \in \mathbb{N},\ a_n \leqslant \alpha \leqslant \beta \leqslant b_n$ ce qui prouve que le segment $[\alpha,\beta]$ est inclus dans tous les S_n donc dans leur intersection qui par suite est bien non vide. ∎

1.2.2 Valeur absolue

Définition 3. On définit la *valeur absolue* d'un réel x par :

$$|x| = \max(x, -x) = \begin{cases} x & \text{si } x \geqslant 0 \\ -x & \text{si } x < 0 \end{cases}$$

La valeur absolue prolonge celle qui a été définie sur $\mathbb{Q}$ et en possède les mêmes propriétés :

Proposition 2. Étant donnés deux réels x et y quelconques, on a :
- $|x| \geqslant 0$ et $\big(|x| = 0 \Longleftrightarrow x = 0\big)$,
- $|x\,y| = |x|\,|y|$,
- $|x + y| \leqslant |x| + |y|$. (*Inégalité triangulaire*)

Corollaire 3. Étant donnés deux réels x et y, on a :

$$\big||x| - |y|\big| \leqslant |x - y|.$$

Démonstration. La relation $x = (x - y) + y$ combinée à l'inégalité triangulaire entraîne

$|x| \leqslant |x-y| + |y|$ et l'on a donc :

$$|x| - |y| \leqslant |x-y|. \qquad (*)$$

En permutant les rôles joués par x et y, on obtient $|y| - |x| \leqslant |x-y|$, ce qui avec $(*)$ donne le résultat. ■

Exemple. Si u est un réel tel que $|u| \leqslant k < 1$, comme $1 - |u| \leqslant |1+u| \leqslant 1 + |u|$, on a alors :

$$1 - k \leqslant |1+u| \leqslant 1 + k.$$

Proposition 4. Soient $(x,y) \in \mathbb{R}^2$ et $h \in \mathbb{R}_+^*$. On a l'équivalence :

$$|y-x| \leqslant h \Longleftrightarrow x - h \leqslant y \leqslant x + h.$$

Démonstration. C'est immédiat en remarquant que :

$$|x-y| \leqslant h \Longleftrightarrow \max(x-y, y-x) \leqslant h \Longleftrightarrow (x-y \leqslant h \quad \text{et} \quad y-x \leqslant h).$$

■

1.2.3 Propriété d'Archimède

Proposition 5.
Pour tout réel x, et pour tout réel $y > 0$, il existe un entier $n \in \mathbb{Z}$ tel que $n\,y > x$.

C'est une propriété très simple, partagée par $\mathbb{N}$, $\mathbb{Z}$ et $\mathbb{Q}$ (pour lesquels la démonstration est assez simple), mais que tous les groupes ordonnés n'ont pas. En hommage à Archimède qui l'avait utilisée de manière intensive pour sa « méthode d'exhaustion », on dit que « $\mathbb{R}$ est *archimédien* ».

Démonstration. Soient $x \in \mathbb{R}$ et $y \in \mathbb{R}_+^*$. Raisonnons par l'absurde en supposant qu'il n'existe pas d'entier n tel que $n\,y > x$. Alors l'ensemble $A := \{n\,y \mid n \in \mathbb{N}\}$ est une partie de $\mathbb{R}$ non vide (elle contient $0 = 0\,y$) et majorée par x. Elle possède donc une borne supérieure a.

On a donc $\forall n \in \mathbb{N},\ n\,y \leqslant a$, soit en particulier $\forall n \in \mathbb{N},\ (n+1)\,y \leqslant a$. On a ainsi, $n\,y \leqslant a - y$ pour tout $n \in \mathbb{N}$, ce qui montre que $a - y$ majore A. C'est la contradiction cherchée puisque $a - y < a$ et que a est le plus petit des majorants de A. ■

Proposition et définition 6 (Partie entière).
Pour tout $x \in \mathbb{R}$, il existe un unique entier $n \in \mathbb{Z}$ tel que $n \leqslant x < n+1$.
Cet entier est appelé *partie entière* de x et se note $E(x)$, $[x]$ ou $\lfloor x \rfloor$.

Démonstration. L'unicité est immédiate, puisque s'il existait deux tels entiers n et m distincts, on aurait, par exemple $n < m$, c'est-à-dire $n + 1 \leqslant m$ et l'on arriverait ainsi à la contradiction $x < n + 1 \leqslant m \leqslant x$.

Soit $x \in \mathbb{R}_+$. Appliquons la proposition précédente à x et $y = 1$. On obtient un entier $n \in \mathbb{N}$ tel que $n > x$. L'ensemble $A := \{n \in \mathbb{N} \mid n > x\}$ est donc une partie non vide de $\mathbb{N}$, qui possède par conséquent un plus petit élément $n_1 > x \geqslant 0$. L'entier $n_0 := n_1 - 1$ appartient donc à $\mathbb{N}$ et pas à A par définition de n_1, donc vérifie $n_0 \leqslant x < n_1 = n_0 + 1$.
Soit $x \in \mathbb{R}_-$. Le caractère archimédien de $\mathbb{R}$ nous fournit un entier $p \in \mathbb{N}$ tel que $p > -x$ et ce qui précède un entier naturel n_0 tel que $n_0 \leqslant x + p < n_0 + 1$. L'entier relatif $n := n_0 - p$ vérifie donc les inégalités $n \leqslant x < n + 1$ requises. ■

Définition 4. Une partie A de $\mathbb{R}$ est *dense* dans $\mathbb{R}$ si, quels que soient les réels x et y vérifiant $x < y$, il existe au moins un élément r de A vérifiant $x < r < y$.

Proposition 7. L'ensemble $\mathbb{Q}$ est *dense* dans $\mathbb{R}$.

Démonstration. C'est une conséquence du caractère archimédien de $\mathbb{R}$.

- Soit $\varepsilon := y - x > 0$. Il existe un entier $q \in \mathbb{N}^*$ tel que $q\varepsilon > 1$, c'est-à-dire $1/q < \varepsilon$, par exemple $q := E\left(\dfrac{1}{\varepsilon}\right) + 1$.
- Parmi les multiples entiers de $1/q$, il y en a au moins un strictement supérieur à x. Notons p le plus petit. Vu le choix de q, il est alors assez évident que p/q est strictement inférieur à y. Prouvons-le rigoureusement. On a, par définition de p :

$$\frac{p}{q} \leqslant x < \frac{p+1}{q} \qquad \text{et donc} \qquad x < \frac{p+1}{q} \leqslant x + \frac{1}{q} < x + (y - x) = y$$

ce qui prouve que le rationnel $r = \dfrac{p+1}{q}$ vérifie $x < r < y$.

■

Exercice 6.
Montrer que $\mathbb{R} \setminus \mathbb{Q}$ est dense dans $\mathbb{R}$.

Solution. L'exemple de la page 523 nous a montré l'existence d'un irrationnel $a := \sqrt{2}$. Soit $(x, y) \in \mathbb{R}^2$ tel que $x < y$. Puisque $\mathbb{Q}$ est dense dans $\mathbb{R}$, il existe un rationnel r tel que $x + a < r < y + a$. On a alors $x < r - a < y$ et $r - a$ ne peut pas être rationnel sinon $a = r - (r - a)$ serait rationnel.

Proposition 8 (Propriété d'Archimède multiplicative).
Pour tout réel x et tout réel $y > 1$, il existe $n \in \mathbb{N}$ tel que $y^n > x$.

Démonstration. Posons $r := y - 1$. C'est un réel strictement positif par hypothèse. Or, par la formule du binôme de Newton :

$$\forall n \in \mathbb{N} \setminus \{0, 1\},\ y^n = (1 + r)^n = 1 + nr + \sum_{p=2}^{n} \binom{n}{p} r^p \geqslant nr$$

et le caractère archimédien de $\mathbb{R}$ nous prouve l'existence d'un entier n, que l'on peut supposer supérieur à 2, tel que $n\,r > x$. On a alors $y^n > x$. ∎

1.3 Intervalles de $\mathbb{R}$

Définition 5. Les *intervalles* de $\mathbb{R}$ sont $\mathbb{R}$ et les parties de $\mathbb{R}$ de la forme :

$$[a,b] = \{x \in \mathbb{R} \mid a \leqslant x \leqslant b\} \qquad]a,b[= \{x \in \mathbb{R} \mid a < x < b\}$$
$$[a,b[= \{x \in \mathbb{R} \mid a \leqslant x < b\} \qquad]a,b] = \{x \in \mathbb{R} \mid a < x \leqslant b\}$$
$$[a,+\infty[= \{x \in \mathbb{R} \mid a \leqslant x\} \qquad]a,+\infty[= \{x \in \mathbb{R} \mid a < x\}$$
$$]-\infty,b] = \{x \in \mathbb{R} \mid x \leqslant b\} \qquad]-\infty,b[= \{x \in \mathbb{R} \mid x < b\}$$

avec a et b deux réels.

Remarques.

- L'ensemble vide est un intervalle puisque, par exemple, $\varnothing =]0,0[$.
- Si $a \leqslant b$, l'intervalle $[a,b]$ est appelé *segment*.
- Pour $a < b$, l'intervalle $]a,b[$ est appelé *intervalle ouvert* d'extrémités a et b.
- Les intervalles $]a,+\infty[$, et $]-\infty,b[$ sont appelés *demi–droites ouvertes*.
- Les intervalles $[a,+\infty[$ et $]-\infty,b]$ sont appelés *demi–droites fermées*.
- Pour $a < b$, les intervalles $[a,b[$ et $]a,b]$ sont appelés *intervalles semi–ouverts* ou *semi–fermés*.

Proposition 9. Les intervalles de $\mathbb{R}$ sont les parties *convexes*, c'est-à-dire les parties I de $\mathbb{R}$ telles que :

$$\forall x \in I\,,\ \forall y \in I\,,\ [x,y] \subset I.$$

Démonstration. Les intervalles sont évidemment des parties convexes. Montrons la réciproque.

Soit I une partie convexe de $\mathbb{R}$. Si I est vide, alors c'est un intervalle. Supposons donc I non vide et posons $a = \inf I$ et $b = \sup I$ avec comme convention $a = -\infty$ si I est non majoré et $b = +\infty$ si I est non majoré.

Montrons les résultats résumés dans le tableau ci–dessous :

	$b \in I$	$b \in \mathbb{R} \setminus I$	$b = +\infty$
$a \in I$	$I = [a,b]$	$I = [a,b[$	$I = [a,+\infty[$
$a \in \mathbb{R} \setminus I$	$I =]a,b]$	$I =]a,b[$	$I =]a,+\infty[$
$a = -\infty$	$I =]-\infty,b]$	$I =]-\infty,b[$	$I =]-\infty,+\infty[$

- Il est évident que dans chaque cas, l'ensemble I est inclus dans l'intervalle indiqué.
- Pour la réciproque, il suffit de montrer l'inclusion $]a,b[\subset I$ puisqu'alors on aura :

$$I =]a,b[\,,\ I =]a,b]\,,\ I = [a,b[\quad \text{ou} \quad I = [a,b]$$

en fonction de l'appartenance ou non de a et b à I.
Soit $z \in]a,b[$. Comme $z < b$, le réel z n'est pas un majorant de I, et l'on peut trouver $y \in I$ tel que $z < y$. De même, on peut trouver $x \in I$ tel que $x < z$.
On a ainsi $z \in [x,y]$ avec $x \in I$ et $y \in I$, ce qui entraîne $z \in I$. Donc $]a,b[\subset I$.

■

Remarque. Il est clair, au vu de la démonstration précédente, que si $a < b$, les intervalles $[a,b]$, $[a,b[$, $]a,b]$ et $]a,b[$ admettent a pour borne inférieure et b pour borne supérieure.

2 Suites numériques

2.1 Généralités sur les suites

Les suites sont l'outil de base en *analyse mathématique*. Elles permettent notamment de donner un sens précis à l'idée qu'une succession de nombres s'approche d'un nombre donné : idée qui remonte au moins à Eudoxe. Plus tard, Archimède l'avait utilisée pour approcher le nombre π en calculant le périmètre de polygones réguliers dont le nombre de côtés augmente.
Cette idée d'approximation est extrêmement fructueuse, non seulement en mathématiques, mais aussi en sciences appliquées, où l'on ne dispose pas habituellement de mesures exactes. Le bon sens suggère qu'en faisant des mesures suffisamment précises et des calculs suffisamment proches on sera aussi près que l'on veut du résultat cherché ; ce n'est pas toujours le cas ! Mais l'étude des suites permet justement de distinguer les cas « qui marchent », et de les exploiter.
Rappelons la définition des suites (voir page 20).

Définition 6. Un ensemble E étant donné, on appelle *suite de* E toute application de $\mathbb{N}$ à valeurs dans E. Lorsque $E \subset \mathbb{R}$, on parle de *suite réelle*, et si $E \subset \mathbb{C}$, de *suite complexe* ; ces deux cas constituent les *suites numériques*.

Beaucoup des notions ci-après exposées seront communes aux deux cas de figure des suites numériques (réelles ou complexes). On notera pour cela $\mathbb{K}$ le corps $\mathbb{R}$ des nombres réels ou le corps $\mathbb{C}$ des nombres complexes.

2.1.1 Rappels et premières propriétés

- Une suite $(u_n) \in \mathbb{K}^{\mathbb{N}}$ est *constante* s'il existe $k \in \mathbb{K}$ tel que $\forall n \in \mathbb{N}$, $u_n = k$. Par une récurrence immédiate, cela revient au même de dire : $\forall n \in \mathbb{N}$, $u_{n+1} = u_n$.
- Une suite (u_n) est *stationnaire* s'il existe un entier n_0 tel que la suite *tronquée* $(u_n)_{n \geqslant n_0}$ soit constante.
- Une propriété est vraie *à partir d'un certain rang* s'il existe $n_0 \in \mathbb{N}$ tel que la propriété soit vraie pour tous les termes u_n de la suite vérifiant $n \geqslant n_0$.
- On pourra dire ainsi, par exemple, qu'une suite numérique est nulle à partir d'un certain rang. On dira aussi qu'une telle suite est *à support fini*.
- Une suite stationnaire est donc une suite constante à partir d'un certain rang.

- Une suite (u_n) est *périodique* s'il existe un entier $T \in \mathbb{N}^*$ tel que $\forall n \in \mathbb{N}$, $u_{n+T} = u_n$. Un tel entier T est appelé *une période* de (u_n) et l'on dit aussi que (u_n) est T-périodique. Dans ce cas, $2T$, $3T$, ..., sont aussi des périodes de la suite.
  Comme toute partie non vide de $\mathbb{N}^*$ admet un plus petit élément, une suite périodique admet une plus petite période.

L'ensemble $\mathbb{K}^{\mathbb{N}}$ est muni des opérations usuelles d'addition et de multiplication terme à terme :

$$(u_n) + (v_n) = (u_n + v_n) \qquad \text{et} \qquad (u_n) \times (v_n) = (u_n\, v_n).$$

On sait alors (voir l'exemple 3 de la page 136) que $(\mathbb{K}^{\mathbb{N}}, +, \times)$ est un anneau.
De même, avec la multiplication externe :

$$\forall (u_n) \in \mathbb{K}^{\mathbb{N}}, \ \forall \lambda \in \mathbb{K}, \ \lambda.(u_n) = (\lambda\, u_n)$$

$(\mathbb{K}^{\mathbb{N}}, +, .)$ est un $\mathbb{K}$-espace vectoriel.

2.1.2 Suites extraites

Nous avons déjà introduit, dans les rappels ci-dessus, la notion de suite tronquée : si (u_n) est une suite numérique, une *suite tronquée* de (u_n) est une suite de la forme $(u_n)_{n \geqslant n_0}$, avec $n_0 \in \mathbb{N}$. Cela revient à retirer les premiers termes de la suite. Mais l'on peut aussi retirer par exemple tous les termes de rang impair, ou tous ceux d'indice premier, etc. Tant qu'il reste une infinité de termes, nous avons encore une suite, qui est appelée *suite extraite*, ou encore *sous-suite*.
La première dénomination indique l'idée de *sélectionner* certains termes : on choisit un entier n_0, et l'on garde le terme x_{n_0} ; on choisit alors un $n_1 > n_0$, et l'on garde x_{n_1} ; etc. Tant que ce processus est infini, on obtient une nouvelle suite $(x_{n_k})_{k \in \mathbb{N}}$, dont les termes sont seulement une partie des termes initiaux.
Plus formellement :

Définition 7. Une *suite extraite*, ou *sous-suite*, d'une suite (u_n) est une suite de la forme $(u_{n_k})_{k \in \mathbb{N}}$, où $(n_k)_{k \in \mathbb{N}}$ est une suite strictement croissante d'entiers naturels, c'est-à-dire une application strictement croissante de $\mathbb{N}$ dans $\mathbb{N}$.

Exemple. Étant donnée une suite (u_n), on utilise couramment ses deux sous-suites (u_{2n}) et (u_{2n+1}).
La suite (u_n) est 2-périodique si, et seulement si, ces deux sous-suites sont constantes.

2.1.3 Suites bornées

Définition 8. Une suite réelle $(u_n) \in \mathbb{R}^{\mathbb{N}}$ est *majorée* (respectivement *minorée*) si $\{u_n \mid n \in \mathbb{N}\}$ est une partie majorée (respectivement minorée) de $\mathbb{R}$, c'est-à-dire s'il existe $M \in \mathbb{R}$ tel que $\forall n \in \mathbb{N}$, $u_n \leqslant M$ (respectivement $\forall n \in \mathbb{N}$, $u_n \geqslant M$).

Définition 9. On dit qu'une suite $(u_n) \in \mathbb{K}^{\mathbb{N}}$ est *bornée* si la suite réelle $\big(|u_n|\big)$ est majorée. Plus précisément, si $M \in \mathbb{R}$, on dit que la suite (u_n) est *bornée par* M si $\forall n \in \mathbb{N}\,,\ |u_n| \leqslant M$.

Remarque. Les propriétés suivantes sont immédiates :

- Une suite réelle est bornée si, et seulement si, elle est majorée et minorée.
- Une suite complexe est bornée si, et seulement si, ses parties réelle et imaginaire sont bornées.

Voici un exemple d'usage courant :

Exercice 7.

Une suite est bornée si, et seulement si, elle est bornée à partir d'un certain rang (c'est-à-dire une de ses suites tronquées est bornée).

La même propriété vaut pour « minorée » et « majorée ».

Solution. Il est évident que si une suite est bornée, ses suites tronquées le sont aussi. Inversement, supposons (u_n) bornée à partir d'un certain rang N, c'est-à-dire qu'il existe $\mu \geqslant 0$ tel que pour tout $n \geqslant N$, $|u_n| \leqslant \mu$. Posons $\tilde{\mu} := \max(\mu, |u_0|, |u_1|, \ldots, |u_{N-1}|)$; c'est le plus grand d'un nombre fini de réels positifs, donc c'est un réel positif. De plus on a $|u_n| \leqslant \tilde{\mu}$ pour tout $n \in \mathbb{N}$ comme on le voit en distinguant les cas $n < N$ et $n \geqslant N$. Donc la suite (u_n) est bornée.

Proposition 10. L'ensemble des suites bornées de $\mathbb{K}$ est un sous–espace vectoriel et un sous-anneau de $\mathbb{K}^{\mathbb{N}}$.

Démonstration. Les suites constantes $(0)_{n\in\mathbb{N}}$ et $(1)_{n\in\mathbb{N}}$ sont évidemment bornées et si u et v sont bornées respectivement par M_1 et M_2, alors

- les suites $u \pm v$ sont bornées par $M_1 + M_2$,
- la suite $u \times v$ est bornée par $M_1\, M_2$,
- pour tout scalaire $\lambda \in \mathbb{K}$, la suite $\lambda.u$ est bornée par $|\lambda|\, M_1$.

■

2.1.4 Suites définies par une récurrence

Soit X une partie de $\mathbb{K}$ et $f\,:\ X \to X$. Le théorème 2 de la page 65 montre que, pour tout $a \in X$, il existe une unique suite (u_n) vérifiant :

$$u_0 = a \qquad \text{et} \qquad \forall n \in \mathbb{N}\,,\ u_{n+1} = f(u_n).$$

Suites arithmétiques

Définition 10. Soit $r \in \mathbb{K}$. On appelle *suite arithmétique de raison* r toute suite $(u_n) \in \mathbb{K}^{\mathbb{N}}$ vérifiant $\forall n \in \mathbb{N}\,,\ u_{n+1} = u_n + r$.

Ce type de suite très simple se rencontre dans de nombreuses applications pratiques : un compte bancaire sur lequel on verse une somme constante à intervalles constants, sans produire d'intérêts, a un encours qui est une suite arithmétique (tant qu'on ne retire pas d'argent, du moins !). On parle donc aussi de *progression arithmétique* dans les sciences appliquées. De telles suites sont aussi communes à l'intérieur des mathématiques : la suite $(n)_{n\in\mathbb{N}}$ des nombres naturels est une suite arithmétique de raison 1.

Proposition 11. Si (u_n) est une suite arithmétique de premier terme a et de raison r, alors $u_n = a + nr$ pour tout $n \in \mathbb{N}$.

Sa démonstration, par récurrence, est un exercice extrêmement facile.
Dans un certain nombre d'applications, on a besoin de connaître la somme :

$$\sum_{k=0}^{n} u_k = u_0 + u_1 + \cdots + u_n$$

des $n+1$ premiers termes de la suite. Il existe ici une formule explicite :

Proposition 12.
Soit (u_n) une suite arithmétique de premier terme a et de raison r, alors :

$$\sum_{k=0}^{n} u_k = (n+1)a + r\frac{n(n+1)}{2}.$$

Démonstration. On sait que $u_k = a + kr$ par la proposition précédente. La somme va donc contenir $n+1$ fois le terme a, ce qui donne $(n+1)a$, et aussi r fois la somme $\sum_{k=0}^{n} k = 0 + 1 + 2 + \cdots + n$. Cette dernière somme vaut $n(n+1)/2$, comme on peut le voir soit par une récurrence simple, soit en l'écrivant deux fois dans deux sens différents :

$$\begin{aligned} 2\sum_{k=0}^{n} k =& 1 + 2 + \cdots + (n-1) + n \\ &+ n + (n-1) + \cdots + 2 + 1. \end{aligned}$$

On peut alors additionner par colonne, chaque terme de la première ligne avec celui qui correspond dans la seconde : on obtient toujours $n+1$, et il y a n termes au total, d'où une somme égale à $n(n+1)$. ■

Exercice 8.
Montrer, en s'inspirant de la démonstration précédente, que si (u_n) est une suite arithmétique, alors pour tout $(p,q) \in \mathbb{N}^2$ tel que $p \leqslant q$, on a :

$$\sum_{k=p}^{q} u_k = (q-p+1)\,\frac{u_p + u_q}{2}.$$

Exercice 9.
Montrer qu'une suite arithmétique ne peut être bornée que si sa raison est nulle.
Solution. Une telle suite s'écrit $u_n := a + nr$. Supposons $|u_n| \leqslant A$ pour tout n. Alors $nr \leqslant A - a$; si l'on avait $r > 0$, la limite de nr serait $+\infty$ ce qui contredirait cette majoration.
De la même manière l'inégalité $nr \geqslant A - a$ exclut que l'on ait $r < 0$. Par suite $r = 0$.

Suites géométriques

Définition 11. Soit $r \in \mathbb{K}$. On appelle *suite géométrique de raison* r toute suite $(u_n) \in \mathbb{K}^{\mathbb{N}}$ vérifiant $\forall n \in \mathbb{N}\,,\ u_{n+1} = r\,u_n$.

Cette fois chaque terme est déduit du précédent par multiplication par un nombre constant r. Les suites de termes généraux 3^n, 2^{-n} ou $(-1)^n$ sont des exemples de suites géométriques. Les suites constantes sont des suites géométriques aussi (de raison 1).
Un livret d'épargne sur lequel on n'effectue pas de nouveaux versements, mais qui produit des intérêts annuels au taux de 5%, par exemple, a un montant qui suit une progression géométrique de raison $1{,}05$ (n étant l'indice de l'année d'encours).

Remarque. Les suites géométriques de raison $r = 0$ sont les suites constantes à partir du rang 1.

Proposition 13. Si (u_n) est une suite géométrique de premier terme a et de raison r, alors $\forall n \in \mathbb{N}\,,\ u_n = a\,r^n$.

Ici encore la démonstration est tout à fait élémentaire.

Proposition 14.
Une suite géométrique non nulle ne peut être bornée que si sa raison r vérifie $|r| \leqslant 1$.

Démonstration. Supposons qu'une telle suite soit bornée. Autrement dit il existe $\mu \geqslant 0$ tel que $|ar^n| \leqslant \mu$ pour tout n. Comme $|ar^n| = |a||r|^n$ et $a \neq 0$ puisque nous avons supposé la suite non nulle, on a donc $|r|^n \leqslant \mu/|a|$.
La propriété d'Archimède multiplicative (proposition 8 de la page 526) nous dit alors que $|r| \leqslant 1$, sinon il existerait un entier n tel que $|r|^n > \mu/|a|$. ■

Comme pour les suites arithmétiques, on sait calculer la somme de termes consécutifs d'une suite géométrique :

Proposition 15. Soit (u_n) une suite géométrique de raison $r \neq 1$. Alors, pour tout (p,q) tel que $p \leqslant q$, on a :

$$\sum_{k=p}^{q} u_k = \frac{u_p - u_{q+1}}{1-r}.$$

Autrement dit, la somme d'un nombre fini de termes consécutifs d'une suite géométrique s'obtient en retranchant au premier terme celui qui suit le dernier et en divisant le tout par $1-r$, où $r \neq 1$ est la raison.
On a évidemment besoin que r soit différent de 1, sinon la formule de droite ne veut rien dire ; dans le cas $r := 1$, la suite est constante donc la somme vaut $(q-p+1)\,a$, où a est la valeur de cette constante.

Démonstration. Soit $S := u_p + u_{p+1} + \cdots + u_q$. On a $r\,S = u_{p+1} + u_{p+2} + \cdots + u_{q+1}$ puisque $\forall k \in \mathbb{N},\ u_{k+1} = r\,u_k$. Donc $S - r\,S = u_p - u_{q+1}$ ce qui donne le résultat lorsque $r \neq 1$. ∎

Exemple. Pour $r \neq 1$ et $n \in \mathbb{N}^*$, on a $\displaystyle\sum_{k=0}^{n} r^k = \frac{1-r^{n+1}}{1-r}\cdot$

Exercice 10.

Soient x et y deux réels et $n \in \mathbb{N}$. Calculer $C_n := \sum\limits_{k=0}^{n} \cos(x+ky)$.

Solution. On introduit $S_n := \sum\limits_{k=0}^{n} \sin(x+ky)$ de telle sorte que :

$$U_n := C_n + i_{,}S_n = \sum_{k=0}^{n} e^{x+iky}$$

soit la somme de termes consécutifs d'une suite géométrique de raison $r := e^{iy}$.

- Si $y \equiv 0\ [2\pi]$, alors $C_n = (n+1)\,\cos x$ et $S_n = (n+1)\,\sin x$.
- Sinon, on a $r \neq 1$ et donc :

$$\begin{aligned} U_n &= \frac{e^{ix} - e^{i\left(x+(n+1)y\right)}}{1-e^{iy}} \\ &= \frac{e^{i\left(x+\frac{n+1}{2}\,y\right)}\left(e^{-i\frac{n+1}{2}\,y} - e^{i\frac{n+1}{2}\,y}\right)}{e^{i\frac{y}{2}}\left(e^{-i\frac{y}{2}} - e^{i\frac{y}{2}}\right)} \\ &= e^{i\left(x+\frac{n}{2}\,y\right)}\,\frac{-2i\,\sin\frac{n+1}{2}\,y}{-2i\,\sin\frac{y}{2}} = e^{i\left(x+\frac{n}{2}\,y\right)}\,\frac{\sin\frac{n+1}{2}\,y}{\sin\frac{y}{2}}\cdot \end{aligned}$$

En prenant les parties réelle et imaginaire, on obtient :

$$C_n = \cos\left(x + \frac{n}{2}\,y\right)\,\frac{\sin\frac{n+1}{2}\,y}{\sin\frac{y}{2}} \qquad \text{et} \qquad S_n = \sin\left(x + \frac{n}{2}\,y\right)\,\frac{\sin\frac{n+1}{2}\,y}{\sin\frac{y}{2}}\cdot$$

Il y a de nombreux liens entre suites arithmétiques et géométriques ; les exercices suivants en donnent deux exemples.

Exercice 11.

Soit (u_n) une suite géométrique de premier terme a et de raison r, avec $a \in \mathbb{R}_+^*$ et $r \in \mathbb{R}_+^*$. Montrer que $u_n > 0$ pour tout $n \in \mathbb{N}$, et que la suite $(\ln u_n)$ est une suite arithmétique de raison $\ln r$ et premier terme $\ln a$.

Solution. La relation $u_n > 0$ est vraie si $n := 0$ car $a > 0$. Si elle est vraie pour n, alors $u_{n+1} = ru_n > 0$, ce qui prouve la relation pour tout n par récurrence.

Il existe donc $v_n := \ln u_n$ et la relation $u_{n+1} = r\,u_n$ donne $v_{n+1} = v_n + \ln r$, ce qui montre que (v_n) est arithmétique de raison $\ln r$ et de premier terme $\ln a$.

Exercice 12.

Soit (u_n) une suite géométrique de premier terme a et de raison r, avec $a \in \mathbb{C}^*$ et $r \in \mathbb{C}^*$. Montrer que $(|u_n|)$ est aussi une suite géométrique, et que des arguments bien choisis des u_n forment une suite arithmétique ; préciser les premiers termes et les raisons de ces deux suites.

Solution. Le module de u_n vaut $|u_n| = |ar^n| = |a|\,|r^n| = |a|\,|r|^n$. C'est bien la forme d'une suite géométrique de premier terme $|a|$ et de raison $|r|$.

Posons $a = |a|\,\mathrm{e}^{\mathrm{i}\alpha}$ et $r = |r|\,\mathrm{e}^{\mathrm{i}\beta}$. Il vient $u_n = |ar^n|\,\mathrm{e}^{\mathrm{i}(\alpha+n\beta)}$. La suite $w_n := \alpha + n\beta$ est formée de nombres dont chacun est un argument du u_n de même indice ; elle est visiblement arithmétique, de premier terme α, l'un des arguments de a, et de raison β, l'un des arguments de r.

Exemple : suites arithmético-géométriques

Une suite *arithmético-géométrique* est une suite qui vérifie une relation de récurrence de la forme $u_{n+1} = a\,u_n + b$, avec $(a,b) \in \mathbb{K}^2$.

Cas particuliers. Ce sont :

- les suites arithmétiques de raison b lorsque $a = 1$ (en particulier constantes si $b = 0$),
- les suites géométriques de raison a lorsque $b = 0$.

Hormis le cas particulier des suites arithmétiques, l'étude d'une suite arithmético-géométrique se ramène à l'étude d'une suite géométrique. Supposons en effet $a \neq 1$ et considérons une suite (u_n) vérifiant $\forall n \in \mathbb{N},\ u_{n+1} = a\,u_n + b$. Il existe un unique élément $\alpha \in \mathbb{K}$ tel que $a\,\alpha + b = \alpha$: il s'agit de $\alpha := b/(1-a)$. La suite (v_n) définie par $v_n := u_n - \alpha$ vérifie alors, pour tout $n \in \mathbb{N}$:

$$v_{n+1} = u_{n+1} - \alpha = a\,u_n + b - (a\,\alpha + b) = a\,v_n.$$

Il s'agit donc d'une suite géométrique de raison a, ce qui permet facilement d'exprimer v_n en fonction de n :

$$\forall n \in \mathbb{N},\ v_n = v_0\,a^n \qquad \text{et donc} \qquad \forall n \in \mathbb{N},\ u_n = \alpha + a^n\,(u_0 - \alpha).$$

Exemple : suites homographiques

Une suite *homographique* est une suite qui vérifie une relation de récurrence de la forme $u_{n+1} = \frac{a\,u_n+b}{c\,u_n+d}$, avec $(a,b,c,d) \in \mathbb{K}^4$ et $(c,d) \neq (0,0)$.
Lorsque $c = 0$ (et donc $d \neq 0$), il s'agit simplement d'une suite arithmético-géométrique. On peut donc supposer $c \neq 0$.
Contrairement aux exemples précédents où les suites étaient définies par une relation $u_{n+1} = f(u_n)$, avec f de $\mathbb{K}$ dans $\mathbb{K}$, ce qui assurait la définition de la suite, on n'est pas assuré de l'existence : il y a besoin, pour cela, de trouver une partie X de $\mathbb{K}$, stable par $f : x \mapsto \frac{a\,x+b}{c\,x+d}$ et contenant le premier terme.

Exemple. Dans la solution de l'exemple 3 de la page 521, nous avons considéré, pour un rationnel a donné, le rationnel $b := \dfrac{2a+2}{a+2}\cdot$
En réitérant l'opération, cela revient à considérer une suite homographique (u_n) vérifiant $\forall n \in \mathbb{N}\,,\ u_{n+1} = f(u_n)$, avec $f : x \mapsto \frac{2x+2}{x+2}\cdot$
La fonction f est évidemment définie sur $\mathbb{R}_+$ et à valeurs dans $\mathbb{R}_+$, ce qui permet d'assurer, pour tout $a \in \mathbb{R}_+$, l'existence d'une suite (u_n) vérifiant :

$$u_0 = a \qquad \text{et} \qquad \forall n \in \mathbb{N}\,,\ u_{n+1} = f(u_n).$$

Pour une telle suite, on peut exprimer u_n en fonction de n de la façon suivante : comme pour les suites arithmético-géométriques, on commence par chercher les points fixes de f, c'est-à-dire les éléments $x \in \mathbb{K}$ tels que $f(x) = x$. Un calcul élémentaire aboutit à $f(x) - x = \dfrac{2-x^2}{x+2}$, ce qui donne les deux points fixes $\alpha := \sqrt{2}$ et $-\alpha$.
Si $u_0 = \pm\alpha$, la suite est donc constante. Supposons donc $|u_0| \neq \alpha$. Soit $x \in \mathbb{R}_+$. On a alors $f(x) - \alpha = f(x) - f(\alpha) = \dfrac{2(x-\alpha)}{(2+\alpha)\,(x+2)}$ et $f(x) + \alpha = \dfrac{2(x+\alpha)}{(2-\alpha)\,(x+2)}\cdot$
Il vient donc $\dfrac{f(x)-\alpha}{f(x)+\alpha} = \dfrac{2-\alpha}{2+\alpha}\,\dfrac{x-\alpha}{x+\alpha}$, pour $x \neq -\alpha$, ce qui donne :

$$\forall n \in \mathbb{N}\,,\ \frac{u_{n+1}-\alpha}{u_{n+1}+\alpha} = \beta\,\frac{u_n-\alpha}{u_n+\alpha} \qquad \text{avec} \qquad \beta := \frac{2-\alpha}{2+\alpha}\cdot$$

La suite (v_n) définie par $v_n := \dfrac{u_n-\alpha}{u_n+\alpha}$ est donc géométrique de raison β, ce qui donne v_n en fonction de n :

$$\forall n \in \mathbb{N}\,,\ v_n = v_0\,\beta^n = \frac{a-\sqrt{2}}{a+\sqrt{2}}\left(\frac{2-\sqrt{2}}{2+\sqrt{2}}\right)^n.$$

On peut obtenir ainsi une expression de u_n en fonction de n, puisque la relation $v_n = \dfrac{u_n-\alpha}{u_n+\alpha}$ donne $u_n = \alpha\,\dfrac{1-v_n}{1+v_n}\cdot$

Exemple. Considérons la suite définie (?) par son premier terme u_0 et la relation de récurrence $\forall n \in \mathbb{N}\,,\ u_{n+1} = \dfrac{2u_n-1}{u_n}\cdot$

- Tout d'abord, étudions pour quelles valeurs de u_0, la suite est bien définie. Il est évident qu'il faut $u_0 \neq 0$ pour que l'on puisse calculer $u_1 = (2u_0 - 1)/u_0$. Mais il ne faut pas non plus que u_1 soit nul, ce qui impose $u_0 \neq 1/2$ pour la définition de u_2.
  Les valeurs interdites de u_0 sont donc $\alpha_0 := 0$ (pour la définition de u_1), $\alpha_1 := 1/2$ (pour la définition de u_1). Ensuite, il ne faut pas que u_1 soit égal à α_1, ce qui exclut α_2 tel que $\frac{2\alpha_2-1}{\alpha_2} = \frac{1}{2}\cdots$ Ces valeurs constituent ainsi une suite (α_p) telle que $\frac{2\alpha_{p+1}-1}{\alpha_{p+1}} = \alpha_p$, ce qui donne $\alpha_{p+1} = \frac{1}{2-\alpha_p}$.
  Cela conduit à une autre suite homographique (α_p) dont il faudrait étudier la définition. Mais ici, c'est simple, car l'application $x \mapsto 1/(2-x)$ laisse stable l'intervalle $[0,1]$ qui contient le premier terme α_0. En calculant les premiers termes : $0,\ 1/2,\ 2/3,\ 3/4,\ldots$ on voit que $\alpha_p = p/(p+1)$, ce qui est aisé à démontrer par récurrence.
- Cherchons les points fixes de $f\ :\ x \mapsto (2x-1)/x$. Cela se ramène à l'équation $x^2 - 2x + 1 = 0$, dont la seule racine est 1. Si $u_0 = 1$, la suite est donc constante.
  Soit $x \neq 1$. On a $f(x) - 1 = \dfrac{x-1}{x}$ ce qui donne $\dfrac{1}{f(x)-1} = \dfrac{x}{x-1} = \dfrac{1}{x-1} + 1$.
  Si $u_0 \neq 1$, on a donc $\forall n \in \mathbb{N}$, $\dfrac{1}{u_{n+1}-1} = \dfrac{1}{u_n - 1} + 1$, ce qui donne, pour tout $n \in \mathbb{N}$:
  $$\frac{1}{u_n - 1} = \frac{1}{u_0 - 1} + n \qquad \text{soit} \qquad u_n = 1 + \frac{u_0 - 1}{1 + n(u_0 - 1)}.$$

Point Méthode

Les méthodes employées dans les deux exemples précédents pour exprimer u_n en fonction de n se généralisent à toutes les suites homographiques du type $u_{n+1} = f(u_n)$ avec $f\ :\ x \mapsto \frac{a\,x+b}{c\,x+d}$ et $c \neq 0$.
- On cherche les points fixes de f, ce qui se ramène à une équation de second degré.
- Si cette équation possède deux racines distinctes α et β, la suite $(v_n) = (\frac{u_n-\alpha}{u_n-\beta})$ est géométrique.
- Si elle possède une racine double α, la suite $(v_n) = (\frac{1}{u_n-\alpha})$ est arithmétique.
- Si $\mathbb{K} = \mathbb{R}$ et si l'équation n'a pas de racine réelle, il suffit de considérer les deux racines complexes pour se ramener au premier cas.
- Si l'on exclut le cas où $a\,d - b\,c = 0$ (cas trivial où f est constante), on peut exprimer u_n en fonction de (v_n) ce qui permet de conclure.

2.2 Convergence d'une suite

L'une des questions les plus élémentaires que l'on en vient à se poser sur les suites, dans leurs applications pratiques, est de savoir où se trouvent leurs termes lorsque l'on avance suffisamment loin dans les indices. En particulier, il est très important de savoir reconnaître les *suites convergentes*, et ce sera l'essentiel de notre activité sur les suites dans le reste de ce module.

2.2.1 Suites positives tendant vers 0

Définition 12. On dit qu'une suite de réels positifs *tend vers zéro* si pour tout nombre réel $\varepsilon > 0$, les termes de la suite sont inférieurs ou égaux à ε à partir d'un certain rang.

Exemple. La suite $\big(1/(n+1)\big)$ tend vers 0.
Soit en effet un réel $\varepsilon > 0$ fixé. Le caractère archimédien de $\mathbb{R}$ nous donne l'existence d'un entier N tel que $N\varepsilon \geqslant 1$ et pour $n \geqslant N$, on a donc $1/(n+1) \leqslant \varepsilon$.

Naturellement, il n'y a aucune raison que l'un quelconque des termes de la suite soit égal à zéro, comme on l'a vu dans l'exemple ci-dessus. De plus il n'est pas non plus nécessaire que la suite soit décroissante, comme on le voit ici :

Exercice 13.
Démontrer que la suite de terme général $u_n := (1+(-1)^n)/n$ pour $n \geqslant 1$ est positive ou nulle et tend vers zéro, mais n'est pas décroissante.
Solution. On a $u_n = 0$ si n est impair, et $u_n = 2/n$ si n est pair non nul. Chacun de ces termes est positif ou nul. Comme dans l'exemple ci-dessus, La limite est immédiate puisque l'on dispose, pour tout n, de la majoration $u_n \leqslant 2/n$.
Elle n'est pas décroissante, puisque $u_{2k+2} - u_{2k+1} = u_{2k+2} = 1/(k+1) > 0$.

La définition précédente peut se réécrire en utilisant une formulation plus mathématique :

$$\forall \varepsilon > 0\,,\ \exists N \in \mathbb{N}\,,\ \forall n \geqslant N\,,\ u_n \leqslant \varepsilon. \tag{1}$$

Il est absolument essentiel de comprendre que le nombre N ici (le « certain rang ») dépend de la valeur ε considérée : on peut souligner ce point en écrivant $N(\varepsilon)$ ou N_ε.
Nous avons déjà vu que les noms des lettres qui suivent les quantificateurs n'ont aucune importance. La propriété (1) est exactement identique à :

$$\forall \alpha > 0\,,\ \exists P \in \mathbb{N}\,,\ \forall p \geqslant P\,,\ u_p \leqslant \alpha.$$

Une telle remarque peut sembler triviale, mais elle a des conséquences subtiles. Par exemple, (1) est aussi équivalente à :

$$\forall \varepsilon > 0\,,\ \exists N \in \mathbb{N}\,,\ \forall n \geqslant N\,,\ u_n < \varepsilon. \tag{2}$$

(l'inégalité large est maintenant stricte). D'une part il est clair que si la proposition (2) est vraie, alors (1) aussi, parce que $u_n < \varepsilon$ implique $u_n \leqslant \varepsilon$. Inversement, si la proposition (1) est vraie, considérons un $\varepsilon > 0$ arbitraire, et posons $\alpha = \varepsilon/2$ (qui est aussi évidemment strictement positif). Pour cet α, (1) dans laquelle on utilise la lettre α au lieu de ε, nous dit qu'il existe un N, tel que $\forall n \geqslant N$, on a $u_n \leqslant \alpha = \varepsilon/2 < \varepsilon$. Ce qui démontre (2).
Le lecteur pourra se convaincre que l'on peut aussi changer « $n \geqslant N$ » en « $n > N$ » dans (1) ou (2) sans non plus en changer le sens. Ce qui donne quatre façons d'écrire la même propriété : on écrit et on utilise l'une ou l'autre suivant les préférences de chacun. Toutes ces étranges manipulations de ε et N sont donc simplement des réécritures de la même propriété en changeant simplement le nom des lettres qui suivent les quantificateurs. Nous en verrons de nombreux exemples.

Proposition 16.
Soit $r \in [0,1[$. Toute suite géométrique positive de raison r tend vers zéro.

Démonstration. Si l'on note a le premier terme d'une telle suite (u_n), on a $u_n = a\,r^n$ par la proposition 13 de la page 532. Le résultat est évident si $r = 0$ ou $a = 0$; dans la suite, on suppose $r > 0$ et $a > 0$. Posons $t := 1/r$, de sorte que $t > 1$ puisque $0 < r < 1$.

Soit $\varepsilon > 0$. La proposition 8 de la page 526 (propriété d'Archimède multiplicative) nous donne l'existence d'un entier N tel que $t^N \geqslant a/\varepsilon$ et donc aussi $t^n \geqslant a/\varepsilon$ pour tout $n \geqslant N$. Pour tout $n \geqslant N$, on a donc $a\,r^n \leqslant \varepsilon$ c'est-à-dire $u_n \leqslant \varepsilon$.

Donc on a bien montré que $\forall \varepsilon > 0,\ \exists N \in \mathbb{N},\ \forall n \in \mathbb{N},\ u_n \leqslant \varepsilon$. ■

2.2.2 Limites des suites

Considérons maintenant des suites numériques, donc à valeurs dans $\mathbb{K} = \mathbb{R}$ ou $\mathbb{K} = \mathbb{C}$. Pour $x \in \mathbb{K}$, la notation $|x|$ doit donc être compris comme le module si $\mathbb{K} = \mathbb{C}$ ou la valeur absolue si $\mathbb{K} = \mathbb{R}$. Nous allons nous ramener à des suites réelles positives par l'intermédiaire de $|u_n|$.

Définition 13. On dit qu'une suite numérique (u_n) *admet le nombre* ℓ *comme limite* si la suite de terme général $|u_n - \ell|$ tend vers zéro, autrement dit si :

$$\forall \varepsilon > 0,\ \exists N \in \mathbb{N},\ \forall n \geqslant N,\ |u_n - \ell| \leqslant \varepsilon. \tag{3}$$

L'expression (3) n'est que la réécriture formelle de la phrase de la définition, compte tenu de (1). Pour les raisons indiquées précédemment, on peut remplacer l'une et/ou l'autre des deux dernières inégalités larges par des inégalités strictes dans cette formule.

⚠ En revanche, on ne peut pas remplacer $\forall \varepsilon > 0$ par $\forall \varepsilon \geqslant 0$. Sinon, en effet, en prenant $\varepsilon = 0$, on trouverait un rang N à partir duquel on aurait $|u_n - \ell| \leqslant 0$, soit $u_n = \ell$. Les seules suites admettant ℓ pour limite seraient les suites égales à ℓ à partir d'un certain rang !

Il est évident d'après la définition qu'une suite de réels positifs qui tend vers zéro admet le nombre 0 comme limite, parce que dans ce cas $|u_n - 0| = u_n$. Plus généralement, si (u_n) est une suite dont la valeur absolue ou le module tend vers zéro, alors elle admet zéro comme limite (peu importe son signe). Par exemple la suite de terme général $(-1)^n/n$ admet 0 comme limite.

Proposition 17 (Unicité de la limite).
Soit (u_n) une suite numérique admettant une limite ; alors elle n'en a pas d'autre. Autrement dit, si (u_n) admet ℓ_1 et ℓ_2 comme limites, alors $\ell_1 = \ell_2$.

C'est une propriété très simple, mais fondamentale, de la notion de limite. Elle nous permet de parler de *la* limite d'une suite : celle-ci n'existe pas nécessairement, mais si elle existe, il n'y en a pas d'autre possible.

Démonstration. Supposons que (u_n) admette ℓ_1 et ℓ_2 comme limites, et supposons que

$\ell_1 \neq \ell_2$. Alors d'après (3), nous avons, pour tout $\varepsilon > 0$:

$$\exists N_1 \in \mathbb{N}\,,\ \forall n \geqslant N_1\,,\ |u_n - \ell_1| \leqslant \varepsilon, \qquad (*)$$

$$\exists N_2 \in \mathbb{N}\,,\ \forall n \geqslant N_2\,,\ |u_n - \ell_2| \leqslant \varepsilon. \qquad (**)$$

Nous avons ici écrit N_1, N_2 pour souligner que le « certain rang » pourrait *a priori* dépendre de la limite considérée : nous n'en savons rien pour le moment. Quoi qu'il en soit, ces propriétés sont vraies pour tout ε strictement positif, donc nous pouvons choisir un ε particulier : considérons le cas de $\varepsilon := |\ell_1 - \ell_2|/3$; on a bien $\varepsilon > 0$ car nous avons supposé que $\ell_1 \neq \ell_2$.
Donc il existe N_1, N_2, tels que $(*)$ et $(**)$. Choisissons un nombre entier n supérieur à la fois à N_1 et N_2, comme par exemple $n := \max(N_1, N_2)$. Pour cette valeur de n, nous avons à la fois $|u_n - \ell_1| \leqslant \varepsilon$ et $|u_n - \ell_2| \leqslant \varepsilon$, donc par l'inégalité triangulaire :

$$3\varepsilon = \big|\ell_1 - \ell_2\big| = |(u_n - \ell_2) - (u_n - \ell_1)| \leqslant |u_n - \ell_1| + |u_n - \ell_2| \leqslant 2\varepsilon.$$

Le nombre réel ε vérifie donc à la fois $\varepsilon > 0$ par hypothèse et $3\varepsilon \leqslant 2\varepsilon$ par cette inégalité, ce qui est absurde. ■

Définition 14. On dit qu'une suite (u_n) est *convergente* si elle admet une limite et dans ce cas celle-ci est notée $\lim u_n$. Dans le cas contraire, on dit que la suite est *divergente*.

Si ℓ est la limite, on dit aussi que la suite converge vers ℓ. La limite est aussi notée $\lim\limits_{n\to+\infty} u_n$ par analogie avec la notation similaire sur les fonctions ; une telle notation est plus verbeuse, mais utile lorsque le terme général contient plusieurs lettres différentes (considérer par exemple $\lim\limits_{n\to+\infty} \dfrac{n-m}{n+m} = 1$ et $\lim\limits_{m\to+\infty} \dfrac{n-m}{n+m} = -1$).
On peut écrire formellement la propriété de convergence en notant que cela signifie simplement qu'une limite existe et en utilisant (3) :

$$(u_n) \text{ est convergente} \iff \exists \ell \in \mathbb{K}\,,\ \forall \varepsilon > 0\,,\ \exists N \in \mathbb{N}\,,\ \forall n \geqslant N\,,\ |u_n - \ell| \leqslant \varepsilon. \qquad (4)$$

On peut facilement déduire de la formule précédente l'expression formelle de la propriété de divergence :

$$(u_n) \text{ est divergente} \iff \forall \ell \in \mathbb{K}\,,\ \exists \varepsilon > 0\,,\ \forall N \in \mathbb{N}\,,\ \exists n \geqslant N\,,\ |u_n - \ell| > \varepsilon. \qquad (5)$$

Exercice 14.

Utiliser (5) pour montrer que la suite de terme général $(-1)^n$ est divergente.
Solution. Pour cela, considérons $\ell \in \mathbb{R}$ arbitraire, et remarquons que l'un des deux nombres $|1-\ell|$ ou $|-1-\ell|$ doit être strictement supérieure à $1/2$ (sinon l'inégalité triangulaire donnerait $2 = |(1-\ell)-(-1-\ell)| \leqslant 1/2+1/2 = 1$). Par conséquent, il existe bien un $\varepsilon > 0$, à savoir $\varepsilon = 1/2$, tel que pour tout N on peut trouver $n \geqslant N$ avec $|u_n - \ell| > \varepsilon$ (prendre $n := N$ ou bien $n := N+1$).

Cela est évidemment un peu lourd pour une suite évidemment divergente. Nous verrons plus loin comment établir facilement cette divergence en utilisant une propriété de la forme : « Si la suite converge vers ℓ, alors… ».

2.2.3 Premières propriétés

Rappelons que la propriété de tendre vers zéro est une propriété du type « à partir d'un certain rang », donc la convergence aussi. On traduit cela en parlant du « caractère asymptotique » des notions de convergence et de limite. De ce fait, on a évidemment :

Proposition 18. Une suite (u_n) converge si, et seulement si, ses suites tronquées convergent ; et dans ce cas toutes ont la même limite.

En d'autres termes on ne modifie pas la limite d'une suite en supprimant les premiers termes de celle-ci. On peut aussi dire que pour tout entier p, on a $\lim\limits_{n\to+\infty} u_{n+p} = \lim u_n$.

Cela nous rappelle une autre propriété du type « à partir d'un certain rang », à savoir le fait d'être borné. Les deux sont liées en effet :

Théorème 19. Toute suite convergente est bornée.

Par conséquent toute suite non bornée est divergente. En revanche, il existe des suites bornées qui ne sont pas convergentes, comme la suite $\big((-1)^n\big)$ vue ci-avant.

Démonstration. Soit (u_n) une suite convergente, de sorte qu'elle vérifie (4). Choisissons une valeur quelconque de ε, disons $\varepsilon = 1$; de sorte qu'il existe un N, tel que pour tout $n \geqslant N$, $|u_n - \ell| \leqslant 1$. Cette dernière inégalité implique $|u_n| \leqslant 1 + |\ell|$ de par l'inégalité triangulaire inverse. Autrement dit, la suite est bornée à partir d'un certain rang (par le nombre $1+|\ell|$) ; mais nous avons vu à l'exercice 7 de la page 530 que cela implique qu'elle est bornée. ■

Le résultat suivant découle immédiatement de la définition d'une suite convergeant vers 0.

Proposition 20. Soient (u_n) une suite numérique et ℓ un nombre. S'il existe une suite (r_n) tendant vers 0 telle que $\forall n \in \mathbb{N}$, $|u_n - \ell| \leqslant r_n$, alors $\lim u_n = \ell$.

C'est un moyen pratique pour montrer qu'une suite (u_n) converge vers un réel ℓ donné. On majore $|u_n - \ell|$ pour essayer de le rendre plus petit qu'une suite connue qui tend vers 0.

Exemple. Si (u_n) est une suite qui converge vers ℓ, alors $\big(|u_n|\big)$ converge vers $|\ell|$.
En effet, l'inégalité triangulaire donne $\big||u_n| - |\ell|\big| \leqslant |u_n - \ell| \underset{n\to+\infty}{\longrightarrow} 0$.

Lemme 21. Soit (u_n) une suite convergeant vers un réel ℓ.

- Si u_n est réelle et $\ell > 0$, alors il existe un réel $\alpha > 0$ tel que $u_n \geqslant \alpha$ à partir d'un certain rang. En particulier, on a $u_n > 0$ à partir d'un certain rang.
- Si $\ell \neq 0$, alors il existe un réel $\alpha > 0$ tel que $|u_n| \geqslant \alpha$ à partir d'un certain rang. En particulier, on a $u_n \neq 0$ à partir d'un certain rang.

Démonstration. Le deuxième cas se déduit du premier et de l'exemple précédent en considérant $|u_n|$. Supposons donc $\ell > 0$ et posons $\alpha := \ell/2$. C'est un réel strictement positif donc, par définition, il existe $N \in \mathbb{N}$ tel que $|u_n - \ell| \leqslant \alpha$ pour tout $n \geqslant N$. Soit $n \geqslant N$. on a :

$$u_n = \ell + (u_n - \ell) \geqslant \ell - |u_n - \ell| \geqslant \ell - \alpha = \alpha$$

ce qui prouve le résultat. ∎

Proposition 22. Si une suite (u_n) converge vers ℓ, alors toutes ses sous-suites convergent également vers ℓ.

Démonstration. Soit donc (n_k) une suite strictement croissante d'entiers. Par une récurrence immédiate, on a $\forall k \in \mathbb{N},\ n_k \geqslant k$. Supposons que (u_n) converge vers ℓ. Soit $\varepsilon > 0$; il existe un rang N à partir duquel on a $|u_n - \ell| \leqslant \varepsilon$. Pour tout $k \geqslant N$, on a alors $n_k \geqslant k \geqslant N$ et donc $|u_{n_k} - \ell| \leqslant \varepsilon$. ∎

Cette proposition est très utile, par contraposée, pour montrer qu'une suite diverge.

Exemple. La suite $(u_n) = \big((-1)^n\big)$ diverge puisque sa sous-suite (u_{2n}) est constante égale à 1 et converge donc évidemment vers 1, alors que la sous-suite (u_{2n+1}) est constante et converge vers -1.
Comparer cette démonstration à celle de l'exercice 14 de la page 539 !

L'utilisation des sous-suites (u_{2n}) et (u_{2n+1}) est très importante et donne une sorte de réciproque à la proposition 22. Nous la donnons sous forme d'exercice, mais le résultat pourra être librement utilisé.

Exercice 15.
Soit (u_n) une suite numérique dont les deux sous-suites (u_{2n}) et (u_{2n+1}) convergent vers la même limite ℓ. Alors (u_n) converge également vers ℓ.
Solution. Soit $\varepsilon > 0$. Il existe deux entiers N_1 et N_2 tels que $|u_{2n} - \ell| \leqslant \varepsilon$ pour tout $n \geqslant N_1$ et $|u_{2n+1} - \ell| \leqslant \varepsilon$ pour tout $n \geqslant N_2$.
Soit $n \in \mathbb{N}$ tel que $n \geqslant N := 2N_1 + 2N_2 + 1$.

- Si $n = 2p$ est pair, alors $2p \geqslant 2N_1$ et donc $p \geqslant N_1$, ce qui donne $|u_n - \ell| \leqslant \varepsilon$.
- De même, si $n = 2p + 1$ est impair, on a $p \geqslant N_2$ et donc de même $|u_n - \ell| \leqslant \varepsilon$.

On a donc $\forall n \geqslant N,\ |u_n - \ell| \leqslant \varepsilon$, ce qui achève de montrer que (u_n) converge vers ℓ.

2.2.4 Opérations sur les limites

Dans la pratique, il est plus facile de déterminer la limite d'une suite en se ramenant à des suites connues et en effectuant des additions, multiplications, etc.

Théorème 23. Soient (u_n) une suite numérique convergente et $a \in \mathbb{C}$ donné. Alors :

$$\lim(a + u_n) = a + \lim u_n, \qquad \lim(a - u_n) = a - \lim u_n,$$

$$\lim a u_n = a \lim u_n, \qquad (\text{si } a \neq 0) \quad \lim \frac{u_n}{a} = \frac{\lim u_n}{a}.$$

De plus, si (u_n) a une limite non nulle, alors $\lim a/u_n = a/\lim u_n$.

C'est un bon exercice de chercher à démontrer ce théorème directement. Nous notons cependant que c'est un juste un cas particulier (avec v_n constante) du théorème plus général suivant :

Théorème 24. Soient (u_n) et (v_n) deux suites numériques convergentes. Alors $(u_n + v_n)$, $(u_n - v_n)$ et $(u_n v_n)$ sont des suites convergentes ; c'est aussi le cas de (v_n/u_n) si $\lim u_n \neq 0$. On a de plus :

$$\lim(u_n + v_n) = \lim u_n + \lim v_n, \qquad \lim(u_n - v_n) = \lim u_n - \lim v_n,$$

$$\lim(u_n v_n) = \lim u_n \lim v_n, \qquad \lim \frac{v_n}{u_n} = \frac{\lim v_n}{\lim u_n}.$$

Démonstration. La démonstration est similaire dans les quatre cas. Étudions par exemple celui du produit. Les suites (u_n) et (v_n) sont convergentes, appelons a et b leurs limites, de sorte que

$$\forall \varepsilon_1 > 0, \exists N_1 \in \mathbb{N}, \forall n \geqslant N_1, \quad |u_n - a| \leqslant \varepsilon_1, \tag{$*$}$$

$$\forall \varepsilon_2 > 0, \exists N_2 \in \mathbb{N}, \forall n \geqslant N_2, \quad |v_n - b| \leqslant \varepsilon_2. \tag{$**$}$$

Nous avons utilisé des lettres indexées pour des raisons qui vont apparaître bientôt, mais sinon ce n'est rien d'autre que la réécriture de la définition (3). Rappelons d'abord qu'une suite convergente est bornée (théorème 19 de la page 540) ; donc il existe $\mu \geqslant 0$ tel que $\forall n \in \mathbb{N}$, $|u_n| \leqslant \mu$ (et cela est vrai aussi pour v_n, mais nous n'en aurons pas besoin).

Nous souhaitons démontrer que $(u_n v_n)$ admet ab pour limite, c'est-à-dire que :

$$\forall \varepsilon > 0, \exists N \in \mathbb{N}, \forall n \geqslant N, \quad |u_n v_n - ab| \leqslant \varepsilon. \tag{6}$$

Ajoutons et retranchons le même terme bu_n dans le module, nous avons, avec l'aide de l'inégalité triangulaire :

$$|u_n v_n - ab| = |u_n(v_n - b) + b(u_n - a)| \leqslant |u_n||v_n - b| + |b||u_n - a| \leqslant \mu|v_n - b| + |b||u_n - a|.$$

Si nous pouvons montrer que les derniers termes sont suffisamment petits lorsque n est grand, $|u_n v_n - ab|$ sera petit aussi, ce qui est le but recherché. Mais cela est certainement vrai, car $|v_n - b|$ et $|u_n - a|$ deviennent effectivement petits lorsque n est assez grand.

Il faut maintenant faire les choses plus précisément. Nous voulons montrer (6), donc soit $\varepsilon > 0$ donné. Les propriétés de convergence des deux suites commencent par $\forall \varepsilon_1 > 0$, $\forall \varepsilon_2 > 0$, donc nous pouvons choisir certaines valeurs particulières de ε_1 et ε_2. C'est là qu'il faut être habile : considérons $\varepsilon_1 := \varepsilon/(1 + 2|b|) > 0$ et $\varepsilon_2 := \varepsilon/(1 + 2\mu) > 0$.

Les convergences nous disent qu'il existe N_1, N_2 tels que $(*)$ et $(**)$. Posons $N := \max(N_1, N_2)$ (nous pouvons le choisir, car la propriété à démontrer est *qu'il existe* un tel N). De la sorte, pour tout $n \geqslant N$, on a à la fois $n \geqslant N_1$ et $n \geqslant N_2$, donc, à la fois $|u_n - a| \leqslant \varepsilon_1$ et $|v_n - b| \leqslant \varepsilon_2$. Maintenant reprenons notre inégalité précédente :

$$|u_n v_n - ab| \leqslant \mu|v_n - b| + |b||u_n - a| \leqslant \mu\varepsilon_2 + |b|\varepsilon_1 = \mu\frac{\varepsilon}{1 + 2\mu} + |b|\frac{\varepsilon}{1 + 2|b|} \leqslant \frac{\varepsilon}{2} + \frac{\varepsilon}{2} = \varepsilon$$

(on a utilisé que $\mu/(1 + 2\mu) < 1/2$ parce que $2\mu \leqslant 1 + 2\mu$, et de même avec $|b|$).

Nous avons donc bien montré (6) et la démonstration est finie.

Pour démontrer le résultat concernant le quotient, il suffit, d'après ce que nous avons montré sur le produit, de prouver que $(1/v_n)$ tend vers $1/b$. Il faut auparavant rappeler que si (v_n) a une limite non nulle, alors v_n est non nul au delà d'un certain rang (*cf.* lemme 21 de la page 540), et travailler au delà de ce rang. Mais cela ne va pas être suffisant, car pour majorer $\left|\frac{1}{v_n}-\frac{1}{b}\right| = \left|\frac{b-v_n}{v_n\,b}\right|$, il ne suffit pas de majorer $|v_n - b|$ mais il faut aussi minorer $|v_n|$. Utilisons donc pleinement le résultat du lemme 21 : il existe donc un réel $\alpha > 0$ et un rang n_0 à partir duquel on a $|v_n| \geqslant \alpha$. Pour $n \geqslant n_0$, on a donc $\left|\frac{1}{v_n} - \frac{1}{b}\right| \leqslant \frac{|v_n - b|}{b\,\alpha}$, et comme le majorant obtenu tend vers 0, on a bien montré que $(1/v_n)$ tend vers $1/b$. ■

Corollaire 25. L'ensemble $\mathcal{C}_{\mathbb{K}}$ des suites convergentes à valeurs dans $\mathbb{K}$ est un sous-espace vectoriel et un sous-anneau de $\mathbb{K}^{\mathbb{N}}$.
L'application $(u_n) \mapsto \lim u_n$ est linéaire et un homomorphisme d'anneaux de $\mathcal{C}_{\mathbb{K}}$ dans $\mathbb{K}$.

Il est très important, dans le théorème 24 de la page précédente, de supposer que les deux suites convergent. Si l'une au moins diverge, voire les deux, la situation peut être bien plus complexe, et c'est tout l'art de l'étude des limites de parvenir à débroussailler de tels cas. Certains sont cependant assez faciles à traiter. Premier exemple :

Exercice 16.
Soient (u_n) une suite divergente et (v_n) une suite convergente. Montrer que $(u_n + v_n)$ et $(u_n - v_n)$ sont divergentes.
Trouver des exemples de suites divergentes dont la somme (ou la différence) est cependant convergente.
Solution. Soit $w_n := u_n + v_n$, d'où $u_n = w_n - v_n$; si (w_n) était convergente comme (v_n), leur différence (u_n) le serait aussi ce qui n'est pas.
Pour la différence, il suffit de changer v_n en $-v_n$.
Les suites (n) et $(-n)$ sont divergentes ; leur somme est nulle, donc convergente.
Les suites (n) et (n) sont divergentes ; leur différence est nulle, donc convergente.

Une telle propriété ne se généralise pas au produit. En fait, on a même parfois la propriété inverse :

Proposition 26. Soient (u_n) une suite bornée et (v_n) une suite de limite nulle.
Alors $(u_n v_n)$ converge vers zéro.

Remarquer que l'on ne suppose pas (u_n) convergente. Par exemple, il résulte immédiatement de cette proposition que la suite « compliquée » de terme général $\sin(n! + e^n)/n$ tend vers zéro. Naturellement une telle propriété n'est pas vraie si (u_n) n'est pas bornée : considérer le cas $u_n = n^2$, $v_n = 1/n$.

Démonstration. Il suffit de refaire la démonstration du théorème 24 de la page ci-contre et de noter que lorsque $b = 0$, certains termes disparaissent et l'on n'a pas besoin que (u_n) converge (mais on a besoin de μ, donc du caractère borné de (u_n)). ■

Définition 15. On dit qu'une partie A de $\mathbb{K}$ est *dense* dans $\mathbb{K}$ si tout élément de $\mathbb{K}$ est limite d'une suite d'éléments de A.

Lorsque $\mathbb{K} = \mathbb{R}$, on a déjà défini la notion de de densité (définition 4 de la page 526). L'exercice suivant montre qu'il s'agit en fait de la même notion.

Exercice 17.
Soit A une partie de $\mathbb{R}$. Montrer que les deux propriétés suivantes sont équivalentes :
(i) $\forall (x,y) \in \mathbb{R}^2\,,\ x < y \Rightarrow \exists a \in A\,,\ x < a < y\,;$
(ii) $\forall x \in \mathbb{R}\,,\ \exists (a_n) \in A^{\mathbb{N}}\,,\ x = \lim a_n\,.$
Solution.
- Supposons (i). Soit $x \in \mathbb{R}$. Pour tout $\varepsilon > 0$, il existe par hypothèse un élément a de A vérifiant $x - \varepsilon < a < x + \varepsilon$. En prenant $\varepsilon = 1/n$, on construit ainsi une suite (a_n) d'éléments de A telle que $\forall n \in \mathbb{N}^*$, $|x - a_n| \leqslant 1/n$ et cette suite converge donc vers x.
- Supposons (ii). Soit $(x,y) \in \mathbb{R}^2$ tel que $x < y$. Posons $z := (x+y)/2$ et considérons une suite (a_n) d'éléments de A convergeant vers z. Pour $\varepsilon := z - x = (y-x)/2$, il existe un rang N à partir duquel on a $|a_n - z| < \varepsilon$, soit $x < a_n < y$. L'élément a_N de A convient donc.

Exercice 18.
Montrer que si A est dense dans $\mathbb{R}$, alors $B := \left\{a + ib \;\middle|\; (a,b) \in A^2\right\}$ est dense dans $\mathbb{C}$.
Solution. Soit $z = x + iy$ un nombre complexe quelconque. Il existe deux suites (a_n) et (b_n) d'éléments de A telles que $\lim a_n = x$ et $\lim b_n = y$. Alors la suite $u_n := a_n + ib_n$ converge, par somme et produit par i, vers $x + iy = z$. Donc B est dense dans $\mathbb{C}$.

Le lecteur trouvera à l'exercice IV.1.6 une description des sous-groupes de $\mathbb{R}$: ils sont soit denses dans $\mathbb{R}$ (comme par exemple $\mathbb{Q}$), soit de la forme $a\,\mathbb{Z}$, avec $a > 0$.

2.2.5 Suites particulières

Suites arithmétiques

Comme on l'a vu à l'exercice 9 de la page 532, une suite arithmétique de raison non nulle est non bornée. Elle ne peut donc pas converger.
Les seules suites arithmétiques convergentes sont donc les suites constantes.

Suites géométriques

Proposition 27. Une suite géométrique (u_n) de raison $r \in \mathbb{C}$:
- est constante donc converge vers u_0 si $r = 1$,
- converge vers 0 si $|r| < 1$ ou $u_0 = 0$,
- diverge dans tous les autres cas.

Autrement dit, une suite géométrique *non nulle* de raison r converge si, et seulement si, $|r| < 1$ ou $r = 1$.

Démonstration. Soit (u_n) une telle suite géométrique. On a $\forall n \in \mathbb{N}\,,\ u_n = u_0\, r^n$ par la proposition 13 de la page 532. Les cas $r = 1$ ou $u_0 = 0$ étant évident, supposons $r \neq 1$ et $u_0 \neq 0$.

- La proposition 14 de la page 532, montre qu'une suite géométrique ne peut converger que si sa raison r vérifie $|r| \leqslant 1$. Donc si $|r| > 1$, la suite diverge.
- Supposons $|r| < 1$. Il suffit donc de montrer que (r^n) tend vers 0 d'après les théorèmes opératoires sur les limites.
  Le résultat étant évident lorsque $r = 0$, on peut supposer $r \neq 0$. Posons $t := 1/|r|$, de sorte que $t > 1$ puisque $|r| < 1$.
  Soit $\varepsilon > 0$. La proposition 8 de la page 526 (propriété d'Archimède multiplicative) nous donne l'existence d'un entier N tel que $t^N \geqslant 1/\varepsilon$ et donc aussi $t^n \geqslant 1/\varepsilon$ pour tout $n \geqslant N$. Pour tout $n \geqslant N$, on a donc $r^n \leqslant \varepsilon$.
  Donc on a bien montré que $\forall \varepsilon > 0,\ \exists N \in \mathbb{N}\,,\ \forall n \in \mathbb{N}\,,\ |r^n| \leqslant \varepsilon$.
- Reste le cas où $|r| = 1$ (et toujours $r \neq 1$). La suite garde alors un module constant $|u_0| \neq 0$, donc ne peut pas converger vers 0. Supposons qu'elle converge ; sa limite est donc un nombre complexe $\ell \neq 0$. Par passage à la limite dans l'égalité $u_{n+1} = r\, u_n$, on obtient $\ell = r\,\ell$, ce qui donne $r = 1$, puisque $\ell \neq 0$, et entraîne une contradiction. Donc la suite diverge.

■

Suites arithmético-géométriques

Soit (u_n) une suite vérifiant une relation de récurrence de la forme $u_{n+1} = a\,u_n + b$, avec $(a,b) \in \mathbb{K}^2$.

Si $|a| < 1$, et donc en particulier $a \neq 1$, on a vu qu'il existait un unique élément $\ell \in \mathbb{K}$ tel que $\ell = a\,\ell + b$ et que la suite (v_n) définie par $v_n = u_n - \ell$ était géométrique de raison a. Elle converge donc vers 0, ce qui montre que (u_n) converge vers ℓ.

2.2.6 Cas des suites complexes

Proposition 28. Soient (u_n) une suite complexe et $\ell \in \mathbb{C}$. La suite (u_n) converge vers ℓ si, et seulement si, $(\operatorname{Re} u_n)$ et $(\operatorname{Im} u_n)$ convergent respectivement vers $\operatorname{Re}\ell$ et $\operatorname{Im}\ell$.

Démonstration.

- Si $\lim u_n = \ell$, les inégalités $|\operatorname{Re} u_n - \operatorname{Re}\ell| \leqslant |u_n - \ell|$ et $|\operatorname{Im} u_n - \operatorname{Im}\ell| \leqslant |u_n - \ell|$ montrent que $\lim \operatorname{Re} u_n = \operatorname{Re}\ell$ et $\lim \operatorname{Im} u_n = \operatorname{Im}\ell$.
- La réciproque provient par exemple des opérations sur les limites, puisque :

$$u_n = \operatorname{Re} u_n + i\ \operatorname{Im} u_n.$$

■

Corollaire 29. Si (u_n) converge vers $\ell \in \mathbb{C}$, alors $\lim |u_n| = |\ell|$ et $\lim \overline{u}_n = \overline{\ell}$.

2.3 Cas des suites réelles

2.3.1 Limites et inégalités

Dans le cas des suites réelles, on peut utiliser la relation d'ordre sur $\mathbb{R}$. Le résultat suivant montre la compatibilité avec la notion de limite.

Proposition 30. Si (u_n) et (v_n) sont deux suites réelles convergentes telles que $u_n \leqslant v_n$ à partir d'un certain rang, alors $\lim u_n \leqslant \lim v_n$.

Démonstration. Par différence, il suffit de montrer que si une suite à valeurs positives est convergente, alors sa limite est positive. Montrons-le par l'absurde, en supposant que (u_n), à valeurs positives ou nulles à partir d'un rang N_1, converge vers $\ell < 0$. En prenant $\varepsilon := -\ell/2$, qui est bien strictement positif par hypothèse, il existe un rang N_2 à partir duquel on a $|u_n - \ell| \leqslant \varepsilon$, ce qui donne $u_n \leqslant \ell + \varepsilon = \ell/2 < 0$. En particulier, $u_N < 0$, avec $N := N_1 + N_2 \geqslant N_1$, ce qui est contraire à l'hypothèse. ■

Une suite à termes strictement positifs n'a pas toujours une limite strictement positive : nous avons déjà vu par exemple que la suite $(1/10^n)$ tend vers zéro. Retenir que **les inégalités strictes ne passent pas à la limite**.

Le théorème suivant est un outil extrêmement puissant pour montrer des convergences de suites :

Théorème 31 (dit « des gendarmes »).
Soient (a_n), (b_n), deux suites réelles convergentes admettant la même limite ℓ. Si (u_n) est une suite satisfaisant $a_n \leqslant u_n \leqslant b_n$ à partir d'un certain rang, alors (u_n) est convergente et admet ℓ pour limite.

Le nom curieux du théorème réfère à une allégorie sous-jacente : la suite (u_n) est encadrée par (a_n) et (b_n) comme un voleur pris entre deux gendarmes ; si les deux gendarmes vont au poste (la limite), le voleur est contraint d'y aller aussi.
On notera que le point intéressant dans ce théorème n'est pas tellement que $\lim u_n = \ell$ (c'est une conséquence immédiate de la proposition 30), mais le fait que la suite (u_n) converge, qui n'est pas une hypothèse, mais une conclusion. Il est important de voir pourquoi cela marche, et donc de comprendre la démonstration.

Démonstration. Récapitulons les hypothèses. L'encadrement nous dit qu'il existe $N_0 \in \mathbb{N}$ (un certain rang) tel que pour tout $n \geqslant N_0$, on a $a_n \leqslant u_n \leqslant b_n$. Par ailleurs, la convergence de (a_n) et (b_n) vers ℓ implique que pour tout $\varepsilon > 0$, il existe N_1 et N_2 tels que $n \geqslant N_1$ implique $|a_n - \ell| \leqslant \varepsilon$ et $n \geqslant N_2$ implique $|b_n - \ell| \leqslant \varepsilon$.
Donc si nous posons $N := \max(N_0, N_1, N_2)$, nous avons pour tout $n \geqslant N$:

$$\ell - \varepsilon \leqslant a_n \leqslant u_n \leqslant b_n \leqslant \ell + \varepsilon,$$

ce qui implique que $|u_n - \ell| \leqslant \varepsilon$. Nous avons bien montré la convergence de u_n vers ℓ. ■

2.3.2 Suites monotones

Définition 16. On dit qu'une suite réelle (u_n) est *croissante*, si $u_n \leqslant u_{n+1}$ pour tout n ; qu'elle est *décroissante* si $u_n \geqslant u_{n+1}$ pour tout n.
Dans les deux cas, la suite est dite *monotone*.

La monotonie d'une suite signifie donc qu'elle « avance toujours dans le même sens ». Naturellement, une suite n'est normalement ni croissante ni décroissante (considérer le cas de la suite $\big((-1)^n\big)$ par exemple) ; elle ne peut être les deux que si elle est constante.
On définit de manière similaire les suites *strictement croissantes* ou *strictement décroissantes*, avec des inégalités strictes. Toutes ces propriétés peuvent éventuellement n'être vérifiées qu'à partir d'un certain rang, ce qui n'a pas d'importance pour les propriétés de convergence que nous allons voir.

Théorème 32. Une suite réelle croissante converge si, et seulement si, elle est majorée. De même une suite décroissante converge si, et seulement si, elle est minorée.

On utilise le plus souvent le fait qu'une suite croissante majorée (ou décroissante minorée) converge ; il est quelquefois utile de se rappeler que c'est en fait une équivalence et donc, qu'une suite croissante non majorée est forcément divergente.
Notons que parfois on sait seulement qu'une suite est monotone (on ne connaît pas son sens de variation) : si elle est bornée, le théorème permet quand même de conclure qu'elle converge.
Le théorème a l'air simple et sa démonstration n'est pas difficile, mais il révèle une propriété très profonde de $\mathbb{R}$, équivalente au théorème de la borne supérieure.
L'inconvénient principal de ce théorème est qu'il ne donne pas d'indication sur la valeur de la limite (dans la preuve celle-ci apparaît comme borne supérieure de l'ensemble des valeurs de la suite, ce qui n'est pas « constructif »). Par exemple, on verra dans le module IV.4 que la suite définie par :

$$\forall n \in \mathbb{N}\,,\ u_n = \sum_{p=1}^{n} \frac{1}{p^3}$$

est croissante (c'est évident) et majorée, mais on ne sait pas exprimer sa limite à l'aide des constantes et des fonctions usuelles. On introduit donc pour cela une fonction (la fonction ζ) telle que $\lim u_n = \zeta(3)$.

Démonstration. Soit donc une suite réelle (u_n) croissante, l'autre cas se déduisant en considérant $(-u_n)$.

Supposons d'abord (u_n) convergente : alors elle est bornée d'après le théorème 19 de la page 540, donc elle est majorée (en fait on peut facilement montrer qu'elle est majorée par sa limite dans ce cas).

Inversement supposons la suite majorée, et montrons qu'elle converge. Pour cela, nous devons d'abord « exhiber » la limite ; considérons l'ensemble $A := \{u_0, u_1, u_2, \ldots\}$, c'est-à-dire l'ensemble image de la suite (qui est une application de $\mathbb{N}$ vers $\mathbb{R}$, par définition). Cet ensemble est non vide (il contient au moins u_0) et il est majoré puisque la suite est majorée.

Donc d'après le théorème de la borne supérieure (théorème 41 de la page 558), il admet une borne supérieure que nous notons ℓ. Rappelons que cela signifie que ℓ est un majorant, et donc ici que $\ell \geqslant u_n$ pour tout n. Mais c'est aussi le plus petit des majorants, ce qui signifie qu'aucun nombre strictement inférieur à ℓ n'est un majorant de A.

En particulier, pour tout $\varepsilon > 0$, le nombre $\ell - \varepsilon$ n'est pas un majorant de A, donc il existe un élément de A supérieur à $\ell - \varepsilon$. Comme les éléments de A sont simplement les termes de la suite, il existe donc un indice $N \in \mathbb{N}$ tel que $u_N > \ell - \varepsilon$.

Mais la suite est croissante : donc pour tout $n \geqslant N$, on a $u_n \geqslant u_N > \ell - \varepsilon$. Le fait que ℓ soit la borne supérieure implique donc que pour tout $\varepsilon > 0$, il existe $N \in \mathbb{N}$ tel que pour tout entier $n \geqslant N$, on ait $\ell - \varepsilon < u_n \leqslant \ell$, ce qui donne aussi $|u_n - \ell| \leqslant \varepsilon$. La suite (u_n) converge donc vers ℓ. ■

Remarque. La démonstration du théorème précédent nous donne la position de la limite par rapport aux termes de la suite : si la suite (u_n) est croissante et convergente, sa limite ℓ vérifie $\forall n \in \mathbb{N},\ u_n \leqslant \ell$ puisque ℓ est la borne supérieure de l'ensemble $\{u_0, u_1, u_2, \ldots\}$ et donc, en particulier, un majorant.

En reprenant l'exemple précédent, on en déduit, par exemple que :

$$\zeta(3) \geqslant u_5 = 1 + \frac{1}{8} + \frac{1}{27} + \frac{1}{64} + \frac{1}{125} \geqslant 1{,}18.$$

Mais on peut aussi en tirer des renseignements sur les termes de la suite, connaissant la limite : par exemple, une suite décroissante convergeant vers 0 est positive.

Exemple. Soit f une fonction croissante d'un intervalle I de $\mathbb{R}$ dans lui-même. On peut définir une suite (u_n) à partir de son premier terme $u_0 \in I$ et de la relation $\forall n \in \mathbb{N},\ u_{n+1} = f(u_n)$.

Une telle suite est monotone. En effet, supposons par exemple $u_1 \geqslant u_0$. On a alors, par croissance de f, $u_2 = f(u_1) \geqslant f(u_0) = u_1$. Par une récurrence immédiate, on en déduit $\forall n \in \mathbb{N},\ u_{n+1} \geqslant u_n$, c'est-à-dire que (u_n) est croissante. De le même façon, on montre que (u_n) est décroissante lorsque $u_1 \leqslant u_0$.

À titre d'application, le lecteur est invité à résoudre l'exercice suivant.

Exercice 19.

Soit $a \in \mathbb{R}$. On définit la suite (u_n) par :

$$u_0 := a \qquad \text{et} \qquad \forall n \in \mathbb{N},\ u_{n+1} = \sin(u_n).$$

1. Montrer que $[-\pi/2, \pi/2]$ est stable par sin et en déduire que $(u_n)_{n \geqslant 1}$ est monotone.
2. Montrer que (u_n)converge.

Remarque. La continuité de la fonction $\sin$ permet de montrer que la limite ℓ de (u_n) vérifie $\ell = \sin \ell$.

Les variations de $x \mapsto \sin x - x$ permettent de conclure que $\ell = 0$.

2.3.3 Suites adjacentes

Définition 17. On dit que deux suites réelles (u_n) et (v_n) sont *adjacentes* si elles vérifient les propriétés suivantes :

1. (u_n) est croissante, et (v_n) est décroissante ;
2. la suite $(v_n - u_n)$ tend vers zéro.

Un exemple typique de suites adjacentes sont celles que l'on obtient en prenant les approximations décimales par défaut et par excès d'un même nombre réel (voir page 638) : par exemple $u_0 = 3$; $u_1 = 3{,}1$; $u_2 = 3{,}14$; $u_3 = 3{,}141$; ... et $v_0 = 4$; $v_1 = 3{,}2$; $v_2 = 3{,}15$; $v_3 = 3{,}142$; ... Il est clair que deux telles suites vérifient bien les propriétés demandées.

Théorème 33. Deux suites adjacentes convergent, et ont la même limite.

L'intérêt de ce théorème réside dans la propriété de convergence, qui n'est pas évidente car on n'a pas supposé les suites bornées. Le fait qu'elles aient la même limite est alors évident, puisque $(v_n - u_n)$ tend vers zéro par hypothèse.

Démonstration. En vertu du théorème 32 de la page 547, il suffit de montrer que les suites sont bornées. Remarquons que la suite $(v_n - u_n)$ est décroissante par décroissance de (v_n) et croissance de (u_n). Comme elle converge vers 0, on en déduit qu'elle est positive (voir la remarque de la page ci-contre), et donc que $\forall n \in \mathbb{N},\ u_n \leqslant v_n$. On a donc, pour tout $n \in \mathbb{N}$:

$$u_0 \leqslant u_1 \leqslant \cdots \leqslant u_n \leqslant v_n \leqslant \cdots \leqslant v_1 \leqslant v_0$$

ce qui montre que les deux suites sont minorées par (u_0) et majorées par (v_0). ■

Remarquer qu'il résulte de cette démonstration, que les deux suites adjacentes vérifient :

$$\forall n \in \mathbb{N},\ u_n \leqslant v_n$$

ce qui n'est pas requis au départ.

Exercice 20.

Soient $u_n := \sum\limits_{p=0}^{n} \frac{1}{p!}$ et $v_n := u_n + \frac{1}{n!}$.

Montrer que les suites (u_n) et (v_n) convergent vers une même limite.

Solution. Montrons que les suites (u_n) et (v_n) sont adjacentes.

- La croissance de (u_n) est immédiate puisque $u_n - u_{n-1} = 1/n! \geqslant 0$.
- On a donc $v_n - v_{n-1} = \frac{1}{n!} + \frac{1}{n!} - \frac{1}{(n-1)!} = \frac{2-n}{n!}$.

  La suite (v_n) est donc décroissante à partir du rang 2 ($v_n \leqslant v_{n-1}$ pour tout $n \geqslant 2$).
- $v_n - u_n = \frac{1}{n!} \leqslant \frac{1}{n} \underset{n\to+\infty}{\longrightarrow} 0$.

Le résultat découle donc du théorème précédent.

Rappel. Un segment de $\mathbb{R}$ est un intervalle de la forme $[a, b]$, avec $a \leqslant b$. Sa *longueur* est le réel $b - a$.

Proposition 34 (Théorème des segments emboîtés). Soit $([a_n, b_n])$ une suite décroissante de segments non vides dont les longueurs tendent vers 0. Alors l'intersection $\bigcap_{n \in \mathbb{N}} [a_n, b_n]$ est réduite à un point.

Ce résultat est une version plus forte de la proposition 1 de la page 524 qui, sans l'hypothèse sur les longueurs, nous disait que l'intersection des segments $[a_n, b_n]$ était non vide.

Démonstration. Des hypothèses, on déduit facilement que les suites (a_n) et (b_n) sont adjacentes : (a_n) est croissante, (b_n) décroissante et $b_n - a_n$, longueur du segment $[a_n, b_n]$ tend vers 0. Par le théorème 33 de la page précédente, elles convergent donc vers un réel ℓ qui vérifie $\forall n \in \mathbb{N},\ a_n \leqslant \ell \leqslant b_n$ donc qui appartient à l'intersection $I := \bigcap_{n \in \mathbb{N}} [a_n, b_n]$.

Soit maintenant $x \in I$. Par passage à la limite dans les inégalités $a_n \leqslant x \leqslant b_n$, on en déduit $\ell \leqslant x \leqslant \ell$, soit $x = \ell$. Donc $I = \{\ell\}$ est bien réduit à un point. ■

2.4 Suites bornées

Rappelons qu'une suite numérique (x_n) est bornée s'il existe un réel M tel que $|x_n| \leqslant M$ pour tout n. Naturellement une telle suite ne converge pas en général : penser à la suite $((-1)^n)$. Pourtant, on voit sur ce contre-exemple qu'elle admet une sous-suite convergente : il suffit de prendre les termes d'indice pair (ou les termes d'indice impair).

Plus généralement, étant donnée une suite (x_n) bornée, on peut sélectionner suffisamment habilement des termes $x_{n_0}, x_{n_1}, \ldots$, de sorte que la suite extraite soit convergente.

Théorème 35 (Bolzano-Weierstraß).
Toute suite numérique bornée $(x_n)_{n \in \mathbb{N}}$ contient une suite extraite $(x_{n_k})_{k \in \mathbb{N}}$ convergente.

Démonstration dans le cas d'une suite réelle bornée. Il suffit de trouver de bons indices $n_0, n_1, n_2, \ldots$ Nous allons le faire par récurrence, en posant d'abord $n_0 := 0$.

Supposant que nous connaissons un n_k pour un certain $k \geqslant 0$, nous choisissons un n_{k+1} de la façon suivante. On commence par considérer l'ensemble $X_k := \{x_n\}_{n > n_k}$, l'image de la suite tronquée à partir du rang $n_k + 1$. Cet ensemble est non vide (il contient $x_{n_k + 1}$), et borné car la suite est bornée. Donc il a une borne inférieure (théorème 41 de la page 558), que nous notons $\mu_k := \inf X_k$.

Par définition de la borne inférieure, tout élément de X_k est supérieur ou égal à μ_k, mais $\mu_k + 1/(k+1) > \mu_k$ ne peut être un minorant de X_k. Donc il existe au moins un élément de X_k compris entre μ_k et $\mu_k + 1/(k+1)$; notons n_{k+1} son indice, de sorte que $n_{k+1} > n_k$ et en résumant :

$$\mu_k \leqslant x_{n_{k+1}} \leqslant \mu_k + \frac{1}{k+1}. \tag{7}$$

Nous pouvons donc construire ainsi par récurrence des indices $(n_k)_{k \in \mathbb{N}}$ (donc une suite extraite $(x_{n_k})_{k \in \mathbb{N}}$), et aussi au passage une suite $(\mu_k)_{k \in \mathbb{N}}$. Or cette dernière suite est majorée (à cause de (7) et du fait que la suite (x_n) est majorée), et croissante : en effet, comme

$n_{k+1} > n_k$, on a $X_{k+1} \subset X_k$, donc μ_k est un minorant de X_{k+1} ; mais cela implique $\mu_k \leqslant \mu_{k+1}$ par définition de la borne inférieure.
Puisque la suite (μ_k) est croissante et majorée, alors elle converge (théorème 32 de la page 547). Le théorème des gendarmes (théorème 31 de la page 546) et (7) impliquent alors que $(x_{n_k})_{k\in\mathbb{N}}$ converge. ■

Démonstration dans le cas d'une suite complexe bornée. Soit (u_n) une suite complexe bornée. Posons, pour tout $n \in \mathbb{N}$, $x_n := \operatorname{Re} u_n$ et $y_n := \operatorname{Im} u_n$. Ce sont des suites bornées puisque $|x_n| \leqslant |u_n|$ et $|y_n| \leqslant |u_n|$ pour tout $n \in \mathbb{N}$.

- Comme (x_n) est une suite réelle bornée, elle admet une sous-suite convergente : notons-la $(x_{n_p})_{p\in\mathbb{N}}$ et notons α sa limite.
- La suite $(z_p) = (y_{n_p})$ est alors une sous-suite de (y_n) bornée, donc est également bornée. Elle admet une sous-suite $(z_{p_k})_{k\in\mathbb{N}}$ convergeant vers un certain réel β.
- La suite $(x_{n_{p_k}})_{k\in\mathbb{N}}$ est alors une sous-suite de $(x_{n_p})_{p\in\mathbb{N}}$ et donc converge vers α, tandis que $(y_{n_{p_k}})_{k\in\mathbb{N}}$ converge, par construction, vers β. On en déduit que la suite $(u_{n_{p_k}})_{k\in\mathbb{N}}$, extraite de (u_n) converge vers $\alpha + i\beta$.

■

2.5 Limites infinies

Définition 18. On dit qu'une suite réelle (u_n) *tend vers l'infini* si $(1/u_n)$ est définie à partir d'un certain rang, et a pour limite zéro. Si de plus la suite est positive à partir d'un certain rang, on dit que la suite tend vers $+\infty$; si elle est négative à partir d'un certain rang, on dit qu'elle tend vers $-\infty$.

Dans ces deux derniers cas, on écrit par abus de notation $\lim u_n = +\infty$ ou $\lim u_n = -\infty$, mais on prendra garde que $\pm\infty$ ne sont pas des réels, donc ne sont pas à proprement parler des limites : la suite (u_n) reste divergente.
Notons que l'on peut aussi faire une extension similaire dans $\mathbb{C}$, mais là le signe ne veut rien dire. Cependant, l'usage veut que l'on se montre moins précis dans ce cas, et que l'on se contente de dire que $|u_n|$ tend vers l'infini.
Une autre façon de dire que (u_n) tend vers $+\infty$ est d'écrire en même temps que $(1/u_n)$ est positive (à partir d'un certain rang) et qu'elle tend vers zéro, donc :

$$\forall \varepsilon > 0\,,\ \exists N \in \mathbb{N} : \forall n \geqslant N\,,\ 0 < (1/u_n) \leqslant \varepsilon.$$

Mais la dernière inégalité équivaut à $u_n \geqslant 1/\varepsilon$ (tenir compte du signe !). Le nombre $1/\varepsilon$ est aussi grand que l'on veut à condition de prendre ε suffisamment petit. En appliquant cela avec $\varepsilon := 1/A$, pour n'importe quel réel $A > 0$, nous avons donc :

$$(u_n) \text{ tend vers } +\infty \iff \forall A > 0, \exists N \in \mathbb{N}, \forall n \geqslant N\,,\ u_n \geqslant A. \tag{8}$$

Notons qu'une telle suite prend donc des valeurs plus grandes que 1 (par exemple) à partir d'un certain rang, donc aussi plus grandes que tous les nombres inférieurs à 1, y compris négatifs : on peut donc remplacer $A > 0$ par $A \in \mathbb{R}$ sans changer cette propriété.
Il existe une propriété similaire à (8) pour une limite $-\infty$.
L'intérêt de ces « limites infinies » est de permettre certaines opérations similaires à celles vues dans le théorème 24 de la page 542.

Théorème 36. Soient (u_n) une suite réelle tendant vers $+\infty$ et (v_n) une suite réelle bornée. Alors $(u_n + v_n)$ et $(u_n - v_n)$ tendent vers $+\infty$. Le même résultat vaut si (u_n) tend vers $-\infty$, les limites sont alors $-\infty$.

Naturellement on en déduit aussi la limite de $(v_n - u_n)$ en changeant le signe. La démonstration est laissée au lecteur : elle se déduit de (8) et de la définition d'une suite bornée.

Pour le produit et quotient, une propriété similaire ne peut être vraie (considérer $u_n = n$ et $v_n = a/n$). Mais l'on a :

Théorème 37. Soient (u_n) une suite tendant vers $+\infty$ et (v_n) une suite bornée ; alors (v_n/u_n) tend vers zéro. Si (v_n) est convergente, de limite non nulle, alors $(u_n v_n)$ et (u_n/v_n) tendent vers l'infini, avec le signe de la limite de (v_n).

La première assertion n'est qu'une réécriture de la proposition 26 de la page 543, car $(1/u_n)$ tend vers zéro. Les deux autres expriment en fait la même chose, car $(1/v_n)$ a aussi une limite non nulle dans ce cas.

Démonstration. Il suffit donc de faire la preuve pour $(u_n v_n)$; examinons par exemple le cas où la limite ℓ de (v_n) est strictement positive, l'autre cas se déduisant en considérant $(-v_n)$.

Comme $\ell > 0$ nous pouvons utiliser $\varepsilon = \ell/2$ dans la définition (3) de la convergence de (v_n) ; ainsi il existe $N_0 > 0$ tel que, pour tout $n \geqslant N_0$, on ait $|v_n - \ell| \leqslant \ell/2$, ce qui implique notamment $v_n \geqslant \ell/2$. Par ailleurs, comme (u_n) tend vers l'infini, on a par (8) : $\forall B > 0$, $\exists P \in \mathbb{N}$, $\forall n \geqslant P$, $u_n \geqslant B$ (on a changé la lettre A en B et N en P).

Soit donc $A > 0$ donné ; posons $B := 2A/\ell$, de sorte qu'il existe P, etc. Posons aussi $N := \max(P, N_0)$; si $n \geqslant N$, alors on a à la fois $n \geqslant P$ et $n \geqslant N_0$ donc $v_n \geqslant \ell/2$ et $u_n \geqslant B$. Dès lors, (tout est positif) $u_n v_n \geqslant B\ell/2 = A$, et l'on a donc montré que $(u_n v_n)$ tend vers $+\infty$. ∎

On voit dans la démonstration qu'il suffit en fait que (v_n) soit minorée par un nombre strictement positif, ou majorée par un nombre strictement négatif.

Pour des opérations additives sur des suites convergentes ou tendant vers $\pm\infty$, les différents cas évoqués ci-avant ainsi que quelques autres faciles à montrer, peuvent être résumés dans un tableau :

	$u_n \to -\infty$	u_n bornée	$u_n \to +\infty$
$v_n \to -\infty$	$u_n + v_n \to -\infty$ $u_n - v_n$?	$u_n + v_n \to -\infty$ $u_n - v_n \to +\infty$	$u_n + v_n$? $u_n - v_n \to +\infty$
v_n bornée	$u_n + v_n \to -\infty$ $u_n - v_n \to -\infty$	$u_n + v_n$ bornée $u_n - v_n$ bornée	$u_n + v_n \to +\infty$ $u_n - v_n \to +\infty$
$v_n \to +\infty$	$u_n + v_n$? $u_n - v_n \to -\infty$	$u_n + v_n \to +\infty$ $u_n - v_n \to -\infty$	$u_n + v_n \to +\infty$ $u_n - v_n$?

Les « ? » correspondent tous à la même « forme indéterminée » : $\infty - \infty$. La différence de deux suites tendant vers l'infini peut avoir n'importe quel comportement : bornée ou non, convergente ou non, etc. Le lecteur est invité à trouver des exemples des différents cas possibles.
Pour le produit et le quotient la situation est plus complexe, en raison des signes. Nous donnons dans un tableau le cas du produit, celui du quotient se déduit en notant que (u_n/v_n) est le produit de (u_n) par $(1/v_n)$, et que cette dernière tend vers zéro si (v_n) tend vers l'infini, et réciproquement. Dans tous les cas faire attention aux signes !

$\lim u_n v_n$	$u_n \to -\infty$	$u_n \to a < 0$	$u_n \to 0$	$u_n \to a > 0$	$u_n \to +\infty$
$v_n \to -\infty$	$+\infty$	$+\infty$	?	$-\infty$	$-\infty$
$v_n \to b < 0$	$+\infty$	ab	0	ab	$-\infty$
$v_n \to 0$	?	0	0	0	?
$v_n \to b > 0$	$-\infty$	ab	0	ab	$+\infty$
$v_n \to +\infty$	$-\infty$	$-\infty$	?	$+\infty$	$+\infty$

Ici aussi nous avons une forme indéterminée, à savoir « $0.\infty$ ». Pour le quotient, la même forme s'écrit « ∞/∞ » ou « $0/0$ ».
Terminons avec ce qui arrive pour $u_n^{v_n}$. Notons que, sauf dans les cas très particuliers où la suite v_n est constamment entière, cela n'est qu'une abréviation pour $\exp(v_n \ln u_n)$ et n'a donc de sens que si $u_n > 0$. Les règles se déduisent du cas du produit et des propriétés de l'exponentielle et du logarithme :

$\lim u_n^{v_n}$	$u_n \overset{>}{\to} 0$	$u_n \to a \in]0,1[$	$u_n \to 1$	$u_n \to a > 1$	$u_n \to +\infty$
$v_n \to -\infty$	$+\infty$	$+\infty$	?	0	0
$v_n \to b < 0$	$+\infty$	a^b	1	a^b	0
$v_n \to 0$	?	1	1	1	?
$v_n \to b > 0$	0	a^b	1	a^b	$+\infty$
$v_n \to +\infty$	0	0	?	$+\infty$	$+\infty$

Ici les formes indéterminées sont « 0^0 », « ∞^0 » et « 1^∞ ».
Comment résoudre les cas où l'on trouve une forme indéterminée ? Il n'y a pas de méthode systématique, mais certaines règles peuvent aider. En voici quelques-unes.

Cas $\infty - \infty$ ***:***

Souvent les deux termes ne vont pas à l'infini au même rythme : il suffit alors de factoriser le terme dominant (typiquement la plus grande puissance de n). Par exemple $n^2 - n = n^2(1 - 1/n) \to (+\infty) \cdot (1 - 0) = +\infty$. Lorsque cette méthode échoue, il faut soit se montrer plus précis en utilisant un développement limité par exemple, soit utiliser quelques factorisations plus habiles. Un cas classique est celui de la différence de deux racines carrées, où l'on peut multiplier et diviser par la « quantité conjuguée », c'est-à-dire la somme des deux racines, et ensuite utiliser l'identité remarquable

$(\sqrt{a}-\sqrt{b})(\sqrt{a}+\sqrt{b}) = a-b$ en espérant une simplification :

$$\begin{aligned}\sqrt{n^2+1}-\sqrt{n^2-1} &= (\sqrt{n^2+1}-\sqrt{n^2-1})\frac{\sqrt{n^2+1}+\sqrt{n^2-1}}{\sqrt{n^2+1}+\sqrt{n^2-1}}\\ &= \frac{n^2+1-(n^2-1)}{\sqrt{n^2+1}+\sqrt{n^2-1}} \to \frac{2}{\infty+\infty} = 0.\end{aligned}$$

Cas $0.\infty$***,*** ∞/∞***,*** $0/0$ ***:***

Il faut factoriser le terme dominant dans chaque partie du produit ou quotient, et simplifier :

$$\begin{aligned}\frac{2n^4-n^2+n-5}{\sqrt{n^8-6}} &= \frac{n^4\left(2-\frac{1}{n^2}+\frac{1}{n^3}-\frac{5}{n^4}\right)}{n^4\sqrt{1-\frac{6}{n^8}}}\\ &= \frac{2-\frac{1}{n^2}+\frac{1}{n^3}-\frac{5}{n^4}}{\sqrt{1-\frac{6}{n^8}}} \to \frac{2-0+0-0}{\sqrt{1-0}} = 2.\end{aligned}$$

Cas 0^0***,*** ∞^∞***,*** 1^∞ ***:***

Prendre le logarithme de l'expression, ce qui ramène aux formes indéterminées précédentes. Ne pas oublier de reprendre l'exponentielle du résultat ! Exemple :

$$\left(1+\frac{\alpha}{n}\right)^n = \exp\left[n\ln\left(1+\frac{\alpha}{n}\right)\right] \to \exp(\alpha) = e^\alpha.$$

3 Un exemple de construction de $\mathbb{R}$

3.1 Nombres décimaux

On appelle *nombre décimal* un rationnel qui peut s'écrire sous la forme $n/10^k$. De tels nombres se notent aussi sous la forme $\pm n_0{,}\alpha_1\alpha_2\ldots\alpha_k$ avec $n_0 \in \mathbb{N}$, $\alpha_i \in \{0,\ldots,9\}$. Le signe $\pm$ est ici soit $+$ (nombres positifs) soit $-$ (nombres négatifs), n_0 s'appelle la *partie principale* et α_i les *décimales* du nombre.

Lorsque le nombre est positif ou nul, la partie principale s'appelle également *partie entière*.

On a par exemple $1/2 = 5/10^1 = 0{,}5$; $-31789/1000 = -31{,}789$, etc. Nous avons tous appris à l'école comment manipuler de tels nombres. Nous avons appris aussi que $1/3$, par exemple, n'est pas un décimal parce qu'il faudrait l'écrire sous la forme $0{,}33333\ldots$, avec une infinité de chiffres 3. Nous allons voir que nous ne sommes pas forcés de nous limiter à un nombre fini de décimales. Cependant, considérer des nombres avec une infinité de décimales, si naturel que cela paraisse, requiert quelques précautions.

Commençons par nous interroger sur le sens de l'écriture $1/3 = 0{,}33333\ldots$. Quel sens exact donner à l'infinité de chiffres 3 ? Pour cela, regardons plus en détail ce que signifie l'écriture $n_0{,}\alpha_1\alpha_2\ldots\alpha_k$ (nous nous limitons pour le moment aux nombres positifs pour simplifier). C'est en fait une notation abrégée :

$$n_0{,}\alpha_1\alpha_2\ldots\alpha_k \overset{\text{déf}}{=} n_0 + \frac{\alpha_1}{10} + \frac{\alpha_2}{100} + \cdots + \frac{\alpha_k}{10^k} = n_0 + \sum_{i=1}^{k}\frac{\alpha_i}{10^i}$$

(par exemple $12{,}008 = 12 + 8/1000$). Cela explique notamment pourquoi on peut ajouter des zéros à la fin sans changer la valeur du nombre.
Considérons maintenant le cas d'un nombre A_n constitué d'un groupe de $p \geqslant 1$ décimales qui se répètent n fois (c'est-à-dire que $\alpha_{p+i} = \alpha_i$ pour $i \leqslant (n-1)p$) :

$$A_n := 0{,}\overbrace{\underline{\alpha_1 \dots \alpha_p}\,\alpha_1 \dots \alpha_p \dots \alpha_1 \dots \alpha_p}^{n \text{ répétitions}} = \sum_{i=1}^{p} \frac{\alpha_i}{10^i} + \sum_{i=1}^{p} \frac{\alpha_i}{10^{i+p}} + \dots + \sum_{i=1}^{p} \frac{\alpha_i}{10^{i+p(n-1)}}$$
$$= \left(\sum_{i=1}^{p} \frac{\alpha_i}{10^i}\right) \cdot \left(1 + \frac{1}{10^p} + \dots + \frac{1}{10^{p(n-1)}}\right).$$

Donc A_n est de la forme $A_1(1 + x + x^2 + \dots + x^{n-1})$ avec ici $x = 1/10^p = 10^{-p}$. Mais il est classique que $1 + x + \dots + x^{n-1} = (1 - x^n)/(1 - x)$ (il suffit de multiplier le membre de gauche par $1 - x$). Donc :

$$A_n = B - 10^{-pn} B \leqslant B \qquad \text{où} \qquad B := \frac{A_1}{1 - 10^{-p}}.$$

Notons aussi C_n le nombre ayant les mêmes décimales que A_n, sauf la dernière qui est changée en la décimale suivante (c'est-à-dire un 0 sera changé en 1, un 1 en 2, etc., et un 9 changé en 0 mais avec propagation d'une retenue sur la décimale précédente) ; en d'autres termes $C_n = A_n + 10^{-pn}$.
Supposons donc que l'on puisse donner un sens à A_∞, le même type de nombre mais avec une infinité de décimales (c'est exactement en cela que consiste la construction des nombres réels). Si l'on prolonge la relation d'ordre usuelle des décimaux aux nombres réels, ce qui est évidemment notre but, on doit avoir $A_\infty \geqslant A_n$ parce que les np premières décimales sont les mêmes, mais que les suivantes sont nulles dans A_n. Par ailleurs $A_\infty \leqslant C_n$ car ces deux nombres ont les mêmes premières décimales, mais ensuite une décimale de C_n est plus grande que celle qui lui correspond dans A_∞. On a donc :

$$\forall n \in \mathbb{N}, \qquad B - 10^{-pn} B = A_n \leqslant A_\infty \leqslant C_n = A_n + 10^{-pn} \leqslant B + 10^{-pn}$$

Il existe un unique nombre rationnel qui satisfait cette relation, c'est B. Il est donc naturel de décider que :

$$A_\infty := 0{,}\underline{\alpha_1 \dots \alpha_p}\,\alpha_1 \dots \alpha_p \dots$$

(avec une infinité de répétitions) n'est autre qu'une représentation décimale de $B = A_1/(1 - 10^{-p})$.
Si nous essayons avec une infinité de 3, c'est-à-dire $p = 1$ et $\alpha_1 = 3$, nous trouvons $A_1 = 3/10$ et $B = (3/10)/(1 - 1/10) = 3/9 = 1/3$, donc $1/3 = 0{,}33333\dots$ comme espéré.
En multipliant notre nombre A_∞ par 10^{-k}, on ne fait que rajouter k décimales nulles au début, et l'on peut ensuite aisément ajouter un décimal ; donc :

$$n_0{,}\beta_1\beta_2 \dots \beta_k\underline{\alpha_1 \dots \alpha_p}\,\alpha_1 \dots \alpha_p \dots = n_0{,}\beta_1\beta_2 \dots \beta_k + 10^{-k} A_\infty$$

est aussi une représentation d'un rationnel.
On peut enfin démontrer que tout rationnel positif a une représentation décimale de ce type, avec un paquet de décimales qui se répètent indéfiniment, comme par exemple :

$$829/70 = 11{,}8\underline{428571}428571428571\dots$$

Pour cela, il suffit de se rappeler comment on apprend à trouver les décimales à l'école primaire : pour $829/70$ par exemple, on « pose la division » de 829 par 70 en cherchant un premier chiffre, et en calculant un produit et un reste ; puis on recommence sur le reste, obtenant un nouveau chiffre, etc. Or chaque reste est inférieur au dénominateur (ici 70), donc il n'y a qu'un nombre fini de restes possibles. Par conséquent, au bout d'un nombre fini d'étapes (au plus 70, mais ici au bout de six en fait), le reste courant doit être égal à un reste déjà vu, et de ce fait la suite des opérations se répète, y compris les décimales. On voit même que la longueur du paquet répété de décimales ne peut excéder le dénominateur de la fraction.

On pourra se reporter à l'exercice IV.1.17 de la page 566 pour une autre démonstration.

Pour les nombres décimaux, la représentation décimale usuelle est simplement complétée avec un nombre infini de zéros. Cependant, ces nombres sont un peu particuliers, car ils admettent une autre représentation décimale, avec un nombre infini de 9 (sauf le nombre zéro). Par exemple, si nous reprenons le calcul précédent avec $p = 1$, $\alpha_1 = 9$, nous trouvons $A_1 = 9/10$ et $B = (9/10)/(1 - 1/10) = 1$. Donc $0{,}9999\ldots = 1 = 1{,}0000\ldots$. Cela représente un inconvénient pour la suite, et nous utiliserons la terminologie suivante :

Définition 19. On dit qu'une représentation décimale est *impropre* si elle comprend des décimales toutes égales à 9 à partir d'un certain rang (donc $\exists n \in \mathbb{N}^* \ : \ \forall i > n \,,\ \alpha_i = 9$), ou bien si elle est de la forme $-0{,}0000\ldots$.
Dans le cas contraire, on parle de représentation décimale *propre*.

Seuls les nombres décimaux (y compris zéro) ont deux représentations décimales, dont une impropre (pour le nombre zéro, la représentation propre est $+0{,}0000\ldots$). Les autres nombres n'ont qu'une seule représentation, toujours propre.

3.2 Définition des nombres réels ; relation d'ordre

Nous avons maintenant les éléments nécessaires pour donner une définition possible des réels. Celle-ci n'est pas la plus directe, mais elle est conforme à l'intuition que l'on a de ces nombres, et à leur pratique dans l'enseignement primaire et secondaire.

Définition 20. On appelle *nombre réel* toute écriture décimale propre de la forme $\pm n_0{,}\alpha_1\alpha_2\ldots$, où $\pm$ est $+$ ou $-$, $n_0 \in \mathbb{N}$, et $\alpha_i \in [\![0, 9]\!]$ pour tout $i \in \mathbb{N}^*$.
On note $\mathbb{R}$ l'ensemble des nombres réels.

Il y a donc une infinité de décimales, et le point essentiel est que l'on ne suppose pas qu'elles se répètent. Mais comme on ne l'interdit pas non plus, tout nombre rationnel est un réel, *i.e.* $\mathbb{Q} \subset \mathbb{R}$, puisque nous avons vu que tout rationnel admettait un développement décimal.

Inversement, si les décimales d'un réel se répètent, alors c'est un rationnel ; si elles sont nulles à partir d'un certain rang, c'est un décimal (on a exclu pour le moment les représentations impropres). Si toutes les décimales sont nulles, c'est un entier (égal à $\pm n_0$). Dans tous ces cas, on continuera à écrire ces nombres sous leur forme classique et non leur développement décimal (par exemple on écrira 0 et non $+0{,}0000\ldots$).

On a pour le moment un ensemble « en vrac », sans aucune structure existante. Nous allons ajouter les propriétés que l'on souhaite avoir sur ces réels, à savoir les opérations, etc. Commençons par l'ordre (c'est-à-dire les inégalités). La comparaison à zéro revient simplement à examiner le signe :

Définition 21. On dit qu'un réel $x = \pm n_0{,}\alpha_1\alpha_2\ldots$ est positif ou nul (et l'on écrit $x \geqslant 0$) si $\pm$ est $+$; et l'on dit qu'il est strictement négatif (et l'on écrit $x < 0$) dans le cas contraire.
On note $-x$ le nombre réel égal à $\mp n_0{,}\alpha_1\alpha_2\ldots$, ou à zéro si $x = 0$ (ici $\mp$ signifie le signe opposé à $\pm$).
On dit que x est strictement positif (et l'on écrit $x > 0$) si $-x < 0$; dans le cas contraire on le dit négatif ou nul (et l'on écrit $x \leqslant 0$).

Nous savons tous déjà comment comparer deux nombres écrits en représentation décimale : on regarde les signes, puis la partie principale (devant la virgule), puis éventuellement les décimales successives. Soit écrit en toutes lettres :

Définition 22. Soient deux réels $x = \pm m_0{,}\alpha_1\alpha_2\ldots$ et $y = \pm n_0{,}\beta_1\beta_2\ldots$, non nuls. On dit que $x < y$ si l'un des cas suivants se présente :

1. ou bien $x < 0$ et $y > 0$;
2. ou bien $0 < x$ et $0 < y$ et $m_0 < n_0$;
3. ou bien $0 < x$ et $0 < y$ et $m_0 = n_0$ et il existe $k \in \mathbb{N}^*$ tel que $\alpha_i = \beta_i$ pour tout $i < k$, et $\alpha_k < \beta_k$;
4. ou bien $x < 0$, $y < 0$ et $-y < -x$ par les règles précédentes.

On dit que $x > y$ si $-x < -y$; que $x \leqslant y$ si $x < y$ ou $x = y$; que $x \geqslant y$ si $x > y$ ou $x = y$.

En particulier, pour deux réels positifs $m_0{,}\alpha_1\alpha_2\ldots > n_0{,}\beta_1\beta_2\ldots$ équivaut à dire que, ou bien $m_0 > n_0$ (partie entière plus grande), ou bien $m_0 = n_0$ mais il existe un indice entier $k \geqslant 1$ tel que $\alpha_k > \beta_k$ (décimale strictement plus grande), mais $\alpha_i = \beta_i$ pour $i \in [\![1, k-1]\!]$ (décimales précédentes identiques).
On a ainsi épuisé tous les cas possibles, donc :

Proposition 38. Deux réels sont toujours comparables, c'est-à-dire que $\forall x, y \in \mathbb{R}$, $x < y$ ou $y < x$ ou $x = y$.

On dit que « $\mathbb{R}$ est totalement ordonné ». Il partage cette propriété avec $\mathbb{N}$, $\mathbb{Z}$ et $\mathbb{Q}$.
Une conséquence importante de ce résultat est que toute partie finie non vide de $\mathbb{R}$ possède un plus grand et un plus petit élément. La démonstration en est immédiate par récurrence sur le nombre d'éléments.
Les définitions ci-avant permettent en fait de comparer deux représentations décimales, mêmes impropres. Dans la suite, nous ne nous limiterons plus aux représentations propres, mais nous utiliserons en plus :

Définition 23. On dit que deux représentations décimales $x = \pm m_0{,}\alpha_1\alpha_2\ldots$ et $y = \pm n_0{,}\beta_1\beta_2\ldots$ correspondent au même nombre réel, s'il n'existe aucune autre représentation décimale z telle que $x < z < y$. On écrit alors $x = y$.

Exercice 21.

1. Vérifier que $+0{,}0000\ldots$ et $-0{,}0000\ldots$ représentent le même nombre (zéro), ainsi que $+0{,}9999\ldots$ et $+1{,}0000\ldots$ (l'entier 1).
2. Inversement, si $\pm m_0{,}\alpha_1\alpha_2\ldots$ et $\pm n_0{,}\beta_1\beta_2\ldots$ sont deux représentations décimales propres et différentes, montrer qu'elles ne correspondent pas au même nombre réel.

Proposition 39. Pour tout réel x, il existe un entier $n \in \mathbb{Z}$ tel que $n > x$.

Démonstration. Si $x = m_0{,}\alpha_1\alpha_2\ldots \geqslant 0$, alors on vérifie facilement que $n = m_0 + 1$ convient. Si $x = -m_0{,}\alpha_1\alpha_2\ldots < 0$, alors $n = -m_0$ (ou même 0) convient. ∎

La propriété suivante montre qu'entre deux réels distincts, on peut en trouver un autre, et même un décimal.

Proposition 40. Si x et y sont deux réels tels que $x < y$, alors il existe un nombre réel, et même un nombre décimal z, tel que $x < z < y$. Il existe même une infinité de nombres décimaux vérifiant cette double inégalité.

Démonstration. Commençons par trouver un z adéquat. Si $x < 0 < y$, il suffit de choisir $z := 0$. Dans la suite, on examine le cas où x et y sont de même signe. Supposons par exemple que $x \geqslant 0$, l'autre cas étant similaire. Nous écrivons le développement décimal propre de x et y comme dans la définition 22 de la page précédente.

Les décimales de x ne sont pas toutes égales à 9 à partir d'un certain rang (sinon on aurait un développement impropre) ni toutes égales à celles de y (sinon $x = y$). Soit k le rang de la première décimale de x telle que $\alpha_k \neq \beta_k$ (et $k = 0$ si $m_0 \neq n_0$) ; et soit ℓ le premier entier supérieur ou égal à k tel que $\alpha_\ell < 9$. Posons $\widetilde{\alpha}_\ell := 1 + \alpha_\ell$ et $z := m_0{,}\alpha_1 \ldots \alpha_{\ell-1}\widetilde{\alpha}_\ell$ de sorte qu'il est évident que z est décimal et $z > x$. Mais on a aussi $z < y$ parce que les k premières décimales de z sont les mêmes que celles de x, et qu'elles sont identiques à celles de y sauf la $k^{\text{ème}}$.

Maintenant que nous savons qu'il existe toujours un décimal entre deux réels distincts, appelons z_0 un premier décimal tel que $x < z_0 < y$. Puis appliquons la même propriété à x et z_0 (qui est aussi un réel) : il existe donc un z_1 tel que $x < z_1 < z_0 < y$. On continue ainsi à construire par récurrence z_{k+1} décimal tel que $x < z_{k+1} < z_k < y$. Les décimaux construits sont tous distincts et compris entre x et y ; il y en a une infinité. ■

Maintenant que nous savons comparer des réels, nous pouvons parler d'ensembles de réels majorés, bornés, etc.

3.3 Théorème de la borne supérieure

C'est **la** propriété cruciale de $\mathbb{R}$.

Théorème 41 (Borne supérieure).
Tout sous-ensemble non vide et majoré de $\mathbb{R}$ admet une borne supérieure.
De même, tout sous-ensemble non vide et minoré admet une borne inférieure.

Avant de donner la démonstration, commençons par nous interroger sur ce qui signifie être la borne supérieure ou inférieure d'un ensemble de réels.

Lemme 42. Soit A une partie non vide de $\mathbb{R}_+$.
- Si un réel $x = n_0, \alpha_1 \ldots \alpha_i \ldots$ est la borne inférieure de A alors l'ensemble des minorants de A contient l'entier n_0 ainsi que toutes les troncatures $x_k = n_0, \alpha_1 \ldots \alpha_k$ (pour tout entier $k \geqslant 1$), mais ne contient pas $n_0 + 1$ ni aucun nombre de la forme $x_k + 10^{-k}$.
- Réciproquement, si une représentation décimale $n_0, \alpha_1 \ldots \alpha_i \ldots$ vérifie ces propriétés, alors elle est propre et le réel $x = n_0, \alpha_1 \ldots \alpha_i \ldots$ est la borne inférieure de A.

Exercice 22.
Énoncer un lemme similaire à propos de la borne supérieure. Que peut-on dire si l'ensemble A contient des réels négatifs ?
La résolution de cet exercice est laissée au lecteur.

Démonstration du lemme On notera qu'on se limite aux réels positifs pour ne pas avoir à rentrer dans des considérations de signes pour les comparaisons de nombres.
- Montrons d'abord que si $x = \inf A$, alors les propriétés annoncées sont vraies. Tous les

nombres x_k, ainsi que n_0 sont inférieurs ou égaux à x. La borne inférieure étant un minorant, tous ces autres nombres sont donc minorants aussi. Par contre, $x < n_0 + 1$ et $x < x_k + 10^{-k}$. Donc, si l'un de ces nombres était minorant, on aurait un minorant strictement plus grand que x, en contradiction de la définition de la borne inférieure, le plus grand des minorants.

- Montrons maintenant la réciproque. Commençons par vérifier que la représentation est propre. Soit k tel que $\alpha_k \neq 9$; posons $\alpha'_k := \alpha_k + 1$. Alors $x_k = n_0, \alpha_1 \dots \alpha_k$ est un minorant de A tandis que $x_k + 10^{-k} = n_0, \alpha_1 \dots \alpha'_k$ ne l'est pas. Il existe donc un élément $y = m_0, \beta_1 \dots \beta_k \dots$ de A tel que $x_k \leqslant y < x_k + 10^{-k}$. On a alors $m_0 = n_0$ ainsi que $\beta_1 = \alpha_1, \dots, \beta_k = \alpha_k$ et comme la représentation de y est propre, il existe $p > k$ tel que $\beta_p < 9$ et l'on ne peut donc pas avoir $\alpha_{k+1} = \dots = \alpha_p = 9$ sinon $n_0, \alpha_1 \dots \alpha_p > y$.
  Donc, pour tout k tel que $\alpha_k < 9$, il existe $p > k$ tel que $\alpha_p < 9$. On démontre de la même façon, en utilisant que $n_0 + 1$ n'est pas un minorant de A, qu'il existe k tel que $\alpha_k < 9$. Ainsi, la représentation décimale $n_0, \alpha_1 \dots \alpha_i \dots$ est propre.
  Vérifions maintenant que $x = n_0, \alpha_1 \dots \alpha_i \dots$ est bien la borne inférieure de A. Montrons d'abord que c'est un minorant. Supposons par contradiction l'existence d'un nombre $y \in A$ tel que $y < x$. S'il a pour développement décimal $y = m_0, \beta_1 \beta_2 \dots$, alors on a ou bien $m_0 < n_0$, ou bien $m_0 = n_0$ et l'existence d'un indice $k \geqslant 1$ tel que $\alpha_k > \beta_k$ mais $\alpha_i = \beta_i$ pour les indices $i < k$. Dans le premier cas, $y < n_0$; dans le second, $y < x_k$. Donc le nombre $y \in A$ est strictement plus petit qu'un minorant de A, ce qui est absurde.
  Supposons à présent que x ne soit pas le plus petit minorant, autrement dit il existe un minorant $z = p_0, \gamma_1 \gamma_2 \dots > x$. Encore une fois les règles de comparaison nous disent que, ou bien $p_0 > n_0$, ou bien $p_0 = n_0$ et il existe un indice $k \geqslant 1$ tel que $\gamma_k > \alpha_k$, avec $\gamma_i = \alpha_i$ pour les indices $i < k$. Dans le premier cas, $p_0 > n_0$ implique $p_0 \geqslant n_0 + 1$, car ce sont des nombres entiers, et donc $z \geqslant p_0 \geqslant n_0 + 1$. Dans le second cas, $z \geqslant p_0, \gamma_1 \dots \gamma_k \geqslant x_k + 10^{-k}$. Donc z est plus grand qu'un nombre dont l'hypothèse affirme qu'il n'est pas minorant : il ne peut donc être minorant lui-même.

■

Démonstration du Théorème 41 Pour des raisons pratiques, il est plus simple de regarder le cas d'un ensemble de réels positifs. Il est un peu plus facile aussi de considérer d'abord le cas de la borne inférieure.

Soit donc A un ensemble non vide et minoré de réels positifs, c'est-à-dire $\forall x \in A,\ x \geqslant 0$. Si $0 \in A$, le problème est réglé : $\inf A = 0$ et A a même un élément minimal. Sinon, comme A est non vide, il possède au moins un élément $\tilde{a} > 0$.

Notons $\mathcal{M}$ l'ensemble des minorants de A. Nous cherchons à montrer qu'il admet un élément maximal. Pour cela, on va établir l'existence d'un nombre x satisfaisant les conditions du lemme.

Notons d'abord que $0 \in \mathcal{M}$, puisque tous les éléments de A sont positifs. En revanche, il existe un nombre naturel n qui est strictement supérieur à $\tilde{a}$, d'après la proposition 39 de la page 557. Ce nombre n'est pas minorant, ni aucun autre plus grand, donc $\mathcal{M}$ ne contient qu'un nombre fini de nombres entiers naturels. Notons alors n_0 le plus grand de tous : ce sera la partie entière de notre future borne inférieure x, puisque par définition $n_0 + 1 \notin \mathcal{M}$, comme requis par le lemme.

Nous construisons maintenant les décimales α_k de x successivement. Supposons avoir déjà construit les $k - 1$ premières, pour un certain $k \geqslant 1$ (aucune donc, si $k = 1$). D'après ce qui est demandé dans le lemme, nous voulons trouver une décimale α_k telle que :

$$x_k := n_0, \alpha_1 \dots \alpha_k \in \mathcal{M} \qquad \text{et} \qquad x_k + 10^{-k} \notin \mathcal{M}. \tag{9}$$

(L'hypothèse de récurrence est donc que nous avons ces relations à l'indice $k - 1$.)

Il n'y a que dix possibilités pour α_k, à savoir les dix décimales $0, \dots, 9$. Considérons donc les dix nombres $n_0, \alpha_1 \dots \alpha_{k-1} 0, \dots, n_0, \alpha_1 \dots \alpha_{k-1} 9$. Par hypothèse de récurrence, au moins le premier est dans $\mathcal{M}$, parce qu'il est simplement égal à x_{k-1}. Choisissons α_k de sorte que $n_0, \alpha_1 \dots \alpha_k$ soit le plus grand de ces dix nombres appartenant à l'ensemble de minorants $\mathcal{M}$. Par définition même, on a donc $x_k \in \mathcal{M}$.

Si $\alpha_k < 9$, alors $x_k + 10^{-k}$ est simplement le suivant des dix nombres mentionnés ci-dessus, et par hypothèse n'est pas dans $\mathcal{M}$: ainsi (9) est vraie.

Si $\alpha_k = 9$, alors $x_k + 10^{-k}$ est égal à $x_{k-1} + 10^{-k+1}$ parce que l'addition sur la dernière décimale propage une retenue (ou à $n_0 + 1$ dans le cas particulier $k = 1$). Donc l'hypothèse de récurrence (ou le fait que $n_0 + 1 \notin \mathcal{M}$) nous confirme encore que la propriété (9) est vraie au rang k aussi.

Le lemme nous montre que $x = n_0, \alpha_1\alpha_2 \dots$ est un réel et que c'est la borne inférieure de A. On a donc fini de démontrer que tout ensemble non vide de réels positifs a une borne inférieure.

Soit maintenant A un ensemble non vide et majoré de réels positifs. L'ensemble $\mathcal{M}$ des majorants de A est donc non vide et minoré par n"importe quel élément de A. Il admet donc une borne inférieure x. Montrons que x est dans $\mathcal{M}$. Si ce n'était pas le cas, il existerait $y \in A$ tel que $x < y$. Mais alors y serait un minorant de $\mathcal{M}$ ce qui contredit le fait que x est le plus grand des minorants de A. Ainsi x est le plus petit élément de $\mathcal{M}$, donc en particulier la borne supérieure de A.

Pour des ensembles de réels négatifs, on peut se ramener aux cas précédents en posant $-A := \{x \in \mathbb{R} \mid -x \in A\}$ et en remarquant que $\sup A = -\inf(-A)$ et $\inf A = -\sup(-A)$.

Enfin, pour un ensemble A non vide contenant des réels positifs et des négatifs, on se ramène aux cas précédents en considérant $A \cap \mathbb{R}_+$ et $A \cap \mathbb{R}_-$. ■

Exercice 23.

Soit $x > 0$ un réel, écrit en décimal sous la forme $n_0, \alpha_1\alpha_2 \dots$. Notons x_k sa troncature à la $k^{\text{ème}}$ décimale, c'est-à-dire le nombre décimal :

$$x_k := n_0, \alpha_1\alpha_2 \dots \alpha_k$$

et X l'ensemble de toutes ces troncatures, sous-ensemble de l'ensemble des décimaux. Montrer que x est la borne supérieure de X. Dans quels cas est-il le maximum ? Que peut-on dire dans le cas où $x < 0$?

Solution. Puisque les chiffres α_h sont les mêmes pour x et x_k pour $h \leqslant k$ et vérifient $\alpha_h \geqslant 0$ pour $h > k$, on peut donc écrire $x_k \leqslant x$ et x est un majorant de X. S'il en existait un plus petit M, son développement décimal propre s'écrirait $n_0, \beta_1 \dots \beta_k\beta_{k+1} \dots, \beta_n \dots$. Puisque $M < x$, on a $\beta_h = \alpha_h$ pour tous les indices h inférieurs ou égaux à un certain entier $N - 1$, puis $\beta_N < \alpha_N$. Mais alors $M < x_N$ et M ne majore pas X.

Pour que $x = \max X$, il faut et il suffit que $x \in X$, ce qui exige que les α_h soient nuls au delà d'un certain rang, donc que x soit un décimal. la réciproque est évidente.

De la même façon, on montre que si $x < 0$, c'est la borne inférieure de X.

3.4 Opérations sur les réels

Nous savons comment additionner, soustraire, et multiplier des décimaux. Nous allons en déduire comment exécuter les mêmes opérations sur les réels en utilisant les nombres décimaux. Notons cependant que l'on ne peut pas donner une méthode directe. En effet, l'addition de décimaux doit se faire en partant de la dernière décimale (pour propager les retenues). Mais dans le cas des réels, il n'y a pas de dernière décimale ! Évidemment, si l'on a $\pi = 3{,}141592654\dots$ et $\mathrm{e} = 2{,}718281828\dots$, on se doute que $\pi + \mathrm{e} = 5{,}859874482\dots$, mais comment être sûr que les décimales omises ne modifient pas en fait le résultat ?

Théorème et définition 43. Soient $x = m_0{,}\alpha_1\alpha_2\dots$ et $y = n_0{,}\beta_1\beta_2\dots$ deux réels positifs. Pour tout $k \in \mathbb{N}^*$, notons $x_k := m_0{,}\alpha_1\dots\alpha_k$ et $y_k := n_0{,}\beta_1\dots\beta_k$, qui sont des nombres décimaux. Alors l'ensemble :

$$A := \{x_1 + y_1, x_2 + y_2, \dots\} = \{x_k + y_k \mid k \in \mathbb{N}^*\}$$

est non vide et majoré. Sa borne supérieure est appelée la *somme* de x et y : on la note $x + y$. Notons $\tilde{y}_k := y_k + 10^{-k}$; l'ensemble :

$$B := \{x_1 - \tilde{y}_1, x_2 - \tilde{y}_2, \dots\} = \{x_k - \tilde{y}_k \mid k \in \mathbb{N}^*\}$$

est majoré également. Sa borne supérieure est appelée *différence* de x et y, on la note $x - y$.

Autrement dit, pour additionner, on *tronque* les nombres à la $k^{\text{ème}}$ décimale, on ajoute les décimaux obtenus, et finalement on prend le plus petit réel dépassant tous les résultats obtenus de cette façon. Notons que nous n'avons défini pour l'instant que la somme et différence de réels positifs : mais on l'étend à tous les réels en se ramenant à des nombres positifs avec les règles habituelles. Par exemple si $x > 0$, $y < 0$, alors $x + y := x - (-y)$ et $x - y := x + (-y)$; si $x < 0$, $y < 0$, alors $x + y := -\big((-x) + (-y)\big)$ et $x - y := (-y) - (-x)$, etc. Avec ces extensions, la soustraction n'apparaît plus que comme un cas particulier de l'addition, et en particulier on peut facilement montrer que $x - y = x + (-y)$ pour tout x, y.

Démonstration. Soient n et m deux entiers tels que $n > x$ et $m > y$. Comme pour tout k, on a $x_k \leqslant x < n$, $y_k \leqslant y < n$, on a $x_k + y_k < n + m$ et $n + m$ est donc un majorant de A.
Donc A admet une borne supérieure μ. Montrons que lorsque x et y sont décimaux, on a bien $\mu = x + y$ (avec la somme ordinaire des décimaux). Dans ce cas en effet, toutes les décimales de x sont nulles à partir d'un certain rang k_1 et celles de y à partir d'un rang k_2. Pour tout $k \geqslant \max(k_1, k_2)$, alors $x_k + y_k = x + y$ et A est donc en fait un ensemble fini. Comme par ailleurs $x_k \leqslant x$ et $y_k \leqslant y$ pour tout k, on trouve que $x + y$ est en fait l'élément maximal de A, donc aussi sa borne supérieure.
La démonstration sur B est très similaire ; on a utilisé $\tilde{y}_k$ pour avoir $-\tilde{y}_k \leqslant -y$. ■

La plupart du temps, l'addition n'a rien de surprenant.
Pourtant, si l'on considère $x := 1/3 = 0{,}3333\dots$ et $y := 2/3 = 0{,}6666\dots$, on trouve que la somme $x + y$ est la borne supérieure de l'ensemble des nombres de la forme $0{,}999\dots9$ (avec un nombre fini de 9 mais arbitraire). Cette borne supérieure *n'est pas* $0{,}9999\dots$, qui est une représentation décimale impropre, mais le nombre entier 1.

Proposition 44. Pour tous réels x, y, z, on a $x + y = y + x$ et $x + (y + z) = (x + y) + z$.

On dit que l'addition est *commutative* et *associative*. La démonstration, facile, est laissée au lecteur : elle repose sur le fait que ces égalités sont déjà vraies pour les décimaux.
Notons aussi que $x + 0 = x$ pour tout x, ce qui évident d'après la définition. On dit que 0 est *élément neutre* de l'addition.

Théorème 45.
Soient x, y des réels tels que $x \leqslant y$. Alors, pour tout $z \in \mathbb{R}$, on a $x + z \leqslant y + z$.

On dit que l'addition *préserve l'ordre*.

Démonstration. Examinons par exemple le cas où les trois nombres x, y, z sont positifs (les autres cas sont similaires). Notons x_k, y_k, z_k leurs troncatures à la $k^{\text{ème}}$ décimale. Comme $x \leqslant y$, on a $x_k \leqslant y_k$ d'après la règle de comparaison donnée dans la définition 22 de la page 557. Donc aussi $x_k + z_k \leqslant y_k + z_k$. Comme $y_k + z_k \leqslant y + z$ par définition de la somme, on a donc $x_k + z_k \leqslant y + z$: ainsi $y + z$ est un majorant de l'ensemble des $(x_k + z_k)$; il est donc plus grand que sa borne supérieure $x + z$. ■

On déduit facilement que si $x \leqslant y$ et $a \leqslant b$, alors $x + a \leqslant y + b$ (faire deux étapes). De plus, toutes ces propriétés sur les inégalités larges sont aussi vraies avec des inégalités strictes.
D'après l'écriture décimale $\pi = 3{,}141592654\ldots$ et $\mathrm{e} = 2{,}718281828\ldots$, on voit que $3{,}141592654 \leqslant \pi \leqslant 3{,}141592655$ et $2{,}718281828 \leqslant \mathrm{e} \leqslant 2{,}718281829$; donc par addition, on trouve que $5{,}859874482 \leqslant \pi + \mathrm{e} \leqslant 5{,}859874484$. Ainsi les premières décimales de $\pi + \mathrm{e}$ sont bien $5{,}85987448$, mais on n'est pas sûr de la suivante (il faudrait connaître des décimales supplémentaires dans les nombres initiaux). C'est là un problème classique (et grave) en informatique, où les calculs sur les « nombres à virgule flottante » (c'est-à-dire des « décimaux » en base 2) impliquent des troncatures.
La multiplication et la division de deux réels se définissent de manière similaire : il faut commencer par des nombres strictement positifs et prendre la borne supérieure de $x_k y_k$ pour définir xy et de $x/\tilde{y}_k$ pour x/y. Les définitions s'étendent aux autres réels avec les règles de signe habituelles.
Les propriétés de la multiplication et de la division de réels sont bien connues, nous ne les détaillons pas ici. Le lecteur est invité à écrire les équivalents des théorèmes précédents pour ces opérations.

Exercice type corrigé

IV.1.0 Soit (u_n) une suite réelle bornée. Pour tout $n \in \mathbb{N}$, on note :

$$x_n := \inf\{u_p \mid p \geqslant n\} \qquad \text{et} \qquad y_n := \sup\{u_p \mid p \geqslant n\}.$$

1. Montrer que les suites (x_n) et (y_n) sont bien définies, que (x_n) est croissante et (y_n) décroissante.
2. En déduire qu'elles convergent.
   On pose $\alpha := \lim\limits_{n\to+\infty} x_n$ et $\beta := \lim\limits_{n\to+\infty} y_n$. Montrer que $\alpha \leqslant \beta$.
3. On suppose $\alpha = \beta$. Montrer que (u_n) converge.
4. Montrer que si (u_n) admet une sous-suite convergeant vers un certain réel ℓ, alors $\ell \in [\alpha, \beta]$.
5. Montrer que pour tout $\varepsilon > 0$ et pour tout $n \in \mathbb{N}$, il existe $p \geqslant n$ tel que $y_n - \varepsilon \leqslant u_p \leqslant y_n$.
6. En déduire qu'il existe une sous-suite de (u_n) qui converge vers β.
   Quel théorème vient-on de redémontrer ?

Solution.

1. Pour tout $n \in \mathbb{N}$, notons $A_n := \{u_p \mid p \geqslant n\}$. Comme (u_n) est bornée, il existe $M \in \mathbb{R}_+$ tel que $\forall n \in \mathbb{N}$, $|u_n| \leqslant M$ et les ensembles A_n sont aussi bornés par M. Puisqu'ils sont évidemment non vides, ils admettent des bornes inférieures et supérieures comprises entre $-M$ et M.
   La borne inférieure x_n de A_n est un minorant de A_n donc de A_{n+1} puisque $A_{n+1} \subset A_n$. On en déduit $x_{n+1} \geqslant x_n$ puisque x_{n+1} est le plus grand des minorants de A_n. Ainsi la suite (x_n) est croissante. De le même façon, on montre que (y_n) est décroissante.
2. La suite (x_n) est alors croissante et majorée par M, donc converge. De même, (y_n), étant décroissante et minorée par $-M$, converge. De plus, $x_n = \inf A_n \leqslant \sup A_n = y_n$, donc par passage à la limite, $\alpha \leqslant \beta$.

3. Soit $n \in \mathbb{N}$. Comme $u_n \in A_n$, on a $x_n \leqslant u_n \leqslant y_n$. Donc si $\alpha = \beta$, le théorème des gendarmes montre que (u_n) converge également vers α.
4. Soit (u_{n_k}) une suite extraite de (u_n) convergeant vers un réel ℓ. On a $\forall k \in \mathbb{N},$, $x_{n_k} \leqslant u_{n_k} \leqslant y_{n_k}$ et comme ces trois suites convergent, on en déduit, par passage à la limite : $\alpha \leqslant \ell \leqslant \beta$.
5. Soient $\varepsilon > 0$ et $n \in \mathbb{N}$. Comme y_n est le plus petit des majorants de A_n, on en déduit que $y_n - \varepsilon$ n'est pas un majorant de A_n. Il existe alors dans A_n un élément, donc de la forme u_p avec $p \geqslant n$, supérieur à $y_n - \varepsilon$. De plus, y_n majore A_n donc u_p. On en déduit finalement $y_n - \varepsilon \leqslant u_p \leqslant y_n$.
6. Construisons par récurrence, à l'aide du résultat de la question précédente, une suite extraite u_{p_k} convergeant vers β. Posons $p_0 := 0$. Supposons construits $p_0 < p_1 \cdots < p_k$ tels que $\forall i \in [\![1, k]\!]$, $y_{1+p_{i-1}} - \frac{1}{i} \leqslant u_{p_i} \leqslant y_{1+p_{i-1}}$. Prenons $\varepsilon = 1/(k+1)$ et $n = 1 + n_k$.

   La question précédente nous donne l'existence d'un entier $p \geqslant n$ tel que :

   $$y_{1+n_k} - \frac{1}{k+1} \leqslant u_p \leqslant y_{1+n_k}.$$

   En notant p_{k+1} un tel p, on a alors $p_0 < p_1 \cdots < p_k < p_{k+1}$ et :

   $$\forall i \in [\![1, k+1]\!],\ y_{1+p_{i-1}} - \frac{1}{i} \leqslant u_{p_i} \leqslant y_{1+p_{i-1}}.$$

   La suite extraite (u_{p_k}) converge donc vers β d'après le théorème des gendarmes puisque l'on a $\lim y_{1+p_{k-1}} = \beta$ (sous-suite d'une suite convergeant vers β) et $\lim \frac{1}{k} = 0$.

   On retrouve ainsi le théorème de Bolzano-Weierstraß.

Pour aller plus loin

Les corrigés sont disponibles en accès libre à partir des pages d'accueil du livre sur le site www.dunod.com

Axiomatique de $\mathbb{R}$

IV.1.1

1. Soient A et B deux parties non vides de $\mathbb{R}$ telles que B majore A, c'est-à-dire telles que tout élément de A soit inférieur ou égal à tout élément de B. Montrer qu'il existe un élément $x \in \mathbb{R}$ tel que $\forall a \in A$, $\forall b \in B$, $a \leqslant x \leqslant b$.
2. Réciproquement, montrer que tout corps totalement ordonné vérifiant cette propriété vérifie également la propriété de la borne supérieure.
3. Soit K un corps totalement ordonné archimédien vérifiant la propriété des segments emboîtés : si (a_n) et (b_n) sont deux suites de K telles que (a_n) soit croissante, (b_n) décroissante et que $\forall n \in \mathbb{N}$, $a_n \leqslant b_n$, alors il existe un élément $x \in K$ tel que $\forall n \in \mathbb{N}$, $a_n \leqslant x \leqslant b_n$.

   Montrer que K vérifie la propriété de la borne supérieure.

   On pourra procéder par dichotomie : si A est une partie non vide majorée, on considérera une suite (a_n) de A et une suite (b_n) de majorants de A telles que $b_{n+1} - a_{n+1} = (b_n - a_n)/2$.

Majorer, minorer

IV.1.2 Encadrer $x+y$, $x-y$, xy, $\dfrac{x}{y}$, sachant que $x \in [3,6]$ et $y \in [-4,-2]$.

IV.1.3 On rappelle que : $\forall x \in \mathbb{R}_+^*$, $\ln x \leqslant x-1$. Déterminer un encadrement de $\dfrac{x+\ln x}{1+x^2}$ sur l'intervalle $[1,2]$, puis sur $[1,+\infty[$.

IV.1.4 Majorer sur $\mathbb{R}_+$ la fonction définie par $f(x) := \dfrac{e^x \cos^2 x}{2(x+e^x)}\cdot$

IV.1.5 Soit $f(x) := \dfrac{x\sin(x^3+1)+3\sqrt{x}\cos x}{x^4+2x-3}\cdot$ Montrer que $\forall x \in [2,+\infty[$, $\left|f(x)\right| \leqslant 1/2$.

IV.1.6 Soit G un sous-groupe de $\mathbb{R}$. On cherche à montrer que soit G est dense dans $\mathbb{R}$, soit il existe $a>0$ tel que $G = a\,\mathbb{Z}$.

1. Traiter le cas où $G=\{0\}$. Dans la suite on suppose $G \neq \{0\}$.
2. Montrer que l'on peut définir $a := \inf\{x \in G \mid x>0\}$.
3. On suppose $a>0$ et $a \notin G$. Montrer qu'il existe deux éléments x et y de G tels que $a<x<y<2a$ et en déduire une contradiction.
4. Montrer que si $a>0$, alors $G = a\,\mathbb{Z}$.
5. Montrer que si $a=0$, alors A est dense dans $\mathbb{R}$.

Suites

IV.1.7 Soit (u_n) la suite définie par $u_n := \dfrac{3n}{2n^2-1}$, $\forall n \in \mathbb{N}$.

Trouver $N_1 \in \mathbb{N}$ tel que $\forall n \geqslant N_1$, $|u_n| \leqslant 10^{-4}$. Puis trouver $N_2 \in \mathbb{N}$ tel que $\forall n \geqslant N_2$, $|u_n| \leqslant \varepsilon$ pour $\varepsilon > 0$ donné.

IV.1.8 Soit (u_n) une suite définie par $u_n := \dfrac{n^2-2}{n^2+n}$, $\forall n \in \mathbb{N}^*$. Montrer que (u_n) est croissante et calculer sa limite.

IV.1.9 Soit (u_n) la suite définie par $u_n := \dfrac{2+(-1)^n}{3^n}$, $\forall n \in \mathbb{N}$. Montrer que (u_n) est décroissante et calculer sa limite.

IV.1.10 Soit (u_n) la suite réelle définie par $u_n := \dfrac{2}{9n^2+15n+4}\cdot$

1. Montrer que l'on peut déterminer deux réels a et b tels que $\forall n \in \mathbb{N}$, $u_n = \dfrac{a}{3n+1} + \dfrac{b}{3n+4}\cdot$
2. En déduire la valeur de $S_n := \displaystyle\sum_{i=0}^{n} u_i$ pour $n \in \mathbb{N}$, ainsi que la limite éventuelle de S_n.

IV.1.11 Calculer les limites éventuelles des suites suivantes définies par leur terme général :

$$\frac{\sin n}{n}, \quad \frac{n^3+2n-1}{2n^3-3n+2}, \quad \frac{n!}{n^n}, \quad \sqrt{n+1}-\sqrt{n}, \quad \frac{n-(-1)^n}{n+(-1)^n}, \quad \sum_{k=1}^{n} \frac{n}{n^2+k}, \quad \frac{a^n-b^n}{a^n+b^n}.$$

IV.1.12 Soit (u_n) une suite réelle. Dire si les énoncés suivants sont vrais, et sinon donner un contre-exemple :

1. Si (u_n) converge, alors elle est monotone.
2. Si (u_n) diverge, alors elle est monotone.
3. Si (u_n) diverge, alors elle est non bornée.
4. Si (u_n) est décroissante et non minorée, alors elle tend vers $-\infty$.

IV.1.13 Soient (u_n) et (v_n) deux suites réelles, et $\ell \in \mathbb{R}$. Discuter les assertions suivantes.

1. Si $(|u_n|)$ converge vers 0, alors (u_n) converge vers 0.
2. Si $(|u_n|)$ converge vers ℓ, alors (u_n) converge vers ℓ ou $-\ell$.
3. Si (u_n) converge vers ℓ, alors $(|u_n|)$ converge vers $|\ell|$.
4. Si (u_n) est à termes strictement positifs et $\lim u_n = \ell$, alors ℓ est strictement positif.
5. Si (v_n) converge vers 0, alors $(u_n v_n)$ converge vers 0.

IV.1.14 Soit (u_n) une suite géométrique telle que $u_0 := 90$ et $\lim\limits_{n\to+\infty}(u_0+u_1+\cdots+u_n) = 150$. Quelle est sa raison ?

IV.1.15 On considère la suite positive (u_n) définie par : $u_0 := 1$ et $\forall n \in \mathbb{N},\ u_{n+1}^2 := 2u_n$, et (v_n) la suite définie par $v_n := \ln u_n - \ln 2$.

1. Montrer que (v_n) est une suite géométrique.
2. Calculer la limite de la suite (v_n), puis celle de (u_n).

IV.1.16 Soit $(u_n)_{n>0}$ la suite réelle définie par $u_n := \displaystyle\sum_{k=1}^{n} \frac{1}{k!}$ pour $n > 0$.

1. Montrer que $(u_n)_{n>0}$ est croissante.
2. Montrer que $\forall n \in \mathbb{N}^*,\ \dfrac{1}{n!} \leqslant \dfrac{1}{2^{n-1}}$.
3. En déduire que $\forall n \in \mathbb{N}^*,\ u_n < 2$ et que (u_n) est convergente.

Développement décimal

IV.1.17

1. Démontrer que, pour tout entier D premier avec 10, il existe un entier $p > 0$ tel que D divise $10^p - 1$.
2. Démontrer que tout rationnel x admet une représentation décimale dans laquelle ces décimales se répètent régulièrement.

   On écrira $x := \dfrac{N}{2^u 5^v D}$ *avec* $N \in \mathbb{Z}$, $D \in \mathbb{N}$ *premier avec* 10 *et* $(u, v) \in \mathbb{N}^2$.
3. Étudier le cas particulier $x := 2/15$.
4. Que peut-on dire si $D := 1$?
5. Que peut-on dire d'un rationnel x nul ? strictement négatif ?

Fonctions réelles

IV.2

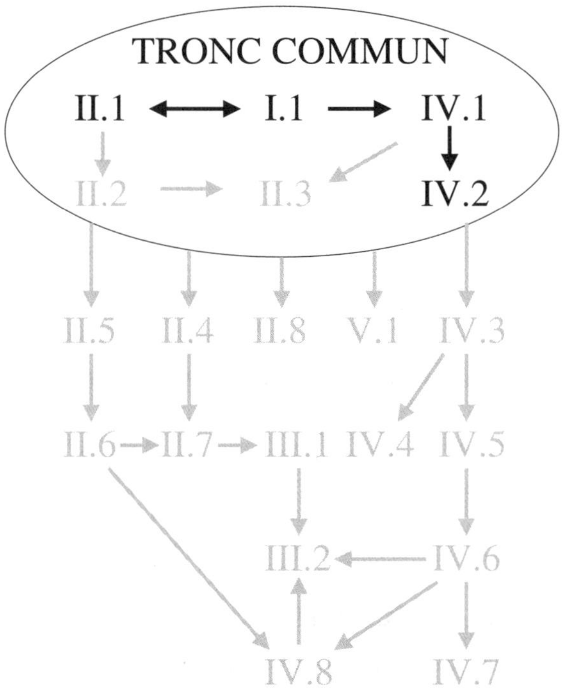

Les fonctions réelles sont l'une des briques fondamentales de l'analyse. Nous considérons ici le cas le plus simple, celui des fonctions d'une seule variable. Dans les sciences appliquées et dans de nombreuses branches des mathématiques, on a besoin de fonctions de plusieurs variables : mais on peut considérer certaines variables comme des paramètres, et l'on est alors ramené à l'étude d'une fonction d'une seule variable. D'autres types de fonctions, plus généraux, sont aussi très utilisés. Mais ce cours introductif se limitera au cas le plus élémentaire.

L'une des questions essentielles relatives aux fonctions est l'étude de leur *régularité* : sont-elles continues, dérivables ? De telles propriétés ont de nombreuses conséquences très utiles, exprimées dans ce module sous la forme de théorèmes généraux sur les fonctions continues, ou les fonctions dérivables. Même si l'on étudie surtout ici les fonctions régulières, il faut garder à l'esprit qu'il en existe d'autres, malheureusement bien plus difficiles à aborder.

1 Continuité

Définition 1. On appelle *fonction réelle de la variable réelle* toute application f d'un sous-ensemble non vide de $\mathbb{R}$, et à valeurs dans $\mathbb{R}$. L'ensemble de départ est appelé *ensemble de définition de* f, on le note D_f.

On dit aussi tout simplement *fonction*. L'ensemble de définition est souvent déduit de la formule de $f(x)$ lorsque celle-ci est donnée. Pour cela on tient compte que les divisions par zéro sont interdites, que les racines carrées doivent avoir un argument positif ou nul, etc. Par exemple l'application $f : x \mapsto \dfrac{\sqrt{1-x^2}}{x}$ est une telle fonction. On a dans ce cas $D_f = [-1, 0[\cup]0, +1]$.

On notera qu'une fonction n'est pas nécessairement définie par une formule unique. Ainsi la *fonction de Dirichlet* (fonction caractéristique de $\mathbb{Q}$) donnée par :

$$\mathrm{Dir}(x) := \begin{cases} 1 & \text{si } x \in \mathbb{Q} \\ 0 & \text{si } x \notin \mathbb{Q} \end{cases} \tag{1}$$

est définie sur $\mathbb{R}$ entier, mais ne peut être résumée à des formules, même sur des sous-intervalles.

On a parfois besoin de créer de nouvelles fonctions qui ne se déduisent pas du répertoire existant. Nous y reviendrons en détail au module suivant, mais donnons un exemple simple : nous avons vu, dans le module IV.1 que pour chaque réel x, il existait un unique entier (relatif) inférieur à x et plus grand que les autres, appelé *partie entière de* x et noté $\mathrm{E}(x)$ ou $\lfloor x \rfloor$; il vérifie $\lfloor x \rfloor \leqslant x < \lfloor x \rfloor + 1$ pour tout x. Cela définit sur $\mathbb{R}$ une fonction aussi appelée *partie entière*.

1.1 Limite d'une fonction

Pour parler de limite en un point a, il faut que la fonction soit définie en des points aussi proche de a que l'on veut :

Définition 2. Soit $a \in \mathbb{R}$ ou $a = \pm\infty$. On dit qu'une fonction f est *définie au voisinage de* a s'il existe une suite à valeurs dans $D_f \setminus \{a\}$ admettant a pour limite.

C'est le cas en particulier si f est définie sur un intervalle I non réduit à un point et si l'on a l'une des situation suivantes :

- a est un réel appartenant à I,
- a est une borne réelle de I,
- $a = +\infty$ et I est un intervalle non majoré,
- $a = -\infty$ et I est un intervalle non minoré.

On se limitera à ces cas dans la pratique.

Définition 3. Soit f définie au voisinage de a. On dit que f *admet une limite* ℓ *au point* a si, pour toute suite $(x_n)_{n\in\mathbb{N}} \subset D_f \setminus \{a\}$ de limite a, la suite $\big(f(x_n)\big)_{n\in\mathbb{N}}$ tend vers ℓ.

Noter que, lorsque a est réel, l'on ne suppose pas $a \in D_f$, et que l'on ne considère que les suites telles que $x_n \in D_f$ et $x_n \neq a$. On dit aussi que $f(x)$ tend vers ℓ lorsque x tend vers a. En d'autres termes, on considère en fait la limite de la *fonction* f comme identique à celle de *l'expression* $f(x)$ (la « formule », s'il en est une).

Proposition 1. Lorsqu'une fonction f, définie au voisinage de a, admet une limite ℓ en a, celle-ci est unique. On l'appelle *la* limite de f en a et l'on écrit alors $\ell = \lim\limits_{a} f$ ou $\ell = \lim\limits_{x \to a} f(x)$ ou $f(x) \underset{x \to a}{\longrightarrow} \ell$.

Démonstration. Puisque f est définie au voisinage de a, il existe une suite (x_n) d'éléments de $D_f \setminus \{a\}$ tendant vers a. Fixons une telle suite. Si f admet deux limites ℓ et ℓ' en a, alors par définition la suite $\big(f(x_n)\big)$ doit tendre vers ℓ et vers ℓ'. L'unicité de la limite d'une suite donne alors $\ell = \ell'$. ∎

On vérifie habituellement l'existence d'une limite en utilisant les limites de suites (preuve directe), ou les propriétés de continuité des fonctions (preuve par composition, voir ci-après). Par exemple, on voit directement que $\lim\limits_{x \to 0} x \sin \frac{1}{x} = 0$: pour toute suite (x_n) de limite 0, la suite $\sin \frac{1}{x_n}$ est bornée, et donc la proposition 26 de la page 543 permet de conclure.

Point Méthode

Lorsque l'on veut montrer qu'une fonction n'a pas de limite en un point, il est souvent utile d'utiliser directement la définition. Par négation, il suffit de trouver deux suites (x_n) et $(\tilde{x}_n)$, de limite a, mais telles que $f(x_n)$ et $f(\tilde{x}_n)$ ont des limites différentes.
Par exemple la fonction de Dirichlet vue plus haut n'a de limite en aucun point. En effet, tout réel a est la limite d'une suite de rationnels (x_n) par densité de $\mathbb{Q}$ dans $\mathbb{R}$. Mais il est aussi limite d'une suite d'irrationnels $(\tilde{x}_n)$ (prendre par exemple $\tilde{x}_n = x_n + \sqrt{2}/n$). On a alors $\mathrm{Dir}(x_n) = 1$ et $\mathrm{Dir}(\tilde{x}_n) = 0$, donc les limites sont différentes.

Lorsque a est un réel, il se peut que la limite n'existe que pour les suites (x_n) de limite a telles que $x_n > a$: on parle alors de *limite à droite*, et l'on écrit $\lim\limits_{x \overset{>}{\to} a} f(x)$ ou encore $\lim\limits_{x \to a^+} f(x)$. Il faut naturellement, pour que cela ait un sens, que la fonction f soit *définie au voisinage à droite de* a, c'est-à-dire que a soit limite d'une suite (x_n) de D_f telle que $\forall n \in \mathbb{N},\ x_n > a$.
On définit de même la *limite à gauche*, notée $\lim\limits_{x \overset{<}{\to} a} f(x)$ ou $\lim\limits_{x \to a^-} f(x)$ pour des fonctions *définie au voisinage à gauche de* a.
On notera qu'une suite de $D_f \setminus \{a\}$ et de limite a peut toujours être séparée en termes strictement inférieurs à a et strictement supérieurs à a (éventuellement aucun dans l'une des catégories). De ce fait, une fonction a une limite en a si, et seulement si, elle a une limite à gauche et à droite, et ces deux limites sont les mêmes.

Exemple. La fonction partie entière $x \mapsto \lfloor x \rfloor$ définie précédemment a une limite à gauche et à droite en tout point a, différentes si $a \in \mathbb{Z}$ puisqu'alors $\lim\limits_{x \to a^+} \lfloor x \rfloor = a$ et $\lim\limits_{x \to a^-} \lfloor x \rfloor = a - 1$.

1.2 Théorème de la limite monotone

On considère une fonction f définie sur un intervalle I de $\mathbb{R}$ contenant au moins deux points (donc une infinité).

Lemme 2. Soit f une fonction croissante définie sur I de borne supérieure b (avec $b = +\infty$ si I est non majoré).
- Si f est majorée, alors f admet une limite finie en b.
- Sinon, f tend vers $+\infty$ en b.

Lorsque $b \in I$, on est dans le premier cas puisqu'alors, par croissance, f est majorée par $f(b)$.

Démonstration. Considérons l'ensemble $A := \big\{f(x) \mid x \in I,\, x < b\big\}$. C'est une partie non vide de $\mathbb{R}$. Soit (x_n) une suite à valeurs dans $I' := I \setminus \{b\}$ et tendant vers b.

- Si f est majorée, alors A est majorée et admet donc une borne supérieure ℓ. Montrons que $\big(f(x_n)\big)$ tend vers ℓ.
  Soit $\varepsilon > 0$. Comme $\ell - \varepsilon < \ell$ et que ℓ est le plus petit des majorants de A, $\ell - \varepsilon$ n'est pas un majorant de A et il existe donc $a \in I'$ tel que $f(a) > \ell - \varepsilon$. Or, (x_n) tend vers $b > a$, donc il existe un rang N à partir duquel $x_n \geqslant a$. Par croissance de f, on en déduit :
  $$\forall n \in \mathbb{N},\ n \geqslant N \Longrightarrow x_n \geqslant a \Longrightarrow f(x_n) \geqslant f(a) \geqslant \ell - \varepsilon.$$
  Comme de plus f est majorée par ℓ, on a $\forall n \in N\,,\ f(x_n) \leqslant \ell$. On a ainsi montré :
  $$\forall \varepsilon > 0\,,\ \exists N \in \mathbb{N}\,,\ \forall n \geqslant N\,,\ \big|f(x_n) - \ell\big| \leqslant \varepsilon$$
  c'est-à-dire la convergence de $\big(f(x_n)\big)$ vers ℓ.
- Si f n'est pas majorée, on peut trouver, pour tout réel M un élément $a \in I'$ tel que $f(a) \geqslant M$. On démontre, de le même façon que dans le premier cas, qu'il existe un rang à partir duquel on a $f(x_n) \geqslant M$. Ainsi, $\big(f(x_n)\big)$ tend vers $+\infty$.

■

Proposition 3. Toute fonction monotone sur I admet une limite, finie ou infinie, aux bornes de I.

Démonstration. Le lemme précédent donne le résultat en la borne supérieure de I lorsque f est croissante. En utilisant $-f$, on en déduit le résultat pour les fonctions décroissantes. Enfin, en considérant $x \mapsto f(-x)$, définie sur $-I$, on en déduit le résultat en la borne inférieure de I. ■

Proposition 4. Une fonction monotone sur I admet, en tout point a de I qui n'est pas une borne de I, une limite finie à droite, notée $f(a^+)$, et une limite finie à gauche, notée $f(a^-)$, avec $f(a)$ compris entre $f(a^-)$ et $f(a^+)$.

Démonstration. Quitte à considérer $-f$, on peut supposer f croissante. La restriction de f à $I \cap]-\infty, a[$ est alors croissante et majorée par $f(a)$, d'où l'existence d'une limite à gauche en a vérifiant $f(a^-) \leqslant f(a)$. De même, il existe une limite à droite vérifiant $f(a^+) \geqslant f(a)$. D'où le résultat. ∎

1.3 Continuité

Définition 4. On dit qu'une fonction f est *continue au point* a si $a \in D_f$ et si $f(x)$ a pour limite $f(a)$ lorsque x tend vers a.

Il faut donc deux choses : que la limite existe, et que f soit définie en a avec une valeur $f(a)$ égale à la limite en a. Dans le cas de la fonction de Dirichlet, $f(a)$ existe pour tout a, mais n'est jamais égal à la limite de $f(x)$, puisque celle-ci n'existe pas : une telle fonction n'est donc continue en aucun point. On dit qu'elle est discontinue.
Comme pour les limites, on dit aussi que f est continue à gauche (respectivement à droite) si la propriété n'est vraie que pour la limite à gauche (respectivement à droite). Ainsi la fonction partie entière est continue à droite en tout point, mais n'est pas continue à gauche aux points $a \in \mathbb{Z}$.

Définition 5. On dit que f est continue sur un intervalle I (ou plus généralement sur un sous-ensemble $I \subset \mathbb{R}$) si elle est continue en tout point $a \in I$.

En reprenant les deux définitions, on peut résumer la propriété de continuité sur I comme ceci : pour toute suite (x_n) d'éléments de I convergeant vers un élément de I, on a :

$$f(\lim x_n) = \lim f(x_n). \qquad (2)$$

Remarque. Lorsque I est de la forme $[a, b]$, $[a, +\infty[$ ou $]-\infty, b]$, la limite d'une suite convergente de I est automatiquement dans I par passage à la limite dans les inégalités (larges).

Définition 6. Soient f une fonction, et $a \notin D_f$. Supposons que f ait une limite finie ℓ au point a. Considérons la nouvelle fonction $\tilde{f}$ définie par $\tilde{f}(x) = f(x)$, si $x \neq a$, et $\tilde{f}(a) = \ell$. On a alors $D_{\tilde{f}} = D_f \cup \{a\}$, et $\tilde{f}$ est continue au point a. On dit que $\tilde{f}$ est le *prolongement par continuité* de f au point a.

Un tel procédé permet parfois de rajouter un point dans l'ensemble de définition d'une fonction, en conservant la continuité (ce qui est souvent désirable). Ainsi la fonction $x \mapsto x \sin \frac{1}{x}$ peut se prolonger en $x = 0$ avec la valeur 0, d'après ce que nous avons vu précédemment.

Théorème 5 (Caractérisation de Weierstraß). Une fonction f est continue en un point $a \in D_f$ si, et seulement si :

$$\forall \varepsilon > 0\,,\ \exists \eta > 0\,,\ \forall x \in D_f\,,\ |x-a| \leqslant \eta \Rightarrow |f(x)-f(a)| \leqslant \varepsilon. \qquad (3)$$

Démonstration. Considérons d'abord une fonction satisfaisant (3), et montrons qu'elle est continue au sens de la définition 4 de la page précédente. On considère donc une suite (x_n) de limite a avec $x_n \in D_f \setminus \{a\}$, et l'on cherche à prouver que $f(x_n)$ tend vers a.

Soit $\varepsilon > 0$ donné. Il existe un réel $\eta > 0$ satisfaisant à la relation (3). Comme x_n tend vers a, il existe $N \in \mathbb{N}$ tel que pour tout $n \geqslant N$, $|x_n - a| \leqslant \eta$. Mais dans ce cas, $|f(x_n) - f(a)| \leqslant \varepsilon$ d'après (3). Cela prouve la convergence de $f(x_n)$ vers $f(a)$.

Inversement, supposons f continue en a au sens de la définition 4 de la page précédente, et montrons qu'elle vérifie alors la propriété (3). On raisonne par l'absurde en supposant le contraire, c'est-à-dire :

$$\exists \varepsilon > 0,\ \forall \eta > 0,\ \exists x \in D_f, \qquad |x-a| \leqslant \eta \quad \text{et} \quad |f(x)-f(a)| > \varepsilon.$$

Pour chaque valeur de $\eta > 0$, on a donc un point $x \in D_f$ correspondant. Comme $f(x) \neq f(a)$, on a $x \in D_f \setminus \{a\}$. Notons x_n un tel x correspondant à $\eta = 1/n$ lorsque $n \in \mathbb{N}^*$.

Alors $|x_n - a| \leqslant 1/n$, donc la suite (x_n) tend vers a. Mais $|f(x_n) - f(a)| \geqslant \varepsilon > 0$, donc $f(x_n)$ ne peut tendre vers $f(a)$. Cela contredit l'hypothèse de continuité sur f. ■

Exercice 1.

Soit f une fonction définie sur un intervalle $]\alpha, \beta[$ contenant le point a, continue en a avec $f(a) > 0$.

Montrer qu'il existe $\varepsilon > 0$ tel que pour tout $x \in\,]a-\varepsilon, a+\varepsilon[$, on ait $f(x) > 0$.

Solution. Comme $\alpha < a < \beta$, le réel $\delta := \min(a-\alpha, \beta-a)$ est strictement positif et vérifie $]a-\delta, a+\delta[\, \subset\,]\alpha, \beta[$.

Soit $\varepsilon := f(a)/2$ (strictement positif) ; il existe un $\eta > 0$, inférieur ou égal à δ, tel que $\big|f(x)-f(a)\big| < \varepsilon$ pour tout $x \in\,]a-\eta, a+\eta[$; or cela implique $f(x) > f(a)-\varepsilon = \varepsilon > 0$ ce qu'il fallait démontrer.

Exercice 2.

Dans la propriété (3), montrer que l'on peut changer l'un ou l'autre, ou les deux symboles $\leqslant$ en $<$ sans modifier le théorème.

Solution. Il suffit de remarquer les deux suites d'implications :

$$|x-a| \leqslant \frac{\eta}{2} \Rightarrow |x-a| < \eta \Rightarrow |f(x)-f(a)| < \varepsilon \Rightarrow |f(x)-f(a)| \leqslant \varepsilon,$$

$$|x-a| < \eta \Rightarrow |x-a| \leqslant \eta \Rightarrow |f(x)-f(a)| \leqslant \frac{\varepsilon}{2} \Rightarrow |f(x)-f(a)| < \varepsilon.$$

Exercice 3.

1. Montrer que la fonction $f : x \mapsto \sqrt{1-x^2}$ est continue en tout point $a \in [-1, +1]$, en vérifiant directement la propriété (3) (c'est-à-dire en trouvant η pour a et $\varepsilon > 0$ donnés).

2. Peut-on choisir η indépendant de la valeur de $a \in [-1, +1]$?
3. Mêmes questions avec la fonction $g : x \mapsto 1/x$ et $a \in]0, +\infty[$.

Solution.

1. Supposons donné $\varepsilon > 0$.

   Pour $a := 1$, l'inégalité $|f(x) - f(a)| < \varepsilon$ s'écrit $\sqrt{1-x^2} < \varepsilon$ ce qui équivaut à $1 - x^2 < \varepsilon^2$ et est vérifié pour $|x-1| = 1 - x < \varepsilon^2/2 =: \eta(1, \varepsilon)$ puisqu'alors :

   $$1 - x^2 = (1-x)(1+x) \leqslant 2(1-x) = 2|x-1| < \varepsilon^2.$$

   Il en va de même pour $a := -1$. Soit donc $|a| < 1$. Pour $x \neq a$, on dispose des relations $|a + x| \leqslant |a| + |x| < 2$ et :

   $$|f(x) - f(a)| = \left|\sqrt{1-x^2} - \sqrt{1-a^2}\right| = \frac{|x-a|\,|x+a|}{\sqrt{1-x^2} + \sqrt{1-a^2}} \leqslant 2\,\frac{|x-a|}{\sqrt{1-a^2}}\cdot$$

   Par suite $\eta(a, \varepsilon) := \varepsilon\, f(a)/2$ convient.

2. Montrons que l'on peut choisir $\eta := \varepsilon^2/2$ pour toute valeur de a. Considérons pour cela deux réels (u, v) de $[-1, 1]$ liés par $|v - u| < \eta$. S'il l'on a par exemple $f(u) \geqslant \varepsilon$, alors :

   $$\eta = \frac{\varepsilon^2}{2} \leqslant \varepsilon\,\frac{f(u)}{2} = \eta(u, \varepsilon)$$

   et $|f(v) - f(u)| < \varepsilon$ par définition de $\eta(u, \varepsilon)$. Sinon, on dispose des inégalités $0 \leqslant f(u) < \varepsilon$ et $0 \leqslant f(v) < \varepsilon$ d'où l'on déduit encore $|f(v) - f(u)| < \varepsilon$.

3. Ici $g(x) < g(a) + \varepsilon$ équivaut à $x > a/(1 + \varepsilon a) = a - \varepsilon a^2/(1 + \varepsilon a)$. De même $g(x) > g(a) - \varepsilon$ est automatiquement vérifiée si $\varepsilon \geqslant 1/a$; sinon c'est équivalent à $x < a/(1 - \varepsilon a) = a + \varepsilon a^2/(1 - \varepsilon a)$. On peut donc poser :

   $$\eta(a, \varepsilon) := \frac{\varepsilon a^2}{1 + \varepsilon a}\cdot$$

   Cela convient en effet si $\varepsilon \geqslant 1/a$, et si $\varepsilon < 1/a$, car dans ce cas :

   $$\frac{\varepsilon a^2}{1 + \varepsilon a} < \frac{\varepsilon a^2}{1 - \varepsilon a}\cdot$$

   On ne peut pas prendre η indépendant de a puisque, pour tout $\varepsilon > 0$, on a $g(u) - g(v) = \varepsilon$ pour $u := 1/(A + \varepsilon)$ et $v := 1/A$ avec $A > 0$, vérifiant :

   $$v - u = \frac{\varepsilon}{A(A + \varepsilon)} < \frac{\varepsilon}{A^2}$$

   qui peut être pris aussi petit que l'on veut en choisissant convenablement A.

1.4 Opérations sur les fonctions continues

Théorème 6. Soient f et g deux fonctions définies sur une partie D et continues au point a. Alors $f+g$, $f-g$, fg sont continues en a, ainsi que f/g si $g(a) \neq 0$.

Dans le cas du quotient, l'exercice 1 de la page 572 permet de montrer que $f(x)/g(x)$ est bien défini pour x suffisamment proche de a.

Démonstration. Soit (x_n) une suite de limite a. Par hypothèse, $f(x_n) \to f(a)$ et $g(x_n) \to g(a)$. Donc $f(x_n) + g(x_n) \to f(a) + g(a)$, et de même avec les autres opérations, par application du théorème 24 de la page 542. ■

Théorème 7. Soient f une fonction continue en a, et g une fonction continue en $f(a)$. On suppose $f(D_f) \subset D_g$. Alors $g \circ f$ est continue en a.

Démonstration. Soit (x_n) une suite de limite a. Alors $y_n := f(x_n)$ est le terme général d'une suite de limite $f(a)$, par continuité de f. Par continuité de g, on doit avoir $\lim g(y_n) = g\big(f(a)\big)$. Mais cela revient exactement à dire que $\lim g \circ f(x_n) = g \circ f(a)$, donc que $g \circ f$ est continue en a. ■

En partant de fonctions très simples et visiblement continues (comme les constantes ou la fonction $x \mapsto x$), on déduit donc ainsi, par application des quatre opérations élémentaires et de la composition, que bien d'autres fonctions sont continues. Notons que la plupart des fonctions usuelles sont continues (voir module suivant notamment), sauf parfois en des points exceptionnels.

Exemple. Toute fonction polynomiale est continue sur $\mathbb{R}$. Toute fraction rationnelle est continue sur son ensemble de définition.

Le premier théorème peut être généralisé aux fonctions ayant simplement une limite. Mais pas le second, comme le montre l'exercice ci-après.

Exercice 4.
On considère la fonction $f = 0$ (qui vaut 0 pour tout x), et la fonction g définie par $g(0) = 1$, $g(x) = 0$ si $x \neq 0$. Montrer que f, g et $g \circ f$ ont toutes une limite en $0 = f(0)$ (d'après la définition 3 de la page 568), mais que $\lim\limits_{x \to 0} g \circ f(x) \neq \lim\limits_{x \to f(0)} g(x)$.

Solution. Par définition, prenant systématiquement $x \neq 0$, on écrit $f(x) = 0 \to 0 = f(0)$, $g(x) = 0 \to 0$ et $(g \circ f)(x) = g\big(f(x)\big) = g(0) = 1 \to 1$.

1.5 Théorème des valeurs intermédiaires

Le terme même de *continuité* implique l'absence de rupture dans un processus quelconque (inversement une telle rupture s'appelle une *solution de continuité*, le terme « solution » désignant ici une disparition, comme en chimie). Ainsi un objet qui se déplace a intuitivement un *mouvement continu*, c'est-à-dire qu'il ne peut passer instantanément d'un point à

un autre. Une personne située dans une pièce ne peut pas sortir de la pièce sans passer par les bords de celle-ci (portes, fenêtres, voire murs...).
Le théorème suivant explicite rigoureusement cette notion intuitive :

Théorème 8 (des valeurs intermédiaires).
Soit f une fonction continue sur un intervalle $[a, b]$. Alors pour toute valeur γ comprise entre $f(a)$ et $f(b)$, il existe un $c \in [a, b]$ tel que $f(c) = \gamma$.

Le nombre γ est un nombre « intermédiaire » entre $f(a)$ et $f(b)$ (en d'autres termes on a $\gamma \in [f(a), f(b)]$ si $f(a) \leqslant f(b)$, et $\gamma \in [f(b), f(a)]$ dans le cas contraire). Le théorème indique que ce nombre est une valeur de la fonction, c'est-à-dire est dans l'image de $[a, b]$ par f. Notons que le point c n'est pas nécessairement unique.

Démonstration. La démonstration suivante utilise un procédé appelé *dichotomie* (divisions successives par deux), très utile non seulement en mathématiques, mais aussi en informatique ou différentes sciences appliquées. Elle est donc intéressante par elle-même.
Supposons par exemple que $f(a) \leqslant f(b)$, de sorte que $\gamma \in [f(a), f(b)]$ (l'autre cas s'y ramène en considérant $-f$ et $-\gamma$). On construit par récurrence deux suites (a_n) et (b_n) de la façon suivante. On part de $a_0 := a$, $b_0 := b$, et supposant construits a_n et b_n tels que $f(a_n) \leqslant \gamma \leqslant f(b_n)$, on considère la valeur de f au nombre $(a_n + b_n)/2$, milieu de l'intervalle $[a_n, b_n]$. On construit alors a_{n+1} et b_{n+1} ainsi :

- Si $f\left(\dfrac{a_n + b_n}{2}\right) < \gamma$, on pose $a_{n+1} := (a_n + b_n)/2$ et $b_{n+1} := b_n$;
- dans le cas contraire $f\left(\dfrac{a_n + b_n}{2}\right) \geqslant \gamma$, on pose $a_{n+1} := a_n$ et $b_{n+1} := (a_n + b_n)/2$.

En examinant les deux cas, on voit facilement que l'on a pour tout n : $a_n \leqslant a_{n+1}$, $b_{n+1} \leqslant b_n$, ainsi que :

$$0 \leqslant b_n - a_n = \frac{b-a}{2^n} \qquad \text{et} \qquad f(a_n) \leqslant \gamma \leqslant f(b_n). \tag{$*$}$$

En particulier $\lim|b_n - a_n| = 0$, et les deux suites (a_n) et (b_n) sont adjacentes : par le théorème 33 de la page 549, elles convergent donc vers une limite commune c. On a $c \in [a, b]$ car $a_n \in [a, b]$ pour tout n. Comme f est continue, $\lim f(a_n) = f(c) = \lim f(b_n)$; la deuxième double inégalité de $(*)$ implique donc $f(c) = \gamma$. ■

Pour une application f quelconque définie sur un ensemble non vide $A \subset \mathbb{R}$, on appelle *infimum de f sur A* la borne inférieure de $f(A)$, si elle existe, ou le nombre $-\infty$ si $f(A)$ n'est pas minorée. On le note $\inf\limits_A f$ ou $\inf\limits_{x \in A} f(x)$. On définit de même le *supremum de f sur A*, qui est la borne supérieure de $f(A)$ ou $+\infty$; on le note $\sup\limits_A f$ ou $\sup\limits_{x \in A} f(x)$.

Corollaire 9. Soient I un intervalle de $\mathbb{R}$ et f une fonction continue sur I.
Alors $f(I)$ est un intervalle de $\mathbb{R}$, de bornes $\inf\limits_A f$ et $\sup\limits_A f$.

Démonstration. En effet un ensemble $A \subset \mathbb{R}$ est un intervalle si, et seulement si, pour tous $x, y \in A$, avec $x \leqslant y$, on a $[x, y] \subset A$ (proposition 9 de la page 527). Ici il suffit de considérer deux valeurs $\alpha, \beta \in f(I)$, qui doivent donc satisfaire $\alpha = f(a)$ avec $a \in I$, et $\beta = f(b)$ avec $b \in I$, puis d'appliquer le théorème des valeurs intermédiaires.

Le fait que les bornes soient exactement l'infimum et le supremum résulte de leur définition et de la remarque de la page 528. ■

Noter qu'il importe peu ici que l'intervalle soit ouvert, fermé ou semi-ouvert. Par ailleurs $f(I)$ peut être fermé avec I ouvert, ou le contraire, et d'autres combinaisons sont possibles. Par exemple $\sin(]-\pi, \pi[) = [-1, +1]$, $\cos(]-\pi/2, \pi/2[) =]0, 1]$, *etc.*

On notera que l'image réciproque d'un intervalle par une fonction continue n'est pas toujours un intervalle. Par exemple l'image réciproque de $[0, 1]$ par la fonction sinus est $[0, \pi] + 2\pi\mathbb{Z}$, qui n'est manifestement pas un intervalle.

Cette proposition possède une réciproque dans le cas des fonctions monotones.

Lemme 10. Soit f une fonction monotone sur un intervalle I telle que $f(I)$ soit aussi un intervalle. Alors f est continue.

Démonstration. Quitte à considérer $-f$, on peut supposer f croissante.

Soit a un élément de I qui n'en est pas sa borne supérieure. Le théorème de la limite monotone (voir la section 1.2 de la page 570) donne l'existence d'une limite à droite en a notée $f(a^+)$ et vérifiant $f(a^+) \geqslant f(a)$. On a alors :

$$\forall x \in I,\ x \leqslant a \Longrightarrow f(x) \leqslant f(a) \qquad \text{et} \qquad \forall x \in I,\ x > a \Longrightarrow f(x) \geqslant f(a^+).$$

La fonction f ne prend donc aucune valeur strictement comprise entre $f(a)$ et $f(a^+)$. Or, comme a n'est pas la borne supérieure de I, il existe $b \in I$ tel que $b > a$, de sorte que, par croissance de f : $f(a) \leqslant f(a^+) \leqslant f(b)$. Comme $f(I)$ est un intervalle, toutes les valeurs comprises entre $f(a)$ et $f(b)$ sont atteintes par f. On en déduit que l'inégalité $f(a) < f(a^+)$ serait absurde et donc que $f(a) = f(a^+)$. Ainsi, f est continue à droite en a.

On démontre de même la continuité à gauche de f en tout point qui n'est pas la borne inférieure de I. Ainsi f est bien continue sur I. ■

On en déduit la conséquence importante suivante qui permet de compléter les opérations sur les fonctions continues : après la somme, le produit, le quotient et la composée, on a un résultat concernant la continuité d'une réciproque.

Théorème 11. Une application continue strictement croissante f d'un intervalle I dans $\mathbb{R}$ induit une bijection de I sur l'intervalle $J := f(I)$ et sa réciproque est continue sur J.

Démonstration.

- La stricte monotonie de f donne son injectivité, puisque si x et y sont deux éléments de I, avec par exemple $x < y$, on a $f(x) < f(y)$ (lorsque f est croissante) ou $f(x) > f(y)$ (f décroissante). C'est donc une bijection de I sur $J = f(I)$.
- Le fait que J soit un intervalle est une conséquence du corollaire 9 de la page précédente.

- Enfin, la bijection réciproque f^{-1} est monotone sur l'intervalle J et $f^{-1}(J) = I$ est un intervalle. Le lemme précédent nous indique donc que f^{-1} est continue sur J.

■

1.6 Image continue d'un segment

Si I est un intervalle et f est continue, $f(I)$ est donc un intervalle. Il est possible que certains de ces intervalles soient non bornés ; cela peut arriver même si I est un intervalle borné. Par exemple si $f : x \mapsto 1/x$, alors $f\big(]0,1]\big) = [1, +\infty[$. Le théorème suivant indique que si l'intervalle I est *à la fois fermé et borné*, alors $f(I)$ l'est aussi ; en particulier f est alors aussi bornée.

Définition 7. On appelle *segment* de $\mathbb{R}$ tout intervalle fermé et borné, c'est-à-dire un intervalle de la forme $[a,b]$, avec a et b réels.

En particulier, les singletons ($a = b$) et l'ensemble vide ($a > b$) sont des segments.

Théorème 12. Toute fonction continue sur un segment non vide est bornée et atteint ses bornes.

Cela signifie que si f est fonction continue sur un segment $[a,b]$, avec $a \leqslant b$, alors f admet une borne inférieure m, une borne supérieure M et que ces bornes sont atteintes par la fonction f.

Démonstration. Considérons $M := \sup\limits_{[a,b]} f$, avec la convention $M = +\infty$ si la fonction f n'était pas majorée. On va montrer qu'il existe $c \in [a,b]$ tel que $M = f(c)$, ce qui prouvera à la fois que f est majorée et que sa borne supérieure est atteinte.

- Si f est non majorée, il existe, pour tout $n \in \mathbb{N}$, un élément $x_n \in I$ tel que $f(x_n) \geqslant n$ et donc $\lim f(x_n) = +\infty = M$.
- Si f est majorée, il existe, pour tout $n \in \mathbb{N}$, un élément $x_n \in I$ tel que $M \geqslant f(x_n) \geqslant M - 2^{-n}$ et donc $\lim f(x_n) = M$.

Dans les deux cas, on dispose d'une suite (x_n) d'éléments de $[a,b]$, donc d'une suite bornée. Par le théorème de Bolzano-Weierstraß (théorème 35 de la page 550), cette suite admet une sous-suite (x_{n_k}) convergente. Sa limite c est dans $[a,b]$ par passage à la limite dans les inégalités $a \leqslant x_{n_k} \leqslant b$. Par continuité de f en c, on en déduit $f(c) = \lim\limits_{k\to+\infty} f(x_{n_k})$.

Or, la suite $\big(f(x_{n_k})\big)$, extraite de $\big(f(x_n)\big)$ tend aussi vers M. D'où les résultats annoncés. Le cas de la borne inférieure s'en déduit en considérant $-f$. ■

En combinant ce théorème avec celui des valeurs intermédiaires, on obtient que non seulement les bornes m et M et f sont atteintes, mais aussi toute valeur comprise entre m et M. On en déduit :

Théorème 13. L'image d'un segment par une application continue est un segment.

Il est essentiel dans ce théorème que $[a,b]$ soit à la fois fermé et borné. Par exemple $\exp(\mathbb{R}_-) =]0,1]$, qui n'est pas un segment (mais $\mathbb{R}_-$ n'est pas borné).

2 Dérivabilité

Dans toute la suite, nous considérons des applications définies sur un intervalle I de $\mathbb{R}$.

2.1 Définition, exemples

Définition 8. Soient f une fonction et $a \in D_f$. On dit que f est *dérivable au point* a si *l'accroissement fini* $\dfrac{f(x)-f(a)}{x-a}$ a une limite lorsque x tend vers a.

Cette limite est appelée dérivée de f au point a, alors notée $f'(a)$, ou bien $\dfrac{\mathrm{d}f}{\mathrm{d}x}(a)$.

Une autre façon d'écrire la dérivabilité est de poser :

$$\forall x \in I \setminus \{a\}\,,\ \delta(x,a) := \frac{f(x)-f(a)}{x-a} - f'(a),$$

de sorte que :

$$f(x) = f(a) + (x-a)f'(a) + (x-a)\delta(x,a) \qquad \text{et} \qquad \lim_{x\to a} \delta(x,a) = 0. \qquad (4)$$

Inversement l'existence d'un nombre $f'(a)$ et d'une fonction $\delta(x,a)$ vérifiant (4) implique que f est dérivable en a.

Dans cette écriture, chacun des trois termes du membre de droite est d'un ordre différent : les deux derniers « petits » par rapport au précédent, parce que $(x-a) \to 0$ et $\delta(x,a) \to 0$ lorsque $x \to a$. On a donc une approximation vague du terme $f(x)$ en le remplaçant par $f(a)$ (c'est la continuité, voir ci-dessous) ; une plus précise en prenant $f(a) + (x-a)f'(a)$ ($y = f(a) + (x-a)f'(a)$ est une équation de la droite tangente au graphe de f en a) ; une exacte avec le δ, qui est « très petit », mais habituellement inconnu. Pour les fonctions les plus simples, on peut utiliser directement la définition pour démontrer la dérivabilité.

Exemples.

- Ainsi il est évident que les fonctions constantes ont une dérivée nulle puisque l'accroissement fini est nul.
- De même, la fonction $x \mapsto x$ est dérivable en tout point avec une dérivée égale à 1.
- Soient n un entier naturel non nul et a un réel non nul. Il résulte de la proposition 15 de la page 532 que $\left(1-\left(\dfrac{x}{a}\right)^n\right)\Big/\left(1-\dfrac{x}{a}\right) = 1 + \dfrac{x}{a} + \cdots + \left(\dfrac{x}{a}\right)^{n-1}$; en multipliant par a^{n-1} on obtient :
$$\frac{x^n - a^n}{x-a} = a^{n-1} + xa^{n-2} + \cdots + x^{n-2}a + x^{n-1},$$
formule vraie pour toute valeur de a, y compris $a=0$ de façon immédiate, et pour tout $x \neq a$. Lorsque x tend vers a, le membre de droite tend vers $n\,a^{n-1}$, ce qui démontre que la fonction $x \mapsto x^n$ est dérivable en tout point $a \in \mathbb{R}$, avec pour dérivée $n\,a^{n-1}$. Notons que cette formule vaut aussi pour $n=0$, puisque la dérivée des constantes est nulle. Nous verrons plus loin que cette identité est vraie même lorsque n n'est pas un entier naturel.

Proposition 14. Toute fonction dérivable au point a est continue en a.

Démonstration. Il suffit de noter que les deux derniers termes de (4) tendent vers zéro lorsque x tend vers a. ■

Noter que la réciproque est fausse : l'application $x \mapsto |x|$ par exemple est continue, mais non dérivable en $x = 0$ (l'accroissement fini admet des limites à gauche et à droite différentes). Lorsque l'accroissement fini a une limite à gauche ou à droite, on dit que la fonction est dérivable à gauche ou à droite. On voit facilement que la fonction valeur absolue est dans ce cas. On peut aussi aisément démontrer que si la dérivée à gauche et la dérivée à droite sont égales, alors la fonction est dérivable et réciproquement.

Exercice 5.
Soit f une fonction dérivable à gauche et à droite en a. Montrer qu'il existe une fonction f_1 dérivable (tout court) en a, et un nombre réel γ tels que $f(x) = f_1(x) + \gamma|x - a|$ pour tout $x \in D_f$.
Solution. La dérivée à droite de la valeur absolue est 1, alors que sa dérivée à gauche est -1. Celles de $f - \gamma|x - a|$ sont donc $k - \gamma$ et $h + \gamma$ où k et h sont les dérivées à droite et à gauche de f en a. Choisissons γ de telle façon que $k - \gamma = h + \gamma := d$; alors f_1, définie par l'égalité de l'énoncé, est dérivable en a et de dérivée d d'après la remarque précédente.

Définition 9. On dit qu'une fonction f est dérivable sur un ensemble $I \subset \mathbb{R}$ si elle est définie et dérivable en tout point $a \in I$.

Dans ce cas, on obtient une nouvelle fonction f' définie sur I (au moins), appelée la *fonction dérivée* de f.

Exemple. Comme nous l'avons vu précédemment, la fonction $\varphi_n : x \mapsto x^n$, avec $n \in \mathbb{N}^*$, est dérivable sur $\mathbb{R}$ et sa fonction dérivée est $n\,\varphi_{n-1}$.

Exercice 6.
Montrer que la fonction f définie par $f(0) = 0$ et $f(x) = x^2 \sin 1/x$ pour $x \neq 0$ est dérivable en 0, avec $f'(0) = 0$.
Calculer $f'(x)$ pour $x \neq 0$ (avec les règles décrites dans les paragraphes suivants), et montrer que $f'(x)$ n'a pas de limite lorsque x tend vers zéro, et n'est donc pas une fonction continue.
Solution. En effet :

$$\frac{f(x) - f(0)}{x - 0} = x \sin \frac{1}{x} \to 0 \text{ quand } x \to 0.$$

Pour $x \neq 0$, le calcul est facile ; il donne :

$$f'(x) = 2x \sin \frac{1}{x} - \cos \frac{1}{x}$$

quantité dont le premier terme tend vers 0 avec x, mais dont le second n'a pas de limite comme on le voit en étudiant ses valeurs pour $x := 1/(n\pi)$.

2.2 Opérations sur les dérivées

En pratique, on préfère habituellement se ramener à quelques fonctions classiques pour montrer la dérivabilité de manière indirecte. En effet, lorsque l'on effectue les opérations élémentaires habituelles sur des fonctions dérivables, les résultats obtenus sont généralement dérivables aussi.

Théorème 15. Soient f et g deux fonctions dérivables au point a. Alors $f+g$, $f-g$, fg sont dérivables en a, ainsi que f/g si $g(a) \neq 0$. On a de plus les formules :

$$(f+g)'(a) = f'(a) + g'(a), \qquad (f-g)'(a) = f'(a) - g'(a),$$

$$(fg)'(a) = f'(a)g(a) + f(a)g'(a), \qquad (f/g)'(a) = \frac{f'(a)g(a) - f(a)g'(a)}{g^2(a)}.$$

Ce théorème s'applique notamment aux fonctions constantes. On retrouve ainsi que la dérivée de λf est $\lambda f'$, ou que la dérivée de $1/g$ est $-g'/g^2$.

Démonstration. Pour $f+g$ et $f-g$, c'est évident parce que les accroissements finis eux-mêmes s'additionnent. Par exemple pour $f+g$, on a :

$$\begin{aligned}\frac{(f+g)(x)-(f+g)(a)}{x-a} &= \frac{f(x)+g(x)-f(a)-g(a)}{x-a}\\ &= \frac{f(x)-f(a)}{x-a} + \frac{g(x)-g(a)}{x-a}.\end{aligned}$$

Il suffit donc de faire tendre x vers a pour obtenir le résultat en utilisant les opérations sur les limites.

Pour le produit, on écrit (en ajoutant et retranchant le même terme au numérateur) :

$$\begin{aligned}\frac{(fg)(x)-(fg)(a)}{x-a} &= \frac{f(x)g(x)-f(a)g(x)+f(a)g(x)-f(a)g(a)}{x-a}\\ &= \frac{f(x)-f(a)}{x-a}\,g(x) + f(a)\,\frac{g(x)-g(a)}{x-a}.\end{aligned}$$

Lorsque x tend vers a, les accroissements finis tendent vers les dérivées, et $g(x)$ tend vers $g(a)$ d'après la proposition 14 de la page précédente.

De même pour le quotient (qui est bien défini si $g(a) \neq 0$; en effet g étant continue en a, on obtient que $g(x) \neq 0$ pour x assez proche de a) :

$$\begin{aligned}\frac{(f/g)(x)-(f/g)(a)}{x-a} &= \frac{f(x)g(a)-f(a)g(x)}{(x-a)g(x)g(a)}\\ &= \frac{\dfrac{f(x)-f(a)}{x-a}\,g(a) - f(a)\,\dfrac{g(x)-g(a)}{x-a}}{g(x)g(a)}\end{aligned}$$

qui tend bien vers la valeur annoncée. ■

Théorème 16. Soient $f : I \to J$ une fonction dérivable en $a \in I$, et $g : J \to \mathbb{R}$ une fonction dérivable en $b := f(a)$. Alors $g \circ f$ est dérivable en a, et l'on a :

$$(g \circ f)'(a) = g'(b) \cdot f'(a) = (g' \circ f)(a) \cdot f'(a).$$

Autrement dit, la dérivée d'une composée est le produit des dérivées (aux points *ad-hoc*, évidemment).

Démonstration. Soient α et β les deux fonctions définies par les égalités :

$$f(x) = f(a) + (x - a)\big(f'(a) + \alpha(x)\big), \qquad g(y) = g(b) + (y - b)\big(g'(b) + \beta(y)\big).$$

Elles ne sont pas définies pour $x := a$ ou $y := b$, mais par définition elles admettent en ces points des limites nulles. On peut donc les prolonger par continuité en posant $\alpha(a) := 0$ et $\beta(b) := 0$.

Posons $y := f(x)$. On note que $\beta(y)$ tend alors vers 0 quand x tend vers a. De plus :

$$(g \circ f)(x) - (g \circ f)(a) = g\big(f(x)\big) - g\big(f(a)\big) = g(y) - g(b)$$

c'est-à-dire $(y - b)\big(g'(b) + \beta(y)\big)$ ou enfin :

$$\big(f(x) - f(a)\big)\big(g'(b) + \beta(y)\big) = (x - a)\big(f'(a) + \alpha(x)\big)\big(g'(b) + \beta(y)\big).$$

Après division par $x - a$, il reste donc à démontrer que :

$$\gamma(x) := \big(f'(a) + \alpha(x)\big)\big(g'(b) + \beta\big(f(x)\big)\big)$$

tend vers $f'(a)\,g'(b)$ lorsque x tend vers a. Comme $\gamma(a)$ est justement égal à $f'(a)\,g'(b)$ (grâce au prolongement par continuité de α et β), cela provient de la continuité de γ en a, comme produit et composée de fonctions continues. ∎

Exemples.

- La dérivée de $x \mapsto \sin(2x + 1)$ en a est $2\cos(2a + 1)$,
- celle de $x \mapsto \mathrm{e}^{-x^2}$ est $-2a\,\mathrm{e}^{-a^2}$.

Cette formule est souvent plus facile à manipuler, notamment en physique, en utilisant la notation $\dfrac{\mathrm{d}f}{\mathrm{d}x}$ pour f'. Par exemple, si l'on considère un point mobile se déplaçant sur un axe et repéré par son abscisse x. Une grandeur physique V dépendant de sa position est représentée par une fonction $f : x \mapsto V = f(x)$. La position du mobile en fonction du temps est représentée par une fonction $x : t \mapsto x(t)$, ce qui fait que les variations de V en fonction du temps sont données par la dérivée de la fonction $g = f \circ x : t \mapsto f\big(x(t)\big)$, c'est-à-dire :

$$g'(t) = f'\big(x(t)\big)\,x'(t) \qquad \text{ou encore} \qquad \frac{\mathrm{d}g}{\mathrm{d}t}(t) = \frac{\mathrm{d}f}{\mathrm{d}x}\big(x(t)\big)\,\frac{\mathrm{d}x}{\mathrm{d}t}(t).$$

En physique, on écrit plutôt $\dfrac{\mathrm{d}V}{\mathrm{d}t}(t) = \dfrac{\mathrm{d}V}{\mathrm{d}x}\big(x(t)\big)\,\dfrac{\mathrm{d}x}{\mathrm{d}t}(t)$, en notant abusivement de la même manière les fonctions $f : x \mapsto V = f(x)$ et $g : t \mapsto V = f\big(x(t)\big)$ et même, en supprimant les variables, $\dfrac{\mathrm{d}V}{\mathrm{d}t} = \dfrac{\mathrm{d}V}{\mathrm{d}x}\,\dfrac{\mathrm{d}x}{\mathrm{d}t}$, ce qui rend la formule particulièrement facile à retenir.

Il faut noter que le théorème 15 de la page 580 se généralise sans problème aux dérivées à gauche et à droite, mais *pas* le théorème 16 de la page précédente : le résultat reste vrai, mais la démonstration est bien plus délicate, car $x \overset{>}{\to} a$ n'entraîne pas que $f(x) \overset{>}{\to} f(a)$ par exemple.

2.3 Dérivées d'ordre n

On définit les dérivées successives d'une fonction f par récurrence.

Définition 10. Soit f définie sur un intervalle I. On note $f^{(0)} = f$ et, pour $n \in \mathbb{N}^*$, on dit que f admet une dérivée d'ordre n si elle admet une dérivée $(n-1)^{\text{ème}}$ $f^{(n-1)}$ et si cette dernière est dérivable. On note alors $f^{(n)} = \left(f^{(n-1)}\right)'$ sa *dérivée* $n^{\text{ème}}$.

On a ainsi $f^{(0)} = f$ et $f^1 = f'$ lorsque f est dérivable.

Définition 11. Une fonction f sur un intervalle I est dite de classe $\mathcal{C}^n$ sur I si elle admet une dérivée d'ordre n et si cette dérivée est continue.
Elle est de classe $\mathcal{C}^\infty$ si elle est de classe $\mathcal{C}^n$ pour tout n.

Notons la proposition suivante, dont la démonstration est immédiate :

Proposition 17. Toute fonction admettant une dérivée d'ordre n sur un intervalle I y admet des dérivées d'ordre k pour tout $k \in [\![1, n]\!]$.

Il est évident que si f est n fois dérivable, alors pour $(p, q) \in \mathbb{N}^*$ tel que $p + q = n$, la fonction f est p fois dérivable et $f^{(p)}$ est q fois dérivable, avec $\left(f^{(p)}\right)^q = f^{(n)}$.
En particulier, f est n fois dérivable, avec $n \geqslant 1$, si, et seulement si, f est dérivable avec une dérivée $n-1$ fois dérivable. On a alors $(f')^{(n-1)} = f^{(n)}$.
Les opérations sur les dérivées s'étendent aux dérivées successives. En particulier, la linéarité de la dérivation $D : f \mapsto f'$ donne, par composition, la linéarité de la dérivation $D^n : f \mapsto f^{(n)}$ d'ordre n.

Proposition 18. Soit $n \in \mathbb{N}$.
Si f et g sont n fois dérivables sur I, alors pour tout $(\lambda, \mu) \in \mathbb{R}^2$, la fonction $\lambda f + \mu g$ est n fois dérivable sur I et $(\lambda f + \mu g)^{(n)} = \lambda f^{(n)} + \mu g^{(n)}$.

Le résultat subsiste aussi pour le produit, mais la formule donnant la dérivée $n^{\text{ème}}$ (appelée formule de Leibniz) est plus compliquée.

Proposition 19 (Formule de Leibniz). Soit $n \in \mathbb{N}$. Si f et g sont n fois dérivables sur I, alors la fonction $f\,g$ est n fois dérivable sur I et l'on a :

$$(f\,g)^{(n)} = \sum_{p=0}^{n} \binom{n}{p} f^{(p)}\,g^{(n-p)}.$$

Démonstration. Démontrons ce résultat par récurrence sur n.

- La propriété est évidente pour $n = 0$.
- Supposons le résultat vrai pour un entier naturel n et considérons deux fonctions f et g supposées $n+1$ fois dérivables sur I. Elles sont donc n fois dérivables et l'hypothèse de récurrence permet d'écrire :

$$(f\,g)^{(n)} = \sum_{p=0}^{n} \binom{n}{p} f^{(p)}\,g^{(n-p)}.$$

La fonction $(f\,g)^{(n)}$ est une combinaison linéaire de produits de fonctions dérivables ; elle est donc dérivable et par suite $f\,g$ est $n+1$ fois dérivable. De plus, on a :

$$\begin{aligned}
(f\,g)^{(n+1)} &= \left(\sum_{p=0}^{n} \binom{n}{p} f^{(p)}\,g^{(n-p)}\right)' \\
&= \sum_{p=0}^{n} \binom{n}{p} \left(f^{(p)}\,g^{(n-p+1)} + f^{(p+1)}\,g^{(n-p)}\right) \\
&= \binom{n}{0} f\,g^{(n+1)} + \sum_{p=1}^{n} \binom{n}{p} f^{(p)}\,g^{(n-p+1)} + \sum_{p=0}^{n-1} \binom{n}{p} f^{(p+1)}\,g^{(n-p)} + \binom{n}{n} f^{(n+1)}\,g \\
&= \binom{n+1}{0} f\,g^{(n+1)} + \binom{n+1}{n+1} f^{(n+1)}\,g + \sum_{p=1}^{n} \left(\binom{n}{p} + \binom{n}{p-1}\right) f^{(p)}\,g^{(n-p+1)} \\
&= \sum_{p=0}^{n+1} \binom{n+1}{p} f^{(p)}\,g^{(n+1-p)}
\end{aligned}$$

ce qui prouve le résultat pour $n+1$.

∎

Pour la composition, le problème est encore plus compliqué car il n'y a pas de formule simple donnant la dérivée $n^{\text{ème}}$ de $g \circ f$. Il faut aussi faire attention aux intervalles de définition qui sont, *a priori*, différents.

Proposition 20. Soient f une fonction n fois dérivable sur un intervalle I, à valeurs dans un intervalle J, et g une fonction n fois dérivable sur J. Alors $g \circ f$ est n fois dérivable sur I.

Démonstration. Démontrons ce résultat par récurrence sur n. Il n'y a rien à montrer pour $n = 0$. Supposons donc le résultat acquis pour un certain entier $n \in \mathbb{N}$. Soient f une fonction $(n+1)$ fois dérivable sur un intervalle I, à valeurs dans un intervalle J, et g une fonction $(n+1)$ fois dérivable sur J. Alors $g\circ f$ est dérivable et sa dérivée est $(g\circ f)' = g'\circ f\, f'$. Par l'hypothèse de récurrence, g' et f étant n fois dérivable respectivement sur J et sur I, la fonction $g'\circ f$ est n fois dérivable sur I. Par produit avec f', également n fois dérivable, on en déduit que $(g\circ f)'$ est n fois dérivable, ce qui prouve que $g\circ f$ est $(n+1)$ fois dérivable. ■

2.4 Sens de variation et extrema

Venons-en maintenant aux applications de la dérivation. Nous commençons par noter que le signe de la dérivée est lié au sens de variation d'une fonction.
Commençons par rappeler la définition suivante (voir page 36).

Définition 12. On dit qu'une fonction f est :
- *croissante* sur I si $\forall (x,y)\in I^2$, $x\leqslant y \Rightarrow f(x)\leqslant f(y)$,
- *décroissante* sur I si $\forall (x,y)\in I^2$, $x\leqslant y \Rightarrow f(x)\geqslant f(y)$,
- *strictement croissante* sur I si $\forall (x,y)\in I^2$, $x< y \Rightarrow f(x)< f(y)$,
- *strictement décroissante* sur I si $\forall (x,y)\in I^2$, $x< y \Rightarrow f(x)> f(y)$.

Elle est *monotone* (respectivement *strictement monotone*) si elle est croissante ou décroissante (respectivement strictement croissante ou strictement décroissante).

Proposition 21. Si f est croissante sur un intervalle I et dérivable en $a\in I$, alors $f'(a)\geqslant 0$. Si f est décroissante, alors $f'(a)\leqslant 0$.

Noter ici un piège subtil : si la fonction est strictement croissante, il n'est pas vrai que $f'(a)>0$ (considérer le cas de la fonction $x\mapsto x^3$: elle est strictement croissante, mais sa dérivée est nulle en $a=0$).

Démonstration. Si f est croissante, alors $x<a\Rightarrow f(x)\leqslant f(a)$ et $x>a\Rightarrow f(x)\geqslant f(a)$. Dans les deux cas l'accroissement fini $\big(f(x)-f(a)\big)/(x-a)$ est positif ou nul ; la limite est donc aussi positive ou nulle. ■

Une question naturelle est de savoir si la réciproque de la proposition 21 est vraie : si $f'\geqslant 0$ sur un intervalle, a-t-on f croissante ? La réponse est oui, mais ne peut se déduire des résultats démontrés jusqu'ici : voir plus loin le théorème 25 de la page 587. Un tel résultat est d'ailleurs faux si l'on a seulement $f'(a)\geqslant 0$, ou même $f'(a)>0$ pour un seul point a.

Définition 13. Soit f une fonction définie sur un intervalle I. On dit que f admet *un maximum local* en $a\in I$ s'il existe $\varepsilon>0$ tel que pour tout $x\in I\cap\,]a-\varepsilon, a+\varepsilon[$, on ait $f(x)\leqslant f(a)$. Si l'inégalité est vraie pour tous les $x\in I$, on dit que f a un *maximum global* en a. Si c'est l'inégalité inverse $f(x)\geqslant f(a)$ qui a lieu, on parle de *minimum* local ou global.
Dans l'un ou l'autre cas, on dit que a est un *extremum* (local ou global) de f.

Si les inégalités sont strictes ($f(x)>f(a)$, pour $x\neq a$, ou le contraire) on parle d'un *maximum ou minimum strict*.

Proposition 22. Si f est définie sur un intervalle *ouvert* $I =]\alpha, \beta[$, y est dérivable et admet un extremum local en $a \in I$, alors $f'(a) = 0$.

La réciproque de cette proposition est fausse : on peut avoir $f'(a) = 0$ sans que a soit un extremum : considérer encore le cas de $x \mapsto x^3$ et $a = 0$. Notons aussi que l'on se restreint à un intervalle ouvert, parce que si a est une extrémité de l'intervalle, la proposition devient fausse : par exemple la fonction $x \mapsto x$ a un extremum local en $a = 0$ sur l'intervalle fermé $[0, 1]$, mais sa dérivée ne s'annule pas.

Démonstration. Considérons par exemple le cas d'un maximum local.

Comme $\alpha < a < \beta$, il existe des $x \in I$ tels que $x < a$; s'ils sont assez proches de a, on a alors $f(x) \leqslant f(a)$ par définition d'un maximum local. Dès lors $(f(x) - f(a))/(x - a) \geqslant 0$ et donc à la limite $f'(a) \geqslant 0$. Inversement si $x > a$ est proche de a, alors $f(x) \leqslant f(a)$ implique $\big(f(x) - f(a)\big)/(x - a) \leqslant 0$, et donc $f'(a) \leqslant 0$ à la limite. Donc $f'(a) = 0$. ■

2.5 Théorème de Rolle, accroissements finis

Le théorème de Rolle exprime qu'une fonction continue qui passe deux fois par la même valeur doit contenir un extremum local ; si elle est dérivable, sa dérivée s'annule en ce point :

Théorème 23 (Rolle). Soit f une fonction continue sur un intervalle $[a, b]$, avec $a < b$, dérivable sur $]a, b[$, et telle que $f(a) = f(b)$.
Alors il existe un point $c \in]a, b[$ tel que $f'(c) = 0$.

Noter la subtilité que f n'a pas besoin d'être dérivable en a et b : bien qu'il s'agisse souvent d'un détail, on a parfois besoin d'appliquer ce théorème dans ces conditions plus restrictives. Attention dans ce cas, il faut que f soit continue en a et b tout de même. Le graphe ci-contre donne un exemple d'une fonction vérifiant les hypothèses du théorème de Rolle. Noter qu'il peut y avoir des points où la dérivée s'annule ; le théorème affirme seulement qu'il y en a au moins un.

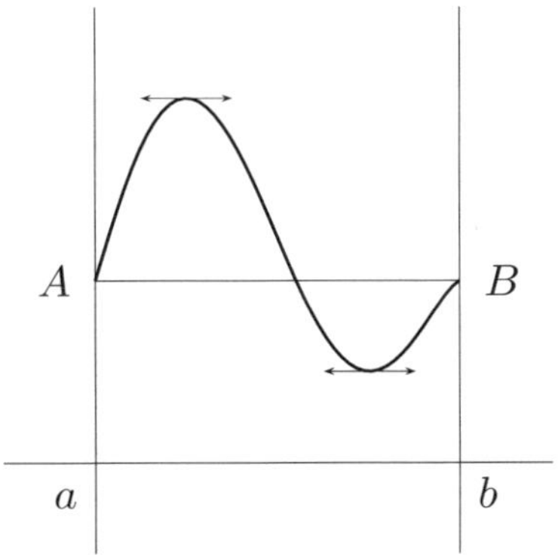

Démonstration. La fonction f étant continue sur le segment $[a, b]$, elle est bornée et atteint sa borne inférieure α et sa borne supérieure β (*cf.* le théorème 13 de la page 577). Prenons donc c et d dans $[a, b]$ tels que $f(c) = \alpha$ et $f(d) = \beta$.

Si $\alpha = \beta$, alors la fonction est en fait constante, et donc en tous les points $c \in]a, b[$, la dérivée s'annule.

Dans le cas général, on a $\alpha < \beta$, et donc l'un des deux est différent de $f(a) = f(b)$. Disons par exemple que $f(c) = \alpha < f(a) = f(b)$. Donc $c \neq a$ et $c \neq b$, soit $c \in]a, b[$ et $f'(c) = 0$ par la proposition 22. ■

Naturellement si $f(a) \neq f(b)$, il n'y a aucune raison que la dérivée s'annule (considérer le cas de la fonction $x \mapsto x$). Mais la dérivée doit au moins en un point être égal à l'accroissement fini entre a et b.

Théorème 24 (des accroissements finis).
Soit f une fonction continue sur un intervalle $[a,b]$, avec $a < b$, dérivable sur $]a,b[$. Alors il existe au moins un point $c \in]a,b[$ tel que :

$$f'(c) = \frac{f(b) - f(a)}{b - a}. \tag{5}$$

L'égalité ci-dessus s'appelle aussi *égalité des accroissements finis.*

Ce théorème signifie graphiquement que si Γ est le graphe de la fonction f dans le plan $\mathbb{R}^2$ et si A et B sont les points de Γ d'abscisses respectives a et b, alors il existe au moins un point de Γ en lequel la tangente à Γ est parallèle à la droite (AB). Ce théorème est plus général que celui de Rolle (si $f(a) = f(b)$ on retrouve bien $f'(c) = 0$), mais nous le démontrons à partir de ce dernier.

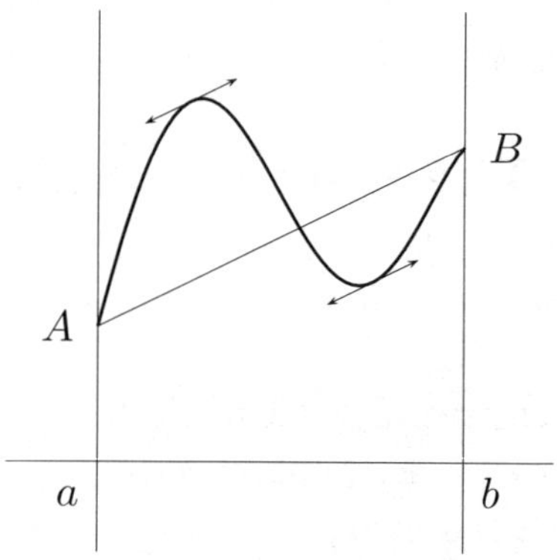

Démonstration. Notons $\gamma := \dfrac{f(b) - f(a)}{b - a}$ l'accroissement fini pour abréger, et considérons la fonction $g : x \mapsto f(x) - \gamma(x - a)$. Alors g est continue sur $[a,b]$, et dérivable sur $]a,b[$, comme f. De plus $g(a) = f(a)$ et :

$$g(b) = f(b) - \frac{f(b) - f(a)}{b - a}(b - a) = f(b) - \big(f(b) - f(a)\big) = f(a) = g(a).$$

On peut donc appliquer le théorème de Rolle à g, et déduire qu'il existe c tel que $0 = g'(c) = f'(c) - \gamma$. C'est ce qu'il fallait démontrer. ■

Malgré son air inoffensif, le théorème des accroissements finis a de nombreuses conséquences. D'abord, il permet de démontrer une réciproque de la proposition 21 de la page 584. Commençons par une définition.

Définition 14. Si I est un intervalle de $\mathbb{R}$, on appelle *intérieur de I* l'intervalle ouvert ayant les mêmes bornes que I.

Par exemple, si $a < b$, les trois intervalles $[a,b]$, de $[a,b[$, de $]a,b]$ et $]a,b[$ admettent $]a,b[$ pour intérieur. L'intérieur de $[a,+\infty[$ est $]a,+\infty[$.

Théorème 25. Soit f une fonction continue sur un intervalle I et dérivable sur l'intérieur I' de I. Alors f est croissante si, et seulement si, $f' \geqslant 0$ sur I'. De même f est décroissante si, et seulement si, $f' \leqslant 0$.

Démonstration. On sait déjà que si f est croissante, alors $f' \geqslant 0$ (proposition 21 de la page 584). Supposons maintenant que $f' \geqslant 0$ par exemple. Soient x et y deux éléments de I, avec $x < y$. Alors le segment $[x, y]$ est contenu dans I et l'intervalle ouvert $]x, y[$ dans I', donc f est continue sur $[x, y]$ et dérivable sur $]x, y[$ et le théorème des accroissements finis implique qu'il existe $c \in \,]x, y[\, \subset I$ tel que $f(y) - f(x) = f'(c)(y - x)$. Cette quantité est un produit de deux nombres positifs, puisque $f' \geqslant 0$ par hypothèse, donc elle est positive ; ainsi $f(y) \geqslant f(x)$, ce qui montre que f est croissante. Le cas $f' \leqslant 0$ se montre de la même façon, ou en appliquant la propriété précédente à $-f$. ■

Comme nous l'avons vu précédemment, ce théorème ne s'étend pas aux fonctions strictement croissantes (ou décroissantes) : pour celles-ci on peut seulement affirmer que $f' \geqslant 0$, pas que $f' > 0$. Mais la réciproque subsiste, la démonstration étant identique à celle du théorème 25 :

Proposition 26. Toute fonction f continue sur l'intervalle I, dérivable sur l'intérieur I' de I avec une dérivée vérifiant $\forall x \in I'$, $f'(x) > 0$ est strictement croissante sur I.

Démonstration. La démonstration précédente convient, puisque le théorème des accroissements finis affirme l'existence d'un nombre c appartenant à l'ouvert $]a, b[$ et non pas seulement à $[a, b]$. ■

Enfin, une fonction étant constante si, et seulement si, elle est croissante et décroissante, on déduit du théorème 25 une caractérisation des fonctions constantes sur un intervalle :

Corollaire 27. Une fonction continue sur un intervalle I et dérivable sur l'intérieur I' de I est constante sur I si, et seulement si, $f' = 0$ sur I'.

Exercice 7.
Soit f une fonction continue sur un intervalle I, dérivable à dérivée strictement positive en tout point de I sauf un nombre fini. Montrer que f est strictement croissante sur I.
Solution. Soit $a < b$ dans I. Notons $x_1 < x_2 < \cdots < x_{n-1}$ les points de $]a, b[$ en lesquels f n'est pas dérivable ou admet une dérivée nulle et posons $x_0 := a$ et $x_n := b$. Le corollaire précédent nous donne la stricte croissance de f sur chacun des segments $[x_{k-1}, x_k]$. En particulier, $f(a) = f(x_0) < f(x_1) < \cdots < f(x_n) = f(b)$.

Voici un autre corollaire du théorème des accroissements finis, très important dans la pratique.

Corollaire 28 (Inégalité des accroissements finis). Soit f une fonction dérivable sur un intervalle I et telle qu'il existe $m \in \mathbb{R}$ avec $|f'(x)| \leqslant m$ pour tout $x \in I$. Alors :

$$\forall x \in I,\ \forall y \in I, \qquad |f(y) - f(x)| \leqslant m|y - x|. \tag{6}$$

Démonstration. La preuve est immédiate : il suffit d'appliquer l'égalité des accroissements finis et de prendre la valeur absolue. ■

L'intérêt de ce corollaire est que l'on a souvent facilement de telles bornes sur les dérivées (voir l'exercice ci-dessous par exemple), et qu'en outre il se généralise aux fonctions à valeurs vectorielles, *contrairement* au théorème des accroissements finis.

Exercice 8.
Montrer que pour tous réels x, y, on a $|\cos x - \cos y| \leqslant |x - y|$ et de même avec le sinus. Dans quels cas a-t-on en fait égalité ?

Solution. Puisque les dérivées du sinus et du cosinus sont des fonctions bornées par le nombre 1, il suffit d'appliquer l'inégalité des accroissements finis.

Étudions d'abord l'égalité $\cos x - \cos y = x - y$. Posons $\varphi(x) := \cos x - x$; cette égalité équivaut à $\varphi(x) = \varphi(y)$. La dérivée de φ vérifie, pour tout x,

$$\varphi'(x) = -\sin x - 1 \leqslant 0$$

avec inégalité stricte sauf aux points $x := 2k\pi - \pi/2$. Il en résulte que φ est strictement décroissante ; l'égalité n'est donc vérifiée que pour $x = y$.

Il en est de même pour les autres cas : $\cos x - \cos y = y - x$, et les équations analogues en sin puisque $\sin x = \cos(x + \pi/2)$.

2.6 Dérivée de la réciproque

Théorème 29. Soit f une fonction dérivable sur un intervalle I, et telle que $f' > 0$ sur I (ou bien $f' < 0$ sur I). Alors f est bijective de I sur $J := f(I)$ et sa réciproque f^{-1} est dérivable sur J, et vérifie :

$$\forall y \in J,\ \left(f^{-1}\right)'(y) = \frac{1}{f'\left(f^{-1}(y)\right)}.$$

Démonstration. La fonction f est continue (puisque dérivable) et strictement monotone d'après la proposition 26 de la page précédente. Le théorème 11 de la page 576 nous dit alors que f^{-1} est continue sur J.

Soit $y \in J$. Pour tout $z \in J$ tel que $z \neq y$, on a :

$$\frac{f^{-1}(z) - f^{-1}(y)}{z - y} = \frac{1}{\dfrac{f\left(f^{-1}(z)\right) - f\left(f^{-1}(y)\right)}{f^{-1}(z) - f^{-1}(y)}}.$$

La continuité de f^{-1} nous donne $\lim_{z\to y} f^{-1}(z) = f^{-1}(y)$, ce qui permet d'obtenir, par passage à la limite :

$$\lim_{z\to y} \frac{f^{-1}(z) - f^{-1}(y)}{z-y} = \frac{1}{f'\big(f^{-1}(y)\big)}.$$

■

On peut retrouver autrement la formule de dérivée de la réciproque lorsque l'on sait déjà que f^{-1} est dérivable. On a $f \circ f^{-1}(y) = y$ par définition ; en dérivant par rapport à y à l'aide du théorème 16 de la page 581, on trouve $\left(f^{-1}\right)'(y) \cdot f' \circ f^{-1}(y) = 1$, soit le résultat recherché.

Des exemples de fonctions réciproques sont donnés au module suivant. Voici un premier cas élémentaire.

Exemple. Si n est un entier naturel impair, alors l'application A de $\mathbb{R}$ dans $\mathbb{R}$ définie par $A(x) := x^n$ est continue et strictement croissante. De plus elle a pour limite $\pm\infty$ en $\pm\infty$, donc son ensemble image est $\mathbb{R}$. Elle a donc une réciproque $B := A^{-1}$, définie sur $\mathbb{R}$ et continue, que l'on appelle la racine $n^{\text{ème}}$ et que l'on note $y \mapsto \sqrt[n]{y}$. Comme la dérivée de A est $x \mapsto n\,x^{n-1}$, qui s'annule en 0, la racine $n^{\text{ème}}$ B n'est pas dérivable sur tout $\mathbb{R}$. Cependant $n\,x^{n-1} > 0$ pour $x \in \mathbb{R}^*$ (car $n-1$ est pair), donc la racine $n^{\text{ème}}$ est dérivable sur l'image de $\mathbb{R}^*$, qui est encore $\mathbb{R}^*$. Sa dérivée en $y = x^n$ est l'inverse de la dérivée de x^n en x, d'où :

$$B'(y) = \frac{1}{(A' \circ B)(y)} = \frac{1}{n\,x^{n-1}} = \frac{1}{n\,\sqrt[n]{y}^{\,n-1}}.$$

On peut faire de même avec n pair, mais seulement pour $x \geqslant 0$, car la fonction x^n n'est pas monotone sur $\mathbb{R}$ entier. La formule de dérivation est la même, et là encore la dérivée n'existe pas en 0.

3 Étude d'une fonction

On étudie une fonction f pour en donner les propriétés importantes, et on peut aussi en tracer le *graphe*, ou l'ensemble des points d'un plan de coordonnées $\big(x, f(x)\big)$: celui-ci résume en une image un grand nombre de caractéristiques de la fonction. Mais une telle étude peut être faite pour d'autres motifs, par exemple pour montrer que la fonction est partout positive : en effet, une telle information se déduit facilement du tableau de variation.

Notons que l'étude d'une fonction réciproque peut être faite de deux façons : soit par la méthode usuelle, soit en étudiant la fonction dont elle est réciproque. Les deux graphes se déduisent par échange des coordonnées x et y, autrement dit par symétrie selon la bissectrice des axes.

L'étude d'une fonction (souvent définie par une ou plusieurs formules) se décompose en un certain nombre d'étapes assez standardisées.

3.1 Définition et variations

En premier lieu, on recherche *l'ensemble de définition* de la fonction (si celui-ci n'est pas donné). Il faut exclure les valeurs qui donnent des divisions par zéro, des racines de nombres

strictement négatifs, etc.
Si la fonction n'est pas définie en certaines valeurs $a \in \mathbb{R}$, mais est définie au voisinage de a (par exemple sur un intervalle $]a, b[$), alors on recherche une limite éventuelle au point a. Si cette limite existe et est finie, alors la fonction peut être prolongée par continuité au point a, et celui-ci peut être réintégré dans l'ensemble de définition.

S'il existe un nombre $\tau > 0$ tel que $f(x+\tau) = f(x)$ pour tout x, alors on dit que la fonction est *périodique*. Un tel réel τ est appelé *une période* de f et l'on dit aussi que f est τ-périodique. Lorsqu'il existe une plus petite période, c'est-à-dire un plus petit nombre $\tau > 0$ ayant cette propriété, on l'appelle *la période* de f. Mais une telle plus petite période n'existe pas toujours : par exemple, une fonction constante admet tous les réels strictement positifs comme période, donc n'en a pas de plus petite. Voici un autre exemple moins trivial :

Exercice 9.
Quelles sont les périodes de la fonction de Dirichlet (*cf.* page 568) ?
Y en a-t-il une plus petite ?
Solution. Si τ est une période de la fonction Dir de Dirichlet, alors on doit avoir $\mathrm{Dir}(\tau) = \mathrm{Dir}(0) = 1$, donc $\tau \in \mathbb{Q}$. Réciproquement, si $\tau \in \mathbb{Q}$, alors pour $x \in \mathbb{R}$, les réels x et $x + \tau$ sont soit tous les deux rationnels, soit tous les deux irrationnels, donc $\mathrm{Dir}(x) = \mathrm{Dir}(x + \tau)$.
L'ensemble des périodes de la fonction de Dirichlet est donc $\mathbb{Q}_+^*$ et n'a donc pas de plus petit élément.

On verra à l'exercice IV.2.6 qu'une fonction continue périodique non constante admet toujours une plus petite période.
Dans le cas d'une fonction τ-périodique, on peut alors se contenter de faire l'étude sur une période, par exemple sur $[0, \tau]$ ou $[-\tau/2, \tau/2]$.

On examine aussi si la fonction est
- *paire* : $f(-x) = f(x)$ pour tout x,
- *impaire* : $f(-x) = -f(x)$ pour tout x.

Dans chacun de ces cas, il suffit de l'étudier pour $x \geqslant 0$.

L'étape suivante est l'étude des *variations* de f. Pour cela on examine d'abord si elle est dérivable (elle peut ne pas l'être, du moins en certains points de son domaine de définition : c'est souvent le cas lorsqu'on a ajouté un point par un prolongement par continuité). On calcule la dérivée, et on cherche son signe. Sur chaque intervalle où ledit signe reste constant, la fonction est monotone. On peut alors établir un *tableau de variations*. À ce stade, il est important de vérifier que les variations sont conformes aux valeurs de la fonction, calculées aux points limites, ou aux points d'annulation de la dérivée.

3.2 Branches infinies

Reste l'étude des *branches infinies* du graphe, c'est-à-dire des morceaux de courbes qui partent vers l'infini. Dans ce cas, on cherche une *courbe asymptote* simple (en général une droite) pour mieux spécifier l'allure de la branche infinie. Le mot *asymptote* indique que les deux courbes se rapprochent indéfiniment.

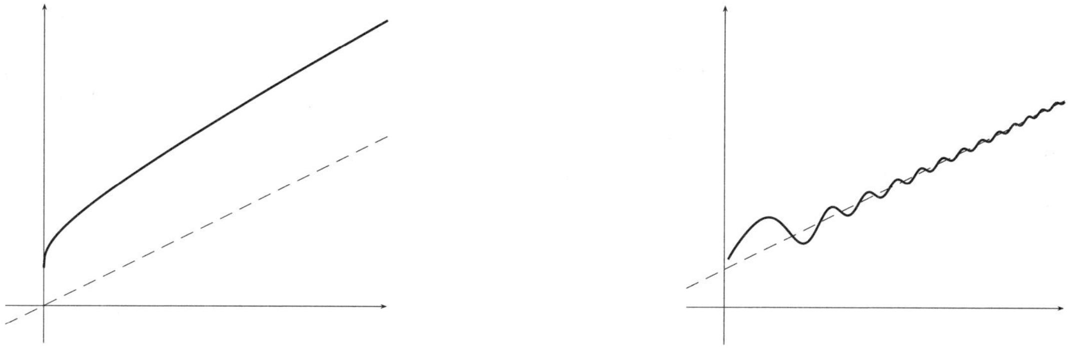

FIGURE IV.2.1 – Branche parabolique (à gauche) et asymptote oblique (à droite).

Si f a une « valeur interdite », c'est-à-dire un point $a \in \mathbb{R}$ où la limite de f est infinie, alors il y a une (ou deux) branches infinies en ce point. Si $\lim\limits_{x \to a} f(x) = +\infty$ par exemple, le graphe a une droite asymptote verticale (d'équation $x = a$), la courbe partant vers le haut. Dans ce cas, la courbe et la droite ne peuvent se croiser car f est une application. Si les limites à gauche et à droite sont toutes deux infinies, mais de signes opposés, alors la droite est doublement asymptote, à la fois vers le haut et le bas.
Les autres branches infinies proviennent des cas $x \to \pm\infty$, lorsque la fonction est définie sur un intervalle infini. Si f admet une limite finie en $+\infty$ ou en $-\infty$, alors le graphe admet la droite horizontale d'équation $y = \alpha$ pour asymptote. Ici la courbe et la droite peuvent se croiser, éventuellement un nombre infini de fois (considérer par exemple $f(x) = \sin x/x$). Étudier le signe de $f(x) - \alpha$ permet de placer plus précisément la courbe par rapport à la droite.
Le cas le plus complexe arrive lorsque f a une limite infinie lorsque x tend vers $\pm\infty$. En effet la branche infinie peut avoir de nombreux comportements possibles (comparer par exemple les graphes des fonctions exponentielles et logarithmes, donnés au module suivant). Dans la pratique, on cherche alors une courbe asymptote simple. Par exemple la fonction $x \mapsto x^2 + e^{-x} \sin x$ admet visiblement la parabole d'équation $y = x^2$ comme asymptote, puisque la différence tend vers zéro.
Lorsqu'une telle courbe asymptote ne saute pas si clairement aux yeux, on cherche une droite asymptote d'équation $y = ax + b$. La question est alors : comment trouver a et b ? On les cherche l'un après l'autre, en partant du constat suivant : si la droite $y = ax + b$ est asymptote au graphe de f, alors la limite (quand x tend vers l'infini considéré) de $f(x) - (ax + b)$ doit être nulle. En particulier, la limite de $(f(x)/x) - a$ doit être nulle (puisque x tend vers $\pm\infty$ et donc $\lim b/x = 0$), c'est-à-dire que l'on doit avoir :

$$a = \lim_{x \to \infty} \frac{f(x)}{x} \qquad \text{et} \qquad b = \lim_{x \to \infty} f(x) - ax.$$

Parfois il est nécessaire de distinguer la recherche des limites en $+\infty$ et en $-\infty$, ce qu'indique le contexte.
On cherche donc la limite éventuelle de $f(x)/x$. Si celle-ci est infinie, alors f croît vers l'infini plus vite que toute droite, ce qui correspond à une *branche parabolique orientée ver-*

ticalement : c'est le cas de la fonction $x \mapsto x^2$ (qui donne une vraie parabole) mais aussi de l'exponentielle (dont le graphe n'est pas une parabole, mais a juste un air de ressemblance). Si cette limite est nulle, alors f croît vers l'infini moins lentement que toute droite, ce qui donne une *branche parabolique orientée horizontalement* : c'est le cas de la fonction $x \mapsto \sqrt{x}$ (dont le graphe est une demi parabole) mais aussi du logarithme.
Si la limite de $f(x)/x$ est un nombre fini $a \neq 0$, alors on cherche $b := \lim f(x) - ax$. Si cette limite est infinie, la courbe s'oriente comme les droites d'équation $y = ax + c$, mais s'éloigne indéfiniment de chacune d'elles : on parle de branche parabolique orientée selon la pente a. C'est le cas de la figure IV.2.1, où l'on a représenté à gauche la fonction $x \mapsto \frac{x}{2} + \sqrt[3]{x} + 1$ et la droite $y = \frac{x}{2}$: elles ne sont pas asymptotes, mais ont la même « orientation ».
Finalement si $b := \lim f(x) - ax$ est un nombre fini, alors la droite $y = ax + b$ est asymptote à la courbe. On la place alors aussi sur le graphe (en pointillés), de façon à mettre en valeur le rapprochement de la courbe. On peut aussi étudier le signe de la différence $f(x) - (ax + b)$, de façon à savoir de quel côté de la droite la courbe se situe. Ce côté n'est pas forcément constant. La figure IV.2.1 donne un exemple à droite : on a représenté la fonction $x \mapsto \dfrac{x}{2} + 1 + x^{-\frac{4}{3}} \sin x^2$, et sa droite asymptote $y = \dfrac{x}{2} + 1$; les deux courbes se croisent un nombre infini de fois, car la différence a le signe de $\sin x^2$.

Exercice type corrigé

IV.2.0

1. Montrer que, pour tout couple (a, b) de réels vérifiant $a < b$ et toute fonction f dérivable sur $[a, b]$ vérifiant $f(b) > f(a)$, il existe au moins un réel $\ell \in [a, b]$ vérifiant $f(\ell) = f(a)$ et $f'(\ell) \geqslant 0$.
2. En déduire que les fonctions constantes sur un intervalle sont les seules à posséder une fonction dérivée nulle.
3. Montrer que les fonctions décroissantes (resp. croissantes) sur un intervalle sont les seules à posséder une fonction dérivée positive ou nulle (resp. négative ou nulle).

Solution.

1. Soient A l'ensemble des $x \in [a, b]$ tels que $f(x) \leqslant f(a)$. Comme $f(b) > f(a)$, par continuité de f en b il existe $\eta > 0$ tel que $\forall x \in [b - \eta, b]$, $f(x) > f(a)$. Donc $A \subset [a, b - \eta]$. D'autre part, $a \in A$, donc A est un partie non vide de $\mathbb{R}$ majorée par $b - \eta$ et admet par conséquent une borne supérieure $\ell \leqslant b - \eta < b$. On ne peut pas avoir $f(\ell) > f(a)$, sinon, en appliquant ce qui précède à $[a, \ell]$, on pourrait trouver un réel $\varepsilon > 0$ tel que $A \subset [a, \ell - \varepsilon]$, ce qui contredirait le fait que ℓ est le plus petit des majorants de A. Donc $f(\ell) \leqslant f(a)$ (en fait, on a $f(\ell) = f(a)$, mais ce n'est pas nécessaire pour ce qui suit).
   Soit $x \in]\ell, b]$. Par définition de ℓ, on a $f(x) > f(a)$. Donc :
   $$\frac{f(x) - f(\ell)}{x - \ell} \geqslant \frac{f(x) - f(a)}{x - \ell} \geqslant 0$$
   et par passage à la limite $f'(\ell) \geqslant 0$.

2. Toute fonction constante f a une dérivée nulle. Inversement, si f est non constante, il existe un intervalle $[a,b]$ vérifiant $a<b$ et $f(b)\neq f(a)$. Posons $m:=\dfrac{f(b)-f(a)}{b-a}$ (non nul) et, pour tout $x\in[a,b]$,
$$\varphi(x):=-x+\frac{2}{m}f(x).$$
On vérifie les égalités $\varphi(b)-\varphi(a)=b-a>0$ et $\varphi'=-1$, ce qui contredit l'existence d'un ℓ comme ci-dessus.
3. Toute fonction décroissante dérivable f a une dérivée négative ou nulle. Inversement, si f est non décroissante, il existe un intervalle $[a,b]$ vérifiant $a<b$ et $f(b)>f(a)$. Posons encore $m:=\dfrac{f(b)-f(a)}{b-a}$, ici strictement positif, et, pour tout $x\in[a,b]$,
$$\varphi(x):=-x+\frac{2}{m}f(x).$$
On vérifie l'égalité $2f'=m\,(\varphi'+1)$, ce qui contredit l'existence d'un ℓ comme ci-dessus puisque $\varphi'(\ell)\geqslant 0$ impliquerait $f'(\ell)\geqslant m/2>0$.
Le résultat analogue pour les fonctions croissantes s'obtient en changeant f en $-f$.

Pour aller plus loin

Les corrigés sont disponibles en accès libre à partir des pages d'accueil du livre sur le site www.dunod.com

Limites et continuité

IV.2.1 Étudier la limite de la fonction f aux points proposés :

1. $f(x):=x^2-5x^4+3x$ en $+\infty$ et en $-\infty$.
2. $f(x):=(1-3x)(2x-1)^2$ en $+\infty$ et en $-\infty$.
3. $f(x):=\dfrac{x-1}{2}+\dfrac{2}{x-1}$ en $+\infty$, en $-\infty$ et en 1.
4. $f(x):=\dfrac{3x-1}{(x+2)(3-5x)}$ en -2.
5. $f(x):=\dfrac{5x^2+1}{2x-1}$ en $+\infty$, en $-\infty$ et en $1/2$.
6. $f(x):=\dfrac{3x^3-7x^2+5x-1}{3x^2-4x+1}$ en 1 et en $\dfrac{1}{3}\cdot$
7. $f(x):=\sqrt{x^2+x+1}-x$ en $+\infty$.
8. $f(x):=\dfrac{\sqrt{x}-2}{x-4}$ en 4.
9. $f(x):=\dfrac{x^3+5x^2+7x+3}{2-\sqrt{x^2-x+2}}$ en -1.
10. $f(x):=x\sin\left(\dfrac{1}{x}\right)$ en 0.
11. $f(x):=x^3\cos^4\left(\dfrac{1}{x^2}\right)$ en 0.

IV.2.2 Montrer que la fonction $x \mapsto \cos \frac{1}{x}$ n'a pas de limite en 0.

IV.2.3 Dans chacun des cas suivants, dire si l'application f se prolonge par continuité en a et donner le prolongement par continuité le cas échéant :

1. $f : [-3, +\infty[\setminus\{6\} \to \mathbb{R}$ définie par $f(x) := \dfrac{\sqrt{x+3}-3}{x-6}$ et $a = 6$.
2. $f : \mathbb{R} \setminus \{-1, 1\} \to \mathbb{R}$ définie par $f(x) := \dfrac{1}{1-x} - \dfrac{2}{1-x^2}$ et $a \in \{-1, 1\}$.

Dans le cas de fonctions prolongeables, discuter de la dérivabilité au point de prolongement.

IV.2.4 On se donne une application continue $f : [0,1] \to \mathbb{R}$ telle que $f([0,1]) \subset [0,1]$. Montrer qu'il existe $a \in [0,1]$ vérifiant $f(a) = a$.
Que se passe-t-il sans l'hypothèse de continuité ? sans la condition $f([0,1]) \subset [0,1]$?

IV.2.5 Un randonneur part du village de La Gurraz en Haute-Tarentaise pour se rendre au refuge de Turia près du Mont Pourri. Après avoir passé la nuit au refuge, il redescend au village le lendemain en empruntant le même itinéraire que la veille à l'aller.
Montrer que si les heures de départ et d'arrivée sont identiques pour les deux jours, il existe au moins un endroit du sentier où le randonneur est passé exactement à la même heure.

IV.2.6 Soit f une fonction de $\mathbb{R}$ dans $\mathbb{R}$ périodique.

1. Montrer que l'ensemble T des réels τ tels que $\forall x \in \mathbb{R}$, $f(x+\tau) = f(x)$ est un sous-groupe de $\mathbb{R}$.
2. Montrer que si f est continue non constante, alors il existe $a > 0$ tel que $T = a\mathbb{Z}$ et donc que a est la plus petite période de f.
   On pourra utiliser l'exercice IV.1.6 de la page 564.

Dérivabilité

IV.2.7 On considère la fonction réelle f définie par $f(x) := |x|/(1 + |1 - x^2|)$. Étudier sa continuité et sa dérivabilité.

IV.2.8 Étudier la continuité et la dérivabilité de la fonction f définie par $f(x) := e^{-x} + x + 1$ si $x \leqslant 0$ et $f(x) := 2 + x^2 \ln x$, si $x > 0$. Même question sur sa dérivée première.

IV.2.9 Calculer les dérivées des fonctions suivantes :

$$f_1(x) := 3^{2x}, \qquad f_2(x) := (\sin x)^{\tan x},$$

$$f_3(x) := \ln\left(\tan\left(\frac{x}{2} + \frac{\pi}{4}\right)\right), \qquad f_4(x) := \frac{\sqrt{a+x}}{\sqrt{a}+\sqrt{x}},$$

en précisant le domaine de dérivabilité.

IV.2.10 Déterminer les dérivées $n^{\text{èmes}}$ des fonctions :

$$f : x \mapsto \frac{1-x}{1+x} \qquad \text{et} \qquad g : x \mapsto \sin^2 x.$$

IV.2.11 Soit $f : [a, +\infty[\to \mathbb{R}$ une fonction dérivable, telle que $\lim_{t \to +\infty} f(t) = f(a)$.
Montrer qu'il existe $c \in]a, +\infty[$ tel que $f'(c) = 0$.

Réciproque, accroissements finis

IV.2.12 Montrer que les fonctions suivantes admettent une fonction réciproque et l'expliciter :

$$f \left| \begin{array}{l} [1, +\infty[\longrightarrow \mathbb{R} \\ x \longmapsto \dfrac{2x^2 + x + 2}{x^2 + 1} \end{array} \right. \quad \text{et} \quad g \left| \begin{array}{l} \left[-\dfrac{1}{2}, +\infty\right[\longrightarrow \mathbb{R} \\ x \longmapsto \dfrac{1}{x^2 + x + 1}. \end{array} \right.$$

IV.2.13 Montrer que :

$$\forall x \in \mathbb{R}\,,\ |\sin x| \leqslant |x|$$

$$\forall x \in [0\,, \frac{\pi}{2}],\ 1 - \cos x \leqslant x \sin x$$

$$\forall x \in]-1, 1[\,,\ |\arcsin x| \leqslant \frac{|x|}{\sqrt{1 - x^2}}.$$

IV.2.14 Soit f une fonction dérivable sur $\mathbb{R}$, vérifiant $f(0) = 0$ et $f(x) \geqslant x$, $\forall x \geqslant 0$.

1. Montrer que $f'(0) \geqslant 1$. En appliquant la formule des accroissements finis à la fonction f sur l'intervalle $\left[0, \dfrac{1}{n}\right]$, $\forall n \in \mathbb{N}^\star$, montrer qu'il existe une suite (u_n) telle que $\lim u_n = 0$ et $f'(u_n) \geqslant 1$ pour tout n.
2. On suppose en outre que $f''(0)$ existe et $f'(0) = 1$. Montrer que l'on a alors $f''(0) \geqslant 0$.
3. Soit g la fonction définie par :

$$g(x) := x\left[1 + x + \sin x \sin \frac{1}{x}\right] \quad \text{pour} \quad x \neq 0 \quad \text{et} \quad g(0) = 0.$$

   (a) Montrer que g est dérivable sur $\mathbb{R}$ et étudier la continuité de g'.
   (b) Montrer que $g(x) \geqslant x$ pour tout $x \geqslant 0$.

IV.2.15 Montrer que $\forall x > -1$, $\dfrac{x}{x+1} \leqslant \ln(1 + x) \leqslant x$.

Étude de fonctions

IV.2.16 Étudier et tracer la courbe représentative de la fonction $f(x) := \dfrac{x^4}{x^2 - 1}$.

IV.2.17 Étudier les branches infinies des graphes des fonctions définies par :

$$f(x) := 3x + 2 - \sqrt{4x^2 - x}, \qquad g(x) := 3x - 5 + \frac{x^2 + 3}{e^{2x} - 1}, \qquad h(x) := 2x + 1 - \sqrt{x}.$$

Fonctions transcendantes

IV.3

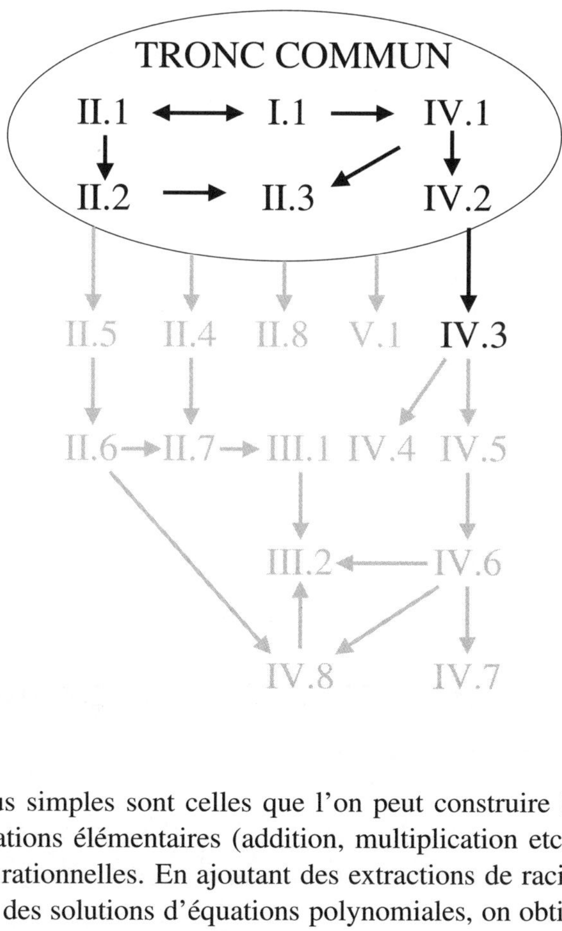

Les fonctions les plus simples sont celles que l'on peut construire à partir de la variable en utilisant des opérations élémentaires (addition, multiplication etc.), c'est-à-dire les polynômes et fractions rationnelles. En ajoutant des extractions de racines carrées ou autres, et plus généralement des solutions d'équations polynomiales, on obtient des fonctions plus variées, comme par exemple $x \mapsto 1/\sqrt{1+x^2}$. Toutes ces fonctions sont dites *algébriques*, les manipulations polynomiales relevant du domaine de l'algèbre générale.

Mais de telles fonctions *ne suffisent pas* aux besoins de l'analyse. Pour la résolution d'équations différentielles par exemple (une tâche fondamentale en physique), ou même simplement pour trouver des primitives — c'est-à-dire une fonction dont la dérivée est donnée —, il faut construire de nouvelles fonctions : le logarithme comme la primitive de

$x \mapsto 1/x$ n'est pas le seul exemple : quelle fonction est la primitive de $1/\sqrt{1+x^2}$, ou même de $1/(1+x^2)$?
C'est ce que nous allons découvrir dans ce module. Les fonctions étudiées ici ne sont pas algébriques, on dit qu'elles sont *transcendantes*. Beaucoup d'entre elles ont des dérivées très simples (algébriques), et sont donc essentielles dans la recherche de primitives.
Il est habituel de présenter ces fonctions en partant du logarithme comme primitive de $x \mapsto 1/x$. Cela exige cependant quelques connaissances sur l'intégration que nous verrons au module IV.5.
L'utilisation de réciproques (comme l'exponentielle, vue comme réciproque du logarithme), est aussi une manière naturelle d'obtenir de nouvelles fonctions.
On obtient ainsi les plus communes des fonctions transcendantes. Mais il en existe d'autres : on peut montrer en mathématiques qu'il est impossible de construire, par l'introduction de nouvelles fonctions transcendantes, un ensemble de fonctions contenant toutes les primitives de ses éléments : en conséquences il y aura toujours de nouvelles fonctions (plus ou moins utiles) à créer ou étudier. Ce module doit donc être vu comme le début d'une histoire qui ne peut se finir.
Commençons par énoncer le résultat d'intégration dont nous aurons donc besoin et qui sera démontré à la page 668.

Théorème 1 (Cauchy). Étant donnée une fonction f continue sur un intervalle I, il existe une fonction F dérivable sur I dont la dérivée est égale à f. Une telle fonction est appelée une *primitive* de f.

Si a est un point de I fixé, l'application $F_a \ : \ x \mapsto \displaystyle\int_a^x f(t)\,\mathrm{d}t$ est une telle primitive de f.

Remarque. Deux primitives de f diffèrent d'une constante puisque leur différence a une dérivée nulle sur l'intervalle I. En particulier, la fonction F_a de la proposition précédente est l'unique primitive de f qui s'annule en a.

1 Fonctions logarithme et exponentielle

1.1 Logarithme népérien

Définition 1. La fonction *logarithme népérien*, notée $\ln$, est l'unique primitive sur $\mathbb{R}_+^*$ de $x \mapsto 1/x$ qui s'annule en 1. Elle est donc définie sur $\mathbb{R}_+^*$ par :

$$\ln x = \int_1^x \frac{\mathrm{d}u}{u}\cdot$$

Proposition 2. La fonction logarithme vérifie :

$$\forall (x,y) \in \left(\mathbb{R}_+^*\right)^2\,,\ \ln(x\,y) = \ln x + \ln y.$$

Démonstration. Soit $y \in \mathbb{R}_+^*$. L'application $u_y : \begin{array}{ccc} \mathbb{R}_+^* & \longrightarrow & \mathbb{R}, \\ x & \longmapsto & \ln(xy) \end{array}$ est dérivable et, par la formule donnant la dérivée d'une fonction composée :

$$\forall x \in \,]\,0,+\infty\,[\;,\; u_y'(x) = \frac{y}{x\,y} = \frac{1}{x}\cdot$$

Les fonctions u_y et $\ln$ ayant même dérivée sur l'intervalle $]\,0,+\infty\,[$, leur différence $u_y - \ln$ est constante sur $\mathbb{R}_+^*$. Comme pour $x = 1$, elle vaut $\ln y$, on en déduit :

$$\forall x \in \mathbb{R}_+^*\,,\; \ln(x\,y) = \ln x + \ln y.$$

■

Conséquences. De la proposition précédente, on déduit :

1. $\forall (x,y) \in \mathbb{R}_+^*\,,\; \ln\left(\dfrac{x}{y}\right) = \ln x - \ln y,$
2. $\forall x \in \mathbb{R}_+^*\,,\; \forall n \in \mathbb{Z}\,,\; \ln(x^n) = n \ln x.$

Proposition 3. La fonction logarithme népérien est une bijection strictement croissante de $]\,0,+\infty\,[$ sur $\mathbb{R}$ vérifiant :

$$\lim_{x\to+\infty} \ln x = +\infty \qquad \text{et} \qquad \lim_{x\to+\infty} \frac{\ln x}{x} = 0$$

ainsi que :

$$\lim_{x\to 0} \ln x = -\infty \qquad \text{et} \qquad \lim_{x\to 0} x \ln x = 0.$$

Les premières limites indiquent que la courbe représentative de la fonction logarithme présente une branche parabolique de direction asymptotique Oy.

Démonstration. La fonction logarithme est strictement croissante sur l'intervalle $]\,0,+\infty\,[$ puisque sa dérivée est strictement positive. Par conséquent :

$$\ln 3 > \ln 1 = 0,$$

et la suite :

$$\big(\ln(3^n)\big)_{n\in\mathbb{N}} = (n \ln 3)_{n\in\mathbb{N}}$$

tend vers $+\infty$. Donc la fonction logarithme népérien n'est pas majorée, et comme elle est croissante sur $]\,0,+\infty\,[$, on en déduit $\lim\limits_{x\to+\infty} \ln x = +\infty$.

On a alors $\lim\limits_{x\to 0} \ln(1/x) = +\infty$, c'est-à-dire :

$$\lim_{x\to 0} \ln x = -\infty.$$

La fonction logarithme népérien est donc une bijection strictement croissante de $]\,0,+\infty\,[$ sur $\mathbb{R}$.

Soit $x \geqslant 1$. Il existe $n \in \mathbb{N}$ tel que $3^n \leqslant x \leqslant 3^{n+1}$ et l'on a donc :

$$0 \leqslant \frac{\ln x}{x} \leqslant \frac{(n+1)\ln 3}{3^n} \leqslant \left(\frac{2}{3}\right)^n \ln 3$$

puisque, par une récurrence immédiate, on a $\forall n \in \mathbb{N}\,,\ n+1 \leqslant 2^n$.

On en déduit donc $\lim\limits_{x\to+\infty} \frac{\ln x}{x} = 0$ et de la même façon que précédemment, en remplaçant x par $1/x$, on obtient $\lim\limits_{x\to 0} x\,\ln x = 0$. ■

Remarque. La fonction logarithme népérien est donc un isomorphisme de groupes de $(\mathbb{R}_+^*, \times)$ sur $(\mathbb{R}, +)$.

1.2 Exponentielle

Proposition et définition 4. La fonction *exponentielle*, notée $\exp$, est la fonction réciproque de la fonction logarithme népérien.
C'est une bijection strictement croissante de $\mathbb{R}$ sur $\mathbb{R}_+^*$ vérifiant :

$$\lim_{x\to-\infty} \exp x = 0 \qquad \text{et} \qquad \lim_{x\to+\infty} \exp x = +\infty.$$

Elle est dérivable sur $\mathbb{R}$ et elle est égale à sa dérivée.

Démonstration.

- C'est la réciproque de la fonction logarithme népérien qui est une bijection strictement croissante de $\mathbb{R}_+^*$ sur $\mathbb{R}$, c'est donc une bijection strictement croissante de $\mathbb{R}$ sur $\mathbb{R}_+^*$.
- Elle est croissante et, comme son image est $\mathbb{R}_+^*$, on a :
$$\lim_{x\to-\infty} \exp x = 0 \qquad \text{et} \qquad \lim_{x\to+\infty} \exp x = +\infty.$$
- La fonction logarithme népérien est dérivable sur $\mathbb{R}_+^*$ et sa dérivée est strictement positive. Sa fonction réciproque, l'exponentielle, est donc dérivable en tout point x de $\mathbb{R}$ avec :
$$\exp'(x) = \frac{1}{\ln'(\exp x)} = \exp x.$$

■

Proposition 5.

1. $\exp 0 = 1$.
2. $\forall (x,y) \in \mathbb{R}^2\,,\ \exp(x+y) = \exp x \,\exp y$.
3. $\forall (x,y) \in \mathbb{R}^2\,,\ \exp(x-y) = \dfrac{\exp x}{\exp y}$.
4. $\forall x \in \mathbb{R}\,,\ \forall n \in \mathbb{Z}\,,\ \exp(n\,x) = (\exp x)^n$.

Démonstration. Comme la fonction logarithme est bijective, il suffit de montrer, pour chaque égalité, que les deux membres (strictement positifs) ont même logarithme, ce qui est une conséquence des propriétés correspondantes de la fonction $\ln$. ■

Remarque. L'exponentielle étant la réciproque d'un isomorphisme de groupes, on en déduit que c'est un isomorphisme de groupes de $\mathbb{R}$ dans $\mathbb{R}_+^*$, ce qui permet de retrouver les résultats précédents.

1.3 Représentation graphique des fonctions logarithme népérien et exponentielle

x	0	1	$+\infty$
ln	$-\infty$ ↗	0 ↗	$+\infty$

x	$-\infty$	0	$+\infty$
exp	0 ↗	1 ↗	$+\infty$

On note $e = \exp 1$ l'unique réel dont le logarithme vaut 1.

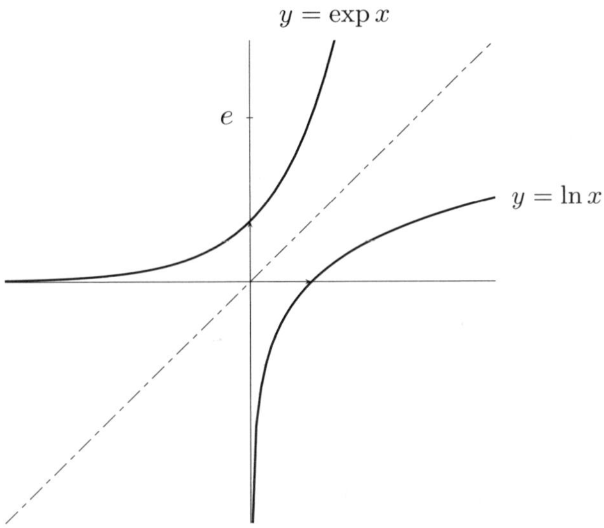

1.4 Logarithmes et exponentielles de base quelconque

Définition 2. Si a est un réel strictement positif et différent de 1, on appelle *logarithme de base* a, l'application, notée $\log_a$, définie sur $\mathbb{R}_+^*$ par :

$$\log_a x = \frac{\ln x}{\ln a}\cdot$$

Exemple. Le *logarithme décimal* ($a = 10$) et le *logarithme binaire* ($a = 2$) sont couramment employés en sciences appliquées.

Propriétés.

1. $\log_a 1 = 0$ et $\log_a a = 1$.
2. $\forall (x, y) \in \mathbb{R}_+^*$, $\log_a (x\,y) = \log_a x + \log_a y$.
3. $\forall (x, y) \in \mathbb{R}_+^*$, $\log_a \left(\dfrac{x}{y}\right) = \log_a x - \log_a y$.
4. $\forall x > 0$, $\forall n \in \mathbb{Z}$, $\log_a (x^n) = n \log_a x$.

Définition 3. Si a est un réel strictement positif et différent de 1, la fonction logarithme de base a est une bijection de $\mathbb{R}_+^*$ sur $\mathbb{R}$. Sa réciproque est donc une bijection de $\mathbb{R}$ sur $\mathbb{R}_+^*$. On l'appelle *exponentielle de base* a, et on la note $\exp_a$.

Propriétés.

1. $\exp_a 0 = 1$ et $\exp_a 1 = a$.
2. $\forall (x,y) \in \mathbb{R}^2\,,\ \exp_a(x+y) = \exp_a x \, \exp_a y$.
3. $\forall (x,y) \in \mathbb{R}^2\,,\ \exp_a(x-y) = \dfrac{\exp_a x}{\exp_a y}\cdot$
4. $\forall x \in \mathbb{R}\,,\ \forall n \in \mathbb{Z}\,,\ \exp_a(n\,x) = (\exp_a x)^n$.

Remarques.

- Si $a = e$, la fonction $\exp_a$ est la fonction exponentielle déjà vue précédemment.
- Pour $x \in \mathbb{R}$, si l'on pose $y = \exp_a x$, on a :

$$x = \log_a y = \frac{\ln y}{\ln a}$$

et donc $\ln y = x \ln a$, ce qui entraîne :

$$\boxed{\exp_a x = \exp(x \ln a)\,.}$$

2 Fonctions racines et puissances

2.1 Fonctions racines

Soit $n \in \mathbb{N}^*$. La fonction $x \mapsto x^n$ est continue sur $\mathbb{R}$.

- Elle est strictement croissante sur $\mathbb{R}$ lorsque n est impair et définit ainsi une bijection de $\mathbb{R}$ sur $\mathbb{R}$.
- Elle est strictement croissante sur $\mathbb{R}_+$ lorsque n est pair et définit ainsi une bijection de $\mathbb{R}_+$ sur $\mathbb{R}_+$.

Définition 4. Soit $n \in \mathbb{N}^*$. La fonction *racine* $n^{\text{ème}}$ est la réciproque de $x \mapsto x^n$:

- sur $\mathbb{R}$ lorsque n est impair ; elle est donc définie sur $\mathbb{R}$;
- sur $\mathbb{R}_+$ lorsque n est pair ; elle est donc définie également sur $\mathbb{R}_+$.

On la note $x \mapsto \sqrt[n]{x}$.

Proposition 6. Soit $n \in \mathbb{N}^*$. La fonction $\sqrt[n]{\ }$ est dérivable sur $\mathbb{R}^*$ si n est impair, sur $\mathbb{R}_+^*$ si n est pair et sa dérivée est $x \mapsto \dfrac{1}{n\,\left(\sqrt[n]{x}\right)^{n-1}} = \dfrac{\sqrt[n]{x}}{n\,x}\cdot$

Démonstration. La dérivée de $x \mapsto x^n$ est non nulle en tout point sauf en 0, donc sa réciproque est dérivable en tout point de son intervalle de définition sauf en $0 = 0^n$ (théorème 29 de la page 588). De plus, cette dérivée est donnée en tout point par :

$$\frac{\mathrm{d}}{\mathrm{d}x}\left(\sqrt[n]{x}\right) = \frac{1}{n\left(\sqrt[n]{x}\right)^{n-1}} = \frac{\sqrt[n]{x}}{n\,x}.$$

2.2 Fonctions puissances

Remarque. Soit a un réel strictement positif différent de 1.
On a $\exp_a 1 = a$, donc, d'après la proposition 5 de la page 600 :

$$\forall n \in \mathbb{Z},\ \exp_a n = a^n.$$

Soit maintenant $q \in \mathbb{N}^*$; supposons-le tout d'abord impair. On a alors, pour tout réel x, $\left(\sqrt[q]{x}\right)^q = x$. On est donc tenté de noter $\sqrt[q]{x} = x^{1/q}$. On a ainsi en particulier $\exp_a(1/q) = a^{1/q}$ puisque $\left(\exp_a(1/q)\right)^q = \exp_a(1) = a = \left(\sqrt[q]{a}\right)^q$ et que $t \mapsto t^n$ est injective. Lorsque q est impair, on a les mêmes résultats, mais il faut se limiter à $x \geqslant 0$ et invoquer l'injectivité de $t \mapsto t^n$ sur $\mathbb{R}_+$.
Pour $p \in \mathbb{N}$ et $q \in \mathbb{N}^*$, on a donc :

$$\exp_a(p/q) = \left(\exp_a(1/q)\right)^p = (a^{1/q})^p$$

ce qui nous pousse à nouveau à poser $a^{p/q} = \exp_a(p/q)$.
On étend cette notation a^x à tout $\mathbb{R}$, en posant :

Définition 5. Soit a un réel strictement positif différent de 1.
On note, pour tout $x \in \mathbb{R}$:

$$a^x = \exp_a x = \exp(x \ln a).$$

On note ainsi en particulier $\exp x = e^x$.
En posant $1^x = 1$ pour $x \in \mathbb{R}$, on a :

$$\forall x \in \mathbb{R},\ \forall a \in \mathbb{R}_+^*,\ a^x = \exp(x \ln a).$$

Les propriétés de l'exponentielle et du logarithme nous donnent immédiatement les règles de calcul habituelles sur les fonctions puissances :

Proposition 7. Pour tout $a \in \mathbb{R}_+^*$ et tout $(x, y) \in \mathbb{R}^2$, on a :

$$a^x\,a^y = a^{x+y} \quad \text{et} \quad (a^x)^y = a^{xy}.$$

Pour tout $(a, b) \in (\mathbb{R}_+^*)^2$ et tout $x \in \mathbb{R}$, on a $a^x\,b^x = (a\,b)^x$.

Soit $\alpha \in \mathbb{R}$. La relation $x^\alpha = \exp(\alpha \ln x)$ prouve :

Proposition 8. La fonction $\varphi_\alpha : x \mapsto x^\alpha$ est dérivable sur $\mathbb{R}_+^*$ et :

$$\frac{\mathrm{d}}{\mathrm{d}x}(x^\alpha) = \frac{\alpha}{x}x^\alpha = \alpha\,x^{\alpha-1}.$$

On a ainsi $\varphi'_\alpha = \alpha\,\varphi_{\alpha-1}$ ce qui donne les variations de φ_α en fonction du signe de α. On a immédiatement les limites aux bornes. D'où les variations :

x	0	1	$+\infty$
φ_α $(\alpha>0)$	0 ↗	1 ↗	$+\infty$
φ_α $(\alpha<0)$	$+\infty$ ↘	1 ↘	0

Si $\alpha > 0$, on peut prolonger la fonction φ_α par continuité en 0 en posant $\varphi_\alpha(0) = 0$. Comme $\dfrac{\varphi_\alpha(x)}{x} = \varphi_{\alpha-1}(x)$, on en déduit :

- si $\alpha > 1$, la fonction φ_α est dérivable en 0 et $\varphi'_\alpha(0) = 0$,
- si $0 < \alpha < 1$, la fonction φ_α n'est pas dérivable en 0 mais son graphe possède une tangente verticale à l'origine,
- si $\alpha = 1$, la fonction φ_α est l'identité qui est donc dérivable en 0 de dérivée 1.

Représentation graphique des fonctions puissances

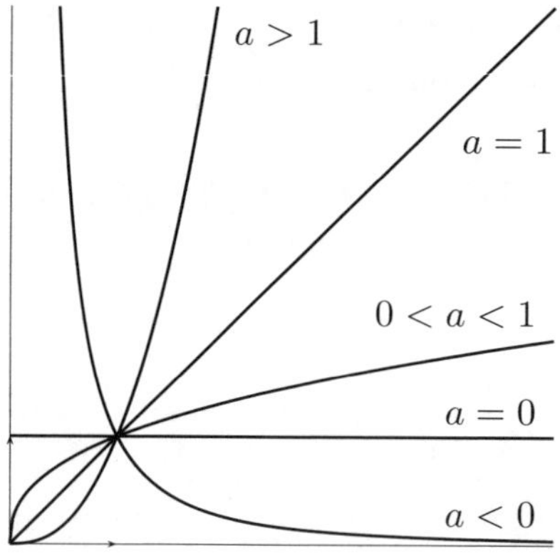

Pour dériver une expression de la forme $f(x) = u(x)^{v(x)}$, avec u et v dérivables, il est indispensable de l'écrire au préalable :

$$f(x) = \exp\big(v(x)\,\ln u(x)\big)$$

puis d'utiliser la formule de dérivation d'une fonction composée. On obtient ainsi :

$$f'(x) = f(x)\left(v'(x)\,\ln u(x) + v(x)\,\frac{u'(x)}{u(x)}\right).$$

Remarques.

- Soit $n \in \mathbb{N}^*$. On a pour tout $x > 0$:

$$\left(x^{1/n}\right)^n = x = \left(\sqrt[n]{x}\right)^n$$

et donc les fonctions $x \mapsto x^{1/n}$ et $x \mapsto \sqrt[n]{x}$ coïncident sur $\mathbb{R}_+^*$. Elles ne sont pas pour autant égales, puisque la première est définie sur $\mathbb{R}_+^*$ et la deuxième sur $\mathbb{R}$ ou $\mathbb{R}_+$ suivant la parité de n.

- La formule de dérivation de la fonction racine $n^{\text{ème}}$ devient facile à retenir en pensant à la fonction $x \mapsto x^{1/n}$. En tout $x > 0$, la dérivée vaut :

$$\frac{1}{n}\, x^{\frac{1}{n}-1} = \frac{1}{n}\, x^{(1-n)/n} = \frac{1}{n\,(\sqrt[n]{x})^{n-1}}.$$

On remarque que le résultat, ainsi obtenu pour $x > 0$, reste valable pour tout $x \in \mathbb{R}^*$ lorsque n est impair.

- Faire attention toutefois de ne pas confondre les fonctions puissances et les fonctions racines $n^{\text{èmes}}$. En particulier, ne pas écrire $\sqrt[3]{x} = x^{1/3}$ pour $x \leqslant 0$ sous peine d'arriver à des contradictions en utilisant les règles de calcul habituelles sur les puissances. Par exemple :

$$-1 = \sqrt[3]{-1} = (-1)^{1/3} = (-1)^{2/6} = \left((-1)^2\right)^{1/6} = 1^{1/6} = 1$$

et même $(-1)^{1/3} = \left((-1)^{1/6}\right)^2$ qui n'a pas de sens.

2.3 Croissances comparées des fonctions puissances, logarithme et exponentielle

Soit $\alpha > 0$. Les trois fonctions $x \mapsto \ln x$, $x \mapsto x^\alpha$ et $x \mapsto \exp x$ tendent vers $+\infty$ en $+\infty$. La proposition suivante compare la vitesse avec laquelle chacune tend vers $+\infty$.

Proposition 9. Pour tout $\alpha > 0$, on a :

$$\lim_{x\to+\infty} \frac{\ln x}{x^\alpha} = 0 \qquad \text{et} \qquad \lim_{x\to+\infty} \frac{\exp x}{x^\alpha} = +\infty.$$

Démonstration. Par la proposition 3 de la page 599, on sait déjà que $\lim\limits_{x\to+\infty} \frac{\ln x}{x} = 0$.

Comme $\alpha > 0$, on a $\lim\limits_{x\to+\infty} x^\alpha = +\infty$ et donc $\dfrac{\ln x}{x^\alpha} = \dfrac{\ln(x^\alpha)}{\alpha\, x^\alpha} \underset{x\to+\infty}{\longrightarrow} 0$.

De même, en partant de la limite $\lim\limits_{x\to+\infty} \frac{\mathrm{e}^x}{x} = +\infty$, on obtient :

$$\frac{\mathrm{e}^x}{x^\alpha} = \left(\frac{\exp(\frac{x}{\alpha})}{x}\right)^\alpha = \frac{1}{\alpha^\alpha}\left(\frac{\exp(\frac{x}{\alpha})}{\frac{x}{\alpha}}\right)^\alpha \underset{x\to+\infty}{\longrightarrow} +\infty.$$

■

On en déduit immédiatement les résultats suivants :

Corollaire 10. Pour tout $\alpha > 0$, on a :

$$\lim_{x\to 0} x^\alpha \ln x = 0 \qquad \text{et} \qquad \lim_{x\to+\infty} x^\alpha \exp(-x) = 0.$$

Exercice 1.
Soient α et β deux réels strictement positifs. Étudier les limites suivantes :

$$\lim_{x \to +\infty} \frac{(\ln x)^\alpha}{x^\beta} \qquad \text{et} \qquad \lim_{x \to +\infty} \frac{\exp(x^\alpha)}{x^\beta}.$$

Solution. En écrivant $\dfrac{(\ln x)^\alpha}{x^\beta} = \left(\dfrac{\ln x}{x^{\beta/\alpha}}\right)^\alpha$ et $\dfrac{\exp(x^\alpha)}{x^\beta} = \dfrac{\exp(x^\alpha)}{(x^\alpha)^{\beta/\alpha}}$ on obtient immédiatement, à l'aide des résultats précédents :

$$\lim_{x \to +\infty} \frac{(\ln x)^\alpha}{x^\beta} = 0 \qquad \text{et} \qquad \lim_{x \to +\infty} \frac{\exp(x^\alpha)}{x^\beta} = +\infty.$$

3 Fonctions trigonométriques

3.1 Fonctions sinus et cosinus

Nous avons défini les fonctions sinus et cosinus au module II.5 page 277. Rappelons-en les principales propriétés.

Proposition 11. La fonction sinus est 2π-périodique impaire, la fonction cosinus est 2π-périodique paire. Elles sont dérivables et l'on a pour tout $x \in \mathbb{R}$:

$$\sin'(x) = \cos(x) \qquad \text{et} \qquad \cos'(x) = -\sin(x).$$

Leurs variations sur $[0, \pi]$, dont on déduit les variations sur $\mathbb{R}$ par périodicité et (im)parité, sont données par le tableau ci-contre :

x	0		$\frac{\pi}{2}$		π
$\sin x$	0	$\nearrow$	1	$\searrow$	0
$\cos x$	1	$\searrow$	0	$\searrow$	-1

Elles vérifient les formules d'addition :

Proposition 12. Pour tout $(a, b) \in \mathbb{R}^2$:

$$\sin(a+b) = \sin a \, \cos b + \sin b \, \cos a \qquad \text{et} \qquad \cos(a+b) = \cos a \, \cos b - \sin a \, \sin b.$$

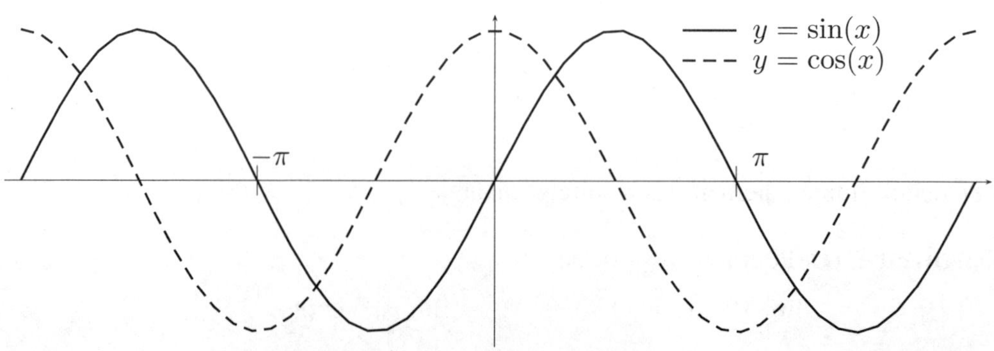

3.2 Fonctions tangente et arc-tangente

Définition 6. On appelle *tangente* la fonction notée tan définie par :

$$\tan x := \sin x / \cos x,$$

et *cotangente* la fonction notée cot définie par :

$$\cot x := \cos x / \sin x.$$

Le nom de la tangente était parfois écrit tg autrefois ; cet usage est obsolète et contraire aux normes établies. La co-tangente est peu utilisée, ce n'est rien d'autre que l'inverse de la tangente. (Les inverses des cosinus et sinus étaient aussi nommés *sécante* et *cosécante*, mais cet usage est maintenant très rare.)

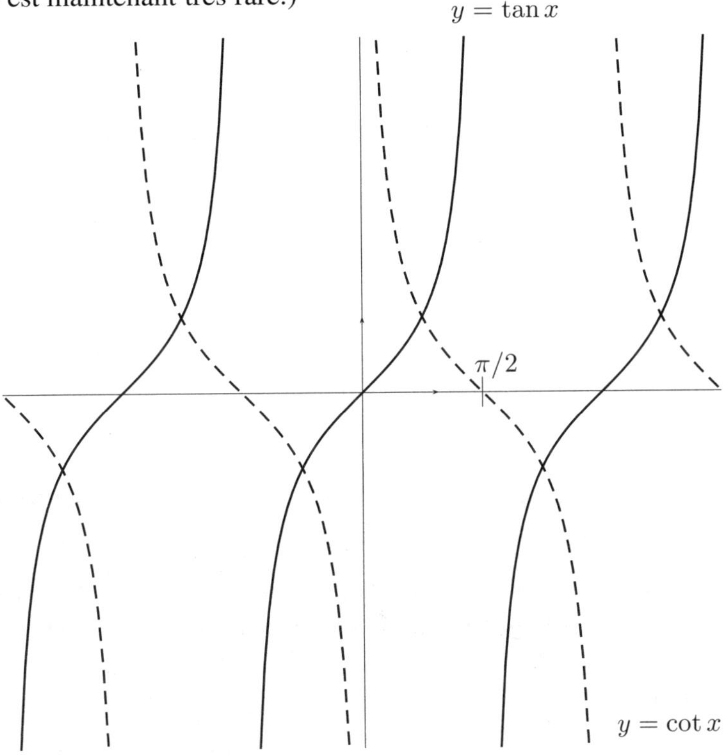

FIGURE IV.3.1 – Graphe des fonctions tangente et cotangente.

Le lecteur vérifiera facilement les propriétés suivantes : la tangente est de période π, définie sur tout intervalle de la forme $]k\pi - \pi/2, k\pi + \pi/2[$ avec $k \in \mathbb{Z}$, et strictement croissante sur de tels intervalles. Sa dérivée est :

$$(\tan x)' = \frac{1}{\cos^2 x} = 1 + \tan^2 x. \tag{1}$$

D'après la proposition 12 de la page précédente, pour tous les réels a et b tels que $\tan a$, $\tan b$ et $\tan(a+b)$ existent, on a :

$$\tan(a+b) = \frac{\tan a + \tan b}{1 - \tan a \tan b}. \tag{2}$$

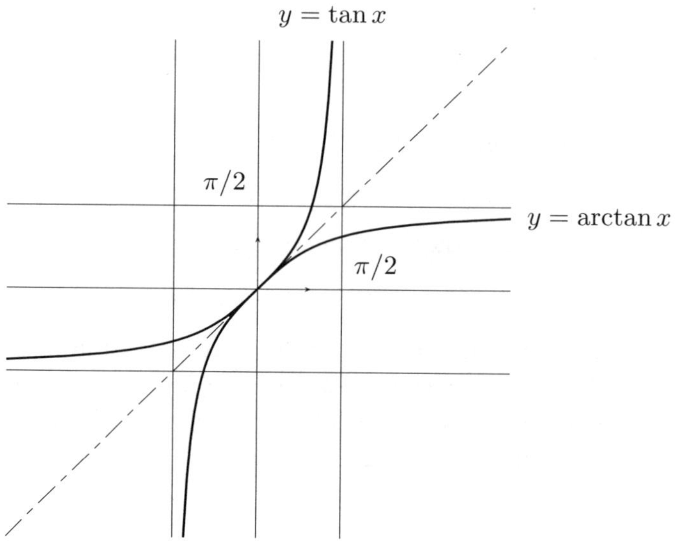

FIGURE IV.3.2 – Graphe de la fonction arc-tangente.

L'étude de la cotangente se fait en notant que $\cot x = \tan\left(\frac{\pi}{2} - x\right)$.

La fonction tangente, restreinte à l'intervalle $]-\pi/2, \pi/2[$, est strictement croissante, et a pour limites $-\infty$ et $+\infty$.
Elle admet donc une réciproque définie sur $\mathbb{R}$, et à valeurs dans $]-\pi/2, \pi/2[$.

Définition 7. On appelle *arc-tangente*, et l'on note $\arctan$, la fonction réciproque de la restriction de la tangente à $]-\pi/2, \pi/2[$.

(Le nom est une abréviation pour « l'arc dont la tangente est... », le terme « arc » étant évidemment une référence à la géométrie. Les noms arctg, Arctan, etc., sont également obsolètes et devenus non standards.)
On a donc par définition :

$$\forall x \in \mathbb{R}, \qquad \tan(\arctan x) = x \tag{3}$$

$$\forall x \in \left]-\frac{\pi}{2}, \frac{\pi}{2}\right[, \qquad \arctan(\tan x) = x. \tag{4}$$

Noter particulièrement la restriction sur la valeur de x dans la dernière relation : comme la tangente est de période π, il n'est pas vrai que $\arctan(\tan x) = x$ pour tout x (même ceux pour lesquels $\tan x$ est définie). Par exemple $\arctan(\tan \pi) = \arctan 0 = 0$.
Ces relations deviennent quasi-évidentes grâce au résultat suivant qui n'est qu'une réécriture de la définition :

Proposition 13. Soit $x \in \mathbb{R}$.
Le réel $\arctan x$ est l'unique élément de $\left]-\frac{\pi}{2}, \frac{\pi}{2}\right[$ dont la tangente vaut x.

Ainsi, pour $x \in \mathbb{R} \setminus \left(\frac{\pi}{2} + \pi\mathbb{Z}\right)$, pour déterminer $\arctan(\tan x)$, il suffit de trouver un (en fait l'unique) élément de $\left]-\frac{\pi}{2}, \frac{\pi}{2}\right[$ qui a même tangente que x, ce qui donne :

$$\arctan(\tan x) = x - k\pi \quad \text{avec } k = \left\lfloor \frac{x}{\pi} + \frac{1}{2} \right\rfloor \in \mathbb{Z}.$$

Exemple. Soit $x \in \mathbb{R}^*$; posons $\alpha := \frac{\pi}{2} - \arctan x$. Comme $\tan(\arctan x) = x$, on a $\tan(\alpha) = \frac{1}{x}$ et donc $\arctan(\frac{1}{x}) = \alpha$ lorsque α est strictement compris entre $-\frac{\pi}{2}$ et $\frac{\pi}{2}$, c'est-à-dire lorsque $x \in \mathbb{R}_+^*$.
Lorsque $x < 0$, on a $\alpha \in \left]\frac{\pi}{2}, \pi\right[$ et donc :

$$\alpha - \pi \in \left]-\frac{\pi}{2}, \frac{\pi}{2}\right[\qquad \text{avec} \qquad \tan(\alpha - \pi) = \tan\alpha = \frac{1}{x}\cdot$$

On en déduit $\arctan(\frac{1}{x}) = \alpha - \pi = -\frac{\pi}{2} - \arctan x$.
Finalement :

$$\forall x \in \mathbb{R}^*, \qquad \arctan x + \arctan\frac{1}{x} = \begin{cases} \pi/2 & \text{si } x > 0 \\ -\pi/2 & \text{si } x < 0. \end{cases} \tag{5}$$

Proposition 14. La dérivée de la fonction arc-tangente est $x \mapsto 1/(1+x^2)$.

Démonstration. Il suffit d'utiliser la formule de dérivation de fonction réciproque : la dérivée de arctan au point $y = \tan x$ est l'inverse de la dérivée de la tangente en x, qui est $1 + \tan^2 x = 1 + y^2$. ■

Remarque. Le lecteur peut ainsi redémontrer les relations (5) en dérivant la fonction $x \mapsto \arctan x + \arctan\frac{1}{x}$ pour montrer qu'elle est constante sur chacun des deux intervalles $\mathbb{R}_+^*$ et $\mathbb{R}_-^*$.

3.3 Arc-sinus et arc-cosinus

La fonction sinus n'est évidemment pas strictement monotone (comme toute fonction périodique, d'ailleurs), et n'a donc pas de réciproque. En revanche, on peut la restreindre à un intervalle où elle est monotone. L'usage veut qu'on prenne pour cela un intervalle centré sur 0, si possible. Or précisément la fonction sinus est strictement monotone sur $[-\pi/2, \pi/2]$, avec pour image l'intervalle $[-1, 1]$.

Définition 8. On appelle *arc-sinus*, et l'on note arcsin la fonction réciproque de la restriction du sinus à $[-\pi/2, \pi/2]$. Cette fonction est définie sur $[-1, 1]$, impaire et strictement croissante.

On a donc par définition :

Proposition 15. Soit $x \in [-1, 1]$.
Le réel $\arcsin x$ est l'unique élément de $\left[-\frac{\pi}{2}, \frac{\pi}{2}\right]$ dont le sinus vaut x.

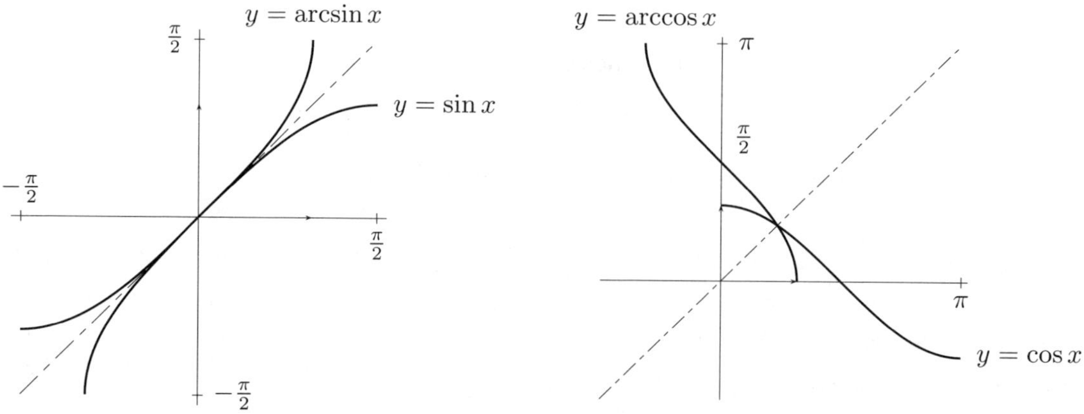

FIGURE IV.3.3 – Fonctions sin et arcsin (à gauche), cos et arccos (à droite) ; les fonctions sin et cos sont restreintes aux intervalles adéquats.

Ainsi :

$$\forall x \in [-1, 1], \qquad \sin(\arcsin x) = x \tag{6}$$

$$\forall x \in \left[-\frac{\pi}{2}, +\frac{\pi}{2}\right], \qquad \arcsin(\sin x) = x. \tag{7}$$

Comme pour l'arc-tangente, la dernière relation n'est pas vraie pour tout x : on peut seulement dire en général que x et $\arcsin(\sin x)$ ont le même sinus d'après (6), ce qui implique :

$$\forall x \in \mathbb{R}, \quad \arcsin(\sin x) = \begin{cases} x - 2k\pi & \text{si } x \in [2k\pi - \pi/2, 2k\pi + \pi/2], \\ \pi - x + 2k\pi & \text{si } x \in [2k\pi + \pi/2, 2k\pi + 3\pi/2] \end{cases}$$

(avec $k \in \mathbb{Z}$ dans tous les cas).

Proposition 16. La fonction arc-sinus est continue sur $[-1, 1]$, dérivable sur $]-1, 1[$, sa dérivée sur $]-1, 1[$ étant $x \mapsto 1/\sqrt{1 - x^2}$.

Noter que la dérivée n'existe pas en ± 1 (la courbe représentative admet une tangente verticale), parce que la dérivée du sinus s'annule en $\pm\pi/2$.

Démonstration. La continuité provient du théorème 11 de la page 576 concernant la continuité d'une réciproque.

On utilise la dérivation de fonction réciproque. Soit $x \in [-\pi/2, \pi/2]$; la dérivée de arcsin en $y = \sin x$, est l'inverse de la dérivée du sinus en x, soit $\cos x$. Mais vu l'intervalle où se trouve x, on a aussi $\cos x = \sqrt{1 - \sin^2 x} = \sqrt{1 - y^2}$. ■

On peut définir de même la réciproque de la fonction cosinus, à condition de la restreindre à $[0, \pi]$ par exemple (on ne peut pas choisir un intervalle centré en 0, à cause de la parité du cosinus). La réciproque ainsi définie sur $[-1, 1]$ est décroissante mais n'est pas paire (on a perdu la parité en restreignant le cosinus à $[0, \pi]$). On l'appelle *arc-cosinus*, et on la note arccos. Cette fonction n'est en fait pas indispensable, car on déduit de $\cos(\pi/2 - x) = \sin x$ que :

$$\forall t \in [-1, 1], \qquad \arccos t = \frac{\pi}{2} - \arcsin t. \tag{8}$$

En particulier, la dérivée de arccos est $x \mapsto -1/\sqrt{1-x^2}$.
Cela dit, elle permet de définir très simplement l'angle de deux vecteurs dans l'espace à partir de leur produit scalaire et de leurs normes supposées non nulles.
On retiendra le résultat essentiel :

Proposition 17. Soit $x \in [-1, 1]$.
Le réel $\arccos x$ est l'unique élément de $[0, \pi]$ dont le cosinus vaut x.

4 Trigonométrie hyperbolique

4.1 Sinus et cosinus hyperboliques

Rappelons que $\cos t = (e^{it} + e^{it})/2$ et $\sin t = (e^{it} - e^{-it})/2i$; si nous « oublions » les i dans ces formules, nous obtenons d'autres fonctions réelles, avec certaines propriétés qui rappellent le cosinus et sinus :

Définition 9. On appelle *cosinus hyperbolique* et *sinus hyperbolique*, et l'on note cosh et sinh les fonctions définies sur $\mathbb{R}$ par :

$$\cosh t := \frac{e^t + e^{-t}}{2}, \qquad \sinh t := \frac{e^t - e^{-t}}{2}.$$

On appelle *tangente hyperbolique* et l'on note tanh la fonction définie par $\tanh t := \sinh t / \cosh t$; cette fonction est aussi définie sur $\mathbb{R}$ en entier.

Noter la différence avec la tangente pour ce dernier cas : le cosinus hyperbolique ne s'annule jamais, puisque c'est une somme d'exponentielles, donc la tangente hyperbolique est définie partout. L'inverse de la tangente hyperbolique s'appelle aussi *cotangente hyperbolique* (coth) ; elle est définie sur $\mathbb{R}^*$.
Un petit calcul donne facilement la propriété fondamentale suivante :

$$\forall t \in \mathbb{R}, \qquad \cosh^2 t - \sinh^2 t = 1. \tag{9}$$

En particulier $\cosh t = \sqrt{1 + \sinh^2 t} \geqslant 1$ pour tout t.
Donnons quelques autres propriétés dont la démonstration est laissée au lecteur :

Proposition 18.
- $\cosh 0 = 1$, $\sinh 0 = 0 = \tanh 0$;
- cosh est paire, sinh et tanh sont impaires ;
- $\cosh t > |\sinh t|$ pour tout t ;
- la dérivée de cosh est sinh ;
- la dérivée de sinh est cosh ;
- la dérivée de tanh est $t \mapsto 1 - \tanh^2 t = 1/\cosh^2 t$;
- les trois fonctions cosh, sinh et tanh sont strictement croissantes sur $\mathbb{R}_+$.

La dernière propriété implique notamment que toutes ces fonctions ne sont pas du tout périodiques : c'est là une différence majeure avec les fonctions trigonométriques.

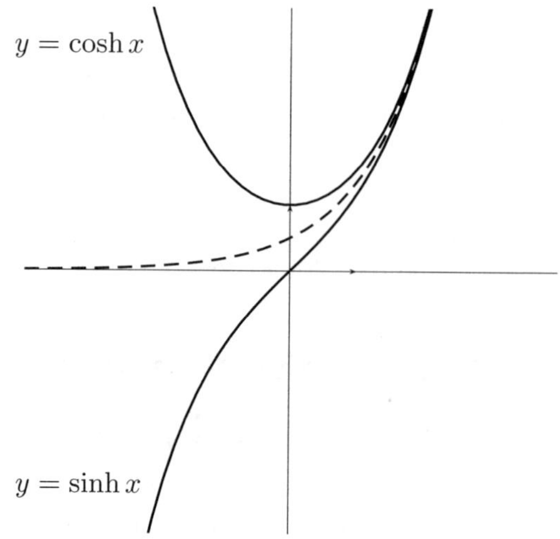

FIGURE IV.3.4 – Graphe des fonctions $\cosh$, $\sinh$ et $e^x/2$ (en pointillés).

Lorsque t tend vers $+\infty$, e^{-t} tend vers zéro très rapidement et les deux fonctions $\cosh$ et $\sinh$ sont presque égales à $t \mapsto e^t/2$ (voir figure IV.3.4) et tendent vers l'infini très rapidement. La ressemblance du graphe de $\cosh$ avec une parabole est donc superficielle : en réalité la courbe se redresse bien plus vite qu'une parabole. Cette courbe s'appelle une *chaînette*, parce que l'on peut montrer que c'est la courbe d'équilibre d'une chaîne fine suspendue entre deux points fixes.

Notons que d'après leur définition, on a aussi $\cosh t + \sinh t = e^t$ et $\cosh t - \sinh t = e^{-t}$. En écrivant de telles relations pour deux nombres différents, et en utilisant $e^a\, e^b = e^{a+b}$, on obtient :

Proposition 19. Pour tous a, b réels, on a :

$$\begin{aligned} \cosh(a+b) &= \cosh a \cosh b + \sinh a \sinh b, \\ \sinh(a+b) &= \cosh a \sinh b + \sinh a \cosh b. \end{aligned} \tag{10}$$

Noter la similarité avec la proposition 12 de la page 606, seul un signe a changé. Le lecteur est invité à retrouver ses formules de trigonométrie favorites sous une forme équivalente en trigonométrie hyperbolique (noter les nombreux changements de signes qui interviennent, dans des formules par ailleurs semblables).

Une autre façon de retrouver ces diverses formules est de noter que l'exponentielle étant définie même pour des nombres complexes, le cosinus, sinus, cosinus hyperbolique et sinus hyperbolique le sont aussi (par somme ou différence d'exponentielles dans tous les cas). On a de plus $\cos z = \cosh(iz)$, $i \sin z = \sinh(iz)$ et inversement $\cosh z = \cos(iz)$, $i \sinh z = \sin(iz)$; on peut donc déduire les formules de trigonométrie hyperbolique des autres (ou inversement), en utilisant des variables complexes.

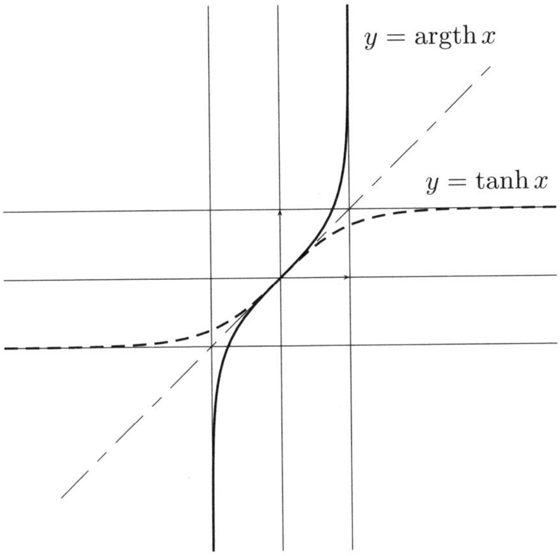

FIGURE IV.3.5 – Graphe de la tangente hyperbolique et de sa réciproque $\operatorname{argtanh}$.

4.2 Réciproques des fonctions hyperboliques

Définition 10. Les fonctions $\sinh$ et $\tanh$ sont strictement croissantes sur $\mathbb{R}$, et à valeurs dans $\mathbb{R}$ et $]-1,1[$ respectivement. Le $\cosh$, comme toute fonction paire, n'est pas monotone, mais sa restriction à $\mathbb{R}_+$ l'est, et prend ses valeurs dans $[1,+\infty[$.
On appelle *argument du sinus, de la tangente ou du cosinus hyperbolique*, et l'on note $\operatorname{argsinh}$, $\operatorname{argtanh}$, $\operatorname{argcosh}$, les réciproques des fonctions $\sinh$, $\tanh$, et de la restriction de $\cosh$ à $\mathbb{R}_+$.
Ces fonctions sont définies sur $\mathbb{R}$, sur $]-1,1[$ et sur $[1,+\infty[$ respectivement.

On utilise ici le terme général « argument », et non « arc », car ces fonctions sont sans lien avec la mesure des angles.
On a donc :

$$\begin{aligned}
\forall x \in \mathbb{R},\ & \sinh(\operatorname{argsinh} x) = x,\\
\forall x \in \mathbb{R},\ & \operatorname{argsinh}(\sinh x) = x,\\
\forall x \in]-1,1[,\ & \tanh(\operatorname{argtanh} x) = x,\\
\forall x \in \mathbb{R},\ & \operatorname{argtanh}(\tanh x) = x,\\
\forall x \in [1,+\infty[,\ & \cosh(\operatorname{argcosh} x) = x,\\
\forall x \in \mathbb{R},\ & \operatorname{argcosh}(\cosh x) = |x|,
\end{aligned}$$

(le dernier cas s'obtient en étudiant séparément le cas $x < 0$ et en notant que $\cosh$ est paire).

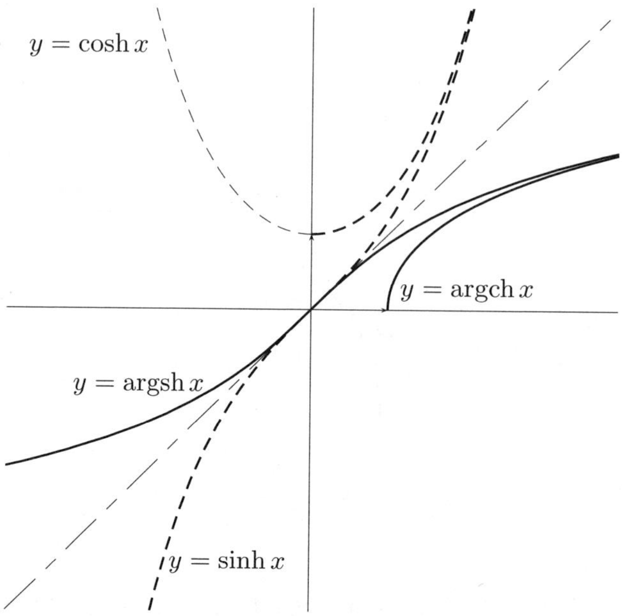

FIGURE IV.3.6 – Graphes de argsinh et argcosh
avec ceux de sinh et cosh restreinte à $\mathbb{R}_+$ (pointillés).

Les trois fonctions sont croissantes, et argsinh et argtanh sont impaires. On a de plus l'expression des dérivées, toujours en utilisant la formule de la dérivée réciproque :

$$(\operatorname{argsinh} t)' = \frac{1}{\sqrt{1+t^2}},$$
$$(\operatorname{argcosh} t)' = \frac{1}{\sqrt{t^2-1}} \qquad (t > 1),$$
$$(\operatorname{argtanh} t)' = \frac{1}{1-t^2}.$$

Ces fonctions se distinguent donc par une dérivée assez simple par comparaison avec leur définition. Notons que, contrairement aux fonctions $\arcsin$, $\arctan$, on peut exprimer ces fonctions aussi à l'aide du logarithme. On a en effet :

Proposition 20. Pour tout t dans le domaine de définition des fonctions $\operatorname{argsinh}$, $\operatorname{argtanh}$ et $\operatorname{argcosh}$ respectivement, on a :

$$\operatorname{argsinh} t = \ln\left(t + \sqrt{1+t^2}\right), \qquad \operatorname{argcosh} t = \ln\left(t + \sqrt{t^2-1}\right),$$
$$\operatorname{argtanh} t = \frac{1}{2}\ln\left(\frac{1+t}{1-t}\right).$$

Démonstration. Soit $y \in \mathbb{R}$. L'équation $y = \sinh x$ s'écrit $e^{2x} - 2y\,e^x - 1 = 0$. C'est une équation de second degré en $X := e^x$ dont le discriminant $4(1+x^2)$ est strictement positif.

On obtient ainsi deux racines réelles dont une seule $X = y + \sqrt{1+y^2}$ est strictement positive. Donc $x = \ln X = \ln(x + \sqrt{1+x^2})$.

Pour la deuxième relation, on procède de la même façon : l'équation $y = \cosh x$ s'écrit $X^2 - 2y\,X + 1$, avec $X := e^x$, et n'admet de solution que lorsque $y \geqslant 1$. Ses deux solutions sont strictement positives puisque leur produit vaut 1 et leur somme $2y > 0$, ce qui permet bien de trouver les deux solutions $\pm\,\text{argcosh}\,y$ à l'équation $y = \cosh x$. On ne garde donc que la plus grande, ce qui donne $\text{argcosh}\,y = \ln(y + \sqrt{y^2-1})$.

Pour la dernière relation, l'équation $y = \tanh x$ (avec $y \in\ ]-1,1[$) se ramène à $y = (\mathrm{e}^{2x}-1)/(\mathrm{e}^{2x}+1)$ qui se résout, en considérant e^{2x} comme inconnue, en $\mathrm{e}^{2x} = (1+y)/(1-y)$ et donc $x = \dfrac{1}{2}\ln\left(\dfrac{1+y}{1-y}\right)\cdot$ ∎

Avant que ces fonctions soient standardisées aux normes anglo-saxonnes, les fonctions trigonométriques hyperboliques étaient notées par les symboles ch, sh, th, Argch, Argsh et Argth, que l'on rencontre donc encore dans certains ouvrages.

Exercice 2.

Étudier la réciproque de la fonction cotangente hyperbolique, inverse multiplicative de la fonction tangente hyperbolique. On montrera que cette fonction *argument de la cotangente hyperbolique* est définie sur $]-\infty,-1] \cup [1,+\infty[$, et l'on cherchera à l'exprimer par un logarithme, ainsi que sa dérivée.

Solution. Posons, pour les couples (x,y) de réels pour lesquels cela a un sens,

$$x = \text{cotanh}\,y = \frac{1}{\coth y} = \frac{\cosh y}{\sinh y} = \frac{\mathrm{e}^y + \mathrm{e}^{-y}}{\mathrm{e}^y - \mathrm{e}^{-y}} = \frac{\mathrm{e}^{2y}+1}{\mathrm{e}^{2y}-1}\cdot$$

Ces égalités sont bien définies pourvu que y ne soit pas nul (ce qui équivaut naturellement aux relations $\tanh y \neq 0$ et $\sinh y \neq 0$).

Posant $z := \mathrm{e}^{2y} \neq 1$, on en déduit les relations :

$$x\,(z-1) = x\,(\mathrm{e}^{2y}-1) = \mathrm{e}^{2y}+1 = z+1,\ x = \frac{z+1}{z-1} \neq 1,\ z = \frac{x+1}{x-1},\ y = \frac{1}{2}\ln\left(\frac{x+1}{x-1}\right)\cdot$$

La dernière égalité définit bien la fonction inverse recherchée, impaire et décroissante ; puisque z est une exponentielle, on doit avoir $z > 0$, ce qui équivaut à $x < -1$ ou $x > 1$. Sa dérivée pourrait être obtenue à partir de celle de sa réciproque $1/\tanh$; on peut plus facilement la calculer à partir de sa définition par logarithme ; on trouve $1/(1-x^2)$.

On peut noter que, réunie avec la fonction argtanh, elle permet de définir une fonction sur $\mathbb{R}\setminus\{-1,1\}$:

$$x \mapsto \frac{1}{2}\ln\left|\frac{1+x}{1-x}\right|$$

de dérivée égale à $1/(1-x^2)$ en tout point tel que $x^2 \neq 1$.

---

5 Dérivées des fonctions usuelles

Fonction	*Dérivée*
$x^\alpha \qquad \alpha \in \mathbb{R}$	$\alpha\, x^{\alpha-1}$
e^x	e^x
$\ln x$	$\dfrac{1}{x}$
$\cos x$	$-\sin x$
$\sin x$	$\cos x$
$\tan x$	$1+\tan^2 x = \dfrac{1}{\cos^2 x}$
$\cosh x$	$\sinh x$
$\sinh x$	$\cosh x$
$\tanh x$	$1-\tanh^2 x = \dfrac{1}{\cosh^2 x}$

Fonction	*Dérivée*
$\operatorname{cotan} x$	$-1-\operatorname{cotan}^2 x = -\dfrac{1}{\sin^2 x}$
$\coth x$	$1-\coth^2 x = -\dfrac{1}{\sinh^2 x}$
$\arctan x$	$\dfrac{1}{1+x^2}$
$\arcsin x$	$\dfrac{1}{\sqrt{1-x^2}}$
$\arccos x$	$-\dfrac{1}{\sqrt{1-x^2}}$
$\operatorname{argsinh} x$	$\dfrac{1}{\sqrt{x^2+1}}$
$\operatorname{argcosh} x$	$\dfrac{1}{\sqrt{x^2-1}}$
$\operatorname{argtanh} x$	$\dfrac{1}{1-x^2}$

Table des dérivées des fonctions simples

Exercice type corrigé

IV.3.0 L'objet de cet exercice est de donner deux liens différents entre les fonctions trigonométriques hyperboliques aux fonctions trigonométriques circulaires.

1. On se place dans le corps des complexes. Exprimer les fonctions circulaires $\cos$, $\sin$ et $\tan$ en fonction de l'exponentielle complexe $x \mapsto \mathrm{e}^{\mathrm{i}x}$ où x est réel.
2. En déduire que, si l'on étend les définitions des fonctions hyperboliques $\cosh$, $\sinh$ et $\tanh$ réelles au corps des complexes, on peut exprimer les fonctions circulaires en termes de fonctions hyperboliques.
3. Traiter la réciproque en étendant de même le champ d'application des fonctions trigonométriques circulaires.
4. À tout réel $t > 0$, on associe les réels $\varphi := \ln t$ et $\theta := 2\arctan t$. Montrer que l'on peut définir ainsi, par l'intermédiaire de t, deux fonctions réciproques l'une de l'autre liant les réels φ et θ, dont on déterminera les écritures explicites et les intervalles de définition.
5. Que peut-on dire si l'on change t en $1/t$? Que peut-on en déduire pour les graphes des fonctions réciproques définies plus haut ?
6. Calculer les fonctions circulaires de θ en fonction de t puis de φ.
7. Calculer les fonctions hyperboliques de φ en fonction de t puis de θ.
8. Calculer les dérivées des deux fonctions réciproques définies plus haut.

Solution.

1. On rappelle les égalités d'Euler :

$$\cos x = \frac{\mathrm{e}^{\mathrm{i}x} + \mathrm{e}^{-\mathrm{i}x}}{2}, \qquad \sin x = -\,\mathrm{i}\frac{\mathrm{e}^{\mathrm{i}x} - \mathrm{e}^{-\mathrm{i}x}}{2}, \qquad \tan x = -\,\mathrm{i}\,\frac{\mathrm{e}^{\mathrm{i}x} - \mathrm{e}^{-\mathrm{i}x}}{\mathrm{e}^{\mathrm{i}x} + \mathrm{e}^{-\mathrm{i}x}}.$$

(On notera que $\tan x$ n'est pas défini pour toutes les valeurs réelles de x.)

2. Supposant les fonctions hyperboliques étendues à la variable complexe par les mêmes égalités que pour la variable réelle, on obtient donc :

$$\cos x = \cosh \mathrm{i}x, \qquad \sin x = -\,\mathrm{i}\,\sinh \mathrm{i}x, \qquad \tan x = -\,\mathrm{i}\,\tanh \mathrm{i}x.$$

3. Inversement, on peut donc écrire :

$$\cosh x = \cos \mathrm{i}x, \qquad \sinh x = -\,\mathrm{i}\,\sin \mathrm{i}x, \qquad \tanh x = -\,\mathrm{i}\,\tan \mathrm{i}x.$$

4. L'application $\varphi \mapsto t = \mathrm{e}^{\varphi}$ est une bijection de $\mathbb{R}$ sur $\mathbb{R}_+^*$, et l'application $t \mapsto \theta = 2\arctan t$ est une bijection de $\mathbb{R}_+^*$ sur $]0,\pi[$. Notant (abusivement) θ l'application qui à φ associe $\theta = 2\arctan \mathrm{e}^{\varphi}$, on voit qu'elle envoie bijectivement $\mathbb{R}$ sur $]0,\pi[$, sa réciproque notée (abusivement) φ associant θ à $\varphi = \ln(\tan\theta/2)$ renvoyant bijectivement $]0,\pi[$ sur $\mathbb{R}$.

5. Le changement involutif $t \mapsto 1/t$ transforme φ en $-\,\varphi$ et θ en $\pi - \theta$. Les graphes des fonctions réciproques admettent donc un centre de symétrie.

6. Les formules suivantes sont classiques et résultent aussitôt des relations entre les fonctions circulaire d'un nombre et celles de son double :

$$\cos\theta = \frac{1-t^2}{1+t^2}, \qquad \sin\theta = \frac{2t}{1+t^2}, \qquad \tan\theta = \frac{2t}{1-t^2}$$

(on notera que $\tan\theta$ n'est pas défini pour $t := 1$, c'est-à-dire pour $\theta = \pi/2$ ou $\varphi = 0$). En résultent aussitôt les égalités suivantes, là où elles ont un sens :

$$\cos\theta = -\,\tanh\varphi, \qquad \sin\theta = \frac{1}{\cosh\varphi}, \qquad \tan\theta = -\,\frac{1}{\sinh\varphi}.$$

7. En résultent aussitôt les expressions inverses :

$$\cosh\varphi = \frac{1}{\sin\theta}, \qquad \sinh\varphi = -\,\frac{1}{\tan\theta}, \qquad \tanh\varphi = -\,\cos\theta.$$

8. Les calculs sont immédiats et donnent :

$$\frac{d\theta}{d\varphi} = \frac{2t}{1+t^2} = \sin\theta = \frac{1}{\cosh\varphi}, \qquad \frac{d\varphi}{d\theta} = \frac{1+t^2}{2t} = \frac{1}{\sin\theta} = \cosh\varphi.$$

Pour aller plus loin

Les corrigés sont disponibles en accès libre à partir des pages d'accueil du livre sur le site www.dunod.com

IV.3.1 Calculer explicitement les nombres $A := \cos(2\arcsin 0{,}6)$, $B := \arctan\frac{1}{2} + \arctan\frac{1}{3}$, $C := \tan(2\arctan\frac{\sqrt{3}}{2})$.

IV.3.2 Simplifier les expressions $A(x) := \operatorname{argcosh}(\cosh x)$, $B(x) := \cosh(\operatorname{argth} x)$.

IV.3.3 Résoudre l'équation : $\arctan 2x + \arctan x = \dfrac{\pi}{4}\cdot$

IV.3.4 Simplifier les expressions : $f(x) := \cos^2(\arctan x)$; $g(x) := \arctan\sqrt{\dfrac{1-\cos x}{1+\cos x}}\cdot$

IV.3.5 Résoudre dans $\mathbb{R}$ les équations suivantes :

$$2\sinh x - \cosh x = 1; \qquad \operatorname{argcosh} x = \operatorname{argsinh}(2-x).$$

IV.3.6

1. Calculer $\cosh 3x$ en fonction de $\cosh x$.
2. Quel est le domaine de définition $\mathcal{D}_f$ de la fonction $f(x) := \operatorname{argch}(4x^3 - 3x)$?
3. Montrer que $\forall x \geqslant 1$, on a $\operatorname{argcosh}(4x^3 - 3x) = 3\operatorname{argcosh} x$.

IV.3.7 Étudier, pour $x > 0$, et tracer la courbe représentative de la fonction $x \mapsto x^{1/x}$.

IV.3.8 Étudier et tracer la courbe représentative de la fonction $f(x) := \dfrac{\tan x}{1 + 2\cos x}\cdot$
Pour étudier le signe de la dérivée de f on pourra introduire la fonction polynomiale définie par $g(X) := -2X^3 + 4X + 1$ et en étudier le signe.

IV.3.9 Montrer que $\forall x < 1 \quad x + 1 \leqslant e^x \leqslant \dfrac{1}{1-x}\cdot$

IV.3.10 Pour tout $n \in \mathbb{N}$, on considère le polynôme u_n défini par :

$$u_n(x) := \sum_{k=0}^{n} \frac{(-1)^k}{2k+1} x^{2k+1}.$$

1. Déterminer la dérivée de u_n, et montrer que $|u_n'(x) - 1/(1+x^2)| \leqslant x^{2n}$, pour tout $x \in \mathbb{R}$.
2. En déduire que, si $a > 0$ est fixé, alors $\forall x \in [-a, a]$, $|\arctan x - u_n(x)| \leqslant a^{2n+1}$.
3. Quelle est la limite de la suite $\big(u_n(x)\big)_{n\in\mathbb{N}}$, pour $x \in]-1, 1[$ fixé ?

IV.3.11

1. Donner une expression de $\tan 4x$ en fonction de $\tan x$. En déduire la valeur de $\tan 4\alpha$, où $\alpha := \arctan 1/5$.
2. On pose $\beta := \arctan 1/239$. Calculer $\tan(4\alpha - \beta)$.
3. Déduire de ce qui précède la valeur de $4\left(4 \arctan \frac{1}{5} - \arctan \frac{1}{239}\right)$ (formule de John Machin).
4. Pour tout $n \in \mathbb{N}$, on pose :

$$r_n := 4 \sum_{k=0}^{n} \frac{(-1)^k}{2k+1} \left(\frac{4}{5^{2k+1}} - \frac{1}{239^{2k+1}} \right).$$

Montrer que r_n est un nombre rationnel, et que la suite (r_n) converge vers une limite ℓ dont on donnera la valeur (utiliser l'exercice précédent).

5. Plus précisément, montrer que $|r_n - \ell| \leqslant 5^{1-2n}$ (utiliser encore l'exercice précédent) ; quelle valeur faut-il donner à n pour avoir une précision sur le calcul de ℓ inférieure à 10^{-2} ? à 10^{-16} ? Faire le calcul dans le premier cas.

IV.3.12

Soient $n \geqslant 1$ un entier, et a, b des réels avec $b \neq 0$. On pose $E := \sum_{k=0}^{n-1} e^{(a+kb)}$.

1. Montrer que $E = e^{a+(n-1)b/2} \dfrac{\sinh nb/2}{\sinh b/2}$.
2. En déduire la valeur de $C := \sum_{k=0}^{n-1} \cosh(a+kb)$ et $S := \sum_{k=0}^{n-1} \sinh(a+kb)$. (On pourra d'abord chercher la valeur de $C+S$ et $C-S$.)
3. Déterminer de même la valeur de $\sum_{k=0}^{n-1} \cos(a+kb)$ et $\sum_{k=0}^{n-1} \sin(a+kb)$.

Séries numériques

IV.4

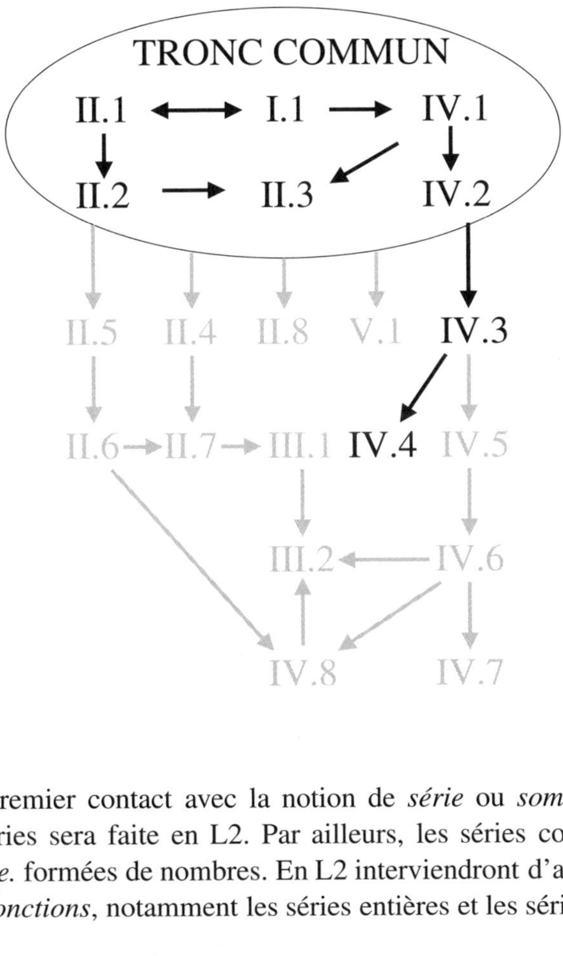

Ce module est un premier contact avec la notion de *série* ou *somme infinie*. Une étude plus poussée des séries sera faite en L2. Par ailleurs, les séries considérées ici sont des séries *numériques*, *i.e.* formées de nombres. En L2 interviendront d'autres types de séries, à savoir les *séries de fonctions*, notamment les séries entières et les séries de Fourier, qui sont fondamentales.
La notion de série est très liée à la notion de suite, nous ferons donc souvent référence au module IV.1.

1 Convergence d'une série

1.1 Définitions

Les séries sont essentiellement des « sommes infinies ». Il faut bien sûr préciser ce que nous entendons par là. Partons par exemple de la somme suivante, n étant un entier strictement positif :

$$\sum_{k=1}^{n} \frac{1}{2^k} = \frac{1}{2} + \frac{1}{2^2} + \cdots + \frac{1}{2^n} = \frac{1}{2}\left(\frac{1-\frac{1}{2^n}}{1-\frac{1}{2}}\right) = 1 - \frac{1}{2^n}\cdot \tag{1}$$

La deuxième égalité vient de la formule donnant la somme des termes d'une progression géométrique (proposition 15 de la page 532), la troisième égalité est évidente. Nous avons envie d'écrire les égalités suivantes :

$$\sum_{k=1}^{+\infty} \frac{1}{2^k} = \frac{1}{2} + \frac{1}{2^2} + \cdots + \frac{1}{2^n} + \cdots = 1. \tag{2}$$

Comme il n'est évidemment pas question d'effectuer une infinité d'additions, la seule possibilité raisonnable, pour donner un sens à ces égalités, est de « passer à la limite », en faisant tendre n vers $+\infty$ dans les égalités (1). C'est ce qui motive la définition 2 ci-après.

Soit $(u_n)_{n\geqslant 0}$ une suite à termes réels ou complexes. Nous appellerons *série de terme général* u_n l'expression $\sum\limits_{n\geqslant 0} u_n$, qui n'a pour l'instant qu'un sens « formel » : nous ne parlons pas de la « valeur » de cette expression.

Pour tout entier $n \geqslant 0$, posons :

$$U_n := u_0 + u_1 + \cdots + u_n = \sum_{k=0}^{n} u_k. \tag{3}$$

Définition 1. Si $n \in \mathbb{N}$, U_n est appelé *somme partielle d'indice* n de la série $\sum\limits_{n\geqslant 0} u_n$.
La suite (U_n) est la *suite des sommes partielles* de cette série.

Définition 2. On dit qu'une série $\sum\limits_{n\geqslant 0} u_n$ *converge* ou est *convergente* si la suite (U_n) de ses sommes partielles *converge*, *i.e.* a une limite finie S. Si c'est le cas, S est appelée *somme* de cette série, et l'on écrit :

$$\sum_{n=0}^{+\infty} u_n = S. \tag{4}$$

Dans le cas contraire, on dit que la série $\sum\limits_{n\geqslant 0} u_n$ *diverge* ou est *divergente*.

Ainsi la nature (convergence ou divergence) d'une série est la même, par définition, que la nature de la suite de ses sommes partielles. Quant à la somme d'une série (convergente), ce n'est pas une notion algébrique, comme pour des sommes finies. En effet, elle repose sur la notion de limite d'une suite, notion qui fait partie de l'analyse.

Par ailleurs, il faut se rappeler que l'égalité (4) n'est pas une égalité ordinaire : elle signifie *d'abord* que la série $\sum\limits_{n\geqslant 0} u_n$ converge, et *ensuite* que sa somme est le nombre réel S. La définition précédente se résume ainsi :

$$\sum_{n=0}^{+\infty} u_n := \lim_{n\to+\infty}\left(\sum_{k=0}^{n} u_k\right), \tag{5}$$

en ce sens que la série converge si, et seulement si, la limite existe (dans $\mathbb{R}$ ou dans $\mathbb{C}$), auquel cas la somme de la série est *égale* à cette limite.

Remarques.

1. La somme d'une série n'est définie que si cette série converge.
2. Il faut bien distinguer la suite (u_n) de la suite (U_n), formée des sommes partielles de la série de terme général u_n.
3. Si (u_n) est définie pour $n \geqslant n_0$, où $n_0 \in \mathbb{Z}$ est fixé, on apporte les modifications suivantes : d'une part on pose $U_n := \sum\limits_{k=n_0}^{n} u_k$ pour tout $n \geqslant n_0$, d'autre part la série $\sum\limits_{n\geqslant n_0} u_n$ converge si, et seulement si, la suite $(U_n)_{n\geqslant n_0}$ converge ; dans ce cas, la somme de la série $\sum\limits_{n\geqslant n_0} u_n$ est, par définition, la limite de la suite $(U_n)_{n\geqslant n_0}$, notée $\sum\limits_{n=n_0}^{+\infty} u_n$.
4. On observera que l'expression $\sum\limits_{n\geqslant 0} u_n$ désigne la série elle-même, alors que, *lorsque cette série converge*, sa somme est notée $\sum\limits_{n=0}^{+\infty} u_n$.
5. Adoptons une convention : si (a_n) est une suite, notons (A_n) la suite des sommes partielles de la série $\sum\limits_{n\geqslant 0} a_n$, idem pour (u_n) et (U_n), etc.
6. Soient $\sum\limits_{n\geqslant 0} u_n$ une série et $p \in \mathbb{N}^*$. Pour tout $n \geqslant p$, on a évidemment :

$$U_n = U_{p-1} + \sum_{k=p}^{n} u_k.$$

Il en résulte que $\sum\limits_{n\geqslant 0} u_n$ converge si, et seulement si, $\sum\limits_{n\geqslant p} u_n$ converge, et, dans ce cas, les sommes de ces deux séries sont reliées ainsi :

$$\sum_{n=0}^{+\infty} u_n = U_{p-1} + \sum_{n=p}^{+\infty} u_n.$$

Ainsi l'on ne modifie pas la *nature* d'une série en lui enlevant un nombre fini de termes (consécutifs ou non) mais, en cas de convergence, la *somme* de la série est modifiée, comme le montre la formule précédente.

Exemples.

1. La série $\sum\limits_{n \geqslant 0} 1$ diverge : ici $u_n := 1$, d'où $U_n = n+1$ pour tout n, et la suite $(n+1)$ est divergente.

2. Soit (u_n) une suite dont les termes sont nuls à partir d'un certain rang N. Pour tout $n \geqslant N$, on a $U_N = U_n$. Ainsi la suite (U_n) est stationnaire, donc convergente, et sa limite est U_N. Par définition, la série $\sum\limits_{n \geqslant 0} u_n$ converge, et sa somme est U_N (c'est ici une somme finie).

3. Prenons $u_n := \dfrac{1}{n(n+1)} = \dfrac{1}{n} - \dfrac{1}{n+1}$ pour tout $n \geqslant 1$. Les sommes partielles de la série $\sum\limits_{n \geqslant 1} u_n$ se calculent simplement ; pour tout $n \geqslant 1$:
$$U_n = u_1 + u_2 + \cdots + u_n = \left(\frac{1}{1} - \frac{1}{2}\right) + \left(\frac{1}{2} - \frac{1}{3}\right) + \cdots + \left(\frac{1}{n} - \frac{1}{n+1}\right) \cdot$$
Dans chaque parenthèse, sauf la première, le terme de gauche se simplifie avec le terme de droite de la parenthèse précédente. On obtient ainsi $U_n = 1 - 1/(n+1)$. Lorsque n tend vers $+\infty$, U_n tend donc vers 1. Il en résulte que la série $\sum\limits_{n \geqslant 1} u_n$ converge, sa somme valant 1 :
$$\frac{1}{1.2} + \frac{1}{2.3} + \frac{1}{3.4} + \cdots + \frac{1}{n(n+1)} + \cdots = 1.$$

Voici maintenant un exemple fondamental de série :

Définition 3. On appelle *série géométrique* toute série de la forme $\sum\limits_{n \geqslant 0} ar^n$, où a et r sont deux nombres complexes fixés ; a est le premier terme de cette série, et r en est la *raison*.

Théorème 1. Considérons une série géométrique $\sum\limits_{n \geqslant 0} ar^n$, où a et r sont deux nombres complexes fixés et $a \neq 0$.

1. Si $|r| \geqslant 1$, cette série diverge.
2. Si $|r| < 1$, cette série converge, sa somme est donnée par la formule :
$$\sum_{n=0}^{+\infty} ar^n = \frac{a}{1-r} \cdot \tag{6}$$

Démonstration. Pour tout $n \in \mathbb{N}$, posons $u_n := ar^n$. La suite (u_n) est une *suite* géométrique, de premier terme a et de raison r. La proposition 15 de la page 532 permet de calculer les sommes partielles U_n de la série donnée ; pour tout $n \in \mathbb{N}$, on a :

$$\begin{cases} U_n = \sum_{k=0}^{n} u_k = a\left(\dfrac{1-r^{n+1}}{1-r}\right) & \text{si} \quad r \neq 1 \\ U_n = (n+1)a \quad \text{si} \quad r = 1. \end{cases} \tag{7}$$

Si $r = 1$, la suite $(U_n) = \big((n+1)a\big)$ est divergente. Supposons $r \neq 1$. Alors la suite (U_n) converge si, et seulement si, la suite (r^{n+1}) converge, autrement dit si $|r| < 1$ (théorème 27 de la page 544). Si c'est le cas, (r^{n+1}) converge vers 0, donc (U_n) converge vers $a/(1-r)$, ce qui signifie que la série $\sum_{n \geqslant 0} u_n$ converge et que sa somme vaut $a/(1-r)$. ■

Dans le théorème précédent, prenons $a = r = 1/2$. La série $\sum_{n \geqslant 1} \dfrac{1}{2^n}$ est donc convergente, et sa somme vaut 1, ce qui justifie l'égalité (2).

Définition 4. Soit $\sum_{n \geqslant 0} u_n$ une série convergente, de somme S. Si $n \in \mathbb{N}$, posons :

$$R_n := \sum_{k=n+1}^{+\infty} u_k. \tag{8}$$

Le nombre R_n est appelé *reste d'indice* n de la série donnée. Ainsi :

$$S = \sum_{k=0}^{+\infty} u_k = U_n + R_n \tag{9}$$

pour tout $n \in \mathbb{N}$, où U_n est la somme partielle d'indice n de la série.

Le fait que cette définition soit licite, c'est-à-dire que la série définissant R_n converge, ainsi que l'égalité (9), résultent de la remarque 6 de la page 623.

En général, la somme S n'est pas connue de façon exacte, il s'agit plutôt d'en donner une valeur approchée, avec une précision imposée. Si l'on remplace S par la somme partielle U_n, pour un certain n, l'égalité (9) montre que l'erreur commise est R_n. Cette erreur n'est donc pas connue exactement, on cherche le plus souvent à la *majorer* (en module).

Dans l'exemple 3 de la page précédente, on a $R_n = \dfrac{1}{n+1}$ pour tout $n \geqslant 1$. La convergence de la série considérée n'est pas très rapide : en prenant $1\,000$ termes, on obtient une erreur voisine de $1/1\,000$. Pour une série géométrique $\sum_{n \geqslant 0} ar^n$, où $a \neq 0$ et $|r| < 1$, les formules (6) et (7) impliquent la suivante, valable pour tout $n \geqslant 0$:

$$R_n = \frac{ar^{n+1}}{1-r} \cdot \tag{10}$$

Si par exemple $a = \dfrac{1}{2}$ et $r = \dfrac{1}{2}$, il suffit de 9 termes pour avoir une erreur de $2^{-10} = \dfrac{1}{1\,024} < \dfrac{1}{1\,000}$: la convergence est donc rapide.

1.2 Premiers résultats

Comme pour les suites, on peut effectuer des opérations (addition, soustraction) sur les séries :

Théorème 2. Soient $\sum\limits_{n\geqslant 0} u_n$ et $\sum\limits_{n\geqslant 0} v_n$ deux séries convergentes et $\lambda \in \mathbb{C}$. Les séries de termes généraux u_n+v_n, u_n-v_n et λu_n respectivement convergent, et leurs sommes sont données par les formules suivantes :

$$\sum_{n=0}^{+\infty}(u_n+v_n)=\sum_{n=0}^{+\infty}u_n+\sum_{n=0}^{+\infty}v_n\,,\quad \sum_{n=0}^{+\infty}(u_n-v_n)=\sum_{n=0}^{+\infty}u_n-\sum_{n=0}^{+\infty}v_n\,,$$

$$\sum_{n=0}^{+\infty}\lambda u_n \;=\; \lambda\left(\sum_{n=0}^{+\infty}u_n\right).$$

Démonstration. Pour tout $n \in \mathbb{N}$, on a, avec la convention de la page 623 :

$$\sum_{k=0}^{n}(u_k+v_k) \;=\; \sum_{k=0}^{n}u_k+\sum_{k=0}^{n}v_k \;=\; U_n+V_n.$$

Par définition, la suite (U_n) converge, et sa limite U est la somme de la série $\sum\limits_{n\geqslant 0} u_n$; de même la suite (V_n) converge, et sa limite V est la somme de la série $\sum\limits_{n\geqslant 0} v_n$. D'après le théorème 24 de la page 542, la suite (U_n+V_n) converge vers $U+V$. Ainsi la suite des sommes partielles de la série $\sum\limits_{n\geqslant 0}(u_n+v_n)$ converge vers $U+V$, ce qui montre que cette série converge et que sa somme vaut $U+V$. D'où la conclusion voulue, dans le cas de l'addition. Pour la soustraction et la multiplication par λ, les preuves sont analogues. ■

Voici une conséquence utile de ce théorème. La preuve en est évidente, nous la laissons au lecteur.

Corollaire 3. Soient $\sum\limits_{n\geqslant 0} u_n$ et $\sum\limits_{n\geqslant 0} v_n$ deux séries.

Si l'une de ces deux séries converge et si l'autre diverge, la série $\sum\limits_{n\geqslant 0}(u_n+v_n)$ diverge.

L'étude des séries à termes complexes se ramène essentiellement à celle des séries à termes réels, grâce au résultat suivant :

Théorème 4. Soit $\sum\limits_{n\geqslant 0} u_n$ une série à termes complexes. Pour tout n, notons a_n (resp. b_n) la partie réelle (resp. imaginaire) de u_n. Pour que la série $\sum\limits_{n\geqslant 0} u_n$ converge il faut et il suffit que chacune des deux séries (à termes réels) $\sum\limits_{n\geqslant 0} a_n$ et $\sum\limits_{n\geqslant 0} b_n$ converge.

Si tel est le cas, on a :

$$\sum_{n=0}^{+\infty}u_n \;=\; \sum_{n=0}^{+\infty}a_n+i\sum_{n=0}^{+\infty}b_n \;=\; \sum_{n=0}^{+\infty}\operatorname{Re}u_n+i\sum_{n=0}^{+\infty}\operatorname{Im}u_n. \qquad (11)$$

Démonstration. Avec nos conventions habituelles on a, pour tout $n \in \mathbb{N}$:

$$U_n = \sum_{k=0}^{n} u_k = \sum_{k=0}^{n}(a_k + ib_k) = \sum_{k=0}^{n} a_k + i\sum_{k=0}^{n} b_k = A_n + iB_n.$$

La conclusion vient du résultat analogue pour les suites (*cf.* le module IV.1). ■

Exercice 1.
Étudier la série $\sum_{n\geqslant 0} \frac{\cos nx}{2^n}$.

Solution. Notons a_n son terme général.

On a $a_n = \operatorname{Re} r^n$, où $r = \frac{e^{ix}}{2}$, puisque $(e^{ix})^n = e^{inx} = \cos nx + i \sin nx$. Comme $|r| = \frac{1}{2}$, la série géométrique $\sum_{n\geqslant 0} r^n$ converge, et sa somme vaut :

$$\sum_{n=0}^{+\infty} \frac{e^{inx}}{2^n} = \frac{1}{1-r} = \frac{2}{2-e^{ix}} = \frac{2(2-e^{-ix})}{(2-e^{ix})(2-e^{-ix})}.$$

Or $(2-e^{ix})(2-e^{-ix}) = 4-2(e^{ix}+e^{-ix})+1 = 5-4\cos x$. D'après le théorème précédent, la série $\sum_{n\geqslant 0} \frac{\cos nx}{2^n}$ converge, et sa somme est la partie réelle de la somme de $\sum_{n\geqslant 0} r^n$, soit :

$$\sum_{n=0}^{+\infty} \frac{\cos nx}{2^n} = \operatorname{Re}\left(\frac{2(2-e^{-ix})}{5-4\cos x}\right) = \frac{2(2-\cos x)}{5-4\cos x}.$$

Soient $\sum_{n\geqslant 0} u_n$ une série à termes réels ou complexes et (U_n) la suite de ses sommes partielles. Pour tout entier $n \geqslant 1$, on a :

$$u_n = \sum_{k=0}^{n} u_k - \sum_{k=0}^{n-1} u_k = U_n - U_{n-1}. \tag{12}$$

On en déduit deux résultats importants, le second généralisant le premier :

Théorème 5. Si une série $\sum_{n\geqslant 0} u_n$ converge, u_n tend vers 0 lorsque n tend vers $+\infty$.
La réciproque est fausse en général.

Démonstration. Supposons que $\sum_{n\geqslant 0} u_n$ converge, soit S sa somme. Si n tend vers $+\infty$, U_n tend vers S par définition ; alors U_{n-1} tend aussi vers S, et la formule (12) montre que u_n tend vers 0. Le fait que la réciproque soit fausse sera vérifié plus loin. ■

Théorème 6. Soient $\sum_{n\geqslant 0} u_n$ une série convergente et ε un réel, $\varepsilon > 0$. Il existe un entier $N \geqslant 0$ tel que, pour tous entiers p, q vérifiant $N \leqslant p \leqslant q$, on ait :

$$\left| u_p + u_{p+1} + \cdots + u_q \right| = \left| \sum_{k=p}^{q} u_k \right| \leqslant \varepsilon. \quad (13)$$

Démonstration. Reprenons les notations de la preuve précédente. Puisque la suite (U_n) converge vers S, il existe un entier $M \geqslant 0$ tel que $|U_n - S| \leqslant \frac{\varepsilon}{2}$ pour tout $n \geqslant M$. Posons $N := M + 1$. Si p, q sont deux entiers tels que $N \leqslant p \leqslant q$, on a $q \geqslant M$ et $p - 1 \geqslant M$, d'où :

$$\left| u_p + u_{p+1} + \cdots + u_q \right| = |U_q - U_{p-1}| \leqslant |U_q - S| + |S - U_{p-1}| \leqslant \frac{\varepsilon}{2} + \frac{\varepsilon}{2} = \varepsilon.$$

■

En se limitant au cas $p = q$, on retrouve le théorème 5 de la page précédente.

Exemple. Considérons la série $\sum_{n\geqslant 1} \frac{1}{n}$, appelée *série harmonique*. Cette série diverge, bien que son terme général tende vers 0. Supposons en effet qu'elle converge, et soit $\varepsilon = 1/3$. D'après le théorème précédent, il existe un entier $N \geqslant 1$ tel que, pour tous entiers p, q vérifiant $N \leqslant p \leqslant q$, on ait :

$$\frac{1}{p} + \frac{1}{p+1} + \cdots + \frac{1}{q} \leqslant \frac{1}{3}\cdot$$

Prenons en particulier $p := N + 1$ et $q := 2N$. Alors :

$$\frac{1}{N+1} + \frac{1}{N+2} + \cdots + \frac{1}{2N} \leqslant \frac{1}{3}\cdot$$

Le membre de gauche est somme de N réels, rangés par ordre décroissant, il est donc minoré par N fois le plus petit de ces termes, à savoir $\frac{1}{2N}$, c'est-à-dire par $1/2$.

D'où $\frac{1}{2} \leqslant \frac{1}{3}$, ce qui est absurde.

L'étude d'une suite peut se ramener à l'étude d'une série :

Théorème 7. Pour qu'une suite (a_n) converge, il faut, et il suffit, que la série $\sum_{n\geqslant 0} (a_{n+1} - a_n)$ converge. Lorsque c'est le cas, on a :

$$\lim_{n\to+\infty} a_n = a_0 + \sum_{n=0}^{+\infty} (a_{n+1} - a_n).$$

Démonstration. Posons $u_n := a_{n+1} - a_n$ pour tout n. Les sommes partielles U_n de $\sum_{n\geqslant 0} u_n$ sont données par :

$$U_n = (a_1 - a_0) + (a_2 - a_1) + (a_3 - a_2) + \cdots + (a_{n+1} - a_n) = a_{n+1} - a_0.$$

Ainsi la série $\sum\limits_{n\geqslant 0} u_n$ converge si, et seulement si, la suite $(a_{n+1} - a_0)$ converge, *i.e.* si (a_n) converge, auquel cas l'égalité de l'énoncé est claire. ■

Exemple. Prenons $a_n := 1/(n+1)$. La suite (a_n) converge vers 0.
Ici $u_n = \dfrac{1}{n+2} - \dfrac{1}{n+1} = \dfrac{-1}{(n+1)(n+2)}$; on retrouve l'exemple 3 de la page 624.

2 Séries à termes réels positifs

2.1 Convergence par comparaison

Les séries à termes réels positifs sont plus simples à étudier que les autres, à cause des deux résultats évidents suivants :

Proposition 8. Soit $\sum\limits_{n\geqslant 0} u_n$ une série à termes réels positifs. La suite (U_n) des sommes partielles de cette série est croissante.

Démonstration. Pour tout entier $n \geqslant 1$, la formule (12) montre que $U_n - U_{n-1} = u_n \geqslant 0$, d'où la conclusion. ■

Théorème 9. Pour qu'une série $\sum\limits_{n\geqslant 0} u_n$ à termes réels positifs converge , il faut et il suffit que la suite (U_n) de ses sommes partielles soit *majorée*, *i.e.* qu'il existe un réel M tel que :

$$U_n = u_0 + u_1 + \cdots + u_n \leqslant M \quad \text{pour tout} \quad n \geqslant 0.$$

Si cette condition est vérifiée, la somme de la série $\sum\limits_{n\geqslant 0} u_n$ est la *borne supérieure* de $\{U_n \mid n \geqslant 0\}$.

Démonstration. Puisque (U_n) est croissante, elle converge si, et seulement si, elle est majorée : la série $\sum\limits_{n\geqslant 0} u_n$ converge si, et seulement si, (U_n) est majorée. La dernière assertion vient de la preuve du théorème 32 de la page 547. ■

Si une série $\sum\limits_{n\geqslant 0} u_n$ à termes réels positifs diverge, la suite (U_n) de ses sommes partielles diverge. Cette suite étant croissante, elle a comme limite $+\infty$, et l'on écrit $\sum\limits_{n=0}^{+\infty} u_n = +\infty$.

Ainsi $\sum\limits_{n=1}^{+\infty} \dfrac{1}{n} = +\infty$.

Voici une application importante du théorème précédent :

Théorème 10 (Comparaison). Soient $\sum_{n\geqslant 0} a_n$ et $\sum_{n\geqslant 0} b_n$ deux séries à termes positifs. On suppose que l'on a $a_n \leqslant b_n$ pour tout $n \geqslant 0$.

1. Si $\sum_{n\geqslant 0} b_n$ converge, $\sum_{n\geqslant 0} a_n$ converge aussi, et l'on a :
$$\sum_{n=0}^{+\infty} a_n \leqslant \sum_{n=0}^{+\infty} b_n.$$
2. Si $\sum_{n\geqslant 0} a_n$ diverge, $\sum_{n\geqslant 0} b_n$ diverge aussi.

Supposons maintenant qu'il existe deux nombres réels m, M, avec $0 < m \leqslant M$, tels que l'on ait, à partir d'un certain rang n_0 :
$$ma_n \leqslant b_n \leqslant Ma_n.$$
Alors les séries $\sum_{n\geqslant 0} a_n$ et $\sum_{n\geqslant 0} b_n$ sont de même nature.

Démonstration. Notons A_n, B_n les sommes partielles des séries $\sum_{n\geqslant 0} a_n$ et $\sum_{n\geqslant 0} b_n$ respectivement. Supposons que $\sum_{n\geqslant 0} b_n$ converge. D'après le théorème 9 de la page précédente, il existe un réel M majorant tous les B_n. Or, pour tout n :
$$A_n = a_0 + a_1 + \cdots + a_N \leqslant b_0 + b_1 + \cdots + b_N = B_n.$$
Ainsi M majore tous les A_n, donc $\sum_{n\geqslant 0} a_n$ converge, vu le théorème précédent. En faisant tendre n vers $+\infty$ dans l'inégalité $A_n \leqslant B_n$, nous obtenons $\sum_{n=0}^{+\infty} a_n \leqslant \sum_{n=0}^{+\infty} b_n$. D'où l'assertion 1, puis l'assertion 2, par contraposition.
Pour la dernière assertion, supposons que $\sum_{n\geqslant 0} a_n$ converge. Alors $\sum_{n\geqslant 0} Ma_n$ converge ; comme $b_n \leqslant Ma_n$ dès que $n \geqslant n_0$, $\sum_{n\geqslant n_0} b_n$ converge, d'après 1, donc $\sum_{n\geqslant 0} b_n$ converge. Supposons que $\sum_{n\geqslant 0} a_n$ diverge. Dans ce cas, $\sum_{n\geqslant 0} ma_n$ diverge. Or $b_n \geqslant ma_n$ dès que $n \geqslant n_0$, donc $\sum_{n\geqslant 0} b_n$ diverge, d'après 2. ∎

Théorème 11 (Équivalence). Soient $\sum_{n\geqslant 0} a_n$ et $\sum_{n\geqslant 0} a'_n$ deux séries à termes réels strictement positifs, on suppose que a'_n est équivalent à a_n lorsque n tend vers $+\infty$, c'est-à-dire que a_n/a'_n tend vers 1 lorsque n tend vers $+\infty$.

1. Les deux séries sont de même nature.
2. On suppose que les deux séries convergent. En notant R_n, R'_n les restes d'indice n respectifs des deux séries, R'_n est équivalent à R_n lorsque n tend vers $+\infty$.
3. On suppose que les deux séries divergent. En notant A_n, A'_n les sommes partielles respectives des deux séries, A'_n est équivalent à A_n lorsque n tend vers $+\infty$.

Démonstration. Par hypothèse, la suite (a'_n/a_n) converge vers 1. Soit $\varepsilon \in]0,1[$. À partir d'un certain rang $N \geqslant 1$, $a'_n/a_n \in [1-\varepsilon, 1+\varepsilon]$, c'est-à-dire $(1-\varepsilon)a_n \leqslant a'_n \leqslant (1+\varepsilon)a_n$. D'après la dernière assertion du théorème 10 de la page ci-contre, les deux séries sont de même nature.

Supposons que les deux séries convergent. Si ε et N sont comme ci-dessus, et si $n \geqslant N$, on a $(1-\varepsilon)a_k \leqslant a'_k \leqslant (1+\varepsilon)a_k$ pour tout entier $k > N$, d'où par sommation $(1-\varepsilon)R_n \leqslant R'_n \leqslant (1+\varepsilon)R_n$. Autrement dit $R'_n/R_n \in [1-\varepsilon, 1+\varepsilon]$ dès que $n \geqslant N$. Cela montre que la suite (R'_n/R_n) converge vers 1.

Supposons que les deux séries divergent : les suites (A_n) et (A'_n) ont pour limite $+\infty$. Soient ε, N comme ci-dessus et $n > N$. En sommant les inégalités $(1-\varepsilon)a_k \leqslant a'_k \leqslant (1+\varepsilon)a_k$ pour $k = N+1, \ldots, n$, il vient :

$$(1-\varepsilon)\big[A_n - A_N\big] \leqslant A'_n - A'_N \leqslant (1+\varepsilon)\big[A_n - A_N\big] \leqslant (1+\varepsilon)A_n\,, \text{ d'où}$$

$$1-\varepsilon+\frac{A'_N-(1-\varepsilon)A_N}{A_n} \leqslant \frac{A'_n}{A_n} \leqslant 1+\varepsilon+\frac{A'_N}{A_n}\cdot$$

Mais (A_n) a pour limite $+\infty$, et ε, N sont fixés, donc il existe un entier $N' > N$ tel que, pour tout $n \geqslant N'$, on ait $1-2\varepsilon \leqslant A'_n/A_n \leqslant 1+2\varepsilon$. On en déduit que la suite (A'_n/A_n) converge vers 1. ■

Exemple. La série de terme général $u_n := \sin(\pi/2^n)$ converge. En effet, $\sin x/x$ tend vers 1 quand le réel x tend vers 0 (pourquoi ?), donc u_n est équivalent à $\pi/2^n$, terme général d'une série géométrique convergente, car sa raison est $1/2$ (on a $u_n > 0$ dès que $n \geqslant 1$).

Voici un autre résultat important sur les séries à termes réels positifs :

Théorème 12 (Règle de d'Alembert). Soit $\sum\limits_{n\geqslant 0} u_n$ une série à termes réels strictement positifs. Supposons que, lorsque n tend vers $+\infty$, le quotient u_{n+1}/u_n ait une limite ℓ, finie ou égale à $+\infty$. Alors :

1. Si $\ell < 1$, la série converge.
2. Si $\ell > 1$, la série diverge.
3. Si $\ell = 1$, on ne peut rien dire *a priori*.

Démonstration. Supposons $\ell < 1$, et soit $r := (\ell+1)/2 \in]\ell, 1[$. À partir d'un certain rang m, on a $u_{n+1}/u_n \leqslant r$, soit $u_{n+1} \leqslant r u_n$. On en déduit, par récurrence sur n, que $u_n \leqslant a r^n$ pour tout $n \geqslant m$, où $a := u_m r^{-m}$. Or la série géométrique $\sum\limits_{n\geqslant m} a r^n$ converge, puisque $0 < r < 1$ (théorème 1 de la page 624). D'après le théorème de comparaison, $\sum\limits_{n\geqslant m} u_n$ converge, donc $\sum\limits_{n\geqslant 0} u_n$ converge.

Supposons $\ell > 1$, avec éventuellement $\ell = +\infty$. À partir d'un certain rang m, on a $u_{n+1}/u_n \geqslant 1$, soit $u_{n+1} \geqslant u_n$. On en déduit que $u_n \geqslant u_m > 0$ pour tout $n \geqslant m$. Il en résulte que la suite (u_n) ne converge pas vers 0, donc la série $\sum_{n\geqslant m} u_n$ diverge, en vertu du théorème 5 de la page 627. ■

Exercice 2.
Étudier la série suivante :

$$\sum_{n\geqslant 0} \frac{1}{n!} = 1 + \frac{1}{1} + \frac{1}{2} + \frac{1}{6} + \cdots$$

Solution. Notons u_n son terme général. Pour tout n, $u_n = \dfrac{1}{n!}$ et $u_{n+1} = \dfrac{1}{(n+1)!}$, d'où $u_{n+1}/u_n = \dfrac{1}{n+1}$. Ainsi u_{n+1}/u_n tend vers 0 lorsque n tend vers $+\infty$, donc la série donnée converge. Nous verrons plus tard que la somme de cette série est e, base des logarithmes népériens.

Exercice 3.
Étudier la série suivante :

$$\frac{1}{1^2} + \frac{1}{2^2} + \cdots + \frac{1}{n^2} + \cdots = \sum_{n\geqslant 1} \frac{1}{n^2}. \tag{14}$$

Solution. Posons $u_n := 1/n^2$. Si $n \geqslant 1$, $u_n = \dfrac{1}{n^2}$ et $u_{n+1} = \dfrac{1}{(n+1)^2}$, d'où :

$$\frac{u_{n+1}}{u_n} = \frac{n^2}{(n+1)^2} = \left(1 + \frac{1}{n}\right)^{-2}.$$

Il en résulte que u_{n+1}/u_n tend vers 1 lorsque n tend vers $+\infty$. La règle de d'Alembert ne permet pas de conclure, quant à la nature de la série donnée. Par contre $u_n \sim 1/\big(n(n+1)\big)$, donc $\sum_{n\geqslant 1} u_n$ converge, à cause de l'exemple 3 de la page 624 et du théorème d'équivalence.

2.2 Utilisation d'une intégrale

Il peut être fructueux, dans l'étude d'une série, de faire intervenir des intégrales appropriées. Voici un type d'encadrement utile dans ce contexte :

Proposition 13. Soient f une fonction continue et décroissante sur un intervalle I et $p, q \in \mathbb{Z}$, $p \leqslant q$. Si p et $q+1$ appartiennent à I, on a :

$$f(p+1) + f(p+2) + \cdots + f(q+1) \leqslant \int_p^{q+1} f(x)\mathrm{d}x \leqslant f(p) + f(p+1) + \cdots + f(q). \tag{15}$$

Démonstration. Soit $k \in [\![p, q]\!]$. Puisque f est décroissante, on a pour tout $x \in [k, k+1]$,

$f(k+1) \leqslant f(x) \leqslant f(k)$. En intégrant ces inégalités sur $[k, k+1]$, il vient :

$$f(k+1) = \int_k^{k+1} f(k+1)\mathrm{d}x \leqslant \int_k^{k+1} f(x)\mathrm{d}x \leqslant \int_k^{k+1} f(k)\mathrm{d}x = f(k).$$

Sommons ces inégalités pour $k = p, p+1, \ldots, q$. D'après la relation de Chasles, la somme des intégrales $\displaystyle\int_k^{k+1} f(x)\mathrm{d}x$ vaut $\displaystyle\int_p^{q+1} f(x)\mathrm{d}x$. On en déduit aussitôt les inégalités annoncées. ■

Voici un exemple d'application de la proposition précédente :

Théorème 14 (Séries de Riemann).
Soit a un nombre réel fixé. Considérons la série suivante, appelée *série de Riemann* :

$$\sum_{n \geqslant 1} \frac{1}{n^a} = \sum_{n \geqslant 1} n^{-a}. \tag{16}$$

Cette série converge si $a > 1$ et diverge si $a \leqslant 1$.

Démonstration. Si $a = 1$, c'est la série harmonique, qui diverge. Si $a < 1$, $n^a \leqslant n$, donc $\dfrac{1}{n^a} \geqslant \dfrac{1}{n}$ pour tout n. Par comparaison, la série (16) diverge.

Supposons $a > 1$. Considérons la fonction $f : x \mapsto \dfrac{1}{x^a}$, qui est continue et strictement décroissante sur $]0, +\infty[$. Soit n un entier supérieur ou égal à 2. Appliquons la proposition 13 de la page ci-contre, en prenant $p := 1$ et $q := n-1$. La première inégalité de la proposition donne :

$$\begin{aligned}\frac{1}{2^a} + \frac{1}{3^a} + \cdots + \frac{1}{n^a} &\leqslant \int_1^n \frac{\mathrm{d}x}{x^a} = \int_1^n x^{-a}\mathrm{d}x \\ &= \left[\frac{x^{-a+1}}{-a+1}\right]_{x=1}^{x=n} = \frac{1}{a-1}\left[1 - n^{-a+1}\right] \leqslant \frac{1}{a-1}\cdot\end{aligned}$$

Il en résulte que la suite des sommes partielles de la série (16) est majorée par $1 + \dfrac{1}{a-1}$, donc cette série converge, d'après le théorème 9 de la page 629. ■

Par exemple, nous retrouvons le fait que la série (14) converge. On peut démontrer que la somme de cette série vaut $\pi^2/6$, ce qui n'est pas évident (voir l'exercice II.6.19 de la page 331 ou le cours de L2).
Dans certains cas, les séries de Riemann servent de tests pour déterminer la nature d'une série à termes réels positifs, à cause du théorème suivant :

Théorème 15. Considérons une série $\sum\limits_{n\geqslant 0} u_n$, à termes réels positifs.

1. Supposons qu'il existe un réel $a > 1$ tel que la suite $(n^a u_n)$ soit *majorée*. Alors la série donnée converge.
2. Supposons qu'il existe un réel $a \leqslant 1$ tel que la suite $(n^a u_n)_{n\geqslant 1}$ soit *minorée* par un nombre $m > 0$. Alors la série donnée diverge.

Démonstration. Pour 1, soit M un réel tel que $n^a u_n \leqslant M$, donc $u_n \leqslant \dfrac{M}{n^a}$, pour tout $n \geqslant 1$. Puisque $a > 1$, la série $\sum\limits_{n\geqslant 1} \dfrac{M}{n^a}$ converge, donc $\sum\limits_{n\geqslant 0} u_n$ converge, par comparaison.
Pour 2, on a de même $u_n \geqslant \dfrac{m}{n^a}$ pour tout $n \geqslant 1$. Puisque $a \leqslant 1$ et $m > 0$, la série $\sum\limits_{n\geqslant 1} \dfrac{m}{n^a}$ diverge, donc $\sum\limits_{n\geqslant 0} u_n$ diverge, par comparaison. ∎

Exercice 4.

Soit a un réel fixé. Étudier la série suivante :

$$\sum_{n\geqslant 1} u_n \quad \text{où} \quad u_n := \frac{\ln n}{n^a}\cdot$$

Solution. Montrons que cette série diverge si $a \leqslant 1$ et converge si $a > 1$. Supposons d'abord $a \leqslant 1$. Pour tout $n \geqslant 3$, on a $\ln n \geqslant 1$, d'où $u_n \geqslant n^{-a}$. D'après le théorème 14 de la page précédente, la série de terme général n^{-a} diverge (car $a \leqslant 1$), donc la série donnée diverge, par comparaison.
Supposons $a > 1$. La conclusion est ici moins directe. On sait que, lorsque x tend vers $+\infty$, $\ln x/x$ tend vers 0. Si $b > 0$ est un réel fixé et n est un entier tendant vers $+\infty$, $\ln(n^b)/n^b$ tend donc vers 0, *i.e.* $\ln n/n^b$ tend vers 0. Cela étant, on a :

$$n^{a-b}u_n = n^{a-b}\frac{\ln n}{n^a} = \frac{\ln n}{n^b}\cdot$$

Choisissons $b := (a-1)/2$. On a $b > 0$ et $a-b = (a+1)/2 > 1$, car $a > 1$. Vu les égalités précédentes, $n^{a-b}u_n$ tend vers 0 quand n tend vers $+\infty$, en particulier la suite $(n^{a-b}u_n)$ est majorée. D'après l'assertion 1 du théorème 15, la série $\sum\limits_{n\geqslant 1} u_n$ est donc convergente.

Exercice 5.

Pour tout entier $n \geqslant 1$, posons :

$$a_n := \frac{1}{1} + \frac{1}{2} + \cdots + \frac{1}{n} - \ln(n+1).$$

Montrer que la suite (a_n) converge, à l'aide du théorème 7 de la page 628.

Solution. Posons : $u_n := a_{n+1} - a_n$. Il s'agit de montrer que la série de terme général u_n converge. Commençons par établir les inégalités suivantes :

$$x - \frac{x^2}{2} \leqslant \ln(1+x) \leqslant x \quad \text{pour tout} \quad x \in [0, +\infty[. \tag{17}$$

Considérons les deux fonctions f, g définies ainsi sur $]-1, +\infty[$:

$$f(x) := x - \ln(1+x)\,, \quad g(x) := \frac{x^2}{2} + \ln(1+x) - x.$$

Ces fonctions sont dérivables, un calcul immédiat donne leurs dérivées :

$$f'(x) = \frac{x}{1+x}\,, \quad g'(x) = \frac{x^2}{1+x}\cdot$$

Il en résulte que f et g sont croissantes sur $[0, +\infty[$. Comme f et g sont nulles en 0, on a $f(x) \geqslant 0$ et $g(x) \geqslant 0$ pour tout $x \in [0, +\infty[$, d'où les inégalités (17).
Revenons à la série de terme général u_n. Pour tout $n \geqslant 1$, u_n vaut :

$$\left(\frac{1}{1} + \frac{1}{2} + \cdots + \frac{1}{n+1} - \ln(n+2)\right) - \left(\frac{1}{1} + \frac{1}{2} + \cdots + \frac{1}{n} - \ln(n+1)\right)$$

$$= \frac{1}{n+1} - \ln(n+2) + \ln(n+1) = \frac{1}{n+1} - \ln\left(\frac{n+2}{n+1}\right)$$

$$= \frac{1}{n+1} - \ln\left(1 + \frac{1}{n+1}\right) = x - \ln(1+x), \quad \text{où} \quad x := \frac{1}{n+1}\cdot$$

Les inégalités (17) donnent $0 \leqslant x - \ln(1+x) \leqslant \dfrac{x^2}{2}$, d'où :

$$0 \leqslant u_n \leqslant \frac{1}{2(n+1)^2} \leqslant \frac{1}{n^2}\cdot$$

Ainsi $\sum\limits_{n\geqslant 1} u_n$ est une série à termes réels positifs, et $n^2 u_n \leqslant 1$ pour tout $n \geqslant 1$. D'après le théorème 15 de la page ci-contre, cette série est donc convergente, *i.e.* la *suite* (a_n) converge. La limite C de cette suite est appelée *constante d'Euler*, en voici une valeur approchée par défaut : $0,577215$.

Lorsque n tend vers $+\infty$, $\ln(n+1) - \ln n = \ln\left(1 + \dfrac{1}{n}\right)$ tend vers 0. Posons :

$$\varepsilon_n := \left(\frac{1}{1} + \frac{1}{2} + \cdots + \frac{1}{n} - \ln n\right) - C\,.$$

La suite (ε_n) converge donc vers 0, ce qui prouve la formule suivante :

$$1 + \frac{1}{2} + \frac{1}{3} + \cdots + \frac{1}{n} = \ln n + C + \varepsilon_n\,, \quad \text{où} \quad \lim_{n\to+\infty} \varepsilon_n = 0. \tag{18}$$

2.3 Application : développement d'un réel positif

L'écriture décimale[1] d'un réel positif[2] telle que :

$$\pi = 3,14159\ldots = 3 + \frac{1}{10} + \frac{4}{10^2} + \frac{1}{10^3} + \frac{5}{10^4} + \frac{9}{10^5} + \cdots$$

conduit naturellement à l'étude de séries de terme général $\beta_n\, 10^{-n}$, où β_0 appartient à $\mathbb{N}$ et les β_n, pour $n \geqslant 1$, sont des *chiffres*, c'est-à-dire des entiers compris entre 0 et 9.

Une telle série converge puisque son terme général positif est majoré par 9.10^{-n}, terme général d'une série géométrique convergente.

Malheureusement, une telle écriture n'est pas unique, puisque l'on a, par exemple $1{,}000\ldots = 0{,}999\ldots$ Pour éviter ce problème, nous allons nous limiter aux suites (β_n) qui ne stationnent pas à 9.

Traitons plus généralement le développement des réels dans une base b quelconque : b est un entier naturel supérieur ou égal à 2.

Nous notons donc $\mathcal{D}$ l'ensemble des *développements en base* b, c'est-à-dire :

$$\mathcal{D} = \left\{(\beta_n) \in \mathbb{N}^{\mathbb{N}} \mid \forall n \geqslant 1\,,\ 0 \leqslant \beta_n \leqslant b-1\right\}$$

et $\mathcal{D}_p$ l'ensemble des *développements en base* b *propres*, c'est-à-dire des éléments de $\mathcal{D}$ qui prennent une infinité de fois des valeurs différentes de $b-1$.

On remarquera qu'il n'y a aucune condition sur l'entier naturel β_0.

De la même façon que dans le cas de la base 10, pour tout $(\beta_n) \in \mathcal{D}$, la série $\sum \beta_p\, b^{-p}$ converge puisque son terme général positif est majoré par $(b-1)\, b^{-p}$ qui est le terme général d'une série géométrique convergente.

Lemme 16. Soit $(\beta_n) \in \mathcal{D}_p$; on note $(a_n\, b^{-n})$ la suite des sommes partielles de la série de terme général $\beta_n\, b^{-n}$:

$$\forall n \in \mathbb{N}\,,\ a_n = b^n \sum_{p=0}^{n} \frac{\beta_p}{b^p}.$$

Alors :

$$\forall n \in \mathbb{N}\,,\ \frac{a_n}{b^n} \leqslant \sum_{p=0}^{+\infty} \frac{\beta_p}{b^p} < \frac{1+a_n}{b^n}.$$

Démonstration. L'inégalité de gauche est immédiate puisque la série est à terme général positif. Pour l'autre, on a :

$$\sum_{p=n+1}^{+\infty} \frac{\beta_p}{b^p} \leqslant \sum_{p=n+1}^{+\infty} \frac{b-1}{b^p} = \frac{1}{b^n},$$

l'inégalité étant stricte, puisque les β_p pour $p > n$ ne sont pas constamment égaux à $b-1$. ■

[1] Voir la construction des réels, page 554.

[2] Pour les réels négatifs, la tradition veut que l'on adopte l'écriture décimale de leur valeur absolue précédée du signe $-$ (par exemple $-\sqrt{2} = -1,1414\ldots$).

Proposition 17. L'application $\delta \ : \ (\beta_n) \mapsto \sum_{n=0}^{+\infty} \frac{\beta_n}{b^n}$ est une application de $\mathcal{D}$ dans $\mathbb{R}_+$ dont la restriction à $\mathcal{D}_p$ est injective.

Démonstration. Nous savons déjà que δ est bien définie sur $\mathcal{D}$ et à valeurs dans $\mathbb{R}_+$. Pour prouver que sa restriction à $\mathcal{D}_p$ est injective, nous allons montrer qu'elle est strictement croissante de $(\mathcal{D}_p, \preceq)$ dans $(\mathbb{R}_+, \leqslant)$, où $\preceq$ est *l'ordre lexicographique* défini par :

$$(\beta_n) \preceq (\beta'_n) \iff \begin{cases} \forall n \in \mathbb{N}\,,\ \beta_n = \beta'_n \\ \text{ou} \\ \exists n_0 \in \mathbb{N} \ :\ \forall n < n_0\,,\ \beta_n = \beta'_n \qquad \text{et} \qquad \beta_{n_0} < \beta'_{n_0}. \end{cases}$$

Soient donc $\beta = (\beta_n)$ et $\beta' = (\beta'_n)$ deux éléments distincts de $\mathcal{D}_p$ tels que $\beta \preceq \beta'$. Prenons l'entier n_0 (éventuellement nul) défini par :

$$\forall n < n_0\,,\ \beta_n = \beta'_n \qquad \text{et} \qquad \beta_{n_0} < \beta'_{n_0}.$$

On a donc plus précisément $\beta_{n_0} + 1 \leqslant \beta'_{n_0}$ (ce sont des entiers) et, en notant $(a_n\, b^{-n})$ et $(a'_n\, b^{-n})$ les suites des sommes partielles respectivement des séries $\sum \beta_n\, b^{-n}$ et $\sum \beta'_n\, b^{-n}$:

$$\delta(\beta) < \frac{1 + a_{n_0}}{b^{n_0}} \leqslant \frac{a'_{n_0}}{b^{n_0}} \leqslant \delta(\beta').$$

■

Remarque. Soit $\beta = (\beta_n) \in \mathcal{D}_p$.
En notant $x = \delta(\beta)$, l'encadrement $a_n \leqslant b^n\, x < 1 + a_n$, avec $a_n \in \mathbb{N}$, montre que a_n est la partie entière de $b^n\, x$. Cela justifie ce qui suit pour prouver la surjectivité de $\delta_{|\mathcal{D}_p}$.

Soit $x \in \mathbb{R}_+$. Pour tout $n \in \mathbb{N}$, on note a_n la partie entière de $b^n\, x$ de telle sorte que l'on ait $a_n \leqslant b^n\, x < 1 + a_n$. De plus, on pose :

$$\beta_0 = a_0 \qquad \text{et} \qquad \forall n \in \mathbb{N}\,,\ \beta_{n+1} = a_{n+1} - b a_n.$$

Proposition 18.

- Les suites $\left(\frac{a_n}{b^n}\right)$ et $\left(\frac{1 + a_n}{b^n}\right)$ sont adjacentes et convergent vers x.
- La suite (β_n) est un développement en base b propre.
- $x = \sum_{n=0}^{+\infty} \frac{\beta_n}{b^n}$.

Démonstration. Par définition :

- a_{n+1} est le plus grand entier inférieur ou égal à $b^{n+1}\, x$,
- $1 + a_{n+1}$ est le plus petit entier strictement supérieur à $b^{n+1}\, x$.

De la double inégalité :

$$ba_n \leqslant b^{n+1}x < ba_n + b$$

on déduit $ba_n \leqslant a_{n+1}$ et $ba_n + b \geqslant 1 + a_{n+1}$. On a donc $0 \leqslant \beta_{n+1} \leqslant b-1$ ainsi que la croissance de la suite $\left(\frac{a_n}{b^n}\right)$ et la décroissance de la suite $\left(\dfrac{1+a_n}{b^n}\right)$.

Ces deux suites sont alors immédiatement adjacentes, et la double inégalité :

$$a_n\, b^{-n} \leqslant x < (1+a_n)\, b^{-n} \qquad (*)$$

montre que leur limite commune est x. Comme ce sont les sommes partielles de la série $\sum \beta_n\, b^{-n}$, on en déduit le dernier point de la proposition.

Enfin, si le développement (β_n) n'était pas propre, on aurait à partir d'un certain rang $a_{n+1} - ba_n = \beta_n = b-1$ et donc la suite $(1+a_n)\, b^{-n}$ serait stationnaire, ce qui contredirait l'inégalité stricte dans l'encadrement $(*)$. ■

Exemple. Dans le cas des développements décimaux ($b = 10$), les nombres $a_n\, 10^{-n}$ et $(1+a_n)\, 10^{-n}$ qui encadrent x s'appellent respectivement les *approximations décimales de x par défaut et par excès à 10^{-n} près.*

On en déduit la bijectivité de la restriction à $\mathcal{D}_p$ de la fonction δ :

Théorème 19. Tout réel positif x s'écrit de manière unique sous la forme :

$$x = \beta_0, \beta_1\beta_2 \ldots = \sum_{n=0}^{+\infty} \frac{\beta_n}{b^n}$$

où (β_n) est une suite d'entiers naturels tels que $\forall n \in \mathbb{N}^*,\ 0 \leqslant \beta_n \leqslant b-1$ et qui prend une infinité de fois des valeurs différentes de $b-1$.

Remarque. La démonstration de la proposition 17 de la page précédente fournit une méthode pratique pour comparer deux réels positifs : leur position relative est donnée par la comparaison des premiers chiffres qui diffèrent dans leurs développements en base b.

3 Séries à termes réels ou complexes

3.1 Convergence absolue

Les séries à termes réels positifs interviennent à propos de séries à termes quelconques. Le théorème ci-après illustre ce fait.

Définition 5. Soit $\sum\limits_{n\geqslant 0} u_n$ une série à termes réels ou complexes. On dit que cette série est *absolument convergente* si la série des modules $\sum\limits_{n\geqslant 0} |u_n|$ (qui est à termes réels positifs) converge.

Théorème 20. Toute série absolument convergente est convergente.

Démonstration. Soit donc $\sum_{n\geqslant 0} u_n$ une série absolument convergente. Pour tout n, posons $a_n := \operatorname{Re} u_n$ et $b_n := \operatorname{Im} u_n$. D'après le théorème 4 de la page 626, il suffit de prouver que les deux séries $\sum_{n\geqslant 0} a_n$ et $\sum_{n\geqslant 0} b_n$ convergent. Pour tout n, on a $|u_n|^2 = a_n^2 + b_n^2$, d'où $a_n^2 \leqslant |u_n|^2$, c'est-à-dire $|a_n| \leqslant |u_n|$, de même $|b_n| \leqslant |u_n|$. Puisque $\sum_{n\geqslant 0} |u_n|$ converge, le théorème de comparaison montre que $\sum_{n\geqslant 0} |a_n|$ converge. Autrement dit, la série $\sum_{n\geqslant 0} a_n$ converge absolument. Nous sommes donc ramenés au cas de séries à termes réels.
Partons d'une remarque simple. Si $x \in \mathbb{R}$, on a $\max(0,x) + \max(0,-x) = |x|$ et $\max(0,x) - \max(0,-x) = x$. Pour tout n, posons :

$$x_n := \max(0, a_n) \qquad \text{et} \qquad y_n := \max(0, -a_n),$$

de sorte que $x_n + y_n = |a_n|$ et $0 \leqslant x_n, y_n \leqslant |a_n|$. Les séries $\sum_{n\geqslant 0} x_n$ et $\sum_{n\geqslant 0} y_n$ sont à termes réels positifs. Comme $\sum_{n\geqslant 0} |a_n|$ converge, le théorème de comparaison montre que $\sum_{n\geqslant 0} x_n$ et $\sum_{n\geqslant 0} y_n$ convergent. Alors $\sum_{n\geqslant 0} (x_n - y_n)$ converge, *i.e.* $\sum_{n\geqslant 0} a_n$ converge. De même $\sum_{n\geqslant 0} b_n$ converge. ∎

La réciproque de ce théorème est fausse : *une série convergente n'est pas forcément absolument convergente*, nous le verrons. D'où une définition :

Définition 6. Une série est dite *semi-convergente* si elle est convergente mais pas absolument convergente.

Une série convergente est absolument convergente ou semi-convergente.
Le théorème suivant servira à l'étude de l'exponentielle complexe (voir le module II.5) et il sera important pour l'étude des séries entières en L2.

Théorème et définition 21. Soient $(a_n)_{n\geqslant 0}$ et $(b_n)_{n\geqslant 0}$ deux suites complexes telles que les séries $\sum_{n\geqslant 0} a_n$ et $\sum_{n\geqslant 0} b_n$ soient *absolument convergentes*. Pour tout $n \in \mathbb{N}$, posons :

$$c_n = \sum_{h=0}^{n} a_h b_{n-h} \,. \tag{19}$$

On dit que la suite (c_n) est le *produit de Cauchy* des suites (a_n) et (b_n). Alors la série $\sum_{n\geqslant 0} c_n$ est *absolument convergente*, et l'on a :

$$\left(\sum_{n=0}^{+\infty} a_n\right)\left(\sum_{n=0}^{+\infty} b_n\right) = \sum_{n=0}^{+\infty} c_n \,. \tag{20}$$

Démonstration. Notons $A_n, A'_n, B_n, B'_n, C_n, C'_n$ les sommes partielles des séries $\sum_{n\geqslant 0} a_n$,

$\sum\limits_{n\geqslant 0} |a_n|$, ... respectivement. Soit $n \in \mathbb{N}$. L'inégalité triangulaire donne :

$$|c_n| = \left|\sum_{h=0}^{n} a_h b_{n-h}\right| \leqslant \sum_{h=0}^{n} |a_h|\,|b_{n-h}|\,.$$

Soit ensuite $N \in \mathbb{N}$. Sommons les inégalités précédentes pour $n = 0, \ldots, N$:

$$C'_N = \sum_{n=0}^{N} |c_n| \leqslant \sum_{n=0}^{N} \left(\sum_{h=0}^{n} |a_h|\,|b_{n-h}|\right).$$

Le membre de droite est la somme des $|a_h|\,|b_k|$ pour tous les $(h,k) \in [\![0,N]\!]^2$ tels que $h+k \leqslant N$. Cette somme est majorée par la somme des $|a_h|\,|b_k|$ pour *tous* les $(h,k) \in [\![0,N]\!]^2$, *i.e.* par le produit de $A'_N = \sum\limits_{h=0}^{N} |a_h|$ et de $B'_N = \sum\limits_{k=0}^{N} |b_k|$. Ainsi $C'_N \leqslant A'_N B'_N$ pour tout N. Puisque $\sum\limits_{n\geqslant 0} |a_n|$ converge, la suite (A'_N) est majorée (théorème 9 de la page 629), de même (B'_N) est majorée, donc (C'_N) est majorée, et alors $\sum\limits_{n\geqslant 0} |c_n|$ converge. Ainsi $\sum\limits_{n\geqslant 0} c_n$ est absolument convergente, donc convergente.

Il reste à montrer que $C = AB$, en notant A la somme de la série $\sum\limits_{n\geqslant 0} a_n$, etc. Pour tout n, notons R_n (resp. R'_n) le reste d'indice n de $\sum\limits_{n\geqslant 0} |a_n|$ (resp. $\sum\limits_{n\geqslant 0} |b_n|$). Il suffit de montrer que, lorsque N tend vers $+\infty$, la différence $D_N = A_{2N}B_{2N} - C_{2N}$ tend vers 0. Comme ci-dessus, D_N est la somme des $a_h b_k$ pour tous les couples $(h,k) \in [\![0,2N]\!]^2$ tels que $h+k > 2N$, donc $|D_N|$ est majoré par la somme S_N des $|a_h||b_k|$ pour tous les couples (h,k) en question. On peut écrire $S_N = S'_N + S''_N$, la somme S'_N (resp. S''_N) correspondant aux couples (h,k) tels que $h \leqslant N$ (resp. $h > N$). Les suites (R_n) et (R'_n) étant décroissantes, on obtient les majorations :

$$0 \leqslant S'_N = \sum_{h=0}^{N} |a_h| \left(\sum_{k=2N-h+1}^{2N} |b_k|\right) \leqslant \sum_{h=0}^{N} |a_h| R'_{2N-h} \leqslant \sum_{h=0}^{N} |a_h| R'_N \leqslant R'_N \sum_{h=0}^{+\infty} |a_h|\,,$$

$$0 \leqslant S''_N \leqslant \sum_{k=0}^{2N} |b_k| \left(\sum_{h=N+1}^{2N} |a_h|\right) \leqslant R_N \sum_{k=0}^{2N} |b_k| \leqslant R_N \sum_{k=0}^{+\infty} |b_k|\,.$$

Vu la définition 4 de la page 625, les suites $(R_N)_{N\geqslant 0}$ et $(R'_N)_{N\geqslant 0}$ convergent vers 0. Il en résulte que (S'_N) et (S''_N), puis (S_N), convergent vers 0, et ainsi (D_N) converge vers 0. ■

3.2 Séries alternées

On appelle *série alternée* toute série à termes *réels* dont les termes sont alternativement positifs et négatifs. Le terme général d'une telle série peut donc s'écrire $u_n = (-1)^n a_n$ ou $u_n = (-1)^{n+1} a_n$, où (a_n) est une suite de réels positifs. Voici des exemples de séries alternées :

$$1 - \frac{1}{2} + \frac{1}{3} + \cdots + \frac{(-1)^{n+1}}{n} + \cdots = \sum_{n\geqslant 1} \frac{(-1)^{n+1}}{n}\,, \tag{21}$$

$$1 - \frac{1}{3} + \frac{1}{5} + \cdots + \frac{(-1)^{n}}{2n+1} + \cdots = \sum_{n\geqslant 0} \frac{(-1)^{n}}{2n+1}\,. \tag{22}$$

La première de ces séries est appelée *série harmonique alternée.*

Théorème 22 (Critère spécial des séries alternées).
Soit (a_n) une suite de réels positifs, décroissante et convergeant vers 0. La série alternée ci-dessous est alors convergente :

$$\sum_{n\geqslant 0}(-1)^n a_n \qquad (23)$$

De plus, pour tout $n \geqslant 0$, notons R_n le reste d'indice n de cette série.

1. On a $(-1)^{n+1}R_n \geqslant 0$, autrement dit R_n a (au sens large) le signe de son premier terme $(-1)^{n+1}a_{n+1}$..
2. On a $|R_n| \leqslant a_{n+1}$.

Démonstration. Notons u_n le terme général de la série considérée et (U_n) la suite des sommes partielles de cette série. Pour tout entier $p \geqslant 0$, posons $x_p := U_{2p+1}$ et $y_p := U_{2p}$. Nous allons montrer que les deux suites (x_p) et (y_p) sont *adjacentes*. Si c'est le cas, chacune convergera, et ces deux suites auront une même limite S (théorème 33 de la page 549). Alors S sera aussi limite de la suite (U_n), ce qui prouvera déjà la convergence de la série donnée.

Soit $p \in \mathbb{N}$. Compte tenu des définitions, il vient :

$$y_p - x_p = U_{2p} - U_{2p+1} = -u_{2p+1} = a_{2p+1}.$$

Ainsi $x_p \leqslant y_p$, et en outre la suite $(y_k - x_k)$ converge vers 0. Ensuite

$$x_{p+1} - x_p = U_{2p+3} - U_{2p+1} = u_{2p+2} + u_{2p+3} = a_{2p+2} - a_{2p+3} \geqslant 0\,,$$

puisque la suite (a_n) décroît. La suite (x_p) est donc croissante. De même

$$y_p - y_{p+1} = U_{2p} - U_{2p+2} = -u_{2p+1} - u_{2p+2} = a_{2p+1} - a_{2p+2} \geqslant 0\,,$$

i.e. la suite (y_p) est décroissante. Ainsi (x_p) et (y_p) sont adjacentes.

Pour tout $p \geqslant 0$, nous avons $x_p \leqslant S \leqslant y_p$. Rappelons pourquoi. Pour tout $n \geqslant p$, on a $x_p \leqslant x_n \leqslant y_n \leqslant y_p$, et il suffit de faire tendre n vers $+\infty$ dans ces inégalités. Ainsi $U_{2p+1} \leqslant S \leqslant U_{2p}$. Or $S = U_{2p} + R_{2p} = U_{2p+1} + R_{2p+1}$, et par suite $R_{2p} \leqslant 0 \leqslant R_{2p+1}$. Cela démontre l'assertion 1.

Soit enfin $n \in \mathbb{N}$. Puisque $R_n = u_{n+1} + R_{n+1}$, l'assertion 1 donne :

$$|R_n| = (-1)^{n+1}R_n = (-1)^{n+1}u_{n+1} + (-1)^{n+1}R_{n+1} = a_{n+1} - |R_{n+1}| \leqslant a_{n+1}\,,$$

ce qui prouve l'assertion 2. ■

Exercice 6.
Soit a un nombre réel fixé. Étudier la série alternée suivante :

$$\sum_{n\geqslant 1} u_n, \quad \text{où} \quad u_n := \frac{(-1)^{n+1}}{n^a}. \qquad (24)$$

Solution. Notons U_n ses sommes partielles. Si $a < 0$, $|u_n| = n^{-a}$ tend vers $+\infty$ lorsque n tend vers $+\infty$, donc la série diverge : son terme général ne tend pas vers 0. Il en est de même si $a = 0$, car $|u_n| = 1$.

Supposons $a > 0$. La suite (n^{-a}) est décroissante et converge vers 0. D'après le critère spécial des séries alternées, la série en (24) converge. Si $a > 1$, le théorème 14 de la page 633 montre que cette série est absolument convergente. En revanche, si $0 < a \leqslant 1$, le même théorème montre que cette série n'est pas absolument convergente, elle est donc *semi-convergente*.

Exercice 7.

Pour $a := 1$, on obtient la série harmonique alternée (21), convergente d'après l'exercice 6. Montrer que sa somme vaut :

$$\sum_{n=1}^{+\infty} \frac{(-1)^{n+1}}{n} = \ln 2. \tag{25}$$

Solution. Voici l'idée. Si $n \in \mathbb{N}^*$, l'égalité (18), appliquée à n et $2n$, donne :

$$\begin{cases} 1 + \dfrac{1}{2} + \dfrac{1}{3} + \cdots + \dfrac{1}{2n} = \ln(2n) + C + \varepsilon_{2n} \\ 1 + \dfrac{1}{2} + \dfrac{1}{3} + \cdots + \dfrac{1}{n} = \ln n + C + \varepsilon_n. \end{cases} \tag{$*$}$$

Notons A_n (resp. B_n) la somme des inverses des entiers pairs (resp. impairs) entre 1 et $2n$. La première égalité $(*)$ s'écrit :

$$A_n + B_n = \ln(2n) + C + \varepsilon_{2n}.$$

Si l'on divise la deuxième égalité $(*)$ par 2, il vient :

$$A_n = \frac{1}{2}\left[\ln n + C + \varepsilon_n\right], \quad \text{d'où}$$

$$B_n - A_n = \Big(\ln(2n) + C + \varepsilon_{2n}\Big) - \Big(\ln n + C + \varepsilon_n\Big) = \ln 2 + \varepsilon_{2n} - \varepsilon_n.$$

Puisque les suites $(\varepsilon_n)_{n\geqslant 1}$ et $(\varepsilon_{2n})_{n\geqslant 1}$ convergent vers 0, la suite $(B_n - A_n)$ converge vers $\ln 2$. D'où la conclusion, car

$$B_n - A_n = \left(1 + \frac{1}{3} + \frac{1}{5} + \cdots + \frac{1}{2n-1}\right) - \left(\frac{1}{2} + \frac{1}{4} + \cdots + \frac{1}{2n}\right), \text{ soit}$$

$$B_n - A_n = \sum_{k=1}^{2n} \frac{(-1)^{k+1}}{k}.$$

Exercice 8.

Pour tout $n \geqslant 2$, posons :

$$a_n := \frac{1}{n + (-1)^n} \quad \text{et} \quad u_n := (-1)^n a_n = \frac{(-1)^n}{n + (-1)^n}.$$

Montrer que la série $\sum\limits_{n\geqslant 2} u_n$ converge.

Solution. La suite $(a_n)_{n\geqslant 2}$ est bien une suite de réels positifs, elle converge vers 0. Cependant, on ne peut pas appliquer directement le critère spécial des séries alternées, car cette suite n'est pas décroissante : pour tout entier $p \geqslant 1$, on a :

$$a_{2p+1} = \frac{1}{(2p+1)-1} = \frac{1}{2p} > \frac{1}{2p+1} = a_{2p}.$$

L'idée est alors de « remplacer » la série donnée par la série plus simple $\sum\limits_{n\geqslant 2} v_n$, en posant $v_n := (-1)^n/n$.

La série $\sum\limits_{n\geqslant 2} v_n$ converge : c'est la série harmonique alternée commençant à l'indice 2.

D'après le théorème 2 de la page 626, il suffit de montrer que $\sum\limits_{n\geqslant 2}(v_n - u_n)$ converge.

Si $n \geqslant 2$, on a :

$$\begin{aligned} v_n - u_n &= \frac{(-1)^n}{n} - \frac{(-1)^n}{n+(-1)^n} = \frac{(-1)^n}{n\big(n+(-1)^n\big)}\Big[\big(n+(-1)^n\big) - n\Big] \\ &= \frac{(-1)^{2n}}{n\big(n+(-1)^n\big)} = \frac{1}{n\big(n+(-1)^n\big)} \end{aligned}$$

d'où $n^2(v_n - u_n) = \dfrac{1}{1+\frac{(-1)^n}{n}}\cdot$

Ainsi $n^2(v_n - u_n)$ tend vers 1 lorsque n tend vers $+\infty$. D'après le théorème 15 de la page 634, la série $\sum\limits_{n\geqslant 2}(v_n - u_n)$ converge, d'où la conclusion.

Exercice 9.

Une série alternée peut évidemment diverger. Étudier l'exemple suivant.

Solution. Pour tout entier $n \geqslant 1$, posons :

$$a_n := \frac{2+(-1)^n}{n} \quad \text{et} \quad u_n := (-1)^n a_n = \frac{1+2(-1)^n}{n}\cdot$$

La série $\sum\limits_{n\geqslant 1} u_n$ est alternée (le numérateur de a_n est positif, il vaut 3 ou 1 suivant la parité de n), et la suite (a_n) converge vers 0. Cependant, la série $\sum\limits_{n\geqslant 1} u_n$ diverge.

En effet, la série $\sum\limits_{n\geqslant 1} 2(-1)^n/n$ converge (*cf.* la série harmonique alternée), mais la série $\sum\limits_{n\geqslant 1} 1/n$ diverge. Il suffit alors d'appliquer le corollaire 3 de la page 626.

Pourquoi le critère spécial des séries alternées ne s'applique-t-il pas ? La réponse est simple : la suite (a_n) n'est pas décroissante : $a_n > a_{n+1}$ si n est pair, mais $a_n < a_{n+1}$ si n est impair (le vérifier).

Remarque. Contrairement aux suites, les séries ne se « multiplient » pas simplement (voir cependant le théorème 21 de la page 639). Soit par exemple $u_n := \dfrac{(-1)^n}{\sqrt{n}}$ pour $n \geqslant 1$. La série $\sum\limits_{n\geqslant 1} u_n$ converge, *cf.* la série en (24). Cependant la série $\sum\limits_{n\geqslant 1} u_n^2$ diverge : c'est la série harmonique. Ainsi, lorsque deux séries $\sum\limits_{n} u_n$ et $\sum\limits_{n} v_n$ convergent, la série $\sum\limits_{n} u_n v_n$ ne converge pas nécessairement ; cette série est appelée *produit d'Hadamard* des deux séries données.

Exercice type corrigé

IV.4.0 Soient a et b deux entiers tels que $0 < a < b$. Montrer que la série $\sum\limits_{n\geqslant 0}^{+\infty} 1/\big((n+a)(n+b)\big)$ converge, et calculer sa somme.

Solution. Notons u_n le terme général de la série. Lorsque n tend vers $+\infty$, u_n est équivalent à $1/n^2$. Comme la série $\sum\limits_{n\geqslant 1} 1/n^2$ converge, le théorème d'équivalence (théorème 11 de la page 630) montre que $\sum\limits_{n\geqslant 0}$ converge. Notons U_n les sommes partielles et S la somme de la série donnée. À l'aide de la décomposition en éléments simples de la fraction rationnelle $\dfrac{1}{(X+a)(X+b)}$, on a :

$$\frac{1}{(n+a)(n+b)} = \frac{1}{b-a}\left[\frac{1}{n+a} - \frac{1}{n+b}\right].$$

Pour tout $n \in \mathbb{N}$, on en déduit :

$$(b-a)U_n = \sum_{k=0}^{n}\left[\frac{1}{k+a} - \frac{1}{k+b}\right] = \left(\sum_{h=a}^{n+a}\frac{1}{h}\right) - \left(\sum_{h=b}^{n+b}\frac{1}{h}\right),$$

la deuxième égalité venant de deux changements d'indices évidents. Prenons n tel que $n+a > b$. Dans les deux sommes à soustraire, les termes $1/h$ pour $h = b, b+1, \ldots, n+a$ s'éliminent. Il reste :

$$(b-a)U_n = \left(\sum_{h=a}^{b-1}\frac{1}{h}\right) - \left(\sum_{h=n+a+1}^{n+b}\frac{1}{h}\right).$$

La deuxième somme est formée de $b-a$ termes compris entre 0 et $1/(n+a+1)$, elle est donc comprise entre 0 et $(b-a)/(n+a+1)$, et par suite elle tend vers 0 lorsque n tend vers $+\infty$. D'où, en passant à la limite :

$$(b-a)S = \lim_{n\to+\infty}(b-a)U_n = \sum_{h=a}^{b-1}\frac{1}{h}, \quad \text{soit} \quad S = \frac{1}{b-a}\left(\sum_{h=a}^{b-1}\frac{1}{h}\right).$$

Pour aller plus loin

Les corrigés sont disponibles en accès libre à partir des pages d'accueil du livre sur le site www.dunod.com

IV.4.1 Soit p un entier fixé, $p \geqslant 2$. Pour tout $n \in \mathbb{N}$, on pose :

$$u_n := \frac{1}{(n+1)(n+2)\cdots(n+p)}.$$

1. Montrer que la série $\sum\limits_{n\geqslant 0} u_n$ converge.
2. Démontrer pour tout $n \in \mathbb{N}$ la formule suivante :

$$U_n = \frac{1}{p-1}\left[\frac{1}{(p-1)!} - \frac{1}{(n+2)(n+3)\cdots(n+p)}\right],$$

U_n ayant le sens habituel. En déduire $\sum\limits_{n=0}^{+\infty} u_n$

IV.4.2 Pour tout entier $n \geqslant 1$, on pose $u_n := 0$ si l'écriture décimale de n comporte un chiffre 8 et $u_n := 1/n$ sinon. Montrer que la série $\sum\limits_{n\geqslant 1} u_n$ converge. Pour tout entier $p \geqslant 0$, on majorera convenablement la somme $T_p := \sum\limits_{n=10^p}^{10^{p+1}-1} u_n$.

IV.4.3 Soit (u_n) une suite réelle décroissante, à termes positifs. Montrer que les deux séries $\sum\limits_{n\geqslant 1} u_n$ et $\sum\limits_{k\geqslant 0} 2^k u_{2^k}$ sont de même nature. En prenant $u_n := n^{-a}$, où le réel $a > 0$ est fixé, retrouver le théorème 14 de la page 633.

IV.4.4 Soit (u_n) une suite réelle décroissante, à termes positifs. À l'aide du théorème 6 de la page 628 montrer que, si la série $\sum\limits_{n} u_n$ converge, nu_n tend vers 0 lorsque n tend vers $+\infty$. Montrer que la réciproque est fausse ; on pourra utiliser l'exercice 5.

IV.4.5 Prouver la convergence et calculer la somme de la série :

$$\sum_{n\geqslant 1} \frac{E\big(\sqrt{n+1}\big) - E\big(\sqrt{n}\big)}{n}.$$

On rappelle que $E(x)$ désigne la partie entière d'un nombre réel x.

IV.4.6 Montrer que les séries $\sum\limits_{n\geqslant 1} 1/n^{\ln n}$ et $\sum\limits_{n\geqslant 2} 1/(\ln n)^n$ convergent.

IV.4.7 Soit $a > 0$ un nombre réel fixé. Déterminer, suivant la valeur de a, la nature de la série de terme général a^{t_n} $(n \geqslant 1)$, où

$$t_n := 1 + \frac{1}{2} + \cdots + \frac{1}{n}.$$

On pourra utiliser l'égalité (18) de la page 635.

IV.4.8 Soient a, b deux réels tels que $0 < a < b$. Soit $(u_n)_{n\geqslant 1}$ la suite définie par son premier terme $u_1 \in \mathbb{C}^*$ et la relation de récurrence :

$$u_{n+1} := \left(\frac{n+a}{n+b}\right) u_n \ (n \geqslant 1) \cdot$$

1. Soit (U_n) la suite des sommes partielles de la série $\sum_{n\geqslant 1} u_n$. Pour tout entier $n \geqslant 1$, prouver la formule :
$$(b-a-1)U_n = bu_1 - (n+b)u_{n+1}\,.$$
2. En déduire que la série $\sum_{n\geqslant 1} u_n$ converge si, et seulement si, $b > a+1$, et déterminer dans ce cas la somme de la série.

IV.4.9 On pose $a := 2+\sqrt{5}$ et $b := 2-\sqrt{5}$.

1. Montrer que, pour tout $n \geqslant 0$, $a^n + b^n$ est un entier pair.
2. En déduire que la série de terme général $\sin(\pi a^n)$ converge (on rappelle que $\sin t \leqslant t$ pour tout réel $t \geqslant 0$).

IV.4.10 Soit f une fonction continue et décroissante sur $]0, +\infty[$. On suppose que $f(x)$ tend vers 0 lorsque x tend vers $+\infty$. Soit F une primitive de f : F est dérivable, et sa dérivée est f. Montrer que la série $\sum_{n\geqslant 1} f(n)$ converge si, et seulement si, $F(x)$ a une limite finie lorsque x tend vers $+\infty$. On appliquera la proposition 13 de la page 632.

Application : soit b un nombre réel. Montrer que la série de terme général $\dfrac{1}{n(\ln n)^b}$ $(n \geqslant 2)$ converge si, et seulement si, $b > 1$.

IV.4.11 Soit $(a_n)_{n\geqslant 1}$ une suite à termes réels, décroissante et convergeant vers 0.
Pour tout $n \geqslant 1$, on pose $b_n := n(a_n - a_{n+1})$. On note A_n, B_n les sommes partielles de ces séries.

1. Pour tout entier $n \geqslant 1$, prouver l'égalité $B_n = A_n - na_{n+1}$.
2. Montrer que les séries $\sum_{n\geqslant 1} a_n$ et $\sum_{n\geqslant 1} b_n$ sont de même nature et que, lorsque ces deux séries convergent, leurs sommes sont égales.

IV.4.12 Soit a un réel fixé. Montrer que la série

$$\sum_{n\geqslant 1} \frac{(-1)^n}{n^a + (-1)^n}$$

converge si, et seulement si, $a > \dfrac{1}{2}$ (s'inspirer de l'exercice 8 de la page 642).

IV.4.13 Soit a un nombre complexe fixé, on suppose que $-a \notin \mathbb{N}$. Déterminer la nature de la série $\sum_{n\geqslant 0} \dfrac{(-1)^n}{n+a}$.

IV.4.14 Soit $a > 0$ un nombre réel fixé. Le but de cet exercice est d'établir la formule suivante :

$$\sum_{n=0}^{+\infty} \frac{(-1)^n}{an+1} = \int_0^1 \frac{\mathrm{d}x}{1+x^a} \cdot \qquad (*)$$

(la fonction puissance $x \mapsto x^a$ est continue sur $[0, +\infty[$). On note I l'intégrale, u_n le terme général et U_n la somme partielle d'indice n de la série.

1. Déduire la formule $(*)$ des inégalités $\mid U_n - I \mid \leqslant \dfrac{1}{a(n+1)+1}$, $n \in \mathbb{N}$.
2. Pour tout $n \in \mathbb{N}$, soit R_n le reste d'indice n de la série en $(*)$. À l'aide de la proposition 13 de la page 632 et du théorème 11 de la page 630, montrer que $2an|R_n|$ tend vers 1 lorsque n tend vers $+\infty$ (grouper les u_n par deux).
3. Démontrer la formule suivante, qui fait intervenir la fonction $\arctan$: $\displaystyle\sum_{n=0}^{+\infty} \frac{(-1)^n}{2n+1} = \frac{\pi}{4}\cdot$

IV.4.15 Démontrer l'égalité suivante :

$$1 - \frac{1}{2} - \frac{1}{4} + \frac{1}{3} - \frac{1}{6} - \frac{1}{8} + \frac{1}{5} - \frac{1}{10} - \frac{1}{12} + \frac{1}{7} + \cdots = \frac{1}{2}\ln 2\,.$$

Comparer avec l'égalité (25) de la page 642. Que peut-on en conclure ?

IV.4.16 Soit $(\varepsilon_n)_{n\geqslant 0}$ une suite dont tous les termes valent ± 1. Pour tout $n \in \mathbb{N}$, on pose $u_n := \dfrac{\varepsilon_0\varepsilon_1\cdots\varepsilon_n}{2^n}\cdot$

1. Montrer que la série $\sum\limits_{n\geqslant 0} u_n$ converge, et que sa somme S appartient à $[-2, 2]$. On note (U_n) la suite des sommes partielles de cette série.
2. On définit une suite de nombres réels (x_n) comme suit :

$$x_0 := \varepsilon_0\sqrt{2}\,, \quad x_1 := \varepsilon_0\sqrt{2+\varepsilon_1\sqrt{2}}\,, \quad x_2 := \varepsilon_0\sqrt{2+\varepsilon_1\sqrt{2+\varepsilon_2\sqrt{2}}}, \ldots$$

Justifier cette définition, et prouver que $x_n = 2\sin(\pi U_n/4)$ pour tout $n \in \mathbb{N}$. En déduire que la suite (x_n) converge, et préciser sa limite.

IV.4.17 Soit $(a_n)_{n\geqslant 0}$ une suite à termes réels, décroissante et convergeant vers 0. Par ailleurs, soient m un entier strictement positif et $(\varepsilon_n)_{n\geqslant 0}$ une suite à termes complexes, périodique de période m ($\varepsilon_{k+m} = \varepsilon_k$ pour tout $k \in \mathbb{N}$). Le but de cet exercice est d'étudier la nature de la série $\sum\limits_{n\geqslant 0} \varepsilon_n a_n$. On note A_n, t_n, U_n les sommes partielles des séries $\sum\limits_{n\geqslant 0} a_n$, $\sum\limits_{n\geqslant 0} \varepsilon_n$, $\sum\limits_{n\geqslant 0} \varepsilon_n a_n$ respectivement et S la somme $\varepsilon_0 + \varepsilon_1 + \cdots + \varepsilon_{m-1}$.
Montrer que l'on peut écrire, pour tout $n \geqslant 0$, $t_n = nS/m + w_n$, où (w_n) est une suite bornée. Pour tout $n \in \mathbb{N}^*$, établir ensuite l'égalité :

$$U_n = \frac{S(A_n - a_0)}{m} + w_n a_{n+1} + \sum_{k=0}^{n} w_k(a_k - a_{k+1})\,.$$

On montrera alors que la série $\sum\limits_{n\geqslant 0} \varepsilon_n a_n$ converge si, et seulement si, ou bien $S = 0$, ou bien la série $\sum\limits_{n\geqslant 0} a_n$ converge (ou les deux).

Introduction à l'intégration

IV.5

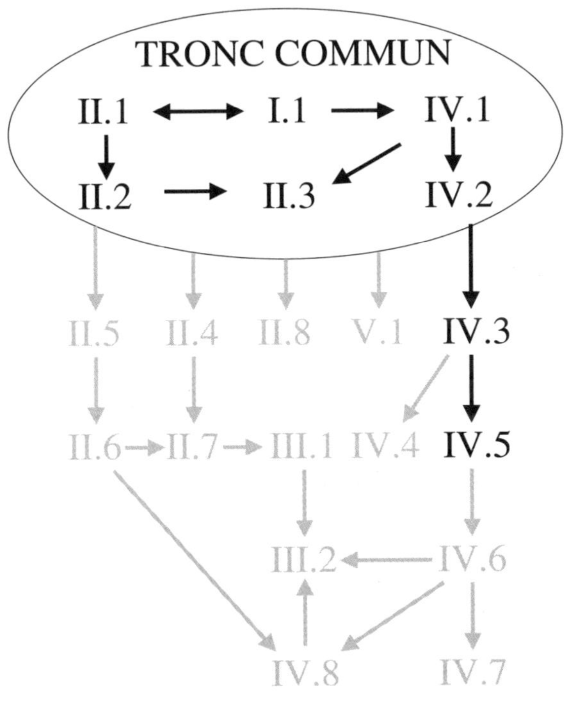

Jusqu'à la fin de la section 3.4, *a et b désignent deux réels tels que* $a < b$ et toutes les fonctions sont supposées définies sur $[a, b]$ et à valeurs réelles.

Le but de l'intégration est de définir un nombre qui, pour une fonction f positive sur un segment $[a, b]$, mesure l'aire délimitée, dans un repère orthonormé, par sa courbe représentative, l'axe des abscisses et les deux droites d'équations $x = a$ et $x = b$.
Ce nombre sera appelé intégrale de f sur $[a, b]$ et sera noté $\displaystyle\int_{[a,b]} f$ ou $\displaystyle\int_a^b f(x)\,\mathrm{d}x$.

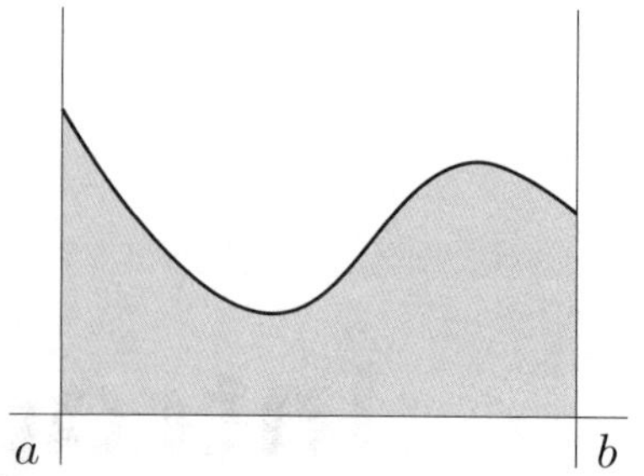

Si f est en escalier, son intégrale doit donc être la somme des aires des rectangles délimités par sa courbe représentative (ou son graphe). Par définition, cette aire est le produit de la hauteur par la largeur, l'aire d'un carré de côté 1 étant égale à 1.
Dans le cas général, s'il existe deux fonctions en escalier φ et ψ vérifiant $\varphi \leqslant f \leqslant \psi$, on doit avoir :

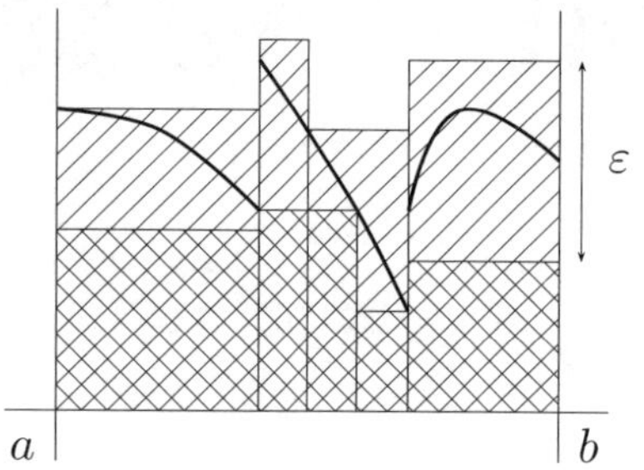

$$\int_{[a,b]} \varphi \leqslant \int_{[a,b]} f \leqslant \int_{[a,b]} \psi.$$

Dans les bons cas, et en particulier lorsque f est continue par morceaux, on peut prendre φ et ψ aussi proches que l'on veut l'une de l'autre, et avoir ainsi un encadrement aussi précis que l'on veut de l'intégrale de f.

1 Intégrale des fonctions en escalier

1.1 Subdivision d'un segment

Définition 1.

- On appelle *subdivision* de $[a, b]$, toute famille $\mathbf{u} = (x_i)_{i \in [\![0,n]\!]}$ telle que $n \in \mathbb{N}^*$ et :

$$a = x_0 < x_1 < \cdots < x_n = b.$$

- On appelle *pas* ou *module* de la subdivision $\mathbf{u} = (x_i)_{i \in [\![0,n]\!]}$, le réel :

$$\delta(\mathbf{u}) = \max_{i \in [\![1,n]\!]} (x_i - x_{i-1}).$$

Exemple. Étant donné un entier naturel n non nul, on définit une subdivision $(x_i)_{i \in [\![0,n]\!]}$ de $[a, b]$ par :

$$\forall i \in [\![0, n]\!]\,,\ x_i = a + i\,\frac{b-a}{n}\cdot$$

Elle est appelée *subdivision à pas constant* ; son module est $\dfrac{b-a}{n}$ et l'on peut le rendre aussi petit que l'on veut en choisissant n suffisamment grand..

Définition 2. Si $\mathbf{u}$ et $\mathbf{v}$ sont deux subdivisions de $[a,b]$, on dit que $\mathbf{u}$ est *plus fine* que $\mathbf{v}$ si tout élément de $\mathbf{v}$ est élément de $\mathbf{u}$.

Remarque. Se donner une subdivision de $[a,b]$, équivaut à se donner une partie finie de $[a,b]$ contenant a et b.

La relation définie ci–dessus est une relation d'ordre sur l'ensemble des subdivisions de $[a,b]$. Elle correspond à l'inclusion sur les parties finies de $[a,b]$ contenant a et b. Comme la réunion de telles parties A et B est une partie finie C contenant a et b et telle que $A \subset C$ et $B \subset C$, on en déduit :

Proposition 1. Si $\mathbf{u}$ et $\mathbf{v}$ sont deux subdivisions de $[a,b]$, il existe une subdivision plus fine que $\mathbf{u}$ et $\mathbf{v}$.

1.2 Fonctions en escalier

Définition 3. Une fonction φ de $[a,b]$ dans $\mathbb{R}$ est *en escalier* si l'on peut trouver une subdivision $(x_i)_{i\in[\![0,n]\!]}$ de $[a,b]$ telle que φ soit constante sur chacun des intervalles $]\,x_{i-1},x_i\,[$ $(1 \leqslant i \leqslant n)$.
Une telle subdivision u est appelée *subdivision adaptée* à la fonction en escalier φ.

Notation. On note $\mathcal{E}\big([a,b]\big)$ l'ensemble des fonctions en escalier sur $[a,b]$.

Exemples.

1. Une fonction constante sur le segment $[a,b]$ est en escalier sur $[a,b]$.
2. La fonction partie entière est en escalier sur tout segment $[a,b]$, une subdivision adaptée étant constituée de a, b et de tous les entiers compris entre a et b.

Remarques.

- Une fonction en escalier prend un nombre fini de valeurs. En particulier, elle est bornée.
- Si $\mathbf{u}$ est une subdivision adaptée à une fonction φ en escalier, alors toute subdivision plus fine que $\mathbf{u}$ est adaptée à φ.
- Si φ et ψ sont deux fonctions en escalier sur $[a,b]$, alors il existe une subdivision adaptée à φ et à ψ.
  En effet, soit $\mathbf{u}$ (respectivement $\mathbf{v}$) une subdivision adaptée à φ (respectivement à ψ). D'après la proposition 1, il existe une subdivision $\mathbf{w}$ plus fine que $\mathbf{u}$ et $\mathbf{v}$. Une telle subdivision $\mathbf{w}$ est alors adaptée à φ et à ψ.

Proposition 2. $\mathcal{E}\big([a,b]\big)$ est un sous–espace vectoriel de $\mathcal{F}([a,b],\mathbb{R})$.

Démonstration. Soient φ et ψ deux fonctions en escalier sur $[a,b]$, ainsi que λ et μ deux réels. Prenons une subdivision $(x_i)_{i\in[\![0,n]\!]}$ adaptée à φ et à ψ. Les fonctions φ et ψ sont constantes sur chacun des intervalles $]\,x_{i-1},x_i\,[$ et donc il en est de même de $\lambda\,\varphi+\mu\,\psi$. La fonction nulle étant en escalier, on en déduit le résultat. ■

1.3 Intégrale d'une fonction en escalier

Proposition et définition 3. Soient $\varphi\in\mathcal{E}\big([a,b]\big)$ et $\mathbf{u}=(x_i)_{i\in[\![0,n]\!]}$ une subdivision adaptée à φ. Si, pour $1\leqslant i\leqslant n$, on note c_i la valeur de φ sur $]\,x_{i-1},x_i\,[$, alors la quantité :

$$\sum_{i=1}^{n}(x_i-x_{i-1})\,c_i$$

ne dépend pas de la subdivision $\mathbf{u}$ choisie.

On l'appelle *intégrale* de φ sur $[a,b]$ et on la note $\displaystyle\int_{[a,b]}\varphi$.

Démonstration. Si $\mathbf{u}$ est une subdivision adaptée à la fonction φ, notons :

$$I(\varphi,\mathbf{u})=\sum_{i=1}^{n}(x_i-x_{i-1})\,c_i.$$

On veut montrer que $I(\varphi,\mathbf{u})=I(\varphi,\mathbf{v})$ pour toutes subdivisions $\mathbf{u}$ et $\mathbf{v}$ adaptées à φ.

Si $\mathbf{v}$ est plus fine que $\mathbf{u}$, elle est obtenue en rajoutant un nombre fini d'éléments à la subdivision $\mathbf{u}$. Pour démontrer que $I(\varphi,\mathbf{u})=I(\varphi,\mathbf{v})$, il suffit donc de le démontrer dans le cas où $\mathbf{v}$ a un élément de plus que $\mathbf{u}$.

Supposons donc $\mathbf{u}=(x_i)_{i\in[\![0,n]\!]}$ et $\mathbf{v}=(x_0,x_1,\dots,x_{p-1},y,x_p,\dots,x_n)$. La fonction φ vaut c_p sur $]\,x_{p-1},y\,[$ et sur $]\,y,x_p\,[$, et :

$$\begin{aligned}I(\varphi,\mathbf{v})&=\sum_{i=1}^{p-1}(x_i-x_{i-1})\,c_i+(y-x_{p-1})\,c_p\\&\qquad+(x_p-y)\,c_p+\sum_{i=p+1}^{n}(x_i-x_{i-1})\,c_i\\&=\sum_{i=1}^{n}(x_i-x_{i-1})\,c_i=I(\varphi,\mathbf{u}).\end{aligned}$$

Cas général. Si $\mathbf{u}$ et $\mathbf{v}$ sont deux subdivision adaptées à φ, alors il existe une subdivision $\mathbf{w}$ plus fine que $\mathbf{u}$ et $\mathbf{v}$, qui est donc aussi adaptée à φ. D'après le premier cas, on a :

$$I(\varphi,\mathbf{u})=I(\varphi,\mathbf{w})=I(\varphi,\mathbf{v})$$

d'où le résultat.

■

Remarques.

- L'intégrale de φ ne dépend pas des valeurs de φ aux points de la subdivision adaptée qui a servi à la calculer.
- Une fonction nulle sauf en un nombre fini de points est en escalier et son intégrale est nulle, comme on peut le vérifier en prenant une subdivision contenant les points où la fonction n'est pas nulle.

1.4 Propriétés de l'intégrale des fonctions en escalier

Proposition 4. L'intégrale est une forme linéaire sur $\mathcal{E}\big([a,b]\big)$.

Démonstration. Soient φ et ψ deux fonctions en escalier sur $[a,b]$ et $\mathbf{u} = (x_i)_{i\in[\![0,n]\!]}$ une subdivision adaptée à φ et ψ. Si c_i (respectivement d_i) est la valeur de la fonction φ (respectivement ψ) sur l'intervalle $]\,x_{i-1},x_i\,[$, alors, sur ce même intervalle, $\lambda\,\varphi + \mu\,\psi$ vaut $\lambda\,c_i + \mu\,d_i$, et :

$$\begin{aligned}\int_{[a,b]} \lambda\,\varphi + \mu\,\psi &= \sum_{i=1}^{n} (x_i - x_{i-1})\,(\lambda\,c_i + \mu\,d_i)\\ &= \lambda \sum_{i=1}^{n} (x_i - x_{i-1})\,c_i + \mu \sum_{i=1}^{n} (x_i - x_{i-1})\,d_i\\ &= \lambda \int_{[a,b]} \varphi + \mu \int_{[a,b]} \psi.\end{aligned}$$

■

Proposition 5.

- Une fonction en escalier positive a une intégrale positive.
- Si φ et ψ sont deux fonctions en escalier sur $[a,b]$ alors :

$$\varphi \leqslant \psi \Longrightarrow \int_{[a,b]} \varphi \leqslant \int_{[a,b]} \psi.$$

Démonstration.

- En utilisant les notations de la proposition et défintiion 3 de la page ci-contre, si φ est positive alors les c_i sont tous positifs et, puisque $x_i - x_{i-1} > 0$, on en déduit :

$$\int_{[a,b]} \varphi = \sum_{i=1}^{n} (x_i - x_{i-1})\,c_i \geqslant 0.$$

- Il suffit d'appliquer le résultat précédent à la fonction en escalier positive $\psi - \varphi$ et d'utiliser la linéarité de l'intégrale.

■

Proposition 6. Soient $c \in \left]a,b\right[$ et φ une fonction définie sur $[a,b]$. La fonction φ est en escalier sur $[a,b]$ si, et seulement si, ses restrictions à $[a,c]$ et à $[c,b]$ sont en escalier, et l'on a alors :

$$\int_{[a,b]} \varphi = \int_{[a,c]} \varphi_{|[a,c]} + \int_{[c,b]} \varphi_{|[c,b]}.$$

Démonstration.

- Soit φ une fonction en escalier sur $[a,b]$. Prenons une subdivision adaptée à φ. En lui ajoutant éventuellement le point c, on obtient une subdivision $\mathbf{u} = (x_i)_{i\in[\![0,n]\!]}$ encore adaptée à φ et contenant le point c.
  Désignons par p l'entier strictement compris entre 0 et n tel que $c = x_p$.
  * $(x_i)_{i\in[\![0,p]\!]}$ est une subdivision de $[a,c]$ et pour tout $i \in [\![1,p]\!]$, la fonction φ est constante sur $\left]x_{i-1},x_i\right[$. Donc $\varphi_{|[a,c]}$ est en escalier sur $[a,c]$.
  * De même, $(x_i)_{i\in[\![p,n]\!]}$ est une subdivision de $[c,b]$ et la fonction $\varphi_{|[c,b]}$ est en escalier sur $[c,b]$.

  Si c_i est la valeur de φ sur l'intervalle $\left]x_{i-1},x_i\right[$, on a alors :

$$\begin{aligned}\int_{[a,b]} \varphi &= \sum_{i=1}^{n} (x_i - x_{i-1})\, c_i \\ &= \sum_{i=1}^{p} (x_i - x_{i-1})\, c_i + \sum_{i=p+1}^{n} (x_i - x_{i-1})\, c_i \\ &= \int_{[a,c]} \varphi_{|[a,c]} + \int_{[c,b]} \varphi_{|[c,b]}.\end{aligned}$$

- Réciproquement, supposons $\varphi_{|[a,c]}$ et $\varphi_{|[c,b]}$ en escalier. Si :
  * $(x_i)_{i\in[\![0,p]\!]}$ est une subdivision de $[a,c]$ adaptée à $\varphi_{|[a,c]}$,
  * $(y_j)_{j\in[\![0,q]\!]}$ est une subdivision de $[c,b]$ adaptée à $\varphi_{|[c,b]}$,

  alors, $(x_0, x_1, \ldots, x_{p-1}, x_p = c = y_0, y_1, \ldots, y_q)$ est une subdivision de $[a,b]$ et φ est constante sur chacun des intervalles $\left]x_{i-1},x_i\right[$ et $\left]y_{j-1},y_j\right[$. Donc φ est en escalier sur $[a,b]$.

■

2 Fonctions continues par morceaux

2.1 Définition, exemples

Définition 4. Une application f de $[a,b]$ dans $\mathbb{R}$ est *continue par morceaux* s'il existe une subdivision $\mathbf{u} = (x_i)_{i\in[\![0,n]\!]}$ de $[a,b]$ telle que pour tout $i \in [\![1,n]\!]$, la restriction de f à $\left]x_{i-1},x_i\right[$ soit continue et admette des limites finies en x_{i-1} et x_i.
Une telle subdivision $\mathbf{u}$ est dite adaptée à la fonction continue par morceaux f.

Remarques.

- Une fonction f de $[a,b]$ dans $\mathbb{R}$ est continue par morceaux si, et seulement si, l'on peut trouver une subdivision $\mathbf{u} = (x_i)_{i\in[\![0,n]\!]}$ de $[a,b]$ telle que la restriction de f à chacun des intervalles $]\,x_{i-1}, x_i\,[$ se prolonge en une fonction f_i continue sur le segment $[\,x_{i-1}, x_i\,]$.
- Une fonction continue par morceaux sur $[a,b]$ admet une limite finie à droite en tout point de $[a,b[$ et une limite finie à gauche en tout point de $]a,b]$. C'est en effet vrai par définition en tout point d'une subdivision adaptée, et sinon parce que f est continue en un tel point.

Exemples.

1. Une fonction en escalier est continue par morceaux.
2. Une fonction continue sur un segment est continue par morceaux.
3. La fonction f définie sur $[-1,1]$ par :
$$f(0) = 0 \qquad \text{et} \qquad \forall x \neq 0\,,\ f(x) = e^{1/x}$$
n'est pas continue par morceaux, car elle n'a pas de limite finie à droite en 0.
4. Si f est continue par morceaux sur $[a,b]$ et si $\alpha \in \mathbb{R}$, alors la fonction f_α définie sur $[\,a+\alpha, b+\alpha\,]$ par $f_\alpha(x) = f(x-\alpha)$ est continue par morceaux.
Réciproquement, toute fonction f continue par morceaux sur $[a+\alpha, b+\alpha]$ est ainsi obtenue à partir de la fonction $x \mapsto f(x+\alpha)$ continue par morceaux sur $[a,b]$.

Remarques. Comme pour les fonctions en escalier, on peut vérifier que :

- si $\mathbf{u}$ est une subdivision adaptée à une fonction f continue par morceaux, alors toute subdivision plus fine que $\mathbf{u}$ est adaptée à f,
- si f et g sont deux fonctions continues par morceaux sur $[a,b]$, alors il existe une subdivision adaptée à f et à g.

Proposition 7.
Toute fonction continue par morceaux sur le segment $[a,b]$ est bornée sur $[a,b]$.

Démonstration. Soit f une fonction continue par morceaux sur $[a,b]$. Prenons une subdivision $\mathbf{u} = (x_i)_{i\in[\![0,n]\!]}$ adaptée à f. Pour $i \in [\![1,n]\!]$, la restriction de f à $]\,x_{i-1}, x_i\,[$ se prolonge en une fonction continue qui est alors bornée sur le segment $[\,x_{i-1}, x_i\,]$.
Par suite, la fonction f est bornée sur $]\,x_{i-1}, x_i\,[$ et, en posant $M_i = \sup\limits_{]\,x_{i-1},x_i\,[} |f|$, la fonction f est donc bornée sur $[a,b]$ par :
$$\max\Big(M_1, M_2, \ldots, M_n, \big|f(x_0)\big|, \big|f(x_1)\big|, \ldots, \big|f(x_n)\big|\Big).$$
∎

Proposition 8. L'ensemble des fonctions continues par morceaux sur $[a, b]$ constitue un sous–espace vectoriel de $\mathcal{F}([a, b], \mathbb{R})$. Il est de plus stable par produit.

Démonstration. Soient f et g deux fonctions continues par morceaux sur $[a, b]$, ainsi que λ et μ deux réels. Prenons une subdivision $(x_i)_{i \in [\![0,n]\!]}$ adaptée à f et à g. Les restrictions des fonctions f et g à chacun des intervalles $]\, x_{i-1}, x_i \,[$ sont continues et admettent des limites finies en x_{i-1} et x_i, donc il en est de même pour $\lambda f + \mu g$ et $f g$. Les fonctions $\lambda f + \mu g$ et $f g$ sont donc continues par morceaux sur $[a, b]$.
Comme de plus la fonction nulle est continue par morceaux, on en déduit le résultat. ■

2.2 Approximation des fonctions continues par morceaux

Pour définir l'intégrale des fonctions continues par morceaux, on va montrer que l'on peut approcher ou encadrer une fonction continue par morceaux d'aussi près que l'on veut par des fonctions en escalier. La démonstration de ce résultat peut, dans un premier temps, être sautée.

Théorème 9. Soit f une fonction continue par morceaux sur le segment $[a, b]$. Pour tout réel $\varepsilon > 0$:

- il existe une fonction θ en escalier sur $[a, b]$ telle que $|f - \theta| \leqslant \varepsilon$,
- il existe des fonctions φ et ψ en escalier sur $[a, b]$ telles que :
$$\varphi \leqslant f \leqslant \psi \quad \text{et} \quad \psi - \varphi \leqslant \varepsilon.$$

Démonstration.

- Soit $\varepsilon > 0$. Considérons l'ensemble J des réels $x \in [a, b]$ pour lesquels il existe $\theta \in \mathcal{E}\big([a, b]\big)$ telle que $\forall t \in [a, x]\,,\ \big|f(t) - \theta(t)\big| \leqslant \varepsilon$. C'est une partie non vide de $\mathbb{R}$ puisqu'elle contient a (la fonction constante $\theta = f(a)$ vérifie la propriété demandée sur $[a, a]$) et majorée par b. Elle possède donc une borne supérieure $c \in [a, b]$. Montrons que c appartient à J puis que $c = b$.
  - $*$ Si $c = a$, alors $c \in J$. Supposons donc $c > a$.
  D'après une remarque de la page précédente, f admet une limite finie ℓ à gauche en c. On peut donc trouver $\eta > 0$ tel que $\forall t \in [c - \eta, c[\,,\ \big|f(t) - \ell\big| \leqslant \varepsilon$. D'autre part, par caractérisation de la borne supérieure c, il existe $x \in J$ tel que $c - \eta \leqslant x \leqslant c$. Prenons alors une fonction $\theta \in \mathcal{E}\big([a, b]\big)$ telle que $\forall t \in [a, x]\,,\ \big|f(t) - \theta(t)\big| \leqslant \varepsilon$. Il suffit alors de considérer la fonction en escalier $\hat{\theta}$ définie sur $[a, b]$ par :
  $$\hat{\theta}(t) = \begin{cases} \theta(t) & \text{si } t \in [a, x] \\ \ell & \text{si } x < t < c \\ f(c) & \text{si } t \geqslant c. \end{cases}$$
  pour avoir $\forall t \in [a, c]\,,\ \big|f(t) - \hat{\theta}(t)\big| \leqslant \varepsilon$. Ainsi $c \in J$.
  - $*$ Supposons $c < b$. La fonction f admet donc une limite finie ℓ à droite en c et l'on peut donc trouver $\eta > 0$ tel que $\forall t \in \,]c, c + \eta]\,,\ \big|f(t) - \ell\big| \leqslant \varepsilon$. En prenant une fonction $\theta \in \mathcal{E}\big([a, b]\big)$ telle que $\forall t \in [a, c]\,,\ \big|f(t) - \theta(t)\big| \leqslant \varepsilon$, on construit, comme précédemment une fonction $\hat{\theta}$ en escalier sur $[a, b]$ telle que $\forall t \in [a, c + \eta]\,,\ \big|f(t) - \hat{\theta}(t)\big| \leqslant \varepsilon$ ce qui donne $c + \eta \in J$ et contredit la définition de c. Donc $c = b$.
- En prenant une fonction en escalier θ telle que $|f - \theta| \leqslant \varepsilon/2$, les deux fonctions en escalier $\varphi = \theta - \varepsilon/2$ et $\psi = \theta + \varepsilon/2$ vérifient alors :
$$\varphi \leqslant f \leqslant \psi \quad \text{et} \quad \psi - \varphi \leqslant \varepsilon.$$
■

2.3 Intégrale d'une fonction continue par morceaux

Notation. Si f est continue par morceaux sur $[a, b]$, on note :

- $\mathcal{E}^{+}(f)$ l'ensemble des fonctions en escalier sur $[a, b]$ plus grandes que f.
- $\mathcal{E}^{-}(f)$ l'ensemble des fonctions en escalier sur $[a, b]$ plus petites que f.

Proposition 10. Si f est continue par morceaux, alors :

- $\left\{ \int_{[a,b]} \varphi \mid \varphi \in \mathcal{E}^{-}(f) \right\}$ admet une borne supérieure,
- $\left\{ \int_{[a,b]} \psi \mid \psi \in \mathcal{E}^{+}(f) \right\}$ admet une borne inférieure,

et ces deux bornes sont égales.

Démonstration. Soit f une fonction continue par morceaux sur $[a, b]$. D'après la proposition 7 de la page 655, la fonction f est bornée ; notons $m = \inf\limits_{[a,b]} f$ et $M = \sup\limits_{[a,b]} f$.

- La fonction constante m (respectivement M) appartient à $\mathcal{E}^{-}(f)$ (respectivement à $\mathcal{E}^{+}(f)$), donc $\mathcal{E}^{-}(f)$ et $\mathcal{E}^{+}(f)$ sont non vides.
  De plus, si $\varphi \in \mathcal{E}^{-}(f)$, alors $\varphi \leqslant f \leqslant M$, donc :
  $$\int_{[a,b]} \varphi \leqslant \int_{[a,b]} M = M(b - a).$$
  L'ensemble $\left\{ \int_{[a,b]} \varphi \mid \varphi \in \mathcal{E}^{-}(f) \right\}$ est une partie non vide majorée de $\mathbb{R}$ et possède donc une borne supérieure α.
  De même, $\left\{ \int_{[a,b]} \psi \mid \psi \in \mathcal{E}^{+}(f) \right\}$ est une partie non vide minorée de $\mathbb{R}$ et possède donc une borne inférieure β.
- Toute fonction φ de $\mathcal{E}^{-}(f)$ est inférieure à toute fonction ψ de $\mathcal{E}^{+}(f)$ et par suite :
  $$\int_{[a,b]} \varphi \leqslant \int_{[a,b]} \psi.$$
  Soit $\psi \in \mathcal{E}^{+}(f)$ fixée. L'ensemble $\left\{ \int_{[a,b]} \varphi \mid \varphi \in \mathcal{E}^{-}(f) \right\}$ étant majoré par $\int_{[a,b]} \psi$, sa borne supérieure α est plus petite que cette intégrale.
  Le réel α est donc un minorant de l'ensemble $\left\{ \int_{[a,b]} \psi \mid \psi \in \mathcal{E}^{+}(f) \right\}$, par conséquent il est plus petit que la borne inférieure de ce dernier. On en déduit donc $\alpha \leqslant \beta$.

- Soit $\varepsilon > 0$. D'après le théorème 9 de la page 656, on peut trouver des fonctions $\varphi \in \mathcal{E}^-(f)$ et $\psi \in \mathcal{E}^+(f)$ telles que $\psi - \varphi \leqslant \varepsilon$. On a alors :
$$\int_{[a,b]} \psi - \int_{[a,b]} \varphi = \int_{[a,b]} (\psi - \varphi) \leqslant \varepsilon\,(b-a)\,.$$
Or, par définition de α et β, on a :
$$\int_{[a,b]} \varphi \leqslant \alpha \leqslant \beta \leqslant \int_{[a,b]} \psi.$$
On a donc :
$$\forall \varepsilon > 0\,,\ 0 \leqslant \beta - \alpha \leqslant \varepsilon\,(b-a)$$
ce qui prouve $\alpha = \beta$.

■

Définition 5. Si f est une fonction continue par morceaux sur $[a,b]$, on appelle *intégrale* de f sur $[a,b]$ le réel :
$$\int_{[a,b]} f = \sup\left\{\int_{[a,b]} \varphi \mid \varphi \in \mathcal{E}^-(f)\right\} = \inf\left\{\int_{[a,b]} \psi \mid \psi \in \mathcal{E}^+(f)\right\}.$$

Cohérence. Si f est en escalier sur $[a,b]$, alors elle est continue par morceaux et son intégrale en tant que fonction continue par morceaux est la même que son intégrale en tant que fonction en escalier, ce qui permet de noter de la même façon ces deux intégrales.

En effet, $f \in \mathcal{E}^-(f) \cap \mathcal{E}^+(f)$ et donc son intégrale en tant que fonction en escalier est le plus grand élément de $\left\{\int_{[a,b]} \varphi \mid \varphi \in \mathcal{E}^-(f)\right\}$ et le plus petit élément de $\left\{\int_{[a,b]} \psi \mid \psi \in \mathcal{E}^+(f)\right\}$.

Proposition 11. Soit f continue par morceaux sur $[a,b]$. Pour toute suite (ε_n) à valeurs réelles strictement positives et tendant vers 0, il existe une suite de fonctions en escalier (θ_n) telles que :
$$\forall n \in \mathbb{N}\,,\ \forall t \in [a,b]\,,\ \left|f(t) - \theta_n(t)\right| \leqslant \varepsilon_n$$
et l'on a alors $\displaystyle\int_{[a,b]} f = \lim_{n\to+\infty} \int_{[a,b]} \theta_n$.

Démonstration. Soit $n \in \mathbb{N}$. Comme $\varepsilon_n > 0$, par le théorème 9 de la page 656, on peut trouver une fonction $\theta_n \in \mathcal{E}([a,b])$ telle que $\forall t \in [a,b]\,,\ \left|f(t) - \theta_n(t)\right| \leqslant \varepsilon_n$ et les fonctions $\theta_n - \varepsilon_n$ et $\theta_n + \varepsilon_n$ appartiennent respectivement à $\mathcal{E}^-(f)$ et $\mathcal{E}^+(f)$.

On a donc $\int_{[a,b]} (\theta_n - \varepsilon_n) \leqslant \int_{[a,b]} f \leqslant \int_{[a,b]} (\theta_n + \varepsilon_n)$, ce qui donne :

$$\left| \int_{[a,b]} f - \int_{[a,b]} \theta_n \right| \leqslant \int_{[a,b]} \varepsilon_n = \varepsilon_n \, (b-a) \underset{n \to +\infty}{\longrightarrow} 0.$$

■

3 Propriétés de l'intégrale

Au moyen de la proposition 11 de la page précédente, les propriétés de l'intégrale d'une fonction continue par morceaux se déduisent, par passage à la limite, de celles déjà établies pour les fonctions en escalier.

3.1 Linéarité, relation de Chasles

Proposition 12. L'intégrale est une forme linéaire sur l'espace vectoriel des fonctions continues par morceaux sur $[a,b]$.

Démonstration. Soient f et g deux fonctions continues par morceaux sur $[a,b]$, ainsi que λ et μ deux réels. Considérons (voir la proposition 11 de la page ci-contre) deux suites (φ_n) et (ψ_n) telles que $|f - \varphi_n| \leqslant \varepsilon_n$ et $|g - \psi_n| \leqslant \varepsilon_n$, avec $\lim\limits_{n \to +\infty} \varepsilon_n = 0$. On a ainsi :

$$\int_{[a,b]} f = \lim_{n \to +\infty} \int_{[a,b]} \varphi_n \qquad \text{et} \qquad \int_{[a,b]} g = \lim_{n \to +\infty} \int_{[a,b]} \psi_n.$$

Alors, $\big|(\lambda\, f + \mu\, g) - (\lambda\, \varphi_n + \mu\, \psi_n)\big| \leqslant \big(|\lambda| + |\mu|\big)\, \varepsilon_n$ et donc, toujours par la proposition 11 :

$$\int_{[a,b]} (\lambda\, f + \mu\, g) = \lim_{n \to +\infty} \int_{[a,b]} (\lambda\, \varphi_n + \mu\, \psi_n).$$

La linéarité de l'intégrale des fonctions en escalier donne :

$$\int_{[a,b]} (\lambda\, \varphi_n + \mu\, \psi_n) = \lambda \int_{[a,b]} \varphi_n + \mu \int_{[a,b]} \psi_n$$

puis $\int_{[a,b]} (\lambda\, f + \mu\, g) = \lambda \int_{[a,b]} f + \mu \int_{[a,b]} g$ par passage à la limite. ■

Exemple. Deux fonctions continues par morceaux sur $[a,b]$ qui sont égales sauf en un nombre fini de points ont la même intégrale car leur différence, qui est nulle sauf en un nombre fini de points, est une fonction en escalier dont l'intégrale est nulle.

Proposition 13 (Relation de Chasles). Soient $c \in \,]a,b[$ et f une fonction définie sur $[a,b]$.
La fonction f est continue par morceaux sur $[a,b]$ si, et seulement si, ses restrictions à $[a,c]$ et à $[c,b]$ sont continues par morceaux, et l'on a alors :

$$\int_{[a,b]} f = \int_{[a,c]} f_{|[a,c]} + \int_{[c,b]} f_{|[c,b]}.$$

Démonstration.

- La démonstration de l'équivalence est similaire à celle correspondant au cas des fonctions en escalier.
- Pour montrer l'égalité, on procède de la même façon que dans la proposition précédente en considérant une suite de fonctions en escalier (φ_n) telle que :

$$\forall t \in [a,b]\,,\ \left|f(t) - \varphi_n(t)\right| \leqslant \varepsilon_n \qquad \text{avec} \qquad \lim_{n\to+\infty} \varepsilon_n = 0$$

  et en passant à la limite dans la relation :

$$\int_{[a,b]} \varphi_n = \int_{[a,c]} \varphi_n + \int_{[c,b]} \varphi_n.$$

■

Remarque. Soit f une fonction continue par morceaux sur $[a,b]$.
Prenons $\mathbf{u} = (x_i)_{i\in[\![0,n]\!]}$ une subdivision adaptée à f et notons f_i la fonction continue sur $[x_{i-1},x_i]$ dont la restriction à $]x_{i-1},x_i[$ est égale à celle de f.
La relation de Chasles nous donne alors :

$$\int_{[a,b]} f = \sum_{i=1}^{n} \int_{[x_{i-1},x_i]} f = \sum_{i=1}^{n} \int_{[x_{i-1},x_i]} f_i.$$

Ainsi, l'intégrale d'une fonction continue par morceaux est la somme d'intégrales de fonctions continues.

3.2 Inégalités

Proposition 14.

- Une fonction positive et continue par morceaux a une intégrale positive.
- Si f et g sont deux fonctions continues par morceaux sur $[a,b]$ alors :

$$f \leqslant g \Longrightarrow \int_{[a,b]} f \leqslant \int_{[a,b]} g.$$

Démonstration.

- Si f est positive, alors la fonction nulle appartient à $\mathcal{E}^-(f)$ et son intégrale est plus petite que l'intégrale de f qui est donc positive.
- Il suffit d'appliquer le résultat précédent à la fonction positive $g - f$ et d'utiliser la linéarité de l'intégrale.

■

Théorème 15 (Inégalité de la moyenne). Si f est continue par morceaux sur $[a,b]$, alors $|f|$ est continue par morceaux sur $[a,b]$ et :

$$\left|\int_{[a,b]} f\right| \leqslant \int_{[a,b]} |f| \leqslant (b-a) \sup_{[a,b]} |f|.$$

Démonstration. Soit $\mathbf{u} = (x_i)_{i \in [\![0,n]\!]}$ une subdivision adaptée à la fonction f. Alors la restriction de f à chacun des intervalles $]\, x_{i-1}, x_i\, [$ est continue et admet des limites en x_{i-1} et x_i. Il en est donc de même pour la fonction $|f|$ d'après les propriétés des limites.
En intégrant la double inégalité $-|f| \leqslant f \leqslant |f|$, on obtient :

$$-\int_{[a,b]} |f| \leqslant \int_{[a,b]} f \leqslant \int_{[a,b]} |f|, \qquad \text{c'est-à-dire} \qquad \left|\int_{[a,b]} f\right| \leqslant \int_{[a,b]} |f|.$$

La dernière inégalité s'obtient par intégration de la relation $|f| \leqslant \sup_{[a,b]} |f|$. ∎

Interprétation géométrique.

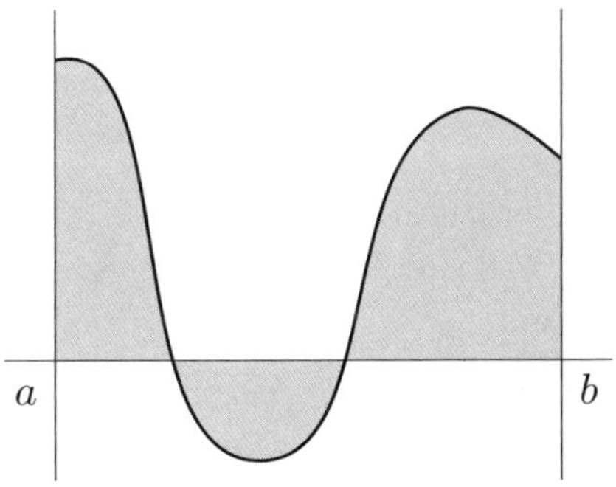

Comme l'intégrale a été construite (*cf.* introduction), la quantité $\int_{[a,b]} |f|$ représente la somme des aires des parties du plan comprises entre l'axe Ox et la courbe représentative de f, alors que $\int_{[a,b]} f$ représente la somme algébrique de ces aires, les parties situées sous l'axe Ox étant comptées négativement.

Si $m = \inf_{[a,b]} f$ et $M = \sup_{[a,b]} f$, alors m est une fonction en escalier inférieure à f, donc son intégrale $m(b-a)$ est inférieure à l'intégrale de f. En faisant le même type de raisonnement pour M, on obtient :

$$m(b-a) \leqslant \int_{[a,b]} f \leqslant M(b-a).$$

La quantité $\dfrac{1}{b-a}\displaystyle\int_{[a,b]} f$ est donc un réel compris entre m et M.

Définition 6. On appelle *valeur moyenne* de la fonction f continue par morceaux sur le segment $I = [a,b]$, la quantité $\dfrac{1}{b-a}\displaystyle\int_{[a,b]} f$.

Exercice 1.

Soit f une fonction *continue* sur $[a,b]$ de valeur moyenne m. Montrer qu'il existe $c \in [a,b]$ tel que $f(c) = m$.

Solution. La fonction f étant continue, l'image du segment $[a,b]$ est le segment $[\min\limits_{[a,b]} f, \max\limits_{[a,b]} f]$ qui contient donc la valeur moyenne de f d'après ce qui précède.

Théorème 16 (Inégalité de Cauchy-Schwarz).
Si f et g sont deux fonctions continues par morceaux sur le segment $[a,b]$, on a :

$$\left(\int_{[a,b]} f\,g\right)^2 \leqslant \int_{[a,b]} f^2 \int_{[a,b]} g^2.$$

Démonstration. Posons :

$$P(\lambda) = \int_{[a,b]} (f+\lambda\,g)^2 = \lambda^2 \int_{[a,b]} g^2 + 2\lambda \int_{[a,b]} f\,g + \int_{[a,b]} f^2.$$

P est une fonction polynomiale de degré inférieur ou égal à 2 vérifiant :

$$\forall \lambda \in \mathbb{R}\,,\ P(\lambda) \geqslant 0.$$

- Si $\displaystyle\int_{[a,b]} g^2 = 0$, alors P est une fonction affine positive sur $\mathbb{R}$, et par suite une fonction constante. On en déduit $\displaystyle\int_{[a,b]} f\,g = 0$ et donc :

$$\left(\int_{[a,b]} f\,g\right)^2 = 0 = \int_{[a,b]} f^2 \int_{[a,b]} g^2.$$

- Sinon, P est un trinôme du second degré qui reste positif sur $\mathbb{R}$. Son discriminant :

$$\Delta = 4\left(\left(\int_{[a,b]} f\,g\right)^2 - \int_{[a,b]} f^2 \int_{[a,b]} g^2\right)$$

  est donc négatif, ce qui donne l'inégalité annoncée.

■

3.3 Cas des fonctions continues

Théorème 17. Une fonction continue et positive sur un segment $[a,b]$ est nulle si, et seulement si, son intégrale sur $[a,b]$ est nulle.

Démonstration. Si f est nulle, alors son intégrale est évidemment nulle.
Pour la réciproque, supposons f continue, positive et non nulle.
On peut alors trouver un élément $c \in [a,b]$ tel que $f(c) > 0$.

- Si $a < c < b$: posons $\varepsilon = f(c)/2$. La continuité de f en c permet de trouver un réel $\eta > 0$ tel que :

$$\forall x \in [a,b]\,,\ |x-c| \leqslant \eta \Longrightarrow f(x) \geqslant \varepsilon.$$

En posant $\alpha = \max\left(\dfrac{a+c}{2}, c-\eta\right)$ et $\beta = \min\left(\dfrac{b+c}{2}, c+\eta\right)$, on a :

$$\begin{aligned}
\int_{[a,b]} f &= \int_{[a,\alpha]} f + \int_{[\alpha,\beta]} f + \int_{[\beta,b]} f && \text{relation de Chasles} \\
&\geqslant \int_{[\alpha,\beta]} f && \text{puisque } f \text{ est positive} \\
&\geqslant (\beta-\alpha)\,\varepsilon > 0 && \text{puisque } \forall x \in [\alpha,\beta]\ ,\ f(x) \geqslant \varepsilon
\end{aligned}$$

ce qui prouve que l'intégrale de f est non nulle.

- Si $c = a$ ou $c = b$: la fonction f est continue et $f(c) > 0$, ce qui prouve que f est strictement positive au voisinage de c. Il existe donc un réel $d \in\ ]a,b[$ tel que $f(d) > 0$, et l'on est ramené au cas précédent.

■

⚠ S'il manque l'une des deux hypothèses (continuité ou positivité), le résultat peut tomber en défaut.

- La fonction cos est continue et non nulle sur $[0,\pi]$ alors que son intégrale est nulle.
- La fonction définie sur $[0,1]$ par

$$f(x) = \begin{cases} 0 & \text{si } x \neq 0 \\ 1 & \text{si } x = 0 \end{cases}$$

est positive et n'est pas la fonction nulle, mais son intégrale est nulle.

- Néanmoins, si f est positive et continue par morceaux, la démonstration précédente montre que si son intégrale est nulle, alors f ne peut pas être strictement positive en un point où elle est continue.
  Comme une fonction continue par morceaux n'a qu'un nombre fini de points de discontinuité, on en déduit qu'une fonction continue par morceaux positive qui a une intégrale nulle est nulle sauf éventuellement en un nombre fini de points.

Exercice 2.

Montrer que dans l'exercice 1 de la page 661, le réel c peut être choisi dans $]a,b[$.

Solution. Soit f continue sur $[a,b]$. Dans l'exercice précité, nous avons montré l'existence d'un élément $c \in [a,b]$ tel que $\displaystyle\int_{[a,b]} f = (b-a)\,f(c)$. Si $c \in\ ]a,b[$, il n'y a rien à montrer.

Sinon, supposons par exemple $c = a$. Si $\forall x \in\ ]a,b[\ ,\ f(x) \neq f(a)$, la fonction $f - f(a)$ est continue et ne s'annule pas sur l'intervalle $]a,b[$, donc y garde un signe constant. Par continuité, elle est aussi de signe constant sur $[a,b]$ et n'est pas identiquement nulle. Son intégrale est donc non nulle ce qui contredit l'égalité $\displaystyle\int_{[a,b]} f = (b-a)\,f(a)$. Donc il existe $x \in\ ]a,b[$ tel que $f(x) = f(a)$, ce qui prouve le résultat.

Corollaire 18. Si f et g sont deux fonctions continues sur le segment $[a,b]$, on a :

$$\left(\int_{[a,b]} f\,g\right)^2 = \int_{[a,b]} f^2 \int_{[a,b]} g^2.$$

si, et seulement si, f et g sont proportionnelles.

Démonstration.

- Si f et g sont proportionnelles, il existe un réel λ tel que $f = \lambda g$ ou $g = \lambda f$. Supposons par exemple $f = \lambda g$.
  Alors :
  $$\left(\int_{[a,b]} f\,g\right)^2 = \lambda^2 \left(\int_{[a,b]} g^2\right)^2 = \int_{[a,b]} f^2 \int_{[a,b]} g^2.$$
- Supposons que l'égalité ait lieu et reprenons le polynôme P de la démonstration de l'inégalité de Cauchy–Schwarz :
  $$P(\lambda) = \int_{[a,b]} (f + \lambda\,g)^2 = \lambda^2 \int_{[a,b]} g^2 + 2\lambda \int_{[a,b]} f\,g + \int_{[a,b]} f^2.$$
  * Si $\displaystyle\int_{[a,b]} g^2 = 0$, alors g^2 est continue positive et a une intégrale nulle. La fonction g est donc nulle et f et g sont proportionnelles.
  * Sinon, le polynôme P a un discriminant nul, et l'on peut donc trouver un réel λ_0 tel que $P(\lambda_0) = 0$.
    La fonction $(f + \lambda_0\,g)^2$ est alors continue, positive et d'intégrale nulle. Par suite $f + \lambda_0\,g = 0$, ce qui prouve que f et g sont proportionnelles.

■

3.4 Sommes de Riemann

Définition 7. On appelle *somme de Riemann régulière à gauche* associée à f, à l'ordre n, sur l'intervalle $[a,b]$, la quantité :

$$S_n(f;[a,b]) := \frac{b-a}{n} \sum_{k=0}^{n-1} f\Big(a + \frac{k}{n}(b-a)\Big).$$

La *somme de Riemann régulière à droite* est obtenue en sommant k de 1 à n.

Les sommes de Riemann ainsi définies ne sont pas autre chose que l'intégrale d'une fonction en escalier égale à $f(x_{k-1,n})$ (ou $f(x_{k,n})$ pour les sommes de Riemann régulières à droite) sur chacun des intervalles $]x_{k-1,n}, x_{k,n}[$, avec $x_{k,n} := a + k\,\frac{b-a}{n}$, pour $k \in [\![0,n]\!]$. On « voit » donc qu'elles vont approcher l'intégrale de f d'autant mieux lorsque n augmente (voir la figure IV.5.1 de la page ci-contre).

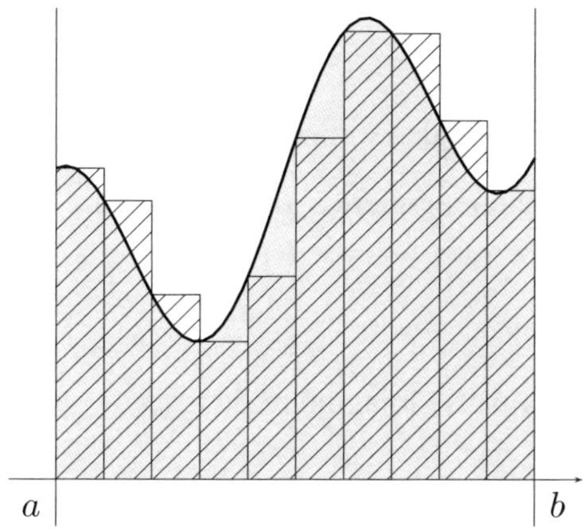

FIGURE IV.5.1 – Sommes de Riemann régulières à gauche

Théorème 19. Pour toute fonction f continue par morceaux sur $[a,b]$, la suite $\big(S_n(f;[a,b])\big)$ converge vers l'intégrale de f sur $[a,b]$.

Ce théorème sera démontré dans le cas général dans le L2, mais nous en proposons néanmoins ici une preuve dans le cas particulier des fonctions continues. Elle peut être sautée dans une première lecture.

Démonstration. Intéressons-nous, par exemple, aux sommes de Riemann régulières à gauche et notons φ_n la fonction en escalier égale à $f(x_{k-1,n})$ sur l'intervalle $]x_{k-1,n}, x_{k,n}[$, avec $x_{k,n} := a + k\,\frac{b-a}{n}$, pour $k \in [\![0,n]\!]$ et telle que $\varphi_n(x_{k,n}) = f(x_{k,n})$.

Soit $\varepsilon > 0$. Montrons par l'absurde qu'il existe un rang p tel que, pour tout $n \geqslant p$, on ait $\forall t \in [a,b]\,,\ \big|f(t) - \varphi_n(t)\big| \leqslant \varepsilon$. Supposons que ce ne soit pas le cas, on a donc :

$$\forall p \in \mathbb{N}^*\,,\ \exists n \geqslant p\,,\ \exists t \in [a,b]\ :\ \big|f(t) - \varphi_n(t)\big| > \varepsilon.$$

Prenons, pour chaque entier p un tel n, que l'on note n_p et un élément $t_p \in [a,b]$ tel que $\big|f(t_p) - \varphi_{n_p}(t_p)\big| > \varepsilon$. La suite (t_p) étant bornée, elle admet une suite extraite convergente et donc, quitte à remplacer (t_p) par une telle sous-suite et (φ_{n_p}) par la sous-suite correspondante, on peut supposer que la suite (t_p) converge vers un certain élément $c \in [a,b]$. Par définition, $\varphi_{n_p}(t_p)$ est la valeur de f en un point x_p tel que $x_p \leqslant t_p \leqslant x_p + \frac{1}{n_p}$, et donc (x_p) converge aussi vers c. Par continuité de f en c, on a ainsi $\lim\limits_{p \to +\infty} f(x_p) - f(t_p) = f(c) - f(c) = 0$, ce qui contredit la relation $\big|f(x_p) - f(t_p)\big| = \big|f(t_p) - \varphi_{n_p}(t_p)\big| > \varepsilon$.

Ainsi, il existe un entier p tel que, pour tout $n \geqslant p$, on ait $\forall t \in [a,b]\,,\ \big|f(t) - \varphi_n(t)\big| \leqslant \varepsilon$ et par conséquent :

$$\left|\int_{[a,b]} f - \int_{[a,b]} \varphi_n\right| \leqslant \int_{[a,b]} |f - \varphi_n| \leqslant \int_{[a,b]} \varepsilon = (b-a)\,\varepsilon.$$

On a ainsi montré la convergence de $\displaystyle\int_{[a,b]} \varphi_n$ vers $\displaystyle\int_{[a,b]} f$. ■

Exercice 3.
Calculer $\displaystyle\int_0^{\pi} \sin(x)\,\mathrm{d}x$ en utilisant des sommes de Riemann.

Solution. La somme de Riemann régulière à gauche à l'ordre n associée à la fonction sinus est $S_n := \dfrac{\pi}{n}\displaystyle\sum_{k=0}^{n-1} \sin\left(\frac{k\pi}{n}\right)$.

La somme $\sum\limits_{k=0}^{n-1} \sin\left(\frac{k\pi}{n}\right)$ est la partie imaginaire de :

$$\sum_{k=0}^{n-1} \mathrm{e}^{ik\pi/n} = \frac{1-e^{i\pi}}{1-e^{i\pi/n}} = \frac{2}{e^{i\pi/2n}\,(-2i)\,\sin(\pi/2n)} = \frac{i\,e^{-i\pi/2n}}{\sin(\pi/2n)},$$

ce qui donne $S_n = \dfrac{\pi}{n}\,\dfrac{\cos(\pi/2n)}{\sin(\pi/2n)}\cdot$

En utilisant $\lim\limits_{x\to 0} \dfrac{\sin x}{x} = 1$, on obtient $\lim\limits_{n\to+\infty} \dfrac{\pi/n}{\sin(\pi/2n)} = 2$, d'où $\displaystyle\int_0^{\pi} \sin(x)\,\mathrm{d}x = 2$, résultat que l'on retrouvera par la suite en utilisant le calcul intégral.

4 Intégration et dérivation, calcul des intégrales

Dans cette section, I désigne un intervalle quelconque de $\mathbb{R}$.

4.1 Fonctions continues par morceaux sur un intervalle

Définition 8. On dit qu'une application définie sur I est *continue par morceaux* sur I si elle est continue par morceaux sur tout segment de I.

Remarque. On peut donc intégrer une fonction continue par morceaux sur I sur tout segment inclus dans I et contenant au moins deux points.

Exemples.

1. Une fonction continue sur I est continue par morceaux sur I.
2. La fonction $x \mapsto x - E(x)$ est continue par morceaux sur $\mathbb{R}$.
3. La fonction f définie sur $\mathbb{R}$ par :

$$f(0) = 0 \qquad \text{et} \qquad \forall x \neq 0,\ f(x) = e^{1/x}$$

n'est pas continue par morceaux sur $\mathbb{R}$ puisque sa restriction à $[-1,1]$ n'est pas continue par morceaux (voir l'exemple 3 de la page 655).

En revanche, ses restrictions à $\mathbb{R}_+^*$ et $\mathbb{R}_-^*$ sont continues par morceaux puisqu'elles sont continues.

Notation. Soient f une fonction continue par morceaux sur un intervalle I, ainsi que a et b deux éléments quelconques de I (on ne suppose plus à partir de maintenant $a < b$). On note :

- si $a < b$, $\displaystyle\int_a^b f(x)\,\mathrm{d}x = \int_{[a,b]} f$
- si $a > b$, $\displaystyle\int_a^b f(x)\,\mathrm{d}x = -\int_{[b,a]} f$
- si $a = b$, $\displaystyle\int_a^b f(x)\,\mathrm{d}x = 0$

Un peu d'histoire

Au XVIIème siècle, Leibniz interprétait l'intégrale, et donc l'aire sous la courbe, comme une somme infinie de rectangles infinitésimaux de hauteur $f(x)$ et de largeur infiniment petite Δx, et donc d'aire $f(x)\,\Delta x$. Le produit $f(x)\,\mathrm{d}x$ rappelle cette notation et le symbole d'intégrale le « S » de la somme.

À l'époque moderne, on reprend cette idée en introduisant la notion de *forme différentielle* : $f(x)\,\mathrm{d}x$ représente une forme différentielle que l'on intègre entre les deux points a et b. Sur le plan pratique la notation $\displaystyle\int_a^b f(x)\,\mathrm{d}x$ facilite le changement de variable dans une intégrale.

L'implication $f \leqslant g \Longrightarrow \displaystyle\int_a^b f(x)\,\mathrm{d}x \leqslant \int_a^b g(x)\,\mathrm{d}x$ n'est valable que lorsque $a \leqslant b$.

Dans le cas général, les inégalités du théorème 15 de la page 661 deviennent :

$$\left|\int_a^b f(x)\,\mathrm{d}x\right| \leqslant \int_J |f| \leqslant |b-a| \sup_J |f|$$

où J désigne le segment de $\mathbb{R}$ d'extrémités a et b, c'est-à-dire $[a,b]$ si $a \leqslant b$ et $[b,a]$ sinon.

Proposition 20 (Relation de Chasles).
Si f est continue par morceaux sur un intervalle I, alors :

$$\forall (a,b,c) \in I^3,\ \int_a^b f(x)\,\mathrm{d}x = \int_a^c f(x)\,\mathrm{d}x + \int_c^b f(x)\,\mathrm{d}x.$$

Démonstration.

- Le cas où $a < c < b$ est, avec la nouvelle notation, la traduction de la proposition 13 de la page 660.
- Si $a < b < c$, la même proposition 13 permet d'écrire :

$$\int_a^c f(x)\,\mathrm{d}x = \int_a^b f(x)\,\mathrm{d}x + \int_b^c f(x)\,\mathrm{d}x$$

et donc :

$$\int_a^b f(x)\,\mathrm{d}x = \int_a^c f(x)\,\mathrm{d}x - \int_b^c f(x)\,\mathrm{d}x = \int_a^c f(x)\,\mathrm{d}x + \int_c^b f(x)\,\mathrm{d}x.$$

- Les cas :

$$b < a < c \qquad b < c < a \qquad c < a < b \qquad c < b < a$$

se traitent de la même façon.
- Enfin, si a, b et c ne sont pas deux à deux distincts, le résultat est immédiat.

■

4.2 Le théorème fondamental de l'analyse

L'intégrale est bien plus qu'un concept géométrique, comme on a commencé à le voir. Pour le réaliser pleinement, il faut faire le lien (pas apparent du tout) avec la dérivation, ce que nous allons voir ci-après. Rappelons d'abord une définition reliée à la dérivation :

Définition 9. On dit qu'une fonction f admet une primitive sur un intervalle I s'il existe une application dérivable $F : I \to \mathbb{R}$ (appelée *primitive* de f) telle que $F'(x) = f(x)$ pour tout $x \in I$.

Rappelons aussi qu'en vertu de l'inégalité des accroissements finis, deux primitives d'une même fonction sur un intervalle diffèrent d'une constante.

Quel rapport y a-t-il entre le concept géométrique de droite tangente à une courbe, et le calcul d'aire ? Apparemment aucun, et si l'on s'en tenait à la vision purement géométrique de l'intégrale, on en resterait là. Le théorème qui suit, et qui est justement appelé fondamental, va pourtant nous donner un lien absolument inattendu : le concept de tangente est relié à celui de dérivée (qui est la pente de la tangente), et celui d'aire à l'intégrale, comme expliqué à la section précédente. Or le théorème affirme que l'intégration est l'opération contraire de la dérivation (on parle parfois d'antidérivation) :

Théorème 21 (Théorème fondamental de l'analyse). Soit f une fonction continûment dérivable sur un intervalle I. Alors, pour tous α, β dans I, on a :

$$\int_\alpha^\beta f'(x)\,\mathrm{d}x = f(\beta) - f(\alpha).$$

Le membre de droite est appelé la variation de f entre α et β et est souvent noté $[f(x)]_\alpha^\beta$ ou $[f]_\alpha^\beta$.

La propriété fondamentale de l'intégration ainsi exposée peut être vue sous un angle différent :

Théorème 22 (Cauchy). Toute fonction continue sur un intervalle I admet une primitive. Plus précisément, la primitive de f qui s'annule en un point $a \in I$ est l'application $F : I \to \mathbb{R}$ définie par $F(x) := \displaystyle\int_a^x f(t)\,\mathrm{d}t$.

En utilisant la relation de Chasles, on voit que $x \mapsto \int_b^x f(t)\,\mathrm{d}t$, avec $b \in I$ quelconque, est aussi une primitive de f, car sa différence avec F est constante. On prendra néanmoins garde que toutes les primitives de f ne sont pas, *a priori*, de cette forme. Mais elles sont toutes de la forme $\lambda + F$, avec $\lambda \in \mathbb{R}$, car I est un intervalle.
En raison du théorème de Cauchy, on note parfois la primitive d'une fonction f sous la forme $x \mapsto \int f(x)\,\mathrm{d}x$ (sans bornes sur l'intégrale) ou sous la forme $x \mapsto \int^x f(t)\,\mathrm{d}t$ (sans borne basse, supposée connue, mais non précisée).
Les deux théorèmes sont liés, et nous les démontrons ensemble.

Démonstration.

- Démontrons d'abord le théorème de Cauchy. Soit $c \in I$; par continuité de f, pour tout $\varepsilon > 0$ il existe δ tel que $|f(x) - f(c)| \leqslant \varepsilon$ dès que $x \in I$ et $|x - c| \leqslant \delta$. Prenons un tel x et posons $h := x - c$.
  Il vient alors, en notant J le segment d'extrémités c et $c + h$:
  $$\left|F(c+h) - F(c) - h\,f'(c)\right| = \left|\int_c^{c+h} \big(f(t) - f(c)\big)\,\mathrm{d}t\right| \leqslant \int_J \left|f(t) - f(c)\right|\mathrm{d}t \leqslant |h|\,\varepsilon$$
  d'où la dérivabilité de F en c avec $F'(c) = f(c)$.
- Passons au théorème fondamental. Le théorème de Cauchy appliqué à f' (supposée continue), nous dit que cette dernière admet f et $G : x \mapsto \int_a^x f'(t)\,\mathrm{d}t$ comme primitives. Elles diffèrent donc d'une constante, ce qui donne :
  $$f(\beta) - f(\alpha) = G(\beta) - G(\alpha) = \int_\alpha^\beta f'(t)\,\mathrm{d}t$$
  et justifie le théorème fondamental.

■

Le théorème nous permet donc de calculer certaines intégrales, si l'on parvient à identifier l'intégrande (la fonction que l'on intègre) comme une dérivée. Ainsi, l'exercice 3 de la page 666 est-il maintenant bien plus simple à résoudre, la fonction $-\cos$ étant une primitive de $\sin$:
$$\int_0^\pi \sin(x)\,\mathrm{d}x = \big[-\cos(x)\big]_0^\pi = -\cos(\pi) + \cos(0) = 2.$$
On peut utiliser un tableau de dérivation pour retrouver certaines primitives importantes, en lisant son contenu « à l'envers ». Nous présentons dans la table de la page suivante les primitives déduites directement des formules de dérivation ou des définitions et propriétés élémentaires des fonctions transcendantes.
Notons d'une part que certaines fonctions manquent (le logarithme par exemple ne figure pas dans la colonne de gauche, car il n'est pas la dérivée d'une fonction simple). D'autre part, nous donnons seulement une primitive : les autres se déduisent en ajoutant des constantes sur chaque intervalle de définition de la fonction qu'il faut bien délimiter.
Par exemple, la fonction $x \mapsto 1/x$ est définie et continue sur $\mathbb{R}^*$ qui n'est pas un intervalle mais la réunion de deux demi-droites ; la fonction $x \mapsto \ln|x|$ en est une primitive à la fois sur $\mathbb{R}_+^*$ et sur $\mathbb{R}_-^*$; on dit parfois - par abus de langage - qu'elle en est aussi une primitive

Fonction		*Primitive*
x^α	$\alpha \in \mathbb{R} \setminus \{-1\}$	$\dfrac{x^{\alpha+1}}{\alpha+1}$
$\dfrac{1}{x}$		$\ln \lvert x \rvert$
e^x		e^x
$\cos x$		$\sin x$
$\sin x$		$-\cos x$
$\tan x$		$-\ln \lvert \cos x \rvert$
$\operatorname{cotan} x$		$\ln \lvert \sin x \rvert$

Fonction		*Primitive*
$\cosh x$		$\sinh x$
$\sinh x$		$\cosh x$
$\tanh x$		$\ln \cosh x$
$\coth x$		$\ln \lvert \sinh x \rvert$
$\dfrac{1}{a^2+x^2}$	$a \neq 0$	$\dfrac{1}{a} \arctan\left(\dfrac{x}{a}\right)$
$\dfrac{1}{a^2-x^2}$	$a \neq 0$	$\dfrac{1}{2a} \ln\left\lvert \dfrac{a+x}{a-x} \right\rvert$
$\dfrac{1}{\sqrt{a^2-x^2}}$	$a > 0$	$\arcsin\left(\dfrac{x}{a}\right)$
$\dfrac{1}{\sqrt{x^2+h}}$	$h \neq 0$	$\ln\left(x+\sqrt{x^2+h}\right)$

TABLE IV.5.1 – Primitives de fonctions élémentaires

sur $\mathbb{R}^*$. Plus précisément toutes ses primitives sont de la forme $x \mapsto a + \ln x$ sur $\mathbb{R}_+^*$ et $x \mapsto b - \ln(-x)$ sur $\mathbb{R}_-^*$ où a et b sont arbitraires.

Exercice 4.

Redémontrer, en utilisant le théorème de Cauchy, le résultat du théorème 17 de la page 662.

Solution. Soit f une fonction continue et positive sur un segment $[a,b]$. La fonction $F : x \mapsto \displaystyle\int_a^x f(t)\,\mathrm{d}t$ en est alors une primitive et elle est croissante, par positivité de sa dérivée f. Donc, si $\displaystyle\int_a^b f(t)\,\mathrm{d}t = 0$, alors $F(b) - F(a) = 0$ et la fonction croissante F est constante sur $[a,b]$. Par conséquent, sa dérivée est nulle, ce qui donne $f = 0$.

---

5 Calcul effectif d'intégrales

Dans bien des situations, on cherche à intégrer une fonction, souvent donnée par une expression explicite. Lorsque cette dernière est une combinaison linéaire d'autres fonctions, on est ramené au calcul des intégrales de celles-ci (si elles existent). Cela permet notam-

ment d'intégrer des sommes ou des différences, mais qu'en est-il des trois autres opérations importantes sur les fonctions : la multiplication, la composition et la division ?
La réponse courte est : en général, on ne peut pas. Même des fonctions apparemment très simples comme e^{x^2} n'ont pas de primitives exprimables avec les autres fonctions usuelles. Attention : il y a quand même une primitive, car nous parlons d'une fonction continue ici ; mais celle-ci ne peut s'écrire à l'aide des fonctions transcendantes que nous avons vues. Dans ce cas, on peut introduire de nouvelles fonctions à cette fin. Ainsi, si nous considérons la classe des fractions rationnelles (quotient de deux polynômes), certaines n'ont pas de primitives dans cette classe, comme par exemple $x \mapsto 1/(1+x^2)$. On peut alors définir de nouvelles fonctions (l'arc-tangente dans notre exemple) pour enrichir cet ensemble (c'est l'une des définitions classiques de cette fonction, même si ce n'est pas ainsi que nous l'avons introduite dans ce cours). Mais la nouvelle classe contiendra alors d'autres fonctions dont les primitives ne s'expriment pas dans cette classe. Un théorème (difficile) montre même que, quel que soit le nombre (fini) de nouvelles fonctions que nous introduisons, on aura toujours une classe « incomplète pour l'intégration ».
La réponse longue est : dans certains cas, on peut quand même faire le calcul, en utilisant deux outils essentiels, l'intégration par parties, et les changements de variables.

5.1 Intégration par parties

Théorème 23. Soient f, g deux fonctions continûment dérivables sur $[a, b]$. Alors :

$$\int_a^b f(x)g'(x)\,\mathrm{d}x = \left[f(x)g(x)\right]_a^b - \int_a^b g(x)f'(x)\,\mathrm{d}x.$$

On rappelle que les crochets désignent la variation de fg, soit ici $f(b)g(b) - f(a)g(a)$.

Démonstration. Le produit $h := fg$ est continûment dérivable de dérivée $h' = fg' + gf'$. On a donc, d'après le théorème fondamental :

$$\left[h(x)\right]_a^b = \int_a^b h'(x)\,\mathrm{d}x = \int_a^b f(x)g'(x)\,\mathrm{d}x + \int_a^b g(x)f'(x)\,\mathrm{d}x$$

et la formule. ∎

La formule d'intégration par parties permet de transformer une intégrale d'un produit fg' en une autre (celle de gf'). Donnons quatre exemples.

Exercice 5.

Calculer $\displaystyle\int_0^1 x\mathrm{e}^x\,\mathrm{d}x$.

Solution. Il suffit de poser $f(x) := x$ et $g'(x) := \mathrm{e}^x$, d'où par exemple $g(x) := \mathrm{e}^x$. Par suite :

$$\int_0^1 x\mathrm{e}^x\,\mathrm{d}x = [x\mathrm{e}^x]_0^1 - \int_0^1 \mathrm{e}^x\,\mathrm{d}x = \mathrm{e} - (\mathrm{e} - 1) = 1.$$

Le succès vient du fait que la deuxième intégrale est maintenant une intégrale « simple » (primitive évidente). Cette méthode peut se généraliser en effectuant plusieurs intégrations par parties successives, comme indiqué dans l'exercice suivant.

Exercice 6.

Soit P un polynôme de degré inférieur ou égal à n.

1. Montrer que l'on peut calculer $\int_a^b P(x)\,\mathrm{e}^x\,\mathrm{d}x$ en effectuant au plus n intégrations par parties. En déduire que toute primitive de $P(x)\,\mathrm{e}^x$ est de la forme $Q(x)\,\mathrm{e}^x + c$, avec Q un polynôme.

2. Même question avec $P(x)\,\cos x$, $P(x)\,\sin x$, $P(x)\,\cosh x$ et $P(x)\,\sinh x$. Dans ces cas, quelle est la forme des primitives ?

Solution.

1. Démontrons par récurrence sur le degré n de P qu'une des primitives de $P(x)\,\mathrm{e}^x$ s'écrit sous la forme $Q(x)\,\mathrm{e}^x$ où Q est un polynôme de degré au plus $n-1$. C'est clair pour $n=0$; si c'est vrai pour $n \in \mathbb{N}$, c'est alors vrai pour $n+1$ puisque :

$$\int_a^b P(x)\,\mathrm{e}^x\,\mathrm{d}x = \left[P(x)\,\mathrm{e}^x\right]_a^b - \int_a^b P'(x)\,\mathrm{e}^x\,\mathrm{d}x.$$

Une suite de n intégrations par parties de ce genre conduit donc à une expression sans signe intégral.

2. Démontrons par récurrence sur le degré n de P qu'une des primitives de $P(x)\,\cos x$ et une des primitives de $P(x)\,\sin x$ s'écrivent toutes deux sous la forme $Q(x)\,\cos x + R(x)\,\sin x$ où Q et R sont des polynômes de degré au plus $n-1$. C'est clair pour $n=1$; si c'est vrai pour $n>0$, c'est alors vrai pour $n+1$ puisque :

$$\int_a^b P(x)\,\cos x\,\mathrm{d}x = \left[P(x)\,\sin x\right]_a^b - \int_a^b P'(x)\,\sin x\,\mathrm{d}x.$$

$$\int_a^b P(x)\,\sin x\,\mathrm{d}x = -\left[P(x)\,\cos x\right]_a^b + \int_a^b P'(x)\,\cos x\,\mathrm{d}x.$$

De la même façon, l'une des primitives de $P(x)\,\cosh x$ et l'une des primitives de $P(x)\,\sinh x$ s'écrivent sous la forme $Q(x)\,\cosh x + R(x)\,\sinh x$ où Q et R sont des polynômes de degré au plus $n-1$ (on peut aussi introduire e^x et e^{-x}).

Exercice 7.

On cherche une primitive de la fonction logarithme sur son intervalle de définition $\mathbb{R}_+^* =]0,+\infty[$. Nous savons que $t \mapsto \int_1^t \ln x\,\mathrm{d}x$ est une telle primitive. Calculer cette intégrale.

Solution. Il suffit de la considérer comme le produit de $f(x) := \ln x$ par la fonction constante $g'(x) := 1$, d'où par exemple $g(x) := x$. On a alors $f'(x) = 1/x$, d'où :

$$\int_1^t \ln x\,\mathrm{d}x = [fg]_1^t - \int_1^t x\,\frac{1}{x}\,\mathrm{d}x = (t\ln t - 0) - \int_1^t \mathrm{d}x = t\ln t - (t-1) = t\,(\ln t - 1) + 1$$

et toutes les primitives de $\ln t$ sont donc de la forme $t\,\ln t - t + c$ avec $c \in \mathbb{R}$.

Exercice 8.

On cherche une primitive de la fonction arc-tangente sur $\mathbb{R}$. Nous savons que $t \mapsto \int_0^t \arctan x \,\mathrm{d}x$ est une telle primitive. Calculer cette intégrale.

Solution. Il suffit de la considérer comme le produit de $f(x) := \arctan x$ par la fonction constante $g'(x) := 1$, d'où par exemple $g(x) := x$. On a alors $f'(x) = 1/(1+x^2)$, d'où :

$$\int_1^t \arctan x \,\mathrm{d}x = [fg]_1^t - \int_1^t x\,\frac{1}{1+x^2}\,\mathrm{d}x.$$

Puisque x est la demi-dérivée de $1+x^2$, nous pouvons écrire :

$$\int_0^t \frac{x}{1+x^2}\,\mathrm{d}x = \left[\frac{1}{2}\ln(1+x^2)\right]_0^t = \frac{1}{2}\ln(1+t^2) = \ln\sqrt{1+t^2}$$

et les primitives de $\arctan t$ sont de la forme $(t \arctan t) - \ln\sqrt{1+t^2} + c$ avec $c \in \mathbb{R}$.

5.2 Changement de variable

Théorème 24. Soit φ une fonction continûment dérivable sur un intervalle I, à valeurs dans un intervalle J. Si a et b sont deux points de I et f une fonction continue sur J, alors :

$$\int_{\varphi(a)}^{\varphi(b)} f(x)\,\mathrm{d}x = \int_a^b \big(f\circ\varphi(t)\big)\,\varphi'(t)\,\mathrm{d}t.$$

Démonstration. Soient F une primitive de f sur J et $G := F\circ\varphi$. Alors G est bien définie et dérivable, de dérivée $G' = \varphi'(F'\circ\varphi) = (f\circ\varphi)\,\varphi'$. On a donc, d'après le théorème fondamental :

$$F\big(\varphi(b)\big) - F\big(\varphi(a)\big) = G(b) - G(a) = \int_a^b G'(t)\,\mathrm{d}t = \int_a^b \big(f\circ\varphi(t)\big)\,\varphi'(t)\,\mathrm{d}t$$

et la formule. ∎

Remarque. Soit θ une fonction continûment dérivable sur un intervalle J et telle que $\forall x \in J$, $\theta'(x) \neq 0$. Alors θ définit une bijection de J sur un intervalle I dont la réciproque est aussi continûment dérivable d'après le théorème 29 de la page 588. On peut donc appliquer le théorème de changement de variable à $\varphi = \theta^{-1}$. Ainsi, si α et β sont deux points de J et f une fonction continue sur J, alors :

$$\int_\alpha^\beta f(x)\,\mathrm{d}x = \int_{\theta(\alpha)}^{\theta(\beta)} f\big(\theta^{-1}(t)\big)\,(\theta^{-1})'(t)\,\mathrm{d}t.$$

Ces deux formules sont appelées « formules de changement de variable ». Un moyen mnémotechnique, remontant à Leibniz, consiste à poser $x := \varphi(t)$ $\big($resp. $x := \theta^{-1}(t)$, c'est-à-dire $t := \theta(x)\big)$ et à remplacer systématiquement x par sa valeur en fonction de t et $\mathrm{d}x$ par $\varphi'(t)\,\mathrm{d}t$ $\big($resp. $(\theta^{-1})'(t)\,\mathrm{d}t\big)$.

Un cas simple, mais important en pratique, est celui des changements de variables affines, c'est-à-dire de la forme $x := \gamma t + \delta$ avec $\gamma \neq 0$, d'où $t = (x - \delta)/\gamma$. On obtient alors :

$$\int_{\alpha}^{\beta} f(x)\ \mathrm{d}x = \gamma \int_{\frac{\alpha-\delta}{\gamma}}^{\frac{\beta-\delta}{\gamma}} f(\gamma t + \delta)\ \mathrm{d}t.$$

Par exemple :

$$\int_0^4 \cos(3x+1)\ \mathrm{d}x = \frac{1}{3}\int_1^{13} \cos t\ \mathrm{d}t = \frac{\sin 13 - \sin 1}{3}.$$

Les deux formules ne s'utilisent pas exactement de la même façon en pratique. Notons qu'en général, on les applique toutes deux de droite à gauche.

Exercice 9.

Calculer l'intégrale $I = \displaystyle\int_0^{4\pi} \cos t\, \mathrm{e}^{\sin t}\, \mathrm{d}t$.

Solution. Nous « reconnaissons » une formule semblable au membre de droite de la première formule de changement de variable avec $\varphi := \sin$ (d'où $\varphi' = \cos$) et $f := \exp$ pour $a := 0$ et $b := 4\pi$, bien continue sur l'image $[-1, 1]$ de la fonction $\sin$. On a donc :

$$I = \int_{\varphi(a)}^{\varphi(b)} f = \int_{\sin 0}^{\sin 4\pi} \exp = \int_0^0 \exp = 0.$$

Exercice 10.

Calculer l'aire d'un disque de rayon $R > 0$.

Solution. On se place dans un système de coordonnées centré sur le centre du disque, qui a donc pour équation $x^2 + y^2 \leqslant R^2$. Si nous ne conservons que les valeurs positives de y, on obtiendra un demi-disque, ensemble des points :

$$\{(x, y) \in \mathbb{R}^2 \mid -R \leqslant x \leqslant R \quad \text{et} \quad 0 \leqslant y \leqslant \sqrt{R^2 - x^2}\}.$$

C'est la surface sous la courbe de la fonction $x \mapsto f(x) := \sqrt{R^2 - x^2}$ dans l'intervalle $[-R, R]$. Comme c'est une fonction positive, l'aire correspondante A est égale à l'intégrale $\displaystyle\int_{-R}^{R} \sqrt{R^2 - x^2}\ \mathrm{d}x$.

Pour calculer celle-ci, effectuons le changement de variable $x = R\cos t$. On souhaite que x varie dans l'intervalle $[-R, R]$, on prend donc t variant dans l'intervalle $[0, \pi]$ par exemple. Là, la fonction $\varphi(t) := R\cos t$ est continûment dérivable sur $[0, \pi]$. De plus $\sqrt{R^2 - x^2} = R\sin t$ car le sinus est positif ou nul sur $[0, \pi]$. On a donc, en effectuant ce changement de variable et en utilisant la formule de trigonométrie $\cos 2t = 1 - 2\sin^2 t$:

$$\begin{aligned} A &= \int_{-R}^{R} \sqrt{R^2 - x^2}\ \mathrm{d}x = \int_{\pi}^{0} (R\sin t)(-R\sin t)\ \mathrm{d}t \\ &= R^2 \int_0^{\pi} \frac{1 - \cos 2t}{2}\ \mathrm{d}t = \left[\frac{t}{2} - \frac{\sin 2t}{4}\right]_0^{\pi} = \frac{\pi R^2}{2}. \end{aligned}$$

C'est l'aire d'un demi-disque, donc l'aire du disque entier est πR^2. Nous avons ainsi retrouvé une formule classique de collège (et montré que les intégrales permettent vraiment de calculer des aires !). Mais nous n'avons pas utilisé de géométrie : le nombre π qui apparaît ici est la demi-période du sinus ; c'est aussi le demi-périmètre du cercle unité. Son apparition dans une formule d'aire est donc *a priori* un peu « surprenante » (même quand on connaît déjà la formule).

5.3 Quel changement de variable choisir ?

Il n'y a pas de règles absolues, mais certains motifs reviennent fréquemment. En voici quelques-uns. Nous utiliserons ici parfois l'écriture $\int f(x)\,\mathrm{d}x$ pour représenter une primitive arbitraire de f qu'il s'agit de calculer.

Fonction f faisant intervenir seulement e^x

Poser $t := \mathrm{e}^x$, de sorte que $\mathrm{d}x = \mathrm{d}t/t$.

Exercice 11.

Rechercher une primitive de $\dfrac{1}{\cosh x}$.

Solution. Par définition $f(x) := 1/\cosh x$ vérifie les égalités :

$$f(x) = \frac{2}{\mathrm{e}^x + \mathrm{e}^{-x}} = \frac{2\,\mathrm{e}^x}{\mathrm{e}^{2x}+1} = \frac{2t}{1+t^2}$$

d'où l'une des primitives :

$$\int f(x)\,\mathrm{d}x = \int \frac{2}{1+t^2}\,\mathrm{d}t = 2\arctan t = 2\arctan \mathrm{e}^x.$$

Fonction f faisant intervenir seulement $\cos x$*,* $\sin x$ *et* $\tan x$

Puisque $\tan$ est le quotient $\sin / \cos$, on peut se limiter à des fonctions où x n'apparaît que par l'intermédiaire de cosinus et de sinus, ainsi que sa différentielle.
Une bonne règle est d'essayer d'abord l'un des trois changements de variables $t := \cos x$, $t := \sin x$, $t := \tan x$. Si cela ne fonctionne pas, on peut alors utiliser le changement de variable $t := \tan(x/2)$. Ce changement de variable convient toujours, mais donne des calculs plus compliqués que les trois précédents (lorsque l'un de ceux-ci convient).

Utilisation de $\cos x$ *et* $\sin x$.

On peut éliminer les termes en $\cos^2 x$ ou $\sin^2 x$ à l'aide de la relation $\cos^2 x + \sin^2 x = 1$, mais il faut éviter en général d'introduire des racines carrées, en tenant compte que $\mathrm{d}t$ contient, lui aussi, un $\cos x$ ou un $\sin x$.

De manière plus précise, si l'on veut utiliser le changement de variable $t := \cos x$, d'où $\mathrm{d}t = -\sin x \,\mathrm{d}x$, on essaie d'écrite $f(x) := g(\cos x)\,\sin x$, ce qui donne :

$$\int f(x)\,\mathrm{d}x = \int g(\cos x)\,\sin x\,\mathrm{d}x = -\int g(t)\,\mathrm{d}t.$$

De le même façon, pour utiliser le changement de variable $t := \sin x$, d'où $\mathrm{d}t = \cos x\,\mathrm{d}x$, on essaie d'écrire $f(x) := g(\sin x)\,\cos x$,

---

Exercice 12.
Calculer la primitive :

$$\int (4\cos^3 x - 3\cos x)\,\mathrm{d}x.$$

Solution. On peut poser ici $t := \sin x$, d'où les égalités (à une constante près) :

$$\begin{aligned}\int (4\cos^3 x - 3\cos x)\,\mathrm{d}x &= \int (4\,(1-\sin^2 x) - 3)\,\cos x\,\mathrm{d}x = \int (4\,(1-t^2) - 3)\,\mathrm{d}t\\ &= \int (1-4t^2)\,\mathrm{d}t = \frac{t}{3}\,(3-4t^2) = \frac{\sin x}{3}\,(3 - 4\sin^2 x).\end{aligned}$$

Utilisation de $\tan x$.

Dans le cas $t := \tan x$, on a $\mathrm{d}t = (1+t^2)\,\mathrm{d}x$. Or, $\cos^2 x = 1/(1+t^2)$ et $\sin^2 x = t^2/(1+t^2)$ donc ce changement de variable fonctionne bien dans le cas où $f(x)$ peut s'exprimer uniquement à l'aide de $\tan x$, $\cos^2 x$ et $\sin^2 x$..

Exercice 13.
Calculer une primitive de la fonction $x \mapsto \tan^3 x$ sur l'intervalle$\left]-\dfrac{\pi}{2}, \dfrac{\pi}{2}\right[$.

Solution. On posera ici $t := \tan x$ puis $u := t^2$. Il vient :

$$\begin{aligned}\int \tan^3 x\,\mathrm{d}x &= \int t^3\,\frac{\mathrm{d}t}{1+t^2} = \frac{1}{2}\int \frac{u\,\mathrm{d}u}{1+u} = \frac{1}{2}\int \left(1 - \frac{1}{1+u}\right)\mathrm{d}u = \frac{1}{2}\,(u - \ln|1+u|)\\ &= \frac{1}{2}\left(\tan^2 x - \ln(1+\tan^2 x)\right) = \frac{1}{2}\,(\tan^2 x + 2\ln|\cos x|) = \frac{1}{2}\,\tan^2 x + \ln(\cos x)\end{aligned}$$

puisque sur l'intervalle de définition $0 < \cos x = \dfrac{1}{\sqrt{1+\tan^2 x}}$.

Utilisation de $\tan(x/2)$.

En travaillant sur un intervalle de la forme $]-\pi + 2k\pi, \pi + 2k\pi[$, on peut exprimer $\sin x$, $\cos x$, $\tan x$ et $\mathrm{d}x$ en fonction de $t := \tan(x/2)$ et $\mathrm{d}t$:

$$\cos x = \frac{1-t^2}{1+t^2},\quad \sin x = \frac{2t}{1+t^2},\quad \tan x = \frac{2t}{1-t^2},\quad \mathrm{d}x = \frac{2\,\mathrm{d}t}{1+t^2}.$$

Exercice 14.

- Déterminer une primitive de $1/\sin$.
- En déduire une primitive de $1/\cos$.

Solution.

- On trouve :

$$\int \frac{\mathrm{d}x}{\sin x} = \int \frac{1+t^2}{2t}\,\frac{2}{1+t^2}\,\mathrm{d}t = \int \frac{1}{t}\,\mathrm{d}t = \ln\left|\tan\frac{x}{2}\right|\cdot$$

- On peut faire le même type de calcul :

$$\int \frac{\mathrm{d}x}{\cos x} = \int \frac{1+t^2}{1-t^2}\,\frac{2}{1+t^2}\,\mathrm{d}t = \int \frac{2}{1-t^2}\,\mathrm{d}t = \ln\left|\frac{1+\tan\frac{x}{2}}{1-\tan\frac{x}{2}}\right|,$$

mais un changement de variable affine $u = x + \pi/2$ nous ramène au calcul précédent et donc à :

$$\int \frac{\mathrm{d}x}{\cos x} = \ln\left|\tan\Big(\frac{x}{2}+\frac{\pi}{4}\Big)\right|\cdot$$

Fonction f faisant intervenir seulement $\cosh x$, $\sinh x$ *et* $\tanh x$

Les mêmes idées que dans le cas des fonctions trigonométriques ordinaires fonctionnent. Mais on peut aussi tout écrire en fonction de $t := \mathrm{e}^x$.

Fonction f *faisant intervenir* $\sqrt{ax^2+bx+c}$

Posons $y := \sqrt{ax^2+bx+c}$ lorsque cette expression a un sens. Il s'agit donc de calculer une intégrale de la forme $\int f\big(x, y(x)\big)\,\mathrm{d}x$ en faisant disparaître la racine carrée. On ne peut pas, en général, prendre y comme nouvelle variable, car pour pouvoir exprimer x en fonction de y (au moins pour transformer le $\mathrm{d}x$), cela ferait intervenir une autre racine carrée.

- Si $a = 0$, il suffit de poser $t := \sqrt{bx+c}$.
  Sinon, la racine porte sur un polynôme du second degré, dont on calcule le discriminant $\Delta := b^2 - 4ac$.
- Si $\Delta < 0$ et $a < 0$, il n'existe aucune valeur de x pour laquelle $\sqrt{ax^2+bx+c}$ soit défini. Le problème n'a donc pas de sens dans ce cas.
- Si $\Delta < 0$ et $a > 0$, le réel y est défini pour tout x. L'égalité :

$$y = \frac{1}{2\sqrt{a}}\sqrt{(2ax+b)^2 - \Delta} = \frac{1}{2}\sqrt{\frac{-\Delta}{a}}\sqrt{1 + \Big(\frac{2ax+b}{\sqrt{-\Delta}}\Big)^2}$$

  conduit à poser $2ax + b = \sqrt{-\Delta}\,\sinh u$, d'où :

$$\mathrm{d}x = \frac{\sqrt{-\Delta}}{2a}\cosh u\,\mathrm{d}u, \qquad y = \frac{1}{2}\sqrt{\frac{-\Delta}{a}}\cosh u.$$

On est donc ramené à calculer une intégrale de la forme $\int g(\cosh u, \sinh u)\, \cosh u\, du$.

- Si $\Delta = 0$, il n'y a qu'une racine réelle α, et $y = \sqrt{ax^2+bx+c}$ est un multiple de $|x-\alpha|$: il suffit donc de séparer l'intégrale au point α avec la formule de Chasles.
- Si $\Delta > 0$ et $a < 0$, il faut se placer entre les deux racines de l'équation $y^2 = 0$. L'égalité :

$$y = \frac{1}{2\sqrt{-a}}\sqrt{\Delta - (2ax+b)^2} = \frac{1}{2}\sqrt{\frac{\Delta}{-a}}\sqrt{1 - \left(\frac{2ax+b}{\sqrt{\Delta}}\right)^2}$$

conduit à poser $2ax + b = \sqrt{\Delta}\sin u$ avec par exemple $u \in \left[-\frac{\pi}{2}, \frac{\pi}{2}\right]$, d'où :

$$dx = \frac{\sqrt{\Delta}}{-2a}\cos u\, du, \qquad y = \frac{1}{2}\sqrt{\frac{\Delta}{-a}}\cos u.$$

On est donc ramené à calculer une intégrale de la forme $\int k(\cos u, \sin u)\, \cos u\, du$.

- Si $\Delta > 0$ et $a > 0$, il faut se placer à l'extérieur des racines de l'équation $y^2 = 0$. L'égalité :

$$y = \frac{1}{2\sqrt{a}}\sqrt{(2ax+b)^2 - \Delta} = \frac{1}{2}\sqrt{\frac{\Delta}{a}}\sqrt{\left(\frac{2ax+b}{\sqrt{\Delta}}\right)^2 - 1}$$

conduit à poser $2ax + b = \pm\sqrt{\Delta}\cosh u$ avec $u \geqslant 0$ (le signe $\pm$ dépend de l'intervalle sur lequel on cherche à intégrer), d'où :

$$dx = \pm\frac{\sqrt{\Delta}}{2a}\sinh u\, du, \qquad y = \frac{1}{2}\sqrt{\frac{-\Delta}{a}}\sinh u.$$

On est donc ramené à calculer une intégrale de la forme $\int h(\cosh u, \sinh u)\, \sinh u\, du$.

Dans tous ces cas, on est donc ramené à l'un des problèmes précédents.

Exercice 15.

Calculer une primitive de $x\sqrt{x^2+x+1}$.

Solution. On note que $x^2 + x + 1 = \left(x + \frac{1}{2}\right)^2 + \frac{3}{4}$, d'où le changement de variable $x = \frac{\sqrt{3}}{2}\sinh u - \frac{1}{2}\cdot$

On sait que le réel u défini par une égalité de la forme $\sinh u = v$ vérifie l'égalité $u = \ln\left(v + \sqrt{1+v^2}\right)$. Sachant que $v = (2x+1)/\sqrt{3}$, tous calculs faits, cela donne :

$$u = \ln\left(\frac{2x + 1 + 2\sqrt{x^2+x+1}}{\sqrt{3}}\right).$$

Il résulte du changement de variable annoncé que :

$$y := \sqrt{x^2+x+1} = \frac{\sqrt{3}}{2}\cosh u$$

et que l'intégrale à calculer I s'écrit :

$$\int x\sqrt{x^2+x+1}\, dx = \int xy\, dx = \frac{3}{8}\int (\sqrt{3}\sinh u - 1)\cosh^2 u.$$

On obtient ainsi une égalité de la forme $I = J - K$, avec :

$$J := \frac{3\sqrt{3}}{8}\int \cosh^2 u \sinh u \; du = \frac{\sqrt{3}}{8}\cosh^3 u = \frac{y^3}{3} = \frac{y\,(x^2+x+1)}{3},$$

$$K := \frac{3}{8}\int \cosh^2 u \; du = \frac{3}{16}\int (1+\cosh 2u)\; du$$

$$= \frac{3u}{16} + \frac{3}{32}\sinh 2u = \frac{3u}{16} + \frac{3}{16}\sinh u \cosh u = \frac{3u}{16} + \frac{y\,(2x+1)}{8}\cdot$$

Tous calculs faits, une primitive, égale à I augmentée d'un logarithme de constante pour simplifier, est :

$$x \mapsto \frac{1}{48}\big(2y\,(8x^2+2x+5) - 9\,\ln(2x+1+2y)\big)\cdot$$

5.4 Intégration des fractions rationnelles

Il n'y aucune relation simple entre des intégrales de fonctions et celle de leur quotient (ce n'est pas très étonnant, car déjà la formule pour la dérivée d'un quotient est relativement complexe). Quand on cherche à intégrer un quotient f/g, on peut parfois le considérer comme un produit (de f par l'inverse de g, par exemple), et essayer une intégration par parties.

Mais il existe un cas dans lequel le calcul est toujours possible, c'est celui du quotient de deux polynômes, c'est-à-dire d'une fraction rationnelle. En effet, on peut démontrer (c'est un cas particulier du théorème 68 de la page 323) qu'une telle fraction peut s'écrire comme somme d'« éléments simples », de l'une des trois formes suivantes :

- un polynôme ;
- un « élément simple de première espèce » de la forme $\alpha/(x-a)^n$ avec n entier non nul ;
- un « élément simple de seconde espèce » de la forme $(\alpha x+\beta)/\big((x-u)^2+v^2\big)^n$ avec v non nul.

Cette décomposition peut être obtenue de manière explicite (et même algorithmique), si l'on sait factoriser le dénominateur de la fraction (voir cours d'algèbre) ; la méthode des coefficients indéterminés peut aider. On pourra se reporter au lemme 66 de la page 322

Il suffit donc de savoir intégrer les « éléments simples ». Dans le cas des polynômes, c'est trivial. Pour les éléments simples de première espèce, on trouve aisément une primitive, à savoir $\ln|x-a|$ si $n=1$ et, sinon, $-1/\big((n-1)(x-a)^{n-1}\big)$.

Pour les éléments simples de seconde espèce, on fait le changement de variable affine $t := (x-u)/v$, et l'on doit rechercher des primitives de $t/(t^2+1)^n$ et $1/(t^2+1)^n$:

- Une primitive de $t/(t^2+1)^n$ est obtenue simplement à l'aide du nouveau changement de variable $s = t^2+1$: on trouve $\ln\sqrt{t^2+1}$ si $n=1$, et $-1/\big((2n-2)(t^2+1)^{n-1}\big)$ sinon.
- Une primitive de $1/(t^2+1)^n$ est connue dans le cas $n=1$ (c'est l'arc tangente). Pour les valeurs plus grandes de n, il faut procéder par étapes récurrentes. Posons :

$$R_n(x) := \int_0^x \frac{1}{(t^2+1)^n}\; \mathrm{d}t$$

intégrable par parties en introduisant le produit de t par $1/(t^2+1)^n$, ce qui donne :

$$\begin{aligned} R_n(x) = \int_0^x \frac{1}{(t^2+1)^n}\,\mathrm{d}t &= \left[\frac{t}{(t^2+1)^n}\right]_0^x + 2n\int_0^x \frac{t^2}{(t^2+1)^{n+1}}\,\mathrm{d}t \\ &= \frac{x}{(x^2+1)^n} + 2n\,R_n(x) - 2n\,R_{n+1}(x) \end{aligned}$$

puisque $t^2 = (t^2+1)-1$. Par suite :

$$R_{n+1}(x) = \frac{2n-1}{2n}\,R_n(x) + \frac{1}{2n}\,\frac{x}{(x^2+1)^n}.$$

On peut ainsi trouver de proche en proche, par récurrence, tous les $R_n(x)$ en partant de $R_1(x) = \arctan(x)$. Par exemple :

$$R_2(x) = \frac{1}{2}\arctan x + \frac{1}{2}\,\frac{x}{(x^2+1)}.$$

Exercice 16.

Calculer une primitive de $f(x) := \dfrac{60}{(x-3)(x^2-8x+25)}$.

Solution. Pour le pôle 3 (c'est-à-dire la racine du dénominateur égale à 3), il existe un élément simple de la forme $a/(x-3)$. Soit $g(x) := f(x) - \dfrac{a}{x-3}$; multipliant les deux membres par $x-3$ puis remplaçant x par 3 (ce qui est possible car par définition 3 n'est pas un pôle de g), il vient :

$$a = \frac{60}{3^2 - 8.3 + 25} = 6, \qquad g(x) = f(x) - \frac{6}{x-3} = \frac{6(5-x)}{x^2-8x+25}$$

après simplification par $x-3$.

Le trinôme $x^2-8x+25 = (x-4)^2+9 = (x-4)^2+3^2$ n'a pas de racines réelles. On est donc conduit à poser $t := (x-4)/3$, soit $x = 4+3t$, $\mathrm{d}x = 3\,\mathrm{d}t$. Il vient alors :

$$g(x)\,\mathrm{d}x = \frac{2(1-3t)}{t^2+1}\,\mathrm{d}t = \frac{2\,\mathrm{d}t}{t^2+1} - \frac{6t\,\mathrm{d}t}{t^2+1}$$

soit enfin :

$$\int f(x)\,\mathrm{d}x = 6\int\frac{\mathrm{d}x}{x-3} + 2\int\frac{\mathrm{d}t}{1+t^2} - 6\int\frac{t\,\mathrm{d}t}{t^2+1}.$$

Tout cela s'intègre désormais à vue ; on trouve :

$$6\,\ln|x-3| + 2\arctan t - 3\,\ln(1+t^2)$$

c'est-à-dire en revenant à x :

$$6\,\ln|x-3| + 2\arctan\frac{x-4}{3} - 3\,\ln\left(\frac{x^2-8x+25}{9}\right)$$

soit enfin, puisqu'une primitive n'est définie qu'à une constante près :

$$\int \frac{60}{(x-3)(x^2-8x+25)}\,\mathrm{d}x = 6\,\ln|x-3| + 2\arctan\frac{x-4}{3} - 3\,\ln(x^2-8x+25)$$

(des parenthèses suffisent dans le dernier logarithme, car la quantité $x^2-8x+25$ est toujours strictement positive). Bien entendu, une telle intégrale n'a de sens que sur un intervalle inclus dans l'une des deux demi-droites $]-\infty, 3[$ et $]3, +\infty[$.

Exercice 17.

Calculer une primitive de la fonction définie par :

$$f(x) := \frac{1}{x\,(x^2+1)^7}.$$

Solution. On pourrait appliquer à la lettre les méthodes décrites ci-dessus, mais le résultat serait pénible à obtenir.
Au contraire, poser $t := x^2+1$ dès le départ conduit à une solution beaucoup plus rapide. Multipliant en haut et en bas par x, on est ramené à intégrer par rapport à t l'expression $g(t) := \dfrac{1}{2(t-1)t^7}$ dont 1 est un pôle.
On doit chercher un réel a tel que $g(t) - a/(t-1)$ se simplifie ; multipliant par $t-1$ puis remplaçant t par 1, il vient $a = 1/2$. Effectivement :

$$g(t) - \frac{1}{2(t-1)} = \frac{1-t^7}{2(t-1)t^7} = -\frac{1+t+t^2+t^3+t^4+t^5+t^6}{t^7}$$

ce qui s'intègre à vue. On trouve en effet :

$$\int g(t)\ \mathrm{d}t = \frac{1}{2}\left(\ln(t-1) - \ln t\right) + \frac{1}{t} + \frac{1}{2t^2} + \frac{1}{3t^3} + \frac{1}{4t^4} + \frac{1}{5t^5} + \frac{1}{6t^6}.$$

Remplaçant enfin t par sa valeur en fonction de x, on trouve tous calculs faits :

$$\ln\frac{|x|}{\sqrt{x^2+1}} + \frac{147+522x^2+855x^4+740x^6+330x^8+60x^{10}}{120(x^2+1)^6}.$$

Remarque. Les calculs de primitive sont délicats et doivent être menés avec soin ; il faut parfois procéder par « essais et erreurs »... et se montrer patient ! Les logiciels de calcul formel ont pratiquement rendu ces techniques obsolètes pour le calculateur humain, car ils ont très bien su les intégrer dans leurs algorithmes, bien que parfois les résultats qu'ils donnent — mathématiquement corrects — puissent parfois surprendre un œil non averti. Il y a souvent des problèmes de simplification des expressions trouvées, notamment lorsqu'il s'agit de fonctions trigonométriques.

Exemple. Le logiciel `Maple` donne (après simplification) :

$$\int \sqrt{\frac{x-1}{2-x}}\,\frac{\mathrm{d}x}{x} = \arcsin(-3+2\,x) - \frac{\sqrt{2}}{2}\arctan\left(\frac{(-4+3\,x)\sqrt{2}}{4\sqrt{-2-x^2+3\,x}}\right).$$

Pour calculer cette primitive sur l'intervalle $[1, 2[$, on peut faire le changement de variable :

$$t = \sqrt{\frac{x-1}{2-x}} \quad \text{soit} \quad x = \frac{1+2t^2}{1+t^2} \quad \text{et} \quad \mathrm{d}x = \frac{2t\,\mathrm{d}t}{(1+t^2)^2}.$$

On obtient finalement $\displaystyle\int \sqrt{\frac{x-1}{2-x}}\,\frac{\mathrm{d}x}{x} = \int \frac{2t^2}{(1+2\,t^2)\,(1+t^2)}\mathrm{d}t.$

La décomposition en éléments simples $\frac{2u}{(1+u)(1+2u)} = \frac{2}{1+u} - \frac{2}{1+2u}$ conduit après calculs au résultat :

$$\begin{aligned}\int \sqrt{\frac{x-1}{2-x}}\,\frac{\mathrm{d}x}{x} &= 2\arctan(t) - \sqrt{2}\arctan\left(t\sqrt{2}\right)\\ &= 2\arctan\left(\sqrt{\frac{x-1}{2-x}}\right) - \sqrt{2}\arctan\left(\sqrt{\frac{2x-2}{2-x}}\right).\end{aligned}$$

Il est un peu difficile de voir que les deux expressions trouvées correspondent à la même primitive (à une constante additive près). Pour s'en convaincre, on peut tracer les deux courbes représentatives (en trait continu, l'expression donnée par Maple et en pointillé celle trouvée à la main).

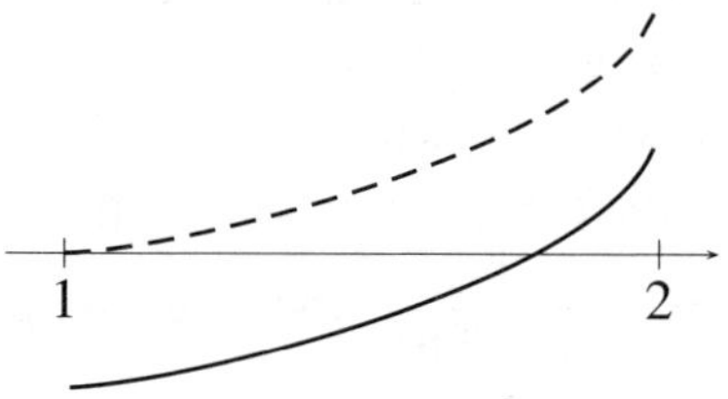

Exercice type corrigé

IV.5.0 Pour tout $n \in \mathbb{N}$, on pose $I_n := \displaystyle\int_0^1 (1-t^2)^n\,\mathrm{d}t$.

1. L'intégrale I_n est-elle bien définie ?
2. Montrer que la suite (I_n) est décroissante.
3. Montrer que pour tout $u \in [0,1]$, on a $0 \leqslant 1-u \leqslant e^{-u}$.
4. En déduire une majoration de I_n à l'aide de $J_n := \displaystyle\int_0^{\sqrt{n}} e^{-x^2}\,\mathrm{d}x$.
5. Montrer que la suite (J_n) est bornée. On pourra remarquer que $\forall x \geqslant 1,\ e^{-x^2} \leqslant e^{-x}$. En déduire que I_n tend vers 0 lorsque n tend vers $+\infty$.
6. Soit $n \in \mathbb{N}^*$. Calculer $I_{n-1} - I_n = \displaystyle\int_0^1 t \times t\,(1-t^2)^{n-1}\,\mathrm{d}t$ à l'aide d'une intégration par parties pour en déduire la relation $I_n = \frac{2n}{2n+1}\,I_{n-1}$.
7. En déduire une expression de I_n à l'aide de factorielles.
8. En déduire une expression de $\displaystyle\int_0^{\pi/2} \cos^{2n+1}\theta\,\mathrm{d}\theta$ pour $n \in \mathbb{N}$.

Solution.

1. La fonction polynomiale $t \mapsto (1-t^2)^n$ est continue sur le segment $[0,1]$, ce qui justifie l'existence de son intégrale.
2. En intégrant la relation évidente $\forall t \in [0,1]$, $(1-t^2)^{n+1} \leqslant (1-t^2)^n$, on obtient $I_{n+1} \leqslant I_n$. D'où la décroissance de (I_n).

3. La première inégalité est évidente.
   Pour la seconde, on peut étudier la fonction $\varphi : u \mapsto e^{-u} - 1 + u$. Sa dérivée $\varphi'(u) = 1 - e^{-u}$ reste positive sur $[0,1]$, donc φ est croissante sur $[0,1]$. Comme $\varphi(0) = 0$, on en déduit que φ est positive, d'où le résultat.
4. On a donc :
$$I_n \leqslant \int_0^1 (e^{-t^2})^n \, dt = \int_0^1 e^{-nt^2} \, dt.$$
   En effectuant le changement de variable affine $x = t\sqrt{n}$, $dx = \sqrt{n}\, dt$, cela donne :
$$\int_0^1 e^{-nt^2} \, dt = \frac{1}{\sqrt{n}} \int_0^{\sqrt{n}} e^{-x^2} \, dx$$
   et donc $I_n \leqslant \dfrac{J_n}{\sqrt{n}}$.
5. En majorant e^{-x^2} par 1 si $x \leqslant 1$ et par e^{-x} si $x \geqslant 1$, on obtient :
$$0 \leqslant J_n \leqslant \int_0^1 dx + \int_1^{\sqrt{n}} e^{-x} \, dx = 1 + \left[-e^{-x}\right]_1^{\sqrt{n}} = 1 + e^{-1} - e^{-\sqrt{n}} \leqslant 1 + e^{-1} \leqslant 2.$$
   Donc (J_n) est bornée par 2.
   On en déduit $0 \leqslant I_n \leqslant \frac{2}{\sqrt{n}} \underset{n \to +\infty}{\longrightarrow} 0$.
6. L'intégration par parties se fait en dérivant $u(t) := t$ et en primitivant $v'(t) := t\,(1-t^2)^{n-1}$, soit par exemple, $v(t) = -\frac{1}{2n}(1-t^2)^n$.
   On obtient ainsi :
$$I_{n-1} - I_n = \left[-t\frac{(1-t^2)^n}{2n}\right]_0^1 + \int_0^1 \frac{(1-t^2)^n}{2n} \, dt = \frac{1}{2n} I_n$$
   ce qui donne $I_{n-1} = \left(1 + \dfrac{1}{2n}\right) I_n$ et donc $I_n = \dfrac{2n}{2n+1} I_{n-1}$.
7. Comme $I_0 = 1$, on en déduit :
$$I_n = \frac{(2n)(2n-2)\cdots 2}{(2n+1)(2n-1)\cdots 1} I_0 = \frac{\left((2n)(2n-2)\cdots 2\right)^2}{(2n+1)(2n)\cdots 1} = \frac{\left(2^n\, n!\right)^2}{(2n+1)!}$$
   (on a multiplié en haut et en bas par le produit des entiers pairs pour former le $(2n+1)!$ du dénominateur).
8. Réécrivons l'intégrale proposée :
$$\int_0^{\pi/2} \cos^{2n+1}\theta \, d\theta = \int_0^{\pi/2} \cos^{2n}\theta \, \cos\theta \, d\theta = \int_0^{\pi/2} (1 - \sin^2\theta)^n \, \cos\theta \, d\theta$$
   et le changement de variable $t = \sin\theta$ permet de conclure :
$$\int_0^{\pi/2} \cos^{2n+1}\theta \, d\theta = I_n = \frac{\left(2^n\, n!\right)^2}{(2n+1)!}.$$

Pour aller plus loin

Les corrigés sont disponibles en accès libre à partir des pages d'accueil du livre sur le site www.dunod.com

IV.5.1 Calculer les intégrales et primitives suivantes :

$$A := \int_1^3 \left(x + \frac{1}{x}\right)^2 \mathrm{d}x, \qquad B := \int_0^1 (2x+3)\,(x^2 - 3x + 5)^3\, dx,$$

$$C := \int \frac{\ln|x|}{x}\, \mathrm{d}x, \qquad D := \int \frac{1}{x\,\ln|x|}\, \mathrm{d}x.$$

IV.5.2 Calculer les primitives suivantes :

$$E := \int \frac{x+2}{x^2+5x-6}\, \mathrm{d}x \text{ en calculant } a \text{ et } b \text{ tels que } \frac{x+2}{x^2+5x-6} = \frac{a}{x-1} + \frac{b}{x+6}.$$

$$F := \int \frac{x^3-2}{x^3-x^2}\, \mathrm{d}x \text{ en calculant } a,\ b,\ c \text{ et } d \text{ tels que } \frac{x^3-2}{x^3-x^2} = a + \frac{b}{x^2} + \frac{c}{x} + \frac{d}{x-1}.$$

$$G := \int \frac{3x^4+2x^2+1}{x^3(x^2+1)^2}\, \mathrm{d}x \text{ en calculant } a \text{ et } b \text{ tels que } \frac{3x^4+2x^2+1}{x^3(x^2+1)^2} = \frac{a}{x^3} + \frac{bx}{(x^2+1)^2}.$$

IV.5.3 Calculer les primitives suivantes en utilisant la méthode d'intégration par parties :

$$H := \int x^2 \ln x\, \mathrm{d}x, \qquad I := \int \arctan x\, \mathrm{d}x.$$

IV.5.4 Calculer les intégrales suivantes :

$$J := \int_1^2 \frac{1}{\sinh x}\, \mathrm{d}x, \quad K := \int_1^2 \frac{1}{1+\mathrm{e}^x}\, \mathrm{d}x, \quad L := \int_{1/\sqrt{2}}^1 \mathrm{e}^{-\arcsin t}\, \mathrm{d}t$$

en utilisant les changements de variables indiqués ci-dessous :

$$u := \cosh x, \quad t := \mathrm{e}^x, \quad t := \sin\theta.$$

IV.5.5 Calculer les primitives suivantes :

$$M := \int \sin^3 x \cos^2 \mathrm{d}x, \qquad N := \int \frac{\sin 2x}{\cos^2 x\,(1+\sin^2 x)}\, \mathrm{d}x$$

(pour cette dernière, on pourra poser $t := \tan x$ en délimitant les intervalles sur lesquels l'intégrale est définissable).

IV.5.6 Démontrer pour tout entier positif n l'égalité :

$$\int_0^{\pi/2} \sin^n x\, \mathrm{d}x = \int_0^{\pi/2} \cos^n x\, \mathrm{d}x.$$

IV.5.7 Soit f une fonction continue sur $\mathbb{R}$. Déterminer :

$$\lim_{x\to 0} \frac{1}{x} \int_{1-x}^{1+x} f(t)\ \mathrm{d}t.$$

IV.5.8 Étudier la limite quand x tend vers 0 de $F(x) = \dfrac{1}{x}\displaystyle\int_0^x \frac{\sin t}{t}\ \mathrm{d}t$ (l'intégrale est en fait celle de la fonction f définie par $f(t) := \sin(t)/t$ pour $t \neq 0$ et $f(0) := 1$).

IV.5.9 Pour tous les réels a, b tels que $0 < a < b$, montrer que :

$$\ln b - \ln a \leqslant \frac{b-a}{\sqrt{ab}}.$$

On pourra par exemple exprimer $\ln b - \ln a$ *comme une intégrale et appliquer l'inégalité de Cauchy-Schwarz.*

IV.5.10

1. Calculer la limite suivante : $\displaystyle\lim_{n\to+\infty} \frac{1}{n}\sum_{k=0}^{n-1} f\Big(\frac{k}{n}\Big)$, où f est une fonction continue arbitraire sur $[0,1]$.
2. En déduire ;

$$\lim_{n\to+\infty} \frac{1}{n^2}\sum_{k=1}^{n} k\mathrm{e}^{-k/n} \qquad \text{et} \qquad \lim_{n\to+\infty} \frac{\sqrt{1}+\sqrt{2}+\cdots+\sqrt{n}}{n\sqrt{n}}.$$

IV.5.11

1. Vérifier les inégalités $0 \leqslant \ln(1+x) \leqslant x$ pour tout réel $x \geqslant 0$.
2. Calculer la limite pour n infini de $\int_0^1 \ln(1+x^n)\,\mathrm{d}x$.
3. Montrer que, pour tous les entiers strictement positifs, on dispose de l'égalité :

$$u_n := \int_0^1 \frac{x^n}{1+x^n}\ \mathrm{d}x = \frac{\ln 2}{n} - \frac{1}{n}\int_0^1 \ln(1+x^n)\,\mathrm{d}x.$$

4. Étudier les limites pour n infini des suites (u_n) et (nu_n).

IV.5.12

1. Soit g une fonction continûment dérivable sur un intervalle $[a,b]$. Montrer que g est aussi bornée sur $[a,b]$.
2. En déduire que $n\int_a^b g(t)\ \sin nt\ \mathrm{d}t$ est bornée par une constante indépendante de l'entier n. Quelle est la limite de $\int_a^b \sin nt\ \mathrm{d}t$ quand n tend vers l'infini ?

3. Pour un entier fixé $p \geqslant 1$, étudier la limite pour n infini de :

$$\int_0^{\pi/2} t^p \frac{\sin nt}{\sin t}\,\mathrm{d}t$$

où l'on aura, bien entendu, prolongé la fonction $t \mapsto \sin(nt)/\sin(t)$ par n en 0 de façon à intégrer une fonction continue sur $[0, \pi/2]$.

4. En déduire la limite, quand n tend vers l'infini de

$$A_{p,n} := \int_0^{\pi/2} t^p \cos(n+1)t \,\frac{\sin nt}{\sin t}\,\mathrm{d}t.$$

IV.5.13 Calculer $\int_0^1 x^a(1-x)^b\,\mathrm{d}x$ pour $(a,b) \in \mathbb{N}^2$.

Introduction aux fonctions vectorielles d'une variable réelle

IV.6

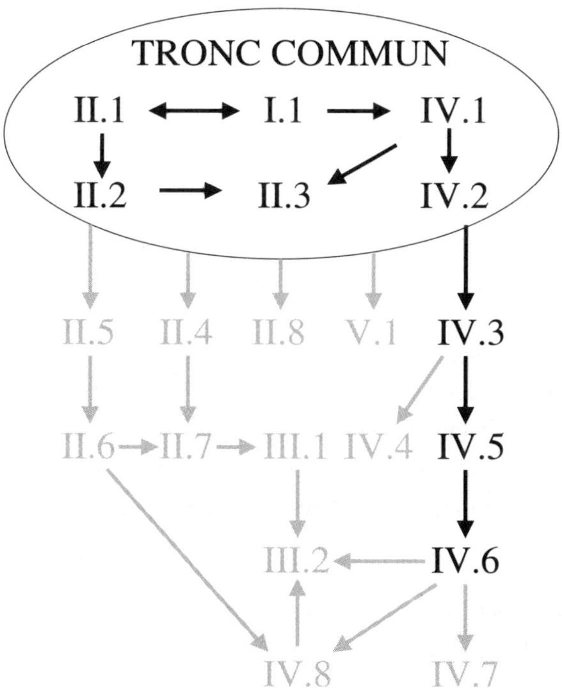

1 Suites vectorielles

Tout au long de ce module, nous allons manipuler des éléments de $\mathbb{R}^m$. Afin de les distinguer des réels, nous les noterons en gras :

$$\mathbf{x} = (x_1, x_2, \ldots, x_m) \in \mathbb{R}^m$$

avec $x_1 \in \mathbb{R}$, $x_2 \in \mathbb{R}, \ldots, x_m \in \mathbb{R}$. Nous penserons généralement à $\mathbf{x} \in \mathbb{R}^m$ comme à un élément de l'espace vectoriel $\mathbb{R}^m$.
Il est possible de munir $\mathbb{R}^m$ de sa structure d'espace affine canonique (voir module III.1) et de penser à $\mathbf{x}$ comme à un point. Dans le cas où $n = 2$ ou $n = 3$, nous renvoyons le lecteur au module III.2 pour une interprétation géométrique des résultats que nous établissons ici.
Dans le module IV.1, nous avons introduit la notion de suite. Nous avons mis l'accent sur les suites numériques, celles dont les termes appartiennent à $\mathbb{R}$ ou à $\mathbb{C}$. Nous allons maintenant nous intéresser aux suites vectorielles $(\mathbf{x}_n)$ dont les termes $\mathbf{x}_n \in \mathbb{R}^m$ sont des vecteurs.

Exemples.

1. L'ensemble $\mathbb{C}$ des nombres complexes a été défini comme l'ensemble produit $\mathbb{R} \times \mathbb{R}$ muni de deux lois de composition internes $+$ et $\times$. On peut donc naturellement identifier une suite numérique de nombre complexes $(z_n = x_n + iy_n)_{n\in\mathbb{N}}$ avec la suite vectorielle $\big((x_n, y_n)\big)_{n\in\mathbb{N}}$ de vecteurs de $\mathbb{R}^2$. Par exemple, la suite de nombres complexes $(1 + in)_{n\in\mathbb{N}}$ est identifiée avec la suite de vecteurs $\big((1, n)\big)_{n\in\mathbb{N}}$.
2. L'ensemble $M_{m,n}(\mathbb{R})$ des matrices $m \times n$ peut être identifié avec $\mathbb{R}^{mn}$. Par exemple, la matrice $\begin{pmatrix} a & b \\ c & d \end{pmatrix} \in M_2(\mathbb{R})$ peut être identifiée avec le vecteur $(a, b, c, d) \in \mathbb{R}^4$.
   L'étude des suites vectorielles couvre donc l'étude des suites de matrices.

1.1 Distance entre deux vecteurs

Dans le module IV.1, nous avons introduit la notion de suite numérique convergente, en particulier pour pouvoir parler de fonction continue au module IV.2. Nous allons maintenant étendre la notion de convergence pour les suites vectorielles. Pour cela, il faut que les termes de la suite se rapprochent de la limite. Dans le cas d'une suite numérique (x_n) qui converge vers une limite ℓ, nous avons traduit cela par le fait que la suite réelle positive $|x_n - \ell|$ tend vers 0. La quantité $|x_n - \ell|$ représente la distance entre x_n et ℓ. Il nous faut donc apprendre à mesurer la distance entre deux vecteurs $\mathbf{x} \in \mathbb{R}^m$ et $\mathbf{y} \in \mathbb{R}^m$.
Dans $\mathbb{R}$, nous mesurons la distance entre deux points x et x' par la valeur absolue $|x - x'|$, et dans $\mathbb{C}$, par le module $|x - x'|$. Dans $\mathbb{R}^2$, la norme du vecteur $\mathbf{x} - \mathbf{x}'$ où $\mathbf{x} := (x, y) \in \mathbb{R}^2$ et $\mathbf{x}' := (x', y') \in \mathbb{R}^2$ est donnée par le théorème de Pythagore :

$$\|\mathbf{x} - \mathbf{x}'\| = \sqrt{(x - x')^2 + (y - y')^2}.$$

Dans $\mathbb{R}^3$, la norme du vecteur $\mathbf{x} - \mathbf{x}'$ où $\mathbf{x} = (x, y, z) \in \mathbb{R}^3$ et $\mathbf{x}' = (x', y', z') \in \mathbb{R}^3$ est donnée par le théorème de Pythagore :

$$\|\mathbf{x} - \mathbf{x}'\| = \sqrt{(x - x')^2 + (y - y')^2 + (z - z')^2}.$$

Nous généralisons ces formules à $\mathbb{R}^m$ de la manière suivante.

Définition 1. La norme du vecteur $\mathbf{x} := (x_1, \ldots, x_m) \in \mathbb{R}^m$ est définie par :

$$\|\mathbf{x}\| := \sqrt{x_1^2 + \cdots + x_m^2}.$$

La distance entre deux éléments $\mathbf{x} \in \mathbb{R}^m$ et $\mathbf{y} \in \mathbb{R}^m$ est égale à $\|\mathbf{x} - \mathbf{y}\|$.

Exemples.

1. Dans $\mathbb{R}^m$, la norme des vecteurs de la base canonique est égale à 1.
2. La norme de la matrice $A := \begin{pmatrix} a & b \\ c & d \end{pmatrix} \in M_2(\mathbb{R})$ est :
$$\|A\| = \sqrt{a^2 + b^2 + c^2 + d^2}.$$

Notons que si $\|\mathbf{x} - \mathbf{y}\| = 0$, alors $\mathbf{x} = \mathbf{y}$. En effet, si :
$$\|\mathbf{x} - \mathbf{y}\|^2 = (x_1 - y_1)^2 + \cdots + (x_m - y_m)^2 = 0,$$
chaque terme de la somme doit être nul (car les termes sont tous positifs) et les coordonnées des deux vecteurs sont donc égales.

Proposition 1. Pour tout $\mathbf{x} := (x_1, \ldots, x_m) \in \mathbb{R}^m$, on a $\|\mathbf{x}\| \leqslant |x_1| + \cdots + |x_m|$.

Démonstration. On compare les carrés des deux termes :
$$\|\mathbf{x}\|^2 = x_1^2 + \cdots + x_m^2 \leqslant \big(|x_1| + \cdots + |x_m|\big)^2$$
car dans le terme de droite, il faut rajouter les double produits $2|x_i||x_j|$ qui sont positifs. ■

Le produit scalaire de deux vecteurs joue un rôle particulier.

Définition 2.
Le produit scalaire des vecteurs $\mathbf{x} := (x_1, \ldots, x_m)$ et $\mathbf{y} := (y_1, \ldots, y_m)$ est :
$$(\,\mathbf{x} \mid \mathbf{y}\,) := x_1 y_1 + \cdots + x_m y_m.$$

Proposition 2. Pour tout $\mathbf{x}$, $\mathbf{y}$ et $\mathbf{z}$ dans $\mathbb{R}^m$ et pour tout $\lambda \in \mathbb{R}$, on a :

1. $(\,\mathbf{x} \mid \mathbf{x}\,) = \|\mathbf{x}\|^2$,
2. $(\,\mathbf{x} \mid \mathbf{y}\,) = (\,\mathbf{y} \mid \mathbf{x}\,)$,
3. $(\,\lambda\mathbf{x} + \mathbf{y} \mid \mathbf{z}\,) = \lambda(\,\mathbf{x} \mid \mathbf{z}\,) + (\,\mathbf{y} \mid \mathbf{z}\,)$.

Démonstration. Les points 1 et 2 sont évidents. Le point 3 consiste à observer que pour tout $\mathbf{z} \in \mathbb{R}^m$, l'application de $\mathbb{R}^m$ dans $\mathbb{R}$ qui à $\mathbf{x}$ associe $(\,\mathbf{x} \mid \mathbf{z}\,)$ est une application linéaire. Cela est immédiat puisque l'expression de $(\,\mathbf{x} \mid \mathbf{z}\,)$ est une combinaison linéaire des x_i. ■

Proposition 3 (Inégalité de Cauchy-Schwarz).
Pour tout $\mathbf{x}$ et tout $\mathbf{y}$ dans $\mathbb{R}^m$, on a
$$\big|(\,\mathbf{x} \mid \mathbf{y}\,)\big| \leqslant \|\mathbf{x}\| \cdot \|\mathbf{y}\|$$
avec égalité si, et seulement si, $\mathbf{x}$ et $\mathbf{y}$ sont colinéaires.

Démonstration. Pour tout $\mathbf{x}$ et tout $\mathbf{y}$ dans $\mathbb{R}^m$ et pour tout $\lambda \in \mathbb{R}$, on pose :
$$Q(\lambda) := (\,\mathbf{x} + \lambda\mathbf{y} \mid \mathbf{x} + \lambda\mathbf{y}\,) = \|\mathbf{x} + \lambda\mathbf{y}\|^2 \geqslant 0.$$

Notons que :

$$Q(\lambda) = (\mathbf{x} \mid \mathbf{x} + \lambda\mathbf{y}) + \lambda(\mathbf{y} \mid \mathbf{x} + \lambda\mathbf{y}) = \|\mathbf{x}\|^2 + 2\lambda(\mathbf{x} \mid \mathbf{y}) + \lambda^2\|\mathbf{y}\|^2.$$

Si $\|\mathbf{y}\| = 0$, on a les égalités $|(\mathbf{x} \mid \mathbf{y})| = \|\mathbf{x}\| \cdot \|\mathbf{y}\| = 0$.

Si $\|\mathbf{y}\| \neq 0$, $Q(\lambda)$ est un polynôme de degré 2 qui ne prend que des valeurs positives. Son discriminant :

$$\Delta = 4\left((\mathbf{x} \mid \mathbf{y})^2 - \|\mathbf{x}\|^2\|\mathbf{y}\|^2\right)$$

est donc négatif ou nul, ce qui donne l'inégalité requise. Le discriminant s'annule si, et seulement s'il y a une racine double donc, si, et seulement s'il existe $\lambda_0 \in \mathbb{R}$ tel que $\|\mathbf{x} + \lambda_0\mathbf{y}\|^2 = 0$, c'est-à-dire $\mathbf{x} + \lambda_0\mathbf{y} = (0, \dots, 0)$. ■

Proposition 4 (Inégalité triangulaire). Si $\mathbf{x} \in \mathbb{R}^m$ et $\mathbf{y} \in \mathbb{R}^m$, alors :

$$\|\mathbf{x} + \mathbf{y}\| \leqslant \|\mathbf{x}\| + \|\mathbf{y}\|$$

avec égalité si, et seulement s'il existe $\lambda \geqslant 0$ tel que $\mathbf{x} = \lambda\mathbf{y}$ ou $\mathbf{y} = \lambda\mathbf{x}$.

Démonstration. En reprenant la démonstration précédente, on voit que :

$$\|\mathbf{x} + \mathbf{y}\|^2 = \|\mathbf{x}\|^2 + 2(\mathbf{x} \mid \mathbf{y}) + \|\mathbf{y}\|^2.$$

D'après l'inégalité de Cauchy-Schwarz, on a donc :

$$\|\mathbf{x} + \mathbf{y}\|^2 \leqslant \|\mathbf{x}\|^2 + 2\|\mathbf{x}\| \cdot \|\mathbf{y}\| + \|\mathbf{y}\|^2 = \left(\|\mathbf{x}\| + \|\mathbf{y}\|\right)^2.$$

Pour avoir l'égalité, il faut que $(\mathbf{x} \mid \mathbf{y}) = \|\mathbf{x}\| \cdot \|\mathbf{y}\|$, ce qui impose d'une part que $\mathbf{x}$ et $\mathbf{y}$ sont colinéaires (pour avoir le cas d'égalité dans l'inégalité de Cauchy-Schwarz), d'autre part que $(\mathbf{x} \mid \mathbf{y}) \geqslant 0$, ce qui impose que $\mathbf{x} = \lambda\mathbf{y}$ ou $\mathbf{y} = \lambda\mathbf{x}$ avec $\lambda \geqslant 0$. ■

Corollaire 5. Si $\mathbf{x} \in \mathbb{R}^m$ et $\mathbf{y} \in \mathbb{R}^m$, alors :

$$\|\mathbf{x} - \mathbf{y}\| \geqslant \left|\|\mathbf{x}\| - \|\mathbf{y}\|\right|.$$

Démonstration. On a :

$$\|\mathbf{x}\| = \|\mathbf{x} - \mathbf{y} + \mathbf{y}\| \leqslant \|\mathbf{x} - \mathbf{y}\| + \|\mathbf{y}\|$$

et :

$$\|\mathbf{y}\| = \|\mathbf{y} - \mathbf{x} + \mathbf{x}\| \leqslant \|\mathbf{x} - \mathbf{y}\| + \|\mathbf{x}\|.$$

■

1.2 Convergence de suites

Nous sommes maintenant en mesure de définir la limite d'une suite vectorielle.

Définition 3. Une suite vectorielle $(\mathbf{x}_n)$ de $\mathbb{R}^m$ converge vers la limite $\mathbf{a} \in \mathbb{R}^m$ si la suite de terme général $\|\mathbf{x}_n - \mathbf{a}\|$ tend vers 0, autrement dit :

$$\forall \varepsilon > 0,\ \exists N \in \mathbb{N},\ \forall n \geqslant N \quad \|\mathbf{x}_n - \mathbf{a}\| \leqslant \varepsilon.$$

Nous noterons $\mathbf{x}_n \underset{n \to +\infty}{\longrightarrow} \mathbf{a}$ ou bien plus simplement $\mathbf{x}_n \to \mathbf{a}$.

Exercice 1.
Soit $M \in M_m(\mathbb{R})$ une matrice $m \times m$; pour $n \geqslant 1$ posons : $M_n := \mathrm{I}_m + \dfrac{1}{n}M$. Montrer que la suite $(M_n)_{n\geqslant 1}$ converge et déterminer la limite.

Solution. Comme $\|M_n - I_m\| = \dfrac{1}{n}\|M\| \underset{n\to+\infty}{\longrightarrow} 0$, la suite converge vers I_m.

Dans de nombreux cas, nous ne vérifierons pas que la suite $(\mathbf{x}_n)$ converge vers $\mathbf{a}$ en montrant que $\|\mathbf{x}_n - \mathbf{a}\|$ tend vers 0. Nous montrerons plutôt que la suite converge coordonnées par coordonnées.

Théorème 6. La suite vectorielle $\big(\mathbf{x}_n := (x_{1,n}, \ldots, x_{m,n})\big)_{n\in\mathbb{N}}$ converge vers $\mathbf{a} := (a_1, \ldots, a_m)$ si, et seulement si, pour tout entier $i \in [\![1, m]\!]$, la suite $(x_{i,n})_{n\in\mathbb{N}}$ converge vers a_i.

Démonstration. Pour tout entier $i \in [\![1, m]\!]$, on a :

$$0 \leqslant |x_{i,n} - a_i| \leqslant \|\mathbf{x}_n - \mathbf{a}\| \leqslant |x_{1,n} - a_1| + \cdots + |x_{m,n} - a_m|.$$

Si la suite $(\mathbf{x}_n)_{n\in\mathbb{N}}$ converge vers $\mathbf{a}$, la suite réelle $\big(\|\mathbf{x}_n - \mathbf{a}\|\big)_{n\in\mathbb{N}}$ converge vers 0, et donc la suite réelle $\big(|x_{i,n} - a_i|\big)_{n\in\mathbb{N}}$ converge aussi vers 0 d'après le théorème des gendarmes. Cela démontre que la suite $(x_{i,n})_{n\in\mathbb{N}}$ converge vers a_i.
Réciproquement, si pour tout $i \in [\![1, m]\!]$ la suite $(x_{i,n})_{n\in\mathbb{N}}$ converge vers a_i, alors la suite réelle :

$$\big(|x_{1,n} - a_1| + \cdots + |x_{m,n} - a_m|\big)_{n\in\mathbb{N}}$$

converge vers 0. En effet, c'est la somme de m suites convergeant vers 0. De nouveau, d'après le théorème des gendarmes, la suite $\big(\|\mathbf{x}_n - \mathbf{a}\|\big)_{n\in\mathbb{N}}$ converge vers 0 et donc, la suite $(\mathbf{x}_n)_{n\in\mathbb{N}}$ converge vers $\mathbf{a}$. ■

Nous avons défini les notions de convergence et de limite d'une suite à l'aide des coordonnées des vecteurs dans la base canonique de $\mathbb{R}^m$. Nous allons maintenant montrer que les notions de convergence et de limite ne dépendent pas de la base dans laquelle nous travaillons. Ce résultat n'est pas immédiat puisque la définition même de la norme d'un vecteur est donnée à l'aide des coordonnées de ce vecteur dans la base canonique de $\mathbb{R}^m$. Nous reparlerons de tout cela dans le deuxième tome. Le résultat suivant généralise le théorème 6.

Théorème 7. Soit $(\mathbf{v}_1, \ldots, \mathbf{v}_m)$ une base de $\mathbb{R}^m$. Soit $(\mathbf{x}_n)_{n\in\mathbb{N}}$ une suite vectorielle telle que $\mathbf{x}_n := x_{1,n}\mathbf{v}_1 + \cdots + x_{m,n}\mathbf{v}_m$. Alors, la suite $(\mathbf{x}_n)_{n\in\mathbb{N}}$ converge vers $\mathbf{a} := a_1\mathbf{v}_1 + \cdots + a_m\mathbf{v}_m$ si, et seulement si, pour tout entier $i \in [\![1, m]\!]$, la suite $(x_{i,n})_{n\in\mathbb{N}}$ converge vers a_i.

Démonstration. Soient $x'_{i,n}$ les coordonnées de $x_{i,n}$ dans la base canonique $(\mathbf{e}_1, \ldots, \mathbf{e}_m)$ de $\mathbb{R}^m$ et a'_i les coordonnées de $\mathbf{a}$. Alors, pour chaque entier $i \in [\![1, m]\!]$, les $x_{i,n}$ s'expriment comme combinaison linéaire des $x'_{i,n}$ et vice-versa :

$$x_{i,n} = A_1 x'_{1,n} + \cdots + A_m x'_{m,n}, \quad a_i = A_1 a'_1 + \cdots + A_m a'_n,$$

$$x'_{i,n} = B_1 x_{1,n} + \cdots + B_m x_{m,n} \quad \text{et} \quad a'_i = B_1 a_1 + \cdots + B_m a_n.$$

Les coefficients $A_1, \ldots, A_m, B_1, \ldots, B_m$ ne dépendent pas de n. Ils sont obtenus à partir des matrices de passage de la base $(\mathbf{e}_1, \ldots, \mathbf{e}_m)$ à la base $(\mathbf{v}_1, \ldots, \mathbf{v}_m)$ et de son inverse. On voit donc que pour tout i la suite $(x'_{i,n})_{n\in\mathbb{N}}$ converge vers a'_i, si, et seulement si, pour tout i la suite $(x_{i,n})_{n\in\mathbb{N}}$ converge vers a_i. ■

En travaillant coordonnées par coordonnées, on montre facilement que comme dans le cas des suites numériques, il y a unicité de la limite d'une suite vectorielle. On obtient également le résultat suivant.

Théorème 8. Soient $(\mathbf{x}_n)_{n\in\mathbb{N}}$ et $(\mathbf{y}_n)_{n\in\mathbb{N}}$ deux suites vectorielles qui convergent respectivement vers $\mathbf{x}$ et $\mathbf{y}$ et soit $(\lambda_n)_{n\in\mathbb{N}}$ une suite réelle qui converge vers λ. Alors

1. la suite $(\mathbf{x}_n + \mathbf{y}_n)_{n\in\mathbb{N}}$ converge vers $\mathbf{x} + \mathbf{y}$,
2. la suite $(\lambda_n \mathbf{x}_n)_{n\in\mathbb{N}}$ converge vers $\lambda\mathbf{x}$ et
3. la suite de produits scalaires $\big((\,\mathbf{x}_n \mid \mathbf{y}_n\,)\big)_{n\in\mathbb{N}}$ converge vers $(\,\mathbf{x} \mid \mathbf{y}\,)$.

Démonstration. Pour (1) et (2), il suffit de travailler coordonnées par coordonnées. Chaque coordonnée de $\mathbf{x}_n + \mathbf{y}_n$ est la somme de deux suites réelles convergentes. Chaque coordonnée de $\lambda_n \mathbf{x}_n$ est le produit de deux suites réelles convergentes. Pour (3), il suffit d'observer que le produit scalaire $(\,\mathbf{x}_n \mid \mathbf{y}_n\,)$ est une somme de produits de suites réelles convergentes. ■

Venons en maintenant au cas des suites bornées.

Définition 4 (Suites bornées).
La suite vectorielle $\mathbf{x}_n$ est bornée si la suite réelle $\|\mathbf{x}_n\|$ est bornée.

Proposition 9. La suite vectorielle $\big(\mathbf{x}_n := (x_{1,n}, \ldots, x_{m,n})\big)_{n\in\mathbb{N}}$ est bornée si, et seulement si, pour tout entier $i \in [\![1, m]\!]$, la suite $(x_{i,n})_{n\in\mathbb{N}}$ est bornée.

Démonstration. Si la suite $(\mathbf{x}_n)_{n\in\mathbb{N}}$ est bornée, alors les suites $(x_{i,n})_{n\in\mathbb{N}}$ le sont puisque :

$$|x_{i,n}| \leqslant \|\mathbf{x}_n\|.$$

Réciproquement, si pour tout entier $i \in [\![1, m]\!]$, la suite $(x_{i,n})_{n\in\mathbb{N}}$ est bornée, alors il existe M tel que pour tout entier $i \in [\![1, m]\!]$ et pour tout $n \in \mathbb{N}$, $|x_{i,n}| \leqslant M$. On a alors :

$$\|\mathbf{x}_n\| \leqslant |x_{1,n}| + \cdots + |x_{m,n}| \leqslant m \cdot M.$$

■

Proposition 10. Toute suite vectorielle convergente est bornée.

Démonstration. Si la suite vectorielle $\big(\mathbf{x}_n := (x_{1,n}, \ldots, x_{m,n})\big)_{n\in\mathbb{N}}$ converge, alors chaque suite $(x_{i,n})_{n\in\mathbb{N}}$ converge et donc, est bornée. La suite $(\mathbf{x}_n)$ est donc bornée. ■

Le théorème de Bolzano-Weierstraß, qui est en quelque sorte un énoncé réciproque, reste valide pour les suites vectorielles.

Théorème 11 (Bolzano-Weierstraß). Toute suite vectorielle bornée $(\mathbf{x}_n)_{n\in\mathbb{N}}$ contient une suite extraite $(\mathbf{x}_{n_k})_{k\in\mathbb{N}}$ convergente.

Démonstration. On peut travailler coordonnées par coordonnées. Pour cela, on écrit $\mathbf{x}_n = (x_{1,n}, \ldots, x_{m,n})$. La suite réelle $(x_{1,n})_{n\in\mathbb{N}}$ est bornée. On peut donc extraire une sous-suite $(\mathbf{x}_{n_k})_{k\in\mathbb{N}}$ de sorte que la suite $(x_{1,n_k})_{k\in\mathbb{N}}$ soit convergente.

De manière similaire, de la suite $(\mathbf{x}_{n_k})_{k\in\mathbb{N}}$, on peut extraire une sous-suite $(\mathbf{x}_{n_{k_j}})_{j\in\mathbb{N}}$ de sorte que la suite $(x_{2,n_{k_j}})_{j\in N}$ converge. La suite $(x_{1,n_{k_j}})_{j\in N}$ converge également puisque c'est une sous-suite d'une suite convergente.

En répétant le procédé, on peut extraire une sous-suite de la suite $(\mathbf{x}_n)_{n\in\mathbb{N}}$ de sorte que chaque suite de coordonnées soit convergente. La sous-suite extraite est alors convergente. ■

1.3 Suites vectorielles définies par une récurrence linéaire

Rappelons qu'une suite géométrique $(u_n)_{n\in\mathbb{N}}$ de premier terme a et de raison r est définie par récurrence par $u_0 := a$ et $u_{n+1} := ru_n$. Nous avons vu que dans ce cas $u_n = ar^n$ pour tout $n \in \mathbb{N}$.

Nous allons maintenant étudier une généralisation de cette notion dans le cas des suites vectorielles. Considérons une suite $(\mathbf{u}_n)_{n\in\mathbb{N}}$ définie par récurrence par :

$$\mathbf{u}_0 \in \mathbb{R}^m \quad \text{et} \quad \mathbf{u}_{n+1} := A \cdot \mathbf{u_n}$$

où $A \in M_m(\mathbb{R})$ est une matrice à m lignes et m colonnes.

Exercice 2.

Déterminer l'expression de la suite $\big((x_n, y_n)\big)_{n\in\mathbb{N}}$ définie par :

$$\begin{pmatrix} x_0 \\ y_0 \end{pmatrix} \in \mathbb{R}^2 \quad \text{et} \quad \begin{pmatrix} x_{n+1} \\ y_{n+1} \end{pmatrix} := \begin{pmatrix} 2 & 0 \\ 0 & 3 \end{pmatrix} \cdot \begin{pmatrix} x_n \\ y_n \end{pmatrix}.$$

Solution. On peut écrire la relation de récurrence sous la forme :

$$\begin{cases} x_{n+1} = 2x_n \\ y_{n+1} = 3y_n. \end{cases}$$

La suite (x_n) est une suite géométrique de premier terme x_0 et de raison 2. On a donc $x_n = 2^n x_0$. La suite (y_n) est une suite géométrique de premier terme y_0 et de raison 3.

On a donc $y_n = 3^n y_0$. On peut écrire cela sous la forme :

$$\begin{pmatrix} x_n \\ y_n \end{pmatrix} = \begin{pmatrix} 2^n & 0 \\ 0 & 3^n \end{pmatrix} \begin{pmatrix} x_0 \\ y_0 \end{pmatrix} = \begin{pmatrix} 2 & 0 \\ 0 & 3 \end{pmatrix}^n \begin{pmatrix} x_0 \\ y_0 \end{pmatrix}.$$

De manière générale, on a le résultat suivant.

Théorème 12. Si $\mathbf{u}_0 \in \mathbb{R}^m$ et $\mathbf{u}_{n+1} := A \cdot \mathbf{u_n}$, alors $\mathbf{u}_n = A^n \cdot \mathbf{u_0}$ où A^n est la puissance $n^{ème}$ de A.

Démonstration. La démonstration se fait par récurrence. D'abord, pour $n = 0$, le résultat est vrai puisque, par définition, A^0 est la matrice identité. Ensuite, si $\mathbf{u}_n = A^n \cdot \mathbf{u_0}$, alors :

$$\mathbf{u}_{n+1} = A \cdot (A^n \cdot \mathbf{u_0}) = A^{n+1} \cdot \mathbf{u}_0.$$

Si le résultat est vrai au rang n, alors il est vrai au rang $n + 1$. ∎

Le problème consiste alors à déterminer A^n. Nous renvoyons pour cela le lecteur au module II.7. Nous proposons en exercice des exemples dans le cas $m = 2$.

Exercice 3.

Soit $(\mathbf{u}_n)$ une suite définie par récurrence par :

$$\mathbf{u}_0 \in \mathbb{R}^2 \quad \text{et} \quad \mathbf{u}_{n+1} := A \cdot \mathbf{u_n}$$

avec $A \in M_2(\mathbb{R})$ une matrice 2×2.

1. On suppose que A est diagonalisable dans une base $(\mathbf{v}, \mathbf{w})$ de vecteurs propres. Soient λ et μ les valeurs propres (éventuellement égales). Montrer que :
$$\mathbf{u}_n = a\lambda^n \mathbf{v} + b\mu^n \mathbf{w}$$
a et b étant les coefficients de la décomposition de $\mathbf{u}_0$ dans la base $(\mathbf{v}, \mathbf{w})$.
2. Déterminer la forme générale de la suite définie par récurrence par :
$$\mathbf{u}_0 := \begin{pmatrix} 3 \\ 7 \end{pmatrix} \quad \text{et} \quad \mathbf{u}_{n+1} := \begin{pmatrix} 0 & 1 \\ -6 & 5 \end{pmatrix} \cdot \mathbf{u_n}.$$
3. On suppose que A a une valeur propre double λ, et que $(\mathbf{v}, \mathbf{w})$ est une base telle que :
$$A\mathbf{v} = \lambda \mathbf{v} \quad \text{et} \quad A\mathbf{w} = \lambda(\mathbf{w} + \mathbf{v}).$$
Montrer que :
$$\mathbf{u}_n = (a + bn)\lambda^n \mathbf{v} + b\lambda^n \mathbf{w}$$
a et b étant les coefficients de la décomposition de $\mathbf{u}_0$ dans la base $(\mathbf{v}, \mathbf{w})$.
4. Déterminer la forme générale de la suite définie par récurrence par :
$$\mathbf{u}_0 := \begin{pmatrix} 3 \\ -2 \end{pmatrix} \quad \text{et} \quad \mathbf{u}_{n+1} := \begin{pmatrix} 0 & 1 \\ -4 & 4 \end{pmatrix} \cdot \mathbf{u_n}.$$

Solution.

1. On veut déterminer $\mathbf{u}_n = A^n\mathbf{u}_0$. On sait que $A\mathbf{v} = \lambda\mathbf{v}$ et $A\mathbf{w} = \mu\mathbf{w}$. Donc, $A^n\mathbf{v} = \lambda^n\mathbf{v}$ et $A^n\mathbf{w} = \mu^n\mathbf{w}$. Puisque $\mathbf{u}_0 = a\mathbf{v} + b\mathbf{w}$, et puisque l'application $\mathbf{u}_0 \mapsto A^n\mathbf{u}_0$ est une application linéaire, on a :
$$A^n\mathbf{u}_0 = A^n \cdot (a\mathbf{v} + b\mathbf{w}) = aA^n\mathbf{v} + bA^n\mathbf{w} = a\lambda^n\mathbf{v} + b\mu^n\mathbf{w}.$$

2. Posons $A := \begin{pmatrix} 0 & 1 \\ -6 & 5 \end{pmatrix}$. Alors :
$$A \cdot \begin{pmatrix} 1 \\ 2 \end{pmatrix} = \begin{pmatrix} 2 \\ 4 \end{pmatrix} = 2\begin{pmatrix} 1 \\ 2 \end{pmatrix} \quad \text{et} \quad A \cdot \begin{pmatrix} 1 \\ 3 \end{pmatrix} = \begin{pmatrix} 3 \\ 9 \end{pmatrix} = 3\begin{pmatrix} 1 \\ 3 \end{pmatrix}.$$
Si l'on définit $\mathbf{v} := (1, 2)$ et $\mathbf{w} := (1, 3)$, alors $(\mathbf{v}, \mathbf{w})$ est une base de vecteurs propres de $\mathbb{R}^2$. D'après la question précédente :
$$\mathbf{u}_0 = \begin{pmatrix} 3 \\ 7 \end{pmatrix} = 2 \cdot \mathbf{v} + 1 \cdot \mathbf{w} \quad \Longrightarrow \quad \mathbf{u}_n = 2 \cdot 2^n\mathbf{v} + 1 \cdot 3^n\mathbf{w} = \begin{pmatrix} 2^{n+1} + 3^n \\ 2^{n+2} + 3^{n+1} \end{pmatrix}.$$

3. On procède essentiellement comme dans (1). On a :
$$A\mathbf{v} = \lambda\mathbf{v} \quad \text{et} \quad A\mathbf{w} = \lambda(\mathbf{v} + \mathbf{w}).$$
On en déduit que pour tout $n \in \mathbb{N}$, $A^n\mathbf{v} = \lambda^n\mathbf{v}$, puis par récurrence que $A^n\mathbf{w} = \lambda^n(\mathbf{w} + n\mathbf{v})$. En effet, cette propriété est vraie pour $n = 0$ puisque $A^0\mathbf{w} = \mathbf{w} = \lambda^0(\mathbf{w} + 0\mathbf{v})$. Et si elle est vraie au rang n, alors elle est vraie au rang $n + 1$:
$$\begin{aligned} A^{n+1}\mathbf{w} = A \cdot A^n\mathbf{w} &= A \cdot \big(\lambda^n(\mathbf{w} + n\mathbf{v})\big) \\ &= \lambda^n(A\mathbf{w} + nA\mathbf{v}) \\ &= \lambda^n(\lambda\mathbf{w} + \lambda\mathbf{v} + n\lambda\mathbf{v}) = \lambda^{n+1}\big(\mathbf{w} + (n+1)\mathbf{v}\big). \end{aligned}$$
Par conséquent :
$$\mathbf{u}_n = A^n(a\mathbf{v} + b\mathbf{w}) = a\lambda^n\mathbf{v} + b\lambda^n(\mathbf{w} + n\mathbf{v}) = (a + bn)\lambda^n\mathbf{v} + b\lambda^n\mathbf{w}.$$

4. Posons $A := \begin{pmatrix} 0 & 1 \\ -4 & 4 \end{pmatrix}$. Alors :
$$A \cdot \begin{pmatrix} 1 \\ 2 \end{pmatrix} = 2\begin{pmatrix} 1 \\ 2 \end{pmatrix} \quad \text{et} \quad A \cdot \begin{pmatrix} 1 \\ 4 \end{pmatrix} = 2\left(\begin{pmatrix} 1 \\ 2 \end{pmatrix} + \begin{pmatrix} 1 \\ 4 \end{pmatrix}\right).$$
Si l'on définit $\mathbf{v} := (1, 2)$ et $\mathbf{w} := (1, 4)$, alors $(\mathbf{v}, \mathbf{w})$ est une base de $\mathbb{R}^2$ vérifiant les hypothèse de la question précédente. On a :
$$\mathbf{u}_0 = \begin{pmatrix} 1 \\ -2 \end{pmatrix} = 3\mathbf{v} - 2\mathbf{w}.$$
D'après la question précédente, on a donc :
$$\mathbf{u}_n = (3 - 2n) \cdot 2^n\mathbf{v} - 2 \cdot 2^n\mathbf{w} = \begin{pmatrix} 2^n(1 - 2n) \\ 2^{n+1}(1 - 2(n+1)) \end{pmatrix}.$$

1.4 Suites réelles définies par une récurrence d'ordre 2

Définition 5. Une suite réelle (u_n) est définie par une récurrence linéaire d'ordre 2 si :

$$u_0 \in \mathbb{R}, \quad u_1 \in \mathbb{R} \quad \text{et} \quad u_{n+2} := au_{n+1} + bu_n.$$

Remarquons que la relation de récurrence relie trois termes consécutifs. On pourrait étudier plus généralement les suites définies par une récurrence linéaire d'ordre k, c'est-à-dire reliant k termes consécutifs :

$$u_0, \ldots, u_{k-1} \in \mathbb{R} \quad \text{et} \quad u_{n+k} := a_{k-1}u_{n+k-1} + \cdots + a_0 u_n.$$

Les techniques sont essentiellement les mêmes et nous nous limiterons au cas des récurrences d'ordre 2.

Il est très important de comprendre l'astuce que nous allons utiliser maintenant pour étudier de telles suites. Une astuce similaire sera utilisée plus loin pour étudier les équations différentielles linéaires d'ordre 2.

Théorème 13. Si (u_n) est une suite définie par récurrence par :

$$u_0 \in \mathbb{R}, \quad u_1 \in \mathbb{R} \quad \text{et} \quad u_{n+2} := au_{n+1} + bu_n,$$

alors la suite $(\mathbf{x}_n)$ définie par $\mathbf{x}_n := \begin{pmatrix} u_n \\ u_{n+1} \end{pmatrix}$ vérifie la récurrence :

$$\mathbf{x}_0 = \begin{pmatrix} u_0 \\ u_1 \end{pmatrix} \quad \text{et} \quad \mathbf{x}_{n+1} = \begin{pmatrix} 0 & 1 \\ b & a \end{pmatrix} \cdot \mathbf{x}_n.$$

Démonstration. Il suffit d'écrire :

$$\begin{pmatrix} u_{n+1} \\ u_{n+2} \end{pmatrix} = \begin{pmatrix} 0 \cdot u_n + 1 \cdot u_{n+1} \\ b \cdot u_n + a \cdot u_{n+1} \end{pmatrix} = \begin{pmatrix} 0 & 1 \\ b & a \end{pmatrix} \cdot \begin{pmatrix} u_n \\ u_{n+1} \end{pmatrix}.$$

■

L'étude d'une suite réelle définie par une récurrence linéaire d'ordre 2 se ramène donc à l'étude d'une suite vectorielle de $\mathbb{R}^2$ définie par une récurrence linéaire d'ordre 1.

Exercice 4.

Étudier la suite définie par récurrence par :

$$u_0 := 3, \ u_1 := 7 \quad \text{et} \quad u_{n+1} := 5u_n - 6u_{n-1}.$$

Solution. On peut écrire :

$$\begin{pmatrix} u_n \\ u_{n+1} \end{pmatrix} = \begin{pmatrix} 0 \cdot u_{n-1} + 1 \cdot u_n \\ -6 \cdot u_{n-1} + 5 \cdot u_n \end{pmatrix} = \begin{pmatrix} 0 & 1 \\ -6 & 5 \end{pmatrix} \cdot \begin{pmatrix} u_{n-1} \\ u_n \end{pmatrix}.$$

Considérons la suite vectorielle $(\mathbf{x}_n)$ définie par $\mathbf{x}_n := \begin{pmatrix} u_n \\ u_{n+1} \end{pmatrix}$. Alors :

$$\mathbf{x}_0 = \begin{pmatrix} 3 \\ 7 \end{pmatrix} \quad \text{et} \quad \mathbf{x}_{n+1} = \begin{pmatrix} 0 & 1 \\ -6 & 5 \end{pmatrix} \cdot \mathbf{x}_n.$$

L'étude de cette suite est proposée dans l'exercice 3 de la page 694. On a :

$$\mathbf{x}_n = \begin{pmatrix} 2^{n+1} + 3^n \\ 2^{n+2} + 3^{n+1} \end{pmatrix}.$$

Puisque u_n est la première coordonnée de $\mathbf{x}_n$, on en déduit que :

$$u_n = 2^{n+1} + 3^n.$$

Exercice 5.
Étudier la suite définie par récurrence par :

$$u_0 := 3,\ u_1 := -2 \quad \text{et} \quad u_{n+1} := 4u_n - 4u_{n-1}.$$

Solution. On peut écrire :

$$\begin{pmatrix} u_n \\ u_{n+1} \end{pmatrix} = \begin{pmatrix} 0 \cdot u_{n-1} + 1 \cdot u_n \\ -4 \cdot u_{n-1} + 4 \cdot u_n \end{pmatrix} = \begin{pmatrix} 0 & 1 \\ -4 & 4 \end{pmatrix} \cdot \begin{pmatrix} u_{n-1} \\ u_n \end{pmatrix}.$$

Considérons la suite vectorielle $(\mathbf{x}_n)$ définie par $\mathbf{x}_n := \begin{pmatrix} u_n \\ u_{n+1} \end{pmatrix}$. Alors :

$$\mathbf{x}_0 = \begin{pmatrix} 3 \\ -2 \end{pmatrix} \quad \text{et} \quad \mathbf{x}_{n+1} = \begin{pmatrix} 0 & 1 \\ -4 & 4 \end{pmatrix} \cdot \mathbf{x}_n.$$

L'étude de cette suite est proposée dans l'exercice 3 de la page 694. Puisque u_n est la première coordonnée de $\mathbf{x}_n$, on obtient :

$$u_n = 2^{n+1}(3 - 2n).$$

2 Fonctions vectorielles

Définition 6. On appelle fonction vectorielle de la variable réelle toute application $\mathbf{f}$ d'un sous-ensemble non vide de $\mathbb{R}$, et à valeurs dans $\mathbb{R}^m$. L'ensemble de départ est appelé ensemble de définition de $\mathbf{f}$. On le note $D_\mathbf{f}$.

Une fonction réelle sera notée $f : D_f \subset \mathbb{R} \to \mathbb{R}$ tandis qu'une fonction vectorielle sera notée $\mathbf{f} : D_\mathbf{f} \subset \mathbb{R} \to \mathbb{R}^m$. Une telle fonction vectorielle est donnée par m fonctions réelles $f_1 : D_\mathbf{f} \to \mathbb{R},\ f_2 : D_\mathbf{f} \to \mathbb{R}, \dots,\ f_m : D_\mathbf{f} \to \mathbb{R}$.
Ce sont les m coordonnées de $\mathbf{f} = (f_1, f_2, \dots, f_m)$.

2.1 Continuité

On peut étendre les notions de limite et continuité des fonctions réelles au cas des fonctions vectorielles.

Définition 7. Une fonction vectorielle $\mathbf{f} : D_\mathbf{f} \to \mathbb{R}^m$ admet une limite $\ell \in \mathbb{R}^m$ au point a, si pour toute suite $(x_n) \subset D_\mathbf{f} \setminus \{a\}$ de limite a, la suite $\big(\mathbf{f}(x_n)\big)$ converge vers ℓ. On écrit alors $\ell = \lim_{x \to a} \mathbf{f}(x)$ ou $\ell = \lim_a \mathbf{f}$.

Comme dans le cas des fonctions réelles, on peut donner une définition équivalente.

Définition 8. Une fonction vectorielle $\mathbf{f} : D_\mathbf{f} \to \mathbb{R}^m$ admet une limite $\ell \in \mathbb{R}^m$ au point a, si :

$$\forall \varepsilon > 0,\ \exists \eta > 0 \quad \big(x \in D_\mathbf{f} \text{ et } 0 < |x-a| \leqslant \eta\big) \quad \Longrightarrow \quad \big\|\mathbf{f}(x) - \mathbf{f}(a)\big\| \leqslant \varepsilon.$$

Pour déterminer la limite d'une fonction vectorielle, on travaille généralement coordonnées par coordonnées, grâce au théorème suivant.

Théorème 14. Soient $\mathbf{f} := (f_1, \dots, f_m) : D_\mathbf{f} \to \mathbb{R}^m$ une fonction vectorielle et $\ell := (\ell_1, \dots, \ell_m)$ un vecteur de $\mathbb{R}^m$. Alors, $\lim\limits_{x \to a} \mathbf{f}(x) = \ell$ si, et seulement si, pour tout entier $i \in [\![1, m]\!]$, $\lim\limits_{x \to a} f_i(x) = \ell_i$.

Démonstration. Soit $(x_k)_{k \in \mathbb{N}}$ une suite qui converge vers a.

D'après le théorème 6 de la page 691, la suite $\big(\mathbf{f}(x_k)\big)_{k \in \mathbb{N}}$ converge vers ℓ si, et seulement si, pour tout entier $i \in [\![1, m]\!]$, la suite $\big(f_i(x_k)\big)_{k \in \mathbb{N}}$ converge vers ℓ_i. ■

Comme dans le cas des fonctions réelles, on peut alors introduire la notion de continuité d'une fonction vectorielle en un point a.

Définition 9. Une fonction vectorielle $\mathbf{f} : D_\mathbf{f} \to \mathbb{R}^m$ est continue en a si $a \in D_\mathbf{f}$ et si $\lim\limits_{x \to a} \mathbf{f}(x) = \mathbf{f}(a)$.

On a la définition équivalente suivante.

Définition 10. La fonction $\mathbf{f} : D_\mathbf{f} \to \mathbb{R}^m$ est continue en a si $a \in D_\mathbf{f}$ et si :

$$\forall \varepsilon > 0,\ \exists \eta > 0, \quad |x-a| \leqslant \eta \quad \Longrightarrow \quad \big\|\mathbf{f}(x) - \mathbf{f}(a)\big\| \leqslant \varepsilon.$$

Définition 11. La fonction $\mathbf{f}$ est continue sur un sous-ensemble $I \subset \mathbb{R}$ si $\mathbf{f}$ est continue en tout point de I.

La continuité d'une fonction vectorielle se teste généralement coordonnées par coordonnées, grâce à la propriété suivante.

Théorème 15. Une fonction $\mathbf{f} := (f_1, \dots, f_m) : D_\mathbf{f} \to \mathbb{R}^m$ est continue en $a \in D_\mathbf{f}$ si, et seulement si, chaque fonction $f_i : D_\mathbf{f} \to \mathbb{R}$ est continue en a.

Démonstration. C'est une conséquence immédiate du théorème 14. ■

Théorème 16 (Opérations élémentaires). Soient $\mathbf{f} : D \to \mathbb{R}^m$, $\mathbf{g} : D \to \mathbb{R}^m$ et $\lambda : D \to \mathbb{R}$ des fonctions continues en $a \in D$. Alors,

1. $\mathbf{f} + \mathbf{g}$ est continue en a ;
2. $\lambda\mathbf{f}$ est continue en a ;
3. le produit scalaire $(\,\mathbf{f} \mid \mathbf{g}\,)$ est continu en a.

Démonstration. Soit (x_k) une suite qui converge vers a. On a $\mathbf{f}(x_k) \underset{k\to\infty}{\longrightarrow} \mathbf{f}(a)$, $\mathbf{g}(x_k) \underset{k\to\infty}{\longrightarrow} \mathbf{g}(a)$ et $\lambda(x_k) \underset{k\to\infty}{\longrightarrow} \lambda(a)$ par continuité de $\mathbf{f}$, $\mathbf{g}$ et λ. Par conséquent, d'après le théorème 8 de la page 692 :

1. la suite $\big(\mathbf{f}(x_k) + \mathbf{g}(x_k)\big)$ converge vers $\mathbf{f}(a) + \mathbf{g}(a)$;
2. la suite $\big(\lambda(x_k)\mathbf{f}(x_k)\big)$ converge vers $\lambda(a)\mathbf{f}(a)$;
3. la suite $\big(\big(\,\mathbf{f}(x_k) \mid \mathbf{g}(x_k)\,\big)\big)$ converge vers $\big(\,\mathbf{f}(a) \mid \mathbf{g}(a)\,\big)$.

■

2.2 Dérivabilité

Nous pouvons étendre la notion de dérivabilité d'une fonction réelle au cas des fonctions vectorielles.

Définition 12. Soient $\mathbf{f} : D_{\mathbf{f}} \to \mathbb{R}^m$ une fonction vectorielle et a un point de $D_{\mathbf{f}}$. On dit que $\mathbf{f}$ est dérivable au point a si l'accroissement fini $\dfrac{\mathbf{f}(x) - \mathbf{f}(a)}{x - a}$ a une limite lorsque x tend vers a. Cette limite est alors notée $\mathbf{f}'(a)$.

Définition 13. La fonction $\mathbf{f}$ est dérivable sur un sous-ensemble $I \subset \mathbb{R}$ si $\mathbf{f}$ est dérivable en tout point de I.

Comme dans le cas de la continuité, la dérivabilité d'une fonction vectorielle se teste généralement coordonnées par coordonnées.

Théorème 17. Une fonction $\mathbf{f} := (f_1, \ldots, f_m) : D_{\mathbf{f}} \to \mathbb{R}^m$ est dérivable en $a \in D_{\mathbf{f}}$ si, et seulement si, chaque fonction $f_i : D_{\mathbf{f}} \to \mathbb{R}$ est dérivable en a. On a alors :

$$\mathbf{f}'(a) = \big(f_1'(a), \ldots, f_m'(a)\big).$$

Démonstration. Appliquer le théorème 14 de la page ci-contre à la fonction $\mathbf{g} : D_{\mathbf{f}} \setminus \{a\} \to \mathbb{R}^m$ définie par $\mathbf{g}(x) := \dfrac{\mathbf{f}(x) - \mathbf{f}(a)}{x - a}$. ■

En travaillant coordonnées par coordonnées, on voit facilement que si $\mathbf{f}$ est dérivable en a, alors $\mathbf{f}$ est continue en a et que, comme dans le cas des fonctions réelles, la réciproque est fausse.

On peut également définir par récurrence une notion de fonction k fois dérivable sur un intervalle $I \subset \mathbb{R}$.

Définition 14. Soit $\mathbf{f} : I \to \mathbb{R}^m$ une fonction vectorielle définie sur un intervalle $I \subset \mathbb{R}$. On définit par récurrence la dérivée $k^{ème}$ de $\mathbf{f}$, notée $\mathbf{f}^{(k)}$.
Pour $k = 0$, on pose $\mathbf{f}^{(0)} := \mathbf{f}$. Soit $k \geqslant 1$; supposons que $\mathbf{f}^{(k-1)} : I \to \mathbb{R}^m$ soit définie. Alors, $\mathbf{f}$ admet une dérivée $k^{ème}$ sur I si $\mathbf{f}^{(k-1)}$ est dérivable sur I. On note alors $\mathbf{f}^{(k)} := \left(\mathbf{f}^{(k-1)}\right)'$.

Définition 15. Soit $k \geqslant 0$ un entier et $I \subset \mathbb{R}$ un intervalle. Une fonction $\mathbf{f} : I \to \mathbb{R}^m$ est de classe $\mathcal{C}^k$ sur I si $\mathbf{f}^{(k)}$ existe et est continue sur I.

Définition 16. Une fonction $\mathbf{f} : I \to \mathbb{R}^m$ est de classe $\mathcal{C}^\infty$ sur I si elle est de classe $\mathcal{C}^k$ sur I pour tout entier $k \geqslant 0$.

2.3 Opérations sur les dérivées

Théorème 18. Si $\mathbf{f} : I \to \mathbb{R}^m$ est constante, alors $\mathbf{f}$ est dérivable en tout point $x \in I$ et $\mathbf{f}'(x)$ est le vecteur nul de $\mathbb{R}^m$.

Démonstration. Pour tout $x \neq a$, le taux d'accroissement $\dfrac{\mathbf{f}(x) - \mathbf{f}(a)}{x - a}$ est égal au vecteur nul de $\mathbb{R}^m$. ∎

Théorème 19. Si $\mathbf{f} : I \to \mathbb{R}^m$ et $\mathbf{g} : I \to \mathbb{R}^m$ sont dérivables en $a \in I$, alors $\mathbf{f} + \mathbf{g}$ est dérivable en a et :

$$(\mathbf{f} + \mathbf{g})'(a) = \mathbf{f}'(a) + \mathbf{g}'(a).$$

Démonstration. Si $\mathbf{f} = (f_1, \ldots, f_m)$ et $\mathbf{g} = (g_1, \ldots, g_m)$, alors :

$$\mathbf{f} + \mathbf{g} = (f_1 + g_1, \ldots, f_m + g_m).$$

On peut alors appliquer le théorème 17 de la page précédente qui permet de travailler coordonnée par coordonnée. Si $\mathbf{f}$ et $\mathbf{g}$ sont dérivables en a, alors les f_i et les g_i sont dérivables en a. Pour tout entier $i \in [\![1, m]\!]$, $f_i + g_i$ est dérivable en a. La fonction $\mathbf{f} + \mathbf{g}$ est donc dérivable en a et :

$$(\mathbf{f} + \mathbf{g})'(a) = \begin{pmatrix} (f_1 + g_1)'(a) \\ \vdots \\ (f_m + g_m)'(a) \end{pmatrix} = \begin{pmatrix} f_1'(a) + g_1'(a) \\ \vdots \\ f_m'(a) + g_m'(a) \end{pmatrix} = \mathbf{f}'(a) + \mathbf{g}'(a).$$

∎

Théorème 20. Si $f : I \to \mathbb{R}$ et $\mathbf{g} : I \to \mathbb{R}^m$ sont dérivables en $a \in I$, alors $f\mathbf{g}$ est dérivable en a et :

$$(f\mathbf{g})'(a) = \underbrace{f(a)}_{\in\mathbb{R}} \cdot \underbrace{\mathbf{g}'(a)}_{\in\mathbb{R}^m} + \underbrace{f'(a)}_{\in\mathbb{R}} \cdot \underbrace{\mathbf{g}(a)}_{\in\mathbb{R}^m}.$$

Démonstration. Si $\mathbf{g} = (g_1, \ldots, g_m)$, alors :

$$f\mathbf{g} = (fg_1, \ldots, fg_m).$$

De nouveau, il suffit d'appliquer le théorème 17 de la page 699 qui permet de travailler coordonnée par coordonnée. Si f et $\mathbf{g}$ sont dérivables en a, les fonctions fg_i le sont et $(fg_i)'(a) = f(a)g_i'(a) + f'(a)g_i(a)$. Donc :

$$\begin{aligned}(f\mathbf{g})'(a) &= \begin{pmatrix} f(a)g_1'(a) + f'(a)g_1(a) \\ \vdots \\ f(a)g_m'(a) + f'(a)g_m(a) \end{pmatrix} \\ &= f(a)\begin{pmatrix} g_1'(a) \\ \vdots \\ g_m'(a) \end{pmatrix} + f'(a)\begin{pmatrix} g_1(a) \\ \vdots \\ g_m'(a) \end{pmatrix}.\end{aligned}$$

■

Exercice 6.
Considérons les fonctions $f : \mathbb{R} \to \mathbb{R}$ et $\mathbf{g} : \mathbb{R} \to \mathbb{R}^3$ définies par $f(x) := x^2 + 3$ et $\mathbf{g}(x) := \begin{pmatrix} 1 \\ \sin(x) \\ x \end{pmatrix}$. Déterminer $(f\mathbf{g})'$.

Solution. La fonction $f\mathbf{g}$ est dérivable sur $\mathbb{R}$ et :

$$\begin{aligned}(f\mathbf{g})'(x) = (x^2+3)\begin{pmatrix} 0 \\ \cos(x) \\ 1 \end{pmatrix} + 2x\begin{pmatrix} 1 \\ \sin(x) \\ x \end{pmatrix} \\ = \begin{pmatrix} 2x \\ (x^2+3)\cos(x) + 2x\sin(x) \\ (x^2+3) + 2x^2 \end{pmatrix}\end{aligned}$$

Théorème 21. Si $\mathbf{f} : I \to \mathbb{R}^m$ et $\mathbf{g} : I \to \mathbb{R}^m$ sont dérivables en $a \in I$, alors le produit scalaire $(\,\mathbf{f} \mid \mathbf{g}\,)$ est dérivable en a et :

$$(\,\mathbf{f} \mid \mathbf{g}\,)'(a) = \big(\,\mathbf{f}(a) \mid \mathbf{g}'(a)\,\big) + \big(\,\mathbf{f}'(a) \mid \mathbf{g}(a)\,\big).$$

Démonstration. Si $\mathbf{f} = (f_1, \ldots, f_m)$ et $\mathbf{g} = (g_1, \ldots, g_m)$, alors :

$$(\,\mathbf{f} \mid \mathbf{g}\,) = f_1g_1 + \ldots f_mg_m.$$

On voit donc que si $\mathbf{f}$ et $\mathbf{g}$ sont dérivables en a, le produit scalaire $(\mathbf{f} \mid \mathbf{g})$ l'est également et :

$$\begin{aligned}(\mathbf{f} \mid \mathbf{g})'(a) &= f_1(a)g_1'(a) + f_1'(a)g_1(a) + \cdots + f_m(a)g_m'(a) + f_m'(a)g_m(a)\\ &= \big(f_1(a)g_1'(a) + \cdots + f_m(a)g_m'(a)\big) + \big(f_1'(a)g_1(a) + \cdots + f_m'(a)g_m(a)\big)\\ &= \big(\mathbf{f}(a) \mid \mathbf{g}'(a)\big) + \big(\mathbf{f}'(a) \mid \mathbf{g}(a)\big).\end{aligned}$$

■

Exercice 7.

Considérons les fonctions $\mathbf{f} : \mathbb{R} \to \mathbb{R}^3$ et $\mathbf{g} : \mathbb{R} \to \mathbb{R}^3$ définies par $\mathbf{f}(x) := \begin{pmatrix} x \\ \cos(x) \\ e^x \end{pmatrix}$ et $\mathbf{g}(x) := \begin{pmatrix} 1 \\ \sin(x) \\ x \end{pmatrix}$. Déterminer $(\mathbf{f} \mid \mathbf{g})'$.

Solution. La fonction $(\mathbf{f} \mid \mathbf{g})'$ est dérivable sur $\mathbb{R}$ et :

$$\begin{aligned}(\mathbf{f} \mid \mathbf{g})'(x) &= \left(\begin{pmatrix} x \\ \cos(x) \\ e^x \end{pmatrix} \middle| \begin{pmatrix} 0 \\ \cos(x) \\ 1 \end{pmatrix} \right) + \left(\begin{pmatrix} 1 \\ -\sin(x) \\ e^x \end{pmatrix} \middle| \begin{pmatrix} 1 \\ \sin(x) \\ x \end{pmatrix} \right)\\ &= \cos^2(x) + e^x + 1 - \sin^2(x) + xe^x.\end{aligned}$$

Exercice 8.

Montrer que si $A : I \to M_m(\mathbb{R})$ et $\mathbf{y} : I \to \mathbb{R}^m$ sont des applications dérivables sur I, alors l'application $\mathbf{f} : I \to \mathbb{R}^m$ définie par
$\mathbf{f}(t) := A(t) \cdot \mathbf{y}(t)$ est dérivable sur I et $\mathbf{f}'(t) = A'(t) \cdot \mathbf{y}(t) + A(t) \cdot \mathbf{y}'(t)$.

Solution. Soit L_k la $k^{\text{ème}}$ ligne de A. Alors $f_k = (L_k \mid \mathbf{y})$ est dérivable et $f_k' = (L_k' \mid y) + (L_k \mid y')$. De plus, L_k' est la $k^{\text{ème}}$ ligne de A'.

2.4 Inégalité des accroissements finis

Le théorème des accroissements finis n'est pas valide pour les fonctions vectorielles comme le montre l'exemple suivant.

Exemple. Considérons la fonction vectorielle $\mathbf{f} : [0, 2\pi] \to \mathbb{R}^2$ définie par $\mathbf{f}(x) := \begin{pmatrix} \cos(x) \\ \sin(x) \end{pmatrix}$. L'image du segment $[0, 2\pi]$ est un cercle centré à l'origine. On a $\mathbf{f}(2\pi) - \mathbf{f}(0) = \begin{pmatrix} 0 \\ 0 \end{pmatrix}$, mais pour tout $c \in]0, 2\pi[$:

$$\mathbf{f}'(c) = \begin{pmatrix} -\sin(x) \\ \cos(x) \end{pmatrix} \neq \begin{pmatrix} 0 \\ 0 \end{pmatrix}.$$

Nous conseillons vivement au lecteur de faire un dessin représentant la courbe $\mathbf{f}([0, 2\pi])$ et de regarder comment évolue le vecteur tangent $\mathbf{f}'(t)$.

Cependant, il y a une inégalité des accroissements finis.

Théorème 22 (Inégalité des accroissements finis). Si $\mathbf{f} : [a,b] \to \mathbb{R}^m$ est continue sur le segment $[a,b]$ et dérivable en tout point de $]a,b[$, alors :

$$\|\mathbf{f}(b) - \mathbf{f}(a)\| \leqslant \left(\sup_{c \in]a,b[} \|\mathbf{f}'(c)\| \right) \cdot (b-a).$$

En d'autres termes, un point qui se déplace à vitesse inférieure ou égale à M ne peut pas parcourir un trajet de longueur strictement supérieure à $M(b-a)$ entre les temps a et b.

Démonstration. Considérons les fonctions $g : [a,b] \to \mathbb{R}$ et $h : [a,b] \to \mathbb{R}$ définies par :

$$g(t) := \|\mathbf{f}(t) - \mathbf{f}(a)\| \quad \text{et} \quad h(t) := g(t) - \left[g(a) + (t-a)\frac{g(b)-g(a)}{b-a} \right].$$

La fonction g est continue sur $[a,b]$. En effet, si $t \in [a,b]$ et si (t_n) est une suite qui tend vers t, alors :

$$|g(t_n) - g(t)| = \Big| \|\mathbf{f}(t_n) - \mathbf{f}(a)\| - \|\mathbf{f}(t) - \mathbf{f}(a)\| \Big| \leqslant \|\mathbf{f}(t_n) - \mathbf{f}(t)\| \underset{t_n \to t}{\longrightarrow} 0.$$

La fonction h est donc continue sur $[a,b]$ comme somme de deux fonctions continues. Elle est donc bornée et atteint ses bornes dans $[a,b]$. Comme $h(t)$ est la distance selon la verticale du point d'ordonnée $g(t)$ à la corde du graphe de g pour a et b, on a $h(a) = h(b) = 0$. Comme dans la démonstration du théorème de Rolle, on voit donc qu'il existe un point $c \in]a,b[$ où h atteint un maximum ou un minimum. Plus précisément,

- soit $h(t) = 0$ pour tout $t \in [a,b]$ et dans ce cas h atteint un maximum et un minimum en tout point de l'intervalle $]a,b[$;
- soit il existe un point $t \in]a,b[$ avec $h(t) > 0$; dans ce cas le maximum de h sur $[a,b]$ ne peut être atteint en a ou en b et il est atteint en un point $c \in]a,b[$;
- soit il existe un point $t \in]a,b[$ avec $h(t) < 0$; dans ce cas le minimum de h sur $[a,b]$ ne peut être atteint en a ou en b et il est atteint en un point $c \in]a,b[$.

On peut donc trouver une suite (t_n) qui converge vers c, avec $t_n < c$ si h atteint un maximum en c et $t_n > c$ si h atteint un minimum en c, telle que :

$$0 \leqslant \frac{h(t_n) - h(c)}{t_n - c} = \frac{g(t_n) - g(c)}{t_n - c} - \frac{g(b) - g(a)}{b-a}.$$

On a alors :

$$\begin{aligned}
\frac{\|\mathbf{f}(b) - \mathbf{f}(a)\|}{b-a} = \frac{g(b)-g(a)}{b-a} \leqslant \frac{g(t_n) - g(c)}{t_n - c} &= \left| \frac{\|\mathbf{f}(t_n) - \mathbf{f}(a)\| - \|\mathbf{f}(c) - \mathbf{f}(a)\|}{t_n - c} \right| \\
&\leqslant \left\| \frac{\mathbf{f}(t_n) - \mathbf{f}(c)}{t_n - c} \right\| \underset{n \to +\infty}{\longrightarrow} \|\mathbf{f}'(c)\| \leqslant \left(\sup_{]a,b[} \|\mathbf{f}'\| \right).
\end{aligned}$$

■

2.5 Intégration

Nous allons maintenant étendre la notion d'intégrale d'une fonction. Comme dans les cas précédents, nous pouvons le faire directement, ou bien coordonnées par coordonnées. L'existence de la limite dans la définition qui suit est admise dans ce tome.

Définition 17. Soit $\mathbf{f} : [a,b] \to \mathbb{R}^m$ une fonction vectorielle continue sur un intervalle $[a,b] \subset \mathbb{R}$. L'intégrale $\int_a^b \mathbf{f}(x)\,\mathrm{d}x$ est définie comme limite des sommes régulières de Riemann :

$$\int_a^b \mathbf{f}(x)\,\mathrm{d}x := \lim_{n\to+\infty} \frac{b-a}{n} \sum_{k=0}^{n-1} \mathbf{f}(x_{k,n}) \quad \text{avec} \quad x_{k,n} := a + k\frac{b-a}{n}.$$

L'intégrale d'une fonction vectorielle est un vecteur. La $i^{\text{ème}}$ coordonnée de ce vecteur s'obtient en intégrant la $i^{\text{ème}}$ coordonnée de $\mathbf{f}$.

Proposition 23. Soit $\mathbf{f} := (f_1, \ldots, f_m) : [a,b] \to \mathbb{R}^m$ une fonction vectorielle continue définie sur un intervalle $[a,b] \subset \mathbb{R}$. Alors :

$$\int_a^b \mathbf{f}(x)\,\mathrm{d}x = \begin{pmatrix} \int_a^b f_1(x)\,\mathrm{d}x \\ \vdots \\ \int_a^b f_m(x)\,\mathrm{d}x \end{pmatrix}.$$

Démonstration. La $i^{\text{ème}}$ coordonnée de $\int_a^b \mathbf{f}(x)\,\mathrm{d}x$ est la limite de sommes de Riemann $\frac{b-a}{n}\sum_{k=0}^{n-1} f_i(x_{k,n})$ avec $x_{k,n} := a + k\frac{b-a}{n}$. ■

Exercice 9.

Déterminer $\int_0^1 \mathbf{f}(x)\,\mathrm{d}x$ pour $\mathbf{f}(x) := (x^2, x^3)$.

Solution. On a :

$$\int_0^1 \mathbf{f}(x)\,\mathrm{d}x = \begin{pmatrix} \int_0^1 x^2\,\mathrm{d}x \\ \int_0^1 x^3\,\mathrm{d}x \end{pmatrix} = \begin{pmatrix} 1/3 \\ 1/4 \end{pmatrix}.$$

Les propriétés concernant l'intégrale d'une fonction réelle s'étendent au cas des fonctions vectorielles. Nous ne démontrerons pas celles qui s'obtiennent directement en travaillant coordonnées par coordonnées.

Proposition 24 (Linéarité). Soient $\mathbf{f} : [a,b] \to \mathbb{R}^m$ et $\mathbf{g} : [a,b] \to \mathbb{R}^m$ deux fonctions vectorielles continues et $\lambda \in \mathbb{R}$ un réel. Alors :

$$\int_a^b (\mathbf{f} + \lambda\mathbf{g})(x)\,\mathrm{d}x = \int_a^b \mathbf{f}(x)\,\mathrm{d}x + \lambda \int_a^b \mathbf{g}(x)\,\mathrm{d}x.$$

Proposition 25 (Relation de Chasles). Soient $\mathbf{f} : [a,b] \to \mathbb{R}^m$ une fonction vectorielle continue et $c \in]a,b[$. Alors :

$$\int_a^b \mathbf{f}(x)\,\mathrm{d}x = \int_a^c \mathbf{f}(x)\,\mathrm{d}x + \int_c^b \mathbf{f}(x)\,\mathrm{d}x.$$

Il est alors naturel d'introduire la définition suivante afin que la relation de Chasles reste valide même si c n'est pas compris entre a et b.

Définition 18. Soit $\mathbf{f} : [a,b] \to \mathbb{R}^m$ une fonction vectorielle continue sur un intervalle $[a,b] \subset \mathbb{R}$. On définit :

$$\int_b^a \mathbf{f}(x)\,\mathrm{d}x := -\int_a^b \mathbf{f}(x)\,\mathrm{d}x.$$

Il est possible de majorer la valeur absolue de l'intégrale d'une fonction réelle par l'intégrale de sa valeur absolue. Nous allons étendre ce résultat au cas des fonctions vectorielles. La démonstration ne se fait pas en travaillant coordonnées par coordonnées. C'est un résultat excessivement important.

Théorème 26. Si $\mathbf{f} : [a,b] \to \mathbb{R}^m$ est une fonction vectorielle continue, alors :

$$\left\| \int_a^b \mathbf{f}(x)\,\mathrm{d}x \right\| \leqslant \int_a^b \|\mathbf{f}(x)\|\,\mathrm{d}x.$$

Démonstration. Remarquons d'abord que pour que l'intégrale de droite ait un sens, il faut vérifier que $\|\mathbf{f}\|$ est une fonction continue. Pour cela, il suffit d'observer que si (x_n) est une suite qui converge vers a, alors, d'après le corollaire 5 de la page 690 :

$$\Big| \|\mathbf{f}(x_n)\| - \|\mathbf{f}(a)\| \Big| \leqslant \|\mathbf{f}(x_n) - \mathbf{f}(a)\| \underset{n\to\infty}{\longrightarrow} 0.$$

Revenons maintenant à la définition de l'intégrale :

$$\int_a^b \mathbf{f}(x)\,\mathrm{d}x = \lim_{n\to+\infty} \frac{b-a}{n} \sum_{k=0}^{n-1} \mathbf{f}(x_{k,n}) \quad \text{avec} \quad x_{k,n} := a + k\frac{b-a}{n}.$$

L'inégalité triangulaire établie dans le théorème 4 de la page 690 implique que :

$$\left\| \sum_{k=0}^{n-1} \mathbf{f}(x_{k,n}) \right\| \leqslant \sum_{k=0}^{n-1} \|\mathbf{f}(x_{k,n})\|.$$

On a donc :

$$\begin{aligned} \left\| \int_a^b \mathbf{f}(x)\,\mathrm{d}x \right\| &= \lim_{n\to+\infty} \left\| \frac{b-a}{n} \sum_{k=0}^{n-1} \mathbf{f}(x_{k,n}) \right\| \\ &\leqslant \lim_{n\to+\infty} \frac{b-a}{n} \sum_{k=0}^{n-1} \|\mathbf{f}(x_{k,n})\| = \int_a^b \|\mathbf{f}(x)\|\,\mathrm{d}x. \end{aligned}$$

■

3 Équations différentielles linéaires

Une équation différentielle est une relation entre une fonction inconnue et ses dérivées. Une équation différentielle d'ordre m relie la fonction et ses m premières dérivées. Dans le cas d'une fonction à valeurs réelles, nous dirons qu'il s'agit d'une équation différentielle scalaire. Dans le cas d'une fonction vectorielle, nous dirons qu'il s'agit d'une équation différentielle vectorielle.

Nous avons vu au début du module qu'il existe un lien étroit entre les suites réelles définies par une récurrence portant sur plusieurs termes consécutifs, de la forme $u_{n+2} = au_{n+1} + bu_n$ avec $a, b \in \mathbb{R}$ par exemple, et les suites vectorielles définie par une récurrence de la forme $\mathbf{u}_{n+1} := A \cdot \mathbf{u}_n$ avec $A \in M_m(\mathbb{R})$.

Nous verrons qu'il existe un lien similaire entre les équations différentielles scalaires d'ordre m et les équations différentielles vectorielle d'ordre 1.

Dans ce module, nous n'étudierons qu'un cas très particulier d'équation différentielle : les équations différentielles linéaires.

3.1 Équations scalaires d'ordre 1

Définition 19. Une équation différentielle scalaire, linéaire, du premier ordre, est une équation de la forme :

$$y' = a(t) \cdot y + b(t)$$

où $a : I \to \mathbb{R}$ et $b : I \to \mathbb{R}$ sont des applications continues sur un intervalle $I \subset \mathbb{R}$. Une fonction $f : J \to \mathbb{R}$ est une solution de l'équation différentielle si f est dérivable sur un intervalle $J \subset I$ et si pour tout $t \in J$, on a :

$$f'(t) = a(t) \cdot f(t) + b(t).$$

Exemples.

1. L'équation différentielle $y' = ay + b$, avec $a, b \in \mathbb{R}$ est une équation différentielle linéaire d'ordre 1 à coefficients constants. La fonction $f : \mathbb{R} \to \mathbb{R}$ définie par $f(t) := e^{at} - b/a$ est solution de cette équation différentielle :

$$f'(t) = ae^{at} = af(t) + b.$$

2. L'équation différentielle $y' = 2ty$ est une équation différentielle linéaire d'ordre 1. La fonction $f : \mathbb{R} \to \mathbb{R}$ définie par $f(t) := e^{t^2}$ est solution de cette équation différentielle :

$$f'(t) = 2te^{t^2} = 2tf(t).$$

Proposition 27. Si $f : J \to \mathbb{R}$ est solution de l'équation différentielle $y' = a(t) \cdot y + b(t)$, alors f est de classe $\mathcal{C}^1$ sur J.

Démonstration. Si $f : J \to \mathbb{R}$ est solution de l'équation différentielle, alors f est par définition dérivable sur J. En particulier elle est continue sur J. Sa dérivée f' est égale à

$a \cdot f + b$ qui est une fonction continue sur J comme somme et produit de fonctions continues sur J. La fonction f est donc de classe $\mathcal{C}^1$ sur J. ■

Exercice 10.
Montrer par récurrence que si a et b sont de classe $\mathcal{C}^k$ sur I, alors toute solution $f : J \subset I \to \mathbb{R}^m$ est de classe $\mathcal{C}^{k+1}$ sur J.
Solution. Supposons a et b de classe $\mathcal{C}^k$. Si f est de classe $\mathcal{C}^\ell$, $\ell \leqslant k$, alors $f' = af + b$ est de classe $\mathcal{C}^\ell$, donc f est de classe $\mathcal{C}^{\ell+1}$.

Notons que si $f : J \subset I \to \mathbb{R}$ est solution d'une équation différentielle et si $J' \subset J$, alors la restriction de f à J' est également solution de l'équation différentielle.

Définition 20. Une solution $f : J \to \mathbb{R}$ d'une équation différentielle est une solution *maximale* si elle n'est pas la restriction d'une solution définie sur un intervalle $J' \neq J$ contenant J.

Observons maintenant que si $f_1 : J \to \mathbb{R}$ et $f_2 : J \to \mathbb{R}$ sont deux solutions de l'équation différentielle $y' = a(t) \cdot y + b(t)$, alors $f_1 - f_2$ est solution de l'équation différentielle $y' = a(t) \cdot y$.

Définition 21. L'équation *homogène* associée à $y' = a(t) \cdot y + b(t)$ est l'équation différentielle $y' = a(t) \cdot y$.

Nous allons, dans un premier temps, étudier les solutions de l'équation homogène. On dit également que c'est une équation sans second membre.

Proposition 28. Pour tout $t_0 \in \mathbb{R}$ et tout $y_0 \in \mathbb{R}$, la fonction $f : I \to \mathbb{R}$ définie par :

$$f(t) := e^{A(t)} \cdot y_0 \quad \text{avec} \quad A : \begin{array}{ccc} I & \longrightarrow & \mathbb{R} \\ t & \longmapsto & \int_{t_0}^t a(u)\,du \end{array}$$

est solution de l'équation différentielle $y' = a(t) \cdot y$.

Démonstration. La primitive $A : I \to \mathbb{R}$ est dérivable sur I de dérivée $A'(t) = a(t)$. Par conséquent $f : t \mapsto e^{A(t)} \cdot y_0$ est dérivable comme composée de fonctions dérivables et :

$$f'(t) = A'(t)e^{A(t)} \cdot y_0 = a(t) \cdot f(t).$$

■

Théorème 29. Considérons l'équation différentielle homogène $y' = a(t) \cdot y$ avec $a : I \to \mathbb{R}$ continue. Toute solution maximale est de la forme :

$$f : \begin{array}{ccc} I & \longrightarrow & \mathbb{R} \\ t & \longmapsto & e^{A(t)} \cdot f(t_0) \end{array} \quad \text{avec} \quad t_0 \in I \quad \text{et} \quad A : \begin{array}{ccc} I & \longrightarrow & \mathbb{R} \\ t & \longmapsto & \int_{t_0}^t a(u)\,du. \end{array}$$

Démonstration. Soit $f : J \to \mathbb{R}$ une solution de l'équation différentielle $y' = a(t) \cdot y$.

Définissons $g : J \to \mathbb{R}$ par :

$$g(t) := e^{-A(t)} \cdot f(t).$$

La fonction g est alors dérivable sur J et :

$$\begin{aligned} g'(t) &= -A'(t)e^{-A(t)} \cdot f(t) + e^{-A(t)} \cdot f'(t) \\ &= -a(t)e^{-A(t)} \cdot f(t) + e^{-A(t)} \cdot a(t)f(t) = 0. \end{aligned}$$

On voit donc que pour tout $t \in J$, $g'(t) = 0$. On en déduit que la fonction g est constante sur l'intervalle J et donc que :

$$f(t) = e^{A(t)} \cdot y_0$$

avec $y_0 \in \mathbb{R}$. En remplaçant t par t_0, on obtient $y_0 = f(t_0)$. ∎

Remarque. Nous venons de montrer que l'ensemble des solutions de l'équation différentielle $y' = a(t) \cdot y$ est une droite vectorielle. Étant donné $t_0 \in \mathbb{R}$, l'application qui a une solution f associe le réel $f(t_0)$ est un isomorphisme d'espace vectoriel entre l'ensemble des solutions et $\mathbb{R}$.

Revenons maintenant sur les solutions de l'équation avec second membre. Pour trouver la forme des solutions de l'équation avec second membre, nous allons utiliser la méthode dite de *variation de la constante*. Nous avons vu que les solutions de l'équation homogène sont de la forme $t \mapsto e^{A(t)} \cdot y_0$ avec $y_0 \in \mathbb{R}$. La méthode de variation de la constante consiste à rechercher les solutions $f : J \to \mathbb{R}$ de l'équation avec second membre sous la forme $f(t) = e^{A(t)} \cdot g(t)$ avec $g : J \to \mathbb{R}$ une fonction à valeurs réelles.

Exercice 11.

On suppose que $f : J \to \mathbb{R}$ est solution de $y' = a(t) \cdot y + b(t)$ avec $a : I \to \mathbb{R}$ et $b : I \to \mathbb{R}$ continues. Étant donné $t_0 \in J$, on définit $A : I \to \mathbb{R}$ par $A(t) := \displaystyle\int_{t_0}^{t} a(u)\,du$.

1. Montrer que toute solution $f : J \to \mathbb{R}$ est de la forme $f : t \mapsto e^{A(t)} \cdot g(t)$ avec $g : J \to \mathbb{R}$ dérivable.

2. Montrer qu'alors pour tout $t \in J$, $g'(t) = e^{-A(t)} \cdot b(t)$.

3. En déduire que si $f : J \to \mathbb{R}$ est une solution, alors :

$$f(t) = e^{A(t)} \left(f(t_0) + \int_{t_0}^{t} e^{-A(u)} \cdot b(u)\,du \right).$$

4. En déduire que les solutions maximales sont définies sur I et sont exactement les fonctions de la forme :

$$\begin{aligned} f : I &\longrightarrow \mathbb{R} \\ t &\longmapsto e^{A(t)} \left(y_0 + \textstyle\int_{t_0}^{t} e^{-A(u)} \cdot b(u)\,du \right) \end{aligned}$$

avec $t_0 \in I$ et $y_0 := f(t_0) \in \mathbb{R}$ un réel quelconque.

Solution.

1. On définit $g : J \to \mathbb{R}$ par $g(t) := e^{-A(t)} \cdot f(t)$.

   Alors, pour tout $t \in J$, $f(t) = e^{A(t)} \cdot g(t)$.

2. La fonction g est dérivable comme composée et produit de deux fonctions dérivables. Sa dérivée est donnée par :

$$g'(t) = -A'(t)e^{-A(t)} \cdot f(t) + e^{-A(t)} \cdot f'(t) = e^{-A(t)} \cdot b(t)$$

   car $f'(t) = A'(t) \cdot f(t) + b(t)$.

3. Supposons que $f : J \to \mathbb{R}$ est une solution. On définit $g : J \to \mathbb{R}$ par $g(t) := e^{-A(t)} \cdot f(t)$. D'après la question précédente, pour tout $t \in J$:

$$g(t) = g(t_0) + \int_{t_0}^{t} e^{-A(u)} \cdot b(u)\,\mathrm{d}u = f(t_0) + \int_{t_0}^{t} e^{-A(u)} \cdot b(u)\,\mathrm{d}u.$$

   Par conséquent :

$$f(t) = e^{A(t)} \left(f(t_0) + \int_{t_0}^{t} e^{-A(u)} \cdot b(u)\,\mathrm{d}u \right).$$

4. Soit $f : J \to \mathbb{R}$ une solution maximale et soit $t_0 \in J$. On définit $f_1 : I \to \mathbb{R}$ par la formule :

$$f_1(t) := e^{A(t)} \left(f(t_0) + \int_{t_0}^{t} e^{-A(u)} \cdot b(u)\,\mathrm{d}u \right).$$

   On vérifie que f_1 est solution de l'équation différentielle :

$$\begin{aligned} f_1'(t) &= A'(t)e^{A(t)} \left(f(t_0) + \int_{t_0}^{t} e^{-A(u)} \cdot b(u)\,\mathrm{d}u \right) + e^{A(t)} \cdot e^{-A(t)} \cdot b(t) \\ &= a(t) \cdot f(t) + b(t). \end{aligned}$$

   Comme $f = f_1$ sur J d'après le point précédent, et comme f est une solution maximale, on a $J = I$.

   On vient également de montrer que pour tout $t_0 \in I$ et tout $y_0 \in \mathbb{R}$, la fonction :

$$\begin{array}{rccl} f : & I & \longrightarrow & \mathbb{R} \\ & t & \longmapsto & e^{A(t)} \left(y_0 + \int_{t_0}^{t} e^{-A(u)} \cdot b(u)\,\mathrm{d}u \right) \end{array} \qquad \text{avec} \quad A(t) = \int_{t_0}^{t} a(u)\,\mathrm{d}u$$

   est solution de l'équation différentielle.

L'exercice précédent a pour conséquence immédiate le théorème suivant.

Théorème 30. Considérons l'équation différentielle $y' = a(t) \cdot y + b(t)$ avec $a : I \to \mathbb{R}$ et $b : I \to \mathbb{R}$ continues. Soit $t_0 \in I$.

- Toute solution maximale de l'équation différentielle est de la forme :

$$\begin{array}{rcl} f : I & \longrightarrow & \mathbb{R} \\ t & \longmapsto & e^{A(t)}\left(f(t_0) + \int_{t_0}^{t} e^{-A(u)} \cdot b(u)\,\mathrm{d}u\right) \end{array}$$

  avec $t_0 \in I$, $A(t) := \displaystyle\int_{t_0}^{t} a(u)\,\mathrm{d}u$ et $f(t_0) = y_0 \in \mathbb{R}$ un réel quelconque.

- Si $f_0 : I \to \mathbb{R}$ est une solution particulière de l'équation différentielle, alors les solutions maximales de l'équation avec second membre sont exactement les fonctions $f : I \to \mathbb{R}$ de la forme :

$$f = f_{\text{homogène}} + f_0,$$

  où $f_{\text{homogène}} : I \to \mathbb{R}$ est solution maximale de l'équation homogène.

- L'ensemble des solutions maximales est une droite affine.

3.2 Équations vectorielles d'ordre 1

Définition 22. Une équation différentielle linéaire du premier ordre est une équation de la forme :

$$\mathbf{y}' = \mathbf{A}(t) \cdot \mathbf{y} + \mathbf{b}(t)$$

où $\mathbf{A} : I \to M_m(\mathbb{R})$ et $\mathbf{b} : I \to \mathbb{R}^m$ sont des applications continues sur un intervalle $I \subset \mathbb{R}$. Une fonction vectorielle $\mathbf{f} : J \to \mathbb{R}^m$ est une solution de l'équation différentielle si $\mathbf{f}$ est dérivable sur un intervalle $J \subset I$ et si, pour tout $t \in J$, on a :

$$\mathbf{f}'(t) = \mathbf{A}(t) \cdot \mathbf{f}(t) + \mathbf{b}(t).$$

Proposition 31. Si $\mathbf{f} : J \to \mathbb{R}^m$ est solution d'une équation différentielle linéaire d'ordre 1, alors $\mathbf{f}$ est de classe $\mathcal{C}^1$ sur J.

Démonstration. La preuve est similaire à celle exposée dans le cas d'une équation scalaire (voir proposition 27 de la page 706). ∎

La notion de solution maximale est la même dans le cas vectoriel que dans le cas scalaire.

Définition 23. Une solution $\mathbf{f} : J \to \mathbb{R}^m$ d'une équation différentielle est une solution *maximale* si elle n'est pas la restriction d'une solution définie sur un intervalle $J' \neq J$ contenant J.

Comme dans le cas d'une équation scalaire, l'étude d'une équation différentielle vectorielle linéaire passe par l'étude de l'équation homogène associée.

Définition 24. L'équation *homogène* associée à l'équation différentielle linéaire $\mathbf{y}' = \mathbf{A}(t) \cdot \mathbf{y} + \mathbf{b}(t)$ est l'équation différentielle $\mathbf{y}' = \mathbf{A}(t) \cdot \mathbf{y}$.

Théorème 32. Soit $J \subset I$ un intervalle. L'ensemble des solutions $\mathbf{f} : J \to \mathbb{R}^m$ de l'équation homogène est un sous-espace vectoriel de l'ensemble des fonctions de classe $\mathcal{C}^1$ sur J.

Démonstration. D'après la proposition 31 de la page ci-contre, toute solution $\mathbf{f} : J \to \mathbb{R}^m$ est de classe $\mathcal{C}^1$ sur J.
La fonction constante égale au vecteur nul de $\mathbb{R}^m$ est solution de l'équation homogène. L'ensemble des solutions définies sur J n'est donc pas vide.
Si $\mathbf{f}_1 : J \to \mathbb{R}^m$ et $\mathbf{f}_2 : J \to \mathbb{R}^m$ sont deux solutions de l'équation homogène et si $\lambda \in \mathbb{R}$, alors $\lambda\mathbf{f}_1 + \mathbf{f}_2 : J \to \mathbb{R}^m$ est une solution de l'équation homogène. En effet :

$$\begin{aligned}(\lambda\mathbf{f}_1 + \mathbf{f}_2)'(t) &= \lambda\mathbf{f}_1'(t) + \mathbf{f}_2'(t) \\ &= \lambda\mathbf{A}(t) \cdot \mathbf{f}_1(t) + \mathbf{A}(t)\mathbf{f}_2(t) \\ &= \mathbf{A}(t) \cdot (\lambda\mathbf{f}_1 + \mathbf{f}_2)(t).\end{aligned}$$

■

Pour le moment, nous ne pouvons malheureusement pas aller beaucoup plus loin dans le cas où $\mathbf{A} : I \to \mathbb{R}$ est une application continue quelconque. Nous traiterons le cas général dans le deuxième tome à l'aide du théorème de Cauchy-Lipschitz.

Remarque. Ce qui nous empêche de traiter le cas général, c'est que pour $t \neq t'$, les matrices $\mathbf{A}(t)$ et $\mathbf{A}(t')$ ne commutent généralement pas.

Dans ce module, nous nous contenterons de traiter le cas où $\mathbf{A}$ est une application constante. Dans ce cas, les matrices $\mathbf{A}(t)$ et $\mathbf{A}(t')$ commutent automatiquement. Nous dirons alors que l'équation $\mathbf{y}' = \mathbf{A} \cdot \mathbf{y}$ est à coefficients constants. À partir de maintenant, nous supposerons donc que $\mathbf{A}$ est une matrice de $M_m(\mathbb{R})$.

Définition 25. L'exponentielle d'une matrice carrée $\mathbf{A} \in M_m(\mathbb{R})$ est la matrice définie par :

$$e^{\mathbf{A}} := \sum_{n=0}^{+\infty} \frac{\mathbf{A}^n}{n!} = \mathrm{I} + \mathbf{A} + \frac{\mathbf{A}^2}{2} + \frac{\mathbf{A}^3}{6} + \cdots.$$

Nous verrons dans le deuxième tome que cette série est toujours convergente. Si $\mathbf{A}$ et $\mathbf{B}$ sont deux matrices qui commutent, alors $e^{\mathbf{A}+\mathbf{B}} = e^{\mathbf{A}} \cdot e^{\mathbf{B}} = e^{\mathbf{B}} \cdot e^{\mathbf{A}}$.
Pour tout $t \in \mathbb{R}$, la matrice $\mathbf{A}$ commute avec la matrice $t\mathbf{A}$. Elle commute donc avec $e^{t\mathbf{A}}$. De plus, pour tout $t_1 \in \mathbb{R}$ et $t_2 \in \mathbb{R}$, les matrices $t_1\mathbf{A}$ et $t_2\mathbf{A}$ commutent. Par conséquent, $e^{t_1\mathbf{A}} \cdot e^{t_2\mathbf{A}} = e^{(t_1+t_2)\mathbf{A}}$.

Proposition 33. Pour tout $\mathbf{y}_0 \in \mathbb{R}^m$ et tout $\mathbf{A} \in M_m(\mathbb{R})$, la fonction $\mathbf{f} : \mathbb{R} \to \mathbb{R}^m$ définie par :

$$\mathbf{f}(t) := e^{t\mathbf{A}} \cdot \mathbf{y}_0$$

est solution de l'équation différentielle $\mathbf{y}' = \mathbf{A} \cdot \mathbf{y}$.

Remarque. Puisque $\mathbf{A} \in M_m(\mathbb{R})$ est une matrice et $\mathbf{y}_0 \in \mathbb{R}^m$ un vecteur, le produit $\mathbf{y}_0 \cdot e^{t\mathbf{A}}$ n'a pas de sens. C'est le produit $e^{t\mathbf{A}} \cdot \mathbf{y}_0$ qui a un sens.

Démonstration. Montrons que pour tout $t_0 \in \mathbb{R}$, $\mathbf{f}$ est dérivable en t_0. On a :

$$\frac{\mathbf{f}(t) - \mathbf{f}(t_0)}{t - t_0} = \frac{e^{t\mathbf{A}} \cdot \mathbf{y}_0 - e^{t_0\mathbf{A}} \cdot \mathbf{y}_0}{t - t_0} = \frac{e^{(t-t_0)\mathbf{A}} - \mathbf{I}_m}{t - t_0} \cdot e^{t_0\mathbf{A}} \cdot \mathbf{y}_0.$$

Or :

$$\frac{e^{(t-t_0)\mathbf{A}} - \mathbf{I}_m}{t - t_0} = \sum_{n=1}^{+\infty} \frac{(t-t_0)^{n-1}}{n!}\mathbf{A}^n = \mathbf{A} + \sum_{n=2}^{+\infty} \frac{(t-t_0)^{n-1}}{n!}\mathbf{A}^n$$

et dès que $|t - t_0| < 1$, on a :

$$\left\| \frac{e^{(t-t_0)\mathbf{A}} - \mathbf{I}_m}{t - t_0} - \mathbf{A} \right\| \leqslant |t - t_0| \sum_{n=2}^{+\infty} \frac{\|\mathbf{A}\|^n}{n!} \leqslant |t - t_0| e^{\|\mathbf{A}\|} \underset{t \to t_0}{\longrightarrow} 0.$$

Par conséquent, $\mathbf{f}$ est dérivable en t_0 et :

$$\mathbf{f}'(t_0) = \lim_{t \to t_0} \frac{\mathbf{f}(t) - \mathbf{f}(t_0)}{t - t_0} = \mathbf{A} \cdot e^{t_0\mathbf{A}} \cdot \mathbf{y}_0 = \mathbf{A} \cdot \mathbf{f}(t_0).$$

■

Remarque. On a utilisé de manière cruciale le fait que pour tout $t_1 \in \mathbb{R}$ et $t_2 \in \mathbb{R}$, les matrices $t_1 A$ et $t_2 A$ commutent. Si $\mathbf{A} : \mathbb{R} \to M_m(\mathbb{R})$ est une fonction dérivable quelconque, la dérivée de $e^{\mathbf{A}(t)}$ n'est en général pas égale à $\mathbf{A}'(t) \cdot e^{\mathbf{A}(t)}$.

Théorème 34. Considérons l'équation différentielle homogène $\mathbf{y}' = \mathbf{A} \cdot \mathbf{y}$ avec $\mathbf{A} \in M_m(\mathbb{R})$. Toute solution maximale est de la forme :

$$\begin{array}{rccc} \mathbf{f} : & \mathbb{R} & \longrightarrow & \mathbb{R}^m \\ & t & \longmapsto & e^{t\mathbf{A}} \cdot \mathbf{f}(0). \end{array}$$

Démonstration. Soit $\mathbf{f} : J \to \mathbb{R}^m$ une solution de l'équation différentielle $\mathbf{y}' = \mathbf{A} \cdot \mathbf{y}$. Définissons $\mathbf{g} : J \to \mathbb{R}^m$ par :

$$\mathbf{g}(t) := e^{-t\mathbf{A}} \cdot \mathbf{f}(t).$$

La fonction $\mathbf{g}$ est alors dérivable sur J et :

$$\begin{aligned} \mathbf{g}'(t) &= -\mathbf{A}e^{-t\mathbf{A}} \cdot \mathbf{f}(t) + e^{-t\mathbf{A}} \cdot \mathbf{f}'(t) \\ &= -\mathbf{A}e^{-t\mathbf{A}} \cdot \mathbf{f}(t) + e^{-t\mathbf{A}} \cdot \mathbf{A}\mathbf{f}(t). \end{aligned}$$

Or, $\mathbf{A}$ et $e^{t\mathbf{A}}$ commutent. On voit donc que pour tout $t \in J$, $\mathbf{g}'(t) = 0$. On en déduit que la fonction $\mathbf{g}$ est constante sur l'intervalle J et donc que :

$$\mathbf{f}(t) = e^{t\mathbf{A}} \cdot \mathbf{y}_0$$

avec $\mathbf{y}_0 \in \mathbb{R}^m$. Cela montre que toute solution maximale est de la forme :

$$\begin{array}{rccl} \mathbf{f}: & \mathbb{R} & \longrightarrow & \mathbb{R}^m \\ & t & \longmapsto & e^{t\mathbf{A}} \cdot \mathbf{f}(0). \end{array}$$

■

Théorème 35. L'ensemble des solutions maximales est un espace vectoriel de dimension m. Pour tout $t_0 \in \mathbb{R}$, l'application qui à une solution $\mathbf{f} : \mathbb{R} \to \mathbb{R}^m$ associe $\mathbf{f}(t_0) \in \mathbb{R}^m$ est un isomorphisme d'espaces vectoriels.

Démonstration. Toute solution $\mathbf{f} : \mathbb{R} \to \mathbb{R}^m$ est de la forme :

$$t \mapsto e^{t\mathbf{A}} \cdot \mathbf{f}(0) = e^{(t-t_0)\mathbf{A}} \cdot \mathbf{f}(t_0).$$

On voit donc que l'application linéaire qui a une solution maximale $\mathbf{f} : \mathbb{R} \to \mathbb{R}^m$ associe $\mathbf{f}(t_0) \in \mathbb{R}^m$ est une bijection entre l'ensemble des solutions maximales de l'équation homogène et $\mathbb{R}^m$. ■

Revenons maintenant sur les solutions de l'équation avec second membre. Pour trouver la forme des solutions de l'équation avec second membre, nous allons utiliser la méthode de variation de la constante. Autrement dit, nous allons rechercher les solutions de l'équation avec second membre sous la forme $\mathbf{f}(t) := e^{t\mathbf{A}}\mathbf{g}(t)$ avec $\mathbf{g}$ une fonction vectorielle.

Exercice 12.

On suppose que $\mathbf{f} : J \to \mathbb{R}^m$ est solution de $\mathbf{y}' = \mathbf{A} \cdot \mathbf{y} + \mathbf{b}(t)$ avec $\mathbf{b} : I \to \mathbb{R}^m$ continue. On définit $\mathbf{g} : J \to \mathbb{R}^m$ par $\mathbf{g}(t) := e^{-t\mathbf{A}} \cdot \mathbf{f}(t)$.

1. Montrer que $\mathbf{g} : J \to \mathbb{R}^m$ est dérivable et que pour tout $t \in J$, $\mathbf{g}'(t) = e^{-t\mathbf{A}} \cdot \mathbf{b}(t)$.
2. En déduire que si $\mathbf{f} : J \to \mathbb{R}^m$ est une solution maximale, alors $J = I$ et pour $t_0 \in I$:

$$\mathbf{f}(t) = e^{(t-t_0)\mathbf{A}} \cdot \mathbf{f}(t_0) + e^{t\mathbf{A}} \cdot \int_{t_0}^{t} e^{-u\mathbf{A}} \cdot \mathbf{b}(u)\, du \quad \text{avec} \quad \mathbf{y}_0 \in \mathbb{R}^m.$$

Solution.

1. La fonction $\mathbf{g} : \begin{array}{ccc} J & \longrightarrow & \mathbb{R}^m \\ t & \longmapsto & e^{-t\mathbf{A}} \cdot \mathbf{f}(t) \end{array}$ est dérivable comme produit de deux fonctions dérivables. Sa dérivée est donnée par :

$$\mathbf{g}'(t) = -\mathbf{A}e^{-t\mathbf{A}} \cdot \mathbf{f}(t) + e^{-t\mathbf{A}} \cdot \mathbf{f}'(t) = e^{-t\mathbf{A}} \cdot \mathbf{b}(t)$$

car $\mathbf{A}$ et $e^{-t\mathbf{A}}$ commutent et $\mathbf{f}'(t) = \mathbf{A} \cdot \mathbf{f}(t) + \mathbf{b}(t)$.

2. Supposons que $\mathbf{f} : J \to \mathbb{R}^m$ est une solution maximale. On définit $\mathbf{g} : J \to \mathbb{R}$ par $\mathbf{g}(t) := e^{-t\mathbf{A}} \cdot \mathbf{f}(t)$. On choisit $t_0 \in J$ et l'on définit $\mathbf{g}_1 : I \to \mathbb{R}^m$ par :

$$\mathbf{g}_1(t) := \mathbf{g}(t_0) + \int_{t_0}^{t} e^{-u\mathbf{A}} \cdot \mathbf{b}(u)\, du.$$

Enfin, on définit $\mathbf{f}_1 : I \to \mathbb{R}^m$ par $\mathbf{f}_1(t) := e^{t\mathbf{A}} \cdot \mathbf{g}_1(t)$. La fonction $\mathbf{f}_1$ est dérivable sur I et :

$\mathbf{f_1}'(t) = \mathbf{A}e^{t\mathbf{A}} \cdot \mathbf{g}_1(t) + e^{t\mathbf{A}} \cdot \mathbf{g}_1'(t) = \mathbf{A} \cdot \mathbf{f}_1(t) + e^{t\mathbf{A}} \cdot e^{-t\mathbf{A}} \cdot \mathbf{b}(t) = \mathbf{A} \cdot \mathbf{f}_1(t) + \mathbf{b}(t)$.

La fonction $\mathbf{f}_1$ est donc solution de l'équation différentielle $\mathbf{y}' = \mathbf{A} \cdot \mathbf{y} + \mathbf{b}(t)$.

La fonction $\mathbf{g}_1$ est dérivable sur I, et sur $J \subset I$, on a $\mathbf{g}_1' = \mathbf{g}'$ d'après la question précédente. De plus, $\mathbf{g}_1(t_0) = \mathbf{g}(t_0)$. On en déduit que sur J, $\mathbf{g}_1$ et $\mathbf{g}$ coïncident. Par conséquent, $\mathbf{f}$ et la restriction à J de la solution $\mathbf{f}_1$. Comme $\mathbf{f}$ est une solution maximale, on a nécessairement $J = I$ et :

$$\begin{aligned}\mathbf{f}(t) &= e^{t\mathbf{A}} \cdot \left(e^{-t_0\mathbf{A}} \cdot \mathbf{f}(t_0) + \int_{t_0}^{t} e^{-u\mathbf{A}} \cdot \mathbf{b}(u)\,\mathrm{d}u\right)\\ &= e^{(t-t_0)\mathbf{A}} \cdot \mathbf{f}(t_0) + e^{t\mathbf{A}} \cdot \int_{t_0}^{t} e^{-u\mathbf{A}} \cdot \mathbf{b}(u)\,\mathrm{d}u.\end{aligned}$$

L'exercice précédent a pour conséquence immédiate le théorème suivant.

Théorème 36. Considérons l'équation différentielle $\mathbf{y}' = \mathbf{A} \cdot \mathbf{y} + \mathbf{b}(t)$ avec $\mathbf{A} \in M_m(\mathbb{R})$ et $\mathbf{b} : I \to \mathbb{R}^m$ continue.

- Toute solution maximale de l'équation différentielle est de la forme :

$$\begin{array}{rccl}\mathbf{f} : & I & \longrightarrow & \mathbb{R}^m\\ & t & \longmapsto & e^{(t-t_0)\mathbf{A}} \cdot \mathbf{y_0} + e^{t\mathbf{A}} \cdot \displaystyle\int_{t_0}^{t} e^{-u\mathbf{A}} \cdot b(u)\,\mathrm{d}u\end{array}$$

  avec $t_0 \in I$ et $\mathbf{f}(t_0) = \mathbf{y}_0 \in \mathbb{R}^m$ un vecteur quelconque.
- Si $\mathbf{f}_0 : I \to \mathbb{R}^m$ est une solution particulière de l'équation différentielle, alors les solutions maximales de l'équation avec second membre sont exactement les fonctions $\mathbf{f} : I \to \mathbb{R}^m$ de la forme :

$$\mathbf{f} = \mathbf{f}_{\text{homogène}} + \mathbf{f}_0,$$

  où $\mathbf{f}_{\text{homogène}} : I \to \mathbb{R}^m$ est solution maximale de l'équation homogène.
- L'ensemble des solutions maximales est un espace affine de dimension m.

La méthode de variation de la constante peut être présentée de la manière suivante. Si $(\mathbf{f}_1, \ldots, \mathbf{f}_m)$ est une base de solutions de l'équation différentielle homogène $\mathbf{y}' = \mathbf{A} \cdot \mathbf{y}$, alors pour tout $t \in \mathbb{R}$,

$$\big(\mathbf{f}_1(t), \ldots, \mathbf{f}_m(t)\big) = e^{t\mathbf{A}} \cdot \mathbf{P} \quad \text{avec} \quad \mathbf{P} := \big(\mathbf{f}_1(0), \ldots, \mathbf{f}_m(0)\big)$$

matrice inversible. Par conséquent, toute application dérivable $\mathbf{f} : I \to \mathbb{R}^m$ peut s'écrire sous la forme :

$$\mathbf{f} = \lambda_1\mathbf{f}_1 + \cdots + \lambda_m\mathbf{f}_m$$

avec $\lambda_1 : I \to \mathbb{R}, \ldots, \lambda_m : I \to \mathbb{R}$ dérivables sur I. En effet,

$$\begin{pmatrix}\lambda_1\\ \vdots\\ \lambda_m\end{pmatrix} = \mathbf{P}^{-1} \cdot e^{-t\mathbf{A}} \cdot \mathbf{f}(t).$$

Alors :

$$\begin{aligned}\mathbf{f}' &= \left(\lambda_1\mathbf{f}_1' + \cdots + \lambda_m\mathbf{f}_m'\right) + \left(\lambda_1'\mathbf{f}_1 + \cdots + \lambda_m'\mathbf{f}_m\right)\\ &= \mathbf{A}\cdot\mathbf{f} + \lambda_1'\mathbf{f}_1 + \cdots + \lambda_m'\mathbf{f}_m.\end{aligned}$$

Pour que $\mathbf{f}$ soit solution de l'équation différentielle $\mathbf{y}' = \mathbf{A}\cdot\mathbf{y} + \mathbf{b}(t)$, il faut et il suffit que pour tout $t \in I$:

$$\lambda_1'\mathbf{f}_1 + \cdots + \lambda_m'\mathbf{f}_m = \mathbf{b}.$$

Exprimons $\mathbf{b}$ dans la base $\left(\mathbf{f}_1, \ldots, \mathbf{f_m}\right)$:

$$\mathbf{b} = b_1\mathbf{f}_1 + \cdots + b_m\mathbf{f}_m$$

avec $b_1 : I \to \mathbb{R}, \ldots, b_m : I \to \mathbb{R}$ continues. On obtient alors :

$$\lambda_1' = b_1 \quad \ldots \quad \lambda_m' = b_m.$$

Étant donné $t_0 \in I$, les solutions de l'équation différentielle $\mathbf{y}' = \mathbf{A}\cdot\mathbf{y} + \mathbf{b}(t)$ sont donc les fonctions de la forme :

$$\mathbf{f} : t \mapsto \left(C_1 + \int_{t_0}^{t} b_1(u)\,\mathrm{d}u\right)\mathbf{f}_1(t) + \cdots + \left(C_m + \int_{t_0}^{t} b_m(u)\,\mathrm{d}u\right)\mathbf{f}_m(t)$$

avec $C_1, \ldots, C_m \in \mathbb{R}$ les coordonnées de $\mathbf{f}(t_0)$ dans la base $\left(\mathbf{f}_1(t_0), \ldots, \mathbf{f}_m(t_0)\right)$.

3.3 Allure des solutions d'une équation homogène en dimension 2

Dans cette partie, nous allons interpréter graphiquement les résultats de la partie précédente dans le cas d'une équation différentielle $\mathbf{y}' = \mathbf{A}\cdot\mathbf{y}$ avec $\mathbf{A} \in M_2(\mathbb{R})$. Les solutions maximales sont des fonctions vectorielles $f : \mathbb{R} \to \mathbb{R}^2$. Ce sont donc des courbes paramétrées du plan. Nous allons expliquer comment tracer ces courbes et comment déterminer le sens de parcours quand la variable t croît. Ce qui n'apparaîtra pas, c'est la vitesse de parcours.

Nous venons de voir que les solutions maximales sont les fonctions $\mathbf{f} : \mathbb{R} \to \mathbb{R}^2$ de la forme $t \mapsto e^{t\mathbf{A}} \cdot \mathbf{f}(0)$. Afin d'étudier ces solutions, il peut être avantageux de changer de base, de travailler dans une base de vecteurs propres quand c'est possible, par exemple.

Observons que comme $\mathbf{A}$ est une matrice à coefficients réels, son polynôme caractéristique est un polynôme de degré 2 à coefficients réels. Par conséquent, la matrice $\mathbf{A}$ possède :

- soit deux valeurs propres réelles et distinctes
- soit une seule valeur propre réelle
- soit deux valeurs propres complexes conjuguées.

Nous allons traiter les trois cas indépendamment.

3.3.1 Deux valeurs propres réelles distinctes

Supposons d'abord que la matrice $\mathbf{A}$ ait deux valeurs propres réelles distinctes λ_1 et λ_2. Soient $\mathbf{v}_1$ et $\mathbf{v}_2$ deux vecteurs propres associés respectivement à λ_1 et λ_2. Alors, $\mathbf{v}_1$ et $\mathbf{v}_2$ sont linéairement indépendants et forment une base de $\mathbb{R}^2$. On vérifie alors facilement que si $f_1 : \mathbb{R} \to \mathbb{R}$ et $f_2 : \mathbb{R} \to \mathbb{R}$ sont telles que $\mathbf{f} = f_1\mathbf{v}_1 + f_2\mathbf{v}_2 : \mathbb{R} \to \mathbb{R}^2$ est solution de l'équation différentielle $\mathbf{y}' = \mathbf{A} \cdot \mathbf{y}$, alors :

$$\begin{pmatrix} f_1'(t) \\ f_2'(t) \end{pmatrix} = \begin{pmatrix} \lambda_1 & 0 \\ 0 & \lambda_2 \end{pmatrix} \cdot \begin{pmatrix} f_1(t) \\ f_2(t) \end{pmatrix}.$$

Exercice 13.
Le vérifier.
Solution. Comme $f_1'\mathbf{v}_1 + f_2'\mathbf{v}_2 = \mathbf{f}' = \mathbf{A} \cdot \mathbf{f} = \lambda_1 f_1 \mathbf{v}_1 + \lambda_2 f_2 \mathbf{v}_2$, on a $f_1' = \lambda_1 f_1$ et $f_2' = \lambda_2 f_2$.

Autrement dit, (f_1, f_2) est solution de l'équation différentielle :

$$\mathbf{y}' = \mathbf{B} \cdot \mathbf{y} \quad \text{avec} \quad \mathbf{B} = \begin{pmatrix} \lambda_1 & 0 \\ 0 & \lambda_2 \end{pmatrix}.$$

Donc :

$$\begin{pmatrix} f_1(t) \\ f_2(t) \end{pmatrix} = e^{t\mathbf{B}} \cdot \begin{pmatrix} f_1(0) \\ f_2(0) \end{pmatrix}.$$

Or :

$$e^{t\mathbf{B}} = \begin{pmatrix} e^{t\lambda_1} & 0 \\ 0 & e^{t\lambda_2} \end{pmatrix}.$$

On en déduit que $\mathbf{f}(t) = a_1 e^{t\lambda_1}\mathbf{v}_1 + a_2 e^{t\lambda_2}\mathbf{v}_2$ où a_1 et a_2 sont les coordonnées de $\mathbf{f}(0)$ dans la base $(\mathbf{v}_1, \mathbf{v}_2)$.
L'allure des trajectoires et le sens de parcours dépendent du signe de λ_1 et de λ_2. Changer simultanément le signe de λ_1 et λ_2 ne change pas les trajectoires mais change le sens de parcours. Nous ne traiterons donc pas tous les cas, laissant au lecteur le soin de compléter les cas manquants en changeant le signe de λ_1 et λ_2, ou en échangeant les rôles de λ_1 et λ_2.
Des allures possibles sont décrites sur la figure IV.6.1 de la page suivante où l'on a choisi $\mathbf{v}_1 = (2, 1)$ et $\mathbf{v}_2 = (1, 2)$.

3.3.2 Une valeur propre double

Supposons maintenant que la matrice $\mathbf{A}$ ait une unique valeur propre réelle. Si la matrice $\mathbf{A}$ est diagonale, alors c'est la matrice d'une homothétie de rapport λ :

$$\mathbf{A} = \begin{pmatrix} \lambda & 0 \\ 0 & \lambda \end{pmatrix}, \quad e^{t\mathbf{A}} = \begin{pmatrix} e^{t\lambda} & 0 \\ 0 & e^{t\lambda} \end{pmatrix}$$

et les solutions maximales de l'équation différentielle $\mathbf{y}' = \mathbf{A} \cdot \mathbf{y}$ sont les fonctions :

$$\mathbf{f} : \begin{array}{ccc} \mathbb{R} & \longrightarrow & \mathbb{R}^2 \\ t & \longmapsto & e^{t\lambda}\mathbf{f}(0). \end{array}$$

Les trajectoires sont les demi-droites issues de l'origine si $\lambda > 0$ et aboutissant à l'origine si $\lambda < 0$ (et des constantes si $\lambda = 0$).
Si la matrice $\mathbf{A}$ n'est pas diagonale, alors on choisit une base $(\mathbf{v}_1, \mathbf{v}_2)$ de $\mathbb{R}^2$ telle que $\mathbf{v}_1$ est un vecteur propre de $\mathbf{A}$ et telle que $\mathbf{A} \cdot \mathbf{v}_2 = \lambda(\mathbf{v}_1 + \mathbf{v}_2)$. On vérifie alors facilement

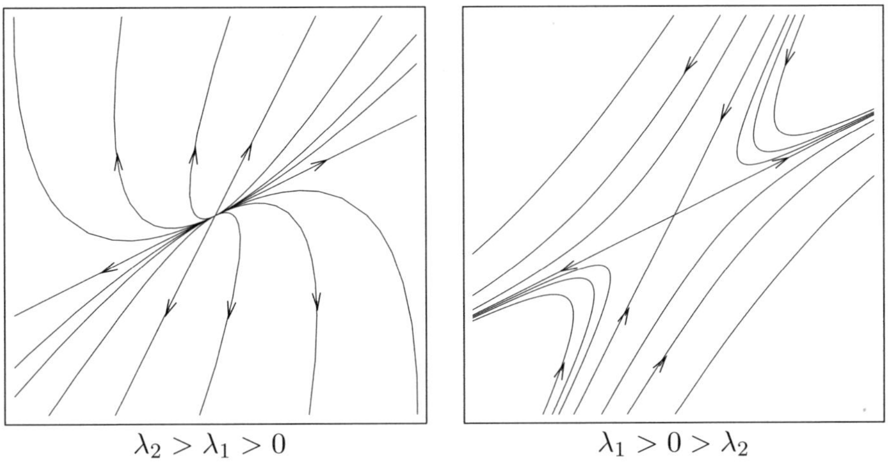

FIGURE IV.6.1 – Deux valeurs propres distinctes

que si $f_1 : \mathbb{R} \to \mathbb{R}$ et $f_2 : \mathbb{R} \to \mathbb{R}$ sont telles que $\mathbf{f} := f_1\mathbf{v}_1 + f_2\mathbf{v}_2 : \mathbb{R} \to \mathbb{R}^2$ est solution de l'équation différentielle $\mathbf{y}' = \mathbf{A} \cdot \mathbf{y}$, alors :

$$\begin{pmatrix} f_1'(t) \\ f_2'(t) \end{pmatrix} = \lambda \begin{pmatrix} 1 & 1 \\ 0 & 1 \end{pmatrix} \cdot \begin{pmatrix} f_1(t) \\ f_2(t) \end{pmatrix}.$$

Exercice 14.
Le vérifier.
Solution. Comme $f_1'\mathbf{v}_1 + f_2'\mathbf{v}_2 = \mathbf{f}' = A\mathbf{f} = \lambda f_1\mathbf{v}_1 + \lambda f_2(\mathbf{v}_1 + \mathbf{v}_2)$, on a $f_1' = \lambda f_1 + \lambda f_2$ et $f_2' = \lambda f_2$.

Autrement dit, (f_1, f_2) est solution de l'équation différentielle :

$$\mathbf{y}' = \mathbf{B} \cdot \mathbf{y} \quad \text{avec} \quad \mathbf{B} = \lambda \begin{pmatrix} 1 & 1 \\ 0 & 1 \end{pmatrix}.$$

Donc :

$$\begin{pmatrix} f_1(t) \\ f_2(t) \end{pmatrix} = e^{t\mathbf{B}} \cdot \begin{pmatrix} f_1(0) \\ f_2(0) \end{pmatrix}.$$

Posons $\mathbf{N} = \begin{pmatrix} 0 & 1 \\ 0 & 0 \end{pmatrix}$. Alors :

$$\mathbf{N}^2 = 0, \quad \mathbf{B} = \lambda(\mathbf{I}_2 + \mathbf{N}) \quad \text{et} \quad (\forall k \geqslant 0)\ \mathbf{B}^k = \lambda^k(\mathbf{I}_2 + k\mathbf{N}).$$

On en déduit que :

$$\begin{aligned} e^{t\mathbf{B}} &= \sum_{k=0}^{+\infty} \frac{(t\lambda)^k}{k!}(\mathbf{I}_2 + k\mathbf{N}) \\ &= \sum_{k=0}^{+\infty} \frac{(t\lambda)^k}{k!}\mathbf{I}_2 + t\lambda \sum_{k=1}^{+\infty} \frac{(t\lambda)^{k-1}}{(k-1)!}\mathbf{N} = e^{t\lambda}\mathbf{I}_2 + t\lambda e^{t\lambda}\mathbf{N}. \end{aligned}$$

Autrement dit :

$$e^{t\mathbf{B}} = e^{t\lambda} \begin{pmatrix} 1 & t\lambda \\ 0 & 1 \end{pmatrix} \quad \text{et} \quad \begin{pmatrix} f_1(t) \\ f_2(t) \end{pmatrix} = e^{t\lambda} \begin{pmatrix} f_1(0) + t\lambda f_2(0) \\ f_2(0) \end{pmatrix}.$$

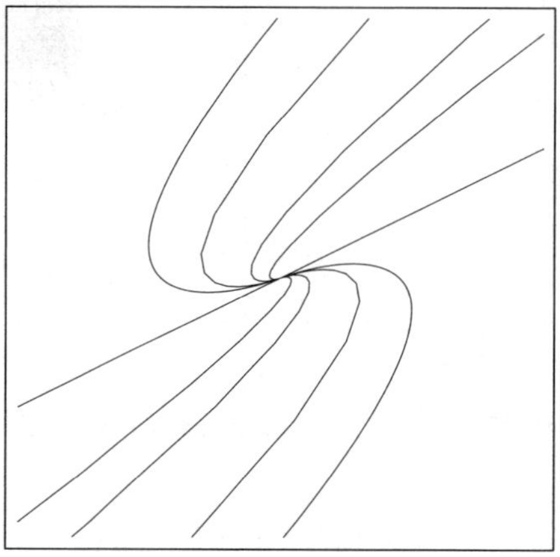

FIGURE IV.6.2 – Une valeur propre double

3.3.3 Deux valeurs propres complexes conjuguées

Supposons maintenant que la matrice $\mathbf{A}$ possède deux valeurs propres complexes conjuguées $\lambda := \rho + i\omega$ et $\bar{\lambda} := \rho - i\omega$. Soit $\mathbf{v} \in \mathbb{C}^2$ un vecteur propre associé à λ. Alors, $\mathbf{v} = \mathbf{v}_1 + i\mathbf{v}_2$ avec $\mathbf{v}_1 \in \mathbb{R}^2$ et $\mathbf{v}_2 \in \mathbb{R}^2$. Notons que $\mathbf{v}_1$ et $\mathbf{v}_2$ ne sont pas colinéaires, sinon $\mathbf{v}_1$ et $\mathbf{v}$ seraient colinéaires et $\mathbf{v}_1$ serait un vecteur propre réel, nécessairement associé à une valeur propre réelle.

Il est facile de voir que la fonction $\mathbf{f} : \mathbb{R} \to \mathbb{C}$ définie par $\mathbf{f}(t) := e^{\lambda t}\mathbf{v}$ est une solution à valeurs complexes de l'équation différentielle $\mathbf{y}' = \mathbf{A} \cdot \mathbf{y}$.

Exercice 15.

Le vérifier.

Solution. On a $\mathbf{f}'(t) = \lambda e^{\lambda t}\mathbf{v}$ et $\mathbf{A} \cdot \mathbf{f}(t) = e^{\lambda t} A \cdot \mathbf{v} = \lambda e^{\lambda t}\mathbf{v}$.

Notons que $\mathbf{f} = \mathbf{f}_1 + i\mathbf{f}_2$ avec $\mathbf{f}_1 : \mathbb{R} \to \mathbb{R}^2$ et $\mathbf{f}_2 : \mathbb{R} \to \mathbb{R}^2$ définies par :

$$\mathbf{f}_1(t) := e^{\rho t}\big(\cos(\omega t)\mathbf{v}_1 - \sin(\omega t)\mathbf{v}_2\big) \quad \text{et} \quad \mathbf{f}_2(t) := e^{\rho t}\big(\sin(\omega t)\mathbf{v}_1 + \cos(\omega t)\mathbf{v}_2\big).$$

Ces deux fonctions sont linéairement indépendantes puisque, par exemple, $\mathbf{f}_1(0) = \mathbf{v}_1$ et $\mathbf{f}_2(0) = \mathbf{v}_2$ qui ne sont pas colinéaires. De plus :

$$\mathbf{f}'(t) = \mathbf{f}_1'(t) + i\mathbf{f}_2'(t) = \mathbf{A} \cdot \mathbf{f}(t) = \mathbf{A} \cdot \mathbf{f}_1(t) + \mathbf{A} \cdot \mathbf{f}_2(t).$$

En identifiant la partie réelle et la partie imaginaire, on voit que $\mathbf{f}_1$ et $\mathbf{f}_2$ sont solutions de l'équation différentielle. Comme l'ensemble des solutions maximales de l'équation différentielle $\mathbf{y}' = \mathbf{A} \cdot \mathbf{y}$ est un espace vectoriel de dimension 2, $(\mathbf{f}_1, \mathbf{f}_2)$ en est une base et les solutions maximales sont les combinaisons linéaires de $\mathbf{f}_1$ et $\mathbf{f}_2$.

Si $\rho > 0$ les trajectoires sont des spirales issues de $(0,0)$ (quand $t \to -\infty$). Si $\rho < 0$ les trajectoires sont des spirales aboutissant en $(0,0)$ (quand $t \to +\infty$). Si $\rho = 0$, les trajectoires sont des ellipses.

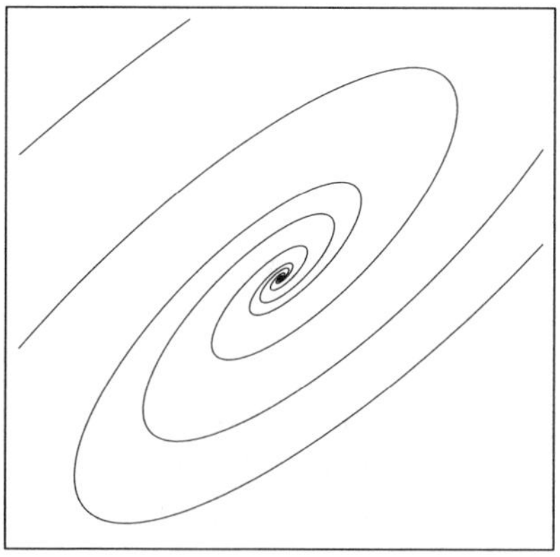

FIGURE IV.6.3 – Deux valeurs propres complexes conjuguées

3.4 Équations différentielles d'ordre 2 à coefficients constants

Nous allons maintenant nous intéresser au cas particulier d'une équation différentielle scalaires, linéaires, d'ordre 2, à coefficients constants :

$$ay'' + by' + cy = d(t)$$

avec $a, b, c \in \mathbb{R}$, $a \neq 0$ et $d : I \to \mathbb{R}$ continue. Une fonction $f : J \to \mathbb{R}$ est solution de cette équation différentielle sur un intervalle $J \subset I$ si f est deux fois dérivable sur J et si $af''(t) + bf'(t) + cf(t) = d(t)$.

3.4.1 Équation vectorielle associée

Pour déterminer les solutions d'une telle équation, on commence par lui associer une équation différentielle vectorielle. Soit $f : J \to \mathbb{R}$ une solution. Considérons la fonction :

$$\mathbf{f} : \begin{array}{ccc} J & \longrightarrow & \mathbb{R}^2 \\ t & \longmapsto & \big(f(t), f'(t)\big) \end{array}.$$

Alors $\mathbf{f}$ est dérivable sur J et :

$$\mathbf{f}'(t) = \begin{pmatrix} f'(t) \\ f''(t) \end{pmatrix} = \begin{pmatrix} 0 & 1 \\ -c/a & -b/a \end{pmatrix} \cdot \begin{pmatrix} f(t) \\ f'(t) \end{pmatrix} + \begin{pmatrix} 0 \\ d(t)/a \end{pmatrix}.$$

Autrement dit, $\mathbf{f}$ est solution de l'équation différentielle vectorielle :

$$\mathbf{y}' = \mathbf{A} \cdot \mathbf{y}' + \mathbf{b}(t) \quad \text{avec} \quad \mathbf{A} = \begin{pmatrix} 0 & 1 \\ -c/a & -b/a \end{pmatrix} \quad \text{et} \quad \mathbf{b}(t) = \begin{pmatrix} 0 \\ d(t)/a \end{pmatrix}.$$

Réciproquement, si $\mathbf{f} = (f_1, f_2) : J \to \mathbb{R}^2$ est solution de l'équation différentielle :

$$\mathbf{y}' = \mathbf{A} \cdot \mathbf{y}' + \mathbf{b}(t),$$

alors f_1 est solution de l'équation différentielle :

$$a\mathbf{y}'' + b\mathbf{y}' + c\mathbf{y} = d(t)$$

et $f_2 = f_1'$. Autrement dit, la fonction $f : J \to \mathbb{R}$ est solution de l'équation différentielle :

$$ay'' + by' + cy = d(t)$$

si, et seulement si, la fonction $\mathbf{f} = (f, f') : J \to \mathbb{R}^2$ est solution de l'équation différentielle :

$$\mathbf{y}' = \mathbf{A} \cdot \mathbf{y}' + \mathbf{b}(t).$$

On en déduit immédiatement le résultat suivant.

Théorème 37. Considérons l'équation différentielle $ay'' + by' + cy = d(t)$ avec $a, b, c \in \mathbb{R}$, $a \neq 0$ et $d : I \to \mathbb{R}$ continue.

1. Toute solution maximale est définie sur I.
2. Si $f_0 : I \to \mathbb{R}$ est une solution particulière, alors toute solution maximale $f : I \to \mathbb{R}$ est de la forme :

$$f = f_{\text{homogène}} + f_0$$

   où $f_{\text{homogène}}$ est solution de l'équation homogène $ay'' + by' + cy = 0$.
3. L'ensemble des solutions de l'équation homogène est un espace vectoriel de dimension 2 et l'application qui à une solution f associe le vecteur $\big(f(0), f'(0)\big) \in \mathbb{R}^2$ est un isomorphisme d'espaces vectoriels.

Démonstration.

1. On pose :

$$\mathbf{A} := \begin{pmatrix} 0 & 1 \\ -c/a & -b/a \end{pmatrix} \quad \text{et} \quad \mathbf{b}(t) := \begin{pmatrix} 0 \\ d(t)/a \end{pmatrix}.$$

   Comme les solutions maximales de l'équation :

$$\mathbf{y}' = \mathbf{A} \cdot \mathbf{y}' + \mathbf{b}(t),$$

   sont définies sur I, les solutions maximales de l'équation :

$$ay'' + by' + cy = d(t)$$

   sont définies sur I.

2. La fonction $f_0 : I \to \mathbb{R}$ est une solution particulière de l'équation différentielle $ay'' + by' + cy = d(t)$ si, et seulement si, $\mathbf{f}_0 = (f_0, f_0')$ est une solution particulière de l'équation différentielle :

$$\mathbf{y}' = \mathbf{A} \cdot \mathbf{y}' + \mathbf{b}(t).$$

   Les solutions maximales de l'équation avec second membre $\mathbf{y}' = \mathbf{A} \cdot \mathbf{y} + \mathbf{b}(t)$ sont exactement les fonctions $\mathbf{f} : I \to \mathbb{R}^2$ de la forme :

$$\mathbf{f} = \mathbf{f}_{\text{homogène}} + \mathbf{f}_0$$

où $\mathbf{f}_{\text{homogène}} : I \to \mathbb{R}^2$ est solution de l'équation différentielle homogène $\mathbf{y}' = \mathbf{A} \cdot \mathbf{y}$.
La fonction $f_{\text{homogène}}$ est solution de l'équation homogène $ay'' + by' + cy = 0$ si, et seulement si, $\mathbf{f}_{\text{homogène}} = (f_{\text{homogène}}, f'_{\text{homogène}})$ est solution de l'équation homogène $\mathbf{y}' = \mathbf{A} \cdot \mathbf{y}$.

3. L'application qui a une solution f de l'équation homogène $ay''+by'+cy = 0$ associe la solution (f, f') de l'équation homogène $\mathbf{y}' = \mathbf{A} \cdot \mathbf{y}$ est un isomorphisme d'espaces vectoriels.
   L'ensemble des solutions de l'équation homogène $\mathbf{y}' = \mathbf{A} \cdot \mathbf{y}$ est un espace vectoriel de dimension 2. L'application qui a une solution $\mathbf{f} = (f, f')$ associe $\big(f(0), f'(0)\big)$ est un isomorphisme d'espaces vectoriels.

■

Il ne nous reste plus qu'à expliquer comment déterminer les solutions de l'équation homogène et comment déterminer une solution particulière via la méthode de variation de la constante.

3.4.2 Solutions de l'équation homogène

Commençons par déterminer les valeurs propres de la matrice $\mathbf{A}$. Observons pour cela que :

$$\det(\mathbf{A} - \lambda \mathbf{I}_2) = \det \begin{pmatrix} -\lambda & 1 \\ -c/a & -b/a - \lambda \end{pmatrix} = \frac{1}{a}(a\lambda^2 + b\lambda + c).$$

Les valeurs propres de la matrice $\mathbf{A}$ sont donc les racines de l'équation caractéristique :

$$a\lambda^2 + b\lambda + c = 0.$$

Notons que si λ est valeur propre, alors le vecteur $\mathbf{v} = (1, \lambda)$ est un vecteur propre associé à λ. En effet :

$$\mathbf{A} \cdot \mathbf{v} = \begin{pmatrix} 0 & 1 \\ -c/a & -b/a \end{pmatrix} \cdot \begin{pmatrix} 1 \\ \lambda \end{pmatrix} = \begin{pmatrix} \lambda \\ -\frac{c}{a} - \frac{b}{a}\lambda \end{pmatrix} = \begin{pmatrix} \lambda \\ \lambda^2 \end{pmatrix}.$$

- S'il y a deux valeurs propres réelles distinctes λ_1 et λ_2, les vecteurs $\mathbf{v}_1 := (1, \lambda_1)$ et $\mathbf{v}_2 := (1, \lambda_2)$ forment une base de $\mathbb{R}^2$. Les solutions de l'équation $\mathbf{y}' = \mathbf{A} \cdot \mathbf{y}$ sont de la forme $t \mapsto a_1 e^{\lambda_1 t}\mathbf{v}_1 + a_2 e^{\lambda_2 t}\mathbf{v}_2$. En gardant la première coordonnées, on voit que les solutions de l'équation homogène $ay'' + by' + cy = 0$ sont les fonctions de la forme :

$$f : t \mapsto C_1 e^{\lambda_1 t} + C_2 e^{\lambda_2 t} \quad \text{avec} \quad C_1, C_2 \in \mathbb{R}.$$

- S'il n'y a qu'une seule valeur propre $\lambda \in \mathbb{R}$, alors $b^2 - 4ac = 0$ et $\lambda = -b/2a$. Le vecteur $\mathbf{v}_1 = (1, \lambda)$ est un vecteur propre. De plus, si on pose $\mathbf{v}_2 := (0, \lambda)$, alors :

$$\mathbf{A} \cdot \mathbf{v}_2 = \begin{pmatrix} 0 & 1 \\ -c/a & -b/a \end{pmatrix} \cdot \begin{pmatrix} 0 \\ \lambda \end{pmatrix} = \begin{pmatrix} \lambda \\ -b\lambda/a \end{pmatrix}.$$

  On a donc :

$$\mathbf{A} \cdot \mathbf{v}_2 = \begin{pmatrix} \lambda \\ 2\lambda^2 \end{pmatrix} = \lambda(\mathbf{v}_1 + \mathbf{v}_2).$$

Les solutions de l'équation $\mathbf{y}' = \mathbf{A} \cdot \mathbf{y}$ sont les fonctions de la forme :

$$\mathbf{f} : t \mapsto e^{t\lambda}\big((a_1 + t\lambda a_2)\mathbf{v}_1 + a_2\mathbf{v}_2\big).$$

En gardant la première coordonnées, on voit que les solutions de l'équation homogène $ay'' + by' + cy = 0$ sont les fonctions de la forme :

$$f : t \mapsto C_1 e^{\lambda t} + C_2 t e^{\lambda_2 t} \quad \text{avec} \quad C_1, C_2 \in \mathbb{R}.$$

- S'il y a deux valeurs propres complexes conjuguées $\lambda := \rho + i\omega$ et $\bar{\lambda} := \rho - i\omega$, le vecteur :

$$\mathbf{v} := \begin{pmatrix} 1 \\ \rho + i\omega \end{pmatrix} = \mathbf{v}_1 + i\mathbf{v}_2 \quad \text{avec} \quad \mathbf{v}_1 := \begin{pmatrix} 1 \\ \rho \end{pmatrix} \quad \text{et} \quad \mathbf{v}_2 := \begin{pmatrix} 0 \\ \omega \end{pmatrix}$$

est un vecteur propre associé à λ. Les solutions de l'équation $\mathbf{y}' = \mathbf{A} \cdot \mathbf{y}$ sont les combinaisons linéaires de $\mathbf{f}_1$ et $\mathbf{f}_2$ avec :

$$\mathbf{f}_1(t) = e^{\rho t}\big(\cos(\omega t)\mathbf{v}_1 - \sin(\omega t)\mathbf{v}_2\big) \quad \text{et} \quad \mathbf{f}_2(t) = e^{\rho t}\big(\sin(\omega t)\mathbf{v}_1 + \cos(\omega t)\mathbf{v}_2\big).$$

Les solutions de l'équation homogène $ay'' + by' + cy = 0$ sont donc les combinaisons linéaires de :

$$f_1 : t \mapsto e^{\rho t}\cos(\omega t) \quad \text{et} \quad f_2 : t \mapsto e^{\rho t}\sin(\omega t),$$

c'est-à-dire les applications de la forme :

$$f : t \mapsto e^{\rho t}\big(C_1\cos(\omega t) + C_2\sin(\omega t)\big) \quad \text{avec} \quad C_1, C_2 \in \mathbb{R}.$$

On peut résumer le travail qui vient d'être fait de la manière suivante.

Proposition 38. Pour trouver les solutions de l'équation différentielle homogène $ay'' + by' + cy = 0$, on commence par chercher les racines de l'équation caractéristique :

$$a\lambda^2 + b\lambda + c = 0.$$

- S'il y a deux racines réelles distinctes λ_1 et λ_2, les solutions sont de la forme :

$$f : t \mapsto C_1 e^{\lambda_1 t} + C_2 e^{\lambda_2 t} \quad \text{avec} \quad C_1, C_2 \in \mathbb{R}.$$

- S'il y a une seule racine λ, les solutions sont de la forme :

$$f : t \mapsto C_1 e^{\lambda t} + C_2 t e^{\lambda t} \quad \text{avec} \quad C_1, C_2 \in \mathbb{R}.$$

- S'il y a deux racines complexes conjuguées distinctes $\rho + i\omega$ et $\rho - i\omega$, les solutions sont de la forme :

$$f : t \mapsto e^{\rho t}\big(C_1\cos(\omega t) + C_2\sin(\omega t)\big) \quad \text{avec} \quad C_1, C_2 \in \mathbb{R}.$$

Remarque. S'il y a deux racines complexes conjuguées distinctes $\rho + i\omega$ et $\rho - i\omega$, on peut également exprimer les solutions sous la forme :

$$f : t \mapsto Ce^{\rho t}\cos(\omega t + \varphi) \quad \text{avec} \quad C, \varphi \in \mathbb{R}.$$

3.4.3 Méthode de variation de la constante

Pour trouver une solution particulière de l'équation $ay'' + by' + cy = d(t)$, on cherche une solution particulière de l'équation $\mathbf{y}' = \mathbf{A} \cdot \mathbf{y} + \mathbf{b}(t)$ à l'aide de la méthode de variation de la constante.

Notons que si (f_1, f_2) est une base de solutions de l'équation homogène $ay''+by'+cy = 0$, alors les fonctions $\mathbf{f}_1 = (f_1, f_1')$ et $\mathbf{f}_2 = (f_2, f_2')$ forment une base de l'ensemble des solutions de l'équation homogène $\mathbf{y}' = \mathbf{A} \cdot \mathbf{y}$.

On cherche les solutions de l'équation différentielle vectorielle $\mathbf{y}' = \mathbf{A} \cdot \mathbf{y} + \mathbf{b}(t)$ sous la forme $\lambda_1 \mathbf{f}_1 + \lambda_2 \mathbf{f}_2$ avec $\lambda_1 : I \to \mathbb{R}$ et $\lambda_2 : I \to \mathbb{R}$ dérivables. Si l'on écrit :

$$\mathbf{b} = b_1 \mathbf{f}_1 + b_2 \mathbf{f}_2$$

avec $b_1 : I \to \mathbb{R}$ et $b_2 : I \to \mathbb{R}$ continues, alors $\mathbf{f}$ est solution de $\mathbf{y}' = \mathbf{A} \cdot \mathbf{y} + \mathbf{b}(t)$ si, et seulement si, $\lambda_1' = b_1$ et $\lambda_2' = b_2$.

En d'autre termes, si (f_1, f_2) est une base de solutions de l'équation différentielle homogène $ay'' + by' + cy = 0$, on cherche les solutions de l'équation avec second membre $ay'' + by' + cy = d(t)$ sous la forme :

$$f = \lambda_1 f_1 + \lambda_2 f_2$$

avec $\lambda_1 : I \to \mathbb{R}$ et $\lambda_2 : I \to \mathbb{R}$ dérivables en demandant en plus que :

$$f' = \lambda_1 f_1' + \lambda_2 f_2'.$$

Cela impose que :

$$\lambda_1' f_1 + \lambda_2' f_2 = 0.$$

On a alors :

$$f'' = (\lambda_1 f_1'' + \lambda_2 f_2'') + (\lambda_1' f_1' + \lambda_2' f_2').$$

En écrivant que f est solution de l'équation différentielle avec second membre, on obtient :

$$\lambda_1' f_1' + \lambda_2' f_2' = \frac{d(t)}{a}.$$

On a donc un système de deux équations linéaires à deux inconnues λ_1' et λ_2' que l'on résout. En prenant des primitives quelconques de λ_1' et λ_2', on trouve ainsi une solution particulière de l'équation avec second membre.

Exercice 16.

Résoudre l'équation différentielle :

$$y'' + 3y' + 2y = \frac{t-1}{t^2} e^{-t} \quad \text{avec} \quad t \in \,]0, +\infty[\,.$$

Solution. L'équation caractéristique est $\lambda^2 + 3\lambda + 2 = 0$ qui admet pour racines -1 et -2. Une base de l'équation homogène est donnée par :

$$f_1 : t \mapsto e^{-t} \quad \text{et} \quad f_2 : t \mapsto e^{-2t}.$$

On cherche une solution particulière sous la forme :

$$f(t) = \lambda_1(t) e^{-t} + \lambda_2(t) e^{-2t}$$

avec :

$$f'(t) = -\lambda_1(t)e^{-t} - 2\lambda_2(t)e^{-2t}.$$

Pour cela, il faut que

$$\lambda_1'(t)e^{-t} + \lambda_2'(t)e^{-2t} = 0. \tag{1}$$

De plus, pour que f soit solution de l'équation avec second membre, il faut que

$$-\lambda_1'(t)e^{-t} - 2\lambda_2'(t)e^{-2t} = \frac{t-1}{t^2}e^{-t}. \tag{2}$$

Les équations (1) et (2) sont équivalentes à :

$$\lambda_1'(t) = \frac{t-1}{t^2} \quad \text{et} \quad \lambda_2'(t) = \frac{1-t}{t^2}e^t.$$

On peut donc prendre :

$$\lambda_1(t) = \ln(t) + \frac{1}{t} \quad \text{et} \quad \lambda_2(t) = -\frac{e^t}{t}\cdot$$

La fonction :

$$f_0 : t \mapsto \ln(t)e^{-t}$$

est donc solution particulière. Les solutions maximales de l'équation avec second membre sont donc les fonctions $f :]0, +\infty[\to \mathbb{R}$ de la forme :

$$f : t \mapsto \ln(t)e^{-t} + C_1e^{-t} + C_2e^{-2t} \quad \text{avec} \quad C_1, C_2 \in \mathbb{R}.$$

Exercice type corrigé

IV.6.0 On considère la suite vectorielle définie par :

$$\mathbf{u}_0 := \begin{pmatrix} 1 \\ 2 \end{pmatrix} \quad \text{et} \quad \mathbf{u}_{n+1} := \begin{pmatrix} 1 & 5 \\ 5 & 1 \end{pmatrix} \cdot \mathbf{u}_n.$$

Déterminer l'expression de $\mathbf{u}_n$ en fonction de n.

Solution. Posons $A := \begin{pmatrix} 1 & 5 \\ 5 & 1 \end{pmatrix}$. Déterminons d'abord les valeurs propres de A :

$$\det(A - \lambda \mathrm{I}) = \det \begin{pmatrix} 1-\lambda & 5 \\ 5 & 1-\lambda \end{pmatrix} = (1-\lambda)^2 - 5^2.$$

Par conséquent, λ est valeur propre si, et seulement si, $(1-\lambda) = \pm 5$, donc si, et seulement si, $\lambda = 6$ ou $\lambda = -4$.

Déterminons ensuite une base de vecteurs propres de A. Le vecteur $\mathbf{v}$ est est un vecteur propre associé à la valeur propre $\lambda = 6$ si, et seulement si, $\mathbf{v} \neq (0,0)$ et $A\mathbf{v} = 6\mathbf{v}$. Or :

$$A \cdot \begin{pmatrix} x \\ y \end{pmatrix} = 6 \cdot \begin{pmatrix} x \\ y \end{pmatrix} \iff \begin{cases} x + 5y = 6x \\ 5x + y = 6y \end{cases} \iff x = y.$$

Le vecteur $\mathbf{v} := (1,1)$ est donc un vecteur propre associé à la valeur propre 6. Le vecteur $\mathbf{w}$ est est un vecteur propre associé à la valeur propre $\lambda = -4$ si, et seulement si, $\mathbf{w} \neq (0,0)$ et $A\mathbf{w} = -4\mathbf{w}$. Or :

$$A \cdot \begin{pmatrix} x \\ y \end{pmatrix} = -4 \cdot \begin{pmatrix} x \\ y \end{pmatrix} \iff \begin{cases} x + 5y = -4x \\ 5x + y = -4y \end{cases} \iff x = -y.$$

Le vecteur $\mathbf{w} := (1,-1)$ est donc un vecteur propre associé à la valeur propre -4.
Décomposons maintenant le vecteur $\mathbf{u}_0 := (1,2)$ dans la base $(\mathbf{v},\mathbf{w})$. On a :

$$\begin{pmatrix} 1 \\ 2 \end{pmatrix} = a \begin{pmatrix} 1 \\ 1 \end{pmatrix} + b \begin{pmatrix} 1 \\ -1 \end{pmatrix} \iff \begin{cases} a + b = 1 \\ a - b = 2 \end{cases} \iff \begin{cases} a = 3/2 \\ b = -1/2. \end{cases}$$

Par conséquent :

$$\mathbf{u}_n = 6^n \frac{3}{2} \begin{pmatrix} 1 \\ 1 \end{pmatrix} - (-4)^n \frac{1}{2} \begin{pmatrix} 1 \\ -1 \end{pmatrix} = \frac{1}{2} \begin{pmatrix} 3 \cdot 6^n - (-4)^n \\ 3 \cdot 6^n + (-4)^n \end{pmatrix}.$$

Pour aller plus loin

Les corrigés sont disponibles en accès libre à partir des pages d'accueil du livre sur le site www.dunod.com

Exercices sur la section 1

IV.6.1 Soient $A \in M_m(\mathbb{R})$ et $(M_n)_{n \geqslant 1}$ la suite de matrices définies par $M_n := A - \frac{1}{n}\mathrm{I}_m$.

1. Montrer que la suite (M_n) converge vers A quand $n \to +\infty$.
2. Montrer que pour n assez grand, M_n est une matrice inversible.
3. En déduire que toute matrice $A \in M_m(\mathbb{R})$ peut être approchée par des matrices inversibles.

IV.6.2 Soit $A \in M_2(\mathbb{R})$ une matrice admettant deux valeurs propres réelles $\lambda_1 > \lambda_2 > 0$. On considère la suite $(\mathbf{u}_n)_{n\in\mathbb{N}}$ de vecteurs de $\mathbb{R}^2$ définie par :

$$\mathbf{u}_0 \in \mathbb{R}^2 \quad \text{et} \quad \mathbf{u}_{n+1} := A \cdot \mathbf{u}_n.$$

Discuter suivant les valeurs de $\mathbf{u}_0$ les limites éventuelles de la suite $\left(\frac{1}{\lambda_1^n}\mathbf{u}_n\right)_{n\in\mathbb{N}}$.

IV.6.3 On considère la suite réelle $(u_n)_{n\in\mathbb{N}}$ définie par la récurrence :

$$u_0 := 2, \quad u_1 := -1 \quad \text{et} \quad u_{n+2} := u_{n+1} + 2u_n.$$

Déterminer l'expression de u_n en fonction de n.
La suite admet-elle une limite quand n tend vers $+\infty$?

Exercices sur la section 2

IV.6.4 Étant donnée une matrice $A \in M_m(\mathbb{R})$, montrer que l'application $f : [0,1] \to M_m(\mathbb{R})$ définie par $f(t) := tA + (1-t)\mathrm{I}_m$ est une application continue et dérivable. Déterminer sa dérivée.

IV.6.5 Soit $\mathbf{f} : I \to \mathbb{R}^m$ une application dérivable en x_0. Si $\mathbf{f}(x_0) \neq (0,\ldots,0)$, montrer que la fonction $\|\mathbf{f}\|$ est dérivable en x_0 et que l'on a :

$$\|\mathbf{f}\|'(x_0) = \frac{\left(\mathbf{f}'(x_0) \mid \mathbf{f}(x_0)\right)}{\|\mathbf{f}(x_0)\|}.$$

IV.6.6 Soient $\mathbf{f} : I \to \mathbb{R}^3$ et $\mathbf{g} : I \to \mathbb{R}^3$ deux applications dérivables de x_0. Montrer que l'application $\mathbf{f} \wedge \mathbf{g} : I \to \mathbb{R}^3$ est dérivable en x_0 et que :

$$\left(\mathbf{f} \wedge \mathbf{g}\right)'(x_0) = \mathbf{f}'(x_0) \wedge \mathbf{g}(x_0) + \mathbf{f}(x_0) \wedge \mathbf{g}'(x_0).$$

IV.6.7 Soient $I \subset \mathbb{R}$ un intervalle, $\mathbf{f} := (f_1, f_2) : I \to \mathbb{R}^2$ et $\mathbf{g} := (g_1, g_2) : I \to \mathbb{R}^2$ deux applications dérivables sur I. On considère l'application réelle $h : I \to \mathbb{R}$ définie par :

$$h(x) := \det \begin{pmatrix} f_1(x) & g_1(x) \\ f_2(x) & g_2(x) \end{pmatrix}.$$

Montrer que h est dérivable sur I et que :

$$h'(x) = \det \begin{pmatrix} f_1'(x) & g_1(x) \\ f_2'(x) & g_2(x) \end{pmatrix} + \det \begin{pmatrix} f_1(x) & g_1'(x) \\ f_2(x) & g_2'(x) \end{pmatrix}.$$

IV.6.8 Soit $\mathbf{f} : \mathbb{R} \to \mathbb{R}^m$ une fonction vectorielle continue et soit $\mathbf{F} : \mathbb{R} \to \mathbb{R}^m$ la fonction vectorielle définie par :

$$\mathbf{F}(x) := \int_0^x \mathbf{f}(t)\, dt.$$

1. Montrer que $\mathbf{F}$ est continue sur $\mathbb{R}$.
2. Montrer que $\mathbf{F}$ est dérivable sur $\mathbb{R}$ et déterminer sa dérivée.

Exercices sur la section 3

IV.6.9 Tracer l'allure des solutions de l'équation différentielle :

$$\mathbf{y}' = \begin{pmatrix} 0 & 1 \\ -6 & 5 \end{pmatrix} \cdot \mathbf{y}.$$

IV.6.10 Tracer l'allure des solutions de l'équation différentielle :

$$\mathbf{y}' = \begin{pmatrix} 0 & 1 \\ -4 & 4 \end{pmatrix} \cdot \mathbf{y}.$$

IV.6.11 Soit $a \in \mathbb{R}$. Montrer que les solutions de l'équation différentielle :

$$\mathbf{y}' = \begin{pmatrix} 0 & -a \\ a & 0 \end{pmatrix} \cdot \mathbf{y}$$

paramètres des arcs de cercle dont on précisera le centre.

IV.6.12 Résoudre les équations différentielles suivantes :

1. $y'' - 2y' - 3y = \dfrac{e^{3t}}{\cosh^2 t}$;
2. $y'' - 2y' + y = te^t$;
3. $y'' - 4y' + 3y = 3t + e^t$;
4. $y'' + 4y = t \sin^2 t$.

Première initiation aux fonctions de plusieurs variables

IV.7

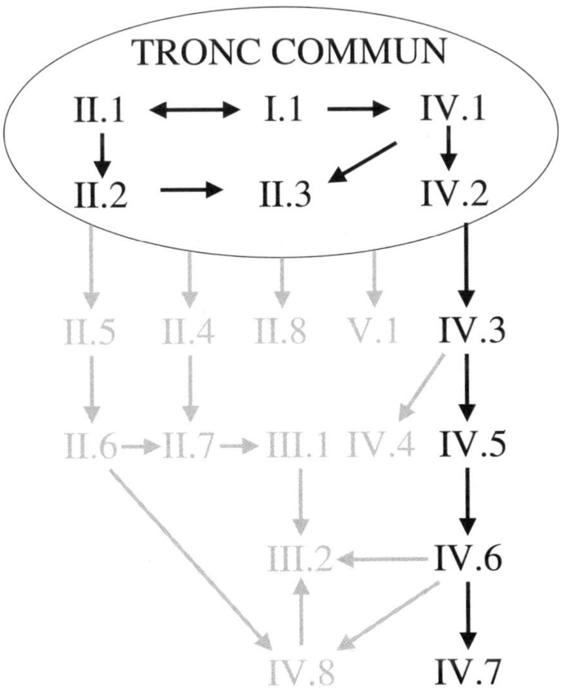

Dans ce module nous allons étudier des fonctions vectorielles de plusieurs variables $\mathbf{f} : U \subset \mathbb{R}^n \to \mathbb{R}^m$, où n et m sont des entiers naturels non nuls. Nous avons déjà étudié de telles fonctions dans des cas particuliers :

- $n = m = 1$, ce sont les fonctions réelles d'une variable réelle (voir module IV.3) ;
- $n = 1$, $m > 1$, ce sont les fonctions vectorielles d'une variable réelle (voir module IV.6) ; il y a également un traitement géométrique des cas $m = 2$ (courbes du plan) et $m = 3$ (courbes de l'espace) dans le module III.2.

Dans le cours d'algèbre linéaire, nous avons déjà rencontré des fonctions de plusieurs variables : les applications linéaires de $\mathbb{R}^n$ dans $\mathbb{R}^m$ (voir modules II.3, II.4, et II.7). Une connaissance des notions abordées dans ces modules, en particulier en ce qui concerne le traitement des applications linéaires, est une nécessité incontournable pour ce que nous ferons ici. Nous renvoyons également le lecteur au module III.1 où l'on étudie les fonctions affines.

Le but de ce module est d'étendre les notions de continuité et dérivabilité d'une fonction d'une variable réelle au cas des fonctions de plusieurs variables. Nous verrons que sous certaines hypothèses de *différentiabilité*, l'étude du comportement local d'une application non linéaire peut se ramener à l'étude plus simple du comportement d'une application linéaire. Mentionnons quelques problèmes qui seront traités, pour certains ultérieurement, à l'aide des outils développés dans ce module.

Graphe d'une fonction. Pour comprendre le comportement d'une fonction $f : \mathbb{R} \to \mathbb{R}$, on peut tracer son graphe. Dans ce but, on est généralement amené à étudier le sens de variation de la fonction, les maxima et les minima locaux. Pour cela, on étudie le signe de la dérivée. Si on veut étudier une fonction de $f : \mathbb{R}^2 \to \mathbb{R}$, on peut tracer l'ensemble des points $(x, y, z) \in \mathbb{R}^3$ tels que $z = f(x, y)$. On obtiendra un relief, avec des collines, des vallées, des sommets, des cuvettes, etc. Comment peut-on trouver les sommets, les lignes de crêtes, le fond des lacs ? Le problème majeur consiste d'abord à déterminer comment étendre la notion de dérivée. C'est ce que nous ferons dans ce module.

Courbes du plan données par une équation. Une droite du plan peut être décrite par une équation affine $ax + by = c$. Un cercle du plan de rayon r centré à l'origine peut être décrit par une équation $x^2 + y^2 = r^2$. Si l'on se donne une fonction $f : \mathbb{R}^2 \to \mathbb{R}$, il est donc naturel de chercher à comprendre à quoi ressemble l'ensemble des points $(x, y) \in \mathbb{R}^2$ tels que $f(x, y) = 0$. Si l'on se représente le graphe de la fonction f comme un relief dans $\mathbb{R}^3$, pour chaque $t \in \mathbb{R}$, l'ensemble :

$$X_t = \{(x, y) \in \mathbb{R}^2 \mid f(x, y) = t\}$$

est une *courbe de niveau*. Les habitués de randonnée en montagne savent bien à quel point comprendre les lignes de niveau peut être important pour comprendre le relief. Par exemple, sur une carte topographique, on repère une région très pentue au fait que les lignes de niveau sont très serrées, alors que dans une région plate ou très peu pentue, les lignes de niveau sont très espacées.

Nous introduisons dans ce module les premiers outils qui nous permettrons par la suite de décrire de tels ensembles.

Surfaces données par une équation. Si l'on considère la fonction $f : \mathbb{R}^3 \to \mathbb{R}$ définie par $f(x, y, z) := 2x + 3y - z$, alors pour $t \in \mathbb{R}$, l'ensemble $P_t := \{(x, y, z) \mid f(x, y, z) = t\}$ est un plan et pour des valeurs de t distinctes, on obtient des plans parallèles.

Si l'on considère la fonction $f : \mathbb{R}^3 \to \mathbb{R}$ définie par $f(x,y,z) := x^2 + y^2 + z^2$, alors pour $t > 0$, l'ensemble $P_t := \{(x,y,z) \mid f(x,y,z) = t\}$ est une sphère centrée en $(0,0,0)$.
Plus généralement, étant donnée une fonction $f : \mathbb{R}^3 \to \mathbb{R}$, on peut se demander à quoi ressemble l'ensemble des points $(x,y,z) \in \mathbb{R}^3$ tels que $f(x,y,z) = t$, $t \in \mathbb{R}$.

Surfaces paramétrées. Dans le module III.2, nous étudions les courbes paramétrées du plan (ou de l'espace), c'est-à-dire, l'image d'un intervalle $I \subset \mathbb{R}$ par une application continue $\gamma : I \to \mathbb{R}^2$ (ou $\gamma : I \to \mathbb{R}^3$).
Il est possible de mener une étude similaire (bien qu'autrement plus complexe) des surfaces paramétrées. Autrement dit, étant donnée une application continue $\mathbf{f} : U \subset \mathbb{R}^2 \to \mathbb{R}^3$, le problème consiste à décrire l'image $\mathbf{f}(U)$.
Par exemple, l'image de $\mathbb{R}^2$ par l'application :

$$\mathbf{f} : \begin{pmatrix} x \\ y \end{pmatrix} \mapsto \begin{pmatrix} \dfrac{2x}{1+x^2+y^2} \\ \dfrac{2y}{1+x^2+y^2} \\ \dfrac{1-x^2-y^2}{1+x^2+y^2} \end{pmatrix}$$

est la sphère unité de $\mathbb{R}^3$ privée du point $A := (0,0,-1)$. L'application $\mathbf{f}$ est injective. Si $M := (x,y,0) \in \mathbb{R}^3$, le point $\mathbf{f}(x,y)$ est le point d'intersection de la demi-droite $]AM)$ avec la sphère unité.

1 Continuité

Avant de nous lancer dans la définition de la continuité d'une fonction de plusieurs variables, nous allons introduire quelques notions qui nous seront fort utiles. Il s'agit par exemple de généraliser à $\mathbb{R}^n$ les notions d'intervalles fermés et d'intervalles ouverts.

1.1 Ouverts, fermés et compacts

Rappelons que $\|\mathbf{x} - \mathbf{x}_0\|$ est la distance entre $\mathbf{x} \in \mathbb{R}^n$ et $\mathbf{x}_0 \in \mathbb{R}^n$. On considère que $\mathbf{x}$ est « proche » de $\mathbf{x}_0$ lorsque $\|\mathbf{x} - \mathbf{x}_0\|$ est petit. Dans le cas de deux réels x et x_0, nous avons traduit cela par la propriété $|x - x_0| < \varepsilon$, c'est-à-dire $x \in]x_0 - \varepsilon, x_0 + \varepsilon[$. Dans $\mathbb{R}^n$, la notion d'intervalle centré en $\mathbf{x}_0$ s'étend par la notion de boule centrée en $\mathbf{x}_0$.

Définition 1 (Boule ouverte). Pour tout $\mathbf{x}_0 \in \mathbb{R}^n$ et tout $r > 0$, la boule ouverte de centre $\mathbf{x}_0$ et de rayon r est l'ensemble :

$$B(\mathbf{x}_0, r) := \{\mathbf{x} \in \mathbb{R}^n \mid \|\mathbf{x} - \mathbf{x}_0\| < r\}.$$

Exemple. Dans $\mathbb{R}$, la boule $B(x_0, r)$ est l'intervalle $]x_0 - r, x_0 + r[$; dans $\mathbb{R}^2$, c'est le disque centré en x_0 de rayon r ; dans $\mathbb{R}^3$, c'est une vraie boule centrée en x_0 de rayon r.

Un ouvert de $\mathbb{R}^n$ est un ensemble qui, s'il contient un point $\mathbf{x}_0$, contient tous les points de $\mathbb{R}^n$ « suffisamment proches » de $\mathbf{x}_0$.

Définition 2. Un ensemble $U \subset \mathbb{R}^n$ est un ouvert de $\mathbb{R}^n$ si pour tout point $\mathbf{x}_0 \in U$, il existe $r > 0$ tel que $B(\mathbf{x}_0, r) \subset U$.

Exemple. Si $a < b$, l'intervalle $]a, b[$ est ouvert dans $\mathbb{R}$, mais l'intervalle $[a, b]$ n'est pas ouvert. En effet, il y a des points proches de a qui ne sont pas dans l'intervalle $[a, b]$. L'intervalle $]a, +\infty[$ est ouvert dans $\mathbb{R}$.

Exercice 1.
Montrer que le rectangle $]0, 1[\times]0, 2[$ est ouvert dans $\mathbb{R}^2$.
Solution. Supposons $\mathbf{x}_0 := (x, y) \in]0, 1[\times]0, 2[$.
Posons $r = \min\{|x|, |x-1|, |y|, |y-2|\}$. Alors $B(\mathbf{x}_0, r) \in]0, 1[\times]0, 2[$.

Intuitivement, un ensemble F de $\mathbb{R}^n$ est fermé s'il contient tous les points qui sont à la frontière de F et de son complémentaire. Le problème est de définir ce que l'on appelle la frontière de F. On utilise donc la définition alternative suivante.

Définition 3. Un ensemble $F \subset \mathbb{R}^n$ est un fermé de $\mathbb{R}^n$ si son complémentaire $U := \mathbb{R}^n \setminus F$ est un ouvert de $\mathbb{R}^n$.

Exemples.

1. Les intervalles $[a, b]$ et $[a, +\infty[$ sont fermés dans $\mathbb{R}$.
2. Le carré $[0, 1] \times [0, 1]$ est fermé dans $\mathbb{R}^2$.
3. Le segment $[0, i]$ est fermé dans $\mathbb{C}$ (ou de manière équivalente, le segment $\{0\}\times[0, 1]$ est fermé dans $\mathbb{R}^2$).

Théorème 1. Un ensemble $F \subset \mathbb{R}^n$ est fermé dans $\mathbb{R}^n$ si, et seulement si, pour toute suite $(\mathbf{x}_k \in F)$ qui converge vers $\mathbf{a} \in \mathbb{R}^n$, on a $\mathbf{a} \in F$.

Démonstration. Montrons d'abord par l'absurde que si F est fermé, alors toute suite d'éléments de F qui converge, a sa limite dans F. Supposons que ce ne soit pas le cas. Il existe une suite $(\mathbf{x}_k \in F)$ qui converge vers $\mathbf{a} \in \mathbb{R}^n$ avec $\mathbf{a} \notin F$. Alors, $\mathbf{a}$ est dans le complémentaire de F qui est ouvert. Donc, il existe $r > 0$ tel que $B(\mathbf{a}, r)$ est contenu dans le complémentaire de F. Comme la suite $\mathbf{x}_k$ converge vers $\mathbf{a}$, pour k assez grand $\mathbf{x}_k \in B(\mathbf{a}, r) \subset \mathbb{R}^n \setminus F$, ce qui contredit $\mathbf{x}_k \in F$.

Montrons que si toute suite d'éléments de F qui converge a sa limite dans F, alors F est fermé. Sinon, le complémentaire de F n'est pas ouvert, ce qui signifie qu'il existe un point $\mathbf{a} \in \mathbb{R}^n \setminus F$ telle que pour tout $r > 0$, la boule $B(\mathbf{a}, r)$ intersecte F. Pour chaque $k \geqslant 1$, on peut donc choisir un point $\mathbf{x}_k \in B(\mathbf{a}, 1/k) \cap F$. La suite $(\mathbf{x}_k \in F)$ converge vers $\mathbf{a}$, ce qui contredit le fait que $\mathbf{a}$ n'appartient pas à F. ■

Le théorème des bornes affirme que si une fonction $f : [a,b] \to \mathbb{R}$ est continue, elle est bornée et atteint ses bornes. Pour étendre ce théorème, nous introduisons maintenant deux notions qui généralisent celle d'intervalle borné et celle d'intervalle fermé borné.

Définition 4. Un ensemble $B \subset \mathbb{R}^n$ est borné s'il existe $M \in \mathbb{R}$ tel que pour tout $\mathbf{x} \in B$, on ait $\|\mathbf{x}\| \leqslant M$.

Exercice 2.
Montrer qu'un ensemble $B \subset \mathbb{R}^n$ est borné si, et seulement s'il existe $\mathbf{x}_0 \in \mathbb{R}^n$ et $r \in \mathbb{R}$ tels que B est contenu dans la boule $B(\mathbf{x}_0, r)$.
Solution. Si $\|\mathbf{x}\| \leqslant M$ alors $\mathbf{x} \in B(0,M)$. Si $\mathbf{x} \in B(\mathbf{x}_0, r)$ alors $\|\mathbf{x}\| \leqslant \|\mathbf{x}_0\| + r$.

Définition 5. Un ensemble $K \subset \mathbb{R}^n$ est un compact de $\mathbb{R}^n$ s'il est fermé et borné.

Une caractérisation fondamentale des compacts de $\mathbb{R}^n$ est la suivante.

Théorème 2. Un ensemble $K \subset \mathbb{R}^n$ est compact si, et seulement si, de toute suite $(\mathbf{x}_k \in K)$, on peut extraire une sous-suite qui converge dans K.

Démonstration. Supposons que K est compact. Comme K est borné, la suite $(\mathbf{x}_k)$ est bornée. Le théorème de Bolzano-Weierstraß (voir module IV.6) garantit que l'on peut en extraire une sous-suite convergente. Comme K est fermé, la limite de la suite extraite est contenue dans K.

Réciproquement, supposons que de toute suite $(\mathbf{x}_k \in K)$, on peut extraire une sous-suite qui converge dans K. Alors, toute suite $(\mathbf{x}_k \in K)$ qui converge converge dans $\mathbb{R}^n$ a sa limite dans K. Cela montre que K est fermé. Si K n'était pas borné, il y aurait une suite $(\mathbf{x}_k \in K)$ telle que $\|\mathbf{x}_k\| \underset{k\to\infty}{\longrightarrow} \infty$. De cette suite, on ne pourrait pas extraire de sous-suite qui converge dans $\mathbb{R}^n$ (et *a fortiori* dans K). ■

Exercice 3.
Montrer que pour tout $R \geqslant 0$, la boule fermée $B := \{(x,y) \in \mathbb{R}^2 \mid \|(x,y)\| \leqslant R\}$ est un compact de $\mathbb{R}^2$.
Solution. La boule B est bornée puisque $\mathbf{x} \in B \Rightarrow \|\mathbf{x}\| \leqslant R$. Elle est fermée car si $\mathbf{x}_n \in B \to \mathbf{x} \in \mathbb{R}^2$, alors $\|\mathbf{x}\| \leqslant \|\mathbf{x} - \mathbf{x}_n\| + \|\mathbf{x}_n\| \leqslant \|\mathbf{x} - \mathbf{x}_n\| + R \to R$. Donc $\|\mathbf{x}\| \leqslant R$ et $\mathbf{x} \in B$.

1.2 Fonctions continues

Définition 6. On dit que $\mathbf{f} : U \subset \mathbb{R}^n \to \mathbb{R}^m$ est continue en $\mathbf{a}$ si $\mathbf{a} \in U$ et si, pour toute suite $(\mathbf{x}_k) \subset U$ qui converge vers $\mathbf{a}$, on a $\mathbf{f}(\mathbf{x}_k) \underset{k\to\infty}{\longrightarrow} \mathbf{f}(\mathbf{a})$.

On peut donner la définition équivalente suivante.

Définition 7. La fonction $\mathbf{f} : U \subset \mathbb{R}^n \to \mathbb{R}^m$ est continue en $\mathbf{a}$ si $\mathbf{a} \in U$ et si :

$$\forall \varepsilon > 0,\ \exists \eta > 0, \quad \|\mathbf{x} - \mathbf{a}\| \leqslant \eta \quad \Longrightarrow \quad \|\mathbf{f}(\mathbf{x}) - \mathbf{f}(\mathbf{a})\| \leqslant \varepsilon.$$

Définition 8.
On dit que $\mathbf{f}$ est continue sur un ensemble $U \subset \mathbb{R}^n$ si $\mathbf{f}$ est continue en tout point de U.

La proposition suivante est une conséquence immédiate du corollaire 5 de la page 690.

Proposition 3. La fonction $\|\cdot\| : \mathbb{R}^n \to \mathbb{R}$ est continue sur $\mathbb{R}$.

Comme dans le cas des fonctions vectorielles d'une variable réelle on a :

Théorème 4. Une fonction $\mathbf{f} := (f_1, \dots, f_m) : U \subset \mathbb{R}^n \to \mathbb{R}^m$ est continue en $\mathbf{a}$ si, et seulement si, chaque fonction $f_i : U \to \mathbb{R}$ est continue en $\mathbf{a}$.

Démonstration. Soit $(\mathbf{x}_k)_{k\in\mathbb{N}}$ une suite qui converge vers $\mathbf{a}$. D'après le théorème 6 de la page 691, la suite $\big(\mathbf{f}(\mathbf{x}_k)\big)_{k\in\mathbb{N}}$ converge vers $\mathbf{f}(\mathbf{a})$ si, et seulement si, pour tout entier $i \in [1, m]$, la suite $\big(f_i(\mathbf{x}_k)\big)_{k\in\mathbb{N}}$ converge vers $f_i(\mathbf{a})$, la $i^{\text{ème}}$ coordonnée de $\mathbf{f}(\mathbf{a})$. ■

Corollaire 5. Toute application linéaire $L : \mathbb{R}^n \to \mathbb{R}^m$ est continue sur $\mathbb{R}^n$.

Démonstration. La $i^{\text{ème}}$ coordonnée de $L(x_1, \dots, x_n)$ est une combinaison linéaire des x_i :

$$L_i(x_1, \dots, x_n) = A_1 x_1 + \ldots + A_n x_n.$$

On a donc :

$$\|L_i(\mathbf{x}) - L_i(\mathbf{y})\| \leqslant |A_1(x_1 - y_1)| + \ldots + |A_n(x_n - y_n)| \leqslant \big(|A_1| + \ldots + |A_n|\big)\|\mathbf{x} - \mathbf{y}\|.$$

■

Théorème 6 (Opérations élémentaires). Soit U un sous-ensemble de $\mathbb{R}^n$. Soient $\mathbf{f} : U \to \mathbb{R}^m$, $\mathbf{g} : U \to \mathbb{R}^m$ et $\lambda : U \to \mathbb{R}$ des fonctions continues en $\mathbf{a} \in U$. Alors,

1. $\mathbf{f} + \mathbf{g}$ est continue en $\mathbf{a}$;
2. $\lambda\mathbf{f}$ est continue en $\mathbf{a}$;
3. le produit scalaire $(\,\mathbf{f} \mid \mathbf{g}\,)$ est continu en $\mathbf{a}$.

Démonstration. Soit $(\mathbf{x}_k)$ une suite qui converge vers $\mathbf{a}$. On a $\mathbf{f}(\mathbf{x}_k) \underset{k\to\infty}{\longrightarrow} \mathbf{f}(\mathbf{a})$, $\mathbf{g}(\mathbf{x}_k) \underset{k\to\infty}{\longrightarrow} \mathbf{g}(\mathbf{a})$ et $\lambda(\mathbf{x}_k) \underset{k\to\infty}{\longrightarrow} \lambda(\mathbf{a})$ par continuité de $\mathbf{f}$, $\mathbf{g}$ et λ.

1. La suite $\big(\mathbf{f}(\mathbf{x}_k) + \mathbf{g}(\mathbf{x}_k)\big)$ converge donc vers $\mathbf{f}(\mathbf{a}) + \mathbf{g}(\mathbf{a})$.

2. La suite $\big(\lambda(\mathbf{x}_k)\mathbf{f}(\mathbf{x}_k)\big)$ converge donc vers $\lambda(\mathbf{a})\mathbf{f}(\mathbf{a})$.
3. La suite $\big(\big(\,\mathbf{f}(\mathbf{x}_k)\mid \mathbf{g}(\mathbf{x}_k)\,\big)\big)$ converge donc vers $\big(\,\mathbf{f}(\mathbf{a})\mid \mathbf{g}(\mathbf{a})\,\big)$.

■

Théorème 7 (Fonctions composées). Soient $U \subset \mathbb{R}^n$ et $V \subset \mathbb{R}^m$.
Si $\mathbf{f} : U \to V$ est continue en $\mathbf{a}$ et si $\mathbf{g} : V \to \mathbb{R}^p$ est continue en $\mathbf{f}(\mathbf{a})$, alors $\mathbf{g} \circ \mathbf{f} : U \to \mathbb{R}^p$ est continue en $\mathbf{a}$.

Démonstration. Soit $(\mathbf{x}_k)$ une suite qui converge vers $\mathbf{a}$. Alors, la suite $\big(\mathbf{y}_k := \mathbf{f}(\mathbf{x}_k)\big)$ converge vers $\mathbf{f}(\mathbf{a})$ par continuité de $\mathbf{f}$. La suite $\big(\mathbf{g}(\mathbf{y}_k) = \mathbf{g} \circ \mathbf{f}(\mathbf{x}_k)\big)$ converge donc vers $\mathbf{g} \circ \mathbf{f}(\mathbf{a})$. ■

1.3 Théorème des bornes

Nous allons maintenant généraliser au cas des fonctions réelles de plusieurs variables réelles le théorème des bornes des fonctions réelles d'une variable réelle.
Rappelons qu'un compact $K \subset \mathbb{R}^n$ est un ensemble fermé et borné. De toute suite $(\mathbf{x}_k \in K)$, on peut extraire une sous-suite $(\mathbf{x}_{k(j)})$ qui converge vers une limite $\mathbf{a} \in K$.

Théorème 8. Soient $K \subset \mathbb{R}^n$ un compact et $f : K \to \mathbb{R}$ une fonction continue.
Alors, f est bornée et atteint ses bornes :
- il existe un point $\mathbf{a} \in K$ tel que $f(\mathbf{a}) \geqslant f(\mathbf{x})$ pour tout $\mathbf{x} \in K$,
- il existe un point $\mathbf{b} \in K$ tel que $f(\mathbf{b}) \leqslant f(\mathbf{x})$ pour tout $\mathbf{x} \in K$.

Démonstration. Posons
$$M := \sup_{\mathbf{x} \in K} f(\mathbf{x}).$$
A priori, $M \in \mathbb{R} \cup \{+\infty\}$. Par propriété de la borne supérieure, pour tout $\mathbf{x} \in K$, on a $f(\mathbf{x}) \leqslant M$ et il existe une suite de points $(\mathbf{x}_k \in K)$ tels que $f(\mathbf{x}_k) \to M$. Comme K est compact, on peut en extraire une sous-suite $(\mathbf{x}_{k(j)})$ qui converge vers une limite $\mathbf{a} \in K$.
Par continuité de f en $\mathbf{a}$, on a $f(\mathbf{x}_{k(j)}) \underset{j \to \infty}{\longrightarrow} f(\mathbf{a})$.

Donc $M = f(\mathbf{a}) < +\infty$ et pour tout $x \in K$, $f(\mathbf{x}) \leqslant f(\mathbf{a})$.
On montre de manière similaire que f est minorée sur K et qu'il existe un point $\mathbf{b} \in K$ tel que $f(\mathbf{b}) \leqslant f(\mathbf{x})$ pour tout $\mathbf{x} \in K$. ■

Définition 9. Étant donnée une fonction $f : K \to \mathbb{R}$, s'il existe un point $\mathbf{a} \in K$ tel que $f(\mathbf{a}) \geqslant f(\mathbf{x})$ pour tout $\mathbf{x} \in K$, on définit $\max\limits_{\mathbf{x} \in K} f(\mathbf{x}) := f(\mathbf{a})$. S'il existe un point $\mathbf{b} \in K$ tel que $f(\mathbf{b}) \leqslant f(\mathbf{x})$ pour tout $\mathbf{x} \in K$, on définit $\min\limits_{\mathbf{x} \in K} f(\mathbf{x}) := f(\mathbf{b})$.

1.4 Norme d'une application linéaire

Corollaire 9. Si $L : \mathbb{R}^n \to \mathbb{R}^m$ est une application linéaire, il existe $\mathbf{x}_0 \in \mathbb{R}^n$ tel que $\|\mathbf{x}_0\| \leqslant 1$ et :

$$\forall \mathbf{x} \in \mathbb{R}^n, \quad \|\mathbf{x}\| \leqslant 1 \quad \Longrightarrow \quad \big\|L(\mathbf{x})\big\| \leqslant \big\|L(\mathbf{x}_0)\big\|.$$

Démonstration. On a vu précédemment que la boule unité fermée de $\mathbb{R}^n$, c'est-à-dire $\big\{\mathbf{x} \in \mathbb{R}^n \;\big|\; \|\mathbf{x}\| \leqslant 1\big\}$ est compacte. La fonction $L : \mathbb{R}^n \to \mathbb{R}^m$ est continue. La fonction $\mathbf{x} \mapsto \|\mathbf{x}\|$ est continue. Par conséquent, la fonction $\mathbf{x} \mapsto \big\|L(\mathbf{x})\big\|$ est continue. Elle est donc bornée et atteint ses bornes sur la boule unité fermée de $\mathbb{R}^n$. ■

Définition 10. Étant donnée une application linéaire $L : \mathbb{R}^n \to \mathbb{R}^m$, on note $|||L|||$ le réel positif :

$$|||L||| := \max_{\mathbf{x} \in \mathbb{R}^n,\ \|\mathbf{x}\| \leqslant 1} \big\|L(\mathbf{x})\big\|.$$

Proposition 10. Si $L : \mathbb{R}^n \to \mathbb{R}^m$ est une application linéaire, alors pour tout $\mathbf{x} \in \mathbb{R}^n$, on a :

$$\big\|L(\mathbf{x})\big\| \leqslant |||L||| \cdot \|\mathbf{x}\|.$$

Démonstration. Si $\|\mathbf{x}\| = 0$, $\big\|L(\mathbf{x})\big\| = |||L||| \cdot \|\mathbf{x}\| = 0$.

Sinon, posons $\mathbf{y} := \dfrac{\mathbf{x}}{\|\mathbf{x}\|}\cdot$ Alors, $\|\mathbf{y}\| = 1$, $L(\mathbf{x}) = \|\mathbf{x}\| \cdot L(\mathbf{y})$ et :

$$\big\|L(\mathbf{x})\big\| = \|\mathbf{x}\| \cdot \big\|L(\mathbf{y})\big\| \leqslant \|\mathbf{x}\| \cdot |||L|||.$$

■

2 Différentiabilité

Nous avons défini la dérivée d'une fonction, réelle ou vectorielle, d'une variable réelle en un point a comme la limite, si elle existe :

$$\mathbf{f}'(a) := \lim_{\substack{x \to a \\ x \neq a}} \frac{\mathbf{f}(x) - \mathbf{f}(a)}{x - a}\cdot$$

Si l'on considère une fonction de plusieurs variables, il n'est pas possible d'utiliser cette définition. En effet, il n'est pas possible de diviser le réel ou le vecteur $\mathbf{f}(\mathbf{x}) - \mathbf{f}(\mathbf{a})$ par le vecteur $\mathbf{x} - \mathbf{a}$: on ne divise pas par un vecteur. C'est pourquoi il va falloir adapter la définition de dérivée en la regardant autrement.

2.1 Dérivées partielles

Commençons par reformuler la définition de la dérivée d'une fonction $f : U \subset \mathbb{R} \to \mathbb{R}$.

Définition 11. Soient $f : U \subset \mathbb{R} \to \mathbb{R}$ une fonction réelle d'une variable réelle et $a \in U$. La dérivée de f en a est la limite, si elle existe :

$$\frac{\partial f}{\partial x}(a) = f'(a) := \lim_{\substack{h \to 0 \\ h \neq 0}} \frac{1}{h}\big(f(a+h) - f(a)\big).$$

Considérons maintenant le cas d'une fonction réelle de plusieurs variables $f : U \subset \mathbb{R}^n \to \mathbb{R}$. Étant donné un point $\mathbf{a} := (a_1, \dots, a_n) \in U$, la fonction f est dérivable en $\mathbf{a}$ par rapport à la première variable si la fonction $g : x \mapsto f(x, a_2, \dots, a_n)$ est dérivable en a_1. Le réel $g'(a_1)$ est la dérivée partielle de f par rapport à x_1.

Définition 12. Soient $f : U \subset \mathbb{R}^n \to \mathbb{R}$ une fonction réelle de plusieurs variables et $\mathbf{a} \in U$. La dérivée partielle de f en $\mathbf{a}$ par rapport à la $i^{\text{ème}}$ variable est la limite, si elle existe :

$$\frac{\partial f}{\partial x_i}(a) := \lim_{\substack{h \to 0 \\ h \neq 0}} \frac{1}{h}\left(f\begin{pmatrix} a_1 \\ \vdots \\ a_i + h \\ \vdots \\ a_n \end{pmatrix} - f\begin{pmatrix} a_1 \\ \vdots \\ a_i \\ \vdots \\ a_n \end{pmatrix}\right).$$

Si $(\mathbf{e}_1, \dots, \mathbf{e}_n)$ est la base canonique de $\mathbb{R}^n$, cela s'écrit également :

$$\frac{\partial f}{\partial x_i}(a) = \lim_{\substack{h \to 0 \\ h \neq 0}} \frac{f(\mathbf{a} + h\mathbf{e}_i) - f(\mathbf{a})}{h}.$$

Exemples.

1. Si $f : \mathbb{R}^2 \to \mathbb{R}$ est définie par $f(x,y) := x^2 + 2xy$, alors :

$$\frac{\partial f}{\partial x}\begin{pmatrix} a \\ b \end{pmatrix} = 2a + 2b \quad \text{et} \quad \frac{\partial f}{\partial y}\begin{pmatrix} a \\ b \end{pmatrix} = 2a.$$

2. Si $f : \mathbb{R}^3 \to \mathbb{R}$ est définie par $f(x,y,z) := x^2 + y^2 - z^2$, alors :

$$\frac{\partial f}{\partial x}\begin{pmatrix} a \\ b \\ c \end{pmatrix} = 2a, \quad \frac{\partial f}{\partial y}\begin{pmatrix} a \\ b \\ c \end{pmatrix} = 2b \quad \text{et} \quad \frac{\partial f}{\partial z}\begin{pmatrix} a \\ b \\ c \end{pmatrix} = -2c.$$

Remarque. La notation de la dérivée partielle *oublie* l'information la plus importante : quelles variables sont maintenues constantes. Considérons par exemple la fonction $f : \mathbb{R}^2 \to \mathbb{R}$ définie par $f(x,y) := x + (x-y)^2$. Alors, la dérivée partielle de f par rapport à x est :

$$\frac{\partial f}{\partial x}(x,y) = 1 + 2(x-y).$$

Si l'on fait un changement de variables qui préserve x, par exemple :

$$\begin{pmatrix} x \\ y \end{pmatrix} \mapsto \begin{pmatrix} x \\ z \end{pmatrix} = \begin{pmatrix} x \\ x-y \end{pmatrix}.$$

Alors, dans le système de coordonnées (x,z), l'expression de la fonction f devient $g : (x,z) \mapsto x + z^2$. La dérivée partielle de g par rapport à x n'est pas égale à la dérivée partielle de f par rapport à x :

$$\frac{\partial g}{\partial x}(x,y) = 1 \neq 1 + 2(x-y) = \frac{\partial f}{\partial x}(x,y).$$

Venons-en maintenant au cas général d'une fonction vectorielle de plusieurs variables réelles. La définition est similaire.

Définition 13. Soient $\mathbf{f} := (f_1, \ldots, f_m) : U \subset \mathbb{R}^n \to \mathbb{R}^m$ une fonction vectorielle de plusieurs variables et $\mathbf{a} \in U$. La dérivée partielle de $\mathbf{f}$ en $\mathbf{a}$ par rapport à la $i^{ème}$ variable est la limite, si elle existe :

$$\frac{\partial \mathbf{f}}{\partial x_i}(a) := \lim_{\substack{h \to 0 \\ h \neq 0}} \frac{1}{h} \left(\mathbf{f}\begin{pmatrix} a_1 \\ \vdots \\ a_i + h \\ \vdots \\ a_n \end{pmatrix} - \mathbf{f}\begin{pmatrix} a_1 \\ \vdots \\ a_i \\ \vdots \\ a_n \end{pmatrix} \right) = \begin{pmatrix} \dfrac{\partial f_1}{\partial x_i}(\mathbf{a}) \\ \vdots \\ \dfrac{\partial f_m}{\partial x_i}(\mathbf{a}) \end{pmatrix}.$$

Remarque. Une dérivée partielle d'une fonction vectorielle est un vecteur.

Si $(\mathbf{e}_1, \ldots, \mathbf{e}_n)$ est la base canonique de $\mathbb{R}^n$, cela s'écrit également :

$$\frac{\partial \mathbf{f}}{\partial x_i}(a) = \lim_{\substack{h \to 0 \\ h \neq 0}} \frac{\mathbf{f}(\mathbf{a} + h\mathbf{e}_i) - \mathbf{f}(\mathbf{a})}{h}.$$

Exercice 4.
Déterminer les dérivées partielles de la fonction $\mathbf{f} : \mathbb{R}^2 \to \mathbb{R}^3$ définie par :

$$\mathbf{f}\begin{pmatrix} x \\ y \end{pmatrix} := \begin{pmatrix} x^2 - y + 1 \\ x \\ xy \end{pmatrix}.$$

Solution.

$$\frac{\partial \mathbf{f}}{\partial x}\begin{pmatrix} a \\ b \end{pmatrix} = \begin{pmatrix} 2a \\ 1 \\ b \end{pmatrix} \quad \text{et} \quad \frac{\partial \mathbf{f}}{\partial y}\begin{pmatrix} a \\ b \end{pmatrix} = \begin{pmatrix} -1 \\ 0 \\ a \end{pmatrix}.$$

2.2 Dérivée suivant un vecteur

La dérivée partielle :

$$\frac{\partial \mathbf{f}}{\partial x_i}(\mathbf{a}) := \lim_{\substack{h \to 0 \\ h \neq 0}} \frac{\mathbf{f}(\mathbf{a} + h\mathbf{e}_i) - \mathbf{f}(\mathbf{a})}{h}$$

mesure la rapidité à laquelle $\mathbf{f}$ varie lorsque $\mathbf{x}$ s'éloigne de $\mathbf{a}$ dans la direction du vecteur $\mathbf{e}_i$. On peut mesurer cette variation lorsque $\mathbf{x}$ s'éloigne de $\mathbf{a}$ dans une direction quelconque.

Définition 14. Soient $\mathbf{f} : U \subset \mathbb{R}^n \to \mathbb{R}^m$ une fonction vectorielle de plusieurs variables et $\mathbf{a} \in U$. La dérivée partielle de $\mathbf{f}$ en $\mathbf{a}$ suivant le vecteur $\mathbf{v} \in \mathbb{R}^n$ est la limite, si elle existe :

$$\lim_{\substack{h \to 0 \\ h \neq 0}} \frac{\mathbf{f}(\mathbf{a} + h\mathbf{v}) - \mathbf{f}(\mathbf{a})}{h}.$$

Exercice 5.

Soit $\mathbf{f} : \mathbb{R}^2 \to \mathbb{R}^3$ la fonction définie par :

$$\mathbf{f}\begin{pmatrix} x \\ y \end{pmatrix} := \begin{pmatrix} x^2 - y + 1 \\ x \\ xy \end{pmatrix}.$$

Calculer la dérivée partielle de $\mathbf{f}$ suivant $\mathbf{v} := (1, 2)$ au point $\mathbf{a} := (2, 3)$.

Solution. On a :

$$\begin{aligned} \mathbf{f}(\mathbf{a} + h\mathbf{v}) &= \mathbf{f}\begin{pmatrix} 2 + h \\ 3 + 2h \end{pmatrix} \\ &= \begin{pmatrix} 4 + 2h + h^2 - 3 - 2h + 1 \\ 2 + h \\ 6 + 7h + 2h^2 \end{pmatrix} \\ &= \begin{pmatrix} 2 \\ 2 \\ 6 \end{pmatrix} + h\begin{pmatrix} 0 \\ 1 \\ 7 \end{pmatrix} + h^2\begin{pmatrix} 1 \\ 0 \\ 2 \end{pmatrix}. \end{aligned}$$

Comme $\mathbf{f}(\mathbf{a}) = (2, 2, 6)$, on a :

$$\frac{\mathbf{f}(\mathbf{a} + h\mathbf{v}) - \mathbf{f}(\mathbf{a})}{h} = \begin{pmatrix} 0 \\ 1 \\ 7 \end{pmatrix} + h\begin{pmatrix} 1 \\ 0 \\ 2 \end{pmatrix} \underset{h \to 0}{\longrightarrow} \begin{pmatrix} 0 \\ 1 \\ 7 \end{pmatrix}.$$

La dérivée de $\mathbf{f}$ suivant $\mathbf{v} = (1, 2)$ au point $\mathbf{a} = (2, 3)$ est le vecteur $(0, 1, 7)$.

2.3 Différentielle

Comme mentionné dans le module IV.3, une autre façon d'écrire la dérivabilité en a d'une fonction réelle f d'une variable réelle est de poser :

$$\delta(x,a) := \frac{f(x)-f(a)}{x-a} - f'(a),$$

de sorte que :

$$f(x) = f(a) + (x-a)f'(a) + (x-a)\delta(x,a) \quad \text{et} \quad \lim_{x\to a}\delta(x,a) = 0. \tag{1}$$

L'application $x \mapsto f(a) + (x-a)f'(a)$ est l'application affine qui approche le mieux f au point a. Le graphe de l'application f est une courbe qui passe par le point $\big(a, f(a)\big)$ et plus l'on zoome sur ce point, plus la forme de la courbe épouse celle d'une droite : la tangente d'équation $y = f(a) + (x-a)f'(a)$.
On peut également écrire l'égalité (1) sous la forme :

$$f(a+h) = f(a) + hf'(a) + h\varepsilon(h) \quad \text{avec} \quad \varepsilon(h) \underset{h\to 0}{\longrightarrow} 0.$$

Nous allons maintenant généraliser cette notion au cas des fonctions vectorielles de plusieurs variables réelles.

Définition 15. Soient $\mathbf{f} : U \subset \mathbb{R}^n \to \mathbb{R}^m$ une fonction vectorielle de plusieurs variables et $\mathbf{a} \in U$. On dit que $\mathbf{f}$ est différentiable en $\mathbf{a}$ s'il existe une application *linéaire* $L : \mathbb{R}^n \to \mathbb{R}^m$ telle que :

$$\mathbf{f}(\mathbf{a}+\mathbf{h}) = \mathbf{f}(\mathbf{a}) + L(\mathbf{h}) + \|\mathbf{h}\|\varepsilon(\mathbf{h}) \quad \text{avec} \quad \varepsilon(\mathbf{h}) \underset{h\to 0}{\longrightarrow} \mathbf{0}.$$

L'application linéaire L est alors appelée la différentielle de $\mathbf{f}$ en $\mathbf{a}$. On la note $D_{\mathbf{a}}\mathbf{f}$.

Remarque. Dans la définition précédente, $\varepsilon : \mathbb{R}^n \to \mathbb{R}^m$ est une fonction vectorielle de plusieurs variables.

Si $\mathbf{f}$ est différentiable en $\mathbf{a}$, l'application affine qui « approche le mieux » $\mathbf{f}$ est l'application $\mathbf{x} \mapsto \mathbf{f}(\mathbf{a}) + L(\mathbf{x}-\mathbf{a})$. Le comportement de cette application affine est relativement simple à étudier. Il nous fournira des informations sur le comportement local de $\mathbf{f}$ prés du point $\mathbf{a}$.

Définition 16. L'application $\mathbf{f} : U \subset \mathbb{R}^n \to \mathbb{R}^m$ est différentiable si $\mathbf{f}$ est différentiable en tout point $\mathbf{a} \in U$.

Proposition 11. Soient $f : U \subset \mathbb{R} \to \mathbb{R}$ une fonction réelle d'une variable réelle et $a \in U$. Alors, f est différentiable en a si, et seulement si, f est dérivable en a. On a alors :

$$D_a f : h \mapsto f'(a) \cdot h.$$

Démonstration. Les applications linéaires $L : \mathbb{R} \to \mathbb{R}$ sont les applications de la forme $h \mapsto \lambda h$ avec $\lambda \in \mathbb{R}$. ■

Proposition 12. Si $\mathbf{f}$ est différentiable en $\mathbf{a}$, alors $\mathbf{f}$ est continue en $\mathbf{a}$.

Démonstration.

$$\mathbf{f}(\mathbf{x}) - \mathbf{f}(\mathbf{a}) = D_{\mathbf{a}}\mathbf{f}(\mathbf{x} - \mathbf{a}) + \|\mathbf{x} - \mathbf{a}\|\varepsilon(\mathbf{x} - \mathbf{a}) \underset{\mathbf{x}\to\mathbf{a}}{\longrightarrow} 0.$$

■

2.4 Matrice Jacobienne

Il existe un lien étroit entre la notion de différentiabilité et celle de dérivée suivant un vecteur.

Proposition 13. Si $\mathbf{f} : U \subset \mathbb{R}^n \to \mathbb{R}^m$ est différentiable en $\mathbf{a} \in U$, alors la dérivée partielle de $\mathbf{f}$ en $\mathbf{a}$ suivant un vecteur quelconque $\mathbf{v} \in \mathbb{R}^n$ existe et vaut $D_{\mathbf{a}}\mathbf{f}(\mathbf{v})$.

Démonstration. Si $\mathbf{f}$ est différentiable, alors :

$$\begin{aligned}\mathbf{f}(\mathbf{a} + h\mathbf{v}) &= \mathbf{f}(\mathbf{a}) + D_{\mathbf{a}}\mathbf{f}(h\mathbf{v}) + \|h\mathbf{v}\|\varepsilon(h\mathbf{v})\\ &= \mathbf{f}(\mathbf{a}) + hD_{\mathbf{a}}\mathbf{f}(\mathbf{v}) + |h|\varepsilon_1(h) \quad \text{avec} \quad \varepsilon_1(h) \underset{h\to 0}{\longrightarrow} \mathbf{0}.\end{aligned}$$

On a donc :

$$\frac{\mathbf{f}(\mathbf{a} + h\mathbf{v}) - \mathbf{f}(\mathbf{a})}{h} \underset{h\to 0}{\longrightarrow} D_{\mathbf{a}}\mathbf{f}(\mathbf{v}).$$

■

Attention, la réciproque est fausse. Une application peut avoir des dérivées partielles suivant n'importe quel vecteur sans pour autant être différentiable (ni même continue).

Exercice 6.

Étudier la différentiabilité en $(0, 0)$ de la fonction $f : \mathbb{R}^2 \to \mathbb{R}$ définie par :

$$f\begin{pmatrix} x \\ y \end{pmatrix} := \begin{cases} \dfrac{3x^2y - y^3}{x^2 + y^2} & \text{si } (x, y) \neq (0, 0) \\ 0 & \text{si } (x, y) = (0, 0). \end{cases}$$

Solution. Pour tout $h \in \mathbb{R}$, $f(hu, hv) = hf(u, v)$. Par conséquent, f admet une dérivée partielle suivant n'importe quel vecteur $(u, v) \in \mathbb{R}^2$; cette dérivée partielle vaut $f(u, v)$. Cependant, f n'est pas différentiable à l'origine. Sinon, d'après la proposition 13, la différentielle serait l'application $(u, v) \mapsto f(u, v)$, c'est-à-dire qu'on aurait $D_{(0,0)}f = f$. Cependant, f n'est pas une application linéaire.

Exercice 7.

Étudier la continuité en $(0, 0)$ de la fonction définie par :

$$f\begin{pmatrix} x \\ y \end{pmatrix} := \begin{cases} \dfrac{|y|}{x^2}e^{-|y|/x^2} & \text{si } x \neq 0 \\ 0 & \text{si } x = 0. \end{cases}$$

Solution. Pour tout $(u, v) \in \mathbb{R}^2 \setminus \{(0,0)\}$, on a $f(hu, hv) \underset{h \to 0}{\longrightarrow} 0$. L'application f admet donc des dérivées partielles suivant n'importe quel vecteur. Cependant, $f(t, t^2) = e^{-1}$ qui ne tend pas vers $0 = f(0,0)$ quand t tend vers 0. L'application f n'est donc pas continue.

Définition 17. Si $\mathbf{f} : U \subset \mathbb{R}^n \to \mathbb{R}^m$ admet des dérivées partielles en $\mathbf{a}$ par rapport à toutes les variables, on appelle matrice Jacobienne de $\mathbf{f}$ en $\mathbf{a}$ la matrice $J_{\mathbf{a}}\mathbf{f}$ dont la $i^{\text{ème}}$ colonne est le vecteur $\dfrac{\partial \mathbf{f}}{\partial x_i}(\mathbf{a})$.

Exemples. Dans le cas d'une application $\mathbf{f} := (f_1, f_2, f_3)$ de $\mathbb{R}^2$ dans $\mathbb{R}^3$, respectivement $\mathbf{f} := (f_1, f_2)$ de $\mathbb{R}^3$ dans $\mathbb{R}^2$, la matrice Jacobienne de f au point $\mathbf{a} := (a_1, a_2)$, respectivement $\mathbf{a} := (a_1, a_2, a_3)$ est :

$$J_{\mathbf{a}}\mathbf{f} = \begin{pmatrix} \dfrac{\partial f_1}{\partial x_1} & \dfrac{\partial f_1}{\partial x_2} \\ \dfrac{\partial f_2}{\partial x_1} & \dfrac{\partial f_2}{\partial x_2} \\ \dfrac{\partial f_3}{\partial x_1} & \dfrac{\partial f_3}{\partial x_2} \end{pmatrix} (a_1, a_2), \qquad \text{resp. } J_{\mathbf{a}}\mathbf{f} = \begin{pmatrix} \dfrac{\partial f_1}{\partial x_1} & \dfrac{\partial f_1}{\partial x_2} & \dfrac{\partial f_1}{\partial x_3} \\ \dfrac{\partial f_2}{\partial x_1} & \dfrac{\partial f_2}{\partial x_2} & \dfrac{\partial f_2}{\partial x_3} \end{pmatrix} (a_1, a_2, a_3).$$

Exercice 8.

Déterminer la matrice Jacobienne au point (r, θ) pour l'application :

$$\begin{array}{rccc} \mathbf{f} : & \mathbb{R}^2 & \longrightarrow & \mathbb{R}^2 \\ & (r, \theta) & \longmapsto & (r\cos\theta, r\sin\theta). \end{array}$$

Solution.

$$J_{(r,\theta)}\mathbf{f} = \begin{pmatrix} \cos\theta & -r\sin\theta \\ \sin\theta & r\cos\theta \end{pmatrix}.$$

Proposition 14. Si $\mathbf{f} : U \subset \mathbb{R}^n \to \mathbb{R}^m$ est différentiable en $\mathbf{a}$, alors $\mathbf{f}$ admet des dérivées partielles en $\mathbf{a}$ par rapport à toutes les variables. La matrice de $D_{\mathbf{a}}\mathbf{f}$ dans la base canonique est la matrice Jacobienne $J_{\mathbf{a}}\mathbf{f}$.

Démonstration. D'après la proposition 13 de la page précédente, on a :

$$D_{\mathbf{a}}\mathbf{f}(\mathbf{e}_i) = \lim_{\substack{h \to 0 \\ h \neq 0}} \frac{\mathbf{f}(\mathbf{a} + h\mathbf{e}_i) - \mathbf{f}(\mathbf{a})}{h} = \frac{\partial \mathbf{f}}{\partial x_i}(\mathbf{a}).$$

■

Comme signalé précédemment, ce n'est pas parce qu'une application admet une matrice Jacobienne en tout point que cette application est différentiable (ni même continue).

3 Propriétés fondamentales

3.1 Opérations élémentaires

Théorème 15. Si $\mathbf{f} : U \subset \mathbb{R}^n \to \mathbb{R}^m$ est constante, alors $\mathbf{f}$ est différentiable en tout point $\mathbf{a} \in U$ et la différentielle en $\mathbf{a}$ est l'application nulle.

Démonstration. Pour tout $\mathbf{a} \in U$, on a $\mathbf{f}(\mathbf{a}+\mathbf{h}) = \mathbf{f}(\mathbf{a}) + \mathbf{0}$. ■

Théorème 16. Si $\mathbf{f} : U \subset \mathbb{R}^n \to \mathbb{R}^m$ est une application linéaire, alors $\mathbf{f}$ est différentiable en tout point $\mathbf{a} \in U$ et la différentielle en $\mathbf{a}$ est $D_{\mathbf{a}}\mathbf{f} = \mathbf{f}$.

Démonstration. Pour tout $\mathbf{a} \in U$, on a $\mathbf{f}(\mathbf{a}+\mathbf{h}) = \mathbf{f}(\mathbf{a}) + \mathbf{f}(\mathbf{h})$. ■

Théorème 17. Si $\mathbf{f} := (f_1, \dots, f_m)$ et si les m fonctions $f_i : U \subset \mathbb{R}^n \to \mathbb{R}$ sont différentiables en $\mathbf{a} \in U$, alors $\mathbf{f}$ est différentiable en $\mathbf{a}$ est donnée par :

$$D_{\mathbf{a}}\mathbf{f}(\mathbf{h}) = \begin{pmatrix} D_{\mathbf{a}}f_1(\mathbf{h}) \\ \vdots \\ D_{\mathbf{a}}f_m(\mathbf{h}) \end{pmatrix}.$$

Démonstration. Pour tout $\mathbf{a} \in U$, on a :

$$\begin{aligned} \mathbf{f}(\mathbf{a}+\mathbf{h}) = \begin{pmatrix} f_1(\mathbf{a}+\mathbf{h}) \\ \vdots \\ f_m(\mathbf{a}+\mathbf{h}) \end{pmatrix} &= \begin{pmatrix} f_1(\mathbf{a}) + D_{\mathbf{a}}f_1(\mathbf{h}) + \|\mathbf{h}\|\varepsilon_1(\mathbf{h}) \\ \vdots \\ f_m(\mathbf{a}) + D_{\mathbf{a}}f_m(\mathbf{h}) + \|\mathbf{h}\|\varepsilon_m(\mathbf{h}) \end{pmatrix} \\ &= \begin{pmatrix} f_1(\mathbf{a}) \\ \vdots \\ f_m(\mathbf{a}) \end{pmatrix} + \begin{pmatrix} D_{\mathbf{a}}f_1(\mathbf{h}) \\ \vdots \\ +D_{\mathbf{a}}f_m(\mathbf{h}) \end{pmatrix} + \|\mathbf{h}\|\varepsilon(\mathbf{h}) \end{aligned}$$

avec :

$$\varepsilon(h) = \begin{pmatrix} \varepsilon_1(\mathbf{h}) \\ \vdots \\ \varepsilon_m(\mathbf{h}) \end{pmatrix} \xrightarrow[\mathbf{h}\to 0]{} 0.$$

■

Théorème 18. Si $\mathbf{f} : U \subset \mathbb{R}^n \to \mathbb{R}^m$ et $\mathbf{g} : U \subset \mathbb{R}^n \to \mathbb{R}^m$ sont différentiables en $\mathbf{a} \in U$, alors $\mathbf{f}+\mathbf{g}$ est différentiable en $\mathbf{a}$ et :

$$D_{\mathbf{a}}(\mathbf{f}+\mathbf{g}) = D_{\mathbf{a}}\mathbf{f} + D_{\mathbf{a}}\mathbf{g}.$$

Démonstration. Pour tout $\mathbf{a} \in U$, on a :

$$\begin{aligned}(\mathbf{f}+\mathbf{g})(\mathbf{a}+\mathbf{h}) &= \mathbf{f}(\mathbf{a}+\mathbf{h})+\mathbf{g}(\mathbf{a}+\mathbf{h})\\ &= \Big(\mathbf{f}(\mathbf{a})+D_{\mathbf{a}}\mathbf{f}(\mathbf{h})+\|\mathbf{h}\|\varepsilon(\mathbf{h})\Big)+\Big(\mathbf{g}(\mathbf{a})+D_{\mathbf{a}}\mathbf{g}(\mathbf{h})+\|\mathbf{h}\|\varepsilon(\mathbf{h})\Big)\\ &= (\mathbf{f}+\mathbf{g})(\mathbf{a})+(D_{\mathbf{a}}\mathbf{f}+D_{\mathbf{a}}\mathbf{g})(\mathbf{h})+\|\mathbf{h}\|\varepsilon(\mathbf{h}).\end{aligned}$$

■

Théorème 19. Si $f : U \subset \mathbb{R}^n \to \mathbb{R}$ et $\mathbf{g} : U \subset \mathbb{R}^n \to \mathbb{R}^m$ sont différentiables en $\mathbf{a} \in U$, alors $f\mathbf{g}$ est différentiable en $\mathbf{a}$ et :

$$D_{\mathbf{a}}(f\mathbf{g})(\mathbf{h}) = \underbrace{f(\mathbf{a})}_{\in\mathbb{R}} \cdot \underbrace{D_{\mathbf{a}}\mathbf{g}(\mathbf{h})}_{\in\mathbb{R}^m} + \underbrace{\mathbf{g}(\mathbf{a})}_{\in\mathbb{R}^m} \cdot \underbrace{D_{\mathbf{a}}f(\mathbf{h})}_{\in\mathbb{R}}.$$

Remarque. Le lecteur remarquera que dans le deuxième terme, nous multiplions un vecteur (à gauche) par un scalaire (à droite). Cela nous permet d'écrire $D_{\mathbf{a}}(f\mathbf{g}) = f(\mathbf{a}) \cdot D_{\mathbf{a}}\mathbf{g} + \mathbf{g}(\mathbf{a}) \cdot D_{\mathbf{a}}f$.

Démonstration. Pour tout $\mathbf{a} \in U$, on a :

$$\begin{aligned}(f\mathbf{g})(\mathbf{a}+\mathbf{h}) &= f(\mathbf{a}+\mathbf{h})\mathbf{g}(\mathbf{a}+\mathbf{h})\\ &= \Big(f(\mathbf{a})+D_{\mathbf{a}}f(\mathbf{h})+\|\mathbf{h}\|\varepsilon(\mathbf{h})\Big)\Big(\mathbf{g}(\mathbf{a})+D_{\mathbf{a}}\mathbf{g}(\mathbf{h})+\|\mathbf{h}\|\varepsilon(\mathbf{h})\Big)\\ &= (f\mathbf{g})(\mathbf{a})+\Big(f(\mathbf{a})D_{\mathbf{a}}\mathbf{g}(\mathbf{h})+D_{\mathbf{a}}f(\mathbf{h})\mathbf{g}(\mathbf{a})\Big)+\|\mathbf{h}\|\varepsilon(\mathbf{h}).\end{aligned}$$

En effet :

$$|D_{\mathbf{a}}f(\mathbf{h})| \leqslant |||D_{\mathbf{a}}f||| \cdot \|\mathbf{h}\| \quad \text{et} \quad \big\|D_{\mathbf{a}}\mathbf{g}(\mathbf{h})\big\| \leqslant |||D_{\mathbf{a}}\mathbf{g}||| \cdot \|\mathbf{h}\|,$$

de sorte que :

$$D_{\mathbf{a}}f(\mathbf{h})D_{\mathbf{a}}\mathbf{g}(\mathbf{h}) = \|\mathbf{h}\|\varepsilon(\mathbf{h}) \quad \text{avec} \quad \varepsilon(\mathbf{h}) \underset{\mathbf{h}\to 0}{\longrightarrow} \mathbf{0}.$$

■

Corollaire 20. Si $f : U \subset \mathbb{R}^n \to \mathbb{R}$ et $\mathbf{g} : U \subset \mathbb{R}^n \to \mathbb{R}^m$ sont différentiables en $\mathbf{a} \in U$, alors :

$$J_{\mathbf{a}}(f\mathbf{g}) = f(\mathbf{a})J_{\mathbf{a}}\mathbf{g} + \mathbf{g}(\mathbf{a})J_{\mathbf{a}}f.$$

Remarque. Attention à l'ordre dans lequel on multiplie le vecteur $\mathbf{g}(\mathbf{a})$ par la matrice ligne $J_{\mathbf{a}}f$, ce qui donne une matrice à m lignes et n colonnes.

Exercice 9.

Calculer la matrice Jacobienne de $f\mathbf{g}$ pour $f(x,y) := xy$ et $\mathbf{g} : \mathbb{R}^2 \to \mathbb{R}^2$.

Solution. L'application :

$$\begin{array}{rccc} f\mathbf{g}: & \mathbb{R}^2 & \longrightarrow & \mathbb{R}^2 \\ & (x,y) & \longmapsto & \big(xy(x+2y), xy(3x-y)\big) \end{array}$$

est différentiable et sa matrice Jacobienne est :

$$\begin{aligned} D_{(x,y)}(f\mathbf{g})(a,b) &= xy\begin{pmatrix} 1 & 2 \\ 3 & -1 \end{pmatrix} + \begin{pmatrix} x+2y \\ 3x-y \end{pmatrix} \cdot \begin{pmatrix} y & x \end{pmatrix} \\ &= \begin{pmatrix} xy+(x+2y)y & 2xy+(x+2y)x \\ 3xy+(3x-y)y & -xy+(3x-y)x \end{pmatrix}. \end{aligned}$$

Théorème 21. Si $\mathbf{f} : U \subset \mathbb{R}^n \to \mathbb{R}^m$ et $\mathbf{g} : U \subset \mathbb{R}^n \to \mathbb{R}^m$ sont différentiables en $\mathbf{a} \in U$, alors le produit scalaire $(\,\mathbf{f} \mid \mathbf{g}\,)$ est différentiable en $\mathbf{a}$ et :

$$D_{\mathbf{a}}(\,\mathbf{f} \mid \mathbf{g}\,)(\mathbf{h}) = \big(\,\mathbf{f}(\mathbf{a}) \bigm| D_{\mathbf{a}}\mathbf{g}(\mathbf{h})\,\big) + \big(\,D_{\mathbf{a}}\mathbf{f}(\mathbf{h}) \bigm| \mathbf{g}(\mathbf{a})\,\big).$$

Démonstration. Pour tout $\mathbf{a} \in U$, on a :

$$\begin{aligned} (\,\mathbf{f} \mid \mathbf{g}\,)(\mathbf{a}+\mathbf{h}) &= \big(\,\mathbf{f}(\mathbf{a}+\mathbf{h}) \bigm| \mathbf{g}(\mathbf{a}+\mathbf{h})\,\big) \\ &= \big(\,\mathbf{f}(\mathbf{a}) + D_{\mathbf{a}}\mathbf{f}(\mathbf{h}) + \|\mathbf{h}\|\varepsilon(\mathbf{h}) \bigm| \mathbf{g}(\mathbf{a}) + D_{\mathbf{a}}\mathbf{g}(\mathbf{h}) + \|\mathbf{h}\|\varepsilon(\mathbf{h})\,\big) \\ &= (\,\mathbf{f} \mid \mathbf{g}\,)(\mathbf{a}) + \big(\,\mathbf{f}(\mathbf{a}) \bigm| D_{\mathbf{a}}\mathbf{g}(\mathbf{h})\,\big) + \big(\,D_{\mathbf{a}}\mathbf{f}(\mathbf{h}) \bigm| \mathbf{g}(\mathbf{a})\,\big) + \|\mathbf{h}\|\varepsilon(\mathbf{h}). \end{aligned}$$

En effet :

$$\big\|D_{\mathbf{a}}\mathbf{f}(\mathbf{h})\big\| \leqslant |\!|\!|D_{\mathbf{a}}\mathbf{f}|\!|\!| \cdot \|\mathbf{h}\| \quad \text{et} \quad \big\|D_{\mathbf{a}}\mathbf{g}(\mathbf{h})\big\| \leqslant |\!|\!|D_{\mathbf{a}}\mathbf{g}|\!|\!| \cdot \|\mathbf{h}\|,$$

de sorte que :

$$\big|\big(\,D_{\mathbf{a}}\mathbf{f}(\mathbf{h}) \bigm| D_{\mathbf{a}}\mathbf{g}(\mathbf{h})\,\big)\big| \leqslant \big\|D_{\mathbf{a}}\mathbf{f}(\mathbf{h})\big\| \cdot \big\|D_{\mathbf{a}}\mathbf{g}(\mathbf{h})\big\| = \|\mathbf{h}\|\varepsilon(\mathbf{h}) \qquad \text{avec} \qquad \varepsilon(\mathbf{h}) \underset{\|\mathbf{h}\|\to 0}{\longrightarrow} \mathbf{0}.$$

■

Corollaire 22. Si $\mathbf{f} : U \subset \mathbb{R}^n \to \mathbb{R}^m$ et $\mathbf{g} : U \subset \mathbb{R}^n \to \mathbb{R}^m$ sont différentiables en $\mathbf{a} \in U$, alors :

$$J_{\mathbf{a}}(\,\mathbf{f} \mid \mathbf{g}\,) = {}^t\mathbf{g}(\mathbf{a})J_{\mathbf{a}}\mathbf{f} + {}^t\mathbf{f}(\mathbf{a})J_{\mathbf{a}}\mathbf{g}.$$

Exercice 10.
Calculer la matrice Jacobienne de $(\mathbf{f} \mid \mathbf{g})$ pour

$$\mathbf{f}\begin{pmatrix} x \\ y \end{pmatrix} := \begin{pmatrix} xy \\ \cos(x) \\ \sin(y) \end{pmatrix} \quad \text{et} \quad \mathbf{g}\begin{pmatrix} x \\ y \end{pmatrix} := \begin{pmatrix} 1 \\ \cos(x) \\ \sin(y) \end{pmatrix}.$$

Solution. L'application :

$$(\,\mathbf{f} \mid \mathbf{g}\,) : (x,y) \mapsto xy + \cos^2(x) + \sin^2(y)$$

a pour matrice Jacobienne :

$$\begin{aligned} J_{(x,y)}(\mathbf{f} \mid \mathbf{g}) &= \begin{pmatrix} xy & \cos(x) & \sin(y) \end{pmatrix} \cdot \begin{pmatrix} 0 & 0 \\ -\sin(x) & 0 \\ 0 & \cos(y) \end{pmatrix} \\ &\quad + \begin{pmatrix} 1 & \cos(x) & \sin(y) \end{pmatrix} \cdot \begin{pmatrix} y & x \\ -\sin(x) & 0 \\ 0 & \cos(y) \end{pmatrix} \\ &= \begin{pmatrix} 0 - \cos(x)\sin(x) + 0 & 0 + 0 + \sin(y)\cos(y) \end{pmatrix} \\ &\quad + \begin{pmatrix} y - \cos(x)\sin(x) + 0 & x + 0 + \sin(y)\cos(y) \end{pmatrix} \\ &= \begin{pmatrix} y - 2\cos(x)\sin(x) & x + 2\sin(y)\cos(y) \end{pmatrix} \end{aligned}$$

3.2 Différentielle d'une application composée

Rappelons que si $f : U \subset \mathbb{R} \to V \subset \mathbb{R}$ est dérivable en a et si $g : V \to \mathbb{R}$ est dérivable en $f(a)$, alors $g \circ f : U \to \mathbb{R}$ est dérivable en a et :

$$(g \circ f)'(a) = g'(f(a)) \cdot f'(a).$$

Ce résultat s'étend aux fonctions vectorielles de plusieurs variables de la manière suivante.

Théorème 23. Soient $U \subset \mathbb{R}^n$ et $V \subset \mathbb{R}^m$. Si $\mathbf{f} : U \to V$ est différentiable en $\mathbf{a}$ et si $\mathbf{g} : V \to \mathbb{R}^p$ est différentiable en $\mathbf{f}(\mathbf{a})$, alors $\mathbf{g} \circ \mathbf{f} : U \to \mathbb{R}^p$ est différentiable en $\mathbf{a}$ et :

$$D_{\mathbf{a}}(\mathbf{g} \circ \mathbf{f}) = D_{\mathbf{f}(\mathbf{a})}\mathbf{g} \circ D_{\mathbf{a}}\mathbf{f}.$$

Démonstration. Rappelons que :

$$\mathbf{f}(\mathbf{a}+\mathbf{h}) = \mathbf{f}(\mathbf{a}) + D_{\mathbf{a}}\mathbf{f}(\mathbf{h}) + \delta_1(\mathbf{h}) \quad \text{avec} \quad \delta_1(\mathbf{h}) = \|\mathbf{h}\|\varepsilon(\mathbf{h}) \quad \text{et} \quad \varepsilon(\mathbf{h}) \underset{\|\mathbf{h}\|\to 0}{\longrightarrow} \mathbf{0}$$

et que :

$$\mathbf{g}(\mathbf{f}(\mathbf{a})+\mathbf{k}) = \mathbf{g}\circ\mathbf{f}(\mathbf{a}) + D_{\mathbf{f}(\mathbf{a})}\mathbf{g}(\mathbf{k}) + \delta_2(\mathbf{k}) \quad \text{avec} \quad \delta_2(\mathbf{k}) = \|\mathbf{k}\|\varepsilon(\mathbf{k}) \quad \text{et} \quad \varepsilon(\mathbf{k}) \underset{\|\mathbf{k}\|\to 0}{\longrightarrow} \mathbf{0}.$$

On écrit alors :

$$\begin{aligned} \mathbf{g} \circ \mathbf{f}(\mathbf{a}+\mathbf{h}) &= \mathbf{g}\big(\mathbf{f}(\mathbf{a}) + D_{\mathbf{a}}\mathbf{f}(\mathbf{h}) + \delta_1(\mathbf{h})\big) \\ &= \mathbf{g} \circ \mathbf{f}(\mathbf{a}) + D_{\mathbf{f}(\mathbf{a})}\mathbf{g} \circ D_{\mathbf{a}}\mathbf{f}(\mathbf{h}) + D_{\mathbf{f}(\mathbf{a})}\mathbf{g}\big(\delta_1(\mathbf{h})\big) + \delta_2\big(D_{\mathbf{a}}\mathbf{f}(\mathbf{h}) + \delta_1(\mathbf{h})\big). \end{aligned}$$

Notons que :

$$\big\|D_{\mathbf{f}(\mathbf{a})}\mathbf{g}\big(\delta_1(\mathbf{h})\big)\big\| \leqslant |\!|\!| D_{\mathbf{f}(\mathbf{a})}\mathbf{g} |\!|\!| \cdot \|\delta_1(\mathbf{h})\| = \|\mathbf{h}\|\varepsilon(\mathbf{h}) \quad \text{avec} \quad \varepsilon(\mathbf{h}) \underset{\|\mathbf{h}\|\to 0}{\longrightarrow} \mathbf{0}.$$

De plus :

$$\big\|D_{\mathbf{a}}\mathbf{f}(\mathbf{h})\big\| \leqslant |\!|\!| D_{\mathbf{a}}\mathbf{f} |\!|\!| \cdot \|\mathbf{h}\|,$$

ce qui implique que :

$$\left\|\delta_2\big(D_{\mathbf{a}}\mathbf{f}(\mathbf{h})+\delta_1(\mathbf{h})\big)\right\| = \big(\left\|D_{\mathbf{a}}\mathbf{f}(\mathbf{h})+\delta_1(\mathbf{h})\right\|\big)\varepsilon(\mathbf{h}) = \|\mathbf{h}\|\varepsilon(\mathbf{h}) \quad \text{avec} \quad \varepsilon(\mathbf{h}) \underset{\|\mathbf{h}\|\to 0}{\longrightarrow} \mathbf{0}.$$

Donc :

$$\mathbf{g}\circ\mathbf{f}(\mathbf{a}+\mathbf{h}) = \mathbf{g}\circ\mathbf{f}(\mathbf{a}) + D_{\mathbf{f}(\mathbf{a})}\mathbf{g}\circ D_{\mathbf{a}}\mathbf{f}(\mathbf{h}) + \|\mathbf{h}\|\varepsilon(\mathbf{h}) \quad \text{avec} \quad \varepsilon(\mathbf{h}) \underset{\|\mathbf{h}\|\to 0}{\longrightarrow} \mathbf{0}.$$

■

Corollaire 24. Si $\mathbf{f} : U \to V$ est différentiable en $\mathbf{a}$ et si $\mathbf{g} : V \to \mathbb{R}^p$ est différentiable en $\mathbf{f}(\mathbf{a})$, alors les matrices Jacobiennes vérifient :

$$J_{\mathbf{a}}(\mathbf{g}\circ\mathbf{f}) = J_{\mathbf{f}(\mathbf{a})}\mathbf{g}\cdot J_{\mathbf{a}}\mathbf{f}.$$

Exercice 11.

Déterminer la matrice Jacobienne de $\mathbf{g}\circ\mathbf{f}$ pour :

$$\mathbf{f}\begin{pmatrix} x \\ y \\ z \end{pmatrix} := \begin{pmatrix} x^2-y^2 \\ xz \end{pmatrix} \quad \text{et} \quad \mathbf{g}\begin{pmatrix} u \\ v \end{pmatrix} := \begin{pmatrix} \sin(u) \\ \cos(v) \\ uv \end{pmatrix}.$$

Solution. On a :

$$J_{(x,y,z)}\mathbf{f} = \begin{pmatrix} 2x & -2y & 0 \\ z & 0 & x \end{pmatrix} \quad \text{et} \quad J_{(u,v)}\mathbf{g} = \begin{pmatrix} \cos(u) & 0 \\ 0 & -\sin(v) \\ v & u \end{pmatrix}.$$

Par conséquent, la matrice Jacobienne de $\mathbf{g}\circ\mathbf{f}$ est :

$$\begin{aligned} J_{(x,y,z)}(\mathbf{g}\circ\mathbf{f}) &= J_{(x^2-y^2,xz)}\mathbf{g}\cdot J_{(x,y,z)}\mathbf{f} \\ &= \begin{pmatrix} \cos(x^2-y^2) & 0 \\ 0 & -\sin(xz) \\ xz & x^2-y^2 \end{pmatrix}\cdot\begin{pmatrix} 2x & -2y & 0 \\ z & 0 & x \end{pmatrix} \\ &= \begin{pmatrix} 2x\cos(x^2-y^2) & -2y\cos(x^2-y^2) & 0 \\ -z\sin(xz) & 0 & -x\sin(xz) \\ 2x^2z+z(x^2-y^2) & -2xyz & x(x^2-y^2) \end{pmatrix}. \end{aligned}$$

Nous avons vu que si $f : I \subset \mathbb{R} \to \mathbb{R}$ est dérivable sur I et si $f' > 0$ sur I (ou bien $f' < 0$), alors sa réciproque f^{-1} est dérivable sur $f(I)$, et vérifie :

$$\left(f^{-1}\right)'(y) = \frac{1}{f'\big(f^{(-1)}(y)\big)}.$$

Dans le tome 2, nous verrons qu'il y a une version locale de ce théorème dans le cas de fonctions vectorielles de plusieurs variables : le théorème d'inversion locale. Ici, nous en donnons une version « faible ».

Théorème 25. Si $\mathbf{f} : U \subset \mathbb{R}^n \to V \subset \mathbb{R}^m$ est une bijection différentiable et si la fonction réciproque $\mathbf{f}^{-1} : V \to U$ est également différentiable, alors $m = n$ et pour tout $\mathbf{a} \in U$:

$$D_{\mathbf{f}(\mathbf{a})}(\mathbf{f}^{-1}) = (D_{\mathbf{a}}\mathbf{f})^{-1}.$$

Démonstration. Comme :

$$\mathbf{f}^{-1} \circ \mathbf{f} = \mathrm{Id} \quad \text{et} \quad \mathbf{f} \circ \mathbf{f}^{-1} = \mathrm{Id},$$

le théorème 23 de la page 746 implique que :

$$D_{\mathbf{f}(\mathbf{a})}(\mathbf{f}^{-1}) \circ D_{\mathbf{a}}\mathbf{f} = \mathrm{Id} \quad \text{et} \quad D_{\mathbf{a}}\mathbf{f} \circ D_{\mathbf{f}(\mathbf{a})}(\mathbf{f}^{-1}) = \mathrm{Id}.$$

L'application linéaire $D_{\mathbf{a}}\mathbf{f} : \mathbb{R}^n \to \mathbb{R}^m$ est donc inversible (ce qui implique que $m = n$) et d'inverse $D_{\mathbf{f}(\mathbf{a})}(\mathbf{f}^{-1})$. ∎

Corollaire 26. Sous les mêmes hypothèse que dans le théorème précédent, on a l'égalité suivante entre matrices Jacobiennes :

$$J_{\mathbf{f}(\mathbf{a})}(\mathbf{f}^{-1}) = (J_{\mathbf{a}}\mathbf{f})^{-1}.$$

Exercice 12.
L'application $\mathbf{f} : \mathbb{R}^2 \to \mathbb{R}^2$ donnée par :

$$\mathbf{f}\begin{pmatrix} x \\ y \end{pmatrix} := \begin{pmatrix} x^2 - y + 3 \\ x \end{pmatrix}.$$

est-elle inversible ?

Solution. Observons que :

$$\begin{cases} X = x^2 - y + 3 \\ Y = x \end{cases} \iff \begin{cases} x = Y \\ y = -X + Y^2 + 3 \end{cases}.$$

L'application $\mathbf{f}$ est donc inversible d'inverse :

$$\mathbf{f}^{-1}\begin{pmatrix} X \\ Y \end{pmatrix} = \begin{pmatrix} Y \\ -X + Y^2 + 3 \end{pmatrix}.$$

On a :

$$J_{(x,y)}\mathbf{f} = \begin{pmatrix} 2x & -1 \\ 1 & 0 \end{pmatrix}$$

et :

$$J_{(X,Y)}\mathbf{f}^{-1} = \begin{pmatrix} 0 & 1 \\ -1 & 2Y \end{pmatrix} = \begin{pmatrix} 0 & 1 \\ -1 & 2x \end{pmatrix} = \begin{pmatrix} 2x & -1 \\ 1 & 0 \end{pmatrix}^{-1}.$$

3.3 Applications continûment différentiables

Comme mentionné précédemment, une application $\mathbf{f} : U \subset \mathbb{R}^n \to \mathbb{R}^m$ peut avoir des dérivées partielles en tout point $\mathbf{a} \in U$ sans pour autant être différentiable. Nous allons voir maintenant que cette pathologie ne se produit pas si les dérivées partielles sont des fonctions continues sur U.

Théorème 27. Si toutes les dérivées partielles de $\mathbf{f} : U \subset \mathbb{R}^n \to \mathbb{R}^m$ existent et sont des fonctions continues sur U, alors $\mathbf{f}$ est différentiable.

Cela conduit à la définition suivante.

Définition 18. On dit que $\mathbf{f} : U \subset \mathbb{R}^n \to \mathbb{R}^m$ est continûment différentiable (ou de classe $\mathcal{C}^1$) si toutes les dérivées partielles de $\mathbf{f}$ existent et sont des fonctions continues sur U.

Démonstration. Une fonction vectorielle de plusieurs variables est différentiable si, et seulement si, chaque coordonnée est différentiable (théorème 17 de la page 743). Il suffit donc de montrer le théorème pour les fonctions réelles de plusieurs variables.

On écrit :

$$f(\mathbf{a}+\mathbf{h}) - f(\mathbf{a}) = f\begin{pmatrix} a_1 + h_1 \\ a_2 + h_2 \\ \vdots \\ a_n + h_n \end{pmatrix} - f\begin{pmatrix} a_1 \\ a_2 \\ \vdots \\ a_n \end{pmatrix} = \sum_{i=1}^{n} \Delta_i$$

avec :

$$\Delta_i = f\begin{pmatrix} a_1 \\ \vdots \\ a_{i-1} \\ a_i + h_i \\ a_{i+1} + h_{i+1} \\ \vdots \\ a_n + h_n \end{pmatrix} - f\begin{pmatrix} a_1 \\ \vdots \\ a_{i-1} \\ a_i \\ a_{i+1} + h_{i+1} \\ \vdots \\ a_n + h_n \end{pmatrix}.$$

Pour chaque i, considérons la fonction affine $\mathbf{x}_i : [0, h_i] \to \mathbb{R}^n$ définie par :

$$\mathbf{x}_i(t) := \begin{pmatrix} a_1 \\ \vdots \\ a_{i-1} \\ a_i + t \\ a_{i+1} + h_{i+1} \\ \vdots \\ a_n + h_n \end{pmatrix}$$

et la fonction réelle d'une variable réelle $g_i = f \circ \mathbf{x}_i : [0, h_i] \to \mathbb{R}$. La fonction g_i est continue sur $[0, h_i]$, dérivable sur $]0, h_i[$ et la dérivée vaut :

$$g_i'(t) = \lim_{\substack{h \to 0 \\ h \neq 0}} \frac{f\big(\mathbf{x}_i(t+h)\big) - f\big(\mathbf{x}_i(t)\big)}{h} = \frac{\partial f}{\partial x_i}\big(\mathbf{x}_i(t)\big).$$

En appliquant le théorème des accroissements finis a $g_i : [0, h_i] \to \mathbb{R}$, on voit qu'il existe $t_i \in]0, h_i[$ tel que :

$$g_i(h_i) - g_i(0) = h_i g_i'(t_i) = h_i \frac{\partial f}{\partial x_i}\big(\mathbf{x}_i(t_i)\big).$$

On a donc :

$$f(\mathbf{a}+\mathbf{h}) - f(\mathbf{a}) = \sum_{i=1}^{n} h_i \frac{\partial f}{\partial x_i}(\mathbf{c}_i) \quad \text{avec} \quad \mathbf{c}_i = \mathbf{x}_i(t_i).$$

Nous pouvons maintenant utiliser l'hypothèse de continuité sur les dérivées partielles de f pour conclure que :

$$f(\mathbf{a}+\mathbf{h}) - f(\mathbf{a}) - J_{\mathbf{a}} f \cdot \begin{pmatrix} h_1 \\ \vdots \\ h_n \end{pmatrix} = \sum_{i=1}^{n} h_i \left(\frac{\partial f}{\partial x_i}(\mathbf{c}_i) - \frac{\partial f}{\partial x_i}(\mathbf{a}) \right) = \|\mathbf{h}\| \varepsilon(\mathbf{h}).$$

En effet, lorsque $\|\mathbf{h}\|$ tend vers 0, on a $\mathbf{c}_i \to \mathbf{a}$ et :

$$\begin{aligned} \frac{1}{\|\mathbf{h}\|} \left| \sum_{i=1}^{n} h_i \left(\frac{\partial f}{\partial x_i}(\mathbf{c}_i) - \frac{\partial f}{\partial x_i}(\mathbf{a}) \right) \right| &\leqslant \sum_{i=1}^{n} \frac{|h_i|}{\|\mathbf{h}\|} \left| \frac{\partial f}{\partial x_i}(\mathbf{c}_i) - \frac{\partial f}{\partial x_i}(\mathbf{a}) \right| \\ &\leqslant \sum_{i=1}^{n} \left| \frac{\partial f}{\partial x_i}(\mathbf{c}_i) - \frac{\partial f}{\partial x_i}(\mathbf{a}) \right| \underset{\|\mathbf{h}\| \to 0}{\longrightarrow} 0. \end{aligned}$$

■

3.4 Théorème des accroissements finis

Nous venons d'utiliser de manière cruciale le théorème des accroissements finis pour les fonctions réelles d'une variable réelle. Nous allons maintenant voir que l'on peut généraliser ce théorème des accroissements finis au cas des fonctions réelles de plusieurs variables. Commençons par définir la notion de segment dans $\mathbb{R}^n$.

Définition 19. Soient $\mathbf{a}$ et $\mathbf{b}$ deux éléments de $\mathbb{R}^n$. Le *segment* reliant $\mathbf{a}$ et $\mathbf{b}$, noté $[\mathbf{a}, \mathbf{b}]$ est l'ensemble des barycentres à coefficients positifs de $\mathbf{a}$ et $\mathbf{b}$.
Autrement dit :

$$[\mathbf{a}, \mathbf{b}] := \big\{ (1-t)\,\mathbf{a} + t\,\mathbf{b} \;\big|\; t \in [0,1] \big\}.$$

On note aussi $]\mathbf{a}, \mathbf{b}[:= \big\{ (1-t)\,\mathbf{a} + t\,\mathbf{b} \;\big|\; t \in]0,1[\big\}$.

Théorème 28 (des accroissements finis). Si $f : U \subset \mathbb{R}^n \to \mathbb{R}$ est continue sur le segment $[\mathbf{a}, \mathbf{b}] \subset U$ et différentiable en tout point de $]\mathbf{a}, \mathbf{b}[$, alors, il existe $\mathbf{c} \in]\mathbf{a}, \mathbf{b}[$ tel que :

$$f(\mathbf{b}) - f(\mathbf{a}) = D_{\mathbf{c}} f(\mathbf{b} - \mathbf{a}).$$

Démonstration. Lorsque t parcourt le segment $[0, 1]$, le point $\mathbf{x}(t) = (1 - t)\mathbf{a} + t\mathbf{b}$ parcourt le segment $[\mathbf{a}, \mathbf{b}]$. Considérons la fonction $g : [0, 1] \to \mathbb{R}$ définie par :

$$g(t) := f\big(\mathbf{x}(t)\big).$$

La fonction g est continue sur $[0, 1]$ et différentiable (c'est-à-dire dérivable) sur $]0, 1[$ comme composée de la fonction affine $\mathbf{x}$ et de la fonction différentiable f. Pour tout $t \in]0, 1[$, on a :

$$g'(t) = \lim_{\substack{h \to 0 \\ h \neq 0}} \frac{g(t + h) - g(t)}{h} = \lim_{\substack{h \to 0 \\ h \neq 0}} \frac{f\big(\mathbf{x}(t) + h(\mathbf{b} - \mathbf{a})\big) - f\big(\mathbf{x}(t)\big)}{h} = D_{\mathbf{x}(t)} f(\mathbf{b} - \mathbf{a}).$$

Le théorème des accroissements finis d'une variable réelle appliqué à g dit qu'il existe un point $t_0 \in]0, 1[$ tel que :

$$g'(t_0) = \frac{g(1) - g(0)}{1 - 0} = f(\mathbf{b}) - f(\mathbf{a}).$$

Posons $\mathbf{c} = \mathbf{x}(t_0)$. Alors, $\mathbf{c} \in]\mathbf{a}, \mathbf{b}[$ et :

$$f(\mathbf{b}) - f(\mathbf{a}) = g'(t_0) = D_{\mathbf{c}} f(\mathbf{b} - \mathbf{a}).$$

■

Rappelons que le théorème des accroissements finis est valide pour les fonctions réelles de plusieurs variables réelles, mais pas pour les fonctions vectorielles (même d'une variable réelle). Cependant, comme corollaire du théorème des accroissements finis, on obtient l'*inégalité* des accroissements finis pour les fonctions réelles de plusieurs variables.

Corollaire 29. Si $f : U \subset \mathbb{R}^n \to \mathbb{R}$ est continue sur le segment $[\mathbf{a}, \mathbf{b}] \subset U$ et différentiable en tout point de $]\mathbf{a}, \mathbf{b}[$, alors :

$$\big|f(\mathbf{b}) - f(\mathbf{a})\big| \leqslant \left(\sup_{\mathbf{c} \in]\mathbf{a}, \mathbf{b}[} |||D_{\mathbf{c}} f||| \right) \|\mathbf{b} - \mathbf{a}\|.$$

Ce résultat s'étend, lui, au cas des fonctions vectorielles. Rappelons que pour une application linéaire L, $|||L|||$ a été introduit dans la définition 10 de la page 736.

Théorème 30 (Inégalité des accroissements finis). Si $\mathbf{f} : U \subset \mathbb{R}^n \to \mathbb{R}^m$ est continue sur le segment $[\mathbf{a}, \mathbf{b}] \subset U$ et différentiable en tout point de $]\mathbf{a}, \mathbf{b}[$, alors :

$$\big\|\mathbf{f}(\mathbf{b}) - \mathbf{f}(\mathbf{a})\big\| \leqslant \left(\sup_{\mathbf{c} \in]\mathbf{a}, \mathbf{b}[} |||D_{\mathbf{c}} \mathbf{f}||| \right) \|\mathbf{b} - \mathbf{a}\|.$$

Démonstration. Considérons la fonction vectorielle d'une variable réelle $\mathbf{g} : [0, 1] \to \mathbb{R}$

définie par :

$$\mathbf{g}(t) := \mathbf{f}\big((1-t)\mathbf{a} + t\mathbf{b}\big).$$

Comme dans la démonstration précédente, on voit que g est continue sur $[0,1]$, dérivable sur $]0,1[$ et :

$$\mathbf{g}'(t) = \lim_{\substack{h\to 0\\ h\neq 0}} \frac{\mathbf{f}\big(\mathbf{x}(t) + h(\mathbf{b}-\mathbf{a})\big) - \mathbf{f}\big(\mathbf{x}(t)\big)}{h} = D_{\mathbf{x}(t)}\mathbf{f}(\mathbf{b}-\mathbf{a}).$$

Posons :

$$M = \sup_{\mathbf{c}\in]\mathbf{a},\mathbf{b}[} |||D_{\mathbf{c}} f|||.$$

On a alors :

$$\big\|\mathbf{g}'(t)\big\| \leqslant M\|\mathbf{b}-\mathbf{a}\|.$$

D'après l'inégalité des accroissements finis pour les fonctions vectorielles d'une variable réelle, on a donc :

$$\big\|\mathbf{f}(\mathbf{b}) - \mathbf{f}(\mathbf{a})\big\| = \big\|\mathbf{g}(1) - \mathbf{g}(0)\big\| \leqslant M\|\mathbf{b}-\mathbf{a}\|.$$

■

4 Applications de la notion de différentiabilité

4.1 Plan tangent au graphe d'une fonction $f : \mathbb{R}^2 \to \mathbb{R}$

Rappelons que la courbe représentative d'une fonction $f : I \subset \mathbb{R} \to \mathbb{R}$, où $I \subset \mathbb{R}$ est un intervalle, est la courbe $\gamma : I \to \mathbb{R}^2$ définie par $\gamma(x) := \big(x, f(x)\big)$. Le graphe de f est le support de cette courbe : c'est l'ensemble $\Gamma_f \subset \mathbb{R}^2$ défini par :

$$\Gamma_f := \big\{(x,y) \in \mathbb{R}^2 \;\big|\; x \in I \text{ et } y = f(x)\big\}.$$

Si f est dérivable en $x_0 \in \overset{\circ}{I}$, la courbe représentative γ admet une tangente au temps x_0. C'est la droite passant par $\gamma(x_0)$ et dirigée par le vecteur $\big(x_0, f'(x_0)\big)$ (voir module III.2). L'équation de cette droite est :

$$y = f(x_0) + (x - x_0)f'(x_0).$$

On reconnaît les premiers termes du « développement » définissant la dérivée de f en x_0 :

$$f(x) = f(x_0) + (x-x_0)f'(x_0) + (x-x_0)\varepsilon(x) \quad \text{avec} \quad \varepsilon(x) \underset{x\to x_0}{\longrightarrow} 0.$$

Nous allons maintenant généraliser les notions de graphe et de tangente au graphe pour les fonctions réelles de 2 variables réelles.

Définition 20. Le graphe d'une fonction $f : U \subset \mathbb{R}^2 \to \mathbb{R}$ est l'ensemble $\Gamma_f \subset \mathbb{R}^3$ défini par :

$$\Gamma_f := \big\{(x,y,z) \in \mathbb{R}^3 \;\big|\; (x,y) \in U \text{ et } z = f(x,y)\big\}.$$

Le graphe d'une fonction continue est une « surface » qui contient un et un seul point (x,y,z) au dessus de chaque point $(x,y) \in U$.

Exemples.

1. Le graphe de la fonction $f : \mathbb{R}^2 \to \mathbb{R}$ définie par $f(x,y) := x^2 + y^2$ est un paraboloïde de révolution , c'est-à-dire la « surface » obtenue en faisant tourner une parabole autour de son axe de symétrie (voir figure IV.7.1).

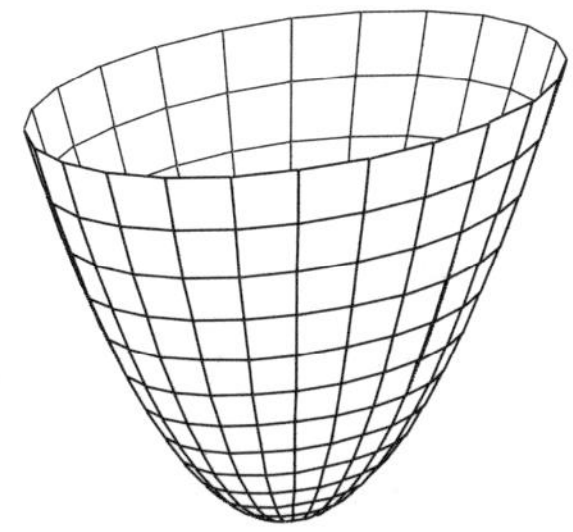

FIGURE IV.7.1 –

2. Si $U \subset \mathbb{R}^2$ est le disque unité (de centre $(0,0)$ et de rayon 1), le graphe de la fonction $f : U \to \mathbb{R}$ définie par $f(x,y) := \sqrt{1-x^2-y^2}$ est une calotte sphérique (la moitié supérieure de la sphère unité de $\mathbb{R}^3$).

Définition 21. Si $M_0 := (x_0, y_0, z_0) \in \Gamma_f$, le plan P est appelé plan tangent au graphe de f en M_0 si, pour tout $M \in \Gamma_f$, il existe $M' \in P$ avec :

$$\|\overrightarrow{MM'}\| = \|\overrightarrow{M_0M}\|\varepsilon(M) \quad \text{avec} \quad \varepsilon(M) \underset{M\to M_0}{\longrightarrow} 0.$$

Proposition 31.
Si $f : U \subset \mathbb{R}^2 \to \mathbb{R}$ est différentiable sur U, alors pour tout $(x_0, y_0) \in U$, le plan d'équation :

$$z = f(x_0,y_0) + D_{(x_0,y_0)}f\begin{pmatrix} x-x_0 \\ y-y_0 \end{pmatrix}$$

est tangent au graphe de f en $\big(x_0, y_0, f(x_0,y_0)\big)$.

Démonstration. Un point $M \in \Gamma_f$ est de la forme $\big(x, y, f(x,y)\big)$ avec $(x,y) \in U$. On lui associe le point $M' := \big(x, y, g(x,y)\big)$ avec :

$$g(x,y) = f(x_0,y_0) + D_{(x_0,y_0)}f\begin{pmatrix} x-x_0 \\ y-y_0 \end{pmatrix}.$$

Le point M' appartient au plan P. On a :

$$\begin{aligned}\|\overrightarrow{MM'}\| &= \left|f(x,y) - f(x_0,y_0) + D_{(x_0,y_0)}f\begin{pmatrix} x-x_0 \\ y-y_0 \end{pmatrix}\right| \\ &= \left\|\begin{pmatrix} x-x_0 \\ y-y_0 \end{pmatrix}\right\|\varepsilon(x,y) \quad \text{avec} \quad \varepsilon(x,y) \underset{(x,y)\to(x_0,y_0)}{\longrightarrow} 0.\end{aligned}$$

De plus :

$$\|\overrightarrow{M_0M}\| = \left\|\begin{pmatrix} x-x_0 \\ y-y_0 \\ f(x,y)-f(x_0,y_0) \end{pmatrix}\right\| \geqslant \left\|\begin{pmatrix} x-x_0 \\ y-y_0 \end{pmatrix}\right\|.$$

Par conséquent, on a bien :

$$\|\overrightarrow{MM'}\| = \|\overrightarrow{M_0M}\|\varepsilon(M) \quad \text{avec} \quad \varepsilon(M) \underset{M \to M'}{\longrightarrow} 0.$$

■

Exercice 13.
Déterminer l'équation des plans tangents au graphe de la fonction $f : \mathbb{R}^2 \to \mathbb{R}$ définie par $f(x, y) := xy$.
Solution. Les dérivées partielles :

$$\frac{\partial x}{\partial x_j} f = y \quad \text{et} \quad \frac{\partial f}{\partial y} = x$$

sont continues sur $\mathbb{R}^2$. La fonction est donc différentiable sur $\mathbb{R}^2$ et la matrice Jacobienne est $J_{(x,y)}f = \begin{pmatrix} x & y \end{pmatrix}$. Pour tout $(x_0, y_0) \in \mathbb{R}^2$, le plan tangent au graphe de f au point (x_0, y_0, x_0y_0) est le plan d'équation :

$$z = x_0y_0 + \begin{pmatrix} x_0 & y_0 \end{pmatrix} \cdot \begin{pmatrix} x - x_0 \\ y - y_0 \end{pmatrix} = x_0y_0 + x_0(x - x_0) + y_0(y - y_0).$$

Par exemple, à l'origine $(x_0, y_0) = (0, 0)$, c'est le plan d'équation $z = 0$.

Recherchons maintenant les points $(x, y) \in \overset{\circ}{U}$ où f atteint un maximum ou un minimum (il se peut qu'il n'y ait pas de tel point). Il est plus ou moins évident qu'en un tel point le plan tangent au graphe doit être un plan horizontal, c'est-à-dire un plan d'équation $z =$ constante. Ceci ne se produit que si la différentielle s'annule. C'est ce que dit le résultat suivant.

Proposition 32. Si $f : U \subset \mathbb{R}^2 \to \mathbb{R}$ est différentiable sur U et admet un maximum local ou un minimum local en un point $(x_0, y_0) \in \overset{\circ}{U}$, alors la différentielle de f au point (x_0, y_0) est l'application nulle. Autrement dit :

$$\frac{\partial f}{\partial x}(x_0, y_0) = \frac{\partial f}{\partial y}(x_0, y_0) = 0.$$

Démonstration. Supposons que f admette un extremum local en (x_0, y_0). Alors, les applications $g_1 : t \mapsto f(x_0 + t, y_0)$ et $g_2 : t \mapsto f(x_0, y_0 + t)$ admettent un extremum local en $t = 0$. L'application f étant différentiable en (x_0, y_0), les applications g_1 et g_2 sont dérivables en $t = 0$:

$$\frac{\partial f}{\partial x}(x_0, y_0) = g_1'(0) = 0 \quad \text{et} \quad \frac{\partial f}{\partial y}(x_0, y_0) = g_2'(0) = 0.$$

La matrice Jacobienne de f en (x_0, y_0) est donc la matrice nulle. Par conséquent, la différentielle de f en (x_0, y_0) est la matrice nulle. ■

Exercice 14.
Considérons la fonction $f : U \to \mathbb{R}^2$ définie par $f(x,y) := \sqrt{1-x^2-y^2}$ où U est le disque unité de $\mathbb{R}^2$. Étudier le comportement de f en $(0,0)$.
Solution. La fonction f admet un maximum pour $(x,y)=(0,0)$. On a :

$$\frac{\partial f}{\partial x}(x,y) = \frac{-x}{\sqrt{1-x^2-y^2}} \quad \text{et} \quad \frac{\partial f}{\partial y}(x,y) = \frac{-y}{\sqrt{1-x^2-y^2}}.$$

Ces dérivées partielles s'annulent en $(x,y)=(0,0)$.

Comme dans le cas d'une fonction réelle d'une variable réelle, il ne suffit pas que la différentielle s'annule pour avoir un extremum local. Dans le cas d'une fonction réelle d'une variable réelle, on peut par exemple avoir un point d'inflexion.

Exercice 15.
Étudier le comportement de la fonction $f : \mathbb{R}^2 \to \mathbb{R}$ définie par $f(x,y) := x^2 - y^2$ au voisinage de $(0,0)$.
Solution. La matrice Jacobienne de f est :

$$J_{(x,y)}f = \begin{pmatrix} 2x & -2y \end{pmatrix}.$$

Cette matrice est égale à la matrice nulle quand $x=y=0$. Cependant :

$$f(0,0)=0, \quad f(0,y) = -y^2 \leqslant 0 \quad \text{et} \quad f(x,0) = x^2 \geqslant 0.$$

La fonction n'admet donc ni maximum ni minimum en $(x,y)=(0,0)$.

L'exercice suivant est un exemple typique d'application des techniques que nous avons développées dans ce module.

Exercice 16.
Soit $f : \mathbb{R}^2 \to \mathbb{R}$ la fonction de deux variables définie par :

$$f(x,y) := (x-y)e^{-(x^2+y^2)}.$$

1. Montrer que $f(x,y) \to 0$ lorsque $\|(x,y)\| \to +\infty$.
2. En déduire que f est bornée et atteint ses bornes dans $\mathbb{R}^2$.
3. Montrer que f est différentiable sur $\mathbb{R}^2$.
4. Déterminer en quels points le graphe de f admet un plan tangent horizontal.
5. Déterminer le minimum et le maximum de f.

Solution.

1. Posons $r := \|(x,y)\|$. Comme $|x-y| \leqslant |x|+|y| \leqslant 2r$, on a :

$$\|f(x,y)\| \leqslant 2re^{r^2} \underset{r\to+\infty}{\longrightarrow} 0.$$

2. D'après la question précédente, pour tout $\varepsilon > 0$, il existe $R > 0$ tel que si $\|(x,y)\| > R$, alors $\|f(x,y)\| < \varepsilon$. Notons que $f(1,0) = e^{-1} > 0$ et que $f(0,1) = -e^{-1} < 0$. On peut choisir $\varepsilon := e^{-1}$. On voit alors qu'il existe $R > 0$ tel que si $\|(x,y)\| > R$, alors $\|f(x,y)\| < e^{-1}$. La fonction f est continue sur $\mathbb{R}^2$ comme somme, produit et composée de fonctions continues. D'après le théorème des bornes, elle est bornée et atteint ses bornes sur le compact :
$$K := \{(x,y) \in \mathbb{R}^2 \mid \|(x,y)\| \leqslant R\}.$$
Comme $(1,0)$ et $(0,1)$ appartiennent à K, le maximum est supérieur à e^{-1} et le minimum est inférieur $-e^{-1}$. Comme en dehors de K on a $\|f(x,y)\| \leqslant e^{-1}$, on voit que f est bornée sur $\mathbb{R}^2$ et atteint ses bornes dans K.
3. Notons que :
$$\frac{\partial f}{\partial x}(x,y) = (1 - 2x(x-y))e^{-(x^2+y^2)} = (-2x^2 + 2xy + 1)e^{-(x^2+y^2)}$$
et :
$$\frac{\partial f}{\partial y}(x,y) = (-1 - 2y(x-y))e^{-(x^2+y^2)} = (2y^2 - 2xy - 1)e^{-(x^2+y^2)}.$$
les dérivées partielles de f par rapport à x et à y sont donc continues. La fonction f est donc différentiable sur $\mathbb{R}^2$.
4. Pour que le plan tangent au graphe de f soit horizontal, il faut que la différentielle de f s'annule, c'est-à-dire que :
$$(-2x^2 + 2xy + 1)e^{-(x^2+y^2)} = 0 \quad \text{et} \quad (2y^2 - 2xy - 1)e^{-(x^2+y^2)} = 0.$$
Cela ne peut se produire que lorsque :
$$-2x^2 + 2xy + 1 = 0 \quad \text{et} \quad 2y^2 - 2xy - 1 = 0.$$
Nous sommes donc amenés à résoudre un système de deux équations (non linéaires) à deux inconnues. En ajoutant terme à terme, on voit que $-x^2+y^2 = 0$. Donc $x = \pm y$. Si $x = y$, alors en remplaçant dans la première équation, on obtient $1 = 0$, ce qui n'est pas possible. Donc, $x = -y$. En remplaçant dans la première équation, on obtient $4y^2 = 1$. Donc $y = \pm 1/2$. En résumé, les seuls points où les deux dérivées partielles peuvent s'annuler simultanément sont les points :
$$(-1/2, 1/2) \quad \text{et} \quad (1/2, -1/2).$$
On vérifie facilement qu'en ces points, les dérivées partielles s'annulent effectivement simultanément. Donc, les points où le graphe de f admet un plan tangent horizontal sont les points :
$$(-1/2, 1/2, -e^{-1/2}) \quad \text{et} \quad (1/2, -1/2, e^{-1/2}).$$
5. Aux points où f atteint son maximum, le graphe de f admet un plan horizontal, de même qu'au point où f admet un minimum. On a donc :
$$\min_{(x,y)\in\mathbb{R}^2} f(x,y) = -e^{-1/2} \quad \text{et} \quad \max_{(x,y)\in\mathbb{R}^2} f(x,y) = e^{-1/2}.$$

4.2 Dérivation sur $\mathbb{C}$

Comme mentionné plus haut, il n'est généralement pas possible de définir la dérivée d'une fonction de plusieurs variables réelles comme la limite d'un taux d'accroissement car il n'est pas possible de diviser par un vecteur. On peut cependant le faire dans certains cas, par exemple si l'on identifie le plan réel $\mathbb{R}^2$ à $\mathbb{C}$ via $(x, y) \leftrightarrow x + iy$.
Une fonction complexe d'une variable complexe est une fonction $f : U \subset \mathbb{C} \to \mathbb{C}$ qui, à un nombre complexe $z \in U$, associe un nombre complexe $f(z) \in \mathbb{C}$.

Définition 22. La fonction $f : U \subset \mathbb{C} \to \mathbb{C}$ est continue en $z_0 \in U$ si pour toute suite $z_k \in U$ qui converge vers z_0, on a $f(z_k) \to f(z_0)$.
La fonction f est $\mathbb{C}$-dérivable en z_0 si la limite :

$$\lim_{z \to z_0} \frac{f(z) - f(z_0)}{z - z_0}$$

existe. On la note alors $f'(z_0)$.

Définition 23. Si $U \subset \mathbb{C}$ est un ouvert et si $f : U \subset \mathbb{C} \to \mathbb{C}$ est $\mathbb{C}$-dérivable en tout point de U, on dit que f est une fonction holomorphe sur U.

Exercice 17.
Montrer que la fonction $f : z \mapsto z^2$ est holomorphe sur $\mathbb{C}$ et que $f'(z) = 2z$.
Solution. On a :

$$\lim_{z \to z_0} \frac{z^2 - z_0^2}{z - z_0} = \lim_{z \to z_0} z + z_0 = 2z_0.$$

Il est facile de voir que les propriétés élémentaires des fonctions réelles d'une variable réelle qui sont dérivables passent aux fonctions complexes d'une variable complexe qui sont $\mathbb{C}$-dérivables. Voir le module IV.3 pour les démonstrations qui sont en tout point similaires.

Théorème 33. Soient f et g deux fonctions $\mathbb{C}$-dérivables au point z_0. Alors $f + g$, $f - g$, fg sont dérivables en z_0, ainsi que f/g si $g(z_0) \neq 0$. On a de plus les formules :

$$(f + g)'(z_0) = f'(z_0) + g'(z_0) \qquad (f - g)'(z_0) = f'(z_0) - g'(z_0)$$

$$(fg)'(z_0) = f'(z_0)g(z_0) + f(z_0)g'(z_0) \quad (f/g)'(z_0) = \frac{f'(z_0)g(z_0) - f(z_0)g'(z_0)}{g^2(z_0)}.$$

Il est naturel d'identifier la fonction $f : x + iy \mapsto f(x + iy)$ avec la fonction :

$$\mathbf{f} : (x, y) \mapsto \big(P(x, y), Q(x, y)\big)$$

avec :

$$P(x, y) := \operatorname{Re}\big(f(x + iy)\big) \quad \text{et} \quad Q(x, y) := \operatorname{Im}\big(f(x + iy)\big).$$

La suite de nombres complexes $(z_k := x_k + iy_k \in \mathbb{C})$ converge vers $z_0 := x_0 + iy_0$ si, et seulement si, la suite de points $\big((x_k, y_k) \in \mathbb{R}^2\big)$ converge vers (x_0, y_0). On en déduit facilement que f est continue en z_0 si, et seulement si, $\mathbf{f}$ est continue en (x_0, y_0).

Nous allons maintenant étudier comment se traduit la $\mathbb{C}$-dérivabilité de f en terme de $\mathbf{f}$.

Théorème 34. La fonction f est $\mathbb{C}$-dérivable en $z_0 := x_0 + iy_0$ si, et seulement si,

1. $\mathbf{f}$ est différentiable en (x_0, y_0) et
2. la matrice Jacobienne de $\mathbf{f}$ en (x_0, y_0) est de la forme :

$$J_{(x,0,y,0)}\mathbf{f} = \begin{pmatrix} a & -b \\ b & a \end{pmatrix} \quad \text{avec} \quad (a,b) \in \mathbb{R}^2.$$

On a alors :

$$f'(z_0) = a + ib.$$

Démonstration. Supposons que f soit $\mathbb{C}$-dérivable en z_0. Cela se traduit par l'existence d'un nombre complexe λ tel que :

$$f(z_0 + h) = f(z_0) + \lambda h + |h|\,\varepsilon(h)$$

avec $\varepsilon(h)$ qui tend vers 0 lorsque $h \in \mathbb{C}$ tend vers 0. Si $\lambda = a + ib$ et $h = h_1 + ih_2$, on peut écrire λh sous la forme :

$$\lambda h = (a + ib)(h_1 + ih_2) = (ah_1 - bh_2) + i(ah_2 + bh_1).$$

La $\mathbb{C}$-dérivabilité de f en z_0 s'écrit en terme de $\mathbf{f}$ sous la forme :

$$\mathbf{f}(x_0 + h_1, y_0 + h_2) = \mathbf{f}(x_0, y_0) + (ah_1 - bh_2, ah_2 + bh_1) + \big\|(h_1, h_2)\big\|\,\varepsilon(h_1, h_2)$$

avec $\lim\limits_{(0,0)} \varepsilon = (0,0)$. Or, l'application :

$$L : (h_1, h_2) \mapsto (ah_1 - bh_2, ah_2 + bh_1)$$

est une application linéaire dont la matrice dans la base canonique de $\mathbb{R}^2$ est :

$$\begin{pmatrix} a & -b \\ b & a \end{pmatrix}.$$

On voit donc que $\mathbf{f}$ est différentiable en (x_0, y_0) et que la matrice Jacobienne de $\mathbf{f}$ en (x_0, y_0) est :

$$J_{(x,0,y,0)}\mathbf{f} = \begin{pmatrix} a & -b \\ b & a \end{pmatrix}$$

avec $a := \mathrm{Re}\big(f'(z_0)\big)$ et $b := \mathrm{Im}\big(f'(z_0)\big)$.

Réciproquement, supposons que $\mathbf{f}$ est différentiable en (x_0, y_0) et que :

$$J_{(x,0,y,0)}\mathbf{f} = \begin{pmatrix} a & -b \\ b & a \end{pmatrix}.$$

Alors :

$$\mathbf{f}(x_0 + h_1, y_0 + h_2) = \mathbf{f}(x_0, y_0) + (ah_1 - bh_2, ah_2 + bh_1) + \big\|(h_1, h_2)\big\|\,\varepsilon(h_1, h_2).$$

Donc :

$$f(z_0 + h) = f(z_0) + (a + ib)h + |h|\,\varepsilon(h).$$

L'application f est donc $\mathbb{C}$-dérivable en z_0 de dérivée $f'(z_0) = a + ib$. ■

Lorsque nous identifions $\mathbb{C}$ à $\mathbb{R}^2$, la base $(1, i)$ est identifiée à la base orthonormée $(\vec{\imath}, \vec{\jmath})$. Dans $\mathbb{R}^2$, une similitude centrée à l'origine $O = (0, 0)$ de rapport $t \in \mathbb{R}$ et d'angle $\theta \in [0, 2\pi[$ est la composée de l'homothétie H_t de centre O et de rapport t et d'une rotation R_θ de centre O et d'angle $\theta \in [0, 2\pi[$.

Exercice 18.
Déterminer les matrices de H_t et R_θ dans la base canonique de $\mathbb{R}^2$.
Vérifier que $H_t \circ R_\theta = R_\theta \circ H_t$ et déterminer la matrice de cette similitude dans la base canonique de $\mathbb{R}^2$.

Solution. Comme $H_t(1) = t$ et $H_t(i) = it$, la matrice de H_t est $A := \begin{pmatrix} t & 0 \\ 0 & t \end{pmatrix}$.
Comme $R_\theta(1) = e^{i\theta} = \cos\theta + i\sin\theta$ et $R_\theta(i) = ie^{i\theta} = -\sin\theta + i\cos\theta$, la matrice de R_θ est $B := \begin{pmatrix} \cos\theta & -\sin\theta \\ \sin\theta & \cos\theta \end{pmatrix}$. On a $AB = BA = \begin{pmatrix} a & -b \\ b & a \end{pmatrix}$ avec $a := t\cos\theta$ et $b := t\sin\theta$.

Ce que nous avons utilisé dans la preuve précédente, c'est que, pour $\lambda \in \mathbb{C}^*$, l'application :

$$L : \begin{array}{ccc} \mathbb{C} & \longrightarrow & \mathbb{C} \\ h & \longmapsto & \lambda h \end{array}$$

est une application linéaire réelle particulière : une similitude centrée à l'origine, de rapport $|\lambda|$ et d'angle $\mathrm{Arg}(\lambda)$.

Corollaire 35 (Conditions de Cauchy-Riemann).
Si $f : (x + iy) \mapsto P(x, y) + iQ(x, y)$ est $\mathbb{C}$-dérivable en $z_0 := x_0 + iy_0$, alors :

$$\begin{cases} \dfrac{\partial P}{\partial x}(x_0, y_0) = \dfrac{\partial Q}{\partial y}(x_0, y_0) \\ \dfrac{\partial P}{\partial y}(x_0, y_0) = -\dfrac{\partial Q}{\partial x}(x_0, y_0) \end{cases}$$

et :

$$f'(z_0) = \frac{\partial P}{\partial x}(x_0, y_0) - i\frac{\partial P}{\partial y}(x_0, y_0) = \frac{\partial Q}{\partial y}(x_0, y_0) + i\frac{\partial Q}{\partial x}(x_0, y_0).$$

Démonstration. La matrice Jacobienne de l'application $\mathbf{f}$ en (x_0, y_0) est :

$$J_{(x_0,y_0)}\mathbf{f} = \begin{pmatrix} \dfrac{\partial P}{\partial x} & \dfrac{\partial P}{\partial y} \\ \dfrac{\partial Q}{\partial x} & \dfrac{\partial Q}{\partial y} \end{pmatrix}(x_0, y_0).$$

Par conséquent :

$$J_{(x_0,y_0)}\mathbf{f} = \begin{pmatrix} a & -b \\ b & a \end{pmatrix} \quad \text{avec} \quad f'(z_0) = a + ib$$

si, et seulement si :

$$\begin{cases} \dfrac{\partial P}{\partial x}(x_0, y_0) = \dfrac{\partial Q}{\partial y}(x_0, y_0) \\ \dfrac{\partial P}{\partial y}(x_0, y_0) = -\dfrac{\partial Q}{\partial x}(x_0, y_0) \end{cases}$$

avec :

$$f'(z_0) = \frac{\partial P}{\partial x}(x_0, y_0) - i\frac{\partial P}{\partial y}(x_0, y_0) = \frac{\partial Q}{\partial y}(x_0, y_0) + i\frac{\partial Q}{\partial x}(x_0, y_0).$$

■

Exercice 19.

Montrer que l'application $f : \mathbb{C} \to \mathbb{C}$ définie par $z \mapsto \mathrm{Re}(z)$ n'est holomorphe nulle part.

Solution. On a $f(x + iy) = x$, donc :

$$P(x, y) = x \quad \text{et} \quad Q(x, y) = 0.$$

Par conséquent, pour tout $z_0 := x_0 + iy_0 \in \mathbb{C}$:

$$\frac{\partial P}{\partial x}(x_0, y_0) = 1 \neq 0 = \frac{\partial Q}{\partial y}(x_0, y_0).$$

Ce n'est pas parce que les conditions de Cauchy-Riemann sont vérifiées en un point $(x_0, y_0) \in \mathbb{R}^2$ que la fonction f est $\mathbb{C}$-dérivable en $z_0 := x_0 + iy_0$. En effet, l'existence de dérivées partielles ne suffit pas à conclure à la différentiabilité de la fonction $\mathbf{f}$. Cependant, si les conditions de Cauchy-Riemann sont vérifiées sur un ouvert, et si les dérivées partielles de P et Q sont des fonctions continues, on peut conclure, grâce au théorème 27 de la page 749, que $\mathbf{f}$ est différentiable sur cet ouvert, et donc que f est holomorphe.

Exercice 20.

Montrer que la fonction $f : \mathbb{C} \to \mathbb{C}$ définie par :

$$f(x + iy) := e^{x+iy} = e^x(\cos y + i \sin y)$$

est holomorphe sur $\mathbb{C}$.

Solution. On a :

$$P(x, y) = e^x \cos y \quad \text{et} \quad Q(x, y) = e^x \sin y.$$

Les dérivées partielles :

$$\frac{\partial P}{\partial x}(x, y) = e^x \cos y = \frac{\partial Q}{\partial y}(x, y) \quad \text{et} \quad \frac{\partial P}{\partial y}(x, y) = -e^x \sin y = \frac{\partial Q}{\partial x}(x, y)$$

sont des fonctions continues sur $\mathbb{C}$. La dérivée f' vérifie :

$$f'(x + iy) = \frac{\partial P}{\partial x}(x, y) - i\frac{\partial P}{\partial y}(x, y) = f(x + iy).$$

Donc $f'(z) = f(z)$.

Exercice type corrigé

IV.7.0 Étudier la continuité en $(0,0)$ de la fonction suivante :

$$f(x,y) := \begin{cases} \dfrac{\sin(xy)}{x^2+y^2} & \text{si } (x,y) \neq (0,0) \\ 0 & \text{si } (x,y) = (0,0). \end{cases}$$

Solution. Pour que la fonction f soit continue en $(0,0)$ il faut et il suffit que :

$$f(x,y) \underset{(x,y)\to(0,0)}{\longrightarrow} f(0,0) := 0.$$

Nous allons montrer que la fonction f n'est pas continue en $(0,0)$.
Si x et y tendent vers 0, alors xy tend vers 0 et x^2+y^2 tend vers 0. Nous sommes donc confrontés à une forme indéterminée du type $0/0$. Considérons la suite $(\mathbf{x}_k)$ définie par $\mathbf{x}_k := (1/k, 1/k)$. Quand $k \to +\infty$, $\mathbf{x}_k \to (0,0)$. De plus,

$$f(\mathbf{x}_k) = \frac{\sin(1/k^2)}{2/k^2} = \frac{1}{2}\frac{\sin(1/k^2)}{1/k^2}.$$

Or,

$$\lim_{x\to 0} \frac{\sin(x)}{x} = \lim_{x\to 0} \frac{\sin(x)-\sin(0)}{x-0} = \cos(0) = 1$$

(la limite du taux d'accroissement est égale à la dérivée en 0). Par conséquent,

$$\lim_{k\to+\infty} f(\mathbf{x}_k) = \frac{1}{2} \neq f(0,0).$$

La fonction f n'est pas continue en $(0,0)$.
Notons que $f(x,0) = f(y,0) = 0$.
Il n'est donc pas possible de prolonger continûment la fonction $(x,y) \mapsto \dfrac{\sin(xy)}{x^2+y^2}$ en $(0,0)$.

Pour aller plus loin

Les corrigés sont disponibles en accès libre à partir des pages d'accueil du livre sur le site www.dunod.com

IV.7.1 Parmi les ensembles suivants, lesquels sont ouverts ? fermés ? compacts ?

1. $[0,1[$ dans $\mathbb{R}$.
2. $]0,1[$ dans $\mathbb{C}$.
3. $[0,1]$ dans $\mathbb{C}$.
4. $\{(x,y) \in \mathbb{R}^2 \mid x > y\}$ dans $\mathbb{R}^2$.
5. $\{(x,y) \in \mathbb{R}^2 \mid x \geqslant y\}$ dans $\mathbb{R}^2$.

IV.7.2 Étudier la limite en $(0,0)$ des fonctions suivantes :

1. $f(x,y) := \dfrac{\ln(x+y)}{\sqrt{x^2+y^2}}$;
2. $g(x,y) := (|x|+|y|)\ln(x^2+y^4)$;
3. $h(x,y) := \dfrac{x^2-y^2}{x^2+y^2}$.

IV.7.3 Montrer que la fonction $f:\mathbb{R}^2\to\mathbb{R}$ définie par :

$$f(x,y) := (x^2-y^3)e^{-x^2+y^3}$$

est continue et tend vers 0 quand $\|(x,y)\|\to\infty$. En déduire que f est bornée et atteint ses bornes dans $\mathbb{R}^2$.

IV.7.4 Déterminer les dérivées partielles $\dfrac{\partial f}{\partial x}$ et $\dfrac{\partial f}{\partial y}$ pour les fonctions :

1. $f:(x,y)\mapsto e^x\sin(x^2+y)$;
2. $g:(x,y)\mapsto \dfrac{xy^2}{\sqrt{x+y^2}}$;
3. $h:(x,y)\mapsto \sin(x^2-y)+\sin^2(xy)$.

IV.7.5 Déterminer les dérivées partielles $\dfrac{\partial \mathbf{f}}{\partial x}$ et $\dfrac{\partial \mathbf{f}}{\partial y}$ pour :

$$\mathbf{f}:\begin{pmatrix} x\\ y\end{pmatrix}\mapsto\begin{pmatrix} x^2y\\ e^x\sin(y)\\ \ln(x^2+y^2)\end{pmatrix}.$$

IV.7.6 Quelle est la différentielle de l'application $\mathbf{f}:\mathbb{R}^n\to\mathbb{R}^n$ donnée par $\mathbf{f}(\mathbf{x}) := \|\mathbf{x}\|^2\mathbf{x}$?

IV.7.7 Sur quel ensemble les applications suivantes sont-elles différentiables ?

1. $f:(x,y)\mapsto \log\|(x,y)\|$.
2. $h:(x,y)\mapsto |x+y|$.

IV.7.8 Déterminer la matrice Jacobienne $J_{(x,y)}f$ pour l'application $f:\mathbb{R}^2\to\mathbb{R}^2$ définie par $f(x,y) := (x^2+3xy^2, ye^x)$.

IV.7.9 Montrer que l'application $f:\mathbb{R}^2\to\mathbb{R}^2$ définie par :

$$f(x,y) := \big(\cos(xy), \sin(x+y)\big)$$

est continûment différentiable. Déterminer sa différentielle.

IV.7.10 La fonction :

$$\begin{array}{rccc} f: & \mathbb{R}^2 & \longrightarrow & \mathbb{R} \\ & (x,y) & \longmapsto & \dfrac{xy^3}{x^4+y^2} \end{array}$$

prolongée par 0 à l'origine est-elle continue, différentiable, continûment différentiable ?

IV.7.11 On suppose que $\mathbf{f} : \mathbb{R}^n \to \mathbb{R}^m$ est une fonction dont toutes les dérivées partielles sont identiquement nulles sur $\mathbb{R}^n$. Montrer que $\mathbf{f}$ est constante.

IV.7.12 On considère la fonction $f : \mathbb{R}^2 \to \mathbb{R}$ définie par :

$$f(x,y) := \arctan(x) + \arctan(y) + \arctan\frac{x+y}{1-xy}.$$

Montrer que f est continûment différentiable sur son ensemble de définition et déterminer sa différentielle. En déduire les valeurs de f.

IV.7.13 On dit qu'une application $f : \mathbb{R}^2 \to \mathbb{R}$ est homogène de degré $k \geqslant 1$ si, et seulement si, pour tout $\mathbf{x} \in \mathbb{R}^2$ et tout $\lambda \in \mathbb{R}$, on a $f(\lambda\mathbf{x}) = \lambda^k f(\mathbf{x})$. Montrer que pour tout $\mathbf{x} \in \mathbb{R}^2$:

$$D_{\mathbf{x}}f(\mathbf{x}) = kf(\mathbf{x}).$$

IV.7.14 On considère l'application f de l'ensemble des matrices 2×2 (que vous pouvez identifier à $\mathbb{R}^4$ si vous le souhaitez) à valeurs dans $\mathbb{R}$ qui à une matrice M associe son déterminant :

$$f\begin{pmatrix} a & b \\ c & d \end{pmatrix} = ad - bc$$

1. Déterminer $\dfrac{\partial f}{\partial a}$, $\dfrac{\partial f}{\partial b}$, $\dfrac{\partial f}{\partial c}$ et $\dfrac{\partial f}{\partial d}$.
2. Montrer que f est différentiable.
3. Montrer que la différentielle de f en I_2 est l'application qui à M associe la trace de M.

IV.7.15 On considère l'application f de l'ensemble des matrices 3×3 (que vous pouvez identifier à $\mathbb{R}^9$ si vous le souhaitez) à valeurs dans $\mathbb{R}$ qui à une matrice M associe son déterminant.

1. Montrer que f est différentiable.
2. Étant donnée une matrice M, montrer que l'application :

$$\begin{array}{rccc} P: & \mathbb{R} & \longrightarrow & \mathbb{R} \\ & h & \longmapsto & f(\mathrm{I}_3 + hM) \end{array}$$

est un polynôme en h. Déterminer le coefficient constant et le coefficient de h.

3. En déduire que :

$$\lim_{\substack{h\to 0\\ h\neq 0}} \frac{f(\mathrm{I}_3 + hM) - f(\mathrm{I}_3)}{h} = \mathrm{tr}(M),$$

où $\mathrm{tr}(M)$ désigne la trace de M.

4. Déterminer la différentielle de f en I_3.

IV.7.16 Sur quels ensembles les fonctions suivantes sont-elles holomorphes ?

1. $f : z \mapsto |z|$.
2. $g : z \mapsto \dfrac{z+1}{z^2+2}$.
3. $h : z \mapsto \ln|z| + i\,\mathrm{Arg}(z)$.

IV.7.17 Montrer que l'inverse d'une matrice de la forme $\begin{pmatrix} a & -b \\ b & a \end{pmatrix}$ est de la même forme.

IV.7.18 Soit $f(x, y)$ un polynôme en les deux variables x et y. Montrer que c'est un polynôme en $z := x + iy$ si, et seulement si, f vérifie les conditions de Cauchy-Riemann.
Donner un énoncé analogue pour les polynômes en $\bar{z} := x - iy$.

Approximation IV.8

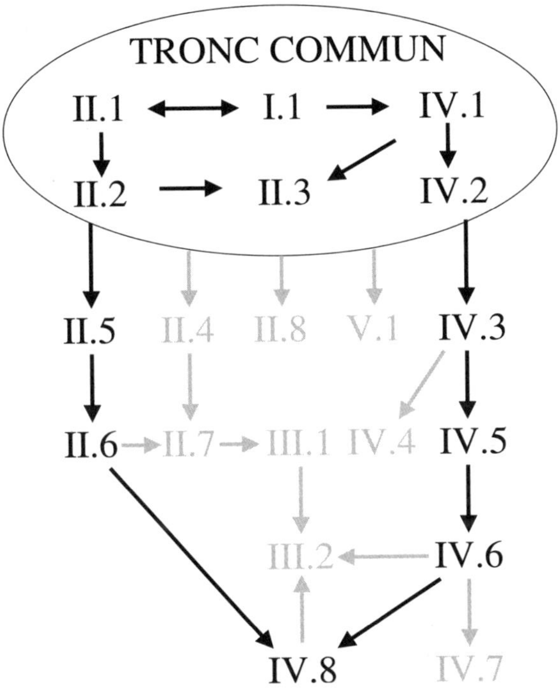

1 Introduction

Nous commençons par quelques rappels destinés à éclairer les notions de ce module.
Si f est une fonction continue au point a, alors par définition la quantité $f(x) - f(a)$ tend vers zéro lorsque x tend vers a. Si nous appelons $\varepsilon_0(x)$ cette quantité (de sorte que ε_0 est ici une fonction), alors :

$$f(x) = f(a) + \varepsilon_0(x) \qquad \text{où} \qquad \lim_{x \to a} \varepsilon_0(x) = 0. \tag{1}$$

Cette relation exprime donc le fait que $f(x)$ est « proche » de $f(a)$ lorsque x est « proche » de a, la différence étant le terme $\varepsilon_0(x)$. On notera que nous n'avons pas encore assez d'informations sur f pour dire « combien proche » : il est possible que $\varepsilon_0(x)$ tende vers zéro très lentement, comme l'illustre l'exercice suivant.

Exercice 1.

On considère la fonction f définie par $f(0) = 0$ et $f(x) = \left|\log_{10}|x|\right|^{-\frac{1}{10}}$ si $x \neq 0$. Montrer que f est continue en $a = 0$. Pour quelles valeurs de x a-t-on $|\varepsilon_0(x)| \leqslant 0{,}01$?

Solution. Notons $g := \log_{10}$; lorsque $x > 0$ tend vers 0, $g(x)$ tend vers $-\infty$, $|g(x)|$ tend vers $+\infty$, $\sqrt[10]{|g(x)|}$ aussi et son inverse tend vers 0 ; donc f, fonction paire, est bien continue en 0.

La relation $|\varepsilon_0(x)| = |f(x) - f(0)| = |f(x)| \leqslant 0{,}01$ équivaut pour $x > 0$ à $\sqrt[10]{|g(x)|} \geqslant 100$, soit $|g(x)| \geqslant 100^{10}$; une première façon de répondre à cette question s'écrit $g(x) > 100^{10}$, soit $x > 10^{100^{10}}$, ou $g(x) \leqslant -100^{10}$, soit $0 < x \leqslant 10^{-100^{10}}$. Si l'on se limite à des valeurs de x entre -1 et 1, on obtient un intervalle extrêmement étroit de valeurs de x pour lesquelles $\varepsilon_0(x)$ est inférieur à $0{,}01$: dans une écriture décimale d'un tel x le premier chiffre non nul après la virgule arriverait après 100^{10} zéros (le nombre de zéros qui le précèdent s'écrirait donc lui-même par un nombre de 20 chiffres !).

Nous pouvons nous montrer plus précis si f est dérivable en a. En effet, nous avons vu que dans ce cas :

$$f(x) = f(a) + (x-a)f'(a) + (x-a)\varepsilon_1(x) \qquad \text{où} \qquad \lim_{x\to a} \varepsilon_1(x) = 0. \tag{2}$$

Ici encore, il ne s'agit que d'une réécriture de la définition de la dérivabilité, car $\varepsilon_1(x)$ est simplement la différence entre l'accroissement fini $\big(f(x)-f(a)\big)/(x-a)$ et sa limite $f'(a)$. Les deux formules (1) et (2) se ressemblent, et sont d'ailleurs liées par la relation $\varepsilon_0(x) = (x-a)f'(a) + (x-a)\varepsilon_1(x)$ (cette identité montre qu'une fonction dérivable est continue, puisque visiblement $\varepsilon_0(x)$ tend vers zéro quand x tend vers a). Mais la seconde est plus précise, car le deuxième terme est explicite (si l'on connaît la dérivée), et le troisième tend plus rapidement vers zéro que lui.

Géométriquement, ces deux formules donnent des informations sur le graphe de f : la première dit que les points du graphe sont « proches » du point $\big(a, f(a)\big)$ si x est proche de a, autrement dit, la courbe ne « saute » pas à cet endroit (représentation intuitive de la continuité). La seconde formule indique que le graphe est « proche » de celui de l'application $x \mapsto f(a) + (x-a)f'(a)$, qui est simplement la tangente à la courbe représentative de f. Dans les deux cas, le mot « proche » reste imprécis, car nous ne quantifions pas vraiment la différence.

Ces considérations nous amènent aux quatre questions qui feront l'objet du reste de ce module :

1. Peut-on rendre l'approximation encore plus précise, par exemple si f est plusieurs fois dérivable ? La réponse est oui, et nous étudions cela dans la section 2.
2. Peut-on quantifier exactement la différence entre la fonction et l'approximation ? Ici encore nous répondons dans la section 2.
3. Comment comparer plusieurs fonctions différentes à partir de leurs approximations ? Il y a différentes façons de faire cela, nous le verrons à la section 4.

4. Comment faire des calculs d'approximation de fonctions, *a priori* compliquées, à partir d'autres plus simples ? Et comment en déduire des résultats nouveaux ? C'est le but de la notion de *développement limité*, que nous introduisons à la section 5.

Tous les intervalles dans ce module sont supposés contenir une infinité de points.

2 Formules de Taylor

Lorsque f est une fonction plusieurs fois dérivable, on peut détailler son approximation, grâce aux formules de Taylor, qui sont toutes des variantes de la même formule initiale dont le **reste** est exprimé différemment.

Théorème 1 (Formule de Taylor avec reste intégral).
Soit f une fonction n fois continûment dérivable ($n \geqslant 1$ entier) sur un intervalle I. Alors, pour tout point $a \in I$, on a :

$$\forall x \in I, \qquad f(x) = f(a) + (x-a)f'(a) + \frac{(x-a)^2}{2!}f''(a) + \cdots + \frac{(x-a)^{n-1}}{(n-1)!}f^{(n-1)}(a) + \int_a^x \frac{(x-t)^{n-1}}{(n-1)!}f^{(n)}(t)\,\mathrm{d}t. \quad (3)$$

Avant de donner la démonstration, quelques remarques sur cette longue formule. On note qu'elle est valable pour tout $x \in I$, il s'agit donc d'une formule exacte : nous n'en déduirons des formules d'approximation que dans la suite. Le second membre de (3) se décompose en deux parties ; la première est :

$$P_{a,n-1}(x) := f(a) + (x-a)f'(a) + \frac{(x-a)^2}{2!}f''(a) + \cdots + \frac{(x-a)^{n-1}}{(n-1)!}f^{(n-1)}(a) = \sum_{k=0}^{n-1} \frac{(x-a)^k}{k!}f^{(k)}(a)$$

qui est un polynôme en x, de degré au plus $n-1$, pour chaque valeur donnée de a. On l'appelle parfois le *polynôme de Taylor* ou le *polynôme d'approximation* de f au point a, à l'ordre $n-1$. La seconde partie est appelée *le reste de Taylor* : elle mesure la différence entre la « vraie » fonction f (qui peut être compliquée) et le polynôme d'approximation. Ici c'est une intégrale, d'où le nom de la formule.

Démonstration. Nous faisons la démonstration par récurrence sur n. Pour $n := 1$, la formule affirme que :

$$f(x) = f(a) + \int_a^x f'(t)\,\mathrm{d}t$$

ce qui est vrai d'après le théorème fondamental de l'intégration.

Supposons donc la formule vraie à un certain ordre n, et montrons-la à l'ordre $n+1$. Nous supposons donc la fonction $(n+1)$ fois continûment dérivable, ce qui permet de faire une intégration par parties dans le reste de la formule à l'ordre n (supposée vraie). La dérivée de $f^{(n)}$ est $f^{(n+1)}$, et une primitive de $\frac{(x-t)^{n-1}}{(n-1)!}$ (par rapport à t) est $-\frac{(x-t)^n}{n!}$:

$$\int_a^x \frac{(x-t)^{n-1}}{(n-1)!} f^{(n)}(t)\,\mathrm{d}t = \left[-\frac{(x-t)^n}{n!} f^{(n)}(t)\right]_a^x + \int_a^x \frac{(x-t)^n}{n!} f^{(n+1)}(t)\,\mathrm{d}t$$
$$= \frac{(x-a)^n}{n!} f^{(n)}(a) + \int_a^x \frac{(x-t)^n}{n!} f^{(n+1)}(t)\,\mathrm{d}t.$$

Il suffit de remplacer cette valeur du reste dans la formule à l'ordre n, pour obtenir exactement la formule à l'ordre $(n+1)$. ■

Remarque. Le changement de variable affine $t := a + s\,(x-a)$ permet de transformer le reste intégral en une intégrale sur $[0,1]$. On obtient ainsi, pour a et x dans I :

$$f(x) = f(a) + (x-a)f'(a) + \frac{(x-a)^2}{2!} f''(a) + \cdots + \frac{(x-a)^{n-1}}{(n-1)!} f^{(n-1)}(a)$$
$$+ (x-a)^n \int_0^1 \frac{(1-s)^{n-1}}{(n-1)!} f^{(n)}\big(a + s\,(x-a)\big)\,\mathrm{d}s. \quad (4)$$

Théorème 2 (Inégalité de Taylor-Lagrange).
Soit f une fonction n fois continûment dérivable ($n \geqslant 1$ entier) sur un intervalle I, dont la $n^{\text{ème}}$ dérivée est bornée par $M \geqslant 0$. Alors pour tout point $a \in I$, on a :

$$\forall x \in I, \quad \left| f(x) - \sum_{k=0}^{n-1} \frac{(x-a)^k}{k!} f^{(k)}(a) \right| \leqslant \frac{|x-a|^n}{n!} M. \quad (5)$$

Si une borne M sur la $n^{\text{ème}}$ dérivée de f est connue, on a ainsi une majoration de l'erreur commise en remplaçant f par son polynôme d'approximation.
Lorsque $n = 1$, on retrouve l'inégalité des accroissements finis.

Démonstration. Il suffit de majorer la valeur absolue du reste intégral. Pour éviter de discuter suivant le signe de $x - a$, il est plus simple d'utiliser la formule de Taylor sous la forme (4) de la présente page

$$\left| (x-a)^n \int_0^1 \frac{(1-s)^{n-1}}{(n-1)!} f^{(n)}\big(a + s\,(x-a)\big)\,\mathrm{d}s \right|$$
$$\leqslant |x-a|^n \int_0^1 \frac{(1-s)^{n-1}}{(n-1)!} \left| f^{(n)}\big(a + s\,(x-a)\big) \right| \mathrm{d}s$$
$$\leqslant |x-a|^n \int_0^1 M\, \frac{(1-s)^{n-1}}{(n-1)!}\,\mathrm{d}s = |x-a|^n \frac{M}{n!}$$

ce qui donne la formule annoncée. ■

Théorème 3 (Formule de Taylor-Young).
Soit f une fonction n fois continûment dérivable ($n \geqslant 0$ entier) sur un intervalle I. Alors, pour tout point $a \in I$, on a :

$$f(x) = \sum_{k=0}^{n} \frac{(x-a)^k}{k!} f^{(k)}(a) + (x-a)^n \varepsilon_n(x) \quad \text{où} \quad \lim_{x \to a} \varepsilon_n(x) = 0. \qquad (6)$$

Il s'agit vraiment d'une formule d'approximation, car l'information sur le reste est réduite à une limite seulement (noter qu'en contrepartie, le polynôme d'approximation est ici d'ordre n, pas $n-1$). Pourtant, cette formule est sans doute la plus utilisée des formules de Taylor. Dans le cas $n = 1$, la formule est identique à (2). Ce n'est toutefois pas exactement une généralisation, car on suppose ici la $n^{\text{ème}}$ dérivée continue, ce qui n'est pas nécessaire à l'ordre 1.

Démonstration. Le résultat est immédiat si $n := 0$ (c'est la formule 1 de la page 765) ; nous supposerons donc $n \geqslant 1$ dans la suite.

Pour que (6) soit vraie, il suffit de montrer que la limite de $\varepsilon_n(x)$ est nulle lorsque x tant vers a, où $\varepsilon_n(x)$ est définie, pour $x \neq a$, par :

$$\varepsilon_n(x) = (x-a)^{-n} \left(f(x) - \sum_{k=0}^{n} \frac{(x-a)^k}{k!} f^{(k)}(a) \right) = \frac{f(x) - P_{a,n}(x)}{(x-a)^n}.$$

D'après sa définition, $P_{a,n}(x) = P_{a,n-1}(x) + \dfrac{(x-a)^n}{n!} f^{(n)}(a)$.

- Supposons tout d'abord $f^{(n)}(a) = 0$. Pour tout $x \in I$, posons $M_x := \sup\limits_{J_x} |f^{(n)}|$, avec $J_x = [a, x]$ ou $J_x = [x, a]$ selon les positions relatives de x et a. Par continuité de $f^{(n)}$ en a, on a $\lim\limits_{x \to a} M_x = 0$. En effet, pour tout $\varepsilon > 0$, il existe $\eta > 0$ tel que :

$$\forall t \in I, \ |t-a| \leqslant \eta \Rightarrow \left|f^{(n)}(t) - f^{(n)}(a)\right| \leqslant \varepsilon$$

et alors, pour $x \in I$ tel que $|x-a| \leqslant \eta$, on a $M_x \leqslant \varepsilon$.

L'hypothèse $f^{(n)}(a) = 0$ donne d'autre part $P_{a,n} = P_{a,n-1}$ et donc l'inégalité de Taylor-Lagrange, qui s'écrit :

$$\forall x \in I \setminus \{a\}, \ \left|f(x) - P_{a,n-1}(x)\right| \leqslant \frac{|x-a|^n}{n!} M_x$$

permet de conclure $\left|\varepsilon_n(x)\right| \leqslant M_x/n! \underset{x \to a}{\longrightarrow} 0$.

- Dans le cas général, on considère $g : x \mapsto f(x) - \frac{(x-a)^n}{n!} f^{(n)}(a)$.

C'est une fonction n fois continûment dérivable sur I vérifiant les relations $g^{(n)}(a) = 0$ et $\forall k \in [\![0, n-1]\!]$, $g^{(k)}(a) = f^{(k)}(a)$. On a alors, pour $x \neq a$:

$$\varepsilon_n(x) = (x-a)^{-n} \left(g(x) - \sum_{k=0}^{n} \frac{(x-a)^k}{k!} g^{(k)}(a) \right) \underset{x \to a}{\longrightarrow} 0$$

d'après l'étude du premier cas.

■

3 Extensions aux fonctions vectorielles

Les différentes formules de Taylor ci-dessus s'étendent facilement aux fonctions vectorielles.

- Pour la formule avec reste intégral, il n'y a pas un mot à changer (et l'on vérifiera qu'elle a été volontairement écrite pour satisfaire à la convention usuelle selon laquelle les scalaires sont toujours été placés à la gauche des vecteurs).
- L'inégalité de Taylor-Lagrange s'écrit naturellement en remplaçant les valeurs absolues par des normes et s'obtient en utilisant l'inégalité

$$\left\| \int_a^b \mathbf{f}(x)\,\mathrm{d}x \right\| \leqslant \int_a^b \left\| \mathbf{f}(x) \right\| \mathrm{d}x$$

  du théorème 26 de la page 705 pour majorer la norme du reste intégral.
- Enfin, la formule de Taylor-Young reste valable sans modification et se démontre en remplaçant les valeurs absolues par des normes.

4 Équivalents et notations de Landau

Les formules de Taylor indiquent qu'une fonction suffisamment dérivable est « proche » d'un polynôme. Pour exploiter cette information, il est utile d'introduire certaines notations qui en permettent une manipulation plus facile.

On notera que dans les sections suivantes, nous parlons uniquement de l'approximation de fonctions. En réalité les notations ci-après s'appliquent aussi aux suites, considérées comme des fonctions de $\mathbb{N}$ vers $\mathbb{R}$. Dans ce cas, le point a d'approximation est $+\infty$, et le vocabulaire est le même. Mais comme la notion de dérivée, et donc de formule de Taylor, n'existe évidemment pas pour les suites, leur approximation est paradoxalement bien plus difficile.

Comme il s'agit ici de limites, on utilisera le même vocabulaire que dans le module IV.2 sur les fonctions réelles.

Nous fixons donc un élément a qui peut être un réel ou $+\infty$ ou $-\infty$ et nous supposons que toutes les fonctions considérées sont définies sur une même partie D voisinage de a. Rappelons (*cf.* définition 2 de la page 568) ce que cela signifie : une fonction f est définie au voisinage de a s'il existe une suite à valeurs dans $D_f \setminus \{a\}$ admettant a pour limite.

4.1 Équivalents

Définition 1. Soient f et g deux fonctions définies sur D, la seconde ne s'annule pas au voisinage de a sauf peut-être en a. On dit que f et g sont *équivalentes* en a si :

$$\lim_{x \to a} \frac{f(x)}{g(x)} = 1. \tag{7}$$

On le note $f \sim_a g$ (ou $f \sim g$ si le point a est sous-entendu).

Deux fonctions f et g équivalentes en a peuvent être continues en ce point : alors $f(a) = g(a)$; cela s'étend aussitôt à des limites infinies. Mais il est possible que f n'ait

pas de limite, auquel cas g n'en a pas non plus. Autrement dit, les équivalents permettent aussi de trouver une limite que de conclure qu'une limite n'existe pas.
La condition sur g de ne pas s'annuler au voisinage de a sauf peut-être en a peut s'exprimer sous la forme : il n'existe aucune suite (x_n) à valeurs dans $D_g \setminus \{a\}$, convergeant vers a, et telle que $g(x_n) \neq 0$ pour tout n. Cette condition est évidemment nécessaire pour g, sinon la limite dans (7) n'a pas de sens.
On peut noter qu'aucune fonction n'est équivalente à la fonction nulle, pas même cette dernière.
Il est à noter également que si f et g sont équivalentes en a, alors f non plus ne peut pas s'annuler au voisinage de a, sauf éventuellement en a. En effet, le fait que f/g tende vers 1 entraîne qu'elle ne s'annule pas au voisinage de a. Cela est nécessaire pour la symétrie dans la proposition suivante.

Proposition 4. La relation « être équivalent au point a » est une relation d'équivalence, c'est-à-dire qu'elle est :

1. réflexive : $f \sim f$;
2. symétrique : $f \sim g$ implique $g \sim f$;
3. transitive : $f \sim g$ et $g \sim h$ impliquent $f \sim h$.

Les propriétés s'entendent pour les fonctions f, g, h vérifiant les conditions de la définition 1 de la page ci-contre.

Démonstration. La réflexivité est évidente. Pour la symétrie, on note que g/f est, au voisinage de a, l'inverse de f/g et donc tend vers $1/1 = 1$ en a.
Pour la transitivité, on écrit simplement que :

$$\frac{f(x)}{h(x)} = \frac{f(x)}{g(x)} \frac{g(x)}{h(x)}$$

et l'on passe à la limite. ■

Il résulte immédiatement de la définition que, si f a une limite non nulle au point a, alors f est équivalente à la fonction constante $f(a)$. En conséquence, si deux fonctions f et g ont chacune une limite au point a, et que l'une des deux limites est non nulle, alors elles sont équivalentes si, et seulement si, les deux limites sont égales. La notion d'équivalent est donc surtout intéressante pour des fonctions qui s'annulent ou qui tendent vers l'infini en a.
En particulier, on dispose du théorème suivant :

Théorème 5. Soient f une fonction n fois continûment dérivable sur un intervalle I, et $a \in I$. Si l'une des dérivées de f est non nulle en a, alors :

$$f(x) \sim_a \frac{(x-a)^p}{p!} f^{(p)}(a) \tag{8}$$

où $p \in [\![0, n]\!]$ est le plus petit entier tel que $f^{(p)}(a) \neq 0$.

Démonstration. On écrit le développement de Taylor-Young (6) pour f à l'ordre $p \leqslant n$, en notant que par hypothèse $f^{(k)}(a) = 0$ si $k < p$, ce qui élimine les premiers termes dans le polynôme d'approximation. En particulier, on peut factoriser $(x-a)^p$:

$$f(x) = (x-a)^p \left(\frac{1}{p!} f^{(p)}(a) + \varepsilon_p(x) \right).$$

Posons $g(x) = (x-a)^p f^{(p)}(a)/p!$, qui n'est pas nulle pour $x \neq a$, puisque $f^{(p)}(a) \neq 0$. On peut donc diviser l'égalité précédente par $g(x)$:

$$\frac{f(x)}{g(x)} = 1 + \frac{p!}{f^{(p)}(a)} \varepsilon_p(x).$$

Le second terme du second membre tend vers zéro lorsque x tend vers a. ■

Exercice 2.

Montrer que $\sin x \sim x$ et $\cos x - 1 \sim -\dfrac{x^2}{2}$ au point $a = 0$.

Solution. Cela résulte aussitôt de l'application de (5) à $f := \sin$, $a := 0$, $p := 1$ et $f := \cos$, $a := 0$ et $p := 2$.

On pourrait croire que le théorème 5 de la page précédente « marche » toujours pour une fonction indéfiniment dérivable non nulle. Mais cela n'est pas vrai, car même une fonction non nulle peut avoir toutes ses dérivées nulles en un point, comme le montre l'exercice ci-après.

Exercice 3.

Soit f la fonction définie sur $\mathbb{R}$ par $f(0) = 0$ et $f(x) = \exp\left(-\frac{1}{x^2}\right) > 0$ pour $x \neq 0$. Montrer que f est indéfiniment dérivable (même en 0), et que $f^{(n)}(0) = 0$ pour tout $n \in \mathbb{N}$.

Solution. Il est élémentaire de vérifier que f est continue en 0. Il est facile de montrer par récurrence sur $n \in \mathbb{N}^*$ que f est n fois continûment dérivable sur $\mathbb{R}^*$, avec $f^{(n)}(x) = P_n\left(\frac{1}{x}\right) \exp\left(-\frac{1}{x^2}\right)$ où P_n est un polynôme.

On démontre ensuite, par récurrence, que f est n fois dérivable en 0 avec $f^{(n)}(0) = 0$. Si $n = 0$, il n'y a rien à démontrer. Supposons le résultat vrai pour un entier n. Alors $\frac{f^{(n)}(x) - f^{(n)}(0)}{x} = \frac{1}{x} P_n\left(\frac{1}{x}\right) \exp\left(-\frac{1}{x^2}\right)$. Il s'agit ainsi d'une combinaison linéaire de termes de la forme $\frac{1}{x^k} \exp\left(-\frac{1}{x^2}\right)$ qui tendent vers 0 par croissances comparées (*cf.* proposition 9 de la page 605). D'où la dérivabilité en 0 de $f^{(n)}$ avec $f^{(n+1)}(0) = 0$.

Les polynômes ont des équivalents très simples.

Exercice 4.
Soit P un polynôme non nul à coefficients réels.
On peut écrire $P(x) := a_n x^n + a_{n-1}x^{n-1} + \cdots + a_p x^p$, avec $a_p \neq 0$ et $a_n \neq 0$.

1. Montrer que $P \sim a_p x^p$ au voisinage de $a = 0$.
2. Montrer que $P \sim a_n x^n$ au voisinage de $a = \pm\infty$.

Solution.

1. Il suffit d'écrire que $P(x) = a_p x^p \displaystyle\sum_{k=p}^{n} \frac{a_k}{a_p} x^{k-p}$, où la somme a visiblement 1 pour limite.
2. La démonstration est analogue en écrivant $P(x) = a_n x^n \displaystyle\sum_{k=p}^{n} \frac{a_k}{a_p} \frac{1}{x^{n-k}}$.

Cela dit, le théorème 5 de la page 771 ne s'applique pas aux équivalents à l'infini, faute de notion de dérivée adaptée. De ce fait, même des fonctions très simples peuvent avoir un comportement compliqué à l'infini.

Exercice 5.
Montrer qu'aucune des fonctions $\exp$, $\ln$, $\sin$, $\cos$ n'est équivalente à un polynôme en $+\infty$.
Solution. Pour les deux premières, cela résulte aussitôt de l'exercice 4 et des croissances comparées des fonctions logarithme, exponentielle et puissances qui donnent : $\lim_{x\to+\infty} e^x/x^p = +\infty$ ou $\lim_{x\to+\infty} \ln x/x^p = 0$ pour tout $p > 0$.
Le caractère borné des fonctions $\sin$ et $\cos$ les empêchent d'avoir un équivalent en $+\infty$ de la forme ax^m, avec $n \geqslant 1$. Elles n'ont pas plus d'équivalent de cette forme avec $m = 0$, sinon elles auraient une limite, ce qui n'est pas.

L'aspect pratique des équivalents apparaît lorsque l'on cherche à faire des calculs, tout particulièrement des multiplications et divisions :

Théorème 6.
Si $f_1 \sim g_1$ et $f_2 \sim g_2$ (au même point a), alors $f_1 f_2 \sim g_1 g_2$ et $f_1/f_2 \sim g_1/g_2$.

La preuve, fondée sur les produit et quotient de limites, est laissée au lecteur.
On peut appliquer ce théorème comme ceci : sachant que $\cos x - 1 \sim -x^2/2$ au point 0, ce qui se déduit facilement du théorème 5 de la page 771, on voit que $(\cos x - 1)/x^2 \sim -1/2$ (ce qui donne donc la limite de $(\cos x - 1)/x^2$ en 0), et que $(\cos x - 1)^2 \sim x^4/4$ (ce qui est bien plus simple que de calculer les dérivées successives de $(\cos x - 1)^2$).

Exercice 6.
Donner un équivalent simple d'une fonction rationnelle non nulle au voisinage de $\pm\infty$.

Solution. Une fonction rationnelle f non nulle s'écrit comme le quotient de deux polynômes P et Q non nuls, chacun d'entre eux étant équivalent, en $+\infty$, à un monôme de la forme $\alpha\, x^n$. Par quotient, $f(x) \sim a\, x^d$, où d est le degré de f et a le quotient des coefficients dominants de P et Q.

Le comportement vis-à-vis de l'addition (ou de la soustraction) n'est pas aussi bon. En fait, $f_1 \sim g_1$ et $f_2 \sim g_2$ n'implique pas nécessairement $f_1 + g_1 \sim f_2 + g_2$. Par exemple $\sin x \sim x$ et $-\tan x \sim -x$ au point 0, mais $\sin x - \tan x$ n'est pas équivalent à $x - x = 0$, puisqu'aucune fonction n'est équivalente à zéro.
(Le lecteur pourra montrer que $\sin x - \tan x \sim -x^3/2$ à titre d'exercice, par application du théorème 5 de la page 771.)
Même lorsque l'addition marche (ce qui est en fait toujours le cas si aucune des deux sommes n'est nulle), le résultat n'est souvent pas très intéressant. Par exemple, toujours près de zéro, on a $\sin x \sim x$ et $\cos x \sim 1$. Il est vrai que $\sin x + \cos x \sim x + 1$, mais cette dernière fonction est à son tour équivalente à la fonction constante 1. Il est donc bien plus pratique d'écrire $\sin x + \cos x \sim 1$, au lieu de faire simplement la somme. La bonne façon de manipuler des sommes de fonctions est d'utiliser des développements limités, comme on le verra dans la suite de ce module.

4.2 Notations de Landau

Définition 2. Soient f et g deux fonctions définies sur D, la seconde ne s'annulant pas au voisinage de a sauf peut-être en a. On dit que *f est négligeable devant g au voisinage de a* si :

$$\lim_{x \to a} \frac{f(x)}{g(x)} = 0. \qquad (9)$$

On le note $f = \mathrm{o}_a(g)$, ou $f = \mathrm{o}(g)$ si le point a est sous-entendu.

On notera qu'aucune fonction n'est négligeable devant la fonction nulle.
La notation, due à Edmund Landau, est doublement inhabituelle en mathématiques. D'une part elle utilise la lettre o (à ne pas confondre avec le chiffre 0) : la relation $f = \mathrm{o}(g)$ est souvent lue « f est un petit-o de g ». D'autre part, il est anormal d'utiliser le signe $=$ pour indiquer ce type de relation : on devrait plutôt écrire $f \in \mathrm{o}(g)$ pour dire que f appartient à la classe des fonctions négligeables devant g au point a.
Cette notation s'est pourtant bien imposée (à la fois en mathématiques et en sciences appliquées) pour son caractère commode, comme on le verra ci-après à propos des calculs sur les approximations.
Toutes ces notions liées aux limites se recoupent les unes les autres. Par exemple, on voit facilement que :

$$f = \mathrm{o}_a(1) \iff \lim_{x \to a} f(x) = 0.$$

$$f \sim_a g \iff f - g = \mathrm{o}_a(g).$$

Les écritures de la forme $f - g = \mathrm{o}(h)$ sont communes en approximation. Pour faciliter les opérations, on écrit aussi $f = g + \mathrm{o}(h)$ qui signifie, par définition, la même chose. Ainsi peut-on réécrire la relation précédente sous la forme : $f \sim g$ équivaut à $f = g + \mathrm{o}(g)$.

Proposition 7. La relation « être négligeable au voisinage de a » est une relation d'ordre strict sur les fonctions, c'est-à-dire qu'elle est :

1. antiréflexive : $f = \mathrm{o}(f)$ est toujours faux ;
2. strictement antisymétrique : si $f = \mathrm{o}(g)$, alors $g = \mathrm{o}(f)$ est faux ;
3. transitive : si $f = \mathrm{o}(g)$ et $g = \mathrm{o}(h)$, alors $f = \mathrm{o}(h)$.

La démonstration est laissée au lecteur, qui pourra aussi noter que la fonction nulle est un élément minimal pour cette relation, car elle est négligeable devant toute autre, alors que aucune fonction n'est négligeable devant elle. (Ce n'est pas le seul élément minimal : toute fonction qui s'annule sur un intervalle centré en a est aussi dans ce cas.)

Exemple. Les résultats concernant les croissances comparées des fonctions usuelles (proposition 9 de la page 605) peuvent s'écrire, pour tout réel $\alpha > 0$, sous la forme suivante :

$$\ln x = \mathrm{o}(x^\alpha) \quad \text{et} \quad x^\alpha = \mathrm{o}(\mathrm{e}^x) \qquad \text{au voisinage de } +\infty.$$

La notion de négligeabilité se comporte bien avec l'addition :

Proposition 8. Soient f_1, f_2 deux fonctions négligeables devant g. Alors $f_1 + f_2$, $f_1 - f_2$ sont négligeables devant g.

Ici encore la démonstration est élémentaire. Noter qu'on utilise la même fonction g. Une autre façon d'écrire cette proposition (avec la soustraction par exemple) est :

$$\big(f_1 = \mathrm{o}(g) \quad \text{et} \quad f_2 = \mathrm{o}(g)\big) \Longrightarrow f_1 - f_2 = \mathrm{o}(g).$$

L'erreur à ne surtout pas faire ici serait de « soustraire les $\mathrm{o}(g)$ » en écrivant, à tort, $f_1 - f_2 = \mathrm{o}(g) - \mathrm{o}(g) = 0$! C'est là le principal piège des notations de Landau.

Proposition 9. Si $f = \mathrm{o}(g)$, alors pour toute constante $\lambda \in \mathbb{R}$, on a $\lambda f = \mathrm{o}(g)$. De plus, pour toute fonction h qui ne s'annule pas au voisinage de a, sauf éventuellement en a, on a $fh = \mathrm{o}(gh)$.

C'est évident d'après la définition. En conséquence, on peut par exemple écrire indifféremment $4\mathrm{o}(x)$, $\mathrm{o}(3x)$ ou $\mathrm{o}(x)$; ou encore $x^2\mathrm{o}(\ln x)$ ou $\mathrm{o}(x^2 \ln x)$. Dans la pratique, on préfère supprimer les constantes et placer toutes les fonctions dans le petit-o.

Dans la première partie de ce module, nous avons vu beaucoup de formules qui se terminaient par un terme de la forme $(x-a)^n\varepsilon(x)$ avec $\lim\limits_{x\to a} \varepsilon(x) = 0$. Un tel terme est négligeable devant $(x-a)^n$; réciproquement, toute fonction négligeable devant $(x-a)^n$ est de cette forme (il suffit d'appeler $\varepsilon(x)$ le rapport $f(x)/(x-a)^n$). Une fonction négligeable devant $(x-a)^n$ est normalement écrite $\mathrm{o}\left((x-a)^n\right)$. Mais comme elle est aussi la $n^{ème}$ puissance d'une fonction négligeable devant $x-a$ (le vérifier !), on préférera écrire $\mathrm{o}(x-a)^n$ pour éviter les multiples parenthèses.

On peut donc réécrire le théorème 3 de la page 769 de la façon suivante :

Théorème 10 (Formule de Taylor-Young avec notations de Landau). Soit f une fonction n fois continûment dérivable ($n \geqslant 0$ entier) sur un intervalle I. Alors, pour tout point $a \in I$, on a :

$$f(x) = \sum_{k=0}^{n} \frac{(x-a)^k}{k!} f^{(k)}(a) + \mathrm{o}(x-a)^n. \tag{10}$$

La signification mathématique est la même, mais la formule est plus concise et plus simple à lire.

Définition 3. Soient f et g deux fonctions définies sur D, la seconde ne s'annule pas au voisinage de a sauf peut-être en a. On dit que *f est dominée par g au voisinage de a* si :

$$\frac{f(x)}{g(x)} \quad \text{est borné au voisinage de } a. \tag{11}$$

On le note $f = \mathrm{O}_a(g)$, ou $f = \mathrm{O}(g)$ si le point a est sous-entendu.

C'est l'autre notation de Landau, généralement lue « f est un grand-O de g ». Notons qu'elle est moins forte que l'autre en ce sens que $f = \mathrm{o}(g)$ implique $f = \mathrm{O}(g)$ (car une fonction de limite nulle en a est bornée au voisinage de a), mais pas l'inverse.
Cette relation jouit de propriétés très similaires à la précédente. En particulier, on a les mêmes liens avec l'addition et la multiplication, écrits ici en abrégé :

Proposition 11. Pour toutes les fonctions f, g, h, on a au voisinage d'un même point a :

1. si $f_1 = \mathrm{O}(g)$ et $f_2 = \mathrm{O}(g)$, alors $f_1 + f_2 = \mathrm{O}(g)$ et $f_1 - f_2 = \mathrm{O}(g)$;
2. si $f = \mathrm{O}(g)$ et $\lambda \in \mathbb{R}$, alors $\lambda f = \mathrm{O}(g)$;
3. si $f = \mathrm{O}(g)$ et si h ne s'annule pas au voisinage de a, alors $fh = \mathrm{O}(gh)$.

On peut combiner des o et O et les équivalents de diverses façons. Ainsi, on a :

Proposition 12. Pour toutes les fonctions f, g, h, on a au voisinage d'un même point a :

1. $f = \mathrm{O}(g)$ et $g = \mathrm{O}(h)$ impliquent $f = \mathrm{O}(h)$;
2. $f = \mathrm{o}(g)$ et $g = \mathrm{O}(h)$ impliquent $f = \mathrm{o}(h)$;
3. $f = \mathrm{O}(g)$ et $g = \mathrm{o}(h)$ impliquent $f = \mathrm{o}(h)$.
4. $f = \mathrm{O}(g)$ et $g \sim h$ impliquent $f = \mathrm{O}(h)$.
5. $f = \mathrm{o}(g)$ et $g \sim h$ impliquent $f = \mathrm{o}(h)$.
6. $f \sim g$ et $g = \mathrm{O}(h)$ impliquent $f = \mathrm{O}(h)$.
7. $f \sim g$ et $g = \mathrm{o}(h)$ impliquent $f = \mathrm{o}(h)$.

La démonstration résulte immédiatement de la définition et du fait que le produit d'une quantité bornée par une quantité tendant vers zéro tend aussi vers zéro.
On notera que le grand-O n'est pas une relation d'ordre entre fonctions, car on peut très bien avoir $f = \mathrm{O}(g)$ et $g = \mathrm{O}(f)$ (au même point). On dit dans ce cas que f et g sont *du même ordre au point* a.
C'est notamment vrai si les deux fonctions sont équivalentes (cas de $\sin x$ et x près de zéro par exemple), ou plus généralement si le quotient $f(x)/g(x)$ tend vers une limite finie et non nulle.

Exercice 7.
Montrer que deux fonctions f et g, ne s'annulant pas au voisinage de $+\infty$, sont du même ordre au voisinage de $+\infty$ si, et seulement s'il existe $M \in \mathbb{R}$ et $A \geqslant 1$ tels que :

$$x \geqslant M \Longrightarrow \frac{1}{A} \leqslant \left|\frac{f(x)}{g(x)}\right| \leqslant A.$$

En déduire un exemple de fonctions qui ne sont pas du même ordre au voisinage de $+\infty$, mais dont aucune n'est négligeable devant l'autre.
Solution. Par définition, on a $|f(x)| \leqslant A_1 |g(x)|$ et $|g(x)| \leqslant A_2 |f(x)|$ pour tous les x vérifiant respectivement $x \geqslant M_1$ et $x \geqslant M_2$. Prenant $M := \max(M_1, M_2)$ et $A := \max(A_1, A_2)$ (ou $A := A_1 + A_2$), on obtient la première propriété. On a bien $A \geqslant 1$ puisqu'en prenant $x \geqslant M$, on a $g(x) \neq 0$ et $\big|g(x)\big| \leqslant A_1 A_2 \big|g(x)\big|$, ce qui prouve que $A_1 A_2 \geqslant 1$ et donc que l'un des deux réels A_1, A_2 est supérieur ou égal à 1.
Sa réciproque est évidente.
Pour trouver un exemple comme demandé par l'énoncé, il suffit de prendre $g(x) := 1$ et $f(x) := \mathrm{e}^{-x} + \mathrm{e}^{x} \sin^2 x$ sur $\mathbb{R}_+$ puisque le rapport f/g n'est ni majoré (prendre $x := (2n+1)\pi/2$) ni minoré par un réel strictement positif (prendre $x := n\pi$).

Nous avons parlé des opérations d'addition, soustraction et multiplication : qu'en est-il de la division et de la composition ? Il est facile de voir par des exemples que l'on ne peut pas combiner la division avec les notations de Landau, sauf en divisant par une même fonction (ce qui revient à une multiplication par l'inverse).
Pour la composition de fonctions, on peut énoncer des règles générales, mais il faut certaines précautions car le point d'approximation change. Pour éviter de rentrer dans ces détails techniques, nous ne parlons de la composition que dans le cas des développements limités, dans la section suivante.

5 Développements limités

Définition 4. On dit qu'une fonction f *admet un développement limité à l'ordre* n (entier naturel) au point a s'il existe un polynôme P de degré au plus n tel que :

$$f(x) = P(x) + \mathrm{o}(x-a)^n$$

au voisinage de a.

Les polynômes sont habituellement écrits $P(x) := a_n x^n + \cdots + a_0$. Mais ils peuvent aussi s'écrire comme combinaison de puissances de $(x-a)$ (avec des coefficients différents, si $a \neq 0$). En rangeant ces puissances par ordre croissant, et en notant que les puissances supérieures à $n+1$ sont négligeables devant $(x-a)^n$, on peut réécrire la formule précédente sous la forme :

$$f(x) = \alpha_0 + \alpha_1(x-a) + \cdots + \alpha_n(x-a)^n + \mathrm{o}(x-a)^n. \tag{12}$$

Les nombres α_k sont souvent appelés les *coefficients du développement limité*.
Notons que les puissances successives de $(x-a)$ forment une suite de fonctions, chacune négligeable devant la précédente au point a. En particulier, une fonction qui a un développement limité à l'ordre n a aussi un développement limité à tout ordre inférieur : il suffit de supprimer les puissances de $(x-a)$ trop grandes.

Théorème 13. Si une fonction f admet au voisinage de a un développement limité de la forme :

$$f(x) = a_k(x-a)^k + \cdots + a_n(x-a)^n + \mathrm{o}((x-a)^n)$$

avec $a_k \neq 0$, alors elle est équivalente à $a_k(x-a)^k$ en a.

Démonstration. Comme pour tout $p > k$, on a $(x-a)^p = \mathrm{o}(x-a)^k$, on en déduit :

$$f(x) = a_k(x-a)^k + \mathrm{o}(x-a)^k \qquad \text{c'est-à-dire} \qquad f(x) \sim a_k(x-a)^k.$$

■

Proposition 14. Si une fonction admet un développement limité à l'ordre n au point a, celui-ci est unique.

Démonstration. Supposons au contraire que f ait deux développements limités différents, celui donné par (12) et un autre : $f(x) = \beta_0 + \cdots + \beta_n(x-a)^n + \mathrm{o}(x-a)^n$. Comme on les suppose différents, il existe au moins un indice $k \in [\![0,n]\!]$ tel que $\alpha_k \neq \beta_k$. Notons k_0 le plus petit d'entre eux. En éliminant les premiers termes égaux dans les deux égalités sur f, on trouve, par la proposition précédente :

$$0 = f(x) - f(x) = \sum_{k=k_0}^{n} (\beta_k - \alpha_k)(x-a)^k + \mathrm{o}(x-a)^n \sim (\beta_{k_0} - \alpha_{k_0})(x-a)^{k_0}$$

ce qui est contradictoire. ■

Il résulte en particulier de cette proposition qu'il n'existe qu'un seul polynôme P de degré inférieur ou égal à n tel que $f(x) = P(x) + \mathrm{o}(x-a)^n$. On l'appelle le *polynôme d'approximation* de f.

Proposition 15. Si des fonctions f et g admettent un développement limité à l'ordre n au point a, alors pour tout réel λ la fonction $\lambda f + g$ admet également un développement limité obtenu par combinaison linéaire.

Démonstration. Il suffit d'appliquer la définition et les propriétés de $\mathrm{o}(x-a)^n$. ■

Par exemple, au voisinage de 0 :

$$\mathrm{e}^x - 2\cos x = 1 + x + \frac{x^2}{2} + \frac{x^3}{6} + \mathrm{o}(x^3) - 2\left(1 - \frac{x^2}{2} + \mathrm{o}(x^3)\right) = -1 + x + \frac{3x^2}{2} + \frac{x^3}{6} + \mathrm{o}(x)^3.$$

Exercice 8.
Soit f une fonction admettant un développement limité à l'ordre n en $a = 0$: $f(x) = a_0 + a_1 x + \cdots + a_n x^n + \mathrm{o}(x^n)$. Montrer que si f est paire, alors le développement limité ne contient pas de termes impairs ($a_{2k+1} = 0$ pour tout entier k). De même, si f est impaire, le développement limité ne contient pas de termes pairs ($a_{2k} = 0$ pour tout entier k).

Solution. En remplaçant x par $-x$ dans le développement limité de f, on obtient :

$$f(-x) = a_0 - a_1 x + \cdots + n a_n (-x)^n + \mathrm{o}\big((-x)^n\big) = a_0 - a_1 x + \cdots + (-1)^n a_n x^n + \mathrm{o}(x^n).$$

Par suite, pour une fonction paire, on a l'égalité $f(-x) = f(x)$ et l'unicité du développement limité nous donne $\forall k \in [\![0, n]\!]$, $(-1)^k a_k = a_k$, soit $a_{2k+1} = 0$ pour tout k tel que $2k + 1 \leqslant n$. Lorsque f est impaire, l'égalité $f(-x) = -f(x)$ donne $a_{2k} = 0$ pour tout k tel que $2k \leqslant n$.

5.1 Détermination d'un développement limité

Une fonction f étant donnée, comment savoir si elle admet un développement limité, et trouver ses coefficients ? Il est évident qu'un polynôme admet un développement limité en tout point et à tout ordre, car $P(x) = P(x) + \mathrm{o}(x - a)^n$. Mais que peut-on dire des autres fonctions ? Nous avons en fait déjà trouvé un cas important :

> **Théorème 16.** Soit f une fonction n fois continûment dérivable sur un intervalle I avec n entier positif ou nul. Alors pour tout point $a \in I$, f a un développement limité au point a, dont les coefficients sont $\alpha_k = f^{(k)}(a)/k!$, $k \in [\![0, n]\!]$.

Il n'y a rien à démontrer, car c'est simplement une autre façon d'énoncer la formule de Taylor-Young (10). Les coefficients doivent avoir la valeur indiquée, puisqu'ils sont uniques. Ainsi le polynôme de Taylor, lorsqu'il existe, est égal au polynôme d'approximation : c'est pourquoi nous avons utilisé les deux termes dans la première section de ce module.

Il est tentant de penser que la réciproque est vraie, c'est-à-dire qu'une fonction qui admet un développement limité à l'ordre n en un point a est dérivable n fois en ce point. C'est effectivement le cas si $n = 0$ ou $n = 1$. Dans le premier cas, le développement limité s'écrit juste $f(x) = \alpha_0 + \mathrm{o}(1)$ et donc $\alpha_0 = f(a)$ par définition d'un $\mathrm{o}(1)$. Si $n = 1$ et $f(x) = \alpha_0 + \alpha_1(x - a) + \mathrm{o}(x - a)$, alors $\alpha_0 = f(a)$ pour la même raison, et par suite :

$$\frac{f(x) - f(a)}{x - a} = \alpha_1 + \mathrm{o}(1)$$

ce qui implique que l'accroissement fini a une limite égale à α_1 : ainsi f est bien dérivable en a et $\alpha_1 = f'(a)$.

Mais la réciproque est fausse pour $n \geqslant 2$, comme le montre l'exercice ci-après.

Exercice 9.
Soit f la fonction définie par $f(0) = 0$ et $f(x) = x^{100}\sin(x^{-100})$ si $x \neq 0$.

1. Montrer que f a un développement limité à l'ordre 99 au point $a = 0$.
2. Montrer que f est dérivable en tout point, mais que f' n'est pas continue en 0 : en particulier, f n'est pas deux fois dérivable en 0.

Solution. Il est facile de vérifier que $f(x)/x^{99}$ tend vers 0 avec x (borner le sinus par 1). Par suite $f(x) = 0 + \mathrm{o}(x^{99})$.
D'après ce qui précède, on a donc $f(0) = f'(0) = 0$. Par ailleurs, f possède sur $\mathbb{R}^*$ une dérivée égale à :

$$f'(x) = 100\,x^{99}\sin(x^{-100}) - \frac{100}{x}\cos(x^{-100})$$

et il est clair que $f'(x)$ ne tend pas vers 0 (elle n'est pas bornée au voisinage de 0 puisque $\cos(x^{-100})$ prend une infinité de fois la valeur 1 au voisinage de 0). Par suite f' n'est pas continue en 0 et f n'est pas deux fois dérivable en 0.

5.2 Opérations sur les développements limités

La table IV.8.1 de la page suivante donne les développements limités, au voisinage de 0, de quelques fonctions usuelles. Plutôt que de l'apprendre par cœur, on aura intérêt à comprendre comment on les retrouve.
Les premiers résultent d'une application directe de la formule de Taylor-Young. Ainsi, pour l'exponentielle, toutes les dérivées sont les mêmes et valent 1 en 0. Pour le cosinus, la dérivée $n^{\text{ème}}$ est $\cos(x + n\pi/2)$ et vaut donc zéro si n est impair, et $(-1)^p$ si $n = 2p$. Un raisonnement similaire donne le développement limité du sinus.
On peut appliquer le même raisonnement au cosinus hyperbolique, mais il y a une autre façon de faire : $\cosh x = (\mathrm{e}^x + \mathrm{e}^{-x})/2$. Le développement limité de e^{-x} est très facile à obtenir, et le théorème suivant nous indique que l'on peut additionner, soustraire ou multiplier des développements limités de la manière naturelle. Cela donne en particulier celui de $\cosh$ et de $\sinh$.
Les résultats qui suivent vont nous donner les outils permettant de montrer les autres développements limités présentés dans la table IV.8.1.

Théorème 17. Soient f et g deux fonctions ayant des développements limités au point a : $f(x) = P(x) + \mathrm{o}(x-a)^m$, $g(x) = Q(x) + \mathrm{o}(x-a)^n$. Alors $f+g$, $f-g$, fg ont un développement limité au point a, à l'ordre $p = \min(m, n)$, sous la forme :

$$(f+g)(x) = P(x) + Q(x) + \mathrm{o}(x-a)^p,$$

$$(f-g)(x) = P(x) - Q(x) + \mathrm{o}(x-a)^p,$$

$$(fg)(x) = P(x)Q(x) + \mathrm{o}(x-a)^p.$$

$$
\begin{aligned}
\mathrm{e}^x &= 1 + x + \frac{x^2}{2} + \frac{x^3}{3!} + \cdots + \frac{x^n}{n!} + \mathrm{o}(x^n) \\
\cos x &= 1 - \frac{x^2}{2} + \frac{x^4}{4!} + \cdots + (-1)^n \frac{x^{2n}}{(2n)!} + \mathrm{o}(x^{2n+1}) \\
\sin x &= x - \frac{x^3}{3!} + \frac{x^5}{5!} + \cdots + (-1)^n \frac{x^{2n+1}}{(2n+1)!} + \mathrm{o}(x^{2n+2}) \\
\cosh x &= 1 + \frac{x^2}{2} + \frac{x^4}{4!} + \cdots + \frac{x^{2n}}{(2n)!} + \mathrm{o}(x^{2n+1}) \\
\sinh x &= x + \frac{x^3}{3!} + \frac{x^5}{5!} + \cdots + \frac{x^{2n+1}}{(2n+1)!} + \mathrm{o}(x^{2n+2}) \\
(1-x)^{-\alpha} &= 1 + \alpha x + \frac{\alpha(\alpha+1)}{2!} x^2 + \cdots + \frac{\alpha(\alpha+1)\ldots(\alpha+n-1)}{n!} x^n + \mathrm{o}(x^n) \\
\ln(1+x) &= x - \frac{x^2}{2} + \frac{x^3}{3} + \cdots + (-1)^{n+1} \frac{x^n}{n} + \mathrm{o}(x^n) \\
\arctan x &= x - \frac{x^3}{3} + \frac{x^5}{5} + \cdots + (-1)^n \frac{x^{2n+1}}{2n+1} + \mathrm{o}(x^{2n+2}) \\
\operatorname{argtanh} x &= x + \frac{x^3}{3} + \frac{x^5}{5} + \cdots + \frac{x^{2n+1}}{2n+1} + \mathrm{o}(x^{2n+2}) \\
\arcsin x &= x + \frac{x^3}{6} + \frac{3x^5}{40} + \cdots + \frac{(2n)!}{2^{2n}(n!)^2} \frac{x^{2n+1}}{2n+1} + \mathrm{o}(x^{2n+2}) \\
\operatorname{argsinh} x &= x - \frac{x^3}{6} + \frac{3x^5}{40} + \cdots + (-1)^n \frac{(2n)!}{2^{2n}(n!)^2} \frac{x^{2n+1}}{2n+1} + \mathrm{o}(x^{2n+2}) \\
\tan x &= x + \frac{x^3}{3} + \frac{2}{15} x^5 + \frac{17}{315} x^7 + \mathrm{o}(x^8) \\
\tanh x &= x - \frac{x^3}{3} + \frac{2}{15} x^5 - \frac{17}{315} x^7 + \mathrm{o}(x^8).
\end{aligned}
$$

TABLE IV.8.1 – Développements limités des fonctions usuelles au voisinage de 0. Ici $n \in \mathbb{N}$ et $\alpha \in \mathbb{R}$ sont quelconques.

En d'autres termes, on fait l'opération directement sur la partie polynomiale, et on garde l'ordre le plus faible. Naturellement, il est possible que les polynômes obtenus soient de degré strictement supérieur à p : dans ce cas, comme on l'a dit précédemment, on peut supprimer tous les termes d'ordre strictement supérieur à p, qui sont négligeables devant $(x-a)^p$.

Démonstration. Les deux premières formules ont déjà été justifiées. Pour la multiplication, on a :

$$\begin{aligned}(fg)(x) = f(x)g(x) &= (P(x) + \mathrm{o}(x-a)^m)(Q(x) + \mathrm{o}(x-a)^n) \\ &= P(x)Q(x) + P(x)\mathrm{o}(x-a)^n + Q(x)\mathrm{o}(x-a)^m + \mathrm{o}(x-a)^{n+m}.\end{aligned}$$

Or P et Q sont continues en tout point (polynômes), donc bornées : $P = \mathrm{O}(1)$, $Q = \mathrm{O}(1)$. Il en résulte que $P(x)\mathrm{o}(x-a)^n = \mathrm{o}(x-a)^n$ et $Q(x)\mathrm{o}(x-a)^m = \mathrm{o}(x-a)^m$. Finalement dans les trois petit-o restants, la plus petite puissance est $p = \min(n, m)$, et les deux autres sont négligeables devant lui, ou du même ordre. Ainsi $(fg)(x) = P(x)Q(x) + \mathrm{o}(x-a)^p$ ce qui donne bien un développement limité en se limitant aux termes de degré inférieur ou égal à n du polynôme PQ. ■

Exemple. Au voisinage de 0, on a $\sin x = x - x^3/3 + \mathrm{o}(x^4)$ et $\mathrm{e}^x = 1 + x + x^2/2 + \mathrm{o}(x^2)$ (voir table IV.8.1). On en déduit que :

$$\begin{aligned}\sin x + \mathrm{e}^x &= x - \frac{x^3}{6} + \mathrm{o}(x^4) + 1 + x + \frac{x^2}{2} + \mathrm{o}(x^2) \\ &= 1 + 2x + \frac{x^2}{2} + \mathrm{o}(x^2).\end{aligned}$$

(Noter que le $\mathrm{o}(x^2)$ a « absorbé » les termes en x^3 ou plus.) De même :

$$\begin{aligned}\sin x\,\mathrm{e}^x &= \left(x - \frac{x^3}{6} + \mathrm{o}(x^4)\right)\left(1 + x + \frac{x^2}{2} + \mathrm{o}(x^2)\right) \\ &= x + x^2 + \frac{x^3}{2} + \mathrm{o}(x^3) - \frac{x^3}{6} - \frac{x^4}{6} - \frac{x^5}{12} + \mathrm{o}(x^8) \\ &\qquad + \mathrm{o}(x^4) + \mathrm{o}(x^5) + \mathrm{o}(x^6) + \mathrm{o}(x^6) \\ &= x + x^2 + \frac{x^3}{3} + \mathrm{o}(x^3).\end{aligned}$$

À la deuxième ligne, on a mécaniquement développé la précédente, en tenant compte des règles sur les petits-o données précédemment, comme $x\mathrm{o}(x^2) = \mathrm{o}(x^3)$ ou $-\frac{x^3}{6}\mathrm{o}(x^2) = \mathrm{o}(x^5)$. On voit dans la troisième que la plupart des termes sont négligeables devant le petit-o de plus faible puissance ($\mathrm{o}(x^3)$ ici) qui « absorbe » ceux-ci et les autres petits-o. Dans la pratique, il est utile d'anticiper cela et de ne pas calculer tous les termes du produit. On remarque aussi dans ce cas que nous avons obtenu un développement limité à l'ordre 3, alors que le théorème ne nous garantissait que l'ordre $2 = \min(2, 4)$. Cet heureuse fortune provient de l'annulation du sinus au point considéré ; elle montre que l'on gagne à faire le calcul plutôt qu'à utiliser directement le résultat du théorème.

Dans la table IV.8.1, le développement limité de $(1-x)^{-\alpha}$ s'obtient par la formule du binôme lorsque $-\alpha \in \mathbb{N}$, car la fonction est alors un simple polynôme.

Pour le cas général $\alpha \in \mathbb{R}$, on démontre par récurrence que la $n^{ème}$ dérivée est :

$$\alpha(\alpha-1)\cdots(\alpha-n+1)(1-x)^{-\alpha-n}$$

et la formule de Taylor donne alors le résultat. En particulier, si $\alpha = 1$, on obtient ce développement limité important :

$$\frac{1}{1-x} = 1 + x + x^2 + x^3 + \cdots + x^n + \mathrm{o}(x^n). \tag{13}$$

Exercice 10.

Retrouver ce résultat en utilisant la formule donnant la somme des termes d'une suite géométrique.

Solution. On obtient :

$$\frac{1}{1-x} - (1 + x + x^2 + x^3 + \cdots + x^n) = \frac{x^{n+1}}{1-x} = \mathrm{o}(x^n)$$

cette dernière égalité provenant de la relation $x^{n+1} = \mathrm{o}(x^n)$ et du fait que $1/(1-x)$ est bornée au voisinage de 0.

Le théorème suivant permet de donner des variantes utiles à cette formule :

Théorème 18. Soit f une fonction ayant un développement limité à l'ordre $m \geqslant 1$ au point a : $f(x) = P(x) + \mathrm{o}_a(x-a)^m$. Soit $b = f(a)$ et g une fonction ayant un développement limité au point b, à l'ordre n : $g(y) = Q(y) + \mathrm{o}_b(y-b)^n$.

Alors $g \circ f$ a un développement limité à l'ordre $p = \min(m, n)$ au point a, sous la forme $g \circ f(x) = Q\big(P(x)\big) + \mathrm{o}_a(x-a)^p$.

Dans le cas particulier où $f(x) = b + \alpha(x-a)^k$ pour un certain $k \geqslant 1$, alors on a un développement limité à l'ordre km, de la forme $g \circ f(x) = Q\big(b + \alpha(x-a)^k\big) + \mathrm{o}(x-a)^{km}$.

En d'autres termes, il suffit de composer les développements, en faisant le « changement de variable » $y := f(x)$, et en remplaçant f par son polynôme d'approximation ensuite. Noter cependant le changement de point : lorsque x est proche de a, $f(x)$ est proche de $b = f(a)$, et c'est donc en ce point que l'on a besoin de développer g.

Démonstration. Posons $y = f(x)$: comme f a un développement limité, elle est notamment continue, et de ce fait, lorsque x tend vers a, y tend vers b. On peut donc remplacer directement dans la formule : $g \circ f(x) = Q\big(f(x)\big) + \mathrm{o}_a(f(x) - b)^m$. Ce n'est pas encore un développement limité, sauf si $f(x) - b$ est de la forme $\alpha(x-a)^k$, où l'on obtient le résultat énoncé dans la dernière phrase.

Posons $P(x) = \alpha_0 + \cdots + \alpha_m(x-a)^m$, et notons d'abord que $\alpha_0 = P(a) = f(a) = b$. Comme $m \geqslant 1$, $f(x) - b = \alpha_1(x-a) + \cdots + \alpha_m(x-a)^m + \mathrm{o}(x-a)^m$ est notamment un $\mathrm{O}(x-a)$. De ce fait, $\mathrm{o}_a(f(x)-b)^m = \mathrm{o}_a(x-a)^m$.

Posons de même $Q(y) = \beta_0 + \cdots + \beta_n(y-b)^n$, de sorte que $Q\big(f(x)\big)$ est une somme de termes de la forme $\beta_k\big(P(x) + \mathrm{o}(x-a)^m\big)^k$. Si $k \geqslant 1$, ce terme est de la forme $\beta_k P(x)^k + \mathrm{o}(x-a)^m$, en appliquant k fois la règle de multiplication des développements limités.

Finalement, on trouve :

$$\begin{aligned} g \circ f(x) &= \beta_0 + \cdots + \beta_n P(x)^n + \mathrm{o}(x-a)^n + \mathrm{o}(x-a)^m \\ &= Q\big(P(x)\big) + \mathrm{o}_a(x-a)^p. \end{aligned}$$

■

En appliquant donc le changement de variable $t := -x$, ou $t := -x^2$ dans (13), on obtiendra de nouveau un développement limité au point $t = 0$ (puisque $x \to 0$ implique $t \to 0$ dans les deux cas). On trouve donc :

$$\frac{1}{1+x} = 1 - x + x^2 - x^3 + \cdots + (-1)^n x^n + \mathrm{o}(x^n), \tag{14}$$

$$\frac{1}{1+x^2} = 1 - x^2 + x^4 - x^6 + \cdots + (-1)^n x^{2n} + \mathrm{o}(x^{2n+1}). \tag{15}$$

En fait le changement de variable donne seulement $\mathrm{o}(x^{2n})$ pour la dernière formule : on a pu le remplacer par $\mathrm{o}(x^{2n+1})$ par existence du développement limité à l'ordre $2n+1$ (obtenu par exemple par la formule de Taylor-Young) et par unicité du développement limité.

Ces deux fonctions sont des dérivées de fonctions transcendantes (respectivement $\ln(1+x)$ et $\arctan x$). On peut alors en déduire un développement limité de ces dernières grâce au théorème suivant :

Théorème 19. Soit f une fonction continue sur un intervalle I, admettant un développement limité $f(x) = p(x) + \mathrm{o}(x-a)^n$ en un point $a \in I$. Alors toute primitive F de f a un développement limité au même point, de la forme :

$$F(x) = F(a) - P(a) + P(x) + \mathrm{o}(x-a)^{n+1}, \tag{16}$$

où P est n'importe quel polynôme tel que $P' = p$.

En d'autres termes, on peut primitiver un développement limité, et l'on gagne un ordre de développement. On prendra garde en appliquant la formule (16), à la constante d'intégration $F(a) - P(a)$: il faut bien que la formule soit vraie quand $x = a$! Pour éviter des erreurs, on prend en général les primitives qui s'annulent en a. Une autre façon d'exprimer cette relation est donc que si $f(x) = \alpha_0 + \alpha_1(x-a) + \cdots + \alpha_n(x-a)^n + \mathrm{o}(x-a)^n$, alors :

$$\int_a^x f(x)\,\mathrm{d}x = \alpha_0(x-a) + \alpha_1\frac{(x-a)^2}{2} + \cdots + \alpha_n\frac{(x-a)^{n+1}}{n+1} + \mathrm{o}(x-a)^{n+1}.$$

En particulier, l'application de cette formule générale à (14) et (15) respectivement donne les développements limités de $\ln(1+x)$ et $\arctan x$ cités dans la table IV.8.1.

Démonstration. Posons $g(x) = f(x) - p(x) = \mathrm{o}(x-a)^n$. C'est une application continue par différence de deux fonctions continues, donc elle possède des primitives. Notons

$G(x) = \int_a^x g(t)\ \mathrm{d}t$ celle qui s'annule en a. Comme $G' = g = f - p = (F - P)'$, il existe une constante c telle que $G(x) = F(x) - P(x) + c$ pour tout x dans l'intervalle I. En particulier pour $x = a$, on voit que $0 = G(a) = F(a) - P(a) + c$, donc $c = P(a) - F(a)$ et $F(x) = F(a) - P(a) + P(x) + G(x)$. Il nous reste donc à prouver que $G(x) = \mathrm{o}(x-a)^{n+1}$. Soit α la fonction définie par $\alpha(x) := g(x)/(x - a)^n$ si $x \neq a$ et $\alpha(a) = 0$. Par l'hypothèse $g(x) = \mathrm{o}(x - a)^n$, la fonction α tend vers 0 en a et l'on a $g(x) = (x - a)^n\, \alpha(x)$. Effectuons le changement de variable $t = a + s(x - a)$ dans l'intégrale définissant G :

$$G(x) = \int_a^x (t - a)^n\, \alpha(t)\ \mathrm{d}t = (x - a)^{n+1} \int_0^1 s^n\, \alpha\big(a + s(t - a)\big)\ \mathrm{d}s.$$

Il suffit donc de montrer que cette dernière intégrale tend vers 0 lorsque x tend vers a. Soit $\varepsilon > 0$. Il existe $\eta > 0$ tel que $\big|\alpha(t)\big| \leqslant \varepsilon$ pour tout t tel que $|t - a| \leqslant \eta$. Soit x tel que $|x - a| \leqslant \eta$. Alors, pour tout $s \in [0, 1]$ on a $\Big|\alpha\big(a + s(x - a)\big)\Big| \leqslant \varepsilon$. Cela donne donc, par l'inégalité de la moyenne :

$$\left|\int_0^1 s^n\, \alpha\big(a + s(t - a)\big)\ \mathrm{d}s\right| \leqslant \int_0^1 \varepsilon\, s^n\ \mathrm{d}s \leqslant \varepsilon$$

ce qui prouve le résultat. ■

Toutes les fonctions transcendantes dont la dérivée est (relativement) simple peuvent être développées de cette façon. Voici un exemple plus complexe, celui de la fonction $\arcsin$; le développement limité en 0 est donné dans la table ci-dessus, nous expliquons maintenant comment l'obtenir.

La dérivée de $\arcsin x$ est $1/\sqrt{1 - x^2} = (1 - x^2)^{-1/2}$. Cette dernière fonction est la composée de $y \mapsto (1 - y)^{-1/2}$ avec $x \mapsto x^2$. On obtient le développement de la première dans la table, en utilisant $\alpha = 1/2$:

$$(1 - y)^{-\frac{1}{2}} = 1 + \frac{1}{2}y + \frac{1}{2}\,\frac{3}{2}\,\frac{y^2}{2} + \cdots + \frac{1}{2}\,\frac{3}{2} \cdots \frac{2n - 1}{2}\,\frac{y^n}{n!} + \mathrm{o}(y^n).$$

Le coefficient qui intervient devant y^n, et que nous noterons c_n pour abréger, peut être simplifié en multipliant par les nombres pairs qui manquent entre les impairs :

$$c_n = \frac{1}{2}\,\frac{3}{2} \cdots \frac{2n - 1}{2}\,\frac{1}{n!} = \frac{1.3.5 \ldots (2n - 1)}{2^n n!} = \frac{(2n)!}{2.4.6 \ldots (2n)\ 2^n n!} = \frac{(2n)!}{2^{2n}(n!)^2}.$$

En posant $y = x^2$, de sorte que l'on reste au voisinage de 0, et en tenant compte que la fonction est paire pour améliorer le petit-o, on trouve donc :

$$(1 - x^2)^{-1/2} = c_0 + c_1 x^2 + \cdots + c_n x^{2n} + \mathrm{o}(x^{2n+1}).$$

Il ne reste plus qu'à primitiver pour avoir le développement limité de $\arcsin x$.

La dernière opération importante sur les développements limités est la division, mais la situation est bien moins bonne dans ce cas. En particulier, il n'existe pas de formule générale pour les coefficients du développement limité d'un quotient. Cela ne doit pas surprendre : le parti-pris des développements limités est d'utiliser les polynômes comme approximations.

Ces derniers peuvent être ajoutés, multipliés ou composés en restant dans la classe des polynômes : mais la division n'est pas possible.
Nous disposons cependant du théorème suivant, et nous indiquons ensuite comment l'appliquer et calculer les coefficients du développement limité d'un quotient.

Théorème 20. Soient f, g deux fonctions ayant au point a un développement limité (aux ordres m et n respectivement). On suppose en outre que $g(a) \neq 0$. Alors f/g a un développement limité à l'ordre $p = \min(m, n)$ au point a.

Avant de donner la démonstration, examinons un cas particulier qui en donne l'idée, celui de la fonction tangente au point $a = 0$. On part des développements limités du sinus et du cosinus donnés dans la table IV.8.1 :

$$\tan t = \frac{\sin t}{\cos t} = \frac{t - \frac{t^3}{6} + \mathrm{o}(t^4)}{1 - \frac{t^2}{2} + \mathrm{o}(t^3)}.$$

L'idée est de noter que le dénominateur est de la forme $1 - x$, en posant $x := \dfrac{t^2}{2} + \mathrm{o}(t^3)$. En particulier, lorsque t tend vers 0, x aussi, et par conséquent on peut utiliser la formule (13). Comme $x = \mathrm{O}(t^2)$, on a $x^2 = \mathrm{O}(t^4) = \mathrm{o}(t^3)$ et donc toutes les puissances de x supérieures ou égales à 2 sont absorbées par le $\mathrm{o}(t^3)$ contenu dans x :

$$\begin{aligned}\tan x &= \left(t - \frac{t^3}{6} + \mathrm{o}(t^4)\right)(1 + x + \mathrm{O}(x^2))\\ &= \left(t - \frac{t^3}{6} + \mathrm{o}(t^4)\right)\left(1 + \frac{t^2}{2} + \mathrm{o}(t^3)\right) = t + \frac{t^3}{3} + \mathrm{o}(t^4).\end{aligned}$$

En partant de développements plus précis du sinus et cosinus, on obtient la formule donnée dans la table (IV.8.1), mais il n'y a pas de manière simple d'exprimer les coefficients, même dans le cas de cette fonction particulière.

Démonstration. Par hypothèse $g(a) \neq 0$, donc nous pouvons multiplier le développement limité de g par $1/g(a)$, obtenant ainsi une formule du type :

$$\frac{g(t)}{g(a)} = 1 + \gamma_1(t-a) + \cdots + \gamma_n(t-a)^n + \mathrm{o}(t-a)^n.$$

Notons $1 + x$ cette quantité, de sorte que x tend vers zéro lorsque t tend vers a. En particulier, on peut utiliser la règle de composition des développements limités avec la formule (14), pour obtenir :

$$\begin{aligned}\frac{g(a)}{g(t)} &= \frac{1}{1+x} = 1 - x + x^2 + \cdots + (-1)^n x^n + \mathrm{o}(x^n)\\ &= 1 + \delta_1(t-a) + \cdots + \delta_n(t-a)^n + \mathrm{o}(t-a)^n.\end{aligned}$$

Sauf le premier, les coefficients δ_k du développement limité obtenu ne sont pas explicites (même si l'on peut facilement montrer que $\delta_1 = -\gamma_1$). Nous savons qu'ils existent par le

théorème 18 de la page 783, et l'on peut les obtenir dans chaque cas particulier en développant les puissances de x.
Quoi qu'il en soit, il ne reste plus qu'à multiplier par le développement de $f(x)/g(a)$ (obtenu, bien sûr, à partir de celui de f par multiplication par la constante $1/g(a)$), pour trouver le développement limité de f/g. ■

Comme on l'a vu dans la démonstration, l'idée consiste à factoriser $g(a)$, et à écrire le dénominateur sous la forme $1+x$ (ou $1-x$) avant d'utiliser la formule (14) (ou (13), au choix). Cette idée se généralise même dans le cas où $g(a)=0$. Il faut alors factoriser le terme dominant du développement limité (le premier terme non nul, si ceux-ci ont été rangés par puissances croissantes). Le terme factorisé doit se simplifier avec le numérateur, sinon f/g n'a pas de limite en a, et ne peut donc avoir de développement limité. Le terme résiduel est encore de la forme $1+x$, avec x tendant vers zéro lorsque t tend vers a, et l'on peut donc appliquer la même méthode.
Voici un exemple, toujours en $a=0$, avec le développement limité de $\sinh^2 t/(1-\cos t)$. Le terme dominant dans $1-\cos t$ est $t^2/2$, et c'est donc lui que l'on factorise :

$$\begin{aligned}
\frac{\sinh^2 t}{1-\cos t} &= \frac{\left(t+\frac{t^3}{6}+\frac{t^5}{5!}+\mathrm{o}(t^5)\right)^2}{\frac{t^2}{2}-\frac{t^4}{24}+\frac{t^6}{720}+\mathrm{o}(t^6)} \\
&= \frac{t^2+\frac{t^4}{3}+\frac{2}{45}t^6+\mathrm{o}(t^6)}{\frac{t^2}{2}\left(1-\frac{t^2}{12}+\frac{t^4}{360}+\mathrm{o}(t^4)\right)} \\
&= \frac{2+\frac{2}{3}t^2+\frac{4}{45}t^4+\mathrm{o}(t^4)}{1-x} \qquad \text{avec } x=\frac{t^2}{12}-\frac{t^4}{360}+\mathrm{o}(t^4) \\
&= \left(2+\frac{2}{3}t^2+\frac{4}{45}t^4+\mathrm{o}(t^4)\right)\left(1+x+x^2+\mathrm{o}(x^2)\right) \\
&\qquad \text{par la formule (13)} \\
&= \left(2+\frac{2}{3}t^2+\frac{4}{45}t^4+\mathrm{o}(t^4)\right)\left(1+\frac{t^2}{12}-\frac{t^4}{360}+\frac{t^4}{144}+\mathrm{o}(t^4)\right) \\
&\qquad \text{car } x=\mathrm{O}(t^2)\text{, donc } \mathrm{o}(x^2)=\mathrm{o}(t^4) \\
&= 2+\frac{5}{6}t^2+\frac{11}{72}t^4+\mathrm{o}(t^4).
\end{aligned}$$

La fonction étant paire, on pourrait remplacer $\mathrm{o}(t^4)$ par $\mathrm{o}(t^5)$ dans le résultat final.
Noter l'ordre des développements limités des fonction $\sinh$ et $\cos$ dont on a eu besoin pour obtenir l'ordre 4 au final. Cela peut facilement se deviner en anticipant la simplification par t^2 et donc la nécessité d'un ordre 6 au numérateur et au dénominateur (l'ordre 5 pour le sinus hyperbolique suffit pour avoir $\sinh^2 t$ à l'ordre 6).
On peut également appliquer la technique de la division suivant les puissances croissantes : si f et g ont au point a un développement limité à l'ordre n et si $g(a)\neq 0$, le polynôme d'approximation de f/g à l'ordre n s'obtient en divisant suivant les puissances croissantes à l'ordre n le polynôme d'approximation de f par celui de g.

Exercice 11.

Soient f et g deux fonctions admettant des développements limités à l'ordre n en 0 :

$$f(x) = A(x) + o(x^n) \qquad \text{et} \qquad g(x) = B(x) + o(x^n)$$

où A et B sont deux polynômes avec $B(0) \neq 0$. Montrer que si l'on effectue une division suivant les puissances croissantes de A par B à l'ordre $n+1$ (théorème 69 de la page 324) : $A(x) = B(x)\,Q(x) + x^{n+1}\,R(x)$, alors $Q(x)$ est le développement limité de f/g à l'ordre n.

Application : déterminer le développement limité de $x \mapsto \tan(x)$ à l'ordre 8 en 0.

Solution. Remarquons tout d'abord que :

$$g(x) = B(x)\left(1 + \frac{o(x^n)}{B(x)}\right) \qquad \text{et} \qquad f(x) = B(x)\left(Q(x) + \frac{x^{n+1}\,R(x) + o(x^n)}{B(x)}\right).$$

Comme $B(0) \neq 0$, la fonction $1/B$ est bornée au voisinage de 0, ce qui donne :

$$\frac{o(x^n)}{B(x)} = o(x^n) \qquad \text{ainsi que} \qquad \frac{x^{n+1}\,R(x) + o(x^n)}{B(x)} = o(x^n).$$

On obtient donc :

$$\frac{f(x)}{g(x)} = \frac{Q(x) + o(x^n)}{1 + o(x^n)} = Q(x) + o(x^n)$$

Comme la fonction tangente est impaire, il suffit de déterminer le développement limité à l'ordre 7. On a :

$$\sin(x) = x - \frac{x^3}{6} + \frac{x^5}{120} - \frac{x^7}{5040} + o(x^7) \quad \text{et} \quad \cos(x) = 1 - \frac{x^2}{2} + \frac{x^4}{24} - \frac{x^6}{720} + o(x^7).$$

On pose la division suivant les puissances croissantes en ne gardant que les termes de degré inférieur ou égal à 7 :

$$\begin{array}{cccc|l}
x & -\frac{x^3}{6} & +\frac{x^5}{120} & -\frac{x^7}{5040} & 1 - \frac{x^2}{2} + \frac{x^4}{24} - \frac{x^6}{720} \\ \cline{5-5}
-\big(x & -\frac{x^3}{2} & +\frac{x^5}{24} & -\frac{x^7}{720}\big) & x + \frac{x^3}{3} + \frac{2x^5}{15} + \frac{17x^7}{315} \\ \cline{1-4}
 & \frac{x^3}{3} & -\frac{x^5}{30} & +\frac{x^7}{840} & \\
 & -\big(\frac{x^3}{3} & -\frac{x^5}{6} & +\frac{x^7}{72}\big) & \\ \cline{2-4}
 & & \frac{2x^5}{15} & -\frac{4x^7}{315} & \\
 & & -\big(\frac{2x^5}{15} & -\frac{x^7}{15}\big) & \\ \cline{3-4}
 & & & \frac{17x^7}{315} &
\end{array}$$

On en déduit : $\tan(x) = x + \dfrac{1}{3}x^3 + \dfrac{2}{15}x^5 + \dfrac{17}{315}x^7 + o(x^8)$.

5.3 Développement limité à l'infini

Malheureusement, le théorème de Taylor-Young ne s'applique pas si a est au bord de l'ensemble de définition, notamment dans le cas $a = +\infty$ ou $a = -\infty$. Les développements en de tels points sont plus difficiles à obtenir, et n'existent pas toujours, même pour des fonctions simples comme $\sin$, $\exp$ ou $\ln$ (rappelons que ces fonctions n'ont même pas d'équivalent polynomial, voir l'exercice 5 de la page 773).

La notion de développement limité peut cependant se généraliser aux cas où $a = \pm\infty$:

Définition 5. On dit que f admet un développement limité généralisé à l'ordre n en $a = +\infty$ (ou en $a = -\infty$) s'il existe un polynôme P tel que :

$$f(x) = P\left(\frac{1}{x}\right) + \mathrm{o}\left(\frac{1}{x^n}\right) \tag{17}$$

au voisinage de ce point.

L'expression $P(1/x)$ n'est pas un polynôme, mais a des propriétés similaires (en tout état de cause, c'est une fraction rationnelle, mais dont le dénominateur est de la forme x^p). Noter que, au voisinage de l'infini, les puissances de x deviennent de plus en plus négligeables au fur et à mesure que l'exposant décroît, et ne sont bornées que pour des exposants négatifs ou nuls : c'est donc l'inverse de la situation en $a = 0$.

Dans la pratique, on peut obtenir un développement limité de $f(x)$ en $a = +\infty$ (ou $-\infty$) en posant $x := 1/t$ (de sorte que t tend vers 0, avec un signe fixe), et en tentant de développer $f(1/t)$ au voisinage de 0. C'est notamment possible si l'application $f(1/t)$ est suffisamment dérivable (par la formule de Taylor-Young en $a = 0$), mais aussi par un calcul utilisant les formules et règles déjà données.

Voici un exemple. On cherche un développement limité de :

$$f(x) := \frac{1}{x}\left(\sqrt{3 + x + x^2} - \sqrt{2 - x + x^2}\right)$$

au voisinage de $a = +\infty$. On pose donc $t := 1/x$:

$$\begin{aligned}
f(x) &= t\left(\sqrt{3 + \frac{1}{t} + \frac{1}{t^2}} - \sqrt{2 - \frac{1}{t} + \frac{1}{t^2}}\right)\\
&= \sqrt{1 + t + 3t^2} - \sqrt{1 - t + 2t^2}\\
&= (1-u)^{\frac{1}{2}} - (1-v)^{\frac{1}{2}} \qquad \text{avec } u := -t - 3t^2, v := t - 2t^2 \to 0\\
&= 1 - \frac{1}{2}u + \frac{1}{8}u^2 + \mathrm{o}(u^2) - 1 + \frac{1}{2}v - \frac{1}{8}v^2 + \mathrm{o}(v^2)\\
&\qquad\qquad \text{développement de } (1-u)^{-\alpha}\text{, etc.}\\
&= \frac{1}{2}t + \frac{3}{2}t^2 + \frac{1}{8}t^2 + \mathrm{o}(t^2) + \frac{1}{2}t - t^2 - \frac{1}{8}t^2 + \mathrm{o}(t^2)\\
&\qquad\qquad \text{car } u \sim -t, v \sim t \Rightarrow \mathrm{o}(u^2) = \mathrm{o}(t^2), \mathrm{o}(v^2) = \mathrm{o}(t^2)\\
&= t + \frac{1}{2}t^2 + \mathrm{o}(t^2) = \frac{1}{x} + \frac{1}{2x^2} + \mathrm{o}\left(\frac{1}{x^2}\right).
\end{aligned}$$

Ces informations permettent de trouver des limites (par exemple on voit ici que la limite de f est nulle, et que celle de $xf(x)$ est 1), voire des informations plus précises comme des branches infinies. Ainsi :

$$x\left(\sqrt{3+x+x^2}-\sqrt{2-x+x^2}\right)=x^2f(x)=x+\frac{1}{2}+\mathrm{o}(1)$$

au voisinage de $\pm\infty$. Cette expression n'est pas un développement limité selon notre définition, mais indique quand même que le graphe de cette application a une droite asymptote d'équation $y=x+1$, en $\pm\infty$.

Exercice type corrigé

IV.8.0 Soient n un entier supérieur ou égal à 3 et (x_p) la subdivision régulière d'un intervalle $[a,b]$ définie par $x_p := a+ph$ où $h := (b-a)/n$. On suppose que f est une fonction admettant sur cette intervalle une dérivée troisième continue f''' (abréviation traditionnelle pour $f^{(3)}$), bornée par un réel M.
On suppose que f est uniquement connue par la donnée des $n+1$ nombres $u_p = f(x_p)$, et l'on recherche des valeurs approchées des $n+1$ nombres $v_p = f'(x_p)$.
L'objet de l'exercice est de démontrer les relations :

$$\left|v_p-\frac{1}{2h}\left(u_{p+1}-u_{p-1}\right)\right|=\left|-\frac{h^2}{6}f'''(\omega)\right|\leqslant\frac{Mh^2}{6}\quad\text{pour}\quad 0<p<n,$$

$$\left|v_0-\frac{1}{2h}\left(-3u_0+4u_1-u_2\right)\right|=\left|\frac{h^2}{3}f'''(\theta)\right|\leqslant\frac{Mh^2}{3}$$

où ω et θ sont des réels inconnus dans $]a,b[$.
On pourra à cet effet introduire des fonctions auxiliaires définies, sur $[0,h]$, par des expressions respectives de la forme :

$$\varphi(t) := a\,t\,f'(x_p)+b\,f(x_p+t)+c\,f(x_p-t)+d\,t^3,$$

$$\psi(t) := a'\,t\,f'(0)+b'f(0)+c'f(t)+d'f(2t)+e't^3.$$

1. Justifier le choix des coefficients figurant dans l'approximation de v_p à partir de deux développements de Taylor-Young à l'ordre 3.
2. Démontrer cette approximation.
3. Interpréter géométriquement l'approximation démontrée ci-dessus (on pourra noter A_p le point de coordonnées (x_p,u_p)).
4. Justifier le choix des coefficients figurant dans l'approximation de v_0 à partir de deux développements de Taylor-Young à l'ordre 3.
5. Démontrer cette approximation.
6. Que peut-on dire pour v_n ?
7. Interpréter géométriquement l'approximation démontrée ci-dessus.

Solution.

1. Les deux développements limités de Taylor-Young s'écrivent :

$$f(x+h) = f(x) + h\,f'(x) + \frac{h^2}{2}\,f''(x) + \frac{h^3}{6}\,f'''(x) + \mathrm{o}(h^3),$$

$$f(x-h) = f(x) - h\,f'(x) + \frac{h^2}{2}\,f''(x) - \frac{h^3}{6}\,f'''(x) + \mathrm{o}(h^3)$$

d'où $f(x+h) - f(x-h) = 2h\,f'(x) + \dfrac{h^3}{3}\,f'''(x) + \mathrm{o}(h^3)$, puis :

$$f'(x) - \frac{1}{2h}\big(f(x+h) - f(x-h)\big) = -\frac{h^2}{6}\,f'''(x) + \mathrm{o}(h^2).$$

2. Pour montrer que l'on peut remplacer $f'''(x)$ par un terme de la forme $f'''(\omega)$, on peut considérer la fonction auxiliaire φ définie, sur $[0,h]$, par :

$$\varphi(t) := 2t\,f'(x) - f(x+t) + f(x-t) + \lambda\,\frac{t^3}{3}$$

où $x := x_p$ et où la constante λ est choisie de façon à vérifier l'égalité $\varphi(h) = 0$. Calculons les dérivées successives de φ jusqu'à la troisième :

$$\begin{aligned}\varphi'(t) &= 2\,f'(x) - f'(x+t) - f'(x-t) + \lambda\,t^2,\\ \varphi''(t) &= f''(x-t) - f''(x+t) + 2\lambda\,t,\\ \varphi'''(t) &= 2\lambda - \big(f'''(x-t) + f'''(x+t)\big).\end{aligned}$$

Toutes ces fonctions sont continues sur $[0,h]$ et s'annulent pour $t := 0$. Par trois applications du théorème de Rolle, il existe un $u \in\,]0,h[$ tel que $\varphi'(u) = 0$, puis un $v \in\,]0,u[\, \subset\,]0,h[$ tel que $\varphi''(v) = 0$, et enfin un $w \in\,]0,v[\, \subset\,]0,h[$ tel que :

$$\varphi'''(w) = 0, \qquad \text{d'où} \qquad \lambda = \frac{1}{2}\big(f'''(x-w) + f'''(x+w)\big) = f'''(\omega)$$

où l'existence de $\omega \in\,]x-w, x+w[\, \subset\,]x-h, x+h[$ résulte du théorème des valeurs intermédiaires appliqué à la fonction continue φ'''.

Finalement, l'égalité $\varphi(h) = 0$ s'écrit sous la forme :

$$v_p - \frac{1}{2h}\,(u_{p+1} - u_{p-1}) = \frac{\varphi(h)}{2h} - \frac{h^2}{6}\,f'''(\omega) = -\frac{h^2}{6}\,f'''(\omega)$$

ce qui conduit à la majoration annoncée.

3. La valeur approchée v_p présentée ici peut être vue comme la pente de la droite $A_{p-1}A_{p+1}$, ou encore la demi-somme des pentes de $A_{p-1}A_p$ et A_pA_{p+1}.

4. Les deux développements limités de Taylor-Young s'écrivent :

$$f(x+h) = f(x) + h\,f'(x) + \frac{h^2}{2}\,f''(x) + \frac{h^3}{6}\,f'''(x) + \mathrm{o}(h^3),$$

$$f(x+2h) = f(x) + 2h\, f'(x) + 2h^2 f''(x) + \frac{4h^3}{3}\, f'''(x) + \mathrm{o}(h^3)$$

d'où $-3f(x) + 4f(x+h) - f(x+2h) = 2h\, f'(x) - \dfrac{2h^3}{3}\, f'''(x) + \mathrm{o}(h^3)$, puis :

$$f'(x) - \frac{1}{2h}\big(-f(x) + 4f(x+h) - f(x+2h)\big) = \frac{h^2}{3}\, f'''(x) + \mathrm{o}(h^2).$$

5. Pour montrer que l'on peut remplacer $f'''(x)$ par un terme de la forme $f'''(\theta)$, on peut considérer la fonction auxiliaire ψ définie, sur $[0,h]$, par :

$$\psi(t) := 2t\, f'(0) + 3f(0) - 4f(t) + f(2t) - 2\mu\, \frac{t^3}{3}$$

où la constante μ est choisie de façon à vérifier l'égalité $\psi(h) = 0$. Calculons les dérivées successives de ψ jusqu'à la deuxième :

$$\psi'(t) = 2\, f'(0) - 4f'(t) + 2f'(2t) - 2\mu\, t^2,$$
$$\psi''(t) = -4f''(t) + 4f''(2t) - 4\mu\, t.$$

Toutes ces fonctions sont continues sur $[0,h]$ et s'annulent pour $t := 0$. Par deux applications du théorème de Rolle, il existe un $r \in]0,h[$ tel que $\psi'(r) = 0$, puis un $s \in]0,r[\subset]0,h[$ tel que :

$$\psi'''(s) = 0, \qquad \text{d'où} \qquad \mu = \frac{f''(2s) - f''(s)}{s} = f'''(\theta)$$

où l'existence de $\theta \in]s,2s[\subset]0,2h[$ résulte du théorème des accroissements finis appliqué à la fonction f''.

Finalement, l'égalité $\psi(h) = 0$ s'écrit sous la forme :

$$v_0 - \frac{1}{2h}(-3u_0 + 4u_1 - u_2) = \frac{\psi(h)}{2h} + \frac{h^2}{3}\, f'''(\theta) = \frac{h^2}{3}\, f'''(\theta)$$

ce qui conduit à la majoration annoncée.

6. Pour $p := n$, la même technique conduit aussitôt aux relations :

$$\left| v_n - \frac{1}{2h}(-u_{n-2} + 4u_{n-1} - 3u_n) \right| = \left| \frac{h^2}{3}\, f'''(\tau) \right| \leqslant \frac{Mh^2}{3}.$$

On se ramène d'ailleurs aussitôt au cas précédent en changeant x en $a+b-x$.

7. La valeur approchée de v_0 présentée ici peut être vue comme un barycentre : celui des pentes des droites A_0A_1 (avec le poids $3/2$) et A_1A_2 (poids $-1/2$).

Pour aller plus loin

Les corrigés sont disponibles en accès libre à partir des pages d'accueil du livre sur le site www.dunod.com

---

IV.8.1 Écrire le développement limité en 0 de $\dfrac{x+1}{x-2}$, à l'ordre 3, puis celui de $\dfrac{x^2-x}{2x^2-x+5}$, à l'ordre 2.

IV.8.2 Calculer les développements limités en 0, à l'ordre 3, des fonctions suivantes :

$$\sinh x \sin x, \qquad \frac{1}{(1+x)(1-x^4)}, \qquad \sin x \ln(1+x).$$

IV.8.3 Calculer le développement limité de x^4-1 à l'ordre 3 aux points 0 et -1.

IV.8.4 On considère la fonction f définie par : $\forall x \in \mathbb{R},\ f(x) = \ln\left(x+\sqrt{x^2+1}\right)$. Calculer f'. En déduire le développement limité de f à l'ordre 5 en 0.

IV.8.5 Écrire le développement limité de $\dfrac{1}{1+\frac{x}{2}}$ à l'ordre 3 en 0. En déduire le développement limité de $1/x$ à l'ordre 3 en 2.

IV.8.6 Écrire le développement limité de $\ln\left(1+\dfrac{x}{\mathrm{e}}\right)$ à l'ordre 2 en 0. En déduire celui de $\ln x$ à l'ordre 2 en e.

IV.8.7 Calculer les limites suivantes :

$$\lim_{x\to 0} \frac{\sin x - x}{x^2}, \qquad \lim_{x\to 0} \frac{\sin x - \tan x}{\tanh x - \tan x},$$

$$\lim_{x\to+\infty} \sqrt[3]{x^3+x^2+7} - x, \qquad \lim_{x\to\frac{\pi}{2}} \frac{\sqrt[4]{1+2\cos x}-1}{x-\frac{\pi}{2}}.$$

IV.8.8 Écrire le développement limité à l'ordre 2 en 0 des fonctions suivantes :

$$\frac{\sin x - x}{x^2}, \qquad \frac{\sin x - \tan x}{\tanh x - \tan x}.$$

IV.8.9 Soit f définie sur $\mathbb{R}$ par :

$$\forall x \geqslant 0,\ f(x) = \cosh\sqrt{x} \qquad \text{et} \qquad \forall x < 0,\ f(x) = \cos\sqrt{-x}.$$

1. Écrire le développement limité de $\cos x$ et $\cosh x$ à l'ordre 4 en 0, puis montrer que f admet un développement limité à l'ordre 2 en 0 et le calculer.
2. Montrer que f est continûment dérivable sur $\mathbb{R}$.

IV.8.10 Soit f une fonction deux fois continûment dérivable sur $\mathbb{R}$. Calculer :

$$\lim_{h\to 0} \frac{2f(x+3h) - 3f(x+2h) + f(x)}{3h^2}.$$

IV.8.11

1. Soit la fonction $f : \mathbb{R} \to \mathbb{R}$ définie par $f(x) := \dfrac{2x^2 - 7x - 9}{x-2}$.

   En utilisant un développement limité en 0 adéquat, écrire $f(x)$ sous la forme :

   $$f(x) = ax + b + \frac{c}{x} + \frac{1}{x}\varphi\Big(\frac{1}{x}\Big) \qquad \text{avec } \lim_{t\to 0}\varphi(t) = 0.$$

   En déduire que le graphe de f admet une asymptote en $+\infty$ (resp. $-\infty$) et déterminer sa position par rapport à cette asymptote.

2. Mêmes questions avec les fonctions :

   $$\sqrt[4]{x^4 - x^3 - 1} + x, \qquad x^2 \arctan\left(\frac{1}{1+x}\right).$$

IV.8.12 Montrer comment appliquer les théories des équivalences et des développements limités pour étudier les limites éventuelles des suites de termes généraux :

1.
$$u_n := (e^{1/n} - 1)\cdot\frac{n^2+1}{n^4+1}, \quad v_n := \left(1 + \frac{5}{n}\right)^{3n+1}, \quad w_n := \left(1 + \frac{3}{n}\right)^{1/n},$$

$$z_n := (n+3)^2\left(\left(\frac{1}{n}\right)^{1/n^2} - 1\right).$$

2.
$$u_n := \left(\sin\frac{1}{n}\right)\cdot(n^2+1), \qquad u_n := \left(1 - \cos\frac{1}{\sqrt{n}}\right)\cdot n$$

$$u_n := \frac{n\cos(1/n)}{2\sinh(1/n)} \qquad u_n := \left[\arctan\left(\frac{n}{n^2+1}\right)\right]\cdot\left[n^2\tan\frac{1}{n}\right].$$

3.
$$u_n := n^2\left(\sinh\frac{1}{\sqrt{n}}\right)\left(\arctan\frac{2}{n^2}\right).$$

4.
$$u_n := \left(\cos\left(\frac{1}{n}\right) - 1\right)^2\cdot(n^4+n+1).$$

5.
$$v_n := \left(e^{1/n} - 1 - \frac{1}{n} - \frac{1}{2n^2} - \frac{1}{6n^3}\right)\cdot n^4.$$

IV.8.13 Soit f une fonction n fois continûment dérivable ($n \geqslant 1$ entier) sur un segment $[a, b]$. Montrer qu'il existe $c \in [a, b]$ tel que :

$$f(b) = \sum_{k=0}^{n-1} \frac{(b-a)^k}{k!} f^{(k)}(a) + \frac{(b-a)^n}{n!} f^{(n)}(c).$$

Cette formule est connue sous le nom d'*égalité de Taylor-Lagrange*.

Probabilités statistiques

Partie V

Probabilités et statistiques ont de très nombreuses applications : en biologie, médecine, physique, sciences politiques, finance... Elles restent malheureusement mal comprises. Qui sait définir l'expression « espérance de vie » prononcée, en aveugle, presque chaque jour dans les médias, ou comprend l'importance de l'échantillonnage dans les sondages ?

Ces deux disciplines sont nées au même moment : la statistique vers 1650, quand sont publiées des tables de mortalité (John Graunt, puis Halley en fin du siècle), théorisées par Euler (travaillant par exemple sur un problème de pensions des veuves) ; le calcul des probabilités (finies) en 1654 avec Pascal à Paris et Fermat à Toulouse (succédant à quelques essais : Pacioli au XVe, Cardan au XVIe, Galilée). Il s'agit au début d'une tentative d'approche scientifique du hasard présent dans les jeux, dont ceux de dés (az-zahr : dé à jouer en arabe).

Les probabilités finies ont été codifiées par Christian Huygens et Jacques Bernoulli. Les probabilités continues furent notamment l'œuvre de De Moivre, Lagrange, Laplace, Poisson, couronnée par H. Lebesgue (comme application de sa théorie de l'intégration de 1901), et aussi É. Borel et P. Lévy. Kolmogorov les a formalisées de manière décisive (1933). Le travail de Wiener sur le mouvement brownien (1923) est aussi une clé pour le développement moderne du sujet.

Peu à peu les statistiques ont fait place à « la statistique », en partie autonome des probabilités, même si les deux ont toujours, comme à leur naissance, un aspect appliqué, important et performant. Leur spectre est maintenant très large avec une forte composante théorique. Ce domaine des mathématiques est lié à d'autres comme l'analyse (théorie de la mesure, équations aux dérivées partielles) ou la théorie des nombres. Des outils théoriques sophistiqués sont apparus à la fin du XXe siècle : équations différentielles stochastiques (Ito, Döblin), calcul de Malliavin. Ils ont d'importantes retombées applicatives, en finance par exemple (formule de Black-Scholes pour la valeur des options).

Ce volume initie au sujet : d'un côté la statistique descriptive, de l'autre les probabilités finies. La première est un outil de description, classification et simplification de données pouvant être très volumineuses. L'essentiel est de comprendre comment, partant d'une situation concrète, on en extrait des propriétés significatives avec des outils comme la moyenne, la dispersion, la corrélation... Pour les probabilités, le cas fini suffit. Il est fondamental, une fois assimilées les techniques élémentaires de dénombrement, de surmonter une trop étroite vision « combinatoire » et de faire l'effort de comprendre les concepts fondamentaux de probabilité conditionnelle et d'indépendance.

Statistique élémentaire et probabilités finies

V.1

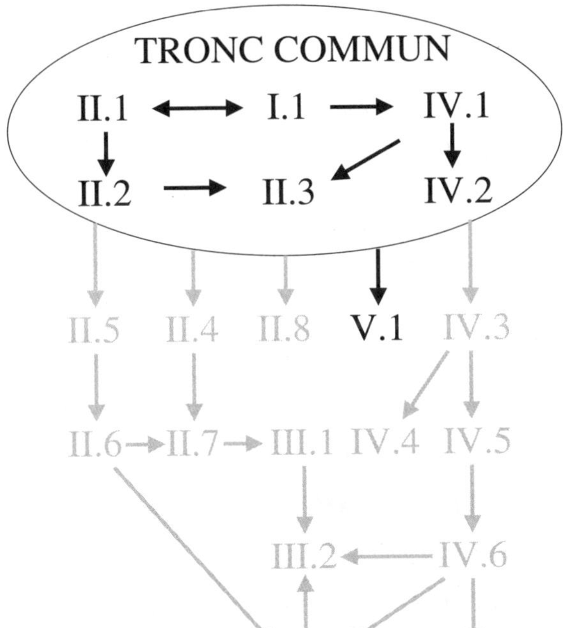

Ce module comprend deux parties qui présentent les deux aspects de la branche des mathématiques qui s'intéresse à l'étude des phénomènes comprenant une part d'incertitude ou d'aléatoire : les probabilités et la statistique.

Dans les trois premières sections, des outils de statistique descriptive sont présentés. Il s'agit de montrer comment on peut représenter de manière synthétique, par des tableaux, des graphiques ou des grandeurs moyennes, des données brutes qui peuvent être volumineuses et difficiles à interpréter *a priori*. Dans les trois dernières sections, une théorie élémentaire des probabilités est développée. Il s'agit de présenter comment une analyse mathématique et rigoureuse peut être appliquée à des phénomènes aléatoires. On parle de phénomène aléatoire lorsque le résultat d'une expérience n'est pas prévisible, comme lors du lancer d'un dé ou du tirage du loto. On se limitera dans ce module à des expériences aléatoires qui ne peuvent donner qu'un nombre fini de résultats possibles, ce qui simplifie grandement la théorie, mais limite aussi quelque peu sa portée. La généralisation à des expériences plus complexes (comportant un nombre infini de résultats possibles) sera menée dans le cours L2. Le but de ce module est de montrer que ces phénomènes, bien qu'aléatoires, sont soumis aux règles de la logique et de la raison, et que leur analyse est possible.

1 Introduction à la statistique descriptive

La vision moderne de la statistique est intimement liée à la prise de décision. On peut dire que la théorie statistique est un outil d'aide à la décision car elle aide à visualiser, à comprendre et à analyser des données. Une branche de la statistique, appelée statistique descriptive, a effectivement pour but de décrire, classer et simplifier des données qui peuvent être volumineuses, de les représenter de manière synthétique sous forme de tableaux ou de graphiques compréhensibles, et d'extraire quelques valeurs importantes qui décrivent les propriétés essentielles des données telles que la moyenne, la dispersion, la corrélation, etc. Cette partie du livre est consacrée à cette discipline.

Il existe une autre branche de la statistique qui consiste à comparer un jeu de données à un modèle (probabiliste) et à tirer des conclusions de ce jeu de données : c'est la statistique inférentielle. Par exemple, vous savez tous ce qu'est un sondage : on interroge $1\,000$ personnes, 550 déclarent vouloir voter pour M. X, et 450 pour M. Y. Tout le monde est capable d'en déduire l'estimation « 55% de la population a pour intention de voter X ». La vraie question qui se pose est : quelle confiance puis-je avoir en cette estimation ? Comment puis-je quantifier ou minimiser cette incertitude ? C'est là que la théorie des probabilités intervient et permet de répondre précisément à ces questions. Ce sera le sujet d'une partie du cours L2.

1.1 Données statistiques

1.1.1 Populations, caractères

À la base de toute étude statistique, il y a une *population*, formée d'entités élémentaires ou individus. Les individus sont souvent des personnes, mais ils peuvent être des choses, comme des entreprises. Sur ces individus on peut observer un ou des *caractères*. Par exemple, considérons la population constituée de l'ensemble des Français. Les caractères qu'on peut observer sont le poids, le revenu, le sexe, l'intention de vote à la prochaine élection... Si la population est constituée de l'ensemble des entreprises françaises, alors les caractères qu'on peut observer sont le nombre d'employés, le chiffre d'affaires, le statut juridique...

On distingue trois grands types de caractères, selon le type de valeurs qui peuvent être prises par ces caractères. Un caractère est dit :

– qualitatif quand les valeurs ne peuvent être ni ordonnées, ni ajoutées (par exemple, sexe, intention de vote) ;

– ordinal, quand les valeurs peuvent être ordonnées mais pas ajoutées (par exemple, opinion

sur l'action du gouvernement exprimée sur une échelle de valeurs) ;
– quantitatif, quand les valeurs sont numériques (par exemple, mesures physiques, économiques).
Les valeurs que peut prendre un caractère s'appellent les modalités. Le caractère qualitatif « sexe » a deux modalités : masculin et féminin. La caractère ordinal « opinion sur l'action du gouvernement » peut avoir par exemple quatre modalités : pas satisfait, peu satisfait, satisfait, très satisfait. La caractère quantitatif « poids d'une personne » a pour modalités les entiers naturels. On peut encore distinguer deux types de caractères quantitatifs. Un caractère quantitatif peut avoir un nombre infini de valeurs possibles dans un intervalle réel : on parle alors de caractère continu. Un caractère quantitatif peut aussi ne prendre qu'un petit nombre de valeurs, par exemple le nombre d'enfants d'une famille, on parle alors de caractère discret. Cependant, la frontière entre continu et discret est beaucoup moins claire en pratique qu'en théorie : le poids d'une personne, s'il est arrondi au kilogramme près, peut être considéré comme un caractère discret. Cependant, on peut trouver plus pratique, vu le grand nombre de valeurs possibles, d'adopter le point de vue qu'il s'agit d'un caractère continu.

1.1.2 Données, échantillons

Observons un certain caractère sur des individus d'une population. Lorsqu'on collecte ces observations, on obtient des *données*. Deux types d'observations peuvent être menées. On dira qu'on effectue un *recensement* si les observations portent sur tous les individus de la population. Par exemple, on peut recenser les âges de tous les élèves d'une classe. Mais il arrive souvent qu'on ne puisse pas obtenir toutes les données d'une population, par exemple les âges de tous les Français. On peut cependant souvent obtenir un ensemble partiel de données. Un tel sous-ensemble incomplet s'appelle un *échantillon*.

1.1.3 Échantillonnage et erreur d'échantillonnage

On dispose en général seulement d'échantillons. En effet, il est rare de faire un recensement complet pour collecter toutes les données d'une population. Des considérations économiques peuvent dicter le nombre d'observations qu'on peut faire. Mais il existe des motivations non économiques.
1) Un échantillonnage peut être plus précis, car effectué sur une durée plus courte. Songez par exemple aux sondages (dits média-métriques) faits sur les émissions de télévision. Il faudrait des mois, voire des années pour collecter les avis de tous les téléspectateurs. Or, d'une part, les directeurs de chaînes de télévision veulent avoir très rapidement une idée de la manière dont est perçue une émission pour pouvoir réagir efficacement. D'autre part, les avis des téléspectateurs évoluent au cours du temps. Si l'on fait un recensement complet, celui-ci s'étalera sur des mois, et les premières personnes interrogées peuvent avoir changé d'avis sur ce laps de temps.
2) Une autre raison justifiant un échantillonnage et pas un recensement a trait au fait que l'action de faire une observation peut endommager l'individu. Par exemple, considérez un lot d'ampoules électriques sorties d'une usine. On souhaite connaître la durée de vie typique de ces ampoules pour pouvoir la faire figurer sur les emballages. Or la seule méthode de mesure consiste à laisser allumées les ampoules jusqu'à ce qu'elles grillent. On ne va évidemment pas détruire tout le lot d'ampoules ! Dans cette situation, on ne vas pas tester

toutes les ampoules, mais seulement un petit nombre d'entre elles.

Malheureusement, un échantillon peut ne pas être le reflet de la population. Les statisticiens sont bien conscients de cette possibilité d'*erreur d'échantillonnage*, que est due au choix particulier des individus sélectionnés pour les observations. Tout l'art de la statistique consiste à quantifier et minimiser cette erreur. Par exemple, vous souhaitez connaître les intentions de vote des Français pour une certaine élection. Vous faites ce sondage par téléphone dans la journée. Cela introduit un biais dans le sens où vous n'allez collecter des réponses que de personnes qui ne travaillent pas et sont chez elles à ce moment-là. La sous-représentation des individus qui sont difficiles à observer conduit à un biais de non réponse. Il faut être aussi conscient de l'existence d'autres sources d'erreurs qui ne sont pas liées à l'échantillonnage lui-même. Par exemple, toujours dans le cas d'un sondage d'opinion, certaines personnes peuvent être tentées de cacher la vérité pour impressionner leur interlocuteur, ou pour se fondre dans la masse, ou pour tout autre motif.

1.1.4 Échantillonnage aléatoire

Comme on vient de le voir, la détermination d'un *échantillon représentatif* d'une population est un problème. Il convient de sélectionner les individus sur lesquels les observations seront effectuées avec rigueur et honnêteté. On peut envisager des méthodes rapides mais pas très honnêtes : si vous voulez des informations sur l'âge des Français, il vaut mieux éviter de demander uniquement à vos amis, car vous risquez d'avoir une sur-représentation de votre propre classe d'âge. Parmi toutes les méthodes possibles, la méthode d'*échantillonnage aléatoire* est la plus couramment utilisée. Elle consiste à organiser une loterie géante dans laquelle tous les individus sont des numéros qui sont ensuite tirés au hasard (en utilisant un générateur de nombres aléatoires) jusqu'à obtenir un échantillon de la taille voulue. Ainsi tous les individus ont la même chance d'être sélectionnés pour observation. Cette méthode présente deux avantages. Premièrement, cette méthode est la plus honnête qu'on puisse envisager car elle ne présente aucun biais psychologique ou systématique. Deuxièmement, on peut quand même par malchance tomber sur un échantillon non représentatif, mais le gros avantage de la méthode est qu'on peut quantifier l'erreur d'échantillonnage en utilisant la théorie des probabilités. C'est surtout ce dernier point qui intéresse les statisticiens.

1.2 Représentation des données

Il arrive très souvent, en particulier avec les moyens informatiques modernes, qu'un échantillonnage fournisse une quantité de données très importante. Pour pouvoir communiquer les résultats d'une étude de ces données, il faut réduire ces données sous une forme utile. Par forme utile, on entend une forme qui soit compréhensible par tout le monde et qui illustre bien les caractéristiques importantes de l'échantillon.

1.2.1 Tableaux

Lorsqu'on dépouille des données quantitatives, on se trouve en général face à un énorme tableau de nombres. L'ordre dans lequel on a recueilli les données ne présentant pas d'intérêt particulier, on peut essayer d'organiser un peu les données brutes en groupant les observations par paquets, qu'on appelle *classes*. Dans le cas d'un caractère discret, ces classes sont simplement les modalités. On peut alors associer deux nombres à chaque classe. L'*effectif* d'une classe est le nombre d'observations qui tombent dans cette classe. La *fréquence* d'une

classe est le rapport de l'effectif de cette classe sur le nombre total d'observations.
Prenons par exemple les nombres d'enfants par famille collectés dans un immeuble de 80 familles :

0 3 0 0 0 0 3 3 3 5 3 2 0 0 0 1 2 1 1 1 1 1 2 0 4 2 2 0 4 1 0 5 2 3 2 3 0 3 4 5
0 1 3 0 0 3 1 0 0 0 2 0 0 0 1 0 3 4 4 0 0 0 0 1 5 2 0 3 2 0 1 0 2 4 0 1 3 3 0 5

Exemple 1 : Nombres d'enfants dans les 80 familles de l'immeuble.

On peut regrouper ces données par paquets comme suit :

Nombre d'enfants	Effectif (Nombre de familles)	Fréquence (Proportion de familles)
0	31	0,3875
1	13	0,1625
2	11	0,1375
3	14	0,1750
4	6	0,0750
5	5	0,0625
	80	1

Exemple 1 : Distribution des 80 familles selon le nombre d'enfants.

Dans le cas d'un caractère continu, on organise les données brutes en les groupant par classes sous la forme d'intervalles disjoints. On va discuter un exemple particulier. Supposons qu'on ait recueilli les durées de vie d'un lot d'ampoules :

2 560	2 293	2 355	1 738	2 272	2 259	2 549	1 688	2 306	2 494
2 131	1 864	2 107	2 056	2 557	1 311	2 305	2 433	2 408	1 523
2 155	2 531	2 327	1 396	2 414	2 411	2 329	1 424	2 456	2 149
2 039	1 447	1 884	2 289	2 340	1 428	2 134	2 333	1 989	1 554
2 558	2 031	2 111	1 415	2 335	2 546	2 343	1 493	2 435	2 131
2 026	1 631	2 513	2 233	2 416	1 441	2 475	2 304	2 177	1 432
1 918	2 092	2 139	1 657	2 628	2 334	2 091	1 428	2 504	2 519
2 125	1 458	2 085	2 234	2 339	1 484	2 052	2 168	2 280	1 547
2 393	2 048	1 517	1 579	2 373	2 207	1 452	1 859	2 177	2 112
1 573	1 473	2 474	2 513	1 488	1 391	2 109	2 296	1 410	1 607
2 286	2 303	1 432	1 577	2 389	1 945	1 589	1 438	2 408	1 925
1 431	1 652	2 215	2 420	1 546	1 597	2 429	2 381	1 672	1 636

Exemple 2 : Durées de vie (en heures) d'un lot de 120 ampoules.

Le nombre de classes ne doit pas être trop grand pour que le nouveau tableau soit suffisamment clair, mais pas trop petit pour qu'il n'y ait pas de perte d'information trop importante. Il faut que toutes les observations soient recouvertes par ces classes. Très souvent les classes sont des intervalles consécutifs disjoints, dont l'union contient le minimum et le maximum des observations. Afin d'assurer leur caractère disjoint, on peut supposer que les intervalles sont semi-ouverts à droite et semi-fermés à gauche. Souvent, mais pas toujours (voir ci-dessous), les intervalles ont la même longueur. L'*amplitude* d'une classe est la largeur de l'intervalle. L'*effectif* d'une classe est le nombre d'observations qui tombent dans cette classe. La *fréquence* d'une classe est le rapport de l'effectif de cette classe sur le nombre total d'observations. Par exemple, on prend les données de l'exemple 2 et on les regroupe en 8 classes :

Durée de vie (en heures)	Effectif	Fréquence
De 1 200 à 1 400	3	0,0250
De 1400 à 1 600	27	0,2250
De 1 600 à 1 800	8	0,0667
De 1 800 à 2 000	7	0,0583
De 2 000 à 2 200	23	0,1917
De 2 200 à 2 400	28	0,2333
De 2 400 à 2 600	23	0,1917
De 2 600 à 2 800	1	0,0083
	120	1

Exemple 2 : Distribution des ampoules selon leur durée de vie.

Ce simple regroupement met en évidence l'existence d'un creux dans la distribution des durées de vie entre 1 600 et 2 000.

1.2.2 Graphiques

Dans le cas de données discrètes on trace la plupart du temps un *diagramme en bâtons*. Des segments de droite verticaux sont dessinés. Chaque segment correspond à une classe (i.e. une modalité). La valeur de la classe est l'abscisse du segment, l'ordonnée de l'extrémité inférieure du segment est 0 et l'ordonnée de l'extrémité supérieure est la fréquence de la classe. L'exemple 1 peut ainsi se représenter sous la forme du diagramme en bâtons donné sur la figure V.1.1. On peut aussi trouver des diagrammes en bâtons dont la hauteur des bâtons est l'effectif de la classe plutôt que la fréquence.

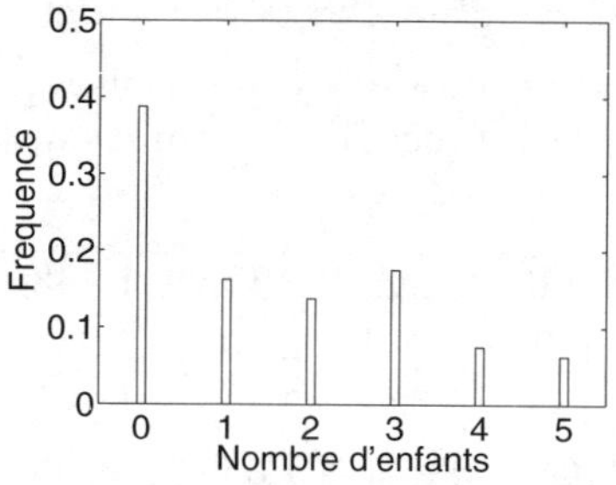

FIGURE V.1.1 – Distribution (diagramme en bâtons) du nombre d'enfants par famille.

Dans le cas de données continues, on regroupe d'abord les données par classes comme dans le tableau « Exemple 2 : Distribution des ampoules selon leur durée de vie ». On trace alors un *histogramme* constitué de rectangles verticaux. Les bases des rectangles sont déterminées par les classes. Les hauteurs de rectangles doivent être telles que les surfaces des rectangles sont proportionnelles aux fréquences

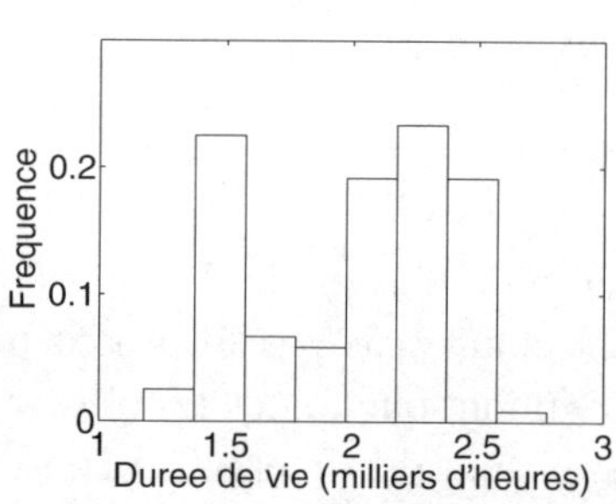

FIGURE V.1.2 – Histogramme des durées de vie des ampoules.

des classes correspondantes. Le travail est simple lorsque la largeur de chaque classe est la même : la hauteur d'un rectangle est alors prise égale à la fréquence de la classe correspondante. C'est le cas de l'exemple 2, et on obtient alors la figure V.1.2. On peut aussi trouver des histogrammes dont la hauteur des rectangles est l'effectif de la classe plutôt que la fréquence.

Il arrive qu'on ait affaire à des classes non régulières. Ainsi, dans l'exemple 2, on peut subdiviser les trois classes de 2 000 à 2 600 en six classes. Le nouveau tableau est :

Durée de vie (en heures)	Effectif	Fréquence	Hauteur des rectangles
De 1 200 à 1 400	3	0,0250	0,0250
De 1 400 à 1 600	27	0,2250	0,2250
De 1 600 à 1 800	8	0,0667	0,0667
De 1 800 à 2 000	7	0,0583	0,0583
De 2 000 à 2 100	9	0,0750	0,1500
De 2 100 à 2 200	14	0,1167	0,2333
De 2 200 à 2 300	11	0,0917	0,1834
De 2 300 à 2 400	17	0,1417	0,2834
De 2 400 à 2 500	13	0,1083	0,2166
De 2 500 à 2 600	10	0,0830	0,1660
De 2 600 à 2 800	1	0,0083	0,0083
	120	1	

Exemple 2 : Distribution des ampoules selon leur durée de vie.

Le tracé d'un histogramme doit alors prendre en compte la non uniformité des largeurs des classes. Pour cela, on prend la plus petite des largeurs (ou amplitudes) comme largeur de référence, et multiplie la hauteur des rectangles par le rapport de leur largeur sur cette largeur minimale. On obtient ainsi la dernière colonne du tableau précédent, et l'histogramme correspondant est tracé sur la figure V.1.3.

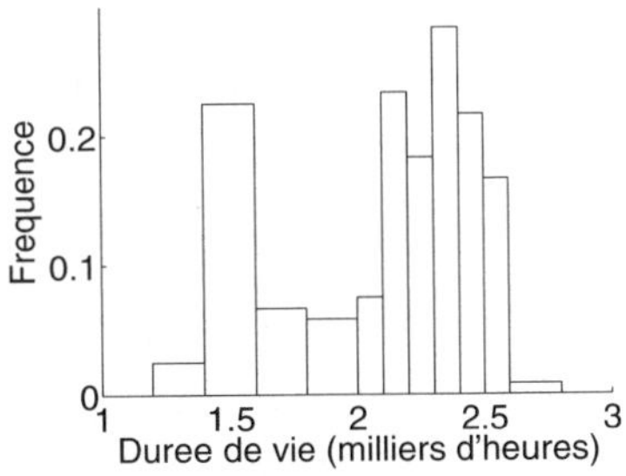

FIGURE V.1.3 – Histogramme des durées de vie des ampoules.

1.2.3 Données qualitatives

Dans le cas de données qualitatives, on peut encore tracer des diagrammes en bâtons. Par exemple, considérons le statut marital du chef de famille relevé dans les 80 familles habitant un immeuble. Il existe cinq catégories : célibataire (C), marié (M), pacsé (P), divorcé (D), et veuf (V).

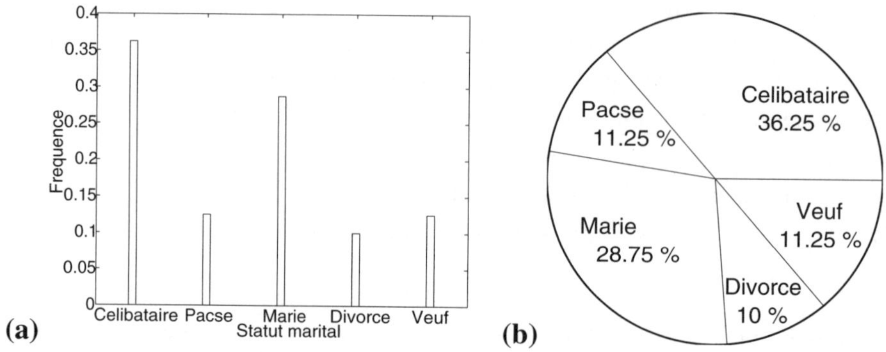

FIGURE V.1.4 – Distribution du statut marital des individus.
Diagramme en bâtons (a) et diagramme en secteurs (b).

M	C	C	C	M	V	D	P	C	C	C	M	M	M	C	D
M	P	V	M	M	C	C	C	M	M	C	D	M	P	V	C
C	C	M	P	M	C	M	C	C	C	D	P	V	C	P	M
P	C	C	V	V	C	P	M	P	M	C	V	C	M	M	C
C	M	C	D	C	M	V	P	M	V	V	D	D	C	D	M

Exemple 3 : Statut marital du chef de famille dans les 80 familles de l'immeuble.

Statut marital	Effectif	Fréquence
C	29	0,3625
P	10	0,1125
M	23	0,2875
D	8	0,1000
V	10	0,1125
	80	1

Exemple 3 : Distribution des familles selon le statut marital du chef de famille.

On obtient alors le diagramme en bâtons tracé sur la figure V.1.4(a). Il existe cependant beaucoup d'autres manières de visualiser les résultats. On peut ainsi tracer des *diagrammes à secteurs* (camemberts). La distribution des familles selon le statut marital du chef de famille peut ainsi être représentée selon la figure V.1.4(b), qui est une représentation équivalente au diagramme en bâtons de la figure V.1.4(a).

2 Statistique descriptive univariée

Les tableaux ou les diagrammes présentés dans la section précédente sont utiles, mais ils ne sont que des outils de visualisation. On cherche souvent, à partir des données quantitatives collectées, à extraire des caractéristiques chiffrées simples, des nombres qui révèlent les propriétés importantes de l'échantillon ou de la population. Donnons nous un échantillon de n valeurs réelles que nous notons $x = (x_i)_{i=1,\ldots,n}$.

2.1 Mesures de tendance centrale

On recherche souvent en particulier un nombre représentant la tendance centrale d'une distribution, c'est-à-dire la moyenne. On peut définir de plusieurs manières une notion de valeur « moyenne ». Grosso-modo, il s'agit de déterminer la valeur qui est la plus représentative de toutes les données.

2.1.1 Médiane

La médiane est la valeur M telle qu'il y ait autant d'observations au dessus de M que d'observations en dessous de M. Grosso-modo, la valeur médiane est la valeur qui se trouve « au milieu » des observations. Cependant, ainsi définie, il peut y avoir plusieurs valeurs possibles pour la médiane : Prenez un échantillon comportant uniquement deux observations $x_1 < x_2$; n'importe quelle valeur prise entre x_1 et x_2 convient. Pour calculer précisément la médiane, on commence par ordonner l'échantillon :

$$\{x_1, \ldots, x_n\} = \{x_{\sigma(1)}, \ldots, x_{\sigma(n)}\} \text{ avec } x_{\sigma(1)} \leqslant \cdots \leqslant x_{\sigma(n)} .$$

Si l'échantillon comporte un nombre impair $2p+1$ d'observations, alors la médiane est :

$$\mathrm{Med}(x) := x_{\sigma(p+1)} .$$

Si l'échantillon comporte un nombre pair $2p$ d'observations, alors la médiane est :

$$\mathrm{Med}(x) := \frac{x_{\sigma(p)} + x_{\sigma(p+1)}}{2} .$$

Ainsi, dans l'exemple 1, la médiane est $0{,}5$. Cet exemple illustre le fait que la médiane n'est pas forcément une modalité. On voit aussi que la médiane est peu sensible aux valeurs extrêmes. Si au lieu de 5 familles à 5 enfants, on avait 5 familles avec 15 enfants, cela ne changerait rien à la médiane.

2.1.2 Mode (ou classe modale)

Le mode est la valeur la plus fréquente que l'on trouve dans l'échantillon.

Dans le cas d'un caractère discret, il suffit de regarder le tableau des fréquences pour déterminer la classe la plus nombreuse. Ainsi, dans l'exemple 2, le mode est 0. Le mode n'est pas défini de manière unique. On peut très bien trouver plusieurs classes avec le même effectif. On parle alors de distribution multi-modale. Le mode, comme la médiane, est peu sensible aux valeurs extrêmes.

Dans le cas de caractères continus, on considère plutôt la classe modale. Le résultat dépend donc des classes choisies, ce qui rend cette notion peu pratique à utiliser. Dans le cas où les classes n'ont pas les mêmes largeurs, il faut comparer non pas les effectifs des classes, mais leur fréquence normalisée par la largeur des classes. Ainsi, dans l'exemple 2, la classe modale est la classe de 2300 à 2400.

2.1.3 Moyenne arithmétique

On peut définir la moyenne arithmétique d'un échantillon comme étant le barycentre des données, affectées de coefficients égaux pour chaque individu.

Définition 1. La moyenne arithmétique d'un échantillon est définie par :

$$\bar{x} := \frac{1}{n} \sum_{i=1}^{n} x_i . \tag{1}$$

On appelle communément $\bar{x}$ la moyenne des x_i. Sur l'exemple 1, on a $\bar{x} = 1{,}575$.

Exercice 1.

Montrer que, dans le cas de données discrètes prenant les valeurs $\{\alpha_1, \ldots, \alpha_p\}$, le tableau des fréquences permet de calculer la moyenne par la formule :

$$\bar{x} = \sum_{i=1}^{p} f_i \alpha_i ,$$

où f_i est la fréquence de la classe α_i.

Solution. Cette formule se démontre trivialement en regroupant les termes de (1) par classes :

$$\begin{aligned}
\bar{x} &= \frac{1}{n}\sum_{i=1}^{n} x_i = \frac{1}{n}\sum_{j=1}^{p}\sum_{i\,|\,x_i=\alpha_j} x_i \\
&= \frac{1}{n}\sum_{j=1}^{p}\sum_{i\,|\,x_i=\alpha_j} \alpha_j = \frac{1}{n}\sum_{j=1}^{p} \alpha_j \operatorname{card}(i = 1, \ldots, n \mid x_i = \alpha_j) \\
&= \sum_{j=1}^{p} \alpha_j f_j .
\end{aligned}$$

Ainsi, sur l'exemple 1, on a :

$$\bar{x} = \frac{1}{80}(0 \times 31 + 1 \times 13 + 2 \times 11 + 3 \times 14 + 4 \times 6 + 5 \times 5) = 1{,}575 .$$

Dans le cas de données continues, il est nécessaire d'avoir toutes les données pour calculer la moyenne. Dans l'exemple 2, on a $\bar{x} \simeq 2\,031, \ldots$.

Que ce soit pour des données discrètes ou continues, la moyenne se comporte de manière satisfaisante lorsqu'on additionne ou lorsqu'on fusionne des données.

Proposition 1 (Linéarité de la moyenne).

1. Considérons la situation où on dispose de deux échantillons $x^{(1)} = (x_i^{(1)})_{i=1,\ldots,n}$ et $x^{(2)} = (x_i^{(2)})_{i=1,\ldots,n}$ de même taille n et de moyennes respectives $\bar{x}^{(1)}$ et $\bar{x}^{(2)}$.
Construisons l'échantillon $x = (x_i)_{i=1,\ldots,n}$ en posant $x_i = ax_i^{(1)} + bx_i^{(2)}$ pour tout $i = 1, \ldots, n$ (où a et b sont deux constantes réelles).
La moyenne de l'échantillon x est :
$$\bar{x} = a\bar{x}^{(1)} + b\bar{x}^{(2)} .$$
2. Considérons la situation où on dispose de deux échantillons $x^{(1)} = (x_i^{(1)})_{i=1,\ldots,n_1}$ et $x^{(2)} = (x_i^{(2)})_{i=1,\ldots,n_2}$ de tailles n_1 et n_2 et de moyennes respectives $\bar{x}^{(1)}$ et $\bar{x}^{(2)}$. Réunissons les deux échantillons et construisons l'échantillon global $x = (x_i)_{i=1,\ldots,n}$ de taille $n = n_1 + n_2$ en posant $x_i = x_i^{(1)}$ si $i \leqslant n_1$ et $x_i = x_{i-n_1}^{(2)}$ si $n_1 + 1 \leqslant i \leqslant n$. La moyenne de l'échantillon x est :
$$\bar{x} = \frac{n_1\bar{x}_1 + n_2\bar{x}_2}{n_1 + n_2} .$$

La seconde propriété est importante en pratique. Elle permet, lorsqu'on fusionne les résultats issus d'échantillons différents, d'obtenir la moyenne de l'échantillon global sans avoir à refaire tous les calculs. La médiane et le mode ne vérifient pas ces propriétés de linéarité (voir l'exercice V.1.1 de la page 841).

Il existe une autre raison pour laquelle la moyenne arithmétique est souvent utilisée. Comme le montre la Proposition 2, c'est la valeur qui minimise l'erreur quadratique :

$$\mathcal{E}(\mu) := \frac{1}{n}\sum_{i=1}^{n}(x_i - \mu)^2\,. \tag{2}$$

L'erreur quadratique $\mathcal{E}(\mu)$ est la moyenne des carrés des distances entre les x_i et la valeur μ. L'erreur $\mathcal{E}(\mu)$ est d'autant plus petite que les données sont toutes concentrées autour de la valeur μ.

Proposition 2. L'erreur quadratique (2) atteint son unique minimum en $\mu = \bar{x}$.

Démonstration. En fait, l'erreur quadratique, en tant que fonction de μ, est une fonction quadratique. Il suffit de développer la formule définissant $\mathcal{E}(\mu)$ et d'identifier les coefficients :

$$\mathcal{E}(\mu) = \mu^2 + 2a_1\mu + a_0\,,$$

avec :

$$a_1 = -\frac{1}{n}\sum_{i=1}^{n} x_i = -\bar{x}\,, \qquad a_0 = \frac{1}{n}\sum_{i=1}^{n} x_i^2\,.$$

Une telle fonction quadratique admet un unique minimum en $\mu = -a_1 = \bar{x}$. ■

Mais attention, la moyenne n'a pas que des avantages, elle a aussi quelques inconvénients qu'il convient de garder en mémoire. La moyenne est en effet sensible aux valeurs extrêmes d'un échantillon. Par exemple, si vous cherchez la fortune moyenne des Français à partir d'un échantillon de 1 000 personnes, et que l'une d'entre elles possède un milliard d'euros, alors vous trouvez que, quelles que soient les fortunes des 999 autres, la fortune moyenne est supérieure à un million d'euros, puisqu'elle vérifie :

$$\bar{x} = \frac{1}{1\,000}\sum_{i=1}^{1\,000} x_i \geqslant \frac{1}{1\,000} \times 10^9 = 10^6\,.$$

2.2 Mesures de dispersion

On vient d'examiner différentes mesures de la tendance centrale d'un échantillon, et on a pu déterminer que la moyenne arithmétique et le mode étaient souvent les mesures de tendance centrale les plus pratiques et manipulables. On va maintenant chercher une mesure de la variabilité d'un échantillon, c'est-à-dire un nombre qui est d'autant plus grand que les données de l'échantillon sont dispersées. On va en fait proposer et discuter deux mesures de dispersion, une liée à la moyenne arithmétique et l'autre liée à la médiane.

2.2.1 Variance et écart-type

La dispersion d'un échantillon peut se visualiser en considérant les écarts à la moyenne, c'est-à-dire l'échantillon $(x'_1, \ldots, x'_n)$ avec $x'_i = x_i - \bar{x}$. On cherche à obtenir une valeur unique représentative de ces écarts. Notez que ce sont des nombres positifs ou négatifs. On ne va pas prendre la moyenne arithmétique des écarts, car elle est nulle quel que soit l'échantillon par définition même de la moyenne arithmétique. On va donc prendre les carrés des écarts et calculer leur moyenne arithmétique. On obtient ainsi la *variance* de l'échantillon.

Définition 2. La variance d'un échantillon x est définie par :

$$\operatorname{Var}(x) := \frac{1}{n}\sum_{i=1}^{n}(x_i - \bar{x})^2 . \tag{3}$$

La variance $\operatorname{Var}(x)$ n'est autre que la valeur minimale de l'écart quadratique moyen comme le montre la Proposition 2 de la page précédente.

Dans certains ouvrages, vous trouverez une définition légèrement différente de la variance, où le facteur $1/n$ dans (3) est remplacé par $1/(n-1)$. Il y a une raison à cela, qui a trait à des résultats de statistique inférentielle reliant la variance d'un échantillon à la variance théorique de la loi statistique sous-jacente. Cependant il n'y a pas lieu de se compliquer la vie à ce niveau, la définition (3) est celle qui est la plus couramment utilisée, et c'est celle que nous utiliserons dans la suite.

Proposition 3 (Théorème de Koenig).
La variance d'un échantillon x est égale à :

$$\operatorname{Var}(x) = \frac{1}{n}\left(\sum_{i=1}^{n} x_i^2\right) - \bar{x}^2 . \tag{4}$$

Cette proposition signifie que la variance est la moyenne des carrés moins le carré de la moyenne. En fait, l'expression (3) est utile pour montrer que la variance est une quantité positive qui augmente avec la dispersion des données. L'expression (4) est utile pour calculer pratiquement la variance d'un échantillon donné.

Démonstration. On développe les carrés qui interviennent dans l'expression de la variance :

$$\begin{aligned}
\operatorname{Var}(x) &= \frac{1}{n}\sum_{i=1}^{n}(x_i-\bar{x})^2 = \frac{1}{n}\left(\sum_{i=1}^{n} x_i^2\right) - \frac{2}{n}\left(\sum_{i=1}^{n} x_i\bar{x}\right) + \frac{1}{n}\left(\sum_{i=1}^{n}\bar{x}^2\right) \\
&= \frac{1}{n}\left(\sum_{i=1}^{n} x_i^2\right) - \bar{x}\frac{2}{n}\left(\sum_{i=1}^{n} x_i\right) + \bar{x}^2\frac{1}{n}\left(\sum_{i=1}^{n} 1\right) = \frac{1}{n}\left(\sum_{i=1}^{n} x_i^2\right) - 2\bar{x}^2 + \bar{x}^2 \\
&= \frac{1}{n}\left(\sum_{i=1}^{n} x_i^2\right) - \bar{x}^2 .
\end{aligned}$$

■

La variance n'est pas linéaire, mais elle satisfait les propriétés suivantes.

1. Si l'on connaît la moyenne $\bar{x}$ et la variance $\operatorname{Var}(x)$ d'un échantillon $x = (x_1, \ldots, x_n)$, et si $\lambda \in \mathbb{R}$, alors la moyenne $\bar{x}^{(\lambda)}$ et la variance $\operatorname{Var}(x^{(\lambda)})$ de l'échantillon

$x^{(\lambda)} = (\lambda x_1, \ldots, \lambda x_n)$ sont :

$$\bar{x}^{(\lambda)} = \lambda \bar{x}\,, \qquad \mathrm{Var}(x^{(\lambda)}) = \lambda^2 \mathrm{Var}(x)\,. \tag{5}$$

2. Si l'on connaît les moyennes $\bar{x}^{(1)}$ et $\bar{x}^{(2)}$ et les variances $V_1 = \mathrm{Var}(x^{(1)})$ et $V_2 = \mathrm{Var}(x^{(2)})$ de deux échantillons $x^{(1)}$ et $x^{(2)}$ de taille n_1 et n_2, alors la variance de l'échantillon global de taille $n = n_1 + n_2$ peut se calculer uniquement à partir de ces valeurs. On part de (4) :

$$\begin{aligned}\mathrm{Var}(x) &= \frac{1}{n}\left(\sum_{i=1}^{n} x_i^2\right) - \bar{x}^2 \\ &= \frac{n_1}{n}\left(V_1 + [\bar{x}^{(1)}]^2\right) + \frac{n_2}{n}\left(V_2 + [\bar{x}^{(2)}]^2\right) - \left(\frac{n_1}{n}\bar{x}^{(1)} + \frac{n_2}{n}\bar{x}^{(2)}\right)^2.\end{aligned}$$

3. La variance d'un échantillon est nulle si, et seulement si, toutes les données sont égales (car une somme de termes positifs ou nuls est nulle si, et seulement si, tous les termes sont nuls).

La variance présente un inconvénient visible dans l'équation (5) : si les données s'expriment en une unité physique (des heures dans l'exemple 2), la moyenne arithmétique s'exprime aussi dans cette unité, mais la variance s'exprime dans l'unité carrée (en heure^2 dans l'exemple). C'est pourquoi on a introduit la notion d'écart-type qui est simplement la racine carrée de la variance.

Définition 3. L'écart-type d'un échantillon x est défini par :

$$\sigma := \sqrt{\mathrm{Var}(x)}\,. \tag{6}$$

L'écart-type s'exprime dans la même unité que les données.

2.2.2 Fractiles

Les fractiles sont un autre moyen de quantifier la dispersion de données quantitatives. Le fractile à θ % d'un échantillon est la valeur qui sépare la fraction θ % des plus petites données de la fraction $(100-\theta)$ % des plus grandes données. Ainsi, le fractile à 50 % n'est autre que la médiane.

Les fractiles à 25 %, 50 % et 75 % sont les trois quartiles. Sur l'exemple 2, les trois quartiles sont : 1 602, 2 131 et 2 341. Une mesure de la dispersion d'un jeu de données est l'espace inter-quartile qui est la différence entre le troisième quartile et le premier quartile. C'est donc la largeur de l'intervalle qui contient l'échantillon duquel on a retiré les 25 % plus grandes valeurs et les 25 % plus petites valeurs. Qualitativement, plus l'espace inter-quartile est grand, plus la dispersion des données est grande. C'est donc bien une mesure de la dispersion, à l'instar de l'écart-type. On peut aussi voir que l'espace inter-quartile est moins sensible aux valeurs extrêmes que l'écart-type. On peut donc dire que l'espace inter-quartile est à la médiane ce que l'écart-type est à la moyenne arithmétique. Sur l'exemple 2, on trouve une médiane de 2 131 et un espace inter-quartile de 739. La moyenne est égale à 2 031 et l'écart-type est 389 environ.

Un visualisation très populaire ces derniers temps des fractiles d'un échantillon peut être obtenue avec une boîte à moustaches (traduction française du terme « Box and Whiskers Plot », ou en abrégé « Box Plot »). Il s'agit d'une représentation schématique utile pour connaître leur allure (équilibrée ou non, concentrée ou étalée, symétrique ou non...) : les bords de la boîte correspondent aux premier et troisième quartile. La boîte est divisée en deux au niveau du second quartile (médiane). Les extrémités des moustaches correspondent aux fractiles à 5 et $95\ \%$. On peut ensuite terminer le graphique, en faisant figurer par des points les données qui sont en dehors des moustaches (on appelle ces données les outliers). Attention, les boîtes à moustaches ne sont pas encore bien normalisées, vous pouvez trouver d'autres définitions pour les positions des moustaches, on peut prendre le premier et le 99 *ème* centiles, ou le min et le max de l'échantillon (auquel cas il n'y a pas d'outlier).
Une boîte avec des moustaches courtes indique que l'échantillon est assez concentré autour de sa médiane. Au contraire des moustaches longues indiquent que l'échantillon est assez dispersé. Sur la figure V.1.5 de la page ci-contre on dessine la boîte à moustaches correspondant à l'exemple 2. On constate que l'échantillon n'est pas équilibré, la médiane n'est pas vraiment au milieu des premier et troisième quartiles.

3 Statistique descriptive bivariée

On a étudié jusqu'à maintenant des échantillons simples dans le sens où les données portaient sur un seul caractère des individus sur lesquels les observations ont été effectuées. On va maintenant étudier des séries statistiques doubles : les observations portent sur deux caractères, par exemple poids et taille d'une personne, ou salaire et ancienneté d'un employé, etc. Les données $(x_i, y_i)_{i=1,\ldots,n}$ se présentent alors sous la forme d'un tableau à deux colonnes, comme par exemple :

Ancienneté (années)	Salaires annuels (kE)	Ancienneté (années)	Salaires annuels (kE)
1	19,41	3	19,74
1	18,49	4	20,81
2	18,98	6	20,31
2	18,57	5	20,78
10	20,54	7	21,36
1	17,96	6	20,04
10	21,12	9	20,58
5	21,34	1	18,71
5	20,13	9	21,29
10	19,55	3	18,25

Exemple 4 : Ancienneté et salaire de 20 employés d'une entreprise.

On peut bien sûr mener une étude statistique de chacun des caractères séparément, calculer la moyenne et la variance de chacune des séries simples. Sur l'exemple 4, on trouve :

$$\bar{x} = 5\,, \quad \mathrm{Var}(x) \simeq 10{,}7\,, \quad \bar{y} = 19{,}898\,, \quad \mathrm{Var}(y) \simeq 1\,223\,.$$

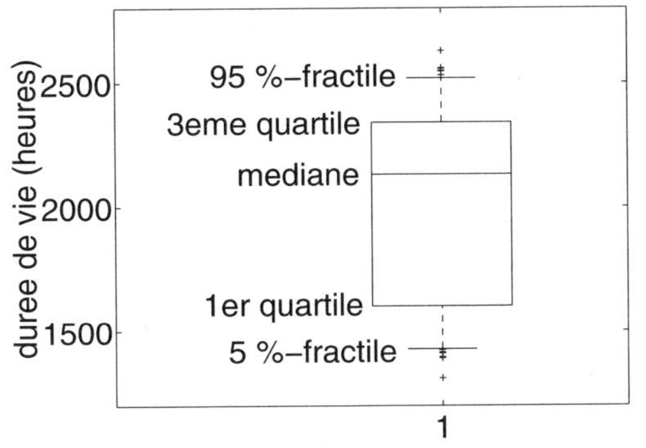

FIGURE V.1.5 – Boîte à moustaches des durées de vie des ampoules.

On veut ici extraire des informations sur la distribution jointe des deux caractères et étudier leur dépendance. Comme dans le cas de séries simples, on peut commencer par établir des tables de fréquences. Une table de fréquences prend l'aspect d'un tableau à double entrée :

Salaire / Ancienneté	17,5-18,5	18,5-19,5	19,5-20,5	20,5-21,5	Total
1-2	0,1	0,2	0	0	0,3
3-4	0,05	0	0,05	0,05	0,15
5-6	0	0	0,15	0,1	0,25
7-8	0	0	0	0,05	0,05
9-10	0	0	0,05	0,2	0,25
Total	0,15	0,2	0,25	0,4	1

Table des fréquences pour l'exemple 4.

On lit sur ce tableau (première case en haut à gauche) que $10\ \%$ des employés ont entre 1 et 2 ans d'ancienneté et un salaire compris entre $17\,500$ et $18\,500$ euros. La dernière ligne et la dernière colonne représentent les distributions marginales, c'est-à-dire les distributions des caractères x et y seuls. Le 1 en bas à droite peut être vu comme un contrôle des calculs faits.

On veut maintenant mener une analyse quantitative de la dépendance des deux caractères d'une série statistique double. Cette analyse peut prendre essentiellement deux formes qui sont intimement liées. L'analyse de régression donne des outils de prédiction du comportement d'un caractère si on connaît la valeur d'un autre caractère. L'analyse de corrélation a pour objet la force de la relation entre deux (ou plusieurs) caractères. Ces analyses sont utiles par exemple dans des applications en finance ou en biologie. Dans ces applications on cherche à identifier les facteurs qui influent sur d'autres, dans quel sens et dans quelle mesure le poids influe sur le taux de cholestérol, etc.

3.1 Ajustement linéaire par moindre carrés

Dans toute cette partie on considère un échantillon du type $(x_i, y_i)_{i,\ldots,n}$. On peut associer à chaque donnée (x_i, y_i) un point du plan, et on peut représenter un échantillon de n données comme un nuage de n points. Le nuage correspondant à l'exemple 4 est dessiné sur la figure V.1.6. On constate que le nuage a une forme allongée, et on peut alors essayer de dessiner une droite passant au milieu de ces points. Cette droite, ou relation de régression linéaire, est un moyen de représenter la dépendance des deux caractères et la détermination de son équation constitue l'objet de ce paragraphe.

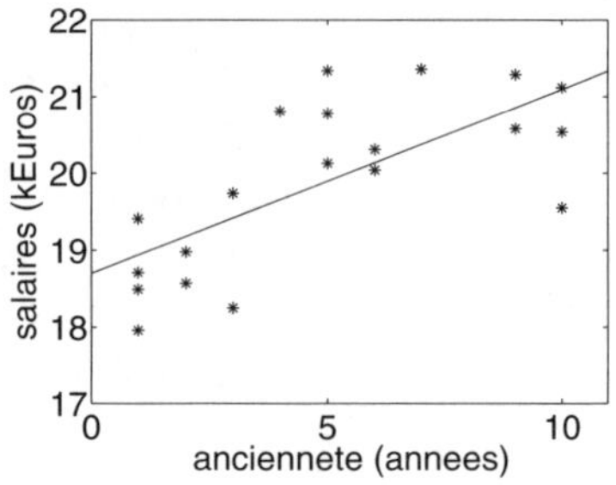

FIGURE V.1.6 – Distribution jointe du salaire et de l'ancienneté des employés et droite de régression linéaire.

La détermination de la droite de régression linéaire peut être effectuée empiriquement, à la main, par ajustement graphique, mais on peut aussi donner des bases rigoureuses pour une méthode d'ajustement linéaire. La méthode des moindre carrés permet de déterminer la meilleure droite passant par le nuage de points constitué par une série statistique double. On cherche la droite de la forme $y = ax + b$ minimisant l'erreur quadratique :

$$\mathcal{E}(a,b) := \frac{1}{n}\sum_{i=1}^{n}(y_i - ax_i - b)^2\,,$$

qui est la somme des distances au carré entre les points (x_i, y_i) et les points de mêmes abscisses situés sur la droite $(x_i, ax_i + b)$.

Proposition 4. Si $n \geqslant 2$ et les x_i ne sont pas tous égaux, alors il existe une unique droite minimisant l'erreur quadratique d'ajustement linéaire. Cette droite a pour équation $y = a_0 x + b_0$ avec :

$$a_0 = \frac{\mathrm{Cov}(x,y)}{\mathrm{Var}(x)}\,, \qquad b_0 = \bar{y} - a_0\bar{x}\,,$$

où $\mathrm{Cov}(x,y)$ est la covariance de x et y :

$$\mathrm{Cov}(x,y) := \frac{1}{n}\sum_{i=1}^{n}(x_i - \bar{x})(y_i - \bar{y})\,. \tag{7}$$

La droite de régression linéaire s'écrit donc $y = a_0(x - \bar{x}) + \bar{y}$. On va étudier de manière fine les propriétés de la covariance dans le prochain paragraphe.

Démonstration. On développe l'expression de l'erreur quadratique, ce qui donne une forme quadratique en (a, b) :

$$\mathcal{E}(a,b) = c_{2,0}a^2 + 2c_{1,1}ab + c_{0,2}b^2 + 2c_{1,0}a + 2c_{0,1}b + c_{0,0}\,,$$

avec :

$$c_{2,0} = \frac{1}{n}\sum_{i=1}^{n} x_i^2 = \mathrm{Var}(x) + \bar{x}^2\,, \qquad c_{1,1} = -\frac{1}{n}\sum_{i=1}^{n} x_i = -\bar{x}\,,$$

$$c_{0,2} = 1\,, \qquad c_{1,0} = -\frac{1}{n}\sum_{i=1}^{n} x_i y_i = -\mathrm{Cov}(x,y) + \bar{x}\bar{y}\,,$$

$$c_{0,1} = -\frac{1}{n}\sum_{i=1}^{n} y_i = -\bar{y}\,, \qquad c_{0,0} = \frac{1}{n}\sum_{i=1}^{n} y_i^2 = \mathrm{Var}(y) + \bar{y}^2\,.$$

Cette forme quadratique atteint un extremum lorsque $\frac{\partial \mathcal{E}}{\partial a}(a,b) = 0$ et $\frac{\partial \mathcal{E}}{\partial b}(a,b) = 0$, ce qui se traduit par :

$$c_{2,0}a + c_{1,1}b + c_{1,0} = 0\,, \qquad c_{0,2}b + c_{1,1}a + c_{0,1} = 0\,.$$

Le déterminant de ce système linéaire 2×2 est $c_{2,0}c_{0,2} - c_{1,1}^2 = \mathrm{Var}(x)$. Si $n \geqslant 2$ et les x_i ne sont pas tous égaux, alors $\mathrm{Var}(x) > 0$ ce qui montre que le déterminant est non nul. Par conséquent le système linéaire admet une unique solution, ce qui veut dire que la fonction quadratique $\mathcal{E}$ admet un unique extremum situé en :

$$a_0 = \frac{c_{1,1}c_{0,1} - c_{0,2}c_{1,0}}{c_{2,0}c_{0,2} - c_{1,1}^2}\,, \qquad b_0 = \frac{c_{1,1}c_{1,0} - c_{2,0}c_{0,1}}{c_{2,0}c_{0,2} - c_{1,1}^2}\,.$$

On obtient ainsi le point (a_0, b_0) décrit dans l'énoncé de la proposition. Il reste à montrer que cet extremum est un minimum. La forme quadratique $\mathcal{E}$ peut se développer de manière exacte autour du point (a_0, b_0) :

$$\mathcal{E}(a_0 + a, b_0 + b) = \mathcal{E}(a_0, b_0) + \mathrm{Var}(x)a^2 + (b + \bar{x}a)^2\,,$$

ce qui montre bien qu'on a affaire à un minimum global car $\mathcal{E}(a_0 + a, b_0 + b) > \mathcal{E}(a_0, b_0)$ dès que $(a,b) \neq (0,0)$. ■

L'erreur quadratique minimale d'ajustement par une droite $y = ax + b$ obtenue avec les paramètres (a_0, b_0) obtenus ci-dessus est :

$$\begin{aligned}\mathcal{E}(a_0, b_0) &= \frac{1}{n}\sum_{i=1}^{n}\left((y_i - \bar{y}) - a_0(x_i - \bar{x})\right)^2 \\ &= \mathrm{Var}(y) - 2a_0\mathrm{Cov}(x,y) + a_0^2\mathrm{Var}(x) \\ &= \frac{\mathrm{Var}(x)\mathrm{Var}(y) - \mathrm{Cov}(x,y)^2}{\mathrm{Var}(x)}\,. \qquad (8)\end{aligned}$$

Qualitativement, plus cette erreur est grande, et moins bon est l'ajustement linéaire obtenu. Une analyse quantitative réclame une étude approfondie de la covariance de x et y.

3.2 Covariance et corrélation

Le paramètre d'ajustement linéaire principal de x et y est lié à la covariance de x et y.

Définition 4. La covariance de x et y est définie par :

$$\mathrm{Cov}(x,y) := \frac{1}{n}\sum_{i=1}^{n}(x_i-\bar{x})(y_i-\bar{y})\,. \tag{9}$$

La covariance joue un rôle analogue à la variance dans le cas de deux caractères : elle mesure la dispersion conjointe des deux caractères. Notez qu'en prenant $x = y$, on trouve que :

$$\mathrm{Cov}(x,x) = \mathrm{Var}(x)\,.$$

Comme pour la variance, on dispose d'une formule alternative pour la covariance :

$$\mathrm{Cov}(x,y) = \left(\frac{1}{n}\sum_{i=1}^{n} x_i y_i\right) - \bar{x}\bar{y}\,,$$

qu'on utilise en pratique pour calculer une covariance. Cette formule s'obtient en développant le facteur à l'intérieur de la somme de (9). En supposant que $\mathrm{Var}(x) > 0$ et $\mathrm{Var}(y) > 0$, c'est-à-dire que $n \geqslant 2$ et les x_i (resp. les y_i) ne sont pas tous égaux, on peut définir la notion de corrélation.

Définition 5. Si $\mathrm{Var}(x) > 0$ et $\mathrm{Var}(y) > 0$, alors le coefficient de corrélation de x et y est défini par :

$$\mathrm{R}(x,y) := \frac{\mathrm{Cov}(x,y)}{\sqrt{\mathrm{Var}(x)\mathrm{Var}(y)}}\,. \tag{10}$$

Ce coefficient est en quelque sorte normalisé et ne dépend que des fluctuations relatives des caractères, et pas des fluctuations en valeur absolue. Pour tout $\lambda \in \mathbb{R}^*$, on a :

$$\mathrm{R}(\lambda x, \lambda y) = \mathrm{R}(x,y)\,.$$

Proposition 5. Le coefficient de corrélation a une valeur comprise entre -1 et 1.

Démonstration. On considère la fonction f définie sur $\mathbb{R}$ et à valeurs dans $\mathbb{R}^+$ et donnée par :

$$f(\lambda) = \frac{1}{n}\sum_{i=1}^{n}\left((y_i-\bar{y}) - \lambda(x_i-\bar{x})\right)^2.$$

En développant les carrés, on obtient que f est une fonction quadratique :

$$f(\lambda) = c_2\lambda^2 + 2c_1\lambda + c_0\,,$$

avec $c_2 = \mathrm{Var}(x)$, $c_1 = -\mathrm{Cov}(x,y)$, et $c_0 = \mathrm{Var}(y)$. Comme f garde un signe constant, son discriminant est négatif ou nul, ce qui veut dire que $c_1^2 - c_2c_0 \leqslant 0$, soit :

$$\mathrm{Cov}(x,y)^2 - \mathrm{Var}(x)\mathrm{Var}(y) \leqslant 0\,.$$

En divisant par $\mathrm{Var}(x)\mathrm{Var}(y)$:

$$\mathrm{R}(x,y)^2 = \frac{\mathrm{Cov}(x,y)^2}{\mathrm{Var}(y)\mathrm{Var}(x)} \leqslant 1\,.$$

■

3.3 Corrélation et régression

Le coefficient de corrélation mesure la force et la direction de la relation entre x et y. Deux cas extrêmes peuvent être facilement analysés. Si $\mathrm{R}(x,y) = \pm 1$, alors il existe un $\lambda_0 \in \mathbb{R}$ tel que $y_i - \bar{y} = \lambda_0(x_i - \bar{x})\ \forall i = 1,\ldots,n$. Cela montre que x et y sont des caractères parfaitement corrélés. Si $\mathrm{R}(x,y) = 0$, alors la meilleure droite d'ajustement linéaire est simplement la droite horizontale $y = \bar{y}$ ce qui tend à montrer que les deux caractères ne sont pas corrélés.

La figure V.1.7 donne plusieurs exemples pour différentes valeurs du coefficient de corrélation. Une valeur de $\mathrm{R}(x,y)$ proche de 1 indique que les caractères x et y sont positivement corrélés, et la meilleure droite d'ajustement linéaire obtenue par la méthode des moindres carrés a une pente positive. Une valeur de R proche de -1 indique que les caractères x et y sont négativement corrélés, et la meilleure droite d'ajustement linéaire a une pente négative. Notez que le coefficient de corrélation mesure seulement la qualité d'une relation linéaire entre x et y. C'est visible sur la figure V.1.7(f) : les caractères ont l'air corrélés, le nuage de points n'a pas l'air du tout aléatoire, mais le coefficient de corrélation est petit. En fait, dans ce cas, il faudrait mener une analyse de régression non linéaire, en essayant d'ajuster le nuage de points par une parabole par exemple, et non pas par une droite. C'est tout-à-fait possible, mais cela dépasse le cadre de ce cours.

L'erreur quadratique minimale d'ajustement par une droite $y = ax + b$ obtenue avec les paramètres (a_0, b_0) décrits dans la proposition 4 de la page 814 est donnée par (8). Cette quantité s'exprime aussi en termes du coefficient de corrélation comme :

$$\mathcal{E}(a_0, b_0) = \mathrm{Var}(y)\left[1 - \mathrm{R}(x,y)^2\right]\,.$$

Cette erreur quadratique doit être comparée à la variance de y. L'erreur quadratique $\mathcal{E}(a_0, b_0)$ mesure la part de la variance de y qui ne peut pas être expliquée et prédite par une forme linéaire en x.

On voit donc que le coefficient de corrélation peut être utilisé pour mesurer la qualité d'une relation de régression entre x et y. Lorsque $\mathrm{R}(x,y)$ est en valeur absolue proche de 1 (en pratique strictement supérieur à 0,7), la droite de régression linéaire $a_0 x + b_0$ représente une bonne approximation de y.

Dans l'exemple 4, la variance de x (ancienneté) est 1,22, la variance de y (salaire) est 10,74 et la covariance de x et y vaut 2,57. En conséquence, le coefficient de corrélation vaut $\mathrm{R}(x,y) \simeq 0{,}71$. La courbe de régression linéaire obtenue par la méthode des moindres carrés et dessinée sur la figure V.1.6 est donc raisonnablement bonne, mais sans plus.

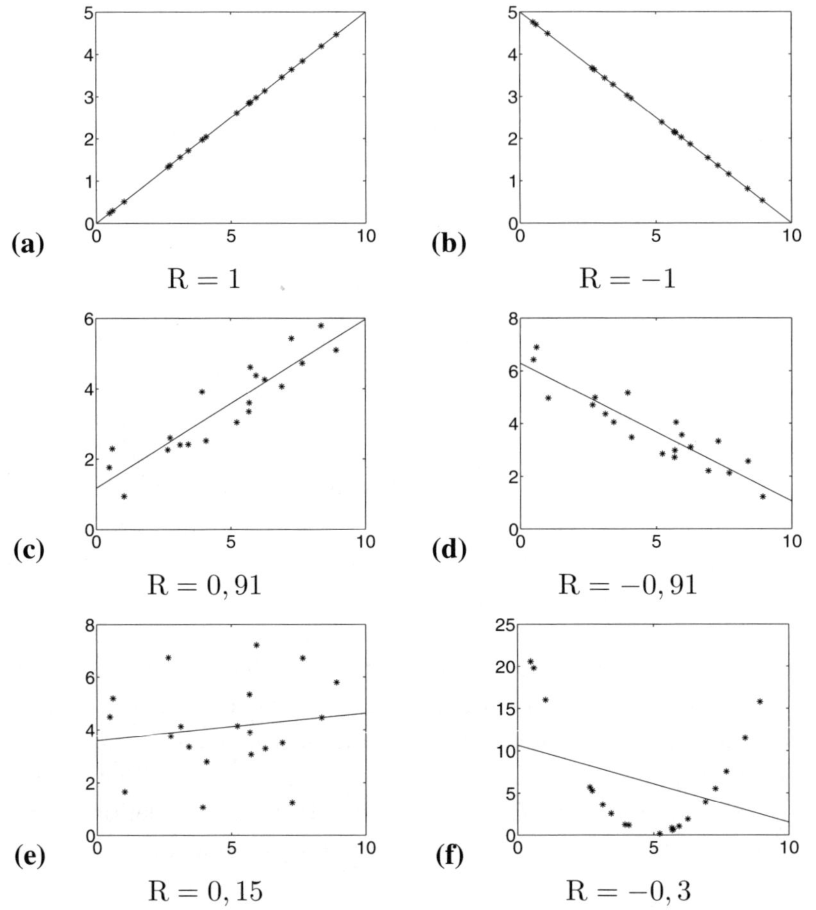

FIGURE V.1.7 – Qualité des ajustements linéaires en fonction du coefficient de corrélation.

3.3.1 Régression linéaire facile avec Excel

Le logiciel Excel possède des outils de statistique élémentaire, et en particulier un module de régression linéaire. Les étapes sont simples et faciles à mettre en oeuvre :

– Lancez Excel, ouvrez une feuille et saisissez dans deux colonnes les données d'une série statistique double.

– Sélectionnez les deux colonnes et tracez un nuage de points (pour cela, vous pouvez utiliser l'assistant graphique).

– Allez dans l'onglet « graphique » et sélectionnez « ajouter une courbe de tendance ». Dans le menu suivant sélectionner « régression linéaire » dans l'onglet Type, et cochez « afficher l'équation sur le graphique » et « afficher le coefficient de détermination sur le graphique » dans l'onglet Options. La droite de régression linéaire doit alors se superposer au nuage de points, ainsi que l'équation de cette droite $y = a_0x + b_0$ avec les valeurs numériques de a_0 et b_0, et le coefficient de corrélation au carré R^2.

4 Introduction aux probabilités

On peut rencontrer dans la vie courante, lors d'une expérience de physique ou en économie, des situations où le résultat n'est pas prévisible précisément. C'est le cas en particulier des jeux dits de hasard (dés, cartes, roulette, loto, ...). Le résultat d'une partie de cartes est impossible à prédire avec exactitude, car il dépend du tirage des cartes, i.e. des jeux de chacun des joueurs. Cependant, nous savons tous que la chance n'est pas tout, le talent des joueurs compte. Ceci montre qu'une analyse rigoureuse d'une situation où le hasard intervient est possible. Un bon joueur est capable d'évaluer ses chances de remporter une partie, c'est-à-dire d'évaluer la vraisemblance de cet événement. Le calcul des probabilités d'événements est l'objet de la seconde partie de ce module.

4.1 Expériences aléatoires, événements

Comme le montre la discussion précédente, la réalisation de l'événement considéré (remporter une partie de cartes) n'est pas certaine, elle dépend du résultat d'une expérience aléatoire (le tirage des cartes). Lors d'une expérience aléatoire, le résultat n'est pas prévisible exactement, mais l'ensemble des résultats possibles est connu.

4.1.1 Ensemble fondamental

Lors d'une expérience aléatoire, on commence par recenser l'ensemble de tous les résultats possibles de l'expérience. Cet ensemble non vide noté Ω est l'ensemble fondamental ou l'univers des possibles ; ses éléments ω sont appelés épreuves ou réalisations. L'ensemble fondamental Ω peut-être fini, dénombrable ou infini non dénombrable. On va se limiter ici à des ensembles finis, on étudiera les autres cas dans le cours L2.

Expérience 1. On lance une pièce et on regarde sur quel coté elle retombe. Deux résultats sont possibles, Pile et Face, de sorte que $\Omega = \{P, F\}$.

Expérience 2. On jette un dé et on lit le numéro de la face supérieure. L'ensemble fondamental est :

$$\Omega = \{1, 2, 3, 4, 5, 6\} .$$

Expérience 3. On jette deux fois un dé et on note les numéros obtenus. L'ensemble fondamental est :

$$\Omega = \{1, 2, 3, 4, 5, 6\}^2 = \{(\omega_1, \omega_2) \mid \omega_1, \omega_2 \text{ entiers compris entre } 1 \text{ et } 6\} .$$

Il s'agit ici de couples ordonnés (de 2-uplets) parce qu'on distingue le premier tirage du second tirage du dé (ou, de façon équivalente, parce qu'on tire deux dés de couleurs différentes, qui permettent de les individualiser).

Expérience 4. On bat un jeu de 32 cartes numérotées de 1 à 32. On note $\omega(i)$ le numéro porté par la $i^{ème}$ carte du paquet après battage. ω est une permutation des 32 premiers entiers, c'est-à-dire une bijection de $\{1, \ldots, 32\}$ dans lui-même. L'ensemble fondamental est donc :

$$\Omega = \{\omega \text{ permutation de } \{1, \ldots, 32\}\} .$$

Expérience 5. Une usine produit $10\,000$ ampoules qui ont chacune leur durée de vie. L'ensemble fondamental est :

$$\Omega = [0, +\infty[^{10\,000} = \{(\omega_i)_{i=1,\ldots,10\,000} \mid \omega_i \in [0, \infty[\} ,$$

où ω_i est la durée de vie de la $i^{ème}$ ampoule.

On va se limiter dans ce module à des ensembles finis, on étudiera le cas des ensembles infinis (expérience 5) dans le cours L2.

4.1.2 La notion d'événement

Un événement A est en général défini intuitivement comme une assertion qui peut être vraie ou fausse, un fait qui peut arriver ou non, selon le résultat de l'expérience.

Exemples. Dans l'expérience 2, on peut considérer les événements suivants :
a) A_1 est l'événement « le numéro obtenu est 6 »,
b) A_2 est l'événement « le numéro obtenu est pair »,
c) A_3 est l'événement « le numéro obtenu est supérieur ou égal à 5 ».
Dans l'expérience 3, on peut considérer B l'événement « la somme des deux numéros obtenus est égale à 8 ».

Il existe deux événements particuliers importants. L'événement impossible I n'est jamais réalisé (dans l'expérience 2, on pourrait le définir par « le numéro obtenu est égal à 0 » ou de bien d'autres façons). L'événement certain C est toujours réalisé (dans l'expérience 2, on pourrait le définir par « le numéro obtenu est un entier compris entre 1 et 6 »).

Les événements sont ici définis par une assertion, mais il correspondent aussi à un sous-ensemble, également noté A, de Ω.

Exemples. Pour l'expérience 2, on a $A_1 = \{6\}$, $A_2 = \{2, 4, 6\}$, $A_3 = \{5, 6\}$, $I = \varnothing$, et $C = \Omega$.
Pour l'expérience 3, $B = \{(2, 6), (3, 5), (4, 4), (5, 3), (6, 2)\}$.

Plus généralement, à chaque expérience aléatoire, chaque événement observable peut être décrit comme une partie de l'ensemble fondamental Ω. L'ensemble de tous les événements est $\mathcal{P}(\Omega)$; en particulier, l'événement impossible est $\varnothing$, l'événement certain est Ω.

4.1.3 Lien avec la théorie des ensembles

• L'événement contraire de A (celui qui se produit exactement quand A ne se produit pas) correspond au complémentaire A^c.

Exemples.
1) Le contraire de l'événement certain est l'événement impossible, $\Omega^c = \varnothing$.
2) Dans l'expérience 2, « le numéro obtenu est impair » correspond à l'ensemble $\{1, 3, 5\}$ qui est le complémentaire dans Ω de $A_2 = \{2, 4, 6\}$.

• Si A et B sont deux événements, l'événement « A et B se produisent tous les deux » correspond à $A \cap B$.

Exemple. Dans l'expérience 2, les événements A_2 et A_3 se produisent tous les deux si, et seulement si, le résultat est 6, c'est-à-dire si l'événement $A_2 \cap A_3 = \{6\} = A_1$ se réalise.

• Si A et B sont deux événements tels que $A \cap B = \varnothing$ (donc ils ne se produisent jamais simultanément, comme dans le cas d'un événement et de son contraire), alors on dit que ces deux événements sont incompatibles (on dit aussi disjoints).

• Si A et B sont deux événements, l'événement « A ou B se produit (l'un ou l'autre, ou tous les deux) » correspond à $A \cup B$.

• Si A et B sont deux événements, on dira que A entraîne B si dans tous les cas où A se produit, alors B se produit, c'est-à-dire que $\omega \in A \Longrightarrow \omega \in B$, donc $A \subset B$.

Exemple. Dans l'expérience 2, si le nombre obtenu est 6, alors il est pair : $A_1 \subset A_2$.

• Pour tout $\omega \in \Omega$, on appelle le singleton $\{\omega\}$ un événement élémentaire.

Exemple. Dans l'expérience 2, l'événement $A_1 = \{6\}$ est un événement élémentaire.

4.2 Espace de probabilité fini

4.2.1 Approche intuitive des probabilités

Nous voulons à présent quantifier la vraisemblance d'un événement. Supposons que l'on répète un grand nombre N de fois une expérience aléatoire. Notons $N(A)$ le nombre de fois où un certain événement A s'est produit. La fréquence empirique d'apparition de A, $N(A)/N$, est elle-même aléatoire et fluctue d'une suite de N répétitions à une autre suite. Mais notre expérience nous apprend que $N(A)/N$ se stabilise, quand le nombre N de répétitions tend vers l'infini, autour d'une valeur limite indépendante de la suite de répétitions. Les observations expérimentales suggèrent que c'est le cas pour beaucoup de situations, comme les jeux de dés. La limite de la fréquence empirique d'apparition de A est notre idée intuitive de la probabilité de l'événement A, soit $\mathbb{P}(A)$.

Exemple. Dans le cas de l'expérience 2, si le dé est bien équilibré, on peut penser qu'il y a une chance sur six de faire un six, c'est-à-dire que $\mathbb{P}(A_1) = 1/6$.

Clairement, si A est l'événement certain $A = \Omega$, alors $N(\Omega) = N$ et donc $\mathbb{P}(\Omega) = 1$. De plus, si les événements A et B sont incompatibles, c'est-à-dire si $A \cap B = \varnothing$, on a $N(A \cup B) = N(A) + N(B)$ et donc $\mathbb{P}(A \cup B) = \mathbb{P}(A) + \mathbb{P}(B)$: une probabilité doit être une fonction additive d'ensembles.

4.2.2 Définition axiomatique

La théorie des probabilités est une théorie mathématique, fondée sur des bases axiomatiques. La définition axiomatique des probabilités reprend les propriétés intuitives évoquées ci-dessus, en les posant comme axiomes.

Définition 6. Soient Ω un ensemble fini et $\mathcal{P}(\Omega)$ l'ensemble des parties de Ω. On appelle probabilité finie sur $\big(\Omega, \mathcal{P}(\Omega)\big)$ une application $\mathbb{P}$ de $\mathcal{P}(\Omega)$ dans $[0,1]$ vérifiant :

1. $\mathbb{P}(\Omega) = 1$.
2. Pour tous $A, B \in \mathcal{P}(\Omega)$ tels que $A \cap B = \varnothing$, $\mathbb{P}(A \cup B) = \mathbb{P}(A) + \mathbb{P}(B)$.

Le triplet $(\Omega, \mathcal{P}(\Omega), \mathbb{P})$ est appelé espace de probabilité fini ; pour tout événement A (c'est-à-dire pour tout sous-ensemble A de Ω), le réel positif ou nul $\mathbb{P}(A)$ est appelé probabilité de l'événement A.

Proposition 6 (Additivité finie).
Soit p un entier supérieur ou égal à 2. Si $A_1, A_2, \dots, A_p$ sont des événements deux-à-deux disjoints, c'est-à-dire qui vérifient $A_i \cap A_j = \varnothing$ pour tout $i \neq j$, alors :

$$\mathbb{P}(A_1 \cup A_2 \cup \cdots \cup A_p) = \mathbb{P}(A_1) + \mathbb{P}(A_2) + \cdots + \mathbb{P}(A_p). \tag{11}$$

Démonstration. On montre (11) par récurrence sur p.

- $p = 2$: ce cas est vérifié par définition d'une probabilité.
- Supposons le résultat vrai au rang $p-1$. Soient $A_1, A_2, \dots, A_p$ des événements deux-à-deux disjoints. On note $A = \bigcup_{i=1}^{p-1} A_i$. On vérifie que A et A_p sont disjoints :

$$A \cap A_p = \bigcup_{i=1}^{p-1} A_i \cap A_p = \bigcup_{i=1}^{p-1} \varnothing = \varnothing.$$

Donc on peut appliquer le second axiome de la définition d'une probabilité :

$$\mathbb{P}\left(\bigcup_{i=1}^{p} A_i\right) = \mathbb{P}(A \cup A_p) = \mathbb{P}(A) + \mathbb{P}(A_p). \tag{12}$$

En appliquant l'hypothèse de récurrence à l'ensemble des $p-1$ événements $A_1, A_2, \dots, A_{p-1}$ deux-à-deux disjoints :

$$\mathbb{P}(A) = \mathbb{P}\left(\bigcup_{i=1}^{p-1} A_i\right) = \sum_{i=1}^{p-1} \mathbb{P}(A_i).$$

En injectant dans (12) on obtient (11).

■

Proposition 7. Soient $(\Omega, \mathcal{P}(\Omega), \mathbb{P})$ un espace de probabilité fini, et $A, B \in \mathcal{P}(\Omega)$. On a alors :

1. $\mathbb{P}(A^c) = 1 - \mathbb{P}(A)$.
2. Si $A \subset B$, alors $\mathbb{P}(A) \leqslant \mathbb{P}(B)$.
3. $\mathbb{P}(A \cup B) = \mathbb{P}(A) + \mathbb{P}(B) - \mathbb{P}(A \cap B)$.

Démonstration. (1) On a $\Omega = A^c \cup A$, et $A^c \cap A = \varnothing$, donc $1 = \mathbb{P}(\Omega) = \mathbb{P}(A^c) + \mathbb{P}(A)$, d'où $\mathbb{P}(A^c) = 1 - \mathbb{P}(A)$.

(2) Soient A et B deux événements quelconques. Comme $B \subset \Omega$, on a $B = B \cap \Omega$. Or $\Omega = A \cup A^c$, donc par distributivité on obtient :

$$B = (B \cap A^c) \cup (B \cap A). \tag{13}$$

Mais $(B \cap A^c) \cap (B \cap A) = B \cap (A \cap A^c) = \varnothing$, donc on peut appliquer le second axiome de la définition 6 de la page précédente :

$$\mathbb{P}(B) = \mathbb{P}(B \cap A^c) + \mathbb{P}(B \cap A) \geqslant \mathbb{P}(B \cap A), \tag{14}$$

FIGURE V.1.8 – Décomposition de $A \cup B$ en une union disjointe de trois événements $A \cap B^c$, $A \cap B$ et $A^c \cap B$.

puisque $\mathbb{P}(B \cap A^c) \geqslant 0$ (l'application $\mathbb{P}$ est à valeurs dans $[0,1]$).

Si maintenant $A \subset B$, alors $A \cap B = A$ et (14) implique $\mathbb{P}(B) \geqslant \mathbb{P}(A)$.

(3) D'après la décomposition (13) de B :

$$A \cup B = A \cup (B \cap A) \cup (B \cap A^c) = (A \cup (B \cap A)) \cup (B \cap A^c).$$

Comme $B \cap A \subset A$, on a $A \cup (B \cap A) = A$ et donc $A \cup B = A \cup (B \cap A^c)$. Les deux ensembles du membre de droite étant disjoints, c'est-à-dire :

$$A \cap (B \cap A^c) = (A \cap A^c) \cap B = \varnothing,$$

on peut appliquer le second axiome de la définition 6 de la page 821 :

$$\mathbb{P}(A \cup B) = \mathbb{P}(A) + \mathbb{P}(B \cap A^c).$$

Il reste à calculer $\mathbb{P}(B \cap A^c)$. Or on déduit de la première égalité de (14) que :

$$\mathbb{P}(B \cap A^c) = \mathbb{P}(B) - \mathbb{P}(B \cap A),$$

et finalement :

$$\mathbb{P}(A \cup B) = \mathbb{P}(A) + \mathbb{P}(B \cap A^c) = \mathbb{P}(A) + \mathbb{P}(B) - \mathbb{P}(B \cap A).$$

Le résultat n'est pas étonnant : on peut en effet décomposer l'événement $A \cup B$ en une union disjointe de trois événements $A \cap B^c$, $A \cap B$ et $A^c \cap B$ (voir Figure V.1.8), et donc $\mathbb{P}(A \cup B)$ est la somme des probabilités de ces trois événements.

■

4.2.3 Caractérisation d'une probabilité

La proposition suivante affirme qu'une probabilité finie $\mathbb{P}$ sur $(\Omega, \mathcal{P}(\Omega))$ est entièrement caractérisée par les valeurs des probabilités des singletons $\mathbb{P}(\{\omega\})$, $\omega \in \Omega$.

Proposition 8. Soit Ω un ensemble fini comprenant n éléments. On numérote ses éléments $\Omega = \{\omega_i \mid i = 1, \ldots, n\}$.

(i) Toute suite de n réels positifs $(p_i)_{i=1,\ldots,n}$, telle que $\sum_{i=1}^{n} p_i = 1$, définit une probabilité $\mathbb{P}$ sur $\big(\Omega, \mathcal{P}(\Omega)\big)$ par la formule :

$$\forall A \in \mathcal{P}(\Omega), \quad \mathbb{P}(A) := \sum_{i \mid \omega_i \in A} p_i . \tag{15}$$

(ii) Réciproquement, toute probabilité $\mathbb{P}$ sur $(\Omega, \mathcal{P}(\Omega))$ est du type précédent, avec $p_i := \mathbb{P}(\{\omega_i\})$.

Démonstration. Regardons le (i). Soit $\mathbb{P}$ définie par (15). Il faut montrer que $\mathbb{P}$ vérifie les axiomes de la définition 6 de la page 821 d'une probabilité. Le premier axiome est facile car $\mathbb{P}(\Omega) = \sum_i p_i = 1$. Vérifions maintenant le second axiome. Soient A et B deux événements disjoints. On a alors :

$$\mathbb{P}(A \cup B) = \sum_{\omega \in A \cup B} \mathbb{P}(\{\omega\}) = \sum_{\omega \in A} \mathbb{P}(\{\omega\}) + \sum_{\omega \in B} \mathbb{P}(\{\omega\}) = \mathbb{P}(A) + \mathbb{P}(B) .$$

Montrons la réciproque (ii). Soit $\mathbb{P}$ une probabilité sur $(\Omega, \mathcal{P}(\Omega))$. Soit $A \in \mathcal{P}(\Omega)$. Les événements $(\{\omega\})_{\omega \in A}$ sont disjoints deux-à-deux, donc l'additivité de $\mathbb{P}$ implique que :

$$\mathbb{P}(A) = \mathbb{P}\left(\bigcup_{\omega \in A} \{\omega\}\right) = \sum_{\omega \in A} \mathbb{P}(\{\omega\}) .$$

■

4.2.4 Équiprobabilité

Il arrive que les différentes réalisations de l'ensemble fondamental aient toutes autant de chances d'être tirées. On parle alors d'équiprobabilité.

Définition 7. On dit qu'il y a équiprobabilité lorsque les probabilités de tous les singletons (ou événements élémentaires) sont égales.

La propriété d'équiprobabilité est très forte, car il n'existe qu'une probabilité qui la satisfasse.

Proposition 9. Soit Ω un espace fini. Il existe une unique probabilité $\mathbb{P}$ sur $(\Omega, \mathcal{P}(\Omega))$ qui satisfasse la propriété d'équiprobabilité. On l'appelle probabilité uniforme. Pour tout événement A, on a :

$$\mathbb{P}(A) = \frac{\operatorname{card}(A)}{\operatorname{card}(\Omega)} = \frac{\text{« nombre de cas favorables »}}{\text{« nombre de cas possibles »}} . \tag{16}$$

Démonstration. On note $n = \operatorname{card}(\Omega)$. On numérote les éléments de Ω :

$$\Omega = \{\omega_1, \ldots, \omega_n\} = \{\omega_1\} \cup \cdots \cup \{\omega_n\} .$$

i) On vérifie immédiatement que (16) est bien une probabilité, c'est-à-dire qu'elle satisfait les deux axiomes de la définition 6 de la page 821. De plus, pour tout $i \in \{1, \ldots, n\}$, on a $\mathbb{P}(\{\omega_i\}) = 1/n$, donc cette probabilité satisfait la propriété d'équiprobabilité.
ii) Réciproquement, supposons que $\mathbb{P}$ soit une probabilité qui vérifie la propriété d'équiprobabilité. On a alors :

$$1 = \mathbb{P}(\Omega) = \mathbb{P}(\{\omega_1\}) + \cdots + \mathbb{P}(\{\omega_n\}) = n\mathbb{P}(\{\omega_i\}),$$

pour n'importe quel indice i variant entre 1 et n, donc $\mathbb{P}(\{\omega_i\}) = 1/n$ pour tout i. D'après la proposition 8 de la page ci-contre, la probabilité $\mathbb{P}$ est entièrement caractérisée. ■

Exemples. 1. Dans l'expérience 2 de la page 819 : on suppose le dé équilibré, et donc les événements élémentaires sont équiprobables. Pour tout $i \in \Omega = \{1, 2, 3, 4, 5, 6\}$, nous avons $\mathbb{P}(\{i\}) = 1/6$. Si nous considérons l'événement $A_2 = \{2, 4, 6\}$, alors :

$$\mathbb{P}(A_2) = \frac{\operatorname{card}(A_2)}{\operatorname{card}(\Omega)} = \frac{3}{6} = \frac{1}{2}\cdot$$

2. Expérience du tirage d'une chaussette dans un tiroir contenant 6 chaussettes noires et 4 chaussettes blanches ; on a deux manières de voir les choses :
(i) On peut prendre $\Omega = \{\text{noir}, \text{blanc}\}$, qui est un ensemble à deux éléments. Dans ce cas il est clair que les singletons ne sont pas équiprobables. On a en fait $\mathbb{P}(\{\text{noir}\}) = 6/10 = 3/5$ et $\mathbb{P}(\{\text{blanc}\}) = 4/10 = 2/5$.
(ii) On peut aussi choisir de définir Ω comme l'ensemble des tirages de chacune des 10 chaussettes : $\Omega = \{n_1, \ldots, n_6, b_1, \ldots, b_4\}$. On a alors équiprobabilité, et pour tout $i = 1, \ldots, 6$ et tout $j = 1, \ldots, 4$, on a $\mathbb{P}(\{n_i\}) = \mathbb{P}(\{b_j\}) = 1/10$. Si on note A l'événement « on tire une chaussette blanche », alors on a :

$$\mathbb{P}(A) = \frac{\operatorname{card}(A)}{\operatorname{card}(\Omega)} = \frac{4}{10} = \frac{2}{5}\cdot$$

5 Combinatoire

On vient de voir que le calcul des probabilités sur un espace de probabilité fini avec une probabilité uniforme se ramenait en fait à du dénombrement. Pour calculer la probabilité d'un certain événement A, il faut compter le nombre de cas favorables pour lesquels A se réalise, et diviser par le nombre total de cas possibles. On va dans cette partie donner quelques outils fondamentaux de la théorie du dénombrement ou combinatoire. Cette section reprend une partie des résultats introduits dans le module II.1 et elle donne des exemples adaptés à notre problématique. Le problème est plus simple ici que dans le module II.1, car on ne considère que des ensembles finis.

5.1 Généralités sur le dénombrement

La notion de cardinal a été introduite dans la définition 12 de la page 71 du module II.1, qu'on peut résumer ainsi :

Définition 8. Soit E un ensemble fini. Le cardinal de E, noté $\operatorname{card}(E)$, est le nombre d'éléments de E.

Dénombrer un ensemble E consiste à déterminer le cardinal de E. Certains ensembles sont faciles à dénombrer, mais d'autres le sont moins. Il est donc nécessaire de donner des outils qui permettent de trouver systématiquement les éléments de E, sans en oublier, ni compter un élément plusieurs fois.
La proposition suivante est une reformulation des théorèmes 13-14 du module II.1. Ses assertions sont complètement intuitives et triviales, mais leur importance tient au fait qu'on les applique très fréquemment.

Proposition 10.

1. Soient E et F des ensembles finis tels qu'il existe une injection de E dans F. Alors $\text{card}\,(E) \leqslant \text{card}\,(F)$.
2. Soient E et F des ensembles finis tels qu'il existe une surjection de E dans F. Alors $\text{card}\,(E) \geqslant \text{card}\,(F)$.
3. Soient E et F des ensembles finis tels qu'il existe une bijection de E dans F. Alors $\text{card}\,(E) = \text{card}\,(F)$.
4. Soient E un ensemble fini et A une partie de E. Alors $\text{card}\,(A) \leqslant \text{card}\,(E)$.

Il arrive fréquemment en probabilités, lorsqu'on répète une certaine expérience plusieurs fois (lancer de dé, tirage avec remise, ...), que l'ensemble fondamental soit un ensemble produit. Le cardinal d'un tel ensemble est facile à calculer, comme le montre la proposition suivante.

Proposition 11. Si E est un ensemble fini de cardinal n, alors on note E^p l'ensemble des p-uplets d'éléments de E :

$$E^p := \{(x_1, \ldots, x_p) \mid x_i \in E, 1 \leqslant i \leqslant p\} .$$

Alors $\text{card}\,(E^p) = n^p$.

Démonstration. On peut démontrer ce résultat en appliquant le théorème 18 de la page 74 du module II.1. On peut aussi donner une preuve élémentaire. Pour construire un p-uplet, on a n choix pour x_1. Puisqu'on admet les répétitions, pour chaque choix de x_1, on a encore n choix pour x_2, donc au total $n \times n$ choix pour (x_1, x_2). Pour chacun de ces choix, on a à nouveau n choix pour x_3, et ainsi de suite : on a au total $n \times n \times \cdots \times n = n^p$ choix possibles. ∎

Exemple. Dans l'expérience 3 de la page 819 (double lancer de dés) : l'ensemble fondamental est $\Omega = E^p$ avec $E = \{1, 2, 3, 4, 5, 6\}$ et $p = 2$. Le cardinal de l'ensemble fondamental est $\text{card}\,(\Omega) = 6^2 = 36$. Les tirages étant équiprobables, la probabilité $\mathbb{P}$ est uniforme, c'est-à-dire que, pour tout couple $(i, j) \in \Omega$, on a $\mathbb{P}(\{(i, j)\}) = 1/36$. Pour l'événement $B =$ « la somme des dés est 8 », on a $\text{card}\,(B) = 5$. Par conséquent $\mathbb{P}(B) = \text{card}\,(B)/\text{card}\,(\Omega) = 5/36$.

La proposition suivante reprend des résultats extraits des théorèmes 24-26 du module II.1 et qui sont utiles en probabilités.

Proposition 12.
Soient E et F des ensembles finis, $n := \text{card}\,(E)$ et $p := \text{card}\,(F)$.

1. L'ensemble $\mathcal{F}(E, F)$ des applications de E dans F est de cardinal p^n.
2. L'ensemble $\mathcal{P}(E)$ des parties de E est de cardinal 2^n.

Démonstration. On donne juste des preuves élémentaires de ces résultats déjà démontrés dans le module II.1.

1. Une application de E dans F est spécifiée par la donnée de l'image de chaque élément de E. Or un élément de E a exactement p images possibles. Il y a n éléments dans E, donc le nombre total de choix est p^n.

2. On numérote les éléments de $E = \{x_1, \ldots, x_n\}$. On considère l'application :

$$\begin{aligned}\Psi :\ & \{0,1\}^n \to \mathcal{P}(E)\\ & (y_i)_{i=1,\ldots,n} \mapsto A = \bigcup_{i \mid y_i = 1} \{x_i\}\end{aligned}$$

Ψ est une bijection, son inverse est :

$$\begin{aligned}\Psi^{-1} :\ & \mathcal{P}(E) \to \{0,1\}^n\\ & A \mapsto (y_i)_{i=1,\ldots,n} \text{ avec } y_i = 1 \text{ si } x_i \in A,\ y_i = 0 \text{ si } x_i \notin A\end{aligned}$$

Par la proposition 10 de la page précédente, on a $\text{card}\,[\mathcal{P}(E)] = \text{card}\,[\{0,1\}^n]$. Par la proposition 11 de la page ci-contre, $\text{card}\,[\{0,1\}^n] = 2^n$, ce qui établit le résultat désiré. ■

5.2 Dénombrements classiques

Proposition 13. Soient E un ensemble fini de cardinal n, et p un entier $\leqslant n$. On appelle arrangement à p éléments de E une liste ordonnée $(x_1, \ldots, x_p)$ d'éléments de E tous distincts. Le nombre d'arrangements à p éléments de E est noté A_n^p et vaut :

$$A_n^p = \frac{n!}{(n-p)!} = n(n-1)(n-2)\cdots(n-p+1)\,.$$

La seconde formule $A_n^p = n(n-1)(n-2)\cdots(n-p+1)$ peut être utile en particulier lorsqu'on cherche à évaluer numériquement la valeur de A_n^p avec un n grand et un p petit. En effet, dans ce cas l'évaluation de $n!$ et de $(n-p)!$ conduit à des nombres très grands, et la précision numérique du rapport peut être mauvaise.

Démonstration. Ce résultat est une reformulation du théorème 27 de la page 78 du module II.1. On en donne ici une preuve élémentaire. On a n choix pour x_1. Pour chaque choix de x_1, on n'a plus que $n-1$ choix pour x_2, puis $n-2$ choix pour x_3 une fois que x_1 et x_2 ont été choisis, et ainsi de suite jusqu'à x_p pour lequel on a $n-(p-1) = n-p+1$ choix. On a donc $n \times (n-1)$ choix pour (x_1, x_2), $n \times (n-1) \times (n-2)$ choix pour (x_1, x_2, x_3), et finalement $A_n^p = n(n-1)(n-2)\cdots(n-p+1)$ choix pour l'arrangement. Et comme $n! = n \times (n-1) \times (n-2) \times \cdots \times (n-p+1) \times (n-p) \times \cdots \times 2 \times 1$, et $(n-p)! = (n-p) \times \cdots \times 2 \times 1$, on obtient finalement que $A_n^p = n!/(n-p)!$. ■

Remarques. 1. Comme on l'a vu dans le théorème 27 de la page 78 du module II.1, si E et F sont des ensembles finis, de cardinal $\text{card}\,(E) = p$ et $\text{card}\,(F) = n$, alors le nombre d'injections de E dans F est égal à A_n^p si $p \leqslant n$ et 0 si $p > n$.

2. Le nombre d'arrangements de n éléments d'un ensemble de cardinal n est $A_n^n = n!$. On appelle un tel arrangement une permutation. Le nombre $n!$ est donc le nombre de manières d'attribuer des numéros aux éléments de E. C'est le nombre de bijections entre l'ensemble $\{1, \dots, n\}$ et E, ou, plus généralement, le nombre de bijections entre deux ensembles E et F finis de même cardinal n.

3. L'ordre est important pour les arrangements. Par exemple, si on considère l'ensemble $E = \{1, 2, 3, 4, 5, 6\}$ et $p = 2$, alors les deux arrangements à deux éléments $(1, 2)$ et $(2, 1)$ sont différents et doivent être comptés pour 1 chacun.

Proposition 14. Soient E un ensemble fini de cardinal n, et p un entier $\leqslant n$. Le nombre de sous-ensembles de E qui ont p éléments, c'est-à-dire des parties de E de cardinal p, est noté C_n^p ou $\begin{pmatrix} n \\ p \end{pmatrix}$. On parle aussi du nombre de combinaisons à p éléments dans un ensemble à n éléments. Alors :

$$C_n^p = \frac{A_n^p}{p!} = \frac{n!}{p!(n-p)!} = \frac{n(n-1)(n-2)\cdots(n-p+1)}{p!}.$$

Remarque. En tenant compte du fait que $0! = 1$, on a $C_n^n = n!/(0!n!) = 1$, le seul sous-ensemble de E de cardinal égal à celui de E est E lui-même. De même $C_0^n = 1$ car le seul ensemble de cardinal 0 inclus dans E est l'ensemble vide.

Démonstration. Pour les sous-ensembles, l'ordre ne compte pas. Si l'on reprend l'exemple avec $E = \{1, 2, 3, 4, 5, 6\}$ et $p = 2$, les notations $\{1, 2\}$ et $\{2, 1\}$ représentent le même sous-ensemble. Donc il y a plusieurs arrangements possibles correspondant à un même sous-ensemble. Plus précisément, étant donné un sous-ensemble $\{x_1, \dots, x_p\}$, tous les arrangements mettant en jeu ces mêmes p éléments s'obtiennent en changeant l'ordre, en renumérotant l'ensemble $\{x_1, \dots, x_p\}$. Nous venons de voir qu'il y avait $p!$ manières de faire cela. Donc à chaque combinaison (sous-ensemble) de p éléments de E correspondent $p!$ arrangements, et le nombre de sous-ensembles est celui d'arrangements, divisé par $p!$. Cela prouve au passage que la formule de C_n^p donne toujours un nombre entier, ce qui n'était pas évident. ■

Exemple. Si l'on interprète l'expérience 3 de la page 819 avec des dés indistinguables (on les lance en même temps et ils ont la même couleur), alors on considère que $(6, 2) = (2, 6)$ par exemple, et l'ensemble fondamental est :

$$\begin{aligned}\Omega' = \{&(1,1), (2,2), (3,3), (4,4), (5,5), (6,6), (1,2), (1,3), (1,4), (1,5), (1,6)\} \\ &\cup \{(2,3), (2,4), (2,5), (2,6), (3,4), (3,5), (3,6), (4,5), (4,6), (5,6)\}\ .\end{aligned}$$

L'ensemble Ω' contient 6 paires et toutes les combinaisons à deux éléments pris dans $\{1,2,3,4,5,6\}$, donc $\operatorname{card}(\Omega') = 6 + C_6^2 = 21$. Dans ce modèle, l'événement $B =$ « la somme des dés est 8 » a pour éléments $(2,6)$, $(3,5)$ et $(4,4)$.
Supposons qu'on adopte un modèle de probabilité uniforme sur Ω'. La probabilité de B serait alors $3/21 = 1/7 > 5/36$. Il y a clairement un problème. En effet, les tirages $(4,4)$ et $(3,5)$ ne sont pas équiprobables, car, pour sortir un double 4, il faut que les deux dés soient égaux à 4, alors que pour sortir un 3 et un 5, il faut qu'un des dés donne 3 et l'autre donne 5, donc on a deux « possibilités ». On peut obtenir un modèle valide en ne considérant pas les singletons de notre Ω' comme équiprobables, mais que $\mathbb{P}(\{(i,j)\}) = 1/36$ si $i \neq j$, $\mathbb{P}(\{(i,j)\}) = 2/36 = 1/18$ si $i = j$. On obtient alors les mêmes probabilités que le modèle précédent pour les événements qui peuvent être définis dans les deux modèles (c'est-à-dire ceux qui ne dépendent pas de l'ordre des dés). Ainsi :

$$\mathbb{P}(B) = \mathbb{P}(\{(2,6)\}) + \mathbb{P}(\{(3,5)\}) + \mathbb{P}(\{(4,4)\}) = \frac{1}{18} + \frac{1}{18} + \frac{1}{36} = \frac{5}{36} \cdot$$

5.3 Dénombrement appliqué au loto

On considère tout d'abord la forme classique du loto, qui a été utilisée de 1976 à 2008. Un joueur choisit 6 numéros parmi 49 (sans répétition). Les organisateurs du jeu tirent eux aussi de leur côté 6 numéros. Si les deux choix sont identiques, le joueur est gagnant. Il peut y avoir des « petits » gagnants (lorsque le joueur trouve 3, 4 ou 5 numéros sur les six). La formule comporte aussi le tirage d'un numéro complémentaire en plus des six numéros. Un joueur qui trouve cinq bons numéros plus le numéro complémentaire gagne un lot de consolation.
Le calcul de la probabilité de gain par un joueur n'est pas compliqué. Il y a C_{49}^6 possibilités de choisir six numéros distincts parmi 49, et toutes les combinaisons sont équiprobables. Donc la probabilité qu'un joueur trouve les six bons numéros est :

$$p_6 = \frac{1}{C_{49}^6} = \frac{1}{13\,983\,816} \simeq 0{,}00000715\ \%\,.$$

La probabilité qu'il en trouve 5 est :

$$p_5 = \frac{C_{43}^1 C_6^5}{C_{49}^6} = \frac{43}{2\,330\,636} \simeq 0{,}00184\ \%\,,$$

car il y a C_6^5 choix possibles de cinq bons numéros, et C_{43}^1 choix possibles d'un mauvais numéro. De même, les probabilités d'avoir quatre ou trois bons numéros sont :

$$p_4 = \frac{C_{43}^2 C_6^4}{C_{49}^6} = \frac{645}{665\,896} \simeq 0{,}0969\ \%\,,$$

$$p_3 = \frac{C_{43}^3 C_6^3}{C_{49}^6} = \frac{8\,815}{499\,422} \simeq 1{,}765\ \%\,.$$

Enfin, la probabilité d'avoir cinq bons numéros plus le complémentaire est :

$$p_c = \frac{C_6^5}{C_{49}^6} = \frac{1}{2\,330\,636} \simeq 0{,}0000429\ \%\,.$$

L'intuition peut être mise en défaut dans ce genre de situations. Par exemple, il paraît intuitivement peu probable que la bonne combinaison de six numéros comporte deux numéros qui se suivent. Et pourtant, l'exercice qui suit montre que cette probabilité est exactement $1 - C_{44}^6/C_{49}^6$, c'est-à-dire à peu près $50\ \%$.
La forme moderne du loto, mis en place à partir de 2008, est légèrement différente : elle comporte le tirage de 5 boules parmi 49, et le tirage d'un « numéro chance »parmi 10. Donc la probabilité qu'un joueur trouve la bonne combinaison est :

$$p = \frac{1}{C_{49}^5}\frac{1}{10} = \frac{1}{19\ 068\,840} \simeq 0{,}00000524\ \%\,,$$

car il y a C_{49}^5 choix possibles des cinq premiers numéros, et 10 choix possibles du « numéro chance ». Notez qu'on a moins de chance de gagner le gros lot avec la nouvelle version qu'avec la version classique.

Exercice 2.
On choisit au hasard (i.e. de manière équiprobable) r nombres distincts parmi les n premiers entiers strictement positifs. Calculer la probabilité que cette suite de r nombres ne possède pas de numéros qui se suivent.
Solution. Il faut dénombrer le nombre de choix possibles de telles suites. Cela revient à dénombrer le nombre de « manières » de choisir r objets parmi n objets alignés, en laissant au moins un objet entre deux objets sélectionnés. Or l'ensemble E de ces « manières » est en bijection avec l'ensemble F des « manières » de choisir r objets parmi $n - (r - 1)$ objets alignés sans prendre garde aux espacements. En effet, cette bijection se construit en effaçant les $r - 1$ objets qui suivent les $r - 1$ premiers objets sélectionnés. La fonction réciproque se construit en insérant $r - 1$ objets après chacun des $r - 1$ premiers objets sélectionnés. Dans le cas $n = 8$ et $r = 3$, cela donne :

$$\begin{array}{ccc} E & \to & F \\ \times\times\otimes\times\otimes\times\times\otimes & \mapsto & \times\times\otimes\otimes\times\otimes \\ \otimes\times\otimes\times\times\otimes\times\times & \mapsto & \otimes\otimes\times\otimes\times\times \end{array}$$

où on a juste représenté la transformation de deux objets particuliers. On a donc :

$$\operatorname{card}(E) = \operatorname{card}(F) = C_{n-r+1}^r\,,$$

et la probabilité cherchée est :

$$p = \frac{C_{n-r+1}^r}{C_n^r}\,.$$

---

6 Conditionnement et indépendance

6.1 Probabilité conditionnelle

6.1.1 Approche intuitive des probabilités conditionnelles

La notion de probabilité conditionnelle intervient chaque fois que l'on dispose d'une information supplémentaire qui restreint le champ du possible, et qui permet (par exemple) de réviser ses pronostics sur la probabilité de réalisation d'un événement. Considérons l'exemple du loto. On assiste en direct au tirage, et l'on voit la première boule sortir : le 13. La probabilité de toutes les combinaisons de six numéros ne contenant pas le 13 devient instantanément nulle, alors que les combinaisons de numéros qui contiennent le 13 voient leur probabilité augmenter.

Prenons un exemple un peu moins calculatoire, l'expérience 3 de la page 819 : on lance deux fois un dé, et on considère l'événement $B =$ « le résultat du second dé est plus grand (strictement) que le premier ». La probabilité de cet événement est $\mathbb{P}(B) = 15/36 = 5/12$, car il y a 15 combinaisons sur 36 pour lesquelles cet événement est réalisé. Supposons qu'on observe le résultat du premier lancer. Si on obtient un 6, alors la probabilité d'obtenir un plus grand chiffre au second lancer est clairement nulle. Si on obtient un 5 (événement noté A), alors la probabilité d'obtenir un plus grand chiffre au second lancer n'est pas nulle, mais on voit bien qu'elle est réduite par rapport à ce qu'elle était sans cette information supplémentaire. Pour que B se réalise, il faut maintenant que le résultat du second dé soit égal à 6, donc la probabilité de l'événement est maintenant $1/6$. On dit que la probabilité de B sachant A est $1/6$, et on note $\mathbb{P}(B|A) = 1/6$. Notez que $A \cap B$ se réduit au singleton $\{(5,6)\}$, donc $\mathbb{P}(A \cap B) = 1/36$, et $\mathbb{P}(A) = 1/6$, si bien que l'égalité $\mathbb{P}(B|A) = \mathbb{P}(A \cap B)/\mathbb{P}(A)$ est satisfaite.

On peut deviner que cette égalité devrait être largement vérifiée, en raisonnant avec notre représentation intuitive d'une probabilité comme une fréquence empirique (voir le paragraphe 4.2.1). Considérons une certaine expérience aléatoire (par exemple, le lancer de deux dés). On cherche à évaluer la probabilité qu'un certain événement B se réalise (par exemple, le résultat du second dé est plus grand que le premier) sachant qu'un événement A s'est réalisé (par exemple, la premier dé donne un 5). Pour avoir une estimée intuitive de cette probabilité conditionnelle, on va mener N répétitions de l'expérience aléatoire dans des « conditions identiques et indépendantes », puis on ne va considérer que les $N(A)$ répétitions de l'expérience qui ont réalisé A. Nous pouvons penser que la fréquence $N(A \cap B)/N(A)$ de réalisation de l'événement B parmi les $N(A)$ répétitions de l'expérience qui ont réalisé A fournit une estimation de la probabilité conditionnelle de B sachant A. Puisque $N(A \cap B)/N(A)$ est le quotient de $N(A \cap B)/N$ par $N(A)/N$, la relation suivante paraît naturelle :

$$\mathbb{P}(B|A) \simeq \frac{N(A \cap B)}{N(A)} = \frac{N(A \cap B)}{N} \times \frac{N}{N(A)} \simeq \frac{\mathbb{P}(A \cap B)}{\mathbb{P}(A)}.$$

6.1.2 Définition axiomatique

Les considérations précédentes motivent la définition suivante.

Définition 9. Soient $(\Omega, \mathcal{P}(\Omega), \mathbb{P})$ un espace de probabilité fini, et A un événement de probabilité non nulle. Pour tout événement $B \in \mathcal{P}(\Omega)$, on appelle probabilité conditionnelle de B sachant A, le nombre :

$$\mathbb{P}(B|A) := \frac{\mathbb{P}(A \cap B)}{\mathbb{P}(A)}.$$

Notez bien qu'il s'agit d'une définition axiomatique. Le raisonnement avec les mains fait

dans le paragraphe précédent ne nous sert qu'à justifier l'intérêt pratique de la définition et son lien avec l'intuition.
On a ainsi défini une nouvelle application $B \mapsto \mathbb{P}(B|A)$ qui va de $\mathcal{P}(\Omega)$ dans $\mathbb{R}$. Comme le montre la proposition suivante, cette application est une probabilité.

Proposition 15. Soient $(\Omega, \mathcal{P}(\Omega), \mathbb{P})$ un espace de probabilité fini, et A un événement de probabilité non nulle. Le triplet $\big(\Omega, \mathcal{P}(\Omega), \mathbb{P}(\cdot|A)\big)$ définit un espace de probabilité fini.

Démonstration. Nous devons vérifier les deux axiomes d'une probabilité. Le premier axiome de la définition 6 de la page 821 explique pourquoi nous avons divisé par $\mathbb{P}(A)$. En effet :

$$\mathbb{P}(\Omega|A) = \frac{\mathbb{P}(A \cap \Omega)}{\mathbb{P}(A)} = \frac{\mathbb{P}(A)}{\mathbb{P}(A)} = 1\,.$$

Si maintenant nous avons deux événements $B_1, B_2 \in \Omega$ tels que $B_1 \cap B_2 = \varnothing$, alors $(A \cap B_1) \cap (A \cap B_2) = A \cap B_1 \cap B_2 = \varnothing$, donc :

$$\begin{aligned}\mathbb{P}(B_1 \cup B_2|A) &= \frac{\mathbb{P}(A \cap (B_1 \cup B_2))}{\mathbb{P}(A)} = \frac{\mathbb{P}((A \cap B_1) \cup (A \cap B_2))}{\mathbb{P}(A)}\\ &= \frac{\mathbb{P}(A \cap B_1) + \mathbb{P}(A \cap B_2)}{\mathbb{P}(A)} = \frac{\mathbb{P}(A \cap B_1)}{\mathbb{P}(A)} + \frac{\mathbb{P}(A \cap B_2)}{\mathbb{P}(A)}\\ &= \mathbb{P}(B_1|A) + \mathbb{P}(B_2|A)\,,\end{aligned}$$

ce qui montre que $\mathbb{P}(\cdot|A)$ vérifie le second axiome de la définition 6 de la page 821. ■

6.2 Probabilités composées, probabilités totales

6.2.1 Probabilités composées

En multipliant la formule définissant la probabilité conditionnelle $\mathbb{P}(B|A)$ par $\mathbb{P}(A)$ (donnée par la définition 9 de la page précédente), on obtient la formule des probabilités composées :

$$\mathbb{P}(A \cap B) = \mathbb{P}(A)\mathbb{P}(B|A)\,, \tag{17}$$

valable pour tout couple d'événements A et B, pourvu que $\mathbb{P}(A) > 0$. C'est une formule très intuitive : pour que A et B se produisent, il faut que A se produise, et, sachant que A se produit, il faut que B se produise.

Exercice 3.
Soit un tiroir contenant 6 chaussettes noires et 4 chaussettes blanches. Si on tire au hasard (sans remise) deux chaussettes de ce tiroir, quelle est la probabilité de tirer une paire de chaussettes blanches ?

Solution. On considère l'événement $A =$ « la première chaussette tirée est blanche » et l'événement $B =$ « la seconde chaussette tirée est blanche ». On cherche $\mathbb{P}(A \cap B)$. La probabilité que la première chaussette soit blanche est $\mathbb{P}(A) = 4/10 = 2/5$. Une fois que l'on a tiré une chaussette blanche, c'est-à-dire que A est réalisé, le tiroir ne contient plus que 6 chaussettes noires et 3 blanches. La probabilité que la seconde chaussette tirée soit blanche est alors $\mathbb{P}(B|A) = 3/9 = 1/3$. On obtient en appliquant la formule des probabilités composées :

$$\mathbb{P}(A \cap B) = \mathbb{P}(A)\mathbb{P}(B|A) = \frac{2}{5} \times \frac{1}{3} = \frac{2}{15} \cdot$$

6.2.2 Formule des probabilités totales

Considérons deux événements A et B, avec $\mathbb{P}(A) \in]0, 1[$. La formule des probabilités composées appliquée au couple (A, B) nous donne la relation (17). On peut aussi appliquer cette formule au couple (A^c, B), ce qui donne :

$$\mathbb{P}(A^c \cap B) = \mathbb{P}(A^c)\mathbb{P}(B|A^c) \,. \qquad (18)$$

Or, $A \cap B$ et $A^c \cap B$ sont disjoints, et leur union donne B. On a donc :

$$\mathbb{P}(B) = \mathbb{P}(A \cap B) + \mathbb{P}(A^c \cap B) \,.$$

En substituant (17) et (18) dans cette équation, on obtient la formule des probabilités totales :

Proposition 16. Soient A et B deux événements, avec $\mathbb{P}(A) \in]0, 1[$. On a :

$$\mathbb{P}(B) = \mathbb{P}(A)\mathbb{P}(B|A) + \mathbb{P}(A^c)\mathbb{P}(B|A^c) \,.$$

Exercice 4.

Reprendre l'exercice précédent et calculer la probabilité de l'événement $B =$ « la seconde chaussette tirée est blanche ».

Solution. On va faire ce calcul en faisant intervenir l'événement $A =$ « la première chaussette tirée est blanche ». On a $\mathbb{P}(A) = 4/10 = 2/5$ et $\mathbb{P}(A^c) = 1 - \mathbb{P}(A) = 3/5$. D'une part, une fois que l'événement A est réalisé, il reste dans le tiroir, après ce premier tirage, 6 chaussettes noires et 3 chaussettes blanches. Donc $\mathbb{P}(B|A) = 3/9 = 1/3$. D'autre part, une fois que l'événement A^c est réalisé, il reste dans le tiroir 5 chaussettes noires et 4 chaussettes blanches. Donc $\mathbb{P}(B|A^c) = 4/9$. En appliquant la formule des probabilités totales, on obtient que la probabilité de B est donnée par :

$$\mathbb{P}(B) = \mathbb{P}(A)\mathbb{P}(B|A) + \mathbb{P}(A^c)\mathbb{P}(B|A^c) = \frac{2}{5} \times \frac{1}{3} + \frac{3}{5} \times \frac{4}{9} = \frac{2}{15} + \frac{4}{15} = \frac{2}{5} \cdot$$

On trouve donc ici que $\mathbb{P}(B) = \mathbb{P}(A)$, ce qui n'était pas évident *a priori*. En guise de nouvel exercice, on peut considérer le cas d'un tiroir contenant p chaussettes blanches et n chaussettes noires, avec $n \geqslant 1$, $p \geqslant 1$, et vérifier que $\mathbb{P}(A) = \mathbb{P}(B) = p/(n+p)$ en suivant la démonstration précédente.

On peut écrire une version plus générale de la proposition 16, après avoir posé la définition suivante :

Définition 10. On appelle système complet d'événements une partition de Ω, c'est-à-dire une famille d'événements $A_1, \ldots, A_n$ deux-à-deux disjoints (incompatibles), tels que $\Omega = A_1 \cup \cdots \cup A_n$.

Par exemple, si A est un événement quelconque, alors (A, A^c) est un système complet d'événements.

Proposition 17. Soit $A_1, \dots, A_n$ un système complet d'événements, avec, pour tout $i = 1, \dots, n$, $\mathbb{P}(A_i) > 0$. Alors pour tout événement B, on a :

$$\mathbb{P}(B) = \mathbb{P}(A_1)\mathbb{P}(B|A_1) + \mathbb{P}(A_2)\mathbb{P}(B|A_2) + \cdots + \mathbb{P}(A_n)\mathbb{P}(B|A_n).$$

Démonstration. Comme $A_1 \cup \cdots \cup A_n = \Omega$:

$$B = B \cap \Omega = B \cap (A_1 \cup \cdots \cup A_n) = (B \cap A_1) \cup \cdots \cup (B \cap A_n),$$

et comme les événements $B \cap A_i$ sont deux-à-deux disjoints :

$$\mathbb{P}(B) = \mathbb{P}(B \cap A_1) + \cdots + \mathbb{P}(B \cap A_n).$$

On applique enfin la formule des probabilités composées à chaque terme de la somme, ce qui donne la formule espérée. ■

Dans le cas $n = 2$, on retrouve exactement l'énoncé de la proposition 16 de la page précédente.

Exercice 5.
Une célèbre marque de montres produit des montres de très bonne qualité, avec une probabilité de panne 10^{-2}. Malheureusement, des contrefaçons de mauvaise qualité ont été mises en circulation, et celles-ci occupent $20\ \%$ du marché. Ces contrefaçons ont une probabilité de panne de $0{,}1$. Si on achète une montre, quelle est la probabilité qu'elle ne marche pas ?
Solution. On introduit les événements $A =$ « la montre est une contrefaçon » et $B =$ « la montre ne marche pas ». D'après l'énoncé, on a $\mathbb{P}(A) = 0{,}2$ et $\mathbb{P}(B|A) = 0{,}1$. Si la montre est un article authentique, alors elle a une chance sur 100 de ne pas marcher, donc $\mathbb{P}(B|A^c) = 0{,}01$. D'après la formule des probabilités totales, la probabilité que la montre ne marche pas est :

$$\mathbb{P}(B) = \mathbb{P}(A)\mathbb{P}(B|A) + \mathbb{P}(A^c)\mathbb{P}(B|A^c) = 0,2 \times 0,1 + (1 - 0{,}2) \times 0{,}01 = 2{,}8\ \%.$$

6.3 Formule de Bayes

Dans les exercices précédents, on cherche la probabilité d'un événement, l'« effet », en fonction de celles d'événements qui ont pu l'influer, les « causes », et on détermine la probabilité de l'effet en fonction des probabilités des causes. Dans certaines situations, on peut être amené à adopter le point de vue inverse, dans le sens où on observe un certain effet, et on cherche les causes qui ont pu conduire à cet effet. Supposons que, dans l'exercice précédent, on achète une montre qui s'avère défectueuse. Quelle est la probabilité que ce soit une contrefaçon ? Notons A l'événement « la montre est une contrefaçon », et B l'événement « la montre ne marche pas ». D'après les calculs faits dans l'exercice précédent, nous voyons que $\mathbb{P}(A) = 0{,}2$, $\mathbb{P}(B|A) = 0{,}1$, donc $\mathbb{P}(A \cap B) = 0{,}02$, et la probabilité totale de B est $0{,}028$. La probabilité de A sachant B est donc :

$$\mathbb{P}(A|B) = \frac{\mathbb{P}(A \cap B)}{\mathbb{P}(B)} = \frac{0{,}02}{0{,}028} = \frac{10}{14} \simeq 71\ \%.$$

Ce type de raisonnements se généralise et conduit à la formule de Bayes :

Proposition 18 (Formule de Bayes). Soit $A_1, \dots, A_n$ un système complet d'événements de probabilités non nulles. Alors pour tout événement de probabilité non nulle B, pour tout $i \in \{1, \dots, n\}$, on a :

$$\mathbb{P}(A_i|B) = \frac{\mathbb{P}(A_i)\mathbb{P}(B|A_i)}{\mathbb{P}(A_1)\mathbb{P}(B|A_1) + \cdots + \mathbb{P}(A_n)\mathbb{P}(B|A_n)}.$$

En particulier, si A est un événement tel que $0 < \mathbb{P}(A) < 1$ (et donc n'est ni impossible, ni certain), alors :

$$\mathbb{P}(A|B) = \frac{\mathbb{P}(A)\mathbb{P}(B|A)}{\mathbb{P}(A)\mathbb{P}(B|A) + \mathbb{P}(A^c)\mathbb{P}(B|A^c)}.$$

Démonstration. On commence par écrire la définition d'une probabilité conditionnelle :

$$\mathbb{P}(A_i|B) = \frac{\mathbb{P}(A_i \cap B)}{\mathbb{P}(B)}.$$

Le numérateur peut se réécrire $\mathbb{P}(A_i \cap B) = \mathbb{P}(A_i|B)\mathbb{P}(B)$. On applique enfin la formule des probabilités totales au dénominateur. ■

Exercice 6.
Reprenons encore une fois l'exercice 3 de la page 832. On tire une paire de chaussettes dans un tiroir qui contient initialement 6 chaussettes noires et 4 chaussettes blanches. On ne regarde pas la première chaussette tirée, on regarde la seconde et on constate qu'elle est blanche : quelle est la probabilité que la première chaussette tirée soit blanche aussi ?
Solution. On note $A =$ « la première chaussette est blanche » et $B =$ « la seconde chaussette est blanche ». Sans l'information sur la couleur de la seconde chaussette tirée, la probabilité que la première chaussette soit blanche est $\mathbb{P}(A) = 4/10 = 2/5$. Avec l'information supplémentaire, on cherche la probabilité conditionnelle $\mathbb{P}(A|B)$. En appliquant la formule de Bayes, et en utilisant toutes les valeurs des probabilités conditionnelles qu'on a déjà obtenues, on obtient :

$$\mathbb{P}(A|B) = \frac{\mathbb{P}(A)\mathbb{P}(B|A)}{\mathbb{P}(A)\mathbb{P}(B|A) + \mathbb{P}(A^c)\mathbb{P}(B|A^c)} = \frac{2/5 \times 1/3}{2/5 \times 1/3 + 3/5 \times 4/9} = \frac{1}{3}.$$

6.4 Indépendance de deux événements

Il arrive que la réalisation d'un événement A n'ait aucune influence sur la probabilité de réalisation d'un autre événement B. Prenons l'exemple du lancer de deux dés. Si A est l'événement « le premier dé donne un 6 », et B est l'événement « le second dé donne un 6 », alors il est clair que, comme le second dé n'a pas de relation avec le premier, on a donc $\mathbb{P}(B|A) = \mathbb{P}(B|A^c) = \mathbb{P}(B)$. Cette relation est vérifiée si, et seulement si, $\mathbb{P}(A \cap B) = \mathbb{P}(A)\mathbb{P}(B)$. Cette dernière formule, qui a un sens même quand les probabilités s'annulent, est celle que nous adopterons comme définition.

Définition 11. Deux événements A et B sont dits indépendants si :

$$\mathbb{P}(A \cap B) = \mathbb{P}(A)\mathbb{P}(B).$$

Remarque. Il ne faut pas confondre les notions d'événements indépendants et d'événements incompatibles. Si deux événements sont incompatibles, alors la réalisation de l'un d'entre eux influe beaucoup sur la probabilité de réalisation de l'autre, puisqu'en fait elle l'annule. L'exercice suivant montre que deux événements ne peuvent être à la fois indépendants et incompatibles que si l'un des deux est de probabilité nulle.

Exercice 7.

Montrer que, si A et B sont deux événements incompatibles et indépendants, alors $\mathbb{P}(A) = 0$ ou $\mathbb{P}(B) = 0$.

Solution. D'une part, A et B sont indépendants, donc $\mathbb{P}(A \cap B) = \mathbb{P}(A)\mathbb{P}(B)$. D'autre part, A et B sont incompatibles, donc $A \cap B = \varnothing$ et $\mathbb{P}(A \cap B) = 0$. Ainsi $\mathbb{P}(A)\mathbb{P}(B) = 0$ ce qui donne le résultat énoncé.

Exemple. On lance deux dés, et on considère l'événement $A =$ « le premier dé donne un 6 », et l'événement $B =$ « le second dé donne un 6 ». Alors $\mathbb{P}(A) = 1/6$, $\mathbb{P}(B) = 1/6$ et $\mathbb{P}(A \cap B) = 1/36$: on a bien $\mathbb{P}(A \cap B) = \mathbb{P}(A)\mathbb{P}(B)$, les deux événements sont indépendants. De façon générale, tout événement qui peut se décrire uniquement en termes du résultat du premier dé est indépendant de tout événement qui peut se décrire uniquement en termes du résultat du second dé.

Il arrive fréquemment que l'intuition soit mise en défaut, et que deux événements paraissent dépendants alors qu'ils sont indépendants, ou vice-versa.

Exemple. On tire à pile ou face avec une pièce équilibrée trois fois. On modélise cette expérience par l'espace fondamental $\Omega = \{P, F\}^3$ et par la probabilité $\mathbb{P}$ uniforme sur Ω. On considère l'événement $A =$ « les trois lancers donnent le même résultat », et l'événement $B =$ « on obtient au plus un pile P ». Ces événements ne paraissent pas indépendants, du moins intuitivement. Décrivons les ensembles A et B :

$$A = \{(FFF), (PPP)\}, \quad B = \{(FFF), (PFF), (FPF), (FFP)\},$$

ce qui donne $\mathbb{P}(A) = 2/8 = 1/4$ et $\mathbb{P}(B) = 4/8 = 1/2$, car $\operatorname{card}(\Omega) = 2^3 = 8$. On obtient aussi $A \cap B = \{(FFF)\}$, et donc $\mathbb{P}(A \cap B) = 1/8$. On a :

$$\mathbb{P}(A \cap B) = \frac{1}{8} = \frac{1}{4} \times \frac{1}{2} = \mathbb{P}(A)\mathbb{P}(B),$$

ce qui montre que les événements A et B sont indépendants.

Remarque. La notion d'indépendance est liée à la probabilité en vigueur $\mathbb{P}$. Deux événements indépendants sous une certaine probabilité $\mathbb{P}$ n'ont pas de raison de l'être si on change la probabilité, comme le montre l'exemple suivant.

Exemple. On considère l'ensemble fondamental $\Omega = \{0,1\}^2 = \{(i,j) \mid i,j = 0 \text{ ou } 1\}$. On introduit les événements :

$$A = \{(i,j) \in \Omega \mid i = 0\} = \{(1,0)\} \cup \{(1,1)\},$$
$$B = \{(i,j) \in \Omega \mid i = j\} = \{(0,0)\} \cup \{(1,1)\}.$$

On a bien sûr $A \cap B = \{(1,1)\}$.
1. Prenons comme probabilité $\mathbb{P}_1 =$ la probabilité uniforme sur Ω. Alors $\mathbb{P}_1(A) = 1/2$, $\mathbb{P}_1(B) = 1/2$ et $\mathbb{P}_1(A \cap B) = 1/4$, ce qui montre que A et B sont indépendants.
2. Changeons de probabilité et prenons $\mathbb{P}_2$ définie par :

$$\mathbb{P}_2((0,0)) = \mathbb{P}_2((1,1)) = \frac{1}{3}, \qquad \mathbb{P}_2((0,1)) = \mathbb{P}_2((1,0)) = \frac{1}{6}\cdot$$

Alors $\mathbb{P}_2(A) = 1/2$, $\mathbb{P}_2(B) = 2/3$ et $\mathbb{P}_2(A \cap B) = 1/3$, ce qui montre que A et B sont aussi indépendants sous $\mathbb{P}_2$.
3. Considérons enfin la probabilité $\mathbb{P}_3$ définie par :

$$\mathbb{P}_3((0,0)) = \frac{1}{2}, \qquad \mathbb{P}_3((0,1)) = \mathbb{P}_3((1,0)) = \mathbb{P}_3((1,1)) = \frac{1}{6}\cdot$$

Alors $\mathbb{P}_3(A) = 1/3$, $\mathbb{P}_3(B) = 2/3$ et $\mathbb{P}_3(A \cap B) = 1/6$, et donc $\mathbb{P}_3(A \cap B) \neq \mathbb{P}_3(A)\mathbb{P}_3(B)$ ce qui montre que A et B ne sont pas indépendants sous $\mathbb{P}_3$.

Il faut donc faire attention et ne pas faire d'extrapolation abusive. En particulier, si deux événements A et B sont indépendants, et C est un événement de probabilité non nulle, alors on n'a pas forcément $\mathbb{P}(A \cap B|C) = \mathbb{P}(A|C)\mathbb{P}(B|C)$.

Exemple. Reprenons l'exemple précédent avec la probabilité uniforme $\mathbb{P}_1$ et considérons $C = \{(0,0)\} \cup \{(1,1)\}$. On vérifie que :

$$\mathbb{P}(A|C) = 1/2,\ \mathbb{P}(B|C) = 1/2 \quad \text{et} \quad \mathbb{P}(A \cap B|C) = 1/2 \neq 1/4 = \mathbb{P}(A|C)\mathbb{P}(B|C).$$

La proposition suivante permet d'éviter dans une situation donnée de faire plusieurs fois le même calcul pour rien. Elle offre aussi la possibilité de démontrer que A et B sont indépendants en considérant A^c et B par exemple.

Proposition 19. Si A et B sont indépendants, alors A et B^c, A^c et B, et A^c et B^c sont aussi indépendants.

Démonstration. Il suffit de montrer la première conclusion, les autres s'en déduisent en échangeant les rôles de A et B. Comme $A = (A \cap B^c) \cup (A \cap B)$ avec union disjointe, on peut écrire que $\mathbb{P}(A) = \mathbb{P}(A \cap B^c) + \mathbb{P}(A \cap B)$ et donc :

$$\mathbb{P}(A \cap B^c) = \mathbb{P}(A) - \mathbb{P}(A \cap B) = \mathbb{P}(A)(1 - \mathbb{P}(B)) = \mathbb{P}(A)\mathbb{P}(B^c),$$

ce qui montre que A et B^c sont indépendants. ■

Exercice 8.

On lance deux dés, et on considère l'événement $A =$ « le premier dé donne un 6 », l'événement $B =$ « le second dé donne un 6 » et l'événement $C =$ « les résultats des deux dés sont différents ». Montrer que ces trois événements sont indépendants deux-à-deux.

Solution. On a déjà vu que les événements A et B étaient indépendants et qu'on avait $\mathbb{P}(A) = \mathbb{P}(B) = 1/6$.
Le complémentaire de C est l'événement C^c = « les résultats des deux dés sont identiques », qui est un ensemble plus facile à dénombrer, et on trouve $\mathbb{P}(C^c) = 6/36 = 1/6$.
On a aussi $A \cap C^c = \{(6,6)\}$, donc :

$$\mathbb{P}(A \cap C^c) = \frac{1}{36} = \frac{1}{6} \times \frac{1}{6} = \mathbb{P}(A)\mathbb{P}(C^c)\,,$$

ce qui montre que A et C^c sont indépendants. D'après la proposition 19 de la page précédente, A et C sont donc indépendants.
Enfin, comme $B \cap C^c = \{(6,6)\}$ on a de même $\mathbb{P}(B \cap C^c) = 1/36 = \mathbb{P}(B)\mathbb{P}(C^c)$: B et C^c sont indépendants, donc B et C sont indépendants.

6.5 Indépendance de familles d'événements

Dans l'exercice précédent, les trois événements A, B et C sont indépendants deux-à-deux. Cependant, ces trois événements ne sont pas indépendants, dans le sens où la réalisation de deux d'entre eux influe fortement sur la réalisation du troisième. En fait, dans cet exercice, si A et B se réalisent, alors C devient impossible : $\mathbb{P}(C|A \cap B) = 0 \neq 1/6 = \mathbb{P}(C)$. Ceci montre que la notion d'indépendance d'une famille d'événements ne se réduit pas à une indépendance deux-à-deux. On adoptera la définition suivante.

Définition 12. Une famille d'événements $A_1, \ldots, A_n$ est dite (mutuellement) indépendante si, quel que soit $2 \leqslant p \leqslant n$, et quelle que soit la sous-famille de p événements $A_{i_1}, \ldots, A_{i_p}$, on a :

$$\mathbb{P}(A_{i_1} \cap \cdots \cap A_{i_p}) = \mathbb{P}(A_{i_1}) \cdots \mathbb{P}(A_{i_p})\,.$$

Dans le cas d'une famille de deux événements $n = 2$, on retrouve bien sûr la définition 11 de la page 836, car les seuls choix possibles sont $i_1 = 1$ et $i_2 = 2$.
Dans le cas d'une famille de trois événements $n = 3$, les conditions à vérifier sont au nombre de quatre. On a trois conditions pour $p = 2$:

$$\mathbb{P}(A_1 \cap A_2) = \mathbb{P}(A_1)\mathbb{P}(A_2)\,,$$
$$\mathbb{P}(A_1 \cap A_3) = \mathbb{P}(A_1)\mathbb{P}(A_3)\,,$$
$$\mathbb{P}(A_2 \cap A_3) = \mathbb{P}(A_2)\mathbb{P}(A_3)\,,$$

et une condition pour $p = 3$:

$$\mathbb{P}(A_1 \cap A_2 \cap A_3) = \mathbb{P}(A_1)\mathbb{P}(A_2)\mathbb{P}(A_3)\,.$$

Exercice 9.

Reprendre l'exercice précédent du lancer de deux dés (avec $A_1 = A$, $A_2 = B$, $A_3 = C$). Montrer que les événements A_1, A_2 et A_3 ne sont pas indépendants.

Solution. D'après l'exercice précédent, les événements sont deux-à-deux indépendants, c'est-à-dire qu'ils vérifient toutes les conditions pour $p = 2$, mais $A_1 \cap A_2 \cap A_3 = \varnothing$, d'où $\mathbb{P}(A_1 \cap A_2 \cap A_3) = 0$, tandis que $\mathbb{P}(A_1)\mathbb{P}(A_2)\mathbb{P}(A_3) = 1/8$. La dernière condition n'est donc pas vérifiée, ce qui montre que les événements A_1, A_2 et A_3 ne sont pas indépendants.

Proposition 20. Soit $A_1, \ldots, A_n$ une famille d'événements indépendants. Pour chaque i, on prend $A'_i = A_i$ ou A_i^c. Alors les événements $A'_1, \ldots, A'_n$ sont indépendants.

Démonstration. On fixe n. On note p le nombre d'indices i pour lesquels $A'_i = A_i^c$. On va démontrer la propriété par récurrence sur p. Pour $p = 0, \ldots, n$ on note l'assertion :
(H_p) Pour tout sous-ensemble d'indices $J' \subset \{1, \ldots, n\}$, pour tout sous-ensemble d'indices $J \subset \{1, \ldots, n\}$ avec $J' \cap J = \varnothing$ et $\mathrm{card}\,(J) = p$, on a :

$$\mathbb{P}\left(\underset{j\in J}{\cap} A_j^c \bigcap \underset{j\in J'}{\cap} A_j\right) = \prod_{j\in J} \mathbb{P}(A_j^c) \prod_{j\in J'} \mathbb{P}(A_j).$$

(H_0) est immédiat car $(A_j)_{j=1,\ldots,n}$ est une famille indépendante.

Supposons (H_p), avec $0 \leqslant p \leqslant n-1$. Soient deux sous-ensembles d'indices J et J' avec $J' \cap J = \varnothing$ et $\mathrm{card}\,(J) = p+1$. On découpe J en deux : $J = J_p \cup \{j_{p+1}\}$, avec $\mathrm{card}\,(J_p) = p$. On pose $C_p = \bigcap_{j\in J_p} A_j^c \cap \bigcap_{j\in J'} A_j$. Comme $C_p \cap A_{j_{p+1}}^c$ et $C_p \cap A_{j_{p+1}}$ forment une partition de C_p, on a :

$$\mathbb{P}(C_p \cap A_{j_{p+1}}^c) = \mathbb{P}(C_p) - \mathbb{P}(C_p \cap A_{j_{p+1}}). \tag{19}$$

C_p est une intersection d'un certain nombre d'événements A_i et de p événements A_i^c. De même pour $C_p \cap A_{j_{p+1}}$. On peut donc appliquer l'hypothèse de récurrence aux deux termes du membre de droite de (19) :

$$\mathbb{P}(C_p \cap A_{j_{p+1}}^c) = \prod_{j\in J_p} \mathbb{P}(A_j^c) \prod_{j\in J'} \mathbb{P}(A_j) - \prod_{j\in J_p} \mathbb{P}(A_j^c) \prod_{j\in J'} \mathbb{P}(A_j)\mathbb{P}(A_{j_{p+1}}). \tag{20}$$

Or on a :

$$\underset{j\in J}{\cap} A_j^c \bigcap \underset{j\in J'}{\cap} A_j = C_p \cap A_{j_{p+1}}^c.$$

En regroupant les termes du membre de droite de (20) :

$$\mathbb{P}\left(\underset{j\in J}{\cap} A_j^c \bigcap \underset{j\in J'}{\cap} A_j\right) = \prod_{j\in J_p} \mathbb{P}(A_j^c)(1 - \mathbb{P}(A_{j_{p+1}})) \prod_{j\in J'} \mathbb{P}(A_j),$$

et comme $1 - \mathbb{P}(A_{j_{p+1}}) = \mathbb{P}(A_{j_{p+1}}^c)$ et $J = J_p \cup \{j_{p+1}\}$ la récurrence est démontrée. ■

Exercice 10.

Un avion quadri-réacteur a besoin de deux moteurs pour pouvoir voler. Un avion bi-réacteur a besoin d'un moteur pour voler. La probabilité de panne d'un réacteur lors d'un vol transatlantique est p. On suppose que les pannes des réacteurs sont indépendantes les unes des autres. Quel avion vous semble le plus sûr ?

Solution. On note A_j l'événement « le réacteur numéro j tombe en panne » et A l'événement « l'avion est forcé d'amerrir ».

1) On considère le cas d'un avion bi-réacteur. L'avion est forcé d'amerrir si les deux réacteurs tombent en panne, c'est-à-dire $A = A_1 \cap A_2$. Comme les événements A_1 et A_2 sont indépendants, on a donc :

$$\mathbb{P}(A) = \mathbb{P}(A_1 \cap A_2) = \mathbb{P}(A_1)\mathbb{P}(A_2) = p^2 .$$

2) On considère le cas d'un avion quadri-réacteur. L'avion est forcé d'amerrir si trois des quatre réacteurs tombent en panne, ou les quatre, donc :

$$A = \bigcup_{j=1}^{4} \left(\bigcap_{i \neq j} A_i \cap A_j^c \right) \bigcup \left(\bigcap_{i=1}^{4} A_i \right) .$$

Les cinq événements $A_j^c \bigcap_{i \neq j} A_i \cap A_j^c$, $j = 1, 2, 3, 4$ et $\bigcap_{i=1}^{4} A_i$ étant disjoints, la probabilité de A est la somme des probabilités de ces événements :

$$\mathbb{P}(A) = \sum_{j=1}^{4} \mathbb{P} \left(\bigcap_{i \neq j} A_i \cap A_j^c \right) + \mathbb{P} \left(\bigcap_{i=1}^{4} A_i \right) .$$

On peut alors utiliser l'indépendance des événements A_j et la proposition 20 de la page précédente pour obtenir :

$$\mathbb{P}(A) = 4p^3(1-p) + p^4 = 4p^3 - 3p^4 .$$

En général, $p \ll 1$ (du moins, on peut l'espérer !), et alors $4p^3 - 3p^4 \ll p^2$ ce qui montre que les quadri-réacteurs sont plus sûrs. Pour compenser cet effet, on réclame des critères de qualité très serrés pour les moteurs des bi-réacteurs long-courrier.

Exercice type corrigé

V.1.0 Problème de météorologie

Dans un certain pays, le temps est soit sec (S) soit humide (H). Son évolution obéit à la règle suivante : si le temps est sec aujourd'hui, il sera sec demain avec la probabilité $4/5$ (et donc humide avec la probabilité $1/5$). Si le temps est humide aujourd'hui, il sera humide demain avec la probabilité $3/5$.

Appelons S_n (resp. H_n) l'événement « le temps est sec (resp. humide) le $n^{\text{ème}}$ jour ».
On note s_n et h_n les probabilités de ces événements.

On note également x_n le vecteur colonne : $x_n = \begin{pmatrix} s_n \\ h_n \end{pmatrix}$.

1. En utilisant la règle d'évolution, exprimer s_{n+1} et h_{n+1} en fonction de s_n et h_n.

2. En déduire que l'on a $x_{n+1} = A\,x_n$, où A est une matrice à déterminer.
3. Nous sommes dimanche et il fait sec. Quelle est la probabilité que le temps soit sec mardi ? soit humide mercredi ?

Solution.
1. Pour calculer $\mathbb{P}(S_{n+1})$, on applique la formule des probabilités totales en conditionnant par la famille (S_n, H_n) qui est un système complet (i.e. une partition de Ω) :

$$s_{n+1} = \mathbb{P}(S_{n+1}) = \mathbb{P}(S_{n+1}|S_n)\mathbb{P}(S_n) + \mathbb{P}(S_{n+1}|H_n)\mathbb{P}(H_n) = \frac{4}{5}s_n + \frac{2}{5}h_n\,.$$

On calcule de même :

$$h_{n+1} = \mathbb{P}(H_{n+1}) = \mathbb{P}(H_{n+1}|S_n)\mathbb{P}(S_n) + \mathbb{P}(H_{n+1}|H_n)\mathbb{P}(H_n) = \frac{1}{5}s_n + \frac{3}{5}h_n\,.$$

2. De manière algébrique, en posant $x_n = \begin{pmatrix} s_n \\ h_n \end{pmatrix}$ et $A = \begin{pmatrix} \frac{4}{5} & \frac{2}{5} \\ \frac{1}{5} & \frac{3}{5} \end{pmatrix}$ les deux dernières relations s'écrivent :

$$x_{n+1} = Ax_n\,.$$

3. Le temps de dimanche est sec, donc $x_0 = \begin{pmatrix} 1 \\ 0 \end{pmatrix}$. Le temps de mardi est décrit par x_2, et celui de mercredi par x_3. Le calcul donne :

$$x_2 = A^2 x_0 = \begin{pmatrix} \frac{18}{25} \\ \frac{7}{25} \end{pmatrix}, \text{ car } A^2 = \begin{pmatrix} \frac{18}{25} & \frac{14}{25} \\ \frac{7}{25} & \frac{11}{25} \end{pmatrix},$$

donc la probabilité qu'il fasse sec mardi est $\frac{18}{25}$. De même,

$$x_3 = A^3 x_0 = \begin{pmatrix} \frac{86}{125} \\ \frac{39}{125} \end{pmatrix}, \text{ car } A^3 = \begin{pmatrix} \frac{86}{125} & \frac{78}{125} \\ \frac{39}{125} & \frac{47}{125} \end{pmatrix},$$

donc la probabilité qu'il fasse humide mercredi est $\dfrac{39}{125}$.

Pour aller plus loin

Les corrigés sont disponibles en accès libre à partir des pages d'accueil du livre sur le site www.dunod.com

V.1.1 Lors d'un contrôle noté sur 5, un groupe de $n_1 = 10$ étudiants a reçu les notes suivantes :

$$4,\ 1,\ 3,\ 3,\ 4,\ 2,\ 3,\ 5,\ 3,\ 4\,.$$

1. Calculer la moyenne m_1, le mode et la médiane des notes.

2. Un autre groupe de $n_2 = 4$ étudiants a reçu les notes 4, 4, 4 et 5.
   (a) Calculer la moyenne m_2, le mode et la médiane des notes de ce groupe de 4 étudiants.
   (b) Calculer la moyenne m_3, le mode et la médiane des notes du groupe global de 14 étudiants.
   (c) Vérifier la linéarité de la moyenne dans le sens où $m_3 = \dfrac{n_1 m_1 + n_2 m_2}{n_1 + n_2}$.
3. Le même groupe de 10 étudiants passe un nouveau contrôle où les étudiants reçoivent les notes (dans le même ordre que le premier contrôle) :
$$5,\ 2,\ 3,\ 4,\ 4,\ 3,\ 4,\ 4,\ 5,\ 4\,.$$
   (a) Calculer la moyenne m_4, le mode et la médiane des notes du second contrôle.
   (b) La note finale de chaque étudiant est la moyenne de ses deux notes aux deux contrôles (par exemple, la note finale de l'étudiant 1 est $\dfrac{4+5}{2} = 4{,}5$). Calculer les notes finales des 10 étudiants. Calculer la moyenne m_5, le mode et la médiane des notes finales du groupe de 10 étudiants.
   (c) Vérifier la linéarité de la moyenne, dans le sens où $m_5 = \dfrac{m_1 + m_4}{2}$.

V.1.2 On teste dix voitures en notant leur puissance (en chevaux) et leur consommation (en litres par 100 km). On obtient le tableau suivant :

Puissance	Consommation	Puissance	Consommation
85	6,0	90	7,0
110	5,9	115	9,0
75	5,7	90	4,5
145	11,2	85	4,4
85	5,1	70	5,2

1. Représenter graphiquement ces données par un nuage de points. Que peut-on déduire de ce graphique ?
2. Confirmer vos conclusions par un calcul de corrélation.
3. Tracer la droite de régression linéaire de la consommation en fonction de la puissance d'un véhicule.
4. Si on veut acheter une voiture de 130 chevaux, quelle prévision de consommation peut-on faire ?

V.1.3 Un peu de combinatoire

Le poker consiste en une main de cinq cartes tirées parmi un jeu de 32 cartes. Combien y a-t-il de mains possibles ? Combien y a-t-il de mains permettant d'annoncer

1. un carré (quatre cartes de même hauteur).
2. un full (trois cartes de même hauteur plus deux cartes de même hauteur).
3. un brelan (trois cartes de même hauteur, les deux autres cartes ne formant rien de particulier).

V.1.4 Soient E et F des ensembles finis, avec $p = \operatorname{card}(E)$ et $n = \operatorname{card}(F)$.

1. On suppose que $n = 2 \leqslant p$. Calculer le nombre de surjections de E dans F.

2. On suppose que $p \leqslant n$ et que E et F sont tous les deux munis d'un ordre total. Calculer le nombre d'applications strictement croissantes de E dans F.

V.1.5 Soient A et B des événements avec $\mathbb{P}(A) = 1/2$ et $\mathbb{P}(B) = 1/3$.

1. Donner un encadrement de $\mathbb{P}(A \cup B)$ et $\mathbb{P}(A \cap B)$.
2. Déterminer $\mathbb{P}(A \cup B)$ lorsque A et B sont incompatibles puis lorsque $\mathbb{P}(A \cap B) = 1/4$.

V.1.6 Un joueur achète k billets à une loterie. Chaque billet a une chance sur n d'être gagnant.

1. Calculer le nombre k_n de billets que le joueur doit acheter pour avoir plus d'une chance sur deux de gagner.
   Application numérique : $n = 10$, $n = 100$.
2. En supposant n grand, montrer que $k_n/n \simeq \alpha$ pour un α qu'on identifiera.

V.1.7 Un bibliothécaire fou permute au hasard les n livres de sa bibliothèque. Quelle est la probabilité que les volumes 1 et 2 de « Guerre et Paix » de Tolstoï se retrouvent côte à côte dans le bon ordre ?

V.1.8 Mon voisin a deux enfants dont une fille. Quelle est la probabilité que l'autre enfant soit un garçon ?
Ma voisine a deux enfants. Le plus jeune est une fille. Quelle est la probabilité pour que le plus âgé soit un garçon ?

V.1.9 Montrer que lorsque l'on tire une carte au hasard dans un jeu de 52 cartes, la couleur et la valeur sont indépendantes.

V.1.10 On jette deux dés non pipés, un noir et un blanc. Montrer que les événements suivants sont deux à deux indépendants, mais ne sont pas mutuellement indépendants :

- « le chiffre du dé noir est pair »,
- « le chiffre du dé blanc est pair »,
- « les chiffres des deux dés ont même parité ».

V.1.11 En Belgique, on mange deux types de frites : les frites traditionnelles à section rectangulaire et les frites new-look à section hexagonale. Parmi les frites que consomment les Flamands, il y a 65 % de frites traditionnelles alors que les Wallons en mangent 75 %. L'équipe de Belgique de football (les fameux Diables rouges) est composée de sept Flamands et quatre Wallons. Un joueur est surpris à la mi-temps avec un cornet de frites hexagonales. Calculer la probabilité pour qu'il soit Flamand.

V.1.12 Monsieur le curé fait sa visite au château, comme chaque mercredi, après les Vêpres. Sa 2CV est équipée d'essuie-glaces dont le moteur tombe en panne un voyage sur dix. La commande manuelle fonctionne une fois sur trois. À cette époque de l'année, il pleut trois fois sur quatre.

1. Calculer la probabilité pour que la baronne le voit arriver dans la cour du manoir en actionnant ses essuie-glaces d'une main et tenant son volant de l'autre.
2. Sachant qu'il pleut, calculer la probabilité pour qu'il soit obligé de terminer son chemin à pied, sous son parapluie.

Index

B

D

E

G

H

I

J

K

L

M

N

S

U

V

W

Z

59893 - (I) - (1,8) - OSB 80° - AUT - API
Imprimerie CHIRAT - 42540 Saint-Just-la-Pendue
Dépôt légal : juin 2013 - Dépôt légal de la 1re édition : juin 2006
N° 201305.0128

Imprimé en France